U0182716

“十三五”江苏省重点图书出版规划项目

SPATIAL CITY SYSTEM

空间城市系统论

（上卷）

王洪军　著

东南大学出版社
SOUTHEAST UNIVERSITY PRESS
南京 · 2020

内容提要

空间城市系统是人类聚居的新形式，是地球表面最大的人工系统。本书是关于空间城市系统的创新理论，揭示了人居空间进化的基本规律。本书上卷，应用系统科学方法论对空间城市系统理论进行了表述，揭示了空间城市系统的科学规律；下卷，对世界空间城市系统实践进行了实证性分析，预见了人居空间演化的基本方向。

本书适用于空间城市领域科学与社会科学相关专业，可作为高等院校本科生和研究生用书，可作为科研参考用书，以及政府空间规划与空间治理决策的参考用书。

图书在版编目(CIP)数据

空间城市系统论/王洪军著.—南京：东南大学出版社，2020.12

ISBN 978-7-5641-9360-7

Ⅰ.①空… Ⅱ.①王… Ⅲ.①城市规划—研究 Ⅳ.①TU984

中国版本图书馆 CIP 数据核字(2020)第 264889 号

书　　名：空间城市系统论　Kongjian Chengshi Xitonglun
著　　者：王洪军
责任编辑：徐步政

出版发行：东南大学出版社　　社址：南京市四牌楼 2 号(210096)
网　　址：http：//www.seupress.com
出 版 人：江建中

印　　刷：江苏凤凰盐城印刷有限公司　　排版：南京文脉图文设计制作有限公司
开　　本：787mm×1092mm　1/16　　印张：74　　字数：1535 千
版 印 次：2020 年 12 月第 1 版　2020 年 12 月第 1 次印刷
书　　号：ISBN 978-7-5641-9360-7　　定价：290.00 元(上、下卷)

经　　销：全国各地新华书店　　发行热线：025－83790519　83791830

献给方法论创始者

自序

1）空间城市系统问题

全球气候变化威胁着人类的生存，城市因其巨大的生态足迹成为全球气候变化的重要负面动因，大城市无序扩张成为世界性难题，空间城市系统是降低大城市生态足迹的有效途径。聚落、城市、空间城市系统组成的可持续人居空间系统，为人类社会必由之路。“人类生存道德底线”为一条不可逾越的“地球人居生态系统”①红线，它是一个地球人居科学问题，更是一个全人类的道德问题。

20 世纪中叶，人居空间出现了新形式，刘易斯・芒福德说：“距离的尺度已经变了，‘城市区域’是可能出现的。”② 戈特曼称之为“大都市连绵带”（Megalopolis）。巨型城市作为一个世界性难题困扰着人类。教育部、科学技术部、中国科学院、国家自然科学基金委员会联合认定了世界科学 10 000 题，其中“巨型城市的形成机制与发展趋势”即为此命题。21 世纪世界人居空间可持续发展，要求解决人类面临的这个世界性难题。作为世界公认的科学难题，美国、欧洲国家、中国、日本对此具有不同的表达。

自 20 世纪 50 年代以来，受方法论局限，世界学术共同体只能对各种“城市区域”现象进行描述性研究，其结论为客观事实表述。系统科学为这个世界难题提供了科学的方法论，“空间城市系统”便应运而生。空间城市系统范式理论创新是关于空间城市系统的科学事实表述，揭示了它的一般性规律。本书下卷对世界空间城市系统实践的研究，则验证了空间城市系统理论的可靠性与普适性。

2）空间城市系统范式概要

《空间城市系统论》上卷共计 6 章，是空间城市系统理论体系的理论研究部分。城市地理学、系统科学、数学、科学哲学，为第 1 章至第 8 章阅读的前提性知识。理解“空间城市系统理论”需要具备系统理论、控制理论、信息理论、科学哲学等方法论知识，对于一般读者有较大难度。

第 1 章，人居空间演化规律。巢穴、聚落、城市、空间城市系统演化阶段为纲要，空间城市系统范式认识为核心，空间城市系统学科创新为目的。

第 2 章，空间城市系统基础理论。空间城市系统定义、结构、状态、演化、功能为基础，空间城市系统基本原理做出主体描述。状态原理、状态熵原理、动力原理、稳定性原理说明了空间城市系统演化的主要机理。空间流与空间流波原理是空间城市系统的核心内容。

---

①② 参见：WANG Hongjun. Earth human settlement ecosystem and underground space research［J］. Procedia Engineering，2016，165：765-781。

第 3 章，空间城市系统环境与本体理论。环境是空间城市系统赖以生存的基础，空间形态与空间结构是本章的落脚点。

第 4 章，空间城市系统动因理论。空间集聚动因、空间扩散动因、空间联结动因是空间城市系统产生与发展的基本动力，动因博弈均衡给出了空间城市系统动力合力作用机理。

第 5 章，空间城市系统演化理论。本章是《空间城市系统论》上卷的重点，空间城市系统演化四大原理描述了演化的基本情况。线性演化与非线性演化揭示了空间城市系统全过程机理。

第 6 章，空间城市系统混沌理论。本章说明了空间城市系统分岔“耗散混沌结构”选择的基本情况，这是一种真实的客观存在形式。

本书下卷共计 6 章，为空间城市系统理论体系的实践应用部分。世界 16 个空间城市系统是 21 世纪人类社会的主导人居空间，世界 6 个“空间城市系统预见”是 21 世纪人类社会的预期主导人居空间。第 9 章至第 12 章阅读相对容易，只要具有基本的科学与社会科学知识，就可以理解空间城市系统实践应用部分的内容。

第 7 章，空间城市系统控制理论。本章是“空间城市系统理论”的重点，空间城市系统整体控制是纲领性控制，空间状态控制、空间结构控制、空间存量控制是空间城市系统的分项性控制，空间城市系统脑是空间城市系统控制不可或缺的手段。

第 8 章，空间城市系统信息理论。信息理论带有科学探索性意义，信息空间与空间信息量是一种创新观点。状态信息、环境信息、乘积信息是空间城市系统信息的基础。动因信息原理、演化信息原理、控制信息原理是空间城市系统信息应用的基本规律。

第 9 章，中国空间城市系统。中国空间城市系统是世界三大洲际性系统之一。中国是空间城市系统后发性空间，中国沿江空间城市系统、中国南部空间城市系统、中国北部空间城市系统是中国三大主要空间城市系统。中国沿河空间城市系统、中国东北空间城市系统是中国两大隐性空间城市系统。

第 10 章，美国空间城市系统。美国空间城市系统是世界三大洲际性系统之一，美国为“大都市连绵带”的起源性空间。美国东部空间城市系统、美国西部空间城市系统、美加“北部空间城市系统”是世界标志性空间城市系统，美国南部空间城市系统是美国隐性空间城市系统。

第 11 章，欧洲空间城市系统。欧洲空间城市系统是世界三大洲际性系统之一。欧洲是世界空间城市系统主要分布空间。对欧洲国家、美国、中国进行比较分析具有应用价值。欧洲空间系统中的西北欧空间城市系统、英国空间城市系统、南欧空间城市系统为比较成熟的空间城市系统，欧洲中部空间城市系统、俄罗斯空间城市系统为隐性空间城市系统。

第 12 章，世界其他空间城市系统。日本空间城市系统与南美空间城市系统是世界主要的空间城市系统。而我所预见的澳大利亚空间城市系统、印度空间城市系统、东南亚空间城市系统、“尼罗河—地中海沿岸”空间城市系统、中西亚空间城市系统是世界潜在的人居空间新形式。

本书采用了大量中国与世界其他国家的实践案例分析，对世界"11 个空间城市系统"中 10 万人口以上的城市都进行了研究，对中国"5 个空间城市系统"中地级以上城市也都进行了研究。因此，《空间城市系统论》具有较高的实践应用价值，可作为对应尺度的空间规划与空间治理参考之用。空间城市系统理论是自然科学与社会科学的综合，人文科学是空间城市系统范式的灵魂，系统科学是它的肌理，实践是检验它的标准。任何把空间城市系统"定量玄学化"的观点都是伪科学。

3）空间城市系统范式创新过程

2003 年，中国科学院叶大年院士在清华大学给 MBA（工商管理硕士）学员做城市科学讲座，我被叶先生的创新精神深深感动，"空间城市系统理论"的创新便自此开始。从此，叶先生指导我走向科学研究之路。感恩叶大年老师，感谢清华大学！

2004—2008 年的 4 年时间，我先后对中国、日本与东南亚国家的城市进行了科学考察，并积累了大量第一手数据资料。通过科学考察，我认为中国空间城市系统与日本空间城市系统的客观事实已经显现出来。中国即墨古城遗址（公元前 770 年—前 256 年）、中国交河故城（公元前 2 世纪至 5 世纪）向我揭开了中国古代城市的面纱；不同时期的中外城市考察，使我发现了人居空间演化规律。我对城市科学理论的系统学习，为空间城市系统理论的创新奠定了学理性基础；芒福德的学术思想，奠定了我的城市科学价值观。

2008 年，我完成了《济南都市区空间发展概念研究报告》，中国科学院叶大年院士题写了本报告的序言。在济南市政府组织的"济南经济文化发展论坛"上，我发表了"规划建设济南都市区势在必行"的研究报告。

2009 年年初，通过对尼罗河流域古埃及城市的野外考察，我认识了人类文明早期世界城市的起源状态。当时因为冲突与战争原因，我不能够对两河（底格里斯河、幼发拉底河）流域的美索不达米亚城市以及地中海东岸城市进行科学考察是我的遗憾！祝愿和平永远降临在这片人类城市的起源性土地上。

2010 年年初，受美国圣文森特学院（Saint Vincent College，创立于 1846 年）邀请，我赴美国进行了城市科学考察。在那个美丽、安静又充满信仰的校园中，詹姆斯·托威（James Towey）校长热情地接待了我，他担任诺贝尔和平奖获得者特蕾莎修女首席法律顾问长达 12 年。

圣文森特学院盖瑞·昆利文（Gary Quinlivan）教授与美籍华人苏怀智先生，对我在全美的城市科学考察给予了大量帮助。我对美国东部（以纽约为中心）、西部（以洛杉矶—旧金山为中心）、北部（以芝加哥为中心）、南部（以休斯敦为中心），进行了全面的实地科学考察。

访学普林斯顿大学让我对保罗·克鲁格曼的《空间经济学——城市、区域与国际贸易》有了更深的了解，坚定了我将研究命题定位为"空间城市学"（地球表面空间城市科学），并做出了"空间城市学视角的中国空间结构" 最初的研究成果。普林斯顿大学重视基础理论创新的传统、对世界文明倾注关怀的文化、“为国家服务”与“为世界服务”(In the Nation's Service and in the Service of All Nations)的校训给我留下了深刻的印象。对迈克尔·罗斯金(Michael Roskin)教授的访问,使我对纳什维尔、亚特兰大等美国东南部空间有了深度了解,使我敢于提出扩大化的“美国东部空间城市系统”概念。对硅谷的实地科学考察,使我获得了“信息空间”最初的创新灵感。对美国空间的科学考察,对普林斯顿大学、芝加哥大学、圣文森特学院等院校的访学,使我在实践上积累了大量第一手数据资料,在理论上升华了空间城市系统规律性认知。

2010年,我申请了山东大学政治学理论专业研究生同等学力入学资格,就读于政治学与公共管理学院。我本科毕业于青岛理工大学,所学专业为机械工程专业,严格的力学训练使我具备了扎实的“数学”功底。清华大学MBA的学习经历,使我具备了社会科学研究能力。追随中国科学院叶大年院士,使我系统学习了城市科学知识,并具有了较高的野外科学考察能力。山东大学素以“文史哲”专业著称于世,它赋予了我扎实的“哲学”功底。

2012—2014年,在北京师范大学系统科学学院狄增如院长与张江教授的帮助下,我系统自学了系统科学以及控制科学、信息科学等相关理论。结合创新应用的学习,使我掌握了系统科学“方法论”。普里戈金演化思想奠定了我的空间城市系统科学价值观。我在学习科学哲学时得到了中国人民大学刘大椿教授的指点。托马斯·库恩的“范式理论”指引了我空间城市系统范式创新的研究进路。

2013年11月,在中山大学举行的中国首次“实验政治学理论与实践”国际学术研讨会上,我发表了“政治系统演化辅助分岔实验研究”的研究报告,提出了“政治系统演化辅助分岔模型”,被收录进《实验政治学理论与实践学术研讨会论文集》。

2012—2014年,我先后对西北欧国家、英国、南欧国家城市空间进行了科学考察,积累了大量第一手数据资料。对伦敦、爱丁堡、巴黎、法兰克福、布鲁塞尔、阿姆斯特丹、米兰、罗马等大量欧洲城市的科学考察,使我深知“空间城市系统时代”已经来临。对彼得·霍尔多中心理论的深度研究,坚定了空间城市系统可以有效降低大城市生态足迹的科学判断。担任山东大学山东城镇治理与规划协同创新中心副主任,使我将空间城市系统研究与山东省空间规划和空间治理实践相结合。

2014年12月10日,山东大学科学技术研究院组织了“空间城市学”初期研究成果评审会议。山东大学科学技术研究院张建院长、栾维东处长出席并主持了会议。我做了“空间城市学”阶段性成果汇报,以及“中国空间城市系统理论与实践研究”计划报告。叶大年院士等与会专家进行了激烈的讨论,充分肯定了研究取得的创新性成果,并从不同的学科角度对空间城市系统研究提出了宝贵的指导意见,具体如下:

叶大年院士对科学研究提出了极其严格的标准;宁越敏教授肯定了空间城市学研究的学术创新价值;狄增如院长建议做好空间城市系统控制研究并增加信息研究专项;刘大椿教授对科学范式创新进行了书面指导;崔功豪教授建议将“空间城市学”改为“空间城市系统论”;吴殿廷教授建议凝聚研究重点;葛荃教授对空间城市系统理论

逻辑过程进行了审定;刘保东教授对空间城市系统理论数学应用进行了审核;徐步政副编审指出“空间城市学”的研究富有创新性,出版社对其研究表示支持,并自2012年开始跟踪空间城市系统研究。评审专家分别做出了各学科对“‘空间城市学’评审报告”,成为空间城市系统理论创新的里程碑式标志。

2014年12月20日,在中国科学院地理科学与资源研究所举办的首届“中国城市群发展高层论坛”上,我发表了“空间城市系统(城市群)演化耗散结构”的演讲,被收录进《中国城市群选择与培育的新探索》一书(科学出版社出版)。

2016年9月,我受邀在圣彼得堡“世界城市地下空间联合研究中心(ACUUS)科学大会”上做主题为“地球人居生态系统与地下空间研究”(Earth Human Settlement Ecosystem and Underground Space Research)的学术报告,受到与会世界科学家的高度好评,并由世界ACUUS科学大会推荐,发表在美国《能源工程》(*Procedia Engineering*)期刊。

会议前后,我从后贝加尔斯克横跨欧亚大陆到莫斯科,从圣彼得堡到伏尔加格勒,再从伏尔加格勒到莫斯科,对俄罗斯空间进行了宏观尺度的野外科学考察,同时还对莫斯科、圣彼得堡、伏尔加格勒等城市进行了微观尺度的科学考察,并与俄罗斯科学家进行了深度交流。在俄罗斯空间科学考察的基础上,做出了“俄罗斯空间城市系统”的创新判断。

2017年5月,我受邀参加中国第一届系统科学大会,并主持了“城市系统与人类行为”分论坛,发表了“空间城市系统研究”的主题报告。中国科学院郭雷院士莅临现场并给予好评。

2019年2月,我受邀参加“首届联合国人居署—南京大学可持续发展空间规划创新论坛”,并就“亚太城市的未来2019报告”提出了三点建议:第一,城市生态足迹;第二,地球生态环境;第三,人居空间可持续发展。

4)空间城市系统范式创新方法

空间城市系统范式创新主要采用了实践研究、理论研究、实证研究三种科研方法。

首先,实践研究。通过对美国巨型区域(MR)、欧洲国家巨型城市区域(MCR)、中国城市群、日本都市圈进行野外科学考察,以获得空间城市系统客观事实。其次,理论研究。通过对世界大都市连绵带、巨型区域、巨型城市区域、城市群、都市圈进行整体与还原研究,在前人研究基础上我揭示了空间城市系统的普遍性规律,以获得空间城市系统科学事实。最后,实证研究。通过对世界“16个空间城市系统”与“6个空间城市系统预见”进行实践案例研究,以对空间城市系统理论进行检验证明。

空间城市系统范式创新坚持:以人居空间实践为基础、以多学科交叉为方法、以中外学术交流为手段的实事求是的科学研究思想。

5)空间城市系统范式创新苦难

空间城市系统范式创新是一个“苦难”的过程,是牺牲掉自己的时间、金钱乃至生命的过程。自2003年到2019年的16年里,每一天都在思考“空间城市系统”。常常是睡梦中获得思绪、驾车时得到灵感、餐时离席而去撰写，休假已经成为不可能的奢侈品，我把全部时光都贡献给了空间城市系统范式创新。

16 年来，对空间城市系统范式创新研究花费了我个人几百万元的资金，我除了投入、投入还是投入，最终走入了窘迫、破产、绝境！正所谓“衣带渐宽终不悔，为伊消得人憔悴”。

空间城市系统范式创新透支了我的生命，长年伏案工作导致血管严重堵塞，我拒绝了医生手术治疗的要求，坚持完成《空间城市系统论》(下卷)写作。为了基础科学创新、为了人类的幸福、为了这个蔚蓝色星球，我尽力了！借此机会，我以亲身经历呼吁：国家、政府、大学要支持基础理论创新，国家与民族应培育基础理论创新文化。

6）感恩家庭、学界与社会

空间城市系统理论创新得到了前辈科学家的指导，得到了中国与国际学术界的宽容，得到了社会友人的帮助，也得到了家人的理解与支持。

我要特别感谢中国科学院院士叶大年老师与杨燕敏师母，特别感谢东南大学出版社徐步政副编审。我要感谢陆大道院士，宁越敏、狄增如、刘君德、刘大椿、吴殿廷、崔功豪、方创琳、刘保东、赵和生、甄峰教授。我要感谢李术才院士及葛荃、张建、周雨佳、刘玉安、方雷、王成、郝赤彪、王金岩、纪爱华、欧阳辉纯等教授。

我要特别感谢清华大学 MBA 校友会吕和武、王志政、郑永和、王宏勇、毕文学、尚衍伟、王欣、王祯、姚文瑞、辛正、张茂好、汪立涛、杨光同学。我要感谢赵辉、张立攀、季峰伟、孟广震。我要感谢山东大学齐鲁医院谢蒋玲、吴伟等医学专家，感谢山东大学科学技术研究院，感谢山东城镇治理与规划协同创新中心。我要感恩曾经帮助过我的每一位中国与国际友人，世界各国那些平凡的人给了我坚持创新的力量，我深爱着人类和这个蔚蓝色的星球。

世界将铭记诺贝尔和平获奖者戈尔先生为地球生态环境所做的贡献。我特别感谢美国友人詹姆斯・托威校长、瑞・昆利文教授、苏怀智先生、迈克尔・罗斯金教授，感谢世界 ACUUS 科学大会主席迪米特里斯・卡利西科斯(Dimitris Kaliampakos)，感谢他们在我学术创新生涯中所给予我的相助。

我要特别感谢妻子李晓楠，她对我的全力支持，使我终于完成了本书的撰写工作。我还要感谢家人梅翥馨、王前，感恩天堂里我的父亲、母亲大人。

王洪军

2020 年 6 月 16 日于济南

上下卷总目录

上卷目录

1 人居空间演化规律

人类聚居是人类社会的基本行为，人居空间是人类聚居的空间安排，人居空间演化规律是人类聚居空间进化过程的本质性表述。人居空间进化是人类社会发展的基础，是人类文明发展的前提，它经过了由低级向高级、由简单向复杂的发展历程。当人类社会进入 20 世纪，人类聚居空间形式发生了本质性变化，一种“全新的现象”[1]成为人居空间的前沿形式。

1957 年，戈特曼发表了《大都市连绵带：美国东北海岸的城市化》的论文，他使用了 Megalopolis 一词将这种人居空间形式命名为“大都市连绵带”；1961 年，他出版了《大都市连绵带：城市化的美国东北海岸》的著作；1987 年，他出版了《再访大都市连绵带：25 年之后》的著作；1990 年，他出版了《大都市连绵带以来：戈特曼的城市研究作品集》①。戈特曼开创了一个新的城市科学领域。1992 年，中国学者姚士谋出版了《中国城市群》的著作，将这种人居空间形式命名为“城市群”，英文为 Urban Agglomerations。2004 年，美国学者罗伯特·亚罗等发表《美国空间发展展望》报告及其后的《美国 2050 远景规划》(简称《美国 2050》)[2]，这种全新的人居空间形式被定名为“巨型区域”，英文为 Mega Region。2006 年，英国学者彼得·霍尔与凯西·佩恩出版了《多中心大都市——来自欧洲巨型城市区域的经验》的著作，将这种人居空间形式定名为“巨型城市区域”，英文为 Mega City Region。

2015 年，笔者发表了《空间城市系统结构分析与空间治理研究》的论文，将这种人居空间形式归纳定义为“空间城市系统”，英文为 Spatial City System。空间城市系统是地球空间存在的最大“人工物”[3]，即美国学者西蒙所称的 Artificial 一词，空间城市系统理论是关于这种“人工系统”的基础理论。空间城市系统理论具有三个逻辑基础：首先，它建立在人类聚居空间演化历史基础之上。其次，它建立在当代世界人类聚居空间发展实践基础之上。最后，它建立在该领域学术共同体前人的理论基础之上。

1.1 人居空间演化原理

1.1.1 人居空间定义

1）人居空间概念

“人居空间”是人类聚居在地球表面所占据的立方单元，它是人居空间演化原理的

① 参见：刘敏.20 世纪后半期美国大都市连绵带发展研究[D].厦门：厦门大学，2006：2。

基础概念。“人类社会”是人居空间的第一组成要素，它是人居空间的第一逻辑前提，人类社会构成了人居空间的物质主体。“地理空间”是人居空间的第二组成要素，它是人居空间的第二逻辑前提，地理空间为“人居空间”提供了基质基础。“人居空间”结构包括“自然元素”与“人工要素”两种基本形式，随着人居空间形态的高级化，“人工要素”的成分占比越高。

“人居空间”的本质是一种客观存在的人地关系，这种人地关系是从低级向高级、从简单到复杂不断发展演化的。“人居空间”具有科学的标度方法，按照时间维度进行“人居空间”的性质分类，如巢穴、聚落、城市、空间城市系统；按照空间维度进行“人居空间”的规模尺度分类，如1级空间城市系统、2级空间城市系统、3级空间城市系统、4级空间城市系统、5级空间城市系统、6级空间城市系统、7级空间城市系统、8级空间城市系统。

“人居空间”是空间城市系统理论的基础概念，它建立在演化科学世界观的基础之上，反映了“人类社会”与“地理空间”之间的动态联系。历史分析方法是“人居空间”的首要研究方法，对人类聚居空间历史事实的归纳分析是其主要内容；演化分析方法是“人居空间”的主要研究方法，由于人的生命要素原因，“人居空间”是一种“人—物”生命系统，因此“演化科学世界观”是“人居空间”的基础。通过历史分析与演化分析，我们可以得到人居空间演化规律。

“人居空间”是人类社会生存的基础，其演化历史与人类文明历史同步。“人居空间”划分的依据有两个：一是时间；二是空间。时间依据提供了每一阶段“人居空间”所主导的历史时段长度，而空间依据则提供了每一阶段“人居空间”的结构形态标准。以演化时间依据与空间依据为划分标准，人居空间形态被划分为巢穴形态、聚落形态、城市形态、空间城市系统形态①，它们形成了人居空间演化分析的基本时间结构与空间结构，成为“人居空间演化规律”认识的基本出发点。

2）人居空间研究方法

“人居空间”是人类社会衣、食、住、行四大基本需求之一，是人类文明产生与发展的基础因素。因为“人居空间”研究命题的基础性、重要性与宏大性，所以我们必须慎重选择“人居空间研究方法”，才能做出真理性的人居空间演化规律。

“人居空间研究方法”主要包括：其一，“定性分析”与“定量分析”是进行“人居空间”研究的基本方法，这也是科学研究最基础性的研究方法。其二，“历史分析”与“结构分析”是“人居空间”研究的主要方法，这也是社会科学研究最基本的研究方法。其三，“归纳分析”与“变量分析”是揭示人居空间演化规律的基本研究工具，这也是逻辑分析与数学分析最基本的研究方法。

3）人居空间演化函数

人居空间演化函数是指用数学方法对人居空间演化进行描述的定量规律，它相对

① 在“人居空间”演化的长时段分析中，作为过渡的“城市区域形态”被并入基本的“空间城市系统形态”；在后续的短时段分析中，“城市区域形态”被单独列出。

精确地说明了人居空间演化因变量与动因自变量之间的定量关系，给出了人居空间演化规律的定量化表达。

人居空间演化函数的因变量是“人居空间演化 F”，人居空间演化函数自变量包括“集聚变量 x”“扩散变量 y”“联结变量 z”，简称为人居空间演化的“状态变量”。“人居空间”的四种基本形态，即巢穴形态、聚落形态、城市形态、空间城市系统形态，对应着一种或两种或三种自变量，人居空间形态越高级，其所属演化自变量维度越多，这是人居空间演化的一个基本原则。

人居空间演化函数的自变量“集聚变量 x”“扩散变量 y”“联结变量 z”是城市科学最基本的公认变量，是人居空间演化的基本元素，它们涵盖了“人居空间”的基本性质。

第一，统领性。每一个“状态变量”代表了人居空间演化的序参量动因，即对其他因素具有统领和役使作用。

第二，基础性。每一个“状态变量”代表了人居空间演化的一个主要基础性方面，共同构成了人居空间演化结构的三个支撑基础。

第三，独立性。每一个“状态变量”反映了人居空间演化的一方面本质特性，是一个客观存在的可观测变量，它们之间是正相交关系，即只能互相作用、互相影响、互相调节，不可能相互替代。

第四，动因性。人居空间演化的“状态变量”是空间城市系统演化的主要动因，即集聚动因、扩散动因、联结动因，每一个人居空间形态，即巢穴形态、聚落形态、城市形态、空间城市系统形态，对应着自己的演化动因组合。

第五，简约性。“科学的美学准则中，最重要的一条是简单性原则，它的历史悠久，最为科学家所重视，而且一直是认识论和方法论的对象。”[4] 遵循“奥卡姆剃刀原则”，人居空间演化状态变量“以尽可能少的，包含检验蕴涵的假说”[5] 来解释人居空间演化领域所有的已知事实。

人居空间演化函数是人居空间演化规律的定量化表达，在人居空间研究中具有基础性的重要意义，是我们认识人居空间演化的基本定律，它的数学公式表示为

$$F = f(x, y, z) \tag{1.1}$$

其中，F 表示人居空间演化函数；f 表示函数关系；x、y、z 表示演化自变量，分别是集聚变量、扩散变量、联结变量。

1.1.2 人居空间演化实践分析

1）巢穴形态分析

“人居空间”的第一个发展阶段为巢穴形态，通过对巢穴形态实践的归纳总结，巢穴形态定性分析得出了巢穴形态的四个基本要项，即巢穴定义、巢穴形态、巢穴结构、巢穴功能。通过对巢穴形态的动态变量解析，巢穴形态定量分析揭示了巢穴演化恒定

常数化的结论。

(1) 定性分析

① 巢穴定义

“巢穴”是巢居与穴居的联合命名,巢居与穴居同属于“人居空间”原始阶段,所以合称为“巢穴”。巢居是人工产物,是原始人类在树上搭建的人居空间场所,“巢居形态”可以由历史分析求证:中国战国时期,秦国的韩非(约公元前 280—前 233),在其《韩非子·五蠹》中指出“上古之世,人民少而禽兽众,人民不胜禽兽虫蛇。有圣人作,构木为巢,以避群害”。“巢居形态”可以由实践归纳求证:在当代的印度尼西亚东部巴布亚省偏远的森林中,科罗威人是世界公认的栖树居民(Tree Dwellers),他们以人居空间的“巢居形态”存在于世。穴居可以分成自然穴居与人工穴居两大类:自然穴居是自然物,是指原始人类利用自然洞穴所产生的人居空间场所;人工穴居是人工产物,是原始人类人工挖掘所产生的人居空间场所。北京山顶洞人遗址即为人居空间的自然穴居,新疆交河故城即为人居空间的人工穴居,世界各地大量的考古事实证明了人居空间“穴居形态”的客观存在。

② 巢穴形态

巢居的最初形态是在一棵树上筑巢,之后是在相邻的四棵树上筑巢,再后发展为干阑式的砍树、立柱、择草,用以搭建住居。自然穴居在世界各地都有分布,如北京猿人洞穴、法国克罗马农人洞穴等。人工穴居的最初形态是减土穴居,之后发展成增土穴居,统称为竖穴形态。人工穴居的高级形态是水平穴居形态,即窑洞形态。中国新疆的交河故城,一半在地下挖掘、一半在地上夯土,是典型的竖型人工穴居。中国陕北的窑洞,是典型的水平型人工穴居。

③ 巢穴结构

巢居结构多为树木结构、枝叶结构、草搭结构,例如印度尼西亚科罗威人的巢居结构即树木结构和枝叶结构,中国荣成的海草房就是一种房顶草搭结构。自然穴居结构因原始人类所在地域而异,有石灰岩等各种自然洞穴。避免野兽侵袭、自然通风、朝阳临水是自然穴居的基本条件。人工穴居分为减土结构、增土结构、水平结构等类型。人工穴居从竖穴到半穴居再到地面增土穴居,是一个逐步进化的过程,中国西安半坡遗址人工穴居的结构证实了这个结论。

④ 巢穴功能

巢居功能主要是居住功能、防御功能等本能自然功能;自然穴居功能主要是居住功能、防御功能、群落功能等原始自然功能;人工穴居功能主要是居住功能、防御功能、生产功能、社会功能、信仰功能、归宿功能等人类意愿功能。随着人类的进化,巢穴功能沿着物质到精神的路径不断发展,已经被世界各地的考古事实证明。

(2) 定量分析

在巢穴形态阶段,“自然元素”占据绝对主导地位,例如树木、茅草、山洞、土穴等,“人工要素”居于次要辅助地位,仅仅是对自然环境的简单利用。因此,就人居空间要素的物质、信息、能量而言，不存在集聚、扩散、联结作用，即人居空间演化状态变量为零，即有集聚变量 $x=0$，扩散变量 $y=0$，联结变量 $z=0$。因此，巢穴形态演化处于相对静止状态，人居空间演化函数表现为一个常数，公式表示为

$$F=C \tag{1.2}$$

其中，F 表示巢穴形态演化函数；C 表示巢穴形态演化是一个定值点或者是恒定直线，人居空间演化处于相对静止状态。

2）聚落形态分析

人居空间的第二个发展阶段为聚落形态，通过对聚落形态实践的归纳总结，聚落形态定性分析得出了聚落形态的四个基本要项，即聚落定义、聚落形态、聚落结构、聚落功能。通过对聚落形态的动态变量解析，聚落形态定量分析揭示了聚落演化的定量规律。

（1）定性分析

① 聚落定义

聚落是人类智能的初中级产物，是人居空间的初级形式，以独立的单元形式存在于地理空间中，具有人居空间基元性的本质特征。聚落与地形概念相关联，属于地理空间的微观范畴，由各种建筑物、构筑物、道路、绿地、水源地等物质要素组成。聚落可以分为乡村聚落与城市聚落两个基本类型：乡村聚落以村落形式存在，具有独立的形态、结构、功能，是人居空间聚落阶段的主体内容；城市聚落以社区形式存在，在形态、结构、功能上从属于所在城市的整体特性，我们将城市聚落列入人居空间城市阶段的内容。

② 聚落形态

聚落形态的主要类型包括两个方面：一是集聚型村落，主要分为团状形态村落、带状形态村落、环状形态村落；二是散漫型村落，住宅以点状形态零星分布。自然地理环境、社会经济条件、地域风俗文化是影响聚落形态的主要因素，聚落形态是一种微观人地关系的体现，包括生活、生产、信仰、归宿等方面。

③ 聚落结构

聚落结构主要由人体要素、住居要素、村庄要素、近村要素组成，是聚落要素在空间的分布与组合状态，反映了聚落组成要素之间的逻辑关系。聚落结构是聚落形态的映射，两者之间是同构异形关系。聚落结构与自然地理环境、文化价值取向、社会经济发展等相关联，聚落的地理空间分布遵循沃尔特·克里斯塔勒（Walter Christaller）模型[①]。

④ 聚落功能

聚落功能是聚落在微观空间政治、经济、文化、社会等方面所起的作用，体现着聚落的性质，不同的聚落具有不同的功能。聚落功能的基础部分为居住功能、生产功能、

---

① “在理想地面上集镇（聚落）的配位数等于 6，配位数的平均值固定不变”以及“集镇（聚落）空间分布图”。均参见：叶大年，赫伟，李哲，等.城市对称分布与中国城市化趋势[M].合肥：安徽教育出版社，2011：8。

社会功能、信仰功能、安全功能、归宿功能。聚落功能分为农业功能与非农业功能两大部类，随着社会、经济、交通等因素的发展与改善，聚落功能不断进化。

(2) 定量分析

在聚落形态阶段，“人工要素”成为人居空间的主要构成物，人居空间要素的物质、信息、能量开始向聚落中心集聚，从而形成聚落，因此聚落形态存在“集聚变量 x”。同时，“自然元素”退居次要环境基础地位，如自然地理条件，成为人居空间要素集聚的环境条件。但是，在聚落形态阶段，不存在人居空间结构意义上的扩散、联结作用，聚落形态是一种以“村庄”为中心的人居空间形式。因此，对于聚落形态有扩散变量 $y=0$，联结变量 $z=0$。

因此，一般情况下聚落形态演化处于平衡态的状态，人居空间演化函数表现为数学一元函数，公式表示为

$$F=f(x) \tag{1.3}$$

其中，F 表示聚落形态演化函数；f 表示聚落形态演化函数关系，一般情况下是线性关系；x 表示空间集聚变量。

聚落形态演化函数 $F=f(x)$ 具有几何意义，在两维坐标空间中表现为曲线或直线。

3）城市形态分析

人居空间的第三个发展阶段为城市形态，通过对城市形态实践的归纳总结，城市形态定性分析得出了城市形态的四个基本要项，即城市定义、城市形态、城市空间结构、城市功能。通过对城市形态的动态变量解析，城市形态定量分析揭示了城市演化的定量规律。

(1) 定性分析

① 城市定义

城市是人类智能的高级产物，是人居空间的中级形式，城市以相对独立的形式存在于地理空间中，具有人居空间单元性的本质特征。就总体而言，城市是人类物质与精神的集合物，城市是人员流、物质流、信息流、资金流的汇聚中心和中枢节点。城市是政治权力的制高点，是财富汇聚的集中地，是知识创新的起始源头。就分项而言，在人员方面，城市以非农业人口集聚为主要特征。在地理方面，城市多以滨水、平原、盆地、河谷为地貌特征。在交通方面，枢纽地位、交通方便、可达性强是城市的主要特征。在信息方面，城市是信息产生的发源地，是信息集聚与扩散的中心。在建筑方面，城市是建筑种类、风格、数量的集聚地，城市景观的主体是建筑。

② 城市形态

城市形态是指城市物质要素在地表空间上所表现出来的外在具象形式，是指城市本体的地表平面形状。城市形态是一种地理中观现象，宏观地理空间的城市分布形态是一种城市之间的关系。城市形态是一个演化的动态过程，它包含着即时的“城市形

态”静止影像。城市形态决定于地理环境、地貌条件、交通轴线，可以分为集中类与分散类两个大类别。根据地表平面形状，城市形态可以分为圆状、带状、指状、块状、扇状、环状，以及中心卫星型、中心岛型、放射型、棋盘型等。

③ 城市空间结构

城市空间结构是指城市物质要素之间的关联关系，是城市形态的映射，两者之间是同构异形关系，城市形态包含了城市空间结构的全部信息。城市空间结构是一种地理中观现象，宏观地理空间城市分布结构属于“城市区域”或“空间城市系统”概念范畴。城市空间结构是一个演化的动态过程，它包含着即时的“城市空间结构”静止影像。城市空间结构决定于城市的功能分区，大城市包括住宅区、中央商务区(CBD)、商业区、交通枢纽区，中小城市包括住宅区、商业区、工业区。

④ 城市功能

城市功能是对城市作用的说明，是城市存在的本质特征。城市功能定位是城市规划的重要内容，是城市发展的动力因素，城市职能是城市功能的基础。城市功能主要分为政治功能、服务功能、生产功能、文化功能、交通枢纽功能、创新功能、居住功能、社会功能、归宿功能等。城市功能的原则有四个方面：其一，整体性原则。城市功能具有整体性特征，城市总体功能不是城市各子项功能的简单加和。其二，结构性原则。城市各种基本要素具有其子项城市功能，而城市子项功能的性质是不同的。其三，层次性原则。城市功能分为主导功能、主体功能、基础功能等不同层次。其四，演化原则。城市与开放的环境进行着物质、能量、信息的交换，城市功能随着本身变量与环境变量的变化而演化。

(2) 定量分析

在城市形态阶段，“人工要素”成为人居空间的主要构成物，人居空间要素的物质、信息、能量开始向城市中心集聚，从而形成城市，因此城市形态存在“集聚变量 x”。同时，由于城市空间结构优化的需要，人居空间要素的物质、信息、能量也由城市中心向外扩散，因此城市形态存在“扩散变量 y”。但是，在城市形态阶段，不存在人居空间结构意义上的联结作用，城市形态是一种以“城市”为中心的人居空间形式，对于城市形态有联结变量 $z=0$。因此，一般情况下城市形态演化处于近平衡状态，人居空间演化函数表现为数学二元函数，公式表示为

$$F=f(x, y) \tag{1.4}$$

其中，F 表示城市形态演化函数；f 表示城市形态演化函数关系；x 表示空间集聚变量；y 表示空间扩散变量。城市形态演化函数 $F=f(x, y)$ 具有几何意义，在三维坐标空间中表现为曲面或平面。

4) 空间城市系统形态分析

人居空间的第四个发展阶段为空间城市系统形态，通过对空间城市系统形态实践的归纳总结，空间城市系统形态定性分析得出了空间城市系统形态的五个基本要项，

即空间城市系统定义、空间城市系统属性、空间城市系统空间形态、空间城市系统空间结构、空间城市系统功能。通过对空间城市系统形态的动态变量解析,空间城市系统形态定量分析揭示了空间城市系统演化的定量规律。

(1) 定性分析

① 空间城市系统定义

空间城市系统是人类智能所产生的高级系统,是人居空间的高级形式,它以城市系统的形式存在于地球表面空间,系统整体涌现性是空间城市系统的本质特征,空间流是形成空间城市系统的关键,空间城市系统脑是空间城市系统的核心。在地球表面空间中,空间城市系统的数量是有限的,现存的空间城市系统可以分为:1 级空间城市系统、2 级空间城市系统、3 级空间城市系统、4 级空间城市系统、5 级空间城市系统、6 级空间城市系统、7 级空间城市系统、8 级空间城市系统。空间城市系统各级中心城市分别是:牵引城市(TC)、主导城市(LC)、主中心城市(MC)、辅中心城市(AC)、基础城市(BC)。大都市连绵带、城市群、巨型区域、巨型城市区域是空间城市系统的前期表现形式,空间城市系统是对这种新型人居空间形式科学性的归纳命名。

② 空间城市系统属性

1 级空间城市系统是空间城市系统的基础形式,属于简单系统属性。1 级空间城市系统只有一个层次,它满足叠加原理并可以用牛顿力学方法对其进行分析研究。多级空间城市系统由两个以上的 1 级空间城市系统组成,属于简单巨系统属性,多级空间城市系统整体涌现性不能由低级子系统简单加和得到。多级空间城市系统遵循简单巨系统的普遍规律,可以用成熟的简单巨系统方法对其进行分析研究。巨大物质特性是空间城市系统的基本性质,空间城市系统具有可观性、可测性、可控性。

③ 空间城市系统空间形态

空间城市系统空间形态是空间城市系统的物质要素,例如城市与联结通道,在地表空间上表现出来的外在具象形式,是空间城市系统整体的地表平面形状。空间城市系统空间形态是一种地理宏观现象,它是一个动态演化过程,包含着即时的“空间城市系统空间形态”静止影像。空间城市系统空间形态决定于地表形态环境、地质地貌条件、交通网络、信息网络等因素,根据地表平面形状,空间城市系统空间形态可以分为圆状、带状、哑铃状、三角形、T 形、四边形等基本形式。空间城市系统空间形态与空间城市系统空间结构是一种映射关系,前者包含了后者的全部信息。

④ 空间城市系统空间结构

空间城市系统空间结构是空间城市系统物质要素之间的关联关系。空间城市系统空间结构是空间城市系统空间形态的映射,二者是同构异形关系。空间城市系统空间结构是一种地理宏观现象,是一个动态演化过程,它包含着即时的空间城市系统空间结构静止影像。空间城市系统空间结构决定于各级子系统、各级中心城市、各级联结通道。

⑤ 空间城市系统功能

空间城市系统功能是系统作用的说明,是空间城市系统存在的本质特征,具有整体涌现性，即非加和性的整体功能，分为本征空间城市系统功能和非本征空间城市系统功能。空间城市系统功能具有结构性特征，分为各子系统功能，具有层次性特征，分为牵引功能、主体功能、从属功能等层级。空间城市系统的组分、结构、环境是空间城市系统功能的决定因素，系统功能只能在空间城市系统行为过程中显现出来。空间城市系统功能定位是空间规划的重要内容，是系统所在区域发展的动力因素。

(2) 定量分析

在空间城市系统形态阶段，“人工要素”成为人居空间的主要构成物。首先，人居空间要素的物质、信息、能量开始向空间城市系统的空间节点、空间轴线、网络域面进行集聚，从而形成“系统”，因此空间城市系统形态存在“集聚变量 x”。其次，由于空间城市系统空间结构优化的需要，人居空间要素的物质、信息、能量由各层级中心城市向外扩散，因此空间城市系统形态存在“扩散变量 y”。最后，在各级中心城市之间，以及各级子系统之间，人居空间要素的物质、信息、能量的相互关联形成了空间城市系统的整体涌现性，因此空间城市系统形态存在“联结变量 z”。空间城市系统形态是一种以系统形式存在的人居空间形式，空间城市系统形态分岔后处于耗散结构状态，人居空间演化函数表现为数学三元函数，公式表示为

$$F=f(x, y, z) \tag{1.5}$$

其中，F 表示空间城市系统形态演化函数；f 表示空间城市系统形态演化函数关系；x 表示空间集聚变量；y 表示空间扩散变量；z 表示空间联结变量。

空间城市系统形态演化函数 $F=f(x, y, z)$ 不具有几何意义，我们人为定义在三维坐标空间中对空间城市系统形态演化函数 $F=f(x, y, z)$ 进行形象化表达。

1.1.3 人居空间演化规律分析

1）系统知识简介

我们对人居空间演化规律的分析，是基于“系统状态”与“自组织与他组织”基础之上的，在此做简要介绍。关于系统状态概念，系统科学告诉我们，系统状态是系统运行过程中所表现出来的整体的状况、态势、特征①，通过对系统各个状态的研究来认识系统演化的整体规律。系统状态用系统状态变量来表示，例如空间城市系统状态用空间城市系统状态变量来表示，包括空间集聚变量、空间扩散变量、空间联结变量。关于自组织与他组织概念，系统科学告诉我们“无法在系统外找到组织者，实际过程是在一定的外界条件下，系统‘自发地’组织起来，形成一定的结构，称之为自组织。系统之外有一个组织者，整个系统的组织行为和做法按照组织者（外界主体）的目的、意愿进行，在组织者（外界主体）的设计、安排、协调下，系统完成组织行为，实现组织结构，称之为他组织”[6]。

① 参见：许国志.系统科学[M].上海：上海科技教育出版社，2000：27。

2）人居空间演化规律总结

人类社会最基本的物质基础包括衣、食、住、行。人居空间是人类社会赖以生存的根本，人居空间演化经过了漫长的历史过程，通过对人居空间演化的定性分析与定量分析，我们归纳总结出人居空间演化的“七大规律”，其中时间、空间、文明维度规律为人居空间演化规律的基础项，动因、特征、状态、整合规律为人居空间演化规律的主体项。

（1）人居空间演化时间维度规律

时间维度规律是人居空间演化的基础项。世界历史是人居空间演化阶段划分的逻辑依据，在人居空间演化的每个阶段，以其主导人居空间形态为主，例如聚落形态阶段有巢穴形态和城市形态；城市形态阶段有聚落形态和城市区域形态；空间城市系统形态阶段有城市区域形态、城市形态、聚落形态。但是，我们分别以聚落、城市、空间城市系统三种形态为主。根据世界历史①，我们采用“历史分析方法”将人居空间演化形态划分为五个阶段，各演化形态阶段有其主导时间②。

第一阶段，巢穴形态，主导时间约为 350 万—1 万年，总计约为 350 万年。

第二阶段，聚落形态，主导时间约为 1 万年—1760 年，总计约为 1.17 万年。

第三阶段，城市形态，主导时间为 1760—1961 年，总计为 201 年。

第四阶段，城市区域形态，过渡时间③为 1961—2014 年，总计为 53 年（注：过渡阶段）。

第五阶段，空间城市系统形态，主导时间④为 2015 年起。

（2）人居空间演化空间维度规律

空间维度规律是人居空间演化的基础项。人居空间可以分为地点微观、地理微观、地理中观、地理宏观四个基本尺度。随着人居空间演化，人居空间尺度逐渐增大，人居空间功能日趋复杂。经过对人居空间演化的地理尺度与结构功能进行归纳逻辑分析，可以得到以下空间维度规律：

第一，巢穴形态空间规律。

巢穴形态为地点微观尺度，其空间标度是人，是一种位置概念，例如山顶洞、树上巢等。巢穴形态属于单体的自然结构，没有人工要素意义上物质、信息、能量的集聚行为，它的功能属于简单的居住场所。巢穴形态与自然环境融为一体，属于地球表面空间的组成部分，两者没有任何冲突，是一种可持续发展的自然生态的人地关系模式。

第二，聚落形态空间规律。

聚落形态为地理微观尺度，其空间标度是房屋，是一种地点概念，如河东村、山北村等聚落方位名称。聚落形态属于人工的群体结构，具有人工要素意义上物质、信息、

① 相关时间界定参见吴于廑，齐世荣.世界史：下卷[M].北京：高等教育出版社，1994。

② 主导时间是指该状态是这个阶段的主要聚居形式，如聚落相对平衡态包含城市形式，但聚落是主导形式。

③ 城市区域过渡时间以 1961 年戈特曼出版《大城市连绵带：城市化的美国东北海岸》的著作开始计算。

④ 空间城市系统主导时间，以 2015 年笔者发表《空间城市系统结构分析与空间治理研究》论文开始计算。

能量的集聚行为，具有多种组合的人类聚居基本功能。聚落形态依赖于自然环境存在，如村庄选址的背山面水、朝阳避风等。聚落形态属于地球表面空间的小规模人工创造物，但是两者基本不存在冲突，是一种可持续发展的、和谐的人地关系模式。

第三，城市形态空间规律。

城市形态为地理中观尺度，其空间标度是建筑群，是一种地方概念，如纽约、伦敦、上海分别代表着美国、英国、中国最发达城市之一的地方概念。城市形态属于功能分区的单元结构，具有人工要素意义上物质、信息、能量的集聚、扩散行为，具有整体性、结构性、层次性的人类聚居多元化功能。城市形态对自然环境具有需求，如冲积平原城市、沿河城市、山前城市等。城市形态属于地球表面空间的大规模人工创造物，存在着“城市生态足迹”[①]，因此城市形态对地球空间造成侵害，是一种需要调整的、不可持续的人地关系模式。

第四，城市区域形态空间规律。

城市区域形态为地理宏观尺度，其空间标度是城市，是一种区域概念，如美国的“五大湖地区”、欧洲的“巴黎区域”、中国的“珠江三角洲城市群”分别表示了美国五大湖区域、法国巴黎区域、中国珠江三角洲区域的概念。城市区域属于临界的近耗散态结构，具有人工要素意义上物质、信息、能量的集聚、扩散、联结行为，具有整体涌现性、层次性、复杂性等人类聚居复合功能。城市区域形态对自然地理环境需求较弱，是区域性地理空间的产物，如英格兰东南部巨型城市区域、美国东北地区巨型区域、中国京津冀城市群都是建立在国土区域基础之上的。城市区域属于地球表面空间的巨大规模人工创造物，存在着“生态足迹”，对地球空间也造成侵害。但是由于城市区域具有多中心均衡性，它具有避免城市无序化蔓延的功能，因此城市区域形态是一种相对良性趋势的人地关系模式。

第五，空间城市系统形态空间规律。

空间城市系统形态为地理宏观尺度，其空间标度是子系统，是一种地表系统概念，如美国东部空间城市系统、西北欧空间城市系统、中国沿江空间城市系统，分别表示了地球表面北美、欧洲、东亚人类聚居空间系统的概念。空间城市系统属于系统的耗散结构，具有人工要素意义上物质、信息、能量的集聚、扩散、联结行为，具有整体涌现性、子系统、层次性、复杂性等人类聚居复合功能。空间城市系统对自然地理环境的需求很弱，克服了自然地理的条件制约，形成了地球表面空间人类聚居系统。空间城市系统属于地球表面空间的超大规模人工创造物，存在着“生态足迹”，对地球空间也造成侵害。但是空间城市系统具有很强的系统均衡性，它将各层次城市进行了有机的组合，在地球表面空间将形成由空间城市系统、城市、聚落组成的可持续的人居空间系统，因此空间城市系统是一种良性回归型的人地关系模式。

---

①　城市生态足迹是指维持城市所需要的生态系统面积，如“香港需要的生态系统面积超过其城市建成区面积的 2 200 倍”，参见：斯蒂芬(W.Steffen)等.全球变化与地球系统——一颗重负之下的行星[M].符淙斌，延晓冬，马柱国，等译.北京：气象出版社，2010：146-147。

(3) 人居空间演化文明维度规律

文明维度规律是人居空间演化的基础项。美国学者刘易斯·芒福德在《城市发展史——起源、演变和前景》中“论述了一个规律性的主题:人类文明的每一轮更新换代,都密切联系着城市作为文明孵化器和载体的周期性兴衰历史。换言之,一代新文明必然有其自己的城市;他这个发现很有些特殊意义。”“城市不仅仅是居住生息、工作、购物的地方,它更是文化容器,更是新文明的孕育所。”“储存文化、流传文化和创造文化,这大约就是城市的三个基本使命了。”[7]根据刘易斯·芒福德的思想,我们认为人居空间是人类文明的容器,人居空间演化与人类文明进化同步,这是一个真理性的、具有普遍意义的规律。

第一,巢穴形态与原始文明。

原始文明是人类社会的第一个文明阶段,是世界各地普遍经历的文明阶段。原始文明的根本是人类智能很低,导致生产力极端低下,人类社会只能构筑“巢居”与“穴居”这样原始的人居空间形式。在原始文明阶段,社会关系血缘化,社会结构简单化,社会规范习惯化。人居空间的巢穴形式适合了原始人类社会族群的最基本居住需求,历经 300 多万年的时间,巢穴形式成为原始文明的容器。

第二,聚落形态与农业文明。

农业文明是人类社会的第二个文明阶段,是世界各地普遍经历的文明阶段,发生在约一万年前的农业革命开启了农业文明时代。农业文明时代人类智能处于初级发达水平,生产效率低下,没有“科学”体系,人口、粮食、土地是农业社会的核心。在农业文明阶段,社会关系血缘化与地缘化,社会结构属于传统的“金字塔形”结构,社会规范以人治、伦理、宗教为主,社会思想保守、封闭。

随着农业文明的产生,聚落形式成为人类聚居的主导模式,聚落形式主要包括农业聚落、城市聚落、宗教聚落、产业聚落、民族聚落等类型。在农业社会,“聚落是人类活动的中心,这既是人们居住、生活、休息和进行各种社会活动的场所,也是人们进行劳动生产的场所”①。聚落形式历经约一万年的时间,它与农业革命的时间基本相吻合,因此聚落自然成为农业文明的容器。

第三,城市形态与工业文明。

工业文明是人类社会的第三个文明阶段,是近代世界普遍存在的文明阶段,18 世纪 60 年代发生在英国的工业革命开启了工业文明时代。在工业文明时代,人类智能处于发达水平,科学与技术得到全面发展,生产力水平较高,机器化工业生产为经济主导成分。在工业文明阶段,社会关系业缘化代替了地缘化和血缘化,社会结构发生了本质的变化:在政治领域以自由、民主、平等为基本原则;在经济领域以“效益原则”为追求目标;在文化领域以“个人价值”为主轴;在社会领域以“公民社会”为基础,产生了以中产阶级为主的“橄榄形”现代化社会结构。工业文明社会规范以法治代替了人治,

① 参见:北京师范大学地理系金其铭《聚落与地理》。

社会思想多元化、开放化、科学化。

城市化成为工业文明的标志性事业,城市形式成为人类聚居的主导模式。随着城市数量、城市规模、城市人口大规模的增长,城市化率成为人类社会现代化的标度;城市成为工业文明的创生地,成为工业文明的扩散源,成为工业文明的接收容器,为工业文明提供了无限宽广的舞台。正如刘易斯·芒福德所说:"城市的主要功能是化力为形,化能量为文化,化死的东西为活的艺术形象,化生物的繁衍为社会创造力。"[8]城市形态的主导时间为201年,与工业革命发生至1961年的工业文明时间相吻合,因此城市自然成为工业文明的容器。

第四,城市区域形态与后工业文明。

因为"生态文明是人类文明发展的一个新的阶段,即工业文明之后的文明形态"①,所以后工业文明是介于工业文明与生态文明之间的一个过渡性文明阶段,仅存在于世界发达的工业化国家和地区。20世纪40—60年代,世界发达国家完成了工业化过程,在1970年开始进入后工业化阶段。"信息革命"是后工业文明来临的标志,人类智能处于高级发达水平,出现了彼得·霍尔等人所说的"高端生产者服务业(Advanced Producer Services, APS),这种由专家顾问提供的知识密集型服务,是后工业化经济的一个核心特征"[9]。在后工业文明阶段,区域政治一体化成为趋势,如欧盟、东盟、非盟、南美洲国家联盟等,区域经济一体化打破了国家地理空间的藩篱,区域文化认同突破了民族国家的传统意识。

城市区域为区域一体化提供了地理空间的基础,成为后工业文明的创生地、发展空间以及扩散源。从1961年戈特曼发现美国东部大都市连绵带至今,城市区域产生与发展的时间约为54年,美国的"巨型区域"、欧洲的"巨型城市区域"、中国的"城市群"、日本的"大都市圈"都成为世界政治、经济、文化的中心,主导着当代世界文明发展的方向。

第五,空间城市系统形态与生态文明。

生态文明是人类社会的第四个文明阶段,是未来世界普遍存在的文明模式。"生态文明是人类文明发展的一个新的阶段,即工业文明之后的文明形态;生态文明是人类遵循人、自然、社会和谐发展这一客观规律而取得的物质与精神成果的总和;生态文明是以人与自然、人与人、人与社会和谐共生、良性循环、全面发展、持续繁荣为基本宗旨的社会形态。"②生态文明是人类社会自醒、自知、自我约束的社会,人类智能到达高度成熟的水平。全球变化导致人类生存道德底线的文明发展前提逻辑,"知识革命"即意味着科学技术的创新,更强调人类命运共同体的世界观变革。全球化成为生态文明的显著标志,政治的全球治理、经济的世界一体化、文化的全球交流与沟通成为一种趋势。

---

①　2007年中共十七大提出了生态文明概念,2012年中共十八大确立了生态文明模式,参见百度百科"生态文明"词条。

②　参见"生态文明"百度词条。

空间城市系统是生态文明时代人类聚居空间的主导形式，高速交通、高速通信、高压能源使“联结”成为继“聚集”与“扩散”之后的第三种人居空间演化动因，空间城市系统脑的产生使人居空间具备了高级智能最优化组织功能。空间城市系统是人类文明发展的必然结果，人类命运共同体、全球一体化、世界可持续化发展都要求空间城市系统主导型人居空间容器的产生与发展，空间城市系统是随着人类文明的发展而逐渐形成的。

首先，20 世纪 40 年代以来，人类文明产生了世界观革命，随着系统论、控制论、信息论、耗散结构论、协同论、突变论等理论以及混沌理论、复杂性科学的产生，催生了“演化科学世界观”的诞生，并日趋成熟。它们为人居空间新形式的认识奠定了世界观基础，为人居空间创新理论提供了方法论。其次，21 世纪，世界范围“城市区域形态”的理论与实践为空间城市系统的理论与实践奠定了坚实的基础。在北美空间、欧洲空间、东亚空间城市区域实践日趋成熟；在南美空间、东南亚空间、澳大利亚空间城市区域实践得到了长足发展；南亚空间、中亚空间、北非空间具有很强的城市区域化潜力。“巨型区域”理论、“巨型城市区域”理论、“城市群”理论都为空间城市系统理论奠定了学理基础。最后，全球变化导致了地球人居生态系统的分岔①，《巴黎协定》开启了生态文明的新进程，而由空间城市系统、城市、聚落所组成的“可持续人居空间系统”是人类社会的必由之路，它构成了未来人类社会生态文明的全球容器。

（4）人居空间演化组织规律

组织规律是人居空间演化的过程②主体项。人居空间是一种人与物相结合的生命系统，人居空间演化的组织结构与组织过程都表现出明显的自组织与他组织两种形式。

第一，自组织规律。

人居空间演化的基础是一种自组织行为，是人居空间生命系统两个内部要素“人类社会”与“地理空间”相互作用的结果，是一种人地关系的自动进化行为。人居空间演化各个状态阶段都具有产生、发展、转型的过程，这种演化过程是客观的，是不以人的意志为转移的。人居空间演化自组织规律表现为人居空间生命系统从低级走向高级、从简单走向复杂、从无序走向有序。

第二，他组织规律。

人居空间演化的主体是一种他组织行为，人类是人居空间生命系统的他组织者。人类智能是人居空间演化他组织的主体，他组织过程表现为：其一，原始人类智能构建了人居空间巢穴形态。其二，初级人类智能计划建成了人居空间聚落形态。其三，中级人类智能规划建设了人居空间城市形态。其四，高级人类智能认识促进了城市区域

① 参见：WANG Hongjun. Earth human settlement ecosystem and underground space research[J]. Procedia Engineering，2016，165：765-781。地球人居生态系统在 1950 年发生第一次无序分岔，在 2030 年将发生第二次无序分岔。

② “组织是一个过程，在系统科学中，系统的演化是系统的一种主要行为，组织属于一类特殊的演化过程。”参见：许国志.系统科学[M].上海：上海科技教育出版社，2000：173。

形态。其五，高级人类智能将规划建设空间城市系统形态。

因此，人居空间演化组织规律是一种自组织基础之上的他组织行为，空间城市系统、城市、聚落是人居空间生命系统的基本构成，可持续、可控制、有序化是人居空间生命系统的基本原则。

(5) 人居空间演化基本定性规律

基本定性规律是人居空间演化的本质主体项。它揭示了人居空间本质属性、人居空间组分特性、人居空间演化特性，使我们对人居空间演化有一个基本的、整体的、特征的认识。

第一，人地关系本质属性。

人居空间的演化是人类社会与地球表面空间之间作用的结果，人类社会居于主动地位，地理空间居于从属地位。但是，地球表面空间对人居空间具有反向制约作用，人居空间所造成的"生态足迹"[10]，导致地球温度升高，致使"地球人居生态系统"[11]发生无序分岔，制约了人居空间的发展。因此，人居空间与地球空间必须处于和谐状态，人地关系必须处于可持续的框架之内，全球变化已经给人居空间的无序化发展亮起了警示灯。

第二，生命系统本质属性。

人居空间是一种人与物相结合的生命系统。首先，人类是人居空间的生物群落，他(她)们赋予人居空间的生命特征。其次，自然环境与人工要素构成了人居空间的物理环境，它们成为人居空间的物质基础。最后，人居空间能够与环境进行物质、信息、能量的交换，并在此基础上实现高级化、复杂化、有序化。因此，生命系统是人居空间的本质属性。

第三，人居空间组分特性。

人居空间包括地表人居空间、地下人居空间、地上人居空间，人居空间是地球空间中存在的最巨大、最复杂、最久历史的"人工物"，人工要素是人居空间的主要构成组分，包括物质、信息、能量。"人工物"一词的英文为 Artificial，是美国学者司马贺(即西蒙)在《人工科学:复杂性面面观》一书中的用词，正如西蒙所说:"我们如今生活的世界，与其说是自然界，还不如说是人造界或人工界，环境中的几乎每一事物都留下了人工的痕迹。"[12]因此，人居空间演化过程就是人类聚居"人工物"被创造出来的过程，人居空间演化规律也是关于人类聚居"人工物"进化的规律。

第四，人居空间演化特性。

人居空间演化特性是指在演化过程中各种要项之间的关系，主要表现在空间形式、状态变量、组织特性、结构特性、主导时间等方面。空间要素及其分布形式是人居空间形态的决定因素，因此人居空间演化"结构特性"划分的主要依据就是"空间要素及其分布形式"，例如空间要素呈节点分布、基元分布、组分分布、体系分布或者以高级化的耗散状态存在形式。经过对人居空间演化的历史分析、结构分析、变量分析，我们归纳出人居空间演化基本特性如下(表 1.1)：

表 1.1　人居空间演化基本特性

空间形式	状态变量	组织特性	结构特性	主导时间
巢穴形态	集聚变量	自组织	节点结构	约 350 万年
聚落形态	集聚变量	自组织 他组织	基元结构	约 9 760 年
城市形态	集聚变量 扩散变量	自组织 他组织	组分结构	201 年
城市区域形态	集聚变量 扩散变量 联结变量	自组织 他组织	体系结构	53 年
空间城市系统形态	集聚变量 扩散变量 联结变量	自组织 他组织	耗散结构	2015 年起

注:本书中未标注来源的表格均为笔者绘制。

(6) 人居空间演化基本定量规律

基本定量规律是人居空间演化的状态主体项。通过人居空间演化函数因变量与自变量之间的定量关系精确说明了人居空间演化所处的状态。人居空间演化基本定量规律是为定性规律服务的,即人居空间演化状态表述精确说明了人居空间演化每个阶段的本质属性。

第一,巢穴阶段定量规律。

在人居空间演化巢穴主导阶段,人居空间演化"状态变量"为零,即有集聚变量 $x=0$、扩散变量 $y=0$、联结变量 $z=0$。

因此,人居空间演化函数 $F=f(x, y, z)=C$,即人居空间演化函数为常数 C,表示人居空间演化巢穴阶段处于相对静止状态,这种人居空间演化相对静止结构状态持续时间长达约 350 万年。

第二,聚落阶段定量规律。

在人居空间演化聚落主导阶段,人居空间演化"状态变量"有集聚变量 $x\neq 0$、扩散变量 $y=0$、联结变量 $z=0$。

因此,人居空间演化函数 $F=f(x)$,即人居空间演化为一元函数,表示人居空间演化聚落阶段处于稳定的平衡态结构,这种人居空间演化平衡态结构稳定状态持续时间长达约 9 760 年。

第三,城市阶段定量规律。

在人居空间演化城市主导阶段,人居空间演化"状态变量"有集聚变量 $x\neq 0$、扩散变量 $y\neq 0$、联结变量 $z=0$。

因此,人居空间演化函数 $F=f(x, y)$,即人居空间演化为二元函数,表示人居空间演化城市阶段处于渐变的近平衡态结构,这种人居空间演化近平衡态结构渐变状态持续时间长达 201 年。

第四，城市区域过渡阶段定量规律。

在人居空间演化城市区域过渡阶段，人居空间演化“状态变量”有：集聚变量 $x \neq 0$、扩散变量 $y \neq 0$、联结变量 $z \neq 0$。

因此，人居空间演化函数 $F=f(x, y, z)$，即人居空间演化为三元函数，表示人居空间演化城市区域过渡阶段处于快速变化的近耗散态结构，这种人居空间演化近耗散态结构快速变化状态持续时间为53年。

第五，空间城市系统阶段定量规律。

在人居空间演化空间城市系统阶段，人居空间演化“状态变量”有集聚变量 $x \neq 0$、扩散变量 $y \neq 0$、联结变量 $z \neq 0$。

因此，人居空间演化函数 $F=f(x, y, z)$，即人居空间演化为三元函数，表示人居空间演化空间城市系统阶段处于分岔临界或耗散结构状态，这种人居空间演化分岔临界或耗散结构状态始自2015年起约未来100年。

(7) 人居空间演化阶段对应规律

对应规律是人居空间演化阶段的整合规律。人居空间演化分为巢穴阶段、聚落阶段、城市阶段、城市区域过渡阶段、空间城市系统阶段，根据人居空间演化的时间、空间、文明、组织、定性、定量规律认知，可以发现人居空间演化具有阶段对应规律。

科学哲学“对应原理”是指“由于发现了前所未知的新事实，就必须补充或修正原有的假说，甚至建立全新的假说来取代原有的假说。新旧假说当然具有质的差别，但两者之间存在着一定的继承性”。“第一，新的假说比原有理论具有更丰富的检验蕴涵。第二，新的假说在原理论得到充分确证的那个领域以渐近线的形式与之相一致。”[13]

第一，巢穴阶段对应规律。

当人类原始社会进入自为的人居空间巢穴阶段，巢穴形态对应整合了类人猿的无居所状态，巢穴阶段出现于大约350万年前，与类人猿进化成猿人的时间300万～500万年大致衔接。在人居空间巢穴主导阶段，前向对应继承着“无居所状态”，后向接续着“聚落形态”。

第二，聚落阶段对应规律。

当人类农业社会进入自主的人居空间聚落阶段，聚落形态对应整合了巢穴形态，聚落阶段出现于大约9 760年前，与农业文明产生时间约1万年基本吻合。在人居空间聚落主导阶段，前向对应继承着“巢穴形态”，后向接续着“城市形态”，即城市形态开始出现，但居于人居空间形式的从属地位。

第三，城市阶段对应规律。

当人类工业社会进入自强的人居空间城市阶段，城市形态对应整合了聚落形态。1961年截止，城市阶段持续时间为201年，与工业文明产生时间200年基本吻合。在人居空间城市主导阶段，前向对应继承着“聚落形态”，后向接续着“城市区域形态”，即城市区域形态开始出现，但居于人居空间形式的从属地位。

第四,城市区域过渡阶段对应规律。

当人类进入后工业社会时代,人居空间形式发生了本质的变化,由独立空间单位进入联结区域空间阶段,城市区域形态对应整合了城市形态。自 1961 年开始,美国出现了"大都市连绵带"人居空间形式(参见戈特曼《大都市连绵带:城市化的美国东北海岸》著作),到 2014 年空间城市系统日趋成熟,时间长度总计 53 年。人居空间前沿形式以"城市区域"方式存在,直至到达空间城市系统形态。因此,我们说"城市区域"过渡时间总计 53 年。

2012 年生态文明正式确立,对应整合了后工业社会概念,从 1961 年到 2012 年总计 51 年时间,与城市区域过渡时间大致吻合。在人居空间城市区域过渡阶段,前向对应继承着"城市形态",后续承担着空间城市系统的预备阶段。

第五,空间城市系统阶段对应规律。

当人类进入生态文明时代,人居空间形式进入了空间城市系统阶段,以空间城市系统为主导的"可持续人居空间系统"①将对应整合巢穴形态、聚落形态、城市形态、城市区域形态。在 2015—2025 年可预见的 10 年时间,空间城市系统形态将前向对应继承着"城市区域形态",后续承担着"可持续人居空间系统"的领导职能。因为空间城市系统的系统化、均衡性与集约化,它将减少人居空间"生态足迹",是一种对地球生态环境的回归模式。

通过以上分析,我们得出了"人居空间演化阶段对应规律",它揭示了人居空间演化的自组织递进性,是人居空间演化的基本规律。

1.2 城市科学范式概论

1.2.1 科学世界观

科学世界观是科学家所秉持的"一套信念体系"[14],每一种科学世界观对应着一种科学方法论,每一种方法论创新出一种学科范式,因此科学世界观是学科范式的基础。科学世界观的革命导致方法论的变革,方法论的变革导致学科范式的创新。科学世界观有一个清晰的产生与发展的过程,城市科学范式②随着这个过程而发展,空间城市系统范式由此而产生。世界科学历史实践决定着科学世界观的产生与发展,主要分为三个历史阶段。

1)基础科学世界观

古代希腊学者亚里士多德(公元前 384—前 322)和苏格拉底、柏拉图并称为西方哲学的奠基者,他的著作是西方哲学第一个系统的理论体系,涵盖了科学、社会科学、艺术等诸多学科领域。亚里士多德奠定了多门学科的基础,他的物理学思想影响深远

① 可持续人居空间系统是空间城市系统、城市、聚落的有机化组合。
② 城市科学是一个宽泛的概念,包括了与城市相关的科学与社会科学的各个领域。

直至文艺复兴时期，他的生物学思想甚至启迪着 20 世纪普里戈金的世界观——“我们很接近亚里士多德的宇宙观”[15]。因此，亚里士多德的“基础科学世界观”成为科学认识论的源头，成为整个科学世界观体系的基础。

由亚里士多德所创建，以及后来者所完善的“基础科学世界观”成为“西方世界从公元前 300 年到公元 1600 年的主流信念体系”[16]，其主要内容包括地球中心说、月亮区域说、五种元素说、物体本质说、静止运动说等①。亚里士多德是现实主义的鼻祖，是科学规律认识的奠基人，强调对原因、程序、目的的研究。亚里士多德是形式逻辑的奠基人，是科学原因②、科学理性、科学分析等科学研究方法的奠基人。亚里士多德的“基础科学世界观”对人类科学史产生了深远的影响，成为后续“经典科学世界观”的基础。

2）经典科学世界观

（1）伽利略“前经典科学世界观”

文艺复兴时代意大利学者伽利略（1564—1642）开启了“前经典科学世界观”。伽利略结束了千余年亚里士多德的“基础科学世界观”，他继承了阿基米德的科学思想与研究方法，创建了科学实验研究方法，成为现代物理学、现代天文学的奠基者。伽利略为牛顿运动定律奠定了物理学基础，成为“前经典科学世界观”的创始者。

伽利略颠覆了“地球中心说”，证实了“太阳中心说”。他最早利用望远镜进行天文观察，证实了“哥白尼天文学体系和开普勒天文学体系”[17]，结束了持续 1 500 多年的错误的托勒密天文学体系。伽利略是科学革命的里程碑，完成了宗教世界观到科学世界观的转化。他承认物质的客观性、多样性和宇宙的无限性，成为唯物主义哲学的基础。伽利略发现了重力加速度现象，强调用科学实验来认识自然规律，用观测事实来得出科学结论，创建了理论联系实际的科学研究方法，成为“现代科学之父”。

（2）牛顿“经典科学世界观”

近代英国学者牛顿（1643—1727）改变了人类社会的世界观，是“经典科学世界观”的创建者。从出版《自然哲学的数学原理》的 1687 年直到 1900 年，牛顿“经典科学世界观”在世界居于主流信念地位，其主要内容包括：太阳地球行星宇宙体系、三大运动定律、万有引力定律等，牛顿否定了亚里士多德“地球静止”的观点，树立了“地球是运动的”[18]信念。

以牛顿为代表的现代学者，将实验物理学、数学、归纳演绎、唯物主义等方法综合应用，开始了对科学规律的深度认识，其原理可以表示为

$$\text{规律认识} = \text{观察实验} + \text{归纳演绎} + \text{科学分析} \tag{1.6}$$

即物质世界是有确定性规律的，而科学规律的认识是通过“观察实验”“归纳演绎”“科

① 参见：理查德·德威特.世界观：科学史与科学哲学导论[M].李跃乾，张新，译.2 版.北京：电子工业出版社，2014：8-9。

② 科学原因即质料因、形式因、动力因、目的因。

学分析”等研究方法所获得的。牛顿所发现的力学认识模式可以简练的表示为

$$力学认识=发现逻辑+解释逻辑 \quad (1.7)$$

牛顿的力学认识模式影响了人类社会的基本认识论，在自然科学、社会科学、人文艺术等领域具有普遍性方法论意义。“机械观”是“经典科学世界观”的核心，“确定性”是“经典科学世界观”的基本原则，“规律性”是“经典科学世界观”认识客观世界的方法。牛顿开启了现代科学研究的时代，是近代科学的集大成者，他奠定了经典物理学与工程学的基础，为“工业革命”的机器应用奠定了科学理论的基础。牛顿为1700年至1900年“经典科学世界观”的发展奠定了基础，成为普朗克与爱因斯坦“后经典科学世界观”的根基。

(3) 爱因斯坦“后经典科学世界观”

现代瑞士学者爱因斯坦(1879—1955)创建了“相对论”理论，深刻地揭示了自然世界最本质的规律，使人类对客观世界的认识实现了革命性的进步。因此，爱因斯坦也成为高速运动与宏观世界“后经典科学世界观”的创始者。

在狭义相对论中，爱因斯坦颠覆了牛顿的“绝对时空观”，创建了“相对时空观”。在广义相对论中，爱因斯坦对应整合了牛顿关于“重力”的观点，创建了“时空曲率”的理论①。爱因斯坦改变了人类基本常识性的信念，“这些信念包括长度、时间隔离、同时性以及重力的本质”[19]。爱因斯坦建立了相对论力学，给出了著名的质能关系式$E=mc^2$，使人类进入了原子能时代，他否定了“以太说”，确立了“光速极限”，发现了“光电效应”原理，预言了引力波的存在，推动了量子力学的发展。

爱因斯坦的“后经典科学世界观”是对牛顿“经典科学世界观”的继承与对应整合，“无需改变上述牛顿机械论的世界观的全部”“它能与牛顿机械论的世界观信念拼图互相兼容”。[20]爱因斯坦坚信“上帝不掷骰子”，认为“不可逆性是一种幻觉，一种主观印象”[21]。爱因斯坦的“后经典科学世界观”使机械论世界观走到了尽头。正所谓，他颠覆了牛顿，他是牛顿的最后守护者。

(4) 普朗克“后经典科学世界观”

现代德国学者普朗克(1858—1947)开创了“量子力学”，成为微观世界“后经典科学世界观”的创始者。正如普朗克所说，研究人员的世界观将永远决定着他的工作方向，他实现了对牛顿世界观的进步，提出了“量子化”的概念，推出了“普朗克常数”以及“玻尔兹曼常数”，摆脱了经典力学的束缚，创建了“量子力学”实现了物理学的革命。

普朗克的“后经典科学世界观”改变了人类对现实世界的看法，“宇宙是在不停地分裂成多个平行的宇宙”[22]，即原子、电子、中子、质子、光子。他改变了人类世界生活的面貌，量子力学促进了化学、生物、医学、电子学、计算机科学、光学、通信科学等学科的发展。普朗克的世界观创新使“存在的物理学走到了尽头”“演化的物理学，不可逆

① 参考见：理查德·德威特.世界观：科学史与科学哲学导论[M].李跃乾，张新，译.2版.北京：电子工业出版社，2104：207-234。

性正是从经典力学或量子力学的终结之处开始的"[23]。由此可见,普朗克"后经典科学世界观"为后来普里戈金"演化科学世界观"的革命奠定了基础。正所谓,他走完了牛顿之路,他开启了后来者之门。

3）演化科学世界观

（1）普里戈金"演化科学世界观"

当代比利时学者普里戈金(1917—2003)创建了"耗散结构理论",结束了"经典科学世界观"对世界的机械化认识论,开创了"演化科学世界观"对世界的演化认识论。1945年,普里戈金提出了最小熵产生定理;1969年,他发表了"耗散结构理论"。普里戈金先后出版了《化学热力学》《不可逆过程热力学导论》《非平衡统计力学》《非平衡系统中的自组织》《从存在到演化》等系列著作,为自然科学与社会科学研究提供了新的方法论。

普里戈金指出,以牛顿力学为代表的近代科学描述了一个相对静止和存在绝对化的世界,表现为时间的可逆性,未来与过去没有实质性差别。而普里戈金说明了时间是不可逆的,时间之矢不可逆地指向未来,传递了动态与演化的世界景象。所谓耗散结构理论是指,一个远离平衡的开放系统通过与外部环境进行物质、信息、能量的交换,经过涨落过程实现分岔,形成具有一定组织和秩序的动态结构,即耗散结构。"耗散结构理论"具有普遍意义,适用于自然科学、社会科学乃至人文科学。

普里戈金的"演化科学世界观"将克劳修斯退化论与达尔文进化论统一起来,将存在静止的世界与演化生命的世界、科学文化与人文文化统一起来,揭示了复杂系统走向有序的不可逆发展过程。他结束了从"牛顿力学"直至"量子力学"与"相对论"的存在的世界观,开启了"演化科学世界观"的新时代,揭示了生命系统从低级向高级、从简单到复杂自组织演化的过程。2003年5月,普里戈金逝世于布鲁塞尔,他站在时间之河的岸上,为人类指明了时间与空间新的认识方向。

普里戈金的"演化科学世界观"为空间城市系统范式提供了世界观的基础,改变了我们用机械的观点看待人居空间演化问题。进化论的观点使我们将人居空间变化看作一个生命进化的过程,"演化科学世界观"使我们认识到空间城市系统是一个自组织演化过程的结果。"耗散结构理论"为空间城市系统研究提供了基本的方法论。空间城市系统演化自组织过程包括平衡态、近平衡态、近耗散态、分岔,就是一个从存在到演化再到有序结构的过程。

（2）哈肯"演化科学世界观"

当代德国学者哈肯(1927—)创建了"协同论",成为"演化科学世界观"的又一个开创者。1971年,哈肯发表了论文《协同学:一门协作的学说》;1976年,他出版了《协同学导论》的著作;1983年,他出版了《高等协同学》的著作;1987年,他出版了《信息与自组织》的著作。

普里戈金的"耗散结构理论"、哈肯的"协同论"、托姆的"突变论"成为"演化科学世界观"的核心理论。哈肯为"演化科学世界观"增添了不可或缺的主体性内容,其"信息与自组织"理论揭示了信息在系统演化过程的作用,使得"物质、信息、能量"对系统演化的原理得以完善，使“演化科学世界观”获得完备的“实证事实”[24]。

哈肯的“演化科学世界观”为空间城市系统范式提供了世界观的基础，他的“序参量概念”使我们对空间城市系统演化有了科学的认知，他的“最大信息原理”使我们对空间城市系统演化的信息机理有了科学的理解。正是哈肯这样诸多的学者，共同构建起“演化科学世界观”一整套的科学信念体系。

(3) 托姆“演化科学世界观”

当代法国学者托姆(1923—2002)创建了“突变论”，成为“演化科学世界观”的又一个开创者。1967 年，托姆发表论文《形态发生动力学》，阐述了“突变论”的基本思想；1969 年，他发表论文《生物学中的拓扑模型》，为“突变论”奠定了基础；1972 年，他出版了《结构稳定性与形态发生学》的著作，系统地阐述了“突变论”。

托姆的“突变论”用数学方法表述了系统临界的非连续质变过程，即分岔过程。“突变论”“耗散结构”“协同论”所构成的理论体系，说明了系统演化的全部自组织过程。因此，托姆为“演化科学世界观”增添了不可或缺的主体性内容，为“演化科学世界观”提供了数学演绎的“科学事实”[25]。

托姆的“演化科学世界观”为空间城市系统范式提供了世界观的基础，他的临界突变理论为空间城市系统演化分岔认识提供了数理逻辑根据，使我们树立了定量化认识空间城市系统非连续质变机理的科学信念。正是托姆这样诸多的学者，共同构建起“演化科学世界观”一整套的科学信念体系。

(4) “演化科学世界观”综述

“演化科学世界观”是一套“信念体系，是一个各条信念互相联系，环环相扣、连贯一致的体系”[26]，它由各个年代的学者所创建的理论体系构建而成。

第一，1859 年，英国学者达尔文(1809—1882)出版了《物种起源》的著作，创建了“进化论”学说，为“演化科学世界观”奠定了基础。

第二，1937 年，奥地利学者贝塔朗菲(1901—1972)提出了一般系统论原理。1955 年，他出版了《一般系统论》的著作，奠定了系统科学的理论基础，成为“演化科学世界观”的基础性内容。

第三，1948 年，美国学者维纳(1894—1964)出版了《控制论》的著作，揭示了系统控制的基本规律，成为“演化科学世界观”的主要内容。

第四，1948 年，美国学者香农(1916—2001)发表了论文《通信的数学原理》，奠定了“信息论”的基础，成为“演化科学世界观”的主要内容。

第五，20 世纪 60 年代之后，普里戈金、哈肯、托姆所代表的一系列理论创新，奠定了系统科学的基本框架，在此基础上发展出比较成熟的“演化科学世界观”体系。

第六，20 世纪 60 年代之后，“混沌理论”得到了长足发展，其中洛伦茨、埃侬、吕勒与塔肯斯、李天岩与约克、费根鲍姆等人做出了突出贡献。“混沌理论”认识论，进一步丰富了“演化科学世界观”体系。

第七，20 世纪 70 年代之后，复杂性科学蓬勃地发展起来，形成了美国学派、欧洲学派、中国学派。美国学者约翰·霍兰提出了复杂适应系统(CAS)理论,这是复杂性科学的代表理论。复杂性科学发展,极大地促进了"演化科学世界观"的发展。

(5) 空间城市系统范式与"演化科学世界观"内在逻辑关系

"空间城市系统范式"与"演化科学世界观"之间存在着必然的逻辑关系。首先,空间城市系统为系统属性,与"演化科学世界观"所表达的本质属性完全吻合。其次,空间城市系统文明形态,包括了政治、经济、社会、文化、生态,反映了人类文明的最前沿成果。最后,空间城市系统文明代表着人类社会发展的未来,是可持续发展人居空间体系的核心部分。

所以,"演化科学世界观"是"空间城市系统范式"的哲学基础,空间城市系统理论就是建立在上述"演化科学世界观"基础之上的。在此基础之上,应用"系统科学方法论"空间城市系统理论构建了全新的人居空间范式。

1.2.2 城市科学范式

1)城市科学概念

城市科学是一个很宽泛的概念,迄今为止没有一个准确的概念说明城市科学的范畴,在中国乃至世界学科分类中难以找到"城市科学"的踪影。正如中国学者钱学森所说:"要解决复杂的城市问题,首先得明确一个指导思想——理论。……有必要建立一门应用的理论科学,就是城市学。"[27]中国学者宋峻岭指出,"在城市科学的科学群体中包括建筑、规划、地理、历史、经济、社会、设计等学科"[28]。

城市实践是人类最大的社会活动,城市理论是学科交叉最多的综合体系。因此,城市科学的范畴是一个超级理论体系,很难像一般学科那样被创建起来,城市科学定义就是一个十分困难的学理性问题。就人类社会最基本的"衣、食、住、行"四大活动而言,城市占据了重要地位。随着世界城市化率的不断提高(2015 年为 66%)、城市区域实践的快速发展、城市生态足迹对全球变化影响的加剧,我们无法回避"城市科学"的客观存在,不得不对"城市科学"进行基础性的概念界定。

所谓城市科学是指以城市总体为研究对象,以科学、社会科学、人文艺术为方法论所形成的城市理论体系。首先,城市科学是一门综合性的超级学科,是一套不断发展的理论体系;其次,城市科学包含不同的学科分类,如城市历史、城市政治、城市经济、城市社会、城市文化、城市生态环境、城市形态、城市空间结构、城市规划、城市建筑、城市景观等;最后,城市科学包含不同层级的理论范式,如城市范式、城市区域范式、空间城市系统范式。

2)范式与范式革命①

1962 年,美国科学史学者托马斯·库恩(1922—1996)出版了《科学革命的结构》

---

① "范式革命"一词是"科学革命"的同义词:"科学革命是旧范式全部或部分地为一个与其完全不能并立的崭新范式所取代,范式的转换应被称为革命。"参见:托马斯·库恩.科学革命的结构[M].金吾伦,胡新和,译.北京:北京大学出版社,2003:85。

一书，提出了“范式”与“科学革命”(范式革命)的理论。库恩的理论在科学哲学史上是一次革命，它极大地促进了科学与社会科学的革命，推动了各门学科范式的涌现与发展。

所谓范式是指一种理论体系，库恩说：“一个范式就是一个公认的模型或模式，在这一意义上，在我找不出更好的词汇的情况下，使用‘Paradigms’(范式)一词似颇合适。”[29]遗憾的是库恩没有给出“范式”的确切定义，并在后续论述中改用“词典”(Lexicon)一词取而代之。就具体学科而言可称之为“学科范式”，我们认为学科范式是科学发展特定阶段，学术共同体所认同与遵守的既成的理论体系。学科范式包括三个基本方面：其一，共同的科学世界观；其二，相同的研究方法论；其三，统一的理论体系。学科范式是建立在科学世界观基础之上的，一定的科学世界观对应一定的方法论，一定的方法论产生一定的学科范式。

所谓“科学革命在这里是指科学发展中的非累积性事件，其中旧范式全部或部分地为一个与其完全不能并立的崭新范式所取代”[30]，因此“科学革命”也就是“范式革命”，针对具体学科可称之为学科范式革命。按照库恩的理论，“科学革命”(范式革命)是一个从旧范式到新范式的发展过程，从旧“范式的优先性”，到出现“反常与科学发现的突现”，再到“危机与科学理论的突现”，直至“科学革命的本质与必然性”，从而产生“新范式”①。

库恩指出“革命是世界观的改变”“范式一改变，这世界本身也随之改变了。科学家由一个新范式指引，去采用新工具，注意新领域。范式改变的确使科学家对他们研究所及的世界的看法变了，在革命之后，科学家们所面对的是一个不同的世界”。[31]因此，学科范式革命是科学世界观的进步，是研究方法论的高级化，是学科理论体系的创新。就城市科学范式而言，科学世界观是城市科学范式的基础，研究方法论是城市科学范式的根据，理论体系是城市科学范式的内容。科学世界观的转型与研究方法论的更新，是城市科学范式革命的充分与必要条件，空间城市系统理论是城市科学范式革命的必然结果。

3）城市范式

(1) 城市范式说明

人居空间形态意义上的近代城市起始于18世纪60年代，迄今有约260年的历史，它是工业文明的产物，又可被称为工业城市。近现代城市是一个复杂的人工物，城市科学无法进行实验，只能对客观事实进行归纳分析研究，经过竞争逐渐形成“城市范式”。所谓城市范式是指由众多城市科学家所形成的、关于城市的、公认的城市理论体系。“城市范式”是一个巨大的学科体系，城市学术共同体是一个巨大的学者群体，现择其扼要进行脉络性表述。因篇幅所限，本处城市科学学者仅限于“城市理论”领域。

① 参见：托马斯·库恩.科学革命的结构[M].金吾伦，胡新和，译.北京：北京大学出版社，2003：40－85。

第一，在欧美城市科学共同体中，霍华德、格迪斯、哈塞特、芝加哥学派、柯布西耶、克里斯塔勒、廖什、杰斐逊、空间分析学派、沙里宁、芒福德、雅各布斯、哈格特、邓肯、贝里、弗里德曼、洛杉矶学派、科特金、林奇、科斯托夫、霍尔、哈维、萨森、卡斯特、泰勒、克鲁格曼等学者对“城市范式”做出了理论贡献。

第二，在中国城市科学共同体中，杨吾扬、周干峙、宋家泰、吴良镛、陆大道、邹德慈、崔功豪、刘君德、许学强、胡序威、周一星、宁越敏、顾朝林、王旭、段进、张京祥、朱喜钢、甄峰、陆玉麒、周春山、柴彦威、武廷海、孙施文等学者对“城市范式”做出了理论贡献。

第三，在日本城市科学共同体中，山崎、木内信藏、清水、金朝洞、北川、山鹿、小出、石水、伊藤、服部、国松、桑岛、田辺、吉田、森川、西村、奥野、加贺谷、稻永、山口、日野、高坂、中村、杉浦、富田、田口、成田、藤井、高桥、谷内、佐藤、长谷川、和林、户所、荒井、宫泽、若林、由井、池泽、山川、矢部、小长谷、生田、平、阿部、山下、日野正辉等学者对“城市范式”做出了理论贡献。①

自19世纪末到21世纪初的时间，“城市范式”在人居空间领域确立了其“范式的优先性”[32]地位，这个理论体系的本质是“城市”，城市中心性、城市话语体系、城市定性与定量规律是“城市范式”的显著标志。毋庸置疑，“城市实践”与“城市范式”是人类历史上最伟大的事件，城市化改变了人类社会的生活面貌，标志着人类文明的进步。

(2) “城市范式”学科解析

如前所述，学科范式、方法论、科学世界观构成了一个科学知识体系，科学世界观是基础，方法论是工具，学科范式是结果。“学科发展的目标是知识的发现和创新，学科是科学知识体系的分类，不同的学科就是不同的科学知识体系，构成一门独立学科的基本要素主要有三个：①研究的对象或研究的领域，即独特的、不可替代的研究对象。②理论体系，即由特有的概念、原理、命题、规律等所构成的严密的逻辑化的知识系统。③方法论，即学科知识的生产方式。”②

根据上述标准，对“城市范式”学科进行解析可以得到如下结论：

① “城市范式”研究对象

城市是“城市范式”学科的研究对象，其本质是地球表面的空间节点。城市地理学认为“从区域角度看，城市是一个点”[33]，“城市说”是这一科学知识体系的最显著特征。“城市范式”学科将单元化的城市作为研究对象，就地球表面宏观尺度而言，城市的空间形态与空间结构仅仅是一个“元素”“其本质特征是具有基元性，元素不具有系统性”。[34]基元性的空间节点是牛顿力学的标准研究对象，因此“城市范式”的研究对象是牛顿的“经典科学世界观”。

① 本处根据日野正辉论文《1950年代以来日本城市地理学进展与展望》内容整理，以城市地理学者为主。参见：顾朝林，谭纵波.城市与区域规划研究：低碳城市[M].北京：商务印书馆，2010。

② 参见360百科：学科。

② “城市范式”方法论

“城市范式”方法论是“经典科学世界观”。就城市产生、发展与空间分布的各种理论而言，或者其方法论局限在牛顿力学分析框架之中，或者其理论基础是“经典科学世界观”。

第一，城市生成理论。“集聚”与“扩散”是“城市范式”学科公认的城市生成序参量概念，中国学者朱喜钢认为“集中与分散是城市空间演化中的基本表现，它们贯穿于城市发展运动的全过程，并体现于不同尺度的城市空间结构形态的组织上”[35]。美国学者保罗・克鲁格曼的城市模型说明了城市的产生过程，“集聚的向心力和离心力是空间经济学研究的主要内容”[36]。因此，城市生成理论主要是基于牛顿力学分析方法论的。

第二，城市成长理论。就法国学者普拉克斯等人提出的“生长极理论”，中国学者顾朝林认为“经济空间定义为一个包含着诸种作用力的场，以此说明极核是各种经济力量的向量形式，作为各种力的作用场，经济空间由许多中心点组成，有些中心点具有向心力，有些则具有离心力”[37]。显然“生长极理论”是基于牛顿力学分析方法论的。早期芝加哥学派的伯吉斯的“同心圆城市结构理论”、中期美国学者霍伊特的“扇形模式”、后期美国学者弗里德曼的“核心—边缘理论”都是空间功能分区的“机械圆”分析方法，集聚力与扩散力是它们共同的城市形成动因。因此，它们的方法论都是基于“经典科学世界观”的。

第三，城市空间结构理论。中国学者黄亚平指出，“空间分析学派在城市地理研究方面所建立的模型、定律之中，最机械的莫过于重力模型。该模型借用牛顿力学定律把人与物质等同起来。‘通用城市模型’往往是多个重力模型结合而成的，其中又以劳锐(Lowry)模型最为简单而又影响最大”[38]。可见城市空间定量分析方法是建立在牛顿力学基础之上的。

第四，城市空间相互作用理论。美国学者赖利的“零售引力模型”，康弗斯的“断裂点公式”“引力模式”“潜力模式”①，都将城市之间的关系看成两个力学物质点之间的相互作用，是牛顿力学万有引力公式的直接应用，其“经典科学世界观”清晰可见。

③ “城市范式”理论体系

“城市范式”学科理论主要是指关于“城市”与“城市体系”的相关理论。“城市范式”理论体系的形成时间为19世纪末到21世纪初，以“城市”为研究对象是关于“城市”的学说，形成了“城市范式”理论体系的共同特征。“城市范式”理论体系是人类社会对人居空间近现代实践的归纳总结，成为近现代人居空间理论的主流范式，它为“城市区域理论”与“空间城市系统理论”奠定了演绎基础。

A. 城市理论

城市理论泛指与城市相关的理论体系，经过一百多年的发展，它几乎包含了人类

① 相关理论均参见：许学强，周一星，宁越敏.城市地理学[M].北京：高等教育出版社，1997：194-198。

社会的各个方面，例如城市发展史、城市地理学、城乡规划学、城市形态、城市空间结构、城市景观、城市生态学、城市经济学、城市社会学、城市政治、城市文化、城市精神等理论。

首先，“城市范式”的研究对象是“经典科学世界观”。其次，“城市范式”的学科方法论是“经典科学世界观”。最后，就地球表面宏观尺度而言，城市的本质是地球表面的空间节点，城市是具有基元性的地理空间“元素”，城市理论就是关于“元素”的基元性理论，因而就地球表面宏观意义而言，城市理论本身具有“经典科学世界观”的本质特征。因此“城市理论”是以“经典科学世界观”为基础的。

B. 城市体系理论①

“城市体系”是城市科学中很重要的概念，中国学者顾朝林指出，“所谓城镇体系，是指在一定地域范围内，以中心城市为核心，由一系列不同等级规模、不同职能分工、相互密切联系的城镇组成的有机整体”[39]。“城市体系”涵盖了地方城市体系、国家城市体系、洲际城市体系、世界城市体系②，形成了一整套“城市体系”理论体系。就“城市体系”而言，首先，城市体系是一种历史性客观存在，只要有“城市”就有“城市体系”，其本质是特定地理空间中不同层次的城市集合体。其次，德国学者克里斯塔勒的中心地理论“被后人公认为城镇体系研究的基础理论”[40]。“1964 年贝里使得‘城镇系统’一词成为正式用语。可见，城镇体系一词的诞生就与中心地理论一脉相承。”[41]最后，随着“城市区域”形态的发展，“城市体系”实践与“城市体系理论”将日趋式微，特别是在北美、欧洲、东北亚空间，城市区域理论与空间城市系统理论将居于主导地位。关于“城市体系”与“城市体系理论”的科学世界观属性问题，我们有两个基本问题要解析清楚，方可对其做出结论。

第一，“城市体系”辨析与“贝里之谬”。

首先，“城市体系”与“城市系统”是两个本质不同的概念。“城市体系”是一种历史客观存在，如“中国早期城镇体系”③，而地球表面“空间城市系统”是 21 世纪才具有的人居空间新形态；“城市体系”结构在各城市之间是独立的基元关系，而“城市系统”结构在各城市之间是系统组分关系；“城市体系”不具有整体涌现性，而“城市系统”具有非加和的整体涌现性；“城市体系”只具有“集聚”“扩散”两种基本动因，而“空间城市系统”具有“集聚”“扩散”“联结”三种基本动因；“城市体系”功能是“非严密结构的整体”[42]的作用，而“城市系统”的行为与功能是严密的一体化的作用，如“空间城市系统演化”行为。

其次，“城市体系”与“城市系统”具有相似性。一是两者都具有地理环境基质，对于区域“城市体系”而言，它所拥有的地理基质与“空间城市系统”的环境基质相同；二

① “城市体系”与“城镇体系”为相同概念，所谓城镇只是城市的最低等级而已。

② “国家城市体系”如中国《全国城镇体系规划（2006—2020 年）》；“洲际城市体系”如彼得・泰勒《世界城市网络的区域性》中所划分的 7 个地区；“世界城市体系”如“世界城市体系的演化”，参见：袁晓辉，顾朝林.世界城市研究的几个核心问题[J].城市与区域规划研究，2012(1)：29-52。

③ 参见：顾朝林.中国城镇体系——历史・现状・展望[M].北京：商务印书馆，1992：24。

是两者都具有群体性，城市元素是“城市体系”与“城市系统”所共同具有的；三是两者都具有层次性，如“中国城市体系”拥有直辖城市、省会城市、地级城市、县级城市四个层级，而“空间城市系统”拥有牵引城市（TC）、主导城市（LC）、主中心城市（MC）、辅中心城市（AC）、基础城市（BC）五个层级；四是两者都具有关联性，“城市体系”与“城市系统”的各城市元素之间都具有关系属性。总之，“城市体系”属于“城市范式”中的概念，“城市系统”属于“空间城市系统范式”的概念。“空间城市系统”一定是“城市体系”，而“城市体系”不必然是“城市系统”，“空间城市系统”是“城市体系”的进化物。

最后，在“城市体系”与“城市系统”问题上，存在着起源性的“贝里之谬”现象。1964年，美国学者贝里将“中心地理论”与“一般系统论”（The General Systems Theory）相结合创建了“城市系统”概念，他用了‘Urban Systems’一词来表述①。贝里简单地将人口与服务的中心地等级体系，原文表述为‘urban population distributions and the hierarchy of service centers(the central place hierarchy)’[43]，定义为“城市系统”。从此，专业术语“城市体系”（Urban Systems）被正式确立，并影响着中外城市科学界。由上述分析可知，贝里的“城市系统”（Urban Systems）概念界定违背了系统科学对于“系统概念”的基本原则，错误地将“城市体系”与“城市系统”的相似性主观地认知为“城市体系”具有了“系统”的本质特性。“贝里之谬”混淆了“城市体系”与“城市系统”两者之间本质性的差异，在没有对“城市体系”做全面的系统科学分析的前提下，对这样一个城市科学基础概念做出了主观臆断的定义。“贝里之谬”对后续“城市体系理论”产生了深远的影响，认为“城镇体系是一个复杂的系统，一般由次级系统组成，次级系统又可能派生出许多子系统，子系统又由许多城镇组成”[44]。需要说明的是在中文语境中，“体系”并不必然具有系统科学条件下“系统”的语意，“城市体系”也就不必然具有系统科学条件下“城市系统”的语意。而在英文语境中，“体系”与“系统”具有相同的表现形式‘System’，在语意上是相同的，这也造成了“城市体系”与“城市系统”问题在中文环境与英语环境中的混沌认知现象。

第二，中心地理论评价。

1933年，德国学者克里斯塔勒提出了“中心地原理”，出版了《德国南部中心地原理》的著作。1939年，德国学者奥古斯特·勒施（August Losch）出版了《经济空间秩序：经济财货与地理间的关系》的著作，提出了“市场区位理论”，亦称“勒施景观”。城市地理学将两者统称为“中心地理论”[45]，并公认为城市科学的基础性理论。

首先，“中心地理论”的本质是关于“聚落和城镇”空间分布的理论，适用于城市的初级阶段和低级层次。随着城市与城市体系的发展，“中心地理论”原有的地理环境条件、产业结构条件、交通运输条件都已经发生根本性变化。因此，“中心地理论”对于城市特别是大型城市空间分布已经失去解释功能，它具有显著的时效性，这已经被众多城市实践和城市理论证明。其次，“中心地理论”的研究对象是初级的“城镇与聚落”，

① 本处相关内容参见：顾朝林.中国城镇体系：历史·现状·展望[M].北京：商务印书馆，1992：6；罗志刚.从城镇体系到国家空间系统[M].上海：同济大学出版社，2015：63。

它的方法论是机械观的“几何方法”，它的理论是城市范式的“城镇体系理论”。因此，“中心地理论”当然归属于“经典科学世界观”之列。最后，科学技术水平(高速交通、高速通信、高压能源)的发展使得自然地理制约条件对于“空间城市区域”而言，基本无意义①。

第三，“城市体系”与“城市体系理论”世界观属性。

由上述分析可以得出逻辑化的结论：“城市体系”与“城市体系理论”的属性是“经典科学世界观”。

4）城市区域范式

(1) 城市区域范式说明

人居空间形态意义上的“城市区域”起始于20世纪50年代，首先出现在美国东北部空间，迄今为止只有60多年的历史，它是后工业文明的产物。“城市区域”(City Region)一词产生于20世纪初，在当代城市科学领域已经成为一个高频率用词，目前“城市区域”概念处于很泛化的状态，学者们根据自己的研究进行了各种定义。我们根据空间城市系统理论对“城市区域”做出科学的定义，所谓城市区域是人类聚居空间的一种高级形态，它具有确定的环境地理基质、空间形态、空间结构，具备空间集聚、空间扩散、空间联结形成动因。“城市区域”是空间城市系统演化的前期状态(近平衡态或者近耗散态)，系统的整体涌现性是其最本质的初期显现特征。“城市区域”具有跨行政边界的基本特征，是一个完整的高、中、低层级，多中心城市体系。

20世纪50年代末期，“城市范式”开始出现“反常”②现象，以至于美国学者刘易斯·芒福德极度焦虑地说：“有些人甚至把一个不合适的名词，特大城市(Megalopolis)③，错误地应用到这种集合城市”[46]，“城市已不能分开它的社会染色体，使分裂成各自带有一部分原始遗传体的新细胞，它只能无活力地继续发展下去，没有有机结构，说真的，这是肿瘤般的生长”[47]。1957年，“城市范式”的反常现象，使得美国学者戈特曼实现了城市科学发现的突破，“这种大范围的超级都市区特征是人类所能观察到的最宏伟的城市发展现象，需要用一个特别的名字来称呼它。为此我们选择了‘Megalopolis’(大城市连绵区)一词”“尽管大城市连绵区目前还是一种独特的现象，但可能会慢慢被公认为20世纪后期先进文明的某种‘常态’(Normalcies)”“大城市连绵区的出现，预示着在人类聚居和经济活动分布领域中一个新时代的来临”。[48]

面对‘Megalopolis’反常的人居空间客观现实，“城市范式”失去了解释能力陷入了“危机”④状态。从1957年至今，经过美国、英国、中国、加拿大、日本等城市科学家

① 现有“城市区域”多为“带状”空间分布。

② 库恩用“反常”意指旧范式的失效以及“科学发现的突现”，参见：托马斯·库恩.科学革命的结构[M].金吾伦，胡新和，译.北京：北京大学出版社，2003：48。

③ Megalopolis在全书有多种译名，如特大城市、大城市连绵区、大都市连绵带等，这是多个人多种翻译方法，本书不做统一，尊重原背景。

④ 库恩用“危机”意指旧范式的失效以及“科学理论的突现”，参见：托马斯·库恩.科学革命的结构[M].金吾伦，胡新和，译.北京：北京大学出版社，2003：61。

的共同努力，新的“城市区域范式”被建立起来，主要包括“大都市连绵带”“巨型区域”“巨型城市区域”“城市群”“都市圈”等理论。所谓城市区域范式是指由众多城市科学家所形成的、关于城市区域的、公认的城市区域理论体系。“城市区域范式”是一个巨大的学科体系，城市区域学术共同体是一个巨大的学者群体，现择其扼要进行脉络性表述。因篇幅所限，本处城市区域学者仅限于“城市区域理论”领域，如“城市区域规划”等诸多城市区域学者均没有列入，特此向国内外城市区域学界同仁致以歉意。

第一，在欧美城市科学共同体中，戈特曼、道萨迪亚斯、彼得·霍尔、彼得·泰勒、麦吉、凯西·佩恩、罗伯特·亚罗、罗伯特·克卢斯特曼(Robert Kloosterman)、巴特·兰布雷特(Bart Lambregts)、罗伯特·罗琳(Robert Roling)、卢多维克·阿尔贝(Ludovic Halbert)、洛朗·奥伊坎(Laurent Aujcan)、克里斯·埃格拉特(Chris Egeraat)、克里斯多夫·玛格(Christoph Mager)①，罗伯特·朗、戴瓦尔、阿瑟·奈尔森、戴威尔·唐、约翰·肖特、彼得拉·托多罗维奇、琳达·麦卡锡等学者对“城市区域范式”做出了理论贡献。

第二，在中国城市科学共同体中，姚士谋、方创琳、吴良镛、陆大道、邹德慈、叶大年、崔功豪、胡序威、周一星、宁越敏、顾朝林、陈振光、朱明英、吴殿廷、吕斌、周春山、王德、修春亮、王成新、陈明星、王金岩、蔺雪芹、宋吉涛、鲍超、倪鹏飞、刘盛和、刘士林、刘新静、马海涛、刘敏、盛蓉等学者对“城市区域范式”做出了理论贡献。

自1957年至今的时间内，“城市区域范式”在人居空间领域基本确立了其过渡“范式”地位，在美国空间、欧洲空间、中国空间、日本空间，“城市区域范式”都以“空间规划”“空间政策”“空间工具”的形式予以实施。“城市区域范式”理论体系的本质是“区域”，连绵性、多中心性、整体性等特征是该理论体系的显著标志。“城市区域实践”与“城市区域范式”是人类历史上已经开启的伟大事件，它将主导人类社会今后的生活方式，引导人类文明正确的发展方向。

(2)“城市区域范式”学科解析

①“城市区域范式”研究对象

“城市区域范式”学科的研究对象是人居空间新的“城市区域形态”，其本质是地球表面的人居空间“区域”，“多中心区域说”是“城市区域范式”知识体系最显著的特征。就地球表面宏观尺度而言，“城市区域”的空间形态与空间结构已经是一个前系统化的整体，开始显现整体涌现性特征。它是一种处于演化过程之中的“多中心区域形态”，处于耗散结构演化的近平衡态或者近耗散态。但是“城市区域”并不是成熟的“空间城市系统”，没有到达系统分岔阶段。“城市区域”所具有的地理宏观性与演化持久性，决定了“城市区域”过渡阶段的客观存在，进而决定了“城市区域范式”过渡性理论体系的产生。一方面，“城市区域范式”强调“多中心城市”具有明显的城市属性；另一方面，“城市区域范式”强调“整体区域”具有明显的系统属性。因此，“城市区域范式”研究对

① 本处名单根据彼得·霍尔、凯西·佩恩《多中心大都市——来自欧洲巨型城市区域的经验》参编者名单，各国家择代表产生，仅向全体参编者致敬。

象是一种“过渡”性质的客观事实，“城市区域范式”是建立在过渡性的“后经典科学世界观”基础之上的。

② “城市区域范式”方法论

第一，大都市连绵带理论。戈特曼的大都市连绵带理论是一种对“大都市连绵现象”的实践归纳性描述，“语言表述”是其主要的方法论。美国后续的“新大都市带理论”是一种对“大都市连绵带”发展状态的综合分析，其主要方法论为地理分析、过程分析、结构分析。美国的“大都市连绵带理论”局限在戈特曼所创建的认识框架之中，属于相对经典的“客观事实”层次的理论。

第二，巨型区域理论。以《美国 2050》为代表的美国“巨型区域理论”是一种空间规划政策类型的理论模式。“巨型区域理论”的方法论主要表现为语言表述、统计分析、归纳分析、决策建议。美国空间的实证研究是“巨型区域理论”的特征，该理论属于“客观事实”层次的应用型理论。

第三，巨型城市区域理论。以《多中心大都市——来自欧洲巨型城市区域的经验》为代表的欧洲“巨型城市区域理论”是一种空间技术类型的理论模式。“巨型城市区域理论”的方法论主要表现为语言表述、数据调查、关系属性分析、定性分析、政策建议。西北欧空间的实证研究是“巨型城市区域理论”的特征，该理论属于“客观事实”层次的技术型理论。

第四，城市群理论。以《中国城市群》与《中国城市群可持续发展理论与实践》为代表的中国“城市群理论”是一种空间“技术与规划”类型的理论模式。“城市群理论”的方法论主要表现为理论综述、环境分析、空间分析、发育与动力机制、定性分析、定量分析、规划战略。中国空间的实证研究是“城市群理论”的特征，该理论属于“客观事实”与“科学事实”相结合的“实证技术”类型理论。

第五，都市圈理论。日本的“都市圈理论”是一种国土规划类型的理论模式。“都市圈理论”的方法论主要表现为国情调查、数据测量、统计分析、空间规划，该理论属于“客观事实”层次的应用型理论。

综上所述，“城市区域范式”理论体系的性质主要包括实践归纳、规划政策、实证技术三个层次。“城市区域范式”方法论主要是语言表述、统计分析、空间分析三大类型，是机械观非系统化的方法论类型，其过渡属性明显。因此，“城市区域范式”方法论属性基本是基于“后经典科学世界观的”。

③ “城市区域范式”理论体系

“城市区域范式”理论体系主要包括：大都市连绵带理论，包括“大都市连绵带”“都市连绵区”“大都市带”“新大都市带”等理论；巨型区域理论；巨型城市区域理论；城市群理论；城乡融合区(Desakota)理论等。

根据上述的综合解析，首先，“城市区域范式”理论的研究对象是“后经典科学世界观”；其次，“城市区域范式”理论的方法论是“后经典科学世界观”；最后，“城市区域范式”理论体系逻辑化的必然是“后经典科学世界观”。

"城市区域范式"是个性化理论,如北美空间的"巨型区域"、欧洲空间的"巨型城市区域"、东北亚空间的"城市群"与"都市圈"。"后经典科学世界观"的量子力学"微观化特征",相对论的"高速化与宏观化特征",都属于个性化理论。因此就"个性化"特殊性而言,"城市区域范式"是比较典型的"后经典科学世界观"的"过渡"型理论。

5)空间城市系统范式

(1)空间城市系统范式说明

21世纪,人居空间产生了"空间城市系统"新的形态,它由过渡的"城市区域"形态演化而来。2015年,笔者发表了论文《空间城市系统结构分析与空间治理研究》;2017年5月,在中国第一届系统科学大会上,笔者做了"空间城市系统研究"的报告。

所谓空间城市系统(Spatial City System)是指地球表面空间形成的城市系统,它是人类聚居空间的最高级形态,是地球空间最大的"人工物"(Artificial)①。"空间城市系统范式"是关于"空间城市系统"的创新理论体系,"系统说"是这一科学知识体系的标志。"空间城市系统"具有非加和整体涌现性本质特征,具有层次性、演化性、可控性、信息性特征。"空间城市系统"具有确定的环境地理基质、空间形态与空间结构,具有空间集聚、空间扩散、空间联结形成动因,是人类社会生态文明的主要容器。"空间城市系统"实践主要分为美国模式、欧洲模式、中国模式以及其他类型。

"城市区域范式"已经将各种城市区域现象表述清楚,完成了客观事实的归纳总结。但是"城市区域"的系统本质并没有被揭示出来,而且这种"系统"本质已经得到学术共同体的认同。正如库恩所说:"科学革命也起源于科学共同体中某一小部分人逐渐感觉到:他们无法利用现有范式有效地探究自然界的某一方面,而以前范式在这方面的研究中是起引导作用的。"[49]因此,"空间城市系统范式"就在前见范式的基础上被构建起来,所谓城市科学"学科革命"就发生了。

究其本质而言:其一,"城市体系"是空间城市系统演化的平衡态,"城市区域"是空间城市系统演化的近平衡态和近耗散态。其二,大都市连绵带理论、巨型区域理论、巨型城市区域理论、城市群理论、都市圈理论,都属于"个性化理论",而空间城市系统理论是可以对"城市区域范式"进行一般性解释的"共性化理论"。其三,因为人居空间新形态演化的地理宏观性与时间长久性,"城市区域"过渡阶段是一个必然的客观现象,"城市区域范式"过渡理论就是一个逻辑结果。因此,"空间城市系统范式"与"城市区域范式"之间的关系符合科学哲学的"对应原理"②。

(2)"空间城市系统范式"学科解析

①"空间城市系统范式"研究对象

"空间城市系统范式"学科的研究对象是地球表面空间存在的"城市系统",它是一种由人与物质、信息、能量组成的"人工物",是一种独立的不可替代的事物。"空间城

① 参见:司马贺.人工科学:复杂性面面观[M].武夷山,译.上海:上海科技教育出版社,2004:3。

② "第一,新的假说比原有理论具有更丰富的检验蕴涵;第二,新的假说在原理论得到充分确证的那个领域以渐近线的形式与之相一致。"参见:刘大椿.科学哲学[M].北京:中国人民大学出版社,2011:86。

市系统”表现为一种演化过程:从城市体系的平衡态,到城市区域的近平衡态与近耗散态,再到空间城市系统的分岔,它遵循耗散结构演化理论。“空间城市系统”是一个以“自组织”为基础、以“他组织”为主导的演化过程。因此,“空间城市系统范式”的研究对象是建立在“演化科学世界观”基础之上的。

② “空间城市系统范式”与“系统科学方法论”

“空间城市系统范式”是以系统科学、耗散结构理论、控制论、信息论、协同论、突变论、联结—认知理论、人工智能、混沌理论(我们统称为“系统科学方法论”)为基本工具所建立的理论体系,主要可以分为三个方面。

第一,哲学基础。

“系统科学方法论”为空间城市系统理论奠定了哲学基础,如“演化科学世界观”就为“空间城市系统范式”提供了认识论的哲学基础,因此空间城市系统理论获得了科学合法性。

第二,方法论工具。

“系统科学方法论”为空间城市系统理论提供了方法论工具,如“耗散结构理论”为空间城市系统演化提供了基本的分析框架,因此空间城市系统理论获得了科学合理性。

第三,系统科学与城市科学的交叉融合。

“空间城市系统范式”本身就是“系统科学”与“城市科学”交叉的产物,空间城市系统理论知识体系是“系统方法论”与“人居空间实践”相结合所产生的。

因此,“空间城市系统”与“系统科学方法论”是一种相关、相交、相融的逻辑关系,这就是为什么我们选择“系统科学”作为“空间城市系统”研究方法论的根本原因。

③ “空间城市系统范式”理论体系

“空间城市系统范式”理论体系包括:人居空间演化规律,空间城市系统的基础理论、环境原理、空间形态与空间结构理论、动因理论、演化理论、控制理论、信息理论,以及世界空间城市系统实践。因为“空间城市系统范式”的研究对象是基于“演化科学世界观”的,又因为“空间城市系统范式”方法论也是基于“演化科学世界观”的,所以“空间城市系统范式”理论体系的逻辑化必然是基于“演化科学世界观”的。

1.2.3　空间城市系统范式认识过程

1）新范式认识规律与历史事实

在“演化科学世界观”的基础上,空间城市系统新范式理论被创新建立起来。新范式的认识过程有其内在的规律性,科学发展历史事实证明了这种规律的客观性,科学哲学与科学解释学,特别是库恩的“范式理论”给出了新范式认识规律的一般性原则。

20 世纪初,爱因斯坦提出了“相对论”学说,但是物理学界难以接受,并对它表示怀疑。一个很重要的原因是看不懂,“当时全世界只有两个半人懂相对论”,经典物理学在“相对论”面前失去了解释能力,学术共同体处于失语状态,无法对它做出评判,乃至授予爱因斯坦诺贝尔物理学奖时，竟然对“相对论”只字未提。科学哲学与科学解释学，特别是托马斯·库恩的“范式”与“范式转换”理论，就能够很好地解释“相对论”认识过程的内在规律性。

2）范式认同与范式抵制

托马斯·库恩认为科学革命的实质就是范式转换，“科学革命在这里是指科学发展中的非累积性事件，其中旧范式全部或部分地为一个与其完全不能并立的崭新范式所取代”[49]。然而一个新范式的确立并不是一蹴而就的，知识的扩散使学术共同体首先接触到“新的范式”，“范式认同”与“范式抵制”现象同时发生，空间城市系统新范式的认识过程也遵循这一普遍规律。

“范式认同”多发生在科学世界观及方法论能够互通的学术共同体之间，科学世界观的境界是鉴别新范式方向的标准；方法论的知晓是把握新范式性质的前提；学术品格的高低是容纳新范式空间的标度。现代化的社会环境为范式认同提供了文化的基础，国家的重大紧迫急需为范式认同提供了需求保障。历史事实为范式认同提供了过程根据，空间事实为范式认同提供了实践根据，因此范式认同是建立在历史事实与空间事实基础之上的。

“范式抵制”也符合一般认知规律，科学哲学给出了“抵制科学发现的原因：①根本观念的不同，导致对科学发现的抵制。方法论观念的分歧，也构成影响科学家抵制发现的文化根源。对数学的过分喜爱或者过分敌视，也常常导致对科学发现的抵制。②学术机构的门户之见，学派之间的意气之争，专业团体对外行的排斥，总之，科学界中的宗派倾向，常常导致对科学发现的抵制。③发现者的学术地位卑微，权威对无名之辈的轻视，这些个人因素也是抵制科学发现的真实因素”[50]。

托马斯·库恩认为“范式的选择并不是也不能凭借常规科学所特有的评估程序，因为这些评估程序都部分依据某一特定范式，而正是这一特定范式出了毛病，面临争论，才有其他范式试图取而代之”“拒斥一个范式而又不同时用另外一个范式去取而代之，也就等于拒斥了科学本身”。[51]面对人居空间新形态“系统化”的客观事实，“城市范式”已经失去了解释能力，“城市区域范式”的解释能力日趋式微，“空间城市系统范式”的产生与确立，是城市科学发展之必然。

3）范式确证与范式确认

随着科学世界观的发展，方法论日趋高级化、抽象化、定量化，新范式的检验越来越专业化、交叉化、前沿化。科学哲学给出了新范式检验的基本步骤，即“范式确证”与“范式确认”过程。

“范式确证”是新范式证实的意思，意指理论必须由经验证实，它是范式检验的初级阶段。新范式的某些部分可以借助归纳逻辑，由实践归纳直接进行验证，确定其真理性。例如，长江三角洲空间城市系统实践证明：合肥、杭州、南京、上海为 1 级空间城市系统存在；合肥—南京、南京—杭州、上海—南京、上海—杭州为 2 级空间城市系统存在；上海—南京—合肥、上海—南京—杭州、杭州—南京—合肥为 3 级空间城市系统存在;上海—南京—杭州—合肥为4级空间城市系统存在。因此,归纳得出"空间城市系统可以分成多级子系统理论"的正确性。范式确证为新范式提供了坚实的实践基础,所谓实践是检验真理的唯一标准就是这个道理。

"范式确认"是新范式认定的意思,"科学真理观近两个世纪来的变化,在西方科学哲学中,可以概括为对科学理论从确证到确认的演化"[52]。"范式确认"是范式检验的高级阶段,新范式的某些部分必须经由演绎逻辑确认其真理性,正如爱因斯坦所说:"命题如果是在某一逻辑体系里按照公认的逻辑规则推导出来的,它就是正确的。正确的命题是从它所属的体系的真理内容中取得其'真理性'的。"[53]例如,"熵"的概念起始于热力学第二定律,是公认的科学真理,但熵是一个抽象的概念。而"空间城市系统状态熵"的概念,由"熵"的概念演绎推理所得,是一个更加抽象的概念。因此,"空间城市系统状态熵"的理论就很难由人居空间实践来证明,只能由热力学第二定律关于"熵"的真理性,来确认"空间城市系统状态熵"的真理性。对耗散结构理论、系统科学、控制科学、信息科学、博弈论、协同学、联结——认知理论、人工智能等方法论的知晓,是"空间城市系统范式确认"的逻辑前提。

4)范式理解与范式说明

"范式理解"的主体是学术共同体(简称主体),范式理解的客体(简称客体)是空间城市系统理论。科学解释学指出,"范式理解"要经历三个阶段,即理解结构、理解过程、理解结果。理解三段式逻辑表达为

$$\text{理解结构} \rightarrow \text{理解过程} \rightarrow \text{理解结果} \tag{1.8}$$

第一,理解结构是指主体对于客体理解的结构性,它是理解的基础,包括五个方面:①主体认知结构。②主体思维结构。③主体文化结构。④主体社会结构。⑤主体逻辑结构①。理解主体的世界观与方法论是理解结构的核心,因此对主体理解结构类型的把握、调适、选择,就成为"范式理解"的首要环节。正如库恩所说:"在科学革命的时候,常规科学传统发生了变化,科学家对环境的知觉必须重新训练——在一些熟悉的情况中他必须学习去看一种新的格式塔。在这样做之后,他所探究的世界似乎各处都会与他以前所居住的世界彼此间不可通约了。由不同范式指导的学派间彼此多少总会有误解。"[54]

第二,理解过程是理解的关键,学术论文的发表与学术著作的出版,使理解主体对新范式理论的理解过程得以实施,而新范式理论的实践应用,更加剧了理解过程的深度发展。时间、空间、有效是理解过程的三个重要内容。经过理解过程之后,新范式在学术共同体确立其地位,正如库恩所说:"当它获得范式地位之后,共同体对它的态度也随之改变。"[55]

第三,理解结果是指学术共同体在新范式框架中,采用了新的世界观与新的方法

① "科学理解的结构性是哲学和自然科学共同关注的重要问题,它对理解的发生发展有着至关重要的作用"等内容,参见:黄小寒."自然之书"读解:科学诠释学[M].上海:上海译文出版社,2002:214-219。

论，即“演化科学世界观”与“系统方法论”，空间城市系统理论被用于研究。正如库恩所说：“范式一改变，这个世界本身也随之改变了。科学家由一个范式指引，去采用新工具，注意新领域。甚至更为重要的是，他们会看到新的不同的东西。范式改变的确使科学家对他们研究所及的世界的看法变了，在革命之后，科学家们所面对的是一个不同的世界。”[56]

“范式说明”是一个科学解释学的概念，是指在“范式理解”的基础上，学术共同体对新范式理论进行诠释与应用的过程。“科学理解是一种理论的理解，它在旧的命题、假说和信念的基础上形成新的命题、假说和信念”“这种理解基本上是一种理论的活动，在科学中，可通约性标志着科学革命的完成，科学家回到了一个常规的理论整体框架中”。[57]

空间城市系统理论是关于人居空间新形态规律性的认识，是经过“范式确证”与“范式确认”形成的知识体系，它包括关键词、概念、定律、定理、机理、原理、理论。“范式说明”就是对空间城市系统理论进行理论诠释和实践应用，主要包括三个方面。

第一，科学研究。空间城市系统理论是一种基础学科理论，它为相关科学研究提供理论支撑。一是解释功能，借助空间城市系统理论，科学研究可以对人居空间前见事实进行科学解释，认识其本质特性；二是预见功能，借助空间城市系统理论，科学研究可以对人居空间前景进行科学预见。

第二，理论教学。托马斯·库恩认为，“通过革命而进步”，是“科学持续进化的基本结构”，是“科学的活动才拥有进步这份殊荣”[58]。他又说：“这种团体必然会把范式转换看成进步，现在我们也许认识到，这种观念在一些重要方面是自动实现的，科学共同体是一个极其有效的工具。”[59]关于科学进步的途径，库恩指出，“出于对新范式的相信，在许多最新的教科书中都以更简洁、更精确、更有系统的形式得以重述。虽然我并不想为这种类型的教育有时费时太多做辩护，但我们不能不注意到一般来说它们是非常有效的”[60]。因此，理论教学是空间城市系统新范式说明很重要的环节。

第三，实践应用。科学解释学认为“科学不是一种描述和观察世界的方式，而是操作和干预世界的方式。科学家是实践者，而不是纯粹的观察者，科学革命实际上是实践方式的变革”[61]。空间城市系统理论所属学科性质决定了新范式必须应用于实践，并且只能通过实践加以检验。例如，“空间城市系统脑理论”无法在实验室中被应用和检验，只能在空间城市系统规划实践中证明“空间城市系统脑控制系统”对“传统规划”的革命性替代作用。

1.3 城市区域研究与学科创新

1.3.1 城市区域学科史综述

对于人居空间新形式的“系统认识”是一个贯穿始终的基本观点。1987 年戈特曼在《再访大都市连绵带：25 年之后》著作中提出了“城市系统”(City Systems)概念；1975 年道萨迪亚斯在《建设安托帮》一书中提出了“城市洲系统”假说；1988 年陆大道提出了“区域系统”思想；20 世纪 90 年代日本提出了“区域城市系统”[①](Regional Urban System)概念；1992 年以来姚士谋在《中国城市群》著作中强调了城市群的“系统属性”；2001 年吴良镛在《人居环境科学导论》中坚持“系统思想与复杂性科学”的原则；2011 年叶大年在《城市对称分布与中国城市化趋势》中提出“耗散结构”的方法论认识。空间城市系统理论的产生是基于前人“系统认识”与“耗散结构方法论”基础之上的，正所谓“问渠那得清如许？为有源头活水来”[②]。

人居空间新形式的“系统认识”没有发展成为城市系统理论，主要受到三个方面的制约：其一，“城市区域”客观事实没有进化成为系统，不具备系统整体涌现性。其二，科学技术水平没有实现地理空间“联结”的手段，如高速铁路、卫星电话、互联网等。其三，方法论科学的推广应用以及本身不成熟的限制，例如“耗散结构理论”在人居空间领域的应用，以及“一般信息论”理论的不成熟。因此，空间城市系统理论的产生与发展是与人居空间实践、科学技术水平、方法论科学紧密相关的，它是一个人居空间演化历史的“科学事实”[③]，空间城市系统理论是一个实践归纳与理论演绎的逻辑化结果。

1）大都市连绵带理论

以美国学者戈特曼的“大都市连绵带理论”为代表，形成了第一阶段城市区域理论[④]，它是一种基于美国城市区域实践，具有世界普遍意义的大都市连绵带理论。该阶段理论的特点包括三个方面：其一，从城市形态走向城市区域形态，如大都市连绵带理论、都市圈理论、人类聚居学理论、大都市带理论。其二，城乡一体化区域形态，如城乡融合区(Desakota)理论。其三，城市体系的区域化，如点轴理论。

(1) 大都市连绵带理论

1957 年，戈特曼发现了大都市连绵带现象，他从政治、经济、文化、社会等方面阐述了大都市连绵带所处的核心功能地位，准确预测了美国的东北部大都市连绵带、五大湖大都市连绵带、太平洋沿岸大都市连绵带，欧洲的英格兰大都市连绵带、西北欧大都市连绵带、南欧大都市连绵带，东北亚的中国长江三角洲大都市连绵带、日本大都市连绵带，以及南美洲的巴西里约热内卢—圣保罗大都市连绵带。

戈特曼总结了人居空间进化的前沿实践，突破了“城市”旧范式框架，开创了人居空间理论的“城市区域范式”新理论，成为人居空间演化理论学科史上的里程碑。正如

---

① “区域城市系统”与下述“东海道大都市带”和“国家城市系统”概念均参见：史育龙，周一星.关于大都市带(都市连绵区)研究的论争及近今进展述评[J].国外城市规划，2009，97 (2)：2-110。

② 朱熹(1130—1200，中国南宋理学家)。《观书有感》：半亩方塘一鉴开，天光云影共徘徊。问渠那得清如许？为有源头活水来。

③ “科学事实作为客观事实的反映，具有不依赖主观意识的客观实在性。”“科学事实就是用语言记录有关客观事实的陈述或判断。科学事实的总和组成科学的描述。”参见：刘大椿.科学哲学[M].北京：中国人民大学出版社，2011：45 - 46。

④ 阶段理论划分说明：以每个阶段的代表理论、正式发表论文或著作的时间为划分根据，分为第一到第五，计五个阶段理论。

戈特曼所说，大都市连绵带“是一个具有先锋作用的区域，这里的发展进程将有助于理解和预见其他地区城市发展道路和障碍。我们这一代人或许正在目睹一场土地利用地理性分布巨大变革的开端，大城市连绵区的出现，预示着在人类聚居和经济活动分布领域中一个新时代的来临”[62]。大都市连绵带理论以美国东北部城市区域客观事实为根据，改变了人居空间旧的城市世界观，从格迪斯到芒福德都对 Megalopolis 一词持负面看法。芒福德对“城市区域”现象进行了激烈的批判。戈特曼确立了“城市区域”在人居空间领域正面的世界观地位，使人类社会进入新的人居空间认识境界。因此，大都市连绵带理论成为空间城市系统理论的源头。

首先，作为城市区域的初始客观事实，必然导致大都市连绵带理论的初级化，即所谓的历史局限性。其次，20 世纪 60 年代科学技术水平远没有实现各城市中心的“联结”，系统化只能是戈特曼的科学愿景，正如 1987 年他在《再访大都市连绵带：25 年之后》著作中所说：“大都市带概念似乎普及了一种观念，这就是：现代城市不是被孤立地仅仅作为有限区域的中心而被评论的，而是作为一个‘城市系统’（City Systems）。”[63]最后，大都市连绵带理论指明了由城市向空间城市系统进化的方向，并不是一种成熟的理论体系。基本认识论告诉我们，不可能要求前人的理论在客观事实初期阶段就完成理论体系的成熟化。

（2）其他理论

① 都市圈理论

1951 年，日本学者木内信藏提出了“三地带学说”，将大都市的地域分为三个层次，即以建成区为实体的中央带、以郊区为主体的郊外带、以城市经济影响为主体的大都市圈。在此基础上，日本提出了“都市圈”概念，20 世纪 60 年代提出了“大都市圈”概念。到 1980 年，日本形成了东京大都市圈、阪神大都市圈、名古屋大都市圈等九大都市圈，形成了比较成熟的都市圈理论。就其本质而言，都市圈属于城市性质，大都市圈的连环结构才属于城市区域形态。20 世纪 90 年代日本形成了“东海道大都市带”和“国家城市系统”的实践和理论，进入了“城市区域形态”阶段。总之，日本以其实践的先进性与理论的个性化，在人居空间新形式认知历史上具有一席之地。

② 人类聚居学理论

希腊学者道萨迪亚斯提出了“家具—居室—住宅—居住组团—邻里—城市—大都市—城市连绵区—城市洲—普世城”的人类聚居进化谱系[64]，准确地预言了人居空间形式的进化方向。他指出，“目前的城市已经是‘多速’的城市，由于城市间的相互联系形成了庞大的城市系统。现代城市的性质已经发生了根本变化，城市的概念已经完全改变，不再是传统意义上有明确行政边界，甚至有城墙围绕的城市了，当今人们并不是生活在城市里，而是生活在一个城市系统中”。[65]他认识到了人居空间归宿的系统本质属性。道萨迪亚斯提出了“城市洲假说”，1975 年在《建设安托帮》一书中，他提出“在整个大陆上形成的统一的城市系统。全世界有五大洲，因此将出现五个城市洲。若再细分，还可以把东亚和西亚、南美和北美分开。但至今，这种形式尚未出现。”[66]。

道萨迪亚斯的科学假说准确地预测了空间城市系统的超大空间尺度，而且是建立在地理连接基础之上的。由于客观事实的局限性，他不可能构建系统的城市系统理论。

③ 城乡融合区(Desakota)理论

1985年，加拿大学者麦吉提出了城乡融合区(Desakota)理论，来解释东南亚、东北亚、南亚的城乡一体化人居空间区域化现象，"后来进一步发展为近似于大都市带的超级城市区域(Mega-urban Region, MR)①概念"[67]。麦吉的Desakota理论是一种客观事实现象归纳，具有过渡性质。究其本质而言，这种城乡一体化形式只是"城市区域"的过渡形式，是一种城乡结合的不成熟的"城市区域"，是城市区域的前期阶段。21世纪，日本、韩国、中国的所谓Desakota，都发展成了"城市区域"，说明了Desakota理论的过渡性质。

2）中国城市群理论

以中国学者姚士谋与方创琳的"城市群理论"为代表，形成了第二阶段城市区域理论，它是一种基于中国的"城市区域"实践，具有中国特征的"城市群理论"。从1992年到2017年，历时25年，"城市群理论"保持了连续状态，可以分为三个基本阶段：理论产生阶段、理论发展阶段、政策规划阶段。

对于人居空间新形式，当代世界形成了美国模式、欧洲模式、中国模式三种主要的理论与实践模式。以2014年中国科学院、中国社会科学院、中国工程院参与的"中国城市群发展高端论坛——城市群发展与区域一体化"②为标志，"城市群理论"发展到了一个新的高度。"城市群理论"奠定了中国在"城市区域"研究领域的世界先进地位，为"空间城市系统理论"打下了基础。中国城市群实践为"城市群理论"与"空间城市系统理论"提供了客观事实，使之走在了世界的前列，正所谓"莫道昆明池水浅，观鱼胜过富春江"③。

(1) 城市群理论

① 城市群理论概述

1992年，中国学者姚士谋等出版了《中国城市群》专著，并于2001年、2006年、2008年陆续修订再版；2016年，姚士谋等出版了《中国城市群新论》专著。"城市群理论"以其独立的视角对"城市区域"命题进行了研究，该理论以中国"城市区域"实践为主，兼顾世界主要"城市区域"的理论与实践，提出了具有中国特征的"城市群理论"(Urban Agglomerations Theory)。

姚士谋等人认为"城市群的基本概念可以概括为：在特定的地域范围内具有相当数量的不同性质、类型和等级规模的城市，依托一定的自然环境条件，以一个或两个超大或特大城市作为地区经济的核心，借助于现代化的交通工具和综合运输网的通达性，以及高度发达的信息网络，发生与发展着城市个体之间的内在联系，共

① MR在本书中有多个译名，全书不做统一，均按原名称来表述。
② "中国城市群发展高层论坛"于2014年12月20日在北京召开。
③ 毛泽东诗《七律·和柳亚子先生》：饮茶粤海未能忘，索句渝州叶正黄。三十一年还旧国，落花时节读华章。牢骚太盛防肠断，风物长宜放眼量。莫道昆明池水浅，观鱼胜过富春江。

同构成一个相对完整的城市‘集合体’”[68]。“城市群理论”划分和预见了中国城市群的分布，为中国国家的城市群政策奠定了理论基础。“城市群理论”的研究方法论为传统的城市地理分析方法，基于方法论的局限性，没有在系统科学框架中开展研究发展成为“城市系统理论”，但是它的“系统观”为空间城市系统理论奠定了“演化科学世界观”基础。

② 城市群理论与实践

2010年，中国学者方创琳等出版了《中国城市群可持续发展理论与实践》的著作，并于2011年出版了《2010中国城市群发展报告》的著作。其后，方创琳等出版了《中国城市群选择与培育的新探索》(2015年)、《2016中国城市群发展报告》(2016年)等相关著作。

方创琳等人认为“城市群是指在特定地域范围内，以1个特大城市为核心，由至少3个以上都市圈(区)或大城市为基本构成单元，依托发达的交通通信等基础设施网络，所形成的空间相对紧凑、经济联系紧密并最终实现同城化和高度一体化的城市群体”[69]。方创琳等人“构建了城市群发育程度评价指标体系”，提出了“城市群空间识别的标准”[70]，界定了中国23个城市群。他提出了城市群规划实践的科学技术规范，在世界居于先进地位。他的城市群理论与实践规划工作，为中国城市群的国家战略地位确立提供了支撑。“城市群理论与实践”是一种命题导向的科学技术理论，着重于城市群的发育机理、生态环境、空间结构、产业机理、交通网络等研究，以及规划实证工作，它为空间城市系统理论奠定了归纳逻辑基础。

(2) 其他理论

① 点轴理论

1984年，中国学者陆大道提出了“点轴理论”，1986年他发表了《二〇〇〇年我国工业生产力布局总图的科学基础》的论文，1995年他出版了《区域发展及其空间结构》的著作。对于人居空间演化研究而言，“点轴理论”的贡献在于它是一种“区域发展理论”，作为重要“集聚点”的城市与“发展轴线”形成了一种本质上的城市系统网络域面。1988年，陆大道提出了区域系统思想与区域模型方法论，1995年将其进化为空间系统思想，这为空间城市系统理论提供了世界观的基础。

② 大都市带理论①

1983—2015年，中国学者宁越敏在戈特曼“大都市连绵带理论”译介的基础上，逐渐形成了“城市区域”研究领域的中国“大都市带理论”。“大都市带理论”的核心要点可以概述为：其一，大都市带空间定位。“大都市带理论”认为“城市区域”形式具有“学理空间”与“政策空间”两种不同的表述。宁越敏认为“学理空间”的大都市带(城市群)各城市之间较强的社会经济联系是大都市带(城市群)形成的基础，应强调社会经济联系的度量以及由此在区域经济中的地位。而“政策空间”大都市带(城市群)的任务首

① “大都市带理论”概念经创始者本人认同。

先为推进我国城市化服务，其次是发挥增长极的作用，城市间现有的社会经济联系强度并不是划定大都市带(城市群)空间范围所必需的指标①。例如在欧洲空间概念之下，《欧洲空间展望》即为一种欧洲“政策空间”，“多中心巨型城市区域”即为一种欧洲的“学理空间”，两者在本质上是不同的。其二，大都市带主体。“大都市带理论”认为“都市区”是大都市带的基础主体，两个以上的都市区形成“都市区”的地理连绵景观，才能形成“大都市带”的形态主体。其三，大都市带界定。宁越敏认为大都市带(城市群)的界定是城市区域的基础，是空间规划的前提，他提出了“大都市带界定标准”。“大都市带理论”的意义在于，它解释了“城市区域”过渡阶段理论与实践之间的错位现象，指出了“城市区域”学理性研究的迫切性，为空间城市系统理论创新奠定了学理逻辑基础。

③ 都市连绵区理论

1986 年，中国学者周一星提出了“都市连绵区理论”，1988 年他将其发展为“比较完整的中国空间城市单元体系”，提出了都市连绵区(Metropolitan Interlocking Region, MIR)概念[67]。“都市连绵区理论”很好地解释了中国空间的城市区域化过程。基于历史局限性，“都市连绵区理论”仍然在既有的‘Megalopolis’分析框架中，方法论的条件局限使该理论没能发展成“城市系统理论”，但它为空间城市系统理论提供了学理性演绎基础。

④ 人居环境科学

1993 年，中国学者吴良镛提出了“人居环境科学”的设想，并于 2001 年出版了《人居环境科学导论》的著作。2011 年，吴良镛等出版了《人居环境科学研究进展(2002—2010)》的著作。他主持出版了《京津冀地区城乡空间发展规划研究》(2002 年)、《京津冀地区城乡空间发展规划研究二期报告》(2006 年)、《京津冀地区城乡空间发展规划研究三期报告》(2013 年)。

首先，对于城市科学与城市群②研究，吴良镛坚持“系统思想与复杂性科学”的原则，“城市是一个大系统，有人说这个大系统的复杂性超过‘阿波罗登月计划’”[71]。其次，他坚持实践与理论的转型原则，“城市化和城镇群发展的实质是经济社会发展的转型升级，而转型升级必然要经历一个长期的发展过程，这赋予了学界重大责任，也形成了高度挑战，任何一个问题要想获得明确答案都极为艰难”[72]。最后，他坚持城市科学研究的跨学科原则，“自然科学、社会科学、思维科学有了很大的发展，就有可能连接起来进行研究”[73]。对于中国科学院、中国社会科学院、中国工程院联合参与的“中国城市群发展高端论坛——城市群发展与区域一体化”，吴良镛说：“我觉得三者结合到一起是一个历史性的契机，作为三方的结合到一起是一个科学的决策。”[74]

---

① 参见：宁越敏.中国城市群研究的若干问题[M]//方创琳，毛其智.中国城市群选择与培育的新探索.北京：科学出版社，2015：51。引语表述经作者本人认同。

② “清华大学吴良镛院士认为，城市群发展需要从复杂性科学视角吸纳众智。”参见：方创琳，毛其智.中国城市群选择与培育的新探索[M].北京：科学出版社，2015：187。

吴良镛站在历史的高度指出,“未来 20 年会有更好地发展环境,同时也是更为重要的发展阶段,需要面对无法预测的世界性难题。另外,我们这个世界丰富无比,正在孕育着更伟大的变革”[75]。他的城市科学思想给空间城市系统理论以方法论与世界观的基础,他的“三个坚持原则”指明了空间城市系统理论创新所应遵循的基本原则。

⑤ 地理空间城市分布理论

2000 年中国学者叶大年出版了《地理与对称》的科学报告,2007 年发表了《简述城市的格子状分布》的论文,2011 年出版了《城市对称分布与中国城市化趋势》的著作,2016 年发表了《中国城市对称分布的格局》的论文①。

叶大年提出了“地理空间城市分布规律”②:其一,地质作用决定了地理现象。其二,自然地理决定了经济地理。其三,自然环境影响了城市分布。其四,人类活动影响了城市分布。其五,地理空间城市分布是有规律的。叶大年等人认为,“普利高津的耗散结构理论可以解释许多社会科学问题,可以从中获得解决问题的思想方法,它涉及地理学上居民点分布规律问题,表现为普利高津理论中所说的宏观‘自组织现象’,可以用‘地理学中的对称现象’贯穿起来”[76]。

正是叶大年的方法论认识,指导笔者确立了“演化科学世界观”,选择了系统科学方法论,创建了“空间城市系统范式”理论体系。叶大年的科学视野敏锐、开阔、高瞻;科学原则严谨、认真、创新;科学道德厚重、奉献、高尚。正所谓“先生之风,山高水长”③。后生谨记先生的嘱托:“希望你成为新理论的拓宽者和再创造者。”④

⑥ 美国大都市连绵带发展史⑤

2006 年,中国学者刘敏的博士学位论文《20 世纪后半期美国大都市连绵带发展研究》,对 2000 年以前美国大都市连绵带的发展历史进行了详细的考证与研究,其研究成果具有十分重要的史料性价值。刘敏系统地总结了美国大都市连绵带的理论与实践,并对波士顿—华盛顿(BosWash)大都市连绵带、芝加哥—匹兹堡(ChiPitts)大都市连绵带、圣弗朗西斯科(SanSan)大都市连绵带,以及南部大都市连绵带雏形进行了归纳性总结与分析。

其一,刘敏总结了美国大都市连绵带的界定,其结论与笔者对美国空间城市系统⑥的界定完全吻合(表 1.2)。

其二,刘敏总结了美国大都市连绵带的发展过程,其结论与笔者对空间城市系统演化过程的研究完全吻合(表 1.3)。

其三,刘敏总结了美国大都市连绵带的特征,其结论与笔者总结的空间城市系统

① 参见:方创琳,等.中国城市发展空间格局优化理论与方法[M].北京:科学出版社,2016:603。

② “地理空间城市分布规律”根据“地理学中的对称原理”部分整理,参见:叶大年,赫伟,李哲,等.城市对称分布与中国城市化趋势[M].合肥:安徽教育出版社,2011:30。

③ (宋)范仲淹《严先生祠堂记》:“云山苍苍,江水泱泱,先生之风,山高水长。”

④ 《城市对称分布与中国城市化趋势》赠言——叶大年 2011 年 5 月 12 日夜。

⑤⑥ 本处参见:刘敏.20 世纪后半期美国大都市连绵带发展研究[D].厦门:厦门大学,2006:13,60-61,63,65-66;以及第 3～6 章命题,“第 10 章:美国空间城市系统”相关内容。

特征完全吻合(表1.4)。

表1.2 美国大都市连绵带与空间城市系统界定比较

国家空间	大都市连绵带	多级空间城市系统	层级属性
美国	BosWash 大都市连绵带	东部空间城市系统	世界级
美国、加拿大	ChiPitts 大都市连绵带	北部空间城市系统	国际级
美国、加拿大	SanSan 大都市连绵带	西部空间城市系统	国际级
美国	南部大都市连绵带雏形	南部空间城市系统预见	国家级

表1.3 大都市连绵带与空间城市系统形成过程比较

发展阶段	大都市连绵带形态	多级空间城市系统状态	本质属性
第一阶段	城市孤立发展	平衡态	城市
第二阶段	区域城市体系形成	近平衡态	1级空间城市系统
第三阶段	大都市连绵带雏形	近耗散态	多级空间城市系统临界
第四阶段	大都市连绵带成熟	分岔	多级空间城市系统

表1.4 大都市连绵带与空间城市系统特征比较

特征序列	大都市连绵带特征	多级空间城市系统特征	特征属性
第一	高度密集性本质	空间要素“集聚、扩散、联结”的本质	动因
第二	城市系统性本质	“系统性”本质	根本
第三	复合体结构整体优势	“整体涌现性”本质	表征
第四	都市区多中心相互作用	1级空间城市系统组分相互作用	子系统结构
第五	城市系统等级	中心城市分层级	层次

由上述比较分析可以得出结论:空间城市系统理论与美国大都市连绵带发展实践是吻合的,而且随着美国大都市连绵带的日趋成熟,这种吻合度将更加提高。空间城市系统理论是基于世界“城市区域”进化实践基础之上的,是基于世界“城市区域”理论演绎基础之上的。

(3) 中国城市区域理论评价

① 城市分布理论评价标准

就地球表面空间城市分布理论,我们将以钱学森城市学科系统分类方法为基本标准,对中国、美国以及欧洲三种主要理论模式进行评价。

钱学森说:“要解决当前复杂的城市问题,首先得明确一个指导思想,即理论。要用系统科学的观点来研究城市问题,系统就不能够割离开来研究。”[77]就城市分布理论而言,“一个层次是直接改造客观世界的,另一个层次是指导这些改造客观世界的技术,再有一个是更基础的理论”[78]。

根据钱学森的理论划分标准,地球表面空间城市分布理论被划分为三个基本层次:第一,规划政策理论。第二,实证技术理论。第三,基础理论。目前,世界城市分布理论主要分为美国模式、欧洲模式、中国模式。

② 中国城市区域理论解析

中国是世界城市区域实践的主要空间,是“城市群理论”与“空间城市系统理论”的产生地,中国理论范式与美国理论范式、欧洲理论范式形成了世界城市区域理论体系,因此,对中国城市区域理论的评价具有十分重要的意义。

第一,中国城市区域理论性质。

中国城市区域理论完成了“规划政策”层级的理论构建。国家“十二五”规划纲要与国家“十三五”规划纲要都将城市群作为推进国家新型城镇化的主体,形成了“五个国家级城市群”“九个区域性城市群”“六个地区性城市群”[79]的空间规划体系。

中国城市区域理论完成了“实证技术”层级的理论构建。以姚士谋与方创琳为代表的“城市群理论”、以周一星与宁越敏为代表的“大都市连绵理论”,形成了中国城市区域理论“实证技术”的主要内容。

第二,中国城市区域理论特点。

如前所述,中国城市区域理论所包括的“城市群理论”与“大都市连绵理论”是建立在“后经典科学世界观”基础之上的;其方法论主要是语言表述、统计分析、空间分析三大类型,属于机械观的方法类型;其理论以客观事实归纳与实证分析为主要内容,具有显著的中国特殊规律性质。

第三,中国城市区域理论预见。

在中国产生的空间城市系统理论是一种基础理论,具有世界性的一般规律意义。空间城市系统理论在中国的产生,使得中国城市分布空间理论完成了体系化过程,形成了规划政策、实证技术、基础理论完整的理论体系,中国高速发展的城市区域实践为这种理论体系的产生与发展提供了条件。

3）美国巨型区域理论

以美国学者罗伯特·亚罗为核心、以《美国 2050》为标志的“巨型区域理论”,形成了第三阶段城市区域理论,它是一种基于美国城市区域实践,具有美国特征的“巨型区域理论”。该阶段的理论特点为:其一,在“都市区”的科学规范化基础之上,确定了“巨型区域”的概念与属性,具有逻辑连贯性。其二,确定了人居空间新形式的“城市区域”性质,并使“城市区域”发展到政策规划实施阶段。其三,“巨型区域理论”具有鲜明的美国特色,并与欧洲的“巨型城市区域理论”具有异曲同工之妙。

(1) 巨型区域理论

2004 年,美国学者罗伯特·亚罗等发表了《美国空间发展展望》的报告,提出了“超级城市概念”,认为美国存在 8 个“超级城市”区域,随后扩展成“巨型区域”

(Megion Region，MR)概念①。2006 年，《美国 2050》完善了“巨型区域理论”。该理论认为，“巨型区域(Megion Region)是大都市区通过客货运输、经济联系、自然资源共享和社会历史共性联结而形成的网络系统。在美国，有 11 个新兴巨型区域已被确认，它们是自现在到 2050 年国家经济增长的主要地区”[80]。“巨型区域理论”成为美国城市区域理论的主流范式，并付诸国家与地方层面的空间规划与空间治理实践。罗伯特・亚罗的理论更趋于空间规划研究，它直接导引了美国“城市区域”研究的实证化方向，其方法论的传统性也决定了“巨型区域理论”的应用性质。当代，“巨型区域理论”在美国城市区域研究领域居于主流地位，但是它缺乏基础理论的支撑是一个显而易见的问题。因此“巨型区域理论”与“新大都市带理论”以及“空间城市系统理论”的对应整合是一个基本趋势。

(2) 其他理论与观点

美国是人居空间新形式的首先产生之地，是“城市区域”源头理论——“大都市连绵带理论”的创生国家，是《美国 2050》的实践空间。因此，美国具有“城市区域”领域的众多研究个人与组织，现择其扼要叙述如下：

① 新大都市带理论②

2005 年，美国学者罗伯特・朗与戴威尔・唐发表了《超越大都市带：探索美国的新“大都市带”地理》报告。2007 年，罗伯特・朗与阿瑟・奈尔森发表了《大都市带区域的崛起》论文③。以美国学者罗伯特・朗为核心的“弗吉尼亚理工学院暨州立大学”(Virginia Tech)④大都市带研究所创建了“新大都市带理论”。因为是继戈特曼“大都市连绵带理论”之后所形成的新传承理论，所以应逻辑化地称之为“新大都市带理论”，英文为 New Megapolitan 理论⑤。

该理论具有对美国大都市带的新概念、新定义、新界定标准，大都市带地理网络化与大都市区簇集现象是其关注重点，其本质是空间城市系统空间结构的“网络域面化”。罗伯特・朗的研究重点在于大都市带理论与实践的演化过程：其一，自戈特曼伊始的大都市带理论研究的演变过程；其二，大都市带本身的演化过程；其三，大都市区核心的演化过程。在此基础上，研究了美国大都市带的形成机理。该理论强调大都市带的边界界定，提出了美国大都市带界定的 10 条标准。

“新大都市带理论”通过对核心大都市区的分析，说明了大都市带的形成机理。芝加哥大都市区、洛杉矶大都市区、旧金山大都市区所出现的多中心现象就属于这个范畴⑥。从空间尺度上依次表现为城市的市区中心与郊区中心化、都市区的多城市中心

①②③ 参见：盛蓉，刘士林. 当代世界城市群理论的主要形态与评价[J]. 上海师范大学学报(哲学社会科学版)，2015，44(2)：37-44；刘士林，刘新静. 中国城市群发展报告：2014[M]. 上海：东方出版社，2014：127-129，131-132。

④ “现时，学校官方认可的名字有‘弗吉尼亚理工学院暨州立大学’(Virginia Polytechnic Institute and State University)和‘弗吉尼亚理工’/‘弗州理工’(Virginia Tech)：这两个名字具有同样的效力，但是正式场合常用前者。”见 360 百科。

⑤ 罗伯特・朗的报告名为 Beyond Megalopolis：Exploring America's New ‘Megapolitan’ Geography。

⑥ 参见：刘敏. 20 世纪后半期美国大都市连绵带发展研究[D]. 厦门：厦门大学，2006：42-43。

化、大都市带的多都市区中心化这样三个递进的层级问题。在空间城市系统理论中对应为"主中心城市"(MC)与"基础城市"(BC)的分级化、1级空间城市系统1st与其辅中心城市(AC)的分级化、多级空间城市系统与其子系统的分级化这样三个递进的系统层次问题。因此,证明了"空间城市系统范式"对美国"新大都市带理论"具有"对应原理"整合功能。

"新大都市带理论"是当代美国大都市带理论的代表,它重视与美国"巨型区域"主流理论的对应整合。这也是中国"城市群"主流理论与"大都市带理论""都市连绵区理论""空间城市系统理论"对应整合相同的问题。因此,由城市区域"个性理论"对应整合为空间城市系统"共性理论"已经是美国与中国实践所证实的亟待解决的问题。"新大都市带理论"是戈特曼"大都市连绵带理论"的传承,局限在传统的分析框架之内,没有系统科学方法论,也就无从谈起"城市系统"理论的本质化创新了。

② 其他观点

其一,1967年,美国学者卡恩和维纳发表了对美国大都市连绵带的预见,到2000年美国将存在至少三个大都市连绵带,即BosWash大都市连绵带、ChiPitts大都市连绵带、SanSan大都市连绵带。这个观点被后来的演化实践所证实,并得到美国社会与学术共同体的认同[①],这种现象说明戈特曼"大都市连绵带理论"符合了美国空间"城市区域"发展的实践过程。

其二,2007年,美国学者戴瓦尔发表了《美国巨型区域规划研究》的研究报告,她对美国各个"巨型区域规划"进行了历史与内容的总结分析,提出了美国"巨型区域规划"的实证技术理论,即美国"巨型区域"的规划方法、应用技术、内容规范。她的研究属于"巨型区域理论"主流框架,是对罗伯特·朗"巨型区域理论"的有效补充,具有很强的实践应用价值[②]。

其三,2004年,宾夕法尼亚大学研究团队发表了《美国空间发展展望》的报告,其研究重点是"巨型区域网络"和"超级城市"。他们提出了美国未来空间发展的目标和战略,该报告成为美国空间发展的基础性文件之一。2005年,宾夕法尼亚大学研究团队发表了《美国东北部海岸巨型区域创新规划》,该研究成果的特点在于"都市区"与"巨型区域环境",前者表现为传统的"中心—边缘"特征,后者则涉及对"都市区"所处地理环境的研究,即空间城市系统所属的"环境超级系统"内容。宾夕法尼亚大学研究团队的研究属于"巨型区域理论"主流框架,是在罗伯特·亚罗领导之下实现的[③]。

其四,2007年,美国学者约翰·肖特出版了《流动的城市:当代美国东北海岸大都市带》的著作,他的研究具有历史性与综合性的特征。他注重"都市区"与"大都市连绵带"的发展研究,发明了"流动城市"概念,对中心城市的城市景观以及整个区域的变化

① 参见:刘敏.20世纪后半期美国大都市连绵带发展研究[D].厦门:厦门大学,2006:13。

② 参见:盛蓉,刘士林.当代世界城市群理论的主要形态与评价[J].上海师范大学学报(哲学社会科学版),2015,44(2):37-44;刘士林,刘新静.中国城市群发展报告:2014[M].上海:东方出版社,2014:126,129-130。

③ 参见:盛蓉,刘士林.当代世界城市群理论的主要形态与评价[J].上海师范大学学报(哲学社会科学版),2015,44(2):37-44;刘士林,刘新静.中国城市群发展报告:2014[M].上海:东方出版社,2014:127,130。

进行表述。约翰·肖特的观点为美国大都市连绵带研究提供了一个新的历史视角，与中国学者刘敏的历史学研究方法具有相似之处。

(3) 美国城市区域理论评价

美国是世界城市区域实践的起源空间，是戈特曼"大都市连绵带理论"的诞生地，是《美国 2050》的实施国家。美国空间、欧洲空间、中国空间形成了世界城市区域理论的三种主要模式。因此，对美国城市区域理论的评价具有十分重要的意义。

第一，美国城市区域理论性质。

美国城市区域理论完成了"规划政策"层级的理论构建。以罗伯特·亚罗为代表的美国区域规划协会以及宾夕法尼亚大学是美国"规划政策"理论的主体承担者，《美国空间发展展望》以及《美国 2050》已经成为 21 世纪美国空间发展的纲领性文件。美国形成了 11 个国家级的"巨型区域"发展战略，以及各大都市区的次级空间发展战略。以戴瓦尔为代表的"空间政策"理论已经到达详尽的程度，为空间治理提供理论支撑。美国形成了完整的空间规划政策体系，"规划政策"是美国城市区域理论的主流。以罗伯特·朗与约翰·肖特为代表的美国"大都市带理论"继承了戈特曼的"大都市连绵带理论"，属于"实证技术"层次的描述理论，是一种城市区域现象的客观事实归纳理论，还没有从根本上突破戈特曼"大都市连绵带理论"的框架。

第二，美国城市区域理论特点。

如前所述，美国城市区域理论所包括的"规划政策理论"与"大都市带理论"是建立在"后经典科学世界观"基础之上的，它们的方法论主要是语言表述、统计分析、归纳分析三大类型，属于机械观的方法类型。其理论以空间规划、空间治理、空间政策为主要内容，具有显著的美国特殊规律性质。美国高速铁路网建设的落后，导致美国城市区域向空间城市系统的演化呈现滞后态势，直接影响了美国城市区域理论的发展。规划政策很强、实证技术薄弱、基础理论欠缺是美国城市区域理论的现状，其中没有基础理论支撑是美国城市区域理论的最大缺陷，它将为美国空间未来的发展埋下隐患。

第三，美国城市区域理论预见。

首先，美国"规划政策理论"与"大都市带理论"的整合是美国城市区域理论的基本发展趋势。其次，强化"实证技术"理论研究是美国城市区域理论发展的急迫需求。最后，引入空间城市系统理论作为理论支撑，形成美国的规划政策、实证技术、基础理论城市分布理论体系是必由之路。随着美国高速铁路网的建设，美国城市区域实践将强烈呼唤完整"空间理论体系"的支撑作用，美国政府与学界必须有清醒的认识。

4）欧洲巨型城市区域理论

以英国学者彼得·霍尔与凯西·佩恩的"巨型城市区域理论"为代表，形成了第四阶段城市区域理论。它是一种基于欧洲城市区域实践，具有欧洲特征的"巨型城市区域理论"。该阶段理论的特点为：其一，多中心性是"巨型城市区域理论"的核心特征，它强调了城市区域的均衡性。其二，巨型城市区域（MCR）、功能性城市区域（FUR）、单体城市（CITY），是"巨型城市区域理论"实际存在的三级空间单位，其中巨型城市区域与功能性城市区域是该理论空间分析的主体。其三，“巨型城市区域理论”具有鲜明的欧洲特色，基于欧洲空间多国家主体的碎片化，该理论的多中心性与均衡性特征十分明显。其四，“巨型城市区域理论”概念清晰、层次分明、功能解析准确，属于优秀的“实证技术”理论，在世界范围具有广泛的影响。其五，欧美文化的同源性，使得欧洲“巨型城市区域理论”与美国的“巨型区域理论”具有形态与结构的近亲特征。

(1) 巨型城市区域理论

2006年，英国学者彼得·霍尔与凯西·佩恩出版了《多中心大都市——来自欧洲巨型城市区域的经验》一书，成为“巨型城市区域理论”的代表性著作。彼得·霍尔清醒地识别了后城市时代人居空间新形式的到来，“多中心巨型城市区域(MCR)作为一种全新的现象，正在当今世界高度城市化地区出现，它的出现经历了一个从中心大城市到邻近小城市的漫长扩散过程。毫不夸张地说，这就是21世纪初出现的城市形式”[81]，“巨型城市区域理论”在欧洲城市区域研究领域居于主流地位。

通过多中心网络(POLYNET)项目研究，巨型城市区域理论主要表现为：第一，界定了英格兰东南部、兰斯塔德、比利时中部、莱茵—鲁尔、莱茵—美因、瑞士北部、巴黎区域、大都柏林八个巨型城市区域，定义了西北欧“五边形”空间结构。第二，解决了对每个功能性城市区域多中心化程度进行测度的问题。第三，定量信息是“巨型城市区域理论”的基础，通过对大量关系数据的测量与处理，解决了功能性城市区域多中心之间信息流的量化问题。第四，定性信息是“巨型城市区域理论”的基础，仅仅依据定量信息不能揭示巨型城市区域的本质规律，而面对面交流所获得的定性信息却能说明巨型城市区域的根本性规律。第五，提出了基本的政策结论，包括多中心城市、均衡发展、可持续原则、经济竞争、地域凝聚、空间尺度、空间规划、空间管治等基本原则。

(2) 其他理论说明

其一，欧洲城市区域“规划政策”理论具有洲际空间、国家空间、地方空间三个空间规划层次，如欧洲的《欧洲空间发展战略》(ESDP)、法国的《国土协调发展大纲》、英国的《英格兰东部区域规划》，完善的空间规划体系是欧洲城市区域理论的特色。欧洲城市区域“规划政策”理论具有完备的空间政策体系，如空间均衡、空间指导、多中心性、可持续原则、空间尺度、空间融合、空间治理等。

其二，以彼得·泰勒为核心的拉夫堡大学全球化和世界城市(GaWC)团队，形成了世界城市与网络理论。首先，该理论将世界城市等级体系分为：世界城市—全球城市，如伦敦、巴黎、纽约、东京，世界城市—次全球城市，如欧洲国家首都和商业首都(如米兰、巴塞罗那)，区域城市。其次，该理论创建了世界城市网络概念，“将世界城市看作连接到一个单一的世界范围网络的‘全球服务中心’。这种对网络的强调，意味着全球化世界里的城市不仅仅如经常被认为的那样互相竞争，更为重要的是它们还有合作关系，这种特征受到‘欧洲空间发展展望’的强烈鼓励”[82]。最后，该理论创建了针对各种“流”的关系属性研究方法，如“信息流”的测量与计算方法。

其三，英国学者A.G.钱皮恩从空间规模角度对多中心城市区域进行了研究，他归纳为三种基本类型：一是北美洲"单个大都市区"类型；二是欧洲"多中心城市"类型；三是"多核心城市地带"类型①。伦敦大学学院、阿姆斯特丹大学阿姆斯特丹大都市与国际发展研究院、布鲁塞尔自由大学环境与土地规划管理研究院等机构都进行了城市区域理论研究。

其四，德国学者克里斯塔·莱歇尔为核心的多特蒙德大学空间规划学院研究团队形成了"鲁尔空间研究理论"，他们采用了"分层化图解"研究方法，在地理学、景观学、建筑学的基础上，通过数据分析、资料分析，创建了鲁尔区"分层图"，展现了鲁尔区空间规律，形成了鲁尔区的"认知地图"意向空间。这是世界城市区域研究中，很有应用价值的一种"实证技术"研究方法。

(3) 欧洲城市区域理论评价

欧洲是世界城市区域实践的主要空间，"多中心理论范式"被世界广泛认同与接受，《欧洲空间发展战略》(ESDP)对世界城市区域发展产生了重要影响，欧洲理论范式、美国理论范式、中国理论范式形成了世界城市区域理论的主要支柱，因此对欧洲城市区域理论的评价具有十分重要的意义。

第一，欧洲城市区域理论性质。

欧洲城市区域理论完成了"规划政策"层级的理论构建。在欧洲空间、国家空间、地方空间层次，欧洲具有完善的"空间规划"与"空间政策"理论体系。欧洲城市区域理论具有较强的"实证技术"理论，以彼得·霍尔为代表的"巨型城市区域理论"揭示了功能性城市区域(FUR)之间"流"关系属性的规律，"多中心空间结构"适用于世界城市区域。因此，欧洲城市区域"实证技术"理论具有普遍性意义。

第二，欧洲城市区域理论特点。

就总体性质而言，欧洲城市区域理论是建立在"经典科学世界观"基础之上的，它的方法论主要是数据测量、访谈技术、统计分析、语言表述、图表分析，属于传统的方法论类型。欧洲城市区域理论特征表现为完善的"规划政策"、较强的"实证技术"、欠缺的"基础理论"，其中没有基础理论支撑是它的最大缺陷，它将导致欧洲城市区域理论的滞后局面。

第三，欧洲城市区域理论预见。

欧洲具有雄厚的科学与文化基础，通过展望欧洲城市区域理论发展趋势发现，在"规划政策"与"实证技术"的基础上，具有逐步发展出"基础理论"的实力，欧洲城市区域实践也为此提供了客观事实基础。借鉴空间城市系统理论，可以大大缩短欧洲"基础理论"建设的时间，从而形成具有欧洲特色的"规划政策""实证技术""基础理论"理论体系，为欧洲城市区域发展实践提供完整的理论支撑。

5) 空间城市系统理论

以笔者的"空间城市系统理论"为代表，形成了第五阶段空间城市系统理论，它是

① 参见：刘敏.20世纪后半期美国大都市连绵带发展研究[D].厦门：厦门大学，2006：42。

一种基于全球空间城市系统实践，具有世界普遍意义的空间城市系统理论。该阶段理论具有三个鲜明的特征：其一，系统性特征。空间城市系统理论将人居空间新形态作为“地球表面空间城市系统”的研究对象，使用系统科学方法论，得出了“空间城市系统理论”。其二，共性特征。空间城市系统理论的研究对象是全球空间的人居空间新形态，涵盖了美国空间、欧洲空间、中国空间以及世界其他空间，它不同于以往的美国、欧洲、中国个性化理论，是一种世界范围的共性理论。其三，科学事实特征。“空间城市系统理论”揭示了空间城市系统的一般性规律，它在“规划政策”与“实证技术”本体论范畴客观事实的基础上，上升为认识论范畴的科学事实。

(1) 空间城市系统理论体系

空间城市系统理论体系包括：人居空间演化规律、空间城市系统理论基础、空间城市系统环境、空间形态与空间结构、空间城市系统动因理论、空间城市系统演化理论、空间城市系统混沌理论、空间城市系统控制理论、空间城市系统信息理论、中国空间城市系统、美国空间城市系统、欧洲空间城市系统、世界其他空间城市系统。空间城市系统理论体系是一个具有科学与社会科学属性的完整的多学科理论体系，该理论体系与世界空间城市系统实践相对应。

(2) 空间城市系统理论评价

人类聚居空间沿着城市、城市区域、空间城市系统进化的趋势已经是不争的事实，空间城市系统理论的产生是人居空间进化的必然产物，是一种科学发展现象。美国理论模式、欧洲理论模式、中国理论模式的整合统一，是符合逻辑规律的，空间城市系统理论完成了这个历史使命。钱学森的城市学科系统分类方法告诉我们，规划政策、实证技术、基础理论的完善是理论体系建构的必由之路，而空间城市系统理论完成了“基础理论”的构建。因此，对空间城市系统理论的评价具有十分重要的意义。

第一，空间城市系统理论性质。

空间城市系统理论的本质为“系统说”，它将人居空间新形态界定为“地球表面空间城市系统”，用系统科学方法揭示其“系统性规律”。在“规划政策”与“实证技术”知性认识的基础上，空间城市系统理论完成了“基础理论”的理性认识，揭示了城市区域(空间城市系统演化阶段)的一般性规律。空间城市系统理论满足了科学哲学的“对应原理”，实现了对城市区域(空间城市系统演化阶段)的前见解释、现见解释、预见解释。作为创新的“基础理论”，空间城市系统理论首先是世界观的转化，其次是方法论的升级，最后是理论范式的革命。因此，空间城市系统理论具有世界性的普遍意义。

第二，空间城市系统理论特点。

首先，研究对象的“系统说”是空间城市系统理论区别于前述理论“区域说”的本质性差别，“系统研究”是建立在演化科学世界观基础之上的，“城市区域研究”是建立在“后经典科学世界观”基础之上的。其次，空间城市系统理论采用了系统科学方法论，如耗散结构理论、协同论、控制论、信息论、联结认知理论等，而“规划政策”与“实证技术”则是机械的、传统的方法论。因此，方法论的差别使空间城市系统理论与前述理论形成了截然不同的两种理论体系。最后，空间城市系统理论具有历史性特征，巢穴、聚落、城市、空间城市系统形成了一个完整的人居空间进化链条；空间城市系统理论具有逻辑连贯性特征，系统环境、空间形态与空间结构、系统动因、系统演化、系统控制、系统信息、系统文明形成了一个逻辑递进的空间城市系统理论体系；空间城市系统理论具有理论联系实践的特征，美国空间城市系统、欧洲空间城市系统、中国空间城市系统、世界其他空间城市系统说明了全球空间城市系统产生与发展的客观事实。

第三，空间城市系统理论预见。

空间城市系统理论具有广泛的预见应用：首先，基础理论、实证技术、规划政策形成了完整的、科学的、未来的人居空间理论体系，以指导人类聚居空间的有序发展。其次，可持续人居空间系统包括空间城市系统、城市、聚落、巢穴四种基本形态，而空间城市系统居于领导地位，是人类社会主要的聚居空间，该理论的重要性不言而喻。最后，空间城市系统产生与发展的北美空间、欧洲空间、东北亚空间、南美空间，预见产生的俄罗斯空间、澳大利亚空间、东南亚空间、中亚空间、印度空间、北非空间、中东空间，涵盖了全球空间的大多数部分，空间城市系统理论的支撑作用尤其显得紧迫与重要。

1.3.2　世界城市区域实践

20 世纪 50 年代，世界城市区域实践首先出现在美国东北部，随后出现在西北欧、东北亚、南美、东南亚。世界各地城市区域实践表现为不同的空间形态与空间结构，被赋予不同的名称，主要有美国的大都市连绵带（Megalopolis）、巨型区域（MR）；欧洲的巨型城市区域（MCR）、大都市连绵带（Megalopolis）；中国的城市群（Urban Agglomerations）；日本的都市圈（Metropolitan Region）；巴西的大都市连绵带（Megalopolis）；印度尼西亚的城乡融合区（Desakota）。世界城市区域现象在本质上不同于以往的巢穴形态、聚落形态、城市形态，它是人类聚居空间形态的进化，标志着人类社会拥有了新的家园。

1）美国城市区域实践

（1）大都市连绵带实践

20 世纪 50 年代，在美国东北部的波士顿—纽约—华盛顿地带，产生了大城市沿海岸线高密度分布的现象，戈特曼将其命名为“大都市连绵带”（Megalopolis）。20 世纪 60 年代，美国出现了三个公认的大都市连绵带，即 BosWash 大都市连绵带、ChiPitts 大都市连绵带、SanSan 大都市连绵带。美国大都市连绵带实践开创了世界人居空间形式的新时代，使人类社会从正面认识城市区域的客观事实。

（2）巨型区域实践

21 世纪，美国产生了“巨型区域”（MR）现象，《美国 2050》界定了 11 个国家级巨型区域(MR)。如图 1.1 所示,它们分别是东北巨型区域、五大湖巨型区域、皮德蒙特巨型区域、南佛罗里达巨型区域、沿海海湾巨型区域、得克萨斯三角巨型区域、落基山脉山前巨型区域、亚利桑那阳光走廊巨型区域、南加利福尼亚巨型区域、北加利福尼亚巨型区域、卡斯卡底巨型区域。美国巨型区域(MR)的客观事实进一步证明了人类聚居形态告别了“城市形态”,走向了“城市区域形态”。美国巨型区域实践给欧洲、中国以及世界其他地区的“城市区域认知”以方向标意义的借鉴,对世界人居空间形态演化产生了重大影响。

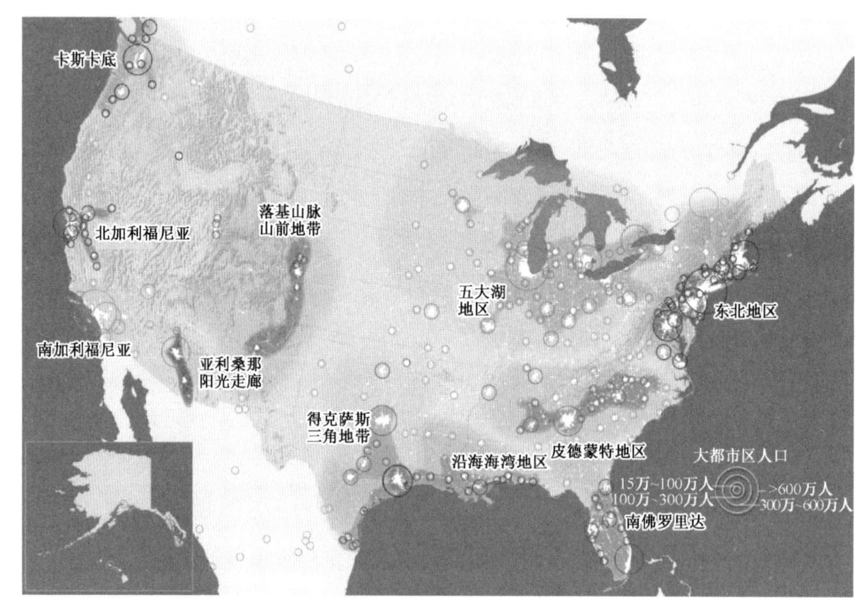

图 1.1　美国巨型区域分布

(源自:《美国 2050》)

2)欧洲城市区域实践

(1) 大都市连绵带实践

20 世纪 70 年代,戈特曼认为欧洲存在三个大都市连绵带(Megalopolis):西北欧大都市连绵带,即阿姆斯特丹—布鲁塞尔—莱茵—鲁尔—巴黎;英格兰大都市连绵带,即伦敦—伯明翰—曼彻斯特—利物浦;南欧大都市连绵带,即米兰—都灵—热那亚—比萨—佛罗伦萨—马赛—阿维尼翁。欧洲大都市连绵带的事实说明了人居空间新形态是一种世界性的普遍现象,是人居空间发展的前沿形态。

(2) 巨型城市区域实践

2006 年,彼得·霍尔与凯西·佩恩界定了欧洲存在 8 个巨型城市区域(MCR),如图 1.2 所示,它们分别是英格兰东南部巨型城市区域、比利时中部巨型城市区域、兰斯塔德巨型城市区域、莱茵—鲁尔巨型城市区域、莱茵—美茵巨型城市区域、瑞士北部巨型城市区域、巴黎地区巨型城市区域、大都柏林巨型城市区域。欧洲巨型城市区域的客观事实,说明了“城市区域”现象已经成为具有世界普遍意义的事件。

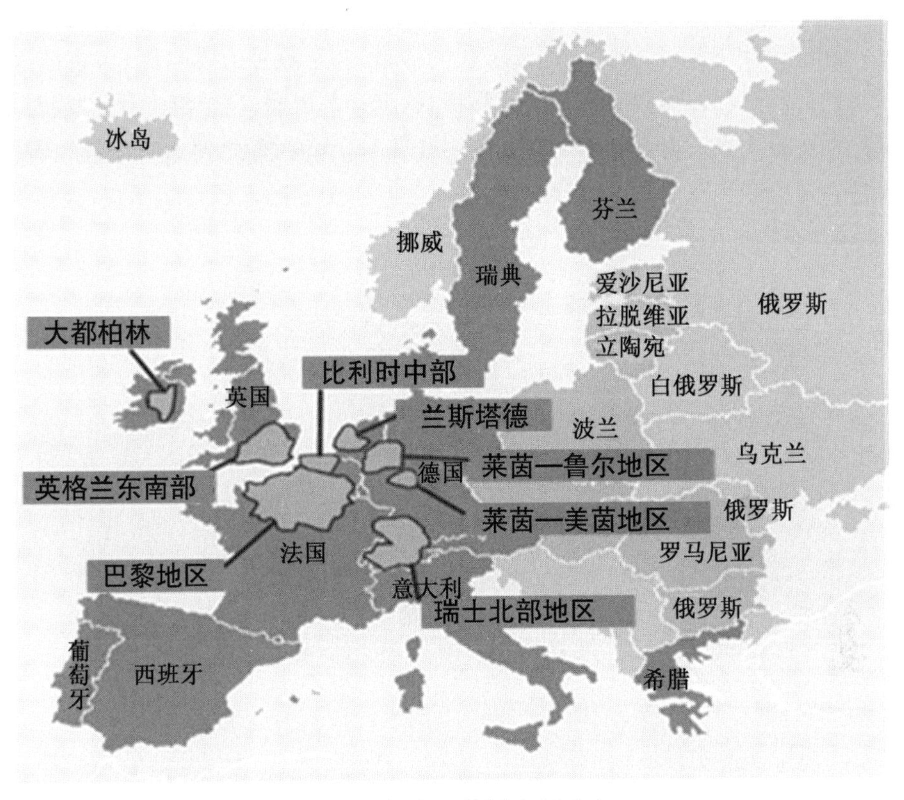

图 1.2 欧洲巨型城市区域分布

（源自：顾朝林相关论文）

3）中国城市区域实践

20世纪70年代，戈特曼认为中国存在以上海为中心的大都市连绵带(Megalopolis)，基于研究的缺乏他没能给出明确的地域界定。自1992年姚士谋创建“城市群”(Urban Agglomerations)理论以后，中国的城市区域现象日趋显现，“城市群”研究迅速发展起来。2016年，国家“十三五”规划纲要提出了建设19个城市群，即长江三角洲、珠江三角洲、京津冀、山东半岛、辽中南、海峡西岸、长江中游、成渝、中原、哈长、关中—天水、天山北坡、广西北部湾、晋中、宁夏沿黄、呼包鄂榆、兰州—西宁、黔中、滇中城市群。

中国城市群的分布涵盖了中国的绝大多数地区，占据总人口的35.54%左右。《国家新型城镇化规划(2014—2020年)》已经将“城市群”列为中国人居空间发展的主体形式。中国城市区域实践的快速发展，奠定了人居空间新形态在世界的确定性地位，城市区域的客观事实在北美空间、欧洲空间、东北亚空间确定下来，由此人类聚居空间形态进入了城市区域时代。

4）世界其他城市区域实践

(1) 日本城市区域实践

20世纪70年代，戈特曼认为东北亚存在着日本大都市连绵带(Megalopolis)，即东京—横滨—名古屋—大阪—神户。2010 年，富田和晓与藤井正界定了日本的“都市圈”(Metropolitan Region)分布格局：东京大都市圈、京阪神大都市圈、名古屋大都市圈，以及仙台都市圈、广岛都市圈、福冈都市圈、金泽都市圈、高松都市圈、札幌都市圈。日本有大约 60％的人口居住在“都市圈”中，日本全境从东北到西南都分布着“都市圈”。日本都市圈实践说明，城市区域已经成为日本主要的人居空间形式，这对于世界发达地区具有重要的标志性意义(图 1.3)。

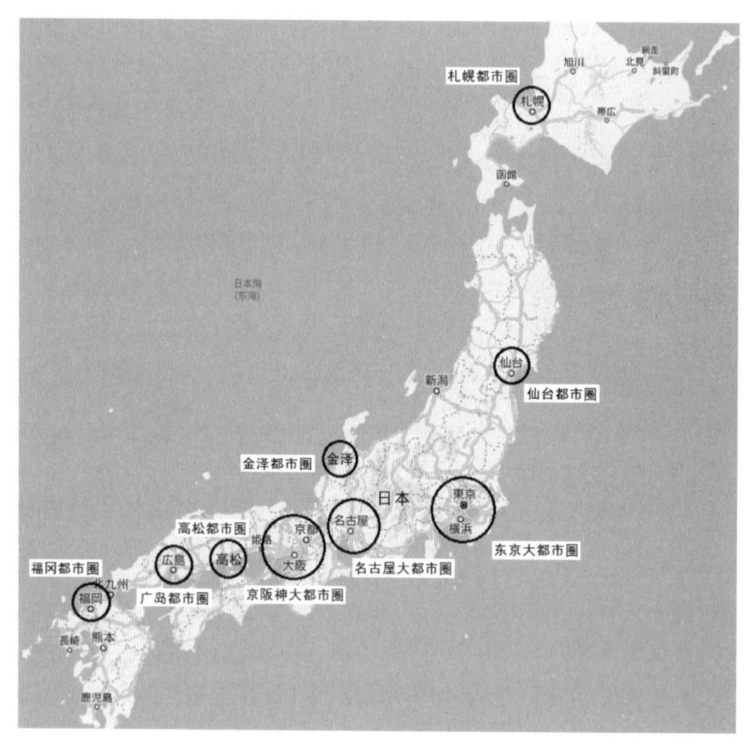

图 1.3　日本都市圈分布

(源自：笔者自制)

(2) 其他城市区域实践

20 世纪 70 年代，戈特曼认为巴西存在着“里约热内卢—圣保罗”大都市连绵带(Megalopolis)。21 世纪，“里约热内卢—圣保罗城市区域”占巴西总城市人口的 22％，经济实力占巴西国民生产总值的 1/3，主导着巴西乃至南美的城市化发展趋势。

1985 年，麦吉界定了印度尼西亚爪哇岛出现的城乡融合区(Desakota)(Desa 指乡村，Kota 指城市)现象，即雅加达—万隆—日惹—三宝垄。21 世纪以来，俄罗斯、澳大利亚、印度以及东南亚、中亚等国家和地区都出现了“城市区域”现象。

综上所述，“城市区域”在北美空间、欧洲空间、东北亚空间以及世界其他空间存在的客观事实，说明人居空间形态已经发生了根本性的变化，“城市区域”已经成为人类文明发展的创生空间，并且分布于全球空间范围，人居空间已经开始进入“城市区域”时代。

1.3.3 空间城市系统学科创新

1）学科标准与学科创新

（1）学科创新标准

所谓学科是指相对独立的知识体系，“学科是科学知识体系的分类，不同的学科就是不同的科学知识体系，构成一门独立学科的基本要素主要有三个：①研究的对象或研究的领域，即独特的、不可替代的研究对象。②理论体系，即特有的概念、原理、命题、规律等所构成的严密的、逻辑化的知识系统。③方法论，即学科知识的生产方式”①。

知识是构成学科的核心内容，知识的发现、创新、检验、应用、积累是学科建设的必然过程，而学科研究对象、学科方法论、学科理论体系则是评判学科创新的基本标准。以知识为核心的学科创新是人类文明进化的基础，没有了学科创新知识就失去了所存在的依托，就无法完成知识积淀与传承的使命。因此，学科创新是科学与社会科学研究的基本职责与历史使命。

（2）空间城市系统学科创新逻辑

人居空间是一个十分宽泛的学术门类，相近的学科有聚落地理学、城市地理学、城乡规划学。随着城市区域理论的发展、空间城市系统理论的创新，即有的学科设置很难满足该人居空间领域发展的需要，因此空间城市系统学科创新就成为学科发展之必然。由于空间城市系统理论对于“规划政策”与“实证技术”理论具有基础性、对应整合性与一般性，因此我们将人居空间该领域学科命名为“空间城市系统学科”。

首先，空间城市系统学科具有其历史逻辑。如前所述，该领域理论体系经历了大都市连绵带理论、城市群理论、巨型区域理论、巨型城市区域理论、空间城市系统理论五个发展阶段，具有学理连贯性。其次，空间城市系统学科具有其层次逻辑。该领域理论体系具有规划政策、实证技术、基础理论三个递进的学术层次，符合了钱学森关于城市学科划分的三个层级标准：“一个层次是直接改造客观世界的，另一个层次是指导这些改造客观世界的技术的，再有一个是更基础的理论。”[78]最后，空间城市系统学科具有其归纳逻辑。空间城市系统学科理论呈现出人居实践、客观事实、科学事实逐级归纳递进，逐级对应整合的学术逻辑特征。

2）空间城市系统学科分析

（1）空间城市系统学科研究对象分析

空间城市系统学科具有独特的、不可替代的研究对象，即地球表面空间的城市系统，它由人类社会和地理空间所构成，是地球空间最大的人工物，是人居空间的最高级形态。

---

① 参见好搜百科：学科。

20世纪50年代，该学科研究对象首先产生于美国东北部，被戈特曼称之为“大都市连绵带”，英文为Megalopolis；1992年，中国学者姚士谋将该研究对象命名为“城市群”，英文为Urban Agglomerations；2004年，美国学者罗伯特·亚罗将该研究对象命名为“巨型区域”，英文为Mega Region；2006年，英国学者彼得·霍尔将该研究对象命名为“巨型城市区域”，英文为Mega City Region；2015年，笔者将该研究对象归纳性命名为“空间城市系统”，英文为Spatial City System。

21世纪，在北美空间、欧洲空间、东北亚空间，空间城市系统学科研究对象已经成为人居空间的主导形式，在世界其他空间也都逐渐发展起来。预计在未来200年，该学科研究对象将成为人类社会主要的聚居空间。因此，空间城市系统的客观存在，以及对人类社会的重要性，使其足以担当起一门学科的承载体。

（2）空间城市系统学科方法论分析

空间城市系统学科具备了完善的方法论体系。以规划政策、实证技术、基础理论为主要内容的空间城市系统学科理论体系建立在“后经典科学世界观”与“演化科学世界观”的基础之上，其方法论体系主要包括：“机械观方法论”与“演化观方法论”；“自然科学方法”与“社会科学方法”；“经典城市科学方法”与“系统科学方法”；“定性方法”与“定量方法”等。特别是空间城市系统理论具有系统科学、耗散结构理论、控制科学、信息科学等现代科学方法论，使空间城市系统学科理论到达普遍性规律的层次。因此，空间城市系统学科方法论体系足以支撑起该领域学科的需求。

（3）空间城市系统学科理论体系分析

空间城市系统学科是一个包括规划政策、实证技术、基础理论完整的理论体系，每一个理论层次都具有特定的概念、原理、命题、规律，它们的整体形成了空间城市系统学科知识体系。特别是空间城市系统理论形成了完整的、严密的、逻辑化的知识体系，包括人居空间演化规律、空间城市系统理论基础、空间城市系统环境、空间形态与空间结构、空间城市系统动因理论、空间城市系统演化理论、空间城市系统混沌理论、空间城市系统控制理论、空间城市系统信息理论、中国空间城市系统、美国空间城市系统、欧洲空间城市系统、世界其他空间城市系统。因此，空间城市系统学科理论体系足以形成一门独立学科的知识体量。

3）空间城市系统学科定义

（1）空间城市系统学科概念

空间城市系统学科是关于人居空间新形态的相对独立的知识体系，包括基础理论、实证技术、规划政策三个层级，已经形成了特有的学科话语体系。空间城市系统学科具有典型的交叉学科属性，特别是空间城市系统理论具有系统科学与城市科学交叉的属性。空间城市系统学科具有独特的研究对象、专有的方法论、成熟的理论体系。空间城市系统学科理论体系包括本体论的城市区域理论和认识论的空间城市系统理论两个部分，并且具有准确的客观实践对应物。空间城市系统学科的目标是人居空间新形态知识的发现与创新。

（2）空间城市系统学科定位

空间城市系统学科定位是指空间城市系统学科教学与科研的功能单位，是对空间城市系统学科人才培养、教师教学、科研业务隶属范围的相对界定。空间城市系统学科定位是一个创新、发展、成熟的渐进过程，是一个具有世界普遍意义的人居空间新形态知识系统问题。空间城市系统学科的创新建立关系到大多数人的生存空间，具有重要的现实性与深远的历史意义。空间城市系统学科定位要遵守国家的学科分类法规，按照中国科研项目《学科分类与代码》（GB/T 13745—2009）最新规定，空间城市系统学科定位如表1.5所示。

表1.5 空间城市系统学科定位

学科级别	主干学科	方法论学科	主要应用学科	学科代码
一级学科	地球科学	—	—	170
二级学科	地理学	—	—	170.45
三级学科	空间城市系统学	—	—	170.4520
一级学科	—	信息科学与系统科学	—	120
三级学科	—	耗散结构理论	—	120.2030
一级学科	—	—	城乡规划学	0833

（3）空间城市系统学科关系

空间城市系统学是地理学范畴内的三级学科，属于人文地理学的一个分支。主要研究地球表面空间城市系统产生与发展的规律，包括四个方面：其一，定性规律，即空间城市系统基本性质的研究。其二，定量规律，即空间城市系统基本定量规律的研究。其三，实证规律，即空间城市系统基本实证现象的研究。其四，规划政策，即空间城市系统的规划与政策治理。

空间城市系统学是一门典型的跨学科综合性学科，由于它包含基础理论、实证技术、规划政策三个分支，因此空间城市系统学又是一门巨大类型的学科。空间城市系统学科方法论的属性以及理论体系性质，决定了它具有自然科学与社会科学的双重属性。如图1.4所示，空间城市系统学科的关联学科主要分为四类：主干学科、方法论学科、自然科学基础学科、社会科学基础学科。

① 与系统科学的关系

中国学者郭雷说："系统科学是研究系统的结构、环境与功能关系，探索系统的演化与调控规律的科学。根据钱学森的观点，系统科学的体系包括系统论、系统学、系统技术科学与系统工程等四个层次。"[83]就本体论意义而言，空间城市系统是地球空间最大的人工系统，而"系统科学的研究对象是'系统'自身"[84]，因此系统科学就是研究空间城市系统自身的科学。就方法论意义而言，空间城市系统是人类社会与地理空间的组合体，系统科学是研究这种"人—物"组合体的方法和工具。

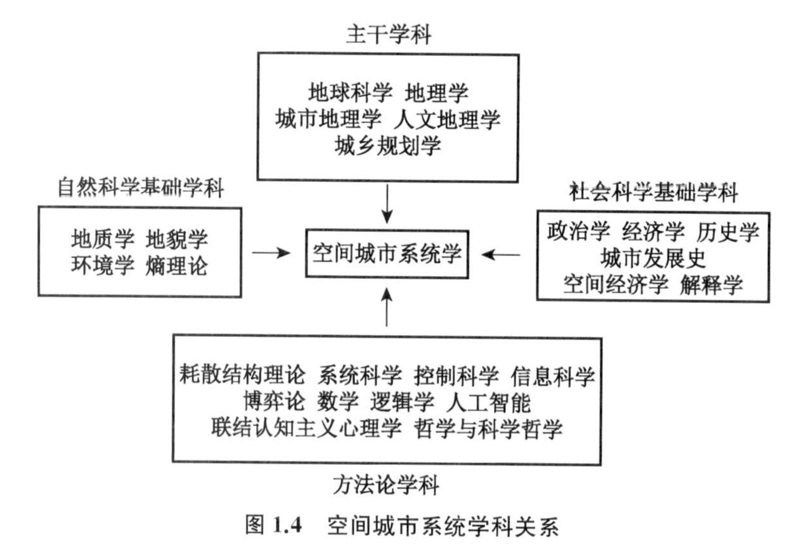

图 1.4 空间城市系统学科关系

注:本书未标注来源的图片均为笔者绘制。

系统科学中所包括的环境理论、结构理论、功能理论、演化理论、控制理论、信息理论构成了空间城市系统学科的主要内容。其中耗散结构理论、协同学、熵理论、系统控制、信息量等构成了空间城市系统学的核心方法论与内容。空间城市系统本身就是一种宏观系统,空间城市系统学就是一种宏观"系统学",系统科学是空间城市系统学的理论来源与支撑基础。因此,系统科学与空间城市系统学是一种无法分开的一体化关系。

② 与城市地理学的关系

城市地理学与空间城市系统学是衍生关系,城市区域理论起源于城市地理学,是城市地理学"城市的功能地域"部分的内容,空间城市系统学是城市地理学的进化物。城市地理学是一门地理科学,"城市"是城市地理学的研究对象。而空间城市系统是一门人居空间科学,"城市系统"是空间城市系统学的研究对象。城市地理学与空间城市系统学有着不同的方法论,有着不同的理论体系。

城市地理学与空间城市系统学有着密切的联系,"城市"是两门学科相同的研究主体,空间城市系统学继承了城市地理学的许多研究手段,使用了城市地理学的许多基本原理。反之,空间城市系统学科创新又促进了城市地理学的发展,为它增添了许多创新内容。

③ 与数学的关系

数学是研究客观世界规律的基本学科和方法,具有抽象、严谨、精确的特征,数学是一门母科学。数学是空间城市系统学科主要的方法论学科,空间城市系统学科的重要特征是数据化,通过数学工具的处理,得出精确的结论,从而揭示空间城市系统的基本规律。数学使得空间城市系统学科整体到达一种严谨意义上科学的境地,在实证技术、基础理论两个层次,数学方法的大量使用为"规划政策"的科学与精准奠定了基础。

数学方法的引入，使空间城市系统学拥有无可辩驳的自然科学属性，成为一门独立的科学。因此，数学是空间城市系统学的主要基础性学科。

④ 与哲学的关系

哲学是人类研究世界的基本学科和方法，具有抽象、思辨、穷理的特征。哲学是一门母科学，它给出对世界本质的解释，进而影响着人类的世界观。科学世界观是空间城市系统最基础的问题，托马斯·库恩的理论是空间城市系统理论创新的哲学根据，科学哲学是空间城市系统学科创新所依托的基础性学科，空间城市系统学科的产生、发展与成熟都离不开哲学与科学哲学。因此，哲学是空间城市系统学的主要基础性学科。

⑤ 与城乡规划学的关系

空间城市系统学科包含了“规划学”的内容，“规划政策”本身就是空间城市系统的空间规划与政策实施，这是空间城市系统学的一个重要特征。现有的城乡规划学是针对“城市形态”与“聚落形态”的一门技术型学科，“空间城市系统形态”是一种初生和未来人居空间形态，严格意义上现有的城乡规划学没有包含空间城市系统的空间规划与空间政策，因此空间城市系统学科自身包含了“规划学”的部分。空间城市系统学“规划政策”继承了城乡规划学的许多研究方法，使用了城乡规划学的许多基本原理。因此，空间城市系统学与城乡规划学是一种交叉重合逻辑关系。反之，空间城市系统学科创新又促进了城乡规划学的发展，为它增添了许多创新内容。

⑥ 与环境生态学的关系

“环境生态学，是指以生态学的基本原理为理论基础，结合系统科学、物理学、化学、仪器分析、环境科学等学科的研究成果，研究生物与受人干预的环境相互之间的关系及其规律性的一门科学。”[①]“空间城市系统环境”是空间城市系统理论的重要组成部分，地球人居生态系统、人居生态变化、生态足迹是空间城市系统产生与发展的基本前提条件，空间城市系统学必须贯穿环境生态学思想，以人居空间体系的可持续发展为学科目标。因此，环境生态学与空间城市系统学是一种限制与被限制的制约关系。

⑦ 与政治、经济、社会、文化、历史、人工智能学科的关系

空间城市系统是人类历史上从来没有过的伟大实践，是地球空间最大的人工系统，是人居空间的终极形态。因此，空间城市系统学科具有广泛的包含性，涵盖了自然科学与社会科学多个学科，它们成为空间城市系统学必然涉及的内容，为空间城市系统学科增添了不可或缺的组成部分。

政治学是统领科学，政治是空间城市系统产生与发展的序参量动因，政治学为空间城市系统学科提供了指导性准则，这从美国、欧洲、中国的《美国 2050》《欧洲空间》《国家新型城镇化规划(2014—2020 年)》三个纲领性文件中可以看得很清楚。反之，空间城市系统容器的创生为政治发展提供了基础，例如空间城市系统的“基本居住权、

① 参见百度百科：环境生态学。

基本移动权、基本信息权”这三项基本人权的创生，就促进了政治学的发展，再如跨国界、跨区域的空间治理必然促进政治学的发展。因此，政治学与空间城市系统学是一种指导与促进的共生关系。

经济学是关于经济发展规律的科学，用于指导人类财富积累与创造。经济基础是空间城市系统产生与发展的前提，经济环境参量是空间城市系统环境的核心变量。空间城市系统学必然包含经济内容，而经济学基本原理在空间城市系统理论体系中当然有所体现。空间城市系统的产生与发展给经济学提供了新的素材，必然促进经济学的不断发展。因此，经济学与空间城市系统学是一种基础与互动的协同关系。

社会学是一门研究社会事实的综合性学科，如社会结构、功能、环境等。空间城市系统社会结构发生了变化，随之而来的社会环境、社会功能、社会行为都将发生变化，社会学基本原理可以帮助空间城市系统构建合理的社会结构。空间城市系统学必然包含社会学内容，为社会学的不断发展提供学术动力。因此，社会学与空间城市系统学是一种互助互促的协同关系。

文化是一种宽泛的社会与历史现象，是特定社会空间物质财富与精神财富的总和。空间城市系统是生态文明的容器，世界各空间城市系统拥有着自己先进的文化。空间城市系统文化代表了人类最先进的文化，给文化学赋予了新的内涵。因此，文化是空间城市系统学科的重要内容，是空间城市系统社会不可或缺的意识形态。

历史学是研究人类社会发展过程及其规律的学科，通过对既往客观存在及其过程的研究，揭示特定的规律。历史学的研究方法是空间城市系统研究的基本方法，人居空间演化规律的获得完全是历史学方法的应用，城市区域学科史的归纳总结使得空间城市系统学科的“规划政策”“实证技术”得以确立，空间城市系统学科前见范式、现见范式、预见范式理论体系的形成本身就是一个学术历史的发展过程。因此，历史学是空间城市系统学科的基础学科。

人工智能是关于知识的学科，是关于怎样获得知识、理解知识、应用知识的学科。空间城市系统脑是人工智能学科在空间城市系统最集中的体现，专业人脑体系、组织机构脑体系、机器计算脑体系是空间城市系统脑的核心，也是空间城市系统控制的主要内容。关键词的搜索、概念的确立、原理的构建，是空间城市系统“知识”体系的基本步骤，而“知识”的应用是空间城市系统的核心。因此，人工智能是空间城市系统学科的关键核心内容。

空间城市系统学科是一门综合性、跨学科、巨大型的学科，其研究对象是最大的人工系统，其方法论集现代科学与社会科学于一体，其理论体系具有规划、技术、基础三个知识层级，是一种复合型学科门类。在人类社会衣、食、住、行四大基本需求中，空间城市系统学占据“住”的一席之位，因此空间城市系统学科对人类社会具有基本的意义。建筑学、城市学、空间城市系统学是现代人类对人居空间三个空间尺度的递进理解，空间城市系统学科的创新完成了这个终极过程。

参考文献

[1] 彼得·霍尔,凯西·佩恩.多中心大都市:来自欧洲巨型城市区域的经验[M].罗震东,等译.北京:中国建筑工业出版社,2010:1.

[2] 王洪军.空间城市系统结构分析与空间治理研究[M]//刘君德,林拓.中国行政区经济与行政区划:理论与实践[M].南京:东南大学出版社,2015:149.

[3] 司马贺.人工科学:复杂性面面观[M].武夷山,译.上海:上海科技教育出版社,2004:3.

[4] 刘大椿.科学哲学[M].北京:中国人民大学出版社,2011:88.

[5] 刘大椿.科学哲学[M].北京:中国人民大学出版社,2011:89-90.

[6] 许国志.系统科学[M].上海:上海科技教育出版社,2000:174.

[7] 刘易斯·芒福德.城市发展史:起源、演变和前景[M].宋俊岭,倪文彦,译.北京:中国建筑工业出版社,2005:14.

[8] 刘易斯·芒福德.城市发展史:起源、演变和前景[M].宋俊岭,倪文彦,译.北京:中国建筑工业出版社,2005:582.

[9] 彼得·霍尔,凯西·佩恩.多中心大都市:来自欧洲巨型城市区域的经验[M].罗振东,等译.北京:中国建筑工业出版社,2010:4.

[10] 斯蒂芬(W.Steffen),等.全球变化与地球系统:一颗重负之下的行星[M].符淙斌,延晓冬,马柱国,等译.北京:气象出版社,2010:147.

[11] WANG Hongjun. Earth human settlement ecosystem and underground space research[J]. Procedia Engineering, 2016,165:765-781.

[12] 司马贺.人工科学:复杂性面面观[M].武夷山,译.上海:上海科技教育出版社,2004:2.

[13] 刘大椿.科学哲学[M].北京:中国人民大学出版社,2011:85-86.

[14] 理查德·德威特.世界观:科学史与科学哲学导论[M].李跃乾,张新,译.2版.北京:电子工业出版社,2014:7.

[15] 普里戈金.从存在到演化[M].曾庆宏,严士健,方本堃,等译.北京:北京大学出版社,2007:4.

[16] 理查德·德威特.世界观:科学史与科学哲学导论[M].李跃乾,张新,译.2版.北京:电子工业出版社,2014:7-8.

[17] 理查德·德威特.世界观:科学史与科学哲学导论[M].李跃乾,张新,译.2版.北京:电子工业出版社,2014:158.

[18] 理查德·德威特.世界观:科学史与科学哲学导论[M].李跃乾,张新,译.2版.北京:电子工业出版社,2014:13.

[19] 理查德·德威特.世界观:科学史与科学哲学导论[M].李跃乾,张新,译.2版.北京:电子工业出版社,2014:234.

[20] 理查德·德威特.世界观:科学史与科学哲学导论[M].李跃乾,张新,译.2版.北京:电子工业出版社,2014:341.

[21] 普里戈金.从存在到演化[M].曾庆宏,严士健,方本堃,等译.北京:北京大学出版社,2007:116.

[22] 理查德·德威特.世界观:科学史与科学哲学导论[M].李跃乾,张新,译.2版.北京:电子工业出版社,2014:236.

[23] 普里戈金.从存在到演化[M].曾庆宏,严士健,方本堃,等译.北京:北京大学出版社,2007:7.

[24] 理查德·德威特.世界观:科学史与科学哲学导论[M].李跃乾,张新,译.2版.北京:电子工业出

版社,2014:32.
[25] 刘大椿.科学哲学[M].北京:中国人民大学出版社,2011:42-51.
[26] 理查德·德威特.世界观:科学史与科学哲学导论[M].李跃乾,张新,译.2版.北京:电子工业出版社,2014:7,9.
[27] 钱学森.关于建立城市学的设想[M]//鲍世行,顾孟潮.城市学与山水城市.北京:中国建筑工业出版社,1994:18.
[28] 宋峻岭.现代化、城镇化和城市学研究[M]//鲍世行,顾孟潮.城市学与山水城市.北京:中国建筑工业出版社,1994:176.
[29] 托马斯·库恩.科学革命的结构[M].金吾伦,胡新和,译.北京:北京大学出版社,2003:21.
[30] 托马斯·库恩.科学革命的结构[M].金吾伦,胡新和,译.北京:北京大学出版社,2003:85.
[31] 托马斯·库恩.科学革命的结构[M].金吾伦,胡新和,译.北京:北京大学出版社,2003:101.
[32] 托马斯·库恩.科学革命的结构[M].金吾伦,胡新和,译.北京:北京大学出版社,2003:40.
[33] 许学强,周一星,宁越敏.城市地理学[M].北京:高等教育出版社,1997:1.
[34] 许国志.系统科学[M].上海:上海科技教育出版社,2000:19.
[35] 朱喜钢.城市空间集中与分散论[M].北京:中国建筑工业出版社,2002:4.
[36] 藤田昌久,保罗·克鲁格曼,安东尼·J.维纳布尔斯.空间经济学:城市、区域与国际贸易[M].梁琦,主译.北京:中国人民大学出版社,2005:15.
[37] 顾朝林.城镇体系规划:理论·方法·实例[M].北京:中国建筑工业出版社,2005:28.
[38] 黄亚平.城市空间理论与空间分析[M].南京:东南大学出版社,2002:76.
[39] 顾朝林.城镇体系规划:理论·方法·实例[M].北京:中国建筑工业出版社,2005:前言.
[40] 顾朝林.城镇体系规划:理论·方法·实例[M].北京:中国建筑工业出版社,2005:5.
[41] 罗志刚.从城镇体系到国家空间系统[M].上海:同济大学出版社,2015:63.
[42] 顾朝林.城镇体系规划:理论·方法·实例[M].北京:中国建筑工业出版社,2005:15.
[43] 罗志刚.从城镇体系到国家空间系统[M].上海:同济大学出版社,2015:63.
[44] 顾朝林.城镇体系规划:理论·方法·实例[M].北京:中国建筑工业出版社,2005:14-15.
[45] 许学强,周一星,宁越敏.城市地理学[M].北京:高等教育出版社,1997:204.
[46] 刘易斯·芒福德.城市发展史:起源、演变和前景[M].宋俊岭,倪文彦,译.北京:中国建筑工业出版社,2005:553.
[47] 刘易斯·芒福德.城市发展史:起源、演变和前景[M].宋俊岭,倪文彦,译.北京:中国建筑工业出版社,2005:556.
[48] 戈特曼.大城市连绵区:美国东北海岸的城市化[J].李浩,陈晓燕,译.国际城市规划,2007,22(5):2-7.
[49] 托马斯·库恩.科学革命的结构[M].金吾伦,胡新和,译.北京:北京大学出版社,2003:85.
[50] 刘大椿.科学哲学[M].北京:中国人民大学出版社,2011:247-249.
[51] 托马斯·库恩.科学革命的结构[M].金吾伦,胡新和,译.北京:北京大学出版社,2003:86,73.
[52] 刘大椿.科学哲学[M].北京:中国人民大学出版社,2011:216.
[53] 爱因斯坦.狭义与广义相对论浅说[M].杨润殷,译北京:北京大学出版社,2006:129.
[54] 托马斯·库恩.科学革命的结构[M].金吾伦,胡新和,译.北京:北京大学出版社,2003:102.
[55] 托马斯·库恩.科学革命的结构[M].金吾伦,胡新和,译.北京:北京大学出版社,2003:98.
[56] 托马斯·库恩.科学革命的结构[M].金吾伦,胡新和,译.北京:北京大学出版社,2003:101.
[57] 施雁飞.科学解释学[M].长沙:湖南出版社,1991:148-149.

[58] 托马斯・库恩.科学革命的结构[M].金吾伦,胡新和,译.北京:北京大学出版社,2003:144.
[59] 托马斯・库恩.科学革命的结构[M].金吾伦,胡新和,译.北京:北京大学出版社,2003:152.
[60] 托马斯・库恩.科学革命的结构[M].金吾伦,胡新和,译.北京:北京大学出版社,2003:149.
[61] 黄小寒."自然之书"读解:科学诠释学[M].上海:上海译文出版社,2002:184-185.
[62] 戈特曼.大城市连绵区:美国东北海岸的城市化[J].李浩,陈晓燕,译.国际城市规划,2007,22(5):2-7.
[63] 程相占.大都市带:新居住模式的摇篮[N].社会科学报,2010-05-08.
[64] 吴良镛.人居环境科学导论[M].北京:中国建筑工业出版社,2001:324-332.
[65] 吴良镛.人居环境科学导论[M].北京:中国建筑工业出版社,2001:283,300-301.
[66] 吴良镛.人居环境科学导论[M].北京:中国建筑工业出版社,2001:329-331.
[67] 史育龙,周一星.关于大都市带(都市连绵区)研究的论争及近今进展述评[J].国外城市规划,1997 (2):2-11.
[68] 姚士谋,陈振光,朱英明.中国城市群[M].合肥:中国科学技术大学出版社,2006:1.
[69] 方创琳,鲍超,马海涛.2016 中国城市群发展报告[M].北京:科学出版社,2016:5.
[70] 方创琳,等.中国城市发展空间格局优化理论与方法[M].北京:科学出版社,2016:41.
[71] 吴良镛.人居环境科学导论[M].北京:中国建筑工业出版社,2001:100-101.
[72] 方创琳,毛其智.中国城市群选择与培育的新探索[M].北京:科学出版社,2015:1.
[73] 吴良镛.人居环境科学导论[M].北京:中国建筑工业出版社,2001:102.
[74] 方创琳,毛其智.中国城市群选择与培育的新探索[M].北京:科学出版社,2015:2.
[75] 吴良镛,等.人居环境科学研究进展(2002—2010)[M].北京:中国建筑工业出版社,2011:25.
[76] 叶大年,赫伟,李哲,等.城市对称分布与中国城市化趋势[M].合肥:安徽教育出版社,2011:2.
[77] 钱学森.关于建立城市学的设想[M]//鲍世行.钱学森论山水城市.北京:中国建筑工业出版社,2010:18-19.
[78] 钱学森.关于建立城市学的设想[M]//鲍世行.钱学森论山水城市.北京:中国建筑工业出版社,2010:20.
[79] 方创琳,鲍超,马海涛.2016 中国城市群发展报告[R].北京:科学出版社,2016:v.
[80] 彼得拉・托多罗维奇,罗伯特・亚罗.面向基础设施的美国 2050 远景规划[J].彭翀,刘合林,袁晓辉,等译.城市与区域规划研究,2009,2(3):18-38.
[81] 彼得・霍尔,凯西・佩恩.多中心大都市:来自欧洲巨型城市区域的经验[M].罗振东,等译.北京:中国建筑工业出版社,2010:1.
[82] 彼得・霍尔,凯西・佩恩.多中心大都市:来自欧洲巨型城市区域的经验[M].罗振东,等译.北京:中国建筑工业出版社,2010:13-14.
[83] 郭雷.系统学是什么[M]//郭雷.系统科学进展(1).北京:科学出版社,2017:Ⅲ.
[84] 郭雷.系统学是什么[M]//郭雷.系统科学进展(1).北京:科学出版社,2017:178.

2 空间城市系统基础理论

本章是“空间城市系统理论”的基础，主要包括空间城市系统概论、空间城市系统基本原理、空间流理论三部分。空间城市系统概论以系统科学基础概念为导向，说明了空间城市系统对应的基本机理，为后续空间城市系统还原研究提供了方法论和研究进路。空间城市系统基本原理从空间城市系统组织、空间城市系统定位、空间城市系统熵三个方面，阐述了空间城市系统的基础性规律。空间流理论阐述了空间流、空间流主成分分析、空间流波的基本规律，它们是空间城市系统的基础性内容。

2.1 空间城市系统概论[①]

2.1.1 空间城市系统定义

1）空间城市系统概念

所谓空间城市系统是指人类在地球表面空间建立的人居城市系统，它是地球表面空间最大的人工系统，其本质是一种“人与物”的巨大系统。它既有自然系统的属性，又具有社会系统的属性。因此，只有从系统科学认识论角度对空间城市系统进行全面整体把握，才能正确地揭示空间城市系统的基本规律。

就自然系统属性而言，空间城市系统可以表述为：在地球表面地理空间中，由若干城市构成对象集合，该集合的各种空间组分按照特有方式联系在一起所形成的城市集合体为空间城市系统。空间元素[②]（空间要素）是空间城市系统不可再分的最小组成部分，不具有系统性，不讨论其结构问题。子系统是空间城市系统的分属组成部分，具有可分性、系统性，需要而且能够讨论其结构问题。设有空间城市系统 S，令 A 记空间城市系统 S 中全部空间元素构成的集合，以 R 记所有空间元素关系的集合，则空间城市系统 S 可以表示为

$$S=\langle A, R\rangle \tag{2.1}$$

就社会系统属性而言，空间城市系统可以表述为人类社会文明的高级化容器，空间城市系统文明包括空间城市系统政治、空间城市系统经济、空间城市系统社会、空间

① 在本节中，相关内容参见了以下两部著作：许国志.系统科学[M].上海：上海科技教育出版社，2000；苗东升.系统科学精要[M].3版.北京：中国人民大学出版社，2010。在此向原作者致谢，并统一说明，后续不单独予以摘引标注。

② 在空间城市系统话语体系中，“空间要素”与“空间元素”是同一个概念的两种表达。

城市系统文化、空间城市系统生态环境等分项。

空间城市系统是人类历史上前所未有的客观现象，它拥有自己独特的性质，如地理宏观性与演化长时段特性，如自然系统属性与社会系统属性。因此，对空间城市系统的研究就要从自然科学与社会科学，从系统一般性质到系统特殊性质，进行全面与分项、整体与还原、定性与定量的研究，从而揭示空间城市系统的基本规律。

2）空间城市系统基本性质

就空间城市系统的基本性质而言，主要包括多元性、相关性、整体性。首先，空间城市系统具有多元性，主要表现为空间要素的多元化。我们定义空间要素分类主要包括集聚要素、扩散要素、联结要素、地理要素、人文要素、经济要素六大类别，具体表现为环境要素、边界要素、城市要素、交通要素、信息要素、价值要素等。空间要素与多级子系统所形成的多元性是空间城市系统的本质特征，正是基于多元性空间城市系统才涵盖了城市、聚落、巢穴等形态，成为人居空间的主导形态。其次，空间城市系统具有相关性，空间关系相关性主要表现为空间联结、空间结构逻辑、空间流、空间流波等。空间联系所代表的相关性是空间城市系统的本质特征，正是基于空间联系，城市体系才进化为空间城市系统。最后，空间城市系统具有整体性，空间整体性主要表现为空间城市系统整体所拥有的系统环境、空间形态、空间结构、系统状态、系统功能、系统控制、系统信息等。以“整体涌现性”为标志的空间城市系统整体性是空间城市系统的本质特征，正是因为具备了整体性，空间城市系统才与城市体系有了本质的区别，成为一种更高级的人居空间形态。

空间城市系统理论是关于空间城市系统的学说，就空间城市系统的系统性本质，以演化世界观为基础，将研究对象作为系统来对待，以系统科学为方法论，得出空间城市系统理论创新范式。

3）空间城市系统与系统科学分析框架

（1）系统及空间城市系统

“系统”是迄今为止人类科学发展历史上最成功的科学概念之一，又可分为“自然系统”与“人工系统”。空间城市系统是地球表面空间现存最大的“人工系统”，同时它具有“自然系统”属性，遵循自组织规律。系统科学是系统的一般性规律，空间城市系统也要遵循系统科学的基本规律，同时空间城市系统科学具有自己的特殊规律，如演化长时段性与地理宏观性。

（2）系统科学分析框架

所谓系统科学分析框架是以系统科学为方法论的一套科学分析手段，主要包括系统论、耗散结构理论、协同论、突变论、混沌理论、复杂性理论、控制论、信息论等。“系统科学分析框架”已经被广泛地应用于自然系统与社会系统，空间城市系统理论是“系统科学分析框架”应用于人居空间领域所得出的创新范式。

（3）“空间城市系统”与“系统科学分析框架”契合度分析

①“系统科学”与“城市科学”交叉历史

将“系统科学分析框架”用于城市科学研究，经历了一个漫长过程，它主要来自“系统学”与“城市科学”两个方向。

一是从系统科学到城市科学。普里戈金在耗散结构理论中直接对“都市化过程问题”进行了研究(见《从存在到演化》第 74～76 页)。中国学者沈小峰、胡岗、姜璐在《耗散结构论》中有“城市演化系统”的研究。中国学者钱学森提出“要用系统科学观点来研究城市”[1]。英国学者杰弗里·韦斯特 2018 年在《规模:复杂世界的简单法则》中提出“走向城市科学”。时至今日,城市问题已经成为系统科学研究不可或缺的实践素材。

二是从城市科学到系统科学。城市科学奠基人——英国学者格迪斯早在 1915 年就提出了“进化中的城市”概念,将城市科学置于演化框架中进行研究。英国学者位威尔逊著有《地理学与环境——系统分析方法》专著,全面地应用了“系统科学分析框架”。“城市体系”是城市科学中很重要的概念,究其本质而言,“城市体系”理论就是系统科学在城市研究中的初级应用。2016 年,中国学者姚士谋等人指出“用系统的思想来理解,城市群也是一个城市分布的区域系统”[2],将城市区域研究明确指向了“系统科学分析框架”。

② “空间城市系统”与“系统科学分析框架”契合度条件

但是,系统科学与城市科学的交叉,“空间城市系统”与“系统科学分析框架”的契合要求具有很强的理论与实践条件。

首先,世界人居空间实践必须提供足够的客观事实。因为城市只是系统的初级单元形态,不具有完全意义上的“系统性”。只有到达“城市系统”阶段,即城市网络系统,才能产生真正系统意义上的“空间城市系统”。对于这一点,笔者历时 15 年时间,对全球“城市区域”进行了野外科学考察,从而取得了“空间城市系统”与“系统科学分析框架”实践契合度高度一致的结论。

其次,系统科学必须提供足够的方法论工具。从 20 世纪 40 年代到 2016 年,历时半个多世纪,系统科学经过了系统理论、混沌理论、复杂性科学的发展阶段,系统科学方法论本身经过了一个漫长的发展过程。时至今日,在近耗散态、耗散结构扰动熵等问题上,仍然不能满足空间城市系统应用的需要。

最后,系统科学日趋专业化、数学化、抽象化,严重阻碍了城市科学界对“系统科学分析框架”的学习、掌握、使用。而且,人居空间本体化理论又阻碍了系统科学界向城市科学交叉发展的学术之路。

③ “空间城市系统”与“系统科学分析框架”契合度

自 20 世纪 60 年代以来,面对世界范围“大都市连绵带”“巨型城市区域”“城市群”“都市圈”的客观事实,城市科学范式解释力日趋式微,“巨型城市的形成机制与发展前趋势”[3]成为世界性科学难题,这体现了城市科学理论对“系统科学分析框架”的迫切需求。

就实践而言,针对中国长江经济带问题,即中国沿江空间城市系统,中国国家领导人多次指出要用系统科学的方法进行综合研究,体现了世界级人居空间实践对“系统科学分析框架”的呼唤。同样,美国、欧洲、日本、巴西都遇到了空间城市系统实践对“系统科学分析框架”的需求。

因此,从理论到实践两个方面,"空间城市系统"对"系统科学分析框架"具有,既重要又急迫的需求,两者之间具有较高的契合度,这正是"空间城市系统理论"得以应运而生、应时而生的根本所在。

2.1.2 空间城市系统结构

1)空间城市系统结构概念

所谓空间城市系统结构是指空间城市系统组分以及它们之间的关联方法,即空间城市系统结构决定于空间要素与空间要素之间的关系。就空间组分而言,空间要素的多少决定了空间城市系统规模,空间城市系统规模决定了空间城市系统结构,空间城市系统结构决定着空间城市系统功能。就空间关系而言,我们仅择取空间要素之间相对稳定的、有一定规则的、把空间要素整合为统一整体的联系方式的总和。

多级空间城市系统具有子系统,给定空间城市系统 S,如果它的空间元素集合 S_i 满足两个基本条件:其一,S_i 是空间城市系统 S 的一部分(子集合),即有 $S_i \in S$。其二,S_i 本身是一个空间城市系统,满足空间城市系统的要求。则称 S_i 为空间城市系统 S 的一个子系统。子系统必须是其母空间城市系统的一个组成部分,但是子系统具有独立于母空间城市系统的系统特性。

2)空间城市系统结构特性

第一,整体涌现性是空间城市系统的标志性特征,它是由空间城市系统组分按照系统的结构方式相互作用、相互补充、相互制约所产生的相干效应。空间城市系统整体涌现性可以表述为"空间城市系统整体大于其组分之和",即有

$$W \neq \sum P_i \tag{2.2}$$

其中,W 表示空间城市系统整体;$\sum$ 为加和符号;P_i 表示空间城市系统的第 i 个组分。

第二,"层次性"是空间城市系统的主要特性,空间城市系统层次性主要表现为:一是空间城市系统的环境超系统层次、控制系统层次、信息系统层次等;二是空间城市系统的多级子系统层次。空间城市系统层次以及子系统层次,对应着各自独立的整体涌现性,并且低层次涌现性隶属和支撑高层次涌现性,子系统涌现性服从和支撑母系统涌现性。空间城市系统的"层次性"界定是空间城市系统结构分析的基础。

第三,在一般不涉及人类行为的情况下[①],空间城市系统的地理宏观性与时间长时段性,使我们可以将空间城市系统界定为"简单巨系统"。这样既符合空间城市系统的本质属性,又可以大大简化限制条件,使空间城市系统研究得以顺利进行。将空间城市系统过渡复杂化的思想,违背了空间城市系统本身的客观属性,是一种学术虚无主义的表现。

---

① 包含人类行为的社会系统是特殊复杂系统,空间城市系统只是一般简单而巨大的"人工系统"。

第四，空间城市系统具有“空间形态”与“空间结构”。“空间形态”是空间城市系统的表现形式，它包括空间城市系统整体的地表平面形状与内在的空间城市系统价值体系。“空间结构”是空间城市系统所属的空间要素以及空间要素之间关系的总和，它体现了空间要素在地球表面空间的分布与组合形式。“空间形态”与“空间结构”是映射关系，空间形态是外在形象，空间结构是内在机理，两者共同表达了空间城市系统的本质。

第五，空间城市系统的“时间结构”对应着空间城市系统演化状态，即平衡态、近平衡态、近耗散态、分岔、耗散结构态，是空间城市系统演化的主要研究对象。“空间组织”与“空间结构”是两个不同的概念，“空间组织”是空间城市系统演化的过程，后续将予以专门阐述，而“空间结构”是空间城市系统组分存在的客观状态。空间城市系统结构分析包括空间基元、空间组分、空间子系统的界定，以及它们之间关系的分析，它们构成了空间城市系统结构分析的主要内容。

3）空间城市系统结构进化

空间城市系统结构具有阶段性的相对稳定结构，即空间城市系统的平衡态结构、近平衡态结构、近耗散态结构、分岔、耗散结构。而空间城市系统演化的本质就是空间城市系统结构的不断“转型进化”，我们将这个过程称为“空间城市系统结构进化”，如图 2.1 所示。

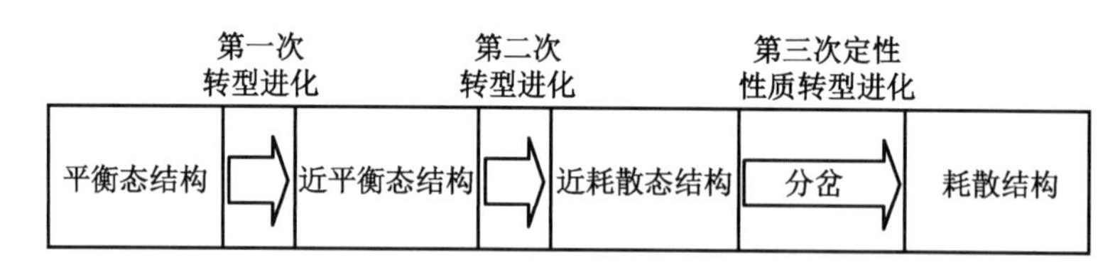

图 2.1　空间城市系统结构进化

空间城市系统结构进化具有确定性的正方向，图中以箭头标识。空间城市系统每一种状态结构都具有相对稳定性，而“转型进化”是空间城市系统结构的本质变革，两种状态结构之间存在着“结构势垒”。“近耗散态结构”是空间城市系统、政治系统等人类社会系统特有的演化状态结构，其附加条件是系统结构的“空间宏观性”与系统结构演化的“长时段性”，即结构转型时间 $\Delta t \to [T]$ 为一定值。在自然微观系统中，由于结构转型时间为瞬时，即 $\Delta t \to 0$，因此“近耗散态结构”没有存在的意义。

将平衡态结构、近平衡态结构、近耗散态结构统称为空间城市系统的“演化结构”。近耗散态结构与耗散结构之间的“结构势垒”为空间城市系统的“临界势垒”，突破它要经过扰动、涨落、临界、分岔过程，空间城市系统耗散结构也被称为空间城市系统的“有序结构”。

2.1.3　空间城市系统状态

1）空间城市系统状态概念

空间城市系统状态是一个表述空间城市系统定性性质的基本概念，包括系统整体的状况、态势、特征等，空间城市系统状态主要分为平衡态、近平衡态、近耗散态、分岔、耗散结构。空间城市系统状态用状态变量进行表述，给定一组状态变量数值就确定了空间城市系统的一定状态。状态变量要满足：第一，客观性，具有实际意义，能反映空间城市系统的本质属性。第二，完备性，状态变量足够多，能全面刻画空间城市系统状态。第三，独立性，任一状态变量都不能表示为其他状态变量的函数。我们以 $\boldsymbol{X}$ 表示空间城市系统状态向量，以 $x_1, x_2, \cdots, x_n$ 表示空间城市系统的 n 个状态变量，则空间城市系统状态可以用状态向量形式表示为

$$\boldsymbol{X}=\begin{bmatrix} x_1 \\ x_2 \\ \vdots \\ x_n \end{bmatrix} \tag{2.3}$$

空间城市系统状态变量的确定要根据所研究的实际情况来确定，包括状态变量的数量、状态变量的性质。就一般情况而言，空间城市系统状态变量有三个基本维度，即空间集聚变量、空间扩散变量、空间联结变量，由这三个基本变量构成了空间城市系统状态空间。所谓状态空间是空间城市系统所有可能状态的集合，在下述空间城市系统状态空间方法中，我们将给予详细介绍。空间城市系统状态变量是在一定范围内变化的，即状态变量取值具有确定的定义域，状态变量定义域对应着空间城市系统的实际意义范围。空间城市系统又可以划分为静态系统、动态系统、线性系统、非线性系统，就一般情况而言空间城市系统性质属于简单巨系统。

2）空间城市系统状态变量

（1）空间城市系统状态变量定义

根据空间城市系统状态概念，我们得知空间城市系统状态是表征空间城市系统性质的基本标度量，空间城市系统状态通过一组空间城市系统状态变量的参量来表示，给定这些参量一组数值，就给定了空间城市系统的一个状态，不同的数值组代表不同的状态。

根据空间城市系统动因理论[①]，我们得知空间城市系统演化决定于空间城市系统动因变量，即空间城市系统集聚动因变量、空间城市系统扩散动因变量、空间城市系统联结动因变量，亦即决定于空间集聚流、空间扩散流、空间联结流。空间城市系统动因变量满足空间城市系统状态变量的基本要求，由此我们定义空间城市系统集聚动因变量、空间城市系统扩散动因变量、空间城市系统联结动因变量，为空间城市系统状态变量。

（2）空间城市系统状态变量论证

根据系统科学的规定[②]，空间城市系统状态变量要具备客观性、完备性、独立性，

① 本书第 4 章为“空间城市系统动因理论”。
② 参见：苗东升.系统科学精要[M].3 版.北京：中国人民大学出版社，2010：76。

才能被确定为表征空间城市系统基本性质的一组完备且最少的空间城市系统量。因此我们必须对空间城市系统动因，即空间集聚流、空间扩散流、空间联结流的客观性、完备性、独立性进行分析论证。

① 客观性论证

空间流主体为人员流、物资流、信息流、资金流、能源流，显然空间流主体是客观存在，每一种主体都具有现实意义，如人员流的社会意义、物资流的生产与生活意义、资金流的金融意义、能源流的能量意义。空间集聚流、空间扩散流、空间联结流是空间城市系统产生和发展的决定性因素，因此空间城市系统的真实属性可以通过这三种因素反映出来。所以空间城市系统动因变量，即空间集聚流变量、空间扩散流变量、空间联结流变量三个维度具有客观性。

② 完备性论证

空间城市系统的人员流、物资流、信息流、资金流、能源流，都要归结为空间集聚流、空间扩散流、空间联结流三个维度。因此空间城市系统集聚动因、空间城市系统扩散动因、空间城市系统联结动因就成为空间城市系统的三个决定性因素，可以全面地刻画空间城市系统的状态特性。例如通过空间集聚流、空间扩散流、空间联结流的统计数字，就可以推出空间城市系统的负熵流，据此可以得出空间城市系统熵判据值，对空间城市系统状态演化进行判断。所以空间城市系统动因变量，即空间集聚流变量、空间扩散流变量、空间联结流变量三个维度具有完备性。

③ 独立性论证

由空间流原理可知，空间集聚流、空间扩散流、空间联结流有各自独立的主体、流向、流速、流量、密度、压力、背景空间、渠道、载体、过程，是三维正相交独立空间流。空间集聚流变量、空间扩散流变量、空间联结流变量的任一个不可能被表示为其他变量的函数。所以空间城市系统动因变量，即空间集聚流变量、空间扩散流变量、空间联结流变量三个维度具有独立性。

④ 结论

经过上述论证，空间城市系统动因变量，即空间集聚流变量、空间扩散流变量、空间联结流变量，是决定空间城市系统行为特性的一组完备且最少的空间城市系统变量，而且满足客观性、完备性、独立性条件要求。因此将空间城市系统动因变量，即空间集聚流变量、空间扩散流变量、空间联结流变量定义为空间城市系统状态变量得以确证。

(3) 空间城市系统状态变量表达

空间城市系统状态变量是表征空间城市系统状态的参量，包括空间城市系统集聚变量、空间城市系统扩散变量、空间城市系统联结变量，它们是决定空间城市系统性质一组数值，给定这些参量的一组数值，就给定了空间城市系统的一个状态，不同的数值组代表不同的状态，空间城市系统状态变量的逻辑表达式为

$$\begin{matrix}\text{空间城市系统}\\\text{状态变量}\end{matrix}=\begin{matrix}\text{空间集聚}\\\text{流变量}\end{matrix}+\begin{matrix}\text{空间扩散}\\\text{流变量}\end{matrix}+\begin{matrix}\text{空间联结}\\\text{流变量}\end{matrix}\tag{2.4}$$

读作“空间城市系统状态变量”被定义为“空间集聚流变量”加“空间扩散流变量”加“空间联结流变量”，由此推得空间城市系统状态函数的数学表达式为

$$F_s = f(x, y, z) \tag{2.5}$$

其中，F_s 表示空间城市系统状态函数；f 表示状态函数关系；x 表示空间集聚流变量；y 表示空间扩散流变量；z 表示空间联结流变量。

公式 2.5 说明空间城市系统状态决定于空间集聚流变量、空间扩散流变量、空间联结流变量。需要特别说明的是，空间城市系统状态函数为三元函数，具有 1 个因变量维度、3 个自变量维度，总计 4 个维度，空间城市系统状态函数没有几何意义，无法进行几何表达。在处理空间城市系统具体问题时，我们经常采用降维方法，将空间城市系统状态函数简化为二元函数、一元函数，最后采用归纳方法得到整体解。

3）空间城市系统状态空间方法

（1）空间城市系统状态空间

① 状态空间构成

空间城市系统所有可能状态的集合，称之为空间城市系统的状态空间，也称空间城市系统的相空间。我们将空间集聚变量 x、空间扩散变量 y、空间联结变量 z 为坐标所张成的三维空间称之为空间城市系统状态空间，如图 2.2 所示。

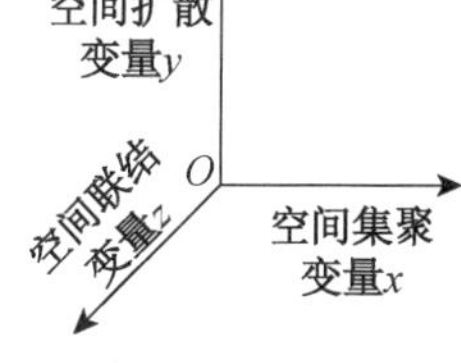

图 2.2 空间城市系统状态空间

② 状态空间解析

第一，空间城市系统状态空间性质。

空间城市系统状态空间是抽象空间，不能与真实的物流空间混淆，它是用来对空间城市系统状态进行直观描述的。空间城市系统状态空间中的每一个坐标点，即每一组数值 (x, y, z)，就代表空间城市系统的一个状态，或称之为一个相点。

第二，空间城市系统状态空间范围。

将空间城市系统状态变量限制在一定实数范围内，即

$$a_1 \leqslant x \leqslant b_1,\ a_2 \leqslant y \leqslant b_2,\ a_3 \leqslant z \leqslant b_3$$

其中，a，b，c 为正实数。一定正实数范围内的空间城市系统状态空间被称为空间城市系统的相空间，在空间城市系统相空间之外取值的可能状态没有现实意义。

第三，空间城市系统状态空间中系统演化行为的描述①。

如图 2.3 所示，空间集聚变量在时间域上演化的行为是平衡态 $x(t_1)$，近平衡态 $x(t_2)$，近耗散态 $x(t_3)$，分岔 x(分岔点)，耗散结构态 $x(t_4)$；空间扩散变量在时间域上演化的行为是平衡态 $y(t_1)$，近平衡态 $y(t_2)$，近耗散态 $y(t_3)$，分岔 y(分岔点)，耗

① 本部分内容参照：苗东升.系统科学精要[M].3 版.北京：中国人民大学出版社，2010：81。

散结构态 $y(t_4)$；空间联结变量在时间域上演化的行为是平衡态 $z(t_1)$，近平衡态 $z(t_2)$，近耗散态 $z(t_3)$，分岔 z(分岔点)，耗散结构态 $z(t_4)$。

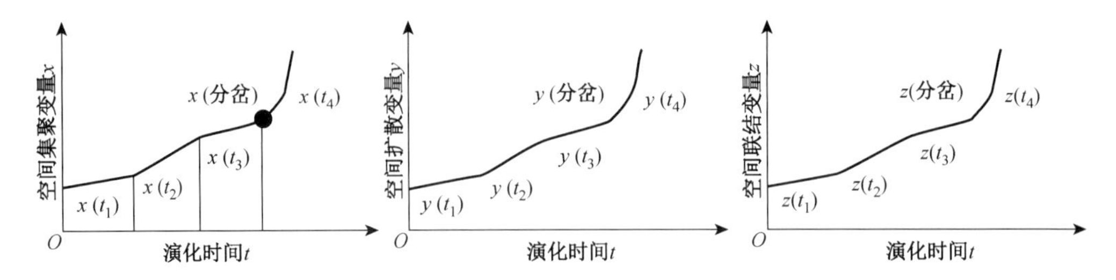

图 2.3　空间城市系统三维变量在时间域上的演化行为

将空间集聚变量在时间域上演化的行为 $x(t_1)$、$x(t_2)$、$x(t_3)$、$x(t_4)$，空间扩散变量在时间域上演化的行为 $y(t_1)$、$y(t_2)$、$y(t_3)$、$y(t_4)$，空间联结变量在时间域上演化的行为 $z(t_1)$、$z(t_2)$、$z(t_3)$、$z(t_4)$ 合成，就可得到空间城市系统状态空间(相空间)中空间城市系统演化行为：平衡态 $F_s(t_1)$、近平衡态 $F_s(t_2)$、近耗散态 $F_s(t_3)$、分岔、耗散结构态 $F_s(t_4)$，如图 2.4 所示。

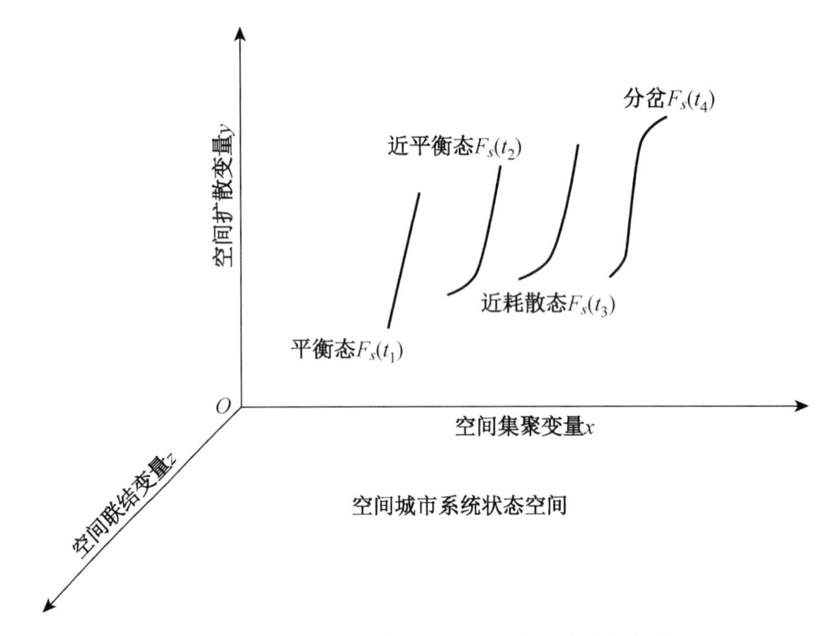

图 2.4　空间城市系统状态空间中的系统演化行为

图 2.4 所示含义为，空间城市系统演化表现为相点 (x, y, z) 在不同相轨道上的运动，空间城市系统随时间的演化行为形成不同的相轨道：空间城市系统演化的平衡态 $F_s(t_1)$、近平衡态 $F_s(t_2)$、近耗散态 $F_s(t_3)$、分岔 $F_s(t_4)$。 每一条相轨道代表空间城市系统的一个演化行为，反映空间集聚变量、空间扩散变量、空间联结变量在时间演化中的相互依存关系。通过空间城市系统状态空间中四个相轨道的类型及分布研究，对空间城市系统演化的动态特性进行整体把握。

(2) 空间城市系统参量空间

① 空间城市系统环境

第一,空间城市系统环境概念。

空间城市系统环境是指空间城市系统之外一切与空间城市系统主体具有不可忽略的联系的事物集合,即

$$E_s = \{x \mid x \in S \text{ 且与 } S \text{ 具有不可忽略的联系}\}^{[4]} \tag{2.6}$$

其中,E_s 表示空间城市系统环境;S 表示空间城市系统;x 表示外在事物。

空间城市系统是在空间城市系统环境中培育生成、获得动因、进行演化、受到控制、传递信息的,不存在没有空间城市系统环境的空间城市系统。空间城市系统的结构、形态、状态、属性都与空间城市系统环境有关,称之为空间城市系统对环境的依赖性。空间城市系统的组分及整体与空间城市系统环境的联系,形塑了空间城市系统的规定性,被称为空间城市系统的外部规定性。空间城市系统环境也决定着空间城市系统的整体涌现性,例如随着空间城市系统环境的演化,空间城市系统演化并产生出平衡态、近平衡态、近耗散态、分岔不同的整体涌现性。空间城市系统环境是空间城市系统研究的一个基本出发点,具有十分重要的基础性意义。

第二,空间城市系统环境特性。

空间城市系统环境影响着空间城市系统的整体涌现性,一定环境涌现出一定的整体性,与环境相适应形成系统与环境的依存关系。空间城市系统环境的改变催生空间城市系统新的整体涌现性,系统与环境形成新的依存关系。空间城市系统整体涌现性决定着空间城市系统的状态,不同的整体涌现性对应不同的空间城市系统状态。因此,空间城市系统的环境、整体涌现性、状态之间具有关联性。

空间城市系统环境具有系统性,被称为"环境超系统",是指空间城市系统环境本身可以被视为一个"环境系统",建立空间城市系统"环境系统"的组分、结构、功能等,用系统的观点和方法来处理空间城市系统环境问题。但是空间城市系统环境具有弱系统性特征,例如空间城市系统地理环境、空间城市系统人文环境、空间城市系统经济环境之间的联系性就比较差,空间城市系统环境的非系统性为空间城市系统的趋利避害、保护和发展自己提供了可能性。

空间城市系统环境具有相对性,是指与空间城市系统相联系的事物具有多元化特性,例如政治因素、社会因素等。但是就一般意义而言,我们相对选择了地理环境参量、人文环境参量、经济环境参量三个主要因素,针对特定的空间城市系统问题,空间城市系统环境参量是可以变化的。

第三,空间城市系统边界。

将空间城市系统与空间城市系统环境分开来的"自然地理界限"与"人文经济范围"称为空间城市系统的边界,例如长江三角洲空间城市系统所具有的上海、南京、杭州、合肥区域的"自然地理界限"与"人文经济范围"。空间城市系统"自然地理边界"具

有空间的点、线、面特征，属于明确的边界。空间城市系统"人文经济边界"是一种逻辑上的、系统从起作用到不起作用的相对边界，例如长江三角洲空间城市系统的"沪宁杭合文化"以淮河为边界，淮河以北则为中国北方文化。空间城市系统边界的相对性还体现在元素的隶属关系上，例如空间城市系统环境的"高速交通条件""高速信息条件""经济基础条件"，它们既作为空间城市系统形成的环境条件，在特定框架中又作为空间城市系统的元素。

② 空间城市系统环境参量

A. 空间城市系统环境参量的定义

空间城市系统环境对系统的制约作用通过环境参量(控制参量)表示出来，我们定义一般意义上相对的空间城市系统环境参量为:地理环境参量 x，人文环境参量 y，经济环境参量 z，则空间城市系统环境参量由一组三维(x, y, z)数值给定，给定这些参量一组数值，就给定了空间城市系统的环境控制。不同的数值组代表不同的环境控制，空间城市系统环境参量所表示的内容是相对的，可以根据具体情况进行调整。

B. 空间城市系统环境参量的论证

第一，关键性论证。

地理环境参量包括空间城市系统的自然地理环境与技术改造因素，涉及地理基质、地理边界、地理条件等诸多环境地理因子，地理环境参量决定着空间城市系统的地理空间范围。人文环境参量涉及空间城市系统的空间治理、空间规划、地域文化等文明发展条件，人文环境参量决定着空间城市系统产生与发展的社会性前提。经济环境参量包括经济总量、产业结构、贸易总量等方面，经济环境参量决定着空间城市系统形成与演化的物质基础。

因此空间城市系统环境参量，即地理环境参量 x、人文环境参量 y、经济环境参量 z，是空间城市系统整体涌现性产生的关键"外部规定性" 因素，对空间城市系统行为特性有重要影响，甚至可以改变空间城市系统的性质。所以地理环境参量 x、人文环境参量 y、经济环境参量 z 三个维度的参量，是空间城市系统环境的关键性决定变量。

第二，系统性论证。

首先，地理环境参量的系统性是一个定论，"自然地理环境各要素通过能量流、物质流、信息流的作用，结合而成具有一定结构和可完成一定功能的整体。1963 年苏联学者索恰瓦定义其为'自然地理系统'，它是地球系统的一个子系统"[5]。而空间城市系统地理环境又加入了人工技术改造因素，形成了一个自然与人工的复合系统。

其次，人文环境参量的空间治理属于政治系统的子系统，"一个社会中的政治互动构成了一个行为系统。它处于一个环境之中，本身受到这种环境的影响，又对这种环境产生反作用"[6]。空间规划的系统性表现为"空间规划体系是各类子体系的总称，包括行政体系、工作体系、法律体系、教育体系等"[7]。地域文化属于文化的分支是具有系统性的，"一种文化由技术的、社会的和观念的三个子系统构成。每个子系统又由若干更小的子系统和文化特质组成。每个文化特质和子系统部是大系统中的有机组成部分”①。因此人文环境参量是具有系统性的。

最后，经济基础环境参量的系统性被表示为“经济系统是由相互联系和相互作用的若干经济元素结合成的，是具有特定功能的有机整体，包括广义的经济系统与狭义的经济系统两个组成部分”②。

综上所述，地理环境参量 x、人文环境参量 y、经济环境参量 z 都具有较强的系统性。但是空间城市系统环境参量整体则表现出一种弱系统关系，三者之间不带有必然的系统结构关系，这种弱关系属性符合系统科学关于环境超系统特征的要求，为空间城市系统的趋利避害、保护和发展自己提供了可能性。

第三，相对性论证。

在空间城市系统环境的定义中，“‘不可忽略的联系’是一个模糊用语，不能用作非此即彼的理解，系统的环境只能在相对的意义上确定。在不同的研究目的下，或对于不同的研究者，同一系统的环境划分也有不同”[8]。

显然，空间城市系统环境具有多维度特征，如政治、经济、社会、文化、生态等，而地理环境参量 x、人文环境参量 y、经济环境参量 z 三个维度只是其中的关键部分。随着空间城市系统研究命题选择的不同，空间城市系统环境参量选择一定会有变化，“政治环境参量”“社会环境参量”“生态环境参量”都是必然选择。因此，空间城市系统环境超系统应该是一个“环境体系”，而不是简单的三个维度“环境变量”，一维变量、二维变量、三维变量的确定是一种相对维数的确定。空间城市系统环境的“相对性”符合系统科学关于环境超系统特征的要求，为空间城市系统的研究提供了可能性。

第四，结论。

经过上述论证，空间城市系统地理环境参量 x、人文环境参量 y、经济环境参量 z，满足空间城市系统环境变量所要求的关键性、系统性、相对性要求，因此将空间城市系统环境变量，即地理环境参量 x、人文环境参量 y、经济环境参量 z 定义为空间城市系统环境三个维度变量得以确证。

C. 空间城市系统环境参量的表达

空间城市系统环境参量包括地理环境参量 x、人文环境参量 y、经济环境参量 z，给定一组三维(x, y, z)数值就给定了空间城市系统的环境控制，不同的数值组代表不同的环境控制。环境参量所表示的内容是相对的，可以根据具体情况进行调整，空间城市系统环境参量的逻辑表达式为

$$\begin{matrix}\text{空间城市系统}\\\text{环境参量}\end{matrix} \equiv \begin{matrix}\text{地理环境}\\\text{参量}\end{matrix} + \begin{matrix}\text{人文环境}\\\text{参量}\end{matrix} + \begin{matrix}\text{经济环境}\\\text{参量}\end{matrix} \tag{2.7}$$

读作“空间城市系统环境参量”被定义为“地理环境参量”加“人文环境参量”加“经济环境参量”，则空间城市系统环境函数的数学表达式为

① 参见好搜百科：文化系统。
② 参见好搜百科：经济系统。

$$F_e = f(x, y, z) \tag{2.8}$$

其中，F_e 表示空间城市系统环境函数；f 表示环境函数关系；x 表示地理环境参量；y 表示人文环境参量；z 表示经济环境参量。

公式(2.8)说明了空间城市系统环境对空间城市系统的三维制约因素。

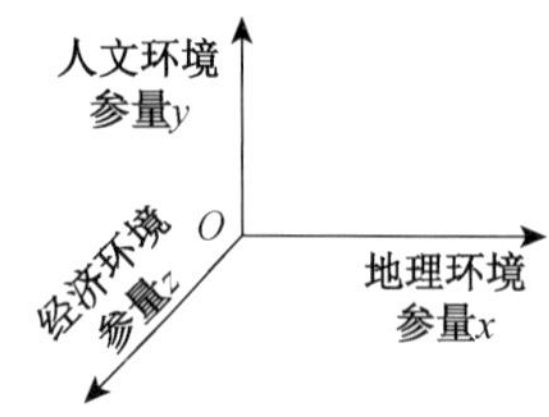

图 2.5　空间城市系统参量空间

③ 空间城市系统参量空间定义

A. 参量空间构成

我们将地理环境参量 x、人文环境参量 y、经济环境参量 z 为坐标所张成的三维空间称为空间城市系统环境参量空间，简称参量空间，如图 2.5 所示。

B. 参量空间解析

第一，空间城市系统参量空间性质。

空间城市系统参量空间是抽象空间，不能与真实的物质环境空间混淆，它是用来对空间城市系统环境进行直观描述的。空间城市系统参量空间中的每一个坐标点，即每一组数值 (x, y, z) 都对应一个确定的空间城市系统，所以在参量空间中研究的是由无穷多系统构成的空间城市系统族。空间城市系统的许多行为特性，特别是定性性质的改变，要在参量空间中才能看清楚。

第二，空间城市系统参量空间含义。

如图 2.5 所示，空间城市系统参量空间的含义是，地理环境参量、人文环境参量、经济环境参量的一组参量值 (x, y, z) 确定了空间城市系统环境条件。则这个时刻，空间城市系统 S 就是在“与 S 具有不可忽略的联系”的事物集合，即“地理环境参量 x、人文环境参量 y、经济环境参量 z”的环境中存在着，又称之为空间城市系统的“控制空间”。

第三，环境参量空间中空间城市系统相图分布分析①。

根据空间城市系统环境参量 (x, y, z) 的变化值，在空间城市系统参量空间中可以全面考察空间城市系统的变化行为。在参量空间中考察的不是某个空间城市系统的相图，而是整个空间城市系统族全部可能相图的变化和分布。如图 2.6 所示，设定空间城市系统环境参量空间是由空间城市系统环境参量 x、空间城市系统环境参量 y 组成的二维平面 (x, y)。

首先，空间城市系统特征值是表示空间城市系统稳定性的标度量，特别是当空间城市系统作为线性系统时②，根据特征值来判别空间城市系统的稳定性普遍适用。如图 2.6 所示，在空间城市系统环境维度 x 与空间城市系统环境维度 y 所张成的参量空间中，空间城市系统状态相图用特征值予以表达。在参量空间的同一个区域，只有空间城市系统相图量的改变，系统的定性性质相同，图中才表示为空间城市系统特征值符号相同。当参量空间的区域改变到另一个区域时，空间城市系统相图的定性性质改

① 本部分内容参见许国志.系统科学[M].上海：上海科技教育出版社，2000：84-85。

② 在大多数情况下，空间城市系统是作为线性系统来处理的，或是简化成线性系统来处理的。

变,图中表示为空间城市系统特征值符号改变。按照空间城市系统相图定性性质不同划分整个参量空间,描述各个区域空间城市系统相图的基本特征,确定空间城市系统参量空间不同区域的分界线,以及一个区域向另一个区域的过渡,是在参量空间中研究空间城市系统的基本内容。

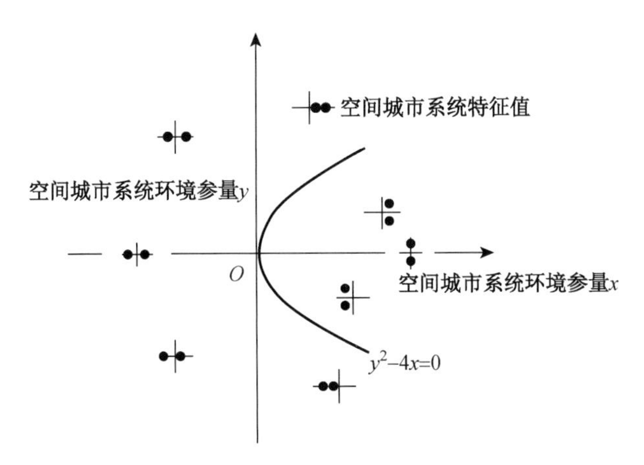

图 2.6 环境参量空间中空间城市系统的特征分布

其次,空间城市系统不动点代表系统的定态行为,在不动点上空间城市系统状态量的变化速度为 0,空间城市系统在不动点上的行为是"坐着不动"。按不动点附近轨道的动态特性,空间城市系统的不动点分为中心点、结点、焦点、鞍点,如图 2.7 所示。

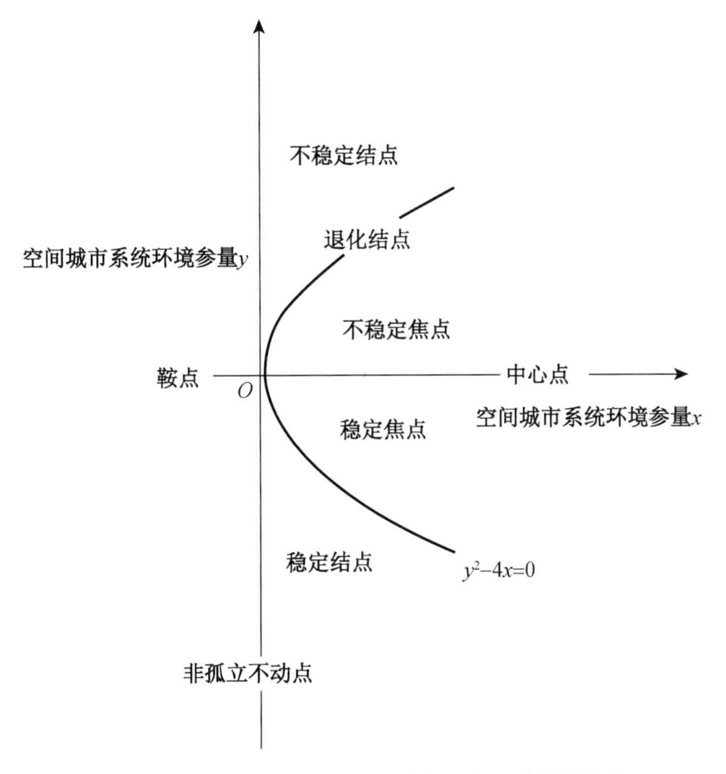

图 2.7 环境参量空间中空间城市系统不动点的分布

第一种情况，$x<0$，在左半平面上，空间城市系统特征值为实数，且一正一负，不动点为鞍点。

第二种情况，$x>0$，$y^2-4x<0$，在抛物线围成的区域内，空间城市系统特征值为一对共轭复数，不动点为焦点，上半平面是不稳定焦点，下半平面是稳定焦点。

第三种情况，$x>0$，$y^2-4x>0$，夹在抛物线与 y 轴之间区域中的不动点是结点，上半平面是不稳定结点，下半平面是稳定结点。

第四种情况，图 2.7 中三条分界线的含义分别为：其一，x 轴的右半轴为中心点集，是稳定焦点与不稳定焦点的分界线，这是最重要的一条分界线，轴上的点代表一类稳定定态。其二，抛物线 $y^2-4x=0$ 为焦点与结点的分界线，对应的特征值为一对重实根，代表退化结点，焦点与结点通过此类点而相互过渡。其三，y 轴($x=0$) 是非孤立不动点的集合。

(3) 空间城市系统乘积空间

① 乘积空间定义

空间城市系统状态空间由空间集聚流变量、空间扩散流变量、空间联结流变量三个维度张成，包含 (x, y, z) 三个维数坐标。空间城市系统参量空间由地理环境参量、人文环境参量、经济环境参量三个维度张成，包含(x, y, z) 三个维数坐标。根据系统科学定义①，由空间城市系统全部状态变量和环境参量为轴支撑起来的高维空间(六个维数)被称为空间城市系统乘积空间，它的逻辑表达式为

$$\text{空间城市系统乘积空间}=\text{空间城市状态空间}\times\text{空间城市参量空间} \tag{2.9}$$

空间城市系统乘积的数学函数表达式为

$$V=F_s(x, y, z)\times F_e(x, y, z) \tag{2.10}$$

其中，V 代表空间城市系统乘积函数；$F_s(x, y, z)$ 表示空间城市系统状态函数；$F_e(x, y, z)$ 表示空间城市系统环境函数。

② 乘积空间解析

空间城市系统乘积空间是一个抽象空间，其本质包含两个方面：一是用整体的、多维度的、全面的思维方式对空间城市系统进行研究；二是可以同时从空间城市系统状态与空间城市系统环境两个方面对空间城市系统进行考察。特别是当状态变量为一个维度、环境参量为一个维度时，将空间城市系统放在乘积空间中进行研究十分简便、有效。例如在空间城市系统信息理论中，空间城市系统整体信息机理就要在空间城市系统乘积信息空间 P 中予以表示，它是由空间城市系统状态信息空间 S 和空间城市系统环境信息空间 E 所张成，即 $P=S\times E$。

4）空间城市系统的划分

以空间城市系统状态为标准，我们可以对空间城市系统进行划分，主要分为静态

① 参见：许国志.系统科学[M].上海：上海科技教育出版社，2000：48。

系统、动态系统、线性系统、非线性系统。针对空间城市系统不同属性类型，选择不同的数学方法进行研究，并整合、归纳得到空间城市系统整体的规律。

(1) 静态系统

空间城市系统的“静态系统”是指状态变量不随时间变化的系统状态，即状态变量是不随时间变化的定值 $x=C$。空间城市系统的“静态系统”对应着城市体系演化的初始状态，对应着空间城市系统平衡态的起始点。显然“静态系统”是一种线性系统。在空间城市系统演化研究中，在一定条件下我们会将系统状态简化为“静态系统”，可以使问题大大简化以便得到数学解，这是空间城市系统演化研究中常用的方法。

(2) 动态系统

空间城市系统的“动态系统”是指状态变量随时间变化的系统状态，即状态变量是时间 t 的函数 $x(t)$。由于空间城市系统平衡态是一种本质上的动态系统，因此空间城市系统平衡态、近平衡态、近耗散态、分岔、耗散结构都属于动态系统。其中，平衡态是空间城市系统演化的初态；近平衡态与近耗散态是空间城市系统演化的中间态；分岔是空间城市系统突变的过程；耗散结构是空间城市系统演化的终态。

对于空间城市系统演化而言，“动态系统”是主要的研究对象，它要比空间城市系统的“静态系统”丰富、复杂、多样。“动态系统”与空间城市系统的动力学特性相关联：一是空间城市系统内部动力学特性，即空间城市系统内部状态变量所导致的动力学特性，通常以系统的动力学方程(演化方程)的形式予以表达；二是空间城市系统外部动力学特性，即空间城市系统外部环境参量所导致的动力学特性。

(3) 线性系统

“线性系统”是指能够用线性数学模型表述的系统(包括线性代数方程、线性微分方程、线性差分方程等)，又可以分为线性静态系统和线性动态系统。从严格意义上讲，“线性系统”不存在分岔与突变的非平庸行为，空间城市系统的“线性系统”只是系统演化过程中的状态，而不是系统终结状态。在空间城市系统研究中，“线性系统”很有使用价值：首先，因为地理宏观性与演化长时段性，空间城市系统中的“线性系统”是一个宏观尺度与长时段的基本现象。其次，空间城市系统的“平衡态”“近平衡态”“近耗散态”的线性阶段都是“线性系统”。最后，在一定条件下，空间城市系统的“近耗散态”非线性阶段与“分岔态”非线性问题可以近似简化成线性问题处理，以求出数学解。

首先，“线性系统”具有加和性特征，表示为 $f(x_1+x_2)=f(x_1)+f(x_2)$。

其次，“线性系统”具有齐次性特征，表示为 $f(kx)=kf(x)$。

最后，将加和性与齐次性合并，“线性系统”满足叠加原理，表示为 $f(ax_1+bx_2)=af(x_1)+bf(x_2)$。

叠加原理是区分“线性系统”与“非线性系统”的基本标志，它在空间城市系统中具有基本的应用价值。需要特别指出的是，线性空间城市系统的“整体涌现性”也不能简单地表示为各部分之和，而是空间城市系统整体性质的涌现，如整体结构、整体状态、整体功能等。

“线性连续动态系统”是指可以用线性常微分方程表述的系统，空间城市系统多属于这一类型，因此我们给予重点介绍。“线性连续动态系统”的数学模型具有以下一般形式：

$$\begin{aligned} \dot{x}_1 &= a_{11}x_1 + \cdots + a_{1n}x_n \quad \left(\dot{x} = \frac{\mathrm{d}x}{\mathrm{d}t}\right) \\ &\vdots \\ \dot{x}_n &= a_{n1}x_1 + \cdots + a_{nn}x_n \end{aligned} \tag{2.11}$$

系数矩阵为

$$\boldsymbol{A} = \begin{bmatrix} a_{11} & \cdots & a_{1n} \\ \vdots & & \vdots \\ a_{n1} & \cdots & a_{nn} \end{bmatrix} \tag{2.12}$$

令

$$\boldsymbol{X} = (x_1,\ x_2,\ \cdots,\ x_n)^{\mathrm{T}} \tag{2.13}$$

记状态向量，动态方程(2.11)可以表示为以下向量矩阵形式：

$$\dot{\boldsymbol{X}} = \boldsymbol{A}\boldsymbol{X} \tag{2.14}$$

一般情况下系数矩阵 $\boldsymbol{A} = (a_{ij})$ 不随时间变化，即 a_{ij} 为常数，称之为常系数方程，空间城市系统理论只讨论常系数方程。在空间城市系统研究中：一是如果系统非线性因素很弱，则直接建立动态方程(2.11)为线性方程(2.11)，作为线性动态系统来处理；二是如果系统局部性质满足连续性和光滑性要求，就可以将其线性化得到线性方程(2.11)，近似作为线性动态系统来处理。

对于二维线性空间城市系统有

$$\begin{aligned} \dot{\boldsymbol{x}} &= a_{11}x + a_{12}y \\ \dot{\boldsymbol{y}} &= a_{21}x + a_{22}y \end{aligned} \tag{2.15}$$

它的系数矩阵为

$$\boldsymbol{A} = \begin{pmatrix} a_{11} & a_{12} \\ a_{21} & a_{22} \end{pmatrix} \tag{2.16}$$

上述数学模型方法意味着，只要动力学方程是合理的，则空间城市系统的一切行为特性信息都包含于其中，而对于线性空间城市系统，这些信息都包含在系数矩阵中。我们可以求得方程的解析解，把握空间城市系统的全部行为特性。

(4) 非线性系统

“非线性系统”是指用非线性数学模型表述的系统，其基本特征不满足叠加原理，亦即系统如不能用线性模型表述都属于“非线性系统”。“非线性系统”是空间城市系统的多数状态，如近耗散态非线性阶段、分岔都属于“非线性系统”，它们是空间城市系统演化的临界状态和终结状态，因此“非线性系统”对于空间城市系统的产生具有十分重要的意义。

“非线性动态系统”是空间城市系统的经常性状态，用非线性函数予以表述。非线性函数关系有无穷多种定性性质不同的可能形态，就一元函数的表达形式为

$$y=f(\lambda, x) \tag{2.17}$$

其中，λ 为参量，而 f 则可能为抛物线函数、指数函数、三角函数等等。

所谓非线性动态系统正是空间城市系统多样性、差异性、复杂性的本质特征。因此，针对界定条件建立空间城市系统的“非线性动力学方程”，演化方程就成为空间城市系统研究的关键问题。非线性连续系统的动力学方程一般形式表示为以下方程组：

$$\begin{aligned} \dot{x}_1 &= f_1(x_1, \cdots, x_n; c_1, \cdots, c_m) \\ \dot{x}_2 &= f_2(x_1, \cdots, x_n; c_1, \cdots, c_m) \\ &\vdots \\ \dot{x}_n &= f_n(x_1, \cdots, x_n; c_1, \cdots, c_m) \end{aligned} \tag{2.18}$$

在公式(2.18)中，$f_1, \cdots, f_n$ 至少应有一个为非线性函数。将控制参量表示为向量形式可得：

$$\boldsymbol{C}=(c_1, \cdots, c_m) \tag{2.19}$$

称之为控制向量。令

$$F=(f_1, f_2, \cdots, f_n) \tag{2.20}$$

则方程组(2.18)获得向量形式为

$$\dot{\boldsymbol{X}}=F(\boldsymbol{X}, \boldsymbol{C}) \tag{2.21}$$

就“线性系统”与“非线性系统”而言，方程组(2.11)是方程组(2.18)的特例，方程(2.14)是方程(2.21)的特例。在空间城市系统理论中，它们被称为“空间城市系统演化方程”，是空间城市系统研究中十分重要的内容。

对于弱非线性的空间城市系统，以一维非线性系统为例，有非线性空间城市系统表达式

$$\dot{x}=f(x) \tag{2.22}$$

由微积分原理得知，只要非线性函数 $f(x)$ 满足连续性与光滑性要求，在局部范围内可用线性函数近似代表它。设 $f(x)$ 在 x_0 处连续可微，按照泰勒公式展开得到

无穷级数

$$f(x)=f(x_0)+f'(x_0)(x-x_0)+\varphi(x) \tag{2.23}$$

$\varphi(x)$ 为高次项，即非线性余项，只要 $(x-x_0)$ 足够小，非线性项可以忽略不计，将公式(2.23)代入公式(2.22)，略去高次项 $\varphi(x)$，得到非线性空间城市系统在 x_0 点附近的线性近似表达式：

$$\begin{aligned}\dot{x}&=f(x_0)+f'(x_0)(x-x_0)\\&=ax+b\end{aligned} \tag{2.24}$$

其中

$$a=f'(x_0),\ b=f(x_0)-f'(x_0)(x-x_0)$$

由于满足连续光滑性要求，线性空间城市系统的公式(2.24)可以足够精确地刻画非线性空间城市系统公式(2.22)的局部性质。我们就 $n=2$ 的情况讨论公式(2.22)，即非线性空间城市系统

$$\begin{aligned}\dot{x}_1&=f_1(x_1,\ x_2)\\\dot{x}_2&=f_2(x_1,\ x_2)\end{aligned} \tag{2.25}$$

设 f_1 和 f_2 在 $(x_{10},\ x_{20})$ 附近连续可微，将公式(2.25)展开为

$$\begin{aligned}\begin{pmatrix}\dot{x}_1\\\dot{x}_2\end{pmatrix}&=\begin{pmatrix}\dfrac{\partial f_1}{\partial x_1} & \dfrac{\partial f_1}{\partial x_2}\\\dfrac{\partial f_2}{\partial x_1} & \dfrac{\partial f_2}{\partial x_2}\end{pmatrix}\begin{pmatrix}x_1\\x_2\end{pmatrix}+\text{高次项}\\&=\begin{pmatrix}a_{11} & a_{12}\\a_{21} & a_{22}\end{pmatrix}\begin{pmatrix}x_1\\x_2\end{pmatrix}+\text{高次项}\end{aligned} \tag{2.26}$$

在 $(x_{10},\ x_{20})$ 附近略去高次项，得到与公式(2.14)形式相同的线性方程组及其系数矩阵，可以作为表述公式(2.26)的线性模型。

对于弱非线性化空间城市系统的线性化处理可以分为三种情况：第一，是将非线性函数 $f(x)$ 展开式的非线性“高次项”略去，设为 $\varphi(x)$，化作线性模型来处理。此种方法被称为“对非线性系统的局部线性化处理”，在空间城市系统中具有广泛的应用。第二，在对非线性函数 $f(x)$ 做线性化近似处理以后，再把非线性“高次项”$\varphi(x)$ 作为扰动因素考虑进去，对结论加以修正。此种方法被称为“局部线性化加微扰方法”，是空间城市系统非线性处理的主要手段。第三，因为空间城市系统的地理宏观性与演化长时段性，在数学曲线上就表现为变化缓慢的大范围的连续光滑曲线，我们可以采用分段线性化方法，用一系列首尾相接的折线段近似代表曲线，最后进行整体拟合处理。

对于强非线性化空间城市系统，非线性函数 $f(x)$ 展开式的非线性"高次项"$\varphi(x)$ 是决定性因素的主项，一切尽在 $\varphi(x)$ 中，1 次项才是无关大局的余项。此时，非线性因素正是空间城市系统产生多样性、奇异性、复杂性的根源，是空间城市系统产生分岔的基本动力因素。降维是处理此类问题最常用的简化方法，将高维空间城市系统压缩为低维空间城市系统，但是空间城市系统的非线性特点被保留下来。

分岔、突变是非线性空间城市系统的本质特征，空间城市系统"非线性系统"是系统演化的临界状态（近耗散态非线性阶段）与终结状态（分岔）。分岔、突变、耗散结构、自组织等，都是非线性相互作用产生的空间城市系统整体现象，反映的是空间城市系统的整体涌现性，不可能用元素和子系统来说明其形成原因。

2.1.4 空间城市系统演化

1）空间城市系统演化概念

空间城市系统结构、状态、特性、功能等随着时间变化而发生的变化称为空间城市系统演化，包括平衡态、近平衡态、近耗散态、分岔四个阶段，它是空间城市系统孕育、发育、产生的全部过程。空间城市系统演化内部动力主要为空间集聚动因、空间扩散动因、空间联结动因，空间城市系统演化外部动力主要为地理环境动因、人文环境动因、经济环境动因。空间城市系统演化主要是指由无到有、由低级到高级、由一级系统到多级系统的"进化"方向，反之是空间城市系统的"退化"方向。

空间城市系统演化方程在"状态空间"中建立，它由空间集聚变量、空间扩散变量、空间联结变量张成，又称为空间城市系统的"相空间"，空间城市系统演化方程(2.11)的每个解 $X(t)$ 代表状态空间的一个点集合，称为一条相轨道，空间城市系统状态在"相空间"中沿相轨道运动。空间城市系统状态空间方法就是考察演化的全部可能轨道及其分布，从而把握空间城市系统演化方程(2.11)的动态特性。空间城市系统定性性质的改变要在"控制空间"中分析，它由地理环境参量、人文环境参量、经济环境参量张成。

2）演化轨道与状态划分

在前述内容中，我们已经开始接触空间城市系统演化的"轨道""不动点""定态""初始""终态"等关键词，现在将阐述它们的概念并说明其机理，此皆为空间城市系统基础知识。

（1）空间城市系统演化轨道

所谓空间城市系统演化轨道，是指在空间城市系统状态空间（相空间）中，空间城市系统状态点（相点）移动所经过的轨迹，空间城市系统方程(2.18)的每个解对应一条空间城市系统演化轨道（相轨道），即平衡态相轨道、近平衡态相轨道、近耗散态相轨道、分岔相轨道，如图 2.8 所示。运用几何方法可以确定相空间中轨道的可能类型及其分布，从而对空间城市系统的全部动态行为做出整体的刻画。

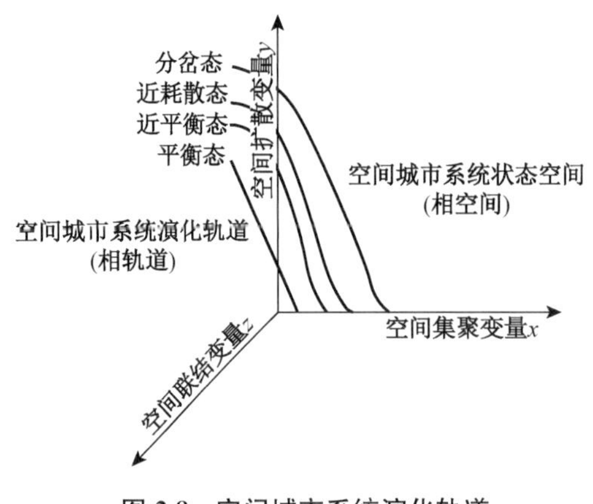

图 2.8　空间城市系统演化轨道

(2) 空间城市系统演化的暂态与定态

在状态空间中研究空间城市系统演化,就是将空间城市系统划分为平衡态、近平衡态、近耗散态、分岔四种基本类型,描述四种类型状态的特征,确定四种类型状态在空间的分布,阐明四种类型状态之间的联系,重点是空间城市系统如何从一个状态向另一个状态的转移规律。

如图 2.9 所示,空间城市系统状态空间是曲线上所有点的集合,系统在某个时刻可能到达但不借助外力就不能保持或不能回归的状态被称为"暂态",系统到达后若无外部作用驱使将保持不变的状态或反复回归的状态被称为"定态"。如图 2.9 所示,空间城市系统小球在"定态"处,只要没有外来扰动就始终停留在该点不动(不动点),空间城市系统小球在任何"暂态"位置都将立即离开远去。

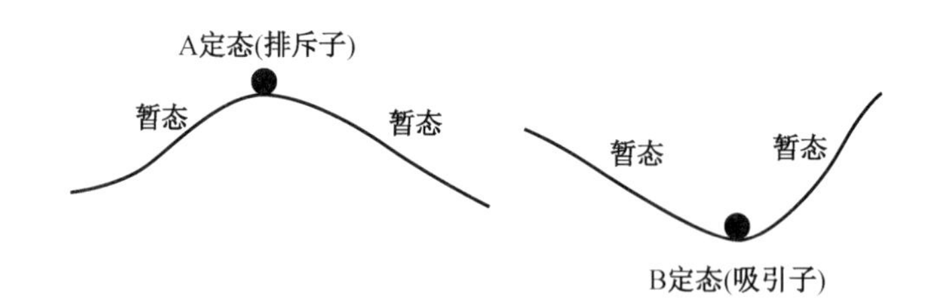

图 2.9　空间城市系统暂态、定态与不动点

空间城市系统的定性性质是由"定态"决定的,"定态"代表了平衡态、近平衡态、近耗散态、分岔的定性性质,空间城市系统"暂态"只是为了确立"定态"基本定性性质所必需的量的积累,不能代表空间城市系统的本质特征。平衡态定态、近平衡态定态、近耗散态定态、分岔定态的递进变化,反映了空间城市系统定性性质的转变,被称为"空间城市系统相变"。空间城市系统演化理论主要是关于系统"定态"的研究。

空间城市系统定态用数学上的"不动点"来描述,空间城市系统方程(2.18)中的"不动点"是满足以下条件的解:

$$\dot{x}_1 = \dot{x}_2 = \cdots = \dot{x}_n = 0 \tag{2.27}$$

则式(2.27)称为空间城市系统式(2.18)的不动点方程,在这种"不动点"上,空间城市系统所有状态变量的导数(变化率)都为 0,状态不再发生变化,空间城市系统处于平衡运动。按其附近轨道的动态特性,"不动点"主要包括中心点、结点、焦点、鞍点四种基本类型。

空间城市系统一维系统只可能有不动点型定态;空间城市系统二维系统具有平面

环型定态,数学上称之为“二维极限环”,例如可以是空间集聚变量 x、空间扩散变量 y,如图 2.10 所示;空间城市系统三维系统具有相空间绕环定态,数学上称之为“三维极限环”,例如可以是空间集聚变量 x、空间扩散变量 y、空间联结变量,如图 2.11 所示。“极限环”代表空间城市系统的周期运动,形象地说这种“定态”行为的特点是按固定线路绕圈子。三维以上的空间城市系统还可能出现更复杂的周期运动,用二维或多维“环面”来进行表示,“环面”代表的是由不同频率的周期运动合成的复杂周期运动,称为“准周期运动”。

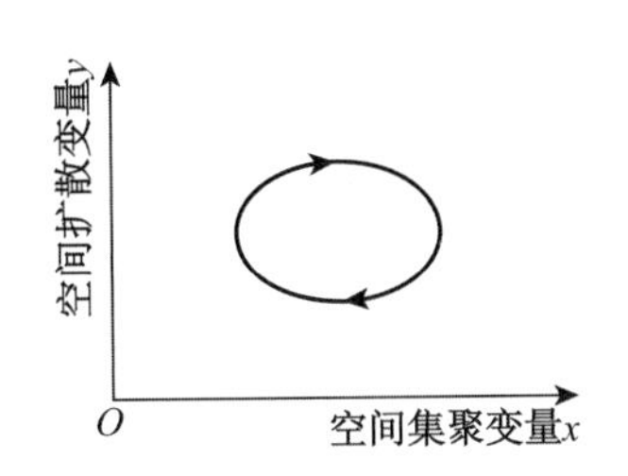

图 2.10 空间城市系统二维极限环

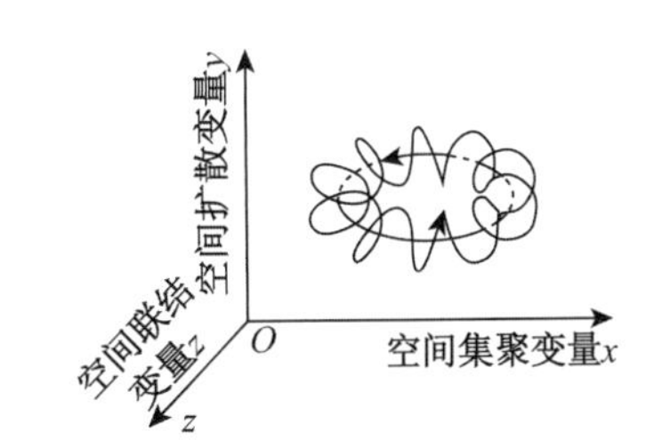

图 2.11 空间城市系统三维极限环

就一般情况而言,寻求空间城市系统动态方程的周期解要比求“不动点”复杂得多,往往要化为“不动点”来求解,如通过坐标变换化为极坐标形式,原来的周期解就成为极坐标中的不动点。状态空间(相空间)维数是决定动态空间城市系统行为的重要因素,就连续空间城市系统情况下,一维系统的行为简单只能有平衡态行为,二维系统即有平衡态又有周期态,三维(以上)系统可能有平衡态、周期态、准周期态、混沌态等各种“定态”行为。因此,在处理空间城市系统演化问题时,“降维”方法是必须采用的基本方法,这样就可以大大降低复杂性,使不可解决的无解问题转化为有解,之后再采用整合方法求出多维整体解。

(3) 空间城市系统演化的初态与终态

空间城市系统演化“初态”是指空间城市系统演化起始时刻 t_0(一般取 $t_0=0$) 的系统状态,以向量形式表示为 $\boldsymbol{X}_0=\boldsymbol{X}(t_0)$。 空间城市系统“初态”也就是“平衡态”,此时“城市体系”是它的表现形式。空间城市系统演化“初态”是系统扰动因素独立作用的结果,与空间城市系统自身的“动力学规律”无关。“初态”与“动力学规律”是空间城市系统动力学研究的两个主要内容。

空间城市系统演化“终态”是指空间城市系统演化动态过程终止时的系统状态,数学表示为 $t\to\infty$ 时 $\boldsymbol{X}(t,\boldsymbol{X}_0)$ 存在有限极限,即以某条定态轨道为极限状态。空间城市系统研究主要关心的是系统的“终态”,即分岔,此时空间城市系统保持在远离平衡态的“耗散结构”。

从空间城市系统“初态”(平衡态),到空间城市系统“终态”(分岔)的演化过程(近平衡态、近耗散态)就是空间城市系统演化的主要内容。空间城市系统“初态”是一个独立扰动因素,“近平衡态、近耗散态、分岔”由“动力学规律”决定,其中“分岔”具有特殊的临界“突变”规律。

3）空间城市系统稳定性

（1）空间城市系统稳定性概念

“稳定性”是空间城市系统的重要特性，是指空间城市系统的结构、状态、行为的恒定性，即空间城市系统结构、状态、行为的抗干扰能力。空间城市系统的平衡态、近平衡态、近耗散态、分岔必须具有“稳定性”，否则空间城市系统就失去客观存在的物理意义。“稳定性”是空间城市系统重要的维生机制。“不稳定性”是空间城市系统演化的本质，如图 2.1 所示，空间城市系统结构“转型进化”就是系统“不稳定性”的表现，空间城市系统演化就是“稳定性”与“不稳定性”的辩证统一过程。平衡态、近平衡态、近耗散态、分岔只有保持一定的“稳定性”，空间城市系统演化才存在，空间城市系统阶段状态功能才能够发挥出来。

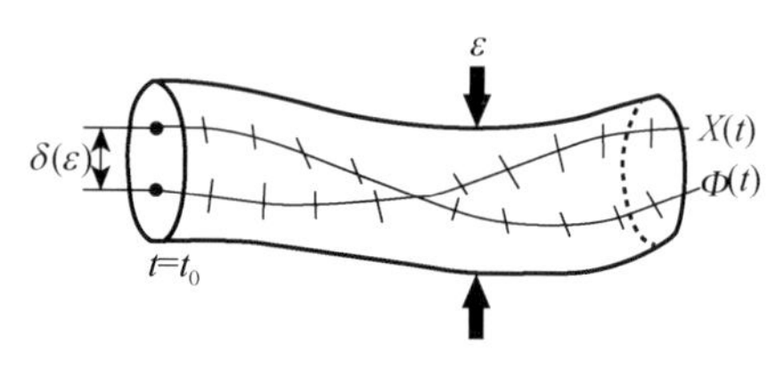

图 2.12　李雅普诺夫稳定性

（2）李雅普诺夫稳定性

空间城市系统“稳定性”可以采用具有一般性的李雅普诺夫稳定性分析方法，来研究空间城市系统演化轨道或系统演化方程解得“稳定性”。如图 2.12 所示，令 $\Phi(t)$ 是向量微分方程(2.21)的一个解，$X(t)$ 为任何初态扰动 $\boldsymbol{X}_0=\boldsymbol{X}(t_0)$ 引起的解。如果每个足够小的 $\varepsilon>0$，总有 $\delta(\varepsilon)>0$，使得只要在 $t=t_0$ 时满足

$$|X_0-\Phi(t_0)|<\delta \tag{2.28}$$

就有

$$|X(t)-\Phi(t)|<\varepsilon \tag{2.29}$$

对所有 $t\geqslant t_0$ 成立，则称 $\Phi(t)$ 是李雅普诺夫稳定的；否则，称 $\Phi(t)$ 是李雅普诺夫不稳定的。上式表示只要空间城市系统初态的偏离小于 δ，则演化方程两个解的偏离永远小于 ε。空间城市系统的“稳定性”要求，并不意味着系统在受到扰动之后没有变化，而是要求只要空间城市系统初态扰动足够小，满足(2.28)，所引起解的偏离也足够小，满足公式(2.29)。小扰动只能引起小偏离，空间城市系统有能力保存自己，并发挥系统功能，图 2.12 示意了空间城市系统李雅普诺夫稳定性。

设方程 $\dot{X}=F(x,c)$ 的解 $X=\Phi(t)$ 是李雅普诺夫稳定的，并且有

$$\lim|X(t)-\Phi(t)|=0 \tag{2.30}$$

则称 $\Phi(t)$ 是李雅普诺夫意义下渐进稳定的。空间城市系统李雅普诺夫渐进稳定，是对“稳定性”更严格的要求，公式(2.30)表示随着空间城市系统走向终态，解的偏离将消除，回到扰动前的状态。

(3) 定态稳定性①

空间城市系统的定态就是平衡态、近平衡态、近耗散态、分岔四种基本状态，从空间城市系统相空间来看，一个定态的“稳定性”问题就是它附近轨道的“稳定性”问题，如图2.12所示。所以我们通过空间城市系统相轨道的“稳定性”判别，即相轨道的“终态”走向，来确定空间城市系统的“稳定性”，下面我们讨论各类定态轨道的“稳定性”问题。

① 焦点型不动点

空间城市系统焦点(不动点)的特点是，周围布满螺旋形的相轨道，从附近任一初态开始的轨道都是以不动点为极限点的螺旋线。图2.13所示为空间城市系统稳定焦点(不动点)，左图为相轨道，轨道螺旋式地向不动点收缩，右图为状态变量 $x_2(t)$ 在时间域上的行为，随着 $t \rightarrow \infty$ 振荡式地衰减为0。图2.14所示为空间城市系统不稳定焦点(不动点)，左图为相轨道，轨道螺旋式地远离不动点向外而去；右图为状态变量 $x_1(t)$ 在时间域上的行为，随着 $t \rightarrow \infty$ 振荡式地向无穷发散。

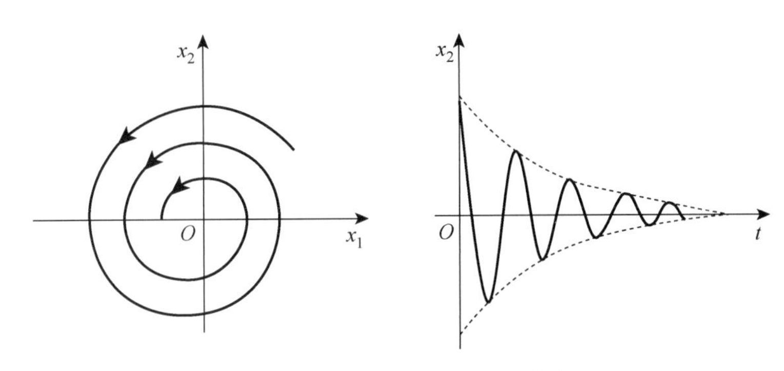

图2.13　空间城市系统稳定焦点

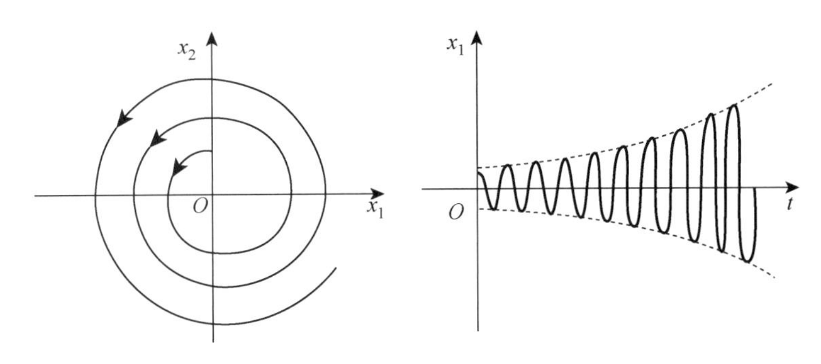

图2.14　空间城市系统不稳定焦点

② 结点型不动点

空间城市系统结点(不动点)的特点是周围布满非螺旋形轨道，在正规情形下空间城市系统相轨道是指向不动点的直线。图2.15是空间城市系统稳定结点，左图为相图，从任何“初态”开始空间城市系统都沿着一条直线轨道无限趋向不动点；右图为状

① 定态稳定性图片均摘引自：许国志.系统科学[M].上海：上海科技教育出版社，2000：56-57。

态变量 $x_1(t)$ 的时间域行为，单调地趋向于结点。图 2.16 是空间城市系统不稳定结点，左图为相图，空间城市系统轨道由结点向外发散；右图为状态变量 $x_1(t)$ 的时间域行为，单调地远离于结点。

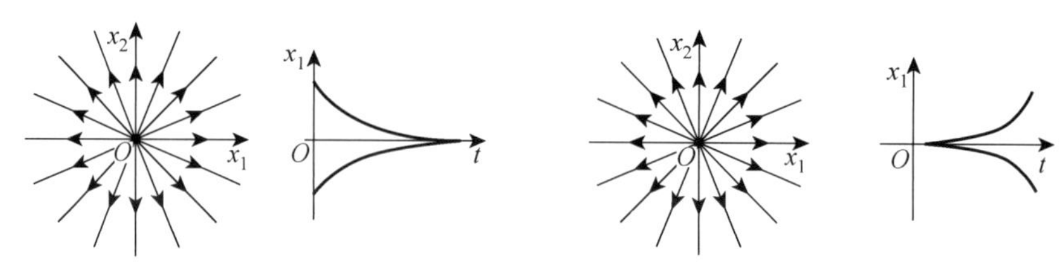

图 2.15　空间城市系统稳定结点　　图 2.16　空间城市系统不稳定结点

图 2.17 是空间城市系统非正规稳定结点，右图为空间城市系统相轨道，1 与 2 在时间域上的对应图像 $x_2(t)$ 是都是非单调曲线，但只有半次振荡，不动点也在坐标原点。

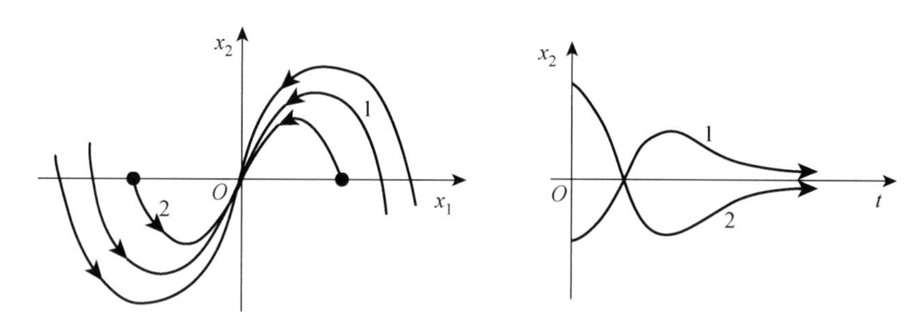

图 2.17　空间城市系统非正规稳定结点

③ 中心点型不动点

空间城市系统中心点(不动点)的特点是在不动点周围布满周期不同的闭合轨道，以邻域内任意点为“初态”，空间城市系统都将出现围绕不动点的周期运动。这种平衡态对扰动不敏感，只要“初态”偏离足够小，周期轨道对中心的偏离也足够小，因此空间城市系统的中心点是稳定的但不是渐进稳定的，如图 2.18 所示。

④ 鞍点型不动点

如图 2.19 所示，空间城市系统鞍点(不动点)的特点是，两条空间城市系统相轨道

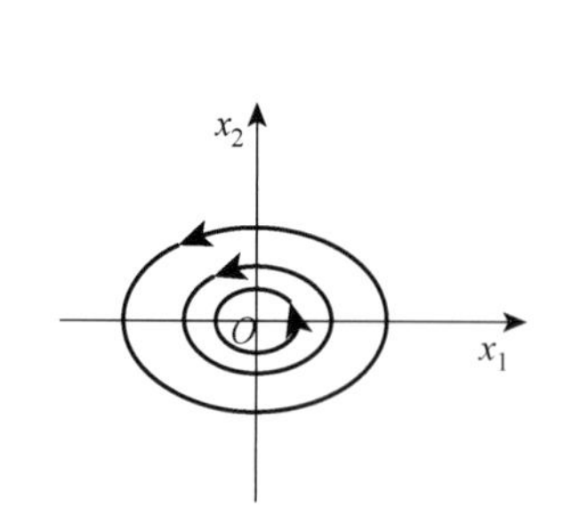

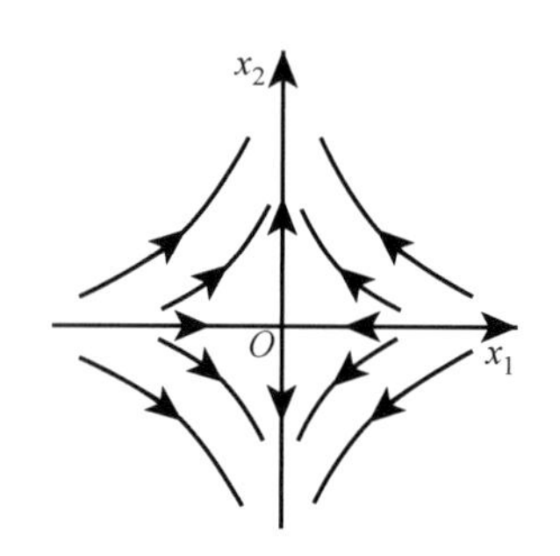

图 2.18　空间城市系统中心点　　图 2.19　空间城市系统鞍点

从相反方向向不动点收敛(稳定轨道),两条相轨道从不动点沿相反方向向外发散(不稳定轨道)。周围的相空间被分成四快,每条相轨道都先向鞍点逼近,后又远离鞍点而去,鞍点是"稳定性"与"不稳定性"的统一,总体上是不稳定的,这种情况使鞍点在空间城市系统演化中起着很奇特而又重要的作用。

⑤ 极限环的稳定性

空间城市系统极限环分为两种情况(图 2.20)稳定极限环的特点是附近一切轨道都螺旋式地收敛于极限环,即所有环外的轨道都向内卷去,所有环内的轨道都向外卷去;不稳定极限环的特点是一切轨道都螺旋式地向远离极限环的方向发散,即所有环外的轨道都向外卷去,所有环内的轨道都向内卷去。

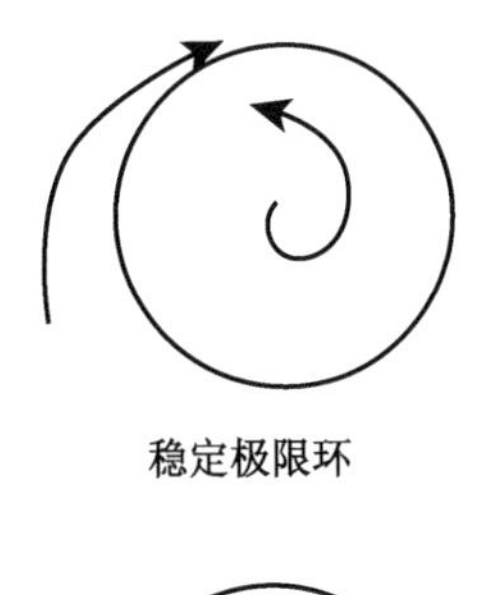

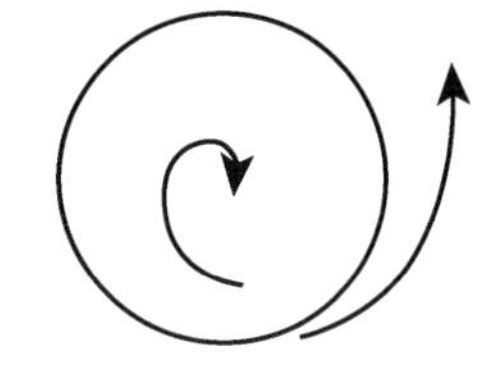

图 2.20　空间城市系统极限环

空间城市系统定态点的稳定与否是按其附近的轨道特性刻画的,由定态点的分类及其稳定性的分析,可以对相空间的空间城市系统行为做出细致的描述。给定空间城市系统的演化方程,如何判别"稳定性"是动态系统理论的重要问题。如果能求得解析解,则问题很容易解决;在没有解析解的情形下,需要有"稳定性"判据,如劳斯判据、奈奎斯特判据、李雅普诺夫函数判据。

4）空间城市系统定性性质变化

(1) 空间城市系统"目的性与吸引子"

① 空间城市系统"吸引子"

空间城市系统演化的目的性是指,系统演化的目的体现为相空间一定点的集合,它代表了空间城市系统演化过程的终极状态,即目的态。空间城市系统目的态是由系统自身与环境共同决定的,一方面空间城市系统状态变量决定了其目的态,另一方面每个稳定态都是空间城市系统与环境相互作用而形成的均衡状态。空间城市系统"状态变量"即集聚变量、扩散变量、联结变量,与"环境参量"即地理环境参量、人文环境参量、经济环境参量,共同决定了空间城市系统演化的目的态。

所谓吸引子是指空间城市系统相空间中满足以下三个条件的点集合,可能包含一个点或者多个点,我们称之为空间城市系统的"吸引子":其一,终极性。"吸引子"状态代表空间城市系统演化行为要达到的终极状态,处于"吸引子"状态的空间城市系统安于现状,不再具有力图改变这种安定状态的动力。其二,稳定性。"吸引子"状态是空间城市系统自身本质性的规定体现,这种本质规定性只有在稳定状态中确立与保持,具有抵制干扰、保持稳定的特性。其三,吸引性。空间城市系统"吸引子"状态集合,对于周围的其他状态或轨道具有吸引性,只要空间城市系统尚未到达"吸引子"状态,则现实状态与"吸引子"状态之间必定存在非零的、指向"吸引子"的牵引力,牵引着空间城市系统向"吸引子"状态运动。

因为终极性,“吸引子”只能是定态,一切暂态点均被排除在外。因为稳定性,“吸引子”只能是稳定定态,一切不稳定的焦点、结点、极限环和环面都不可能成为“吸引子”,鞍点也不可能成为“吸引子”。因为吸引性,稳定而无吸引性的定态被排除于“吸引子”的行列,例如具有李雅普诺夫稳定性的中心点不是“吸引子”。具有吸引性是目的态的根本要素,没有吸引性的状态不能成为空间城市系统演化所追求的目标。“吸引子”的终极性、稳定性、吸引性特征,是空间城市系统产生的标志性特征,空间城市系统演化过程中的平衡态、近平衡态、近耗散态线性区不具备“吸引子”,只有近耗散态非线性区、分岔随机区、耗散结构才存在“吸引子”,空间城市系统演化的“吸引子”分析是归宿性研究。

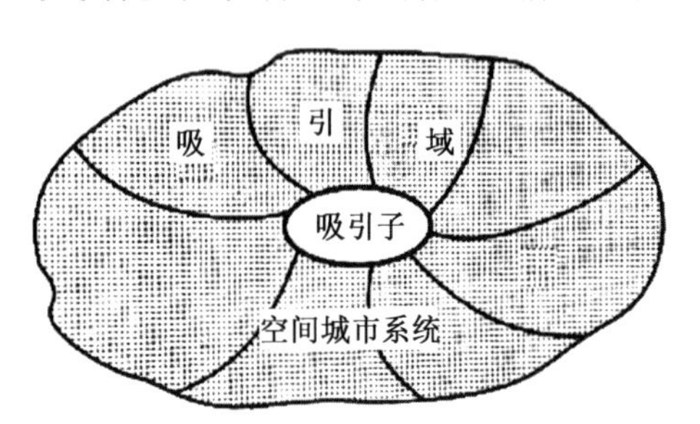

图 2.21　空间城市系统“吸引域”

② 空间城市系统“吸引域”

所谓吸引域是指空间城市系统“吸引子”在相空间中所形成的“势力范围”,凡是以那个范围内的点为“初态”而开始的轨道都趋向于该“吸引子”,空间城市系统相空间中这样的点的集合,被称为“吸引子”的“吸引域”,如图 2.21 所示。空间城市系统“吸引子”犹如江湖,“吸引域”犹如流域,流域内的水总是流向江湖。

所谓排斥子是指空间城市系统相空间中存在的一类特殊点,它们对于周围的任何轨道都是排斥的,从附近任何点开始的轨道随着时间的展开将离开该点而远去,我们将这些点称为空间城市系统的“排斥子”。不稳定焦点、不稳定结点、不稳定极限环、不稳定环面都是“排斥子”,但鞍点和半稳定的极限环不是“排斥子”。我们将“排斥子”称为空间城市系统的“源”,将“吸引子”称为空间城市系统的“汇”,则空间城市系统的相轨道都是从“源”流向“汇”的。

③ 空间城市系统相图

空间城市系统相图是三维状态空间中研究系统演化的一个得力工具。取定控制参量的一组数值,在相空间中用几何图形直观地表示出空间城市系统所有可能的定态,标明定态的类型、个数、分布以及每个定态周围的轨道特性和走向,这种图形被称为空间城市系统相图。在空间城市系统相图中定性研究系统演化,目标不在于刻画每一条具体轨道,而在于刻画一切可能轨道的集合,弄清楚轨道的类型和分布,做到整体地把握动态空间城市系统的运动规律和特性。

以平衡态、近平衡态、近耗散态线性阶段为代表的线性空间城市系统只可能有不动点型定态,不可能有极限环或环面等更复杂的定态,但是线性空间城市系统可能出现各种类型的不动点,至多可能有一个“吸引子”。线性空间城市系统存在“吸引子”,整个相空间都是它的“吸引域”。“吸引子”刻画了空间城市系统在整个相空间的行为特征,只有一个“吸引子”表示空间城市系统只有一种可能前途。没有演化前途的竞争，就没有演化目标选择的余地。

以近耗散态非线性阶段、分岔为代表的非线性空间城市系统的相图要丰富、复杂得多。在非线性空间城市系统中，各种不动点都可能出现。局部线性化处理可以按照线性模型确定非线性空间城市系统的不动点，如果在系统演化方程展开式中无线性项，则线性化方法无效，就要使用更精致的方法确定不动点。在非线性空间城市系统中，可能出现各种定态，如平面极限环和各种空间极限环常常出现多个定态并存。相空间可以同时存在几个不动点，有同类的也有不同类的，有稳定的也有不稳定的，可以同时存在不动点与极限环，或同时存在不同的极限环，还可能同时存在有序“吸引子”和奇怪“吸引子”，同时存在不同的奇怪“吸引子”。原则上而言，定态的各种不同组合都可能在非线性空间城市系统中出现，即近耗散态非线性阶段、分岔两个空间城市系统演化状态，可能出现各种选择性。因此，在空间城市系统非线性阶段的空间干预就成为关键的外力作用。

在非线性空间城市系统相图中，多个“吸引子”将整个相空间划分为不同的“吸引域”，确定“吸引域”的分界线十分重要。规则的“吸引子”其分界线一般也是规则的曲线或曲面，奇怪的“吸引子”其分界线或分界面是复杂的分形结构。图 2.22 是一个包含多个定态的二维非线性系统的相图，A、B、C、D 四种定态。由鞍点 B 引出的轨道被称为鞍沿，起分界线的作用，鞍沿与极限环 D 一起把相平面划分为五个流域，确定了不动点、极限环、鞍沿，整个相平面的结构就清楚了。

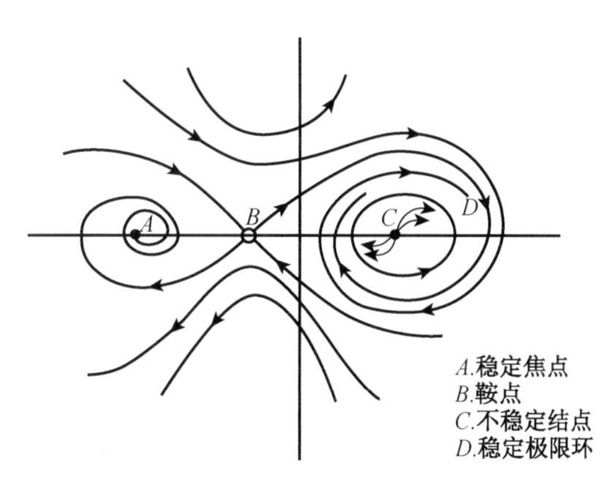

图 2.22　非线性空间城市系统相图

在空间城市系统非线性阶段，并存的不同吸引子之间存在竞争关系，初态落在哪个“吸引域”，空间城市系统就以那个“吸引子”为目标而运行演化。多“吸引子”并存使空间城市系统演化具有多种可能前途，而空间规划、空间政策、空间工具的人工干预则保证了正确“吸引子”的选择，使初态落在该“吸引子”的“吸引域”之内，从而保证空间城市系统的顺利产生与发展。对于一般非线性空间城市系统，线性化方法只能提供不动点附近的轨道信息，不能了解大范围的轨道特性，要获得非线性空间城市系统大范围的相图信息需要应用指标理论，指标理论给出的是一种拓扑方法，能够提供有关相图的全局信息。建立空间城市系统演化方程后，可以用数学手段回答下列问题：空间城市系统有无“吸引子”，有多少“吸引子”，有哪些类型的“吸引子”？“吸引子”在相空间如何分布？如何划分“吸引域”？有无排斥子？排斥子的特性和分布如何？这些构成了空间城市系统“吸引子”原理，说明了动态空间城市系统可能的稳定态和功能行为。

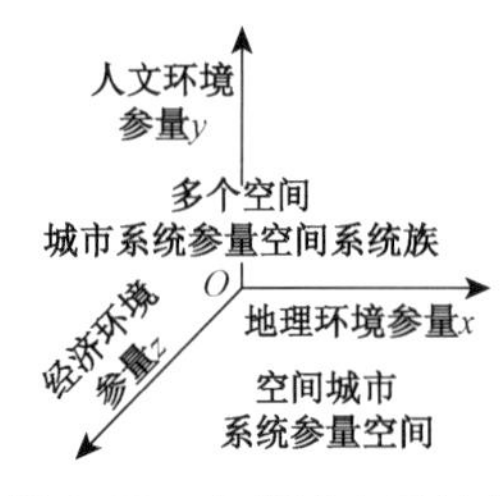

图 2.23　空间城市系统参量空间系统族

(2) 空间城市系统"分岔"

前面都是在给定控制参量(地理环境参量、人文环境参量、经济环境参量)的前提下,在空间城市系统状态空间(相空间)中研究空间城市系统的状态转移,现在将转向在参量空间(由地理环境参量、人文环境参量、经济环境参量张成的控制空间)中研究空间城市系统的行为特性如何随着控制参量的改变而变化的规律,如图 2.23 所示。

① 相图结构稳定性

如图 2.23 所示,在空间城市系统参量空间中,控制参量(地理环境参量、人文环境参量、经济环境参量)的不同取值代表不同的空间城市系统,形成一个包含多个不同系统的系统族。控制参量对空间城市系统族的影响需要在参量空间中进行考察。在参量空间中研究的是具有相同数学结构的演化方程所描述的空间城市系统族,而不是单个的空间城市系统,更不是空间城市系统的某条轨道。控制参量变化虽然不改变系统演化方程的数学结构,但可能改变空间城市系统的动力学特性,包括定性性质的改变,即相图结构(注意不是空间城市系统结构)的改变。这种改变包括:空间城市系统"定态"的产生和消失,空间城市系统"稳定性"的改变,"定态"的类型、个数及其在相空间分布的改变等。

给定参量空间的一点对应一组 (x, y, z) 值,就给定一个空间城市系统及其相图结构来改变控制参量(地理环境参量、人文环境参量、经济环境参量)。如果相图只有量的变化,即控制参量的小扰动不会引起空间城市系统相图定性特征的变化,就说明空间城市系统是相图结构稳定的;如果控制参量小的扰动引起空间城市系统相图发生定性性质改变,就说明空间城市系统是相图结构不稳定的。关于空间城市系统"稳定性"问题,可以分为状态空间"稳定性"与参量空间"相图稳定性",其概念要区分开来,否则很容易造成理解的混淆,以下三个方面需要特别注意:

其一,前述空间城市系统"运动稳定"是在状态空间(集聚变量、扩散变量、联结变量张成空间)中,空间城市系统的运动或行为具有"稳定性";现在空间城市系统"相图结构稳定"是在参量空间(地理环境参量、人文环境参量、经济环境参量张成空间)中,空间城市系统具有动力学规律的稳定性。

其二,虽然"相图结构稳定性"不是指空间城市系统组分之间关联方式的"系统结构稳定性",但是"相图结构稳定性"与"系统结构稳定性"有内在联系。如果参量空间中的"相图结构"是稳定的,那么状态空间中的"系统结构"也是稳定的;反之,如果"相图结构"发生定性性质变化,那么"系统结构"必定出现定性性质的变化,即"相图结构稳定性"与"系统结构稳定性"具有共生性特征。

其三,如果相图结构处处不稳定,那么空间城市系统没有现实存在的可能性;如果相图结构处处稳定,那么空间城市系统不可能演化。现实存在的空间城市系统在参量空间中几乎处处都是相图结构稳定的,因此空间城市系统才有存在和发展的可能性。

但是,空间城市系统必定在某些特殊点上出现相图稳定性丧失,此时控制参量的微小变化将引起系统定性性质的改变。在参量空间中,出现相图结构不稳定的位置是由系统演化方程规定的。因此"结构不稳定性是以一种结构稳定的方式出现的"[9],这就为研究相图结构不稳定性问题提供了可能性。

② 分岔

当空间城市系统演化到达终态,"相图稳定结构"发生性质的革命,"分岔"现象就会发生。所谓空间城市系统"分岔",就是空间城市系统产生的质变过程,"分岔"导致演化的动态空间城市系统定性性质的改变。空间城市系统"分岔"现象要在控制空间中考察,控制空间中引起"分岔"现象的临界点被叫作分岔点,临界点位于空间城市系统演化近耗散态非线性阶段的终端。空间城市系统的"分岔"属于耗散结构的生成,因此是一种非线性系统的"分岔"。正如普里戈金所说:"分岔是对称性破缺之源,分岔是系统各部分与系统及其环境之间的内禀差别的表现,分岔确实可以被视为多样化和创新之源,这些概念目前已应用于生物学、社会学和经济学等广泛领域。"[10]图 2.24 为广泛存在的经典的空间城市系统叉式分岔,其系统方程为

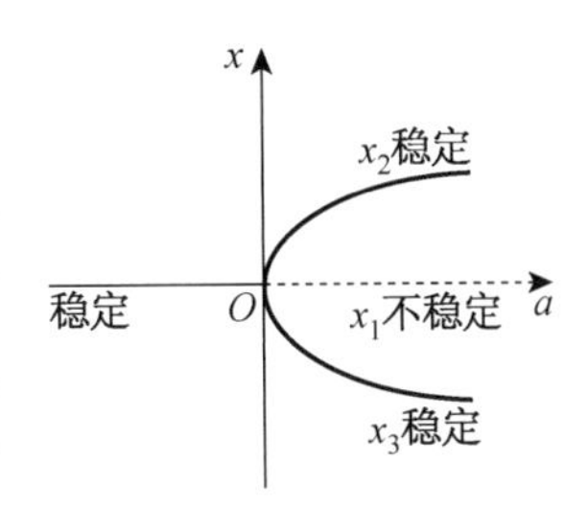

图 2.24 空间城市系统叉式分岔

$$\dot{x}=ax-x^{3} \tag{2.31}$$

不动点方程为

$$ax-x^{3}=0 \tag{2.32}$$

当 $a<0$ 时,只有一个实数解 $x=0$,代表系统的稳定平衡态。当 $a>0$ 时,有三个不动点 $x_1=0$, $x_2=\sqrt{a}$, $x_3=-\sqrt{a}$,代表三个可能的平衡态。此时 x_1 变为不稳定的,x_2 与 x_3 为稳定态,$a=0$ 为分岔点。当 a 从负值增大而跨越这一点时,系统既有新定态的创生和稳定态数目的增加,又有稳定性的交换,标志着系统定性性质发生显著改变,而未跨越这一点之前控制参量 a 的变化只能引起系统的量变。

"分岔理论"是空间城市系统演化理论的关键部分,主要包括:研究"分岔"发生的条件,确定"分岔"的类型和个数,构造"分岔"解的解析表达式,判别"分岔"解的稳定性,描述"分岔"曲线或曲面的特点,阐述"分岔"的空间城市系统意义等。空间城市系统的"分岔机理"与"分岔类型",以及空间城市系统"多级分岔"等内容,将在"第 5 章 空间城市系统演化理论"中详细介绍,在此不做详细论述。

(3) 空间城市系统"突变"

法国学者托姆的"突变理论"说明了突变现象、突变发生的条件、突变的类型、突变的系统学意义。在空间城市系统演化终态,分岔总是伴随着"突变"现象,空间城市系统定性性质突然发生改变,分岔和突变是对同一动力学现象从不同角度的解释,如图 2.25 所示。

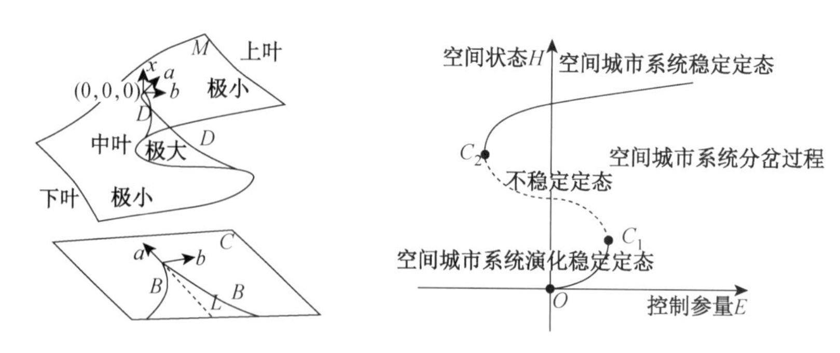

图 2.25 空间城市系统突变模型

空间城市系统演化具有渐变与突变两种基本形态，渐变发生在空间城市系统演化的近平衡态、近耗散态，突变发生在空间城市系统演化的分岔。所谓空间城市系统突变是指当控制参量变化到分岔点上，就会出现从空间城市系统演化定态（近耗散态结构）向空间城市系统定态（耗散结构）的突变。突变是空间城市系统的一般性规律，是空间城市系统非线性阶段的必然行为。只要满足分岔条件，空间城市系统突变行为就会产生。因为地理宏观性与演化长时段性，空间城市系统突变是一种非常剧烈的变化，不是瞬时发生的骤变行为。

根据托姆证明的初等突变的基本类型主要由控制参量的个数决定，空间城市系统为 1 个或 2 个或 3 个控制参量（地理环境参量、人文环境参量、经济环境参量），因此空间城市系统突变对应着五种基本类型（表 2.1）。在这五种突变基本类型中，折叠突变特征很不充分，因而不具有代表性；尖拐突变是常见的一种空间城市系统突变形式，它几乎具备了突变的所有基本特征，因此我们对空间城市系统尖拐突变类型进行详细介绍。

表 2.1 空间城市系统突变基本类型

突变名称	控制参量个数	势函数
折叠(Fold)	1	a_1x+x^3
尖拐(Cusp)	2	$a_1x+a_2x^2\pm x^4$
燕尾(Swallow Tail)	3	$a_1x+a_2x^2+a_3x^3+x^5$
椭圆脐(Elliptic Umbilic)	3	$a_1x+a_2y+a_3y^2+x^2y-y^2$
双曲脐(Hyperbolic Umbilic)	3	$a_1x+a_2y+a_3y^2+x^2y+y^2$

设有以下势函数描述的空间城市系统：

$$V(x)=x^4+ax^2+bx \tag{2.33}$$

已有势系统知识①告诉我们，空间城市有势系统只有不动点型定态点，则空间城市系统的不动点方程为

① 有势系统相关知识参见：苗东升.系统科学精要[M].3 版.北京：中国人民大学出版社，2010：92。

$$\frac{\partial V(x)}{\partial x}=0 \tag{2.34}$$

亦即

$$4x^3+2ax+b=0 \tag{2.35}$$

该空间城市系统包括：一维状态空间 x 轴，二维控制空间(a-b)平面，构成三维的乘积空间 a-b-x。该空间城市系统的所有不动点形成乘积空间的一张三叶折叠曲面 M(行为曲面)，如前图 2.25 所示。左上图是行为曲面 M，从原点(0，0，0)开始在折叠区内逐渐展开，中叶是势函数 $V(x)$ 的所有极大点(不稳定不动点)的集合，上叶、下叶是极小点(稳定不动点)的集合。左下图是三叶折叠曲面在控制平面 a-b 上的投影，折叠曲面中叶的两条边界(棱)投影到 a-b 平面上，得到由原点(0，0)引出的尖拐曲线 B-B。将公式(2.35)两边微分得

$$12x+2a=0 \tag{2.36}$$

求解联立方程组公式(2.35)和公式(2.36)，消去 x 得

$$a^3+18a^2-54b=0 \tag{2.37}$$

公式(2.37)就是尖拐曲线 B-B 的方程，其上的每个点都是空间城市系统的分岔点，因此将 B-B 曲线称为空间城市系统分岔曲线。分岔曲线是参量平面中结构不稳定点的集合，当控制参量 a 和 b 的变化没有到达此曲线时，空间城市系统只有量的改变，一旦越过分岔曲线，空间城市系统就会出现定性性质的改变，从下叶跳到上叶(空间城市系统进化，是一般规律)，或者从上叶跳到下叶(空间城市系统退化，很少逆向运行)。图 2.25 右图是空间城市系统分岔过程曲线，C_1 点以下实体曲线代表空间城市系统演化稳定定态，对应着空间城市系统突变下叶；C_1-C_2 虚线代表空间城市系统临界不稳定定态，对应着空间城市系统突变中叶；C_2 以上实体线代表空间城市系统稳定定态，对应着空间城市系统突变上叶。由此可见，“空间城市系统突变理论”与“空间城市系统分岔理论”是对空间城市系统产生过程的不同表述，两者之间具有内在统一性。

根据前图 2.25 空间城市系统突变模型，可以归纳出空间城市系统突变现象具有以下基本特征：

第一，多稳态特征。

处于突变过程的空间城市系统一定具有两个稳定定态(两个以上的情况很少适用于空间城市系统)，如空间城市系统生成前后的近耗散态稳定定态与耗散结构稳定定态，即对应于同一组控制参量(地理环境参量、人文环境参量、经济环境参量)，空间城市系统势函数有不同的极小点，因此才可能出现从一个稳态(近耗散态定态)向另一个稳态(耗散结构定态)的跳跃，如前图 2.25 所示的尖拐突变双稳态。

第二，不可达性特征。

在近耗散态定态与耗散结构定态之间存在不稳定定态(极大点)，它们是实际上不

可能实现的定态，如前图 2.25 右图所示 C_1-C_2 虚线不稳定定态，表现在左上图尖拐突变中，三叶折叠曲面中叶上的点就是不可达的。

第三，突跳特征。

如前图 2.25 所示，在分岔曲线上，空间城市系统从近耗散态下叶极小点到耗散结构上叶极小点的转型是突然完成的。空间城市系统演化的宏观性与长时段性，在此时表现为空间城市系统生成的突变性，即由演化中的“城市体系”性质突跳为“空间城市系统”性质。

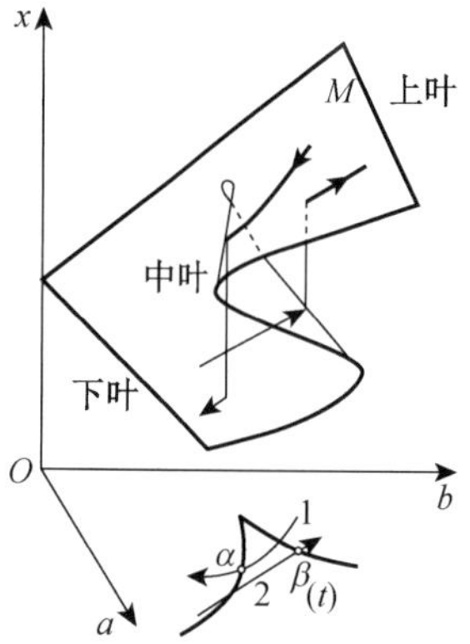

第四，滞后特征。

如图 2.26 所示，在空间城市系统尖顶突变中，当控制参量（地理环境参量、人文环境参量、经济环境参量）沿路径 1 变化首先碰到的是分岔曲线的右支，但不出现突跳，只有到分岔曲线左支的 α 点时，空间城市系统才会发生突跳；沿路径 2 变化时，首先碰到的是分岔曲线的左支，但不发生突跳，只有到右支的 β 点时才出现突跳，这种现象被称为滞后，反映突变的发生与控制参量（地理环境参量、人文环境参量、经济环境参量）变化的方向有关，它对应于空间城市系统分岔中的滞后现象。

图 2.26　三叶折叠突变与分岔曲线

第五，发散特征。

从 a-b 参量平面看，空间城市系统的最终走向对控制参量变化路径一般都不敏感，但在分岔曲线附近，控制参量变化路径的微小不同能够引起空间城市系统最终走向的重大差别。在分岔点附近空间城市系统终态对控制参量变化路径的敏感依赖性，被称为空间城市系统“发散”现象。在空间城市系统实践中表现为，空间规划、空间政策、空间工具的干预在空间城市系统突变过程中具有十分敏感的“发散”作用，此时要特别加强对空间城市系统的控制作用。

(4) 空间城市系统“瞬态特性与过渡过程”

空间城市系统状态空间（相空间）中充满系统演化轨道，可以分为瞬态和定态两类：瞬态轨道描述空间城市系统的瞬态行为过程；定态轨道描述空间城市系统的定态行为过程。前边我们讨论了空间城市系统的定态行为，现在来讨论空间城市系统的瞬态行为，即空间城市系统从初态开始经过一系列暂态最终趋达定态的过渡过程。空间城市系统瞬态行为可划分为：平衡态瞬态行为（将空间城市系统初态视为瞬态）、近平衡态瞬态行为、近耗散态瞬态行为。瞬态行为表现的是空间城市系统向定态点进化的动力学行为，分岔（耗散结构）为稳定的定态，不存在瞬态行为，即过渡过程。

空间城市系统瞬态行为过程并不是说它是短暂的甚至是在瞬间完成的，相反由于地理宏观性与演化长时段性，空间城市系统瞬态行为，即过渡过程，是一个可观、可测、可控的过程。数学意义上的瞬态行为表现为无穷过程，但空间城市系统瞬态行为是一种有限行为，是有着空间城市系统演化过程物理意义的。空间城市系统的性质是由平衡态定态、近平衡态定态、近耗散态定态、分岔定态确定的，但是在空间城市系统演化相空间中定态点只有四个，其余的都是由瞬态点构成的。空间城市系统瞬态行为是向定态吸引子收敛的瞬态，一条向吸引子收敛的瞬态轨道，随着过渡过程的延伸，空间城市系统瞬态特性越来越接近空间城市系统定态特性。图 2.27 为空间城市系统焦点型瞬态过渡过程，由于空间城市系统实际环境存在干扰、噪声等因素，空间城市系统会在一定时间段到达定态，注意实际空间城市系统不可能到达绝对定态，只是趋近于定态，与定态的差距足够小。在空间城市系统实践中表现为，空间规划、空间政策、空间工具所要实现的平衡态定态、近平衡态定态、近耗散态定态功效具有冗余现象。

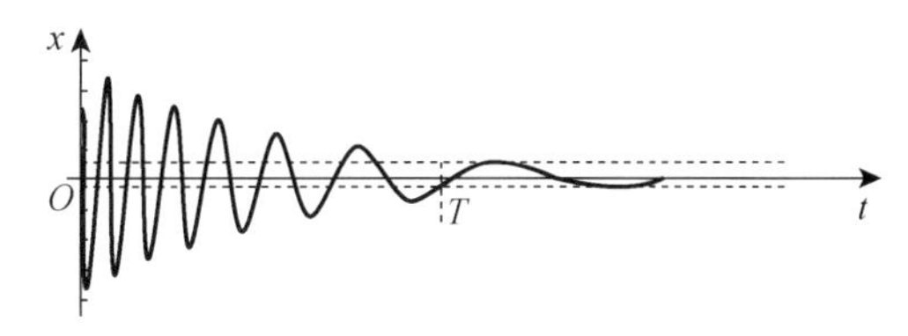

图 2.27　空间城市系统焦点型瞬态过渡过程

需要特别指出的是瞬态行为对于空间城市系统近耗散态具有特殊意义。近耗散态具有不稳定的定态，是向空间城市系统分岔(耗散结构)剧烈进化的强动力学行为。正是因为瞬态过渡过程，才有力地解释了空间城市系统近耗散态的存在与过渡过程。关于空间城市系统近耗散态原理，我们将在“第 5 章　空间城市系统演化理论”中给予详细论述。

2.1.5　空间城市系统功能

1）空间城市系统功能定义

（1）空间城市系统功能概念

空间城市系统功能是刻画空间城市系统行为，特别是系统与空间城市系统环境关系的基础性概念，空间城市系统的任何行为都会对环境产生影响。所谓空间城市系统行为是指空间城市系统相对于空间城市系统环境所表现出来的变化，它属于空间城市系统自身的变化，是空间城市系统自身特性，反映了环境对空间城市系统的作用或影响。如前所述，空间城市系统环境是指空间城市系统之外的一切与空间城市系统主体具有不可忽略的联系的事物集合。空间城市系统环境参量为地理环境参量、人文环境参量、经济环境参量。

在空间城市系统行为与空间城市环境的基础上，我们定义空间城市系统功能概念为空间城市系统行为所引起的、有利于空间城市系统环境存续与发展的作用。将被空间城市系统作用的外部事物，称为空间城市系统的功能对象。空间城市系统行为对其功能对象生存与发展的贡献就是空间城市系统功能。整体涌现性是空间城市系统功能的最大体现，空间城市系统整体功能是其空间要素系统性整合的结果。空间城市系统是由相互联系的空间要素所形成的具有一定功能的整体，空间城市系统的“功能定义”界定了空间城市系统的价值取向，具有十分重要的应用意义。

（2）空间城市系统功能特点

空间城市系统功能是一种宏观空间功能，是空间城市系统对国家空间环境、洲际空间环境的作用，例如美国空间城市系统功能就是对美国空间环境存续与发展的作用，而欧洲空间城市系统功能则是对欧洲空间环境存续与发展的作用。空间城市系统功能是其所属的城市微观功能的组合，城市功能是空间城市系统功能的基础，空间城市系统功能是其空间要素关系的体现，系统功能结构是空间城市系统功能的基础。

空间城市系统的多中心功能、均衡功能、疏解功能对于国家空间、洲际空间、全球空间具有十分重要的意义，是地球可持续发展人居空间系统的基础。诚如美国空间城市系统功能、欧洲空间城市系统功能、中国空间城市系统功能、日本空间城市系统功能、南美空间城市系统功能，对人类社会的可持续发展具有决定性的功效作用。因此，空间城市系统功能是空间规划与空间治理很重要的内容。

2）空间城市系统功能结构

（1）系统功能结构

空间城市系统主要组分按照各自的功能相互关联、相互作用、相互制约，共同维持空间城市系统整体的生存与发展。我们将组分及其相互关联方式称为空间城市系统的功能结构。空间城市系统组分功能主要包括城市功能、通道功能、子系统功能，空间城市系统功能结构就是城市功能、通道功能、子系统功能以及它们之间的关联方式。空间城市系统的多元性、层次性、复杂性决定了它具有功能结构，功能结构是空间城市系统功能的基础，是把握空间城市系统特性的重要逻辑根据。

（2）城市职能、系统功能、系统性质

城市职能是指“某城市在国家或区域中所起的作用所承担的分工。城市职能是从整体上看一个城市的作用和特点，指的是城市与区域的关系”[11]。城市职能是空间城市系统功能的基础。城市职能代表了它与空间城市系统的关系：空间城市系统功能等于系统城市职能之和，城市职能的多样性、差异性、复杂性构成了空间城市系统的整体功能。空间城市系统性质是指空间城市系统现在和未来的定位，它与空间城市系统功能既有联系又有区别，是两个不同的概念。空间规划代表的是空间城市系统性质，指明了空间城市系统演化的方向与目标。在进行空间城市系统功能研究时，一定要将系统功能、系统性质、城市职能的概念区分开来，同时又要明白它们之间相互依存的逻辑关系。

3）空间城市系统功能条件

（1）系统功能要素条件

空间要素（系统要素）是空间城市系统功能的基础条件。因为，空间城市系统是地球空间最大的人工系统，所以空间要素（系统要素）的设计运营就成为空间城市系统功能的基础，如高速铁路空间要素的设计运营就是空间城市系统功能的基础，再如卫星通信空间要素的技术进步直接影响着空间城市系统功能的产生与发展。空间要素（系统要素）的集聚、扩散、联结决定了空间城市系统功能的产生、发挥与优劣；空间要素（系统要素）的发展直接决定着空间城市系统功能的进化，决定着空间城市系统的演化过程。

（2）系统功能结构条件

系统功能结构是空间城市系统功能的核心条件。系统功能结构是指空间城市系统组分及其关联关系，如城市、通道、子系统以及它们之间的关联关系。空间城市系统结构是人工规划、建设、优化的结果，是决定空间城市系统功能的核心条件。因为空间城市系统的人工属性，空间要素与空间环境都是基本确定的。不同的系统功能结构就决定了系统功能的优劣高低，系统结构就成为空间城市系统功能的决定性因素。系统功能结构的建立与优化是空间规划与空间治理的主要内容。

（3）系统功能环境条件

系统功能环境是空间城市系统功能的前提条件。首先，空间城市系统功能对象的正确选择决定着系统功能发挥的效果，如英国空间城市系统功能对象应该立足于欧洲空间环境与世界空间环境，如果仅仅局限在英国空间环境，那么英国空间城市系统功能就会出现"功能不当"的窘境。其次，系统功能环境对空间城市系统功能具有巨大的影响，如中国政府的"粤港澳大湾区"空间政策环境，就对中国南部空间城市系统功能的产生与发挥具有决定性的影响作用。最后，系统功能环境条件是空间城市系统功能发挥与效能的基础，如中国沿江空间城市系统功能的产生、发挥、效能，就需要地理环境条件、人文环境条件、经济环境条件，正是空间城市系统环境参量条件决定了中国沿江空间城市系统的整体功能。

综上所述，空间城市系统功能由要素条件、结构条件、环境条件共同决定，我们称之为"空间城市系统功能条件"。空间城市系统功能可以表述为

$$\text{空间城市系统功能条件} = \text{要素条件} + \text{结构条件} + \text{环境条件} \tag{2.38}$$

其中，要素条件是基础，结构条件是核心，环境条件是前提，系统要素的进化、系统结构的优化、系统环境的改善决定着空间城市系统功能的产生、发挥与进化。因此，空间规划与空间治理必须在系统要素、系统结构、系统环境，即"空间城市系统功能条件"方面进行重点投入，确保空间城市系统功能的最大效能性。

2.2 空间城市系统基本原理①

2.2.1 空间城市系统组织原理

组织是空间城市系统很重要的基本概念，组织原理是空间城市系统演化所遵循的基本规律。前面我们介绍了系统结构概念，就一般意义而言结构分为有序和无序两大类，空间城市系统组织仅指有序结构，有组织的空间城市系统就是有序结构的空间城市系统。

---

① 在本节中，相关内容与插图参见了以下两本著作：许国志.系统科学[M].上海：上海科技教育出版社，2000；苗东升.系统科学精要[M].3版.北京：中国人民大学出版社，2010。在此向原作者致谢，并统一说明，后续不单独予以摘引标注。

1）空间城市系统自组织

（1）空间城市系统组织划分

① 空间城市系统组织

第一，空间城市系统组织概念。

空间城市系统组织是指空间城市系统演化的过程，是空间城市系统的主要进化行为。空间城市系统组织是政府与公民、社会按照系统分岔目的，以空间规划和空间治理为手段，对空间城市系统进行的编制。从逻辑学意义上讲，空间城市系统组织是属概念，空间城市系统自组织与他组织是其下的种概念，空间城市系统组织是“空间城市系统自组织”与“空间城市系统他组织”的辩证统一体，它们之间的逻辑关系如图 2.28 所示。

空间城市系统组织 { 空间城市系统自组织
空间城市系统他组织

图 2.28 空间城市系统组织逻辑关系

第二，空间城市系统组织结构。

空间城市系统组织结构是指空间城市系统演化过程中空间要素被组织起来的有序结构，空间集聚、空间扩散、空间联结所导致的空间要素被组织成有序的状态，空间要素关系有序状态所形成的系统结构才能被称为空间城市系统组织结构。空间城市系统组织结构与空间城市系统状态的有序、无序、对称性等概念相对应，因此我们可以从空间城市系统状态的有序、无序变化来分析空间城市系统组织结构。

第三，空间城市系统组织过程。

空间城市系统组织过程是空间城市系统演化发生质变的过程，是空间城市系统有序程度增加的过程。“空间城市系统组织过程”与前述的“空间城市系统结构进化”概念是对应关系，平衡态结构、近平衡态结构、近耗散态结构、分岔结构中间的第一次转型进化过程、第二次转型进化过程、第三次转型进化过程，就是空间城市系统组织过程，如前图 2.1 所示。与空间城市系统组织过程相对立的是空间城市系统演化的量变过程，它不改变空间城市系统状态的性质，如平衡态定态过程、近平衡态定态过程、近耗散态定态过程、分岔态定态过程。

② 空间城市系统自组织概念

如果空间城市系统形态、结构、功能的形成是一个自发的过程，是空间要素关系内动力自我作用的结果，没有空间规划与空间治理的外部干预，我们定义这个过程为空间城市系统自组织。空间城市系统自组织现象是城市、城市区域、空间城市系统自我演化的过程，例如美国东北大都市连绵带的形成就是一个自组织过程。20 世纪 50 年代，由波士顿、纽约、费城、巴尔的摩、华盛顿城市形态，自发地进化为美国东北大都市连绵带，这个过程起初并不为人们所知，更没有空间规划与空间治理的人工干预，完全是一个自组织过程。

空间城市系统自组织决定于空间城市系统演化的“系统内因”与“环境外因”，对于空间城市系统"系统内因"我们应用自组织原理进行分析，对于空间城市系统"环境外因"则需要采用他组织原理来分析。空间城市系统自组织是空间城市系统的基本规律，它是空间规划与空间治理必须遵循的客观规律，例如中国三峡城市群的规划就必须遵循空间城市系统自组织规律：首先，就地理环境控制参量而言，长江生态系统需要严格限制性开发，而三峡地区不适宜建设大规模的城市群。其次，就经济环境控制参量而言，宜昌不具备主中心城市(MC)的经济规模条件，无法形成系统中心。最后，从人文环境控制参量而言，宜昌是武汉的行政辖区，宜昌可以作为武汉空间城市系统的辅中心城市(AC)加入长江中游空间城市系统中。如果强行规划建设三峡空间城市系统(三峡城市群)，将其与长江三角洲空间城市系统、长江中游空间城市系统、成渝空间城市系统并列，就违背了空间城市系统自组织规律。

③ 空间城市系统他组织概念

如果空间城市系统形态、结构、功能是在空间规划与空间治理外部干预下形成的，那么我们定义这个过程为空间城市系统他组织。空间城市系统他组织将空间要素通过空间规划与空间治理，实现空间城市系统近平衡态、近耗散态、分岔的阶段性演化目的。空间城市系统他组织是空间城市系统的一般规律。如《美国 2050 远景规划》《欧洲空间发展战略》以及我国的《国家新型城镇化规划(2014—2015 年)》都是城市区域规划他组织现象。

空间城市系统他组织与空间城市系统控制是紧密相连的。空间城市系统他组织强调了被控制者即空间城市系统的行为，强调空间城市系统对空间城市系统控制的响应。而空间城市系统控制是强调空间规划与空间治理的行为，强调空间城市系统控制使空间城市系统演化达到平衡态、近平衡态、近耗散态、分岔各阶段的目的。

(2) 空间城市系统有序

① 有序与无序

"有序与无序"是空间城市系统的基础性概念。所谓空间城市系统有序是指空间城市系统内部空间要素之间有规则的联系或转化，即在空间城市系统内空间要素之间存在数学定义的偏序关系①，我们称空间城市系统处于有序状态；所谓空间城市系统无序是指空间城市系统内部空间要素之间混乱而且无规则的组合，在运动转化上的无规律性，即在空间城市系统内空间要素之间不存在数学定义的偏序关系，我们称空间城市系统处于无序状态。空间城市系统有序演化行为是系统平衡态、近平衡态、近耗散态、分岔的量变行为，空间城市系统有序与无序的转化就是系统平衡态、近平衡态、近耗散态、分岔的质变行为。

② 对称性与有序程度

所谓空间城市系统对称性是指空间要素在特定演化阶段前后分布均匀程度的对比。

① 偏序(Partial Order)的概念：设 A 是一个非空集，P 是 A 上的一个关系，若 P 满足下列条件：对任意的 $a \in A$，$(a, a) \in P$［自反性(reflexive)］；若 $(a, b) \in P$，且 $(b, a) \in P$，则 $a = b$［反对称性(anti-symmetric)］；若 $(a, b) \in P$，$(b, c) \in P$，则 $(a, c) \in P$［传递性(transitive)］。则称 P 是 A 上的一个偏序关系。

如果演化前后空间要素分布均匀保持不变，则称空间城市系统是对称的；如果演化前后空间要素分布均匀程度有变化，则称空间城市系统是不对称的。空间城市系统从无序均匀分布状态变化为有序结构，则对称性降低了，称之为空间城市系统对称破缺。

我们用对称性的高低来表示空间城市系统有序程度的多少，用对称破缺来表示空间城市系统状态的突变。由此，我们就可以比较空间城市系统演化两个阶段的有序程度，以确定它们之间的进化关系。我们在研究空间城市系统演化时，通过对称性来认识空间城市系统状态的有序或者无序，通过对称破缺来分析空间城市系统有序与无序的转化。

例如就上海（1 级）空间城市系统而言，演化之前上海产业空间要素分布在上海市以内，则上海空间城市系统是无序的，空间要素分布是具有对称性的；演化之后上海产业空间要素扩散到上海市之外，则上海空间城市系统就是有序的，空间要素分布是对称破缺的。由此，通过空间要素分布的对称破缺，上海空间城市系统实现了有序程度的增加，标志着上海空间城市系统的进化。

③ 有序与空间城市系统演化

在没有空间规划与空间治理外部力量的干预之下，城市体系保持层次结构有序排列，我们将其定义为空间城市系统静态有序[①]，即平衡结构（平衡态）。在空间规划与空间治理外部力量的干预之下，我们将空间城市系统出现的近平衡态、近耗散态、分岔定义为动态有序，其中近平衡态、近耗散态为动态结构，分岔为耗散结构。空间城市系统动态有序对应着系统活结构，空间城市系统活结构的产生与维持，需要系统与环境进行物质、信息、能量的不间断交流。

空间城市系统平衡态、近平衡态、近耗散态、分岔有序结构的讨论是系统演化的主要问题，包括三个方面：第一，空间结构序。空间要素在系统空间分布上的规律性。第二，时间结构序。空间城市系统演化在时间阶段上的规律性。第三，功能结构序。空间城市系统功能变化的规律性。

空间城市系统的演化一般表现为有序性的增加，即系统整体的进化，而空间城市系统退化只是空间规划与空间治理不到位的局部现象。空间城市系统熵是系统有序度的标度量，熵大则系统有序度低，熵低则系统有序度高。在空间城市系统熵原理中，我们将讨论熵与空间城市系统演化以及有序度之间的关系。

（3）空间城市系统自组织理论

空间城市系统自组织理论包括三个来源：其一，普里戈金的耗散结构理论。其二，哈肯的协同学理论。其三，空间城市系统特殊性。将耗散结构与协同学的基本理论与空间城市系统特殊性相结合，揭示具有空间城市系统本体意义的自组织规律，是空间城市系统自组织理论的应有之义。空间城市系统带有强烈的他组织性质，并且具有地理宏观性与演化长时段性的特别属性，因此辨别空间城市系统自组织特性就要以“空

① 空间城市系统静态有序的本质是城市体系，而不是空间城市系统。

间城市系统自组织理论”为根据进行认真分析，特别不能将微观系统自组织理论简单地应用到空间城市系统中来，犯主观形而上学的错误。

① 耗散结构

空间城市系统自组织过程是系统有序程度增加的过程，直至到达空间城市系统生成的稳定状态，即耗散结构稳定态。空间城市系统自组织过程包括平衡态、近平衡态、近耗散态、分岔四个阶段，普里戈金的耗散结构理论为空间城市系统自组织过程提供了理论基础。

第一，涌现原理。

空间城市系统自组织的重要特征就是涌现原理，它是空间要素(集聚要素、扩散要素、联结要素、地理环境要素、人文环境要素、经济环境要素)组织的产物、组织的效应，是通过空间城市系统组分相互作用在整体上涌现出来的。犹如突涌的泉水，自下而上、自发喷涌、整体形态是空间城市系统自组织涌现原理的基本特征。

第二，系统开放。

空间城市系统开放是系统朝着有序方向演化的前提条件，开放的空间城市系统的熵改变可以分成两个部分，即

$$\mathrm{d}S = \mathrm{d_i}S + \mathrm{d_e}S \tag{2.39}$$

其中，$\mathrm{d_i}S$ 表示空间城市系统内部产生的熵变化，与外界无关，无论如何对于孤立系统有 $\mathrm{d_i}S > 0$，对于开放的空间城市系统如果仅考虑系统内部所导致的熵变化，仍然有 $\mathrm{d_i}S > 0$。$\mathrm{d_e}S$ 表示空间城市系统外部导致的熵变化，对于孤立系统 $\mathrm{d_e}S = 0$，否则 $\mathrm{d_e}S \neq 0$。在开放条件下的空间城市系统中，只有 $\mathrm{d_e}S < 0$，同时 $|\mathrm{d_e}S| > \mathrm{d_i}S$，才有

$$\mathrm{d}S = \mathrm{d_i}S + \mathrm{d_e}S < 0 \tag{2.40}$$

此时空间城市系统的熵减少，空间城市系统变得有序，空间城市系统从无序状态向有序状态转化(或者从低有序程度状态向高有序程度状态转化)。因此，空间城市系统的开放条件是空间城市系统保持熵减状态、向着有序方向转化的基本前提。

第三，空间要素交流。

空间要素交流是空间城市系统有序程度增加的基础性条件，包括集聚要素、扩散要素、联结要素、地理环境要素、人文环境要素、经济环境要素的交流。空间要素交流导致空间城市系统开放，进而导致空间城市系统保持熵减状态，则空间城市系统向着有序程度增加的方向进化。对于空间城市系统演化，对于空间城市系统耗散结构的生成与保持，空间要素交流是不可或缺的最基础性条件，具体表现为环境要素、边界要素、城市要素、交通要素、信息要素、价值要素的不间断交流。空间要素交流以空间流和空间流波的形式存在并运行，我们将在空间流与空间流波部分给予详细介绍。

第四，涨落现象。

所谓涨落现象是指空间城市系统状态量 $V(x)$ 对其平均量 $V(\bar{x})$ 的偏离。涨落现象是随机的，没有确定的方向，没有确定的发生时间。涨落既可以由空间城市系统内

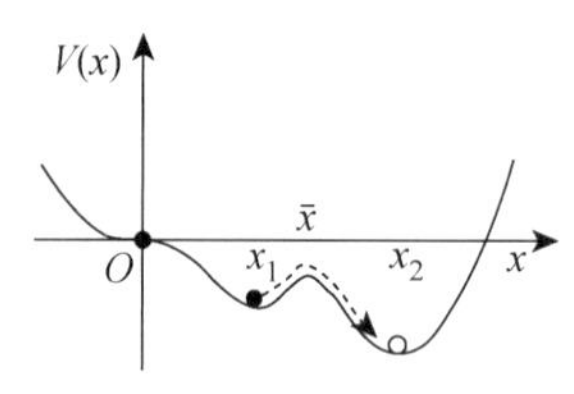

图 2.29 空间城市系统涨落现象

部引起，称之为内涨落；也可以由空间城市系统外部环境变化引起，称之为外涨落，按其规模可分为小涨落、大涨落、巨涨落。涨落现象是空间城市系统的客观存在，涨落的作用一是维持空间城市系统在稳定态的动力；二是破坏旧的稳定态走向新的结构。如图 2.29 所示，第一，涨落充当了维持 x_1 处稳定态的动力，第二，更强的涨落破坏了 x_1 处的稳定态，推动空间城市系统越过势垒 $\bar{x}$（极大点）到达 x_2 处新的稳定态结构。因此，普里戈金说涨落导致有序，没有涨落现象就没有空间城市系统演化。涨落现象对于空间城市系统分岔具有特别重要的意义，是空间城市系统演化临界状态的主要存在形式。

第五，非线性相互作用。

空间城市系统空间要素（集聚要素、扩散要素、联结要素、地理要素、人文要素、经济要素）的非线性作用，是系统整体涌现性产生之源，它们不满足叠加原理。空间城市系统耗散结构是空间要素非线性相互作用的结果，其演化方程为非线性微分方程。此时，我们在建立和简化空间城市系统演化方程时，无论如何不能用线性微分方程来表示空间城市系统的演化，因为有空间要素非线性相互作用的客观存在，而它正是系统有序之原动力。

第六，远离平衡态。

在空间城市系统演化的平衡态、近平衡态、近耗散态、分岔中，平衡态是城市体系，近平衡态、近耗散态是演化中的城市体系，分岔是远离平衡态（城市体系）的空间城市系统（耗散结构）。从平衡态到分岔空间，城市系统熵逐渐减少；在近耗散态的非线性节点处，空间城市系统熵取最小值；在此节点之前，空间城市系统为线性区域。普里戈金最小熵原理告诉我们，空间城市系统只有在远离平衡态（城市体系）的情况下才能产生，远离平衡态（城市体系）是空间城市系统耗散结构产生的必要条件，熵减和远离平衡态是导致空间城市系统产生与发展的两个不同视角，它们统一于空间城市系统耗散结构的产生与维护中。

② 序参量

第一，序参量概念。

在空间城市系统自组织过程中，存在着众多状态变量，其中有一类变量在系统无序状态时其值为零，随着空间城市系统从无序向有序转化，这类变量由零向正有限值（或由小向大）变化。这类变量拥有三个显著特征：其一，它是系统有序程度标度变量。其二，它是系统众多状态变量中随时间缓慢变化的慢变量。其三，它是系统发生非平衡相变时的支配变量，命令众多快变量的变化，哈肯将这种起支配作用的状态变量命名为序参量（Order Parameter）。

例如，在北京（1 级）空间城市系统中，非首都职能空间要素的扩散变量，就是北京（1 级）空间城市系统自组织过程的序参量。首先，扩散变量的多少决定了北京空间的无序或有序程度；其次，扩散变量是北京空间最缓慢的状态变量；最后，扩散变量是北京空间世界城市功能非平衡相变的支配变量，通州空间与雄安新区扩散变量决定着北京世界城市目标（耗散结构）的成败。

第二，序参量作用。

在空间城市系统演化的平衡态、近平衡态、近耗散态、分岔各个阶段，都存在着自己的序参量，要根据空间城市系统当时的状态情况与环境情况进行科学研究，谨慎地选取系统演化阶段的序参量，这是空间城市系统演化研究一项很重要的工作。序参量为我们提供了空间城市系统的整体信息纲领，所谓纲举目张，我们只需要把握序参量的变化规律，就可以认识空间城市系统的演化规律。

在空间城市系统自组织过程中，空间要素变量群体形成了序参量，反过来序参量又支配、主宰、役使空间城市系统变量群体。空间城市系统相变过程就是系统群体变量创生序参量，序参量又役使系统群体变量的过程，哈肯将这种关系命名为"役使原理"。我们可以使用哈肯的"快变量浸渐消去法"①，将空间城市系统演化方程中的快变量转化为慢变量表达，仅求解单一的慢变量微分方程，使问题大大简化，在两个变量空间城市系统相变问题分析时②，哈肯的"快变量浸渐消去法"十分有效。需要指出的是，在空间城市系统自组织研究时，重点讨论系统旧状态失稳、新状态建立等问题，多采用一些定性方法，不讨论空间城市系统的演化轨迹。

第三，序参量确定。

因为空间城市系统的状态条件与环境条件的不同，序参量的确定与产生也不同。可以使用"状态变量观察方法"，找到明显的空间城市系统慢变化变量即序参量；在复杂的空间城市系统中，在描写其状态的变量中无法分出它们随时间变化的快慢程度，可以通过坐标变换，得到新的状态变量，在新的变量中可明显看出序参量，我们称之为"状态变量变换方法"③；当状态变量观察方法、状态变量变化方法都无法确定空间城市系统序参量时，我们需要选择更高层次的空间要素变量作为系统的序参量，我们称之为"状态变量层次方法"。

空间城市系统序参量选择原则是指系统序参量选择的基本思想、基本方向、基本工具，是确定空间城市系统序参量的首要准则，在空间城市系统序参量选择原则确定的前提下，确定空间城市系统序参量的选择方法。空间城市系统序参量的选择方法是一个因系统、时间、事件而宜的问题，没有一定规范的方法。表 2.2 给出空间城市系统序参量确定方法的一般性方法。

③ 自组织判据

空间城市系统演化过程平衡态、近平衡态、近耗散态、分岔分段的系统结构、系统状态、系统模式都应有确切的判据，特别是以精确的数学工具来判别，遗憾的是系统科

---

① 深度学习参见：许国志．系统科学［M］．上海：上海科技教育出版社，2000：194-196。
② 空间城市系统的绝大多数问题都要使用降维方法与线性方法，变化成两个变量甚至是单变量问题。
③ 数学推导参见：许国志．系统科学［M］．上海：上海科技教育出版社，2000：193-194。

表 2.2　空间城市系统序参量确定方法

确定方法	确定原则	适用情况	变量性质
比较法	双变量比较	双变量	状态与环境变量
筛选法	多变量筛选	多变量	状态与环境变量
坐标变化法	坐标与极坐标	关键变量	状态变量
大数据法	专业与相关范围	数据库	状态与环境变量
统计分析法	数据与因子分析	公共因子变量	状态变量
专家评议法	专业与知识搜索	重大问题	状态变量

学并没有提供这种自组织判据。甚至在很多更深入的问题上，现有的系统科学不能为我们提供现成的方法论，诸如近耗散态问题、状态熵问题、扰动熵问题、空间信息问题。为此，空间城市系统理论不得不在空间城市系统实践的基础上做系统科学基础理论的探索，形成创新的、局部的、条件性的系统科学方法论，用以揭示空间城市系统的自组织规律。空间城市系统自组织判据主要分为以下几种类型：

第一，自由能判据。

自由能是一种热力学思想，其来源与适用都是微观的、物理的、自然的系统。在具有人文属性的空间城市系统自组织判别使用时，要特别注意它的适用性，不能简单地套用到空间城市系统演化中来，否则就要犯主观形而上学的错误，在科学研究中方向正确是基本原则。

第二，熵判据与空间城市系统熵原理。

熵是空间城市系统的基础性概念，是空间城市系统无序的标度量。空间城市系统组织的建立就是一个空间城市系统熵变过程。空间城市系统组织从产生到发展，从低级组织到高级组织，从简单组织到优化组织，都是一个熵减过程，即始终有 $dS < 0$。因此，熵可以作为空间城市系统的组织判据（包括自组织），用以判别空间城市系统演化的平衡态、近平衡态、近耗散态、分岔的组织情况。空间城市系统熵原理解决了空间城市系统熵、状态熵、扰动熵的定性与定量方法，为空间城市系统演化提供了可以操作的方法论工具，我们将在后续内容详细给予介绍。

第三，信息量判据与空间城市系统信息理论。

信息量是空间城市系统的基础性概念，是空间城市系统有序的标度量。空间城市系统组织的建立就是一个空间城市系统信息量增加的过程。因此，信息量可以作为空间城市系统演化的判据，用以判别空间城市系统演化的平衡态、近平衡态、近耗散态、分岔的组织情况。空间城市系统信息理论构建了空间信息量的定义与计算方法，并专门进行了空间城市系统信息量判据问题讨论，我们将在“第 8 章　空间城市系统信息理论”中全面介绍。

第四，序参量判据。

序参量是空间城市系统的基础性概念，序参量是空间城市系统演化的纲领性关键变量,因此可以将序参量作为空间城市系统组织变化的判据,用以判别空间城市系统演化的平衡态、近平衡态、近耗散态、分岔的组织情况。序参量判据的关键是空间城市系统序参量的确定,可以根据上述"状态变量观察方法""状态变量变换方法""状态变量层次方法",以及前表2.2所示的"空间城市系统序参量确定方法"对空间城市系统序参量加以确定。

第五,非线性动力学判据。

当可以建立空间城市系统非线性动力学方程的情况下,它可以表述空间城市系统平衡态、近平衡态、近耗散态、分岔有序结构的转化。因此,空间城市系统非线性动力学方程不仅可以作为空间城市系统演化的组织判据,而且具有数学严谨性。但是空间城市系统非线性动力学方程的建立是基本前提条件,建议在空间城市系统演化定性的基础上使用数学定量方法,所谓"定性为方向、定量为主体"。

2)空间城市系统他组织

(1)空间城市系统他组织地位

在经典系统科学中是以系统自组织理论为主的,而他组织理论并没有获得其学理性地位,尽管控制学、运筹学、管理学都属于早期比较成熟的他组织理论。空间城市系统他组织原理在空间城市系统组织理论中占有举足轻重的学理性地位:首先,空间城市系统是地球空间最大的人工系统,其人工性质决定了他组织的重要地位;其次,空间规划与空间治理是空间城市系统产生与发展的主要动力作用,其外部动力性质决定了他组织的重要地位;最后,空间城市系统是一种经典的"人—物系统",其人类社会属性决定了人类他组织(人与要素、人与规划、人与治理)的重要地位。

因此不同于自然系统组织理论,他组织原理在空间城市系统组织中具有不可或缺、不可替代、举足轻重的学理性地位。如果我们简单地将自组织原理作为空间城市系统组织理论的核心,就违反了空间城市系统组织规律,就要犯严重的科学研究方向性错误。因此在空间城市系统研究中,坚持空间城市系统实践第一,坚持空间城市系统本体论原则,坚持系统科学一般理论与空间城市系统特殊性相结合,就成为空间城市系统理论创新的基本原则。

(2)空间城市系统他组织原理

① 空间城市系统他组织分类

如图2.30所示,空间城市系统他组织分为两大类:一是空间城市系统环境他组织;二是空间城市系统内部他组织。空间城市系统环境他组织的作用是必要而不充分的,例如朝鲜半岛的地理环境为朝鲜半岛空间城市系统(包括韩国和朝鲜两个部分)提供了外部环境他组织条件,但是因为韩国与朝鲜的政治制度内部他组织条件的正相交对立,则朝鲜半岛空间城市系统不可能形成。空间城市系统内部他组织的作用是空间城市系统他组织的充分与必要条件,就是说只有系统内部他组织的作用才能形成空间城市系统,反之有空间城市系统产生与发展就必然有系统内部他组织作用。人类有意识的内部他组织形式是空间城市系统他组织的特征,主要表现为空间规划与空间治理。因为空间城市系统是地球空间最大的人工系统，所以科学的人类他组织干预就居于序参量地位。空间城市系统演化过程的平衡态、近平衡态、近耗散态、分岔有第一次转型进化、第二次转型进化、第三次转型进化，两种稳定状态结构之间存在着“结构势垒”，空间城市系统内部他组织的干预对于“结构势垒”的突破起到了决定性作用，是“空间城市系统结构进化”的序参量动力。

空间城市系统他组织 { 空间城市系统环境他组织 / 空间城市系统内部他组织 }

图 2.30　空间城市系统他组织分类

② 空间城市系统他组织特点、机理与作用

空间城市系统他组织的人类社会属性，决定了它的文明综合性质，包括政治、经济、文化、社会、生态等方面。因此，空间城市系统他组织的特点包括：第一，组织力模式。空间城市系统他组织的组织力有两个基本来源：一是自上而下的政府组织力模式；二是自下而上的民主组织力模式。第二，组织与自然关系。空间城市系统他组织是以地球生态系统的可持续化为前提的，是空间城市系统与自然环境的有机结合体。第三，物理—事理—人理（WULI-SHILI-RENLI，WSR）组织模式。空间城市系统他组织是经典的“物理—事理—人理”组织模式，即 WSR 模式，显然空间要素的物理化、空间规划的事理化、空间治理的人理化使空间城市系统他组织在“物理—事理—人理”组织模式处找到了归宿。空间城市系统他组织的机理在于：其一，人与空间要素的结合，即物理；其二，人与空间规划的结合，即事理；其三，人与空间治理的结合，即人理。其中人的作用是序参量的，人的有意识干预是空间城市系统他组织最本质的特征。空间城市系统他组织的作用在于：其一，实现系统与子系统的协调。其二，实现系统与系统的协调。其三，实现系统与环境的协调。

在空间城市系统理论中，空间城市系统他组织理论具有十分重要的地位，本书“第 7 章　空间城市系统控制理论”，是空间城市系统他组织理论的整体性表述，其中空间城市系统脑理论又是空间城市系统控制理论的核心。空间城市系统他组织理论包括定性研究和定量研究两个大类，空间城市系统特有的简单巨系统性质、能控性质、能观性质，都为空间城市系统他组织研究提供了研究对象的有利条件。

（3）空间城市系统他组织定量分析

① 空间城市系统定量分析原则

空间城市系统“人与物质”的属性决定了它定量分析的困难，社会属性的很多问题不能简单地用数学模型进行表达。空间城市系统地理宏观性与演化长时段性的特殊属性，又决定了它定量分析的可行性。因此，简单套用即有的系统科学定量方法，既不符合空间城市系统的实际情况，又会使空间城市系统的定量分析陷入逻辑混乱的窘境。

本书后续的空间城市系统环境、空间形态与空间结构、空间城市系统动因理论、空间城市系统演化理论、空间城市系统控制理论、空间城市系统信息理论、空间城市系统混沌理论七个空间城市系统分项部分，根据空间城市系统的属性特征，在定性分析的基础上构建了空间城市系统定量分析理论，形成了空间城市系统理论体系。空间城市系统理论体系就是关于空间城市系统自组织与他组织的理论，我们将在后续章节中进行详细讨论，现仅就空间城市系统他组织定量分析做原则性讨论。

② 空间城市系统他组织定量分析基础

对于空间城市系统定量分析而言，系统要素可测性、系统状态可观性、系统结构可控性是具有决定性意义的空间城市系统属性。空间城市系统环境、空间形态与空间结构、空间城市系统动因理论、空间城市系统演化理论、空间城市系统混沌理论、空间城市系统控制理论、空间城市系统信息理论都要基于空间城市系统可测性、可观性、可控性基础之上。系统的可测性、可观性、可控性对于系统他组织理论具有普遍性意义。

第一，空间城市系统可测性。

所谓空间城市系统可测性是指对于空间城市系统的特定空间要素，可以按照系统某种特定规律，获得表达该空间要素的信息、数据、信号，对空间要素做出量化描述。空间城市系统可测性包括测量对象、计量单位、测量方法、测量准确度四个要项。空间城市系统可测性是空间城市系统分析的基础，系统环境、空间形态与空间结构、系统动因、系统演化、系统混沌、系统控制、系统信息的定性与定量研究，都要建立在空间城市系统测量基础之上，可以说没有空间城市系统可测性，就没有空间城市系统分析。因此，可测性是空间城市系统的基本特性。

空间城市系统可测性的数学表达为：对于空间城市系统表示函数 f，设 f 是定义在空间城市系统可测集 E 上的实函数，如果对于空间城市系统每一个实数 a，有集 $E(f > a)$ 恒可测，则称 f 是定义在空间城市系统可测集 E 上的可测函数。

第二，空间城市系统可观性。

所谓空间城市系统可观性是指对于空间城市系统特定状态，通过对系统输入和输出信息、数据、信号的观测来确定空间城市系统的内部状态。可观性是有效地掌握空间城市系统内部状态信息的主要特性，是对空间城市系统实施控制的逻辑根据，空间城市系统反馈机制就是建立在空间城市系统可观性基础之上的。因此，可观性是空间城市系统的基本特性。

空间城市系统可观性的数学表达为：假设 x_0 为 t_0 时刻空间城市系统的状态，如果存在时刻 $t > t_0$，使得在区间 $[t_0, t]$ 上能唯一由输入信号 $u(t)$ 和输出信号 $y(t)$ 确定 x_0 状态，就称初态 x_0 是可观测的，即空间城市系统在 x_0 状态时是可观测的。如果所有初态都是可观测的，就称空间城市系统具有可观性。

第三，空间城市系统可控性。

所谓空间城市系统可控性是指对于空间城市系统特定结构，通过控制作用使空间城市系统到达预期的定态结构。可控性是控制作用对空间城市系统行为状态影响能力的一种度量，是对空间城市系统实施控制的逻辑主体，一切他组织系统都有可控性问题。空间城市系统控制理论就是建立在空间城市系统可控性基础之上的。因此，可控性是空间城市系统的基本特性。

空间城市系统可控性的数学表达为：假设空间城市系统在时刻 t_0 处于初态 x_0，如果在有限时间间隔 $[t_0, t]$ 内能找到一个控制作用 $u(t_0, t)$ 使空间城市系统从初态 x_0 到达稳定平衡态，就称空间城市系统初态 x_0 是可控的。如果空间城市系统所有初态都能控，就称空间城市系统具有可控性。

③ 空间城市系统动力学概论

第一，关于系统动力学。

最初动力学是物理学的一个分支，19 世纪晚期庞加莱开创了动力学的起源，20 世纪中期洛伦茨推动了动力学的发展。1956 年美国学者福瑞斯特(Forrester)开创了系统动力学，并于 1969 年出版了《城市动力学》1976 年出版了《城市动力学导论》。在 20 世纪七八十年代，城市动力学发展成为“系统动力学”(System Dynamics, SD)，其代表著作为《增长的极限》，建立了全球系统分析动力模型，对世界产生了重大的影响。20 世纪 90 年代到 21 世纪，系统动力学在世界范围得到广泛认可，被应用于科学与社会科学的各个领域。

系统动力学的起源与城市动力学问题有着直接的关系，空间城市系统是城市的进化物，因此系统动力学成为空间城市系统动力问题研究的方法论，具有普遍意义的系统动力学方程适用于空间城市系统动力学分析。在系统动力学的普遍规律基础上，一方面，结合空间城市系统特殊性，构建空间城市系统线性模型与非线性模型，从而对空间城市系统演化过程进行定量研究，这既是空间城市系统动力学的主要内容，也是空间城市系统理论的着重点；另一方面，计算机编程软件是空间城市系统动力学计算与应用的主要使命，是空间城市系统规划与实践者必须着力之处。

第二，空间城市系统动力学方程①。

在系统科学中，对于他组织系统的动力学方程已经有大量研究，我们介绍三种基本的系统动力学方程，它们可以直接应用于空间城市系统他组织动力学分析。

A. 空间城市系统向量方程

他组织过程也是动力学过程，将他组织外作用驱动项因素考虑之后，空间城市系统他组织动力学方程的一般形式可以表示为

$$\dot{\boldsymbol{X}} = G(\boldsymbol{X}) + \boldsymbol{F}(t) \tag{2.41}$$

其中，$\boldsymbol{X}$ 为空间城市系统状态向量；$G(\boldsymbol{X})$ 为状态函数；$\boldsymbol{F}(t)$ 为他组织力，代表空间规划与空间治理作用。公式(2.41)表示空间城市系统状态向量 $\boldsymbol{X}$ 与他组织力 $\boldsymbol{F}(t)$ 不相关，即空间规划与空间治理是一种纯粹的外力行为。显然这仅是一种理想情况，因为任何空间规划与空间治理都必须根据空间城市系统演化的实际情况进行调节处理。

① 系统动力学方程推导过程均参见：苗东升.系统科学精要[M].3 版.北京：中国人民大学出版社，2010：173-177。

B. 空间城市系统序参量方程

在空间城市系统实际情况下，空间规划与空间治理必须根据空间城市系统演化状态的反馈情况进行调节处理，即 $\boldsymbol{F}(t)$ 与 $\boldsymbol{X}$ 状态向量有关。令 x_1 记为空间规划与空间治理他组织作用力 $\boldsymbol{F}(t)$，x_2 代表原空间城市系统状态向量 $\boldsymbol{X}$，阻尼系数记为 γ_2，则可以得到空间城市系统序参量自组织方程为

$$x_2 \cong \gamma_2^{-1} x_1(t) \tag{2.42}$$

其中，x_1 为空间城市系统序参量，支配空间城市系统状态向量 x_2 的变化，在他组织中起支配作用的外力 $\boldsymbol{F}(t)$（空间规划与空间治理）变成了自组织中起序参量作用的 x_1（空间规划与空间治理）。公式(2.42) 表示了空间规划与空间治理的 x_1，是与空间城市系统状态向量 x_2 紧密相关联的，即他组织中起支配作用的外力 $\boldsymbol{F}(t)$（空间规划与空间治理）与空间城市系统状态向量 $\boldsymbol{X}$ 是有关联的，此亦为哈肯协同学关于自组织与人工干预相统一的理论描述。

C. 空间城市系统控制方程组

空间城市系统控制过程向量表示如图 2.31 所示，向量 $\boldsymbol{U}$ 为空间城市系统控制作用（空间规划与空间治理），向量 $\boldsymbol{X}$ 为空间城市系统状态变量，向量 $\boldsymbol{Y}$ 为空间城市系统输出变量。空间城市系统动力学部分用状态方程描述，静力学部分用输出方程描述，则空间城市系统演化状态的数学表达方程组为

$$\dot{\boldsymbol{X}} = \boldsymbol{AX} + \boldsymbol{BU}\text{（状态方程）} \tag{2.43}$$

$$\boldsymbol{Y} = \boldsymbol{CX} + \boldsymbol{DU}\text{（输出方程）} \tag{2.44}$$

其中，$\boldsymbol{A}$、$\boldsymbol{B}$、$\boldsymbol{C}$、$\boldsymbol{D}$ 为常系数矩阵，则空间城市系统状态方程(2.43)与空间城市系统输出方程(2.44)联立，就表示了外部他组织人工干预（空间规划与空间治理）与空间城市系统演化状态之间的关系。

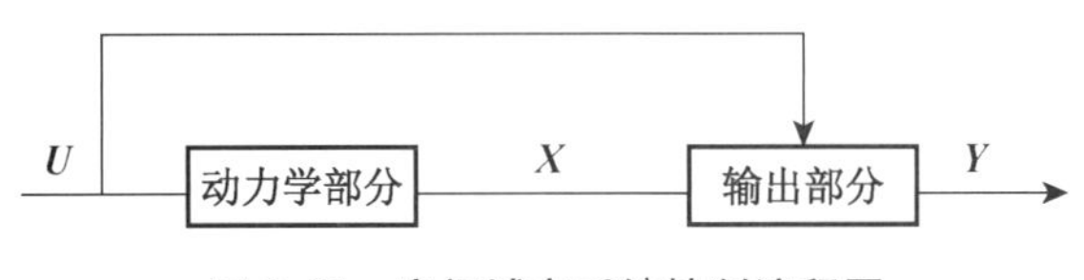

图 2.31　空间城市系统控制流程图

第三，空间城市系统动力学基本模式。

空间城市系统演化状态是由反馈的他组织作用所导致，其动态行为变化有许多形式，但实际上是由少数几种基本模式所构成。遵循系统动力学的一般性规律，空间城市系统动力学具有如图 2.32 所示的基本状态演化模式。“指数增长产生于正反馈结构；寻的行为产生于负反馈结构；振荡产生于回路中带有时滞的负反馈结构。其他基本的行为模式，包括 S 形增长、带有过度（超调）并崩溃的 S 形增长，是由基本反馈结构的非线性相互作用产生的。”[12]

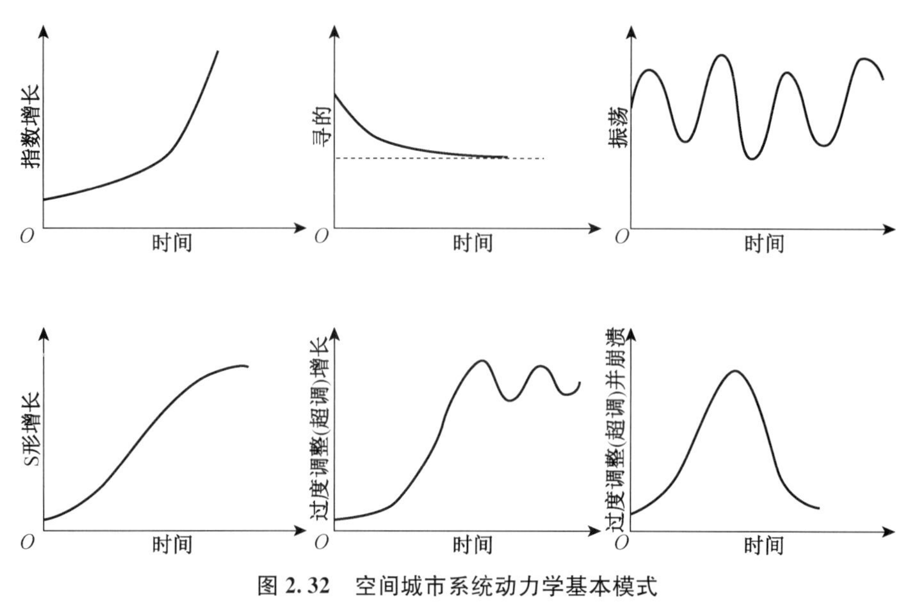

图 2.32　空间城市系统动力学基本模式

（源自：钟永光，贾晓菁，钱颖，等.系统动力学[M].2 版.北京：科学出版社，2013：38）

通过各种反馈机制，空间规划与空间治理对空间城市系统形成人工干预他组织作用，进而实现对空间城市系统演化的调节，实现空间城市系统演化所希望到达的目标。而空间城市系统动力学基本模式就是构成空间城市系统各种复杂模式的最基础形式，在空间城市系统演化建模过程中要根据实际情况加以灵活应用。

3）空间城市系统优化组织

（1）系统自组织与他组织关系

“空间城市系统自组织”与“空间城市系统他组织”是一种辩证统一的关系。一方面，“空间城市系统自组织”是基础，它是空间城市系统“自下而上”的没有任何外力干扰的自发行为；另一方面，“空间城市系统他组织”是主体，它是空间城市系统“自上而下”的人工干预的强制行为。“空间城市系统自组织”与“空间城市系统他组织”统一于“空间城市系统优化组织”，两者的共同作用使得系统演化平衡态、近平衡态、近耗散态、分岔态沿着既定的轨道走向空间城市系统目标。因此，我们可以将“空间城市系统自组织”与“空间城市系统他组织”关系归结为：以自组织模式为基础，以他组织模式为主导，统一于优化组织模式，完成空间城市系统进化目标。

（2）系统组织优化原则

第一，空间城市系统组织优化原则。

空间城市系统组织优化的基本原则是，将“空间城市系统自组织”与“空间城市系统他组织”相结合，做到优势互补、劣势互抑、融合化一、整体涌现。空间城市系统优化遵循系统学的一个重要原理：系统自组织与他组织相结合远胜于单一的自组织或单一的他组织。以符号 ∧ 表示相结合，∨ 表示仅取其一，≫表示远胜于，则空间城市系统组织优化原理可以表示为

$$\begin{aligned}&\text{空间城市系统自组织} \wedge \text{空间城市系统他组织} \gg \\ &\text{空间城市系统自组织} \vee \text{空间城市系统他组织}\end{aligned} \tag{2.45}$$

公式(2.45)读作:“空间城市系统自组织”与“空间城市系统他组织相结合”,其组织功能远胜于在“空间城市系统自组织”和“空间城市系统他组织”两者中仅取其一。

第二,“空间城市系统自组织”优化原则。

“空间城市系统自组织”优化主要在于克服“空间城市系统自组织”行为的缺陷,并由“空间城市系统他组织”来弥补。“空间城市系统自组织”行为意味着没有空间规划与空间治理,因此存在着严重的先天不足:首先,空间城市系统是一种自发的演化行为,呈现出整体性差、不规范、无逻辑的状态;其次,空间要素完全靠自发行为去协调行动,对于空间城市系统整体目标的把握属于一种随机搜索,组织功效很低;最后,空间城市系统属于简单巨系统,地理宏观性与演化长时段性是其主要特征,空间要素的自发行为必然导致空间城市系统整体行为的波动起伏,这种波动起伏可能被系统自身和环境的非线性因素放大,导致空间城市系统结构失稳,严重时可能摧毁空间城市系统。

空间规划与空间治理的他组织人工干预,是“空间城市系统自组织”优化的充分与必要条件,通过系统内部他组织与系统外部环境他组织的作用,对“空间城市系统自组织”进行适当调整、控制、引导,使“空间城市系统自组织”行为既发挥其基础作用,又纳入空间规划与空间治理的整体框架中。因此,空间规划与空间治理他组织的人工干预条件,是“空间城市系统自组织”优化的基本原则。

第三,“空间城市系统他组织”优化原则。

“空间城市系统他组织”优化要遵循三条基本原则:客观规律原则、干预行为原则、人地关系协调原则。首先,空间城市系统具有客观存在的自有规律,例如由巢穴、聚落、城市、空间城市系统所形成的人居空间演化的历史规律,由空间形态与空间结构所形成的地球表面空间分布规律,由空间集聚、空间扩散、空间联结所形成的空间城市系统内部规律,由地理环境、人文环境、经济环境所形成的空间城市系统外部规律。空间规划与空间治理人工干预必须遵循这些客观规律,所谓顺势而为,任何过度的他组织行为都会破坏空间城市系统整体功能的发挥。其次,空间规划与空间治理人工干预行为要遵循指令性、诱导性、边界性原则。指令性保证了空间城市系统整体涌现的产生与发展,诱导性保留了“空间城市系统自组织”行为的优势,边界性划定了空间城市系统运行的范围。最后,“空间城市系统他组织”优化要遵循人地关系协调原则。空间城市系统是地球空间最大的人工系统,它对地球生态环境具有巨大的不可逆的影响。因此,可持续发展是“空间城市系统他组织”优化必须遵守的唯一原则,城市生态足迹的负面影响是“空间城市系统他组织”优化必须减少的,人地关系协调是“空间城市系统他组织”优化的不二选择。

(3) 系统优化组织模式

空间城市系统组织是一种客观存在,包括了“自组织成分”与“他组织成分”,不可能找到单独的“空间城市系统自组织”客体或者他组织客体,而只能在空间城市系统组织客体中划分出“自组织成分”与“他组织成分”。因此,空间城市系统组织优化实际上是包含了“自组织成分”与“他组织成分”的空间城市系统组织客体自身的优化。

空间城市系统优化组织模式形成要经过三个基本步骤:第一,对原有空间城市系统组织客体进行成分分析,划分出空间城市系统“自组织成分”与“他组织成分”。第二,进行“自组织成分”分析、“他组织成分”分析、“自组织成分”与“他组织成分”关系分析。第三,形成新的空间城市系统优化组织客体,并进行检验运行。空间城市系统优化组织模式的形成表达式为

$$\text{自组织成分优化} + \text{他组织成分优化} = \text{优化系统组织客体} \tag{2.46}$$

公式(2.46)所示的空间城市系统组织优化是一个反复进行的过程,以实现空间城市系统整体涌现性为目标,要根据空间城市系统空间要素与外部环境的变化实际情况,对空间规划与空间治理进行不断的优化。

2.2.2 空间城市系统定位原理

1) 空间城市系统属性

系统科学将一般系统划分为简单系统、简单巨系统、复杂巨系统、特殊复杂巨系统四大类型。空间城市系统是一种真实的系统,真实系统的定性要比理论划分复杂得多。从狭义与广义两个角度区分,空间城市系统就分属不同的类型,因此我们不能简单地套用系统科学的分类方法,将空间城市系统归属于某一类型。我们必须对空间城市系统基本属性进行准确分析,在此基础上对空间城市系统进行性质定位。为此,我们界定了空间城市系统的六大基本属性,正是它们决定了空间城市系统的性质。

(1) 空间城市系统规模属性

空间城市系统规模属性是指它的规模巨大特征。空间城市系统是地球空间最大的人工系统,它包含了人类社会积累的绝大多数物质成果、汇集了人类社会的绝大多数信息数量、使用了地球系统的绝大多数能源。世界主要的空间城市系统,拥有40%以上的世界人口,生产60%以上的人类财富,创新80%以上的科学技术。规模属性是空间城市系统的关键属性,直接决定着空间城市系统的性质分类。

(2) 空间城市系统文明属性

空间城市系统文明属性是指它的文明全面特征。空间城市系统是人类最先进文明的容器,空间城市系统文明是人类社会最高级的文明形态,包含了人类文明积累的绝大多数精神成果、兼容了世界东方与西方的文化内容、涵盖了现代文明的所有方面。空间城市系统文明包括政治、经济、社会、文化、生态环境等分项内容,文明属性是空间城市系统的关键属性,直接决定着空间城市系统的性质分类。

(3) 空间城市系统时空属性

空间城市系统时空属性是指它的地理宏观与演化长时段特征。空间城市系统具有跨国家、跨洲、跨省份的宏观尺度特征,是人类历史上地理空间最大的人居空间形

态。空间城市系统演化要经过城市体系、城市区域、空间城市系统三个空间形态阶段，经过平衡态、近平衡态、近耗散态、分岔四种系统演化状态，具有缓慢的进化特征。地理宏观与演化长时段的时空属性使得空间城市系统拥有与一般系统所不同的性质，如近耗散态特性。时空属性是空间城市系统的特征属性，决定着空间城市系统与其他一般系统的差异。

（4）空间城市系统人工属性

空间城市系统人工属性是指它的人类创造物特征。空间城市系统是一种自然界所没有的人工创造物，是人类社会与物质、信息、能量相结合的产物。空间规划与空间治理是空间城市系统人工属性的体现。空间城市系统具有历史自组织性，但是在空间城市系统产生与发展的关键阶段，他组织人工干预都起着至关重要的作用，世界主要空间的城市区域实践都证明了这一点，例如《美国 2050》《欧洲空间发展战略》《国家新型城镇化规划(2014—2020 年)》。人工属性是空间城市系统的标志属性，世界最大人工系统的地位，更加彰显了空间城市系统人工属性的特征。

（5）空间城市系统层次属性

空间城市系统层次属性是指它的多层级特征。空间城市系统是一种多空间要素、多结构形式、多层级子系统的人居空间巨系统，如中国沿江空间城市系统具有 8 个层级的子系统。空间城市系统是迄今为止空间组分最多、空间结构最复杂、空间层次涌现最多样的人居空间形态。层次属性决定了空间城市系统的复杂性，要求我们必须认真地分析空间城市系统的全部属性，针对不同的系统性质选择不同的系统处理方法。

（6）空间城市系统整体属性

空间城市系统整体属性是指它的整体涌现特征。空间城市系统整体呈现一种简单性，系统作为地球表面空间的一件事物表现出来，具有统一的空间形态与空间结构、统一的演化过程、统一的空间功能。空间城市系统整体属性不受其子系统复杂性的制约，不是由子系统叠加而获得。整体属性是空间城市系统的标志属性，它为我们认识空间城市系统规律、制定空间城市系统规划、控制空间城市系统运行提供了逻辑基础。

2）空间城市系统性质界定

因为空间城市系统的巨大性与复杂性，所以空间城市系统性质确定是一个很困难的命题。根据空间城市系统的六大属性，我们对空间城市系统性质做出界定而不是定义。为此，我们引入了“狭义空间城市系统”与“广义空间城市系统”的分析框架，审慎地进行空间城市系统性质研究。在空间城市系统实际工作中，对空间城市系统性质的界定是一个首要的、综合性的、纲领性的战略性任务，要理论结合实际的进行深度研究，准确地对空间城市系统性质做出界定，为空间城市系统的其他研究奠定基础。

（1）狭义空间城市系统

狭义空间城市系统是指空间城市系统主体，将空间城市系统整体为单位进行性质界定，不讨论空间城市系统子系统的性质。在狭义空间城市系统限定条件下，我们定义空间城市系统是简单巨系统性质，非加和性的整体涌现性是狭义空间城市系统（今后统称空间城市系统)的本质属性。空间城市系统具有巨大性、多组分、动态化、非线性、复杂化的基本性质,普里戈金的耗散结构理论、哈肯的协同学、托姆的突变理论都适用于狭义空间城市系统。空间城市系统演化方程、动力学模型都适用于狭义空间城市系统分析研究。在空间城市系统理论中,除一般复杂巨系统(如卫星通信子系统)、特殊复杂巨系统(如政治子系统)之外的范畴,都是指的狭义空间城市系统理论,空间城市系统理论是关于狭义空间城市系统研究的一般性理论。

(2) 广义空间城市系统

广义空间城市系统是指空间城市系统主体及其子系统的全部,它包括狭义空间城市系统与子系统两个组成类别。例如政治子系统是空间城市系统的序参量子系统,但是政治系统是典型的特殊复杂巨系统,我们不能将狭义空间城市系统(简单巨系统)的对应方法应用于政治系统分析,而要按照政治思想、政治文化、政治制度的政治系统分析框架进行研究。再如卫星通信子系统是一般复杂巨系统,必须应用信息通信方法进行对应研究。广义空间城市系统概念的建立,使我们既可以对狭义空间城市系统进行定性与定量研究,又可以针对子系统的复杂性和特殊复杂性进行对应方法论的选择,从而实现对广义空间城市系统的研究。

在空间城市系统理论中,空间城市系统文明理论中的政治子系统、经济子系统、社会子系统、文化子系统、生态环境子系统都属于复杂巨系统或者特殊复杂巨系统性质,需要采用"从定性到定量综合集成方法"①,与相关学科的理论进行交叉研究。对于空间城市系统具体的一般复杂巨系统,如卫星通信子系统、能源供应子系统等,都要采用对应的方法论进行研究处理。在本书中,所涉及的"空间城市系统"一般为狭义空间城市系统概念。

在空间城市系统实践过程中,广义空间城市系统所属的子系统,即政治子系统、经济子系统、社会子系统、文化子系统、生态环境子系统,以及一般复杂巨系统,如卫星通信子系统、能源供应子系统等,都占有实际应用的重要位置。它们对空间城市系统甚至起着决定性的作用,例如政治子系统所起的系统序参量作用,经济子系统所起的系统环境参量作用等。广义空间城市系统所属的子系统针对的是具体的科学与社会科学方法论,一般不属于空间城市系统理论的研究范畴。但是在具体空间城市系统研究中,广义空间城市系统的研究具有不可或缺的作用与地位,是空间规划与空间治理的重要内容。

(3) 空间城市系统简单性与复杂性

① 空间城市系统简单性

简单性是空间城市系统的基础,在空间城市系统中占有重要的地位,这与经典系统科学有很大的差异:简单性不是系统科学研究的重点,甚至不是基本内容。空间城市系统简单性包括空间要素与简单系统,前者如城市人口,后者如高速铁路系统。空

① "从定性到定量综合集成方法"是中国学者钱学森提出的方法论,参见:许国志.系统科学[M].上海:上海科技教育出版社,2000:310-319。

间城市系统简单性适用于牛顿力学与叠加原理，没有层次性，一般为二体作用，属于线性关系。对于简单的空间要素与子系统，给定初始态就可以预测未来，可以做出确定的状态描述。空间城市系统平衡态、近平衡态、近耗散态线性部分也都属于简单性问题。

空间集聚的城市人口、空间扩散的产业规模、空间联结的高速铁路都属于空间城市系统简单性范畴，由此可见简单性在空间城市系统中占有重要的地位。空间城市系统的绝大多数问题是简单性问题，简单性的空间要素与简单子系统是空间城市系统还原研究的主要研究对象。在空间城市系统实际工作中，简单性问题是最基础的、数量最大的、至关重要的问题，是空间城市系统研究的基础。

② 空间城市系统复杂性

空间城市系统主体性质为简单巨系统，属于复杂性系统。复杂性是空间城市系统的本质，在空间城市系统中居于主导地位，这与经典系统科学是一致的。在系统科学中并没有关于复杂性的一般性定义，代之以各种具体系统类型的复杂性定义，因此空间城市系统复杂性概念，也仅仅是关于空间城市系统学科范围适用的复杂性定义。

我们定义空间城市系统复杂性来源于空间城市系统结构的多元化，称之为“空间城市系统结构复杂性”。首先，空间城市系统结构体，包括空间要素、子系统、系统，它们形成了空间城市系统复杂性的基本层次结构单位；其次，空间城市系统结构体性质，包括元素、简单系统、简单巨系统、复杂巨系统、特殊复杂巨系统，它们各自不同的性质存在决定了空间城市系统复杂性的结构差异化与结构多元化；最后，空间城市系统结构体关系，包括结构体自身内部关系、结构体之间的相互关系，几乎包含了简单的和复杂的全部种类关系，我们称之为“空间城市系统复杂性巨关系”。

空间城市系统复杂性是空间城市系统研究的主体性问题，概念清晰化、定性准确化、逻辑通顺化是处理空间城市系统复杂性问题的基本原则，其基本步骤为：第一，进行空间城市系统组分结构分析，将空间城市系统、子系统、空间要素进行分层次与分单位的划分分析，使空间城市系统结构体有清晰的界定归属；第二，对空间城市系统结构体性质进行界定，根据空间城市系统的六大基本属性原则，对结构体性质进行分属归类，即元素、简单系统、简单巨系统、复杂巨系统、特殊复杂巨系统；第三，对空间城市系统结构体关系进行复杂性分析，如非线性化、整体涌现性、远离平衡态、分岔、自组织等。

③ 空间城市系统方法对应性

在空间城市系统属性分析、空间城市系统性质界定、空间城市系统简单性与复杂性划分的基础上，根据系统科学的方法论适用范围，找出对应的空间城市系统方法，就成为空间城市系统研究的重要问题。空间城市系统方法论选择必须遵循的基本原则包括：第一，把简单性当简单性。空间城市系统可以用简单性处理的一定要作为简单性来处理，过于复杂化的选择将导致结果的精确性大大减低，甚至无结果化。第二，把复杂性简单化，保留复杂性根源。这是处理空间城市系统复杂性最常用的方法，例如把非线性问题做线性化处理，但是保留复杂性根源是处理这类问题的基本前提条件。第三，把复杂性当复杂性。把非线性当非线性对待，不要试图把非线性简化为线性来处理。把非平衡态当非平衡态对待，不要试图把非平衡系统简化为平衡系统来处理。把软系统当软系统对待，不要试图把软系统简化为硬系统来处理。把人工系统当人工系统对待，不要试图把人工系统的人为因素简化掉。

就系统科学的方法论适用范围，表 2.3 给出了一般情况下空间城市系统所对应的处理方法。在实际空间城市系统研究中，特别要注意这些处理方法的适用条件，要根据空间城市系统的实际情况加以准确、灵活、适当应用。

表 2.3 空间城市系统方法对应

结构体	性质	实例	定性	熵判据	对应方法
空间要素	简单性	城市人口	狭义	静止态	牛顿力学 直接综合方法
简单系统	简单性	高速铁路子系统	狭义	熵判据	牛顿力学 直接综合方法
简单巨系统	复杂性	空间城市系统	狭义	熵判据	演化方程动力模型 耗散结构、协同学、突变论 统计综合方法
一般复杂巨系统	复杂性	卫星通信子系统	广义	熵参考判据	具体学科方法 综合集成方法
特殊复杂巨系统	开放复杂性	政治子系统	广义	熵参考判据	具体学科方法 综合集成方法

3）空间城市系统方法论分析

（1）空间城市系统研究对象

空间城市系统是地球空间最大的人工系统，其地理宏观性与演化长时段性的基本特殊性决定了它与经典系统的差异性。20 世纪 60 年代，系统科学认为“系统规模的增大会引起系统性质上的某些改变，增加理论分析和工程处理的困难。认识到系统规模是决定系统性质的重要因素，提出按规模大小对系统进行分类，是对系统科学的一个贡献，但并未提出按规模给出系统完备分类的问题”。“20 世纪 70 年代的系统科学界对规模大小影响系统性质这一点有了更深入的认识。钱学森在应用系统理论解决实际社会问题的探索中接受了按规模大小划分系统的观点，提出了‘巨系统’(Giant System)概念，强调这类问题的范围和复杂程度是一般工程系统所没有的。”[13] 根据系统科学的系统分类原则①，我们将经典的物理系统、化学系统、激光系统等命名为“小微系统”，而将空间城市系统定名为“巨大系统”。

① 参见：苗东升.系统科学精要[M].3 版.北京：中国人民大学出版社，2010：238。

第一，小微系统。

经典方法论的一般熵理论、耗散结构理论、控制理论、信息熵理论是从“小微系统”的研究实践中总结获得的。经典方法论也是统计物理系统、热力学系统、等自然系统的主要研究工具，它们易于建立起分析模型，进行准确的定性分析与精确的定量分析，其结论带有科学的真理性质。经典方法论在小微系统的研究中获得了巨大成功，确立了它们在科学历史上的经典性地位。

第二，巨大系统。

以空间城市系统为代表的巨大系统具有研究对象的特殊性，例如人文系统、社会系统、政治系统等。空间城市系统具有地理宏观性、演化长时段性、空间规划与空间治理人工干预目的性的基本特殊性。空间城市系统结构性变革是一种渐变行为，相反小微系统结构性变革多为突变行为。巨大系统不容易建立分析模型，它以定性分析为主导，以定量分析为辅助，以综合分析方法做结论。巨大系统的理论一般是相对性的、条件性的、大概率真理性的。

第三，认识论发展观。

小微系统与巨大系统既有相同性又有差异性，条件是一个决定性因素，基本条件的相同决定了经典方法论对它们的共同适用，特殊条件的不同决定经典方法论在巨大系统的扩展性与失效性，如熵方法论在状态熵、扰动熵、存量熵的扩展，再如信息熵方法论在空间信息研究的失效。从认识论的发展观来说，我们必须敢于发现、承认、解决经典方法论在处理巨大系统特殊性方面的不足，才能正确地处理空间城市系统特殊性问题。与其说这是一个方法论的科学完善问题，不如说这是一个认识论发展的哲学问题。

(2) 空间城市系统方法论解析

巨大系统相对于小微系统存在的相同性与差异性，经典方法论既有普遍适用的一面，又存在局限性与失效性不适用的一面，即矛盾的普遍性与特殊性之哲学关系。

① 方法论普遍适用性

第一，对于空间城市系统状态的描述，一般熵理论作为状态的基本表达方法具有普遍的适用性；第二，对于空间城市系统演化的表达，耗散结构理论是一种基本的解释方法，有着强力的适用性；第三，对于空间城市系统控制规律的揭示，大系统控制论、控制原理与控制系统理论具有基本的适应性；第四，对于空间城市系统信息问题处理，信息熵理论具备基础性的逻辑启发功能。因此，经典方法论对于空间城市系统而言，具有基础性的普遍适应性功能。

② 方法论局限性与失效性

中国学者沈小峰、胡岗、姜璐在《耗散结构论》一书中指出，“耗散结构理论在社会系统中的应用，有着广阔的前景。但是目前这一理论本身还不十分完善，它所能讨论的社会问题也比较简单，这有待理论和应用的进一步探索，也有待于自然科学和社会科学的协同发展。任何学科都有一定的适用范围和局限性，耗散结构理论也不例外。它只是为我们研究社会问题提供了一种新的方法，而不是包治百病的灵丹妙药。我们必须在辩证唯物主义和历史唯物主义这一总的世界观和方法论的指导下，根据研究对象的不同情况，综合地采用包括耗散结构理论在内的各种自然科学和社会科学方法，以达到认识社会和改造社会的目的。"[14]经典方法论在空间城市系统特殊性解释上具有局限性与失效性，具体表现在四个方面。

第一，空间城市系统状态。

一般熵理论适用于小微系统的统计物理熵、热力学熵等研究问题，而对于空间城市系统状态描述，一般熵理论则存在概念不明确的.局限性；对于空间城市系统分岔熵的机理，一般熵理论明显处于解释能力不足的局限性；对于空间城市系统负熵与负熵流问题，一般熵理论难以进行对应化的表述，其局限性明显。

第二，空间城市系统演化。

耗散结构理论适用于非平衡态的统计物理学与热力学领域，在小微系统研究中也获得了成功，成为空间城市系统演化研究的基础性方法论。由于空间城市系统特殊性原因，空间城市系统演化过程的许多客观事实，耗散结构理论无法给予对应解释，存在限制条件局限性。首先，对于城市体系阶段起始点静态、前期阶段平衡态属性、后期阶段非平衡态属性的客观事实，耗散结构理论需要扩展它的演化分段原理；其次，对于演化长时段导致的空间城市系统临界随机阶段长期存在的客观事实，耗散结构理论需要扩展它的基本内涵；最后，对于空间城市系统分岔非瞬时状态的现象，耗散结构理论无法给予准确表述，需要扩展它的表达方法。

第三，空间城市系统控制。

大系统控制论给空间城市系统整体控制提供了基本方法论，但是由于空间城市系统人的目的性属性(空间规划与空间治理人工干预的目的性属性)，其复杂性、多元性、协同性已经超出了大系统控制理论的范畴，突破其局限性就成为迫切之需求。以控制原理与控制系统为核心的控制理论是工业控制理论，对于空间城市系统具有明显的适用局限性。

第四，空间城市系统信息。

香农信息熵理论是关于通信的信息理论，对于空间城市系统的空间信息问题处于失效状态，无法解释空间城市系统存在的基本信息机理问题，对信息熵方法论的扬弃就成为必然。

③ 方法论的再认识

经典方法论对于空间城市系统存在的客观事实，无法给出对应的解释或者处于失效状态，使我们认识到经典方法论具有局限性。因此，我们必须对经典方法论进行再认识，一是针对小微系统与巨大系统的相同性，确认经典方法论的普遍适用性；二是针对巨大系统的特殊性认识经典方法论的局限性与失效性。实践要求我们针对空间城市系统的特殊性，对经典方法论做出限制条件的扩展与扬弃，完成经典方法论的空间城市系统本体化过程，才能有效地对空间城市系统特殊性问题进行科学研究，并得出科学真理性的结论。

（3）空间城市系统方法论扩展与扬弃

系统科学指出，“耗散结构理论与协同学理论都是从物质运动的简单形式，如物理运动、化学运动等形式中总结出来的，它能够很好地解决物理学、化学中一些自组织运动的问题，比如激光、时间振荡化学反应等。但是将它们推广到一般系统，作为描述一般系统的自组织理论，还有一个不断完善的过程”[15]。针对经典方法论在空间城市系统特殊性解释方面的局限性与失效性，我们必须对经典方法论做条件性扩展与方法论扬弃，具体表现在四个方面。

第一，空间城市系统熵原理。

在一般熵理论基础上，我们定义了状态熵、扰动熵、存量熵的基本概念。状态熵清晰表述了空间城市系统状态的机理，扰动熵说明了空间城市系统分岔熵的作用机制，存量熵对应空间要素的存在阐述了空间城市系统负熵与负熵流问题。由此形成了空间城市系统熵原理，很好地克服了一般熵理论的局限性问题。

第二，空间城市系统演化理论。

在耗散结构理论的基本框架内，我们因循了普里戈金对系统演化阶段划分的专业词汇用法，命名了空间城市系统演化的四个阶段：平衡态、近平衡态、近耗散态、分岔。但是空间城市系统的“平衡态”已经扩展了原有的涵盖范围，包括了城市体系阶段起始点静态、前期阶段平衡态属性、后期阶段非平衡态属性。基于空间城市系统演化长时段的特殊性，我们创新了空间城市系统近耗散态原理，用以解释空间城市系统临界随机阶段长期存在的客观事实。对于空间城市系统分岔非瞬时状态的现象，我们扩展定义了空间城市系统分岔概念，将分岔过程与耗散结构结合到一起，很好地实现了空间城市系统“分岔非瞬时状态的现象”的特殊性与其“耗散结构”普遍性的统一。我们将普里戈金系统演化的基本原理与空间城市系统演化的特殊性相结合，形成了空间城市系统演化理论。

第三，空间城市系统控制理论。

空间城市系统整体协调与控制理论创新构建了空间城市系统脑原理，它与大系统控制论一起完成了空间城市系统“人—人控制”“人—物控制”“物—物控制”的全面控制。在经典控制原理与控制系统方法论的基础上，空间城市系统专项控制理论的扩展性构建了空间城市系统分类控制理论、分级控制理论、分段控制理论。由此形成了空间城市系统控制理论，突破了经典大系统控制论与控制理论的局限性。

第四，空间城市系统信息理论。

空间城市系统的空间信息量理论以及动因信息原理、演化信息原理、控制信息原理有效地揭示了空间城市系统信息的产生与运行机理。空间城市系统信息理论扬弃了以通信信息机理为主的经典信息熵理论，很好地解释了空间城市系统的信息问题，揭示了空间信息机理的基本规律，是对经典信息理论的传承与创新。

2.2.3　空间城市系统熵原理

系统科学告诉我们，空间城市系统简单巨系统总体性质的基本表征量为熵，因此空间城市系统熵原理就成为空间城市系统的基础内容。熵的演化历程、空间城市系统熵以及空间城市系统状态熵的各种分类，构成了空间城市系统熵原理的基本内容。

1）熵的演化历程

（1）克劳修斯熵

1865年，德国学者克劳修斯在《力学的热理论的主要方程之便于应用的形式》论文中正式提出了熵的概念。作为热力学的一个物理概念，熵是热力学系统演化不可逆性的一个度量。克劳修斯熵的数学表达式为

$$S=\int\frac{\mathrm{d}Q}{T} \tag{2.47}$$

克劳修斯熵说明热力学熵 S 是一个状态的函数，它等于等温 T 条件下系统吸收的热量 $\mathrm{d}Q$。克劳修斯熵的意义在于，它发现了一种描述系统演化状态的标度量熵 S。熵的英文为Entropy，字头“en”源于单词Energy的字头，字尾“tropy”源于希腊文，为转变之意。我国物理学家胡刚复教授于1923年根据热温商之意首次把Entropy译为“熵”。继克劳修斯之后，熵理论得到了不断发展并成为系统演化研究的核心理论。

（2）玻尔兹曼熵

1877年，奥地利学者玻尔兹曼从热力学和物理学相联系的途径，提出了统计物理学熵概念。统计物理学熵的本质是系统状态无序程度的标度量。玻尔兹曼熵的数学表达式为

$$S=k\ln N \tag{2.48}$$

其中，S 为玻尔兹曼熵；k 为玻尔兹曼常数；N 为该宏观状态下所对应的系统的微观状态数。玻尔兹曼熵说明，熵值越大，系统的微观状态数越多，系统无序程度越高；反之，熵值越小，系统的微观状态数越少，系统有序程度越高。

（3）普里戈金熵[①]

从20世纪40年代开始，比利时学者普里戈金将熵概念引入系统演化过程，构建了普里戈金熵理论，并以此为基础创建了耗散结构理论。普里戈金发展了熵的认识论，利用熵的广延性研究系统演化非平衡状态的熵，得出了系统演化的规律，即系统演化熵的规律。空间城市系统熵原理主要是继承了普里戈金熵的思想，创新了适应于空间城市系统熵的定义、分类、计算方法。普里戈金熵理论及其与空间城市系统演化的对应主要包括以下方面：

第一，系统总熵变原理[②]。

系统总熵变化 $\mathrm{d}S$，等于系统内部熵变化 $\mathrm{d_i}S$ 与系统外部熵变化 $\mathrm{d_e}S$ 之和，即 $\mathrm{d}S=$

---

① 在本节中相关内容参见：普里戈金.从存在到演化[M].曾庆宏，严士健，马本堃，等译.北京：北京大学出版社，2007。在此统一说明，后续不单独予以摘引标注。

② 本段内容与公式参见：许国志.系统科学[M].上海：上海科技教育出版社，2000：190。

$d_iS + d_eS$。对于开放系统有 $dS = d_iS + d_eS < 0$,即进化的系统始终为熵减 $dS < 0$ 状态。系统总熵变原理说明,空间城市系统演化(城市体系)必须保持开放系统,非塔斯马尼亚化[①]。系统保持熵减 $dS < 0$ 状态。

第二,系统演化不可逆熵原理。

在系统演化非平衡态的线性区间,熵的产生表征了系统演化的不可逆性,即 $P = \frac{d_iS}{dt} = \sum_{\rho} J_{\rho} X_{\rho} \geqslant 0$,而平衡态熵的熵产生 $P = 0$,说明系统演化是不可逆的。其中,P 为系统单位时间产生的熵;J_{ρ} 是系统所包含的不可逆过程的速率;X_{ρ} 是相应的广义力。系统演化不可逆熵原理说明,城市体系向空间城市系统的演化是一个不可逆过程,而且会保持一个不可逆速率 J_{ρ},但是由自组织的外动力与人工干预外动力组成的空间城市系统广义力 X_{ρ} 是空间城市系统演化的基本条件。

第三,系统演化最小熵原理。

系统演化最小熵原理是指在系统演化的线性区间,当系统达到非平衡态的定态时,系统熵产生率取得最小值。最小熵原理说明只要将系统演化的非平衡态条件维持在线性区,且系统达到定态,系统就在耗散最小的状态下安定下来,即系统熵产生率最小。对于空间城市系统演化而言,最小状态熵产生在空间城市系统线性区的结束点,即近耗散态非线性区的结束点。空间城市系统演化最小状态熵是城市体系属性完全消失,空间城市系统属性开始出现的分界标志。

第四,系统演化耗散结构熵原理。

在系统演化远离平衡态的情况下,系统有剩余熵产生,一般情况下剩余熵具有不确定的符号,即此时系统呈现概率选择性。如果系统始终有 $P_{剩余} = \sum_{\rho} \delta J_{\rho} \delta X_{\rho} \geqslant 0$,此时系统对应的李雅普诺夫函数是稳定的,即系统保持在稳定的耗散结构状态。系统演化耗散结构熵原理说明,在分岔后空间城市系统形成了耗散结构,空间城市系统扰动熵(系统剩余熵)发挥着主要的作用。空间规划与空间治理的人工干预作用,使得空间城市系统做有序选择,并保持空间城市系统耗散结构的熵减 $dS < 0$ 状态。

因为空间城市系统的简单巨系统属性,所以普里戈金熵原理及其与空间城市系统的对应,是空间城市系统理论的基础,是空间城市系统演化理论的主要内容,对于空间城市系统控制、空间城市系统信息都具有特别重要的基础性意义。

(4) 香农信息熵

1948 年,美国学者香农发表了《通信的数学理论》的文章,提出了信息熵概念,表述了信息熵测度方法和信息熵的计算公式[②],即

① 塔斯马尼亚现象是指澳大利亚塔斯马尼亚岛分离后,形成封闭系统人类文明退化的现象,即系统保持熵增状态。

② 参见:马克·布尔金.信息论:本质·多样性·统一[M].王恒君,嵇立安,王宏勇,译.北京:知识产权出版社,2015:155。

$$H(m)=H(p_1, p_2, \cdots, p_n)=-\sum_{i=1}^{n} p_i \cdot \log_2 p_i \tag{2.49}$$

其中，$H(m)$ 表示消息 m 的信息熵；m 表示消息；p 表示事件概率；n 为事件结果数。信息熵的单位为比特(*bit*)，其含义一是表示二进制单位 0 或 1；二是表示不确定性的测量单位，这种不确定性用“熵 H” 和“信息量 I” 概念予以表示。香农信息理论的实质是“通信理论”，因此香农信息熵的物理含意为：“第一，信息熵 $H(m)$ 是表示信源输出后，每个消息所提供的平均信息量。第二，信息熵 $H(m)$ 是表示信源输出前，信源的平均不确定性。第三，用信息熵 $H(m)$ 来表征变量 m 的随机性。”[16]

香农信息熵的本质是“信息量”，是一种负熵概念，由冯·诺依曼所导致的信息熵歧义命名①，是对规范熵概念的错误应用，引起了极大的混乱：首先，信息熵的本质，是系统单个消息的平均信息量，是系统的不确定性，而熵的本质是系统结构无序化的表征量。对于系统演化而言，信息熵即平均信息量是一种积极的正向概念，而熵是一种消极的负向概念。其次，如果说熵理论表征了系统物质、能量的宏观状态与微观状态的规律，那么信息熵就表征了系统信息的平均信息量与不确定性。但是信息熵与熵本质上是各自独立的两种相异理论，极易引起后来者将两种“熵的理论”混淆，引起歧义认知。

空间城市系统信息理论扬弃②了香农信息熵的传统概念，继承了哈利特信息量的思想与香农的信息量计算方法，提出了空间城市系统信息测度方法。空间城市系统信息测度方法创新性地提出了“信息集合”与“信息空间”概念，以此为基础构建了“空间信息量”的计算方法，提出了“单位信息量”“容积信息量”“系统信息量”的系列概念，以“空间信息量”为空间信息标度，对空间城市系统信息问题进行研究。空间城市系统信息测度方法，是对经典统计信息论“信息量与信息熵”测度方法的继承与发展。

2）空间城市系统熵

(1) 空间城市系统熵概念

空间城市系统简单巨系统的属性决定了熵是它的基础性概念，空间城市系统熵是描述空间城市系统演化状态的标度量，是空间城市系统演化平衡态、近平衡态、近耗散态、分岔的“态函数”，即每一个空间城市系统演化状态对应一个熵函数值。空间城市系统熵遵守普里戈金熵的基本原理，即系统总熵变原理、系统演化不可逆熵原理、系统演化最小熵原理、系统演化耗散结构熵原理。空间城市系统熵体系包括空间城市系统状态熵、空间城市系统扰动熵、空间城市系统存量熵、空间城市系统信息量。

① 关于信息熵的命名，“香农讲了这样一个故事：在推导出公式 8.5 之后”；“我最关心的事是称它什么，我想到称它‘信息’，但是这个词被过度地使用了，于是我决定叫它‘不确定性’。当我同约翰·冯诺依曼讨论它时，他有一个更好的主意，冯诺依曼告诉我：‘你应该叫它熵，这基于两个理由，首先，你的不确定性函数这个名字已经被用在统计力学里了，其次，更重要的是没有人知道熵真正是什么，所以，在辩论中你将总是有优势。’”。参见：马克·布尔金.信息论：本质·多样性·统一[M].王恒君，嵇立安，王宏勇，译.北京：知识产权出版社，2015：157。

② “扬弃”是黑格尔解释发展过程的基本概念之一，指新事物对旧事物的既抛弃又保留，既克服又继承的关系。

(2) 空间城市系统负熵概念

空间城市系统负熵是与空间城市系统熵相反的概念，空间城市系统负熵是系统熵的减少，是空间城市系统熵的负向变化量，负熵是空间城市系统有序化与组织化的标度量。普里戈金耗散结构理论告诉我们，在空间城市系统自组织动力与人工干预动力的作用下，负熵流的不断注入使得空间城市系统演化获得负熵动力，实现系统平衡态、近平衡态、近耗散态、分岔的演化过程。

空间城市系统负熵流具体表现为空间城市系统的空间流(可以为流入或流出)，包括空间要素流、空间信息流、空间能量流，因此空间城市系统形成过程就是空间城市系统负熵流的流入过程，就是空间城市系统空间流的流入与流出过程。

(3) 空间城市系统熵体系

系统科学告诉我们：对于一个简单巨系统可以定义多个熵，来反映整体与局部的关系。一般简单巨系统可以存在多种性质，对于每一种性质，我们都能讨论它对应的熵值[17]。中国学者姜璐在其著作《熵：系统科学的基本概念》中说："熵是研究复杂系统层次结构一个较好的物理量，根据所研究问题的需要，找出描写系统状态恰当的变量，说明讨论系统的层次，就可以定义熵，并用它来分析系统的结构、讨论系统的演化。"[18] "对于更复杂的系统，它包含有多个层次，每一个层次上状态确定以后，其下一层次都还有多种分布可能，如果也用熵的大小来描写这种不确定性，那就应存在有不同的熵概念。"[19]

空间城市系统简单巨系统的属性决定了我们可以根据它所存在的不同性质来定义不同种类的熵，以反映整体与局部的关系。根据姜璐关于熵的基本概念，我们可以通过定义状态熵、扰动熵来讨论空间城市系统演化问题，定义存量熵来讨论空间城市系统控制问题，定义空间信息量来讨论空间城市系统信息问题。空间城市系统状态熵、扰动熵、存量熵、空间信息量构成了空间城市系统熵体系，它们解决了空间城市系统熵的具体化以及可计算、可应用的实际问题。

就空间城市系统熵体系的具体内容，根据它们所对应的空间城市系统具体问题，我们做出如下安排：第一，关于空间城市系统状态熵，我们会在随后给予介绍；第二，关于空间城市系统扰动熵，我们将在第 5 章"空间城市系统分岔"部分给予介绍；第三，关于空间城市系统空间信息量，我们将在第 8 章"空间城市系统信息度量"部分给予介绍。

3) 空间城市系统状态熵

(1) 空间城市系统状态熵概念

空间城市系统状态熵是描述空间城市系统演化状态的熵，是空间城市系统熵概念在系统演化领域的具体化表述，是表达空间城市系统演化状态的标度量。状态熵是空间城市系统演化平衡态、近平衡态、近耗散态、分岔的"态函数"，即每一个空间城市系统演化状态对应一个状态熵函数值。空间城市系统状态熵是空间城市系统的基础熵，它表征了系统空间结构的无序程度(或有序程度)。状态熵是空间城市系统的主熵，即空间城市系统熵，它表征的是空间城市系统的整体涌现性。因此状态熵在空间城市系统熵体系中位居第一的地位，起着表述空间城市系统整体的作用。

我们将空间城市系统微观空间要素分为物质要素、信息要素、能量要素，它们形成了空间城市系统状态的微观分布，如表 2.4 所示。空间城市系统状态熵就是空间城市系统微观状态数量的宏观体现，系统状态熵的减少对应微观状态数的减少，则微观状态处于对称破缺结构，系统有序程度增加，空间城市系统处于进化状态，系统空间结构趋于成熟。系统状态熵的增加对应微观状态数的增加，则微观状态处于对称结构，系统无序程度增加，空间城市系统处于退化状态，系统空间结构逆向衰落。因此空间城市系统状态熵及其对应的微观状态分布，表现了空间城市系统演化状态的基本情况。

表 2.4　微观要素与微观分布

微观分布	微观要素		
	物质要素	信息要素	能量要素
城市分布	人口、面积、道路、设施、资金	互联网、通信、广播	电能、气能、热能
通道分布	人流设施、物流设施、资金流设施	卫星传输、光缆、电缆	输电、输水、输油、输气
系统分布	物质要素微观分布	信息要素微观分布	能量要素微观分布

（2）空间城市系统状态熵表达

空间城市系统的属性为简单巨系统，作为空间城市系统主熵的状态熵遵守系统科学关于简单巨系统熵的定义。空间城市系统状态熵是一个描写系统宏观状态的量，它反映了空间城市系统微观要素分布对整体状态贡献的情况。对于特定时刻空间城市系统状态（平衡态、近平衡态、近耗散态、分岔），设一个由若干微观空间要素组成的空间城市系统，它的微观空间要素分布总量为 X，每种微观空间要素分布贡献为 X_i，则它对微观分布总量的贡献为 $P_i = X_i / X$。空间城市系统状态熵的定义公式①为

$$S = -K \sum_i P_i \log P_i \tag{2.50}$$

其中，K 为比例常数；$i=1, 2, \cdots, n$。在公式(2.50)中，对于空间城市系统分类微观元素 X_i 的确定，可以采用主成分分析法选择第一主成分 X_1、第二主成分 X_2、第三主成分 X_3，一般所选择的主成分累计贡献率超过 85%即可。需要特别指出的是，空间城市系统状态熵有一个基本前提条件：空间城市系统微观空间要素分布的局部在构成空间城市系统整体时要满足叠加原理，即微观空间要素局部之间要具有可加和性质，从而构成空间城市系统整体属性。状态熵只适用于衡量那些满足叠加原理的简单巨系统属性的空间城市系统，而这种空间城市系统是一种基本的普遍形式。注意，对于空间城市系统的整体涌现性，因为微观空间要素局部并不具备空间城市系统的整体涌现性，我们不能用状态熵的方法来衡量系统整体涌现性。

① 参见：许国志.系统科学[M].上海：上海科技教育出版社，2000：212。

特定时刻空间城市系统状态熵，对应着一定的空间城市系统微观空间要素分布，对应着一定的空间城市系统空间结构，对应着一定的空间城市系统演化状态。因此，对于空间城市系统演化而言，空间城市系统状态熵 S 的定量值，为空间城市系统演化状态判断提供了逻辑根据，即通过特定时刻系统状态熵值来判断空间城市系统所处位置（平衡态、近平衡态、近耗散态、分岔）的状态情况。

（3）空间城市系统状态熵判据

① 空间城市系统状态熵判据定义

第一，状态熵判据理论根据。

普里戈金熵理论为空间城市系统状态熵判据奠定了理论基础。普里戈金熵的本质是系统演化熵的规律，特别是非平衡态熵的规律，即系统总熵变原理、系统演化不可逆熵原理、系统演化最小熵原理、系统演化耗散结构熵原理。在空间城市系统演化过程中，空间城市系统状态熵就是普里戈金熵，因此我们可以将状态熵 S 作为空间城市系统演化过程的判据。

第二，状态熵判据概念。

由于空间城市系统状态熵 S 是一个态函数，即每一个空间城市系统演化状态对应一个状态熵函数值。根据上述普里戈金熵理论，空间城市系统状态熵 S 可以作为系统演化的判据，我们定义空间城市系统状态熵 S 的差值 dS 为判据，对空间城市系统演化的状态做出判断，我们称之为空间城市系统状态熵判据，或称"刘易斯(Lewis)状态熵判据"。表 2.5 给出了空间城市系统演化平衡态、近平衡态、近耗散态、分岔、耗散结构态的状态熵判据情况。

表 2.5 空间城市系统状态熵判据

演化要件	平衡态	近平衡态	近耗散态	分岔	耗散结构态
状态代码	1	2	3	4	5
演化时间	t_1	t_2	t_3	t_4	t_5
状态熵 S	S_1	S_2	S_3	S_4	S_5
状态熵判据 dS	dS_1	$dS_2 = S_2 - S_1$	$dS_3 = S_3 - S_1$	$dS_4 = S_4 - S_1$	$dS_5 = S_5 - S_1$

第三，状态熵判据解析。

空间城市系统状态熵判据 dS 具有以下功能：首先，状态熵判据 dS 为负值(—)代表状态熵减程度，说明了特定时刻 t 空间城市系统演化状态的性质，即系统状态属性。其次，状态熵判据 dS 说明了特定时刻 t 空间城市系统宏观状态与微观分布之间的关系。最后，状态熵判据 dS 说明了特定时刻 t 空间城市系统微观要素空间分布差值的总体情况，包括微观物质要素、微观信息要素、微观能量要素的城市分布、通道分布、系统分布差值情况。

② 状态熵判据与空间城市系统演化

如图 2.33 所示，空间城市系统状态熵判据 dS_1、dS_2、dS_{3A}、dS_{3B}、dS_4、dS_5 是

空间城市系统演化平衡态、近平衡态、近耗散态线性、近耗散态非线性、分岔、耗散结构态的判断根据。空间城市系统状态熵判据 dS 与普里戈金熵理论相结合，即系统总熵变原理、系统演化不可逆熵原理、系统演化最小熵原理、系统演化耗散结构熵原理，是空间城市系统演化问题研究的主要进路。状态熵判据 $dS < 0$ 代表空间城市系统进化，状态熵判据 $dS = 0$ 代表空间城市系统停滞，状态熵判据 $dS > 0$ 代表空间城市系统退化。因为状态熵是空间城市系统的主熵，所以空间城市系统状态熵判据 dS 对于空间城市系统扰动熵、空间城市系统存量熵、空间城市系统空间信息量都具有重要的基础性意义。

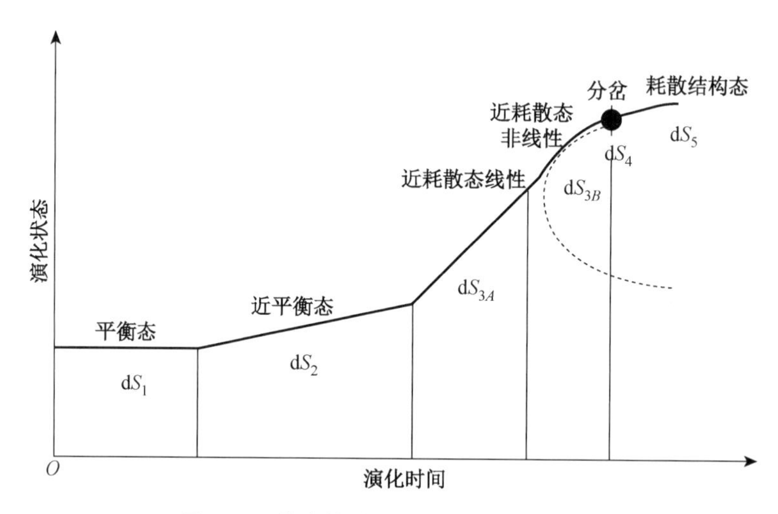

图 2.33 状态熵判据与空间城市系统演化

2.2.4 空间城市系统演化四大原理及其功能

1）空间城市系统演化四大原理

所谓空间城市系统演化四大原理是指“空间城市系统状态原理”“空间城市系统状态熵原理”“空间城市系统动力原理”“空间城市系统稳定性原理”，它们贯穿于空间城市系统演化线性过程，包括平衡态、近平衡态、近耗散态非线性区，以及空间城市系统演化非线性过程，包括近耗散态非线性区、分岔、耗散结构态。空间城市系统演化四大原理涵盖了系统演化的核心内容，表述了空间城市系统演化过程的状态结构，给出了空间城市系统演化状态的定性与定量表达方法，说明了空间城市系统演化动力机制，阐述了空间城市系统演化轨道稳定性与空间结构稳定性规律。

2）空间城市系统演化四大原理功能

空间城市系统演化四大原理是关于空间城市系统演化的基础性理论，空间城市系统演化是空间城市系统最主要的内容，可以说空间城市系统理论主要就是关于空间城市系统演化的学说，而空间城市系统演化四大原理对于指导空间城市系统演化实践具有十分重要的地位。

就空间城市系统演化四大原理之间关系而言：第一，“空间城市系统状态原理”是其他三大原理的基础；第二，“空间城市系统状态熵原理”是空间城市系统演化的阶段性标度量，也就成为其他三大原理的定性化标准；第三，“空间城市系统动力原理”为其他三大原理的成立提供了基本动力机制；第四，“空间城市系统稳定性原理”为空间城市系统演化提供了维生性前提，也就为其他三大原理的存在提供了保证。

2.3　空间流理论

2.3.1　空间流原理

1）空间流定位

（1）空间流历史定位

空间流是人居空间重要的组成部分，是人居空间关系属性的载体，存在于人居空间演化的各个历史阶段。

第一，巢穴空间流。

巢穴空间流依靠人的行为来实现，如徒步行走、声音传递、器物转移等。巢穴阶段的空间流是人居空间本体内容的一部分，依附在人居空间内部而存在。巢穴关系是一种人居空间内部行为。巢穴空间流是一种自然行为，不依靠任何外部工具，其陆上人流速度是人步行的速度。

第二，聚落空间流。

聚落空间流依靠人的行为和外部工具来实现，如马匹、车辆、船只等交通工具。聚落空间流的地理距离被限制在一个相对确定的空间内，其陆上人流速度决定于交通工具。聚落空间流已经成为人居空间之外的独立要素，对聚落的存在起着不可或缺的支撑作用，聚落关系属性已经产生，成为聚落的重要附属性质。

第三，城市空间流。

城市空间流依靠各种现代工具来实现，如交通工具、通信工具、能源工具，已经实现了空间流分类，如物质空间流、信息空间流、能量空间流，其陆上人流速度决定于交通工具的技术水平。在人居空间城市阶段，城市属性居主导地位，城市关系属性居第二位。城市空间流是城市关系属性的载体，城市关系属性上升为人居空间城市形态的基础性要素。

第四，空间城市系统空间流。

空间城市系统中的人员流、物资流、信息流、资金流、能源流成为空间城市系统的内在填充物，空间流成为空间城市系统本体内容的一部分。在空间城市系统阶段，空间流成为主导因素，空间关系属性上升为第一属性。空间流决定着空间城市系统动因，决定着空间城市系统演化，决定着空间城市系统控制，从而决定着空间城市系统整体涌现性。空间城市系统的陆上人流速度决定于飞机、高速铁路、高速公路的运行速度。

(2) 空间流科学定位

第一,空间流的未定性。

空间流的行为作用决定了空间流的科学定位。在巢穴、聚落、城市阶段,空间流没有科学的定位,既往的空间流缺乏精准的定义内涵和科学的定量表达,既没有科学的定性表述也没有科学的定量方法,是一个十分宽泛、模糊的概念,我们称之为空间流的未定性。我们无法对人居关系属性进行定性和定量的表达。

第二,空间流的科学定性。

空间流是空间城市系统的核心内容,空间流概念的科学定性是空间城市系统理论体系的基本前提。欧洲巨型城市区域理论研究的主要命题,究其本质而言,是围绕空间流命题展开的;中国的城市群理论具有明确的"城市流"命题,以及城市流强度计算公式;"流空间"已经成为诸多城市区域研究所涉及的关键词。因此,空间流的科学定性是空间城市系统实践的需求,空间流的可测性、可观性、可控性为空间流的科学定性提供了基础。只有空间流的科学定性才能为空间流的科学定量奠定基础,统一的空间流科学定性是空间城市系统理论的基础。

第三,空间流的科学定量。

在空间流科学定性的基础上,空间流的科学定量给出了空间流的计算方法,成为空间城市系统理论与实践研究的有效技术手段。空间流主要表现为人员流、物质流、信息流、资金流、能源流形式,显然空间流的形态表现物为它的科学定量化提供了基础,规范性、科学性、可求值是空间流科学定量的基本原则。只有空间流的科学定量,空间城市系统关系属性才能得到精确的表达,因此空间流的科学定量是空间城市系统理论的基础。

2) 空间流定性表述

(1) 空间流定义

第一,空间流概念。

空间流是人居空间关系属性的载体,其本质是一种客观存在的空间关系,这种空间关系从低级向高级、从简单到复杂不断发展,存在于人居空间巢穴、聚落、城市、空间城市系统各个阶段,空间要素的运动形成了空间流。空间流是空间城市系统形成的根本动因,空间集聚、空间扩散、空间联结都要依靠空间流来实现。空间流导致空间城市系统整体涌现性的产生,其贯穿于空间城市系统演化的全部过程,表现为人员流、物资流、信息流、资金流、能源流等形式。

第二,空间流本体。

空间流本体代表了空间流的本质属性,是空间流其他概念的基础和分类根据。按构成要素标准,空间流本体可分为人员流、物资流、信息流、资金流、技术流、能源流。按抽象性质标准,空间流本体可分为空间实体流、空间虚体流、空间能源流。所谓空间实体流,例如人流、物流、资金流(金银、纸币)等,空间实体流在实体空间中流动。所谓空间虚体流，例如信息流、技术流、资金流（数据流）等，空间虚体流在虚拟空间中流动。所谓空间能源流，例如电力能源流，空间能源流在实体空间中流动。

第三，空间标量流。

空间标量流是指只有流量大小没有方向标度的空间流，记作空间标量流 SF。空间标量流属于基础空间流，具有重要计量意义。空间标量流的本质是特定空间流渠道中空间流本体的全部绝对值总量，空间标量流的计算遵循代数法则，与空间流维度和空间流流向无关。

第四，空间矢量流。

空间矢量流是指既有流量大小又有方向标度的空间流，记作空间矢量流 $\overrightarrow{SF}$，空间矢量流属于高级空间流，附有起点、运行、终点等过程条件，可以全面地反映空间城市系统关系属性，在空间城市系统研究中具有较大的实用价值。空间矢量流的本质是特定空间流渠道中空间流本体的全部信息，包括空间流的维度、流向、流量、流速等。空间矢量流可以从根本上揭示空间城市系统动因的属性，例如对于中心城市而言，空间集聚流为正向（＋）矢量流，空间扩散流为负向（－）矢量流，空间联结流为双向（±）矢量流。

（2）空间流过程

第一，空间流起点。

空间流起点是空间流产生、集聚、出发的地点，具有空间基本维度。对于空间实体流而言，如人流交通枢纽、物流中心与港口机场都形成了空间流起点；对于空间虚体流而言，如信息港、数码港、数据城市都形成了空间流起点，空间虚体流的集聚与扩散中心呈现出多种形式，中国学者甄峰的"灰空间"理论对此多有表述；对于空间能源流而言，如风能产地、太阳能发电始端、水力发电中心、坑口电厂、原子能发电站都形成了空间流起点。

第二，空间流运行。

空间流运行是空间流运输、联结、转移的时空占用，是空间流本体、空间流载体、空间流渠道作用的场所，是空间流维度、空间流流向、空间流流速、空间流流量呈现的过程，空间流运行具有时间与空间两个基本维度。对于空间实体流与空间能源流而言，空间流运行具有时域与空域特征；对于空间虚体流而言，空间流运行具有即时性与地理消除性特征。

第三，空间流终点。

空间流终点是空间流到达、扩散、接受的地点，空间流终点具有空间基本维度。对于空间实体流而言，如人流交通枢纽、物流中心与港口机场都形成了空间流终点；对于空间虚体流而言，如用户终端、数据社区、个人设施都形成了空间流终点；对于空间能源流而言，如工厂、城市、变压站都形成了空间流终点。

（3）空间流依托性

第一，空间流依托性概念。

空间流具有依托性，它必须依靠空间流载体运行，在空间流渠道中转移，置于空间流背景空间生存，由空间流能量而运动。空间流不能脱离它的依托物而单独存在，空间流的起点、运行、终点都与它的依托物相关联，空间流的过程就是一个空间流依托物体发挥作用的过程。因此，依托性是空间流的基本属性。

第二，空间流载体。

空间流载体是空间流本体运行所依靠的承载物，依靠空间流载体可以实现空间流的运输、传递、转移。空间流载体可以分为"有形载体"和"无形载体"两大类。所谓空间流"有形载体"是指它的物质化承载物，例如人员流的"有形载体"可以是马车、汽车、高铁、飞机等，物资流的"有形载体"可以是人力车、卡车、火车、轮船等，资金流（纸币）的"有形载体"可以是运钞车等。所谓空间流"无形载体"是指它的非物质化承载方式，例如信息流的"无形载体"可以是电波、电磁波、光波等，能源流的"无形载体"可以是电流等。定义空间流载体的意义在于计算空间流的流量，例如可以计算一列火车所承载的乘客数量，可以计算电视频道每天播出的节目数量。随着科学技术的发展，空间流载体出现了数量和质量的高速发展，例如高速火车、大型飞机、光缆通信等，为空间城市系统的空间流运行提供了基础条件。

第三，空间流渠道。

空间流渠道是空间流载体运动所依托的基础，依靠空间流渠道可以实现空间流载体的运动。空间流渠道分为"实体渠道"和"虚拟渠道"两大类。所谓实体渠道是空间流载体所依托的基础物，例如通信光纤渠道、高速铁路渠道、高速公路渠道等，空间实体流和空间能源流全部在"实体渠道"中运动，空间虚体流也必须具备"实体渠道节点"才能运行，例如手机和电脑等终端设备、卫星通信基站、通信卫星等。因此，"实体渠道"是空间实体流、空间虚体流、空间能源流都不可缺少的基本型渠道。所谓虚拟渠道是空间流载体所依托的非物质化基础，例如信息流的电视频道、广播频道等，空间虚体流在"虚拟渠道"中运动，例如无线电波在规定的无线电频道中运动。"虚拟渠道"与"实体渠道节点"构成了空间虚体流运动的完整渠道，因此"虚拟渠道"是一种与实体空间、"实体渠道"相关联的依附型渠道。

空间流渠道与空间流载体是同步发展的，有什么水平的空间流载体，就有什么水平的空间流渠道。随着科学技术的发展，空间流渠道出现了高速度渠道、高压力渠道、高频率渠道的发展趋势，例如高速铁路、高速公路、高速互联网、特高压输电线路等。空间流高速渠道的产生，为空间城市系统的空间流载体运动和空间流运行提供了基础条件。

第四，空间流背景空间。

空间流背景空间是空间流物质（或非物质）的依托场所或特定环境。空间流本体是空间流背景空间的分类根据，可分为"空间实体"与"空间虚体"两大部类，因此空间流背景空间可以划分成"实体空间"与"虚拟空间"两大部类。

按照空间流背景空间本体的分类，"实体空间"是指人员流、物资流、资金流（金银、纸币）、能源流等"空间实体流"赖以存在的场所化空间。"实空间的重要属性就是它的物质性、中心性和有界性。它有五大要点:①距离,即空间的分离;②可接近性;③集聚性;④大小规模;⑤相对位置。"[20]就其本质而言,"实体空间"是一种哲学意义上的客观存在,可以称之为客观空间,空间实体流必须以"实体空间"为存在基础,例如人员流以车站、港口、机场实体空间为存在基础。

按照空间流背景空间本体的分类,"虚体空间"是指信息流、资金流(数据流)、技术流等"空间虚体流"赖以存在的虚拟化空间。"由于人的参与,就将人的意志和意识强加给了这个空间,因此它是一个拟人化的空间形态。实空间被分离和边界所定义,而虚空间则被互动和连接所定义。"[21]。"虚拟空间"的本质是消除了地理特性,由此导致了"虚拟空间"的反中心性,传统城市地理学等级理论在"虚拟空间"这里没有了意义。"虚拟空间"的另一个本质是人的意志性,是人类信息、思想、知识、技术、数据形成的主观意识流赖以存在的基础。就其本质而言,"虚拟空间"是一种哲学意义上的主观存在,可以称之为主观空间。

第五,空间流能量。

能量是空间流产生、运动、储存的基础,任何空间流都要消耗能量,脱离了能量的空间流是不存在的。空间流能量也具有守恒性,但是不具有可共享性,即每一种空间流都具有自己专属的空间流能量,因此空间流能量是空间流存在的基础。

3)空间流定量表述

(1)空间流度量指标

第一,空间流维度。

空间流维度 ω 是"实体空间"或"虚拟空间"中独立空间流的数目,用空间流维度来确定空间流种类的多少,例如空间集聚流、空间扩散流、空间联结流是三个维度的独立空间流。

第二,空间流流向。

空间流流向(±)是指空间流本体的运动方向,以方位角表示,它是确定空间矢量流的决定性指标,例如空间集聚流为正向(+),空间扩散流为负向(-),空间联结流为对称向(±),空间矢量流遵循相应的矢量运算法则。

第三,空间流截面。

空间流截面 S 是指有压空间流通过时,空间流渠道纯空间流部分横截面的面积。对于不同的空间流,空间流截面是一个推定概念,即根据实际条件进行空间流截面等功效推定。

第四,空间流流量。

空间流流量 L 是指单位时间内,流经空间流渠道有效截面的空间流本体数量。空间流流量是一种瞬时概念,空间实体流量包括"体积流量"和"质量流量",例如城市用水流量可以是每天若干立方米,或每天多少吨。空间虚体流量包括字节数和网站流量等。空间流流量与空间流本体、空间流载体、空间流渠道、空间流流速等指标有关。

第五，空间流流速。

空间流流速 v 是指在单位时间内，空间流本体流过的距离。例如人员流的流速、车辆流的流速、资金流的流速等。空间流流速是描述空间流本体运动快慢的指标，反映了空间流本体位移随时间的变化率，其公式为

$$v=\frac{\mathrm{d}s}{\mathrm{d}t} \tag{2.51}$$

其中，v 表示空间流速度；s 表示空间流本体位移矢量；t 表示单位时间。

第六，空间流密度。

空间流密度 ρ 是指在单位空间中，空间流本体的数量，例如中国春运的人员流密度、城市的物资流密度、股市的资金流密度等。空间流密度是空间流的特性，它只随空间流所承受的压力和环境的变化而变化，与空间流本体内容无关。空间流密度公式为

$$\rho=\frac{N}{V} \tag{2.52}$$

其中，ρ 表示空间流密度；N 表示空间流本体数量；V 表示单位空间。

第七，空间流压力。

空间流压力 F 是指作用在空间流正面单位面积上的作用力，其本质是驱动力，例如高速公路车流压力、高压输电流压力、网络信息压力等。空间流压力公式为

$$F=pS \tag{2.53}$$

其中，F 表示空间流压力；p 表示空间流正面单位面积压力的强度；S 表示空间流正面的单位面积。

(2) 空间流计算方法

空间流的计算是一个条件性命题，根据所给定的空间流条件，按照空间流计算步骤，就可以进行空间流的定量化计算。伯努利方程是空间流流体力学基本方程，对于空间实体流是一个普遍适用的基本规律。空间流计算的基本步骤如下：

第一步，空间流条件界定。

空间流条件界定是空间流计算的基础。就空间流本体而言，有空间流维度 ω 条件界定、空间流流向(±) 条件界定、空间流截面 S 条件界定；就空间流本体与依托物而言，有空间流本体确定、空间流载体确定、空间流渠道确定。

第二步，空间流度量指标计算与分析。

在空间流条件界定情况下，按照上述计算公式，对空间流主要度量指标进行计算求值，主要包括：空间流流量 L、空间流流速 v、空间流密度 ρ、空间流压力 F。并就空间流度量指标计算值，对空间流进行定性与定量相结合的空间流决定因素分析，从而得出空间流的全部信息。因此，空间流的定性与定量综合分析方法是空间流定量分析的基本方法，其中空间流定性分析是基础，空间流定量分析是手段。

第三步，空间流计算求值。

如表 2.6 所示，空间流计算公式给出了空间流流量与其决定变量之间的数学关系。伯努利方程是理想空间流流体定常流动的动力学方程，其中，p 为流体中某点的压强，v 为流体该点的流速，ρ 为流体密度，g 为重力加速度，h 为该点所在高度，C 是一个常量。

表 2.6　空间流计算公式

空间流	计算公式	数学关系	适用求值
流量与流体密度	$L \propto \rho$	成正比	流量求值
流量与流体压力	$L \propto F$	成正比	流量求值
流量与流速	$L \propto v$	成正比	流量求值
流体伯努利方程	$p + 1/2\rho v^2 + \rho gh = C$	总能量守恒	流速求值

空间流的伯努利方程说明，空间流流体在忽略黏性损失的流动中，流线上任意两点的压力势能、动能与位势能之和保持不变。伯努利方程实质上是能量守恒定律在理想空间流流体定常流动中的表现，它是流体力学的基本规律。根据伯努利方程，在测量空间流流体的压强 p 之后，就可以求出空间流的流速 v。在黏性空间流流动中，使用伯努利方程要加进空间流机械能损失项。

(3) 空间流统计学方法

空间流统计学方法是一种空间流的统计学处理技术，在很多情况下空间流的过程是一个黑箱状态，根本不可能用模型对空间流黑箱过程进行表述。空间流统计学方法只对空间流的结果进行统计处理得出定量结论，而不考虑空间流过程，这就使得空间流定量计算变成了空间流结果的定量统计分析。空间流统计学方法是一种行之有效的空间流定量分析方法，后续内容将对空间流统计学方法进行详细阐述。

4）空间流划类分层与抽样

(1) 空间流体系与空间流分析

空间流体系是人居空间各种空间流的组合，主要由空间集聚流、空间扩散流、空间联结流组成。空间集聚流(＋)，表现为向心矢量流，是城市与空间城市系统产生与发展的核心动因；空间扩散流(－)，表现为离心矢量流，是城市与空间城市系统产生与发展的基本动因；空间联结流(±)，表现为平衡的空间矢量流，是空间城市系统产生与发展的充分必要动因条件。

对空间流体系进行分析被称为空间流分析，主要包括空间流样本分析与空间流波动分析，前者是空间流的还原分析，后者是空间流的整体分析，它们共同揭示了空间流的全部情况，是空间城市系统动因、演化、控制、信息研究的基础。空间流划类分层与抽样是空间流分析的基本前提。

(2) 空间流划类分层表

“空间流划类分层表”是空间流分类与层级划分简单有效的工具，正确地选择空间流分类和分层标准是首要的前提。表 2.7 给出了一般情况下的空间流划类分层方法，横向划类与竖向分层的空间流性质界定是关键。

表 2.7　空间流划类分层表

<table>
<tr><td>空间流分层</td><td colspan="6">空间流划类</td></tr>
<tr><td>第一层</td><td colspan="6">空间流体系</td></tr>
<tr><td>第二层</td><td colspan="6">空间集聚流、空间扩散流、空间联结流</td></tr>
<tr><td>第三层</td><td colspan="2">空间人员流</td><td>空间物资流</td><td>空间信息流</td><td>空间资金流</td><td>空间能源流</td></tr>
<tr><td>第四层</td><td colspan="2">航空人员流
铁路人员流
公路人员流
水运人员流</td><td>航运物资流
铁路物资流
公路物资流
水运物资流</td><td>互联网信息流
卫星电话信息流
有线电话信息流
有线传真信息流
邮政信函信息流</td><td>汇兑资金流
现金资金流
股市资金流
外汇资金流</td><td>电力能源流
石化能源流
煤炭能源流
太阳能源流</td></tr>
<tr><td rowspan="2">第五层</td><td>高速人员流</td><td>航空飞机人流
高速铁路人流
高速公路人流</td><td rowspan="2">全球物资流
国内物资流
地方物资流</td><td rowspan="2">语言信息流
文字信息流
图像信息流</td><td rowspan="2">美元资金流
欧元资金流
人民币资金流
英镑资金流
日元资金流</td><td rowspan="2">一次性能源流
可再生能源流
清洁能源流
碳排放能源流</td></tr>
<tr><td>低速人员流</td><td>普通铁路人流
普通公路人流
普通水运人流</td></tr>
</table>

“空间流划类分层表”的基本使用方法如下：

第一层为空间流体系，它是空间流统领纲目，是空间流体系总称，由人居空间的各种空间流组合而形成。

第二层划分为空间集聚流、空间扩散流、空间联结流，是空间流二级纲目，它是空间流体系公共因子①，涵盖了人居空间的全部空间流大类。

第三层划分为空间人员流、空间物资流、空间信息流、空间资金流、空间能源流，它是空间流三级纲目，是空间流体系公共因子，基本涵盖了空间流的各种形式。

第四层划分为人员流细分类别、物资流细分类别、信息流细分类别、资金流细分类别、能源流细分类别，它是空间流四级纲目，是空间流体系独立因子②，要根据实际情况确定。

第五层为空间流四级纲目的再细分类别，它是空间流五级纲目，是空间流体系独立因子，要根据实际情况确定。

对于“空间流划类分层表”的使用，要根据具体情况进行纲目设置，一般公共因子纲目如 2.7 表所述，独立因子纲目需要根据实际情况而定。

① 具有相同本质属性的独立因子构成独立因子群，反映出系统特定一类问题的本质特征，这些被归纳出来的独立因子群就形成了系统公共因子。公共因子之间没有相关性，成正交模型关系。系统公共因子并不是一种客观存在，是人为命名的虚拟的变量。

② 独立因子是构成系统的基元性组分。系统独立因子具有独立性、基元性、等值性、功能性的特征，每一个系统独立因子反映了系统的一个本质特性，是一个客观存在的可观测变量。

（3）空间流抽样方法

空间流本体的全部集合被称为空间流总体，从空间流总体中抽出的若干个个体所组成的集合被称为空间流样本，空间流抽样主要方法包括：第一，空间流简单随机抽样方法。第二，空间流分层抽样方法。第三，空间流二阶抽样方法。第四，空间流分层二阶抽样法。空间流抽样是空间流研究的基础性工作，是空间流主成分分析的前提，因此空间流抽样方案就成为十分重要的一步，抽样的科学与否直接影响着空间流定性与定量分析的结果，抽样的差异甚至导致结果相反的分析结论。

空间流抽样方法的一般步骤为：第一步，确定空间流体系统领纲目，界定空间流体系范围；第二步，建立空间流划类分层表，对空间流体系进行划类与分层；第三步，确认空间流总体数量，按照统计学的“约 400”的一般性原则，确定样本容量，即样本中个体的数目；第四步，根据空间流抽样主要方法确定空间流抽样方案；第五步，对空间流样本容量进行抽样，对空间流抽样进行主成分分析等统计学研究。

2.3.2 空间流主成分分析

1）空间流主成分分析意义

（1）空间流主成分分析方法

空间流体系包括了多种类别的空间流和不同层次的空间流，这些空间流单项构成了空间流变量。在实际中这些空间流变量所反映的信息具有一定的重叠性。空间流主成分分析是将重复的变量删去，设法将原来变量重新组合成一组新的互相无关的几个综合变量，从中选择几个较少的综合实力最强的变量来反映原来变量的信息。

空间流主成分分析方法，是在数学上对多维空间流体系进行降维处理，通常数学上的处理就是将多个变量 P 做线性组合，并选出较少个数重要变量。空间流信息的大小通常用方差来衡量，空间流主成分变量一般包括：空间流第一主成分，方差最大、信息量最多；空间流第二主成分，方差次之、信息量次之；空间流第三主成分，方差居三、信息量居三；根据实际需要依次可以选取第 P 个主成分，我们用所确定数量的主成分来揭示空间流体系的信息情况。

（2）空间流体系数据集合处理

第一步，确定空间流体系统领纲目，界定空间流体系范围，应用“空间流划类分层表”对空间流进行划类与分层处理。对空间流性质的准确界定是这一步骤的关键，不同的空间流性质界定会导致以后步骤的错误，从而使空间流主成分分析结果失真。空间流体系的公共因子准确定性与独立因子准确选择，是特别需要注意的。

第二步，量测空间流数据并对空间流数据按照“空间流划类分层表”进行分门归类，形成空间流体系数据集合。要特别注意应用空间城市系统综合知识对空间流数据的合理性、可靠性、全面性等进行筛选甄别，因为任何统计数据都必须与研究者的相关知识鉴别能力相结合。

第三步，根据空间流研究需要设计空间流数据抽样方案。在空间流体系数据集合中，应用空间流简单随机抽样方法、空间流分层抽样方法、空间流二阶抽样方法、空间流分层二阶抽样方法中的合适选项，进行空间流数据抽样。

2）空间流数据关系与标准化

（1）空间流数据关系确定

第一步，如图 2.34 所示，根据空间流数据划类与分层的结果，归纳出空间流自变量 1、空间流自变量 2 的性质，表示为空间流自变量 1 轴、空间流自变量 2 轴，构建空间流数据关系坐标图。注意空间流自变量是有着具体实际含义的变量，例如飞机人员流、高速铁路人员流、高速公路人员流。

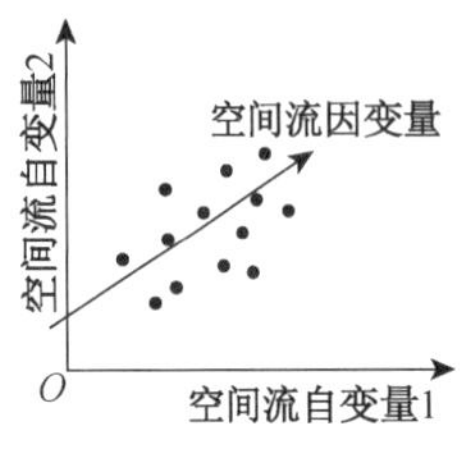

图 2.34　空间流数据关系坐标图

第二步，如图 2.34 所示，将空间流数据标度于空间流数据关系坐标中，根据空间流研究需要，确定空间流因变量属性概念。在坐标图中以空间流因变量斜轴表示，空间流因变量所表征的就是空间流体系的整体信息情况，也就是我们要进行的主成分分析的主体内容。注意空间流因变量并不是实际存在的变量，是根据空间流研究目标所设定的变量，例如高速人员流、中速人员流、低速人员流。

第三步，由空间流自变量 1 轴上诸点数据，求出自变量 1 轴上的平均值与标准差；由空间流自变量 2 轴上诸点数据，求出自变量 2 轴上的平均值与标准差。

（2）空间流数据标准化

空间流原始数据中可能存在无法比较的不同量纲，可能存在数据数量级的较大差距，使得较小数量级的数据被淹没，导致主成分偏差较大，所以要对原始数据进行标准化处理，将不同的单位统一起来。空间流数据标准化，是指为了消除空间流自变量 1 数据与空间流自变量 2 数据的量纲和数量级，对原始数据进行标准化处理，将其转化为平均值为 0、方差为 1 的无量纲数据，可以选择合适的计算机软件对空间流数据进行标准化处理，经过标准化之后的空间流数据关系坐标如图 2.35 所示。

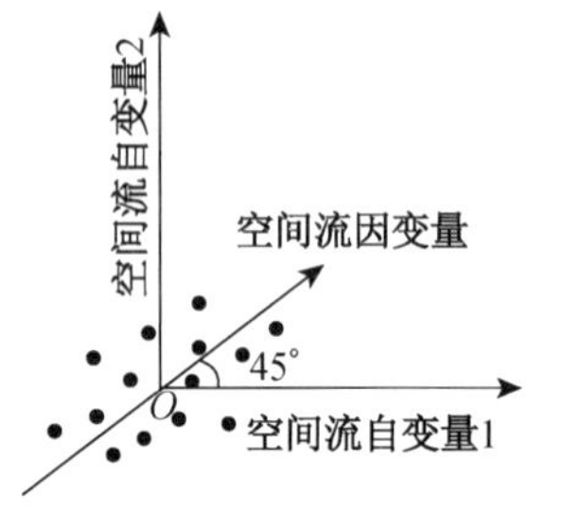

图 2.35　空间流标准化数据关系坐标图

3）空间流主成分确定

（1）空间流主成分的确定

如图 2.35 所示，经过标准化后的空间流自变量 1 数据与空间流自变量 2 数据的平均值为 0，方差为 1，则根据主成分分析的数学定义可得空间流主成分的表达式为

$$Z = a_1 u_1 + a_2 u_2 + \cdots + a_p u_p \tag{2.54}$$

其中，Z 表示空间流主成分；u_1 表示空间流自变量 1 的标准值；u_2 表示空间流自变量 2 的标准值；u_p 表示空间流自变量 p 的标准值；a_1 表示空间流自变量 1 对主成分的影响程度；a_2 表示空间流自变量 2 对主成分的影响程度；a_p 表示空间流自变量 p 对

主成分的影响程度。

(2) 空间流主成分个数的确定

如图 2.36 所示，经过标准化后的空间流自变量 1 数据与空间流自变量 2 数据的平均值为 0，最大方差处的轴为空间流第一主成分 Z_1，次方差处的轴为空间流第二主成分 Z_2，依次类推 p 方差处的轴为空间流第 p 主成分 Z_p，则在数学上能求出的空间流主成分个数与空间流自变量个数相等，可以得到 p 个空间流主成分表达式为

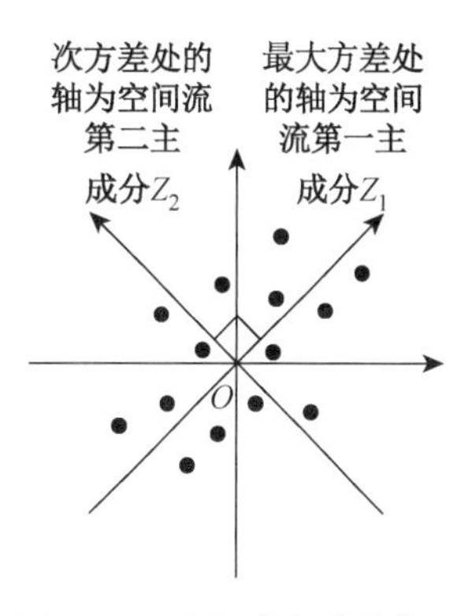

图 2.36　空间流主成分关系

$$\begin{cases} Z_1 = a_{11}u_1 + a_{12}u_2 + \cdots + a_{1p}u_p \\ Z_2 = a_{21}u_1 + a_{22}u_2 + \cdots + a_{2p}u_p \\ \vdots \\ Z_p = a_{p1}u_1 + a_{p2}u_2 + \cdots + a_{pp}u_p \end{cases} \tag{2.55}$$

对于方程组(2.55)，有如下表述：

其一，Z_1 表示空间流第一主成分；u_1 表示空间流自变量 1 的标准值；u_2 表示空间流自变量 2 的标准值；u_p 表示空间流自变量 p 的标准值；a_{11} 表示空间流自变量 1 对第一主成分的影响程度；a_{12} 表示空间流自变量 2 对第一主成分的影响程度；a_{1p} 表示空间流自变量 p 对第一主成分的影响程度。

其二，Z_2 表示空间流第二主成分；u_1 表示空间流自变量 1 的标准值；u_2 表示空间流自变量 2 的标准值；u_p 表示空间流自变量 p 的标准值；a_{21} 表示空间流自变量 1 对第二主成分的影响程度；a_{22} 表示空间流自变量 2 对第二主成分的影响程度；a_{2p} 表示空间流自变量 p 对第二主成分的影响程度。

其三，Z_p 表示空间流第 p 主成分；u_1 表示空间流自变量 1 的标准值；u_2 表示空间流自变量 2 的标准值；u_p 表示空间流自变量 p 的标准值；a_{p1} 表示空间流自变量 1 对第 p 主成分的影响程度；a_{p2} 表示空间流自变量 2 对第 p 主成分的影响程度；a_{pp} 表示空间流自变量 p 对第 p 主成分的影响程度。

4）空间流主成分贡献率

(1) 空间流主成分的贡献率

如公式(2.55)所示，获得 p 个空间流主成分之后，计算它们主成分方差的大小，方差较大的前几位空间流的主成分被提取出来。空间流主成分数目提取的标准一般为，所提取空间流主成分方差的总和为总方差的 85%以上。如果所提取方差较大的空间流主成分的数目小于 3 个，就可以绘制出空间流二维散点图(或三维散点图)，如图 2.37 所示。

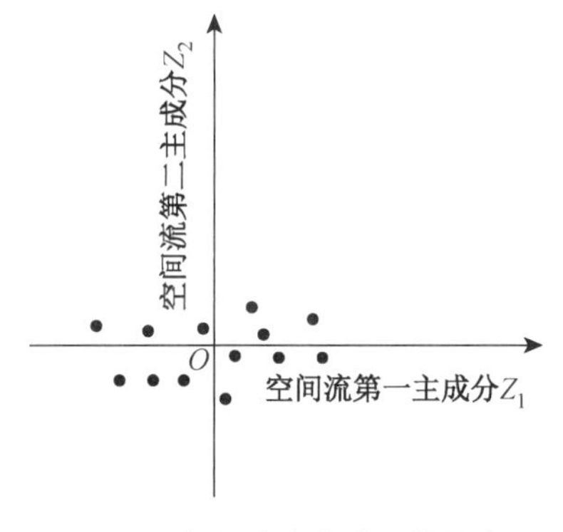

图 2.37　空间流主成分二维散点图

空间流主成分贡献率是指第 i 个空间流主成分方差在全部空间流方差中所占的比重，称为第 i 个空间流主成分贡献率。贡献率值越大表明第 i 个空间流主成分综合信息的能力越强，一般第二主成分贡献率要到达 50%。

(2) 空间流主成分累积贡献率

空间流主成分累积贡献率是指，前 k 个空间流主成分共有多大的综合能力，用 k 这个空间流主成分的方差和在全部方差中所占的比重来描述，表明取前几个空间流主成分基本包含了全部测量指标所具有信息的百分率，一般前三个空间流主成分累积贡献率要达到 87%。空间流主成分累积贡献率的大小与空间流自变量个数的选择密切相关。

(3) 空间流主成分贡献综合判断

就其本质而言，空间流主成分贡献率代表了它所表达的空间流体系信息的百分比情况，空间流主成分累积贡献率代表了所选取空间流主成分总体所表达的空间流体系的信息百分比情况，它们都是空间流主成分对空间流体系解释力高低的体现。总之，空间流主成分分析方法是有约束条件的，必须结合空间流环境、空间流过程、空间流依托性等空间流知识综合运用，发挥分析者关于空间流体系的知识解释能力，才可能得出科学、合理、可靠的空间流主成分分析结果。空间流主成分分析运算的具体数学算法属于统计学因子分析的范畴，根据具体空间流主成分分析问题，读者可以参阅统计学主成分分析的内容进行数学计算。例如空间流主成分向量方程中特征值与特征向量的计算等，要注意借用成熟的数据分析软件进行具体问题的计算处理。

2.3.3 空间流波原理

1) 空间流波定义

(1) 空间流波客观事实论证

第一，前述内容已经说明，空间流是一个科学概念，空间流原理揭示了空间流内在的基本规律，而且空间流也是城市科学公认的科学概念。因此，空间流既是一个客观存在的显见事实，也是一个科学事实。例如空间人员流、空间物资流、空间信息流、空间资金流、空间能源流等。

第二，空间要素是哲学意义的客观存在，空间要素的存在是不需要证明的显见事实真理。例如人员要素、物资要素、信息要素、资金要素、能源要素等。

第三，空间要素的空间运动是哲学意义的客观存在，是不需要证明的显见事实真理。例如人员移动、物资运输、信息传播、资金流动、能源传送等。

第四，空间要素运动的时间过程是哲学意义的客观存在，是不需要证明的显见事实真理。例如人员流动的飞机航程时间，物资流动的运输时间，信息流动的传输时间，资金流动的汇兑交换时间，能源流动的传输时间，等等。

第五，空间要素运动具有高点、中点、低点特性。例如高速铁路的早间人员流量、中午人员流量、晚间人员流量，货物运输的上午集散流量、中午集散流量、下午集散流量，商务电话信息流的上午高峰流量、中午低谷流量、下午高峰流量，资金汇兑流的上午工作时间的密集交换流量、中午休息时间的零交换流量、下午工作时间的密集交换流量，能源传输的高峰送电量、中间送电量、低谷送电量，等等。空间要素运动的高点、中点、低点特性构成了空间流波的结构与形态。

综上所述，空间流的客观事实与科学事实属性、空间要素要件、空间要素运动的空间要件、空间要素运动的时间要件、空间流波形结构、空间流波形形态，均满足了空间流波的客观事实要求，所以空间流波是哲学意义上的客观事实。

(2) 空间流波科学事实说明

所谓空间流波科学事实是对空间流波客观事实的反映，是对空间流波科学规律的认识论经验陈述或者判断，并且用空间流波语言、空间流波图像、空间流波公式的方法表示出来。空间流波客观事实为空间流波科学事实提供了逻辑基础，空间流波科学事实以空间流波原理的形式被归纳总结出来。

空间流波科学事实与空间流波客观事实要保持统一性，即空间流波原理要经受空间城市系统实践的检验，以获得其真理性。空间流波原理与物理波理论具有相同性。一方面表现在基本性质方面，例如它们都具有波频率 f 的共性；另一方面因为空间流波的人类智能特性，它又具有特殊性，例如空间流波的频率不可能用物理波频率(Hz)的方法予以表达，即每秒钟物理介质振动的次数(每秒钟通过的物理波数量)，显然空间流波的频率应该具有其特殊表达方法。

(3) 空间流波概念

所谓空间流波(SFW)是指空间要素的运动形式，空间流波原理是这种空间要素波动的规律。空间流波不同于物理波的根本属性是它的人类智能特性，因为空间人员流波、空间物资流波、空间信息流波、空间能源流波的根本动因是与人类主观意愿相联系的，所以空间流波是一种人类智能波。因为空间流波的人类智能特性，导致空间流波带有随机性特征，在空间流波原理中仅就其一般性规律做解释性表述。综上所述，空间流波既拥有物理波的一般属性，又具有空间流波的特殊属性，空间流波原理是一种人文性质与物理性质交叉的波动创新理论。

空间流波的运动总伴随着空间要素的传输，如人员要素、物资要素、信息要素、能源要素等。空间要素构成了空间流波的介质主体，而空间要素的相互作用则是空间流波运动的本质，正是借助空间要素的相互作用才形成了空间流波的整体形态，这与城市地理学空间相互作用原理是吻合的。

空间流波是空间流的具体表现形式，如前表 2.7“空间流划类分层表”所示，第二层可以分为空间集聚流波、空间扩散流波、空间联结流波，第三层可以分为空间人员流波、空间物资流波、空间信息流波、空间资金流波、空间能源流波，可以根据空间流体系的划类分层，来定义空间流波的属性与名称。不同形式的空间流波虽然在产生机制、传播方式和空间要素的相互作用等方面存在很大差别，但在传播时却表现出多方面的波动共性，都可用数学方法来描述和处理。

（4）空间流波函数与分类

空间流波是指在一定时间与空间中，空间要素以特定传播方式的运动形式。空间流波为矢量波，可以用空间流波函数的方式进行定量化表达，即空间要素是空间位置和时间的函数。空间流波具有时间周期性与空间周期性的特征，即空间要素 u 既是时间 t 又是空间位置 r 的周期函数。函数 $u(t,\ r)$ 被称为空间流波函数，它是定量描述空间流波动过程的数学表达式，可以依据不同的标准对空间流波进行分类。

第一，按照空间流波的形状可以分为正弦波、余弦波、矩形波、锯齿波、脉冲波等。

第二，按照空间流波的强度可以分为高强度波、中强度波、低强度波。

第三，按照空间流波的叠加性可以分为空间流线性波和空间流非线性波，其中空间流线性波具有叠加性，空间流非线性波不具有叠加性。空间流线性波是空间流非线性波的特殊形式，空间流非线性波是广泛存在的一般形式。但是为简化问题起见，在空间流波动理论中，我们着重讨论空间流线性波的情况，根据数学上处理非线性问题的原则，可以将空间流非线性波简化成空间流线性波。

第四，按照空间流波的频率可以分为空间流简谐波和空间流非简谐波。空间流简谐波的波函数为正弦或余弦函数形式。任何空间流非简谐波都可以被视为由许多频率不同的空间流简谐波叠加而成，即几个空间流波可以叠合成一个总的空间流波。反之，一个空间流波也可以被分解为几个空间流波之和。根据傅里叶级数表示法，任何一个空间流波函数都可以表示为一系列不同频率的正弦和余弦函数之和，所以任何空间流波形的波都可以归结为一系列不同频率空间流简谐波的叠加，这种分析方法被称为频谱分析法，它为认识空间流波一些复杂的波动现象提供了一个有力的工具。

2）空间流波综合分析

（1）空间流波的基本性质

① 空间流波的结构

空间流波的结构包括空间流波的空间性质与时间性质两个部分：空间流波的空间性质所反映的是空间流波在空间位移的规律，是空间流波在空间的抽象科学事实，如图 2.38 所示，以空间流波 y-x 空间坐标图予以表示。空间流波多数伴随空间要素的空间位移是空间流波独立于物理波的基本性质，多数情况下物理波没有介质的空间位移。空间流波的时间性质所反映的是空间流波随时间变化的规律，是空间流波在时间的抽象科学事实，如图 2.38 所示，以空间流波 y-t 时间坐标图予以表示。空间流波 y-t 时间坐标图所表示的是空间要素随时间所表现的高、中、低体量的大小，也正是因为这个

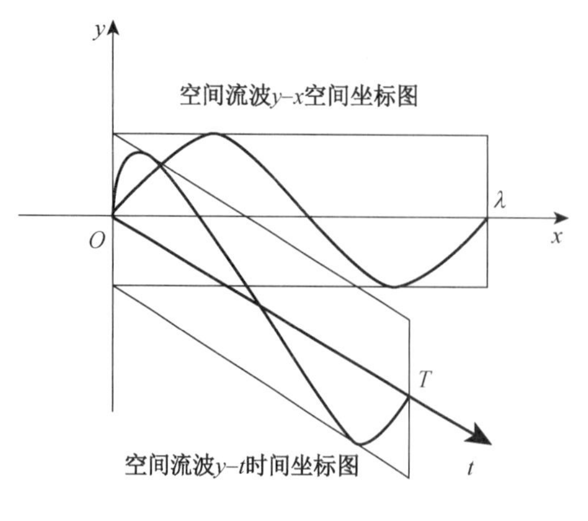

图 2.38　空间流波的结构图

原因,空间流才表现出波动的特征,才形成了空间流波。因为随着时间的变化,多数空间流波空间要素发生空间位移,所以它与物理波的介质随时间在定点的振动是不同的。

空间流波是一种存在的客观事实,而"空间流空间波"与"空间流时间波"是两个被定义的科学事实。"空间流波 y-x 空间坐标图"与"空间流波 y-t 时间坐标图"要遵循空间流波的结构所规定的科学含义,这是与一般物理波所不同的。空间流波是"空间流空间波"与"空间流时间波"的合成体,可以表示为

$$空间流波=空间流空间波+空间流时间波 \tag{2.56}$$

空间流波的结构是空间流波科学事实的表述。在空间流波结构的基础之上,我们定义出空间流波的基础性质与空间流波的特殊性质,进而形成了空间流波原理的基础。

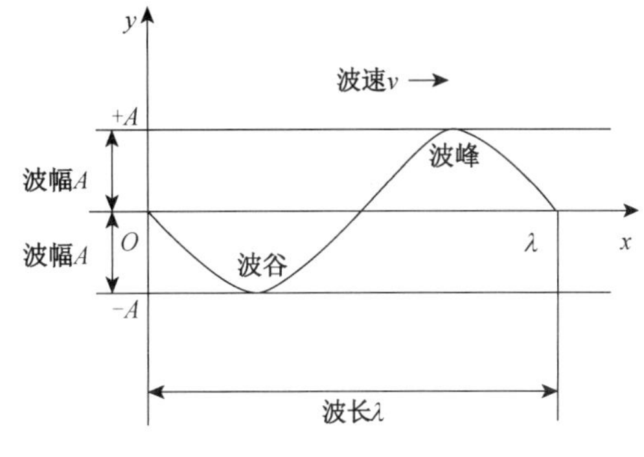

图 2.39 空间流波波形图

② 空间流波波长 λ

如图 2.39 所示,所谓空间流波波长是指一个空间流波峰与波谷之间的长度。沿着空间流波的传播方向与具有固定的频率是空间流波的两个前提。空间流波波长反映了空间流波在空间上的周期性,一般以希腊字母 λ 表示。空间流波波长的单位一般是距离单位,要根据具体情况来确定,其计算公式为

$$\lambda=\frac{v}{f} \tag{2.57}$$

其中,λ 表示空间流波的波长;v 表示空间流波的波速;f 表示空间流波的频率。

③ 空间流波波幅 A

如图 2.39 所示,所谓空间流波波幅 A 是指空间流波的高度,其描述了空间要素波动程度的高低与强弱。空间流波波幅 A 是标量,以正值予以表述,对应着空间城市系统空间要素振荡的强度,如中国春运时空间人员流的高强度,体现为空间人员流波波幅 A 值的较高程度。

④ 空间流波波速 v

如图 2.39 所示,所谓空间流波波速是指单位时间内空间流波波形传播的距离。它是描述空间要素在空间中运动快慢的指标,与空间流波动因以及空间流渠道相关联,其计算公式为

$$v=\lambda f \tag{2.58}$$

其中,v 表示空间流波的波速;λ 表示空间流波的波长;f 表示空间流波的频率。

⑤ 空间流波周期 T

如图 2.40 所示，所谓空间流波的周期 T 是指一个空间流波通过某一点时所需要的时间。它表达的是空间要素运动重复事件发生的最小时间间隔，计算公式为

$$T=\frac{1}{f} \tag{2.59}$$

其中，T 表示空间流波的周期；f 表示空间流波的频率。

⑥ 空间流波频率 f

如图 2.41 所示，所谓空间流波的频率是指每分钟内所通过的某一点空间流波的个数，是描述空间要素运动频繁程度的量。由于空间要素运动周期长，我们定义空间流波的单位为波次 W_t，即次/分钟。空间流波频率的计算公式为

$$f=\frac{1}{T} \tag{2.60}$$

其中，f 表示空间流波的频率；T 表示空间流波的周期。

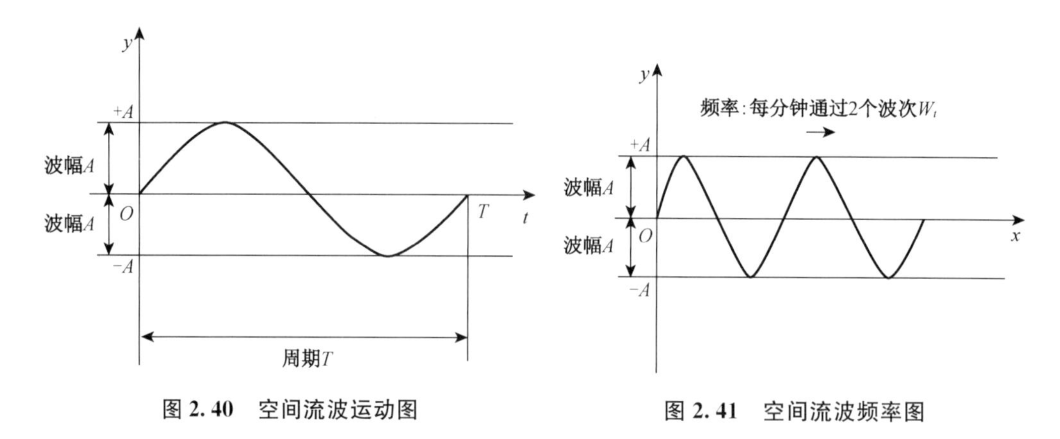

图 2.40　空间流波运动图　　图 2.41　空间流波频率图

(2) 空间流波的特殊性质

① 空间流波波源 S

所谓空间流波波源是指发出空间流波的初始原点，它能够不间断地发出空间波能量，维持空间流波的运动。

“空间流波单波源”是指在空间流背景空间中单一存在的空间流波波源，以 S 表示。“空间流波单波源”是空间流波波源的基本形式，可以是单波源出，也可以是多波源出。例如“城市空间扩散”就是“城市单波源”形式，而且是多波源出，包括人员流波源出、物资流波源出、信息流波源出、能源流波源出。

“空间流波多波源”是指在空间流背景空间中存在若干个空间流波波源，以 $\sum S$ 表示。“空间流波多波源”是空间城市系统波源的基本形式，由牵引城市(TC)、主导城市(LC)、主中心城市(MC)、辅中心城市(AC)、基础城市(BC)等构成了空间流波多波源体系。空间流波多波源体系是多波源出，包括人员流波体系源出、物资流波体系源

出、信息流波体系源出、能源流波体系源出。

② 空间流波动因 P

空间流波动因是指空间流波产生的动力与原因，起源于空间流波的人类智能特性，例如人员流波、物资流波、信息流波、资金流波、能源流波的动因都是人类主观意愿的结果，这是空间流波不同于物理波的最根本特征。空间流波动因具有方向感和目标性，它是人类的一种行为心理倾向通过空间要素的运动形式表现出来，因此也可以说它是空间要素波动的原因。

如图 2.42 所示，空间流波动因结构是指根据空间流波产生的动力与原因，对空间流波动因构成组分进行分析，所得出的空间流波动因主成分定量比例结构。根据一般性经验，我们提出空间流波动因结构为：在一般情况下，空间流波的动因决定于第一主成分动因，第一主成分动因贡献率应超过 60%，累计贡献率应超过 60%；第二主成分动因贡献率应不低于 25%，累计贡献率应超过 85%；第三主成分动因贡献率应不低于 15%，累计贡献率应达到 100%。

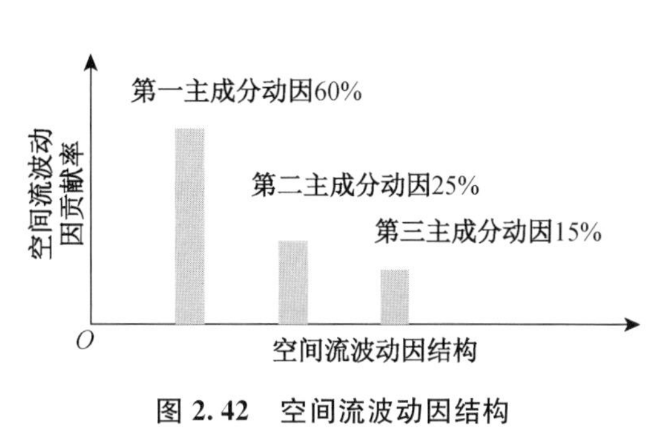

图 2.42　空间流波动因结构

例如在春运期间，第一主成分动因 P_1 是春运时搭乘高铁的人员流波动因，贡献率超过 60%，累计贡献率超过 60%；第二主成分动因 P_2 是双休日搭乘高铁的人员流波动因，贡献率不低于 25%，累计贡献率超过 85%；第三主成分动因 P_3 是日常搭乘高铁的人员流波动因，贡献率不低于 15%，累计贡献率达到 100%。

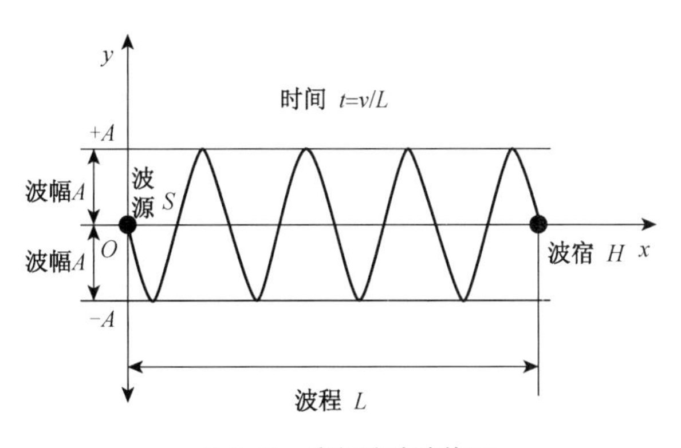

图 2.43　空间流波波体图

③ 空间流波时间 t

如图 2.43 所示，空间流波时间是空间流波的基本标度量，在空间流波原理中时间的基本单位是分钟(具体时间单位也可以根据具体情况确定)。空间流波时间是对空间要素运动过程的描述，它是连续的、不间断的、不可逆的，是对空间流波观测的重要基本参量，其计算公式为

$$t=\frac{v}{L} \tag{2.61}$$

其中，t 表示空间流波的时间；v 表示空间流波的速度；L 表示空间流波的运动距

离，对于整个空间流波体来说，运动距离就是波程 L。

④ 空间流波波程 L

如图 2.43 所示，空间流波波程是指从空间流波源到空间流波宿空间流波传播的距离，可以近似表示为 N 倍的空间流波波长 $N\lambda$，其公式为

$$L = vt \tag{2.62}$$

其中，L 表示空间流波的运动距离；v 表示空间流波的速度；t 表示空间流波时间。

⑤ 空间流波波宿 H

如图 2.43 所示，空间流波波宿是指接受空间流波的终止点。因为空间流波多数伴随着空间要素的转移，所以空间流波波宿就具有重要的意义，是空间流波很重要的特性。

"空间流波单波流入"是指空间流波波宿接受单一空间流波的流入。例如，欧洲城市所接受的中东难民就可以被视为空间人员流单波流入。

"空间流波多波流入"是指空间流波波宿同时接受若干空间流波的流入，例如城市日常接受的人员流波、物资流波、信息流波、能源流波。"空间流波多波流入"是空间流波波宿的一般性存在形式。

3）空间流波波动方程

（1）空间流波主成分结构

对于特定的空间城市系统，空间流体系形成了若干空间流波。对于每一层的空间流波都存在结构组成问题，空间流波的主成分结构分析，是空间流波定量分析的重要内容，要根据具体情况进行具体的空间流波主成分结构分析。根据黄金分割定律和主成分累积贡献率原则，一般前三位主成分累积贡献率达到 80%。如图 2.44 所示，我们提出空间流波的主成分结构比例：第一主成分空间流波贡献率为 40%，累积贡献率为 40%；第二主成分空间流波贡献率为 25%，累积贡献率为 65%；第三主成分空间流波贡献率为 15%，累积贡献率达到 80%；其余成分空间流波贡献率为 20%，累积贡献率达到 100%。

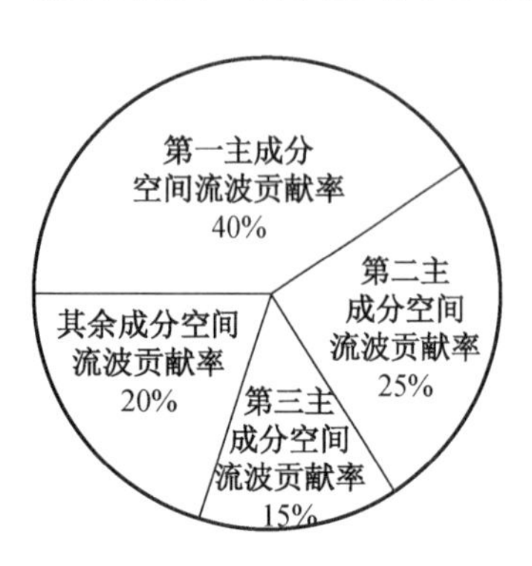

图 2.44　空间流波主成分结构

例如，对于特定的 1 级空间城市系统：空间集聚流波为第一主成分，贡献率为 40%，累积贡献率为 40%；空间联结流波为第二主成分，贡献率为 25%，累积贡献率为 65%；空间扩散流波为第三主成分，贡献率为 15%，累积贡献率为 80%；其余成分空间流波贡献率为 20%，累积贡献率为 100%。

（2）空间流波波动方程

所谓空间流波波动方程，是描述空间流波运动现象的数学方程，它通常表述一般类型的空间流波，例如空间人员流波、空间物资流波等。空间流波的波动方程表示的是在某一时刻空间要素运动的位移规律，使用正弦函数（或余弦函数）表示出空间流波

的形状。空间流波方程以正弦函数 $\sin(x, t)$（或余弦函数）的形式表现，其中(x, t)为位移与时间变量。根据波动力学关于波的基本公式[22]，可以得到空间要素随时间 t 运动，在空间位移各个位置 x 点上的空间流波的波动方程为

$$y = A \sin \omega\left(t - \frac{x}{v}\right) \tag{2.63}$$

其中，y 表示空间流波的高度；A 表示空间流波波幅；ω 表示角速度且有 $\omega = 2\pi/T = 2\pi f$；t 表示空间要素运动时间变量；x 表示空间要素的位移变量；v 表示空间流波波速。

图 2.45 显示了空间流波波动函数 y 与空间要素运动时间变量 t，以及空间要素位移变量 x 之间的关系。在 $t=0$ 处，有 $x=0$，空间流波波动函数 y 的正弦函数空间流波波动方程公式为

$$y = A \sin \omega t \tag{2.64}$$

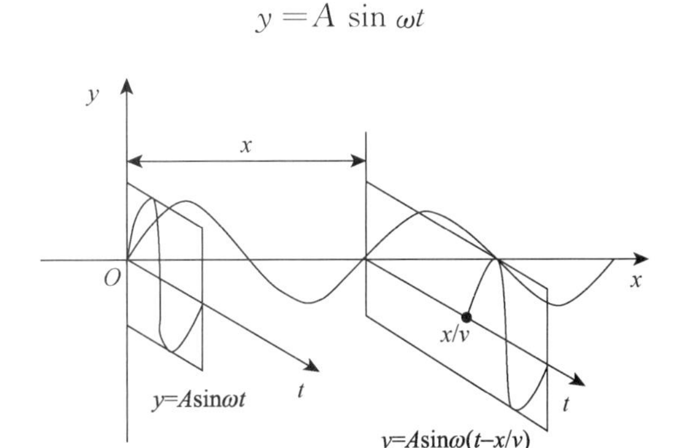

图 2.45　空间流波波动函数 y 与时间变量 t 以及位移变量 x 的关系

在 $t=x/v$ 处，即在 x 处，空间流波波动函数 y 的正弦函数空间流波波动方程公式为(2.63)。

正如图 2.45 所示，空间流波波动方程体现了空间流波结构的空间性质与时间性质的基本特性，正如公式“空间流波＝空间流空间波＋空间流时间波”和前图 2.38 所表示的那样。需要说明的是公式“$y=A \sin \omega(t-x/v)$”是空间流波波动方程的基本形式，空间流波波动方程存在多种变化形式，如余弦函数，也可以用偏微分方程的数学方法进行表示。

4）空间流波逻辑与数学解析

(1) 空间流波分层逻辑解析

如表 2.8 所示，空间流波的分层是最基础的空间流波逻辑解析。

第一，就空间流波结构而言，空间流波分层表的空间流波自上而下分层统领，具有自下而上的还原属性，低级空间流波为上级空间流波结构提供了组分元素。

第二，就空间流波关系而言，空间流波分层表给出了准确的层次定位，界定了空间流波的关系属性，上级空间流波是下级空间流波的因变量，下级空间流波是上级空间

表 2.8 空间流波分层表

<table>
<tr><td>空间流波分层</td><td colspan="6">空间流波</td></tr>
<tr><td>第一层</td><td colspan="6">空间流体系波</td></tr>
<tr><td>第二层</td><td colspan="6">空间集聚流波、空间扩散流波、空间联结流波</td></tr>
<tr><td>第三层</td><td colspan="2">空间人员流波</td><td>空间物资流波</td><td>空间信息流波</td><td>空间资金流波</td><td>空间能源流波</td></tr>
<tr><td>第四层</td><td colspan="2">航空人员流波
铁路人员流波
公路人员流波
水运人员流波</td><td>航运物资流波
铁路物资流波
公路物资流波
水运物资流波</td><td>互联网信息流波
卫星电话信息流波
有线电话信息流波
有线传真信息流波
邮政信函信息流波</td><td>汇兑资金流波
现金资金流波
股市资金流波
外汇资金流波</td><td>电力能源流波
石化能源流波
煤炭能源流波
太阳能源流波</td></tr>
<tr><td rowspan="2">第五层</td><td>高速人员流波</td><td>航空飞机人员流波
高速铁路人员流波
高速公路人员流波</td><td rowspan="2">全球物资流波
国内物资流波
地方物资流波</td><td rowspan="2">语言信息流波
文字信息流波
图像信息流波</td><td rowspan="2">美元资金流波
欧元资金流波
人民币资金流波
英镑资金流波
日元资金流波</td><td rowspan="2">一次性能源流波
可再生能源流波
清洁能源流波
碳排放能源流波</td></tr>
<tr><td>低速人员流波</td><td>铁路人员流波
公路人员流波
水运人员流波</td></tr>
</table>

流波的自变量。空间流波分层表的第一层空间流体系波，第二层空间集聚流波、空间扩散流波、空间联结流波，具有对低级空间流波的横向组合功能。

第三，空间流波分层表的每一种空间流波都具有独立的属性地位，它为主成分空间流波的分析选择提供了逻辑基础，也为每一种空间流波组成的傅里叶解析提供了逻辑基础。

第四，空间流波分层表给出了空间城市系统的形成与发展动因细分。各级空间城市系统的形成与发展动因，可以根据空间流波分层表所列种类进行组合，构建空间城市系统动因空间流波谱谱系。

第五，空间流波分层表给出了空间流波分解与合成的基本原则：自上而下逐级可以对空间流波进行分解分析，如空间流波的傅里叶解析；自下而上逐级可以对空间流波进行合成分析，例如可以将空间人员流波、空间物资流波、空间信息流波、空间资金流波、空间能源流波，按照空间集聚流波、空间扩散流波、空间联结流波归类进行合成。再将空间集聚流波、空间扩散流波、空间联结流波进行自下而上地合成为空间流体系波，就可以反映空间城市系统空间流波的整体情况。

第六，空间流波分层表给出了基本原则，如前表 2.8 所示。在实际问题中，可以根据具体情况，依据空间流波分层表的基本原则对空间流波进行细分，构建具体空间城市系统的空间流波分层表。

（2）空间流波主成分数学解析

根据“空间流划类分层表”（前表 2.7）与“空间流波分层表”（前表 2.8），以空间城市系统三动因空间流波为例，我们说明空间流波主成分解析的全部过程。

第一步,空间流波概念确定。

特定空间城市系统的空间流波体系包含了多种类别的空间流波,这些空间流波交叉重叠,无法提供清晰且有逻辑的空间城市系统动因情况。根据第 2 章的内容“空间城市系统状态变量”的论证,空间城市系统状态变量包括空间集聚流变量、空间扩散流变量、空间联结流变量,是决定空间城市系统行为特性的一组完备且最少的空间城市系统变量。因此,我们可以确定“空间城市系统状态空间流体系波”是空间城市系统动因空间流波的第一层,进而界定空间集聚流波、空间扩散流波、空间联结流波是空间城市系统动因空间流波的第二层。以空间集聚、空间扩散、空间联结三个动因概念为中心,进行空间信息组合重构,组成空间城市系统状态空间流体系波,即空间集聚流波、空间扩散流波、空间联结流波。

第二步,空间流波数据抽样方案与数据抽样。

根据空间城市系统状态空间流体系波总体概念,即空间集聚流波、空间扩散流波、空间联结流波具体概念,对空间流数据进行划类,形成空间集聚流数据样本组、空间扩散流数据样本组、空间联结流数据样本组,科学规范与研究者知识的综合应用是划类的基本准则,空间流波概念的准确界定是数据抽样方案与数据抽样的前提,空间流波数据的合理性、可靠性、全面性是甄别的标准。

在空间城市系统状态空间流体系波总体样本,即空间集聚流波、空间扩散流波、空间联结流波的具体样本中,在空间流简单随机抽样方法、空间流分层抽样方法、空间流二阶抽样方法、空间流分层二阶抽样法中,选择合适的抽样方法,制定空间流波数据抽样方案。

根据统计学的“约 400”的一般性原则,确定样本容量,即样本中个体的数目,按照空间流波数据抽样方案,对空间城市系统状态空间流体系波总体样本,即空间集聚流波、空间扩散流波、空间联结流波具体样本进行数据抽样,构建空间城市系统状态空间流波体系。

第三步,空间流波数据关系的确定。

根据空间城市系统状态空间流体系波总体概念,即空间集聚流波、空间扩散流波、空间联结流波具体概念,确定空间流体系波因变量,它所表征的就是空间城市系统状态空间流体系波的整体信息情况,也就是我们要进行的主成分分析的主体内容。根据空间流波的分层逻辑解析原则,上级空间流波是下级空间流波的因变量,下级空间流波是上级空间流波的自变量。空间城市系统状态空间流体系波总体包括以下方面:

其一,空间流波因变量体系。空间流波因变量包括空间集聚流波因变量、空间扩散流波因变量、空间联结流波因变量。

其二,空间流波自变量体系。空间流波自变量包括空间人员流波自变量、空间物资流波自变量、空间信息流波自变量、空间资金流波自变量、空间能源流波自变量。

其三，空间流波自变量与空间流波因变量的关系组合。根据空间流波的分层逻辑解析原则，分层表的空间集聚流波、空间扩散流波、空间联结流波具有对低级空间流波的横向组合功能。对应空间集聚流波因变量、空间扩散流波因变量、空间联结流波因变量，选择空间人员流波自变量 1、空间物资流波自变量 2、空间信息流波自变量 3 的横向组合，得到图 2.46 所示的空间城市系统状态空间流体系波自变量与因变量关系组合。

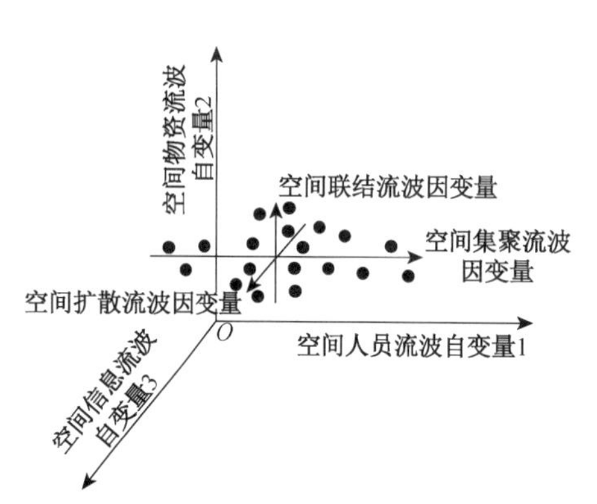

图 2.46　空间城市系统状态空间流体系波变量关系

同理，我们可以得到空间流波分层表第三层，即空间人员流波自变量、空间物资流波自变量、空间信息流波自变量、空间资金流波自变量、空间能源流波自变量，任意三个变量横向功能组合，构建相应的空间城市系统状态空间流体系波自变量与因变量的关系组合，对空间城市系统空间流波体系进行全面研究。

第四步，空间流波数据标准化。

首先，根据空间人员流波自变量 1 的轴向诸点数据，求出自变量 1 轴向的平均值与标准差；根据空间物资流波自变量 2 的轴向诸点数据，求出自变量 2 轴向的平均值与标准差；根据空间信息流波自变量 3 的轴向诸点数据，求出自变量 3 轴向的平均值与标准差。

其次，空间流波原始抽样数据中可能存在无法比较的不同量纲，可能存在数据数量级的较大差距，使得较小数量级的数据被淹没，导致主成分偏差较大，所以要对原始抽样数据进行标准化处理。为了消除空间人员流波自变量 1 数据、空间物资流波自变量 2 数据、空间信息流波自变量 3 数据的量纲和数量级，将其转化为平均值为 0、方差为 1 的无量纲数据，将不同的单位统一起来。

最后，如图 2.47 所示，做出空间流波标准化数据关系坐标图，形象地说明空间城市系统状态空间流体系波数据的标准化关系，也可以选择合适的计算机软件对空间流波数据进行标准化处理。

第五步，空间流波主成分解析。

空间城市系统状态变量，包括空间集聚流变量、空间扩散流变量、空间联结流变量，是决定空间城市系统行为特性的一组完备且最少的空间城市系统变量。空间城市系统状态空间流体系波概念界定了空间集聚流波、空间扩散流波、空间联结流波的三个概念，则空间流波主成分的数量也被确定为三个。

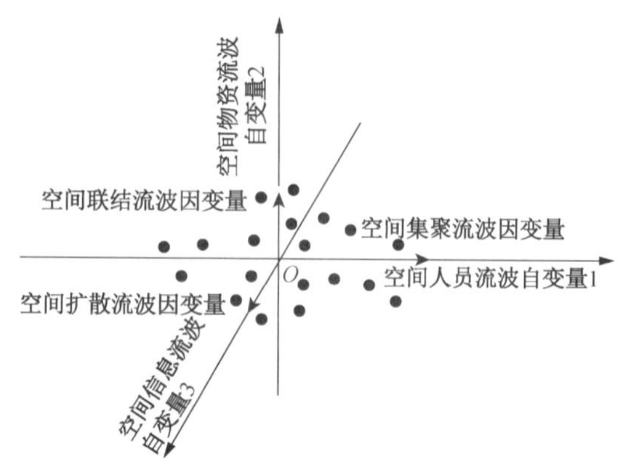

图 2.47　空间流波标准化数据关系坐标图

据此，我们对空间城市系统状态空间流波体系进行数学的降维处理，将多个变量做线性组合，构建三个主成分变量，即空间集聚流波变量、空间扩散流波变量、空间联结流波变量。

经过标准化后的空间人员流自变量 1 数据、空间物资流自变量 2 数据、空间信息流自变量 3 数据的平均值为 0，第一大方差处的轴为第一主成分空间集聚流波 $Z_{集聚}$、第二大方差处的轴为第二主成分空间联结流波 $Z_{联结}$、第三大方差处的轴为第三主成分空间扩散流波 $Z_{扩散}$，如图 2.48 所示。

根据主成分分析的数学定义可得到空间流波主成分表达公式为

$$\begin{cases} Z_{集聚}=a_{11}u_1+a_{12}u_2+a_{13}u_3 \\ Z_{联结}=a_{21}u_1+a_{22}u_2+a_{23}u_3 \\ Z_{扩散}=a_{31}u_1+a_{32}u_2+a_{33}u_3 \end{cases} \tag{2.65}$$

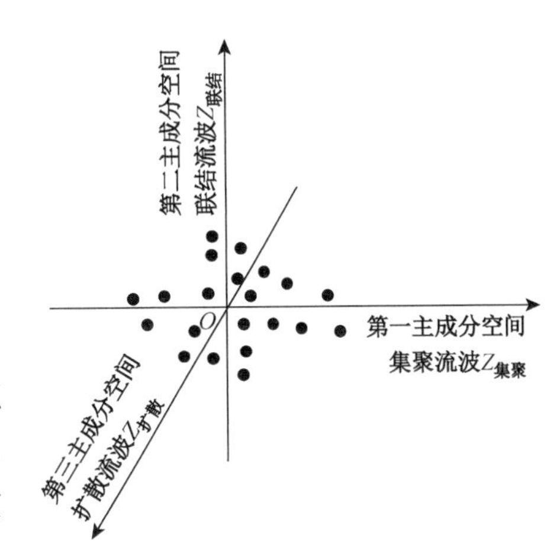

图 2.48　空间城市系统状态空间流波主成分

对于方程组(2.65)，有如下表述：

其一，$Z_{集聚}$ 表示第一主成分空间集聚流波；u_1 表示空间人员流自变量 1 的标准值；u_2 表示空间物资流自变量 2 的标准值；u_3 表示空间信息流自变量 3 的标准值；a_{11} 表示空间人员流自变量 1 对第一主成分空间集聚流波的影响程度；a_{12} 表示空间物资流自变量 2 对第一主成分空间集聚流波的影响程度；a_{13} 表示空间信息流自变量 3 对第一主成分空间集聚流波的影响程度。

其二，$Z_{联结}$ 表示第二主成分空间联结流波；u_1 表示空间人员流自变量 1 的标准值；u_2 表示空间物资流自变量 2 的标准值；u_3 表示空间信息流自变量 3 的标准值；a_{21} 表示空间人员流自变量 1 对第二主成分空间联结流波的影响程度；a_{22} 表示空间物资流自变量 2 对第二主成分空间联结流波的影响程度；a_{23} 表示空间信息流自变量 3 对第二主成分空间联结流波的影响程度。

其三，$Z_{扩散}$ 表示第三主成分空间扩散流波；u_1 表示空间人员流自变量 1 的标准值；u_2 表示空间物资流自变量 2 的标准值；u_3 表示空间信息流自变量 3 的标准值；a_{31} 表示空间人员流自变量 1 对第三主成分空间扩散流波的影响程度；a_{32} 表示空间物资流自变量 2 对第三主成分空间扩散流波的影响程度；a_{33} 表示空间信息流自变量 3 对第三主成分空间扩散流波的影响程度。

(3) 空间流波傅里叶数学解析

空间城市系统的空间流波在一般情况下呈现出复杂的状态，无法提供清晰且有逻辑的空间城市系统动因情况。通过傅里叶数学解析，将复杂的空间流波分解成标准的正弦波或余弦波，即空间流波的傅里叶数学解析，它是空间流波分解分析与空间流波合成分析的基础，是空间流波解析的重要内容。

根据“傅里叶级数展开定理”，任何一个空间流波函数都可以被分解为常数与若干个正弦波函数以及余弦波函数之和，我们称之为空间流波的傅里叶解析。在此，空间流波是一个客观存在的真实现象，而正弦波与余弦波只是数学意义上的解析波，而非客观存在。空间流波函数的傅里叶解析表达公式为

$$F(x)=\frac{1}{2}a_0+a_1\cos x+a_2\cos 2x+a_3\cos 3x+\cdots+ a_n\cos nx+b_1\sin x+b_2\sin 2x+b_3\sin 3x+\cdots+ b_n\sin nx \tag{2.66}$$

其中，$F(x)$ 为空间流波函数；x 为空间流波移动变量（以弧度表示）；n 为正整数；a_0、a_1、a_2、a_3、a_n，b_1、b_2、b_3、b_n 为傅里叶系数，并且有

$$a_0=\frac{1}{2\pi}\int_0^{2\pi}F(x)\mathrm{d}x \tag{2.67}$$

$$a_n=\frac{1}{\pi}\int_0^{2\pi}F(x)\cos nx\,\mathrm{d}x \tag{2.68}$$

$$b_n=\frac{1}{\pi}\int_0^{2\pi}F(x)\sin nx\,\mathrm{d}x \tag{2.69}$$

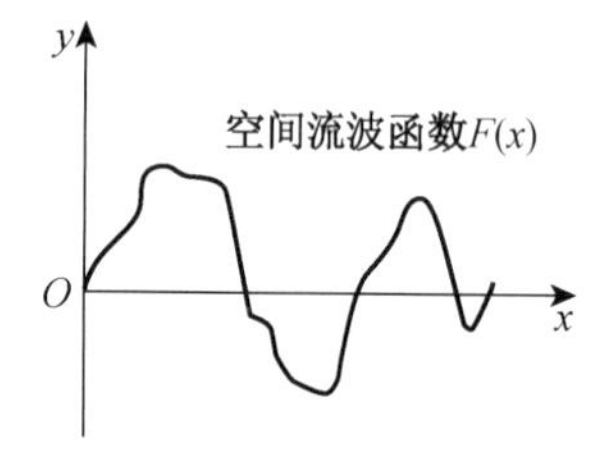

图 2.49　空间流波形图

实际中的空间流波多为不规则的，我们可以利用空间流波的傅里叶解析公式（2.66）对其进行数学解析，如图 2.49 所示，空间流波为不规则的函数 $F(x)$。

根据公式（2.66），空间流波 $F(x)$ 可以被解析为 n（n 为正整数）个余弦函数部分，其系列波形图如图 2.50 所示。

根据公式（2.67），空间流波 $F(x)$ 可以被解析为 n（n 为正整数）个正弦函数部分，其系列波形图如图 2.51 所示。

根据空间流波函数的傅里叶解析公式（2.66），参照空间流波余弦函数解析图（图 2.50）与空间流波正弦函数解析图（图 2.51），就可以将任何空间流波解析成为可以求解的常数项、正弦函数项、余弦函数项。具体的空间流波函数的傅里叶解析，可以选择相关计算软件，通过计算机进行运算求解。

（4）空间流波归纳逻辑解析

经过空间流波分层逻辑解析、空间流波主成分数学解析、空间流波傅里叶数学解析，可以在前表 2.8“空间流波分层表”的基本框架中，采用“整体论方法”即从上级到下级、从整体到局部的方法，或者“还原论方法”即从下级到上级、从微观到宏观的方法，对空间城市系统空间流波的性质进行归纳总结，从而确定空间流波的基本属性。

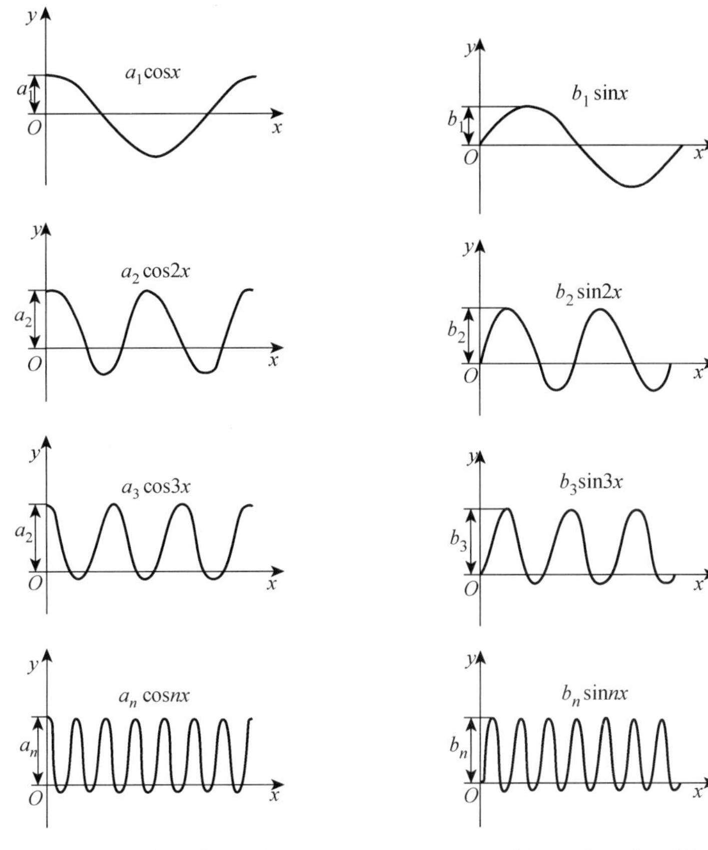

图 2.50 空间流波余弦函数解析图 **图 2.51 空间流波正弦函数解析图**

① 空间流波基本性质归纳逻辑解析

第一,空间流波结构的解析。

如前图 2.38 所示,对于空间城市系统的任何空间流波,首先要辨析出它的空间性质与时间性质,即空间流波的空间位移规律 y-x,与空间流波随时间变化的规律 y-t。例如,空间扩散流波具有传染扩散、等级扩散、重新区位扩散的空间性质,具有空间扩散产生期、空间扩散成长期、空间扩散成熟期、空间扩散衰退期的时间性质。准确解析空间流波结构性质是空间流波研究的基础。

第二,空间流波波长的解析。

以空间集聚流波为例,如前图 2.49 至图 2.51 所示,经过空间流波的傅里叶解析,我们可以将复杂的空间集聚流波分解成标准的空间集聚流波常数项、空间集聚流正弦波、空间集聚流余弦波。

根据空间流波函数的傅里叶解析表达公式(2.66)与解析图前图 2.49 至图 2.51,我们可以得到 n 个空间集聚流正弦波的波长,与 n 个空间集聚流余弦波的波长,从而合成获得空间集聚流波的波长 λ,如前图 2.39 所示。

第三,空间流波波幅的解析。

同理,根据空间流波函数的傅里叶解析表达公式(2.66)与解析图前图 2.49 至图

2.51，我们可以得到 n 个空间集聚流正弦波的波幅，与 n 个空间集聚流余弦波的波幅，从而合成获得空间集聚流波的波幅 A，如前图 2.39 所示。

第四，空间流波周期的解析。

同理，根据空间流波函数的傅里叶解析表达公式(2.66)与解析图前图 2.49 至图 2.51，我们可以得到 n 个空间集聚流正弦波的周期，与 n 个空间集聚流余弦波的周期，从而合成获得空间集聚流波的周期 T，如前图 2.40 所示。

第五，空间流波频率的解析。

同理，根据空间流波函数的傅里叶解析表达公式(2.66)与解析图前图 2.49 至图 2.51，我们可以得到 n 个空间集聚流正弦波的频率(波次 / 分钟)，与 n 个空间集聚流余弦波的频率(波次/分钟)，从而合成获得空间集聚流波的频率 f(波次/分钟)，如前图 2.41 所示。

第六，空间流波波速的解析。

根据前述可知，λ 表示空间流波波长，f 表示空间流波频率，由公式(2.58)可以得到空间流波波速 $v=\lambda f$，如前图 2.39 与前图 2.41 所示。

第七，空间流波波峰与波谷的解析。

同理，根据空间流波函数的傅里叶解析表达公式(2.67)与解析图前图 2.49 至图 2.51，我们可以得到 n 个空间集聚流正弦波的波峰与波谷，与 n 个空间集聚流余弦波的波峰与波谷，从而合成获得空间集聚流波的波峰与波谷，如前图 2.39 所示。

② 空间流波特殊性质归纳逻辑解析

第一，空间流波波源的解析。

如前图 2.43 所示，空间流波的波源解析主要有三个方面：首先是空间流波波源的地点，以空间联结流波为例，空间城市系统的两个联结城市互为空间联结流波的波源地点，向对方不断地发出空间联结流波。其次是空间流波波源的分类，例如作为城市的北京是"空间流波单波源"，向中国空间不断地发出空间流波，而作为空间城市系统组分的北京、天津、唐山构成了"空间流波多波源"，向中国及世界空间不断地发出空间流波体系。最后是空间流波波源的能量，例如，纽约作为世界空间流波的波源，具有联合国政治能量、华尔街金融能量、百老汇艺术能量等全球空间流波波源能量。

第二，空间流波动因的解析。

如前图 2.42 所示，空间流波的动因解析主要有三个方面：首先是空间流波动因的动力规模，例如美国华盛顿"五角大楼"是世界最大的军事力量的波源，拥有全球军事相关空间流波动因的最大动力规模。其次是空间流波动因的原因根据，例如纽约 9·11事件，是阿富汗战争相关军事空间流波的原因根据。最后是空间流波动因的人类意愿，例如美国社会强烈的反战情绪，是停止越南战争相关军事空间流波运行的美国人民的意愿。

第三，空间流波波程的解析。

如前图 2.43 所示，空间流波的波程解析主要涉及三个方面：首先是空间流波起点,例如法国巴黎的戴高乐机场是巴黎到伦敦空间人员流波的主要起点。其次是空间流波渠道,例如巴黎到伦敦的空间人员流波渠道可以有三种,即巴黎到伦敦的空中渠道、经过海运的海陆渠道、经过海底隧道的陆地渠道。巴黎到伦敦的空间人员流波渠道不同,则空间流波的波程不同。最后是空间流波终点,例如伦敦的希思罗机场是巴黎到伦敦空间人员流波的主要终点。

第四,空间流波时间的解析。

空间流波时间的解析有两个主要方面:一是时间因变量,如前图 2.41 所示,空间流波时间是空间流波的基本标度量。在空间流波动原理中时间的基本单位是分钟(具体时间单位也可以根据具体情况确定),用作观测空间流波运动的标准,例如从北京到上海空间高铁人员流波的时间是 5 小时 40 分钟,即 340 分钟。二是时间自变量,如前图 2.38 所示,空间流波具有时间性质,即空间流波随时间变化的规律 y-t,例如在公式(2.70)中空间流波时间就是作为自变量出现的:

$$\text{空间流波波速} = \frac{\text{空间流波距离}}{\text{空间流波时间}}$$

$$v = \frac{L}{t} \tag{2.70}$$

第五,空间流波波宿的解析。

如前图 2.43 所示,空间流波的波宿解析主要有三个方面:首先是空间流波的流入地点,例如伦敦金融城作为世界空间资金流波的波宿,成为全球资金流入的地点。其次是空间流波波宿的分类,例如在伦敦奥运会期间,伦敦就是一种"空间流单波流入波宿",接受着运动员人流单波的流入,而日常的伦敦则是"空间流多波流入波宿",接受着世界性人员流波、物资流波、信息流波、能源流波的流入。最后是空间流波波宿的容量,例如伦敦占世界外汇交易总量的比例超过 35%,其容量是世界第一的全球空间外汇资金流波波宿。

参考文献

[1] 鲍世行,吴宇江.钱学森论山水城市[M].北京:中国建筑工业出版社,2010:19.

[2] 姚士谋,周春山,王德,等.中国城市群新论[M].北京:科学出版社,2016:全书概要.

[3] "10 000 个科学难题"地球科学编委会 . 10 000 个科学难题 · 地球科学卷[M].北京:科学出版社,2010:139.

[4] 许国志.系统科学[M].上海:上海科技教育出版社,2000:23.

[5] 刘南威.自然地理学[M].2 版.北京:科学出版社,2007:583.

[6] 戴维 · 伊斯顿.政治生活的系统分析[M].王浦劬,译.北京:华夏出版社,1999:21.

[7] 王金岩.空间研究 9:空间规划体系论:模式解析与框架重构[M].南京:东南大学出版社,2011:35.

[8] 许国志,顾基发,车宏安.系统科学[M].上海:上海科技教育出版社,2000:24.
[9] 桑德斯.灾变理论入门[M].凌复华,译.上海:上海科学技术文献出版社,1983:22.
[10] 伊利亚·普里戈金.确定性的终结:时间、混沌与新自然法则[M].湛敏,译.上海:上海科技教育出版社,2009:55.
[11] 许学强,周一星,宁越敏.城市地理学[M].2版.北京:高等教育出版社,2009:144.
[12] 钟永光,贾晓菁,钱颖,等.系统动力学[M].2版.北京:科学出版社,2013:38.
[13] 苗东升.系统科学精要[M].3版.北京:中国人民大学出版社,2010:239.
[14] 沈小峰,胡岗,姜璐.耗散结构论[M].上海:上海人民出版社,1987:225-226.
[15] 许国志.系统科学[M].上海:上海科技教育出版社,2000:189.
[16] 傅祖芸.信息论:基础理论与应用[M].3版.北京:电子工业出版社,2011:26.
[17] 许国志.系统科学[M].上海:上海科技教育出版社,2000:212.
[18] 姜璐.熵:系统科学的基本概念[M].沈阳:沈阳出版社,1997:65.
[19] 姜璐.熵:系统科学的基本概念[M].沈阳:沈阳出版社,1997:31.
[20] 甄峰.信息时代的区域空间结构[M].北京:商务印书馆,2004:48-49.
[21] 甄峰.信息时代的区域空间结构[M].北京:商务印书馆,2004:49-50.
[22] 桑子研.1、2、3!三步搞定物理波动学[M].李梅,译.北京:科学出版社,2011:212.

3 空间城市系统环境与本体理论

空间城市系统环境理论是空间城市系统的基础理论，它揭示了空间城市系统环境的基本规律。空间城市系统环境超系统，给出了空间城市系统环境的总体框架。空间城市系统环境分析方法，说明了空间城市系统环境研究的具体工具。空间城市系统环境演化，阐述了空间城市系统环境演化的研究方法与状态过程。空间城市系统环境理论是城市科学领域的创新，它为宏观地理空间的人居空间形式研究提供了基础性方法论。

空间城市系统本体理论包括空间城市系统所属的空间形态与空间结构两个部分，它说明了空间城市系统本体的基本规律。空间形态定义给出了空间形态概念与性质，空间形态要素解析界定了空间形态各种物质、信息、价值要素，空间形态演化规律揭示了空间形态构成的演化以及演化动力。空间结构定义给出了空间结构概念与特性，空间结构要素解析界定了空间结构各种抽象要素，空间结构逻辑原理说明了空间结构的构成逻辑关系，空间结构整体分析揭示了空间结构演化规律。空间城市系统本体理论是城市科学领域的创新，它为宏观地理空间的人居空间形式研究提供了基础性方法论。

3.1 空间城市系统环境

3.1.1 空间城市系统环境超系统

1）空间城市系统环境概念

空间城市系统是在环境中孕育、演化、产生的，环境是城市系统不可或缺的依赖基础，它是空间城市系统之外的客观存在。空间城市系统之外的一切与系统相关联事物构成的集合，称之为该空间城市系统的环境，它可以表示为

$$E_s = \{x \mid x \in S \text{ 且与 } S \text{ 具有不可忽略的联系}\} \tag{3.1}$$

其中，E_s 表示空间城市系统环境；x 表示相关联事物；S 表示空间城市系统。空间城市系统环境具有弱系统性，因此又称之为空间城市系统环境超系统。在空间城市系统环境分析时，我们用“空间城市系统环境超系统”统摄全局置于第一层次，如图3.1所示。空间城市系统环境为空间城市系统提供了环境支撑，空间城市系统对空间城市系统环境具有依赖性，是空间城市系统赖以培育、生成、成长的母体。

空间城市系统环境具有组分、结构、层次、功能、状态等系统特性。首先，它对空间

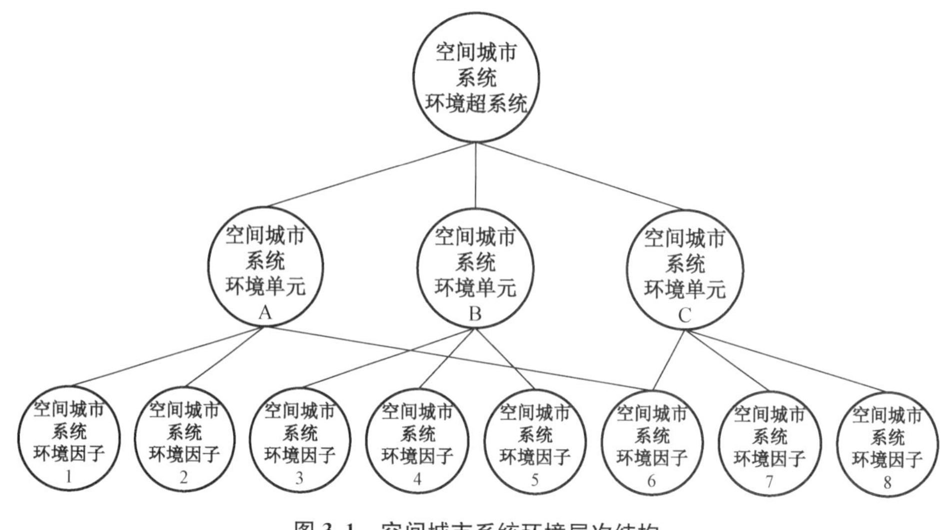

图 3.1　空间城市系统环境层次结构

城市系统具有外部规定性，形塑了空间城市系统的主体。其次，它是决定空间城市系统整体涌现性的重要因素。一定空间城市系统环境条件所产生的“整体涌现性”，使得空间城市系统与环境形成稳定的依存关系，空间城市系统环境的进化催生出“新的整体涌现性”，使得空间城市系统与环境形成新的稳定依存关系。最后，空间城市环境复杂性是空间城市系统复杂性的重要根源。

空间城市系统环境超系统呈现一种弱系统性的特征：首先，空间城市系统环境的系统整体性比较差，呈现出较弱的结构关联性，不够规则。其次，空间城市系统环境具有定长性与变动性、确定性与不确定性的特征，它们与技术发展条件、社会文明进步、经济基础增长对空间城市系统环境的改变相关联。最后，空间城市系统环境的非系统性为空间城市系统的趋利避害、保护和发展自己提供了可能性。

2）空间城市系统环境结构

如前图 3.1 所示，空间城市系统环境结构，是指将空间城市系统环境全部元素关联起来，形成统一整体的特有方式的总和。空间城市系统环境结构具有环境超系统、环境单元、环境因子基元三个基本层次，其主成分主要包括地理环境结构、人文环境结构、经济环境结构，每个主成分下又包括各个层次的结构，例如地理环境结构包括环境地理系统、环境地理单元、环境地理因子。

空间城市系统环境结构具有进化的基本趋势，表现为培育、生成、成长的进化过程，从无序结构向有序结构进化，从而为空间城市系统的生成与发展提供环境支撑。弱关联性是空间城市系统环境结构的基本特征。空间城市系统环境结构不构成严格意义上的系统结构，它的各组分之间呈现不规则的形态与组合，系统整体性比较差。例如空间城市系统环境组分之间呈现出较弱的关联关系，空间城市系统环境要素向空间城市系统要素的转化等。

3）空间城市系统环境层次

如前图3.1所示，空间城市系统环境是一种不严格的弱系统，我们用空间城市系统环境层次作为对它的基本划分，而不是像空间城市系统主体那样划分为各级子系统。空间城市系统环境可以划分为空间城市系统环境超系统一级层次、空间城市系统环境单元二级层次、空间城市系统环境因子三级层次。空间城市系统环境每一层次整体涌现性的形成，都为各级空间城市系统主体提供了环境支撑，低层次的环境整体涌现性支撑高层次的环境整体涌现性，最终形成了空间城市系统环境超系统的整体涌现性。因此，空间城市系统环境研究必须搞清楚是在哪个层次上的问题，混淆层次必将导致空间城市系统环境基本概念结构性的混乱。

4）空间城市系统环境状态与功能

空间城市系统环境状态就整体而言是一个进化过程，分为培育期、生成期、成长期，主要通过地理环境参量、人文环境参量、经济环境参量予以表征。在空间城市系统环境培育期，空间城市系统环境处于平衡态与近平衡态状态，它的环境功能是空间城市系统的孕育环境空间。在空间城市系统环境生成期，空间城市系统环境处于临界状态与分岔状态，它的环境功能是空间城市系统的产生环境空间。在空间城市系统环境成长期，空间城市系统环境处于耗散态的状态，它的环境功能是空间城市系统的发展环境空间。

3.1.2　空间城市系统环境单元

1）空间城市系统环境单元定义

（1）空间城市系统环境单元概念

空间城市系统环境单元处于空间城市系统环境的第二层次，介于空间城市系统环境超系统和环境因子之间，如前图3.1所示。空间城市系统环境单元的本质是环境公共因子，即由相同本质属性的环境独立因子构成的独立因子群，反映出空间城市系统环境特定类问题的本质特征。一般情况下，空间城市系统环境单元可以表示为：第一主成分公共因子地理环境单元，第二主成分公共因子人文环境单元，第三主成分公共因子经济环境单元。

（2）空间城市系统环境单元特性

① 独立性

空间城市系统环境单元之间是正相交关系，环境单元之间只能互相作用、互相影响、互相调节，不可能相互替代。每一个环境单元代表了空间城市系统环境的一个主要特征方面，反映了空间城市系统环境局部的概况。空间城市系统环境单元独立性要根据具体情况进行公共因子性质判定，例如，长江三角洲空间城市系统的第一主成分因子是地理环境单元，即包含合肥子系统，其次才是人文环境单元、经济环境单元的选项。

② 层次性

空间城市系统环境单元的层次性是特别需要注意的问题，例如珠江三角洲空间城市系统环境超系统包括空间城市系统地理环境单元、人文环境单元、经济环境单元三个主成分子系统。在空间城市系统地理环境单元之下又包含香港—深圳地理子系统、广州—佛山—东莞地理子系统、珠海—澳门地理子系统、江门—中山地理子系统，在这些地理子系统之下又包含各种环境因子，如地理空间因子、地貌形态因子、地带气候因子、技术发展因子等。人文环境单元与经济环境单元存在同样的层次性现象，要特别注意二级环境子系统的构建，它们是环境因子与环境单元之间的关键环节，对于实际问题起到承上启下的作用。

③ 结构性

空间城市系统环境单元是一种弱系统性结构，因此其结构性呈现弱关联特征，例如在珠江三角洲空间城市系统环境单元中存在着广州—佛山—东莞地理子系统、香港—深圳地理子系统、珠海—澳门地理子系统、江门—中山地理子系统之间的城际交通关联性结构问题；存在着广东省政府、香港特区政府、澳门特区政府三者之间的空间规划协调性结构问题；存在着香港国际金融中心，深圳世界金融中心，与广州、澳门、珠海、东莞、中山、江门的产业结构问题。空间城市系统环境单元的结构性是其主要问题，只有进行逻辑清晰的环境单元结构性分析，才能构建准确的空间城市环境超系统，特别是它的弱关联特性使得这项分析更加困难。

④ 整体性

空间城市系统环境单元具有整体涌现性，它是空间城市系统环境单元主成分公共性质的表现，是环境单元的子系统和环境因子以及它们的简单总和所不具备的，例如长江三角洲空间城市系统经济环境单元在世界范围具有“经济竞争力整体涌现性”，使得世界500强企业将其亚洲总部以及大量产业投资投入长江三角洲空间城市系统，而这是上海经济环境子系统、南京经济环境子系统、杭州经济子环境子系统、合肥经济环境子系统单独和简单相加所不具备的。由空间城市系统环境单元整体涌现性决定了它的整体形态、整体结构、整体特性、整体状态、整体功能、整体演化、整体分岔、整体变化，但是空间城市系统环境单元的整体性属于弱系统性，是一种松散型的整体特性，这就要求在实际中加以认真界定。

⑤ 功能性

空间城市系统环境单元具有不可替代的整体功能，决定着空间城市系统环境的生成与发展，例如地理环境单元对于空间城市系统所具有的环境整体基础功能。依据空间城市系统环境主成分分析，就可以得到空间城市系统环境单元的功能性，主要为地理环境功能、人文环境功能、经济环境功能、行政环境功能等。

2）地理环境单元

（1）地理环境单元界定

地理环境单元是空间城市系统环境分析的地表子系统框架，它为空间城市系统的生成与发展提供了地理基质的支撑。对地理环境单元的界定要特别注意宏观、中观、微观空间尺度的把握，例如在中国东南空间城市系统中，宏观地理单元可以分为珠江三角洲地理环境单元、闽台地理环境单元、西南三角等地理环境单元；中观地理单元可以分为漳州—厦门地理环境单元、香港—深圳地理环境单元、珠海—澳门地理环境单元、广州—佛山—东莞地理环境单元、台北—基隆地理环境单元、高雄—台南地理环境单元等等；微观地理环境单元可以分为香港地理环境单元、广州地理环境单元、台北地理环境单元、福州地理环境单元、南宁地理环境单元等。对空间城市系统地理环境单元的界定要遵循自然地理学的规律，等高线地图分析方法是地理环境单元重要的分析工具。

（2）地理环境单元主成分分析

地理环境单元的主成分数量一般以三个为基数，可以应用主成分分析数学方法加以确定，并针对所确定的地理环境单元主成分来确定相应的空间城市系统环境分析方法。今以中国沿江空间城市系统为例，阐述地理环境单元的主成分分析过程。

① 地理环境单元第一主成分分析

确定中国沿江空间城市系统地理环境单元第一主成分为“地表陆地系统”[1]，根据自然地理进行等级划分：第一级为长江地理环境单元；第二级为长江上游地理环境单元、长江中游地理环境单元、长江下游地理环境单元；第三级如成都平原地理环境单元、江汉平原地理环境单元、苏锡常地理环境单元等；第四级如重庆地理环境单元、武汉地理环境单元、上海地理环境单元等。确定等高线地图分析方法为地理环境单元“地表陆地系统”的主要分析方法，并做出中国沿江空间城市系统的一级地理环境单元等高线图、二级地理环境单元等高线图、三级地理环境单元等高线图、四级地理环境单元等高线图。

② 地理环境单元第二主成分分析

确定中国沿江空间城市系统地理环境单元第二主成分为“地理空间”，根据地理空间划分方法，以上海、南京、杭州、合肥、武汉、南昌、长沙、重庆、成都为城市中心进行城市内空间、城市近空间、城市外空间、地理连接空间的分析。确定地图分析方法为地理环境单元“地理空间”的主要分析方法，并采用地图颜色分类技术对各种类型地理空间进行技术处理，得到逻辑清晰的中国沿江空间城市系统地理环境单元的地理空间分布图。

③ 地理环境单元第三主成分分析

确定中国沿江空间城市系统地理环境单元第三主成分为“相对距离”，根据相对距离技术分析方法分层级进行相对距离技术处理：第一级，宏观地理环境单元，如上海到成都、上海到武汉、武汉到重庆的相对距离等；第二级，中观地理环境单元，如上海到南京、武汉到长沙、重庆到成都的相对距离等；第三级，微观地理环境单元，如上海到苏州、武汉到黄石、重庆到万州的相对距离等。可以采用数据图分析方法，表示出中国沿江空间城市系统地理环境单元的“相对距离”逻辑关系。

3）人文环境单元

（1）人文环境单元界定

人文环境单元是空间城市系统环境分析的主体子系统框架，它是空间城市系统主体生成与发展的最紧密关联条件，甚至是空间城市系统本身的要素。人文环境单元界定的关键是人文环境的单元结构组成，例如西欧空间城市系统第一主成分结构为“行政区域”，如法国、德国、比利时、卢森堡、荷兰、瑞士国家行政区域；第二主成分结构为“人口结构”，如巴黎、莱茵—美因、莱茵—鲁尔、卢森堡、布鲁塞尔、苏黎世、阿姆斯特丹等城市人口数量；第三主成分结构为“语言文化”，如法语区、德语区、荷兰语区等。人文环境单元的界定，要对空间城市系统环境的政治、文化、社会、人口、语言、宗教等结构要素有深度和广度的了解，并根据所确定的人文环境单元主成分的性质来确定相应的分析方法。

(2) 人文环境单元主成分分析

人文环境单元的主成分数量一般以三个为基数，可以应用主成分分析数学方法加以确定，并针对所确定的人文环境单元主成分来确定相应的空间城市系统环境分析方法。今以西欧空间城市系统为例，阐述人文环境单元的主成分分析过程。

① 人文环境单元第一主成分分析

确定西欧空间城市系统人文环境单元第一主成分为“行政区域”，按照行政级别进行划分：第一级为法国、德国、瑞士、卢森堡、比利时、荷兰国家行政区域；第二级为巴黎区域、莱茵—美因、莱茵—鲁尔、比利时中部、瑞士北部、兰斯塔德巨型城市区域；第三级如巴黎、法兰克福、布鲁塞尔、苏黎世、阿姆斯特丹等城市行政区域。确定地图颜色分类为西欧空间城市系统人文环境单元行政区域主成分的分析方法，并做出西欧空间城市系统环境的一级颜色分类地图、二级颜色分类地图、三级颜色分类地图。

② 人文环境单元第二主成分分析

确定西欧空间城市系统人文环境单元第二主成分为“人口结构”，以巴黎区域、莱茵—美因、莱茵—鲁尔、比利时中部、瑞士北部、兰斯塔德巨型城市区域为第一级人文环境单元，以巴黎、法兰克福、杜塞尔多夫、卢森堡、布鲁塞尔、苏黎世、阿姆斯特丹等城市为第二级人文环境单元，以拉德芳斯新区、美因茨、亚琛、安特卫普、鹿特丹、伯尔尼等城区为第三级人文环境单元，进行人口规模、就业人口、民族分布等主要项目的环境人文分析。可以采用数据柱图经由空间分异标注分析方法等分析工具，得出西欧空间城市系统人文环境单元人口结构科学的逻辑结论。

③ 人文环境单元第三主成分分析

确定西欧空间城市系统人文环境单元第三主成分为“语言文化”，确立语言分布、宗教信仰、地域文化为主要的主成分结构组分，针对不同人文结构类型构建相应的分析框架，如语言分布分析框架、宗教信仰分析框架、地域文化分析框架等，分别选取地图颜色分类、统计数据图表、因子分析等不同的分析方法进行技术处理，特别要注意总体结构的归纳汇总分析，进而得出西欧空间城市系统人文环境单元语言文化的分项与总体结论。

4) 经济环境单元

(1) 经济环境单元界定

经济环境单元是空间城市系统环境分析的基础子系统框架，它为空间城市系统的生成与发展提供了物质化的前提条件。经济环境单元功能是经济环境单元的序参量：首先，具有牵引功能的高端服务业是经济环境单元的核心，包括政治、金融、科研、信息、高教等领域。其次，经济关联度是经济环境单元的关键指标，包括空间城市系统经济与世界经济关联度、与洲际经济关联度、与国家经济关联度、与地区经济关联度，可以借助系统因子关联模型进行定量计算。最后，空间城市系统经济的基本功能与非基本功能是经济环境单元的重要内容，其中经济环境单元的基本功能是衡量空间城市系统环境经济基础的主要标度。

（2）经济环境单元主成分分析

经济环境单元的主成分数量一般以三个为基数，可以应用主成分分析数学方法加以确定，并针对所确定的经济环境单元主成分来确定相应的空间城市系统环境分析方法。今以中国华北空间城市系统为例，阐述经济环境单元的主成分分析过程。

① 经济环境单元第一主成分分析

确定中国华北空间城市系统经济环境单元第一主成分为“经济功能”。首先，按照高端服务业、传统服务业、制造业、农业的产业结构分类方法对京津唐经济环境单元、石家庄—太原经济环境单元、呼包银经济环境单元进行产业结构构成分析。其次，定量计算以北京、天津经济环境单元为主的高端服务业比重，确定中国华北空间城市系统经济环境单元的牵引功能。最后，定量计算京津唐经济环境单元、石家庄—太原经济环境单元、呼包银经济环境单元以及中国华北空间城市系统经济环境单元的基本/非基本比率，确定中国华北空间城市系统经济环境单元功能性质。

② 经济环境单元第二主成分分析

确定中国华北空间城市系统经济环境单元第二主成分为“经济总量”。首先，在可支配财政收入与国内生产总值（GDP）总量指标方面按照京津唐经济环境单元、石家庄—太原经济环境单元、呼包银经济环境单元进行统计数据分析，以明确中国华北空间城市系统经济环境单元的经济总量基础。其次，对北京、天津、石家庄、太原、呼和浩特、银川进行资金保有量调查，建立中国华北空间城市系统经济环境单元金融指数。最后，按照区位分布理论对京津唐经济环境单元、石家庄—太原经济环境单元、呼包银经济环境单元进行农业、工业、商业、服务业、大型企业的区位分布调查研究。

③ 经济环境单元第三主成分分析

确定中国华北空间城市系统经济环境单元第三主成分为“经济关联度”。对中国华北空间城市系统经济环境单元体系进行分级：第一级，中国华北空间城市系统经济环境单元；第二级，京津唐经济环境单元、石家庄—太原经济环境单元、呼包银经济环境单元；第三级北京、天津、石家庄、太原、呼和浩特、银川城市经济环境单元。应用系统因子关联原理与灰色系统关联分析理论，分别进行世界关联度、亚洲关联度、中国关联度、华北关联度的定性与定量分析，确定中国华北空间城市系统经济环境单元的关系性质。

3.1.3 空间城市系统环境因子

1）空间城市系统环境因子定义

（1）空间城市系统环境因子概念

空间城市系统环境因子是空间城市系统环境超系统的基元，处于空间城市系统环境的第三层次，是构成空间城市系统环境物质、信息、能量的基础组分，如前图 3.1 所示。空间城市系统环境因子的本质是环境独立因子，即不受任何因素影响的客观存在的空间城市系统环境元素，相对于给定的空间城市系统环境超系统，环境因子是无需再细分的最小组成部分。空间城市系统环境因子是空间城市系统环境分析的基础单位，由相同属性环境因子组成的环境因子群反映了空间城市系统环境单元的本质情况，其总体决定了空间城市系统环境超系统的性质。

（2）空间城市系统环境因子特性

① 独立性

空间城市系统环境因子以独立因子的形式存在于环境超系统，各种环境因子只能互相作用、互相影响、互相调节，不可能相互替代。每一个环境因子反映了空间城市系统环境的一种基元本质，例如“香港行政环境因子”是中国东南空间城市系统环境超系统的基元，反映了香港特别行政区的特殊性质。

② 基元性

空间城市系统环境因子是构成空间城市系统环境的基础元素，基元性是其本质特征。环境因子是不需要再细分的最小组成部分，不存在结构问题，不存在系统性。例如新干线“交通环境因子”，在日本空间城市系统环境超系统中就是一个基础元素，反映了日本空间城市系统环境的联结特性。

③ 可观测性

空间城市系统环境因子是可观测的独立变量，环境因子的客观性决定了它可以被观察、被检测、被获得。空间城市系统环境因子的观测数据值可以被转化成标准数据值，以进行环境因子分析。例如美国东北空间城市系统的“地理空间环境因子”就可以通过波士顿、纽约、费城、巴尔的摩、华盛顿、里士满、弗吉尼亚比奇的空间距离准确地测量出来。

④ 等值性

每一个空间城市系统环境因子的作用性质是相等的，都独立代表了空间城市系统环境的一个基元特性。例如西欧空间城市系统环境的“法语环境因子”“德语环境因子”“荷兰语环境因子”并不受使用人口数量的影响，其地位在西欧空间城市系统环境中是相等的。

⑤ 功能性

对于空间城市系统环境而言，环境因子具有基本元素的基础性功能。例如在中国沿江空间城市系统中，“长江环境因子”对于中国沿江空间城市系统具有基础性的地理基质功能。

⑥ 关联性

空间城市系统环境因子的关联性分为两个方面：其一，空间城市系统环境因子的相同属性形成了环境因子群，形成了归属性关联；其二，如前图 3.1 所示，空间城市系统环境单元与环境因子之间的关联度，可以应用灰色关联分析方法定量求出。

(3) 空间城市系统环境因子选择根据

① 理论根据

空间城市系统环境因子选择要具有理论根据，自然地理学、人文地理学、经济地理学、旅游地理学等为此提供了学理性依据。如“文化因子”“信仰因子”“语言因子”的界定，就必须具有合理的地域性逻辑根据。

② 实践根据

空间城市系统环境因子选择要具有实践根据，也就是说要根据空间城市系统的实际需求来确定环境因子。虽然自然地理环境、地域性文化、区域经济发展是选择环境因子的主要考虑方面，但是符合空间城市系统实践要求是第一位的。

2）地理环境因子

(1) 地理环境因子界定

地理环境因子是空间城市系统环境分析的地表基础性分析单位，它们是空间城市系统的生成与发展的根基。归纳方法是地理环境因子界定的主要方法，包括地理与城市科学的理论方法与实践方法，要做到地理环境因子概念明确、性质可确定、数据可观测，要做到地理逻辑划分准确、属性分类清晰、因子界限明显。例如“高速交通环境因子”是空间城市系统环境的核心地理环境因子：高速铁路概念是其主要内容，消除地理距离是其主要特性，时速 250～300 km 是其可观测数据，技术发展是其公共属性分类，交通环境因子界限明显。

(2) 地理环境因子概要

① 地理空间因子

“地理空间”是空间城市系统环境的基础要素，它形成了空间城市系统地理环境最核心、最基础、最重要的基本元素之一。地理空间是指空间城市系统的各种要素，城市面积、地表距离、连接设施等在地球表面的客观存在形式，反映了各要素之间的地理逻辑关系。如图 3.2 所示，空间城市系统环境的地理空间因子包括以下四个方面：

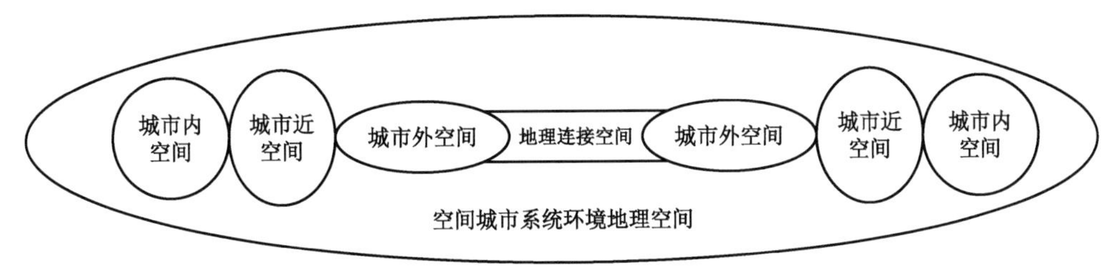

图 3.2　空间城市系统环境地理空间因子

其一,“城市内空间”是城市要素所占据的地理空间,其主要内容是人工创造物。城市内空间可以精确地进行观察和测量,我们以 CIS 予以表示。

其二,“城市近空间”是城市要素周边的地理空间,其主要内容是自然形式与人工形式混合的地理事物,比如城市蔓延要素、卫星城、各类飞地、城郊化的乡村等,一般以城市外环线作为标准,我们以 CNS 予以表示。

其三,“城市外空间”是与城市要素连接,已经不具备城市空间性质的地表空间,其主要内容是自然形式与人工形式混合的地理事物,前者如平原、山区、河流、湖泊等,后者如城际铁路、城际公路等,我们以 COS 表示城市外空间。

其四,“地理连接空间”是与城市要素相隔离的远距离地表空间,其主要内容是自然形式与人工形式混合的地理事物,前者如平原、山区、河流、湖泊、沙漠、海湾等,后者如高速铁路、高速公路、飞机航线等,我们以 GCS 表示地理连接空间。

地理空间因子表示了空间城市系统环境空间结构的基本情况,其地理空间逻辑关系可以表示为城市内空间—城市近空间—城市外空间—地理连接空间,即CIS-CNS-COS-GCS。空间城市系统环境地理空间因子逻辑关系可以图 3.2 表示。

② 地貌形态因子

“地貌形态”是空间城市系统环境的基础要素,它形成了空间城市系统地理环境最核心、最基础、最重要的基本元素之一。地貌形态因子是指按照地貌特性进行分类的各种地球表面自然存在形式,空间城市系统环境的地貌形态因子主要包括以下八个方面:

第一,山前地貌。山前地貌是指山地两侧的平坦地域,包括山前平原、山前谷地、山前坡地等。例如南欧空间城市系统环境的地貌形态因子即为“山前地貌”,与阿尔卑斯山南坡相接的波河平原即为山前平原地貌,沿阿尔卑斯山脉走向,自东向西是南欧空间城市系统主轴,分布着威尼斯、米兰、都灵、尼斯、马赛等城市。亚平宁山脉两侧是“山前丘陵地貌”,沿亚平宁山脉走向,自北向南是南欧空间城市系统辅轴,分布着热那亚、博洛尼亚、圣马力诺、佛罗伦萨、罗马、那不勒斯等城市。

第二,丘陵地貌。丘陵地貌是指地球表面形态起伏和缓,绝对高度在 500 m 以内,相对高度在 50 m 至 200 m 之间变化的地表形态。例如长江中游 3 级空间城市系统南部区域环境的地貌形态因子就是“江南丘陵地貌”,其中南昌 1 级空间城市系统、长沙 1 级空间城市系统都处于江南丘陵的整体地貌类型中。

第三,高原地貌。高原地貌是指海拔高度在 500 m 以上的大面积轮廓完整的高地。例如巴西空间城市系统环境的地貌形态因子为“巴西高原地貌”和“巴拉那高原地貌”,自北向南分布着巴西空间城市系统的主要城市巴西利亚、里约热内卢、圣保罗、库里蒂巴。

第四,平原地貌。平原地貌是指地面高度变化微小、表面平坦的地表形态,海拔小于 500 m。例如西欧空间城市系统环境的地貌形态因子为“西欧平原地貌”,自西南向东北是南欧空间城市系统主轴,分布着巴黎、布鲁塞尔、法兰克福、科隆、杜塞尔多夫、乌得勒支、海牙、阿姆斯特丹等城市。

第五，盆地地貌。盆地地貌是指周围为山岭，中间地势低平的盆形地表形态。例如成渝 2 级空间城市系统环境的地貌形态因子为“四川盆地地貌”，自东向西分布着重庆、内江、南充、成都等城市。

第六，沿河地貌。沿河地貌是指沿江河两岸的地表区域，包括河谷、三角洲等。例如中国沿江空间城市系统环境的地貌形态因子为“沿河地貌”，自东向西沿长江分布着上海、南京、武汉、宜昌、重庆、成都等城市。

第七，沿湖地貌。沿湖地貌是指湖泊沿岸的地表区域，例如北美的五大湖空间城市系统环境的地貌形态因子为“沿湖地貌”，自东向西沿湖分布着渥太华、多伦多、布法罗、底特律、芝加哥、密尔沃基等城市。

第八，沿海地貌。沿海地貌是指海洋沿岸的地表区域，例如美国东北空间城市系统环境的地貌形态因子为“沿海地貌”，自东北向西南分布着波士顿、纽约、费城、巴尔的摩、华盛顿、里士满等城市。

③ 纬向地带气候因子

“纬向地带气候”是空间城市系统环境的基础要素，它形成了空间城市系统地理环境最核心、最基础、最重要的基本元素之一。纬向地带气候是指按照地球纬向地带空间分异规律确定的气候类型，空间城市系统环境的纬向地带气候因子主要包含三个方面内容：首先，人类宜居性，空间城市系统环境是人类聚居密度最高的地域空间，因此适宜的气候条件是基本的前提条件。其次，地球表面纬向热量分带，包括热带、亚热带、温带、亚寒带、寒带。最后，空间城市系统环境的气候类型主要为海洋气候、季风气候、大陆气候、干旱与半干旱气候、多雨气候、干湿气候、地中海气候、温润气候、城市气候等。

例如英国空间城市系统环境的纬向地带气候因子是典型的“温带海洋性气候”，中纬度西风与北大西洋暖流使得英国空间城市系统比世界相同纬向地带的气候温度要高许多，为英国空间城市系统环境提供了气候环境条件，因此成为英国空间城市系统环境纬向地带气候因子的本质特征。英国空间城市系统中南部的伦敦、伯明翰、曼彻斯特、利物浦、利兹等城市处于纬向 50°至 54°区间，属于温和多雨的海洋性气候地；北部的格拉斯哥、爱丁堡等城市处于纬向约 56°高纬度地带，但由于西风与暖流原因，气候温和湿润，具有昼夜长短变化明显的特征。因此英国空间城市系统环境具有十分优良的纬向地带气候因子，十分适宜人类聚居。

④ 技术发展因子

“技术发展”是空间城市系统环境的基础要素，它形成了空间城市系统地理环境最核心、最基础、最重要的基本元素之一。技术发展因子是指由于科学技术的发展，空间城市系统环境被改造，更加适合空间城市系统本体的条件要求。例如“高速铁路技术发展因子”的生成与发展，使得空间城市系统环境的自然地理障碍被克服，为空间城市系统发展创造了环境条件。空间城市系统环境是自然形式与人工形式的混合物，技术发展因子在空间城市系统环境中具有十分重要的地位，空间城市系统环境的技术发展因子主要体现在三个方面：首先，高速交通技术发展因子是消除地理距离的手段，包括高速铁路、城际高速铁路、高速公路、飞机航线等。其次，高速信息技术发展因子是实现联结的主要手段，包括卫星通信、光缆通信、互联网等。最后，高压能源技术发展因子是保障空间城市系统环境运行的手段，包括高压输电、输油管道、输气管道等。

我们通过两个案例说明技术发展因子在空间城市系统环境中的重要作用：第一，新干线高速铁路技术发展因子的作用，使得日本空间城市系统环境发育良好，使得东京—名古屋—大阪三大都市圈实现了紧密联结，因此日本空间城市系统成为世界公认的成熟型空间城市系统。第二，中国沿河空间城市系统是一个已呈现端倪的多级空间城市系统。高速铁路技术因子的作用，使得青岛到济南、济南到郑州、郑州到西安、西安到兰州实现了地理空间连接，则我们可以预期中国沿河空间城市系统的可能性。

3）人文环境因子

（1）人文环境因子界定

人文环境因子是空间城市系统环境分析的主体性分析单位，它们是空间城市系统生成与发展的标志。归纳方法是人文环境因子界定的主要方法，包括政治、文化、社会、语言、宗教、旅游等领域，社会科学的理论与实践是人文环境因子界定的主要方法。要做到人文环境因子概念明确、性质可确定、数据可观测，要做到人文社科属性分类清晰，人文环境因子界限明显。例如“人口因子”是空间城市系统的核心人文环境因子，人口规模、人口结构、人口分布等人口因子概念、属性、分类等都要定性与定量的予以确定。

（2）人文环境因子概要

① 政治因子

“政治因子”是空间城市系统环境的序参量元素，它是空间城市系统人文环境的统领要素，主要包括政治制度、政治思想、政治文化，以及地缘政治、国家政治、地方政治。例如美国东北空间城市系统、西欧空间城市系统、中国长江空间城市系统在政治因子方面就有着截然不同的本质差异，但都是各自空间城市系统的主导因子，因此政治因子是人文环境单元中首要的独立因子，是必须进行定性与定量研究的人文环境因子。

② 人口因子

“人口因子”是空间城市系统环境的主体元素，它形成了空间城市系统人文环境的主体内容，甚至是空间城市系统的核心要素，主要包括人口数量、人口结构、人口素质、人口迁徙、人口分布以及地理人种等内容。例如中国华北空间城市系统的京津唐地理环境单元、石家庄—太原地理环境单元、呼包银地理环境单元就存在着汉族、蒙古族、回族的人口因子问题。

③ 文化因子

“文化因子”是空间城市系统环境的基础元素之一，它形成了空间城市系统人文环境的基础要素，主要包括文化类型、文化区、文化景观、地方感等内容。例如中国南部空间城市系统就包含港澳文化、岭南文化、八桂文化、滇云文化、黔贵文化、八闽文化、台湾文化的文化因子类型。

④ 信仰因子

“信仰因子”是空间城市系统环境的基础元素之一，它形成了空间城市系统人文环境的基础要素，主要包括意识形态、宗教信仰、风俗习惯等内容。例如英国空间城市系统、巴西空间城市系统、中国北部空间城市系统，在意识形态上分属于资本主义和社会主义，在宗教信仰上分属于基督教、天主教、儒释道，在风俗习惯上分属于西欧、南美、东亚类别。

⑤ 语言因子

“语言因子”是空间城市系统环境的基础元素之一，它形成了空间城市系统人文环境的基础要素，主要包括语系、语种、方言等内容。例如巴西空间城市系统环境语言因子的语系为印欧语系、葡萄牙语种。

⑥ 旅游因子

“旅游因子”是空间城市系统环境的重要元素，它是空间城市系统人文环境的重要组成部分，主要包括旅游景观、旅游资源、旅游环境、旅游交通等内容。例如南欧空间城市系统拥有威尼斯、罗马、佛罗伦萨等世界著名的旅游景点。

4）经济环境因子

（1）经济环境因子界定

经济环境因子是空间城市系统环境的条件性分析单位，它们是空间城市系统生成与发展的前提条件。归纳方法是经济环境因子界定的主要方法，包括经济科学的理论方法与实践方法。经济环境因子必须概念明确、属性清晰、数据可靠，统计数据、大数据、公共数据门类齐全。例如美国东北空间城市系统纽约华尔街的“金融经济因子”就曾导致世界性的金融风暴，英国空间城市系统的伦敦“金融经济因子”、中国东南空间城市系统的香港“金融经济因子”都是世界性的经济环境因子。

（2）经济环境因子概要

① 生产总值因子

“生产总值因子”是空间城市系统环境的财富基础元素，它反映了空间城市系统经济环境的总体情况，主要以 GDP 的数据表现出来。例如通过对中国沿江空间城市系统 GDP 生产总值因子的分析，我们得到结论：长江三角洲空间城市子系统“生产总值因子 46 740.85 亿元”可以满足牵引功能的需要；长江中游空间城市子系统“生产总值因子 21 537.96 亿元”数据偏低为薄弱环节；成渝空间城市子系统“生产总值因子 24 321.99亿元”有待提升。

② 财政因子

“财政因子”是空间城市系统环境的财富标志要素，它反映了空间城市系统经济环境的基本情况，主要包括财政收入、财政支出、财政分配、财政税收、国家财政、地方财政等内容。例如对于中国华北空间城市系统而言，由于北京是中国的首都，行使对全国的财政职能，因此华北空间城市系统的财政因子就是一个很重要的优势经济环境因子。

③ 产业结构因子

产业结构因子是空间城市系统环境的产业构成要素，它反映了空间城市系统经济环境各部门各行业的总体情况，主要包括高端服务业因子、农业因子、工业因子、服务业因子。例如英国空间城市系统的伦敦高端服务业因子承担着世界性与欧洲性的牵引功能，是英国空间城市系统首要的经济环境因子。

④ 经济关联度因子

“经济关联度因子”是空间城市系统环境与外部关系的定量化标度，它反映了空间城市系统经济基本性质与非基本性质的情况，主要包括世界经济关联度因子、洲际经济关联度因子、国家经济关联度因子、地区经济关联度因子。例如中国沿江空间城市系统的上海经济关联度因子，具有较高的世界经济关联度值，承担着中国对世界经济的联结，同时具有较高的国家与区域性经济关联度值，是中国经济的制高点，是中国沿江空间城市系统经济环境的牵引城市。

3.2 空间城市系统环境分析

3.2.1 空间城市系统环境分析定义

1）空间城市系统环境分析概念

空间城市系统环境分析是指对空间城市环境超系统本体的分析研究。空间城市系统环境分为不同的方面，它们都具有各自专业的特殊性规律，如地理与地貌的、人文与社会的、经济与产业的等，而环境超系统、环境单元、环境因子也各有其特殊性规律。因此，空间城市系统环境分析就是选择成熟与经典的、特殊与专业的、定性与定量的分析方法，对空间城市系统环境进行分析，找到具体而特殊的空间城市系统环境规律，为空间城市系统研究提供环境支撑。

2）空间城市系统环境分析过程

空间城市系统环境分析是一种项目性、特殊性、专业性很强的分析研究，其分析过程有相对规范性的要求。首先，要确定空间城市系统环境分析的研究对象，明确的研究对象是环境分析的基本前提。其次，针对研究对象不同的性质选择不同的方法论，方法论的选择决定了空间城市系统环境分析的成败，成熟的、经典的、可靠的方法论是基本选择标准。最后，用选定的方法论对空间城市系统环境进行分析，得出科学的环境分析结论。本书介绍了几种常用的空间城市系统环境分析方法：主成分分析方法、等高线地图分析方法、地图分析方法、空间要素地图分析方法、夜间卫星分析方法、因子分析方法等。

3）空间城市系统环境分析原则

第一，定性分析与定量分析。

空间城市系统环境的定性分析是基础，是对空间城市系统环境本质的表述，是空间城市系统环境其他分析的基本前提。空间城市系统环境的定量分析凝练规律，是对空间城市系统环境的数量特征、数量关系、数量变化的分析，是空间城市系统环境实证与逻辑的表述。空间城市系统环境的定性分析决定定量分析，定量特性表现定性特性，两者相辅相成，具有辩证统一性。

第二，方法理论与实践分析。

空间城市系统环境具有弱系统性质，环境变量表现为实证化的独立要素，因此空间城市系统环境方法理论必须与实践分析相结合，在本书中表现为空间城市系统环境实例分析。空间城市系统环境分析是针对特定环境对象的分析研究，带有很强的实证性，因此脱离了实践或实例的空间城市系统环境分析是没有意义的。

第三，分项研究与整体表述。

空间城市系统环境分项研究是对空间城市系统环境独立要素的分析，它们构成了空间城市系统环境的基础性规律，是认识空间城市系统环境整体规律的前提。空间城市系统环境整体表述是对分项研究的综合归纳，是对空间城市系统环境超系统整体涌现性的表述。因为空间城市系统环境超系统的弱系统性，空间城市系统环境整体涌现性的归纳方法就成为不可或缺的方法。整体涌现性统摄环境分项，分项研究经归纳后产生整体表述，两者具有辩证统一的关系。

4）空间城市系统环境分析方法说明

(1) 空间城市系统环境分析方法综述

① 定性分析

所谓空间城市系统环境“定性分析”是指从质的方面分析环境的规律性，把握空间城市系统环境的本质属性。“定性分析”解决了空间城市系统环境的定性性质问题，是排在第一位的分析方法。但是“定性分析”只能分辨空间城市系统环境“是不是”“有没有”“多与少”的问题。

② 定量分析

所谓空间城市系统环境“定量分析”是指从数量的方面分析环境的规律性，在“定性分析”的基础上，根据统计数字、数学模型等方法，对空间城市系统环境进行精确的、严密的数学化分析，从而确定和提高空间城市系统环境“定性分析”的结论。

③ 综合分析

在空间城市系统环境分析过程中，“定性分析”与“定量分析”是综合运用的，我们称之为空间城市系统环境“综合分析”。往往无法把“定性分析”与“定量分析”截然分开来，两者是相辅相成的，“定性分析”是“定量分析”的依据，“定量分析”是“定性分析”的具体化。后续的空间城市系统环境分析方法，都是“综合分析”方法的应用。

(2) 空间城市系统环境分析方法分类

空间城市系统环境的分析方法有很多，我们介绍三种最经常使用的主要方法，具体如下：

① 空间城市系统环境主成分分析

空间城市系统环境主成分分析是一种简化数据的技术，即在众多的环境数据中保留低阶主成分，忽略高阶主成分，以减少环境数据集的维数。虽然空间城市系统环境主成分分析能够保留住环境数据的最重要方面，但是它要依赖所给出的原始数据，所以原始数据的准确性对空间城市系统环境主成分分析结果影响很大，详见后续“空间城市系统环境主成分分析方法”。

② 空间城市系统环境因子分析

空间城市系统环境因子分析是一种简化数据的技术，即在众多的环境数据中找出隐藏的具有代表性的因子，将相同本质的环境变量归入一个因子，以减少环境变量的数目。将空间城市系统环境因子分析分为独立因子分析与公共因子分析，它们的确定都要根据实际问题需要进行划分，不能主观臆断，详见后续“空间城市系统环境因子分析方法”。

③ 空间城市系统环境地图分析

空间城市系统环境地图分析是利用各种专业地图，对空间城市系统环境进行综合分析的技术。首先，要具有清晰的环境“分析目的”，在此“目的”要求下选择合适的专业地图，并进行相关数据采集。其次，对原始数据进行分类整理，对空间城市系统环境进行定性分析与定量分析。最后，将空间城市系统环境“定性分析”与“定量分析”结果进行“综合分析”，得出最终综合结论，详见后续“空间城市系统环境地图分析方法”。

3.2.2 空间城市系统环境主成分分析方法

1）环境主成分分析概念

空间城市系统环境主成分分析可以被用在空间城市系统环境分析的各个方面，由于空间城市系统环境变量的多元化，主成分分析就是将重复的变量删去，在数学上对多元环境变量做降维处理，筛选出主要成分变量的方法。空间城市系统环境主成分分析是对关键环境变量加以归纳总结，得到第一主成分、第二主成分、第三主成分等主成分变量，来反映空间城市系统环境的本质属性和最大信息量，揭示空间城市系统环境的本质规律。

2）环境主成分分析技术

（1）环境变量性质与数据

对空间城市系统环境变量按照不同属性进行分类处理，对环境变量性质的准确界定事关空间城市系统环境分析的失真还是正确，环境超系统、环境公共因子、环境独立因子的属性判定是特别重要的基础性工作。针对环境变量，如环境超系统、环境公共因子、环境独立因子，进行环境数据量测，合理性、可靠性、全面性是标准，对环境量测数据进行数据抽样，抽样方法有简单随机抽样方法、分层抽样方法、二阶抽样方法、分层二阶抽样方法等。

（2）环境数据关系与标准化

① 环境数据关系

环境独立因子属性决定于自身固有性质，如河流独立因子属性由河流自身固有标度数据确定。环境公共因子属性决定于环境独立因子属性，环境超系统属性决定于环境公共因子属性。如图 3.3 所示，根据环境属性判定并归纳出环境自变量 1、环境自变量 2 的性质，表示为环境自变量 1 轴、环境自变量 2 轴，将环境数据标度于环境坐标中，并确定环境因变量的属性概念，在坐标图中以环境因变量斜轴表示，环境因变量所表征的就是所分析环境的整体信息情况，也就是我们要进行的主成分分析的主体内容。由环境自变量 1 轴向的诸点数据，求出环境自变量 1 轴向的平均值与标准差；由环境自变量 2 轴向的诸点数据，求出环境自变量 2 轴向的平均值与标准差。

② 环境数据标准化

在环境原始数据中可能存在无法比较的不同量纲，可能存在数据数量级的较大差距，使得较小数量级的数据被淹没，导致主成分偏差较大，所以要对环境原始数据进行标准化处理，将不同的单位统一起来。环境数据标准化是指，为了消除环境自变量 1 数据与环境自变量 2 数据的量纲和数量级，对环境原始数据进行的标准化处理，将其转化为平均值为 0、方差为 1 的无量纲数据，可以选择合适的计算机软件，对环境数据进行标准化处理，经过标准化处理之后的环境数据关系坐标如图 3.4 所示。

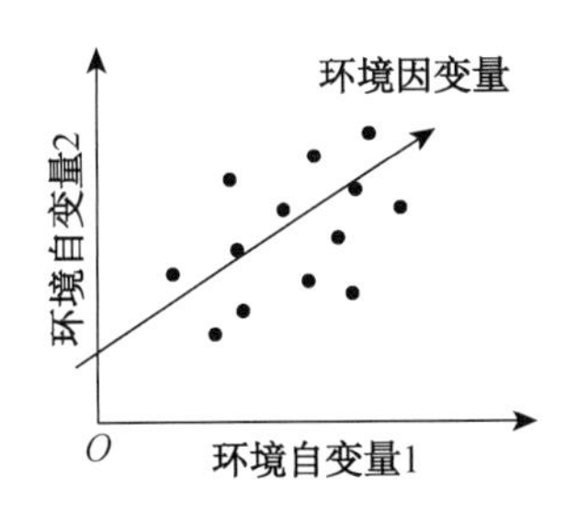

图 3.3　环境数据关系坐标图

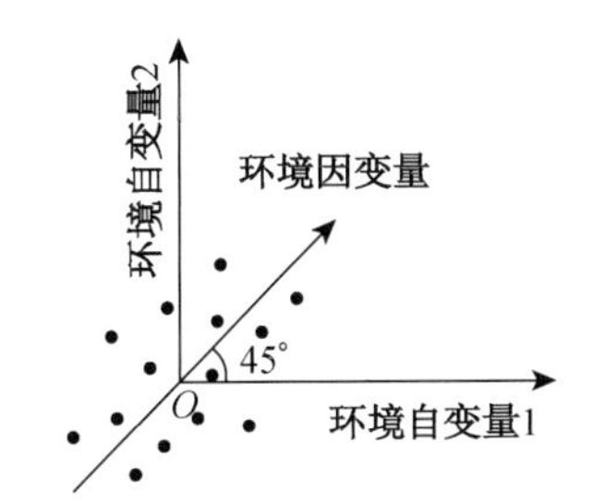

图 3.4　环境标准化数据关系坐标图

（3）环境主成分确定与个数

① 环境主成分的确定

经过标准化后的环境自变量 1 数据与环境自变量 2 数据的平均值为 0，方差为 1，根据主成分分析的数学定义可得环境主成分的表达式为

$$z = a_1 u_1 + a_2 u_2 + \cdots + a_p u_p \tag{3.2}$$

其中，z 表示环境主成分；u_1 表示环境自变量 1 的标准值；u_2 表示环境自变量 2 的标准值；u_p 表示环境自变量 p 的标准值；a_1 表示环境自变量 1 对主成分的影响程度；a_2 表示环境自变量 2 对主成分的影响程度；a_p 表示环境自变量 p 对主成分的影响程度。

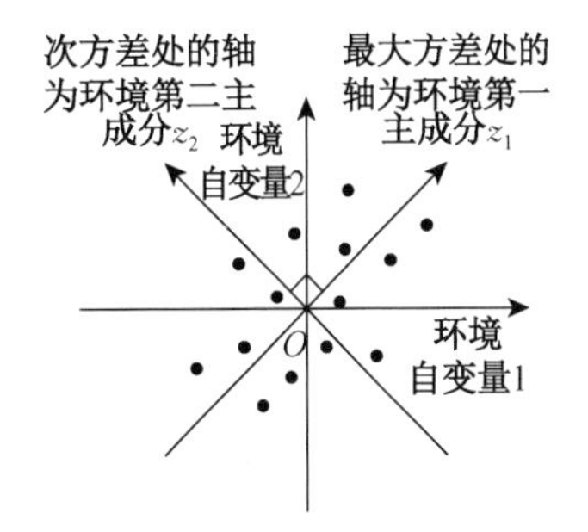

图 3.5　环境主成分关系

② 环境主成分个数的确定

如图 3.5 所示，经过标准化处理后的环境自变量 1 数据，与环境自变量 2 数据的平均值为 0，最大方差处的轴

为环境第一主成分 z_1，次方差处的轴为环境第二主成分 z_2，依次类推 p 方差处的轴为环境第 p 主成分 z_p，则在数学上能求出的环境主成分个数与环境自变量个数相等，可以得到 p 个环境主成分的表达式为

$$\begin{aligned} z_1 &= a_{11}u_1 + a_{12}u_2 + \cdots + a_{1p}u_p \\ z_2 &= a_{21}u_1 + a_{22}u_2 + \cdots + a_{2p}u_p \\ &\vdots \\ z_p &= a_{p1}u_1 + a_{p2}u_2 + \cdots + a_{pp}u_p \end{aligned} \tag{3.3}$$

(4) 宏观环境主成分分析

宏观环境是指在时间、空间、内容上仅具有准确的定性性质，不具有或者无法准确定量化的大尺度环境，如政治环境、经济环境、社会环境、文化环境、生态环境。我们很难对它们进行定量化、精确化的计算，或者说定量化计算结果带有很大的失误性。

宏观环境主成分分析要遵循四项基本原则：第一，基本性原则。宏观特征与基础性是基本性原则的主要内容，即宏观环境的定义必须具有时间、空间、内容上的宏观性与基础性。第二，公理性原则。宏观环境的界定必须建立在公理性法则基础之上，具有经典成熟实践的理论支撑。第三，公认性原则。宏观环境的确立必须获得经验性逻辑根据，而且这种经验根据具有普遍性。第四，比较原则。比较方法是宏观环境认定经常使用的定性方法，它是宏观环境主成分分析可靠的技术手段。在宏观环境主成分分析四项基本原则的基础上，我们可以定性地定义宏观环境的第一主成分、第二主成分、第三主成分等。

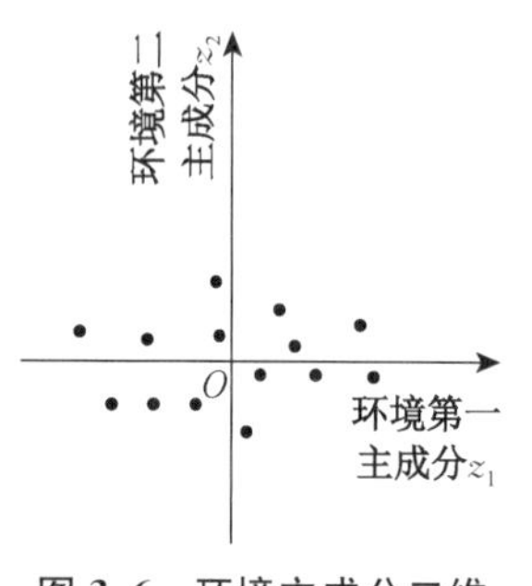

图 3.6 环境主成分二维散点图

(5) 环境主成分贡献率

① 环境主成分的贡献率

如公式(3.3)所示，获得 p 个环境主成分之后，计算它们主成分方差的大小，方差较大的前几位环境主成分被提取出来，环境主成分数目提取的标准一般为，所提取环境主成分方差的总和为总方差的 85%以上。如果所提取方差较大的环境主成分数目小于三个，就可以绘制出环境二维散点图(或三维散点图)，如图 3.6 所示。

环境主成分贡献率是指，第 i 个环境主成分方差在全部环境方差中所占的比重，称之为第 i 个环境主成分贡献率，贡献率值越大表明第 i 个环境主成分综合信息的能力越强，一般第二主成分贡献率合计要到达 50%。

② 环境主成分累计贡献率

环境主成分累计贡献率是指，前 k 个环境主成分共有多大的综合能力，用 k 这个环境主成分的方差和在全部方差中所占的比重来描述，表明取前几个环境主成分基本包含了全部测量指标所具有信息的百分率。一般前三个环境主成分累计贡献率要达到 87%，环境主成分累计贡献率的大小与环境自变量个数的选择密切相关。

③ 环境主成分贡献综合判断

就其本质而言，环境主成分贡献率代表了它所表达的环境信息百分比情况，环境主成分累计贡献率代表了所选取环境主成分总体所表达的环境信息百分比情况，它们都是环境主成分对环境解释力高低的体现。总之，环境主成分分析方法是有约束条件的，必须结合空间城市系统环境的各种综合情况运用，发挥分析者关于环境的知识解释能力，才可能得出科学、合理、可靠的空间城市系统环境主成分分析结果。环境主成分分析运算的具体数学算法属于统计学因子分析的范畴，根据具体环境主成分分析问题，读者可以参阅统计学主成分分析的内容进行数学计算，例如环境主成分向量方程中特征值与特征向量的计算等，要注意借用成熟的数据分析软件进行具体问题的计算处理。

3）东北空间城市系统环境主成分分析实例

如图 3.7 所示，今以中国东北空间城市系统为例，说明主成分分析方法在空间城市系统环境研究中的应用。我们将东北空间城市系统环境分为三个层次，即环境超系统、环境单元、环境因子，因为政治环境、经济环境、社会环境逐次全面展开体系的庞大性，在此仅对政治环境第一主成分逐次展开进行主成分分析。最后，汇整政治环境、经济环境、社会环境，获得东北空间城市系统环境整体的主成分分析结果。

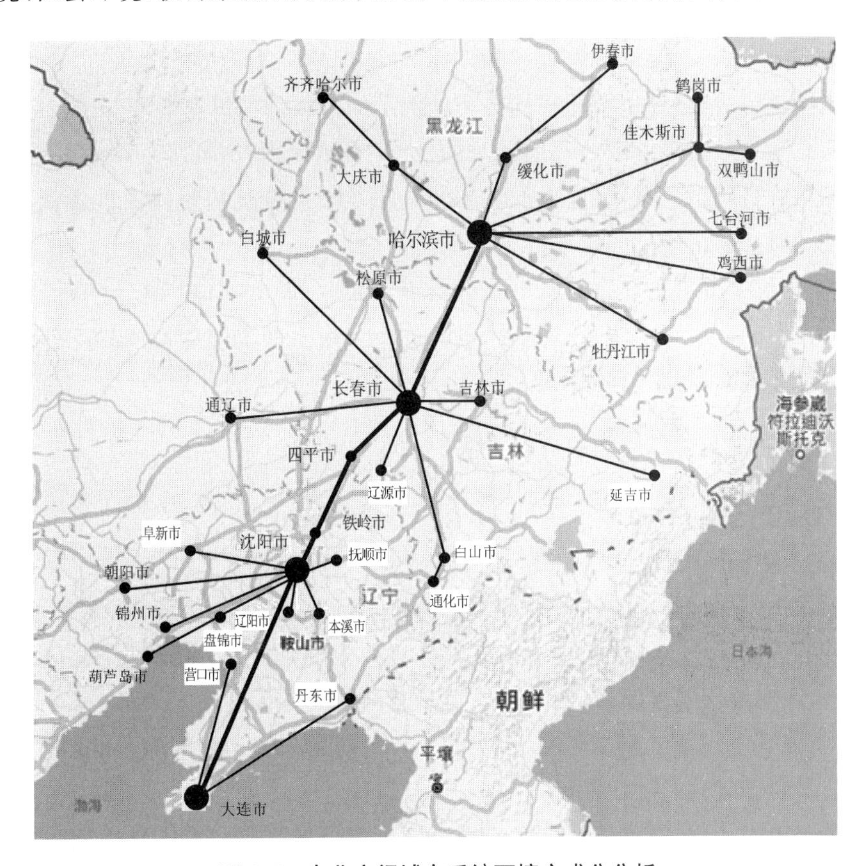

图 3.7 东北空间城市系统环境主成分分析

（1）东北空间城市系统环境超系统

决定东北空间城市系统基本性质的有五大变量，即政治变量、经济变量、社会变量、文化变量、生态环境变量。根据“宏观环境主成分分析”方法，通过比较我们可以获得：在东北空间城市系统环境中，第一主成分为政治环境超系统；第二主成分为经济环境超系统；东北空间城市系统环境，第三主成分为社会环境超系统。

（2）东北空间城市系统政治环境单元

根据政治学基本理论，政治思想变量、政治文化变量、政治制度变量是东北空间城市系统政治环境单元的三个基本变量。又根据“宏观环境主成分分析”方法，通过比较我们可以获得：在东北空间城市系统政治环境单元中，第一主成分为政治文化环境单元；第二主成分为政治制度环境单元；第三主成分为政治思想环境单元。

（3）东北空间城市系统政治文化环境因子

根据东北空间城市系统政治文化环境单元的量测数据，以“主成分分析技术”为方法论，我们可以定量化地解出：在东北空间城市系统政治文化环境因子中，第一主成分为行政效率环境因子；第二主成分为官本位环境因子；第三主成分为政治生态环境因子。

（4）东北空间城市系统环境整体规律

根据“空间城市系统环境分析方法”，同理可以获得东北空间城市系统经济环境超系统，经济环境单元与经济环境因子的主成分分析结果；可以获得东北空间城市系统社会环境超系统，社会环境单元与社会环境因子的主成分分析结果。

对东北空间城市系统政治环境超系统、经济环境超系统、社会环境超系统的主成分分析结果进行归纳总结，就可以获得东北空间城市系统环境整体涌现性，它可以作为东北空间城市系统规划与建设的重要依据。

由此，我们掌握了东北空间城市系统环境，第一主成分政治、第二主成分经济、第三主成分社会的环境超系统、环境单元、环境因子，自上而下的全部内容，为东北问题的决策提供了本质属性与最大信息量的理论根据。

3.2.3 空间城市系统环境因子分析方法

1）环境因子分析定义

（1）环境因子分析概念

因子分析方法是指从空间城市系统环境独立因子群中，提取出空间城市系统环境共性因子的分析方法。环境独立因子群由环境独立因子形成，如地理空间因子、地貌形态因子、纬向地带气候因子、技术发展因子。环境公共因子由环境独立因子群中提取出来，构成了空间城市系统环境超系统。空间城市系统环境因子分析方法，就是找出环境公共因子有效的数学工具。

因子分析的本质，是将空间城市系统环境可观测的多数变量即独立因子群，按照相关性进行分类，将相关性较高的分在同一类中，形成空间城市系统环境公共因子，即不可观测变量，如地理公共因子、空间治理公共因子、产业结构公共因子等。这些环境公共因子之间的相关性较低，一般选择正交因子模型，即任意两个公共因子之间的单相关系数为零，例如地貌形态公共因子与空间治理公共因子互不相关，即为正交因子模型。每一类环境公共因子代表了空间城市系统环境的一个基本结构，用以说明空间城市系统环境的基本情况。

因子分析方法很重要的统计意义，是评价单个可观测变量对于不可观测变量的权重，即环境独立因子在环境公共因子处的权重，我们称之为环境公共因子对环境独立因子的影响力。因子分析方法是空间城市系统环境分析的主要方法，它是一种建立在可观测变量基础之上的微观分析工具，是空间城市系统环境定性与定量分析的重要方法。

（2）独立因子概念

① 独立因子

独立因子是构成空间城市系统环境的基元性组分，例如平原地貌独立因子、空间规划独立因子、工业结构独立因子等。空间城市系统环境独立因子具有独立性、基元性、等值性、功能性的特征，每一个空间城市系统环境的独立因子反映了空间城市系统环境的一个本质特性，是一个客观存在的可观测变量。例如高速铁路独立因子反映了空间城市系统环境相对距离的本质特性，地方行政独立因子反映了空间城市系统环境中地方政府行政辖区的本质特性，高端服务业独立因子反映了空间城市系统环境牵引空间的本质特性。

② 地理环境独立因子

地理空间独立因子包括城市内空间、城市近空间、城市外空间、地理连接空间。地貌形态独立因子包括山前地貌、丘陵地貌、高原地貌、平原地貌、盆地地貌、沿河地貌、沿湖地貌、沿海地貌。纬向地带气候独立因子包括热带、亚热带、温带、亚寒带、寒带、海洋气候、季风气候、大陆气候、干旱与半干旱气候、多雨气候、干湿气候、地中海气候、温润气候、城市气候。技术发展独立因子包括高速铁路、飞机航线、高速公路、水运航道、互联网、卫星通信、光缆通信、高压输电、输油管道、输气管道。

③ 人文环境独立因子

政治独立因子包括政治思想、政治文化、政治制度等。空间独立因子包括空间规划、空间治理、空间政策、空间工具等。地域独立因子包括人口分布、地域文化、语言分布、宗教分布等。

④ 经济环境独立因子

经济总量独立因子包括经济 GDP、贸易总量、资金总量等。产业结构独立因子包括农业、工业、商业、服务业和高端服务业等。金融独立因子包括银行、保险、股市、外汇等。

需要特别指出的是空间城市系统环境独立因子的范围要远远超出地理环境、人文环境、经济环境的范围，它涵盖了空间城市系统环境的全部内容，在具体问题中要根据实际情况界定。

（3）公共因子概念

① 公共因子

公共因子是指由相同属性独立因子所构成的独立因子群，它反映了空间城市系统环境特定类别的本质属性。例如空间治理、空间规划、空间政策、空间工具独立因子构成了空间发展独立因子群，反映了空间城市系统发展的本质属性，从而形成了空间发展公共因子。不同的公共因子反映了环境不同类别的本质属性，即环境公共因子之间没有相关性是正相交关系。公共因子并不是一种真实的客观存在，它是人为命名的、虚拟的不可观测变量。

② 地理环境公共因子

地理环境公共因子主要包括地理空间公共因子、地貌形态公共因子、纬向气候公共因子、技术发展公共因子等。

③ 人文环境公共因子

人文环境公共因子主要包括政治公共因子、空间发展公共因子、社会公共因子、文化公共因子、生态公共因子等。

④ 经济环境公共因子

经济环境公共因子主要包括经济 GDP 公共因子、产业结构公共因子、金融公共因子、贸易公共因子等。

需要特别指出的是空间城市系统环境公共因子的范围要超出地理环境、人文环境、经济环境的范围，涵盖空间城市系统环境的全部内容，要根据实际情况进行界定。

2）环境因子分析步骤

（1）环境因子载荷量确定

① 因子载荷量概念

因子载荷量是指每个环境可观测变量在相关公共因子之处的权重，亦即每个独立因子与相关公共因子之间的依存关系，例如高速铁路独立因子在技术发展公共因子之处所占有的权重。因子载荷量反映了公共因子对独立因子的影响程度，也就是客观存在的环境可观测变量与虚拟的环境不可观测变量之间的相依程度。例如高速铁路是一种空间城市系统环境的客观可观测变量，技术发展是空间城市系统环境的虚拟不可观测变量。高速铁路独立因子是技术发展公共因子共性群体中的个体，而因子载荷量就是高速铁路独立因子与技术发展公共因子之间依存关系的表征量。因子载荷量的绝对值越大，表明高速铁路独立因子与技术发展公共因子的相依程度越大，因子载荷量是空间城市系统环境因子分析方法的核心内容。

② 因子旋转方法

在空间城市系统环境因子分析中，每一个环境可观测变量群必须具有实际意义，例如高速铁路、卫星通信、高压输电等可观测变量具有技术发展的实际意义。但是许多环境可观测变量针对实际意义的共同属性具有偏离现象，使每一个可观测变量尽量只负荷于一个实际意义的共同属性之上，即一个公共因子之上，这个数学处理方法就被称为因子旋转方法。

因子旋转方法常用的是直角旋转法，在数学上称之为最大方差正交旋转法，即Varimax旋转法。做因子直角旋转时，各可观测变量仍保持相对独立。图3.8是旋转前的空间城市系统环境因子载荷量分布。此时，环境可观测变量群1与环境可观测变量群2，针对具有实际意义的环境公共属性 f_1 与环境公共属性 f_2，是有不确定性偏离的。

如图3.9所示，在各可观测变量仍保持相对独立的情况下，进行空间城市系统环境因子旋转，并且保持两个可观测变量群之间的角度为90°，即进行Varimax正交旋转。

图3.10是旋转后的空间城市系统环境因子载荷量分布。此时，环境独立因子群1和环境独立因子群2，针对环境公共因子 f_1 和环境公共因子 f_2，具有确定的归属性。针对特殊的空间城市系统环境因子分析，还可以采用环境因子载荷斜交旋转法，最常用的是Promax斜交旋转法（即迫近最大方差斜交旋转法）。假如空间城市系统环境原始观测变量群具有很好的公共属性归属特征，就不必进行因子载荷旋转的数学处理。注意在实际问题中，因子载荷旋转可以通过计算机软件进行，将大为简化因子旋转的数学操作程度。

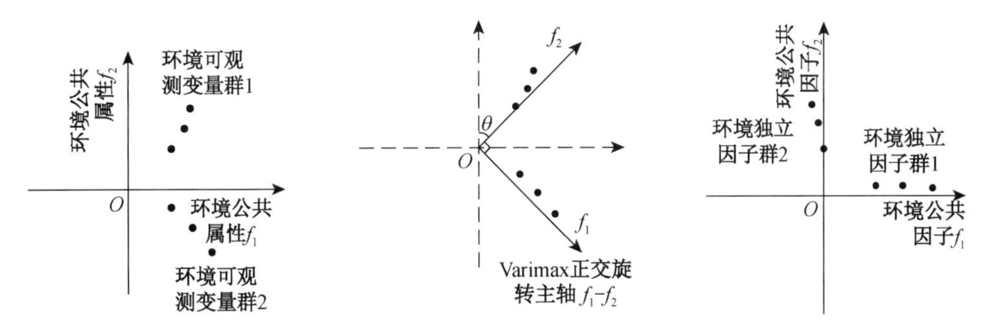

图3.8 旋转前的环境因子载荷量　图3.9 环境因子载荷正交旋转　图3.10 旋转后的环境因子载荷量

（2）环境因子确定过程

① 因子分析目标

根据空间城市系统环境因子分析的问题，提出因子分析目标，作为独立因子选择、独立因子载荷量权重确定、公共因子概念确定的纲领。因子分析目标确定，是空间城市系统环境因子分析的基础。

② 选择独立因子

首先，根据因子分析目标，确定独立因子群的共同概念属性；其次，根据独立因子群的共同概念属性，选择环境可观测变量；最后，对环境可观测变量进行公共属性分类，并进行因子旋转数学处理，得到公共属性独立因子群。

③ 公共因子概念

对公共因子的数量和名称进行预计概念性确定。根据所选择的独立因子的数量，由表3.1可以查出环境公共因子的数量上限。假定公共因子的上限数量为3是一个合适的数量，可以根据独立因子群的公共属性确定环境公共因子的名称。

（3）环境因子模型

① 公共因子数量

因子分析方法就是通过独立因子找出公共因子的过程，公共因子也就是我们所要研究的空间城市系统环境的共性问题。我们所选择的环境问题的数量是一个具有上限的定数，即环境公共因子的数量是具有上限的定数，而且公共因子的数量决定于独立因子的数量，设定独立因子变量为因变量，则根据因子分析公共因子数量计算公式[2]得到

$$\text{公共因子的个数} \leqslant \frac{2\times\text{因变量的个数}+1-\sqrt{8\times\text{因变量的个数}+1}}{2} \tag{3.4}$$

根据公式(3.4)计算能够得到假定的公共因子个数的上限，进而就可以得到表3.1环境公共因子的数量上限。

表 3.1　环境公共因子数量上限

环境独立因子数量/个	环境公共因子上限数量/个	环境独立因子数量/个	环境公共因子上限数量/个
1	0	6	3
2	0	7	3
3	1	8	4
4	2	9	5
5	3	10	6

就空间城市系统环境问题的一般情况，我们所选择研究问题的数量越少越好，尽量不要超过3个，亦即环境公共因子的数量选择尽可能少，一般情况控制在3个以内。如图3.11所示，一般情况下的空间城市系统环境因子模型为2个环境公共因子、5个环境独立因子。

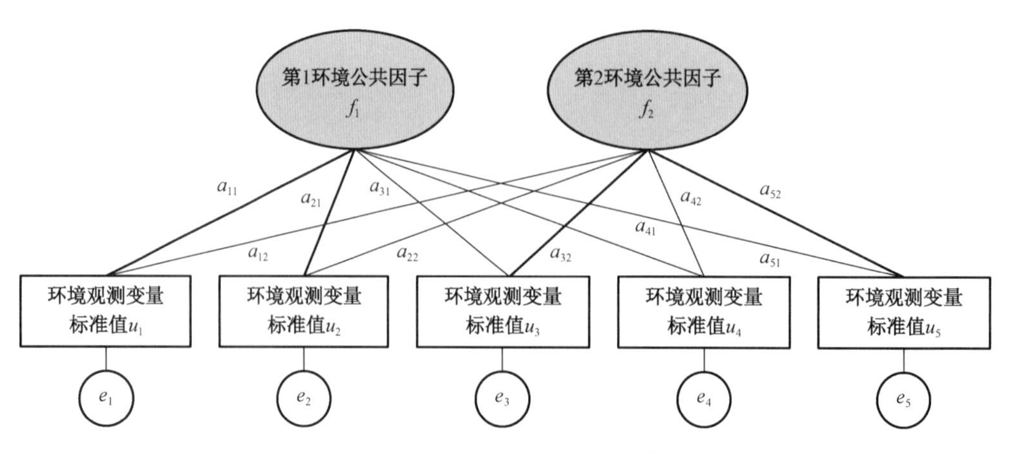

图 3.11　空间城市系统环境因子模型 1

② 环境观测变量标准化

环境观测变量代表了不同的环境基元,例如平原地貌、高速铁路、高端服务业,显然它们具有不同的量纲和不同的数量级。因此,在空间城市系统环境因子分析方法中,要对环境观测变量的原始数据做标准化处理,将其转化为平均值为 0、标准方差为 1 的无量纲数据,可以选择合适的计算机软件进行标准化处理。经过标准化处理之后,我们得到空间城市系统环境因子模型:环境因子模型方程。

如前图 3.11 所示,对于空间城市系统环境因子模型,设 u 表示环境观测变量,a 表示因子载荷量,f 表示环境公共因子,即环境不可观测变量,e 表示环境独立因子,并且有 $u=(u_1, u_2, \cdots, u_p)$, $f=(f_1, f_2, \cdots, f_m)(m<p)$, $e=(e_1, e_2, \cdots, e_p)$。根据因子分析的数学定义,空间城市系统环境因子分析模型的线性方程表达公式为

$$\begin{aligned} u_1 &= a_{11}f_1 + a_{12}f_2 + \cdots + a_{1m}f_m + e_1 \\ u_2 &= a_{21}f_1 + a_{22}f_2 + \cdots + a_{2m}f_m + e_2 \\ &\vdots \\ u_p &= a_{p1}f_1 + a_{p2}f_2 + \cdots + a_{pm}f_m + e_p \end{aligned} \tag{3.5}$$

因子分析模型是针对变量因子进行的,而各变量因子之间是正交的,所以因子分析模型又被称为正交模型。线性方程组表达公式(3.5)所对应的矩阵公式为

$$u = \mathbf{A}f + e \tag{3.6}$$

在矩阵公式(3.6)中,针对环境观测变量 u,我们将 f 称为 u 的环境公共因子,将矩阵 $\mathbf{A}$ 称为因子载荷矩阵,$\mathbf{A}=(a_{ij})$,a_{ij} 为因子载荷(因子载荷量[①]),e 为 u 的环境独立因子。关于因子载荷 a_{ij},即前图 3.11 中的 a_{11}、a_{12}、a_{21}、a_{22}、a_{31}、a_{32}、a_{41}、a_{42}、a_{51}、a_{52},它所表示的是每个环境观测变量(例如 u_1)在不同环境公共因子(例如 f_1)之处的权重,或者称其为环境公共因子 f_1 对于环境观测变量 u_1 的影响程度,也可以称之为环境观测变量 u_1 依赖环境公共因子 f_1 的程度。因子载荷 a_{ij} 的绝对值越大,表明环境观测变量 u 与环境公共因子 f 的相依程度越大,如前图 3.11 中粗线标注的 a_{11}、a_{21}、a_{32}、a_{52}。因子载荷 a_{ij} 是空间城市系统环境因子分析方法的核心,我们将结合实例情况对因子载荷 a_{ij} 的实际意义进行说明。

根据空间城市系统环境因子模型公式(3.5),在 5 个环境独立因子、2 个环境公共因子的情况下,前图 3.11 所表示的空间城市系统环境因子模型线性方程表达公式为

$$\begin{aligned} u_1 &= a_{11}f_1 + a_{12}f_2 + e_1 \\ u_2 &= a_{21}f_1 + a_{22}f_2 + e_2 \\ u_3 &= a_{31}f_1 + a_{32}f_2 + e_3 \\ u_4 &= a_{41}f_1 + a_{42}f_2 + e_4 \\ u_5 &= a_{51}f_1 + a_{52}f_2 + e_5 \end{aligned} \tag{3.7}$$

① 因子载荷量 a_{ij} 是可以由环境观测变量直接给出的。

3）环境因子分析评价

(1) 环境因子分析精度

公共因子贡献度是表征环境公共因子相对重要性的指标，它所表示的是每个环境公共因子对可观测变量群整体的贡献度，即每个环境公共因子 f 对于 u 的贡献度，数学术语称之为环境公共因子的方差贡献度。如公式(3.6)所示，某个环境公共因子 f 的贡献度越大，则该公共因子 f 对 u 的影响和作用就越大。

以前图 3.11 所示的空间城市系统环境因子模型为例，来说明环境公共因子贡献度与累积贡献度的计算。对于环境公共因子 f_2，设旋转后的因子载荷量为 b_{12}、b_{22}、b_{32}、b_{42}、b_{52}（即旋转后的可观测变量值①），根据环境公共因子贡献度定义公式[3]可得

$$f_{2\text{贡献度}}=\frac{b_{12}^2+b_{22}^2+b_{32}^2+b_{42}^2+b_{52}^2}{5}\times 100 \tag{3.8}$$

如前图 3.11 所示，空间城市系统环境因子模型的环境公共因子累积贡献度为

$$f_{\text{累积贡献度}}=f_{1\text{贡献度}}+f_{2\text{贡献度}} \tag{3.9}$$

在空间城市系统环境因子分析中，环境公共因子一般不超过 3 个，累积贡献度不低于 80%，也就是说全部的环境公共因子 f 的贡献度之和，对环境观测变量群 u 的累积贡献度应该超过 80%。特别提出的是，环境公共因子累积贡献度是一个相对标准值，要根据具体情况而定，可以借用成熟的相关计算机软件进行环境公共因子贡献度的计算处理。表 3.2 为因子分析精度表，根据公式(3.8)，贡献度计算所得值为 2.10、2.00，则第 1 环境公共因子 f_1 与第 2 环境公共因子 f_2 的累积贡献度分别为 42%和 82%，在合理的范围之内。

表 3.2　因子分析精度

类别	贡献度计算值	贡献度	累积贡献度
第 1 环境公共因子 f_1	2.10	2.10/5×100	42.0%
第 2 环境公共因子 f_2	2.00	2.00/5×100	82.0%

(2) 环境因子得分分析

① 因子模型

设定空间城市系统环境因子模型具有以下分项：

设有第 1 环境公共因子 f_1、第 2 环境公共因子 f_2、第 3 环境公共因子 f_3。

设有标准变量 u_1、标准变量 u_2、标准变量 u_3、标准变量 u_4、标准变量 u_5、标准变量 u_6、标准变量 u_7、标准变量 u_8。

① 旋转后的环境观测变量值是可以由环境因子载荷量 a_{ij} 直接求出来的，$b_1=a_1\cos\theta-a_2\sin\theta$，$b_2=a_1\sin\theta+a_2\cos\theta$。

设有环境独立因子 e_1、环境独立因子 e_2、环境独立因子 e_3、环境独立因子 e_4、环境独立因子 e_5、环境独立因子 e_6、环境独立因子 e_7、环境独立因子 e_8。

设有因子载荷 a_{11}、因子载荷 a_{21}、因子载荷 a_{31}、因子载荷 a_{41}、因子载荷 a_{51}、因子载荷 a_{61}、因子载荷 a_{71}、因子载荷 a_{81}，因子载荷 a_{12}、因子载荷 a_{22}、因子载荷 a_{32}、因子载荷 a_{42}、因子载荷 a_{52}、因子载荷 a_{62}、因子载荷 a_{72}、因子载荷 a_{82}，因子载荷 a_{13}、因子载荷 a_{23}、因子载荷 a_{33}、因子载荷 a_{43}、因子载荷 a_{53}、因子载荷 a_{63}、因子载荷 a_{73}、因子载荷 a_{83}。其中因子载荷 a_{31}、因子载荷 a_{42}、因子载荷 a_{52}、因子载荷 a_{63}、因子载荷 a_{73}、因子载荷 a_{83} 为环境标准变量 u 在环境公共因子 f 处拥有高权重，即高依存度因子载荷，在图 3.12 中表示为粗实线。

空间城市系统环境因子模型 2 表示为图 3.12。

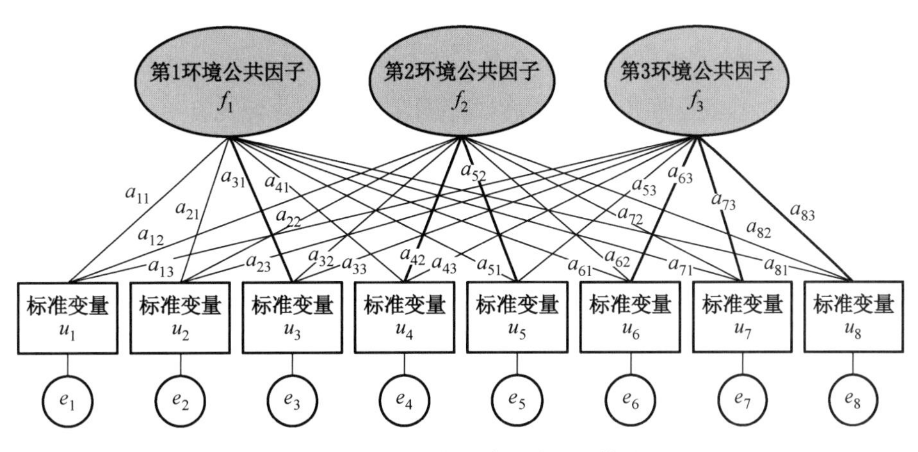

图 3.12　空间城市系统环境因子模型 2

② 因子得分概念

针对上述环境因子模型，设环境变量样本为 A、B、C、D、E、F、G、H、I、J，所谓因子得分就是在各样本个体中，环境公共因子 f_1、环境公共因子 f_2、环境公共因子 f_3 的具体值，我们以 f_{A1}，f_{A2}，f_{A3}，…，f_{J1}，f_{J2}，f_{J3} 表示求值前的因子得分变量。因子得分的本质意义，是评价每个环境变量样本在整个因子模型中的地位，即在环境公共因子中的地位（表 3.3）。

表 3.3　因子得分

环境变量样本	环境公共因子 f_1	环境公共因子 f_2	环境公共因子 f_3
A	f_{A1}	f_{A2}	f_{A3}
B	f_{B1}	f_{B2}	f_{B3}
C	f_{C1}	f_{C2}	f_{C3}
D	f_{D1}	f_{D2}	f_{D3}
E	f_{E1}	f_{E2}	f_{E3}

续表

环境变量样本	环境公共因子 f_1	环境公共因子 f_2	环境公共因子 f_3
F	f_{F1}	f_{F2}	f_{F3}
G	f_{G1}	f_{G2}	f_{G3}
H	f_{H1}	f_{H2}	f_{H3}
I	f_{I1}	f_{I2}	f_{I3}
J	f_{J1}	f_{J2}	f_{J3}

③ 环境观测变量

环境变量样本 A、B、C、D、E、F、G、H、I、J 所对应的环境观测变量M系列值，是因子得分计算的基础变量，在具体研究问题中必须给予高度重视。首先，所选取的每一个环境观测变量 M 值的本质意义必须客观翔实；其次，所选取的每一个环境观测变量M值的数据必须精准可靠；最后，所选取的每一个环境观测变量M值之间的关系要逻辑合理。否则，环境变量样本 A、B、C、D、E、F、G、H、I、J 所对应的环境观测变量 M 值数据选取的错误，将导致因子得分后续计算结果的错误。因此要在每一个计算步骤中检验所得结果，发现不当之处，及时对环境变量样本的环境观测变量初始赋值进行修正处理(表 3.4)。

表 3.4　环境观测变量

观测样本	环境观测值 u_1	环境观测值 u_2	环境观测值 u_3	环境观测值 u_4	环境观测值 u_5	环境观测值 u_6	环境观测值 u_7	环境观测值 u_8
A	M_{A1}	M_{A2}	M_{A3}	M_{A4}	M_{A5}	M_{A6}	M_{A7}	M_{A8}
B	M_{B1}	M_{B2}	M_{B3}	M_{B4}	M_{B5}	M_{B6}	M_{B7}	M_{B8}
C	M_{C1}	M_{C2}	M_{C3}	M_{C4}	M_{C5}	M_{C6}	M_{C7}	M_{C8}
D	M_{D1}	M_{D2}	M_{D3}	M_{D4}	M_{D5}	M_{D6}	M_{D7}	M_{D8}
E	M_{E1}	M_{E2}	M_{E3}	M_{E4}	M_{E5}	M_{E6}	M_{E7}	M_{E8}
F	M_{F1}	M_{F2}	M_{F3}	M_{F4}	M_{F5}	M_{F6}	M_{F7}	M_{F8}
G	M_{G1}	M_{G2}	M_{G3}	M_{G4}	M_{G5}	M_{G6}	M_{G7}	M_{G8}
H	M_{H1}	M_{H2}	M_{H3}	M_{H4}	M_{H5}	M_{H6}	M_{H7}	M_{H8}
I	M_{I1}	M_{I2}	M_{I3}	M_{I4}	M_{I5}	M_{I6}	M_{I7}	M_{I8}
J	M_{J1}	M_{J2}	M_{J3}	M_{J4}	M_{J5}	M_{J6}	M_{J7}	M_{J8}
平均	M_1	M_2	M_3	M_4	M_5	M_6	M_7	M_8
标准差	M_{1S}	M_{2S}	M_{3S}	M_{4S}	M_{5S}	M_{6S}	M_{7S}	M_{8S}

u_1 原始变量平均值的计算公式为

$$M_1 = (M_{A1} + M_{B1} + M_{C1} + M_{D1} + M_{E1} + M_{F1} +$$

$$M_{G1}+M_{H1}+M_{I1}+M_{J1})/10 \tag{3.10}$$

则 M_2 至 M_8 数值可以由公式(3.10)类同计算得出。

u_1 原始变量标准差的计算公式为

$$M_{1S}=\sqrt{\frac{(M_{A1}-M_1)^2+\cdots+(M_{J1}-M_1)^2}{10-1}} \tag{3.11}$$

则 M_{2S} 至 M_{8S} 数值可以由公式(3.11)类同计算得出。因子分析中的变量标准化，所用的标准差的分母通常为“数据的个数－1”(下同)。

④ 环境观测变量标准化

通过环境变量标准化可以得到环境观测变量标准值，如表 3.5 所示。

表 3.5 环境标准变量

标准样本	标准值 u_1	标准值 u_2	标准值 u_3	标准值 u_4	标准值 u_5	标准值 u_6	标准值 u_7	标准值 u_8
A	N_{A1}	N_{A2}	N_{A3}	N_{A4}	N_{A5}	N_{A6}	N_{A7}	N_{A8}
B	N_{B1}	N_{B2}	N_{B3}	N_{B4}	N_{B5}	N_{B6}	N_{B7}	N_{B8}
C	N_{C1}	N_{C2}	N_{C3}	N_{C4}	N_{C5}	N_{C6}	N_{C7}	N_{C8}
D	N_{D1}	N_{D2}	N_{D3}	N_{D4}	N_{D5}	N_{D6}	N_{D7}	N_{D8}
E	N_{E1}	N_{E2}	N_{E3}	N_{E4}	N_{E5}	N_{E6}	N_{E7}	N_{E8}
F	N_{F1}	N_{F2}	N_{F3}	N_{F4}	N_{F5}	N_{F6}	N_{F7}	N_{F8}
G	N_{G1}	N_{G2}	N_{G3}	N_{G4}	N_{G5}	N_{G6}	N_{G7}	N_{G8}
H	N_{H1}	N_{H2}	N_{H3}	N_{H4}	N_{H5}	N_{H6}	N_{H7}	N_{H8}
I	N_{I1}	N_{I2}	N_{I3}	N_{I4}	N_{I5}	N_{I6}	N_{I7}	N_{I8}
J	N_{J1}	N_{J2}	N_{J3}	N_{J4}	N_{J5}	N_{J6}	N_{J7}	N_{J8}
平均	0	0	0	0	0	0	0	0
标准差	1	1	1	1	1	1	1	1

u_1 标准值计算公式为

$$N_{J1}=M_{J1}-\frac{M_1}{M_{1S}} \tag{3.12}$$

则 N_{A1} 至 N_{J8} 数值可以由公式(3.12)类同计算得出。

u_1 标准差计算公式为

$$\sqrt{\frac{(N_{A1}-1)^2+\cdots+(N_{J1}-0)^2}{10-1}}=1 \tag{3.13}$$

⑤ 因子得分求值

如前表 3.3 所示，环境变量样本 A 在第 1 公共因子 f_1 处的得分为 f_{A1}、环境变量样本E在第2公共因子f_2处的得分为f_{E2}、环境变量样本J在第3公共因子f_3处的得分为f_{J3}。

如前表3.5所示，环境标准变量样本A在u_1处的标准值为N_{A1}、在u_8处的标准值为N_{A8}，环境标准变量样本E在u_1处的标准值为N_{E1}、在u_8处的标准值为N_{E8}，环境标准变量样本J在u_1处的标准值为N_{J1}、在u_8处的标准值为N_{J8}。由数学回归估计法[4]给出因子得分的计算公式为

$$\begin{aligned} f_{A1} &= W_{11} \times N_{A1} + \cdots + W_{81} \times N_{A8} \\ &\vdots \\ f_{E2} &= W_{12} \times N_{E1} + \cdots + W_{82} \times N_{E8} \\ &\vdots \\ f_{J3} &= W_{13} \times N_{J1} + \cdots + W_{83} \times N_{J8} \end{aligned} \tag{3.14}$$

其中，W可以由环境观测变量和因子载荷量直接求出，读者可以参阅因子分析数学教程获得求值方法，在此我们不做过度因子分析数学方法介绍。因为数学计算的繁琐性，所以因子得分计算要按照严格的步骤进行：

第一，对各种基本概念要有准确地理解和娴熟地把握。

第二，对所研究的实际问题要准确地理解以及与基本概念的对应。

第三，准确的环境观测变量是因子得分计算的基本前提条件。

第四，对因子得分的各种数学概念要有准确地理解和对应。

第五，选择相关的数学因子分析(因子得分)计算机软件。

第六，依据因子得分的计算步骤进行计算。

第七，计算过程中针对出现的问题反复进行修正处理。

第八，对计算结果进行检验核实。

在实际问题中，因子得分的具体计算，可以借助相关的计算软件进行，将大大简化繁琐的数学计算过程。

⑥ 因子得分比较

如表3.6所示，我们以$F_{A1}, F_{A2}, F_{A3}, \cdots, F_{J1}, F_{J2}, F_{J3}$表示求值后的环境因子得分数值，据此做出因子得分比较结论。

表3.6 因子得分数值

环境变量样本	环境公共因子f_1	环境公共因子f_2	环境公共因子f_3
A	$F_{A1\max}$	F_{A2}	F_{A3}
B	F_{B1}	F_{B2}	F_{B3}
C	F_{C1}	F_{C2}	F_{C3}
D	F_{D1}	F_{D2}	F_{D3}
E	F_{E1}	$F_{E2\max}$	F_{E3}

续表

环境变量样本	环境公共因子 f_1	环境公共因子 f_2	环境公共因子 f_3
F	F_{F1}	F_{F2}	F_{F3}
G	F_{G1}	F_{G2}	F_{G3}
H	F_{H1}	F_{H2}	F_{H3}
I	F_{I1}	F_{I2}	F_{I3}
J	F_{J1}	F_{J2}	$F_{J3\max}$

第一，环境变量样本 A 在环境公共因子 f_1 项下，有因子得分最大数值 $F_{A1\max}$，也就是说环境变量样本 A 在 f_1 公共属性方面具有最重要的地位。

第二，环境变量样本 E 在环境公共因子 f_2 项下，有因子得分最大数值 $F_{E2\max}$，也就是说环境变量样本 E 在 f_2 公共属性方面具有最重要的地位。

第三，环境变量样本 J 在环境公共因子 f_3 项下，有因子得分最大数值 $F_{J3\max}$，也就是说环境变量样本 J 在 f_3 公共属性方面具有最重要的地位。

第四，依据 F_{A1}，F_{A2}，F_{A3}，…，F_{J1}，F_{J2}，F_{J3} 的因子得分数值排序，可以判定环境变量样本 A、B、C、D、E、F、G、H、I、J 分别在 f_1 公共属性方面、f_2 公共属性方面、f_3 公共属性方面重要性地位的排序。

因子得分数值排序是空间城市系统环境变量重要性的根据，它是空间城市系统环境的基础性数据，对于空间城市系统的定性与定量研究具有十分重要的意义。

4）沿河空间城市系统因子分析实例

（1）沿河空间城市系统

① 沿河空间城市系统概念

如图 3.13 所示，沿河空间城市系统包括青岛、济南、徐州、郑州、西安、兰州、西宁、银川八个 1 级子系统。沿河空间城市系统与沿江空间城市系统形成了中国地理空间南北对称的结构，决定着中国国家空间结构均衡的格局。黄河是沿河空间城市系统的

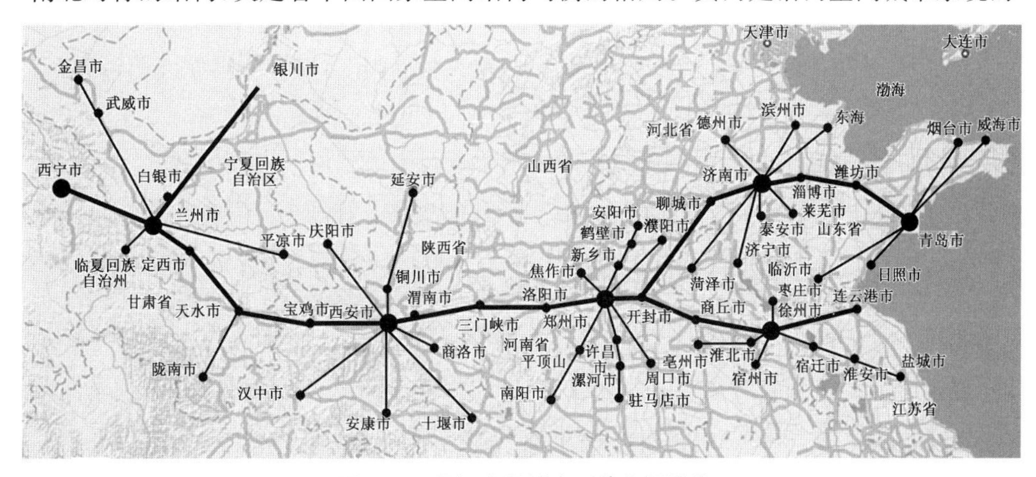

图 3.13　沿河空间城市系统空间结构

地理主轴要素，在黄河地理主轴空间，集聚了中国巨体量的空间人流、空间物流、空间信息流、空间能源流。沿河空间城市系统具有科学的空间结构逻辑，包括地理逻辑、人文逻辑、经济逻辑。因此，沿河空间城市系统决定着中国国家空间格局的优化，将成为一个世界级的空间城市系统。

② 地理空间因子分析

地理空间因子是沿河空间城市系统环境的基础，它决定着沿河空间城市系统其他空间要素的运行，因此获得沿河空间城市系统序参量的地位。我们将以地理空间因子分析为纲，对沿河空间城市系统进行因子分析。

③ 地理空间独立因子

如前图 3.13 所示，沿河空间城市系统地理空间独立因子包括：青岛独立因子、济南独立因子、徐州独立因子、郑州独立因子、西安独立因子、兰州独立因子、西宁独立因子、银川独立因子。这八个地理空间独立因子为正相交空间变量，具有独立性、基元性、等值性、功能性的特征，每一个地理空间独立因子都反映了沿河空间城市系统局域空间的本质特性，它们共同反映了沿河空间城市系统整体空间的本质特性。

④ 地理空间公共因子

在沿河空间城市系统地理空间中，济青空间概念、西郑徐空间概念、兰西银空间概念符合独立因子群构成、特定地理空间本质属性、正相交关系三个公共因子基本条件，因此我们可以确定济青公共因子、西郑徐公共因子、兰西银公共因子。沿河空间城市系统有 8 个独立因子，由前表 3.1 得知公共因子的数量上限为 4 个，因此我们选择 3 个公共因子是合理的。由此，我们确定了沿河空间城市系统地理空间的公共因子为济青公共因子、西郑徐公共因子、兰西银公共因子。

（2）沿河空间城市系统因子分析模型

① 沿河空间城市系统因子模型

设定济青公共因子 f_1、西郑徐公共因子 f_2、兰西银公共因子 f_3。

设定青岛变量 u_1、济南变量 u_2、徐州变量 u_3、郑州变量 u_4、西安变量 u_5、兰州变量 u_6、西宁变量 u_7、银川变量 u_8。

设定青岛独立因子 e_1、济南独立因子 e_2、徐州独立因子 e_3、郑州独立因子 e_4、西安独立因子 e_5、兰州独立因子 e_6、西宁独立因子 e_7、银川独立因子 e_8。

设定因子载荷 a_{11}、因子载荷 a_{21}、因子载荷 a_{31}、因子载荷 a_{41}、因子载荷 a_{51}、因子载荷 a_{61}、因子载荷 a_{71}、因子载荷 a_{81}，因子载荷 a_{12}、因子载荷 a_{22}、因子载荷 a_{32}、因子载荷 a_{42}、因子载荷 a_{52}、因子载荷 a_{62}、因子载荷 a_{72}、因子载荷 a_{82}，因子载荷 a_{13}、因子载荷 a_{23}、因子载荷 a_{33}、因子载荷 a_{43}、因子载荷 a_{53}、因子载荷 a_{63}、因子载荷 a_{73}、因子载荷 a_{83}。其中，因子载荷 a_{11}、因子载荷 a_{21}、因子载荷 a_{32}、因子载荷 a_{42}、因子载荷 a_{52}、因子载荷 a_{63}、因子载荷 a_{73}、因子载荷 a_{83}，为城市变量 u 在公共因子 f 处拥有高权重，即高依存度因子载荷，在图 3.14 中表示为粗实线。

沿河空间城市系统因子模型表示为图 3.14。

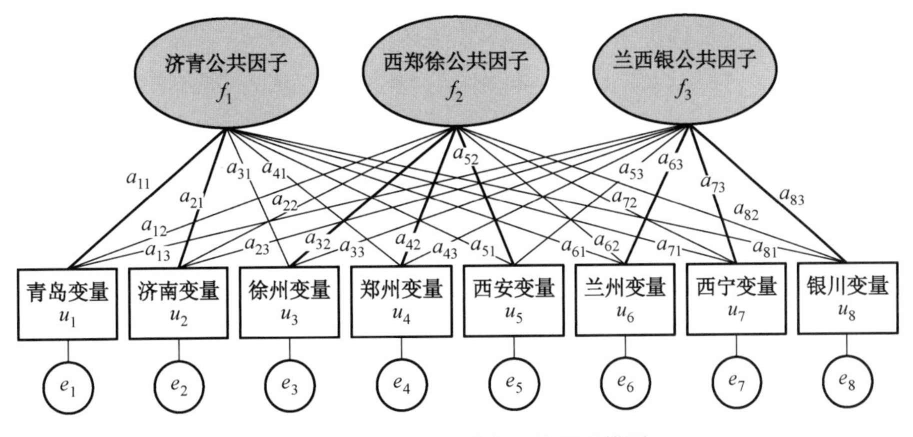

图 3.14　沿河空间城市系统因子模型

② 沿河空间城市系统因子模型方程

由公式(3.5)得到沿河空间城市系统因子模型方程组为

$$
\begin{aligned}
u_1 &= a_{11}f_1 + a_{12}f_2 + a_{13}f_3 + e_1 \\
u_2 &= a_{21}f_1 + a_{22}f_2 + a_{23}f_3 + e_2 \\
u_3 &= a_{31}f_1 + a_{32}f_2 + a_{33}f_3 + e_3 \\
u_4 &= a_{41}f_1 + a_{42}f_2 + a_{43}f_3 + e_4 \\
u_5 &= a_{51}f_1 + a_{52}f_2 + a_{53}f_3 + e_5 \\
u_6 &= a_{61}f_1 + a_{62}f_2 + a_{63}f_3 + e_6 \\
u_7 &= a_{71}f_1 + a_{72}f_2 + a_{73}f_3 + e_7 \\
u_8 &= a_{81}f_1 + a_{82}f_2 + a_{83}f_3 + e_8
\end{aligned}
\tag{3.15}
$$

沿河空间城市系统因子模型方程组(3.15)所对应的矩阵公式为

$$u = \mathbf{A}f + e \tag{3.16}$$

式中,矩阵 $\mathbf{A}$ 为沿河空间城市系统因子载荷矩阵,$\mathbf{A} = (a_{ij})$;a_{ij} 为因子载荷量,可以由城市变量直接给出。如前图 3.14 所示,因子载荷 a_{11} 与因子载荷 a_{21} 分别表示青岛变量 u_1、济南变量 u_2 在济青公共因子 f_1 处拥有较高权重,即济青公共因 f_1 对于青岛变量 u_1、济南变量 u_2 有较高的影响程度。这也就是说青岛、济南对济青公共因子 f_1 具有较高的依赖程度,这就要求我们强化济南 — 青岛空间结构的规划与建设。同理可以推出,西郑徐公共因子 f_2 对西安、郑州、徐州具有较高的影响程度,必须强化西安 — 郑州 — 徐州空间结构的规划与建设。同理可以推出,兰西银公共因子 f_3 对兰州、西宁、银川具有较高的影响程度,必须强化兰州—西宁—银川空间结构的规划与建设。

沿河空间城市系统因子载荷矩阵 $\mathbf{A} = (a_{ij})$ 还说明:青岛、济南对西郑徐公共因子

f_2 与兰西银公共因子 f_3 具有依赖性;徐州、郑州、西安对济青公共因子 f_1 与兰西银公共因子 f_3 具有依赖性;兰州、西宁、银川对济青公共因子 f_1 与西郑徐公共因子 f_2 具有依赖性。这就要求我们加强沿河空间城市系统空间结构的规划与建设,即青岛—济南—徐州—郑州—西安—兰州—西宁—银川整体空间结构的规划与建设。

(3) 沿河空间城市系统因子分析评价

① 沿河空间城市系统因子分析精度

对应沿河空间城市系统因子模型的济青公共因子 f_1、西郑徐公共因子 f_2、兰西银公共因子 f_3,由公式(3.8)可以求出它们的贡献度:

$$
\begin{aligned}
f_{1\text{贡献度}} &= \frac{b_{11}^2 + b_{21}^2 + b_{31}^2 + b_{41}^2 + b_{51}^2 + b_{61}^2 + b_{71}^2 + b_{81}^2}{8} \times 100 \\
f_{2\text{贡献度}} &= \frac{b_{12}^2 + b_{22}^2 + b_{32}^2 + b_{42}^2 + b_{52}^2 + b_{62}^2 + b_{72}^2 + b_{82}^2}{8} \times 100 \\
f_{3\text{贡献度}} &= \frac{b_{13}^2 + b_{23}^2 + b_{33}^2 + b_{43}^2 + b_{53}^2 + b_{63}^2 + b_{73}^2 + b_{83}^2}{8} \times 100
\end{aligned}
\tag{3.17}
$$

其中,b_{ij} 为旋转后的因子载荷量,即旋转后的城市变量值。公式(3.17)表征了济青公共因子、西郑徐公共因子、兰西银公共因子对于沿河空间城市系统的相对重要性,即济南—青岛空间结构、西安—郑州—徐州空间结构、兰州—西宁—银川空间结构对于沿河空间城市系统整体空间结构的重要性。

将公式(3.17)所得值代入公式(3.9),可以求出沿河空间城市系统公共因子 f 的累积贡献度:

$$
f_{\text{累积贡献度}} = f_{1\text{贡献度}} + f_{2\text{贡献度}} + f_{3\text{贡献度}} \tag{3.18}
$$

对于沿河空间城市系统而言,f 累积贡献度甚至接近于 90%,因为青岛、济南、徐州、郑州、西安、兰州、西宁、银川集聚了沿黄河空间区域内的绝大多数人力资源、物力资源、信息资源、资金资源、能源资源。

② 沿河空间城市系统因子得分分析

对应沿河空间城市系统因子模型,设有青岛、济南、徐州、郑州、西安、兰州、西宁、银川的城市变量样本分别为 A、B、C、D、E、F、G、H、I、J。沿河空间城市系统因子得分就是各城市变量样本中济青公共因子 f_1、西郑徐公共因子 f_2、兰西银公共因子 f_3 的具体值,我们以因子得分评价每个城市变量在整个沿河空间城市系统中的地位。

青岛、济南、徐州、郑州、西安、兰州、西宁、银川城市变量样本 A、B、C、D、E、F、G、H、I、J 对应着城市观测变量 M 系列值,它是沿河空间城市系统因子得分计算的基础数据。经过客观翔实、精确可靠、逻辑合理的采集数据筛选过程,我们得到沿河空间城市系统城市观测变量如表 3.7 所示。

表 3.7 沿河空间城市系统城市观测变量

城市变量样本	青岛变量 u_1	济南变量 u_2	徐州变量 u_3	郑州变量 u_4	西安变量 u_5	兰州变量 u_6	西宁变量 u_7	银川变量 u_8
A	M_{A1}	M_{A2}	M_{A3}	M_{A4}	M_{A5}	M_{A6}	M_{A7}	M_{A8}
B	M_{B1}	M_{B2}	M_{B3}	M_{B4}	M_{B5}	M_{B6}	M_{B7}	M_{B8}
C	M_{C1}	M_{C2}	M_{C3}	M_{C4}	M_{C5}	M_{C6}	M_{C7}	M_{C8}
D	M_{D1}	M_{D2}	M_{D3}	M_{D4}	M_{D5}	M_{D6}	M_{D7}	M_{D8}
E	M_{E1}	M_{E2}	M_{E3}	M_{E4}	M_{E5}	M_{E6}	M_{E7}	M_{E8}
F	M_{F1}	M_{F2}	M_{F3}	M_{F4}	M_{F5}	M_{F6}	M_{F7}	M_{F8}
G	M_{G1}	M_{G2}	M_{G3}	M_{G4}	M_{G5}	M_{G6}	M_{G7}	M_{G8}
H	M_{H1}	M_{H2}	M_{H3}	M_{H4}	M_{H5}	M_{H6}	M_{H7}	M_{H8}
I	M_{I1}	M_{I2}	M_{I3}	M_{I4}	M_{I5}	M_{I6}	M_{I7}	M_{I8}
J	M_{J1}	M_{J2}	M_{J3}	M_{J4}	M_{J5}	M_{J6}	M_{J7}	M_{J8}
平均	M_1	M_2	M_3	M_4	M_5	M_6	M_7	M_8
标准差	M_{1S}	M_{2S}	M_{3S}	M_{4S}	M_{5S}	M_{6S}	M_{7S}	M_{8S}

青岛原始变量平均值的计算公式为

$$M_1=\frac{M_{A1}+M_{B1}+M_{C1}+M_{D1}+M_{E1}+M_{F1}+M_{G1}+M_{H1}+M_{I1}+M_{J1}}{10} \tag{3.19}$$

则济南、徐州、郑州、西安、兰州、西宁、银川的原始变量 M_2 至 M_8 平均值可以由公式(3.19)类同计算得出。

表青岛原始变量标准差的计算公式为

$$M_{1S}=\sqrt{\frac{(M_{A1}-M_1)^2+\cdots+(M_{J1}-M_1)^2}{10-1}} \tag{3.20}$$

则济南、徐州、郑州、西安、兰州、西宁、银川的原始变量 M_{2S} 至M_{8S} 标准差可以由公式(3.20)类同计算得出。

对前表 3.7 的城市观测变量进行标准化处理，得到沿河空间城市系统城市标准变量，如表 3.8 所示。

表 3.8 沿河空间城市系统城市标准变量

城市变量样本	青岛变量 u_1	济南变量 u_2	徐州变量 u_3	郑州变量 u_4	西安变量 u_5	兰州变量 u_6	西宁变量 u_7	银川变量 u_8
A	N_{A1}	N_{A2}	N_{A3}	N_{A4}	N_{A5}	N_{A6}	N_{A7}	N_{A8}
B	N_{B1}	N_{B2}	N_{B3}	N_{B4}	N_{B5}	N_{B6}	N_{B7}	N_{B8}

续表

城市变量样本	青岛变量 u_1	济南变量 u_2	徐州变量 u_3	郑州变量 u_4	西安变量 u_5	兰州变量 u_6	西宁变量 u_7	银川变量 u_8
C	N_{C1}	N_{C2}	N_{C3}	N_{C4}	N_{C5}	N_{C6}	N_{C7}	N_{C8}
D	N_{D1}	N_{D2}	N_{D3}	N_{D4}	N_{D5}	N_{D6}	N_{D7}	N_{D8}
E	N_{E1}	N_{E2}	N_{E3}	N_{E4}	N_{E5}	N_{E6}	N_{E7}	N_{E8}
F	N_{F1}	N_{F2}	N_{F3}	N_{F4}	N_{F5}	N_{F6}	N_{F7}	N_{F8}
G	N_{G1}	N_{G2}	N_{G3}	N_{G4}	N_{G5}	N_{G6}	N_{G7}	N_{G8}
H	N_{H1}	N_{H2}	N_{H3}	N_{H4}	N_{H5}	N_{H6}	N_{H7}	N_{H8}
I	N_{I1}	N_{I2}	N_{I3}	N_{I4}	N_{I5}	N_{I6}	N_{I7}	N_{I8}
J	N_{J1}	N_{J2}	N_{J3}	N_{J4}	N_{J5}	N_{J6}	N_{J7}	N_{J8}
平均	0	0	0	0	0	0	0	0
标准差	1	1	1	1	1	1	1	1

城市变量样本 J 的青岛标准变量计算公式为

$$N_{J1}=M_{J1}-\frac{M_1}{M_{1S}} \tag{3.21}$$

则青岛、济南、徐州、郑州、西安、兰州、西宁、银川的标准变量 N_{A1} 至 N_{J8} 数值可以由公式(3.21)类同计算得出。由公式(3.13)可知，青岛、济南、徐州、郑州、西安、兰州、西宁、银川的标准差均为 1。

设定城市变量样本 A 在济青公共因子 f_1 处的得分为 F_{A1}、城市变量样本 E 在西郑徐公共因子 f_2 得分为 F_{E2}、城市变量样本 J 在兰西银公共因子 f_3 处的得分为 F_{J3}。如前表 3.8 所表示，城市标准变量样本 A 在青岛的标准值为 N_{A1}、在银川的标准值为 N_{A8}，城市标准变量样本 E 在青岛的标准值为 N_{E1}、在银川的标准值为 N_{E8}，城市标准变量样本 J 在青岛的标准值为 N_{J1}、在银川 u_8 的标准值为 N_{J8}。由因子得分公式(3.14)得到沿河空间城市系统因子得分的计算公式为

$$\begin{aligned}
&F_{A1}=W_{11}\times N_{A1}+\cdots+W_{81}\times N_{A8}\\
&\vdots\\
&F_{E2}=W_{12}\times N_{E1}+\cdots+W_{82}\times N_{E8}\\
&\vdots\\
&F_{J3}=W_{13}\times N_{J1}+\cdots+W_{83}\times N_{J8}
\end{aligned} \tag{3.22}$$

其中，W 可以由城市变量和因子载荷量直接求出，而因子载荷量可以由城市变量直接给出。沿河空间城市系统因子得分计算所遵循的原则为：基本概念准确；实际问题对应；变量数据为前提；因子得分理解与对应；计算机应用；计算步骤设定；问题修正处理；计算结果核实。我们将公式(3.22)计算结果列表，即得到沿河空间城市系统因

子得分值(表 3.9)。

表 3.9 沿河空间城市系统因子得分值

城市变量样本	济青公共因子 f_1	西郑徐公共因子 f_2	兰西银公共因子 f_3
A	F_{A1max}	F_{A2}	F_{A3}
B	F_{B1}	F_{B2}	F_{B3}
C	F_{C1}	F_{C2}	F_{C3}
D	F_{D1}	F_{D2}	F_{D3}
E	F_{E1}	F_{E2max}	F_{E3}
F	F_{F1}	F_{F2}	F_{F3}
G	F_{G1}	F_{G2}	F_{G3}
H	F_{H1}	F_{H2}	F_{H3}
I	F_{I1}	F_{I2}	F_{I3}
J	F_{J1}	F_{J2}	F_{J3max}

通过对表 3.9 沿河空间城市系统因子得分值做出分析,我们得到结论:首先,城市变量样本 A 在济青公共因子 f_1 项下,有因子得分最大数值 F_{A1max}。也就是说城市变量样本 A 在济南—青岛空间结构方面具有最重要的地位,是决定济南—青岛空间结构的序参量,必须给予强化配置。其次,城市变量样本 E 在西郑徐公共因子 f_2 项下,有因子得分最大数值 F_{E2max}。也就是说城市变量样本 E 在西安—郑州—徐州空间结构方面具有最重要的地位,是决定西安—郑州—徐州空间结构的序参量,必须给予强化配置。最后,城市变量样本 J 在兰西银公共因子 f_3 项下,有因子得分最大数值 F_{J3max}。也就是说城市变量样本 J 在兰州—西宁—银川空间结构方面具有最重要的地位,是决定兰州—西宁—银川空间结构的序参量,必须给予强化配置。

根据前表 3.9 沿河空间城市系统因子得分值,F_{A1},F_{A2},F_{A3},…,F_{J1},F_{J2},F_{J3} 的数值排序,我们可以判定城市变量样本 A、B、C、D、E、F、G、H、I、J 在济青公共因子 f_1、西郑徐公共因子 f_2、兰西银公共因子 f_3 重要性地位的排序。按照城市变量样本 A、B、C、D、E、F、G、H、I、J 的重要性地位排序,我们分别对济南—青岛空间结构、西安—郑州—徐州空间结构、兰州—西宁—银川空间结构城市变量配置进行优化。

3.2.4 空间城市系统环境地图分析方法

1) 等高线地图分析方法

(1) 空间城市系统环境等高线分析

如图 3.15 所示,等高线标注是将地表海拔相同的点连成闭合环线,直接投影到平

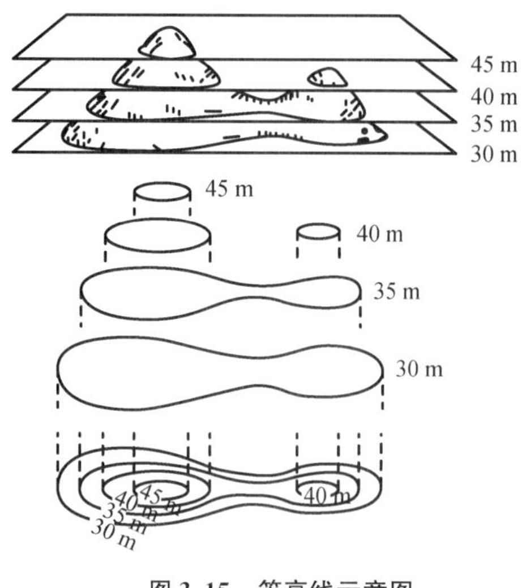

图 3.15　等高线示意图

（源自：360 百科）

面形成水平曲线，并按比例缩绘在图纸上。等高线也可以看作不同海拔的水平面与实际地面的交线，所以等高线是闭合曲线。在等高线上标注的数字为该等高线的海拔，等高线表达可以采用线条、颜色表示等。

在等高线地图上加注空间城市系统人工要素，就形成了空间城市系统环境等高线地图，它可以有效地表示空间城市系统环境的地貌特征，如平原、高山、河流等，说明空间城市系统与地理环境之间的关系。等高线地图是一种标准的易获取资料，空间城市系统人工要素的标注就成为关键，如中心城市、城市节点、地理连接轴等。

空间城市系统环境等高线分析，就是要阐述空间城市系统所处的地貌环境特征，说明空间城市系统人工要素，如高速铁路、高速公路、航运水路，与地貌环境之间的关系。空间城市系统环境等高线分析要具有定性与定量的基本内容，空间城市系统环境等高线分析报告是空间城市系统环境重要的基础性逻辑根据。

（2）空间城市系统环境等高线制图技术

等高线地图分析方法是空间城市系统环境的基本分析方法，它是空间城市环境超系统、环境单元、环境因子都可以使用的环境分析方法。空间城市系统环境等高线地图制作的基本要点有以下几个方面：

① 地球经纬度地理坐标

空间城市系统环境等高线地图所表示的多是中大尺度的地理区域，因此要用准确的地球经纬度线来标注空间城市系统环境区域的地理坐标，从而确定空间城市系统环境的区域范围，以及空间城市系统人工要素的地点位置。

② 等高线标注[①]

如图 3.16 所示，根据等高线地图的制作方法，对空间城市系统环境地理区域进行等高线标注，可以分为几个方面：

首曲线，又叫基本等高线，是按规定的等高距，由平均海水面起算而测绘的细实线（线粗 0.1 mm），用以显示地貌的基本形态。

计曲线，又叫加粗等高线。规定从高程起算面（平均海水面）起算的首曲线，每隔四条加粗（线粗 0.2 mm）描绘一条的粗实线，用以计数图上等高线和判定高程。

间曲线，又叫半距等高线，是按 1/2 等高距测绘的细长虚线，用以显示首曲线不能显示的某段局部地貌。

① 本处内容参考了 360 百科网页内容，在此统一说明，不再单独予以摘引标注。

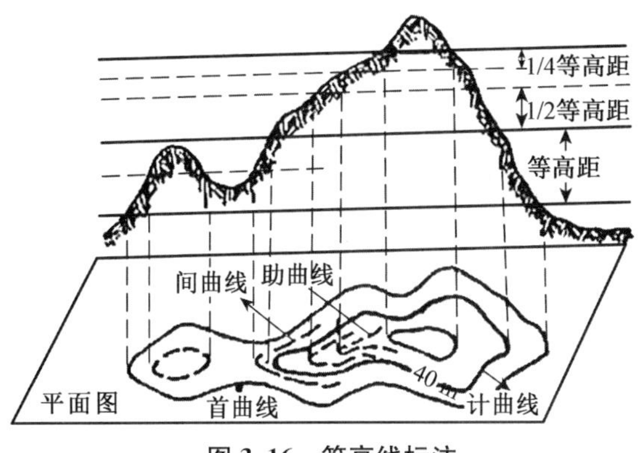

图 3.16　等高线标注

（源自：360 百科）

助曲线，又叫辅助等高线，是按 1/4 等高距测绘的细短虚线，用以显示间曲线仍不能显示的某段个别地貌。

间曲线和助曲线，只用于局部地段，除显示山顶、凹地时各自闭合外，一般只画一段；表示鞍部时，一般对称描绘，终止于鞍部两侧；表示斜面时，终止于山脊两侧。

③ 城市节点与地理连接轴

空间城市系统环境是自然要素与人工要素相结合的复合超系统，中心城市、重要节点城市、节点城市、地理连接轴等人工要素是空间城市系统环境等高线地图所特有的地图单位，要在图中给予标注，并加以文字说明。

④ 地表形态

在空间城市系统环境等高线地图中，显著的特殊地貌形态要给予标注，如高山、河流、湖泊、海洋等，并加以文字说明。

⑤ 地理边界

空间城市系统环境超系统、环境单元、环境因子都有明确的自然地理边界，要用闭环虚线在空间城市系统环境等高线地图中给予标注，并加以文字说明，这是空间城市系统环境等高线地图所特有的标注。比例尺标注有助于空间城市系统环境真实地理距离的判断，因此是需要加注的空间城市系统环境等高线地图元素。

（3）成渝空间城市系统环境等高线分析实例

图 3.17 为成渝空间城市系统环境等高线地图。

应用等高线地图分析方法，我们对成渝空间城市系统环境进行分析，可以得出以下结论：

① 地球经纬度

成渝空间城市系统环境超系统处于东经 101°30′到109°30′之间，北纬 28°到 33°之间。由此决定了成渝空间城市系统地球纬向地带空间分异的基本规律，如亚热带季风性湿润气候、人类宜居性特征等。

② 地理范围

如图 3.17 所示，成渝空间城市系统环境超系统由环境等高线地图地理边界闭环

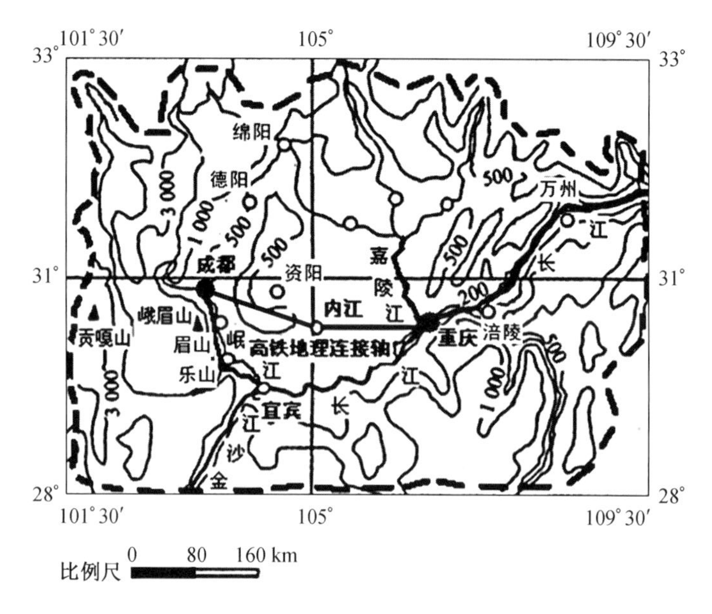

图 3.17 成渝空间城市系统环境等高线地图

注：图中数据单位为米(m)。

虚线所界定。在此环境超系统地理范围之中，又可以细分为若干环境单元与环境因子，它们形成了成渝空间城市系统的地理基质。

③ 地貌形态

由成渝空间城市系统环境等高线地图我们可以看出成渝空间城市系统的主体部分，成都—重庆双核空间结构处于四川盆地之中，海拔为 200～500 m。成渝空间城市系统东西两侧为海拔 1 000～3 000 m 的中高山地貌形态，如峨眉山、贡嘎山等。成渝空间城市系统环境拥有丰富的水资源，主要为岷江、长江、嘉陵江、金沙江。因此，成渝空间城市系统具有优越的地理资源环境条件。

④ 人工要素

如图 3.17 所示，借助等高线地图表示方法，我们可以标注成渝空间城市系统中心城市成都、重庆，重要节点城市内江、宜宾，一般节点城市资阳、德阳、绵阳、眉山、乐山、涪陵、万州等。借助等高线地图表示方法，我们可以标注成渝空间城市系统地理连接轴：高铁地理连接轴、高速公路地理连接轴(图中省略)、长江航运水路地理连接轴、航空地理空间连接轴(图中省略)、高速通信地理联结轴(图中省略)、高压能源地理连接轴(图中省略)等。

⑤ 等高线地图分析报告

经过成渝空间城市系统环境等高线地图分析，我们可以做出“成渝空间城市系统环境等高线地图分析报告”。该类型等高线地图分析报告具有重要的理论与实践意义，可以作为成渝空间城市系统“空间规划”的基础部分，也可以作为成渝空间城市系统“建设实施”的技术支持，以及成渝空间城市系统“空间治理”的理论根据。

2）空间本体地图分析方法

（1）空间本体地图分析概念

空间城市系统环境本体地图分析方法，是表述空间城市系统本体，即空间形态与空间结构，与空间城市系统环境之间关系的分析方法。空间城市系统环境本体地图分析方法，一方面适用于空间城市系统本体、子系统本体、组分本体与其环境关系的表述，另一方面又适用于环境超系统、环境单元、环境因子与其所包含本体之间关系的分析。

（2）空间本体地图分析技术

① 空间形态地图分析

如图 3.18 所示，空间城市系统空间形态地图分析，主要表示了空间城市系统空间形态与环境的关系、子系统空间形态与环境的关系、中心城市在环境中的位置。空间形态地图说明了空间城市系统本体、子系统本体、组分本体在环境中的空间形态，而且空间形态与空间结构是映射关系，空间形态是外在形象、空间结构是内在机理，两者共同形成了空间城市系统本体。

图 3.18　长江中游空间城市系统空间形态地图

② 空间结构地图分析

如图 3.19 所示，空间城市系统空间结构地图分析，主要表示了空间城市系统空间结构与环境的关系、子系统空间结构与环境的关系，以及地理空间因子与环境的关系。空间结构地图说明了空间城市系统本体、子系统本体、地理空间因子在环境中

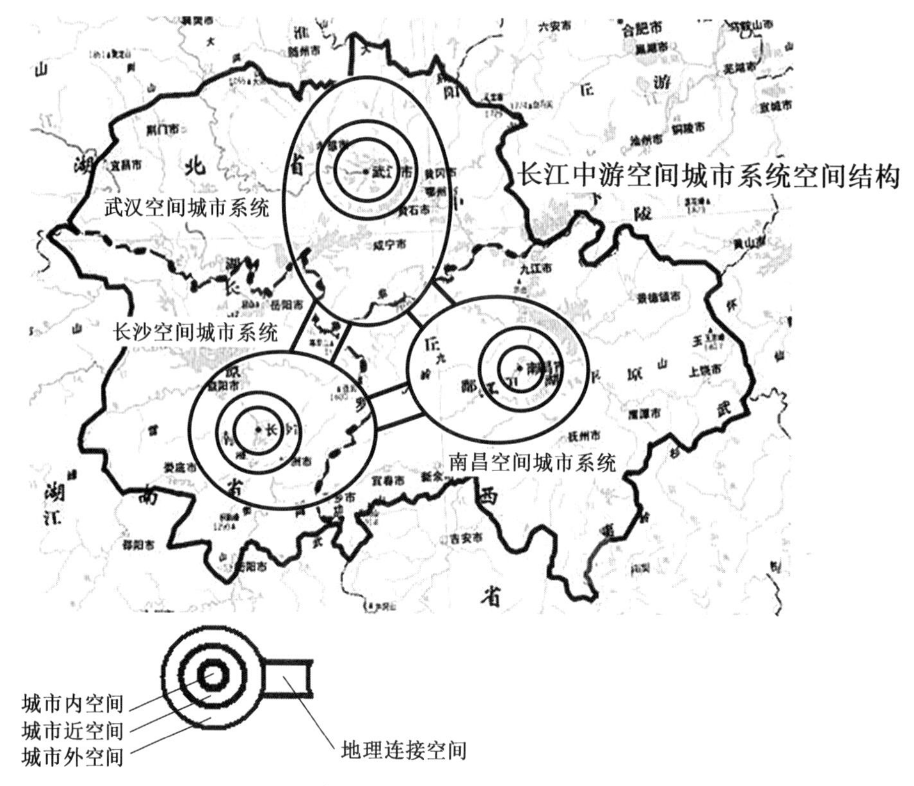

图 3.19　长江中游空间城市系统空间结构地图

的空间结构，而且空间结构是空间形态的映射，两者相结合使用，可以揭示出空间城市系统本体在环境中的分布规律。空间结构地图是空间城市系统研究中最经常使用的分析手段，空间结构地图分析是空间城市系统分析的基础性方法，具有十分重要的意义。

③ 整体内容地图分析

空间本体地图分析技术，还可以应用于空间城市系统本体、子系统本体、组分本体整体性内容的分析研究。空间本体地图分析可以借助颜色标注方法、图标标注方法、数据标注方法等，进行空间城市系统的空间本体地图分析研究。

(3) 长江中游空间城市系统本体地图分析实例

① 长江中游空间城市系统空间形态地图分析

第一，中心城市位置分析。

由前图 3.18 可以看出，武汉、长沙、南昌中心城市都处于子系统空间形态的中心位置，中心城市环境呈环周状态分布。显然，武汉、长沙、南昌在其地理环境中处于质心位置，易于发挥辐射作用，具有科学合理性。

第二，子系统空间形态分析。

由前图 3.18 可以看出，在武汉空间城市系统、长沙空间城市系统中、南昌空间城市系统，子系统空间形态以中心城市为核心基本呈环周形状。显然，武汉空间城市系统、长沙空间城市系统、南昌空间城市系统的空间形态是比较均衡的，具有科学合理性。

第三，空间城市系统空间形态分析。

由前图3.18可以看出，长江中游空间城市系统空间形态呈三角形状，这种三角形空间形态十分有利于空间城市系统的地理空间连接，如城际高速铁路连接。长江中游空间城市系统三角形空间形态十分有利于空间集聚、空间扩散、空间联结，将为长江中游空间城市系统的发展提供动因。

第四，空间形态环境超系统分析。

由前图3.18可以看出，长江中游空间城市系统环境超系统，主要由湖北、湖南、江西的行政辖区，以及安徽西南部区域所构成。因此，长江中游空间城市系统一定会对安徽西南部产生环境支撑需求，湖北、湖南、江西、安徽四省地方政府应该认识到这个规律，并有所准备。

第五，空间城市系统整体性问题分析。

长江中游空间城市系统现存的关键整体性问题有三个方面：首先，欠缺行政协调首府型城市。从长江中游空间城市系统本体地图分析来看，长江中游空间城市系统行政区域范围包括武汉、长沙、南昌3个省会城市，以及23个周边次级城市，面积为20.6万km^2，人口为1.1亿人。但是武汉、长沙、南昌3个中心城市互不隶属，则长江中游空间城市系统缺乏政治统领的牵引空间，这在中国政治文化环境中是一个严重问题。其次，跨省域空间治理困境。由于行政协调首府的缺乏，空间规划、空间政策、空间工具的实施势必低效能化，阻碍长江中游空间城市系统的健康发展。最后，缺乏高端服务业牵引城市(TC)。与北京、上海、香港相比，武汉的高端服务业处于绝对低的水平，很难起到长江中游空间城市系统的整体牵引作用，严重影响长江中游空间城市系统整体涌现性的产生，则长江中游空间城市系统根本无法达到世界级空间城市系统的水准。

② 长江中游空间城市系统空间结构地图分析

第一，地理空间因子分析。

对前图3.19分析后可以得知，长江中游空间城市系统具有地理空间因子优势，武汉空间城市系统、长沙空间城市系统、南昌空间城市系统形成了三角形空间结构，以武汉、长沙、南昌为中心的城市内空间(CIS)、城市近空间(CNS)、城市外空间(COS)、地理连接空间(GCS)形成最短化地理空间链条，即地理空间CIS-CNS-COS-GCS最短化链条。地理空间因子是空间城市系统空间结构最基础性的要素，它决定着其他空间要素的配置，地理空间因子优势将极大地促进长江中游空间城市系统的发展与成熟。

第二，空间结构分析。

对前图3.19分析后可以得知，长江中游空间城市系统空间结构具有三个优势方面：其一，系统性优势。武汉空间城市系统及其组分、长沙空间城市系统及其组分、南昌空间城市系统及其组分形成了长江中游空间城市系统空间结构的多元性。地理空间因子的紧密关联，使长江中游空间城市系统空间结构具有相关性。三角形空间结构，使长江中游空间城市系统空间结构具有整体性。其二，演化动因优势。紧密的三角形空间结构，使长江中游空间城市系统易于实现空间集聚、空间扩散、空间联结，拥有极好的空间城市系统演化动因。其三，整体涌现性优势。武汉、长沙、南昌一体化地理空间环境，鄂、湘、赣相似的地方人文环境，湖北、湖南、江西合计的经济产业环境，使得长江中游空间城市系统具备了整体涌现性条件。

第三，空间城市系统整体性问题分析。

长江中游空间城市系统存在着四个方面的结构性问题：其一，行政问题。2015 年 4 月，《长江中游城市群发展规划》经国务院批复实施，但是长江中游空间城市系统行政主导与协调机构是一个短板。其二，经济问题。湖北、湖南、江西三省的资源禀赋、产业特色、工业化程度都很类似，存在很强的竞合问题。其三，交通问题。武汉—长沙—南昌的同城化公交化快速交通，是长江中游空间城市系统必须具备的前提条件。其四，地理问题。长沙与南昌之间由连云山、九岭山所造成的地理空间隔离，是长江中游空间城市系统环境必须克服的地理空间障碍。

3）空间要素地图分析方法

（1）空间要素地图分析概念

空间要素地图是指将空间城市系统要素标注在专用地图上所形成的专供空间城市系统分析用的地图。所谓空间要素是指人口总量、经济总量、人文数据等专项内容，通过空间要素的地图标注，可以对空间城市系统及其环境进行专项分析，例如人口分析、经济分析、语言分析、民族分析、地域文化分析等。空间要素地图分析具有信息量大、简单易行、专项定位、定性分析与定量分析相结合等特点，是一种理想的空间城市系统及其环境分析方法。

（2）空间要素制图技术

首先，空间要素标注所使用的底图应该是清空式的专用地图，这样可以清晰地在底图中进行空间要素的标注，并进行比较分析研究，如图 3.20 选择了沿江空间城市系统环境超系统作为清空底图。

其次，根据空间要素属性要求，按照主成分分析结果，选择最大信息量指标分项。例如，在沿江空间城市系统经济总量空间要素的比较分析中，选择了两个主成分指标分项：一是子系统环境经济总量，即各省市的经济总量；二是上海牵引城市（TC）、各省会直辖市主中心城市（MC）、宜昌辅中心城市（AC）的经济总量。

最后，选择科学合理的数据标注方法进行专业化地图标注。如前图 3.20 所示，我们选取了 GDP 数据柱线标注方法，按照子系统经向空间分异次序，由西向东进行经济总量数据柱线标注。百分比数据圆形图，也是经常使用的空间要素数据标注方法，要根据空间要素分析的要求来选择合适的标注方法。

（3）沿江空间城市系统经济总量地图分析实例

如图 3.20 所示，我们以各省经济总量数据作为环境经济总量指标，各中心城市经济总量数据代表各省级子系统经济总量指标。根据空间要素地图分析方法，我们对沿江空间城市系统经济总量进行空间要素地图分析。

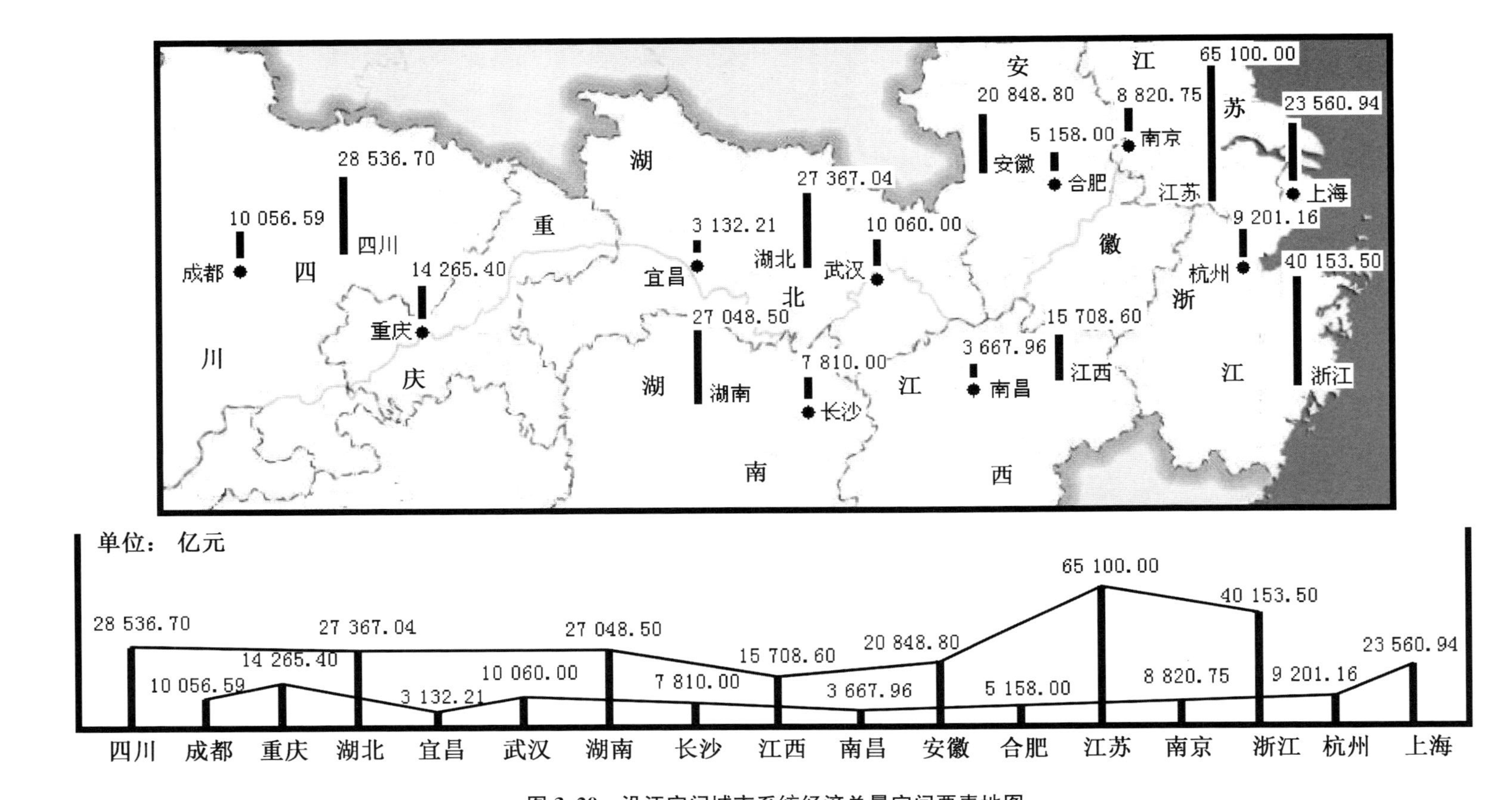

图 3.20 沿江空间城市系统经济总量空间要素地图

（源自：笔者绘制）

① 沿江空间城市系统经济总量分析

第一，沿江空间城市系统。

沿江空间城市系统包括长江三角洲空间城市系统、长江中游空间城市系统、成渝空间城市系统，形成了世界最大的空间城市系统。由前图 3.20 分析可知，沿江空间城市系统环境经济总量与中心城市经济总量处于相对均衡的优良状态，为沿江空间城市系统的生成与发展提供了基本前提条件。

第二，沿江空间城市系统经济环境。

如前图 3.20 所示，沿江空间城市系统环境经济总量数据(柱线所示)，沿江空间城市系统环境经济总量对中心城市经济总量实现了全覆盖，说明沿江空间城市系统具有很好的整体性经济环境基础。

第三，沿江空间城市系统经济结构。

我们用中心城市之和的经济总量来代表子系统的经济总量，则沿江空间城市系统三个子系统经济总量结构关系为

$$\begin{matrix}\text{长江三角洲空间城市} \\ \text{系统环境经济总量}\end{matrix} : \begin{matrix}\text{长江中游空间城市} \\ \text{系统环境经济总量}\end{matrix} : \begin{matrix}\text{成渝空间城市} \\ \text{系统环境经济总量}\end{matrix}$$

可以表示为

$$\begin{matrix}\text{长江三角洲中心} \\ \text{城市经济总量}\end{matrix} : \begin{matrix}\text{长江中游中心} \\ \text{城市经济总量}\end{matrix} : \begin{matrix}\text{成渝中心} \\ \text{城市经济总量}\end{matrix}$$

即有

$$467\,40.85 : 21\,537.96 : 24\,321.99$$

可得

$$50.48\% : 23.25\% : 26.27\%$$

通过数据比较分析，我们得到沿江空间城市系统经济结构结论：首先，长江三角洲空间城市系统经济总量可以满足牵引功能的需要。其次，长江中游空间城市系统经济总量严重不足，成为沿江空间城市系统的薄弱环节。最后，成渝空间城市系统经济总量有待提升。总体上沿江空间城市系统经济总量呈现东高西低、中间薄弱的特征。

② 子系统环境经济总量分析

第一，长江三角洲空间城市系统环境经济总量分析。

长江三角洲空间城市系统环境经济总量，包括上海、江苏、浙江、安徽，总计 149 663.24 亿元。长江三角洲空间城市系统中心城市为上海、南京、杭州、合肥，具有发达的高端服务业水平，为长江三角洲空间城市系统自身的生成与发展提供了经济基础，为沿江空间城市系统牵引空间功能提供了经济保障，为沿江空间城市系统发展成世界级别提供了可能性。

第二，长江中游空间城市系统环境经济总量分析。

长江中游空间城市系统环境经济总量，包括湖北、湖南、江西，总计 70 124.14 亿

元。长江中游空间城市系统中心城市为武汉、长沙、南昌，高端服务业水平不发达，无法为自身的生成与发展提供足够的经济基础，无法承担沿江空间城市系统中间支撑的要求，无法为沿江空间城市系统发展成世界级别提供可能性。

第三，成渝空间城市系统环境经济总量分析。

成渝空间城市系统环境经济总量，包括重庆、四川，总计 42 802.1 亿元。成渝空间城市系统中心城市为重庆、成都，高端服务业水平不发达，可以为自身的生成与发展提供基本的经济基础，可以承担沿江空间城市系统西部支撑的要求，但无法为沿江空间城市系统发展成世界级别提供可能性。

③ 中心城市与区域经济总量分析

第一，上海、武汉、重庆经济总量分析。

上海经济总量为 23 560.94 亿元，高端服务业发达，具有世界城市的发展趋势，具备了牵引城市(TC)功能。武汉经济总量为 10 060.00 亿元，与上海与重庆相比较是较低的，其高端服务业严重欠缺，主导城市(LC)功能不足，距离国际城市标准有很大差距。重庆经济总量为 14 265.40 亿元，具有上升空间，但高端服务业严重欠缺，主导城市(LC)功能不足，距离国际城市标准有很大差距。

第二，杭州、南京、合肥、南昌、长沙、成都经济总量分析。

杭州经济总量为 9 201.16 亿元，具备主中心城(MC)功能。南京经济总量为 8 820.75 亿元，具备弱主导城市(LC)城市功能，具备主中心城市(MC)功能。合肥经济总量为 5 158.00 亿元，处于较低的水平，具备弱主中心城市(MC)功能。南昌经济总量为 3 667.96 亿元，处于很低的水平，具备弱主中心城市(MC)功能。长沙经济总量为 7 810.00 亿元，具备主中心城市(MC)功能。成都经济总量为 10 056.59 亿元，具备主中心城市(MC)功能。

第三，江西与安徽区域经济总量分析。

江西区域经济总量为 15 708.60 亿元、安徽区域经济总量为20 848.80 亿元。在前图 3.20 中，江西、安徽两处出现了经济总量低地现象。经济总量曲线下行拐点，导致了沿江空间城市系统经济环境的局部失衡，影响了系统整体涌现性的产生。

第四，宜昌经济总量分析。

作为沿江空间城市系统关键节点城市的宜昌，其经济总量为 3 132.21 亿元，处于比较低的水平。宜昌所处的空间枢纽位置具有发展成为中心城市的趋势，但是行政级别过低阻碍了它的快速发展。

④ 云贵空间结构

所谓云贵空间结构是指包括云南—昆明、贵州—贵阳的区域空间结构。从空间城市系统空间结构逻辑关系而言，“云贵空间结构”包括地理逻辑关系、人文逻辑关系、经济逻辑关系，与沿江空间城市系统不存在自组织的逻辑关系。以沿江空间城市系统框架视角，“云贵空间结构”是第三层级概念空间，这将严重制约其发展潜力。

以香港—深圳—广州—台北为主要核心城市的中国南部空间城市系统，统领西南三角空间城市系统，即南宁—昆明—贵州西南三角空间系统，因此“云贵空间结构”是西南三角空间城市系统的组分结构，归属于中国南部空间城市系统。

在国家战略层面，中国南部空间城市系统与中国沿江空间城市系统具有相同的重要意义，而西南空间城市系统是中国南部空间城市系统的第二层级重要性概念空间。而且珠江三角洲空间城市系统将对“云贵空间结构”产生强大的牵引作用，其空间流波牵引力远高于成渝空间城市系统。

4）夜间卫星图分析方法

（1）夜间卫星图分析概念

空间城市系统环境夜间卫星图分析方法，是一种以“地球表面夜间灯光分布”进行空间城市系统环境定性分析的方法，同时可以借助统计数据和卫星遥感分析软件进行定量分析。空间城市系统环境夜间卫星图分析方法的基本逻辑根据包括：地球表面夜间灯光的亮度和广度，与空间城市系统等级成正比例关系，与空间城市系统经济总量成正比例关系，与空间城市系统中心城市人口密度成正比例关系。空间城市系统环境夜间卫星图分析方法要求读图者具备优秀的视觉联想思维；具备专业的空间城市系统理论知识；具备所分析区域的空间集聚、空间扩散、空间联结状态情况；具备所分析区域地理环境、人文环境、经济环境的状态情况；对地球表面夜间卫星图像进行综合性分析研究，从而得出可靠度较强的科学结论。

空间城市系统环境夜间卫星图分析方法，是一种信息量大、准确、客观的空间城市系统环境宏观分析工具，这种方法精准地给出了空间城市系统的结构与形态。它是先进卫星遥感技术与高度人工知识相结合的高水平分析工具，特别强调人员对“地球表面夜间灯光分布”与“空间现实状态情况”的相结合，而不是机械地依靠图片和数据。它可以通过不同时期的夜间卫星图对空间城市系统的生成与发展情况进行比较分析，是一种理想的高级空间城市系统环境分析工具。

（2）制图技术与分析

① 夜间卫星图标注

夜间卫星图的空间城市系统环境标注有其内在规律，我们以长江三角洲空间城市系统为例加以说明(图 3.21)。

第一，确定长江三角洲空间城市系统层次。

第一层级，长江三角洲 4 级空间城市系统。

第二层级，上海—南京—杭州 3 级空间城市系统，上海—南京—合肥 3 级空间城市系统，杭州—南京—合肥 3 级空间城市系统。

第三层级，上海—南京 2 级空间城市系统，上海—杭州 2 级空间城市系统，南京—杭州 2 级空间城市系统，南京—合肥 2 级空间城市系统。

第四层级，上海 1 级空间城市系统，南京 1 级空间城市系统，杭州 1 级空间城市系统，合肥 1 级空间城市系统。

第二，确定中心城市层级及空间结构关系。

在长江三角洲空间城市系统结构中，标注主中心城市（MC）、辅中心城市（AC）两个基本层级。空间城市系统结构逻辑关系是城市关系的基本准则，而不是行政辖区关系，其中各个主中心城市（MC）隶属的辅中心城市（AC）如下：

上海 MC 的隶属 AC，有南通、苏州、无锡、常州。

南京 MC 的隶属 AC,有泰州、扬州、镇江、滁州、马鞍山、芜湖、宣城。

杭州 MC 的隶属 AC,有湖州、嘉兴、宁波、舟山、绍兴、金华、黄山。

合肥 MC 的隶属 AC,有蚌埠、淮南、六安、巢湖、铜陵、池州、安庆。

第三,标注中心城市名称。

夜间卫星图的灯光分布可以分为以下三类:

第一类,灯光光点,例如六安、黄山、景德镇。

第二类,灯光区域,例如合肥、金华。

第三类,灯光光带,例如上海—苏州—无锡—常州,杭州—绍兴—宁波,扬州—镇江—南京—马鞍山—芜湖。

中心城市名称的标注要显示出城市的整体轮廓,文字选择在黑暗处标注。尽可能选择近期的夜间卫星底图,以反映空间城市系统的真实情况。利用不同时间的夜间卫星底图进行空间城市系统的比较分析,可以准确显示出空间城市系统生成与发展的动态过程。

② 夜间卫星图分析

首先,对空间城市系统夜间卫星灯光分布进行定性分析,如系统层级分析、系统空间结构关系分析、城市层级分析、城市分布分析等。其次,对空间城市系统夜间卫星灯光分布进行定量分析,可以根据各种统计数据进行定量分析,可以使用卫星图像分析软件,例如美国的 Astro Digital 卫星图像分析软件、美国 ERDAS 公司开发的 ERDAS IMAGINE 遥感图像处理系统软件,对空间城市系统夜间卫星灯光分布进行定量分析。最后,空间城市系统夜间卫星灯光分布分析要遵循可靠性原则,一定要对所选取的各种统计数据与卫星图像分析软件数据进行数据可靠度技术处理,以保障与空间城市系统实际情况相符合,确保分析结论具有实际应用价值。

(3) 长江三角洲空间城市系统夜间卫星图分析实例

根据空间城市系统环境夜间卫星图分析方法,做出长江三角洲空间城市系统空间形态与空间结构夜间卫星图(图 3.21)和长江三角洲空间城市系统城市地理连接轴(图 3.22)。据此,我们对长江三角洲空间城市系统“地球表面夜间灯光分布”分析如下:

① 长江三角洲空间城市系统分析

第一,空间形态。

如图 3.21 所示,长江三角洲夜间卫星图灯光分布可以细分为灯光光点、灯光区域、灯光光带,它们反映了空间城市系统空间形态的基本特征,即系统整体的人居空间地表平面形状。长江三角洲夜间卫星图灯光分布包含着空间城市系统空间形态、子系统空间形态、城市元素空间形态三个基本层次,蕴含着长江三角洲空间城市系统空间结构的基本肌理。

第二,空间结构。

如图 3.21 所示,长江三角洲夜间卫星图灯光分布中灯光光点、灯光区域、灯光光带的组合,构成了长江三角洲空间城市系统空间结构,即上海—南京—杭州—合肥—宁波空间结构,亦即系统人居空间要素在地球表面的分布与组合形式。空间结构是空

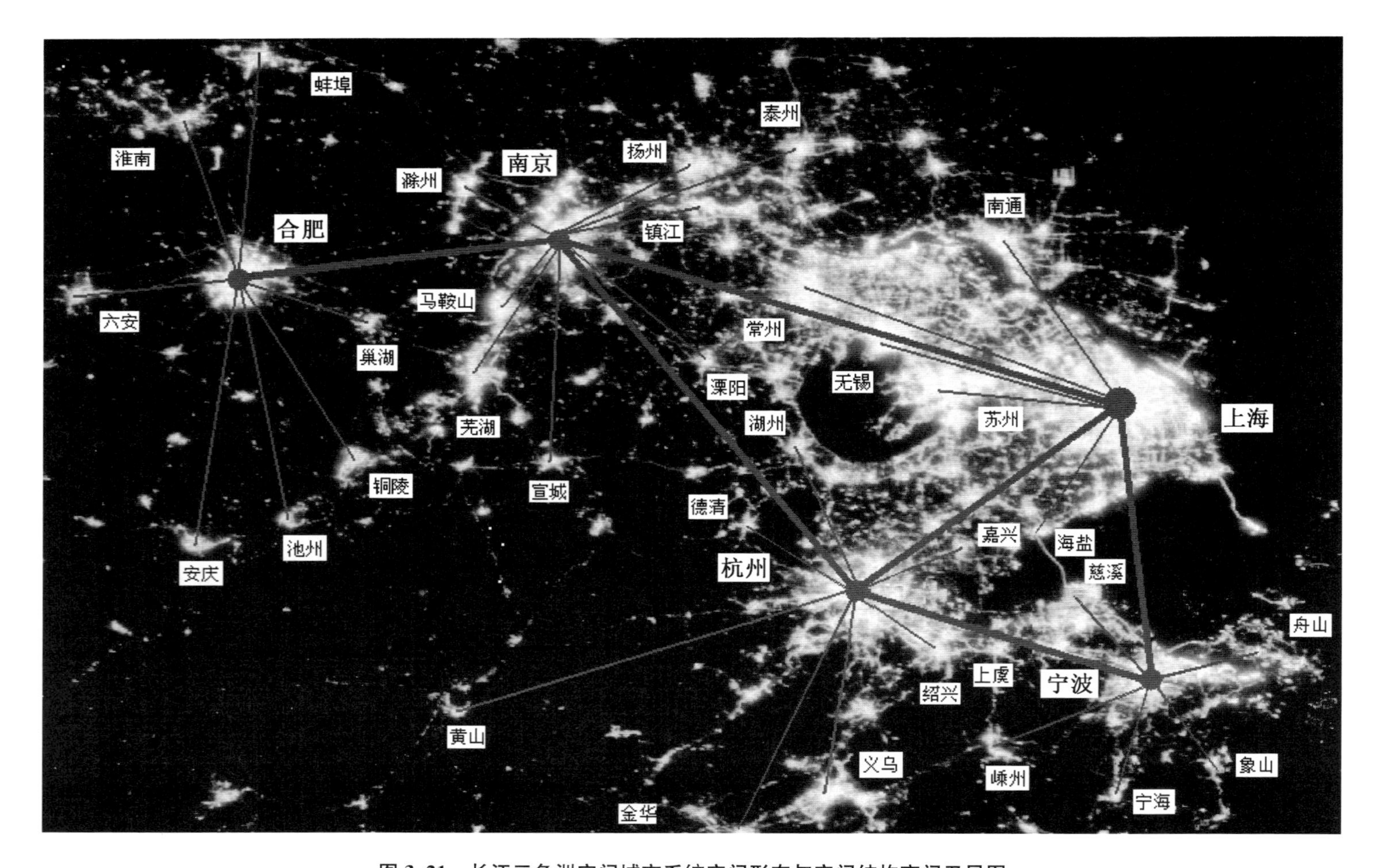

图 3.21　长江三角洲空间城市系统空间形态与空间结构夜间卫星图

（源自：笔者根据 NASA 卫星地图自制）

间形态的映射，因此长江三角洲夜间卫星图灯光分布，是空间形态与空间结构的统一体形式，准确地反映了长江三角洲空间城市系统的整体形状与内在机理。

第三，地理空间因子。

从长江三角洲夜间卫星图灯光分布中，可以解读出长江三角洲空间城市系统地理空间因子分布，其中灯光光点表示城市内空间，灯光光点的环周灯光区域表示城市近空间，灯光光带表示城市外空间与地理连接轴。

第四，地理逻辑关系。

如图 3.21 所示，长江三角洲夜间卫星图的灯光分布是一种无行政边界的人工自组织现象，真实地反映了长江三角洲空间城市系统地理逻辑关系，例如上海对南通、苏州、无锡、常州、海盐的地理逻辑统领关系，南京对马鞍山、芜湖、宣城、滁州的地理逻辑统领关系，杭州对黄山的地理逻辑统领关系，宁波对上虞、嵊州的地理逻辑统领关系，均与它们的行政辖区关系不相吻合。

② 3 级子系统分析

第一，上海—南京—杭州空间城市系统。

如图 3.22 所示，上海—南京—杭州地理连接轴已经处于成熟状态，南京—溧阳—湖州—杭州地理连接轴还处于成长状态。因此，我们可以判定上海—南京—杭州空间城市系统已经达到 80%以上的发展阶段，而南京—杭州的空间形态、空间结构、地理连接都有待于加强。

第二，上海—南京—合肥空间城市系统。

如图 3.22 所示，上海—南京—芜湖地理连接轴已经处于成熟状态，而芜湖—合肥地理连接轴还处于成长状态，则上海—南京—合肥地理连接轴还处于成长状态。因此，我们可以判定上海—南京—合肥空间城市系统已经达到 80%以上的发展阶段，而南京—合肥的空间形态、空间结构、地理连接都有待于加强。

第三，上海—杭州—宁波空间城市系统。

如图 3.22 所示，上海—杭州—宁波闭环地理连接轴已经处于成熟状态，因此上海—杭州—宁波空间城市系统已经达到 90%以上的发展阶段水平，上海—宁波地理连接轴的加强是有待补充内容。上海—杭州—宁波空间城市系统，将与上海—南京—杭州空间城市系统，成为发育最为成熟的两个 3 级子系统。

第四，南京—杭州—合肥空间城市系统。

如图 3.22 所示，南京—杭州—合肥地理连接轴还处于成长状态，因此我们可以判定南京—杭州—合肥空间城市系统只达到 50%的培育阶段水平，南京—杭州—合肥闭环地理连接轴亟待培育形成。南京—杭州—合肥空间城市系统的空间形态、空间结构、地理连接是长江三角洲空间城市系统的最薄弱环节。

③ 2 级子系统分析

第一，上海—南京空间城市系统。

如图 3.22 所示，上海—苏州—无锡—常州—南京地理连接轴已经处于成熟状态，因此上海—南京空间城市系统已经达到 90%以上的发展阶段水平，它的空间形态、空间结构、地理连接都趋于完善，是长江三角洲空间城市系统中最核心的 2 级子系统。

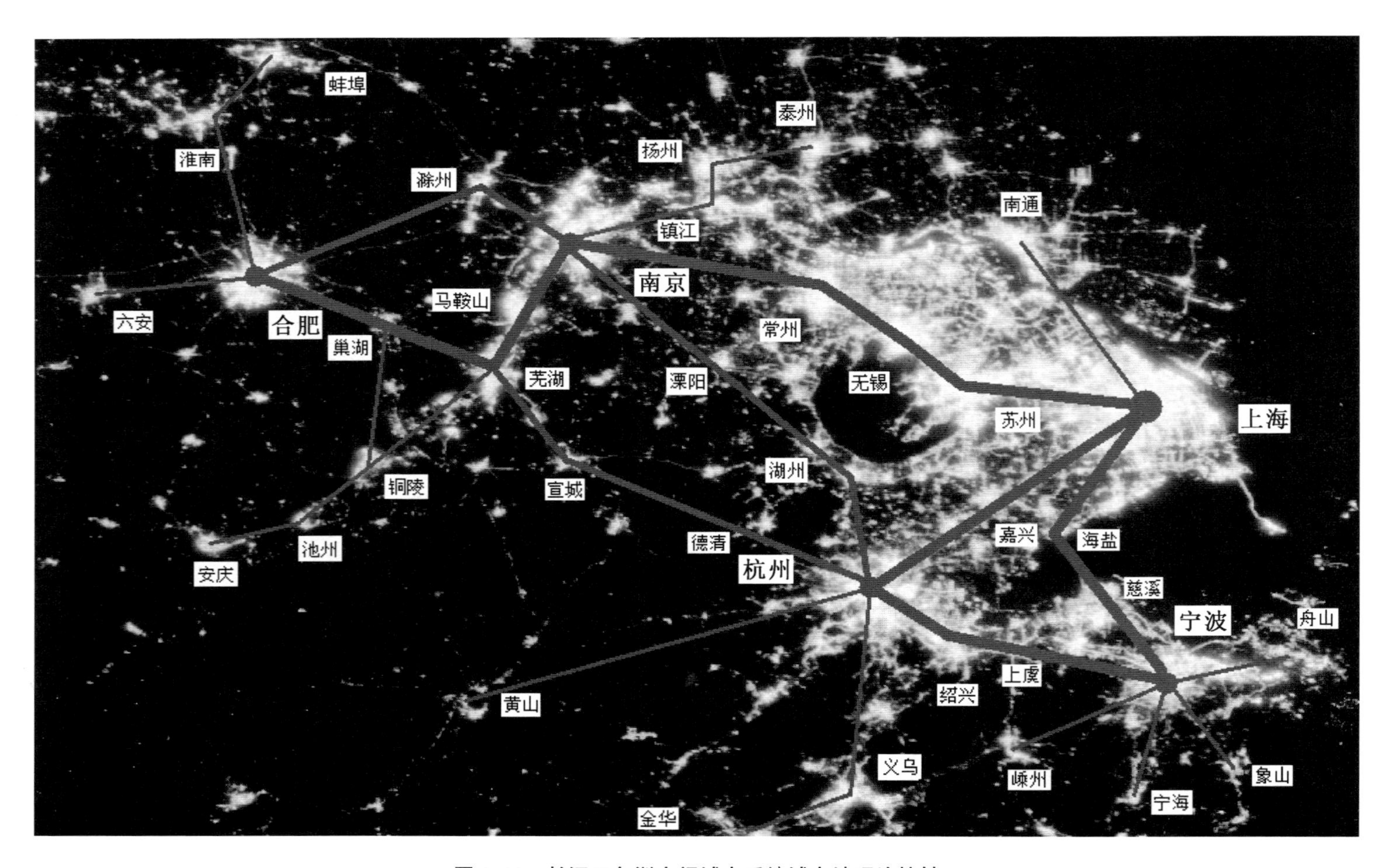

图 3.22　长江三角洲空间城市系统城市地理连接轴

（源自：笔者根据 NASA 卫星地图自制）

第二，上海—杭州空间城市系统。

如图 3.22 所示，上海—嘉兴—杭州地理连接轴已经处于成熟状态，因此上海—杭州空间城市系统已经达到 90%以上的发展阶段水平，它的空间形态、空间结构、地理连接都趋于完善，是长江三角洲空间城市系统中最核心的 2 级子系统。

第三，上海—宁波空间城市系统。

如图 3.22 所示，上海—海盐—慈溪—宁波地理连接轴已经处于成熟状态，因此上海—宁波空间城市系统已经达到 80%以上的发展阶段水平，它的空间形态、空间结构趋于完善，但是上海—宁波的跨海地理连接有待加强。上海—宁波空间城市系统是长江三角洲空间城市系统中主要的 2 级子系统。

第四，杭州—宁波空间城市系统。

如图 3.22 所示，杭州—绍兴—上虞—宁波地理连接轴已经处于成熟状态，因此杭州—宁波空间城市系统已经达到 90%以上的发展阶段水平，它的空间形态、空间结构、地理连接都趋于完善，是长江三角洲空间城市系统中主要的 2 级子系统。

第五，南京—杭州空间城市系统。

如图 3.22 所示，南京—溧阳—湖州—杭州地理连接轴还处于成长状态，因此南京—杭州空间城市系统只有约 55%的培育阶段水平，南京—溧阳—湖州—杭州地理连接轴亟待培育形成。南京—杭州空间城市系统的空间形态、空间结构有待于强化培育，是长江三角洲空间城市系统中薄弱的 2 级子系统。

第六，南京—合肥空间城市系统。

如图 3.22 所示，南京—滁州—合肥地理连接轴与南京—马鞍山—芜湖—巢湖—合肥地理连接轴均处于成长状态，因此南京—合肥空间城市系统只有约 50%的培育阶段水平，它的空间形态、空间结构、地理连接都有待于加强培育，是长江三角洲空间城市系统中薄弱的 2 级子系统。

第七，杭州—合肥空间城市系统。

如图 3.22 所示，杭州—德清—宣城—芜湖—巢湖—合肥地理连接轴还处于初期状态，因此杭州—合肥空间城市系统只有约 30%的产生阶段，它的空间形态、空间结构、地理连接都亟待加强培育，是长江三角洲空间城市系统中最薄弱的 2 级子系统。

④ 1 级子系统分析

第一，上海空间城市系统。

如图 3.22 所示，上海—南通地理连接轴、上海—苏州—无锡地理连接轴、上海—嘉兴地理连接轴、上海—海盐地理连接轴已经处于成熟状态。因此，上海空间城市系统已经达到 90%以上的发展阶段水平，它的空间形态、空间结构、地理连接都趋于完善，是长江三角洲空间城市系统的牵引空间。

第二，南京空间城市系统。

如图 3.22 所示，南京—常州—无锡地理连接轴、南京—镇江—扬州—泰州地理连接轴、南京—滁州地理连接轴、南京—马鞍山—芜湖地理连接轴、南京—溧阳地理连接轴已经处于成熟状态。因此，南京空间城市系统已经达到 90%的发展阶段水平，它的空间形态、空间结构、地理连接都趋于完善，是长江三角洲空间城市系统的主要空间。

第三，杭州空间城市系统。

如图 3.22 所示，杭州—绍兴的一体化空间、杭州—嘉兴地理连接轴、杭州—湖州地理连接轴已经处于成熟状态，杭州—德清地理连接轴、杭州—黄山地理连接轴、杭州—义乌—金华地理连接轴还有待强化培育。因此，杭州空间城市系统只达到 80%以上的发展阶段水平，它的空间形态、空间结构、地理连接都有待完善，是长江三角洲空间城市系统的主要空间。

第四，合肥空间城市系统。

如图 3.22 所示，合肥—巢湖—芜湖地理连接轴、合肥—滁州地理连接轴、合肥—淮南—蚌埠地理连接轴、合肥—六安地理连接轴、合肥—巢湖—铜陵—池州—安庆地理连接轴都处于不成熟状态。因此，合肥空间城市系统只达到 40%以上发展阶段，它的空间形态、空间结构、地理连接都有待完善，是长江三角洲空间城市系统的本体空间。

第五，宁波空间城市系统。

如图 3.22 所示，宁波—舟山地理连接轴、宁波—慈溪地理连接轴、宁波—上虞地理连接轴都处于成熟状态，宁波—嵊州地理连接轴、宁波—宁海地理连接轴、宁波—象山地理连接轴都处于不成熟状态。因此，宁波空间城市系统只达到 50%以上发展阶段水平，它的空间形态、空间结构、地理连接都有待完善，是长江三角洲空间城市系统的本体空间。

3.3 空间城市系统环境演化

3.3.1 空间城市系统环境演化定义

1）空间城市系统环境参量空间

根据前述“空间城市系统状态空间方法”，我们得知空间城市系统环境是通过参量空间进行表达的。空间城市系统环境参量主要由地理环境参量 x、人文环境参量 y、经济环境参量 z 构成，将以 x、y、z 为坐标张成的三维空间称为空间城市系统环境参量空间，如图 3.23 所示。

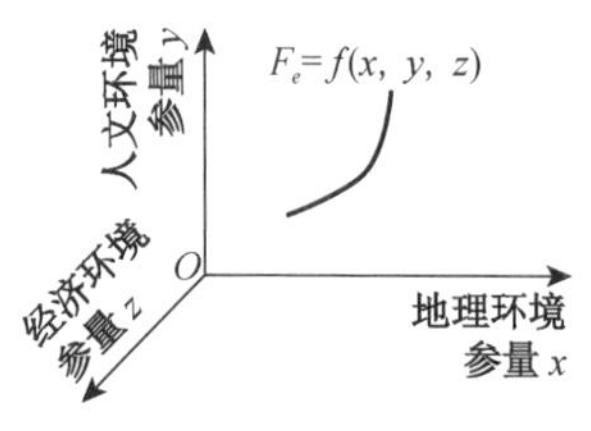

图 3.23 空间城市系统环境参量空间

空间城市系统参量空间是抽象空间，不能与真实的物质环境空间混淆，它是用来对空间城市系统环境进行直观描述的。空间城市系统参量空间中的每一个坐标点，即每一组数值 (x, y, z)，都对应一个确定的空间城市系统，所以在参量空间中研究的是由无穷多系统构成的空间城市系统族，空间城市系统的许多行为特性，特别是定性性质的改变，要在参量空间中才能看清楚。

2）空间城市系统环境演化概念

所谓空间城市系统环境演化，是指环境超系统的结构、状态、特性、行为、功能随时间的推移而发生的变化，具有环境进化、环境停滞、环境退化的基本形式。空间城市系统环境演化可以分为环境培育、环境生成、环境成长三个基本阶段，空间城市系统环境超系统决定于环境单元的地理环境参量 x、人文环境参量 y、经济环境参量 z，简称为环境参量。空间城市系统环境参量规模、质量、关系的改变，导致环境超系统的演化。当一组环境参量数据(x, y, z)给定，就对应着空间城市系统环境的一个状态，则空间城市系统环境可以用数学函数表述为

$$F_e = f(x, y, z) \tag{3.23}$$

其中，F_e 表示空间城市系统环境函数；f 表示环境函数关系；x 表示地理环境参量；y 表示人文环境参量；z 表示经济环境参量。

3.3.2　空间城市系统环境演化特征

1）空间城市系统环境演化研究方法

如前所述，弱系统性是空间城市系统环境超系统的基本特性，在组分上具有环境要素向空间城市系统要素转化的特性，在结构上各组分呈现较弱的关联性，在稳定性上具有变动性和不确定性。因此，环境超系统的整体性很差，我们无法对空间城市系统环境演化进行整体性研究，特别是环境超系统整体演化的定量研究。

我们对空间城市系统环境演化采用环境参量分项研究方法，即对环境单元的地理环境参量函数 $f(x)$、人文环境参量函数 $f(y)$、经济环境参量函数 $f(z)$ 进行分类研究，进而通过空间城市系统环境参量函数 $f(x)$、$f(y)$、$f(z)$ 的整合，获得空间城市系统环境演化的整体性结果。

2）空间城市系统环境演化阶段

第一，环境培育期。

如图 3.24 所示，空间城市系统环境培育期是指环境超系统的育成阶段。在环境培育期，环境超系统演化先后处于平衡态与近平衡态两个演化状态。所谓平衡态是指空间城市系统环境处于没有开发的初始阶段，如地貌形态处于自然状态、地理空间处于未连接状态、技术发展处于未启动状态。所谓近平衡态是指空间城市系统环境处于开发状态阶段，如空间规划已经实施、技术发展得到长足进步、经济基础大幅度提高。环境培育期还无法为空间城市系统起到支撑作用。

第二，环境生成期。

如图 3.24 所示，空间城市系统环境生成期是指环境超系统的产生阶段。在环境生成期，环境超系统演化处于临界态和分岔的演化状态。所谓临界态是指空间城市系统环境定性性质改变之前的状态，它是环境超系统发生剧烈变化的阶段，如地貌形态被改变、地理空间实现连接、技术发展迅速、经济基础强大。所谓分岔是指空间城市系统环境定性性质发生改变的演化点，至此环境超系统的地理环境条件、人文环境条件、经济环境条件都已经发生本质性的变革，空间城市系统环境开始进入成熟阶段，环境生成期已经开始为空间城市系统起到支撑作用。

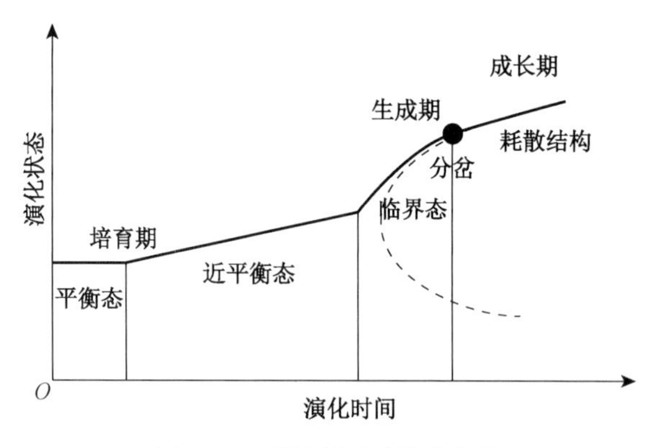

图 3.24　环境超系统演化状态

第三,环境成长期。

如图 3.24 所示,空间城市系统环境成长期是指环境超系统的优化阶段。在环境成长期,环境超系统演化处于耗散结构演化状态。所谓耗散结构演化状态是指空间城市系统环境保持物质、信息、能量的持续供给,促使地理环境条件、人文环境条件、经济环境条件不断得到优化。环境成长期为空间城市系统的运行与发展提供支撑作用。

3.3.3　空间城市系统环境演化过程

1）空间城市系统环境演化参量分析

(1) 培育期参量分析

在空间城市系统环境培育期,地理环境参量具有基础性质,一般情况下,地理环境参量第一主成分为地表形态公共因子,其独立因子群组成为各种地貌因子;地理环境参量第二主成分为地理空间公共因子,其独立因子群组成为各种地理空间因子;地理环境参量第三主成分为相对距离公共因子,其独立因子群组成为各种高速交通因子。

在空间城市系统环境培育期,人文环境参量具有原始特征,一般情况下,人文环境参量第一主成分为行政区域公共因子,其独立因子群组成为各个管辖区域因子;人文环境参量第二主成分为人口集聚公共因子,其独立因子群组成为各个人口数量因子;人文环境参量第三主成分为地域文化公共因子,其独立因子群组成为各种地方文化因子。

在空间城市系统环境培育期,经济环境参量具有总量特性,一般情况下,经济环境参量公共因子第一主成分为经济总量,其独立因子群组成为各单位数量因子;经济环境参量第二主成分为产业结构,其独立因子群组成为各种产业因子;经济环境参量第三主成分为经济关联度,其独立因子群组成为各领域外向度因子。

(2) 生成期参量分析

在空间城市系统环境生成期,地理环境参量具有技术发展特征,一般情况下:地理环境参量第一主成分为相对距离公共因子,其独立因子群组成为高速交通因子、高速信息因子等；地理环境参量第二主成分为地理空间公共因子，其独立因子群组成为各种城市空间因子、地理连接因子；地理环境参量第三主成分为能源保障公共因子，其独立因子群组成为高压能源因子、可持续能源因子等。

在空间城市系统环境生成期，人文环境参量具有空间融合特征，一般情况下，人文环境参量第一主成分为空间治理公共因子，其独立因子群组成为各个空间区域因子；人文环境参量第二主成分为人口公共因子，其独立因子群组成为各种人口结构因子；人文环境参量第三主成分为地域文化公共因子，其独立因子群组成为各种地方文化因子。

在空间城市系统环境生成期，经济环境参量具有结构优化特征，一般情况下，经济环境参量第一主成分为产业功能公共因子，其独立因子群组成为各种产业结构因子；经济环境参量第二主成分为经济关联度公共因子，其独立因子群组成为各地域经济因子；经济环境参量第三主成分为经济总量，其独立因子群组成为各阶段经济速度因子。

(3) 成长期参量分析

在空间城市系统环境成长期，地理环境参量具有优化特征，一般情况下，地理环境参量第一主成分为联结功能公共因子，其独立因子群组成为各个城市因子；地理环境参量第二主成分为生态环境公共因子，其独立因子群组成为各个生态因子、环境因子；地理环境参量第三主成分为空间本体公共因子，其独立因子群组成为空间形态因子、空间结构因子。

在空间城市系统环境成长期，人文环境参量具有创新特征，一般情况下，人文环境参量第一主成分为现代文化公共因子，其独立因子群组成为各种文化结构因子；人文环境参量第二主成分为空间治理公共因子，其独立因子群组成为空间规划因子、空间政策因子、空间工具因子；人文环境参量第三主成分为人口素质公共因子，其独立因子群组成为各种人口质量因子。

在空间城市系统环境成长期，经济环境参量具有经济导引特性，一般情况下，经济环境参量公共因子第一主成分为牵引功能公共因子，其独立因子群组成为各种高端产业因子；经济环境参量第二主成分为国际化公共因子，其独立因子群组成为各种世界性经济因子；经济环境参量第三主成分为产业升级公共因子，其独立因子群组成为现代服务业因子、现代制造业因子、现代农业因子。

(4) 空间城市系统环境演化参量分析表

如表 3.10 所示，空间城市系统环境演化参量分析表是实用型的分析工具，它说明了在环境超系统培育期、生成期、成长期，环境单元项下环境参量（公共因子）的主成分分项、主成分贡献率以及累计贡献率、环境独立因子分项、空间城市系统环境因子得分的情况。空间城市系统环境演化参量分析表表述了环境超系统、环境单元、环境公共因子分项、环境独立因子四个层次在空间城市系统环境演化过程中的地位与作用。

表 3.10　空间城市系统环境演化参量分析表

演化阶段	环境单元	环境公共因子	贡献率	累积贡献率	环境独立因子	因子得分
环境超系统培育期、生成期、成长期	地理环境参量 x	第一主成分 x_1	%	%	u_{11}，u_{12}，u_{13}，u_{14}	F_{11}，F_{12}，F_{13}，F_{14}
		第二主成分 x_2	%	%	u_{21}，u_{22}，u_{23}，u_{24}	F_{21}，F_{22}，F_{23}，F_{24}
		第三主成分 x_3	%	%	u_{31}，u_{32}，u_{33}，u_{34}	F_{31}，F_{32}，F_{33}，F_{34}
	人文环境参量 y	第一主成分 y_1	%	%	u_{11}，u_{12}，u_{13}，u_{14}	F_{11}，F_{12}，F_{13}，F_{14}
		第二主成分 y_2	%	%	u_{21}，u_{22}，u_{23}，u_{24}	F_{21}，F_{22}，F_{23}，F_{24}
		第三主成分 y_3	%	%	u_{31}，u_{32}，u_{33}，u_{34}	F_{31}，F_{32}，F_{33}，F_{34}
	经济环境参量 z	第一主成分 z_1	%	%	u_{11}，u_{12}，u_{13}，u_{14}	F_{11}，F_{12}，F_{13}，F_{14}
		第二主成分 z_2	%	%	u_{21}，u_{22}，u_{23}，u_{24}	F_{21}，F_{22}，F_{23}，F_{24}
		第三主成分 z_3	%	%	u_{31}，u_{32}，u_{33}，u_{34}	F_{31}，F_{32}，F_{33}，F_{34}

空间城市系统环境演化参量分析表主要使用主成分分析与因子分析两种数学分析方法。环境公共因子的确定要根据环境超系统整体涌现目标而定，环境独立因子的筛选要以环境公共因子的属性为标准。空间城市系统环境演化参量分析表是一种综合性的表格分析工具，要结合空间城市系统环境演化的各种要素分析进行综合平衡才能得出准确的定性与定量结论。

2）空间城市系统环境演化状态分析

（1）环境演化状态方程

所谓空间城市系统环境演化状态方程，是指地理环境参量 x、人文环境参量 y、经济环境参量 z 随时间推移而发生的变化，即地理环境函数 $x(t)$、人文环境函数 $y(t)$、经济环境函数 $z(t)$。空间城市系统环境演化状态方程的建立包括以下五个基本程序：

① 环境指标界定

所谓环境指标界定是指环境超系统、环境单元（环境公共因子）、环境公共因子主成分、环境独立因子四个级别参量指标的确定，这些环境参量的演化构成了空间城市系统环境演化的全部内容。环境参量指标是原始数据测量的根据，它们为空间城市系统环境定量研究奠定了基础。

② 原始数据测量

空间城市系统环境原始数据的观察与测量是空间城市系统环境演化分析的基础，它包括原始数据的测量与分析、数据标准化与分析两个主要过程。原始数据指标选取正确与数据测量准确，决定了空间城市系统环境后续环节的正确性。

③ 主成分分析

通过对环境单元（环境公共因子）的主成分分析，划分出环境公共因子第一主成分、第二主成分、第三主成分，并求出它们的贡献率与累积贡献率。主成分分析使我们对空间城市系统的环境公共因子构成有了清晰的认知。

④ 因子分析

首先根据环境公共因子主成分的属性，找出各个主成分环境公共因子所对应的环境独立因子；其次进行因子分析，求出环境公共因子贡献率与累积贡献率；最后进行因子得分分析，求出因子得分值，并对因子得分进行比较分析。

⑤ 数据拟合模型

设定空间城市系统环境演化地理环境函数为 $x(t)$、人文环境函数为 $y(t)$、经济环境函数为 $z(t)$，设平衡态时间变量为 t_1、近平衡态时间变量为 t_2、临界态时间变量为 t_3、分岔时间变量为 t_4、耗散结构时间变量为 t_5。通过空间城市系统环境参量数据拟合分析形成数学模型，对数学模型进行条件界定，就可得到平衡态、近平衡态、临界态、分岔、耗散结构的环境演化状态方程组，例如地理环境演化状态方程组为

$$\begin{gathered} x(t_1)=f(t_1) \\ x(t_2)=f(t_2) \\ x(t_3)=f(t_3) \\ x(t_4)=f(t_4) \\ x(t_5)=f(t_5) \end{gathered} \tag{3.24}$$

其中，$x(t_1)$ 表示平衡态地理环境函数；$f(t_1)$ 表示函数关系。

公式(3.24)表征了空间城市系统地理环境单元的演化状态。

(2) 环境超系统状态方程

同理，可以得到人文环境演化状态方程组、经济环境演化状态方程组，并与地理环境演化状态方程组合成空间城市系统环境演化方程组合，具体如下：

$$\begin{gathered} x(t_1),\ x(t_2),\ x(t_3),\ x(t_4),\ x(t_5) \\ y(t_1),\ y(t_2),\ y(t_3),\ y(t_4),\ y(t_5) \\ z(t_1),\ z(t_2),\ z(t_3),\ z(t_4),\ z(t_5) \end{gathered} \tag{3.25}$$

公式(3.25)表征了空间城市系统环境超系统的整体演化状态。

(3) 空间城市系统环境演化状态解析

如图 3.25 所示，因为空间城市系统环境的弱系统性，我们采用环境参量分项研究方法，对地理环境演化状态 $x(t)$、人文环境演化状态 $y(t)$、经济环境演化状态 $z(t)$ 进行分类状态演化解析。由公式(3.24)与公式(3.25)我们可以得知空间城市系统环境演化平衡态、近平衡态、临界态、分岔、耗散结构五个演化状态的定量规律，即环境演化状态方程，其基本解析如下：

第一，平衡态。

如图 3.25 所示，平衡态 $x(t_1)$、$y(t_1)$、$z(t_1)$ 是指空间城市系统环境处于没有开

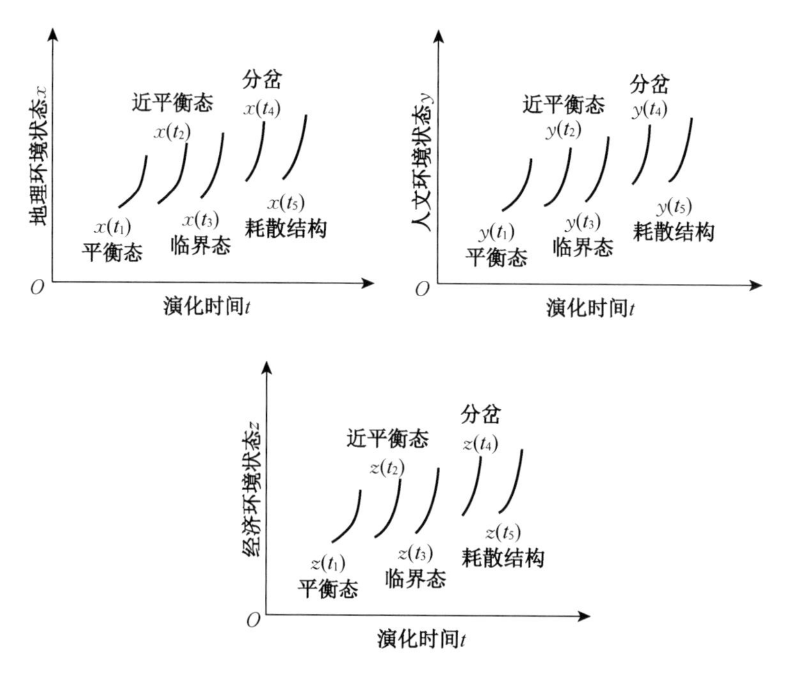

图 3.25 空间城市系统环境演化状态

发的初始状态。在平衡态阶段，地理环境状态、人文环境状态、经济环境状态都处于原始状态，无法为空间城市系统提供环境支撑。

第二，近平衡态。

如图 3.25 所示，近平衡态 $x(t_2)$、$y(t_2)$、$z(t_2)$ 是指空间城市系统环境已经处于开发状态。在近平衡态阶段，地理环境状态、人文环境状态、经济环境状态已经开始发生变化，但是空间城市系统环境并没有实现定性性质的变革，还无法为空间城市系统起到支撑作用。

第三，临界态。

如图 3.25 所示，临界态 $x(t_3)$、$y(t_3)$、$z(t_3)$ 是指空间城市系统环境定性性质改变之前的状态。在临界态阶段，地理环境状态、人文环境状态、经济环境状态都发生剧烈变化，迅速向环境超系统分岔进化，开始为空间城市系统起到支撑作用。

第四，分岔。

如图 3.25 所示，分岔 $x(t_4)$、$y(t_4)$、$z(t_4)$ 是指空间城市系统环境定性性质发生改变的演化点。在分岔点，地理环境状态、人文环境状态、经济环境状态都已经发生了本质性的变革，环境超系统整体涌现性生成，为空间城市系统起到支撑作用。

第五，耗散结构。

如图 3.25 所示，耗散结构 $x(t_5)$、$y(t_5)$、$z(t_5)$ 是指空间城市系统环境保持物质、信息、能量的持续供给，环境超系统结构不断优化的状态。在耗散结构阶段，地理环境状态、人文环境状态、经济环境状态都保持在远离平衡态的条件下，为空间城市系统的运行与发展提供支撑作用。

空间城市系统环境状态演化为空间城市系统提供了环境基础，是空间城市系统空间形态与空间结构最重要的支撑保障，具有不可或缺的基础性作用。空间城市系统环境超系统、环境单元、环境因子的培育养成，决定着空间城市系统的孕育、产生与发展。

3）南部空间城市系统环境演化实例分析

（1）南部空间城市系统定义

① 南部空间城市系统概念

如图 3.26 所示，南部空间城市系统包括台北、高雄、福州、厦门、香港、深圳、广州、海口、南宁、昆明、贵阳 11 个 1 级子系统。南部空间城市系统与北部空间城市系统形成了中国地理空间南北对称的结构，决定着中国国家空间结构均衡的格局。南部空间城市系统的地理空间集聚了中国巨体量的空间人流、空间物流、空间信息流、空间能源流，是中国最大的空间城市系统之一，是世界级空间城市系统。南部空间城市系统具有合理的空间结构逻辑，包括地理逻辑、人文逻辑、经济逻辑，它决定着中国国家空间结构的完整与统一。

② 南部空间城市系统环境

如图 3.26 所示，南部空间城市系统环境超系统为南部空间城市系统提供支撑作用，它可以分为东段环境单元、中段环境单元、西段环境单元。东段环境单元为闽台空间结构提供支撑，中段环境单元为粤港澳空间结构提供支撑，西段环境单元为南宁—昆明—贵阳空间结构、海南空间结构提供支撑。东段环境单元、中段环境单元、西段环境单元拥有不同的属性，对应着各自的环境独立因子，这些环境独立因子构成了南部空间城市系统环境的最基础要素。南部空间城市系统环境演化具有分段错位现象，中段环境单元演化领先于东段环境单元演化和西段环境单元演化一个段位。

（2）南部空间城市系统环境演化参量分析

① 南部空间城市系统环境超系统

南部空间城市系统地处华南地区，其地理环境、人文环境、经济环境在中国空间城市系统中是最复杂的。根据子系统空间分布，我们将南部空间城市系统环境分为三个组成部分。

第一，东段环境单元。如图 3.26 所示，所谓东段环境单元是指从基隆到潮州区间的环境公共因子，包括地理环境公共因子、人文环境公共因子、经济环境公共因子。

第二，中段环境单元。如图 3.26 所示，所谓中段环境单元是指从潮州到茂名区间的环境公共因子，包括地理环境公共因子、人文环境公共因子、经济环境公共因子。

第三，西段环境单元。如图 3.26 所示，所谓西段环境单元是指从茂名到临沧区间的环境公共因子，包括地理环境公共因子、人文环境公共因子、经济环境公共因子。

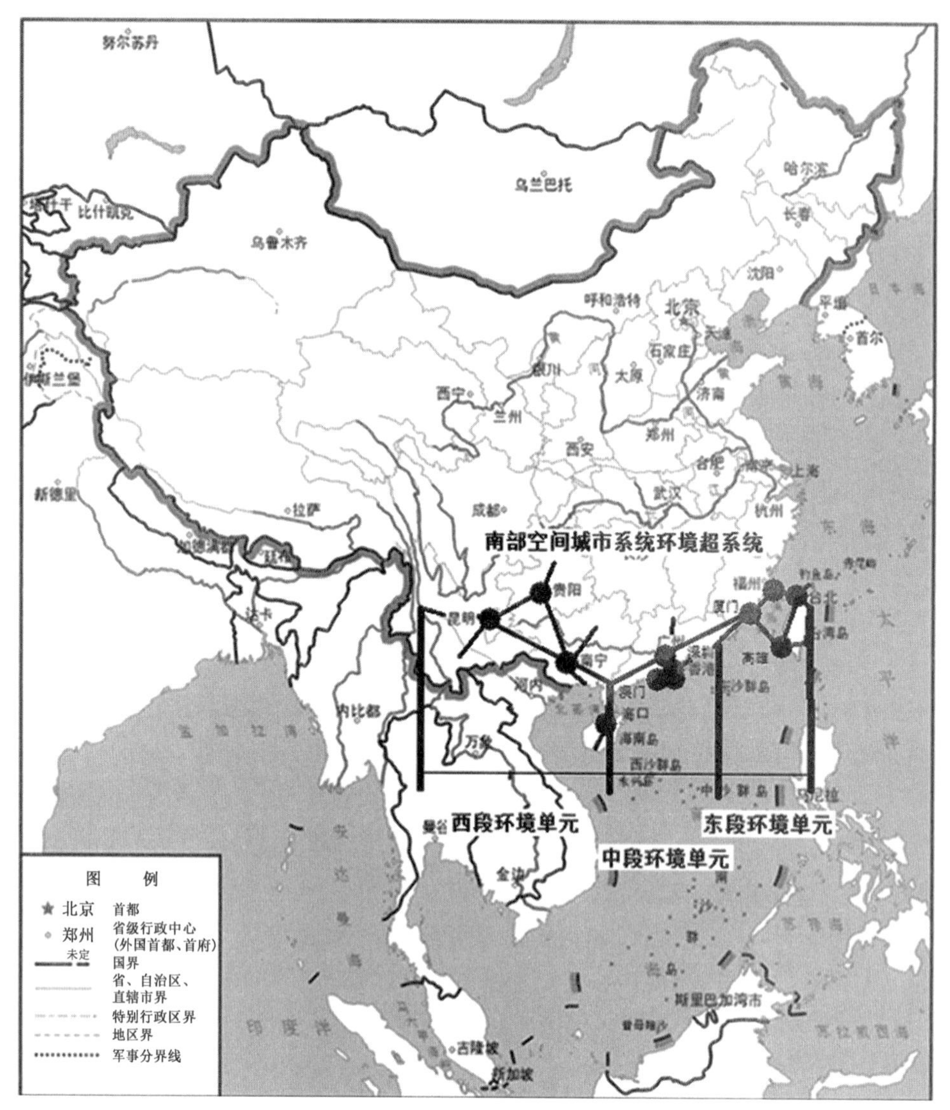

图 3.26　南部空间城市系统环境

［源自：笔者根据中华人民共和国自然资源部审图号 GS(2016)1593 号绘制］

② 东段环境单元主成分公共因子与独立因子

对于东段环境单元，我们将关键制约重要性作为主成分标准，即负向主成分，来构建主成分公共因子，并以此为标准来筛选环境独立因子。

第一主成分公共因子 为政治公共因子 f_1，它是台湾政治属性与福建政治属性的归纳。政治公共因子 f_1 是台湾空间城市系统与福厦空间城市系统形成闽台空间结构的最大制约因素，即最大负向序参量。围绕政治公共因子 f_1 的属性，我们筛选的环境独立因子为中央行政因子 u_1、台湾行政因子 u_2、福建行政因子 u_3。

第二主成分公共因子 为地理连接公共因子 f_2，主要是指福州与台北、厦门与高雄之间的海底隧道地理连接。地理连接公共因子 f_2 是台湾空间城市系统与福厦空间城市系统形成闽台空间结构的最大物质制约因素，即最大物质负向序参量。围绕地理连接公共因子 f_2 的属性，我们筛选的环境独立因子为福北隧道因子 u_4、厦高隧道因子 u_5、闽台航空因子 u_6。

第三主成分公共因子 为主导牵引公共因子 f_3。所谓主导牵引属性，是指台湾空间城市系统主导城市(LC)台北与福厦空间城市系统主导城市(LC)厦门的主导牵引功能。围绕主导牵引公共因子 f_3 的属性，我们筛选的环境独立因子为台北主导因子 u_7、厦门主导因子 u_8。

由此，我们得到东段环境单元因子模型，如图 3.27 所示。通过对东段环境单元的主成分贡献率与累积贡献率分析，对因子模型的载荷量分析、公共因子的贡献率与累积贡献率分析、因子得分值的比较分析，我们就可以得到南部空间城市系统环境演化，即东段环境单元、主成分公共因子、独立因子三个层次的情况。根据东段环境单元原始数据测量值，根据公式(3.24)与公式(3.25)方法，我们可以得到东段环境单元环境演化状态方程组。通过东段环境单元因子模型与演化状态方程组，我们就可以掌握东段环境单元环境演化整体的定性与定量规律。

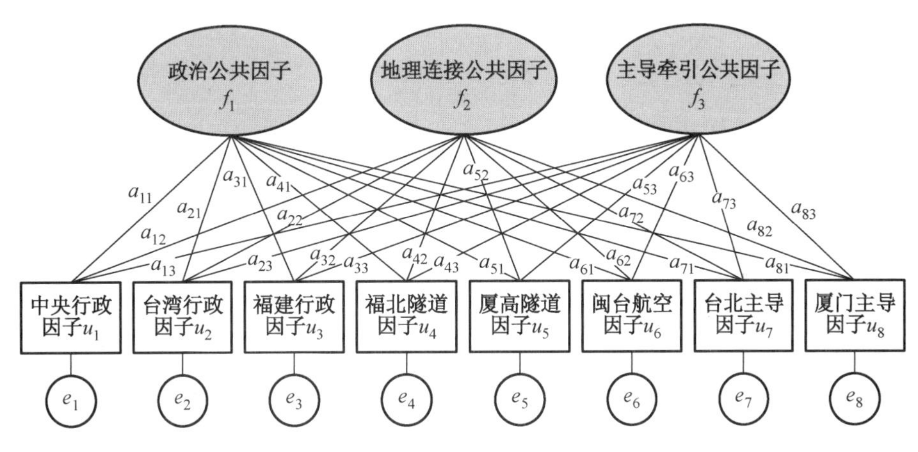

图 3.27 东段环境单元因子模型

③ 中段环境单元主成分公共因子与独立因子

对于中段环境单元，我们将发展位序重要性作为主成分标准，即正向主成分，来构建主成分公共因子，并以此为标准来筛选环境独立因子。

第一主成分公共因子 为牵引空间公共因子 f_1，主要是指香港牵引城市(TC)、广州与深圳主导城市(LC)的牵引功能属性。牵引空间公共因子 f_1 是南部空间城市系统的首位牵引动力，即最大正向序参量。围绕牵引空间公共因子 f_1 的属性，我们筛选的环境独立因子为香港牵引因子 u_1、广州主导因子 u_2、深圳主导因子 u_3。

第二主成分公共因子 为经济总量公共因子 f_2，主要是指香港、广东、深圳、澳门的经济总量。经济总量公共因子 f_2 是粤港澳空间城市系统的最优势基础条件，即最大物质正向序参量。围绕经济总量公共因子 f_2 的属性，我们筛选的环境独立因子为香

港经济因子 u_4、广东经济因子 u_5、深圳经济因子 u_6。

第三主成分公共因子 为空间一体公共因子 f_3。所谓空间一体化属性，是指粤港澳地理空间、人文空间、经济空间的一体化。高度的粤港澳空间一体化程度，为粤港澳空间城市系统环境超前位发展奠定了基础。围绕空间一体公共因子 f_3 的属性，我们筛选的环境独立因子为高速交通因子 u_7、高速信息因子 u_8。

由此，我们得到中段环境单元因子模型，如图 3.28 所示。通过对中段环境单元的主成分贡献率与累积贡献率分析，对因子模型的载荷量分析、公共因子的贡献率与累积贡献率分析、因子得分值的比较分析，我们就可以得到南部空间城市系统环境演化，即中段环境单元、主成分公共因子、独立因子三个层次的情况。根据中段环境单元原始数据测量值，根据公式 3.24 与公式 3.25 方法，我们可以得到中段环境单元环境演化状态方程组。通过中段环境单元因子模型与演化状态方程组，我们就可以掌握中段环境单元环境演化整体的定性与定量规律。

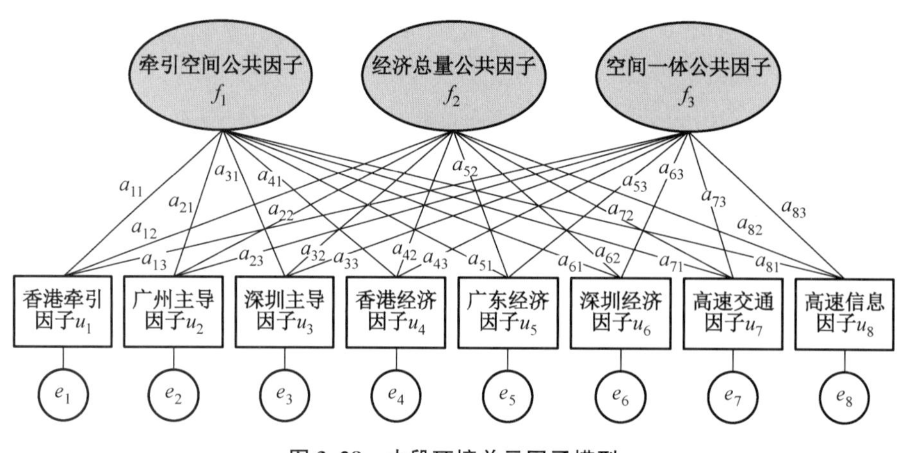

图 3.28　中段环境单元因子模型

④ 西段环境单元主成分公共因子与独立因子

对于西段环境单元，我们将关键制约重要性作为主成分标准，即负向主成分，来构建主成分公共因子，并以此为标准来筛选环境独立因子。

第一主成分公共因子 为地理连接公共因子 f_1，主要是南宁—昆明—贵阳空间结构的地理连接以及海南—湛江空间结构的地理连接。地理连接是南昆贵(即南宁、昆明、贵阳)子系统、海南子系统、粤港澳子系统形成南部空间城市系统的最大制约因素，即最大负向序参量。围绕地理连接公共因子 f_1 的属性，我们筛选的环境独立因子为城际高铁因子 u_1、海徐隧道因子 u_2、西段航空因子 u_3。

第二主成分公共因子 为经济总量公共因子 f_2。广西、云南、贵州、海南的经济总量亟待提高。经济总量公共因子 f_2 是南昆贵空间城市系统与海南空间城市系统形成的最大物质制约因素，即最大物质负向序参量。围绕经济总量公共因子 f_2 的属性，我们筛选的环境独立因子为广西经济因子 u_4、云南经济因子 u_5、贵州经济因子 u_6、海南

经济因子 u_7。

第三主成分公共因子 为主导牵引公共因子 f_3。所谓主导牵引属性，是指南宁、昆明、贵州三个城市中没有主导城市(LC)。围绕主导牵引公共因子 f_3 的属性，我们筛选的环境独立因子为南宁主导因子 u_8。

由此，我们得到西段环境单元因子模型，如图 3.29 所示。通过对西段环境单元的主成分贡献率与累积贡献率分析，对因子模型的载荷量分析、公共因子的贡献率与累积贡献率分析、因子得分值的比较分析，我们就可以得到南部空间城市系统环境演化，即西段环境单元、主成分公共因子、独立因子三个层次的情况。根据西段环境单元原始数据测量值，根据公式 3.24 与公式 3.25 方法，我们可以得到西段环境单元环境演化状态方程组。通过西段环境单元因子模型与演化状态方程组，我们就可以掌握西段环境单元环境演化整体的定性与定量规律。

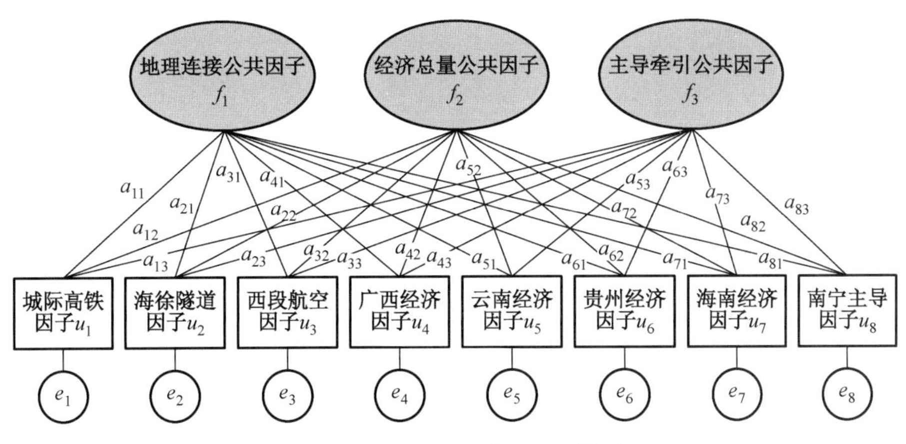

图 3.29　西段环境单元因子模型

(3) 南部空间城市系统环境演化阶段分析

因为南部空间城市系统环境演化的不均衡性，在中段环境单元，与东段环境单元和西段环境单元之间存在着错位现象。就环境超系统而言，可以分为三个演化阶段。

① 环境超系统演化第一阶段

南部空间城市系统环境演化第一阶段分为东段环境单元培育期、中段环境单元生成期、西段环境单元培育期。

东段环境单元培育期是指它的育成阶段。在此阶段，东段环境单元先后处于平衡态与近平衡态两个演化状态。所谓平衡态是指东段环境单元处于开发的初始阶段；所谓近平衡态是指东段环境单元处于开发状态阶段。东段环境单元培育期还无法为闽台一体化空间结构起到支撑作用。

中段环境单元生成期是指它的生成阶段。在此阶段，中段环境单元演化处于临界态和分岔的演化状态。所谓临界态是指中段环境单元定性性质改变之前的状态，它是中段环境单元发生剧烈变化的阶段；所谓分岔是指中段环境单元定性性质发生改变的演化点，至此中段环境单元的地理环境条件、人文环境条件、经济环境条件都已经发生本质性的变革，中段环境单元开始进入成熟阶段，中段环境单元生成期已经开始为粤港澳空间城市系统起到支撑作用。

西段环境单元培育期是指它的育成阶段。在此阶段，西段环境单元先后处于平衡态与近平衡态两个演化状态。所谓平衡态是指西段环境单元处于开发的初始阶段；所谓近平衡态是指西段环境单元处于开发状态阶段。西段环境单元培育期还无法为南昆贵空间城市系统以及海南—粤港澳一体化起到支撑作用。

② 环境超系统演化第二阶段

南部空间城市系统环境演化第二阶段分为东段环境单元生成期、中段环境单元成长期、西段环境单元生成期。

东段环境单元生成期是指它的产生阶段。在此阶段，东段环境单元处于临界态和分岔的演化状态。所谓临界态是指东段环境单元定性性质改变之前的状态，它是东段环境单元发生剧烈变化的阶段；所谓分岔是指东段环境单元定性性质发生改变的演化点，至此东段环境单元的地理环境条件、人文环境条件、经济环境条件都已经发生本质性的变革，东段环境单元开始进入成熟阶段，东段环境单元生成期已经开始为闽台空间城市系统起到支撑作用。

中段环境单元成长期是指环境超系统的优化阶段。在此阶段，中段环境超系统演化处于耗散结构演化状态。所谓耗散结构演化状态是指中段环境单元保持物质、信息、能量的持续供给，促使地理环境条件、人文环境条件、经济环境条件不断得到优化。中段环境单元环境成长期为粤港澳空间城市系统的运行与发展提供支撑作用。

西段环境单元生成期是指它的产生阶段。在此阶段，西段环境单元处于临界态和分岔的演化状态。所谓临界态是指西段环境单元定性性质改变之前的状态，它是西段环境单元发生剧烈变化的阶段；所谓分岔是指西段环境单元定性性质发生改变的演化点，至此西段环境单元的地理环境条件、人文环境条件、经济环境条件都已经发生本质性的变革，西段环境单元开始进入成熟阶段，西段环境单元生成期已经开始为南昆贵空间城市系统以及海南—粤港澳一体化起到支撑作用。

③ 环境超系统演化第三阶段

南部空间城市系统环境演化第三阶段分为东段环境单元成长期、中段环境单元升级期、西段环境单元成长期。

东段环境单元成长期是指环境超系统的优化阶段。在此阶段，东段环境超系统演化处于耗散结构演化状态。所谓耗散结构演化状态是指东段环境单元保持物质、信息、能量的持续供给，促使地理环境条件、人文环境条件、经济环境条件不断得到优化。东段环境单元环境成长期为闽台空间城市系统的运行与发展提供支撑作用。

中段环境单元升级期是指环境超系统的升级。在此阶段，中段环境超系统演化向更高级的地理环境条件、人文环境条件、经济环境条件发展。空间人员流、空间物质流、空间资金流、空间信息流、空间能源流的高度发达，将导致粤港澳空间城市系统空间形态与空间结构的升级换代现象。

西段环境单元成长期是指环境超系统的优化阶段。在此阶段，西段环境超系统演化处于耗散结构演化状态。所谓耗散结构演化状态是指西段环境单元保持物质、信息、能量的持续供给，促使地理环境条件、人文环境条件、经济环境条件不断得到优化。西段环境单元环境成长期为南昆贵空间城市系统以及海南—粤港澳一体化起到支撑作用。

（4）南部空间城市系统环境演化参量分析表

表 3.11 说明南部空间城市系统环境演化分段错位、环境超系统、环境单元、环境公共因子、贡献率、累积贡献率、环境独立因子、因子得分的基本情况。通过主成分分析与因子分析，我们就可以掌握东段环境单元、中段环境单元、西段环境单元以及环境超系统整体的演化规律。

表 3.11　南部空间城市系统环境演化参量分析表

演化阶段	环境单元	环境参量	环境公共因子	贡献率	累积贡献率	环境独立因子	因子得分
南部环境超系统（分段错位）培育期、生成期、成长期	东段环境单元	地理环境参量 x	第一主成分	%	%	$u_{11}, u_{12}, u_{13}, u_{14}$	$F_{11}, F_{12}, F_{13}, F_{14}$
		人文环境参量 y	第二主成分	%	%	$u_{21}, u_{22}, u_{23}, u_{24}$	$F_{21}, F_{22}, F_{23}, F_{24}$
		经济环境参量 z	第三主成分	%	%	$u_{31}, u_{32}, u_{33}, u_{34}$	$F_{31}, F_{32}, F_{33}, F_{34}$
	中段环境单元	地理环境参量 x	第一主成分	%	%	$u_{11}, u_{12}, u_{13}, u_{14}$	$F_{11}, F_{12}, F_{13}, F_{14}$
		人文环境参量 y	第二主成分	%	%	$u_{21}, u_{22}, u_{23}, u_{24}$	$F_{21}, F_{22}, F_{23}, F_{24}$
		经济环境参量 z	第三主成分	%	%	$u_{31}, u_{32}, u_{33}, u_{34}$	$F_{31}, F_{32}, F_{33}, F_{34}$
	西段环境单元	地理环境参量 x	第一主成分	%	%	$u_{11}, u_{12}, u_{13}, u_{14}$	$F_{11}, F_{12}, F_{13}, F_{14}$
		人文环境参量 y	第二主成分	%	%	$u_{21}, u_{22}, u_{23}, u_{24}$	$F_{21}, F_{22}, F_{23}, F_{24}$
		经济环境参量 z	第三主成分	%	%	$u_{31}, u_{32}, u_{33}, u_{34}$	$F_{31}, F_{32}, F_{33}, F_{34}$

3.4　空间城市系统空间形态

3.4.1　空间形态定义

1）空间形态概念

空间形态是空间城市系统本体的表现形式，它包括空间城市系统整体的地表平面形状与内在的空间城市系统价值体系。图 3.30 为长江三角洲空间城市系统核心区域空间形态。对空间城市系统空间形态的分析研究模式，被称为空间形态分析方法。空间城市系统是地球人居生态系统的核心子系统，是人居生态变化的主要因素之一，因此空间形态的规划与建设要以人类生存道德基本价值观为前提。空间形态是人居空间形式的最高级阶段，是一种人工自然结合体，其基本内容有空间形态要素、空间形态价值、空间形态演化规律等，它具有空间城市系统空间形态、子系统空间形态、城市元素空间形态三个基本层次。空间城市系统的空间形态与空间结构是映射关系，空间形态是外在形象、空间结构是内在机理，两者共同表达了空间城市系统本体的基本性质。

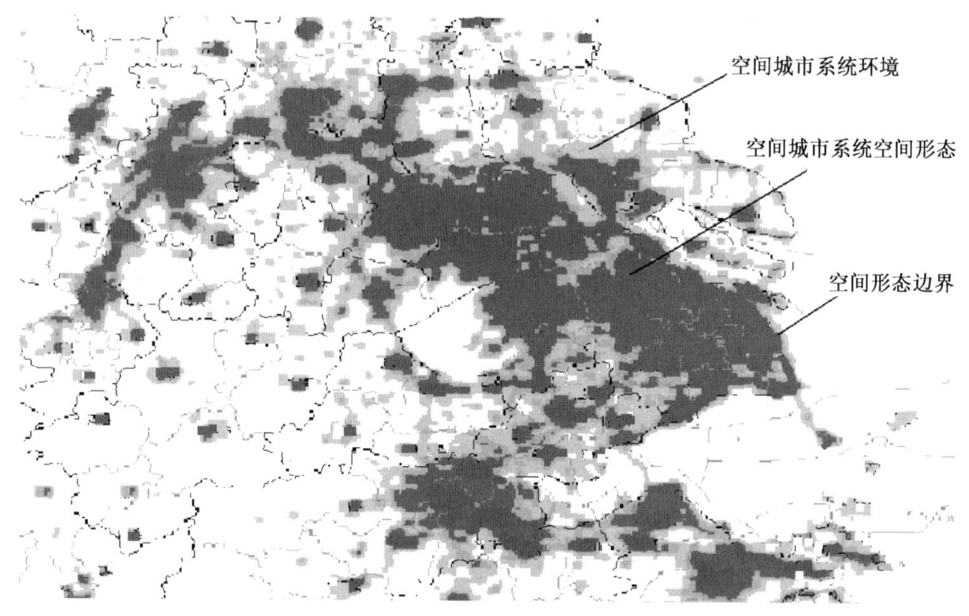

图 3.30　长江三角洲空间城市系统核心区域空间形态

（彩图见书末）

2）空间形态性质

（1）空间形态有机性

空间城市系统是地球人居生态系统的主要子系统，而地球人居生态系统包括人类聚居空间系统与地球生态环境系统。人类聚居空间系统具有人类生命特征，地球环境生态系统具有地球生态生命特征，因此空间城市系统具有人类生命与地球生态生命特征。所以空间形态是有机性的，空间形态的培育、生成、成长是一种有机的进化过程。

（2）空间形态演化性

演化是空间形态的主要性质，空间形态演化要经历平衡态、近平衡态、近耗散态、分岔、耗散态的基本阶段，有序演化是其特征，演化的目标是实现空间城市系统。空间城市系统演化外在形式的结果就是空间斑块形态、空间双核形态、空间条带形态、空间组团形态、空间多组团形态逐步形成的过程，空间城市系统演化内在价值的结果就是空间城市系统文明体系的形成。空间城市系统演化的动力为集聚动因、扩散动因、联结动因，又可分为政治动因、经济动因、生态动因、文明发展动因、技术发展动因等。

（3）空间形态整体涌现性

“整体涌现性”是空间形态形成的标志，也是空间形态之目的。首先，空间形态整体涌现性代表了空间形态本质的整体属性,而不是空间形态要素属性简单的相加,即“整体不等于部分之和”。其次,“整体涌现性”是由空间形态规模效应和空间形态要素结构效应共同产生的,因此空间形态要素及其关系的完善有着重要意义。最后,空间形态“整体涌现性”是独特的,世界15个主要空间城市系统各有其空间形态“整体涌现性”。

(4) 空间形态组织性

① 空间形态自组织性

空间形态自组织性表现在两个方面:一是整体自组织性,表现为人居空间形式沿着巢穴形态、聚落形态、城市形态、空间城市系统形态路径必然的演化过程,这个过程是随着人类社会的进化而自动形成的。二是内部自组织性,表现为空间形态从空间斑块形态、空间双核形态、空间条带形态、空间组团形态、空间多组团形态的进化过程,本质上就是平衡态、近平衡态、近耗散态、分岔、耗散态的自组织过程。空间形态处于开放的环境之中,进行着大量物质、能量、信息的交换,因此催生了空间形态要素之间的相互作用,自下而上地、自发地产生各层次涌现性,具备典型的自组织特征。

② 空间形态他组织性

空间形态他组织性主要表现在以下几个方面:

其一,他组织系统。空间城市系统是人工系统,组织者是人类,被组织者是空间城市系统的空间形态要素。人类组织者居于最高统治地位,自上而下地对空间形态要素进行规划、干预、控制。

其二,他组织动力。空间形态形成动因是人类他组织的结果,空间集聚动因、空间扩散动因、空间联结动因都是人类他组织行为,目的是导致整体涌现性的产生,达致空间形态的实现。

其三,他组织机制。空间形态是在空间规划、空间治理、空间政策条件下实现的,具备典型的可观性与可控性特征。空间城市系统是迄今为止最大的人工系统,空间形态是在人工他组织机制中被形塑出来的。

其四,他组织机构。欧盟政府与欧洲各国家政府、美国联邦政府与各州政府、中国中央政府与地方政府是世界最主要的空间形态他组织机构,承担着全球主要空间城市系统的规划与建设任务,决定着世界主要空间城市系统空间形态的属性。

③ 空间形态最优组织性

空间形态是人类社会与地球环境最大最复杂的结合系统,这就决定了它必然是自组织性与他组织性的统一体。自组织是基础,它决定着空间形态演化的方向与过程,如空间斑块形态、空间双核形态、空间条带形态、空间组团形态、空间多组团形态。他组织是纲领,它主导着空间形态演化的关键催生环节,如人工干扰分岔、维持耗散态条件、多级子系统空间形态的形成。世界上没有两个相同的空间城市系统,每一个空间形态都有其外在形状和内在价值。因此进行空间形态分析就要在共性的基础上发现特性,对其自组织性、他组织性、最优组织性做全面分析研究。

(5) 空间形态不可逆性

空间形态具有不可逆性质,随着空间城市系统状态沿着平衡态、近平衡态、近耗散态、分岔、耗散态的演化,人类聚居空间系统不可能发生逆向回归,空间形态要素、空间形态要素结构关系、空间形态演化结果都不可能回到初始的状态。全球世界级空间城市系统只有 15 个,是一个确定数值,区域级别的空间城市系统也是有限的。全球空间城市系统承载了人类活动的大多数内容,它们通过生态足迹影响着地球生态系统,对全球变化起着重要的作用。全球空间城市系统居于人类文明的前沿,是人类社会先进价值观的主要承载体。由于空间形态的不可逆性质,空间形态物质形式错误是不可承受的,空间形态价值观错误是无法挽回的。

3.4.2 空间形态要素解析

空间形态要素是构成空间形态的基础性组成部分,每一个空间形态都要具备这些基本要素,正是这些基本要素的演化过程形成了空间形态静态与动态的全部内容,尽管它们的具体内容是独特与差异化的。

1) 环境要素解析

第一,环境为空间形态提供支撑。

环境要素是空间形态的基础,它为空间斑块形态、空间双核形态、空间条带形态、空间组团形态、空间多组团形态提供了环境支撑平台。空间城市系统环境形塑了空间形态,各层级空间形态都受到它所属环境地理单元的制约。

第二,空间形态生态足迹。

空间形态生态足迹是指为了维持一个空间形态的存在,地球生态系统所付出的陆地、水体、大气的成本。例如日本空间城市系统空间形态的存在需要全球"生态系统产品和服务,包括食物、水、工业原材料,以及吸收与处理城市地区产生的废弃物的能力"[5],尽管日本是一个自然资源短缺的国家,但是日本空间城市系统空间形态生态足迹的影响是全球性的,其数量是巨大的。"世界上 744 个最大的城市拥有 20%的世界人口,却引起全球因矿物燃料燃烧排放的 CO_2(二氧化碳)的 32%。"[5]在今后的 100 年之内,全球空间城市系统空间形态生态足迹将是决定全球变化的主要因素,因此空间形态生态足迹是环境要素很重要的内容。

第三,空间形态与环境的协调性。

空间城市系统是迄今为止人类历史上最大的人工系统,它与地球生态环境系统的协调性决定了空间城市系统能否可持续发展。全球气候变化的事实已经给人类社会画出了生存道德底线,人类社会第一次面临自我毁灭的可能性,正如英国社会学家安东尼·吉登斯在《气候变化的政治》中警告"我们的文明是可以自我毁灭的,没有人会怀疑,而且鉴于其全球范围,毁灭的后果也是不堪设想的"[6]。因此,空间城市系统的空间形态必须是与环境和谐相处的,具有适应环境的协调性。

2）边界要素解析

边界要素是空间形态的界定线，边界形塑了空间形态的外表形状，如前图 3.30，所示由边界形塑了长江三角洲空间城市系统核心区域 Z 字的空间形态。边界要素将空间形态与环境分开，边界内侧是空间形态结构要素（前图 3.30 中红色部分）；边界外侧是空间城市系统环境要素（前图 3.30 中绿色部分）；长江三角洲空间城市系统核心区域空间形态的边界就是前图 3.30 中红色与黄色的结合部分。

我们定义空间城市系统边界，由空间城市系统所属最外缘基础城市（BC）的地理连接线构成。如图 3.31 所示，济南空间城市系统边界由它的最外缘基础城市（BC）的地理连接线形成。不同层次的空间形态有着不同的边界要素，亦即空间形态边界具有分形特征，多级子系统的空间形态各有其边界要素。

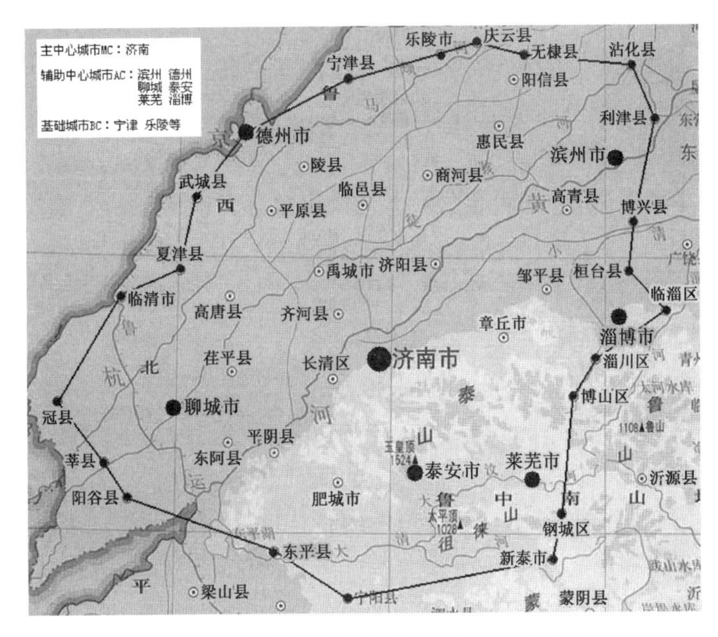

图 3.31　济南空间城市系统空间形态边界

3）城市要素解析

城市要素是空间形态的核心，它是空间形态的根本，城市形态是系统空间形态的基础。以城市为中心组成了空间城市系统网络，空间形态的全部内容都是围绕城市要素展开的，城市要素是空间形态的序参量。城市要素是分等级的，分别是基础城市（BC）、辅中心城市（AC）、主中心城市（MC）、主导城市（LC）、牵引城市（TC），它们在空间形态中的功能各不相同。其中，主中心城市（MC）、主导城市（LC）、牵引城市（TC）承担各层级空间形态的中心功能。城市要素的空间集聚、空间扩散、空间联结是空间形态形成的动因，城市要素是人类聚居的主要空间，是空间形态价值观的容器，是生态文明的主要创生源地，是空间城市系统信息的主要信宿群。因此，空间形态分析研究首先是对城市要素物质与精神的研究。

4）交通要素解析

交通要素是空间形态的主干，主要包括交通枢纽（如大型港口、航空枢纽、高速铁路枢纽、高速公路枢纽），交通通道（如线廊道、主轴通道、面域通道系统）。交通要素承担着空间形态地理距离缩短的特殊功能，高速度是空间形态交通要素的基本特征。交通要素的进化决定了空间形态空间格局的进化，是空间斑块形态、空间双核形态、空间条带形态、空间组团形态、空间多组团形态演化的关键主导因素。交通要素是人类高速移动的唯一承载工具，而人类高速移动是空间形态的基础性内容。交通因素是空间流波的主要承载者之一，空间流波流动是空间形态形成的前提条件。

5）信息要素解析

信息要素是空间形态的中介，主要包括互联网信息、卫星通信信息等。信息要素实现了地理距离的消除，是空间形态联结动因的主要承载者。高速化与即时性是空间形态信息要素的基本特征，信息要素的进化决定着空间形态整体涌现性的形成，因为信息网络是空间形态整体涌现性的主要承载体。空间形态信息量与空间城市系统负熵流成正比，而空间城市系统负熵流是空间形态平衡态、近平衡态、近耗散态、分岔、耗散态进化的根本动力，所以空间形态信息要素决定着空间形态的生成与发展。同时，空间城市系统熵判据是空间形态演化程度的标度量，而空间城市系统熵是通过空间形态信息要素予以表达的。因此，空间形态信息要素又是空间形态发展程度的标度值。

6）价值要素解析

价值要素是空间形态的灵魂，城市价值观是随着文明进化而进化的，包括原始文明城市价值观、农业文明城市价值观、工业文明城市价值观、生态文明空间城市系统价值观。因此，空间形态是建立在生态文明基础之上的。全球变化第一次使人类文明面临毁灭的可能，人居生态变化使人类社会触碰到生存的道德底线。因此，人类生存道德底线价值观是空间形态产生与发展的基本前提，违背了这个前提任何空间形态都是不可持续的。生态文明价值要素致高性原则是人居空间发展历史上所没有经历的，包括巢穴、聚落、城市、城市区域各个演化阶段。因此，空间形态价值要素是空间形态的序参量统领性要素。

3.4.3 空间形态演化规律

1）空间形态演化本质

空间形态是一个历史过程，包括地理形态和社会价值体系的演化。在自组织与他组织行为作用下，空间要素、空间关系、社会形态沿着平衡态、近平衡态、近耗散态、分岔、耗散态的路径进化，呈现空间形态演化规律，如表 3.12 所示。空间形态演化过程，一是表现为地球表面的空间斑块形态、空间双核形态、空间条带形态、空间组团形态、空间多组团形态，二是表现为地球表面的独立元点、线廊道、主轴通道、网络通道、多网络通道。究其本质而言，它们可以被抽象为空间形态要素在地球表面映射出来的几何形状点、线、面，空间形态的其他物化现象都可以视作这些点、线、面的拓扑形式。空间

表 3.12　空间形态的空间演化

空间形态层次	空间斑块形态	空间双核形态	空间条带形态	空间组团形态	空间多组团形态
空间形态					
空间格局	独立元点	线廊道连接	主轴通道连接	网络通道连接	多网络通道连接
形态要素	城市要素 城市景观	城市要素 交通设施 自然地貌	多中心城市要素 交通设施 自然地貌	多中心城市要素 交通设施 自然地貌	多中心城市要素 交通设施 自然地貌
空间基质	地理空间因子	地理环境单元	环境超系统	环境超系统	环境超系统
演化状态	平衡态	近平衡态	近耗散态	分岔与耗散态	耗散态
演化动力	集聚动因	集聚动因 联结动因	集聚动因 扩散动因 联结动因	集聚动因 扩散动因 联结动因	集聚动因 扩散动因 联结动因
人居形式	城市	城市组合	城市区域	1 级空间城市系统	多级空间城市系统

形态的本质就是这些空间形态模块的外在形式与内在肌理，空间形态演化规律就是这些空间形态模块与线轴通道产生、发展、变化的空间现象，以及通过它们所表达出来的科学事实。

2）空间形态模块演化

（1）空间斑块形态

空间形态的初始阶段是空间斑块形态，它是空间形态演化的微观尺度现象，人居空间形式为城市。空间斑块形态建立在地理空间因子基础之上，主要由城市要素、环境要素、边界要素、信息要素、价值要素构成，存在于城市内空间与城市近空间的地理空间中。空间句法可以解释空间斑块形态的整体面貌与空间肌理状况，它主要表现为街道网络、城市景观的形象。空间形态空间斑块处于空间形态演化的平衡态阶段，空间集聚动因是其主要演化动力。

（2）空间双核形态

空间形态的第二个阶段是空间双核形态，它是空间形态演化的中观尺度现象，人居空间形式为城市组合。空间双核形态建立在地理环境单元基础之上，主要由城市要素、环境要素、边界要素、交通要素、信息要素、价值要素构成，空间双核形态存在于两个城市要素所属的城市内空间、城市近空间、城市外空间的地理空间中，线廊道将两个城市要素连接起来。空间章法可以解释空间双核形态的整体涌现性、空间肌理、演化状态、空间结构逻辑关系等，它主要表现为城市景观、交通设施、自然地貌的形象。空间双核形态处于空间形态演化的近平衡态阶段，空间集聚动因、空间联结动因是其主要演化动力。

（3）空间条带形态

空间形态的第三个阶段是空间条带形态，它是空间形态演化的宏观尺度现象，人居空间形式为城市区域。空间条带形态建立在环境超系统基础之上，主要由城市要素、环境要素、边界要素、交通要素、信息要素、价值要素构成，空间条带形态存在于三个以上城市要素所属的城市内空间、城市近空间、城市外空间、地理连接空间的地理空间中，主轴通道将三个以上城市要素连接起来。空间章法可以解释空间条带形态的整体涌现性、空间肌理、演化状态、空间结构逻辑关系等，它主要表现为多中心城市景观、交通设施、自然地貌的形象。空间条带形态处于空间形态演化的近耗散态阶段，空间集聚动因、空间扩散动因、空间联结动因是其主要演化动力。

（4）空间组团形态

空间形态的第四个阶段是空间组团形态，它是空间形态演化的宏观尺度现象，人居空间形式为 1 级空间城市系统，因此空间组团形态是高级空间城市系统的基础子系统。空间组团形态建立在环境超系统基础之上，主要由城市要素、环境要素、边界要素、交通要素、信息要素、价值要素构成，空间组团形态存在于五个以上城市要素所属的城市内空间、城市近空间、城市外空间、地理连接空间的地理空间中，网络通道将五个以上城市要素连接起来。空间章法可以解释空间组团形态的整体涌现性、空间肌理、演化状态、空间结构逻辑关系等，它主要表现为多中心城市景观、交通设施、自然地貌的形象。空间组团形态处于空间形态演化的分岔与耗散态阶段，空间集聚动因、空间扩散动因、空间联结动因是其主要演化动力。

(5) 空间多组团形态

空间形态的第五个阶段是空间多组团形态，它是空间形态演化的宏观尺度现象，人居空间形式为多级空间城市系统。空间多组团形态由两个以上的空间组团形态组成。空间多组团形态建立在环境超系统基础之上，主要由城市要素、环境要素、边界要素、交通要素、信息要素、价值要素构成，存在于若干个城市要素所属的地理空间中，多网络通道将若干个城市要素连接起来。空间章法可以解释空间多组团形态的整体涌现性、空间肌理、演化状态、空间结构逻辑关系等，它主要表现为多中心城市景观、交通设施、自然地貌的形象。空间多组团形态处于空间形态演化的耗散态阶段，空间集聚动因、空间扩散动因、空间联结动因是其主要演化动力。

空间多组团形态包含空间城市系统空间形态、子系统空间形态、城市要素空间形态三个层次，其组成关系为：1 级空间城市系统，包含 1 个空间组团形态；2 级空间城市系统，包含 2 个空间组团形态；3 级空间城市系统，包含 3 个以上空间组团形态；4 级以上空间城市系统，依次类推。

3）空间形态通道演化

(1) 独立元点形态

独立元点形态是空间城市系统通道的起始点、中转点和终结点，包括牵引城市(TC)、主导城市(LC)、主中心城市(MC)、辅中心城市(AC)、基础城市(BC)，它们以空间斑块形态存在于地理空间中，是空间形态通道的基础元素。

(2) 线廊道形态

线廊道形态是空间城市系统通道形式的初期阶段，主要是城市要素之间近距离的连接。线廊道形态以中速连接、低速连接的形式存在，如高速公路、一般公路，线廊道形态覆盖牵引城市(TC)、主导城市(LC)、主中心城市(MC)、辅中心城市(AC)、基础城市(BC)。

(3) 主轴通道形态

主轴通道形态是空间城市系统通道形式的中期阶段，包括城市要素之间中距离、近距离的连接。主轴通道形态以高速连接、中速连接、低速连接的形式存在，如城际高速铁路、高速公路、一般公路，主轴通道形态覆盖牵引城市(TC)、主导城市(LC)、主中心城市(MC)、辅中心城市(AC)、基础城市(BC)。

(4) 网络通道形态

网络通道以域面的形式存在于空间城市系统环境中。网络通道形态是空间城市系统通道形式的后期阶段，包括城市要素之间远距离、中距离、近距离的连接。网络通道形态以超高速连接、高速连接、中速连接、低速连接的形式存在，如飞机航线、高速铁路、城际高速铁路、高速公路、一般公路，网络通道形态覆盖牵引城市(TC)、主导城市

(LC)、主中心城市(MC)、辅中心城市(AC)、基础城市(BC)。

(5) 多网络通道形态

多网络通道以“网络通道组合”的形式存在于空间城市系统环境中。多网络通道形态是空间城市系统通道形式的终期阶段,包括城市要素之间超远距离、远距离、中距离、近距离的连接。多网络通道形态以超高速连接、高速连接、中速连接、低速连接的形式存在,如飞机航线、高速铁路、城际高速铁路、高速公路、一般公路,多网络通道形态覆盖牵引城市(TC)、主导城市(LC)、主中心城市(MC)、辅中心城市(AC)、基础城市(BC)。

4) 空间形态表达

我们将空间形态的拓扑表达称为“空间形态拓扑图”,它体现了空间城市系统城市组分之间的位置关系以及等级规模,易于对空间形态进行定量化研究。世界现存的空间城市系统中都有其各不相同的空间形态拓扑图,在后续美国空间城市系统模式、欧洲空间城市系统模式、中国空间城市系统模式以及世界其他空间城市系统中,我们将进行详细介绍。归纳世界空间城市系统实践情况,常见的空间形态拓扑图基本类型如图 3.32 所示。

5) 空间形态演化动力

第一,空间集聚动因。

空间集聚是指空间城市系统的空间形态要素向城市集聚的空间行为,由此而产生的空间动力称之为空间集聚动因,它是空间形态形成的第一动力。空间集聚动因受空间城市系统脑的支配,以空间流波的形式运行,以空间城市系统熵进行标度。如前表 3.12 所示,空间集聚发生在空间形态演化的各个阶段。空间集聚一是按照空间形态的层次分级进行,如多级空间城市系统层次的空间集聚;二是按照空间形态的内容分项进行,如政治、经济、文化、社会、生态要素的空间集聚。空间集聚动因的结果是产生空间城市系统空间形态的整体涌现性,促进空间形态的产生与发展。

第二,空间扩散动因。

空间扩散是指空间城市系统的空间形态要素从城市向外扩散的空间行为。空间扩散将使城市增加空间资源,进行空间集聚和空间联结,由此而产生的空间动力称之为空间扩散动因,空间扩散动因是空间形态形成的基本动力。空间扩散动因受空间城市系统脑的支配,以空间流波的形式运行,以空间城市系统熵进行标度。如表前 3.12 所示,空间扩散主要发生在空间形态演化的后期阶段,主要扩散源是牵引城市(TC)、主导城市(LC)、主中心城市(MC)。空间扩散周期包括扩散产生、扩散成长、扩散稳定三个阶段。空间城市系统产业结构进化所导致的产业扩散是空间扩散的序参量,由此催生其他空间要素的扩散,如人口要素的扩散等。空间扩散动因的结果是城市空间资源的进化配置、高级城市向低级城市输送空间集聚动因等,最终产生空间形态的整体涌现性,促进空间形态的产生与发展。

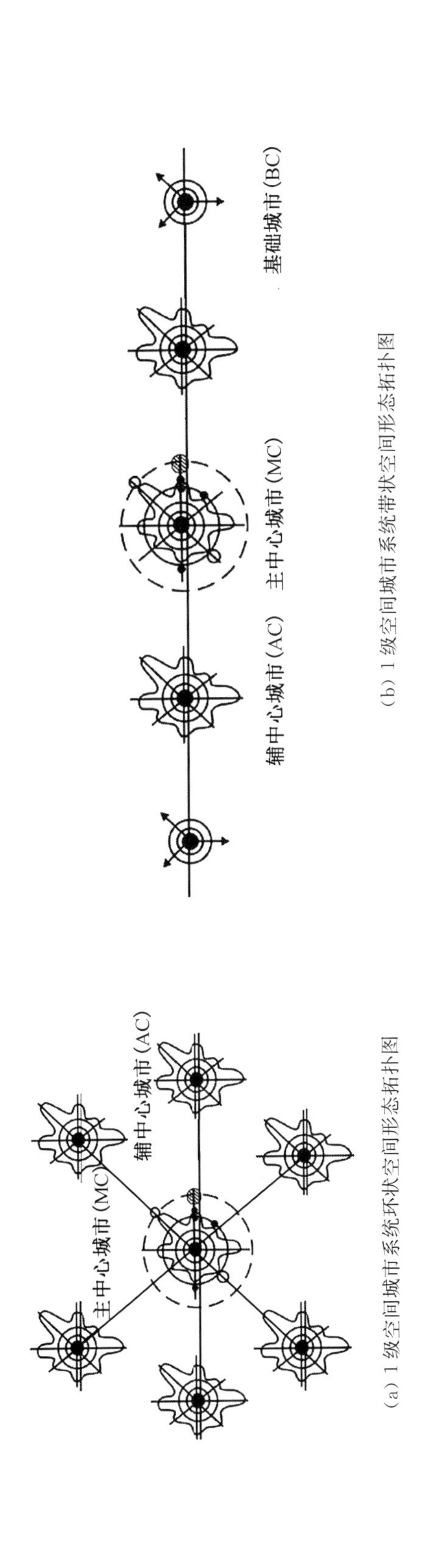

（a）1 级空间城市系统环状空间形态拓扑图

（b）1 级空间城市系统带状空间形态拓扑图

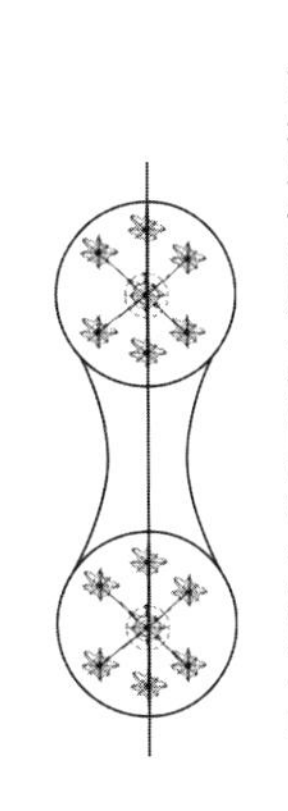

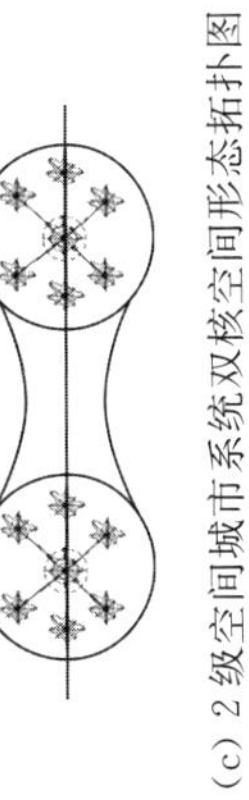

（c）2 级空间城市系统双核空间形态拓扑图

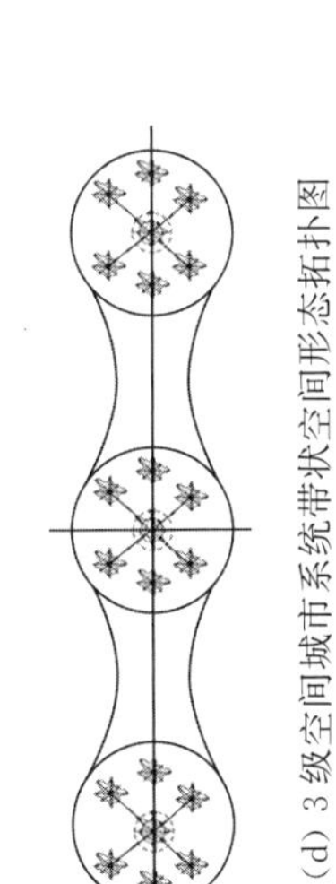

（d）3 级空间城市系统带状空间形态拓扑图

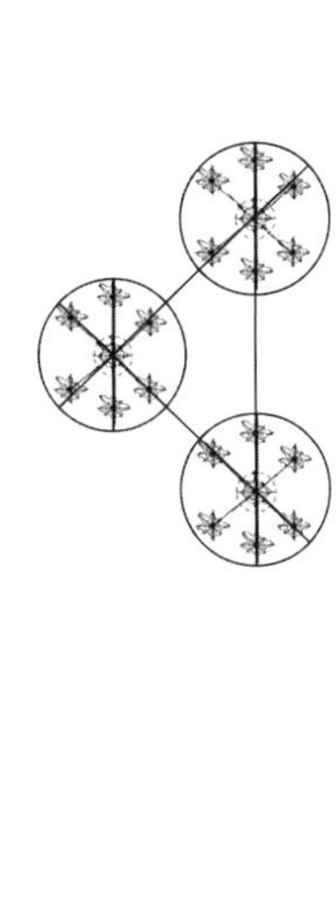

（e）3 级空间城市系统三角形空间形态拓扑图

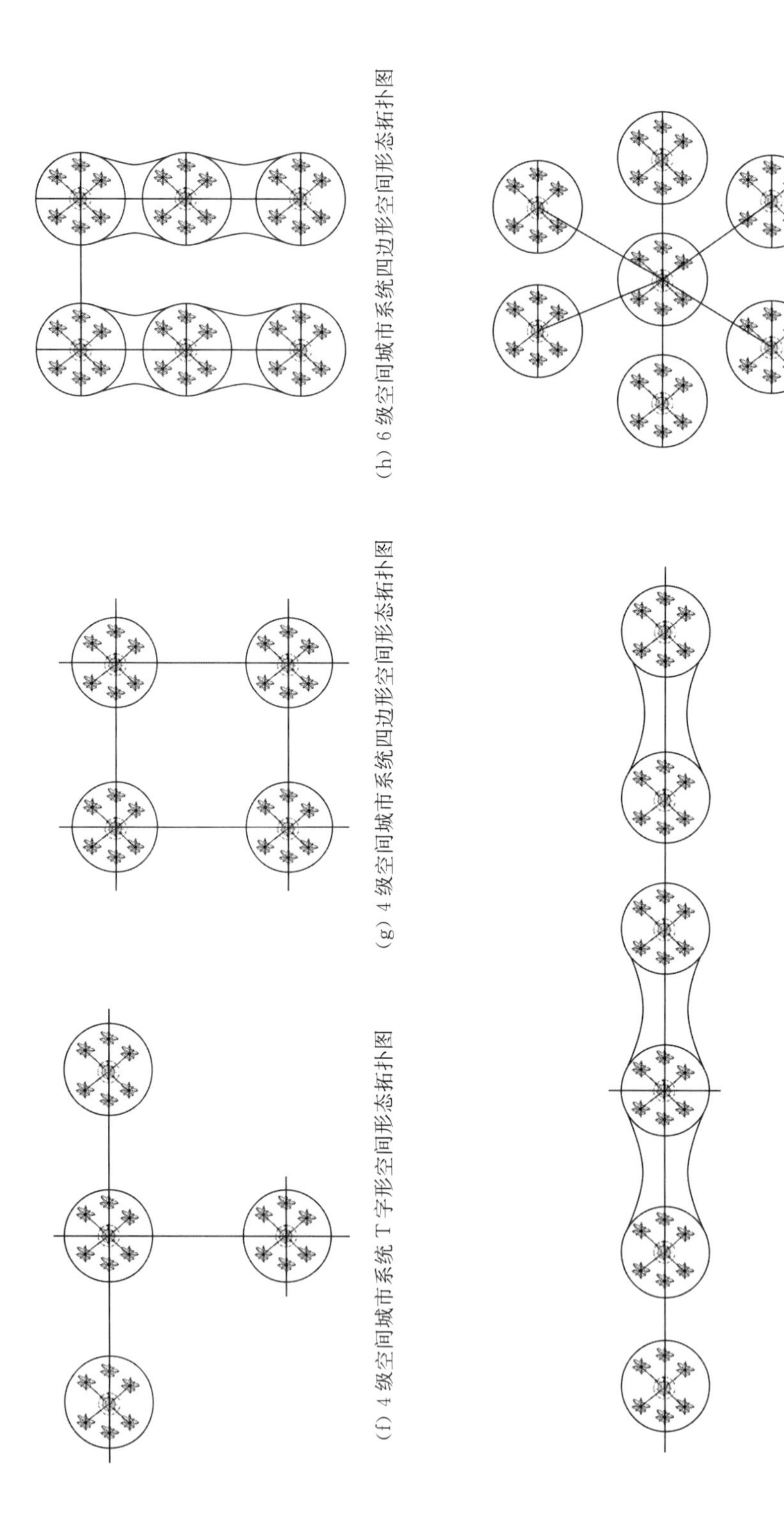

（f）4 级空间城市系统 T 字形空间形态拓扑图

（g）4 级空间城市系统四边形空间形态拓扑图

（h）6 级空间城市系统四边形空间形态拓扑图

（i）6 级空间城市系统带状空间形态拓扑图

（j）7 级空间城市系统圆形环状空间形态拓扑图

图 3.32　空间形态拓扑图主要类型

第三,空间联结动因。

空间联结是指空间城市系统的空间形态要素在城市之间往返运行的空间行为,由此而产生的空间动力称之为空间联结动因。空间联结动因是空间城市系统特有的空间动力现象,是空间形态形成的主要动力。空间形态的本质是系统性,城市成为空间形态的序参量要素,城市关系成为空间形态的关键属性,空间联结行为就是城市关系属性的表现。空间联结动因受空间城市系统脑的支配,以空间流波的形式运行,以空间城市系统熵进行标度。如前表 3.12 所示,空间联结几乎发生在空间形态演化的各个阶段。空间联结动因的结果是空间城市系统空间流整体数量增长与空间城市系统负熵流上升,促使空间形态整体涌现性的出现以及空间形态的产生与发展。

3.5 空间城市系统空间结构

3.5.1 空间结构定义

1)空间结构概念

空间结构是空间城市系统本体的本质体现,是空间城市系统所属空间要素以及空间要素之间关系的总和,图 3.33 为沿江空间城市系统空间结构。对空间城市系统空间结构的分析研究模式,称之为空间结构分析方法。基于地球系统与全球变化的人类生存道德基本价值观,是空间结构的基本前提,是空间结构规划与建设中必须遵守的限制性条件。空间结构是空间要素在地球表面空间的分布与组合形式,它以抽象点、线、网络空间组合形式表达了空间要素之间的关系,其中网络化域面是空间结构的基质,空间结构具有各种显著的特性。空间结构是空间形态的映射,二者是同构异形关系。空间形态是外在形象,空间结构是内在机理,二者共同表达了空间城市系统本体

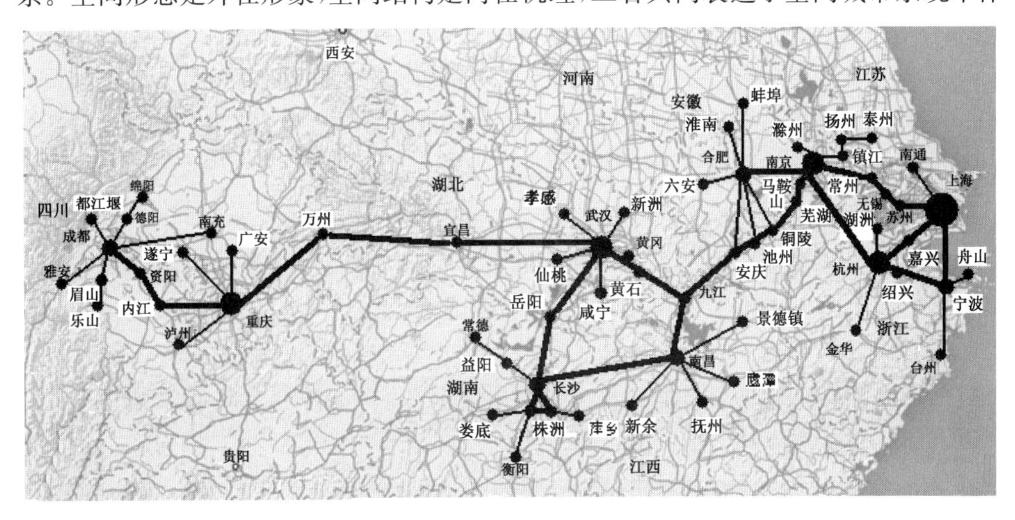

图 3.33 沿江空间城市系统空间结构

全部内容，表示为以下构成关系：

$$空间城市系统=空间形态+空间结构 \tag{3.26}$$

空间结构概念界定说明：其一，空间结构是一个泛化概念，针对不同的研究对象具有不同的空间结构定义。其二，有关空间结构价值内容，我们将在空间城市系统文明中进行全面介绍。其三，空间结构是空间流运行平台，空间流是空间结构的主要关联物，我们在空间流理论中已经予以论述。

2）空间结构特性

（1）系统特性

空间结构具有多元性、相关性、整体性等系统标准属性，是空间城市系统内在规律，其系统性是显然真理。人类的生命性、生态环境的生命性促使空间城市系统获得生命性，从而空间结构具有生命性，它的培育、生成、成长是一种有机进化过程。

（2）演化特性

空间结构具有演化基本性质，它遵循普里戈金耗散结构理论，其演化过程包括平衡态结构、近平衡态结构、近耗散态结构、分岔结构四个阶段。空间结构是空间基本变量的函数，包括空间集聚变量、空间扩散变量、空间联结变量，空间结构演化表现为空间城市系统结构组分进化、空间城市系统结构关系进化、空间城市系统结构功能进化。

（3）整体特性

空间结构具有整体性，它的所有组分以特定的空间关系构成了空间结构的统一整体，形成了空间结构的整体结构、整体特性、整体状态、整体行为、整体功能。空间结构的整体涌现性是空间城市系统的重要标志性特征，它由空间结构组分相互作用而产生，为各个组分所不具有，且整体不等于组分之和。整体涌现性使空间结构的整体本质发生定性性质变化，它的生成标志着空间城市系统的形成。

（4）功能特性

空间结构核心功能是对空间城市系统的骨架支撑作用，空间结构为人类社会提供了主要聚居空间，是生态文明的主要容器。空间结构的有序化本质，是人类社会应对全球变化与人居生态变化的必由途径，例如大城市蔓延是世界性难题，而空间结构的均衡功能是解决大城市蔓延的主要途径。

（5）层级特性

空间结构具有层次特性：牵引城市（TC）、主导城市（LC）、主中心城市（MC）、辅中心城市（AC）、基础城市（BC）是空间结构的基础元素；从 1 级空间城市系统空间结构到多级空间城市系统空间结构，形成了空间结构梯级层次；线廊道（LC）、主轴通道（SC）、网络通道（NC）是空间结构形式的递进层次。

（6）信息化特性

空间结构的一个重要特性是信息化特性，信息即时性消除了地理空间的距离，使空间结构实现了联结功能。节点城市智慧化与信息通道网络化，已经成为空间结构的基本前提，信息的产生、传输、存储形成了虚体空间，成为空间结构不可或缺的组成部分。物质、能量、信息形成了空间结构的基本填充物，信息通道要素成为空间结构的基本要素。

3.5.2 空间结构要素解析

空间结构组分包括元点要素、节点要素、中心点要素、地理轴线要素、信息通道要素、能源通道要素、水通道要素、网络域面要素八个基本的空间要素。基本空间要素是相对独立的与差异化的，它们是空间结构的主要内容，决定着空间结构的基本性质。基本空间要素的不断优化是空间结构产生与成熟的动因。

1）地理空间要素解析

地理空间要素是空间结构特有的新型要素形式，在既往的区域与城市空间结构研究中尚无论及。空间结构的一切行为都是在地理空间中展开的，因此地理空间要素是空间结构的基础要素。地理空间要素主要包括城市内空间、城市近空间、城市外空间、地理连接空间。所谓城市内空间是指城市元素所占据的地理空间，我们以 CIS 予以表示；所谓城市近空间是指城市元素周边的地理空间，我们以 CNS 予以表示；所谓城市外空间是指与城市元素连接但已经不具备城市性质的地表空间，我们以 COS 予以表示；所谓地理连接空间是指与城市元素相隔离的远距离地表空间，我们以 GCS 予以表示。地理空间要素形成了空间结构最重要的基础性要素，它为其他空间要素提供了包容性的空间舞台。

2）空间结点要素解析

（1）元点要素

元点要素是空间结构的基础要素，它具有不可再分的基元属性，但只具有元素特性而不具有关系集特性。空间元点形态包括人居空间元点、行政元点、经济元点、交通元点等，而元点要素就是空间元点形态的映射，如图 3.34 所示。空间结构的基础城市(BC)是元点要素的主要形式，它承担了空间城市系统城市体系的最基础功能。例如浦东新区即为一个基础城市，它承担了牵引城市上海的核心基础功能；再如章丘是一个基础城市；它承担着主中心城市济南的外围基础功能。

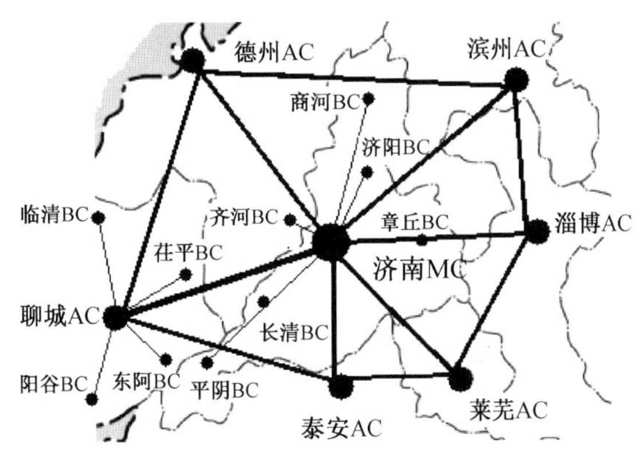

图 3.34 空间结点要素

（2）节点要素

节点要素是空间结构中间要素。空间结构节点是指空间网络中的要素汇聚点，并以节点为核心形成结节区域。我们定义空间城市系统城市体系中的辅中心城市(AC)

为空间结构节点城市，并且每个辅中心城市(AC)拥有所属结节基础城市(BC)。作为节点的辅中心城市(AC)承担着主中心城市(MC)与基础城市(BC)之间的过渡作用，如前图 3.34 所示。例如，江门市为珠江三角洲空间城市系统空间结构中的一个节点要素，即辅中心城市(AC)江门；江门市所属的结节基础城市(BC)，即台山 BC、开平 BC、鹤山 BC、恩平 BC。辅中心城市(AC)江门，承担着主导城市(LC)广州与台山 BC、开平 BC、鹤山 BC、恩平 BC 之间的过渡作用。

(3) 中心点要素

中心点要素是空间结构的高级要素。当人居空间形式发展到空间城市系统高级阶段时，空间要素形成机理的复合化是必然规律。空间结构中心点要素的形成机理就是中心地理论和增长极理论复合化的结果。中心地理论说明了空间要素向中心点集聚形成中心城市是一个普遍规律；增长极理论说明了空间要素的空间集聚集中发生在生长极点上。当“生长极点的空间要素集聚”与“中心点的空间要素集聚”重合在同一个地理空间位置时，在极化效应与乘数效应的同时作用下，就形成了空间结构中心点要素，即中心城市，如前图 3.34 所示。我们定义空间结构中心城市分为三个等级，即牵引城市(TC)、主导城市(LC)、主中心城市(MC)。在一般情况下，由这三级中心城市为核心形成空间城市系统；在特殊情况下，主中心城市(MC)也可能作为牵引城市(TC)、主导城市(LC)的附属城市元素，见后续南欧空间城市系统案例。

由上述机理就形成了空间结构城市体系，从高级到低级依次为：第一级，牵引城市(TC)。第二级，主导城市(LC)。第三级，主中心城市(MC)。第四级，辅中心城市(AC)。第五级，基础城市(BC)。例如在沿江空间城市系统空间结构中，上海为牵引城市(TC)，南京、武汉、重庆为主导城市(LC)，杭州、合肥、南昌、长沙、成都为主中心城市(MC)，苏州、宁波、安庆、九江、宜昌、株洲、德阳等为辅中心城市(AC)，宝山、嘉兴、丹阳、庐江、德安、仙桃、浏阳、合川、简阳等为基础城市(BC)。

3) 空间轴线要素解析

(1) 地理轴线要素

如图 3.35 所示，地理轴线要素是指地理空间中将城市结点连接起来的通道要素，可以分为支线轴、主导轴、网络通道三个层次。地理轴线要素是空间结构地理连接的基础性要素，它是信息通道要素、能源通道要素、水通道要素的基础。

图 3.35　地理轴线要素

所谓支线轴是指空间要素在分支线路上集聚形成的空间城市系统基础通道，它由轴线与元点要素构成，附属在主导轴的体系中，表现为线廊道形态。所谓主导轴是指空间要素在主干通道上集聚形成的空间城市系统主要通道，它由轴带与节点要素和中心点要素构成，空间格局为中心城市连绵带，表现为主轴通道形态。所谓网络通道是指空间要素在地理空间中集聚形成的空间城市系统局域性通道，它由主导轴与支线轴构成，表现为局域面通道形态。

地理轴线要素承担了空间人流、空间物流、空间信息流运行平台的作用，承担了空间结构地理连接功能，例如高速铁路、高速公路、飞机航线等。地理轴线要素表达了空间结构逻辑关系，是空间城市系统关系数据的主要承载体。

（2）信息通道要素

空间结构信息通道要素是指支撑信息流运行的空间结构信息通道，包括互联网信息通道、手机电话信息通道、电视广播信息通道等。不同于地理空间要素物质化的点、线、面形式，信息通道要素以虚体空间或者“灰空间”[①]的形式存在。地理空间距离消除与空间结构联结的实现是信息通道的基本功能，信息通道要素承担了信息流传输与存储功能。网络信道是信息通道要素的基本形式，多信源、多信宿、网络化是它的基本特征。公民基本信息权使信息通道成为空间城市系统社会的基本公共品。

（3）能源通道要素

空间结构能源通道要素是指保障空间城市系统能源供应的通道，主要包括远距离输电线路、输油管道、输气管道等。空间城市系统属于宏观人类聚居系统，能源的调度调配是基本需求，因此能源通道要素就成为空间结构的基本要素。能源通道要素属于地理空间物质化线束形式，是空间城市系统基础性通道要素。

（4）水通道要素

空间结构水通道要素是指保障空间城市系统水供应的通道，主要包括远距离调水渠道、改流河道、输水管道等。空间城市系统属于宏观人类聚居系统。水资源的综合平衡调配使用是空间城市系统运行的基本保障条件，因此水通道要素就成为空间结构的基本要素。水通道要素属于地理空间物质化线束形式，因为它对于空间城市系统具有特殊的重要作用，我们将其专门列为一类空间结构要素。

4）网络域面要素解析

第一，网络域面概念。

网络域面是空间结构点、线、面三大要素形式之一，是点与线要素形式的最后组织者，是空间结构得以存在和发展的组织保障。与区域研究不同，空间结构域面表现为网络化形式，我们将其定义为空间结构的“网络域面”，它是由空间结点要素与空间轴线要素构成的网络，如图 3.36 所示。“网络域面”形成了空间结构的基质，即整个空间

① “所谓灰空间就是从实空间迈向虚空间的必经之路，它是实空间与虚空间在相互作用中形成的过渡空间，灰空间中的各项活动是同时在数字空间和地理空间中进行的。”参见：甄峰．信息时代的区域空间结构[M]．北京：商务印书馆，2004：53-54。

城市系统是建立在网络域面基质之上的，需要指出的是“网络域面”一定要具有空间结构属性，而非一般意义上的域面。网络域面是形成空间城市系统的前提条件。

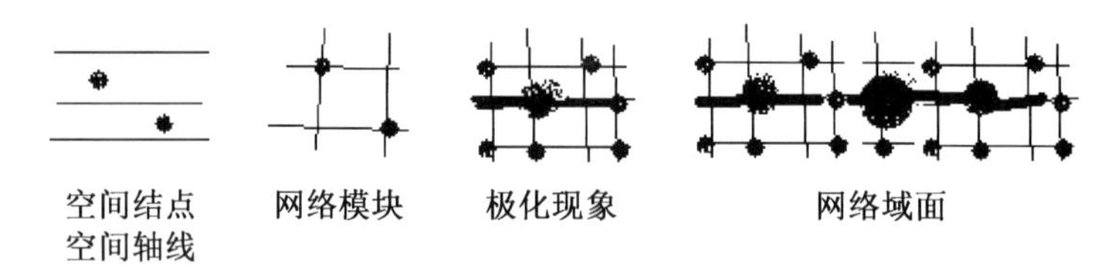

图 3.36　网络域面进化过程

第二，网络域面进化过程。

如图 3.36 所示，网络域面要素的形成要经过一个进化过程，随着空间结构整体网络域面的形成，空间城市系统也就形成了。第一步，在地理空间中形成空间结点与空间轴线。第二步，空间结点与空间轴线形成网络模块，它是网络域面的基础单位。第三步，空间结点与空间轴线发生极化现象。第四步，极化网络模块组合成网络域面。

第三，网络域面属性。

其一，定性属性。网络域面定性属性主要包括三个方面：首先是网络域面基质之上的空间城市系统，如图 3.37 为济青空间城市系统山东网络域面。其次是网络域面中的结点城市体系，包括中心点城市、节点城市、元点城市。最后是网络域面的主导轴与支线轴，包括一级主导轴、二级主导轴、支线轴。

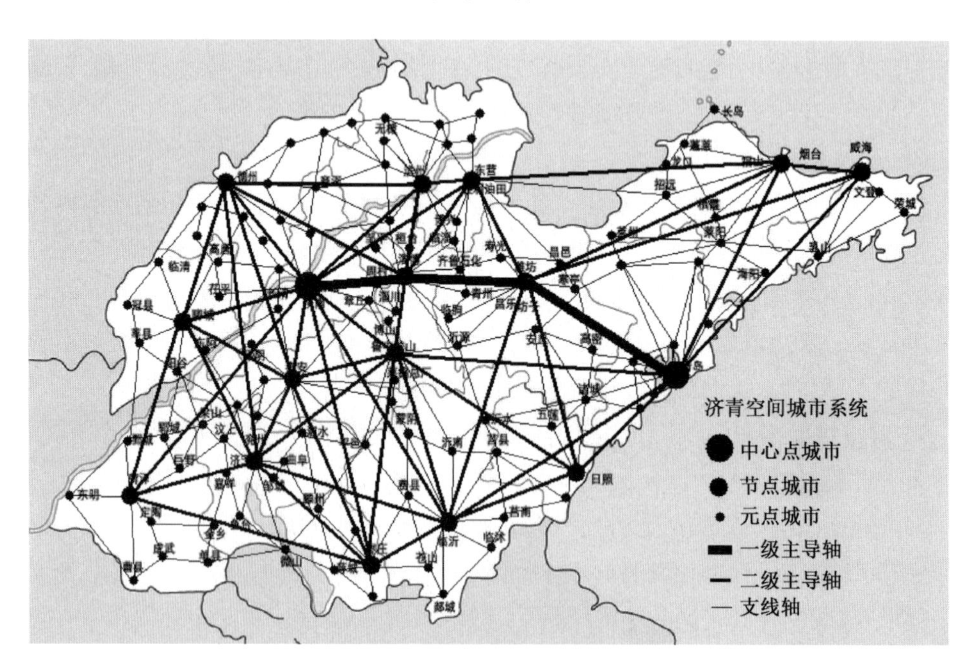

图 3.37　济青空间城市系统山东网络域面

其二，定量属性。网络域面定量属性的主要内容包括：网络域面面积，中心点城市、节点城市、元点城市数量及等级，主导轴等级数量与长度、支线轴数量与长度等。

3.5.3 空间结构逻辑原理

1）空间结构逻辑基本概念

（1）空间结构逻辑定义

空间城市系统是一种本质上不同于巢穴、聚落、城市的人类聚居空间形式，它完成了点、线、面要素的地理空间组合，形成了空间结构网络域面整体。城市研究中城市节点要素之间的空间相互作用，在空间城市系统中已经进化成为空间结构的一个组成部分，我们将其定义为空间城市系统的“空间结构逻辑”，简称“空间逻辑”，主要包括地理逻辑、人文逻辑、经济逻辑。空间结构逻辑组成包括物质和非物质形式，逻辑关联性是它们的共同特征，空间联结与空间连接是它们的主要功能。就逻辑关联性而言，“空间逻辑”决定了空间城市系统的空间结构与空间形态，空间形态、空间结构、空间逻辑形成了空间城市系统识别与界定的基本要件。

空间结构逻辑原理回答了为什么空间城市系统是由这些子系统组成，而不是由那些子系统组成。例如沿江空间城市系统为什么是由长江三角洲空间城市系统、长江中游空间城市系统、成渝空间城市系统组成，而不是由其他子系统或区域组分构成。再如合肥空间城市子系统与长江三角洲空间城市系统的逻辑关联度，要高于它与长江中游空间城市系统的逻辑关联度，因此合肥空间城市系统子系统归属于长江三角洲空间城市系统，是建立在空间结构逻辑合理性基础之上的。

（2）空间逻辑关系

如图 3.38 所示，空间城市系统所属的空间环境、空间形态、空间结构是一种逻辑包含关系，空间环境为空间形态提供了基质，空间形态包含了空间结构的全部概念外延。需要特别指出的是，在表述方法与表述形式上，“空间逻辑”与“空间环境”具有相似性，例如都采用了地理、人文、经济分类表述，但是它们本质的区别为，“空间环境”是空间城市系统的环境基质，而“空间逻辑”是属于空间城市系统主体成分，它们之间是一种逻辑概念包含关系。

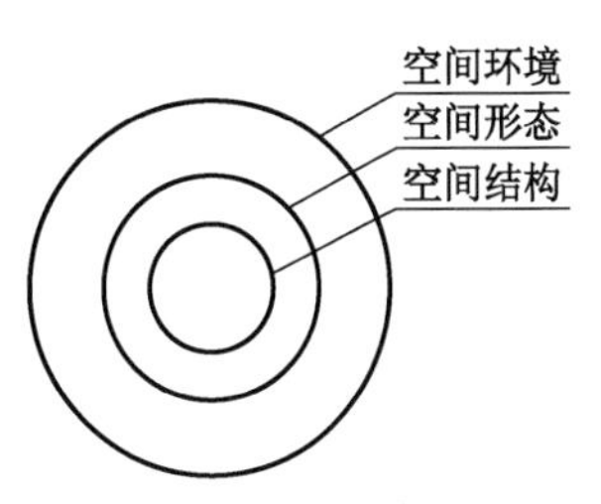

图 3.38 空间逻辑关系

2）空间结构逻辑

（1）地理逻辑

① 地貌逻辑

所谓地貌逻辑是指空间结构中各自然地貌单位之间存在的逻辑关系，它是空间结构的基础逻辑，它的存在为空间结构其他逻辑关系奠定了基础。地貌逻辑涉及山前地貌、丘陵地貌、高原地貌、平原地貌、盆地地貌、沿河地貌、沿湖地貌、沿海地貌等地貌形式。

② 网络域面逻辑

所谓网络域面逻辑是指空间结构中各网络面域模块之间存在的逻辑关系。网络域面是点、线、面要素的空间组合体，因此网络域面逻辑代表了空间结构基本空间要素的逻辑关系。网络域面逻辑是空间结构逻辑的主体逻辑，空间城市系统的合理性就是建立在网络域面逻辑基础之上的，没有了网络域面逻辑，空间结构就失去了存在的可能。

③ 交通逻辑

所谓交通逻辑是指空间结构中交通设施之间存在的逻辑关系。交通逻辑本质上属于空间城市系统"线空间要素"，由于它的特殊重要地位我们将交通逻辑列为专项逻辑。在空间结构中，交通逻辑承担了将地理空间缩短的特殊使命，它支撑起了空间结构的骨架。交通逻辑主要涉及高速铁路、高速公路、飞机航线、水路运输等交通形式。

④ 纬向地带气候逻辑

所谓纬向地带气候逻辑是指空间城市系统中各个子系统或区域组分所属的、地球纬向地带空间分异规律确定的、气候类型之间存在的逻辑关系。空间结构是在具有相关纬向地带气候逻辑基础上形成的，因此纬向地带气候逻辑是空间结构的基础逻辑。如果说地貌逻辑是地球表面的逻辑，那么纬向地带气候逻辑就是地表空间的逻辑，因此"地貌逻辑"与"纬向地带气候逻辑"合称空间结构的"自然基础逻辑"。纬向地带气候逻辑涉及热带、亚热带、温带、亚寒带、寒带地带分类，涉及海洋气候、季风气候、大陆气候、干旱与半干旱气候、多雨气候、干湿气候、地中海气候、温润气候、城市气候等气候类型。

(2) 人文逻辑

① 政治地理逻辑

所谓政治地理逻辑是指空间城市系统中各政治地理单元之间存在的逻辑关系，主要分为国际、国家、地方三级政治地理单元。空间城市系统是在近代民族国家与地方政治框架中生长起来的，现有国际联盟、国家、地方三级政治地理单元对空间结构的形成具有关键性作用，因此政治地理逻辑是空间结构的基础逻辑，是空间结构的序参量逻辑，在欧洲表现为国家之间的政治地理逻辑，在中国表现为各省之间的政治地理逻辑，在美国表现为各州之间以及与加拿大之间的政治地理逻辑。

② 地域文化逻辑

所谓地域文化逻辑是指空间城市系统中地域文化圈、文化区、文化因子之间存在的逻辑关系。空间城市系统是一种现代人类聚居空间形式，是在各个地域文化基础之上建立起来的，各个子系统或区域组分只有存在地域文化逻辑关联，才能形成完整的空间城市系统空间结构，因此地域文化逻辑是空间结构的基础逻辑。"政治地理逻辑"与"地域文化逻辑"合称空间结构的"人文基础逻辑"。

③ 语言民族逻辑

所谓语言逻辑是指空间城市系统中各种语言之间存在的逻辑关系。作为一种宏观地理现象，空间城市系统要跨越多种语言区，因此语言逻辑就成为空间结构逻辑的组成部分。所谓民族逻辑是指空间城市系统中各个民族之间存在的逻辑关系。因为民族具有共同的语言基本特征，所以我们将语言民族逻辑合称语言民族逻辑。空间结构包含着不同的语言的民族，因此语言民族逻辑就成为空间结构逻辑的基本组成部分。

④ 旅游地理逻辑

所谓旅游地理逻辑是指空间城市系统中旅客有规律流动所产生的地理空间人流联结的逻辑关系。空间城市系统是在世界先进国家和地区存在的人类聚居空间形式，也是旅游主要客源地和目的地，旅游人流在空间城市系统中占有重要地位，因此旅游地理逻辑是空间结构逻辑的重要组成部分。

⑤ 宗教信仰逻辑

所谓宗教信仰逻辑是指空间城市系统中各种宗教信仰之间存在的逻辑关系。空间城市系统是一种人类聚居空间形式，而宗教信仰是人类社会在历史与现实中均存在的，可以说只要有人类聚居空间就有宗教信仰，因此各种宗教信仰之间的逻辑关系是空间结构逻辑的组成部分。空间城市系统属于前沿的人类聚居空间形式，它的现代性功能有利于促进宗教的融合甚至消除宗教冲突。

(3) 经济逻辑

① 产业结构逻辑

所谓产业结构逻辑是指空间城市系统中各种产业之间存在的逻辑关系。空间结构是一种宏观尺度经济体系，在它的牵引城市(TC)、主导城市(LC)、主中心城市(MC)、辅中心城市(AC)、基础城市(BC)等级城市体系中，包含着高端服务业、第三产业、第二产业、第一产业差异化的产业分布；在它的各子系统或区域组分中，存在着各自的主导产业、关联产业、基础性产业。一方面，在空间城市系统产业静态分布中就存在着逻辑关联；另一方面，在产业结构动态进化过程中存在着逻辑关联。因此产业结构逻辑是空间结构的基础逻辑。需要特别指出的是，空间城市系统是人类聚居空间的最高级形式，高端服务业[①]与服务业的高度发达是其重要特征，因此高端服务业与服务业逻辑在空间结构逻辑中占有特殊的重要地位。

② 贸易物流逻辑

所谓贸易逻辑是指空间城市系统中存在的商品贸易与服务贸易方面的逻辑关系。空间城市系统是商品贸易和服务贸易的最大集散地，因此贸易逻辑是空间城市系统空间结构的基础逻辑。贸易逻辑主要包括批发贸易、零售连锁、网络贸易等主体内容，包括贸易区位、贸易结构、贸易规模等服务业地理方面。所谓物流逻辑是指空间城市系统中实体物品流动的逻辑关系。在空间城市系统阶段，物流业已经发展成为联结的主要手段，因此物流逻辑成为空间城市系统空间结构的基础逻辑。因为物流是贸易的基础，所以我们将“贸易逻辑”与“物流逻辑”合称空间结构的“贸易物流逻辑”，它是空间城市系统空间结构的基础性逻辑。

---

① 高端服务业：被彼得·霍尔称为高端生产者服务业(Advanced Producer Services，APS)，也被称为第四产业、生产者服务业等，它们的共同特征是知识创新、金融集聚、科学技术、高等教育等。

③ 金融逻辑

所谓金融逻辑是指空间城市系统中存在的金融服务业逻辑关系，包括股市体系、货币体系、银行体系等。在全球范围内，空间城市系统的牵引城市（TC）都是金融中心城市，如纽约、伦敦、东京、巴黎、香港、上海等，空间结构中存在着国际金融网络、国家金融网络、区域金融网络的结构组分，它们主导着空间城市系统的经济运行，因此金融逻辑是空间结构的基础逻辑。我们将"产业结构逻辑""贸易物流逻辑""金融逻辑"合称为空间结构的"经济基础逻辑"。

④ 研究开发与创新逻辑

所谓研究开发逻辑是指空间城市系统中存在的科学技术研究与开发（R & D）结构逻辑，一般分为开发研究、应用研究、基础研究。在世界范围内，空间城市系统是研究与开发（R & D）的主要集聚空间，因此研究开发逻辑也就成为空间结构的主导性逻辑。由于全球化作用，研究与开发（R & D）的世界性分布是一个必然趋势，这就给每一个空间城市系统争取研究与开发（R & D）的机会提供了均等机会，而创新空间逻辑则是关键。

所谓创新逻辑是指空间城市系统中围绕创新所形成的逻辑关系。创新已经成为人类社会发展的主要动因，已经成为生态文明的序参量内容，而空间城市系统则是创新的主要产生与发展空间，因此创新逻辑是空间结构的牵引性逻辑。当代社会创新系统化是基本趋势，创新个人、创新组织、创新空间是创新物质化的三个基本要素，全球创新空间、国家创新空间、空间城市系统创新空间则是创新的三个基本空间。

在创新的三个基本要素和三个基本空间中，空间结构都是最基础的支撑平台，创新空间也是研究与开发（R & D）的基础性支撑平台，因此我们将"研究开发"与"创新"合称为空间结构的"研究开发与创新"（RD & I）逻辑，它是空间结构的主导牵引性逻辑，决定着空间城市系统的发展方向。

3）空间结构逻辑分析

（1）逻辑主体与逻辑本质

空间结构逻辑主体是指必然存在于空间结点、空间轴线、网络域面中的逻辑关系，即空间结构逻辑内容，如中心点城市与节点城市、元点城市之间存在的一般性逻辑关系。逻辑主体是空间结构逻辑分析的研究对象，因此正确确立逻辑主体是空间结构逻辑分析的第一要务。

空间结构的逻辑本质是指逻辑主体所反映的逻辑关系本质内涵，即逻辑内容的本质属性，如长江对于沿江空间城市系统各个结点城市之间的地理主轴线的逻辑作用。在进行空间结构逻辑分析时，要应用逻辑归纳方法将大量的空间现象中不相干的性质排除掉，从而发现空间结构的逻辑本质。

"逻辑主体"与"逻辑本质"决定了空间结构的基本性质，是空间结构逻辑分析的基础，因此空间结构逻辑分析首先要进行逻辑主体与逻辑本质的定性分析，坚持定性分析要优先于定量分析的原则。

（2）逻辑数据

所谓逻辑数据是指用来描述空间结构逻辑的数据，它的功能是用来进行空间结构逻辑分析。我们将空间结构逻辑数据界定为四个基本类型，即逻辑属性数据、逻辑关系数据、逻辑因子数据、逻辑链接数据。

① 逻辑属性数据

逻辑属性数据主要用来描述空间结构逻辑的基本属性特征，它是逻辑数据的基础，是逻辑性质数据。需要指出的是，逻辑属性数据，既包括空间结构整体数据，又包括空间要素分项数据，因为空间城市系统已经作为一个整体单位出现在地理空间中了。例如，长江中下游平原为上海、南京、杭州、合肥等同属于长江三角洲的空间城市系统提供了基本地貌逻辑，而它们各自的地理面积、海拔高度、平均气温、人口数量、GDP、人均收入等都属于逻辑属性数据。

② 逻辑关系数据

逻辑关系数据主要用来描述空间结构逻辑的基本关系特性，它是逻辑数据的主体，是表征空间结构逻辑性质的基础数据。空间结点要素、轴线要素、网络域面要素之间的逻辑关系是逻辑关系数据的本质所在。例如，英格兰东南部、巴黎区域、比利时中部、兰斯塔德地区、莱茵—鲁尔、莱茵—美因、瑞士北部、大都柏林之间的通勤数据、航班和火车车次等连通性数据、电话传真邮件数据、人流数据等都属于逻辑关系数据。

③ 逻辑因子数据

逻辑因子数据主要用来描述空间结构逻辑因子的基本特性，包括逻辑主导因子数据（图 3.39）、逻辑公共因子数据、逻辑独立因子数据。与逻辑属性数据和逻辑关系数据不同，逻辑因子数据是一种分类数据。如图 3.40 所示，我们用逻辑因子模型来表述空间结构逻辑的整体情况，而空间结构逻辑关系就表现为逻辑主导因子、逻辑公共因子、逻辑独立因子之间的因子关系。逻辑独立因子数据一般是基础性客观数据，它直接来源于对空间实物的观测与采集；逻辑公共因子数据一般是复合性虚拟数据，它是由逻辑独立因子数据合成而来；逻辑主导因子数据一般是复合虚拟数据，它是由逻辑公共数据合成而来。例如，香港行政辖区面积就是一种政治地理逻辑独立因子数据，而香港股市恒生指数则是一种经济逻辑公共因子数据，粤港澳空间城市系统连通性则是一种空间城市系统逻辑主导因子数据。

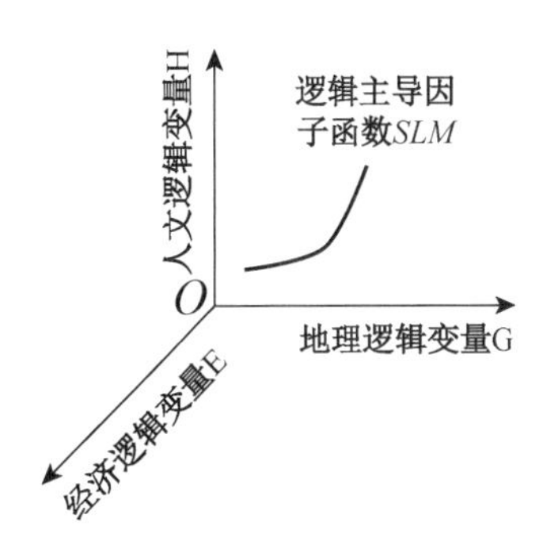

图 3.39　逻辑主导因子函数

④ 逻辑链接数据

逻辑链接数据主要用来描述空间结构逻辑链接的基本特性，包括逻辑链数据、逻辑模块数据、逻辑连线数据、逻辑主体节点数据。逻辑链接数据既可能是逻辑属性数据，也可能是逻辑关系数据，但是它的本质必须是具备与逻辑链接相关的属性。如图 3.41 所示，我们用逻辑链接模型来表述空间结构横向逻辑链接的逻辑整体、逻辑环节、逻辑关系的情况，而空间结构逻辑链接关系——就表现为逻辑模块、逻辑连线、逻辑主体节点之间的链接关系，逻辑链接数据就是这种链接关系的定量化表达。如图3.41所示，逻辑链数据——济南—青岛逻辑链地理距离为381 km；逻辑模块数据——济南逻辑模块 MC_1 的城区面积为400 km^2；逻辑连线数据——淄博到潍坊连线地理距离为111 km；逻辑主体节点数据——济南地貌逻辑G1的平均海拔高度为51.6 m。

（3）空间结构逻辑因子模型分析

① 逻辑因子模型定义

如图3.40所示，空间结构逻辑因子模型是关于空间结构逻辑整体与逻辑层次的定性与定量分析模型，它表达了空间结构纵向逻辑链接关系。空间结构逻辑因子模型有两个学理来源：一是系统因子关联原理①；二是数学因子分析方法。“空间结构逻辑”是逻辑主导因子，它表达了空间结构的整体逻辑关系；“地理逻辑、人文逻辑、经济逻辑”是逻辑公共因子，它们表达了空间结构分类的逻辑关系；逻辑独立因子为“地貌逻辑、网络域面逻辑、交通逻辑、纬向地带气候逻辑、政治地理逻辑、地域文化逻辑、语言民族逻辑、旅游地理逻辑、宗教信仰逻辑、产业结构逻辑、贸易物流逻辑、金融逻辑、研究开发与创新逻辑”，它们表达了空间结构独立子项的逻辑关系。

② 确定逻辑因子

第一，确立逻辑主导因子。

逻辑主导因子代表了空间结构的整体逻辑关系，是逻辑因子分析序参量。逻辑主导因子命题给出了空间结构成立的逻辑合理性，因此逻辑主导因子是代表空间城市系统全局性、根本性、主导性的命题，它决定了其他逻辑因子的确定与选择，是空间结构逻辑因子分析第一要项。逻辑主导因子是一种高度复合变量，是经过逻辑公共因子二次复合而形成的，它的基础来源是逻辑独立因子。

例如，南欧空间城市系统空间结构T字形命题，包括威尼斯、米兰、热那亚、都灵、尼斯、马赛一级主轴，米兰、佛罗伦萨、罗马、那不勒斯二级主轴，就是南欧空间城市系统整体性逻辑命题。因此，我们可以确立南欧空间城市系统空间结构因子分析模型，确立“南欧空间城市系统T字形空间结构”为逻辑主导因子，对南欧空间城市系统空间结构T字形命题进行逻辑因子分析。

第二，构建逻辑公共因子。

逻辑公共因子代表了空间结构分类逻辑关系，它反映了空间结构一类特定问题的本质特征，通过特定“逻辑独立因子群”构成相应的“逻辑公共因子”。逻辑公共因子之间没有相关性成正交模型关系。逻辑公共因子并不是一种客观存在，是人为命名的、虚拟的不可观测变量，其构建包括逻辑公共因子数量、逻辑公共因子概念属性两个方面。“地理逻辑公共因子、人文逻辑公共因子、经济逻辑公共因子”是空间结构最基础

① 参见：WANG Hongjun. Earth human settlement ecosystem and underground space research[J]. Procedia Engineering，2016，165：765-781。

的逻辑公共因子。但是，空间结构逻辑公共因子的范围，要超出地理逻辑、人文逻辑、经济逻辑的范围，涵盖空间结构的全部内容，在具体问题中要根据问题需要来确定。

例如，美国中部空间城市系统空间结构包括“美加五大湖沿岸空间结构”和“美国中部空间结构”两个地理逻辑，包括美国和加拿大两种人文逻辑，包括若干类别经济逻辑。因此，我们可以确立美国中部空间城市系统空间结构因子分析模型，构建地理逻辑公共因子、人文逻辑公共因子、经济逻辑公共因子，对美国中部空间城市系统空间结构进行逻辑因子分析。

第三，选择逻辑独立因子。

逻辑独立因子代表了空间结构的独立子项逻辑关系，它是空间结构的基础逻辑，直接来源于对空间要素的观测。每一个逻辑独立因子反映了空间结构的一个本质逻辑，是一种真实的客观存在，并由逻辑独立因子群形成逻辑公共因子，进而形成逻辑主导因子。需要说明的是，逻辑独立因子的范围要远远超出地理逻辑、人文逻辑、经济逻辑的范围，涵盖空间结构的全部内容，在具体问题中要根据实际情况来界定。

例如，南部空间城市系统包括珠江三角洲空间结构、闽台空间结构、南贵昆空间结构、海南空间结构四个组成部分，而这四个空间结构逻辑所涉及的逻辑独立因子包括平原地貌逻辑、高原地貌逻辑、海岛地貌逻辑、城际铁路逻辑、海底隧道逻辑、中央行政逻辑、台湾行政逻辑、港澳行政逻辑等，对这些逻辑独立因子进行直接观察测量，求得南部空间城市系统空间结构逻辑独立因子数据体系，它们是南部空间城市系统空间结构逻辑因子分析的基础逻辑。

③ 建立逻辑因子模型

空间结构逻辑因子模型(图 3.40)包括逻辑主导因子与逻辑公共因子、逻辑公共因子与逻辑独立因子两个层次，要分别用不同的数学方法予以定量表述。

第一，逻辑主导因子与逻辑公共因子层次。

由逻辑因子模型定义可知，逻辑主导因子决定于地理逻辑公共因子变量、人文逻辑公共因子变量、经济逻辑公共因子变量，因此可以得到空间结构逻辑主导因子函数为

$$SLM = f(\mathrm{G},\ \mathrm{H},\ \mathrm{E}) \tag{3.27}$$

其中，SLM 表示逻辑主导因子；G 表示地理逻辑公共因子变量；H 表示人文逻辑公共因子变量；E 表示经济逻辑公共因子变量。

第二，逻辑公共因子与逻辑独立因子层次。

其一，逻辑公共因子贡献率与累计贡献率。

如图 3.40 所示，逻辑公共因子贡献率，是表征逻辑公共因子相对重要性的指标，它所表示的是每个逻辑公共因子 f_1、f_2、f_3 对于独立可观测变量群整体 u 的贡献率。某个逻辑公共因子 f 的贡献率越大，则该逻辑公共因子 f 对 u 的影响和作用就越大。

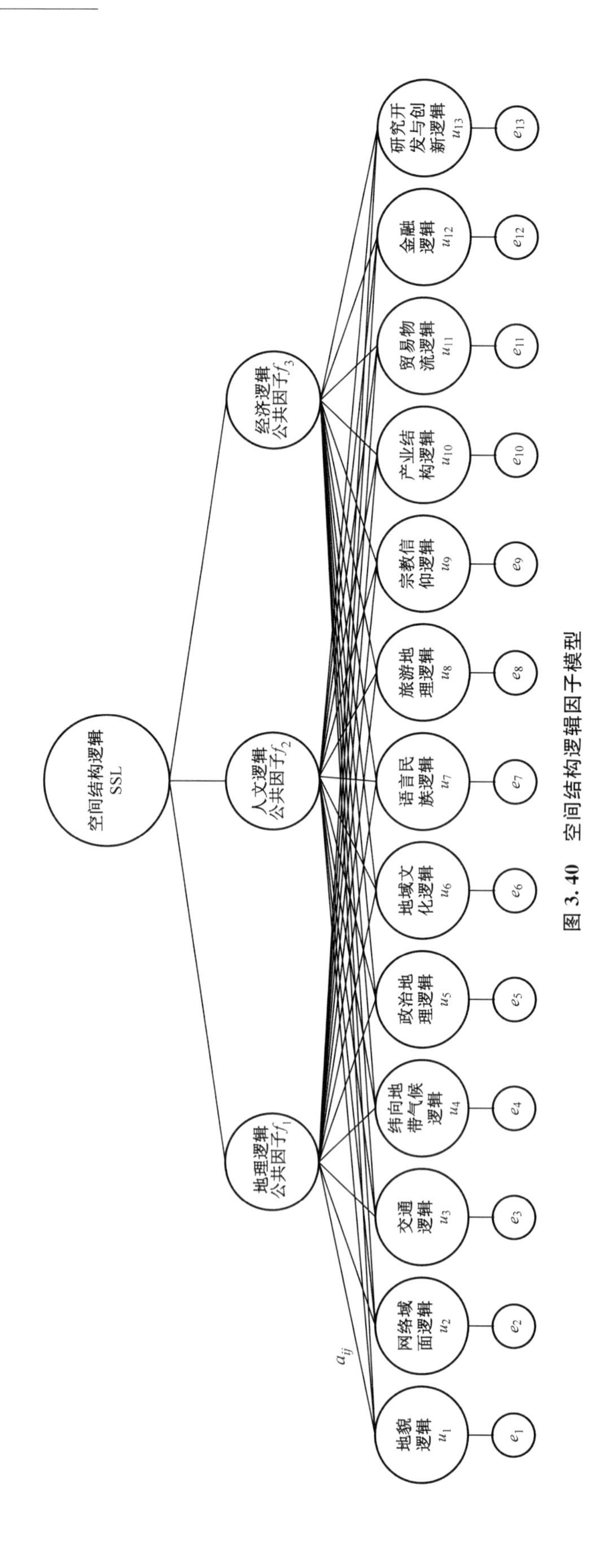

图 3.40　空间结构逻辑因子模型

以人文逻辑公共因子 f_2 为例，设旋转后的因子载荷量为 b_{12}、b_{22}、b_{32}、b_{42}、b_{52}、b_{62}、b_{72}、b_{82}、b_{92}、b_{102}、b_{112}、b_{122}、b_{132}（即旋转后的可观测变量值①），根据公共因子贡献率定义公式[3]可得

$$\text{逻辑公共因子 } f_2 \text{ 的贡献率} = (b_{12}^2 + b_{22}^2 + b_{32}^2 + b_{42}^2 + b_{52}^2 + b_{62}^2 + b_{72}^2 + b_{82}^2 + b_{92}^2 + b_{102}^2 + b_{112}^2 + b_{122}^2 + b_{132}^2)/13 \times 100 \tag{3.28}$$

则逻辑公共因子累计贡献率为

$$\text{逻辑公共因子累计贡献率} = \sum \text{逻辑公共因子 } f_i \text{ 的贡献率} \tag{3.29}$$

式中，$i = 1 \sim 3$。

在空间结构逻辑因子分析中，逻辑公共因子一般不超过 5 个，累计贡献率不低于 80%，也就是说全部逻辑公共因子 f 的贡献率之和，对可观测变量群 u 的累计贡献率应该超过 80%。特别指出的是，空间结构逻辑公共因子的累计贡献率是一个相对标准值，要根据具体情况而定，可以借用成熟的相关计算机软件进行逻辑公共因子贡献率的计算处理。表 3.13 为空间结构逻辑公共因子分析精度表。假设公式(3.28)贡献率计算所得值为 $f_1 = 3.80$、$f_2 = 3.50$、$f_3 = 3.30$，则地理逻辑公共因子 f_1、人文逻辑公共因子 f_2、经济逻辑公共因子 f_3 的累计贡献率为 81.53%，在合理的范围之内。

表 3.13　空间结构逻辑公共因子分析精度

分类	贡献率计算值	贡献率	累积贡献率
地理逻辑公共因子 f_1	3.80	$3.80/13\times100$	29.23%
人文逻辑公共因子 f_2	3.50	$3.50/13\times100$	$f_1 + f_2 = 56.15\%$
经济逻辑公共因子 f_3	3.30	$3.30/13\times100$	$f_1 + f_2 + f_3 = 81.53\%$

其二，逻辑独立因子方程组。

如图 3.40 所示，逻辑独立因子为地貌逻辑、网络域面逻辑、交通逻辑、纬向地带气候逻辑、政治地理逻辑、地域文化逻辑、语言民族逻辑、旅游地理逻辑、宗教信仰逻辑、产业结构逻辑、贸易物流逻辑、金融逻辑、研究开发与创新逻辑。设 u 表示这 13 个逻辑独立可观测变量，a 表示逻辑因子载荷量，f 表示逻辑公共因子、e 表示独立因子，并且有 $u=(u_1, u_2, \cdots, u_{13})$，$f=(f_1, f_2, f_3)(3<13)$，$e=(e_1, e_2, \cdots, e_{13})$，根据因子分析的数学定义，空间结构逻辑独立因子变量 u 可以表示为线性方程组

① 旋转后的逻辑可观测变量值是可以由逻辑因子载荷量 a_{ij} 直接求出来的，$b_1 = a_1\cos\theta - a_2\sin\theta$，$b_2 = a_1\sin\theta + a_2\cos\theta$。

$$
\begin{aligned}
u_1 &= a_{11}f_1 + a_{12}f_2 + a_{13}f_3 + e_1 \\
u_2 &= a_{21}f_1 + a_{22}f_2 + a_{23}f_3 + e_2 \\
&\vdots \\
u_{13} &= a_{131}f_1 + a_{132}f_2 + a_{133}f_3 + e_{13}
\end{aligned} \tag{3.30}
$$

空间结构逻辑独立因子变量 u 表达公式(3.30)所对应的矩阵公式为

$$u = \mathbf{A}f + e \tag{3.31}$$

如图 3.40 所示，在逻辑公共因子与逻辑独立因子层次，空间结构的 13 个基础逻辑独立观测变量 u，与地理逻辑公共因子变量、人文逻辑公共因子变量、经济逻辑公共因子变量之间的逻辑关系用独立因子载荷量 a_{ij} 连线予以表示，显然它们具有不同的量纲和不同的数量级。独立因子载荷量 a_{ij} 超过 0.5 以粗线表示，在 0.5 以下的以细线表示。

(4) 空间结构逻辑链接模型定义

① 逻辑链接模型概念

空间结构逻辑链接模型，是关于空间结构逻辑整体、逻辑环节、逻辑关系的定性与定量分析模型，它表达了空间结构横向的逻辑链接关系。首先，空间结构逻辑链接是一种真实的客观存在，具有逻辑可观性、可测性、可控性，逻辑链接客观性是空间结构成立的基础。其次，空间结构逻辑链接类型可以划分为相同逻辑、相近逻辑、相关逻辑，以及包含逻辑、交叉逻辑、传递逻辑，它决定了空间结构链接环节的性质，其组合决定了空间结构链接整体的性质。最后，复合逻辑链接是由实体逻辑链接形成的虚拟逻辑链接，相应地形成复合逻辑链。例如地貌逻辑链接、政治地理逻辑链接、产业结构逻辑链接等实体逻辑链接，形成地理复合逻辑链接、人文复合逻辑链接、经济复合逻辑链接，进而形成空间结构复合逻辑链接。

“空间结构逻辑链接模型”与“空间结构逻辑因子模型”从横向与纵向两个维度说明了为什么空间城市系统是由这些区域形成而不是由那些区域形成，为什么是东西走向而不是南北走向诸如此类的问题。例如，我们说西北欧空间城市系统空间结构包括瑞士北部城市区域，那么就要给出相应空间结构逻辑的定性与定量证明。图 3.41 为“济青空间城市系统空间结构地貌逻辑链接模型”，说明了为什么济青地理空间能够形成空间城市系统的地貌逻辑链接。

② 逻辑链接模型构成

第一，逻辑主体节点。

如图 3.41 所示，“G_1”图标代表逻辑主体节点，它是指空间结构的逻辑内容，是逻辑链接模型分析的主要研究对象，反映了空间结构逻辑关系的本质内涵。原则上逻辑主体节点分为地理逻辑 G、人文逻辑 H、经济逻辑 E 三个大类别，并标注逻辑顺序号码，如 G_1、G_2、G_3 等。每两个逻辑主体节点构成一个逻辑环节，逻辑链接模型分析主要就是对逻辑环节进行相关性分析。

济青空间城市系统空间结构地貌逻辑链

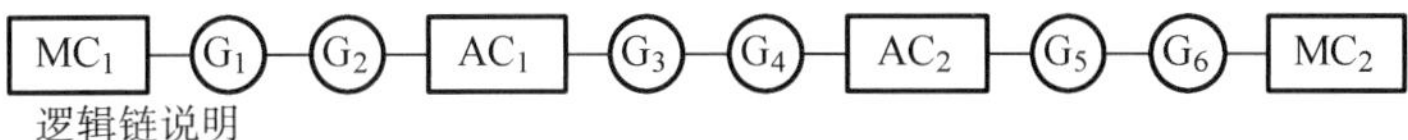

逻辑链说明

MC_1:济南逻辑模块　　G_1:侵蚀的黄土基座阶地地貌
MC_2:青岛逻辑模块　　G_2:侵蚀的黄土基座阶地地貌
AC_1:淄博逻辑模块　　G_3:侵蚀的黄土基座阶地地貌
AC_2:潍坊逻辑模块　　G_4:侵蚀的黄土基座阶地地貌
G_5:沙质、壤土质、黏土质冲积平原地貌
G_6:沙质、壤土质、黏土质冲积平原地貌

图 3.41　济青空间城市系统空间结构地貌逻辑链接模型

第二,逻辑关系连线。

如前图 3.41 所示,"—"图标代表逻辑关系连线,它表征了逻辑主体之间具有相互的双向逻辑链接关系,因此我们用标量线予以表述。

第三,空间要素模块。

如前图 3.41 所示,"MC_1"图标代表空间要素模块,它是指空间结构的核心空间要素,例如牵引城市(TC)、主导城市(LC)、主中心城市(MC)、辅中心城市(AC),又如中国沿江空间城市系统三峡大坝、日本空间城市系统青函海底隧道等。就整体而言,空间结构逻辑链接模型就是揭示核心空间要素之间的逻辑链接关系,因此空间要素的确定与正确标注决定了逻辑整体、逻辑环节、逻辑关系分析的难易程度。

第四,逻辑环节。

如前图 3.41 所示,"G_1—G_2"图标代表一个空间结构逻辑环节,它表征了两个逻辑主体节点之间的相关性逻辑关系。逻辑环节是空间结构逻辑关系的基础分析单位,全部逻辑环节之和构成了空间结构逻辑链的逻辑本质,注意不是简单的加和关系,而是非加和性的"系统整体涌现性"。

第五,逻辑数据。

如前图 3.41 所示,MC_1、G_1、G_2、AC_1、G_3、G_4、AC_2、G_5、G_6、MC_2 所对应的数据为逻辑数据,如海拔高度、平面面积等。

第六,逻辑链。

如前图 3.41 所示,"MC_1—G_1—G_2—AC_1—G_3—G_4—AC_2—G_5—G_6—MC_2"图标代表空间结构逻辑链,简化表示为由首尾空间要素逻辑模块所组成的"MC_1—MC_2"逻辑链,它表征了空间结构横向的逻辑链接关系,说明了空间结构整体的逻辑关联性,从整体上回答了空间城市系统逻辑构成"为什么"的问题。

第七,逻辑链说明。

如前图 3.41 所示,"MC_1:济南逻辑模块""G_1:侵蚀的黄土基座阶地地貌"图标是空间结构逻辑链说明,它说明了核心空间要素的名称、逻辑主体内容名称以及性质等内容。

（5）空间结构逻辑链接模型定性分析

① 确定逻辑主体与逻辑本质

济青空间城市系统空间结构地貌逻辑主体可以分为三个部分：济南与淄博之间的地貌逻辑关系、淄博与潍坊之间的地貌逻辑关系、潍坊与青岛之间的地貌逻辑关系，在前图3.41中表示为“—G_1—G_2—”地貌形态、“—G_3—G_4—”地貌形态、“—G_5—G_6—”地貌形态，由此我们确定了济青空间城市系统空间结构地貌逻辑链接模型的逻辑主体。

济青空间城市系统空间结构地貌逻辑主体的逻辑本质内涵表现为：三个逻辑主体是什么样的地貌形态？这些地貌形态之间的相关性是怎样的？整个地貌逻辑链的性质是什么样的？由此，从地貌逻辑上说明了济青空间城市系统空间结构为什么可以成立的问题。

② 归纳逻辑链接数据与逻辑观测内容

如前图3.41所示，济青空间城市系统空间结构逻辑链接模型数据主要包括：“(G_1)”图标代表的逻辑主体节点数据，“(G_1)—(G_2)”图标代表的逻辑环节数据，“[MC_1]”图标代表的空间要素模块数据，“—”图标代表的逻辑关系连线数据，“[MC_1]—(G_1)—(G_2)—[AC_1]—(G_3)—(G_4)—[AC_2]—(G_5)—(G_6)—[MC_2]”图标代表的逻辑链数据。结合逻辑链接观测内容，组成济青空间城市系统空间结构逻辑链接模型地貌信息汇总，包括地貌文字表述、地貌数据表述、地貌地图表示三个基本大类。逻辑链接数据与逻辑观测内容一定要经过分析、排除、归纳的环节，“地貌信息汇总”要准确地反映济青空间城市系统空间结构逻辑主体和逻辑本质的内涵。

③ 绘制逻辑链接模型图

如前图3.41所示，按照“逻辑链接模型构成”所规定的代表符号，绘制“济青空间城市系统空间结构地貌逻辑链接模型图”，并在图中标注“逻辑链说明”，对济青空间城市系统空间结构、空间要素模块和地貌逻辑主体进行诠释，以及标注其他需要说明的关键内容。

④ 进行逻辑链接模型定性分析

应用标准的逻辑推理程序进行逻辑链接模型定性分析如下：

在空间要素济南逻辑模块MC_1与淄博逻辑模块AC_1之间有逻辑主体节点G_1和G_2均为侵蚀的黄土基座阶地地貌。

结论1：G_1—G_2地貌逻辑环节的逻辑性质是相同地貌逻辑关系。

在空间要素淄博逻辑模块AC_1与潍坊逻辑模块AC_2之间有逻辑主体节点G_3和G_4均为侵蚀的黄土基座阶地地貌。

结论2：G_3—G_4地貌逻辑环节的逻辑性质是相同地貌逻辑关系。

在空间要素潍坊逻辑模块AC_2与青岛逻辑模块MC_2之间有逻辑主体节点G_5和G_6均为沙质、壤土质、黏土质冲积平原地貌。

结论 3:G_5—G_6 地貌逻辑环节的逻辑性质为相同地貌逻辑关系。

在济青空间结构地貌逻辑链 MC_1—MC_2 中有 G_1—G_2 地貌逻辑环节的逻辑性质是相同地貌逻辑关系,G_3—G_4 地貌逻辑环节的逻辑性质是相同地貌逻辑关系,G_5—G_6 地貌逻辑环节的逻辑性质是相同地貌逻辑关系。

结论 4:MC_1—MC_2 地貌逻辑链的逻辑性质为相同地貌逻辑关系。

归纳结论:基于结论 4,济青空间城市系统空间结构地貌逻辑链接模型在性质上是成立的,因此济青空间城市系统获得横向地貌逻辑关系合理性基础。

(6) 空间结构逻辑链接模型定量分析

逻辑主体相关性分析是逻辑链接模型定量分析的主要内容,所谓逻辑主体相关性是指空间结构逻辑关系中位置相邻的两个逻辑主体之间逻辑性质的关联程度。因为空间结构逻辑主体的多样性与逻辑性质的复杂性,诸如地理逻辑、人文逻辑、经济逻辑等,所以一定要根据空间结构的逻辑主体与逻辑性质,来选择逻辑主体相关性分析的数学方法。在一般情况下,两变量逻辑相关性可以选用统计学"相关系数方法",多变量逻辑相关性可以选用灰色系统理论"灰色关联度方法",空间变量逻辑相关性可以选用地理信息系统"空间自相关方法",在此仅就这三种主要逻辑相关性数学方法做概要介绍。

① 两变量相关系数方法

设空间结构逻辑关系中有位置相邻的两逻辑主体相关变量 X 与 Y,可以应用统计学方法对逻辑主体变量 X 与 Y 的逻辑本质数据进行抽样,根据它们的序列观测值可以求出数值组

$$\bar{X} \text{ 与 } \bar{Y}$$
$$X-\bar{X} \text{ 与 } Y-\bar{Y}$$
$$(X-\bar{X})^2 \text{ 与 } (Y-\bar{Y})^2$$
$$(X-\bar{X}) \text{ 与 } (Y-\bar{Y})$$

又令

$$S_{xy}=(X-\bar{X})(Y-\bar{Y})$$
$$S_{xx}=(X-\bar{X})^2$$
$$S_{yy}=(Y-\bar{Y})^2$$

则空间结构逻辑主体变量 X 与 Y 之间的相关系数[7]为

$$C=\frac{S_{xy}}{\sqrt{S_{xx}\times S_{yy}}} \tag{3.32}$$

逻辑主体两变量 X 与 Y 相关系数 C 值的范围在"-1 到 1"之间,$C>0$ 为逻辑正相关,$C=0$ 为逻辑不相关,$C<0$ 为逻辑负相关。根据公式 3.32,可以对空间结构逻辑链接模型两变量 X 与 Y 的逻辑主体相关性做出定量判断。

② 多变量灰色关联度方法

设空间结构逻辑关系中有位置相邻的逻辑主体变量 X_0 与逻辑主体多变量 X_1、X_2、X_3,用行为特征数据序列对这些逻辑主体多变量的逻辑性质予以表述。应用主成分分析方法,可以求出逻辑主体变量 X_0 与逻辑主体多变量 X_1、X_2、X_3 的行为特征数据序列为

$$X_0=[x_0(1),\ x_0(2),\ x_0(3)]$$
$$X_1=[x_1(1),\ x_1(2),\ x_1(3)]$$
$$X_2=[x_2(1),\ x_2(2),\ x_2(3)]$$
$$X_3=[x_3(1),\ x_3(2),\ x_3(3)]$$

则逻辑主体变量 X_0 与逻辑主体多变量 X_1、X_2、X_3 之间的关联度计算步骤[8]如下:

第一步,求初值像,由公式

$$X_i'=\frac{X_i}{x_i(1)}=[x_i'(1),\ x_i'(2),\ x_i'(3)] \tag{3.33}$$

其中 $i=0,1,2,3$,求出系统各序列的初值像 X_0'、X_1'、X_2'、X_3'。

第二步,求差序列,由公式

$$\Delta_i(k)=|\ x_0'(k)-x_i'(k)\ | \tag{3.34}$$

其中 $i=1,2,3$,求出 Δ_1、Δ_2、Δ_3,有 $\Delta_i=[\Delta_i(1),\ \Delta_i(2),\Delta_i(3)]$。

第三步,求两极最大差与最小差。

两极最大差为

$$M=\max_i\ \max_k \Delta_i(k) \tag{3.35}$$

两极最小差为

$$m=\min_i\ \min_k \Delta_i(k) \tag{3.36}$$

第四步,求关联系数

$$\gamma_{0i}(k)=\frac{m+\varepsilon M}{\Delta_i(k)+\varepsilon M} \tag{3.37}$$

其中,$\varepsilon\in(0,\ 1)$,$i=1,\ 2,\ 3$;$k=1,\ 2,\ 3$;由公式(3.37)可求出系统关联系数

$$\gamma_{01}(1)、\gamma_{01}(2)、\gamma_{01}(3)$$
$$\gamma_{02}(1)、\gamma_{02}(2)、\gamma_{02}(3)$$
$$\gamma_{03}(1)、\gamma_{03}(2)、\gamma_{03}(3)$$

第五步，由以下公式求出系统关联度：

$$
\gamma_{01}=\frac{1}{3}\sum_{k=1}^{3}\gamma_{01}(k)
$$
$$
\gamma_{02}=\frac{1}{3}\sum_{k=1}^{3}\gamma_{02}(k) \tag{3.38}
$$
$$
\gamma_{03}=\frac{1}{3}\sum_{k=1}^{3}\gamma_{03}(k)
$$

其中，$k=1, 2, 3$；γ_{01}、γ_{02}、γ_{03} 分别表示逻辑主体变量 X_0 与逻辑主体多变量 X_1、X_2、X_3 之间的逻辑关联度。

③ 空间变量自相关方法①

空间变量自相关方法适用于空间结构地理空间中逻辑主体的空间逻辑相关性问题。“逻辑属性值”是逻辑主体所属逻辑性质的体现，包括逻辑属性数据、逻辑属性符号等。在空间逻辑相关性问题中，逻辑属性值与逻辑主体所处的空间位置有关，“逻辑空间位置”相似度是指逻辑主体的空间位置是否相邻或者接近，接近程度越高，逻辑主体的逻辑空间位置相似度就越高。

在空间结构地理空间中，逻辑主体 i 与 j 之间“逻辑空间位置”的相似度采用空间位置的差异值 W_{ij} 表示，空间位置差异值 W_{ij} 越小，表明逻辑主体 i 与 j 之间的“逻辑空间位置”相似度越大；反之，空间位置差异值 W_{ij} 越大，表明逻辑主体 i 与 j 之间的“逻辑空间位置”相似度越小。“逻辑空间位置”相似度常用的数学表述为

$$
W_{ij}=\frac{1}{d_{ij}} \tag{3.39}
$$

且有

$$
W_{ij}=\begin{cases}1 & i\text{ 与 }j\text{ 相邻}\\ 0 & i\text{ 与 }j\text{ 不相邻}\end{cases} \tag{3.40}
$$

其中，W_{ij} 表示“逻辑空间位置”相似度；d_{ij} 表示逻辑主体 i 与 j 之间的空间距离。

在空间结构地理空间中，逻辑主体 i 与 j 之间“逻辑属性值”的相似度可以用属性差异值 C_{ij} 表示，差异值 C_{ij} 越小，表示逻辑主体 i 与 j 的属性值越相似。设逻辑主体 i 与 j“逻辑属性值”的相似度分别为 X_i 与 X_j，则属性差异值的数学表述为

$$
C_{ij}=X_i-X_j \tag{3.41}
$$

或者表示为

① 本节内容参考：宋小冬，叶嘉安.地理信息系统及其在城市规划与管理中的应用[M].北京：科学出版社，1995：150-153。

$$C_{ij} = (X_i - \bar{X})(X_j - \bar{X}) \tag{3.42}$$

空间变量自相关方法还给出了空间结构全部逻辑主体空间逻辑相关性的计算方法，即莫兰指数（Moran's I）公式和吉瑞 C 指数（Geary's CS）公式，今择 Moran's I 公式予以介绍。设全部逻辑主体的数量为 n 个，则空间结构全部逻辑主体的空间逻辑相关性可以表示为

$$I = \frac{n\sum_i \sum_j W_{ij}(X_i - \bar{X})(X_j - \bar{X})}{\sum_i \sum_j W_{ij} \sum_i (X_i - \bar{X})^2} \tag{3.43}$$

在空间结构的地理空间逻辑主体变量 i 与 j 之间，如果逻辑主体的"逻辑属性值"相似，而且"逻辑空间位置"的相似度也高，则称之为"空间逻辑正相关"，它是一种聚集模式。反之，如果逻辑主体的"逻辑属性值"高度不相似，即相邻逻辑主体 i 与 j 之间的"逻辑属性值"差异，大于与远处逻辑主体 k 之间的"逻辑属性值"差异，就称之为"空间逻辑负相关"，它是一种分散模式。如果逻辑主体的"逻辑属性值"相似度与"逻辑空间位置"相似度之间不存在规律，相互之间的关系很弱，就称之为"空间逻辑随机模式"，它是一种随机模式。

3.5.4 空间结构整体分析

1）空间结构演化规律

空间结构演化遵循系统科学的系统演化规律，特别是普里戈金的耗散结构理论，从城市体系到空间城市系统的演化过程分为平衡态、近平衡态、近耗散态、分岔、耗散结构五个阶段。空间结构演化是一个自组织基础上的他组织过程，经过空间结构的不断优化，最终形成空间城市系统空间结构。本书"第 5 章　空间城市系统演化理论"将对此问题做专项论述，在此只对空间结构演化规律做概要性介绍。

（1）平衡态空间结构

平衡态空间结构是空间城市系统初始空间结构，本质上它是城市体系稳定结构状态。在理论上，处于平衡态的空间结点要素、空间轴线要素、网络域面要素都处于空间逻辑不相关状态。在平衡态阶段，空间流波还没有形成，包括空间集聚流波、空间扩散流波、空间联结流波。在理论上，空间城市系统熵变 dS 为零，即 $\mathrm{d}S = 0$，但实际上 dS 处于微减状态。在平衡态阶段，城市体系结构处于向空间城市系统空间结构缓慢进化的趋势，它的空间结构性质是一种线性静态结构。

（2）近平衡态空间结构

近平衡态空间结构是空间城市系统产生期空间结构，本质上它是城市体系线性动态状态，在数学上满足叠加原理：$f(ax_1 + bx_2) = af(x_1) + bf(x_2)$。在近平衡态阶段，空间结点要素、空间轴线要素、网络域面要素开始发生空间逻辑局部相关，空间流波处于开始阶段，包括空间集聚流波、空间扩散流波、空间联结流波，空间城市系统熵

变 $dS < 0$，处于熵减状态。在近平衡态阶段，城市体系结构开始向空间城市系统空间结构变革，近平衡态空间结构性质是一种线性动态结构。

(3) 近耗散态空间结构[①]

近耗散态空间结构是空间城市系统产生前的临界空间结构，本质上它已经是空间城市系统状态，它的数学性质分为"线性动态"和"非线性动态"两种情况。在近耗散态阶段，空间结点要素、空间轴线要素、网络域面要素发生全面逻辑相关，空间流波已经形成，包括空间集聚流波、空间扩散流波、空间联结流波，空间城市系统熵变 $dS \ll 0$，处于强熵减状态。在近耗散态阶段，空间城市系统空间结构处于形成前临界状态，近耗散态空间结构性质是一种线性和非线性暂态结构。

(4) 分岔空间结构

分岔是空间城市系统产生的状态，本质上空间城市系统分岔不能形成一种结构，而是一种结构变化的瞬时过程。空间城市系统生成是分岔现象的标志，空间城市系统创生是分岔的结果，系统演化微分方程是分岔的数学表述方法，其性质是随机性的。在空间城市系统分岔时间，空间结点要素、空间轴线要素、网络域面要素的全面逻辑相关到达峰值，空间流波全面成熟化，包括空间集聚流波、空间扩散流波、空间联结流波，空间城市系统熵变 $dS \ll 0$，处于强熵减状态。在空间城市系统分岔时间，空间结构发生本质变化，经过分岔过程，空间城市系统耗散结构开始形成，分岔时期不形成稳定的空间结构，表现为一种非线性变化状态。

(5) 耗散结构空间结构

耗散结构空间结构是空间城市系统分岔之后的结构，本质上它是一种系统性质的人居空间结构，普里戈金称之为"耗散结构"。"耗散结构"是稳定的动态结构，它的空间结点要素、空间轴线要素、网络域面要素的全面逻辑关系保持成熟的稳定状态，空间流波也保持成熟的稳定状态，包括空间集聚流波、空间扩散流波、空间联结流波，空间城市系统熵变 $dS < 0$，保持稳定熵减状态。"耗散结构"是空间城市系统的非线性终态，维持空间城市系统的"耗散结构"，需要保持物质、信息、能量连续的输入。

2）空间结构表

(1) 空间结构表概念

"空间结构表"是用来表述空间结构整体及其演化过程的一种方法，如表 3.14 所示。"空间结构表"包含四个方面内容：第一，是用几何分析方法对空间结构点、线、面要素形成的空间结构进行静态分析。第二，是用系统科学演化理论对空间结构进行动态分析。第三，是用空间结构逻辑原理对空间结构进行逻辑关系分析。第四，可以对空间结构进行其他分析，如空间基质分析、演化动力分析、人居空间形式分析。需要指出的是，"空间结构表"是一种开放式空间结构研究框架，在基本内容基础之上，可以根据问题需要增加所要研究的内容。

---

① 近耗散态结构是分岔之前的临界状态，长程关联、最小熵、相干作用是它的主要特征，近耗散态原理是对耗散结构理论的补充，详见本书第 6 章、第 6.3 节"近耗散态定理"。

表 3.14　空间结构表

空间结构状态	平衡态空间结构	近平衡态空间结构	近耗散态空间结构	分岔与耗散结构空间结构
空间结构要素	元点、节点、中心点	元点、节点、中心点支线轴	元点、节点、中心点、支线轴、主导轴	元点、节点、极化中心点、网络域面
空间结构形式				
空间结构逻辑	结点逻辑	结点、支线轴逻辑	结点、支线轴、主导轴逻辑	结点、域面逻辑
空间基质	地貌因子	地表形态因子	地理环境单元	地理环境超系统
空间联结	低速联结	中速联结	高速联结	高速联结
演化动力	集聚动因	集聚动因、联结动因	集聚动因、扩散动因、联结动因	集聚动因、扩散动因、联结动因
人居形式	城市	城市组合	城市区域	1 级空间城市系统

（2）“空间结构表”表达

“空间结构表”是将空间结构的主要内容，按照实际需要进行列表归纳的一种实用方法。如表 3.14 所示，以空间结构演化状态的各个阶段——平衡态、近平衡态、近耗散态、分岔、耗散结构为根据，对空间结构要素、空间结构形式、空间结构逻辑、空间基质、空间联结、演化动力、人居形式等内容进行分析界定。需要指出的是，可以在“空间结构表”的基础上增加相应的专项分析，如“空间结构整体涌现性专项分析”，这样将使“空间结构表”分析框架的功能大为提高，使“空间结构表”成为一个科学的总体分析框架。

参考文献

[1] 王建.现代自然地理学[M].2 版.北京：高等教育出版社，2010：28.
[2] 高桥信，等.漫画统计学之因子分析[M].张仲桓，译.北京：科学出版社，2009：208.
[3] 高桥信，等.漫画统计学之因子分析[M].张仲桓，译.北京：科学出版社，2009：184.
[4] 高桥信，等.漫画统计学之因子分析[M].张仲桓，译.北京：科学出版社，2009：187.
[5] 斯蒂芬(W. Steffen)，等.全球变化与地球系统：一颗重负之下的行星[M].符淙斌，延晓冬，马柱国，等译.北京：气象出版社，2010：148.
[6] 安东尼・吉登斯.气候变化的政治[M].曹荣湘，译.北京：社会科学文献出版社，2009：254.
[7] 高桥信，等.漫画统计学之因子分析[M].张仲桓，译.北京：科学出版社，2009：117.
[8] 刘思峰，谢乃明，等.灰色系统理论及其应用[M].6 版.北京：科学出版社，2013：52-56.

4 空间城市系统动因理论

4.1 空间城市系统集聚动因

4.1.1 空间集聚原理

1）空间集聚历史作用

空间集聚是人居空间演化的主要动因，空间集聚动因促进人居空间形态的进化历史，主要可以分为以下几个发展阶段：

第一，远古阶段。在原始文明阶段，空间集聚产生了人种群体的形成，促使人居空间巢穴形态的产生与发展，例如北京山顶洞猿人巢穴、云南元谋人巢穴、法国克罗马农人巢穴等。

第二，古代阶段。当人类进入农业文明之后，人口、财富、物力的空间集聚产生了种族部落社会，促使人居空间聚落形态的产生与发展。人员集聚、财富集聚、权力集聚导致了古代城市的产生与发展，为现代城市奠定了基础，空间集聚是古代聚落与城市产生与发展的绝对动力。

第三，现代阶段。当人类社会进入工业文明后，空间集聚促使城镇的大量产生与发展以及现代城市的快速发展，形成了工业化城市形态。现代城市的空间流集聚促使规模化城市的产生，即空间人员流、空间物资流、空间资金流、空间信息流、空间能源流等。空间流集聚带来了政治、经济、文化、社会空间要素的中心集聚，成为现代大城市的主体内容。空间集聚与空间扩散是现代城市产生与发展的基本动力。

第四，当代阶段。当人类社会进入生态信息文明以后，空间流波存在于城市体系之中，即空间人员流波、空间物质流波、空间信息流波、空间能源流波，由空间流波所产生的空间集聚、空间扩散、空间联结导致了空间城市系统的产生与发展，空间集聚动因是空间城市系统中心城市形成和发展的首位因素。

2）城镇空间集聚概念与理论

（1）城镇空间集聚概念

虽然城镇是一种广泛存在的世界性人居空间形态，但是在城市地理学中并没有关于城镇的标准定义，世界各国对于城镇的认定标准也不尽相同。我们认为城镇是从聚落向城市过渡的人居空间形态，它处于城市的初始状态。城镇与城市有着规模、性质、功能的区别，因此城镇研究方法具有简单化特征，不能套用于复杂的城市研究。所谓城镇空间集聚，是指空间要素向城镇的单向集中现象，包括人口、物资、资金、信息、能源向城镇的单向集中。空间集聚是城镇形成与发展的绝对动力。究其本质而言，中心地理论属于城镇空间集聚理论。

（2）城镇空间集聚理论

20世纪20年代德国产生了“区位论”理论，即杜能农业区位论与韦伯工业区位论。1933年德国学者克里斯塔勒创建了中心地理论，提出了空间要素向人居空间中心地集聚的理论，开创了地理空间城镇分布规律研究的先河。中心地理论的本质是聚落和城镇在地理空间中的自组织分布规律，它为后续城市分布理论的产生与发展奠定了基础。在中心地理论中，克里斯塔勒已经着眼于城市地理分布的研究，他为20世纪50年代城市地理学的产生做了学理性准备。

首先，《德国南部中心地原理》的研究对象是德国南部区域，即德国南部环境超系统，其地貌特征是巴伐利亚高原和阿尔卑斯山区。在20世纪30年代，城市、城镇、聚落共存于德国南部环境超系统地理基质之上，其中城镇居于主导地位。因此，中心地理论的研究对象是城镇，就人居空间本体而言，它与城市有着本质的区别。

其次，中心地理论空间集聚主体是人口集聚、商品集聚、行政机构集聚，空间集聚要素均为初级特征。中心地理论空间集聚表现为空间要素向中心地单向集中，即人口、物资、资金、信息、能源向中心地单向集中，这是典型的城镇空间集聚模式，具有简单化特征。空间集聚成为德国南部城镇形成与发展的绝对动力。

最后，中心地理论空间集聚围绕“市场原则”“交通原则”“行政原则”三个基本原则，与之相对应的空间要素是商品与服务、交通设施、行政管辖。显然，中心地理论空间集聚原则带有城市初始阶段的特征，它所导致的空间集聚要素均为城镇本体要件。

综上所述，克里斯塔勒中心地理论的本质属性是关于城镇空间集聚的理论。中心地理论空间集聚带有很强的自组织性，表现为中心地体系的六角形层次分布规律，廖什市场区位理论的正六边形空间结构也佐证了中心地理论的自组织规律属性。中心地理论鲜有空间扩散表述，其空间扩散对象是聚落，而空间扩散是城市形成与发展的基本规律。

（3）过渡性空间集聚理论

克里斯塔勒将空间集聚的中心地进行了层次划分，分为H、M、A、K、B、G、P、L、RT、R十个等级。其中，H、M、A、K四个层次“辅助中心地、集市中心地、公务镇中心地、县城中心地”[1]属于标准的城镇，是中心地理论适用的人居空间微观尺度单位。中心地理论城镇适用性已经在世界各地被实践所证明。其中，在B、G、P、L、RT、R六个层级“城市、中等城市、省府城市、国家中心城市、国家区域性首府城市、国家首都城市或世界都市”[2]，前四个属于中观尺度，后两个属于宏观尺度。世界性实践应用说明：在中观尺度中，城市地理空间分布规律具有中心地原理属性，但是并不完全遵循中心地原理。在宏观尺度中，特大城市地理空间分布规律背离中心地原理的情况更加明显，在大尺度情况下自然地理环境就制约了中心地原理的适用。因此，就本质而言，中心地理论具有明显的过渡性，即城镇空间集聚向城市空间集聚的过渡。

3）城市空间集聚概念与理论

城市是一个泛化概念，不同的专业有不同的城市概念，不同的国家有不同的城市标准。城市是当前世界的主流人居空间形态，是以非农产业人口集聚所形成的人类聚居空间，具有复杂的组成、结构、功能。从空间城市系统理论来看，城市是组成空间城市系统的基本元素。

所谓城市空间集聚，是指空间要素向城市单向集中的现象，包括人口、物资、资金、信息、能源向城市的单向集中。空间集聚是城市形成与发展的第一动力。有关城市空间集聚的理论有很多，现择其扼要表述如下：

（1）生长极理论

1950年，法国学者普劳克斯提出了生长极理论，为城市空间集聚提供了诠释工具。生长极理论认为空间要素（即发动型工业及其关联工业）向城市进行空间集聚，通过该地理空间的极化和扩散过程形成生长极，即城市。赫希曼将空间度量引入生长极理论中，提出了核心区域（Core Region）概念，随后约翰·弗里德曼提出了边缘区（Peripheral Region）概念。空间要素向核心区域空间集聚，产生了城市中心，空间要素向边缘区空间扩散，促使城市规模扩张。因此，生长极理论很好地解释了城市产生与发展的空间机理。

（2）核心—边缘理论

1966年美国学者约翰·弗里德曼提出了核心—边缘理论，对于大城市以及城市区域形成机理进行了较好的解释。核心—边缘理论将核心区视为一个子系统，将边缘区视为另一个子系统，两者组成一个空间系统。高端空间要素向大城市核心区进行空间集聚，使得大城市核心区成为创新中心，表现为一个空间集聚过程。大城市核心区创新向边缘区辐射与扩散，驱动着边缘区城市化过程，表现为一个空间扩散过程。大城市核心区与边缘区互动作用促使大城市规模的不断扩张，即空间系统整体规模涌现。核心—边缘理论可以用于城市区域的形成机理，当边缘区极化现象发生后，一个新的核心区就产生了，它将导致新的边缘区的产生，以此逻辑，就可以导致城市区域的产生。

（3）空间经济学

1999年，美国学者克鲁格曼、日本学者藤田昌久、英国学者维纳布尔斯联合出版了《空间经济学——城市、区域与国际贸易》，揭示了“空间集聚”的基本规律，定量说明了空间集聚促使城市产生的过程。与其说《空间经济学——城市、区域与国际贸易》是经济学著作，它更是一种城市空间集聚理论。

① 城市空间集聚

城市空间集聚是《空间经济学——城市、区域与国际贸易》的核心，如著作中所说：“经济地理的定义就是要解释人口与经济活动的集中现象，包括制造业带和农业带的差别、城市的存在以及产业集群的作用。”[3]中国学者梁琦说：“新经济地理的基本问题也是空间经济的核心问题，即解释地理空间中经济活动的集聚现象。集聚出现在很多地理空间层面上，种类繁多，城市本身就是集聚的结果。”[4]《空间经济学——城市、区域与国际贸易》第Ⅲ篇“城市体系”即为城市空间集聚的论述。因此，城市空间集聚规律是《空间经济学——城市、区域与国际贸易》的核心内容。

② 城市空间集聚过程

第一，单中心城市空间集聚。

在《空间经济学——城市、区域与国际贸易》中，引入了市场潜力函数作为城市空间集聚的根据，对于单中心城市而言，“厂商选择的是相当复杂的市场潜力函数的最大值……市场潜力函数仍然会在城市集聚处取得最大值。而且，城市集聚还会在此处得到维持……一个城市就是通过使市场潜力最大化来自我维持的”[5]。市场潜力最大化决定了企业对城市空间地理位置的选择，“制造业的最优区域不仅随城市移动而移动，而且必须自始至终紧紧跟随”“每个企业最优的位置决策就是将厂址设在城市所在地”[6]。企业位置的选择决定了空间要素向城市的空间集聚，这就说明了工业化时代空间集聚动因对城市产生的初始作用。

第二，两个中心城市空间集聚。

两个中心城市空间集聚是一个非对称演化过程，人口的增长会破坏单中心城市的地理均衡，促使市场潜力函数变化，现有城市市场潜力会逐渐降低，而新的空间临界点市场潜力会逐渐加大。“……制造商在这一临界点建立新工厂，也会触发空间集聚的正反馈机制，从而导致一个新的城市在该点(更确切地说是两个点)形成……出现两个新兴的城市。”[7]这就说明了工业化时代，空间集聚动因对城市发展的连续作用。

第三，三个中心城市空间集聚。

三个中心城市空间集聚是一个对称演化的过程。如图 4.1 所示，随着人口的不断增长，城市地理平衡被双向打破，促使市场潜力函数对称性变化，“当人口到达其临界值 N 时，在 $-r$ 和 r 这两处出现两个新兴的城市；当人口 N 的值较高时，三个城市的格局将成为稳定的均衡”[8]。这就说明了工业化时代，空间集聚动因导致城市区域产生的作用。

图 4.1　三个中心城市空间集聚过程

③ 空间集聚与空间扩散

空间经济学关于城市产生与发展的根本动因是空间集聚与空间扩散，即向心力与离心力，《空间经济学——城市、区域与国际贸易》表述为“我们的结论可以从促使集聚形成的向心力与破坏集聚的离心力两者的合力中引导出来”“向心力指的是促进经济活动空间集中的力量，离心力指的是与这种集中背道而驰的力量”[9]。政治、经济、社会、文化空间要素的空间集聚与空间扩散成为城市产生与发展的根本动力，克鲁格曼对城市动因理论做出了定性与定量的贡献。

4.1.2 空间城市系统集聚机理

1）空间城市系统集聚动因定义

（1）空间城市系统集聚动因概念

所谓空间城市系统集聚动因，是指空间城市系统空间集聚动力作用。它是空间城市系统产生与发展的主要动因，与城市空间集聚相比较，它具有显著差异性特征。

第一，空间集聚容器。

如前所述，城市空间集聚容器为地理结点空间，而空间城市系统空间集聚容器为地理网络域面空间，两者具有地理空间尺度性差异。城市空间集聚是一种城市节点极化行为，而空间城市系统空间集聚是一种系统化行为，两者具有本质性差异。

第二，空间集聚主体。

如前所述，城市空间集聚主体为空间流，而空间城市系统空间集聚主体为空间流波。城市空间集聚行为以城市为中心，空间流流入与流出。而空间城市系统空间集聚行为，则是空间流波在不同城市之间往复流动，形成空间城市系统动因。空间流是组成空间流波的组分，两者是被包含与包含的概念差异。

第三，空间集聚动因均衡。

如前所述，城市具有空间集聚动因、空间扩散动因，而空间城市系统具备空间集聚动因、空间扩散动因、空间联结动因，三种动因博弈均衡构成了空间城市系统动因。两者具有动因维度数量差异化。

（2）空间城市系统集聚性质

① 系统性

空间城市系统集聚具有系统性，表现为多元化、相关化、整体化特征。多元化是指空间要素的多元性空间集聚，相关化是指空间城市系统组分与多级子系统相关性空间集聚，整体化是指空间集聚空间城市系统的整体涌现性。空间城市系统集聚系统性还表现为城市体系内部空间扩散与空间集聚的关系特征，即上级城市空间扩散表现为下级城市空间集聚，如牵引城市（TC）空间扩散表现为主导城市（LC）、主中心城市（MC）、辅中心城市（AC）、基础城市（BC）空间集聚，并依次类推。

② 多元性

空间城市系统集聚具有多元性，表现为政治、经济、文化、社会、生态多方面的空间集聚行为。空间城市系统复杂性决定了空间城市系统集聚多元性，而空间要素多元性空间集聚是现代信息社会的形成前提，特别是高端服务业空间集聚是空间城市系统产生与发展的基本条件。

③ 层次性

空间城市系统集聚具有层次性，表现为多级空间城市系统空间集聚特征，以及城市体系多级空间集聚特征。多级空间城市系统空间集聚行为之间以及城市体系多级空间集聚行为之间具有紧密的逻辑关联性，同时又具有整体涌现性，这是空间城市系统空间集聚与城市体系空间集聚本质性的差别。

④ 功能性

空间城市系统集聚具有功能性：一是表现为城市形成功能，进而发展为城市体系形成功能。二是表现为空间城市系统形成功能，进而发展为多级空间城市系统形成功能。空间城市系统集聚动因承担着空间城市系统产生与发展的首位序参量功能，它甚至影响或决定着空间城市系统扩散动因与空间城市系统联结动因。

(3) 空间集聚演化

随着城镇、城市、空间城市系统人居空间形态演化，空间集聚表现为一个演化过程：第一，空间集聚主体与结果。城镇、城市、空间城市系统空间集聚主体是一个进化过程，即空间要素空间集聚、空间流空间集聚、空间流波空间集聚。空间集聚结果是一个进化过程，即城镇结果、城市结果、空间城市系统结果。第二，空间集聚形式进化。空间集聚形式是一个进化过程，即城镇空间集聚初级行为、城市空间集聚中级行为、空间城市系统空间集聚高级行为。第三，空间集聚逻辑关系。如图 4.2 所示，城镇空间集聚、城市空间集聚、空间城市系统空间集聚既是一种递进逻辑关系，又呈现主体外延交叉关系。就本质而言，空间集聚演化从简单走向复杂、从低级走向高级、从元素关系走向系统关系。

图 4.2　空间集聚递进逻辑关系

2）空间城市系统集聚表述

(1) 空间城市系统存量

空间城市系统集聚表现为空间流波的空间集聚，即空间集聚流波、空间扩散流波、空间联结流波的空间集聚，而空间流波空间集聚是通过系统空间要素存量来体现的，即空间城市系统存量。所谓空间城市系统存量，是指在一定时间点上系统空间要素的结存数量，如人口存量、土地存量、物资存量、信息存量、资本存量、能源存量。空间城市系统存量分析，是表征系统空间要素存量整体情况的表述方法。

(2) 空间城市系统存量分析

① 空间城市系统存量结构分析

如表 4.1 所示，空间城市系统存量结构表是进行空间城市系统存量分析的基本工具。我们可以根据需要设置空间要素存量分类，并统计特定时间、空间要素存量数量，归纳分类空间要素的存量关系。在此基础上，进行空间城市系统存量结构分析，得出空间城市系统空间要素存量结构的基本情况。

表 4.1　空间城市系统存量结构表

空间要素	人口存量	土地存量	物资存量	信息存量	资本存量	能源存量
存量分类	高端服务业人口 工业人口 农业人口 服务业人口	城市土地 农村土地 建设土地 储备土地	生活物资 生产物资 商业物资 储备物资	互联网信息 手机信息 电话信息 邮政信息	汇兑资本 现金资本 股市资本 外汇资本	电力能源 石化能源 煤炭能源 太阳能源
存量数量	一类数量 二类数量 三类数量 四类数量	一类数量 二类数量 三类数量 四类数量	一类数量 二类数量 三类数量 四类数量	一类数量 二类数量 三类数量 四类数量	一类数量 二类数量 三类数量 四类数量	一类数量 二类数量 三类数量 四类数量
存量关系	高度关联 中度关联 低度关联	高度关联 中度关联 低度关联	高度关联 中度关联 低度关联	高度关联 中度关联 低度关联	高度关联 中度关联 低度关联	高度关联 中度关联 低度关联

② 空间城市系统存量定量分析

设在 t 时间，空间城市系统分类存量由函数 $f(x)$ 给出，设空间城市系统计有 $i=1,2,\cdots,n$ 个存量分类，则空间城市系统存量函数可以表示为

$$K_t=\sum_{i=1}^{n}f(x)+k\delta \tag{4.1}$$

其中，K_t 表示 t 时间空间城市系统存量；$f(x)$ 表示分类存量函数；x 表示分类存量空间要素变量；δ 表示空间城市系统存量折损率；k 为折损系数。空间城市系统存量函数说明，空间要素变量决定空间城市系统分类存量，分类存量之和即空间城市系统整体存量，而空间城市系统存量存在折损缩减现象。

③ 空间城市系统存量功能分析

当空间城市系统存量所处环境确定之后，空间城市系统存量结构决定空间城市系统存量功能，空间城市系统存量功能分析主要分为以下六个步骤：

第一步，明确存量功能分析对象，即空间要素与空间要素关系。

第二步，考察各空间要素在形式上的排列与比例，即存量分类与存量数量。

第三步，考察各空间要素之间的相互影响和相互作用，即存量关系及其关联程度。

第四步，考察各分类空间要素存量对空间城市系统的动力作用。

第五步，考察空间城市系统存量整体对空间城市系统的动力作用。

第六步，归纳总结空间城市系统存量对空间城市系统整体涌现性的影响与贡献度。

空间城市系统存量功能分析，要明确各分类存量对空间城市系统的功能作用，要确定系统存量整体对空间城市系统的功能作用。根据空间城市系统存量功能分析，调节空间城市系统空间流波的空间集聚程度。

3）空间城市系统集聚演化

（1）城市体系集聚

城市体系集聚是空间城市系统产生的基础，从高级到低级依次表现为牵引城市

(TC)集聚、主导城市(LC)集聚、主中心城市(MC)集聚、辅中心城市(AC)集聚、基础城市(BC)集聚。1960年,美国地理学家邓肯提出城市体系概念。所谓城市体系是指某个特定区域的城市组合体,其根本性质是各层次城市拥有独立地位,不拥有系统整体涌现性。空间城市系统必然是城市体系,城市体系不必然是空间城市系统。空间城市系统是城市体系的进化物,在英文表述中极易造成"体系"与"系统"共用单词System的混淆。城市体系集聚导致了1级空间城市系统演化分岔现象,为多级空间城市系统演化奠定了基础。

(2) 空间城市系统集聚

所谓空间城市系统集聚,是指1级空间城市系统集聚,它是多级空间城市系统演化的基础。空间城市系统集聚演化,要经过平衡态、近平衡态、近耗散态、分岔、耗散态五个过程,空间城市系统集聚的最终结果是导致整体涌现性的产生。多级空间城市系统集聚演化过程,就是1级空间城市系统集聚演化的多次重复,是更高级层次的演化重复过程。

(3) 多级空间城市系统集聚

多级空间城市系统是现实世界的基本存在形式,多级空间城市系统集聚表现为一个逐次递进的演化过程,即1级空间城市系统集聚、2级空间城市系统集聚、3级空间城市系统集聚……n级空间城市系统集聚,n是一个有限整数量。

综上所述,空间城市系统集聚演化(图4.3),是一个从城市体系到空间城市系统,从1级空间城市系统到多级空间城市系统的过程。这是一个从简单到复杂、从低级向高级、从城市组分到城市系统的演化过程。

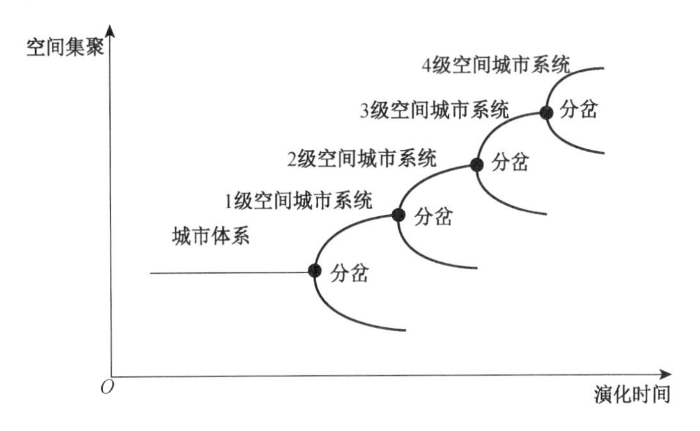

图4.3 空间城市系统集聚演化

4.1.3 空间城市系统政治动因集聚

1) 政治动因集聚定义

(1) 政治动因集聚概念

政治动因集聚是指在空间城市系统产生与发展过程中,处于统领地位[①]的政治动

① "亚里士多德,这位学科创始人,把政治学称作'统领科学'。他的意思是几乎所有事情的发生都有其政治背景,'人天生是个政治动物'。"参见:迈克尔·罗斯金.政治科学[M].9版.北京:中国人民大学出版社,2009:2-3,9。

力资源的空间集聚现象。政治动因包括政府力量、市场力量、公民力量，政治动因集聚是各种政治力量博弈的结果，即政府力量、市场力量、公民力量之间的博弈均衡。

在空间城市系统产生与发展过程中，政治动因集聚处于序参量地位，役使支配着空间城市系统其他分项，它以法律法规的形式体现。空间战略规划是由国际机构、国家政府发起，经过大规模科学研究产生，由国家以法律形式予以发布形成的政治动因，它促进了空间城市系统的产生与发展。例如《欧洲空间发展战略》、中国《国家新型城镇化规划（2014—2020 年）》等、《美国 2050》空间战略规划。

在城市科学领域，政治动因很少被给予专题研究，城市区域理论也缺乏对政治动因集聚的研究。在空间城市系统多元化动因中，包括政治动因、经济动因、文化动因、社会动因等，政治动因处于统驭地位，是如此的重要和不可或缺，因此政治动因集聚命题有其科学的学理性地位。

（2）政治动因集聚要求

空间城市系统社会是建立在个人权利之上的公共性社会，个人权利与社会公共性的辩证统一构成了空间城市系统社会之根本属性。一方面，作为空间城市系统基本公民权的基本居住权、基本移动权、基本信息权要得到保障；另一方面，高速交通、高速通信、高速能源等条件，要求空间城市系统社会具有高度公共性。政治动因集聚就建立在空间城市系统社会根本属性基础之上。

首先，政府力量代表着社会公共权力，是制定和实施公共决策的政治统领机构，政府通过法律法规来实现社会根本属性所要求的目的。政府力量与空间城市系统公共性具有较高契合度。政府力量是空间城市系统产生与发展的核心动力，具有主导性特征。其次，市场力量代表着社会资本权力，包括私人资本力量与社会资本力量，资本的逐利本质与空间城市系统所提供的市场机会具有很高的吻合度，市场力量是空间城市系统产生与发展的主要动力，具有高效率特征。最后，公民力量代表着社会公共主体，是独立于政府力量、市场力量的第三种力量。空间城市系统社会根本属性的终极目的就是公民社会利益，因此公民力量是空间城市系统产生与发展的根本动力，具有基础性特征。

综上所述，空间城市系统社会根本属性对政府力量、市场力量、公民力量的政治动因集聚有着本源性要求，正是在这三种基本政治动因的作用下，空间城市系统才能够产生与发展。就世界范围而言，空间城市系统的政治动因集聚是一个客观规律，与意识形态差异没有关系，即政治动因集聚是一种价值中立科学规律。

（3）政治动因集聚共性

空间城市系统是人居空间发展到高级阶段的产物，空间城市系统政治动因集聚具有相同的共性：首先，政府力量、市场力量、公民力量充分发育是基本共性前提条件，它创造了可集聚的政治动因资源，任何一种基本力量缺失都不可能发育出成熟的空间城市系统本体。其次，政治动因集聚模式包括一元化政治动因集聚、二元化政治动因集聚、三元化政治动因集聚，基本政治维度包括政治思想、政治制度、政治文化。政治动因集聚是与政治维度相适应的，不同的政治维度对应不同的政治动因集聚模式。最后，政府力量、市场力量、公民力量博弈均衡，是空间城市系统的政治动因来源，它为空间城市系统的产生与发展提供了最基础的动力。

2）政治动因集聚模型

（1）政治动因集聚一元化模型

① 政治动因集聚一元化概念

在空间城市系统政治动因集聚中，政府力量、市场力量、公民力量其中之一处于绝对优势地位，主导着空间城市系统的行为作用，我们将这种单一结构政治动因集聚称为政治动因一元化集聚。一元化政治动因力量处于序参量地位，它支配、役使着其他两种政治动因力量。政治动因一元化集聚是最基本的形式，也是相对理想化的一种模式，它有助于我们选择最强政治动因力量，并发挥其主导动力作用。

② 政治动因集聚一元化模型解析

政治动因集聚一元化的本质是单一政治力量空间流波高强度集聚，并形成高数量单一政治力量空间要素存量。政治动因集聚一元化模型具有存量结构相对单一、存量函数简单、存量功能直接的特性。政治动因集聚一元化可表示为以下公式：

$$K_t = \sum_{i=1}^{n} f(x) + k\delta \tag{4.2}$$

上述公式表示了在 t 时间，单一政治力量空间要素存量 K_t 的数值，该单一政治力量由其分类存量函数 $f(x)$ 给出，设有 $i=1, 2, \cdots, n$ 个存量分类；x 为分类存量空间要素变量；δ 表示单一政治力量存量折损率；k 为折损系数。政治动因集聚一元化存量函数说明，单一政治力量空间要素变量决定该政治力量分类存量，分类存量之和即单一政治力量整体存量，而单一政治力量存量存在折损缩减现象。

③ 政治动因集聚一元化分析

第一，优势分析。

首先，政治动因集聚一元化具有整体性特征，政府力量、市场力量、公民力量的单一化强大且具有政治统领作用，对于空间城市系统规划初始阶段具有重要作用。其次，政治动因集聚一元化具有高效率特征，表现在政治决策效率、政治行动效率、政治资源效率等方面，在空间城市系统建设与运行过程中具有积极的意义。最后，政治动因集聚一元化具有联动性特征，使得空间城市系统各组分之间的协同变得简单易行，这对于跨区域合作意义重大。

第二，劣势分析。

政治动因集聚一元化是一种刚性结构，在空间城市系统产生阶段和特殊时刻可以发挥较重要的作用。但是非均衡性本质缺陷决定了政治动因集聚一元化诸多劣势方面。首先，多元化是空间城市系统本质特性，政治动因集聚一元化不可能导致空间城市系统政治、经济、文化、社会、生态的全面发展。其次，系统性是空间城市系统本质特性，政治动因集聚一元化将导致空间城市系统结构性缺位，使空间城市系统处于组分缺陷状态。最后，均衡性是空间城市系统本质特性，政府力量、市场力量、公民力量均衡是空间城市系统产生和发展的根本动力，三种政治力量中任何一种的一元化过度集聚都将导致空间城市系统的动因结构失衡，进而导致空间城市系统的结构失衡。

（2）政治动因集聚二元化模型

① 政治动因集聚二元化概念

在空间城市系统政治动因集聚中，政府力量、市场力量合力成为空间城市系统产生与发展的主要动力因素，主导着空间城市系统的行为作用，我们将这种二元结构政治动因集聚称为政治动因二元化集聚，这种二元化政治动因集聚遵循凯恩斯理论，因此被称为“政治动因集聚凯恩斯模型”。政治动因二元化集聚是重要的政治动因集聚形式，在空间城市系统规划与建设初期阶段具有普适性意义，因此具有较强的实践应用价值。

② 政治动因集聚凯恩斯模型

凯恩斯理论是“政治动因集聚凯恩斯模型”的理论基础，其核心是投资、消费、乘数之间的关系。所谓投资是指国家采用扩张性经济政策，即扩大政府开支、实行财政赤字、刺激经济、维持繁荣。“所谓消费是指有效需求，包括对消费物的需求和对投资物的需求；所谓乘数是指投资变动给国民收入总量带来的影响，要比投资变动本身更大，这种变动，往往是投资变动的倍数。”[10]凯恩斯理论框架如图 4.4 所示。

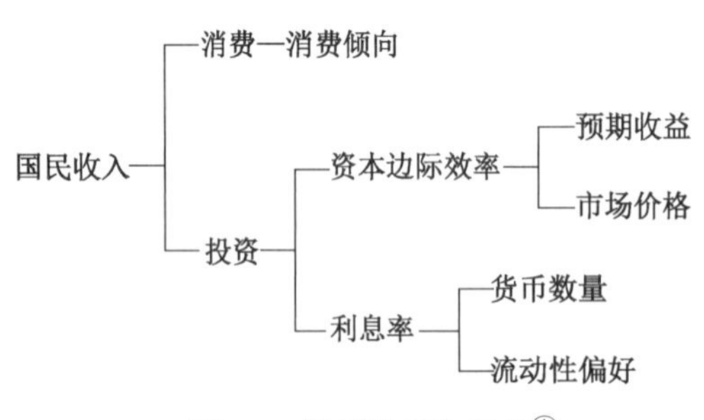

图 4.4　凯恩斯理论框架①

以凯恩斯理论为基础，结合政治动因集聚原理，我们对“政治动因集聚凯恩斯模型”做出以下解析：

第一，政府投资主体。

空间城市系统社会是一种文明性质的社会属性进步，如同城市化一样，空间城市系统化所产生的生产与就业可以为政治统治提供合法性基础，因此决定了政府投资的主观意愿。空间城市系统公共性的本质特征与现代政府掌握的经济资源，决定了政府力量成为空间城市系统产生与发展的第一投资主体，例如高速铁路、高速通信、高速能源都是政府投资的产物。

第二，市场投资主体。

市场力量作为微观经济的主要承载者，是政府力量宏观经济目标的实施者。政府力量空间规划、空间治理、空间政策为市场力量投资空间城市系统建设准备了基础性条件。空间城市系统化巨大的投资边际效率与投资回报率是市场力量投资空间城市系统建设的主要目的，因此市场力量将经济资源战略性配置在空间城市化过程中就成为必然。政府力量指导与市场力量主观自愿，使得市场力量成为空间城市系统产生与

① 参见：约翰·梅纳德·凯恩斯.就业、利息和货币通论[M].高鸿业，译.重译本.北京：商务印书馆，1999：12。

发展的第二投资主体，例如城市建筑、基础设施、基本服务都需要市场力量发挥主力作用。

第三，社会消费主体。

空间城市系统化过程将创造巨大的有效需求，形成了社会消费主体，主要包括政府投资需求、市场投资需求、社会消费需求三个部分，社会消费刺激了政府投资与市场投资的发生和持续化。例如粤港澳空间城市系统的规划建设，形成了港珠澳大桥、广深港高速铁路的政府投资需求，形成了大量市场资本投资需求，形成了粤港澳社会消费需求。由此，形成了粤港澳空间城市系统社会消费主体。

第四，国民总收入与凯恩斯模型。

按照凯恩斯理论，在政府投资主体、市场投资主体、社会消费主体的联合作用下，空间城市系统社会将发生乘数效应，即产生数倍于投资的国民总收入增长。因此，空间城市系统化过程可以创造更多的社会财富，空间城市系统政治动因集聚凯恩斯模型可以表达为（政府投资主体＋市场投资主体）＋社会消费主体⇒N倍投资的国民总收入，即有

$$(\mathrm{GI}+\mathrm{MI})+\mathrm{SC}\Rightarrow \mathrm{NI\ GNI} \tag{4.3}$$

“政治动因集聚凯恩斯模型”的公式解读为：在政府投资主体、市场投资主体、社会消费主体的联合作用下，社会消费将导致政府投资需求、市场投资需求，以括号()表示，发生凯恩斯乘数效应，产生数倍于投资的国民总收入增长。其中，GI代表政府投资主体；MI代表市场投资主体；SC代表社会消费主体；NI GNI代表N倍于投资的国民总收入。

③ 政治动因集聚二元化分析

第一，优势分析。

空间城市系统是地球空间最大的人工系统，它的产生与发展必须是也只能是人类社会政府力量、市场力量、社会力量三种基本动力合作的产物。“政治动因集聚凯恩斯模型”说明了政府投资、市场投资二元化政治动因集聚，对于空间城市系统产生与发展具有决定性动力作用。政府力量在空间城市系统规划、治理、政策方面具有积极的、正面的、决定性的动力作用，市场力量在空间城市系统建设与运行方面具有不可或缺的、动力性作用，社会消费的产生与发展都离不开政府力量与市场力量二元化政治动因集聚。

第二，劣势分析。

政府力量与市场力量的政治动因集聚二元化模式，极易产生对公民权利的侵害行为，官商二元化模式会形成巨大的社会控制力，有害于公民社会的培育与发展。空间城市系统社会根本上是发达的公民社会，“政治动因集聚凯恩斯模型”适用于空间城市系统的初期阶段，对于成熟的耗散结构状态的空间城市系统就具有了逆向反作用力负面功能。

(3) 政治动因集聚三元化模型

① 政治动因集聚三元化概念

在空间城市系统政治动因集聚中,政府力量、市场力量、公民力量合力均衡成为空间城市系统产生与发展的基本动力,主导着空间城市系统的行为作用,我们将这种三元结构政治动因集聚称为政治动因三元化集聚。因其符合冯诺依曼—摩根斯坦因博弈标准式前提,所以被称为"冯诺依曼—摩根斯坦因博弈模型"。政治动因三元化集聚具有政府力量、市场力量、公民力量全面均衡发展趋势,因此成为空间城市系统产生与发展的基本动力形式,具有重要的人类文明进步意义。

② 冯诺依曼—摩根斯坦因博弈模型

第一,政治动因集聚博弈参与主体。

政治动因集聚博弈参与主体界定,是政治动因集聚博弈的基本前提条件。由政治动因集聚概念可知,政府力量、市场力量、公民力量是政治动因集聚的三种基本力量,它们自然成为政治动因集聚博弈参与主体。在中国,政府力量与市场力量是空间城市系统化的主要推动力量,公民力量是从属力量。在西方,卡斯特城市理论提出了政治系统、经济系统、社会集体消费的基本理论,指出城市化是政府政策、市场机制、集体消费三者矛盾冲突与调和的结果①。"Feagin(费金)和 Parker(帕克)1990 年也以类似的分析框架揭示了在美国城市中出现的结构变化,通过对高层建筑、城市郊区化、中心城市改造等不同类型城市开发和结构变化出现原因的具体分析,解释了不同的社会阶层之间的相互关系以及在城市演变过程中的作用,尤其强调了政府、资本家(工厂主、开发商、银行家和投机者等)与市民等在此过程中的博弈和相互斗争是城市空间形态和规模结构演变的根本性原因"[11]。所谓政府、资本家、市民即政府力量、市场力量、公民力量。因此,我们可以确认政府力量、市场力量、公民力量是政治动因集聚博弈基本参与主体。

第二,政治动因集聚博弈参与机制。

首先,自组织参与博弈。政治动因集聚博弈参与机制是在自组织规律下实现的,所谓自组织是指"如果系统在获得空间的、时间的或功能的结构过程中,没有外界的特定干预,我们便说系统是自组织的"[12]。政府力量、市场力量、公民力量是政治动因集聚的三种主要客观力量,由政治学知识我们知道,现代社会的这种三元结构是社会长期演化的结果,是一种社会自组织行为。剑桥大学生物学家大卫·哈伯所做的"鸭子实验"②证明,博弈现象会自动发生在动物自组织群体中,政治动因集聚是一种人类自组织行为,因此政府力量、市场力量、公民力量将遵循博弈论规律,无需理性地产生博

① 参见:刘乃全,等.空间集聚论[M].上海:上海财经大学出版社,2012:63-64。

② 在相通分隔的两个池塘喂食 33 只鸭子,在一个池塘每隔 5 s 扔一片面包,在另一个池塘每隔 10 s 扔一片面包,结果是 1/3 的鸭子分布在每隔 10 s 扔面包的池塘抢食,2/3 的鸭子分布在每隔 5 s 扔面包的池塘抢食,完全按照博弈论所示的准确规模分成两组进行抢食博弈。实验证明博弈论所描述的对象无需理性,或者甚至不必是人类。参见:汤姆·齐格弗里德.纳什均衡与博弈论:纳什博弈论及对自然法则的研究[M].洪雷,陈玮,彭工,译.北京:化学工业出版社,2011:52-53。

弈行为，博弈现象会自动发生在政治动因集聚过程中。

其次，强制理性参与博弈。空间城市系统社会是现代社会高级形式，具有高度制度化特征。政府力量、市场力量、公民力量都必须接受社会制度的约束，在社会制度驱使下，按照各自权利原则，理性地参与政治动因集聚博弈。强制理性参与博弈，是一种政治动因集聚博弈他组织行为，即空间城市系统社会制度要求政府力量、市场力量、公民力量参与博弈。

最后，目标理性参与博弈。空间城市系统规划为政府力量、市场力量、公民力量提供了一种共同的目标，空间规划是它们权利均衡的结果，规划的实施提供了一种政治动因集聚博弈的目标奖励机制。因此，政府力量、市场力量、公民力量将在空间规划的指导和诱导下，按照各自权利原则理性参与政治动因集聚博弈。目标理性参与博弈，是一种政治动因集聚博弈的自组织与他组织结合体，正如系统科学的结论："一切社会系统都是自组织和他组织的结合体，现代社会是法治社会，成功的法治社会必定是自组织和他组织的适当结合。"[13]

第三，政治动因集聚博弈参与主体联盟。

政府力量、市场力量、公民力量各自代表了不同的政治权利，导致了各自的政治理性。在政治动因集聚博弈过程中，为了各自政治权利的最大化，在政治理性的驱使下，它们必然要进行联盟对象选择，并结成政治动因集聚博弈联盟，例如中国城市化过程中政府力量与市场力量的联盟，美国城市化过程中市场力量与公民力量的联盟。

在政治动因集聚博弈联盟确立的情况下，显然博弈主体都保持理性，博弈主体之间互知为理性，并且互知"互知理性"，并拥有理想的联盟沟通渠道和规范的联盟沟通机制，保障了联盟的建立与运行。因此，政治动因集聚博弈就成为一种合作博弈，其目的是为了实现凯恩斯模型所表示的"N 倍投资的国民总收入"，如公式 4.3 所示，我们称之为"空间城市系统效用最大化"，即政府力量体现为政治合法性最大化，市场力量体现为利润最大化，公民力量体现为社会消费最大化。以 GP 表示政府力量、MP 表示市场力量、CP 表示公民力量，则政治动因集聚博弈联盟形式有政府市场联盟 GMP、政府公民联盟 GCP、市场公民联盟 MCP、市场政府联盟 MGP、公民政府联盟 CGP、公民市场联盟 CMP 六种可能的方式。

政治动因集聚博弈联盟结构的理性主体、互知为理性、互知"互知理性"、联盟沟通与建立机制，符合冯诺依曼—摩根斯坦因博弈标准式前提，因此我们将其命名为"冯诺依曼—摩根斯坦因博弈模型"。

第四，政治动因集聚博弈过程。

在政治动因集聚博弈中，令 S 表示参与力量可选的战略空间，令 U 表示参与力量的收益，则政治动因集聚博弈可以表示为

$$G=\{S_1,\ S_2;\ U_1,\ U_2\} \tag{4.4}$$

以参与力量权重排定其顺序位置，计有以下六种政治动因集聚博弈形式：

政府力量与市场公民联盟博弈(GP vs MCP)
政府力量与公民市场联盟博弈(GP vs CMP)
市场力量与公民政府联盟博弈(MP vs CGP)
市场力量与政府公民联盟博弈(MP vs GCP)
公民力量与政府市场联盟博弈(CP vs GMP)
公民力量与市场政府联盟博弈(CP vs MGP)

在公式(4.4)中,令s'和s''表示参与力量的两种可行战略,如果对于其他参与力量每一种可能的战略组合选择s'的收益都小于它选择s''的收益,则称战略s'相对于战略s''是政治动因集聚博弈的严格劣势战略,公式表达为

$$U_i(s_1, s_2 \cdots, s') < U_i(s_1, s_2 \cdots, s'') \tag{4.5}$$

由于政治动因集聚博弈主体结构为理性主体、互知为理性、互知"互知理性"、联盟沟通与建立机制,因此政治动因集聚博弈参与力量不会选择严格劣势战略,我们可以采用"重复剔除严格劣势战略"的方法来进行政治动因集聚博弈分析。我们定义政治动因集聚博弈参与力量获得收益的定性表述为无收益、低收益、中收益、高收益,相应地定量赋值表述为0、1、2、3。

因为空间城市系统的主导者大多是政府力量,即空间规划制定者、空间政策实施者、空间治理统领者,而市场力量、公民力量多为从属者。我们仅以此种一般情况为例来说明"冯诺依曼—摩根斯坦因博弈模型"的原理,其余五种政治动因集聚博弈情况类同,由此可以得到一般情况下政治动因集聚博弈形式为:

政府力量市场公民联盟博弈(GP vs MCP) (4.6)

如表4.2所示,对于政府力量主导作用,即空间规划、空间治理、空间政策,我们以政府力量战略选项增量元形式予以体现,即政府力量为A、B、C三个战略选项,市场公民联盟为M、N两个战略选项。设定政治动因集聚博弈赋值如表4.2所示,左侧数值代表市场公民联盟博弈方收益值,右侧数值代表政府力量博弈方收益值,则政治动因集聚博弈过程如下:

表4.2 第一轮政治动因集聚博弈

分类		政府力量(GP)		
		A	B	C
市场公民联盟(MCP)	M	1,0	1,2	0,1
	N	0,3	0,1	2,0

第一轮博弈如下:

第一步,政府力量(GP)选择。B选项为严格优势战略,因为2>1且1>0。A选

项为次优战略，因为0<1但3>0，较C战略为优。C选项为严格劣势战略，因为1>0但0<2。

第二步，市场公民联盟(MCP)选择。M选项与N选项都不是严格优势战略。首先，政府力量为B选项时，市场公民联盟处于严格劣势。其次，政府力量为A选项时，M优于N，因为1>0。最后，政府力量为C选项时，N优于M，因为2>0。

第三步，政治动因集聚博弈结果。由于"理性主体、互知为理性、互知'互知理性'、联盟沟通与建立机制"的博弈条件，市场公民联盟(MCP)知道政府力量(GP)是理性的，政府力量知道C选项为自己的严格劣势战略，不会做出C战略选择。依据"重复剔除严格劣势战略"，市场公民联盟(MCP)会将C选项从政府力量选项战略中剔除，则政治动因集聚博弈进入第二轮(表4.3)。

表4.3　第二轮政治动因集聚博弈

分类		政府力量(GP)	
		A	B
市场公民联盟(MCP)	M	1，0	1，2
	N	0，3	0，1

第二轮博弈如下：

第一步，政府力量(GP)选择。B选项为严格优势战略，因为2>1且1>0。A选项为次，因为0<1但3>0。

第二步，市场公民联盟(MCP)选择。N选项为严格劣势战略，因为0<3且0<1。M选项为优，因为1>0且1<2。

第三步，政治动因集聚博弈结果。基于"理性主体、互知为理性、互知'互知理性'、联盟沟通与建立机制"的博弈条件，政府力量(GP)知道市场公民联盟(MCP)是理性的，市场公民联盟(MCP)知道N选项为自己的严格劣势战略，不会做出N战略选择。依据"重复剔除严格劣势战略"，政府力量(GP)会将N选项从市场公民联盟(MCP)的选项战略中剔除，则政治动因集聚博弈进入第三轮(表4.4)。

表4.4　第三轮政治动因集聚博弈

分类		政府力量(GP)	
		A	B
市场公民联盟(MCP)	M	1，0	1，2

第三轮博弈如下：

第一步，政府力量(GP)选择。B选项为严格优势战略，因为2>1。A为严格劣势战略，因为0<1。

第二步，市场公民联盟(MCP)选择。M为唯一选项。

第三步，政治动因集聚博弈结果。基于“理性主体、互知为理性、互知‘互知理性’、联盟沟通与建立机制”的博弈条件，市场公民联盟（MCP）知道政府力量（GP）是理性的，政府力量知道A选项为自己的严格劣势战略，不会做出A战略选择。依据“重复剔除严格劣势战略”，市场公民联盟（MCP）会将A选项从政府力量（GP）的选项战略中剔除，则政治动因集聚博弈得到最后结果（表4.5）。

表4.5　政治动因集聚博弈结果

分类		政府力量（GP）
		B
市场公民联盟（MCP）	M	1，2

博弈结果如下：

第一步，政治动因集聚博弈前提。首先，政治动因集聚博弈参与主体结构为政府力量（GP）与市场公民联盟（MCP）。其次，政治动因集聚博弈遵守“理性主体、互知为理性、互知‘互知理性’、联盟沟通与建立机制”的博弈条件，即满足“冯诺依曼—摩根斯坦因博弈模型”条件。最后，政治动因集聚博弈按照“重复剔除严格劣势战略”规则进行博弈主体战略选项。

第二步，政治动因集聚博弈结果。

政府力量与市场公民联盟博弈（GP vs MCP）＝2∶1

第三步，政治动因集聚博弈结果解析。政治动因集聚博弈结果说明，就“空间城市系统效用最大化”原则而言，政府力量居于支配地位：政治合法性为中级收益，数值为2；市场公民联盟处于从属地位，利润与社会消费为低级收益，数值为1。政府力量收益值＞市场公民联盟收益值说明，这是一个政治动因集聚初期阶段，虽然政府力量凭借空间规划、空间治理、空间政策主导着空间城市系统产生过程，但是市场力量还没有产生巨大利润，公民力量也不可能获得巨大的社会消费。

③ 政治动因集聚三元化分析

第一，优势分析。

政治动因集聚三元化模型是一种合作博弈模式，其目的是为了实现“空间城市系统效用最大化”，即政府力量体现为政治合法性最大化，市场力量体现为利润最大化，公民力量体现为社会消费最大化。因此，政治动因集聚三元化博弈均衡是成熟空间城市系统必须具备的基本条件，以此保证空间城市系统的可持续发展。政府力量、市场力量、公民力量中任何一种单一力量或联盟力量的过度强大，都会对其他力量造成侵害，会形成空间城市系统的失衡现象。

第二，劣势分析。

政治动因集聚三元化博弈过度均衡会导致行政低效率现象。例如在空间城市系统产生阶段，政治动因集聚三元化博弈过度均衡将导致政府力量行政效率低下，严重阻碍高速铁路、高速通信、高速能源的规划建设，有害于空间城市系统的产生。政治动因集聚三元化博弈过度均衡将导致资本低投入现象，严重影响城市建筑、基础设施、基本服务，有害于空间城市系统的建设与运行。

3）政治动因主要模式

（1）美国政治动因模式

① 美国政治特色

第一，政治稳定。

就政治制度而言，美国政治是立法、司法、行政三权分立模式。政治权力三个基本单元的决策权、执行权、监督权构成了横向制衡机制，为空间城市系统的产生与发展提供了横向稳定的政治基础。就政治文化而言，美国政治传统是自下而上的阶梯形结构，基层政治结构决定了上层政治结构，为空间城市系统提供了纵向稳定的政治基础。就政治思想而言，民主政治是美国政治传统。在联邦政府、州政府、城市政府中，民主政治思想均占统治地位，这种民主政治思想的统一性为空间城市系统的产生与发展提供了一致性稳定的政治基础。

第二，政治均衡。

政治均衡是美国政治的特色，与中国政治一元化结构、欧洲政治二元化结构相比，美国政治的政府力量、市场力量、公民力量的三元化结构均衡有其优势。美国政治均衡结构的形成得益于美国政治模式的近现代起源，相对于欧洲与中国政治，美国没有政治文化传统羁绊。美国政治均衡优势体现在空间城市系统的产生与发展中，表现为政治动因科学性，进而发展成为政治动因的持久性，最终表现为空间城市系统结构的稳定性。稳定的空间城市系统结构，才具有人居空间的进化价值。

第三，政治民主。

就政治制度而言，美国政治民主模式具有较强的政治合法性。均衡政治结构具有较强的适应性，特别是市场力量与公民力量的发达，使空间城市系统获得持久的政治动力。就政治思想而言，民主政治思想与空间城市系统的产生与发展有着较好的匹配效应，美国城市化过程就是城市政治民主化的过程，例如"市长议会制""委员会制""议会经理制"都是民主政治的产物，这种政治与空间的演化匹配效应将在空间城市系统化过程中重现。就政治文化而言，对欧洲民主政治传统的移植与美国本土政治民主的优化，产生了近现代美国民主政治模式，并在世界占据了政治话语权地位。《美国2050》"巨型区域"空间模式就是建立在美国话语权基础之上的，逻辑化获得了世界性认同，从而掩盖了其理论内涵的匮乏。

② 美国政治动因分析

如图4.5所示，美国将形成东部空间城市系统、西部空间城市系统、北部空间城市系统、南部空间城市系统，政治动因集聚将成为首要条件。美国政治特色与空间城市系统之间的相互关系可以分为优势与劣势两个方面。

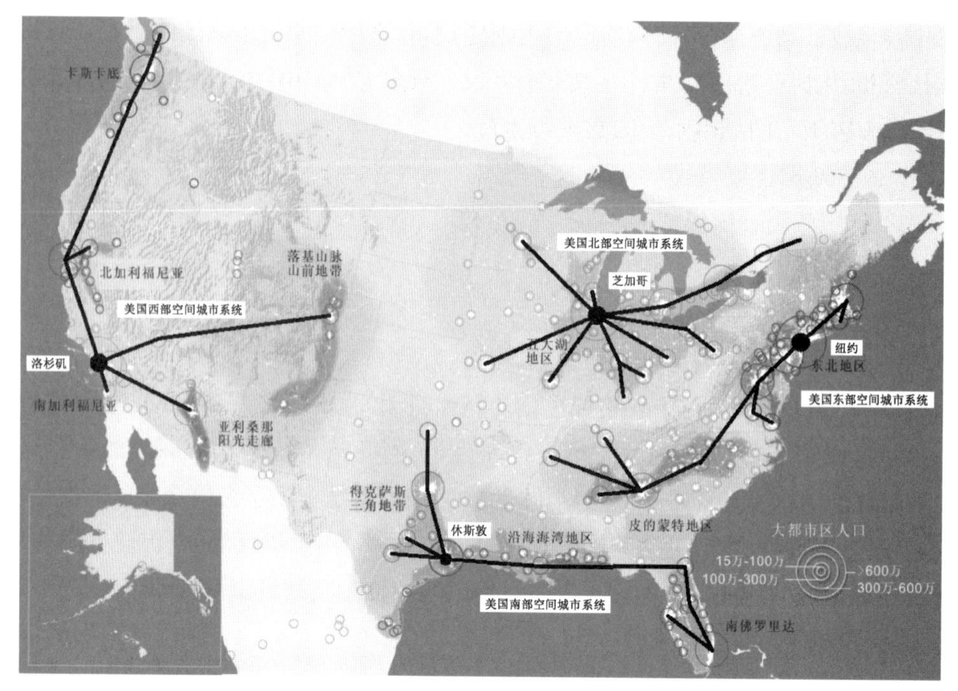

图 4.5　美国空间城市系统分布

（源自：笔者根据《美国 2050》远景规划绘制）

一是优势方面。

第一，美国政治制度优势。

美国政治制度优势主要表现为政治结构的合理性与科学性。首先，就横向结构而言，美国政治制度中的立法、司法、监督三权分立，保证了空间规划、空间政策、空间治理的合法、合理与科学性。其次，就纵向结构而言，联邦政府、州政府、城市政府权力层次结构明确，特别是联邦宪法优于州的宪法和法律，城市政府独立于州政府独立运作。因此，既保证了联邦中央权力，又保证了空间城市系统的城市权力，满足了空间城市系统的系统性和组分条件要求。最后，就政治动因而言，政府力量、市场力量、公民力量的三元均衡结构，保证了“政治动因集聚三元化模型”的实现，即“空间城市系统效用最大化”。政府力量体现为政治合法性最大化，市场力量体现为利润最大化，公民力量体现为社会消费最大化。

第二，美国政治思想优势。

美国政治思想优势主要表现在民主政治思想的先进性。首先，美国政治的基本原则“民有、民治、民享”与空间城市系统的公民终极目标性原则本质上是一致的，从而具备了政治思想基础。其次，美国民主政治模式使得联邦政府、州政府、城市政府获得了较强的政治合法性，从而为人居空间演化提供了行政权力保障。民主政治是一种相对软性结构，具有协调性和纠错功能。

第三，美国政治文化优势。

美国政治文化优势主要表现为“国家意识、资本意识、公民意识”发育成熟。首先，美国政治文化成功形塑了统一的美国国家认同感，为美国空间城市系统的系统性与整体性提供了政治基础。其次，《美利坚合众国宪法》使美国联邦政府的中央权力得到保障，已经为美国城市化提供了政治基础，还将为美国空间城市系统化提供政治基础。最后，在美国政治文化中，市场力量与公民力量高度发达，为美国空间城市系统的产生与发展提供了自下而上的基础性动因，表现在充分的资本投资与社会消费上。

二是劣势方面。

第一，美国政治效率劣势。

美国政治效率劣势主要表现为政治效能低下。美国政治制衡机制过度化，导致美国政治决策过程漫长、决策效率低下、决策效果打折扣，因此就削弱了空间城市系统所需要的行政效率条件。美国行政效率衰退是与美国政治传统紧密相关的，而它是与现代信息社会时效性背道而驰的，因此美国政治效率劣势对空间城市系统产生与发展的影响是长期的、结构性的。例如戈特曼在 1961 年就发现了美国波士顿—华盛顿大都市连绵带现象，但是直到今天，美国空间城市系统化都落后于欧洲，被中国后来者居上。

第二，美国政治党争劣势。

美国政治党争劣势已经是世界政治的负面典型，正如福山所说美国已经沦为“否决型体制”[①]。美国政治党争模式严重损害了美国国家政治结构的科学性，使得国家行政能力沦为民主与共和两党政治斗争的牺牲品，从而也就严重削弱了空间城市系统产生与发展所需要的强化政治动因集聚条件。美国党争政治与利益集团政治结合，是美国政治可怕的一面，它将严重影响美国空间城市系统自组织演化过程。

第三，美国政治惰性劣势。

美国政治惰性劣势主要表现为空间城市系统理论与实践的落后。首先，1961 年美国学者戈特曼率先发现了大都市（Megalopolis）连绵带规律，但是美国地理科学的倒退，导致美国空间城市系统科学的理论研究落后于欧洲“巨型城市区域”理论，落后于中国“城市群”与“空间城市系统”理论。其次，高速铁路建设的落后导致美国空间陆上人流联结落后，而在美国东部空间城市系统、西部空间城市系统、北部空间城市系统、南部空间城市系统中，高速铁路的规划与建设是其产生与发展的基本前提条件。最后，美国交通体系不可持续化，是阻碍美国空间城市系统产生与发展的结构性问题。美国拥有全球 1/3 的飞机场，对飞机与小汽车的依赖性高达 56%与 41%。航空与高速公路组合是建立在石化能源基础之上的，就能源供给与全球变化两方面而言，美国的交通体系都是不可持续的。

(2) 欧洲政治动因模式

① 欧洲政治特色

第一，政治一体化。

欧盟政治一体化是欧洲现代政治特色，欧盟政治体系将成为西方世界代表性的政

① 参见：弗朗西斯·福山.政治秩序与政治衰败：从工业革命到民主全球化[M].毛俊杰，译.桂林：广西师范大学出版社，2015。

治模式，在超越民族国家政治领域具有世界性普遍意义。欧盟政治一体化主要体现在三个方面：一是政治组织。其有五大机构，即欧洲共同体委员会、欧洲议会、部长理事会、欧洲理事会、欧洲法院。二是政治制度，有欧盟宪法、立法权、司法权、国家让渡行政权。三是政治权力，包括欧元货币权、部分财税权、空间规划权、共同外交、防务、安全合作机制。如图 4.6 所示，欧洲将形成西北欧空间城市系统、英国空间城市系统、南欧空间城市系统、欧洲中部空间城市系统、俄罗斯空间城市系统，而欧盟政治一体化为欧洲空间城市系统的产生与发展提供了政治动因基础条件。

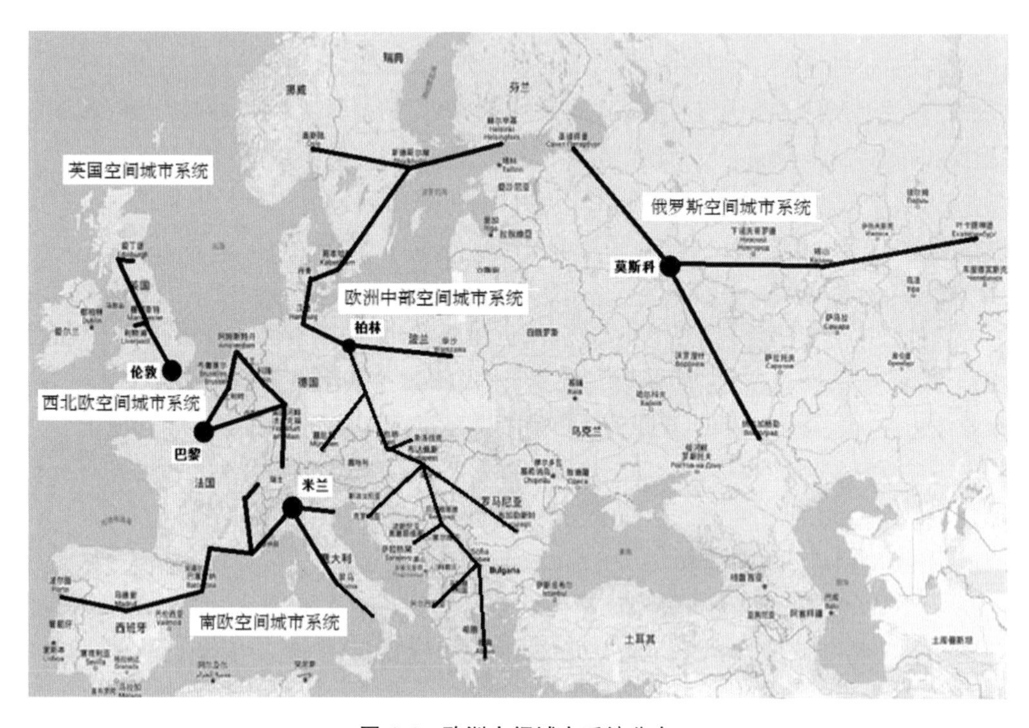

图 4.6　欧洲空间城市系统分布

第二，政治成熟化。

政治成熟化是欧洲政治的传统特色，雅典是民主政治的发源地，英国《大宪章》开启了现代民主政治的先河，英国议会成为代议制政治"议会之母"，法国大革命奠定了三权分立的现代政治结构，《人权宣言》提出了人权、法制、公民自由、私有财产权等现代政治的基本准则。欧洲为世界近现代政治贡献了自由、民主、法治、人权等基本原则，成为社会主义与资本主义两种社会制度理论的发源地。成熟的欧洲政治为欧洲空间规划、空间治理、空间政策提供了稳定的政治动因基础。欧洲空间规划与治理经典之作，《里斯本议程》《欧洲空间发展战略》(ESDP)、《西北大都市地区空间远景》(NWMA)都是欧洲政治成熟化的产物。

第三，政治民主化。

政治民主化是欧洲政治的基本特色，继第三波民主化之后，欧洲基本实现了民主政治统一，民主政治传统与实践在欧洲空间实现有机结合。政治民主化使欧洲空间城市系统产生与发展中的政府力量、市场力量、公民力量达至结构均衡，城市组分跨区域多元化是欧洲的客观现实，而政治民主化为跨区域多元化城市组分统一到空间城市系统中提供了政治工具，使得欧洲空间城市系统的整体涌现性得以顺利发生。政治民主化使欧洲空间城市系统有着清晰的目标，即“创造一个更合理的土地利用和功能关系的领土组织，平衡保护环境和发展两个需求，以达成社会和经济发展总的目标”①。

② 欧洲政治动因分析

如前图4.6所示，欧洲将形成西北欧空间城市系统、英国空间城市系统、南欧空间城市系统，欧洲中部空间城市系统、俄罗斯空间城市系统，政治动因集聚将成为首要前提条件、欧洲政治特色与空间城市系统之间的相互关系可以分为优势与劣势两个方面。

一是优势方面。

第一，欧洲政治整体性优势。

首先，欧盟政治一体化为欧洲空间城市系统的产生与发展提供了基础，欧盟政治动因集聚有利于欧洲空间城市系统整体涌现性的产生。其次，欧盟政治制度超国家性质，使得欧洲空间城市系统跨区域、跨国家的问题得到顺利解决，避免了欧洲空间碎片化格局。最后，欧盟政治权力集中，使得欧洲整体空间规划、空间治理、空间政策成为可能。欧盟平衡政策的干预，将加快欧洲空间城市系统的产生与发展。

第二，欧洲政治稳定性优势。

首先，成熟的欧洲政治为欧洲人居空间演化提供了稳定政治基础。西北欧空间城市系统、英国空间城市系统，成为世界上发育最稳定的空间城市系统结构。在欧洲政治一体化框架内，南欧空间城市系统得到了稳定的发展，欧洲中部空间城市系统与俄罗斯空间城市系统处于隐性状态。其次，欧盟稳定的政治组织、政治制度是欧洲空间城市系统产生的基本前提条件。最后，成熟的欧洲政治，是吸引世界市场力量参加欧洲空间城市系统建设的有利条件，例如英国高速铁路等重大基础设施建设。

第三，欧洲政治思想性优势。

首先，欧洲是世界现代政治发源地，资本主义与社会主义的政治思想、政治文化都有着深厚的基础。空间城市系统所要求的政府力量、市场力量、公民力量的均衡条件，以及计划经济与市场经济动因条件，在欧洲都可以得到很好的满足。其次，第三波民主政治之后，欧盟实现了民主化整体政治结构，这就为欧洲空间城市系统所要求的行政一体化提供了政治思想基础。最后，欧洲统一的民主政治思想，使得科学层面的理论得到认同，例如彼得·霍尔的“巨型城市区域理论”被欧盟国家广泛认同。综上所述，欧洲政治思想、政治文化优势使得欧洲空间城市系统得以顺利产生与发展。

二是劣势方面。

第一，欧洲政治维度多元化。

政治维度多元化是欧洲的政治传统。如表4.6所示，民族国家是起源于欧洲的近

① 参见：1977年《欧盟空间规划制度概要》。

代政治概念，但是纵向三个层次维度与横向多国家维度，使得欧洲在空间城市系统化过程中与中国与美国相比增添了结构性政治障碍。克服这种结构性政治障碍就要付出更多的政治、经济、社会资源，因此欧盟国家权力让渡将是一个逐渐加快的过程，中国空间与美国空间则具有历史政治维度优势。欧洲政治维度多元化是欧洲空间碎片化的基础，欧盟政治思想、政治文化、政治制度创新是欧洲空间城市系统规划建设的根本保障，对此欧洲政府与城市学界必须保持清醒认识。

表 4.6　欧洲模式、中国模式、美国模式政治维度比较

类别	纵向维度	纵向政治维数/维	横向维度	纵向政治维数/维	优劣比较
欧洲模式	欧盟—国家—地方	3	城市—国家—城市	3	劣势
中国模式	国家—地方	2	城市—城市	2	优势
美国模式	国家—地方	2	城市—城市	2	优势

第二，欧洲政治过福利化。

过福利化政治制度是欧洲政治的劣势，希腊等国家的金融信誉危机已经证明了这一点。过福利化是公民力量过度强大的表现，它使政府力量、市场力量、公民力量结构出现严重失衡，其结果是空间城市系统经济基础环境条件匮乏，对于欧洲南部空间城市系统、欧洲中部空间城市系统的产生和发展具有重要意义。由于政治合法性所导致的过福力化政治制度，已经成为欧洲的政治文化。由政治动因集聚二元化模型可知，政府力量、市场力量的匮乏将导致凯恩斯理论失效，无法形成有效的社会消费与高倍投资国民总收入，即阻碍空间城市系统的产生与发展。因此过福利化政治制度的负面作用，是欧洲空间城市系统的产生与发展必须面对的基础性问题。

第三，欧洲政治保守化。

政治保守化是欧洲政治传统，体现在空间格局中就表现为地域化，它是与空间城市系统所要求的系统化、整体性相背离的。政治保守化造成政治活力欠缺，无法克服欧洲碎片化的国家与地方空间结构的羁绊。欧盟政治模式是克服地域性政治保守化的唯一路径，《欧洲空间发展战略》(ESDP)的制定与实施就是有力证明。因此，欧盟政治一体化模式替代国家和地方政治保守化模式为欧洲必由之路。

(3) 中国政治动因模式

中国特色社会主义具有城市化与空间城市系统化巨大制度优势：首先，中国社会主义政治制度具有高度行政效率，这是资本主义政治制度无法比拟的，中国高速铁路网的建设就是很好的证明。其次，中国社会主义政治制度具有整体涌现性，即全国一盘棋，社会主义制度为空间城市系统整体涌现性创造了环境基础，资本主义民族国家各自为政严重破坏破坏了空间城市系统整体涌现性的产生，欧盟各个国家之间的掣肘就是例证。最后，中国城市群实践证明了中国特色社会主义制度的优势，如粤港澳大湾区、长三角城市群、京津冀城市群、长江经济带、黄河高质量发展等。

总之，中国特色社会主义与空间城市系统之间是一种政治动力关系，它极大促进了空间城市系统的快速发展，如图 4.7 所示。21 世纪，中国将迎来现代社会主义新时代，它是社会主义高级阶段，民主法治是现代社会主义本质特征。历史已经证明，中国特色社会主义显示出巨大生命力。历史还将证明，新时代中国现代社会主义将释放出更大的政治动因作用。以社会主义为根本特征的，中国空间城市系统文明，将对世界文明做出较大贡献。

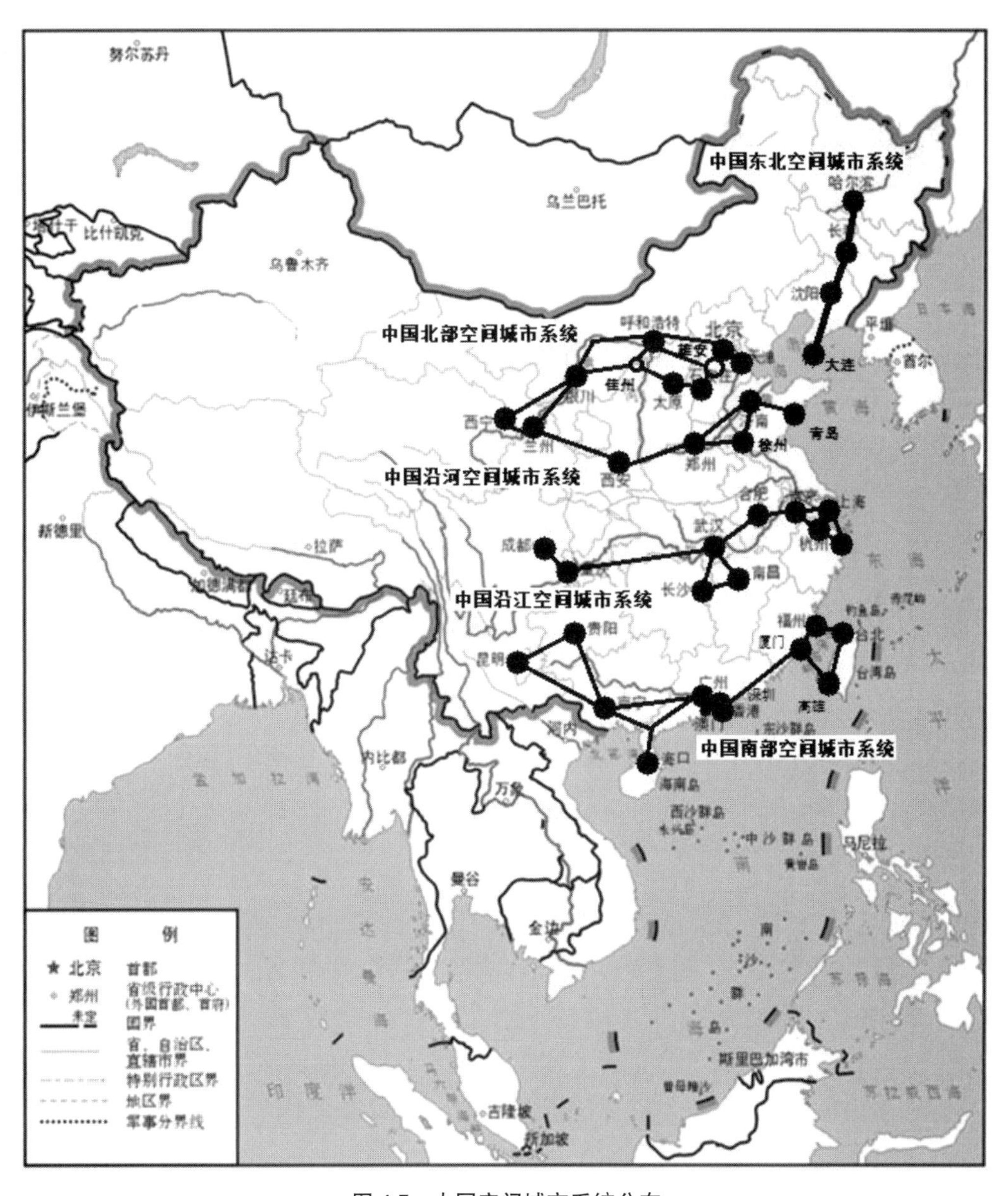

图 4.7　中国空间城市系统分布

［源自：笔者根据中华人民共和国自然资源部审图号 GS(2016)1593 号自制］

4.2 空间城市系统扩散动因

4.2.1 空间扩散原理

1）空间扩散概念

扩散是一个由来已久的城市科学概念，1953年瑞典学者哈格斯特朗首先提出了空间扩散概念。所谓空间扩散是指空间要素以空间流的形式，在一定时间内，从扩散源向承受者转移的过程，它导致自然或人文景观的空间转换。以扩散源为根据，空间扩散可以分为“单源扩散”与“多源扩散”。空间流是空间扩散的承载体，包括空间人员流、空间物质流、空间信息流、空间资金流、空间能源流等。空间扩散是城市形成的基本动因，在城市与城市之间表现为空间流波的形式。空间扩散具有扩散方式、扩散路径、扩散节点、扩散阻力、扩散阻碍、扩散非均质空间、扩散周期、扩散效果等特定学术词汇，已经形成了城市地理学特有的空间扩散理论体系。

2）空间扩散理论综述

（1）古典扩散理论

扩散是一个与城市发展相伴生的概念。1898年英国学者霍华德提出了“田园城市理论”，其本质就是城市扩散问题。其后，美国学者泰勒与英国学者恩温提出了“卫星城”学说，成为城市扩散理论与实践的推动者。西班牙工程师马塔提出了“带形城市概念”，对西方城市分散主义产生了影响。美国建筑师赖特提出了“广亩城市思想”，推进了美国郊区城市化进程。1943年，沙里宁出版了《城市：它的发展、衰败与未来》一书，提出了“有机疏散理论”，对后续城市空间扩散理论与实践产生了重要影响。

（2）现代扩散理论

1953年，瑞典学者哈格斯特朗在《作为空间过程的创新扩散》论文中，创建了一般意义上的空间扩散理论，成为“20世纪人文地理学研究中两项最重大的贡献之一”[14]。1966年弗里德曼提出了“核心—边缘理论”，1973年布朗（Brown）和伦特克（Lentnek）提出了扩散过程的主导因素观点①，1977年哈格特在空间结构中提出了“空间扩散要素”的观点，涉及路径、节点等扩散过程问题。就其本质而言，前述理论都是一般意义上的空间扩散问题。1999年，克鲁格曼等在《空间经济学——城市、区域与国际贸易》一书中，解释了新城市出现过程，提出了离心力观点，给出了城市空间扩散的定量化表达。

（3）中国扩散理论

1984年，中国学者陆大道提出了“点轴系统理论”。在《区域发展及其空间结构》一书中，他提出了“空间渐进式扩散概念”，创建了一般意义上的空间扩散理论，其中“一个扩散源”“局部扩散”“总体扩散”等观点，为空间城市系统“单源多波空间扩散模

① 参见：杨国良.旅游流空间扩散[M].北京：科学出版社，2008：14。

型”和“多源多波空间扩散模型”提供了学理基础。1997 年,中国学者许学强、周一星、宁越敏在《城市地理学—城市空间结构新论》中对空间扩散问题进行了研究,归纳形成了城市地理学空间扩散理论,对中国城市空间扩散产生了重大影响。顾朝林、甄峰、张京祥著有《集聚与扩散——城市空间结构新论》一书,陆玉麒、朱喜钢、周春山等都在其学术著作中对空间扩散问题进行了专题研究,发展了中国城市扩散理论。

3）空间扩散基本类型①

空间扩散是城市地理学的重要内容,空间扩散规律呈现多种模式,就一般意义上的空间扩散模式,主要分为空间传染扩散、空间等级扩散、空间重新区位扩散三种基本类型。

(1) 空间传染扩散

所谓空间传染扩散,是指空间要素或空间现象从扩散源向外做渐进连续的转移过程。空间传染扩散的特征是逐次推进,随着空间扩散距离增大,摩擦阻力使得扩散空间流逐渐衰弱。由城市内空间向城市近空间的空间流运动过程就是空间传染扩散,此时空间流呈波状由内向外做近域推进,从而形成了城市地域的圈层结构。

(2) 空间等级扩散

所谓空间等级扩散,是指空间要素或空间现象采用跳跃方式进行远距离转移的过程。空间等级扩散的特征是跨越地理距离,例如在第二次世界大战的太平洋战场,美军采用的跨岛战术就是空间等级扩散。空间梯度是空间等级扩散的主要动力。由于空间势能差的存在,空间梯度导致了空间要素或空间现象在两点之间的跨越式转移,形成了空间等级扩散。

(3) 空间重新区位扩散

所谓空间重新区位扩散,是指空间要素或空间现象发生了空间位置转移而没有数量的变化。空间重新区位扩散的特征是扩散本体不变性,例如移民过程仅仅是人口所处的空间位置发生了变化,而人员本体保持了不变性。与空间重新区位扩散相反的是空间扩张型扩散,例如城市空间呈圈层结构向城市外空间近域推进,就是空间扩张型扩散。

4.2.2 空间城市系统扩散机理

1）空间城市系统扩散动因定义

(1) 空间城市系统扩散动因概念

所谓空间城市系统扩散动因,是指空间城市系统的空间扩散动力作用,它是空间城市系统产生与发展的主要动因。在城市中,空间扩散表现为空间流;在城市之间,空间扩散表现为空间流波。扩散的空间流与空间流波所承载的空间要素与空间现象的转移,为空间城市系统城市组分与子系统的形成提供了主体元素。因此,空间扩散是

① 在本节中,相关内容参考:许学强,周一星,宁越敏.城市地理学[M].2 版.北京:高等教育出版社,2009:198-203。在此向原作者致谢,并统一说明,后续不单独予以摘引标注。

空间城市系统产生与发展的基础性动因,空间扩散动因与空间集聚动因、空间联结动因一起构成了空间城市系统产生与发展的根本动力。

(2) 空间城市系统扩散性质

① 系统性

空间城市系统扩散具有系统性,表现为多元化、相关化、整体化特征。多元化是指扩散主体的多元化现象,即扩散空间要素与空间现象多元化。相关化是指扩散源与承受者空间扩散相关性,即子系统之间以及城市之间的空间扩散相关性。整体化是指空间扩散导致空间城市系统整体涌现性的产生。空间城市系统扩散系统性还表示为城市体系内部空间扩散,例如牵引城市(TC)向主导城市(LC)、主中心城市(MC)、辅中心城市(AC)、基础城市(BC)的空间扩散,反之亦然。

② 多元性

空间城市系统扩散具有多元性,表现为产业、人文、创新、科学、技术等多方面的空间扩散行为。空间城市系统复杂性决定了空间城市系统扩散多元性,空间要素与空间现象的多元性空间扩散是现代信息社会的形成前提。多元化空间扩散,为空间城市系统组分城市与子系统提供了全方位的结构要素。

③ 层次性

空间城市系统扩散具有层次性,表现为多级空间城市系统的空间扩散特征,以及城市体系多级空间扩散特征。多级空间城市系统的空间扩散行为之间,多级城市空间扩散行为之间,具有紧密的逻辑关联性,同时又具有整体涌现性。空间梯度是空间城市系统扩散层次性产生的动因。在不同层次之间,因为存在空间势能差,空间要素或空间现象的空间扩散呈现层级现象。

④ 功能性

空间城市系统扩散具有功能性:一是表现为城市形成功能,进而发展为城市体系形成功能。二是表现为空间城市系统形成功能,进而发展为多级空间城市系统形成功能。空间城市系统扩散动因承担着空间城市系统产生与发展的主要功能,它与空间城市系统集聚动因、空间城市系统联结动因形成博弈均衡,成为空间城市系统产生与发展的动力。

(3) 空间城市系统扩散机制

① 空间城市系统扩散主体

所谓空间城市系统扩散主体,是指空间扩散的空间要素与空间现象,例如人员、物资、信息、创新、产业、人文、技术等。扩散主体是空间扩散的承载物,在空间城市系统扩散中居于本体地位,有其内在规律性,是空间城市系统扩散动因行为的实施者。城市发展使得特定空间要素与空间现象成为扩散主体,被扩散出去,我们称之为正向扩散。空间城市系统均衡性要求特定空间要素与空间现象成为扩散主体,在空间城市系统内实现空间扩散。例如,人口由低级城市向高级中心城市的扩散,我们称之为逆向扩散。

② 空间城市系统扩散方向

所谓空间城市系统扩散方向，是指在空间扩散过程中，空间流或空间流波的运动方向。以城市扩散源为标准分为“正向扩散＋”与“逆向扩散－”。所谓正向扩散＋是指从高级中心城市向低级城市空间扩散的方向，例如，金融创新从牵引城市（TC），向主导城市（LC）、主中心城市（MC）、辅中心城市（AC）、基础城市（BC）空间扩散的方向。所谓逆向扩散－是指从低级城市向高级中心城市空间扩散的方向，例如，人口由主导城市（LC）、主中心城市（MC）、辅中心城市（AC）、基础城市（BC）向牵引城市（TC）空间扩散的方向。空间城市系统扩散方向，有助于我们理解空间城市系统均衡性，而系统均衡性导致空间城市系统整体涌现性的产生。

③ 空间城市系统扩散过程

所谓空间城市系统扩散过程是指扩散主体所要经历的阶段环节，主要包括扩散源出城市、扩散渠道、扩散阻力、扩散障碍、扩散空间流、扩散空间流波、扩散承受城市、扩散结果。空间城市系统扩散过程具有扩散时间特征和扩散空间特征，它将导致空间城市系统空间形态与空间结构的变化，将导致空间城市系统自然与人文景观的转换，将导致空间城市系统整体涌现性的产生。

2）空间城市系统扩散表述

(1) 扩散主体结构分析

如表 4.7 所示，空间城市系统扩散主体结构表是进行扩散主体结构分析的基本工具。我们可以根据需要设置扩散主体分类，并统计特定时期的扩散主体数量，归纳分类扩散主体关系。

表 4.7　扩散主体结构表

扩散主体	人口	产业	物资	信息	资本	创新	技术
主体分类	工业人口 农业人口 服务业人口	第一产业 第二产业 第三产业	生活物资 生产物资 商业物资	网络信息 电话信息 邮政信息	汇兑资本 现金资本 外汇资本	科学知识 专利发明 人文艺术	工程技术 应用技术 医疗技术
主体数量	一类数量 二类数量 三类数量	一类数量 二类数量 三类数量	一类数量 二类数量 三类数量	一类数量 二类数量 三类数量	一类数量 二类数量 三类数量	一类数量 二类数量 三类数量	一类数量 二类数量 三类数量
主体关系	高度关联 中度关联 低度关联	高度关联 中度关联 低度关联	高度关联 中度关联 低度关联	高度关联 中度关联 低度关联	高度关联 中度关联 低度关联	高度关联 中度关联 低度关联	高度关联 中度关联 低度关联

在此基础上，进行空间城市系统扩散主体结构分析，得出空间城市系统扩散主体结构的基本情况。

(2) 扩散主体定性与定量分析

① 扩散主体类别与分析方法

第一，空间要素。

所谓空间要素，是指物质化扩散主体的最小基本单元，如人口要素、土地要素、产业要素、资本要素等。就空间城市系统而言,空间要素是不可再分的组分或者基元。空间要素是空间扩散的基本承载物,是扩散空间流、扩散空间流波的基本构成物。空间要素具有分类属性,如自然要素、人工要素、产业要素,可观察、可测量是物质化空间要素的基本特征。

第二,空间现象。

所谓空间现象,是指非物质化扩散主体所表现出来的外部形式,如行政现象、人文现象、创新现象、信息现象、科技现象等。就空间城市系统而言,空间现象是基础性的组分或要件。空间现象是空间扩散的基本承载体,是扩散空间流、扩散空间流波的基本构成要件。空间现象具有分类属性,如自然现象、人文现象、科技现象,可观测、可归纳是非物质化空间现象的基本特征。

第三,分析方法。

根据扩散主体类别的不同,可以选择不同的分析方法。空间要素扩散主体为物质化形式,它的可观性、可测性、可控性都十分明显,因此可以选择相对具象的分析方法,如主成分分析方法。空间现象扩散主体为非物质化形式,它具有抽象性、随机性、虚拟性特征,因此可以选用相对抽象的分析方法,如数理统计分析方法。扩散主体分析方法的选择,要根据实际情况,本着适用、契合、实用的原则来确定,不能凭主观臆断抉择。

② 扩散主体主成分分析

扩散主体主成分分析,既适用于空间要素扩散主体分析,也适用于空间现象扩散主体分析,今以空间要素扩散主体为例,即物质化人口要素、土地要素、产业要素、资本要素、能源要素等,介绍扩散主体主成分分析。根据主成分分析理论,空间要素扩散主体依次设定为:第一主成分人口 Z_1、第二主成分土地 Z_2、第三主成分产业 Z_3、第四主成分资本 Z_4、第五主成分能源 Z_5,则扩散主体主成分可以由以下方程组求出:

$$
\begin{aligned}
Z_1 &= a_{11}u_1 + a_{12}u_2 + a_{13}u_3 + a_{14}u_4 + a_{15}u_5 \\
Z_2 &= a_{21}u_1 + a_{22}u_2 + a_{23}u_3 + a_{24}u_4 + a_{25}u_5 \\
Z_3 &= a_{31}u_1 + a_{32}u_2 + a_{33}u_3 + a_{34}u_4 + a_{35}u_5 \\
Z_4 &= a_{41}u_1 + a_{42}u_2 + a_{43}u_3 + a_{44}u_4 + a_{45}u_5 \\
Z_5 &= a_{51}u_1 + a_{52}u_2 + a_{53}u_3 + a_{54}u_4 + a_{55}u_5
\end{aligned}
\tag{4.7}
$$

其中,Z 表示扩散主体主成分;u 表示空间要素自变量标准值;a 表示空间要素自变量对扩散主体主成分的影响程度。

扩散主体主成分公式(4.7)说明,扩散主体重要性具有排序特征,依次为人口 Z_1、土地 Z_2、产业 Z_3、资本 Z_4、能源 Z_5。扩散主体主成分可以由空间要素自变量求出,可以通过主成分贡献度与累积贡献率,对扩散主体主成分整体情况进行综合判断。主成分分析的具体步骤,读者可以参阅主成分分析数学方法。

③ 扩散主体数理统计分析

扩散主体数理统计分析,既适用于空间现象扩散主体分析,也适用于空间要素扩散主体分析，今以空间现象扩散主体为例，即非物质化行政现象、人文现象、创新现象、信息现象、科技现象等，介绍扩散主体数理统计分析。扩散主体数理统计分析主要是统计推断理论的应用，我们通过对扩散主体观测数据的数理统计分析，来发现扩散主体的内在规律性，即空间现象的内在规律性，做出一定精确程度的判断和预测。

第一，扩散主体样本及无量纲化。

面对无限多的空间现象扩散主体总体 F，我们只能采取空间现象随机样本作为研究对象，找寻扩散主体总体内在的规律。我们观测到空间现象扩散样本为行政 X_1、人文 X_2、创新 X_3、信息 X_4、科技 X_5，称之为扩散主体总体 F（或总体 X）的随机样本，它的扩散主体样本容量为 5，它们所对应的观测值 x_1、x_2、x_3、x_4、x_5 为扩散主体样本值，它们是扩散主体总体 X 的 5 个独立观测值。

由于空间现象扩散样本行政 X_1、人文 X_2、创新 X_3、信息 X_4、科技 X_5，计量单位和数量级不相同，各样本之间不具备可比性，因此需要对空间现象扩散样本进行无量纲化处理。可以采用极值化方法、标准化方法、均质化方法、标准差化方法，对空间现象扩散样本进行无量纲化处理，得到可以进行比较的标准化扩散主体样本行政 X'_1、人文 X'_2、创新 X'_3、信息 X'_4、科技 X'_5，它们所对应的观测标准值为 x'_1、x'_2、x'_3、x'_4、x'_5，即扩散主体标准样本值，它是扩散主体标准总体 X' 的 5 个独立观测标准值，其扩散主体标准样本容量为 5。

扩散主体样本及其无量纲化是扩散主体数理统计分析的基础，具有特别重要的基础性意义。在此基础上，我们就可以对扩散主体进行标准样本分析，例如扩散主体直方图分析、箱线图分析。通过对行政标准样本、人文标准样本、创新标准样本、信息标准样本、科技标准样本的分析，就可以发现空间现象扩散主体标准总体的规律。

第二，扩散主体标准样本均值。

所谓扩散主体标准样本均值，是指扩散主体标准总体 X' 的均值，即行政 X'_1、人文 X'_2、创新 X'_3、信息 X'_4、科技 X'_5 的均值，表示为

$$\bar{X}' = \frac{1}{5}\sum_{i=1}^{5} X'_i/5 \tag{4.8}$$

标准样本均值 $\bar{X}'$，是反映标准样本数据集中趋势的一项指标，可以用来估计标准扩散主体总体均值 F' 的情况。

第三，扩散主体标准样本方差。

所谓扩散主体标准样本方差，是指标准样本偏离标准样本均值的平方的平均值，则扩散主体标准样本方差可以表示为

$$\sigma^2 = E\{[X' - E(X')]^2\} \tag{4.9}$$

其中，σ^2 代表扩散主体标准样本方差；X' 代表扩散主体标准总体；$E(X')$ 代表扩散主体标准样本均值，即 $\bar{X}'$。

方差 σ^2 描述的是扩散主体标准总体 X' 的离散程度，方差越大离散程度越大，方

差越小离散程度越小。可以用标准样本方差来估计标准扩散主体总体方差的情况。

上述"扩散主体标准样本均值"与"扩散主体标准样本方差",是空间现象扩散主体数理统计分析的最基础指标,具有重要意义。在此基础上,我们就可以对扩散主体进行标准样本均值分析和标准样本方差分析。通过对行政标准样本、人文标准样本、创新标准样本、信息标准样本、科技标准样本的均值和方差分析,就可以发现空间现象扩散主体标准总体的规律。

第四,扩散主体标准样本正态分布规律。

扩散主体最大分布规律是我们需要寻找的扩散主体总体规律,而概率论中心极限定理给予了最好的解释,在此基础之上所形成的正态分布规律,就成为扩散主体标准样本的基本分布规律。经过多数观测实例证明,扩散主体标准样本分布与正态分布拟合得非常好,因此扩散主体正态分布是一种经验性规律。概率论知识告诉我们,由于正态分布的稳定性质,其他的各种分布规律都会逐渐向正态分布靠拢,即正态分布是一种基础性规律。

如图 4.8 所示,所谓扩散主体标准样本正态分布,是指空间现象扩散主体标准样本的一种概率分布。正态分布具有两个参数 μ 与 σ^2,参数 μ 是扩散主体标准随机变量 X' 的均值,参数 σ^2 是扩散主体标准随机变量 X' 的方差,将扩散主体标准样本正态分布记作 $N(\mu, \sigma^2)$。扩散主体标准样本正态分布的特点是关于 μ 对称,并在 μ 处达到最大值。

扩散主体标准样本正态分布说明,扩散主体标准随机变量 X' 的概率分布规律为:取距离 μ 前后邻近的值的概率大,即 $f(x')$ 大;取距离 μ 越远的值的概率越小,即 $f(x')$ 越小。

如图 4.9 所示,扩散主体标准样本正态分布说明,σ 越小,扩散主体标准随机变量 X' 分布越集中在 μ 附近;σ 越大,扩散主体标准随机变量 X' 分布越分散。

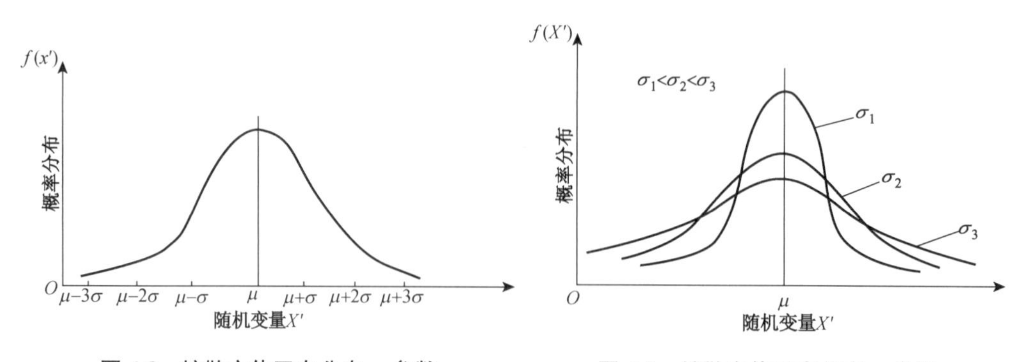

图 4.8 扩散主体正态分布 μ 参数　　图 4.9 扩散主体正态分布 σ 参数

在空间城市系统空间扩散中,无论是空间要素还是空间现象扩散主体,其正态分布都具有经验性存在意义。扩散主体正态分布是均值分析、方差分析、检验分析、回归分析的基础,扩散主体其他分布规律都是正态分布规律的偏离,在大样本情况下都服从正态分布规律。而扩散主体正态分布一旦形成，就具有稳定性，即空间城市系统空间扩散主体稳定在正态分布状态，这对于我们判断空间城市系统扩散主体总体情况十分有意义。

(3) 扩散源出机制分析

城市是空间城市系统扩散的主要扩散源，城市扩散源出机制是一个复杂的过程，对城市扩散现象进行观察时发现，城市扩散具有缓慢产生、急剧增长、饱和渐滞的特征。经过对扩散主体进行抽样并进行无量纲化处理之后，发现城市扩散主体源出过程具有逻辑斯蒂(Logistic)回归模型特征。如图 4.9 所示，所谓 Logistic 回归模型，是一种广泛存在的经验性规律，其特点是开始缓慢，随后加剧，最后饱和，呈现指数型增长形式。当源出扩散主体观测样本足够大时，扩散主体源出过程与 Logistic 回归模型拟合得非常接近。

① 扩散产生期

如图 4.10 所示，城市扩散源出机制的第一个阶段为扩散产生期。按照国际经验，城市人均 GDP 超过 5 000 美元，城市化率超过 50%时，就会产生"涓滴效应"。1958 年，美国学者赫希曼提出了"极化涓滴理论"。所谓涓滴效应是指在城市扩散产生前期，由于城市极化现象趋于饱和，便开始向周边区域产生渗漏行为，开始生成扩散主体。在前期阶段，扩散主体结构还没有形成，空间扩散表现为一种散点式分布，扩散速度缓慢，呈现低指数增长率。在城市扩散产生后期，会出现"溢出效应"。所谓城市扩散"溢出效应"是指扩散主体形成空间流与空间流波，对空间城市系统产生影响，即城市的"外部性"。在后期阶段，扩散主体结构趋于形成，空间扩散速度加快，趋向于高指数增长率 A 点。

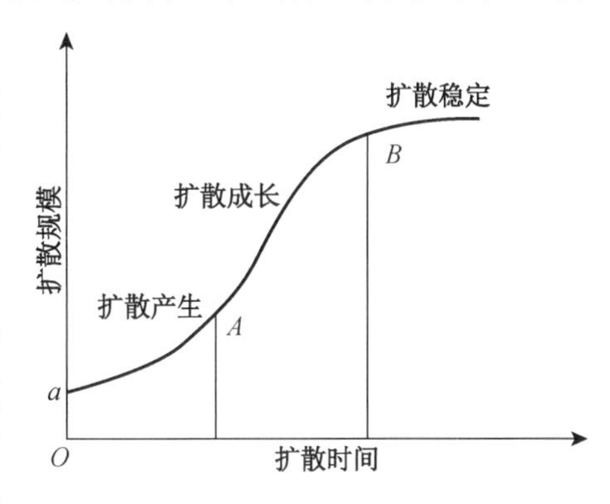

图 4.10　扩散源出逻辑斯蒂曲线

② 扩散成长期

如图 4.10 所示，城市扩散源出机制的第二个阶段为扩散成长期。1957 年，瑞典学者缪尔达尔提出"扩散效应"概念。所谓扩散效应是指扩散主体从城市增长极向外部强烈辐射出去的过程，对于扩散源出城市它以空间流形式存在，对于城市之间它以空间流波形式存在。在扩散成长期，扩散主体结构已经形成，空间扩散速度呈现高指数增长率，即从 A 点至 B 点。空间城市系统规划的产生与实施会加快城市"扩散效应"的作用，例如长江三角洲空间城市系统规划的实施加快了上海的"城市扩散效应"。

③ 扩散稳定期

如图 4.10 所示，城市扩散源出机制的第三个阶段为扩散稳定期。笔者提出的空间动因博弈均衡理论提供了解释根据。所谓扩散稳定，是指空间扩散动因、空间集聚动因、空间联结动因经非合作博弈实现了纳什均衡，进而促使空间城市系统生成，空间

扩散受制于博弈均衡而趋于稳定状态。在扩散稳定期，空间城市系统在李雅普诺夫条件下实现稳定，即 $|X(t)-\Phi(t)|<\varepsilon$（参见第2章内容），空间扩散逻辑性随之稳定下来。此阶段，扩散主体结构进入调整优化阶段，如高端服务业开始形成，创新成为社会的追求目标。空间扩散呈现稳定的低增长率，即 B 点之后的曲线，如图4.9所示。例如上海经过扩散产生期、扩散成长期后，第二产业等低端产业逐渐扩散出去，进入了扩散稳定期。

（4）扩散时空特征分析

① 扩散时间特征分析

空间城市系统扩散分为城市空间流和城市之间的空间流波两种形式，它们具有共同的城市扩散来源。因此，在扩散时间特征方面，空间流与空间流波扩散主体都延续了城市扩散源出机制，即扩散产生、扩散成长、扩散稳定规律，如图4.9所示。中国学者陆玉麒给出了空间扩散时间特征表达公式[15]

$$P=\frac{L}{1+a\mathrm{e}^{-bt}} \tag{4.10}$$

式中，P 表示空间流或空间流波扩散主体随时间 t 变化的数量；L 表示在扩散稳定状态空间流或空间流波扩散主体的上限；a 表示起始时间空间流或空间流波扩散主体的数量；t 表示扩散时间；e表示自然对数的底；b 表示扩散主体增长率。

结合图4.10与公式(4.10)，空间城市系统扩散时间特征可以表述为：扩散起始于扩散主体规模 a 值状态，即 $t=0$；在扩散产生阶段，扩散主体规模 P 缓慢增长，直至 A 点，即 t_A 时间；在扩散成长阶段，扩散主体规模 P 迅速增长，即从 A 点到 B 点，亦即 t_A 至 t_B 时间；在扩散稳定阶段，扩散主体规模 P 已接近最大饱和上限 L 值，即 B 点之后，亦即 t_B 之后时间。

② 扩散空间特征分析

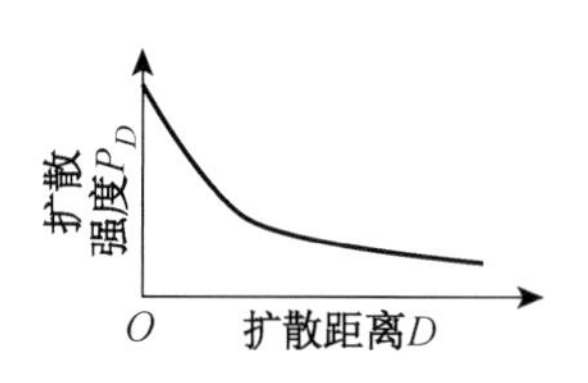

图4.11　扩散空间特征曲线

如图4.11所示，将扩散主体规模表示为扩散强度 P_D，即空间流或空间流波强度，将扩散距离表示为 D，以扩散源为O点。因为，空间城市系统扩散主体的空间流或空间流波，在理想空间中遵循“距离衰减原理”，则扩散空间特征公式表达为

$$P_D=D^{-k} \tag{4.11}$$

式中，P_D 代表扩散强度；D 代表扩散距离；k 为经验系数。

结合公式(4.11)与图4.10，空间城市系统扩散空间特征可以表述为：扩散强度 P_D 随空间距离 D 增大而减弱，在理想空间中扩散遵循“距离衰减原理”。在实际空间中，因为存在空间障碍作用（自然障碍与人文障碍），扩散会发生莫里尔不可渗透或可渗透现象，前者将导致扩散强度 P_D 就地加大趋势，后者将导致扩散强度 P_D 低起点继续扩散现象。因为，空间扩散动因是空间城市系统形成的主要动力，消除空间障碍就成为其重要的辅助干预需求，其中跨区域治理是消除空间障碍的主要手段，例如突破国界与行政区域边界。

3）空间城市系统扩散作用

（1）扩散源出城市作用

① 牵引城市（TC）

牵引城市（TC）是空间城市系统的最高级扩散源，如美国的纽约、芝加哥、洛杉矶，欧洲的伦敦、巴黎、米兰、莫斯科，中国的香港、上海、北京，日本的东京，巴西的圣保罗。牵引城市（TC）的扩散行为导致牵引城市（TC）在空间城市系统的统治功能。牵引城市（TC）扩散，是空间城市系统扩散动因与联结动因的主要来源，为城市体系提供了空间要素与空间现象元素。牵引城市（TC）居世界人居空间首要位序，承担着传播人类文明创新的使命，这是牵引城市（TC）扩散的终极结果。

② 主导城市（LC）

主导城市（LC）是空间城市系统的高级扩散源，如美国的西雅图、旧金山、亚特兰大、休斯敦，西北欧的法兰克福、苏黎世、阿姆斯特丹，南欧的罗马、巴塞罗那，如英国的曼彻斯特、格拉斯哥，中国的武汉、重庆、南京、兰州、西安、台北、厦门、深圳、广州、沈阳、天津，俄罗斯的圣彼得堡，日本的大阪，巴西的里约热内卢。主导城市（LC）的扩散行为主导着2～3个空间城市子系统，成为空间城市系统扩散动因与联结动因的重要来源，为城市体系提供了空间要素与空间现象元素。主导城市（LC）居区域人居空间序参量位序，承担着传播区域文化创新的责任。区域引领是主导城市（LC）扩散的基本使命。

③ 主中心城市（MC）

主中心城市（MC）是空间城市系统的中级扩散源，如美国东部的波士顿、费城、华盛顿、弗吉尼亚比奇、纳什维尔，美国西部的圣迭戈、菲尼克斯、波特兰，美国北部的匹兹堡、辛辛那提、圣路易斯、密尔沃基、明尼阿波利斯，美国南部的迈阿密、新奥尔良、达拉斯；西北欧的布鲁塞尔、科隆、马赛、里昂、乌得勒支，英国的爱丁堡、伯明翰、布里斯托尔、利物浦，如南欧的热那亚，佛罗伦萨、那不勒斯；中国沿江的杭州、南昌、长沙、成都等，中国南部的南宁、昆明、海口、福州、高雄等，中国北部的石家庄、唐山、太原等，中国沿河的济南、郑州、徐州等，中国东北的长春、哈尔滨、大连等；俄罗斯的伏尔加格勒、喀山等；日本的名古屋、札幌等；巴西的巴西利亚、累西腓等。主中心城市（MC）的扩散行为是1级空间城市系统产生与发展的核心动力，它所导致的扩散动因与联结动因具有承上启下的基本功能，为城市体系提供了空间要素与空间现象元素。主中心城市（MC）居地方人居空间核心位序，承担着空间扩散地方中心功能，为上级城市提供基础要素，为下级城市提供引领要素，是主中心城市扩散的基本使命。

④ 辅中心城市（AC）

辅中心城市（AC）是空间城市系统的下级扩散源，如美国的巴尔的摩、圣何塞、克里夫兰、奥斯汀等，欧洲的加莱、海牙、斯图加特、都灵等，英国的利兹、加的夫等，中国的淄博、苏州、烟台、东莞、澳门、台中等，俄罗斯的图拉、乌兰乌德等，日本的京都、仙台、广岛等，巴西的库里蒂巴、萨尔瓦多等。辅中心城市(AC)的逆向扩散行为，为上级城市提供了基础要素，例如人口要素、产品要素、资源要素。辅中心城市(AC)的正向扩散行为向基础城市(BC)以及广大的城镇扩散着空间要素与空间现象，它是空间城市系统扩散的基础部分，具有十分重要的作用。

⑤ 基础城市(BC)

基础城市(BC)是空间城市系统的最下级扩散源，如美国的纽黑文、麦迪逊、坦帕、圣塔芭芭拉等，欧洲的鲁昂、根特、哈勒姆、亚琛、洛桑、比萨、朴次茅斯、约克、邓迪等，中国的昆山、密云、义县、章丘、肇庆等，俄罗斯的诺金斯克、维堡等，日本的福岛、丰田、长崎等，巴西的桑托斯、戈亚尼亚等。基础城市(BC)的逆向扩散行为为上级城市提供了基础要素，例如人口要素、产品要素、资源要素、能源要素。基础城市(BC)扩散是空间城市系统扩散的最基层，它的逆向扩散为空间城市系统提供了不可或缺的基本元素，具有基础性的重要作用。

(2) 扩散渠道功能

① 地理连接与空间联结功能

空间城市系统扩散渠道具有地理连接功能和空间联结功能。所谓地理连接功能是指应用交通工具实现城市之间的高速到达，如高速铁路、高速公路、飞机航线等。所谓空间联结功能是指城市之间人员、物质、信息的有机关联行为，空间流波是空间联结的承载体。扩散渠道中充斥着空间流或空间流波，将空间要素或空间现象扩散主体输送到空间城市系统的各个节点城市。

② 正向扩散渠道功能

所谓正向扩散渠道(+CH)功能，是指扩散主体空间流波从高级城市扩散到低级城市，如科技创新从牵引城市(TC)，沿着正向扩散渠道(+CH)，依次向主导城市(LC)、主中心城市(MC)、辅中心城市(AC)、基础城市(BC)扩散的过程。空间城市系统正向扩散具有牵引、主导、中心辐射的基本功能，特别是空间现象正向扩散，是一个主动、积极、有目的的空间扩散过程，创新文明文化正向扩散对于空间城市系统具有基础性作用。

③ 逆向扩散渠道功能

所谓逆向扩散渠道(—CH)功能，是指扩散主体空间流波从低级城市扩散到高级城市，如人口要素由基础城市(BC)，沿着逆向扩散渠道(—CH)，依次向辅中心城市(AC)、主中心城市(MC)、主导城市(LC)、牵引城市(TC)扩散的过程。空间城市系统逆向扩散具有基本、均衡、元素供给的基本功能，特别是空间要素逆向扩散，是一个主动、积极、保障性的空间扩散过程，基本人员、物质、资源逆向扩散对于空间城市系统具有基础性作用。

(3) 扩散承受城市结果

① 基础城市(BC)

基础城市(BC)是空间城市系统扩散的最低级承受者，如前述美国、欧洲、中国、日本、巴西的基础城市(BC)。作为最基本的扩散承受城市,基础城市(BC)接收牵引城市(TC)、主导城市(LC)、主中心城市(MC)、辅中心城市(AC)对基础城市(BC)的空间扩散,包括空间要素与空间现象两种扩散。基础城市(BC)的空间现象主要来源于这种扩散承受,如知识、文化、科技、资本等,它们成为基础城市(BC)产生与发展的主要动力。

② 辅中心城市(AC)

辅中心城市(AC)是空间城市系统扩散的低级承受者,如前述美国、欧洲、中国、日本、巴西的辅中心城市(AC)。作为地方性的扩散承受城市,辅中心城市(AC)主要接收牵引城市(TC)、主导城市(LC)、主中心城市(MC)对辅中心城市(AC)的空间扩散,主要是空间现象的扩散承受,如知识、文化、科技、资本等。同时,辅中心城市(AC)接收基础城市(BC)的空间要素扩散,如人员、物资、资源、能源等。辅中心城市(AC)所接收的空间现象与空间要素扩散,成为它产生与发展的主要动力。

③ 主中心城市(MC)

主中心城市(MC)是空间城市系统扩散的中级承受者,如前述美国、欧洲、中国、日本、巴西的主中心城市(MC)。作为区域性的扩散承受城市,主中心城市(MC)主要接收牵引城市(TC)、主导城市(LC)对主中心城市(MC)的空间扩散,主要是空间现象的扩散承受,如知识、文化、科技、资本等。同时,主中心城市(MC)接收辅中心城市(AC)、基础城市(BC)的空间要素扩散,如人员、物资、资源、能源等。主中心城市(MC)所接收的空间现象与空间要素扩散,成为它产生与发展的主要动力。

④ 主导城市(LC)

主导城市(LC)是空间城市系统扩散的高级承受者,如前述美国、欧洲、中国、日本、巴西的主导城市(LC)。作为国际性的扩散承受城市,主导城市(LC)接收牵引城市(TC)对主导城市(LC)的空间扩散,主要是空间现象的扩散承受,如知识、文化、科技、资本等。同时,主导城市(LC)接收主中心城市(MC)、辅中心城市(AC)、基础城市(BC)的空间要素扩散,如人员、物资、资源、能源等。主导城市(LC)所接收的空间现象与空间要素扩散,成为它产生与发展的主要动力。

⑤ 牵引城市(TC)

牵引城市(TC)是空间城市系统扩散的最高级承受者,如前述美国、欧洲、中国、日本、巴西的牵引城市(TC)。作为全球性的扩散承受城市,牵引城市(TC)接收全球牵引城市(TC)对它的空间现象扩散,如知识、文化、科技、资本等。同时,牵引城市(TC)接收全球主导城市(LC)、主中心城市(MC)、辅中心城市(AC)、基础城市(BC)的空间要素扩散,如人员、物资、资源、能源等。牵引城市(TC)所接收的空间现象与空间要素扩散,成为它产生与发展的主要动力。

(4) 空间城市系统结果

空间城市系统扩散的整体性结果主要表现为三个方面:第一,它形成了空间城市系统扩散动因,与空间城市系统集聚动因、空间城市联结动因一起形成了空间城市系统动因。第二，它为牵引城市(TC)、主导城市(LC)、主中心城市(MC)、辅中心城市(AC)、基础城市(BC)的形成提供了主要动力。第三，空间城市系统扩散使得空间城市系统整体实现了均衡，这就为空间城市系统整体涌现性的产生创造了条件。综上所述，空间城市系统扩散在空间城市系统的产生与发展过程中，具有基础性、前提性、核心性的地位与作用。

4.2.3 空间城市系统产业扩散动因

1）空间城市系统产业扩散定义

（1）空间城市系统产业扩散概念

空间城市系统产业扩散，是指产品与服务的生产区位发生空间扩散的现象。空间城市系统产业扩散是空间城市系统经济动因的核心内容，具有基础性地位与作用。产业扩散是一个经典性经济命题，空间城市系统产业扩散具有其特殊性。空间城市系统产业结构居于经济发展的高级阶段，其性质已经发生了进化。基于空间城市系统产业扩散的基本性、特殊性、核心性，我们将空间城市系统产业扩散动因进行专门论述。

（2）空间城市系统产业分类

空间城市系统产业分类具有其特殊性，在国际通用产业结构，即“三次产业分类方法”的基础上，增加了第四产业类别，形成了空间城市系统产业分类准则。

① 第一产业

所谓第一产业是指利用自然力为主，生产不必经过深度加工就可消费的产品或工业原料的部门，主要包括农业、林业、渔业、畜牧业、采集业。第一产业的主要特征是产品直接取自自然界，它是空间城市系统赖以维生的基础产业。

② 第二产业

所谓第二产业是指将初级产品作为原料进行深度加工的产业部门，主要包括采矿业、制造业、建筑业以及煤气、电力、供水等工业部门。第二产业的主要特征是产品取自初级产业，它是空间城市系统主要的经济主体产业。

③ 第三产业

所谓第三产业是指一般性流通产业与服务产业，如商业、金融业、保险业、运输业、服务业、公务部门、公益事业等一般性广义服务业。第三产业的主要特征是一般不生产有形的物质产品，而是为社会生产和人民生活提供服务，它是空间城市系统的基础性产业。

④ 第四产业

所谓第四产业是空间城市系统创生的高端产业，它居于第一产业、第二产业、第三产业的基础之上，处于产业结构的最高层次。美国学者卡斯特证明“世界经济的全球化和所谓的信息化，高端经济由制造、加工转向服务生产，尤其是转向处理信息的高端服务业，这一转变已经呈现为一个与18—19世纪从农业经济向制造业经济转变同等重要的根本性的长期经济过程，从制造业向信息化发展模式的转变”[16]。英国学者彼得·霍尔证明"最显著的表现就是所谓的高端生产者服务业(Advanced Producer Services, APS)的出现,即为其他服务部门提供专业化服务的一系列活动,如提供专业知识和处理专门信息等。这种由专家顾问提供的知识密集型服务是后工业化经济的一个核心特征,它们在广泛的领域提供专业型的服务:经营和管理、生产、科研、人力资源、信息和通信,以及营销等,重要的咨询公司和网络正日趋国际化"[16]。

所谓第四产业是指对第一产业、第二产业、第三产业具有统领作用的高端服务产业,具有创新性、专业性、信息化、知识化特征,例如人文创新、高级行政、总部经济、科技研发、金融投资等机构、部门与产业。第四产业的主要特征包括四个方面:一是高级公共服务特征;二是文明创新特征;三是统摄性特征;四是牵引城市(TC)区位特征。

1935年,新西兰学者费歇尔创建了产业分类方法,随后英国学者克拉克构建了三次产业分类方法。第四产业的概念是对前人产业分类方法的传承与发展,是建立在信息文明基础之上的,是人居空间发展到空间城市系统的必然产物。我们将第一产业、第二产业、第三产业、第四产业简称为1I、2I、3I、4I,方便于空间城市系统产业扩散研究。由此,我们实现了产业结构分类方法的学理性衔接。

(3) 空间城市系统产业变化

① 空间城市系统产业周期

1982年,美国学者高特和克莱珀提出了产业生命周期模型,如图4.12所示。空间城市系统产业变化遵循产业生命周期理论:第一,产业形成期。第二,产业成长期。第三,产业成熟期。第四,产业衰退期。产业生命周期理论为空间城市系统产业轮替置换提供了理论基础,这已经被世界范围空间城市系统产业轮替置换实践所证实。

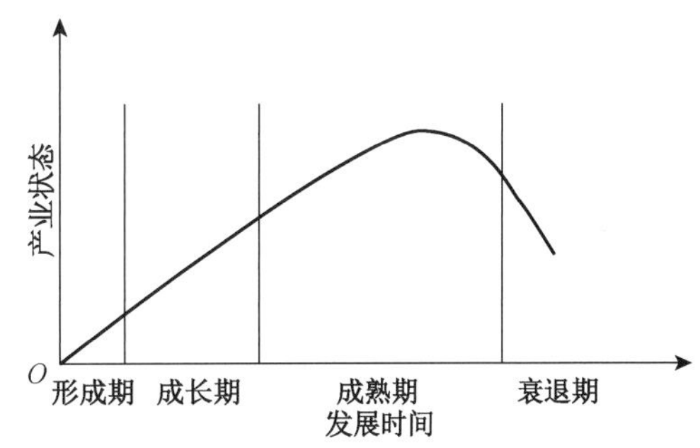

图4.12 空间城市系统产业周期

② 空间城市系统产业轮替

所谓空间城市系统产业轮替是指在牵引城市(TC)、主导城市(LC)、主中心城市(MC)、辅中心城市(AC)、基础城市(BC)中,由高到低出现产业轮替置换现象,我们称之为空间城市系统4I、3I、2I、1I产业轮替置换。例如,在北京出现了亚洲基础设施投资银行建立、首都钢铁公司扩散现象,即北京牵引城市(TC)发生了第四产业(4I)与第二产业(2I)的轮替置换现象。空间城市系统产业轮替是一种基本规律,广泛发生在美国、欧洲、中国、日本等空间城市系统之中。

③ 空间城市系统产业扩散

在产业轮替置换的作用下,形成空间城市系统产业扩散。产业扩散伴随着空间要素与空间现象扩散主体的空间扩散,包括传染扩散、等级扩散、重新区位扩散。在空间城市系统中形成了空间流波,以特定时空特征在空间城市系统扩散渠道中运行。空间城市系统产业扩散为空间城市系统城市体系的形成提供了基本空间元素,导致空间城市系统产业结构整体性质得到提升。产业结构整体涌现性是空间城市系统整体涌现性的基础。

2）空间城市系统产业扩散过程

（1）空间城市系统产业扩散源出

① 产业扩散源出速度

所谓产业扩散源出是指在特定城市空间的特定产业，如第二产业（2I），进入衰退期之后开始进入扩散的现象。空间城市系统产业轮替导致产业扩散源出发生，产业扩散决定于产业内部系统变量与产业外部环境参量，可以表达为

$$\text{产业扩散源出} = \text{产业系统变量} + \text{产业环境参量} \tag{4.12}$$

即有

$$F(ID) = f(i) + f(e) \tag{4.13}$$

我们将上式称之为“产业扩散源出公式”。其中，$F(ID)$ 表示产业扩散源出函数；$f(i)$ 表示扩散产业系统函数；$f(e)$ 表示扩散产业环境函数。如前面“扩散源出机制分析”所述，产业扩散源出遵循逻辑蒂斯规律，即产业扩散产生阶段、产业扩散成长阶段、产业扩散稳定阶段。在产业扩散过程中，其一，扩散产业系统函数 $f(i)$ 主要体现为产业收益递减、产业成本递增。其二，扩散产业环境函数 $f(e)$ 主要体现为产业区位竞争优势丧失、产业比较优势丧失。对产业扩散源出公式两边微分得到产业扩散源出速度公式。

$$\frac{\mathrm{d}F(ID)}{\mathrm{d}t} = \frac{\mathrm{d}f(i)}{\mathrm{d}t} + \frac{\mathrm{d}f(e)}{\mathrm{d}t} \tag{4.14}$$

其中，t 表示时间。

② 产业扩散源出解析

第一，产业扩散产生阶段。

对于扩散源出城市的特定产业，随着产业衰退期的来临，产业扩散现象开始发生。在产业扩散产生阶段，如前图 4.10 所示，初期为线性产业扩散，后期为指数规律扩散，呈现逐渐加速扩散的规律，体现在具体形态上就是产业集群迁移开始发生，城市产业空间性质开始变化。

第二，产业扩散成长阶段。

由产业扩散源出速度公式（4.14）得知：首先，产业扩散成长速度决定于产业系统变化率 $\mathrm{d}f(i)/\mathrm{d}t$，即产业本身竞争力，如产品、技术、企业等产业竞争优势；其次，产业扩散成长速度决定于产业环境变化率 $\mathrm{d}f(e)/\mathrm{d}t$，它与高级产业的成长紧密相关，如第四产业（4I）。如图 4.12 所示，高级产业由形成期进入成长期后迅速形成产业集群，如第四产业（4I）集群。它对扩散产业集群形成挤压效应，如第二产业（2I）集群，最终产生第四产业（4I）对“第二产业（2I）”的产业轮替。在扩散产业离心力和高级产业挤压

力的共同作用下，产业扩散源出成长进入快速轨道，此时产业扩散源出公式多为 $a>1$ 的单调递增指数函数，即 $F(ID)=a^{x}$。

第三，产业扩散稳定阶段。

当产业源出扩散进入后期阶段，产业扩散主体逐渐衰竭，即有

$$f(i)\to 0 \tag{4.15}$$

因为扩散产业环境函数 $f(e)$ 是扩散产业系统函数 $f(i)$ 的正向关联函数，所以有

$$f(e)\to 0 \tag{4.16}$$

即扩散产业主体环境发生了改变，如将第二产业(2I)空间改变成了第四产业(4I)空间。根据公式(4.15)与(4.16)，对于产业扩散主体，由公式(4.13)可得

$$F(ID)\to 0 \tag{4.17}$$

公式(4.17)代表产业扩散源出趋于衰竭，也就是说在产业扩散稳定阶段，发生着高级产业对低级产业的轮替，如第四产业(4I)、第三产业(3I)、第二产业(2I)、第一产业(1I)之间的逐级轮替。当每一次产业轮替完成，产业空间性质就发生本质性的变化，随着产业空间性质变化，城市职能实现由低级向高级转化。

(2) 空间城市系统产业扩散特征

① 产业扩散时间特征

由前面论述我们得知，逻辑斯蒂回归方程是“空间扩散时间特征”的基本规律，因此空间城市系统产业扩散在时间特征上也遵循这一规律，如公式 4.10 所示。空间城市系统的产业扩散时间特征可以分为四个阶段：第一，产业扩散初期。产业扩散以缓慢增长方式在较小空间范围和较少接受城市中发生。第二，产业扩散中前期。产业扩散以迅速增长方式在近距离空间迅速发生，产业扩散接受城市数量迅速增加。第三，产业扩散中后期。产业扩散以迅速增长方式在远距离空间迅速发生，产业扩散接受城市形成产业扩散接受集群。第四，产业扩散后期。产业扩散源出枯竭，产业扩散接受城市数量接近饱和，产业扩散的强度大大减弱，空间城市系统扩散趋于稳定。

② 产业扩散空间特征

空间城市系统的形成为产业扩散提供了优良的环境条件：其一，最大限度地消除了自然环境障碍、行政区划障碍、地方文化障碍，使得产业扩散可以顺利实现重新区位扩散。其二，空间城市系统产业扩散，可以实现“产业扩散源出”与“产业扩散接受”的无缝对接，大大提高了产业转移效率，这是空间城市系统产业扩散不同于其他空间扩散的显著特征。其三，空间扩散距离衰竭规律，在空间城市系统产业扩散中的作用退化，“产业扩散源出”根据“产业扩散接受”要求进行扩散，而与空间距离无关。

③ 产业扩散空间梯度特征

第一，空间梯度。

所谓空间梯度，是指在空间城市系统中存在着空间结点体系，它们由空间元点、空

间节点、空间中心点形成。设空间结点体系中某点 A 的标度参数为 w（如人口标度、规模标度、职能标度），在与其直线相距 d_y 的 B 点，该标度参数为 $w+d_w$，则称其为该标度参数的梯度，记为向量 ***grad***，亦即该标度参数的空间变化率。空间梯度的本质是在空间城市系统物理空间中，空间区位的差异所导致的空间要素（或空间功能）之间的空间势能差值，如两个城市之间的城市人口势能、城市面积势能、城市职能势能等。

第二，产业空间梯度。

所谓产业空间梯度，是指产业空间要素或产业空间功能存在的空间区位势能差值，即产业势能差值。产业空间梯度导致产业扩散梯度动力的产生，它驱使产业扩散在空间城市系统中发生，在产业扩散梯度动力作用下，扩散源出产业从高梯度地区向低梯度地区转移。

第三，产业空间梯度转移。

所谓产业空间梯度转移，是指在产业空间扩散梯度动力作用下所发生的产业转移现象，主要包括产业转移内容与产业转移空间两个方面：其一，以第四产业（4I）、第三产业（3I）、第二产业（2I）、第一产业（1I）为梯次的产业转移内容。其二，以牵引城市（TC）、主导城市（LC）、主中心城市（MC）、辅中心城市（AC）、基础城市（BC）为层次的产业转移空间。产业扩散空间梯度转移原理符合产业扩散的一般规律，具有较强的解释功能，已经被大量空间城市系统产业转移实践所证实。

(3) 空间城市系统产业扩散接受

就空间城市系统而言，“产业扩散源出”与“产业扩散接受”是一个问题的两个方面，因此我们可以用同样的方法处理空间城市系统产业扩散接受问题。产业扩散接受决定于承受城市空间特定产业[如第二产业（2I）]，的内部系统变量和外部环境参量，可以用下列公式予以表达：

$$\text{产业扩散接受} = \text{产业系统变量} + \text{产业环境参量} \tag{4.18}$$

即有

$$F(IA) = f(i) + f(e) \tag{4.19}$$

我们将上式称为“产业扩散接受公式”。其中，$F(IA)$ 表示产业扩散承受城市产业扩散接受函数；$f(i)$ 为接受产业系统函数，产业扩散接受内部系统变量，主要体现为产业收益递增、产业成本递减；$f(e)$ 表示接受产业环境函数，产业接受外部环境参量主要体现为产业区位竞争优势增强、产业比较优势加大。空间城市系统产业扩散接受表现在具体形态上就是在承受城市，产业集群开始产生并形成相应的产业空间。

随着产业扩散接受由小到大的发展过程，产业系统内部变量呈现增长趋势，接受产业系统函数 $f(i)$ 呈现增长态势。由于接受产业环境函数 $f(e)$ 是接受产业系统函

数 $f(i)$ 的正向关联函数，因此接受产业环境函数 $f(e)$ 呈现增长态势。空间城市系统产业扩散接受随产业系统变量与产业环境参量 的增长而增长。

3）空间城市系统产业扩散结果

（1）产业结构优化升级

产业扩散导致了空间城市系统产业结构的重组与优化，第四产业（4I）、第三产业（3I）、第二产业（2I）、第一产业（1I），在牵引城市（TC）、主导城市（LC）、主中心城市（MC）、辅中心城市（AC）、基础城市（BC）的空间中，形成了产业纵向层次分布和横向协同分布。特别是第四产业（4I）的产生与发展，使得创新成为空间城市系统经济发展的主要动力。例如伦敦金融城的第四产业（4I）功能，使英国空间城市系统产业结构得到优化和提升。产业结构的优化升级，使得空间城市系统经济动因具备了最核心的内容，从而为空间城市系统的形成和发展提供了最基础的保障。

（2）空间形态与空间结构

① 形塑空间形态

空间城市系统产业扩散导致了人员、物资、信息的转移，塑造了城市空间形态，例如第四产业（4I）的发展，直接形塑了伦敦金融城的城市景观，如图 4.13 所示。纽约、东京、上海地标性城市景观，都与第四产业（4I）的发展紧密相关联。在世界范围，产业扩散所产生的人、财、物转移，都直接促进了城市空间形态的发展。

图 4.13　英国伦敦金融城

（源自：百度图片）

② 形塑空间结构

如图 4.14 所示，上海牵引城市（TC）、南京主导城市（LC）、杭州主中心城市（MC）、合肥主中心城市（MC）、宁波主中心城市（MC）的产业扩散，形塑了长江三角洲空间城市系统空间结构。其中上海产业扩散对于“苏锡常空间结构”的产生具有决定性意义，图中表示为明亮的灯光效果，说明上海—南京空间结构发育得很成熟，这是与上海第四产业(4I)对它们的扩散紧密相连的。

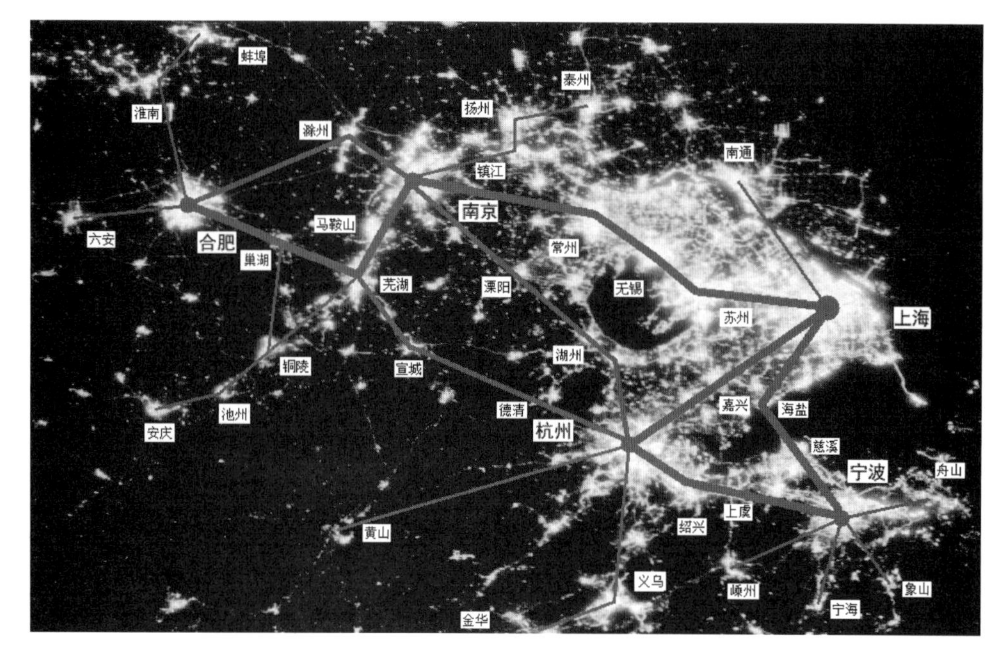

图 4.14　长江三角洲空间城市系统空间结构

(3) 空间城市系统整体涌现性

空间城市系统产业扩散使得空间城市系统的竞争优势得以建立，主要体现在空间城市系统整体涌现性之上。如示意图 4.15 所示，以纽约为牵引城市(TC)的美国东部空间城市系统，以巴黎为牵引城市(TC)的西北欧空间城市系统，以上海为牵引城市(TC)的中国沿江空间城市系统，以东京为牵引城市(TC)的日本空间城市系统，因为它们整体涌现性的强大，在世界上居于领先地位，成为世界性创新的领先空间。

图 4.15　世界主要空间城市系统

4.3 空间城市系统联结动因

4.3.1 空间城市系统脑概论

1）空间城市系统脑概念

“空间城市系统脑”是人居空间发展到空间城市系统高级阶段之后所形成的人类智能体系。空间城市系统脑是一种人类专业知识、社会专门职能、计算机人工智能的有机结合体。首先，它具备人类特有的认知能力、适应调整能力、控制能力。其次，它具备人类社会特有的组织能力、协调能力、专项能力。最后，它具有计算机的大数据计算与分析功能。

空间城市系统脑具有复杂的结构与功能，空间流信息与空间流波信息是空间城市系统脑的主要工作对象，具体分为空间集聚信息、空间扩散信息、空间联结信息三个大类。空间城市系统脑的结构与功能，就体现在对这三大类信息的处理上，由此控制与运行空间城市系统。

空间城市系统脑理论是一种创新范式：首先，它具有清晰的命题范畴，即人类智能体系，使空间城市系统具有了拟人化性质。其次，它有自己的方法论，即空间城市系统理论、人工智能理论、计算机科学等。最后，它具有理论内涵，形成了专门的“空间城市系统脑理论范式”。城市大脑的成功为空间城市系统脑奠定了坚实的实践基础，而中国与世界空间城市系统实践为空间城市系统脑的创新提供了宽广的平台。

2）空间城市系统脑演化与功能

（1）空间城市系统脑产生

如图 4.16 所示，空间城市系统脑的产生经历了一个进化过程，人居空间是人类智能的产物，人脑始终左右着人居空间的建立、形态、结构、功能、进化，人脑又受自身和环境的影响不可能超出人居空间特定阶段的条件限制，人脑与人居空间条件构成了一种“人脑加工器”推动着人居空间的进化，同时也进行着自身的进化。究其本质，人居空间是人脑与人居空间限制条件作用的结果。“人脑加工器”遵循自组织进化规律，它的发育成熟为“空间城市系统脑”奠定了基础，标志着空间城市系统脑的产生。

图 4.16 空间城市系统脑产生

（2）空间城市系统脑进化

如图 4.17 所示，空间城市系统脑经历了巢穴神经元组织、聚落神经系统组织、城市半脑组织、空间城市系统脑的进化过程。

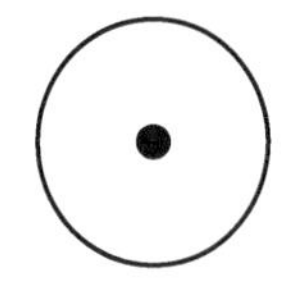
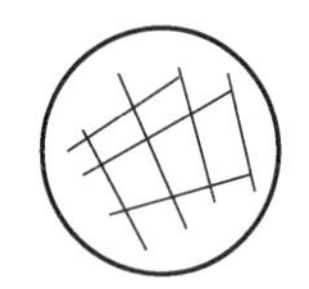

巢穴神经元组织　　聚落神经系统组织　　城市半脑组织　　空间城市系统脑

图 4.17　空间城市系统脑进化过程

第一阶段,巢穴神经元组织。在巢穴时代,人居空间处于自在状态,"人脑加工器"具有神经元人类聚居感觉功能。人类智能水平只能选用自然材料建造巢穴,被动选择洞穴,用以防止野兽侵袭栖身居住。因此在巢穴时代,"人脑加工器"处于初级"巢穴神经元组织"状态。

第二阶段,聚落神经系统组织。在聚落时代,人居空间进入自为状态,"人脑加工器"具有神经组织人居空间认知功能,如风水朝向、背山面水、择水而居等。人类智能水平可以规划村庄、建造房屋、营建城镇。因此在聚落时代,"人脑加工器"处于中级"聚落神经系统组织"状态。

第三阶段,城市半脑组织。在城市时代,人居空间进入发达的自为状态,"人脑加工器"具备了半脑组织人居空间科学功能,如城市建筑、交通设施、城市职能等。人类智能水平拥有了建筑学、城乡规划学、景观园林学等科学理论。但是在城市时代,城市属性居于统治地位,城市关系属性居于次要地位,"人脑加工器"还没有具备空间城市系统的整体认知。因此在城市时代,"人脑加工器"仅到达次高级"城市半脑组织"状态。

第四阶段,空间城市系统脑。在空间城市系统时代,人居空间进入自觉状态,"人脑加工器"具备了全脑系统认知功能,如大都市连绵带、巨型区域、巨型城市区域、城市群、都市圈等。人类智能水平掌握了空间城市系统理论,形成了巢穴认知、聚落认知、城市认知、空间城市系统认知完整的人居空间认知体系。在空间城市系统时代,"空间联结规律"被发现,即城市关系属性上升为序参量地位,空间城市系统整体涌现性主导着人居空间的可持续发展,"人脑加工器"到达高级"空间城市系统脑"状态。

(3) 空间城市系统脑功能

空间信息感知、空间信息鉴别、空间信息判断、空间信息决策,成为空间城市系统脑的主要功能。空间城市系统脑各分项模型有其分项功能(如后所述),空间城市系统脑整体功能是对整体涌现性的决策,其定性与定量结果直接决定了空间城市系统的控制与运行。注意各分项模型结果之和不等于空间城市系统脑的整体结果,空间城市系统脑功能需要进行总分功能分别表述。

(4) 空间城市系统脑前景

"空间城市系统脑"的产生与发展是空间城市系统客观事实的必然结果,具有十分广阔的前景,它的价值主要可以分为以下三个方面:

第一，理论价值。

空间城市系统脑的理论创新是一种拟人化的人类智能理论范式，不同于简单的机器化的“人工智能理论”。空间城市系统脑理论将复杂的“人类属性”体现为专业脑体系，与“组织制度”“机器推理”相结合，形成了空间城市系统控制原理。空间城市系统脑理论将导致“空间城市系统脑工程技术”与“空间城市系统脑计算机软件”等空间城市系统控制的创新，并为此提供理论基础。因此，空间城市系统脑理论具有很高的科学理论价值。

第二，实践价值。

空间城市系统脑具有很强的实践应用价值。21 世纪，西北欧空间的“巨型城市区域”、美国空间的“巨型区域”、中国空间的“城市群”、日本空间的“都市圈”、南欧和巴西空间的“大都市连绵带”都已经建立起来并进入发展阶段。中欧空间、俄罗斯空间、印度空间、东南亚空间、澳大利亚空间，“空间城市系统现象”已经初露端倪。“空间城市系统脑”是空间城市系统“空间规划”“空间治理”不可或缺的工具，它是空间城市系统研究与教学的基本手段与方法。

第三，商业价值。

空间城市系统实践对空间城市系统脑有着巨大需求，“空间规划”与“空间治理”都需要现代化高效率的手段，空间城市系统控制更需要“空间城市系统脑”的应用。因此，“空间城市系统脑控制”拥有全球性的市场潜力，蕴含着巨大的商业价值。人工智能领域“专家系统”以及“城市大脑”与“智慧城市建设”都为空间城市系统脑奠定了优良的市场开发基础。因此，空间城市系统脑具有巨大的商业开发价值。

3）空间城市系统脑模型体系

（1）空间城市系统脑模型体系概念

如图 4.18 所示，“空间城市系统脑三维模型体系”是对空间城市系统脑作用的细分，它说明了空间城市系统脑在三个主要方面的分层与分类作用：第一维度模型体系。空间城市系统脑分类结构包括专业脑模型、组织脑模型、机器脑模型和辅助装置。第二维度模型体系。空间城市系统脑分层结构包括神经元组织模型、神经系统组织模型、半脑组织模型、空间城市系统脑模型。第三维度模型体系。空间城市系统脑分级结构包括城市体系脑模型、多级空间城市系统脑模型、空间城市系统脑大数据信息模型。

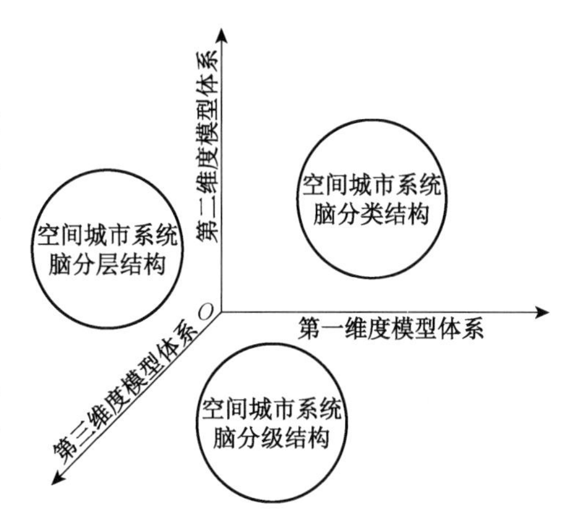

图 4.18　空间城市系统脑三维模型体系

（2）空间城市系统脑模型体系框图

如图 4.19 所示，“空间城市系统脑模型体系框图”对空间城市系统脑模型体系做出了全面表述，它实际上就是第一维度模型体系、第二维度模型体系、第三维度模型体

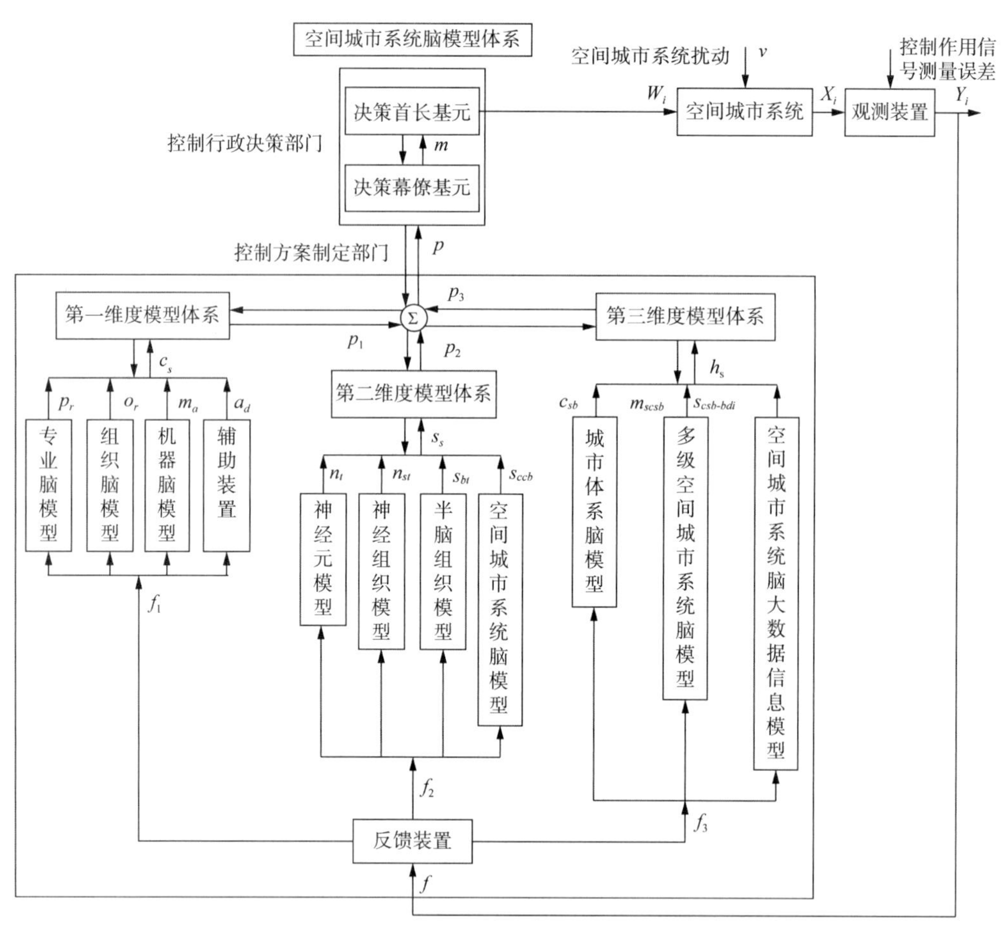

图中，Y_i 为空间城市系统脑输出信号；X_i 为空间城市系统输出信号；W_i 为控制决策输出信号；m 为幕僚基元输出信号；p 为控制方案输出信号；p_1 为第一维度模型体系控制方案输出信号；p_2 为第二维度模型体系控制方案输出信号；p_3 为第三维度模型体系控制方案输出信号；c_s 为控制机构输出信号；p_r 为专业脑模型输出信号；o_r 为组织脑模型输出信号；m_a 为机器脑模型输出信号；a_d 为辅助装置输出信号；s_s 为n_t、n_{st}、s_{bt}、s_{csb} 合成信号；n_t 为神经元模型输出信号；n_{st} 为神经组织模型输出信号；s_{bt} 为半脑组织模型输出信号；s_{csb} 为空间城市系统脑模型系统输出信号；h_s 为c_{sb}、ms_{csb}、$s_{csb\text{-}bdi}$ 合成信号；c_{sb} 为城市体系脑模型输出信号；m_{scsb} 为多级空间城市系统脑模型输出信号；$s_{csb\text{-}bdi}$ 为空间城市系统脑大数据信息模型输出信号；f_1 为反馈装置输出第一维度信号；f_2 为反馈装置输出第二维度信号；f_3 为反馈装置输出第三维度信号；f 为空间城市系统反馈信号。

图 4.19　空间城市系统脑模型体系框图

系的“控制系统”。“空间城市系统脑模型体系框图”以及“空间城市系统脑第一维度模型体系”框图(图 4.20)说明了空间城市系统脑的基本结构与模块关联，在空间城市系统脑理论中具有重要地位。

“空间城市系统脑模型体系”具有不同的专项结构，每一个专项结构有其不同的组成元素、工作机理、功能效用，这些专项结构的有机组合形成了空间城市系统脑整体涌现功能。“空间城市系统脑模型体系”的最终目的也是获取空间城市系统的整体涌现性，它直接决定着空间城市系统的控制与运行。因为各分项模型结果之和不等于空间城市系统脑的整体结果，因此空间城市系统脑功能需要进行总分功能单独表述。

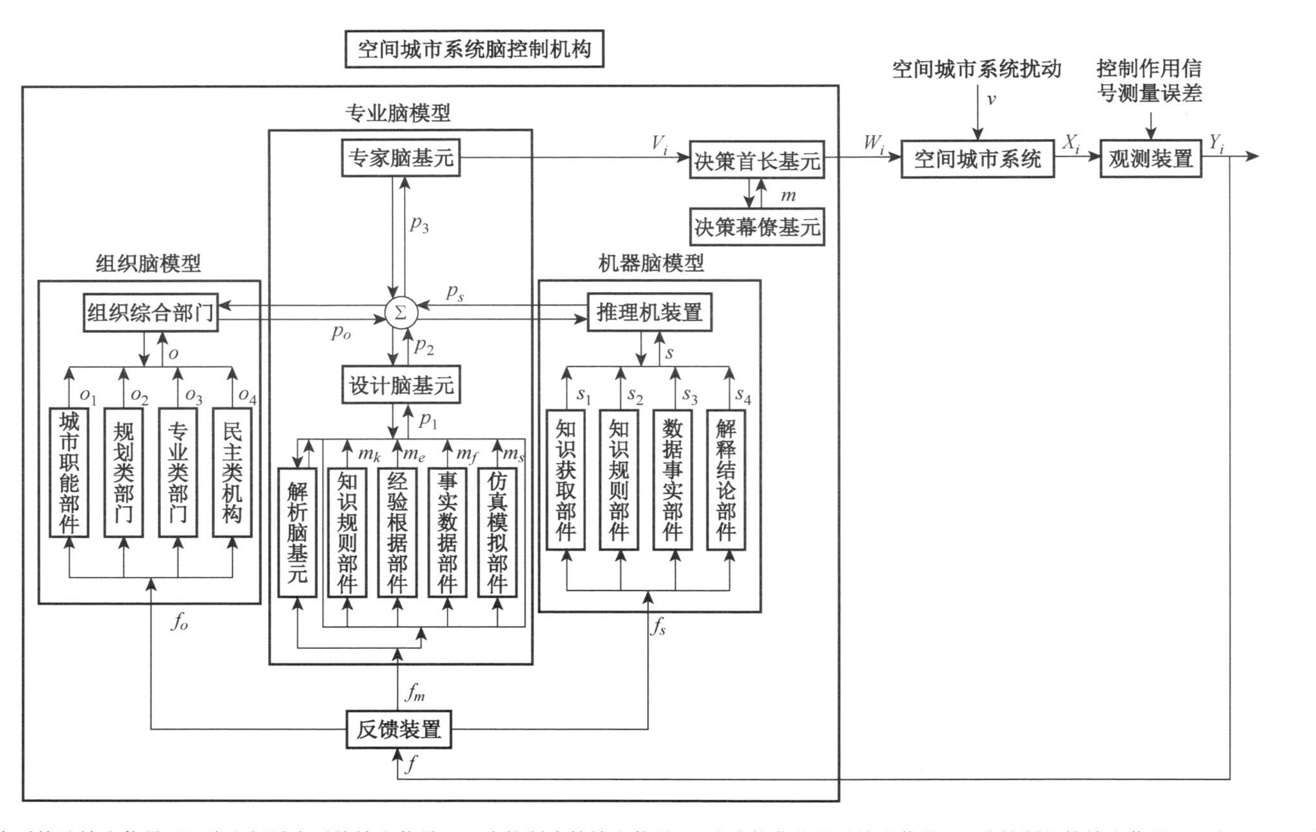

图中：Y_i 为空间城市系统脑输出信号，X_i 为空间城市系统输出信号，W_i 为控制决策输出信号，m 为决策幕僚基元输出信号，V_i 为控制机构输出信号，p_3 为 $p_o p_2 p_s$ 合成信号，p_o 为组织综合部门输出信号，p_2 为设计脑基元输出信号，p_s 为推理机装置输出信号，o 为 $o_1 o_2 o_3 o_4$ 合成信号，o_1 为城市职能部件输出信号，o_2 为规划类部门输出信号，o_3 为专业类部门输出信号，o_4 为民主类机构输出信号，p_1 为解析脑基元输出信号，m_k 为知识规则部件输出信号，m_e 为经验根据部件输出信号，m_f 为事实数据部件输出信号，m_s 为仿真模拟部件输出信号，s 为 $s_1 s_2 s_3 s_4$ 合成信号，s_1 为知识获取部件输出信号，s_2 为知识规则部件输出信号，s_3 为数据事实部件输出信号，s_4 为解释结论部件输出信号，f_o 为反馈装置输出组织综合信号，f_m 为反馈装置输出设计信号，f_s 为反馈装置输出推理信号，f 为空间城市系统反馈信号。

图 4.20　空间城市系统脑第一维度模型体系

(3) 空间城市系统脑第一维度模型体系

如图 4.20 所示,空间城市系统脑第一维度模型体系包括专业脑模型、组织脑模型、机器脑模型、辅助装置四个组成部分,它们分别代表着人类专业智慧、社会专门职能、机器人工智能、信息反馈与加和职能,分别承担着空间城市系统控制作用方案的综合确定、组织协调、状态空间、辅助作用四个方面的职能。

首先,专业脑模型结构包括专家脑基元、设计脑基元、解析脑基元,以及主体知识规则部件、主体经验根据部件、主体事实数据部件、主体仿真模拟部件。专业脑模型的本质是掌握空间城市系统理论的专业化人类智能体系,即专家脑基元、设计脑基元、解析脑基元,具有专业化知识与经验的人脑是它们的核心。专业脑模型功能是产生空间城市系统控制方案,图中表示为控制方案 p_1、控制方案 p_2、控制方案 p_3。由专业脑模型统摄组织脑模型、机器脑模型,所形成的控制方案 p_3 经过专家脑基元最后审定,形成空间城市系统控制方案,对空间城市系统进行控制。

其次,组织脑模型结构包括组织综合部门、城市职能部件、规划类部门、专业类部门、民主类机构。组织脑模型的本质是空间城市系统专门组织机构,即组织综合部门、规划类部门、专业类部门、民主类机构,各种专门化分工职能是它们的核心。组织脑模型功能是制定空间城市系统组织控制方案,图中表示为控制方案 p_o,它是空间城市系统控制方案 p_3 的重要组成部分。组织脑模型功能是建立在已经存在的城市规划职能部门基础之上的,它与专业脑模型的协调至关重要。

再次,机器脑模型结构包括状态空间推理机装置、状态空间知识获取部件、状态空间知识规则部件、状态空间数据事实部件、状态空间解释结论部件。机器脑模型的本质是人工智能计算机装置,即推理机装置及其附属设备。专家知识、硬件设备、运算规则是机器脑的三个关键要素。机器脑模型功能是制定空间城市系统人工智能控制方案,图中表示为控制方案 p_s,它是空间城市系统控制方案 p_3 的重要组成部分。机器脑模型功能是建立在空间城市系统大数据信息基础之上的,它与空间城市系统大数据信息模型的配合至关重要。

最后,辅助装置是指承担辅助职能的空间城市系统脑附件,包括空间城市系统的加权求和器Ⓢ与反馈装置等。“辅助装置”的可靠性、效能性、精准性对空间城市系统脑有直接影响,决定着空间城市系统控制作用方案的质量。

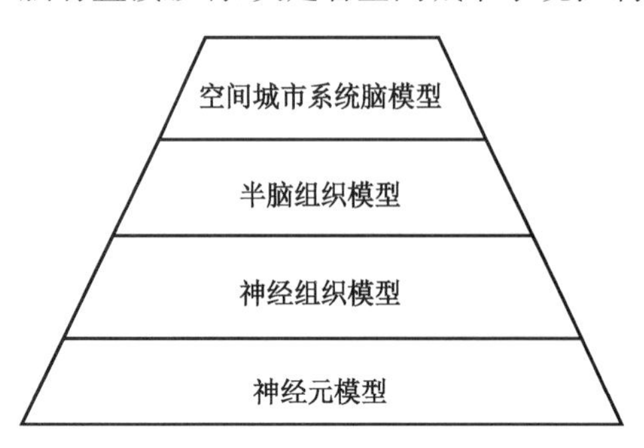

图 4.21 空间城市系统脑第二维度模型体系

(4) 空间城市系统脑第二维度模型体系

如图 4.21 所示,空间城市系统脑第二维度模型体系,包括空间城市系统脑四个层级结构:第一,神经元模型。第二,神经组织模型。第三,半脑组织模型。第四,空间城市系统脑模型。它们分别代表了空间结点、空间结点轴线、空间结点轴线域面、空间结点轴线域面及涌现的内在规律，即每一个层级的空间形态与空间结构规律。

首先，“神经元模型”是空间城市系统脑的基本单位，它对应着空间城市系统基元结点，如基础城市（BC）结点、辅中心城市（AC）结点等。“神经元模型”有自己的空间形态与空间结构，对空间流和空间流波具有感觉认知、鉴定判断、集聚扩散联结的基础功能。“神经元模型”为空间城市系统脑的高级功能提供基本的支撑作用。

其次，“神经组织模型”是空间城市系统脑的基本构成部分，它对应着空间城市系统结点、轴线，如基础城市（BC）结点与空间轴线等。“神经组织模型”有自己的空间形态与空间结构，它对空间流与空间流波有感觉认知、鉴定判断、集聚扩散联结、承载运行的基础功能。“神经组织模型”为空间城市系统脑的高级功能提供基本的支撑作用。

再次，“半脑组织模型”是空间城市系统脑的主要功能部分，它对应着空间城市系统结点、轴线、域面，如基础城市（BC）结点、空间轴线、辅中心城市（AC）结点、主中心城市（MC）结点以及它们所在的网络域面。“半脑组织模型”有自己的空间形态与空间结构，它对空间流与空间流波有感觉认知、鉴定判断、集聚扩散联结、承载运行、信息决策的主体功能。“半脑组织模型”为空间城市系统脑提供了高级功能的主要部分。

最后，“空间城市系统脑模型”是空间城市系统脑本体部分，它对应着空间城市系统结点、轴线、域面、涌现，是空间城市系统脑的整体构成。如基础城市（BC）结点、空间轴线、辅中心城市（AC）结点、主中心城市（MC）结点、网络域面，以及空间城市系统整体涌现要素。“空间城市系统脑模型”具有完整的空间形态与空间结构，它对空间流与空间流波有感觉认知、鉴定判断、集聚扩散联结、承载运行、信息决策、协调控制的全部功能。“空间城市系统脑模型”处于最高级地位，包含了空间城市系统脑的全部功能。

（5）空间城市系统脑第三维度模型体系

如图 4.22 所示，空间城市系统脑第三维度模型体系包括空间城市系统脑的三个主要方面内容：第一，城市体系脑模型。第二，多级空间城市系统脑模型。第三，空间城市系统脑大数据信息模型。空间城市系统脑第三维度模型体系表达了城市属性认知、空间城市系统属性认知、大数据信息支撑。

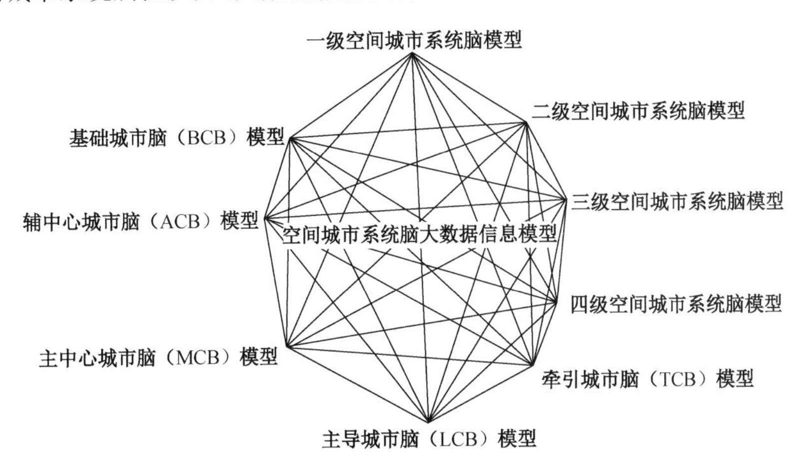

图 4.22　空间城市系统脑第三维度模型体系

首先，“城市体系脑模型”就是城市大脑模型，它包括基础城市脑（BCB）模型、辅中心城市脑（ACB）模型、主中心城市脑（MCB）模型、主导城市脑（LCB）模型、牵引城市脑（TCB）模型。它们表达了各自的城市属性认知，如城市人口、城市面积、城市职能。城市属性认知是城市本质的体现，是空间城市系统认知的基础。

其次，“多级空间城市系统脑模型”就是空间城市系统脑模型，包括一级空间城市系统脑模型、二级空间城市系统脑模型、三级空间城市系统脑模型、四级空间城市系统脑模型。它们表达了各自的空间城市系统性认知，即城市关系属性认知，如空间人流联结、空间物流联结、空间信息联结。空间城市系统属性认知是城市区域空间本质的体现，是迄今为止人居空间形式的终极性认知。

最后，“空间城市系统脑大数据信息模型”就是计算机大数据信息处理中心，由大数据信息收集、储存、处理等模块组成。它是“城市体系脑模型”与“多级空间城市系统脑模型”的汇集中心，承担着空间城市系统大数据信息的收集、储存、整理、计算、分析、决策等功能。“空间城市系统脑大数据信息模型”是空间城市系统整体涌现性的产生单位，因此是空间城市系统脑的核心硬件部分。

空间城市系统脑是一个拥有人类智慧、社会功能、机器功能三合一的人类智能组合体，是一个拥有个三维度模型体系的复合结构，不能简单地理解为人类功能或人工智能。空间城市系统脑的结构复杂性与功能多样性，要远远超出本书所介绍的内容。空间城市系统脑功能涵盖了空间城市系统空间规划、空间治理、控制与运行，因此具有广阔的前景，例如理论研究价值、实践应用价值、商业开发价值，是专业研究与风险投资理想的选择方向与领域。

4.3.2 空间联结理论范式

1）空间联结理论基础

（1）空间联结的人居空间实践基础

① 人居空间进化实践基础

空间联结现象是人居空间进化实践的伴随物，空间联结的地位是一个逐渐加强最终成为人居空间本体化地位的进化过程。随着人居空间形式沿着巢穴、聚落、城市、空间城市系统的进化过程，空间联结实践不断发生进化现象。

第一，巢穴空间结点实践。在人居空间巢穴形式阶段，巢穴的本质是空间结点，它独立存在于地理空间中，实际处于一种无空间联结状态。巢穴空间性质可以表述为

$$\text{巢穴空间性质} = \text{巢穴结点属性} \tag{4.20}$$

第二，聚落弱空间联结实践。在人居空间聚落阶段，聚落相对独立的存在于地理空间中。聚落属性是其本质属性，聚落关系属性处于弱强度状态。聚落空间性质可以表述为

$$\text{聚落空间性质} = \text{聚落结点属性} + \text{聚落弱关系属性} \tag{4.21}$$

第三,城市附属空间联结实践。在人居空间城市阶段,城市关联性的存在于地理空间中。城市属性是其本质属性,城市关系属性处于附属状态。城市空间性质可以表述为

$$城市空间性质=城市结点属性+附属城市关系属性 \tag{4.22}$$

第四,空间城市系统本体化空间联结实践。在人居空间的空间城市系统阶段,城市关系性的存在于地理空间中,成为整体的空间城市系统。城市属性与城市关系属性,成为空间城市系统本体化属性。空间城市系统空间性质可以表述为

$$空间城市系统空间性质=城市结点属性+城市关系属性 \tag{4.23}$$

综上所述,当人居空间进化到空间城市系统时代,空间联结就成为空间城市系统不可分割的组成部分,即城市关系属性成为空间城市系统的空间性质,如公式 4.23 所表达的。因此,空间联结是人居空间进化实践的必然产物。

② 空间联结实践基础

现代科学技术的发展发生了地理距离消除现象,而空间联结实践就建立在地理消除基础之上,空间联结本身就成为现实。

第一,信息传递空间联结实践。实现了地理距离消除的即时信息传递,如移动支付行为就消除了物质化的现金流通,其本质就是即时信息传递,再如网购行为就实现了信息即时传递与商品的快速流通。信息传递实践就是空间联结行为本身,它说明了空间联结客观现象的存在。

第二,互联网空间联结实践。互联网技术使“地理空间”变成了互联网“虚拟空间”,在虚拟空间中人们实现了面对面的空间联结,空间联结客观事实活生生地展现在我们面前。在互联网时代,空间联结已经将全球地理空间变成了触手可及的事情。

第三,空间城市系统空间联结实践。在空间城市系统时代,空间城市系统脑将牵引城市(TC)、主导城市(LC)、主中心城市(MC)、辅中心城市(AC)、基础城市(BC)紧密地联结在一起,实现了空间城市系统的空间联结。空间联结就是空间城市系统的本体存在方式,它体现了城市关系属性,是空间城市系统整体涌现性的存在基础。

③ 地理空间连接实践基础

现代科学技术的发展发生了地理距离缩短现象,而空间联结实践就建立在地理距离缩短基础之上。

第一,高速交通。高速铁路、航空飞机、城际铁路、高速公路等导致了城市之间人员流波、物资流波、信息流波的巨量产生,这种空间流波就是空间联结的客观事实。空间流波以稳定的形式存在于空间城市系统之中,空间流波是空间联结的载体,因此空间联结成为空间城市系统本体的组成部分。

第二,高速通信。高速通信导致了地理空间中信息流波的海量存在,这种信息流波就是空间联结的客观事实。高速通信所导致的空间联结,在空间城市系统中稳定下来,成为空间城市系统整体涌现性产生和维持的基础。

第三,高压能源。高压能源导致了城市之间能量流的远距离输送,并且以能源流

的形式相对固定下来，这种现象就是空间联结的客观事实。高压能源流波所导致的空间联结是空间城市系统得以运行的基本前提条件。

综上所述，空间联结是一种真实的客观存在，它以现代科学技术为手段，以空间流波为载体，包括人员流波、物质流波、信息流波、能源流波，真实存在于地理空间与虚拟空间中，成为空间城市系统不可或缺的基本动因，即空间城市系统联结动因。

(2) 空间联结的空间城市系统脑基础

空间城市系统脑与空间城市系统脑理论为空间联结奠定了逻辑性与学理性基础。空间流波是空间联结的承载体，空间联结是一种客观事实，空间城市系统脑是空间联结客观事实的认知主体。空间城市系统脑拟人化的本质特性决定了它对于空间联结的感知、判断与决策，即对空间流波的认知、鉴别与筛选。空间城市系统脑对空间联结的认知、控制与功能作用，奠定了空间联结的真实性与客观性基础。

第一，空间联结认知。

首先，空间城市系统脑的工作对象为空间流波，空间城市系统脑对空间流波具有感知能力，是空间城市系统脑的基本功能。因此，空间城市系统脑的存在，为空间联结的感知提供了基础性保障。其次，在空间联结感知的基础上，空间城市系统脑对空间流波做出鉴定与判断，为空间联结判断提供基础性保障。最后，空间城市系统脑对空间流波的集聚、扩散、联结做出选择，为空间联结的决策提供基础性保障。至此，空间城市系统脑完成了对空间联结的认知过程。空间联结认知，是空间联结现象的重要特性，从而我们可以确定空间城市系统联结动因的可观测性与可控制性。

第二，空间联结控制。

空间城市系统脑通过对空间流波的控制，实现对空间联结的控制，这是空间联结动因的重要特性，即可观测性与可控制性。通过空间联结控制，实现空间城市系统的运行与控制，是实现空间城市系统整体涌现性的重要手段。因此，空间联结行为与作用是空间城市系统不可或缺的基础性功能。

第三，空间联结功能。

通过空间联结功能，空间城市系统脑将牵引城市(TC)、主导城市(LC)、主中心城市(MC)、辅中心城市(AC)、基础城市(BC)组合成空间城市系统，获得空间城市系统整体涌现性。通过空间联结功能，空间城市系统脑对多级空间城市系统进行运行控制。中国杭州城市大脑的实践，证明了空间联结在城市空间中的真实存在与其功能的不可或缺性。

(3) 空间联结的联结认知主义心理学基础①

① 联结认知主义心理学与空间联结理论

联结认知主义新心理学起源于古希腊关于人类认知问题的研究，即“心智”命题研究，德谟克利特、苏格拉底、柏拉图、亚里士多德、笛卡尔对此问题多有陈述。20 世纪

① 在本节中，相关内容参考：贾林祥.《联结主义认知心理学》[M].上海：上海教育出版社，2006。在此向原作者致谢，并统一说明，除有需要外不单独予以摘引标注。

中期，西方产生了认知心理学，分为符号加工和联结主义两种研究进路。1982年，美国学者霍普菲尔德提出了神经网络模型。1986年，鲁梅尔哈特和麦克莱兰德出版了《平行分布加工：认知结构的微观探索》，标志着"联结主义认知心理学"的诞生。1990年之后，联结认知主义心理学逐渐进入高潮，联结主义作为认知心理学的范式理论日趋成熟。联结主义认知心理学为空间联结理论提供了学理型基础。

空间联结是指地理空间结点之间的联结关系，即城市与城市之间的联结关系。空间联结既包括城市结点之间的物质化连接，如人流联结、物流联结，也包括非物质化联结，如信息流联结。空间联结是通过空间联结通道实现的，包括实体联结通道与虚拟联结通道，前者如高速铁路，后者如电信通道。空间流波是空间联结的承载体，它在空间联结通道的稳定运行，形成了空间城市系统联结动因，导致了空间城市系统整体涌现性的形成。

在联结主义认知心理学学理性基础之上，我们建构了空间联结理论，这是城市科学与"联结主义认知心理学"交叉的结果。空间联结是建立在空间城市系统脑基础之上的，如前所述空间城市系统脑是一种人类智能化的实践与理论，具有人类属性复杂特征，通过人类智能化的空间城市系统脑，空间联结理论具有了人类生命属性，它较先前机械主义的城市理论前进了一大步。

② 空间联结与联结主义认知心理学比较

首先，联结主义与空间联结。联结主义是联结主义认知心理学的基础，所谓"联结主义是一种旨在模拟人脑结构及其功能并具有简化大脑结构的特征的信息处理系统""联结主义模型的基本构成成分包括单元和联结，单元带有活性值的简单加工器，联结则是单元之间相互作用的中介，单元与单元之间的联结被称为网络""联结主义试图构建一个更接近神经活动的认知模型"。[17]神经网络功能是联结主义的基本内涵。空间联结表示的是空间结点，即城市单元之间的关系属性。空间联结由拟人化的空间城市系统脑体系来实现，它是建立在空间城市系统网络基础之上的，试图构建一个具有人类智能意义的空间认知模型。因此，联结主义与空间联结的抽象本质是相同的，后者完全可以从前者那里得到学理性支撑。

其次，人脑与空间城市系统脑。人脑是联结主义认知心理学的物质基础。从古希腊的"心智"命题，到20世纪中期的认知心理学，再到80年代联结主义认知心理学的"神经网络模型"，人脑始终是这个学术体系的核心概念。空间城市系统脑具有拟人化特征，是一种人类智能体系，其核心是专业化、组织化、机器化了的人脑体系。因此，联结主义认知心理学与空间联结有着共同的物质化基础，即都是以人脑为基础的，则空间联结理论完全可以从联结主义认知心理学这里找到学理性基础。

最后，人脑联结认知与空间城市系统脑空间联结认知。人脑联结认知是联结主义认知心理学的结果，它既有自适应、自学习、自组织的特点，也有学习与记忆的特点。人脑联结认知具有专用语言、思维模式、认知障碍等专项命题，联结主义认知心理学具有自己的研究对象、方法论、理论体系。空间城市系统脑空间联结认知是空间联结理论的结果，而空间联结具有适应调整功能，具有自组织特征；深度学习与人工智能记忆是空间城市系统脑的基本特征，而空间联结具有自己的研究命题、方法论、理论体系。因此，联结主义认知心理学与空间联结理论具有相似的学理性架构，后者借鉴前者的学理性经验是科学合理的。

③ 空间联结理论的学理性基础

综上所述，空间联结现象与联结主义有着本质上的趋同性，它们具有结构上的相似性，具有功能上的相近性。就抽象意义而言，两者具有拓扑意义。空间联结理论可以从联结主义认知心理学找到科学合理的学理性基础，而联结主义认知心理学的成功又为空间联结理论奠定了可靠的逻辑根据。空间联结理论为空间城市系统联结动因理论奠定了基础。当人居空间发展到空间城市系统阶段时具有生命组织现象，这时传统的机械主义城市理论已经失去诠释力，空间城市系统联结动因理论为此提供了科学合理的解释范式。所以，联结主义认知心理学与空间城市系统理论跨学科交叉，为空间城市系统联结动因理论提供了学理性助推力量，它将成为学术交叉的成功范例。

2）空间联结理论

（1）空间联结概念

所谓空间联结是指人居空间发展到空间城市系统形式之后所形成的一种城市关系属性客观存在。空间联结理论具有实践基础、空间城市系统脑基础、联结主义认知心理学基础。空间认知是空间联结的首要内容，它由空间城市系统脑实现，即空间感知、空间判断、空间决策，空间联结通过空间流波通道来实现，空间流波是空间联结的载体。空间联结是空间集聚、空间扩散之后的第三个空间基础性概念，它填补了人居空间高级阶段空间基本动因的空白，如城市区域动因、城市群动因、空间城市系统动因等。空间联结形成了空间城市系统联结动因，它的主要目的是实现空间城市系统整体涌现性。空间集聚动因、空间扩散动因、空间联结动因的非合作博弈均衡，构成了空间城市系统动因。

（2）空间联结研究对象

空间联结的研究对象包括三个基本要素，即空间节点、空间流波通道、空间流波。

第一，空间节点，即城市节点。城市节点是空间流波流出与流入的源点与归宿，空间流波是城市节点等级的正比函数，即牵引城市（TC）、主导城市（LC）、主中心城市（MC）、辅中心城市（AC）、基础城市（BC）拥有递减的空间流波。

第二，空间流波通道，包括实体渠道与虚拟通道。实体渠道包括高速铁路、飞机航线、高速公路等，虚拟通道包括互联网、电信通道、手机终端等。空间流波通道是科学技术发展的函数，具有缩短地理距离与消除地理距离的基本发展趋势。

第三，空间流波，包括物质空间流波与信息空间流波。空间流波是空间联结的核心要素，物质空间流波如人员流波、物资流波、能源流波，信息空间流波如互联网信息流波、电信空间流波、资金划拨空间流波。

(3) 空间联结方法论

① 空间流波原理

空间流波原理是空间联结分析的基本方法论，主要包括空间流波定义、空间流波综合分析、空间流波波动方程、空间流波逻辑与数学解析。首先，空间流波定性分析是空间流波研究的基础，例如空间流波概念是空间流波分析的基本前提，对空间流波的分层分析是空间流波测量与分析的基础。空间流波定量分析是以空间流波定性分析为基础的。其次，空间流波结构分析的主要参数包括空间流波波长 λ、空间流波波幅 A、空间流波波速 v、空间流波周期 T、空间流波频率 f。空间流波结构参数的测量与确定是空间流波定性与定量分析的基础。空间流波特殊性质参数包括空间流波波源 S、空间流波动因 P、空间流波时间 t、空间流波波程 L、空间流波波宿 H。空间流波特殊参数的测量与确定是空间流波定性与定量分析的基础。最后，空间流波定量分析是空间流波研究的核心，其中空间流波波动方程是空间流波定量研究的重点，它定量化表征了空间流波的基本规律。空间流波分层逻辑解析、空间流波主成分数学解析、空间流波傅里叶数学解析、空间流波归纳逻辑解析是空间流波定量分析的基本内容。

② 空间流波分析

空间流波分析是空间联结分析的主要方法，分为静态分析与动态分析，主要包括测量基础、数理统计分析、空间城市系统脑动态分析。首先，测量基础。所谓测量基础主要是对空间流波的测量，分为静态测量与动态测量。空间流波初始数据、大数据、样本采集都是测量基础的重要内容。空间流波测量将成为空间联结定性与定量分析的基础，测量仪器、测量误差、测量方法都是空间流波测量的重要内容。其次，数理统计分析。数理统计分析是空间联结样本分析的主要方法，包括空间流波主成分分析、空间流波抽样分析、方差分析、均值分析等。空间流波概率分析可以给出空间流波分布的规律，如正态分布规律等。最后，空间城市系统脑动态分析。对于空间流波，空间城市系统脑具有动态检测、动态分析、动态调整的功能。其一，通过空间城市系统脑专业脑模型、组织脑模型、机器脑模型，可以对空间流波进行全面的整体性的动态分析。其二，通过空间城市系统脑神经元组织模型（SCSBT-NTM）、神经系统组织模型（SCSBT-NSTM）、半脑组织模型（SCSBT-SBTM）、空间城市系统脑组织模型（SCSBT-M），可以对空间流波进行空间等级的细分动态分析。其三，通过城市体系脑模型（CSB-M）、多级空间城市系统脑模型（MSCSB-M）、空间城市系统脑大数据信息模型（SCSBLDI-M），可以对空间流波进行空间城市结点、空间城市系统网络以及空间流波大数据的动态分析。

③ 空间流波本体方法

所谓空间流波本体方法是指根据“空间流波分层表”（见第 2 章）所细分的空间集聚流波、空间扩散流波、空间联结流波三个基本类别，根据空间人员流波、空间物资流波、空间资金流波、空间信息流波、空间能源流波等空间流本体性质，所进行的空间流波分析。空间流波本体分析具有每一种空间流波的特殊性，是普适性分析方法所无法替代的。

（4）空间联结理论体系

空间联结理论体系主要包括空间流波原理、空间城市系统脑理论、空间城市系统联结机理三个组成部分。空间流波原理给出了空间联结主体的基本标度量及其计算方法，空间城市系统脑理论拟人化地给出了空间联结运行与控制方法，空间城市系统联结机理揭示了空间联结的定量表述方法。空间联结行为具有了人类生命属性，如空间联结感知、空间联结判断、空间联结决策。比较空间集聚行为、空间扩散行为后发现，空间联结行为实现了本质性的进化。空间联结理论形成了自己的专业词汇、话语体系、公式集合，具备了成熟范式的特征。空间城市系统联结动因、空间城市系统集聚动因、空间城市系统扩散动因所达成的非合作博弈均衡，成为空间城市系统动因的基本规律。空间联结理论与实践的成功，为城市科学填补了一项基础理论的空白，具有十分重要的意义。

3）空间联结前景

作为城市科学基础理论创新，空间联结具有十分光明的前景，主要表现为理论前景、实践前景、应用价值三个方面。

（1）空间联结理论前景

空间联结理论具有拟人化特征，其世界观是演化的城市生命系统，开创了城市科学人类智能化的先河，因此空间联结理论具有广阔的理论前景。方兴未艾的系统复杂性科学、人工智能科学、人脑生命科学，都为空间联结理论准备了方法论。空间联结理论还处于初创时期，随着空间城市系统的演化和相关方法论学科的发展，它将向广度与深度发展。

（2）空间联结实践前景

空间联结理论来源于人居空间关系属性实践，并随着人类社会科学技术的发展而发展，因此空间联结理论具有坚实的实践前景。空间流波主体、空间城市结点、空间流波渠道都是空间实践的对应物，地理空间缩短与地理空间消除都与高速交通、高速信息技术实践直接关联，因此空间联结实践将成为相关科学技术发展的催化因素。

（3）空间联结应用价值

空间联结是一种客观存在的人居空间关系属性行为，与科学技术发展相关联，直接决定着空间城市系统的产生与发展，因此空间联结具有很高的应用价值。空间城市系统脑的开发与应用决定着空间城市系统的运行与控制，具有很高的应用与商业价值。空间联结对于高速交通、高速信息、高压能源的需求，将推动相关领域科学技术的发展。空间联结将人类智能引入城市科学，则生命科学、计算机科学、管理科学等都将在空间联结领域找到交叉应用价值。

4.3.3 空间城市系统联结机理

1）空间城市系统联结动因定义

（1）空间城市系统联结动因概念

所谓空间城市系统联结动因，是指空间联结成为空间城市系统产生与发展的基本动力,它与空间城市系统集聚动因、空间城市系统扩散动因一起构成了空间城市系统动因体系。空间城市系统联结动因机理揭示了城市之间关系属性的规律,解释了空间城市系统整体涌现性形成的主要原因,空间城市系统联结动因是空间城市系统形成的基础性条件。空间流波是空间城市系统动因的核心,空间城市结点是空间城市系统动因的作用物,空间流波渠道是空间城市系统动因的联结载体。

空间城市系统动因是城市科学基础理论的重要创新,带有拟人化的人类智能特征,它是人居空间发展到高级阶段的产物。空间城市系统联结动因的本质是"城市关系属性",它决定了空间城市系统空间形态与空间结构的形制,决定了空间城市系统"整体"的基本性质。而这种人居空间关系属性的功能进化具有很强的拟人化特征,空间城市系统脑就成为空间城市系统动因最基本的运行与控制工具。

空间城市系统动因理论创新,具有很高的理论与实践价值,是空间城市系统研究不可或缺的基本理论。空间城市系统集聚动因、空间城市系统扩散动因、空间城市系统联结动因所达成的非合作博弈,是空间城市系统产生与发展的基本动力。空间城市系统动因理论将填补世界空间城市系统形成动力研究的空白,具有较高的学术研究价值。空间城市系统动因实践,将解释世界空间城市系统形成与运行的机理,将提供世界空间城市系统控制的基本方法。

(2) 空间城市系统联结性质

① 系统性

空间城市系统联结具有系统性,表现为多元化、相关化、整体化特征。多元化是指空间联结的多种类特征,具体表现为空间流波的多样性;相关化是指城市结点之间的关系属性;整体化是指空间联结导致的空间城市系统整体涌现性。空间城市系统联结系统性,还表现为它形塑了空间城市系统的空间形态与空间结构,将牵引城市(TC)、主导城市(LC)、主中心城市(MC)、辅中心城市(AC)、基础城市(BC)形成一个整体系统。

② 结构性

空间城市系统联结具有结构性,主要表现为空间流波的结构性,如空间人员流波、空间物资流波、空间资金流波、空间信息流波、空间能源流波等。空间流波的多元结构与层次结构,形成了空间城市系统的整体结构,导致了空间城市系统整体涌现性的产生。空间城市系统联结的结构性,决定了空间城市系统联结的功能性。

③ 关系性

空间城市系统联结具有关系性,表现为空间城市结点之间的关系属性。关系性是空间城市系统联结的核心属性,它通过城市之间的关系数据表达出来,其中空间流波参数是关系性的核心数据。空间城市系统联结的关系性,表达了"城市体系"和"多级空间城市系统"两种基本结构的形成与运行机理。

④ 功能性

空间城市系统联结具有功能性,表现为空间城市系统的动力功能、整体涌现性功能、空间形态与空间结构本体功能。所谓动力功能是指空间联结为空间城市系统的产生与发展提供了基本动力；所谓整体涌现性功能是指空间联结导致了空间城市系统整体涌现性的产生；所谓本体功能是指空间联结形塑了空间城市系统的空间形态与空间结构。

2）空间城市系统联结表述

（1）空间城市系统联结综述

首先，空间城市系统联结主要包括空间城市结点、空间流波主体、空间流波渠道三个组成部分，它们的有机组合构成了空间城市系统联结整体镜像。空间城市结点是空间城市系统联结的源出点与归宿点，空间流波主体是空间城市系统联结的承载物，空间流波渠道是空间城市系统联结的基础。

其次，空间城市系统联结必须通过数据给予定性与定量分析，主要分为“城市属性数据”与“城市关系数据”。所谓城市属性数据是指表述空间城市结点的数据，如城市人口、城市面积、城市经济总量，城市属性数据有着较为成熟的数据体系。所谓城市关系数据是指表述城市之间关系的数据，如空间人员流、空间物资流、空间信息流。空间城市系统脑的应用使空间关系数据的测量、采集、储存、分析成为可能。

最后，空间城市系统联结的核心要素为空间流波，它是空间城市系统联结的序参量指标，表述了空间城市系统联结的基本状态，是空间城市系统联结定量研究的基础性根据。因此，空间城市系统联结机理研究的重点，就是对空间流波的研究，它成为空间城市系统联结定量表述的逻辑性核心内容。

空间城市系统联结是一个系统化、多元化、关联化的复杂过程，在抓住空间流波核心的同时，还要抓住空间城市结点、空间流波渠道等其他要素。如此之后，才能对空间城市系统联结有一个全面准确的表述。空间城市系统脑的使用将实现空间城市系统联结的动态化与随机化，大大提高空间城市系统联结运行与控制的科学性。

（2）空间流波结构表述

如表 4.8 所示，“空间流波结构表”是空间城市系统联结结构表述的基本工具。我们可以根据需要，设置“空间流波结构表”的分类项目，分类项目要涵盖空间流波的基础性内容。空间流波原始数据测量是“空间流波结构表”的基础，测量数据定性与定量的准确性决定了空间流波后续分析的精确性。空间城市系统脑大数据信息模型（SCSBLDI-M），是空间流波结构数据不可或缺的基础。

表 4.8　空间流波结构表

空间流波分类	空间人员流波	空间物资流波	空间信息流波	空间资金流波	空间能源流波
空间流波细分	航空人员流波 铁路人员流波 公路人员流波 水运人员流波	航运物资流波 铁路物资流波 公路物资流波 水运物资流波	网络信息流波 卫星信息流波 有线信息流波 信函信息流波	汇兑资金流波 现金资金流波 股市资金流波 外汇资金流波	电力能源流波 石化能源流波 煤炭能源流波 太阳能源流波

续表

空间流波分类	空间人员流波	空间物资流波	空间信息流波	空间资金流波	空间能源流波
空间流波性质	非线性波 非线性合成波 随机合成波 线性波	非线性波 非线性合成波 非线性合成波 非线性波	非线性合成波 非线性合成波 线性合成波 线性合成波	非线性波 非线性波 随机合成波 非线性波	非线性合成波 非线性合成波 线性波 线性波
空间流波数量	高密度值% 中高密度值% 中低密度值% 低密度值%	高密度值% 中高密度值% 中低密度值% 低密度值%	高密度值% 中高密度值% 中低密度值% 低密度值%	高密度值% 中高密度值% 中低密度值% 低密度值%	高密度值% 中高密度值% 中低密度值% 低密度值%
空间流波参数	波长 λ 波幅 A 波速 v 周期 T 频率 f 波时间 t 波程 L	波长 λ 波幅 A 波速 v 周期 T 频率 f 波时间 t 波程 L	波长 λ 波幅 A 波速 v 周期 T 频率 f 波时间 t 波程 L	波长 λ 波幅 A 波速 v 周期 T 频率 f 波时间 t 波程 L	波长 λ 波幅 A 波速 v 周期 T 频率 f 波时间 t 波程 L

首先,“空间流波结构表”所列各子项以及空间流波结构数据,有着不可分割的逻辑关系,因此空间流波关系分析就成为十分重要的步骤,客观性、真实性、科学性、合理性是必须遵守的基本原则。组织脑、机器脑的记录要与专业脑的分析相吻合,理论数据要与经验数据相结合,分项数据要与整体数据相吻合,定量数据要服从定性数据。其次,“空间流波结构表”的每一项内容都具有独立的属性地位即独立因子,它们不应该具有重复性关系。相同属性空间流波结构因素的合并构成独立因子群,即空间流波公共因子,它反映了同一类属性的空间流波。空间流波性质要根据空间流波数据回归分析确定,空间流波数量要根据空间流波测量值来确定,空间流波参数是空间流定性与定量分析的基础,要根据空间流波原理来求出。最后,“空间流波结构表”为空间流波的定性分析与空间流波的定量解析提供了素材,是空间城市系统联结表述的基础。在此基础上,进行空间城市系统联结模型分析与功能分析,进而得出空间城市系统联结的全面情况。因此,正确地制定“空间流波结构表”具有十分重要的理论与实践意义,它是空间流波分析的最基础步骤。

空间流波主成分分析,是空间流波结构分析的重要方法论,如第 2 章“空间流主成分分析”部分所述。空间流波主成分分析的目的是找出空间流波主要子项,确定其性质、数量、参数,对空间流波进行降维处理。空间流波主成分分析,是将重复的空间流波删除,减少重复性关系,它与“空间流波公共因子”的确定紧密相关,一般前三个空间流波主成分的累积贡献率要到达 85%以上。

(3) 空间流波模型表述

① 空间流波模型定义

第一,空间流波模型概念。

空间流波模型是空间流波的主要表述方法,它使用数理逻辑方法和数学语言,将空间流波规律表达出来。空间流波模型既可以是定性的也可以是定量的，但要以定量的方式表现出来。根据空间流波性质，空间流波模型可以分为物质空间流波模型与信息空间流波模型两个大类。空间流波模型的建模方法有很多，要根据空间流波测量数据，选择合适的数学方法建立空间流波模型。“回归分析”是建立空间流波模型最基础的一种方法，具有十分重要的意义。

第二，空间流波回归分析模型。

所谓空间流波回归分析，是指通过空间流波测量数据，建立空间流波模型的预测性建模方法，它研究的是空间流波因变量与自变量之间的关系，如空间流波随时间变化的规律。按照空间流波自变量和因变量的关系，空间流波回归分析可以分为线性回归分析和非线性回归分析。按照空间流波因变量的多少，空间流波回归分析可以分为简单回归分析和多重回归分析。根据回归分析数学方法，空间流波回归分析还可以选择逻辑回归等多种回归分析方法。

空间流波回归分析要借助空间城市系统脑大数据信息模型(SCSBLDI-M)，通过对空间流波统计数据的回归分析，建立一个相关性较好的空间流波回归方程，用于预测空间流波的变化规律。空间流波回归方程就是空间流波模型，它反映了空间流波的定性与定量规律，借助空间流波回归方程，我们就可以实现对空间流波的运行控制。空间流波回归方程要进行精度的确定，以提高空间流波变化规律的准确性。

空间流波线性回归分析是空间流波回归分析的基础，它广泛应用于空间流波简化降维模型、空间流波微观局部模型、空间流波分解子项模型之中。因此，我们重点以“线性回归”为例，详细介绍空间流波回归分析的基本步骤，阐述空间流波回归分析的全面概貌。

第三，复杂空间流波模型处理方法。

空间流波形成的复杂性，导致了空间流波模型的复杂化，因此必须借助特定的数学方法对复杂空间流波模型进行处理。首先，我们可以借助数学的傅里叶解析，将复杂的空间流波分解成标准的正弦波或余弦波，由此得到简单的空间流波模型，实现对空间流波的分析。第2章“空间流波傅里叶数学解析”部分详细介绍了空间流波的傅里叶解析方法，读者可以回顾参看。其次，空间流波函数简化处理，例如简化掉非线性项，将空间流波模型简化为线性模型，将空间流波模型多元自变量简化为单自变量。最后，空间流波函数降维处理，如将空间流波高次函数降维为低次函数。总之，“简单准确”是复杂空间流波模型处理的基本原则，而复杂的空间流波模型往往陷入无解状态。

② 空间流波回归分析模型[①]

第一步，空间流波数据准备。

根据前述“空间流波结构表”所界定的分类项目，根据“空间城市系统脑大数据信息模型(SCSBLDI-M)”所统计的空间流波分类数据和数值数据，根据“空间流波即时测量数据”，构建起空间流波回归分析数据体系，它为空间流波回归分析提供了最基础

① 在本节中，相关内容参见：高桥信.漫画统计学之因子分析[M].张仲桓，译.北京：科学出版社，2009。在此向原作者致谢，并统一说明，除有需要外不单独予以摘引标注。

的素材。空间流波数据的误差控制是必须注意的问题，可以借助数学的“误差理论与数据处理”方法。对空间流波数据误差进行控制处理。

如表 4.9 所示，根据空间流波回归分析的需要，可以制定“空间流波数据表”，主要分为空间流波数据与空间流波统计分析数据两个部分，前者涉及测量学，后者涉及统计学。在空间流波数据中，要特别注意区分空间流波整体数据与空间流波样本数据的区别，注意区分空间流波原始数据与标准化数据的区别，注意区分不可测量的分类数据与可测量的数值数据的区别。“空间流波数据表”要根据具体情况以及空间流波回归分析的需要来制定，本处只给出了基本的模式，并注意在空间流波回归分析中不断对“空间流波数据表”加以修正调整。

表 4.9 空间流波数据表

类别	空间流波 A	空间流波 B	空间流波 C	空间流波 D
分类数据	低密度	中低密度	中高密度	高密度
数值数据	10	20	30	40
自变量数据	x_1	x_2	x_3	x_4
因变量数据	y_1	y_2	y_3	y_4
离差平方和	(每个数据－平均值)^2×相加之和	(每个数据－平均值)^2×相加之和	(每个数据－平均值)^2×相加之和	(每个数据－平均值)^2×相加之和
总体方差	$\frac{\text{离差平方和}}{\text{数据的个数}}$	$\frac{\text{离差平方和}}{\text{数据的个数}}$	$\frac{\text{离差平方和}}{\text{数据的个数}}$	$\frac{\text{离差平方和}}{\text{数据的个数}}$
总体标准差	$\sqrt{\text{总体方差}}$	$\sqrt{\text{总体方差}}$	$\sqrt{\text{总体方差}}$	$\sqrt{\text{总体方差}}$

第二步，建立空间流波模型。

今以一元线性回归为例来诠释空间流波模型的建立过程，其中空间流波散点图与求解回归方程是两个关键环节。

首先，根据“空间流波数据表”的数据准备，做出空间流波自变量 x_1，x_2，x_3，x_4，…，x_n 与因变量 y_1，y_2，y_3，y_4，…，y_n 的散点图，如图 4.23 所示。任何类型的空间流波自变量与因变量的关系，都可以通过空间流波散点图求解基本的回归方程，因此空间流波散点图是建立空间流波线性回归模型的基础，具有十分重要的意义。

其次，求解回归系数。用数学的“最小二乘法”方法求出回归系数 a 与 b ①。

$$a=\frac{x\text{ 和 }y\text{ 的离差积和}}{x\text{ 的离差平方和}}=\frac{S_{xy}}{S_{xx}} \tag{4.24}$$

$$b=\bar{y}-\bar{x}a \tag{4.25}$$

其中，$S_{xx}=\sum(x-\bar{x})^2$；$S_{xy}=\sum(x-\bar{x})(y-\bar{y})$；$\bar{y}$ 表示因变量 y 的均值；$\bar{x}$ 表

① 参见：高桥信.漫画统计学之因子分析[M].张仲桓，译.北京：科学出版社，2009：65-70。

示自变量 x 的均值。

最后，求解空间流波线性回归方程。将前述环节总结归纳，我们就可以得到空间流波线性回归方程如下：

$$y = ax + b \tag{4.26}$$

图 4.23 形象表述了空间流波线性回归模型的整体情况，空间流波线性回归方程反映了空间流波的基本运行规律，据此就可以有效地实现对空间流波运行的控制，进而实现对空间城市系统联结的有效控制。

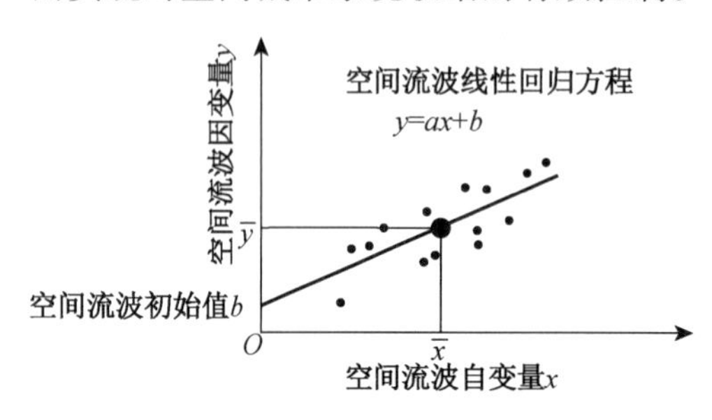

图 4.23 空间流波线性回归模型

第三步，空间流波模型检验。

空间流波线性回归模型检验是空间流波线性回归分析的规定环节，主要包括确认回归方程的精度、总体回归与回归系数检验、总体回归 $ax + b$ 的估计三个组成部分。

首先，确认回归方程精度。如图 4.23 所示，我们将空间流波的“点”与“回归方程”拟合较好的情况称为空间流波线性回归方程的精度较高。我们用“重相关系数 R”来表示回归方程精度，并定义回归方程精度“判定系数”为 R^2，且有 $0 \leqslant R^2 \leqslant 1$，则有

$$R = \frac{y \text{ 和 } \hat{y} \text{ 的离差积和}}{\sqrt{y \text{ 的离差平方和} \times \hat{y} \text{ 的离差平方和}}} \tag{4.27}$$

即有

$$R = \frac{S_{y\hat{y}}}{\sqrt{S_{yy} \times S_{\hat{y}\hat{y}}}} \tag{4.28}$$

其中，y 为空间流波实测值；$\hat{y}$ 表示空间流波预测值。当“判定系数”R^2 越趋近 1，则空间流波线性回归方程的精度越高。合适的回归方程精度数值，要根据空间流波的具体情况而确定，在统计学中并没有统一的标准。

其次，总体回归与回归系数检验。如图 4.24 所示，所谓空间流波“总体回归”是指在回归分析中，空间流波服从平均值为 $Ax + B$，标准差为 σ 的正态分布。总体回归是空间流波回归分析的一条基本定律。就空间流波回归方程 $y = ax + b$ 而言，$A = a$，$B = b$，$\sigma = \sqrt{Se / \text{自变量个数} - 2}$，其中 Se 表示空间流波的“残差平方和”①。所谓回归系数是指空间流波总体回归 $Ax + B$ 中参数 A 的值。回归系数检验是指通过规定程序，验证空间流波“回归系数” $A \neq 0$ 的过程。②

① “残差平方和 Se”的概念与计算方法参见：高桥信.漫画统计学之因子分析[M].张仲桓，译.北京：科学出版社，2009：67。

② 参见：高桥信.漫画统计学之因子分析[M].张仲桓，译.北京：科学出版社，2009：84。

最后，总体回归 $Ax+B$ 的估计。如图 4.25 所示，在空间流波总体回归分析中，总体回归"$Ax+B$"一定会在"某个值以上，某个值以下"的区间中，我们称之为"置信区间"。在图 4.25 中，不同的 x 值对应着不同宽度的置信区间。所谓置信度是指在求解置信区间时，我们所指定的可靠度范围，一般而言"置信度"并不是越高越好，假设 99%的置信度所导致的空间流波置信区间为 0～120，而 95%的置信度所导致的空间流波置信区间为 40～80，显然 95%的"置信度"所导致的空间流波置信区间要好于 99%的"置信度"所导致的空间流波置信区间。

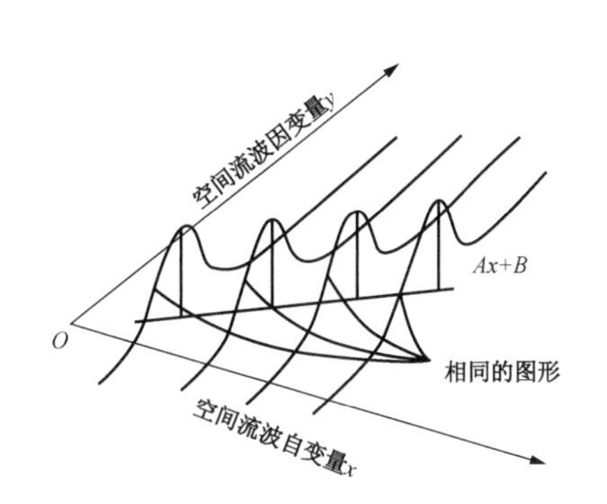

图 4.24　空间流波总体回归模型

（源自：笔者根据《漫画统计学之因子分析》插图绘制）

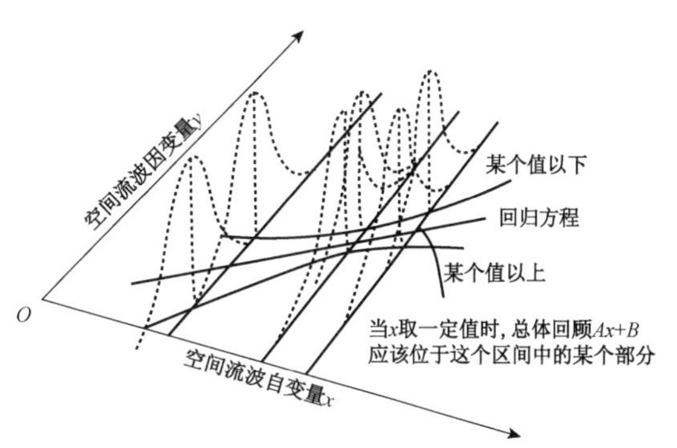

图 4.25　总体回归 $Ax+B$ 的估计

（源自：笔者根据《漫画统计学之因子分析》插图绘制）

第四步，空间流波的预测

所谓空间流波的预测是指利用空间流波回归模型，对空间流波（因变量）进行预测的方法，前述总体回归 $Ax+B$ 估计，在此表示为预测区间，如图 4.26 所示。空间流波回归分析模型的首要用处，就是用来预测空间流波的运行范围，我们可以说在相同置信度 x 值的情况下，预测区间宽度要大于置信区间宽度，保留有空间流波误差余量。

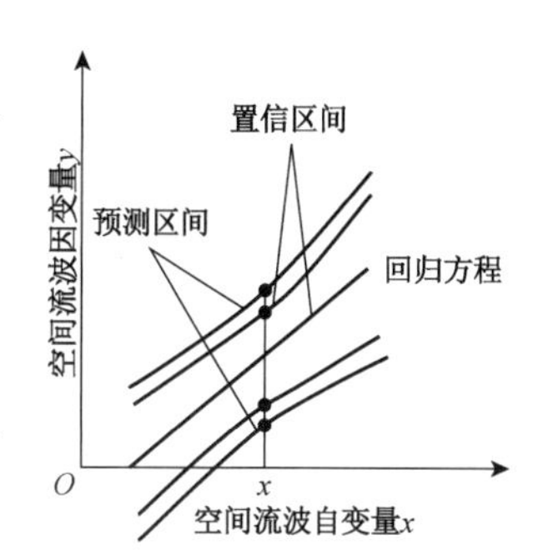

图 4.26　空间流波的预测

（源自：《漫画统计学之因子分析》）

经过上述四个步骤——第一步，空间流波数据准备；第二步，建立空间流波模型；第三步，空间流波模型检验；第四步，空间流波的预测——我们就可以对空间流波进行回归分析，进而实现对空间城市系统空间联结进行定性与定量的研究。

3）空间城市系统联结功能

（1）空间城市系统动力功能

空间联结开始表现为"动力功能"，成为空间城市系统产生与发展的基本动力。空间城市系统集聚动因、空间城市系统扩散动因、空间城市系统联结动因所达成的非合作博弈均衡，诠释了空间城市系统产生与发展的动因机理。空间联结为"双核空间结构"① 提供了基础形成动因，为牵引城市（TC）、主导城市（LC）、主中心城市（MC）、辅中心城

① 所谓双核空间结构是指"区域中心与边缘城市的组合"。参见：陆玉麒.区域发展中的空间结构研究[M].南京：南京师范大学出版社，1998：74。

市(AC)、基础城市(BC)形成提供了基础形成动因,为多级空间城市系统的形成提供了基础形成动因。

空间城市系统联结是建立在科学技术高度发展基础之上的,是建立在空间城市系统脑基础之上的。因此,空间联结将极大地推动空间城市系统社会的进步,这已经被美国、中国的空间城市系统实践所证实。“空间集聚”与“空间扩散”促进了城市的发展,“空间联结”促进了空间城市系统的产生与发展,已经被世界人居空间发展历史所证明。“空间联结”在世界空间城市系统发展中占有决定性的作用。

空间城市系统联结具有拟人化特征,空间城市系统脑是人居空间高级化的产物,“空间联结”为生命化的空间城市系统提供了演化动力。这是空间联结与空间集聚、空间扩散最根本的差异化特征,即拟人化生命系统动力特征。

(2) 空间城市系统整体涌现性功能

空间联结终极表现为“整体涌现性功能”,成为空间城市系统产生与发展的基本动力。首先,“地理空间消除”与“地理空间缩短”是空间联结的两大地理空间作用,在这种地理空间作用下,城市结点、联结轴线、网络域面形成了空间城市系统的整体结构,表现出空间城市系统的整体涌现性。其次,空间联结使空间人员要素、空间物质要素、空间信息要素实现了有机融合,形成一个空间城市系统整体,表现出空间城市系统整体涌现性。最后,空间联结所具有的“城市关系属性”使得牵引城市(TC)、主导城市(LC)、主中心城市(MC)、辅中心城市(AC)、基础城市(BC)紧密地结合为一体,表现出空间城市系统整体涌现性。总之,空间联结是“整体涌现性功能”的产生根源,它与空间集聚、空间扩散一起支撑起空间城市系统的整体结构,导致了空间城市系统行为,最终导致了空间城市系统整体涌现性的发生,而空间联结是这个空间逻辑的根本。

(3) 空间城市系统本体功能

空间联结所表达的空间城市系统本体功能,可以细分为“空间形态功能”与“空间结构功能”。

所谓空间形态功能是指空间联结将环境要素、边界要素、城市要素、交通要素、信息要素、价值要素等组合起来,并为这些空间形态要素的运行与发展提供了动力,在空间联结的直接作用下,这些空间要素形成了空间城市系统的空间形态本体。所谓空间结构功能是指空间联结将地理空间要素、空间结点要素、空间轴线要素、网络域面要素组合起来,并为这些空间结构要素的运行与发展提供了动力,在空间联结的直接作用下,这些空间要素形成了空间城市系统的空间结构本体。由此,空间联结动因形塑了空间城市系统本体,成为继空间集聚动因、空间扩散动因之后最重要的空间城市系统形成动因。

4.3.4 空间城市系统人流联结动因

1) 空间城市系统人流联结动因定义

(1) 人流联结动因概念

所谓空间城市系统人流联结动因,是指空间联结人员流波给空间城市系统产生与发展所带来的动力作用。在空间城市系统阶段，空间联结人流已经成为空间城市系统本体的组成部分，空间城市系统人口包括空间结点城市人口与空间联结人流人口。

空间联结人流是人居空间发展到空间城市系统阶段所出现的一种真实客观现象。空间城市系统联结人流是一个对等的双向人流数量值，它表示的是两个城市之间人流联结程度的大小。空间城市系统联结人流是人员流、物资流、信息流、资金流、能源流的序参量空间流，是其他空间流的基础，决定着空间城市系统空间流的基本情况。

基本居住权、基本移动权、基本信息权是空间城市系统三大创新基本人权[①]，其中，基本居住权是人类生存的基础，基本移动权是社会进步的内涵，基本信息权是文明发展的保障。而空间人流联结是基本移动权的主要内容，占据着重要的基础性地位。空间人流联结动因是空间城市系统动因的核心部分，对于空间城市系统的产生与发展起着直接的动力作用。

(2) 空间城市系统联结人流结构表

如表 4.10 所示，“空间城市系统联结人流结构表”是空间城市系统人流联结分析的基本工具。可以根据需要设置“空间城市系统联结人流结构表”的分类项目，可以根据实际测量值将表 4.10 中的“分类数据”变成“数值数据”。空间城市系统脑与“空间城市系统联结人流结构表”的配合使用，在实际中具有十分重要的意义。空间联结人流波是空间城市系统空间流波的序参量指标，其观测数据的可靠性直接决定着其他空间流波的参量指标，具有支配役使效应。因此，要依靠专业人脑对历史数据、测量数据、经验数据进行慎重的处理，结合组织脑、机器脑的处理结果确定空间联结人流波数值。

表 4.10 空间城市系统联结人流结构表

类别	联结通道	联结人流	联结速度	联结距离	人流波参数
高速通道	航空飞机	中量	超高速	超远距离	波长 λ 波幅 A 波速 v 周期 T 频率 f 波时间 t 波程 L
	高速铁路	大量	高速	远距离	
	高速公路	大量	高速	远距离	
中速通道	普通公路	大量	中速	中近距离	
	普通铁路	大量	中速	中近距离	
	普通水运	大量	中速	中近距离	
慢速通道	畜力工具	中量	低速	近距离	
	人力工具	中量	低速	近距离	
	步行交通	少量	超低速	近距离	

① 扩展阅读：基本自由权、基本平等权、基本财产权、基本生存权、基本发展权是五大基本人权。参见：徐显明，齐延平.中国人权制度建设的五大主题[J].文史哲，2002(4):45-51。

2）空间城市系统人流联结分析

（1）空间城市系统人流联结定性分析

① 空间城市系统人流联结系统性

空间城市系统人流联结具有系统性特征，表现为多元化、相关化、整体化。多元化是指空间城市系统人流联结具有多层次速度、多种类数量、多距离分类的人流结构特征。相关化是指空间城市系统人流联结具有牵引城市（TC）、主导城市（LC）、主中心城市（MC）、辅中心城市（AC）、基础城市（BC）的城市关系属性特征。整体化是指空间城市系统人流联结直接导致了空间城市系统整体涌现性的特征，人流联结是其中的序参量因素。

② 空间城市系统人流联结周期性

空间城市系统人流联结具有周期性特征，主要表现在时间周期性、人流波周期性、双向对等周期性等方面。就整个空间城市系统而言，人流联结表现出规律性的特征。"人流联结周期性"为空间城市系统脑的使用提供了前提，人工智能技术为此提供了保障。空间城市系统人流联结的运行、控制与管理既是一个理论问题，又是一个实践问题，更是迫切需要解决的问题。空间城市系统人流联结命题具有很强的社会价值、公益价值、商业价值。

③ 空间城市系统人流联结控制性

空间城市系统人流联结具有控制性特征，表现为联结人流的可观性、可测性、可控性。所谓可观性是指人流联结参数的可观察性，所谓可测性是指人流联结参数可以靠仪器测量出来，所谓可控性是指联结人流波、人流联结通道、人流联结节点都是可以通过他组织干预手段进行人为控制的。空间城市系统人流联结控制性是与空间城市系统脑紧密相关联的，"杭州城市大脑"的理论与实践已经做出了最好的实证。

（2）空间城市系统人流联结定量分析

空间城市系统人流联结是一个基础性概念，联结人流波有着线性、非线性、随机性等各种类型，不可能通过某一个数学模型对空间城市系统联结人流波进行定量表述。因此，我们采用了"空间城市系统人流联结一览表"（表 4.11）的方法，对空间城市系统人流联结进行定量表述。请注意，这里给出的仅仅是一种定量方法与基本进路，所列举的线性、非线性、随机性模式并不能涵盖空间城市系统人流联结的全部情况。针对具体的空间城市系统人流联结问题，可以根据"空间城市系统人流联结一览表"的基本原理，采用数理统计方法、图形分析方法、数学模型方法、大数据分析方法等具体学科模式进行定量表述，我们称之为"人流联结定量分析六项基本原则"，其基本步骤如下：

第一步，样本数据测量。

根据"空间城市系统联结人流结构表"（前表 4.10）所界定的分类项目，对联结人流进行测量并采集样本数据，结合"空间城市系统脑大数据信息模型（SCSBLDI-M）"所统计的人流联结数据，整理出空间城市系统人流联结分类数据和数值数据体系，并对数据体系进行标准化处理。

表 4.11　空间城市系统人流联结一览表

联结人流	线性波	非线性波	随机性波	其他类型波	备注说明
函数	线性函数	非线性函数	概率函数	复合函数	—
公式	$y=kx+b$	$y=a^x$	$P(A)=\frac{m}{n}$	$y=f(x)$	—
图形					利用傅立叶解析可以将复杂联结人流波分解成简单的函数波
基本参数	波长 λ、波幅 A、波速 v、周期 T、频率 f	波长 λ、波幅 A、波速 v、周期 T、频率 f	波长 λ、波幅 A、波速 v、周期 T、频率 f	波长 λ、波幅 A、波速 v、周期 T、频率 f	—
特殊参数	波源 S、波宿 H、波程 L、波动因 P、波时间 t	波源 S、波宿 H、波程 L、波动因 P、波时间 t	波源 S、波宿 H、波程 L、波动因 P、波时间 t	波源 S、波宿 H、波程 L、波动因 P、波时间 t	—

第二步,变量数据散点图。

根据第一步所得空间城市系统人流联结数值数据,做出空间城市系统联结人流波变量散点图,注意任何类型的联结人流波自变量与因变量关系,都可以通过散点图求解基本的回归方程。因此,联结人流波散点图,使整个空间城市系统人流联结定量分析的基础意义重大。

第三步,联结人流波回归分析。

根据第二步所建立的"空间城市系统联结人流波变量散点图",应用数学回归分析方法对联结人流波做出分析:首先,对复杂联结人流波做傅里叶解析,将其分解成简单的函数波形。其次,对联结人流波确定函数性质,如线性波或非线性波。最后,对不必要的尾数项做处理,如舍弃高次项。

第四步,建立数学模型。

根据第三步所做出的"空间城市系统联结人流波回归分析",求出联结人流波数学函数表达公式,如 $y=kx+b$,并画出相应的函数图形,如线性函数图,建立起"空间城市系统联结人流波数学模型"。

第五步,联结人流波模型检验。

将第四步所得的"空间城市系统联结人流波数学模型"带回空间城市系统人流联结"测量样本数据"进行检验,并进行联结人流波数学模型的修正处理,取得良好的拟合情况。由此获得的空间城市系统联结人流波数学模型,才是符合实际情况的"高精度联结人流波模型"。

第六步,人流联结预测。

利用上述"空间城市系统联结人流波数学模型",对联结人流波进行预测,要注意"预测区间"与"置信区间"的幅度,保持合理的空间城市系统联结人流波预测置信度,因为过高的置信度会发生适得其反的效果从而影响预测。

综上所述,"人流联结定量分析六项基本原则"只是处理空间城市系统人流联结的基本程序,在具体问题中要根据实际情况做出与测量样本数据相吻合的空间城市系统人流联结定量分析。

(3) 空间城市系统脑人流联结应用

空间城市系统"人流联结"问题的复杂性与困难性是现有城市科学所无法面对的,空间城市系统脑创新理论是解决"人流联结"命题的方法论,空间城市系统脑包括第一维度模型体系、第二维度模型体系、第三维度模型体系。其"空间信息感知、空间信息鉴别、空间信息判断、空间信息决策"功能是"人流联结"必不可少的基础,其"大数据信息模型"更是"人流联结"命题的标准配备。空间城市系统脑将人类专业智慧、社会专门功能、机器人工智能融为一体,对牵引城市(TC)、主导城市(LC)、主中心城市(MC)、辅中心城市(AC)、基础城市(BC),以及多级空间城市系统实行全覆盖。对于空间城市系统的运行与控制,空间城市系统脑的开发与应用具有不可或缺的决定性意义。

空间城市系统脑要经过基础理论创新、转化理论开发、实践应用检验三个基本环节，具有广阔的市场潜力与商业价值。空间城市系统脑的开发要具备三种力量：第一，科研力量是根本；第二，风险投资是基础；第三，政府支持是保障。这三种力量代表了“知识”“资本”“权力”三种独立基础性变量。“城市大脑”是空间城市系统脑的基础，杭州、吉隆坡“城市大脑”的实践提供了可靠的经验（图 4.27），中国的“阿里云 ET[①] 城市大脑系统”为此做出了开创性的工作。

图 4.27　杭州城市大脑实践

（源自：浙江在线）

（4）空间城市系统人流联结综合分析

空间城市系统的根本是“人”，人类文明进步是空间城市系统的本质意义，而“人流联结”代表了空间城市系统人的基本存在形式，决定着人的空间分布格局。因此，“人流联结”是空间城市系统文明形态的物化基础，关联着空间城市系统政治、经济、社会、文化、生态的诸多方面。

① 空间城市系统政治分析

“基本居住权、基本移动权、基本信息权”是空间城市系统三大创新性人权，而“基本移动权”就是空间城市系统人流联结问题。政治进步要求人流联结的物质化保障，人流联结反过来又促进了空间城市系统社会政治发展。类似“人流联结”这种基本物质化基础的变革，必将导致空间城市系统社会政治思想、政治文化、政治制度的变革，这就是马克思主义“物质基础决定上层建筑”的道理。

② 空间城市系统经济分析

人类社会的四大基本需求是“衣、食、住、行”，其中人流联结所对应的空间城市系统经济蕴涵是不言而喻的，人流联结产业之巨大已经被航空飞机、高速铁路、高速公路的发展实践所证明。“地理距离消除”与“地理距离缩短”所导致的人流联结革命性变

① 阿里云 ET 是阿里云研发的人工智能。

化是空间城市系统高端第四产业的基础。纽约、伦敦、东京、上海等全球高端生产者服务业(Advanced Producer Services,APS)中心,也是全球空间人流联结的中心。因此“人流联结”已经成为空间城市系统经济的标志性指标,代表着经济发达程度的高低。

③ 空间城市系统社会分析

人类社会形态是一个发展的过程,“战争与和平”是工业社会的主题,“沟通与融合”是空间城市系统社会的主题,而“人流联结”是人类沟通与融合的主要内容,代表着未来人类社会的基本发展方向。美国社会建立在飞机与汽车的“人流联结”基础之上、中国社会高速铁路“人流联结”的巨大成功,都说明了“人流联结”改变了社会的基本存在形式。世界范围存在的“空间均衡与空间正义”问题,都是与“人流联结”紧密相关的。

④ 空间城市系统文化分析

文化是人居空间的根本,空间城市系统社会对应着动态的文化形式,人是文化的核心承载体,“人流联结”是空间城市系统动态文化的基础。“人流联结”对中国社会春节文化的改变,就是很好的例证,它将中国农业社会的春节“静态文化”改造成了今天的“动态文化”。因此,“人流联结”将改变城市与聚落的“静态文化”形式,产生与发展空间城市系统的“动态文化”形式。

⑤ 空间城市系统生态分析

“城市生态足迹”是城市留给世界的灾难性后果,空间城市系统所具有的“空间均衡”特性,可以有效地减少“生态足迹”效应。“人流联结”是空间城市系统空间均衡最基本的前提条件,它可以最大限度地减少巨大型城市病问题,这已经被世界性空间城市系统实践所证实。空间城市系统人流联结可以将“城市生态足迹”降低到最小限度,从而减缓对地球生态环境的压力。因此,空间城市系统的“人流联结问题”是一个事关“地球人居生态系统”[①]的重大命题,具有十分重要的理论与实践意义。

3)空间城市系统人流联结作用

(1)空间城市系统动力作用

空间联结人流对空间城市系统提供了动因作用,它提供了空间城市系统职能所需要的人力资源保障功能,正如图 4.28 所示,“英格兰东南部通勤联结人流”为伦敦空间城市系统的产生与运行提供了最基础的人力资源保障。空间人流联结将极大地促进空间城市系统的交通基础建设,推动空间城市系统社会的进步,这已经是不争的事实。空间人流联结是建立在空间城市系统脑之上的,人类智能化科学技术进步是空间人流联结的基础。因此,空间人流联结对于空间城市系统而言,是一种基础性序参量行为,它将为空间城市系统的产生与发展提供动力作用。

(2)空间城市系统人口分布作用

人口分布是空间城市系统的序参量指标,空间联结人流作为一种人口分布形式保留下来,形成了“城市人口分布”与“联结人口分布”两种类型。如图 4.28 所示,“英格

① 参见:WANG Hongjun. Earth human settlement ecosystem and underground space research[J]. Procedia Engineering,2016,165:765-781。

兰东南部通勤联结人流”以相对固定的分布形式固定下来，成为伦敦空间城市系统人口分布的重要组成部分。空间联结人口分布与空间城市系统职能分布紧密相关联，是空间城市系统人口序参量的主要指标。

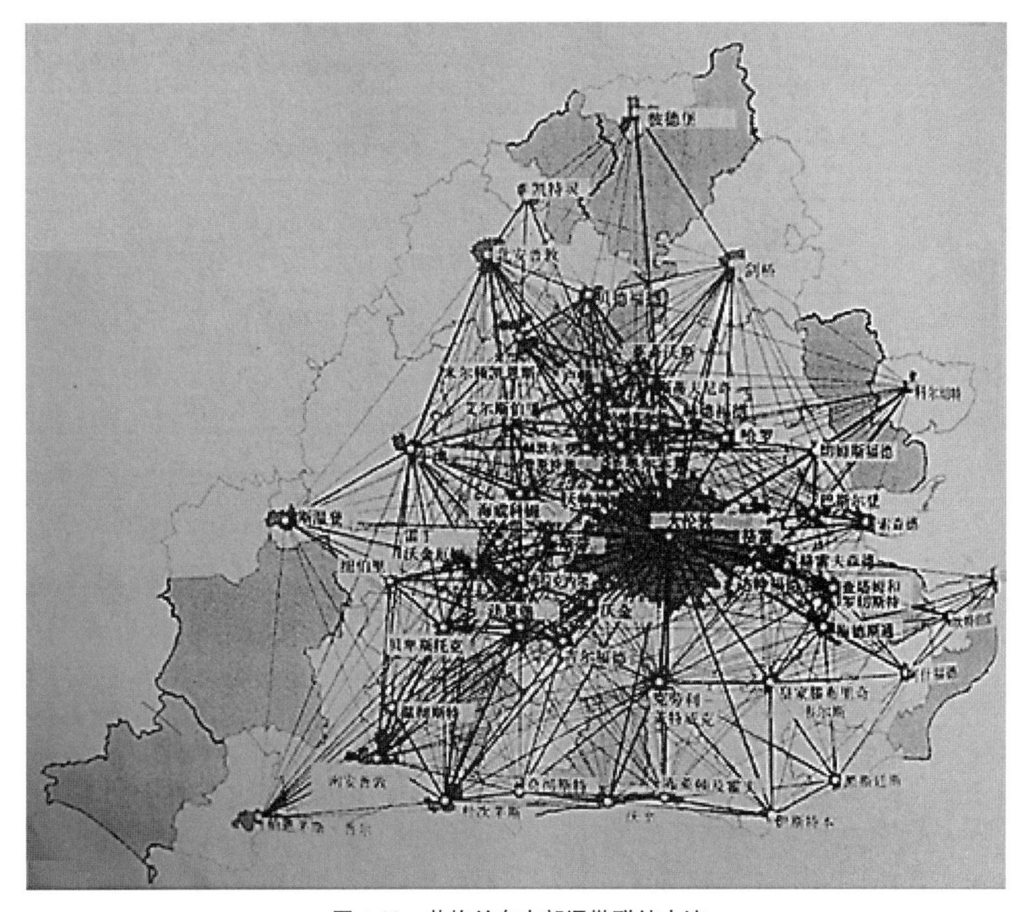

图 4.28　英格兰东南部通勤联结人流

（源自：《多中心大都市——来自欧洲巨型城市区域的经验》插图）

（3）空间城市系统整体涌现性作用

如前所述，空间联结是空间城市系统“整体涌现性功能”的根本，而联结人流是空间联结的核心，因此联结人流是空间城市系统“整体涌现性”产生的逻辑根本。正是“英格兰东南部通勤联结人流”为伦敦空间城市系统“整体涌现性”的产生奠定了基础，所以它是伦敦空间城市系统其他空间联结的序参量指标。

空间人流联结也为空间城市系统的空间形态与空间结构提供了前提性条件，形塑了空间城市系统的整体形象。世界空间城市系统实践说明，人流联结是一个普适性的关键问题，东京空间城市系统在这方面做出了好的范例。

空间集聚动因、空间扩散动因、空间联结动因成为空间城市系统产生与发展的基本动因，人流联结在其中占有重要的作用。后续内容，我们将应用美国学者约翰·纳什的非合作博弈均衡理论，来揭示空间城市系统产生与发展的动因。

4.4 空间城市系统动因博弈均衡[①]

空间城市系统动因博弈均衡，应用约翰·纳什的非合作博弈均衡理论，将空间城市系统集聚动因、空间城市系统扩散动因、空间城市系统联结动因整合为“空间城市系统动因”，揭示了空间城市系统产生与发展的动力规律。

4.4.1 空间城市系统动因博弈原理

1）纳什非合作博弈方法论选择

（1）纳什非合作博弈理论简介

所谓纳什均衡也称之为非合作均衡，是由美国学者约翰·纳什在1950年创建的。非合作均衡是指在策略环境下，非合作的框架把所有博弈者的行动都当成是个别行动，是自主决策行为，而与他人无关。非合作均衡既强调了冲突因素，也强调了合作元素，把二者都考虑进博弈过程。

因此，非合作博弈是一种积极博弈，博弈者按照自己的利益做出了符合对方要求的行为，导致博弈结果是对博弈各方利益最大化的结果，即皆大欢喜的结果。长期以来，“纳什均衡”在理论与实践上取得了巨大的成功，它成为“经济学”经典范式理论，在处理国际政治与经济关系中发挥了很大作用。

（2）纳什非合作博弈方法论选择论证

① 理论根据

空间城市系统动因博弈各方，即空间集聚动因、空间扩散动因、空间联结动因，具有各自的目的性，在空间城市系统演化形成过程中追求各自利益最大化。一方面，空间集聚动因、空间扩散动因、空间联结动因之间存在着非合作博弈关系。另一方面，空间集聚动因、空间扩散动因、空间联结动因之间又存在着利他行为，例如空间扩散为空间集聚提供了空间条件，空间联结为空间集聚与空间扩散提供了空间要素的输送。因此，空间集聚动因、空间扩散动因、空间联结动因按照自己的利益做出了推动空间城市系统演化的最优均衡结果。

因此，我们说空间集聚动因、空间扩散动因、空间联结动因在空间城市系统策略环境下的博弈，符合“纳什非合作博弈”的基本条件。所以，在理论上，空间城市系统动因博弈完全适合“纳什非合作博弈理论”，由此空间城市系统动因博弈均衡方法论获得理论合法性。

② 实践根据

以北京空间城市系统为例，我们给出空间集聚动因、空间扩散动因、空间联结动因非合作博弈的实践论证。

---

① 在第4.4节中，相关内容参考了约翰·纳什著的《纳什博弈论论文集》的内容，在此向原作者致谢，并统一说明，除有需要外不单独予以摘引标注。

21世纪的北京空间处于空间集聚、空间扩散、空间联结同时进行的状态。首先，国际化功能处于空间集聚状态，例如亚洲基础设施投资银行的成立就导致人力、物力、财力新的北京空间集聚。其次，非首都功能处于空间扩散状态，例如雄安新区的建设，就是要疏解北京空间的非首都功能。最后，北京—天津、北京—雄安、北京—沈阳之间处于空间联结状态，通过350 km/h的高速铁路联结。

北京的空间集聚、空间扩散、空间联结的实践行为，都是在北京整体策略环境下(即首都功能)进行的。在北京整体策略环境下每一种集聚、扩散、联结行为都追求自己利益最大化，同时为其他行为创造了有利条件，共同推进着北京空间城市系统的发展。

显然，北京空间集聚、空间扩散、空间联结实践，符合“纳什非合作博弈”的基本条件，其结果与非合作博弈均衡结果相吻合。所以，在实践上，北京空间城市系统动因博弈完全适合“纳什非合作博弈理论”。北京案例为空间城市系统动因博弈均衡方法论实践的合法性提供了实证基础。

③ 论证结论

经过上述“理论根据”与“实践根据”的论证，我们可以得出结论：空间城市系统集聚动因、扩散动因、联结动因博弈符合“纳什非合作博弈均衡”的基本条件，“纳什非合作博弈均衡理论”作为方法论适用于空间城市系统动因博弈过程。因此，“空间城市系统动因博弈均衡”的方法论获得科学合理性与逻辑合法性。

2）空间城市系统动因博弈基本概念

(1) 空间城市系统动因博弈均衡理论说明

空间城市系统动因是多种动力因素作用的结果，核心为空间集聚动因、空间扩散动因、空间联结动因，它有着自己的本体规律，我们称之为“空间城市系统本体论原则”。博弈论特别是纳什非合作博弈理论，是解决空间城市系统动因问题的基本方法论，我们称之为“非合作博弈纳什方法论原则”。

“空间城市系统动因博弈均衡理论”是关于空间城市系统本体的动因理论，是一种基于“空间城市系统本体论原则”与“非合作博弈纳什方法论原则”的创新理论，有着自己的词汇、定义、概念、机理。因此，“空间城市系统动因博弈均衡理论”是传承与创新的统一体，它既继承了博弈论的基本表达方法，又具有自己的本体化表述，这是我们必须要说明的。

(2) 空间城市系统动因博弈定义

① 空间城市系统动因博弈主体

空间城市系统理论是城市科学的延续，城市科学公认的基础变量——“集聚变量、扩散变量、联结变量”在此具有连续性，因此，空间城市系统产生与发展的动力主要为空间城市系统集聚动因、空间城市系统扩散动因、空间城市系统联结动因，它们具体表现为空间集聚行为、空间扩散行为、空间联结行为，它们构成了空间城市系统演化的基本要素，涵盖了空间城市系统的基本动力方面。

所谓空间城市系统动因博弈主体就是它们所拥有的空间集聚流、空间扩散流、空间联结流。通过非合作性博弈，空间城市系统动因博弈主体选择最大化自身利益达成纳什均衡，形成空间城市系统动力因素，导致空间城市系统的产生与发展。

② 空间城市系统动因“博弈空间”与“博弈向量”

由空间集聚动因、空间扩散动因、空间联结动因所组成的虚拟空间称之为“空间城市系统博弈空间”，则空间集聚流、空间扩散流、空间联结流为空间城市系统博弈空间中的“博弈向量”，矢量记法为空间集聚流“$+A$”、空间扩散流“$-B$”、空间联结流“$\pm C$”，正负号分别表示流入与流出的方向，在一般情况下我们可以省略“±”标注，称之为空间集聚流 A、空间扩散流 B、空间联结流 C。

③ 空间城市系统动因博弈概念

所谓空间城市系统动因博弈，是指在空间城市系统博弈空间中，空间集聚流、空间扩散流、空间联结流博弈主体之间所进行的博弈行为，它们根据最大化自身利益原则达成均衡，形成空间城市系统动因。因为空间城市系统动因博弈均衡遵循“非合作博弈纳什均衡”原理，所以我们又称之为“空间城市系统动因博弈纳什均衡”，它是空间城市系统动因博弈的结果，导致了空间城市系统的产生与发展。

(3) 空间城市系统动因博弈条件与预期

① 空间城市系统动因博弈非合作性

如前所述，空间城市系统集聚动因、空间城市系统扩散动因、空间城市系统联结动因为各自独立的空间城市系统动力变量，就真实情况而言，空间集聚流 A、空间扩散流 B、空间联结流 C 不可能有协商行为，是显然的独立性变量，满足非互知博弈条件。空间博弈主体空间集聚流 $+A$、空间扩散流 $-B$、空间联结流 $\pm C$，在方向和流量等方面均为非理性状态。因此，空间城市系统动因博弈满足非合作性条件。

“非合作性”是纳什均衡的基础性条件，正是这种非合作性代表了空间城市系统动因博弈的真实情况，即空间集聚流 A、空间扩散流 B、空间联结流 C 三方独立，没有合作交流。在此，纳什均衡方法论与空间城市系统动因博弈现实达成了高度吻合，为空间城市系统动因博弈均衡理论奠定了学理性基础。

② 空间城市系统动因博弈有限同时性

所谓空间城市系统动因博弈有限同时性包含“有限性”与“同时性”，前者是指博弈主体与博弈策略的有限性，后者是指博弈过程的同时性。

就空间城市系统而言，空间城市系统动因是一个有限的客观事实，主要表现为空间城市系统的空间集聚动因、空间扩散动因、空间联结动因为有限三元博弈，而且空间集聚流 A、空间扩散流 B、空间联结流 C 所可能采取的“博弈策略”也是有限的。空间城市系统空间流的博弈是同时发生的事件，即空间集聚流 A、空间扩散流 B、空间联结流 C 的博弈行为是在连续的动作与反应中进行的。

“有限同时性”保证了空间城市系统动因博弈的博弈主体、博弈空间、博弈时间都严格地符合纳什均衡的条件，决定了空间城市系统动因博弈一定具有纳什均衡点存在。

③ 空间城市系统动因博弈主体假设

本着纳什均衡理论的原则，因循纳什博弈范式术语，我们对空间流博弈主体做了“纯份额”与“混合份额”的假设。所谓份额是指在空间城市系统博弈空间中，空间集聚流、空间扩散流、空间联结流所占有的数量。

第一，纯份额。

我们假定在无其他两种空间流的作用下，空间城市系统博弈空间所能容纳的单一空间流份额为“纯份额”，分为集聚流纯份额、扩散流纯份额、联结流纯份额。“纯份额”空间流是一种理想化的假设状态，对于特定“纯份额”空间流状态而言，该单项“纯份额”空间流的概率为 1，其余两种“纯份额”空间流的概率则为 0。

第二，混合份额。

按照纳什博弈范式术语，我们将“纯份额”之上的一个概率分布称为“混合份额”，它是各博弈空间流主体选择不同的“纯份额”的概率的多重线性形式，即“混合份额”是对每一个“纯份额”分配一个概率而形成的空间流状态，每个“纯份额”都相当于一个退化的“混合份额”。借助纳什博弈范式表达方法，空间城市系统动因博弈空间流的“混合份额”定量表述为

$$s_i = \sum_{\alpha} c_{i\alpha} \pi_{i\alpha} \tag{4.29}$$[18]

其中，s_i 表示空间城市系统动因博弈空间流的“混合份额”；i（有 i、j、k）表示博弈空间流主体；α（有 α、β、γ）表示博弈主体空间流不同的“份额”，且有 $c_{i\alpha} \geqslant 0$，$\sum_{\alpha} c_{i\alpha} = 1$；$\pi_{i\alpha}$ 表示第 i 个空间流主体的第 α 个“纯份额”。

由纳什均衡理论我们得知，空间城市系统空间流博弈主体，在只有有限数量空间流的“份额”选择并允许“混合份额”的前提下，空间城市系统空间流博弈一定存在“纳什均衡”现象。

④ 空间城市系统动因博弈预期

所谓空间城市系统动因博弈预期，是指空间集聚流、空间扩散流、空间联结流所期望的“份额”状况，它包括确定性“份额”和概率性“份额”两种情况。空间城市系统动因博弈的目的是达成均衡，即空间集聚流、空间扩散流、空间联结流之间的博弈行为达成均衡，从而形成空间城市系统动因，导致空间城市系统的产生与发展。

美国学者约翰·纳什证明，在满足限定条件下，多元主体非合作博弈一定存在“均衡点”①。经过上述分析说明，空间城市系统动因博弈满足了纳什“非合作博弈”所要求的限定条件。因此，根据“纳什均衡”定理，空间集聚流、空间扩散流、空间联结流所期望的“份额”预期也一定存在“纳什均衡点”。

3）空间城市系统动因博弈纳什均衡

（1）空间城市系统动因博弈说明

如前所述，空间城市系统动因博弈表现为空间集聚流、空间扩散流、空间联结流之

① 证明过程可见约翰·纳什著《纳什博弈论论文集》第 30～34 页。

间的非合作博弈，因此在后续内容中我们就用“空间流非合作博弈”代表“空间城市系统动因非合作博弈”，亦即以博弈主体“空间流”为研究对象，来表述空间城市系统动因非合作博弈的全部过程。

（2）空间流支付函数

所谓空间流支付函数是指空间流博弈主体，即空间集聚流、空间扩散流、空间联结流从博弈中获得的份额水平，它是空间流博弈主体行为的函数，是每个博弈主体空间流的期望，是各博弈主体空间流选择不同的“纯份额”的概率的多重线性形式。根据纳什均衡定理，空间流支付函数可以推测到“混合份额”的情况。如图4.29所示，我们以 ε 表示空间流份额，以 t 表示博弈时间，则“混合份额”情况下的空间流支付函数可以表达为

$$P(\varepsilon)=[p(\varepsilon,\ t)] \tag{4.30}$$

公式(4.30)可以解释为，空间城市系统空间流支付函数 $P(\varepsilon)$ 为空间流的实现期望，在空间城市系统动因非合作博弈中它表现为空间流“混合份额”支付函数。

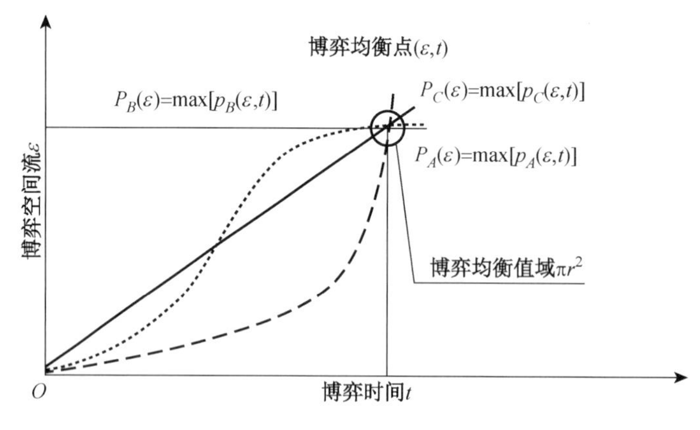

图4.29　空间城市系统动因博弈均衡

（3）空间流非合作博弈均衡点

所谓空间流非合作博弈均衡点，是指在空间城市系统动因非合作博弈中，空间流博弈主体选择最大化时它的期望支付所保持的“混合份额”。这种最大化“混合份额”是在其他两种空间流“混合份额”给定的条件下实现的，对于每一种参与博弈的空间流有均衡点

$$P_i(\varepsilon)=\max[p_i(\varepsilon,\ t)] \tag{4.31}$$

其中，$P_i(\varepsilon)$ 表示空间流非合作博弈均衡点；$i=1,\ 2,\ 3$（即空间集聚流、空间扩散流、空间联结流）；ε 表示空间流份额；t 表示博弈时间。

约翰·纳什在《非合作博弈》[19]的论文中证明了非合作博弈均衡点的存在性，这正是“纳什均衡”留给我们的宝贵遗产。

（4）空间流博弈均衡点的意义

对于非合作博弈，约翰·纳什“基于角古静夫不动点定理而对存在性定理给出的

证明改善的布劳维尔不动点定理证明了，每一个有限博弈都有一个均衡点”[20]。

根据纳什均衡点的证明，我们可以得知，对于有限的空间流博弈，即空间集聚流、空间扩散流、空间联结流三元博弈，任何一个博弈主体都不可能通过改变自己的“纯份额”而使己方份额更大化，由此为空间流非合作博弈存在“纳什均衡点”提供了判据，所以空间城市系统空间流非合作博弈一定存在一个“纳什均衡点”。

“空间流博弈均衡点”，即“空间城市动因博弈均衡点”，说明了空间城市系统动力形成的质变发生点，它与“空间城市系统演化分岔点”构成了空间城市系统形成过程中最重要的两个节点。“纳什均衡理论”说明了空间城市系统产生与发展的动力作用，“耗散结构理论”说明了空间城市系统产生与发展的演化过程。

4.4.2　空间城市系统动因博弈均衡机理

1）空间城市系统动因博弈均衡定义

（1）空间城市系统动因博弈均衡概念

空间城市系统动因博弈均衡，是指空间城市系统集聚动因、空间城市系统扩散动因、空间城市系统联结动因非合作博弈所达成的均衡状态，其博弈主体为空间集聚流、空间扩散流、空间联结流。

在给定其他两个博弈主体空间流的条件下，任何一个空间城市系统动因确定自己的最大空间流份额，即己方动因利益最大化，所有空间城市系统动因博弈主体构成一个空间流“混合份额”整体。所谓空间城市系统动因博弈均衡，就是在此种条件下形成的“纳什均衡点”状态，此时没有任何一方空间城市系统动因愿意打破这种均衡状态。

如前图4.29所示，在空间城市系统动因博弈的实际条件下，“空间城市系统动因博弈均衡”表现为一个大概率性的“值域范围”，只要求出这个“大概率均衡值域范围”，就可以实现对空间城市系统动因非合作博弈的有效控制。空间城市系统动因博弈是一个动态过程，“空间城市系统动因博弈均衡”是在空间集聚流、空间扩散流、空间联结流的动作与反应中达成的。

（2）空间城市系统动因博弈均衡性质

① 非合作性

“非合作性”是空间城市系统动因博弈均衡的前提性条件，即空间城市系统集聚动因、空间城市系统扩散动因、空间城市系统联结动因为各自独立的空间城市系统动力变量。空间城市系统动因之间满足“非互知博弈条件”，博弈主体空间流之间为“非理性状态”。“非合作性”使空间城市系统动因博弈满足了“纳什均衡”的前提条件，为空间城市系统动因博弈均衡奠定了基础。

② 有限性

“有限性”是空间城市系统动因博弈均衡的过程性条件，即空间流博弈主体与博弈份额的有限性，表现为空间流“纯份额”与“混合份额”的有限性。“有限性”还表示为空间流博弈过程的同时性，以及空间流博弈空间的相同性。“有限性”使空间城市系统动因博弈满足了“纳什均衡”的过程条件，为空间城市系统动因博弈存在“纳什均衡点”奠定了基础。

③ 确定性

“确定性”是空间城市系统动因博弈均衡的目的属性。在“非合作性”与“有限性”的基础上，根据“纳什均衡”定理，空间城市系统动因博弈一定具有“均衡点”。由此，空间城市系统的集聚动因、扩散动因、联结动因形成空间城市系统动因，成为空间城市系统产生与发展的基本动力。

2）空间城市系统动因博弈均衡定量表述

（1）空间城市系统动因博弈均衡定理

根据“空间城市系统动因博弈原理”，我们对空间城市系统动因博弈均衡概念做出表述，称之为“空间城市系统动因博弈均衡定理”。在满足“纳什均衡”条件下，空间集聚流 A、空间扩散流 B、空间联结流 C 具有非合作博弈均衡点。空间城市系统动因博弈均衡点可以表述为

$$
\begin{aligned}
P_A(\varepsilon) &= \max[p_A(\varepsilon, t)] \\
P_B(\varepsilon) &= \max[p_B(\varepsilon, t)] \\
P_C(\varepsilon) &= \max[p_C(\varepsilon, t)]
\end{aligned} \tag{4.32}
$$

其中，$P_A(\varepsilon)$、$P_B(\varepsilon)$、$P_C(\varepsilon)$ 分别表示空间集聚流 A、空间扩散流 B、空间联结流 C 的非合作博弈均衡点值；ε 表示空间流份额；t 表示博弈时间。

公式(4.32) 表示了空间集聚流 A、空间扩散流 B、空间联结流 C 在“博弈均衡点”具有最大化“混合份额”，如前图 4.29 所示。

（2）“空间城市系统动因博弈均衡定理”解析

① 空间流规律解析

如前图 4.29 所示，在“空间城市系统动因博弈均衡定理”中，具有如下规律：首先，空间城市系统集聚动因 $P_A(\varepsilon)=a^t$ 为指数函数，表现为空间城市系统空间要素存量，如人口存量、土地存量、物资存量、信息存量、资本存量、能源存量，初始缓慢、后续快速增长的集聚规律，直至到达博弈均衡。其次，空间城市系统扩散动因为逻辑斯蒂曲线函数，即 $P_B(\varepsilon)=\dfrac{L}{1+a\mathrm{e}^{-bt}}$，表现为空间城市系统扩散主体，如人员、物资、信息、创新、产业、人文、技术，初始扩散缓慢、中期扩散加快、后期扩散趋缓的扩散规律。最后，空间城市系统联结动因 $P_C(\varepsilon)=kt$ 为线性函数，表现为空间城市系统空间流波，如空间人员流波、空间物资流波、空间信息流波、空间能源流波，呈现线性增长的规律。

② 博弈均衡值域解析

如前图 4.29 所示，在“空间城市系统动因博弈均衡定理”中，空间城市系统集聚动因、空间城市系统扩散动因、空间城市系统联结动因博弈均衡首先表现为一个值域，即“空间城市系统动因博弈均衡值域”，表示为 $f(r)=\pi r^2$，r 为该值域圆的半径，我们称

之为“空间城市系统动因博弈竞合状态”。均衡值域很好地解释了空间城市系统动因函数 $P_A(\varepsilon)$、$P_B(\varepsilon)$、$P_C(\varepsilon)$ 的渐近与精确求解问题，在实际应用中具有十分重要的意义。

③ 博弈均衡点解析

如前图 4.29 所示，在“空间城市系统动因博弈均衡定理”中，当到达空间城市系统动因非合作博弈均衡点 (ε, t) 时，有空间城市系统集聚动因 $P_A(\varepsilon) = \max[p_A(\varepsilon, t)]$，空间城市系统扩散动因 $P_B(\varepsilon) = \max[p_B(\varepsilon, t)]$，空间城市系统联结动因 $P_C(\varepsilon) = \max[p_C(\varepsilon, t)]$。空间城市系统动因均衡点在实际问题中表现为一个“空间城市系统动因博弈均衡值域”，表现为一个确定性的大概率事件，说明了空间集聚流 A、空间扩散流 B、空间联结流 C 达成了一种最优组合，即支付函数最大化，空间城市系统动因进入了最优稳定组合阶段，为空间城市系统的产生与发展提供了动力。

3）空间城市系统动因博弈均衡过程

空间城市系统动因博弈均衡是一个演化的过程，从空间集聚流、空间扩散流、空间联结流的产生，到空间流非合作博弈，再到形成空间流博弈均衡点，直至空间城市系统动因形成，导致空间城市系统演化分岔，最终空间城市系统形成。空间城市系统动因博弈均衡过程的重复，为多级空间城市系统的产生与发展提供了动力。我们将空间城市系统动因博弈均衡过程分为六个基本阶段，并以大型图示方法表示出来，如图 4.30 所示。

（1）第一阶段

空间集聚流、空间扩散流、空间联结流的独立形成，是“空间城市系统动因博弈均衡过程”的第一阶段。独立空间流的形成是空间城市系统集聚动因、空间城市系统扩散动因、空间城市系统联结动因的基础，是空间城市系统动因博弈均衡的基础。

（2）第二阶段

“空间流非合作博弈”是“空间城市系统动因博弈均衡过程”的第二阶段。在此阶段，空间集聚流、空间扩散流、空间联结流进入以最大化自己的最大空间流份额，即己方动因利益最大化，为目的非合作博弈状态。空间流之间处于一种“竞合状态”，即图 4.30 中所表示的均衡值域圆周状态。

（3）第三阶段

“空间流博弈均衡点”是“空间城市系统动因博弈均衡过程”的第三阶段。此阶段在满足了“纳什均衡”条件下，空间集聚流、空间扩散流、空间联结流在博弈均衡点 (ε, t) 处达成了空间城市系统动因博弈均衡。“空间城市系统动因博弈均衡点”是空间城市系统动力机制的关键点，它揭示了空间城市系统动因的形成机理，约翰・纳什的“非合作博弈纳什均衡理论”为此奠定了基础。

（4）第四阶段

“空间城市系统动因作用”是“空间城市系统动因博弈均衡过程”的第四阶段。空间集聚流 A、空间扩散流 B、空间联结流 C 达成非合作博弈均衡以后，即越过了空间流

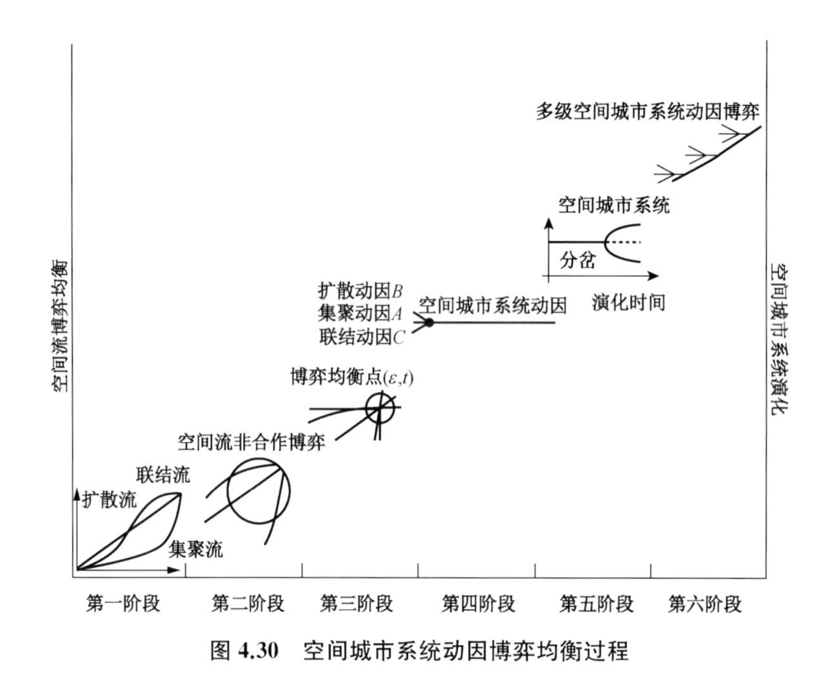

图 4.30　空间城市系统动因博弈均衡过程

博弈均衡点(ε, t)，形成了空间城市系统动因,作为动力推动着空间城市系统的进化。

(5) 第五阶段

“空间城市系统演化分岔”是“空间城市系统动因博弈均衡过程”的第五阶段。在“空间城市系统动因”的作用下,空间城市系统演化到达“分岔点”,导致空间城市系统的产生。普里戈金的“耗散结构理论”奠定了“空间城市系统演化分岔”的基础,它揭示了空间城市系统的形成过程。

(6) 第六阶段

“多级空间城市系统动因博弈”是“空间城市系统动因博弈均衡过程”的第六阶段。空间城市系统动因博弈均衡“第一阶段”到“第五阶段”的重复,为多级空间城市系统演化提供了动力,导致了多级空间城市系统的产生与发展。

至此,在“纳什非合作博弈均衡理论”的基础上,我们完成了“空间城市系统动因博弈原理”与“空间城市系统动因博弈均衡机理”的创新,说明了空间城市系统产生与发展的动力规律。在后续内容中,我们将通过“济南空间城市系统动因博弈”过程来验证“空间城市系统动因博弈均衡”理论。

4.4.3　济南空间城市系统动因博弈

1）济南空间城市系统概要

(1) 济南空间城市系统概念

如图 4.31 所示,“济南空间城市系统”是中国重要的一级空间城市系统,其地理空间范围包括济南主中心城市(MC),淄博辅中心城市(AC)、莱芜辅中心城市(AC)、泰安辅中心城市(AC)、聊城辅中心城市(AC)、德州辅中心城市(AC)、滨州辅中心城市

(AC),以及济阳基础城市(BC)、商河基础城市(BC)、无棣基础城市(BC)、钢城基础城市(BC)、肥城基础城市(BC)、临清基础城市(BC)、夏津基础城市(BC)等。

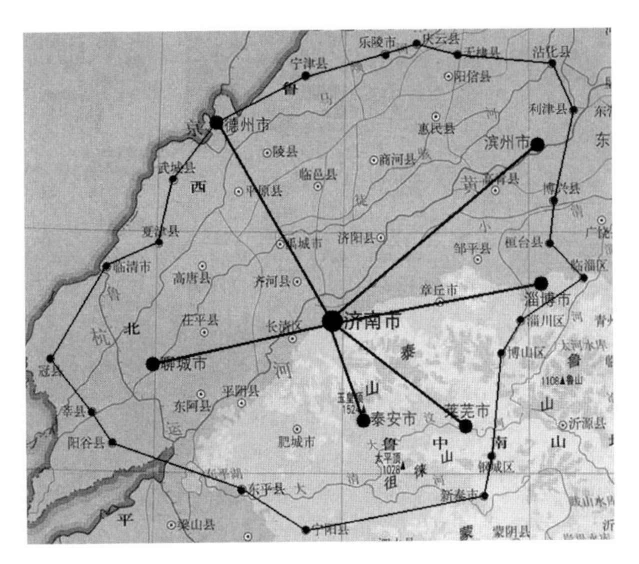

图 4.31 济南空间城市系统辖区边界

"济南空间城市系统"地处中国南北方中间区位,是"中国沿河空间城市系统"所属的关键一级子系统。"济南空间城市系统"承担着中国东、西、南、北空间结构的中枢功能,肩负着山东省空间发展的领导功能。因此,济南空间城市系统在中国空间结构中具有重要的战略地位。

"济南空间城市系统"地处东北亚的核心区位,与世界级的日本空间城市系统、韩国空间城市系统具有相同的纬向地带空间分异规律、相近的人文环境特征以及发达的经济环境基础。因此,济南空间城市系统在世界东方空间结构中具有重要地位。

(2) 济南空间城市系统环境

济南空间城市系统宏观地理环境单元分为"山东丘陵"和"华北平原",中观地理环境单元分为"济南—淄博山前地理单元""莱芜—泰安丘陵地理单元""聊城—德州—滨州平原地理单元",微观地理环境单元分为"济南山前地理单元""淄博山前地理单元""莱芜丘陵地理单元""泰安丘陵平原地理单元""聊城平原地理单元""德州平原地理单元""滨州平原地理单元"。

济南空间城市系统人文环境包括济南省会城市行政区划及其人口,淄博、莱芜、泰安、聊城、德州、滨州六个地级城市行政区划及其人口。济南空间城市系统地域文化分为"齐文化"与"鲁文化"两个部分,又分为"现代文化"与"传统文化"两种类别,整体趋于保守。

济南空间城市系统经济环境的"经济总量"占山东省的40%,在全国具有一般地位。"高端产业"拥有金融银行、高端制造、高等教育、科研开发等具有牵引功能的第四产业。"传统产业"拥有发达的制造业、农业、服务业,具有较强的传统产业能力。"经济关联度"

表现为世界关联度一般、东北亚关联度比较强、中国关联度强、地方关联度很强。

(3) 济南空间城市系统空间形态

如图 4.32 所示,济南空间城市系统呈现经典的“1+6 环状空间形态拓扑”模式,具有优良的圆状空间组团形态,十分利于空间集聚、空间扩散、空间联结。济南空间城市系统已经完成了城市元点、廊道轴线、主轴通道、网络通道、多网络通道的空间形态演化,形成了“空间多组团形态”。

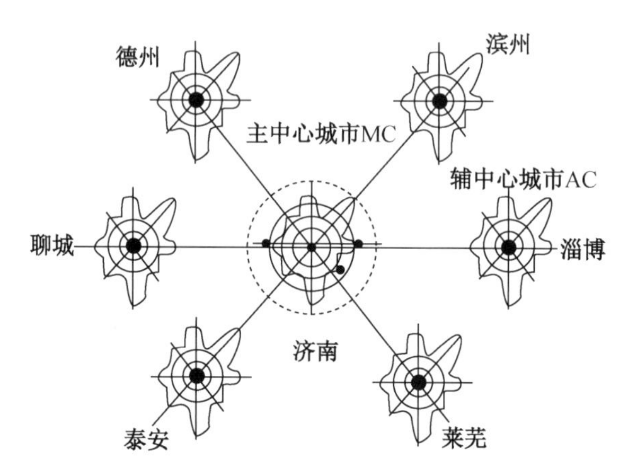

图 4.32 济南空间城市系统空间形态

(4) 济南空间城市系统空间结构

如图 4.33 所示,济南空间城市系统空间结构要素包括地理空间要素、空间结点要素、空间轴线要素、网络域面要素,形成了完整的空间结构要素体系。济南空间城市系统拥有科学合理的空间结构逻辑、空间结构演化过程以及较强的空间结构功能。

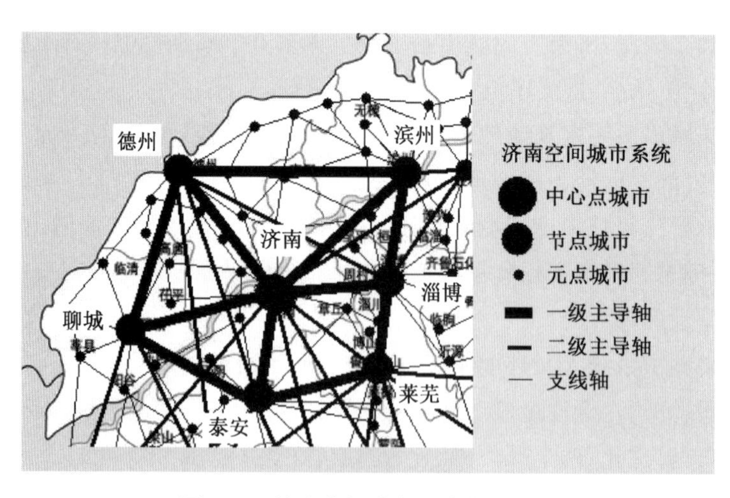

图 4.33 济南空间城市系统空间结构

(5) 济南空间城市系统演化过程

济南空间城市系统演化过程分为济南大都市区阶段、济南城市群阶段、济南空间城市系统阶段三个阶段以及五种状态——平衡态、近平衡态、近耗散态、分岔、耗散结构:平衡态为线性演化性质、近平衡态为线性演化性质、近耗散态分为线性区与非线性区、分岔过程为非线性演化性质、耗散结构为随机非线性演化性质。

① 济南大都市区阶段

"济南大都市区阶段"以 2007 年《济南都市圈规划》为标志。此阶段的城市形态为济南中心城市区加外围城市,构成"济南大都市区"区域单元。其本质为济南空间城市系统演化的"平衡态"与"近平衡态",这是一个已经完成的演化阶段。

② 济南城市群阶段

"济南城市群阶段"以 2017 年委托制定山东地方性《济南城市群规划》为标志。它的空间形态为"济南中心城市"加外围"城市群内城市",构成"济南城市群",欧洲学派称之为"济南 MCR——济南巨型城市区域"。其本质为济南空间城市系统演化的"近耗散态线性区",这是一个现在演化阶段。

③ 济南空间城市系统阶段

预计 2020—2025 年,将进入"济南空间城市系统"阶段。它是由济南主中心城市(MC),淄博、莱芜、泰安、聊城、德州、滨州辅中心城市(AC),以及济阳、商河、无棣、钢城、肥城、临清、夏津等基础城市(BC),构成的"一级济南空间城市系统",如前图 4.32 所示。其本质为济南空间城市系统演化的"近耗散态非线性区""分岔"与"耗散结构",它是一个可预见的演化阶段。

2）济南空间城市系统动因博弈基础

(1) 济南空间城市系统动因博弈主体

① 济南空间城市系统动因博弈说明

显然,在济南空间城市系统动因博弈分析中,我们将按照主中心城市(MC)、辅中心城市(AC)、基础城市(BC)三个层次来进行济南空间城市系统动因博弈的还原分析,并且以济南主中心城市(MC)为主。在还原分析的基础上进行汇总,就可以得到济南空间城市系统整体的动因博弈均衡结果。"济南空间城市系统动因博弈"的重点在于说明"空间城市系统动因博弈均衡理论"的实证性,是"空间流博弈均衡"方法论的实证应用。需要特别指出的是,在"济南空间城市系统动因博弈"案例中,我们只是进行了方法论叙述,因为原始数据获取条件所限,所以无法进行实际问题与实际数据的详细化论证。

② 济南空间城市系统动因博弈主体

济南空间城市系统动因博弈主体主要分为空间集聚动因、空间扩散动因、空间联结动因,主要体现为空间集聚流、空间扩散流、空间联结流。我们将济南主中心城市(MC)空间集聚流、空间扩散流、空间联结流称为"MC 动因"或者"MC 空间流",将淄博、莱芜、泰安、聊城、德州、滨州辅中心城市(AC)空间集聚流、空间扩散流、空间联结流称为"AC 动因"或者"AC 空间流",将济阳、商河、无棣、钢城、肥城、临清、夏津等基础城市(BC)空间集聚流、空间扩散流、空间联结流称为"BC 动因"或者"BC 空间流"。

③ 济南空间城市系统动因博弈主体假设

根据“空间城市系统动因博弈主体假设”定义，在济南空间城市系统动因博弈均衡分析中，我们将博弈主体空间流分为“纯份额”与“混合份额”。“纯份额”是指博弈空间（即MC空间、AC空间、BC空间）单一空间流的理想化假设状态；“混合份额”是指博弈空间（即MC空间、AC空间、BC空间）三元空间流的真实化状态。做出“济南空间城市系统动因博弈主体假设”，即为济南空间城市系统动因博弈均衡分析奠定了学理性基础。

④ 济南空间城市系统空间流支付函数

所谓济南空间城市系统空间流支付函数是指济南空间城市系统空间流博弈主体，即空间集聚流A、空间扩散流B、空间联结流C，从空间流博弈中获得的份额水平。它是空间流博弈主体行为的函数，是每个博弈主体空间流的期望，是空间集聚流A、空间扩散流B、空间联结流C，选择不同的“纯份额”与“混合份额”博弈策略的实现期望，在实际博弈过程中为“混合份额”。济南空间城市系统空间集聚流A、空间扩散流B、空间联结流C的支付函数分别表示为$P_A(\varepsilon)$、$P_B(\varepsilon)$、$P_C(\varepsilon)$。

（2）济南空间城市系统动因博弈条件

① 非合作性条件

济南空间城市系统的MC、AC、BC在空间集聚流A、空间扩散流B、空间联结流C上面不可能有协商行为，是各自独立的动因现象，满足非互知博弈条件。而且它们的空间集聚流$+A$、空间扩散流$-B$、空间联结流$\pm C$在方向和流量等方面都呈现自然的非理性状态。因此，济南空间城市系统动因博弈满足纳什均衡的非合作性条件。

② 有限性条件

济南空间城市系统的MC、AC、BC所具有的空间集聚动因、空间扩散动因、空间联结动因博弈是一个有限的三元博弈。而且济南空间城市系统动因博弈主体，即空间集聚流A、空间扩散流B、空间联结流C可能采取的“博弈策略”是有限的，即博弈主体空间流的“纯份额”与“混合份额”是有限的。所以，济南空间城市系统动因博弈满足“纳什均衡”的有限性条件。

③ 同时性条件

济南空间城市系统的MC、AC、BC所发生的空间集聚流A、空间扩散流B、空间联结流C，是在济南空间城市系统产生与发展同一过程中的。因此，济南空间城市系统动因博弈满足“纳什均衡”的同时性条件。

综上所述，济南空间城市系统动因博弈满足博弈主体、博弈空间、博弈时间的“纳什博弈均衡条件”，这就保证了济南空间城市系统动因博弈“纳什均衡点”的存在。

（3）济南空间城市系统动因博弈指数

① 济南空间城市系统动因指数说明

济南空间城市系统动因博弈“空间集聚流指数A”、“空间扩散流指数B”“空间联结流指数C”的设置，是以济南主中心城市（MC）情况为标准进行的。在实际中，

"空间城市系统动因指数表"的设置要根据实际情况进行设置。"空间城市系统动因指数表"中项目的设置要有基本的理论根据与逻辑根据，要根据空间城市系统动因博弈均衡研究的需要进行设置。在实际中，一定要附有"空间城市系统动因指数说明报告"，作为"空间集聚流指数 A""空间扩散流指数 B""空间联结流指数 C"的详细说明。

② 空间集聚流指数 A

空间集聚流指数说明报告是对表4.12"空间集聚流指数"的解释性说明，如"集聚主体"是指空间集聚流的空间要素，"空间存量"是指集聚空间保有空间要素的数量，"集聚机制"是指空间要素集聚的规律，"存量关系"是指集聚主体与集聚空间之间的关联程度，"集聚类型"是指集聚主体所属的大类关系。

表4.12 空间集聚流指数

集聚主体	空间存量	集聚机制	存量关系	集聚类型
人员	二类数量	向心	高度关联	政治
土地	一类数量	核心边缘	高度关联	经济
建筑	三类数量	生长极	中度关联	文化
车辆	二类数量	核心边缘	中度关联	产业
资金	一类数量	生长极	高度关联	科技
信息	二类数量	向心离心	高度关联	教育
能源	三类数量	核心边缘	低度关联	医疗

③ 空间扩散流指数 B

空间扩散流指数说明报告是对表4.13"空间扩散流指数"的解释性说明，如"扩散主体"是指空间扩散的主要内容，"扩散数量"是指空间扩散主体的数量，"扩散人口"是指空间扩散主体所涉及的人口，"扩散类型"是指空间扩散的归属分类，"扩散机制"是指空间扩散的规律等。

表4.13 空间扩散流指数

扩散主体	扩散数量	扩散人口	扩散类型	扩散机制
第一产业	少量	10%	传染扩散	线性
第二产业	大量	40%	等级扩散	逻辑斯蒂
第三产业	中量	30%	重新区位扩散	概率分布
第四产业	少量	10%	重新区位扩散	正态分布
其他扩散	少量	10%	各种扩散	非线性

④ 空间联结流指数 C

空间联结流指数说明报告是对表4.14"空间联结流指数"的解释性说明，如"联结主体”是指空间流波的分类,“空间流波数量”是指空间流波的测量值,“空间城市系统脑”是指空间联结的可观测性与可控制性,“联结机制”是指空间流波的规律,“空间流波参数”是指空间流波的基本性质。

表 4.14　空间联结流指数

联结主体	空间流波数量	空间城市系统脑	联结机制	空间流波参数
人员流	中密度值%	可控	线性函数	波长 λ、波幅 A、波速 v、周期 T、频率 f
物资流	中密度值%	可控	非线性函数	
信息流	高密度值%	可观测	随机性函数	
资金流	高密度值%	可控	非线性函数	
能源流	中密度值%	可控	线性函数	

3）济南空间城市系统动因博弈均衡分析

（1）济南主中心城市(MC)动因博弈均衡

根据前述“济南空间城市系统动因指数”方法所获得的“空间集聚流指数 A”“空间扩散流指数 B”“空间联结流指数 C”,其所对应的空间流函数分别为 P_A、P_B、P_C。又由前述“济南空间城市系统动因博弈主体”与“济南空间城市系统动因博弈条件”分析可知,济南主中心城市(MC)动因博弈满足“纳什均衡”条件,根据“空间城市系统动因博弈均衡定理”我们可以得知,在 P_A、P_B、P_C 之间一定存在“纳什均衡点”,即济南主中心城市(MC)动因博弈均衡点。设定济南 MC 空间流非合作博弈在点 (ε, t) 处取得均衡,则济南 MC“空间集聚流指数 A”“空间扩散流指数 B”“空间联结流指数 C”的博弈均衡点如图 4.34 所示。

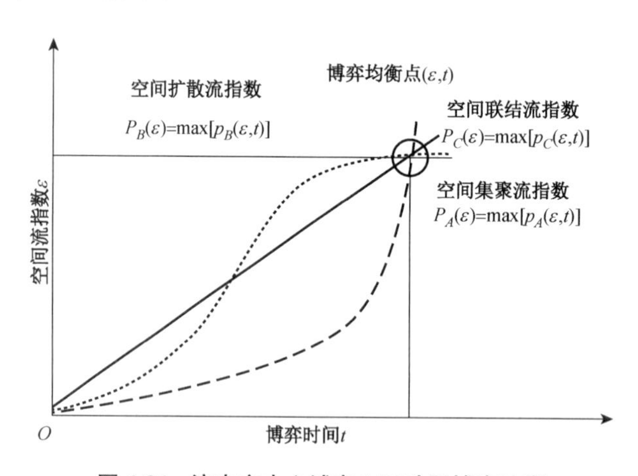

图 4.34　济南主中心城市 MC 动因博弈均衡

所谓济南主中心城市(MC)动因博弈均衡点,就是“空间集聚流指数 A”“空间扩散流指数 B”“空间联结流指数 C”,在“纳什均衡点”(即博弈均衡点)(ε, t) 处获得它们各自最大的空间流支付函数,即它们博弈策略“混合份额”的实现期望值可以表示为以下方程组：

$$
\begin{aligned}
P_A(\varepsilon) &= \max[p_A(\varepsilon, t)] \\
P_B(\varepsilon) &= \max[p_B(\varepsilon, t)] \\
P_C(\varepsilon) &= \max[p_C(\varepsilon, t)]
\end{aligned}
\tag{4.33}
$$

方程组(4.33)表示了济南主中心城市(MC)动因博弈均衡预期，即一定存在济南主中心城市(MC)空间流非合作博弈均衡点。正是在公式(4.33)所表示的济南主中心城市(MC)动因博弈均衡动力的作用下，才催生了济南主中心城市(MC)的产生，从而为济南空间城市系统的产生和发展奠定了最核心、最重要的基础。

(2) 济南主中心城市(MC)动因博弈均衡解析

① 济南主中心城市(MC)空间流规律解析

如前图 4.34 所示，济南主中心城市(MC)空间集聚动因表现为指数函数，即 $P_A(\varepsilon)=a^t$，说明济南主中心城市(MC)人员、土地、建筑、车辆、资金、信息、能源的集聚表现为一种逐渐加大的趋势。济南主中心城市(MC)空间扩散动因表现为逻辑斯蒂函数，即 $P_B(\varepsilon)=L/(1+a\mathrm{e}^{-bt})$，说明济南主中心城市(MC)产业扩散动因表现为初始缓慢、中间加强、后期衰竭的现象。济南主中心城市(MC)空间联结动因表现为线性函数，即 $P_C(\varepsilon)=kt$，说明济南 MC 人员流、物资流、信息流、资金流、能源流空间联结表现为一个持续增长的过程。

② 济南主中心城市(MC)动因博弈均衡值域解析

如图 4.35 所示，济南主中心城市(MC)动因博弈均衡表现为一个值域，即 $f(r)=\pi r^2$，其中均衡点(ε, t)与值域点(ε', t')都是可测得值，而值域半径 $r=\varepsilon-\varepsilon'=t-t'$，因此我们可以确定济南主中心城市(MC)动因博弈均衡值域范围。值域范围“$f(r)=\pi r^2$”使得济南主中心城市(MC)动因函数 $P_A(\varepsilon)$、$P_B(\varepsilon)$、$P_C(\varepsilon)$ 的求解被控制在一个范围之内，因此使方程(4.33)的求解变得简便易行，而不必求出准确的解析解，因此在济南主中心城市(MC)动因博弈应用中具有实践应用价值。

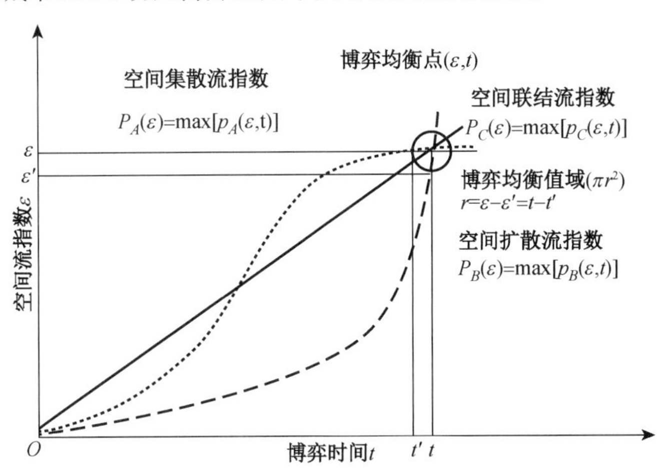

图 4.35　济南主中心城市 MC 动因博弈均衡值域

③ 济南主中心城市(MC)博弈均衡点解析

如图 4.35 所示,在济南主中心城市(MC)动因博弈过程中,当到达非合作博弈均衡点 (ε, t) 时,实际为进入值域范围“$f(r)=\pi r^2$”时,有集聚动因 $P_A(\varepsilon)=\max[p_A(\varepsilon, t)]$、扩散动因 $P_B(\varepsilon)=\max[p_B(\varepsilon, t)]$、联结动因 $P_C(\varepsilon)=\max[p_C(\varepsilon, t)]$。则空间集聚流指数 A、空间扩散流指数 B、空间联结流指数 C 达成了一种最优组合,即支付函数最大化,济南主中心城市(MC)动因进入了最优稳定组合阶段,为济南主中心城市(MC)的产生与发展提供了动力。

(3) 辅中心城市(AC)动因博弈均衡

淄博、莱芜、泰安、聊城、德州、滨州等辅中心城市(AC)的动因博弈均衡,其机理同济南主中心城市(MC)的动因博弈过程相同。因此,同样的分析步骤我们可以得到以下的结果:

$$
\begin{aligned}
P_{Ai}(\varepsilon) &= \max[p_{Ai}(\varepsilon, t)] \\
P_{Bi}(\varepsilon) &= \max[p_{Bi}(\varepsilon, t)] \\
P_{Ci}(\varepsilon) &= \max[p_{Ci}(\varepsilon, t)]
\end{aligned}
\tag{4.34}
$$

其中,P_{Ai}、P_{Bi}、P_{Ci}、代表第 i 个辅中心城市(AC)的空间集聚流、空间扩散流、空间联结流;p_{Ai}、p_{Bi}、p_{Ci} 代表第 i 个辅中心城市(AC)的空间流“纳什均衡点”值,即 (ε, t),对于济南空间城市系统有 $i=1, 2, 3, 4, 5, 6$。

在满足前述条件下,即“济南空间城市系统动因博弈主体”,“济南空间城市系统动因博弈条件”,“济南空间城市系统动因博弈指数”,淄博、莱芜、泰安、聊城、德州、滨州等辅中心城市(AC)具有空间流“非合作博弈均衡点”,则六个辅中心城市(AC)的空间集聚流指数 A、空间扩散流指数 B、空间联结流指数 C 达成了一种最优组合,即支付函数最大化,六个辅中心城市(AC)的动因进入了最优稳定组合阶段,为淄博、莱芜、泰安、聊城、德州、滨州等辅中心城市产生与发展提供了动力。

(4) 基础城市(BC)动因博弈均衡

济阳、商河、无棣、钢城、肥城、临清、夏津等基础城市 BC 的动因博弈均衡,其机理同济南主中心城市(MC)的动因博弈过程相同。因此,同样的分析步骤我们可以得到以下的结果:

$$
\begin{aligned}
P_{Ai}(\varepsilon) &= \max[p_{Ai}(\varepsilon, t)] \\
P_{Bi}(\varepsilon) &= \max[p_{Bi}(\varepsilon, t)] \\
P_{Ci}(\varepsilon) &= \max[p_{Ci}(\varepsilon, t)]
\end{aligned}
\tag{4.35}
$$

其中,P_{Ai}、P_{Bi}、P_{Ci} 代表第 i 个基础城市(BC)的空间集聚流、空间扩散流、空间联结流;p_{Ai}、p_{Bi}、p_{Ci} 代表第 i 个基础城市(BC)的空间流“纳什均衡点”值,即 (ε, t),对于济南空间城市系统有 $i=1, 2, 3, \cdots, n$,其中 n 为济南空间城市系统基础城市(BC)的合计数量。

在满足前述条件下，即"济南空间城市系统动因博弈主体"，"济南空间城市系统动因博弈条件"，"济南空间城市系统动因博弈指数"，济阳、商河、无棣、钢城、肥城、临清、夏津等 n 个基础城市(BC)具有空间流"非合作博弈均衡点"，则济南空间城市系统 n 个基础城市(BC)的空间集聚流指数 A、空间扩散流指数 B、空间联结流指数 C 达成了一种最优组合，即支付函数最大化，济南空间城市系统 n 个基础城市(BC)动因进入了最优稳定组合阶段，为济阳、商河、无棣、钢城、肥城、临清、夏津等 n 个基础城市(BC)的产生与发展提供了动力。

(5) 济南空间城市系统动因博弈均衡

在获得"济南主中心城市(MC)动因博弈均衡"，淄博、莱芜、泰安、聊城、德州、滨州"辅中心城市(AC)动因博弈均衡"，济阳、商河、无棣、钢城、肥城、临清、夏津等"基础城市(BC)动因博弈均衡"的基础上，对上述三个动因博弈均衡求和，就可以得到济南空间城市系统动因博弈均衡，即

$$\text{济南 SCS 动因博弈均衡} = \text{济南 MC 动因博弈均衡} + \sum_{i=1}^{6} \text{AC 动因博弈均衡} + \sum_{i=1}^{n} \text{BC 动因博弈均衡} \quad (4.36)$$

其中，济南 SCS 为济南空间城市系统；$i=1, 2, 3, 4, 5, 6$ 代表济南空间城市系统六个辅中心城市(AC)；n 为济南空间城市系统基础城市(BC)的合计数量。公式(4.36)代表了济南空间城市系统动因博弈的预期，即济南空间城市系统动因非合作博弈的"纳什均衡"预期。

(6) 济南空间城市系统动因博弈均衡过程

根据"空间城市系统动因博弈均衡过程"的基本原理，济南空间城市系统动因博弈均衡过程可以分为以下六个阶段：

第一阶段，各城市空间流形成。

济南主中心城市(MC)，淄博、莱芜、泰安、聊城、德州、滨州辅中心城市(AC)，济阳、商河、无棣、钢城、肥城、临清、夏津等基础城市(BC)，其空间集聚流、空间扩散流、空间联结流的独立形成，是"济南空间城市系统动因博弈均衡过程"的第一阶段。独立空间流的形成既是主中心城市(MC)、辅中心城市(AC)、基础城市(BC)以及空间集聚动因、空间扩散动因、空间联结动因的基础，也是济南空间城市系统动因博弈的基础。

第二阶段，各城市空间流非合作博弈。

济南主中心城市(MC)，淄博、莱芜、泰安、聊城、德州、滨州辅中心城市(AC)，济阳、商河、无棣、钢城、肥城、临清、夏津等基础城市(BC)，其"空间流非合作博弈"是"济南空间城市系统动因博弈均衡过程"的第二阶段。在此阶段，空间集聚流、空间扩散流、空间联结流进入已最大化自己的最大空间流份额，即己方动因利益最大化，为目的非合作博弈状态。空间流之间处于一种"竞合状态"，即前图 4.35 所表示的均衡值域状态。

第三阶段，各城市博弈均衡点形成。

如前图 4.35 所示，"空间流博弈均衡点"是"济南空间城市系统动因博弈均衡过

程”的第三阶段。此阶段在满足了“纳什均衡”条件下，主中心城市（MC）、辅中心城市（AC）、基础城市（BC）的空间集聚流、空间扩散流、空间联结流，在博弈均衡点 (ε, t) 处达成了空间流博弈均衡。“空间流博弈均衡点”是主中心城市（MC）、辅中心城市（AC）、基础城市（BC）动力机制的关键点，它是济南空间城市系统动因形成的基础。

第四阶段，济南空间城市系统主中心城市（MC）、辅中心城市（AC）、基础城市（BC）博弈均衡形成合作动因。

如公式（4.36）所示，主中心城市（MC）、辅中心城市（AC）、基础城市（BC）联合形成了“济南空间城市系统动因博弈均衡”。在此阶段，各城市空间流博弈均衡动力产生了整体涌现作用，形成了“济南空间城市系统动因博弈均衡”，为济南空间城市系统演化提供了基本动力作用。

第五阶段，济南空间城市系统动因作用。

在“济南空间城市系统动因博弈均衡”的动力作用下，济南空间城市系统进入快速演化状态。在此阶段，主中心城市（MC）、辅中心城市（AC）、基础城市（BC）的空间集聚流、空间扩散流、空间联结流形成了“整体涌现”，推动着济南空间城市系统向分岔发展。

第六阶段，济南空间城市系统分岔。

“济南空间城市系统演化分岔”是“济南空间城市系统动因博弈均衡过程”的第六个阶段。在“济南空间城市系统动因”的作用下，济南空间城市系统演化到达“分岔点”，导致济南空间城市系统的产生。“耗散结构理论”为解释“济南空间城市系统演化分岔”提供了基本方法论。

至此，在“空间城市系统动因博弈均衡理论”的基础上，我们完成了“济南空间城市系统动因博弈”的分析，说明了济南空间城市系统产生与发展的动力规律，并验证了“空间城市系统动因博弈均衡理论”的真实性与可操作进路，对这一理论进行了补充。

参考文献

[1] 沃尔特·克里斯塔勒.德国南部中心地原理[M].常正文，王兴中，等译.北京：商务印书馆，1998：176-177.

[2] 沃尔特·克里斯塔勒.德国南部中心地原理[M].常正文，王兴中，等译.北京：商务印书馆，1998：178-180.

[3] 藤田昌久，保罗·克鲁格曼，安东尼·J.维纳布尔斯.空间经济学：城市、区域与国际贸易[M].梁琦，主译.北京：中国人民大学出版社，2005：5.

[4] 藤田昌久，保罗·克鲁格曼，安东尼·J.维纳布尔斯.空间经济学：城市、区域与国际贸易[M].梁琦，主译.北京：中国人民大学出版社，2005：7.

[5] 藤田昌久，保罗·克鲁格曼，安东尼·J.维纳布尔斯.空间经济学：城市、区域与国际贸易[M].梁琦，主译.北京：中国人民大学出版社，2005：146.

[6] 藤田昌久,保罗·克鲁格曼,安东尼·J.维纳布尔斯.空间经济学:城市、区域与国际贸易[M].梁琦,主译.北京:中国人民大学出版社,2005:144-145.
[7] 藤田昌久,保罗·克鲁格曼,安东尼·J.维纳布尔斯.空间经济学:城市、区域与国际贸易[M].梁琦,主译.北京:中国人民大学出版社,2005:172-173,181.
[8] 藤田昌久,保罗·克鲁格曼,安东尼·J.维纳布尔斯.空间经济学:城市、区域与国际贸易[M].梁琦,主译.北京:中国人民大学出版社,2005:181,186.
[9] 藤田昌久,保罗·克鲁格曼,安东尼·J.维纳布尔斯.空间经济学:城市、区域与国际贸易[M].梁琦,主译.北京:中国人民大学出版社,2005:11,158.
[10] 约翰·梅纳德·凯恩斯.就业利息和货币通论[M]//杨建文.20世纪外国经济学名著概览.郑州:河南人民出版社,1990:453,455,457.
[11] 刘乃全,等.空间集聚论[M].上海:上海财经大学出版社,2012:64-65.
[12] 哈肯.信息与自组织[M].郭治安,等译.成都:四川教育出版,1988:18.
[13] 苗东升.系统科学精要[M].3版.北京:中国人民大学出版社,2010:186.
[14] 许学强,周一星,宁越敏.城市地理学[M].2版.北京:高等教育出版社,2009:199.
[15] 陆玉麒.区域发展中的空间结构研究[M].南京:南京师范大学出版社,1998:51.
[16] 彼得·霍尔,凯西·佩恩.多中心大都市:来自欧洲巨型城市区域的经验[M].罗振东,等译.北京:中国建筑工业出版社,2010:4.
[17] 贾林祥.联结主义认知心理学[M].上海:上海教育出版社,2006:65.
[18] 约翰·纳什.纳什博弈论论文集[N].张良桥,王晓刚,译.北京:首都经济贸易大学出版社,2000:31.
[19] 约翰·纳什.纳什博弈论论文集[N].张良桥,王晓刚,译.北京:首都经济贸易大学出版社,2000:30.
[20] 约翰·纳什.纳什博弈论论文集[N].张良桥,王晓刚,译.北京:首都经济贸易大学出版社,2000:33.

5 空间城市系统演化理论

空间城市系统演化理论是空间城市系统的核心理论。“空间城市系统状态原理”揭示了空间城市系统演化状态的基础规律;“空间城市系统状态熵原理”揭示了空间城市系统演化状态熵的基础规律;“空间城市系统动力原理”揭示了空间城市系统演化动力的基础规律;“空间城市系统稳定性原理”揭示了空间城市系统演化稳定性的基础规律;“空间城市系统线性演化原理”阐述了空间城市系统演化线性阶段的规律;“空间城市系统非线性演化原理”阐述了空间城市系统演化非线性阶段的规律;“多级空间城市系统演化”说明了多级空间城市系统产生与发展的基本规律。

5.1 空间城市系统状态原理

“空间城市系统状态原理”是关于空间城市系统演化的总体性论述,它对空间城市系统演化状态进行了概论性表述,对空间城市系统演化平衡态、近平衡态、近耗散态、分岔、耗散结构的基本情况进行了介绍。因此,“空间城市系统状态原理”是空间城市系统演化的基础性理论,在空间城市系统演化理论中具有重要地位。

5.1.1 空间城市系统演化定义

1）空间城市系统演化概念

空间城市系统是地球空间最大的人工系统,空间城市系统结构、状态、特性、功能等随着时间变化而发生的变化称之为空间城市系统演化,包括平衡态、近平衡态、近耗散态、分岔、耗散结构五个阶段,它是空间城市系统孕育、产生、发展的全部过程。狭义的空间城市系统演化为一级空间城市系统演化,它代表了单体空间城市系统的形成过程;广义的空间城市系统演化包括多级空间城市系统演化,它包含了多级空间城市系统的形成过程。

空间城市系统演化内部动力主要为空间集聚动因、空间扩散动因、空间联结动因,空间城市系统演化外部动力主要为地理环境动因、人文环境动因、经济环境动因。空间城市系统演化方向主要是指由无到有、由低级到高级、由一级系统到多级系统的“进化”方向,空间城市系统的“退化”方向是很少发生的、特殊的、局部的情况。空间城市系统演化要在“状态空间”与“参量空间”中进行研究。“状态空间”表示了空间城市系统演化轨道运动的情况,从而把握空间城市系统演化的状态特性;“参量空间”表示了空间城市系统演化系统族全部可能的轨道及其分布的情况,从而把握空间城市系统的动态特性，即系统定性性质的改变。

空间城市系统演化具有平衡态定态、近平衡态定态、近耗散态定态、耗散结构定态的定态特性，以及分岔动态特性，空间城市系统演化的本质就是空间城市系统状态类型不断“转型进化”的过程。空间城市系统演化分为线性区与非线性区两个大的阶段，前者包括平衡态、近平衡态、近耗散态线性区，后者包括近耗散态非线性区、分岔、耗散结构，空间城市系统演化的终极目标是稳定的“耗散结构”状态。

2）空间城市系统演化阶段与特性

如表 5.1 所示，空间城市系统演化可以划分为平衡态、近平衡态、近耗散态线性区、近耗散态非线性区、分岔、耗散结构六个基本阶段。分岔是空间城市系统的暂态行为，我们视为一个演化阶段。空间城市系统是典型的巨大系统，空间城市系统演化具有自己的特殊属性，结合表 5.1 我们总结如下：

表 5.1　空间城市系统演化

演化阶段	系统状态	系统属性	状态类型	李雅普诺夫轨道稳定性	系统结构
平衡态	动态	线性	定态	稳定	弱不稳定
近平衡态	动态	线性	定态	稳定	不稳定
近耗散态线性区	动态	线性	定态	稳定	不稳定
近耗散态非线性区	随机动态	非线性	定态	稳定	不稳定
分岔	随机动态	非线性	暂态	稳定	不稳定
耗散结构	随机动态	非线性	定态	稳定	不稳定

第一，动态特性。

空间城市系统真正意义上的静态是起始点，在“起始点”空间城市系统获得稳定焦点，因此“起始点”仅是一种假设状态，我们不将其作为演化阶段。除起始点之外真实的平衡态、近平衡态、近耗散态、分岔、耗散结构都是动态，在空间城市系统演化线性区为线性机理动态，在空间城市系统演化非线性区为随机动态。因此，动态特性是空间城市系统的本质特征，即空间城市系统始终处于动态的演化之中。

第二，定态特性。

空间城市系统具有定态特性，即平衡态、近平衡态、近耗散态、耗散结构都是定态属性。空间城市系统的定性性质是由定态确定的，定态属性为平衡态、近平衡态、近耗散态线性区、近耗散态非线性区、耗散结构的存在与划分奠定了基础。定态属性为空间城市系统相变提供了逻辑基础，使空间城市系统的“转型进化”成为可能。

第三，线性特性。

空间城市系统线性区包括平衡态、近平衡态、近耗散态线性区三个演化阶段，它们满足叠加原理。巨大系统的特殊属性，决定了空间城市系统演化各个阶段“整体特性”的存在地位，平衡态、近平衡态、近耗散态线性区各自拥有平庸的、低水平的“整体特性”。空间城市系统演化的过程就是系统各个演化阶段“整体特性”递进的过程。

第四,非线性特性。

空间城市系统非线性区包括近耗散态非线性区、分岔、耗散结构三个演化阶段,在此我们将“分岔”视为一个“时间点”状态,它们不满足叠加原理。非线性特性是空间城市系统的终极属性,它决定了空间城市系统演化“整体涌现性”的产生,决定了空间城市系统耗散结构的保持。非线性特性是空间城市系统多样性、差异性、复杂性的主要根源,是空间城市系统的根本属性。

第五,轨道稳定特性。

空间城市系统演化相空间轨道具有稳定特性,即李雅普诺夫稳定。扰动使空间城市系统演化出现偏离,而轨道稳定特性则保持了空间城市系统的维生机制,平衡态、近平衡态、近耗散态线性区、近耗散态非线性区、耗散结构的存在都是以轨道稳定特性为基础的。分岔行为是不稳定的,它是空间城市系统性质变化的关键环节,系统演化状态的“转型进化”是不稳定性积极的一面。

第六,结构不稳定特性。

空间城市系统演化具有系统结构不稳定特性,特别表现为空间形态与空间结构的不稳定。结构不稳定特性是空间城市系统的本质特征,即空间城市系统始终处于结构不稳定的变化之中。空间要素的集聚、扩散、联结始终在发生变化,导致空间城市系统结构不稳定特性的产生。结构不稳定特性是空间城市系统鲜活、积极、建设性的体现。

3）空间城市系统演化说明

(1)“空间城市系统”说明

在空间城市系统演化理论中,我们将空间城市系统演化过程分为平衡态、近平衡态、近耗散态、分岔、耗散结构五个大的阶段,都冠名“空间城市系统”。但是平衡态、近平衡态、近耗散态线性区的本质是“城市体系”,而不具备“空间城市系统”的本质属性,只有近耗散态非线性区、分岔、耗散结构三个阶段具有“空间城市系统”的本质属性,线性与非线性是划分“城市属性”与“空间城市系统属性”数量比例的标准。近耗散态非线性区标志着“城市属性”小于“空间城市系统属性”,分岔标志着“空间城市系统属性”占据全部地位。空间城市系统本质属性是一个逐渐发展的过程,即所谓空间城市系统演化过程,这是我们特别需要解释清楚的。

(2)“空间城市系统演化”说明

在空间城市系统演化理论中,空间城市系统状态原理、空间城市系统状态熵原理、空间城市系统动力原理、空间城市系统稳定性原理,构成了空间城市系统演化的“四大基本原理”。“演化状态机制”是指空间城市系统演化的状态分段,即时间函数;“演化熵机制”是指空间城市系统演化“熵”的情况;“演化动力机制”是指空间城市系统演化的动力情况;“演化稳定机制”是指空间城市系统演化的稳定性情况。所谓空间城市系统演化研究,主要就是围绕这“四大演化机制”进行的研究,它们成为空间城市系统演化理论的还原性内容。

4）耗散结构理论的空间城市系统化

正如中国学者沈小峰、胡岗、姜璐在著作《耗散结构理论》中所说："时间和时间的演化是非平衡统计物理学研究的中心课题之一。"[1]演化时间条件决定了巨大系统与小微系统的差异，演化的长时段特性是空间城市系统演化特殊性的根源，它成为空间城市系统演化分段的限制条件根据，主要体现在"城市体系"的平衡态与非平衡态双面特性（近耗散态非线性区）。

"任何学科都有一定的适用范围和局限性，耗散结构理论也不例外。"[2]耗散结构理论在面对空间城市系统特殊性时显示出局限性：其一，对于城市体系阶段起始点为静态、前期阶段为平衡态属性、后期阶段为非平衡态属性的客观事实，耗散结构理论需要扩展它的演化分段原理；其二，对于演化长时段性所导致的临界随机阶段长期存在的近耗散态非线性区客观事实，需要对耗散结构理论做出扩展。当我们对经典耗散结构理论做出条件性扩展之后，就可以对空间城市系统演化阶段做出符合巨大系统特殊属性的划分。

在耗散结构理论的基本框架内，我们因循了普里戈金对系统演化阶段划分的专业词汇用法，命名了空间城市系统演化的五个阶段：平衡态、近平衡态、近耗散态、分岔、耗散结构。但是空间城市系统的"平衡态"已经扩展了原有的涵盖范围，包括了城市体系阶段起始点为静态、前期阶段为平衡态属性、后期阶段为非平衡态属性。基于空间城市系统演化长时段特殊性，我们创新了空间城市系统近耗散态原理，用以解释空间城市系统临界随机阶段长期存在的客观事实。我们将普里戈金系统演化基本原理与空间城市系统演化特殊性相结合，形成了空间城市系统演化理论。表 5.2 给出了经典耗散结构理论与空间城市系统演化理论之间的比较。

表 5.2 耗散结构理论与空间城市系统演化理论比较

类别	静态	线性动态	非线性动态	非线性动态	非线性动态
耗散结构理论	平衡态	近平衡态	—	分岔	耗散结构
空间城市系统演化理论	虚拟起始点	平衡态 近平衡态 近耗散态线性区	近耗散态 非线性区	分岔	耗散结构

耗散结构理论的空间城市系统化是系统科学经典方法论扩展与再创新的重要组成部分，这是一个哲学认识论的发展观问题。首先，我们必须遵循耗散结构理论的基本方向，它是空间城市系统演化规律认识的基本指导思想。其次，我们必须对耗散结构理论做出扩展与再创新，以应对巨大系统"特殊性幽灵"①的作用。最后，扩展与再创新必须接受空间城市系统实践的检验，数学逻辑的完善与证明可以留待数学专业学者完成。

① 系统科学经典方法论是基于"小微系统"的，在应用于巨大系统时会出现局限性与失效性，巨大系统的特殊性决定了这种现象的发生。为此，我们将巨大系统的这类特性称为"特殊性幽灵"。

5.1.2 空间城市系统演化状态

1）状态空间方法

将空间城市系统演化所有状态构成的集合称为状态空间，即相空间。以空间集聚变量、空间扩散变量、空间联结变量所张成的几何空间，就是空间城市系统的状态空间。空间城市系统演化方程就是在状态空间中建立的，它可以确定不同类型的系统状态，描述系统的状态转移规律。相空间轨道是空间城市系统演化的运动路径，轨道稳定性、结构转型进化、整体涌现分岔都要在空间城市系统状态空间中进行研究。

将空间城市系统环境参量构成的空间称为参量空间，即控制空间。空间城市系统参量空间一般由地理环境参量、人文环境参量、经济环境参量等所张成。空间城市系统定性性质的改变要在参量空间中进行研究，在参量空间中研究的是由与系统演化方程结构相同的无穷多系统构成的空间城市系统族。

将空间城市系统状态变量与环境参量所张成的高维空间称为乘积空间。空间城市系统乘积空间由空间集聚变量、空间扩散变量、空间联结变量与地理环境参量、人文环境参量、经济环境参量所张成。它全面反映了空间城市系统的综合情况，但是乘积空间特别适用于低维度情况的研究，例如由一个"状态变量"如空间联结变量 x 与一个"控制参量" 如地理环境参量 α 所形成的空间城市系统地理联结乘积空间"$x-\alpha$"，就特别适合进行空间城市系统联结问题研究。

2）空间城市系统演化方程

微分方程是空间城市系统演化数学表述的基本工具，主要包括线性微分方程、非线性微分方程、随机微分方程。首先，线性微分方程是最成熟与最基础的空间城市系统演化方程，它表达了空间城市系统状态变量（x）的动态性质，即状态变量（x）的导数或高阶导数（$\dot{x}$）。如果状态变量（x）只是时间（t）的函数，则称之为空间城市系统常微分方程；如果状态变量（x）同时是时间与空间的函数，则称之为空间城市系统偏微分方程。其次，非线性微分方程是表达空间城市系统多样性、差异性、复杂性的基本数学方法。需要特别说明的是，主要的、有意义的空间城市系统非线性定性性质应该是一个有限范围，因此其所对应的非线性函数就是一个有限类型，常用的为指数函数、对数函数、抛物线函数、三角函数等，一般以动力学方程组的形式表达。最后，随机微分方程是处理空间城市系统随机性的主要数学工具。空间城市系统随机性是具有统计确定性的或然现象，其服从概率统计规律，因此概率统计数学是处理空间城市系统随机性的基本工具。随机微分方程主要包括主方程、福克尔—普朗克方程、朗之万方程。随机过程、随机变量、概率、期望、方差等概念是描述空间城市系统随机现象的基本数学概念。

3）空间城市系统演化图表

图表方法是空间城市系统演化的基本表述方法，主要包括曲线方法、图谱方法、地图方法、表格方法。图表方法是空间城市系统研究的三大基础性研究方法（即话语方法、数学方法、图表方法)之一,具有十分重要的方法论意义。

其一,所谓曲线方法是指在指定变量的坐标图中,用标度直线或曲线对空间城市系统演化进行描述的方法。它具有直观性、简易性、精确性,是空间城市系统研究的基础性方法。图谱方法应该遵循的基本原则包括:准确的状态变量,严谨的函数关系,标准的标度数据,对应的话语说明。图 5.1"状态熵判据与空间城市系统演化"表达了空间城市系统演化的"演化状态""状态熵""演化时间"三者之间的相互关系。

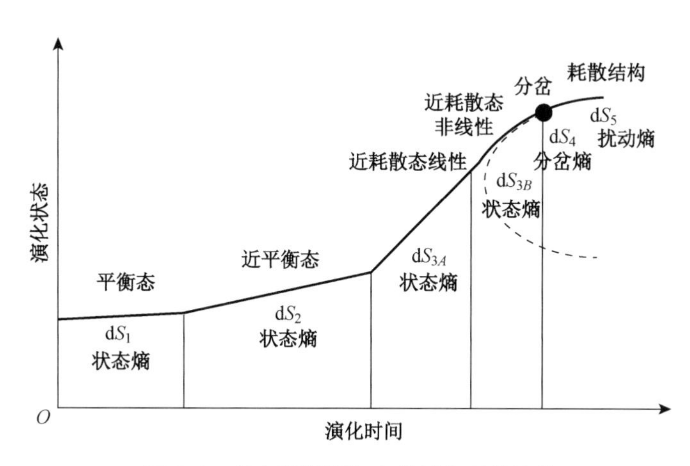

图 5.1 状态熵判据与空间城市系统演化

其二,所谓图谱方法是指用具象的标度图形对空间城市系统演化问题进行描述的方法,它将抽象的、多维度的、复杂化的多变量关系形象地给予表达。图谱方法应该遵循的基本原则包括:翔实的科学内容,严格的逻辑关系,标准的量化数据,对应的话语说明。如图 5.2"演化信息系统维度"所示,它表达了空间城市系统演化信息系统、演化信息单元、演化信息因子与空间集聚信息、空间扩散信息、空间联结信息、地理环境信息、人文环境信息、经济环境信息之间抽象的、多维度的、复杂化的关系。

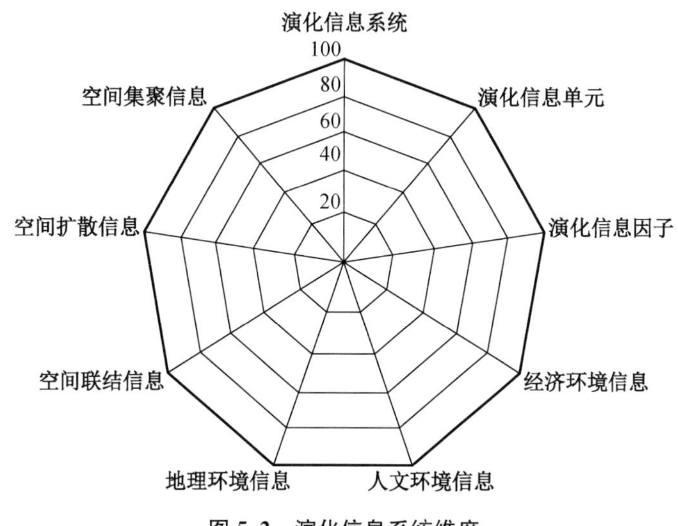

图 5.2 演化信息系统维度

其三，所谓地图方法是指借助既有的地图，对空间城市系统演化进行研究的方法。它具有准确、形象、清晰的特点，是空间城市系统研究的基础性方法。地图方法应该遵循的基本原则包括：内容确切地标注研究对象，层次分明地标注体例，清晰且有逻辑的单位关系，简单对应的话语说明。如图 5.3 描述了美国东部空间城市系统空间结构的基本情况。

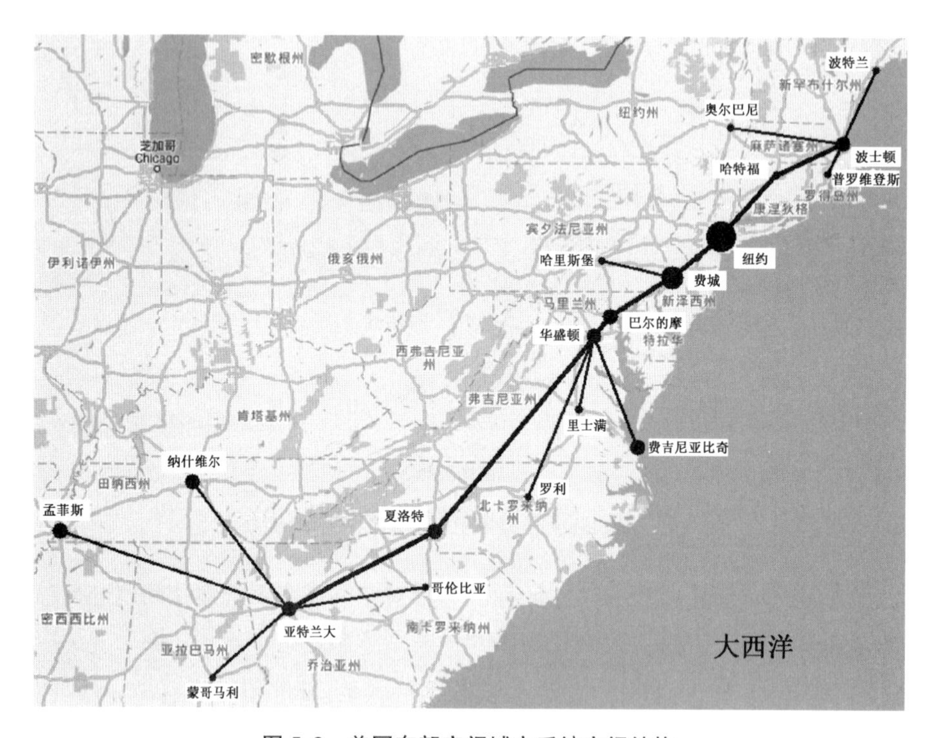

图 5.3　美国东部空间城市系统空间结构

其四，表格方法对于空间城市系统研究是一种分析工具，而非简单的数据资料陈列。如表 2.7“空间流划类分层表应用”所示，首先，空间流是它的研究对象，它将空间流整体细分为各个组成分项。其次，借助表格方法的层次与划类功能，对空间流进行分层和类别的逻辑区分。最后，借助“空间流划类分层表应用”向我们提供了空间城市系统空间流全面的、基本的信息情况。

5.1.3　空间城市系统演化机理

1）空间城市系统演化过程

空间城市系统是世界最大的人工系统，空间城市系统演化过程遵循普里戈金的“耗散结构理论”基本规律。但是，空间城市系统演化具有地理宏观性与时间持久性的属性特征，如“近耗散态”就是空间城市系统演化所特有的本质性特征，因此“空间城市系统演化理论”是在“耗散结构理论”基础上形成的具有自己特色的理论。空间城市系统演化分为线性演化、非线性演化、多级空间城市系统三个大的结构性分类。

如图 5.4 所示，空间城市系统演化过程分为平衡态、近平衡态、近耗散态线性区、近耗散态非线性区、分岔、耗散结构六个基本阶段。空间城市系统演化的每一个阶段都有自己的“定性性质”，它们之间的转化就是“定性性质”转型的过程。而“分岔”是“城市体系”与“空间城市系统”的分水岭，耗散结构是空间城市系统发展的目标状态。

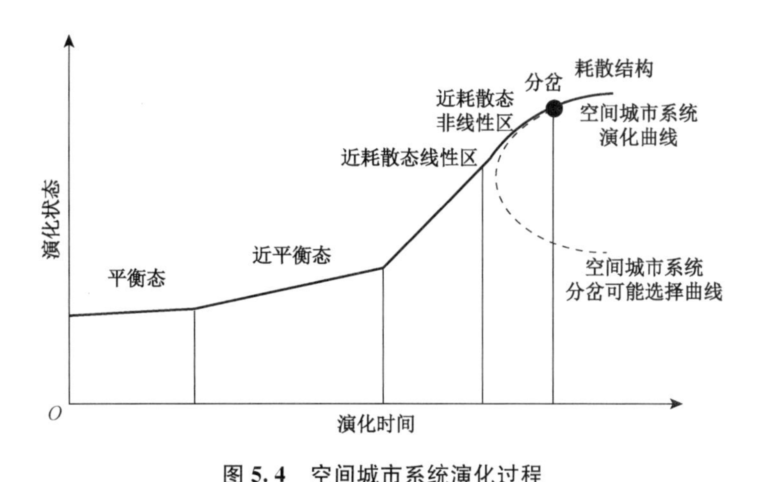

图 5.4　空间城市系统演化过程

注：实践为空间城市系统演化曲线；虚线为空间城市系统分岔可能选择曲线。

2）空间城市系统演化平衡态

(1) 空间城市系统平衡态概念

平衡态是空间城市系统演化的第一个阶段，它是一种相对稳定的“城市体系”①状态。平衡态是空间城市系统演化的初始状态，其结构由特定地理空间中不同层次的城市所组成，空间要素的均匀无序化分布是其重要特征。空间城市系统平衡态是一种简单系统。

空间城市系统平衡态自组织形式是一种变化缓慢的接近静止状态，它不会自发地离开平衡态。但是空间城市系统平衡态他组织表现为空间规划与空间治理的人工干预，呈现出进化的过程，它的变化速率为 $\dot{x}=\dfrac{\mathrm{d}x}{\mathrm{d}t}$，由平衡态演化方程表述，变化速率很慢，平衡态状态熵处于熵减状态 $\mathrm{d}S<0$。因此，空间城市系统平衡态结构是一种线性的动态无序结构。

空间城市系统是地球空间最大的人工系统，其本质是一种“人与物”的宏观系统。它既有自然系统的属性，又具有社会系统的属性，因此热力学系统平衡态是一种孤立的定态状态，其定义就不能简单地适用于空间城市系统平衡态。空间城市系统平衡态是一种开放的动态状态，只是它处于城市体系属性的演化阶段，呈现线性的进化状态

① 在中文语境中“城市体系”与“城市系统”是两个不同的概念，前者不具备整体涌现性，后者具备系统整体涌现性。但是在英文语境中“城市体系”与“城市系统”都表示为 City System。在空间城市系统理论中，我们用“城市体系”表示分岔之前的空间城市系统演化状态，而分岔之后的状态才表示为“空间城市系统”状态，具有整体涌现性。

之中。基于空间城市系统演化初始阶段，基于城市体系所具有的平衡态属性，即自然系统属性与社会系统属性，我们合理地定义了“空间城市系统平衡态概念”。

（2）空间城市系统平衡态性质

在空间城市系统演化过程中，平衡态是与近平衡态、近耗散态、分岔、耗散结构本质上不同的一种形态，平衡态的本质属性是城市的“组分性”而非空间城市系统的“系统性”。平衡态是空间城市系统演化的起始阶段，在空间城市系统演化过程中占有不可替代的地位与作用。因此，我们必须准确把握空间城市系统演化平衡态的性质，才能对它进行深入研究。

第一，整体本质。

城市属性是空间城市系统演化平衡态的整体本质属性，它不具备系统的整体涌现特征。用系统的观点来看，平衡态只是空间要素的无序组合体，尽管它具有形式上的整体性。平衡态的城市体系形式属于“城市范式”中的概念，它与“空间城市系统范式”概念是本质上相异的两种事物。“空间城市系统”一定是“城市体系”，而“城市体系”不必然是“城市系统”，“空间城市系统”是“城市体系”的进化物。在中国施行的城市规划与城镇体系规划对城市本质的“平衡态”起控制作用，而城市群规划才属于空间城市系统的范畴。

第二，地理环境。

空间城市系统平衡态具有完整的地理环境超系统，在地理环境基质上它与空间城市系统是相同的。平衡态是一个开放系统，它与环境进行物质、信息、能量的交换。地理环境超系统、地理环境单元、地理环境因子为空间城市系统平衡态演化提供了各个层次的环境条件；地理环境参量、人文环境参量、经济环境参量是空间城市系统平衡态演化的基础性环境变量；空间规划与空间治理人工干预加快了空间城市系统平衡态与外部环境的交换，推动着平衡态城市体系的变化。

第三，作用动因。

空间城市系统平衡态存在空间集聚动因与空间扩散动因，它们是城市形态的两种基本动因。空间联结动因是空间规划与空间治理人工干预施加给平衡态（城市体系）的重要作用，但是空间联结动因在平衡态处于起始状态，没有形成主导作用。因此，空间城市系统平衡态的高速交通、高速通信、高压能源规划建设，是平衡态联结动因形成的主要标志性行为。

第四，体系性质。

空间城市系统平衡态的城市体系是空间城市系统的前期形式，它开始具有并逐渐加强其系统性。首先，平衡态城市体系具有中心城市，并以中心城市为核心，以城市关系属性将各个城市组分紧密地联系到一起。其次，平衡态城市体系具有清晰的、不同等级规模的分层结构，其统属关系导致平衡态城市体系成为一个人居空间整体形态，其中城镇体系规划起了重要作用。最后，平衡态城市体系具有不同职能分工，各个城市功能形成了平衡态城市体系功能组合。

第五，层次性质。

空间城市系统平衡态具有层次性，表现为城市体系自上而下的层次特征。克里斯塔勒中心地理论自下而上地将城镇体系分为 H、M、A、K、B、G、P、L、RT、R 十个层次，将中国城镇体系分为国家中心城市、区域中心城市、地区中心城市、县域中心城市四个层次。平衡态中心城市自上而下具有政治、经济、文化、社会的统领功能。

第六，结构性质。

从系统科学标准来看，空间城市系统平衡态处于无序结构，其系统空间形态、系统空间结构都处于起始状态，还远没有形成。在空间城市系统平衡态中，空间要素在最大程度上处于均匀分布，距离空间城市系统对称破缺分布相距甚远，空间要素的集聚、扩散、联结在数量上都远远不够。空间规划与空间治理人工干预就是要打破空间城市系统平衡态结构的稳定性，推动向空间城市系统近平衡态结构的进化。

第七，功能性质。

空间城市系统平衡态虽然具有形式整体性，但是不具有系统整体涌现性，因为平衡态城市体系不具备系统结构，所以就不可能具备整体系统功能。平衡态城市体系处于开放的地理环境超系统之中，在空间规划与空间治理人工干预之下，不断地与外界环境进行物质、能量、信息的交换，它的形式整体性逐渐地向功能整体性转化。

3）空间城市系统演化近平衡态

(1) 空间城市系统近平衡态概念

近平衡态是空间城市系统演化的第二个阶段，它是一种开始变化的“城市体系”状态。近平衡态是空间城市系统演化的前期状态，其结构由特定地理空间中不同层次的城市所组成，空间要素开始有序化分布是近平衡态的重要特征，它是一种动态化的简单系统。近平衡态自组织形式处于相对运动状态，它已经离开空间城市系统演化的平衡态。

空间城市系统近平衡态他组织表现为空间规划与空间治理的人工干预，呈现出加快进化的过程，它的变化速率为 $\dot{x}=\frac{\mathrm{d}x}{\mathrm{d}t}$，由近平衡态演化方程表述，近平衡态状态熵处于熵减状态 $\mathrm{d}S<0$。变化速度与熵减速度的加快是它与平衡态最大的区别。因此，空间城市系统近平衡态结构是一种线性的走向动态的半有序结构。

(2) 空间城市系统近平衡态性质

第一，整体性质。

“动态城市体系”是空间城市系统近平衡态的整体属性，但是它还不具备系统的整体涌现性，它的空间要素组合处于变化之中。空间规划与空间治理发挥着重要的作用，指导着近平衡态的发展变化。空间城市系统的空间形态与空间结构都处于初期阶段。如前图 5.4 所示，近平衡态是空间城市系统演化过程中，持续时间比较长的一个“线性动态变化”阶段。

第二，地理环境。

空间城市系统近平衡态具有完整的地理环境超系统，在地理环境基质上它与空间城市系统是相同的。近平衡态是一个加快的开放系统，它加快了与环境进行物质、信息、能量的交换。在近平衡态，地理环境超系统、地理环境单元、地理环境因子都在快速地发生变化，地理环境参量、人文环境参量、经济环境参量都在快速地发生变化，环境参量的进化推动着近平衡态“城市体系”呈现高度动态发展的状态。

第三，作用动因。

在空间城市系统演化近平衡态阶段，空间集聚动因、空间扩散动因、空间联结动因非合作博弈已经开始。因此，近平衡态的演化动因已经受到三种空间城市系统动因的动力作用，其中空间联结动因呈现日益增长的趋势，表现为空间人流、空间物流、空间信息流的快速增长，如飞机航空、高速铁路、高速公路的快速发展。空间规划、空间治理、空间工具发挥着主导作用，主导着近平衡态的快速发展。

第四，结构性质。

空间城市系统近平衡态是一种动态结构性质，空间集聚动力、空间扩散动力、空间联结动力推动着空间要素的快速重构与组合，旧的城市属性已经被打破，新的空间城市系统属性还没有建立起来。“结构变化”是近平衡态结构的基本属性。

第五，功能性质。

空间城市系统近平衡态具有“城市体系”的基本功能，取决于近平衡态“动态结构性质”的决定作用。近平衡态功能性质是一个“变化职能”。例如，空间人流联结、空间信息联结、空间物流联结，使得“贵阳”从一个封闭的内陆城市功能，快速向全国“大数据中心”功能变化。

第六，属性综述。

近平衡态阶段，整体上属于“城市体系”，空间城市系统的“整体涌现性”还远没有形成。空间城市系统近平衡态是一种快速变化的动态属性，变化速度呈现加速的基本趋势，空间城市系统化已经是一个不可逆的过程。空间集聚动因、空间扩散动因、空间联结动因非合作博弈已经开始，并趋于达成空间城市系统动因博弈均衡。空间城市系统演化近平衡态是一种结构转型之中的过渡型状态。

4）空间城市系统演化近耗散态

（1）近耗散态概念

“近耗散态”是空间城市系统特有的一种系统演化状态，因为空间城市系统的巨大系统属性，即地理宏观性、演化持久性、人类复杂性，所以产生了空间城市系统演化的“近耗散态”。“近耗散态理论”是对传统“耗散结构理论”的继承与发展，是一种系统演化补充理论创新。在后续内容中，我们将详细介绍“近耗散态理论”的基本规律。

空间城市系统近耗散态分为“近耗散态线性区”与“近耗散态非线性区”两个阶段，它们具有完全不同的属性。空间城市系统演化“近耗散态线性区”与“近耗散态非线性区”之间的分界，就是空间城市系统“线性演化”与“非线性演化”的分水岭。在近耗散态阶段，空间集聚动因、空间扩散动因、空间联结动因非合作博弈实现了均衡，到达了“动因博弈均衡点”，形成了空间城市系统动因，推动着空间城市系统向“分岔”快速进化。

就整体而言,近耗散态是一种高速变化的动态结构,近耗散态状态熵处于快速熵减状态,即 $dS \ll 0$,近耗散态演化轨道稳定性处于李雅普诺夫稳定状态。通过近耗散态演化,从"城市体系"高速地向"空间城市系统"变化。因此,空间城市系统近耗散态是一个"革命性"的高速动态进化阶段。

(2) 近耗散态线性区概念与特性

所谓近耗散态线性区是指空间城市系统线性演化机制的最后阶段,在空间城市系统动因的作用下,空间城市系统近耗散态结构高速地发生着变化。在近耗散态线性区,昂萨格倒易原则支配着空间城市系统进化的空间机理,任何空间流动因对空间城市系统都有相同的动力作用,即 $L_{ij}=L_{ji}$,其作用机理详见后述内容。

在"近耗散态线性区",空间城市系统本质上仍然是"城市体系"性质,它的空间城市系统整体涌现性开始发生,但远没有生成。"近耗散态线性区"已经远离"空间城市系统平衡态",其空间要素分布已经趋于有序结构。因此,"近耗散态线性区"是一个高速变化的"动态结构",趋向有序的方向已经不可逆化了。"近耗散态线性区"的功能也处在高速变化的过程中,它的"空间城市系统功能"开始产生,而"城市体系功能"逐渐弱化。

(3) 近耗散态非线性区概念与特性

所谓近耗散态非线性区是指空间城市系统非线性演化机制的开始阶段。在空间城市系统动因作用下,空间城市系统近耗散态结构高速地发生着变化。在近耗散态非线性区,空间城市系统是一种随机动态的涨落结构,拥有李雅普诺夫稳定相空间演化轨道,拥有稳定结点型不动点。空间城市系统近耗散态非线性区开始拥有吸引子与吸引域,它们指向空间城市系统分岔。

近耗散态非线性区是空间城市系统演化分岔的临界阶段,空间梯度、空间涨落、空间流博弈均衡是该阶段的空间动力机制,其中系统涨落作用机制发挥最后的作用。在"复合动力机制"的作用下,系统空间要素发生着剧烈的变化,快速趋向于空间城市系统分岔,空间城市系统分岔是近耗散态非线性演化的目的吸引子。

在"近耗散态非线性区",空间城市系统本质上已经脱离"城市体系"性质,趋向于空间城市系统性质,空间城市系统的"整体涌现性"进入临界状态。"近耗散态非线性区"的空间要素分布已经接近有序结构,但它是一个高速变化的动态"临界结构"。在此阶段,"空间城市系统功能"已经产生,而"城市体系功能"趋于结束。

5) 空间城市系统演化分岔

(1) 空间城市系统分岔概念

如图 5.5 所示,所谓空间城市系统分岔是指空间城市系统产生的瞬时行为,分岔点既是近耗散态非线性区的结束点,又是耗散结构的开始点。分岔行为意味着空间城市系统演化状态的定性性质突然改变,意味着空间城市系统演化目标的实现。

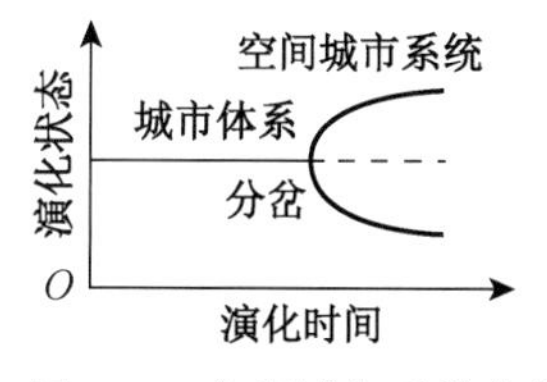

图 5.5 空间城市系统分岔

空间城市系统分岔过程是一种突变行为，因此我们不将分岔作为一个演化阶段，而是作为一个重要的环节进行分析。系统科学的“分岔理论”以及托姆的“突变理论”是解释空间城市系统分岔机理的基本方法论。在分岔点，“城市体系”变成了“空间城市系统”，产生了空间城市系统整体涌现性。

空间城市系统“分岔”是一种瞬时行为，它的结构是不稳定的“暂态”状态。分岔导致空间城市系统结构发生“突变”，其结果就是空间要素有序化结构，即耗散结构的产生。分岔使得空间城市系统的空间形态与空间结构得到完全的实现，进而实现了空间城市系统功能。

(2) 空间城市系统分岔特性

“分岔”是空间城市系统演化的目的，因此是空间城市系统演化最重要的环节，我们将分岔的特性全面总结如下：

第一，整体特性。

首先，就时间序而言，分岔不仅是空间城市系统演化定性性质改变的一种系统整体行为，而且是空间城市系统进化过程中最核心的时间节点突变行为。其次，就空间序而言，分岔是空间城市系统结构整体发生“转型进化”的现象。分岔催生了空间城市系统整体耗散结构属性的形成。最后，就空间机理而言，在分岔过程中，空间城市系统整体进入巨涨落动力机制，突破了系统空间势垒，在整体上拥有吸引子与吸引域特性。因此，空间城市系统分岔具有整体特性，并主导着分岔全过程。

第二，局部特性。

普里戈金的“局域平衡假说”奠定了空间城市系统分岔局部特性的基础，非平衡态的分岔整体包含着平衡态的分岔局部。由于分岔过程的瞬时属性，空间城市系统局部呈现出平衡态性质，就可以把空间城市系统线性演化原理应用到分岔局部研究。这样就将复杂的非线性系统问题简化成许多局部线性系统问题。局部特性是我们解释空间城市系统分岔耗散结构产生的重要方法。

第三，组织特性。

最优组织特性是空间城市系统分岔的基本特性，包括分岔的自组织与他组织作用。以空间规划、空间政策、空间工具为标志的人工干预辅助分岔是空间城市系统分岔的基本形式。正是人工干预辅助分岔组织特性，使得耗散结构选择成为空间城市系统分岔的必然。

第四，动态随机特性。

空间城市系统分岔是一种动态随机过程，分岔是一种具有统计确定性的或然现象，是非平庸动态属性，具有巨涨落、突变、吸引子与吸引域等非平庸行为。正是这些非平庸动态行为的不可逆导致了空间城市系统整体涌现性的产生以及耗散结构的出现。

第五，突变特性。

突变是空间城市系统分岔的基本属性，它表现了分岔的瞬时性，突变特性使得空间城市系统分岔“局域平衡假说”成为可能。突变是空间城市系统演化的必然结果，突变是空间城市系统定性性质改变的动力学基本属性，突变导致了空间城市系统耗散结构的创生。突变还体现在从“分岔”到“耗散结构”的动力学特征上，即突然从“空间巨涨落动力”到“空间涨落力”的突变现象，详见“空间城市系统动力原理”部分。

第六，吸引子与吸引域特性。

吸引子与吸引域特性是空间城市系统分岔的基本属性，空间城市系统分岔具有稳定极限环吸引子与吸引域的作用。在吸引子与吸引域的作用下，系统空间要素汇集并指向空间城市系统耗散结构目的终态。

第七，等级特性。

空间城市系统分岔等级特性表现为两个方面：一是分岔类型的等级性。由于空间城市系统的等级、规模与复杂程度的不同，分岔具有不同的类型，如不动点的分岔、极限环的分岔、三维空间极限环的分岔等类型。二是分岔层级的等级性，即多级空间城市系统的分岔，如1级空间城市系统分岔、2级空间城市系统分岔、3级空间城市系统分岔等。

6）空间城市系统演化耗散结构

（1）空间城市系统演化耗散结构概念

所谓耗散结构是指空间城市系统演化的终极状态，空间城市系统“整体涌现性”是耗散结构的本质属性，它是空间城市系统演化的目的。普里戈金的“耗散结构理论”为空间城市系统耗散结构提供了理论基础。空间城市系统耗散结构是一种随机结构状态，它与环境进行着人员、物质、信息、能源的交换，作为动力维持与推动着空间城市系统的不断发展。空间城市系统承担着人居空间最高级化的功能，为人类社会提供了“容器”。“耗散结构”既是空间城市系统演化的终极状态，又是多级空间城市系统演化的起始状态。

（2）空间城市系统演化耗散结构性质

第一，系统性。

“系统性”是空间城市系统演化“耗散结构”的本质属性，表现为多元化、相关化、整体化。多元化是指空间要素的多元性；相关化是指空间要素关系的相关性；整体化是指空间城市系统的“整体涌现性”。

第二，格式性。

“格式性”是指空间城市系统已经成为洞穴、聚落、城市之后的人居空间模式，它成为人类生态文明、信息文明新的“文明容器”。空间城市系统是地球空间最大的人工系统，是人类有别于动物的最显著标志，是人类社会区别于自然环境的最大不同。

第三，随机性。

“随机性”是指空间城市系统“耗散结构”的运行状态，其中空间城市系统的“扰动熵”机理发挥着主要的作用。耗散结构“随机性”可以表现为一个马尔可夫链随机过程，“随机性”是空间城市系统耗散结构的本质属性。

第四,动力性。

“动力性”是指空间城市系统“耗散结构”的动力机制,主要包括“空间涨落力”与“空间流博弈均衡动力”两个部分。空间城市系统耗散结构与外部环境通过人员、物资、信息、资金、能源的交流获得动力,保持着耗散结构的运行。在“空间涨落力”与“空间流博弈均衡动力”的作用下,单级空间城市系统向多级空间城市系统发展。

第五,进化性。

“进化性”是指空间城市系统“耗散结构”不可逆的进化方向。在耗散结构动力作用下,空间城市系统不可逆地向着自身完善与多级空间城市系统进化方向发展,这已经被世界性事实所证明。“进化性”为多级空间城市系统的产生与发展奠定了学理性基础。

第六,功能性。

“功能性”是指空间城市系统“耗散结构”导致了空间城市系统功能的形成,它是人居空间功能的最高级形式,是人类生态与信息文明的主要容器。“耗散结构”意味着空间城市系统本身仍然具有“生态足迹效应”,但是我们必须利用空间城市系统整体涌现性来不断消除“生态足迹”的影响,发展出可持续发展的“地球人居生态系统”,即空间城市系统以及城市、聚落有机化人居空间系统。

5.2 空间城市系统状态熵原理

“空间城市系统状态熵原理”是关于空间城市系统演化“熵”问题的总体性论述。状态熵是描写空间城市系统状态的基本标度量,通过对空间城市系统演化平衡态、近平衡态、近耗散态、分岔、耗散结构“熵”的表述,我们就可以得到空间城市系统演化各个状态的基本情况。因此,我们提出了“空间城市系统状态熵原理”,它是空间城市系统演化的基础性理论,在空间城市系统演化理论中具有重要地位。

5.2.1 空间城市系统演化状态熵

1)空间城市系统演化状态熵概念

如图 5.6 所示,所谓空间城市系统演化状态熵是指空间城市系统演化过程中所表现出来的表示演化状态的“熵”的基本情况,分为平衡态状态熵、近平衡态状态熵、近耗散态状态熵、分岔熵变、耗散结构扰动熵五种类型。

“空间城市系统演化状态熵”表征了空间城市系统演化状态的基本情况,是空间城市系统演化规律的标度量,如熵减 $dS<0$ 规律、熵变 ΔS 规律、扰动熵规律等。根据“熵变”情况,我们就可以对空间城市系统演化做出判断。因此,“空间城市系统演化状态熵”是空间城市系统演化不可或缺的关键序参量描述。

2)空间城市系统演化状态熵机制

如图 5.6 所示,在整个空间城市系统演化过程中,空间城市系统的“状态熵机制”

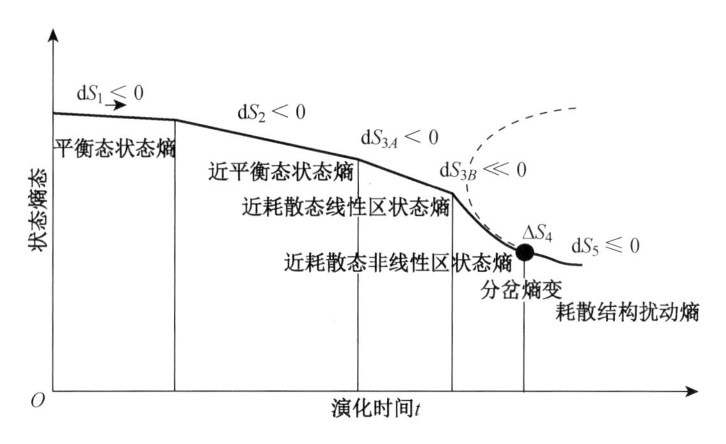

图 5.6 空间城市系统演化状态熵

表现为以下七个方面的基本特征：

第一，空间城市系统"熵"以及"熵变"，表达了空间城市系统演化状态的基本情况，是空间城市系统演化的主要标度量。

第二，空间城市系统演化始终保持熵减的基本性质，即 $dS < 0$。熵减特性说明了空间城市系统演化的不可逆性。

第三，在平衡态初始点取得空间城市系统状态熵的最大值 S_{max}，在近耗散态非线性区结束点取得空间城市系统状态熵的最小值 S_{min}。

第四，在空间城市系统演化起始"平衡态"，具有"慢速熵减"特性，即 $dS_1 \underset{\rightarrow}{\leqslant} 0$，它说明"城市体系"脱离平衡态的变化很慢，需要空间规划、空间政策、空间工具的外部他组织干预。

第五，普里戈金最小熵原理，在此表现为"近耗散态非线性区"熵减高速化，即 $dS_{3B} \ll 0$，并在分岔点处取得最小状态熵 S_{min}，即普里戈金最小熵。

第六，分岔表示一个瞬时的"熵变"现象，即 ΔS 规律。此时空间城市系统演化是一个暂态而不表现为一个阶段，因此也就不存在"状态熵值"。

第七，空间城市系统演化目的的"耗散结构"状态熵表现为一个扰动熵区间，即 $\pm dS$，扰动熵具有随机性与非负性特征，即 $dS \leqslant 0$，它可以用马尔可夫链方法进行表述。

5.2.2 平衡态状态熵

1）平衡态状态熵概念

所谓平衡态状态熵是指描述空间城市系统演化平衡态状态的标度量，它是平衡态的态函数，即每一个演化平衡态状态对应一个状态熵函数值。"平衡态状态熵"说明了城市体系整体状态的情况，它表征了空间要素分布的无序化程度。因此，"平衡态状态熵"是空间城市系统演化的基础数据，是制定空间规划实施空间治理的逻辑根据。

“平衡态状态熵”是城市体系空间要素分布的宏观体现，它的减少标志着城市体系有序程度的增加，城市体系处于进化状态。反之，“平衡态状态熵”的增加代表着城市体系无序程度的增加，城市体系处于退化状态。在“平衡态”阶段，空间集聚动因、空间扩散动因发挥着主要动力作用，空间联结动因还处于起步状态，需要“空间规划”与“空间政策”的启动作用。因此，“平衡态状态熵”表征着空间城市系统演化平衡态的基本情况。

2）平衡态状态熵机制

如图 5.7 所示，在空间城市系统平衡态演化过程中，空间城市系统“平衡态状态熵机制”表现为以下六个方面的基本特征：

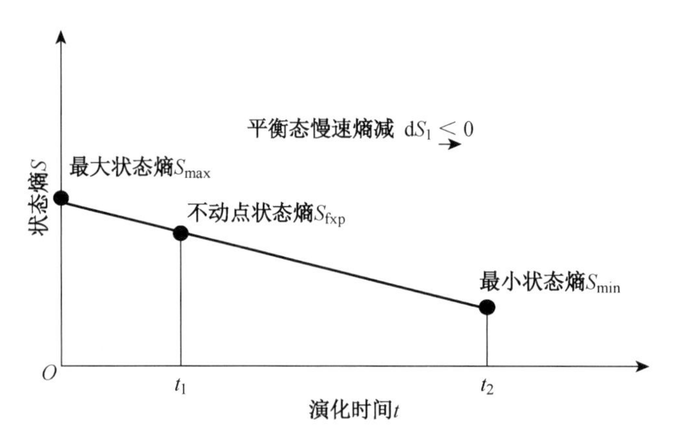

图 5.7　平衡态状态熵机制

第一，平衡态状态熵 S 表达了空间城市系统演化“平衡态”状态的基本情况，是平衡态“城市体系”进化的主要标度量。

第二，空间城市系统“平衡态”为线性演化形式，遵守“昂萨格倒易关系”。所谓昂萨格倒易关系是指线性演化的空间势能力 $Y_i = \sum_j L_{ij} X_j$，而线性系数满足关系 $L_{ij} = L_{ji}$，即第 i 种力对第 j 种流的影响与第 j 种力产生第 i 种流的能力相同，这种交叉系数间的对称性与空间流类型和空间梯度力的具体类型无关，即与 X_i、Y_j 以及 X_j、Y_i 无关。

第三，空间城市系统演化平衡态具有“慢速熵减原则”，即 $dS_1 \underset{\rightarrow}{<} 0$。这是一个缓慢的过程，说明“平衡态演化”是一个很慢的过程，即“城市体系”变化很缓慢。它具体表现为空间集聚、空间扩散、空间联结的产生与发展都很缓慢。

第四，如图 5.7 所示，平衡态“最大状态熵 S_{max}”发生在空间城市系统演化起始点 o 处。它说明了在起始点，“城市体系”拥有最大的空间要素分布无序化程度，即空间城市系统“整体涌现性”最小。

第五，如图 5.7 所示，平衡态“不动点状态熵 S_{fxp}”发生在空间城市系统演化的“平衡态不动点 t_1”处。“不动点状态熵 S_{fxp}”说明，在平衡态不动点的“城市体系”处于极度稳定状态，需要“空间城市系统规划”以及“空间治理、空间政策、空间工具”的推动作用，人工干预就是要跨越平衡态不动点状态熵 S_{fxp} 的值，推动“城市体系”向平衡态后期的暂态进化。

第六，如图 5.7 所示，平衡态“最小状态熵 S_{min}”发生在空间城市系统演化平衡态终止点 t_2 处。该时间节点是空间城市系统演化平衡态的结束点，也是“城市体系”演化第一次“转型进化”的“临界势垒”处，即在时间 t_2 处具有平衡态势垒状态熵 S_{min}。

上述“平衡态”状态熵的六个特性具有重要的实际价值，它们为“空间城市系统规划”与“空间政策制定”奠定了理论基础。

5.2.3　近平衡态状态熵

1）近平衡态状态熵概念

所谓近平衡态状态熵是指描述空间城市系统演化近平衡态状态的标度量，它是近平衡态的态函数，即每一个近平衡态演化状态对应一个状态熵函数值。“近平衡态状态熵”说明了“城市体系”进入了快速变化的整体状态情况，它表征着空间要素分布已经开始进入有序化进程。因此，“近平衡态状态熵”是空间城市系统演化的基础数据，是制定空间规划实施空间治理的逻辑根据。

“近平衡态状态熵”是“城市体系”空间要素分布变化的宏观体现，它的减少标志着城市体系有序程度的增加，城市体系处于加速进化状态。进入“近平衡态”之后，熵减趋势，即 $dS<0$ 已经成为不可逆过程，代表着“城市体系”的进化方向，空间集聚动因、空间扩散动因、空间联结动因发挥着动力作用，这主要是“空间规划”与“空间政策”的作用。

2）近平衡态状态熵机制

如图 5.8 所示，在空间城市系统近平衡态的演化过程中，空间城市系统“近平衡态状态熵机制”表现为以下六个方面的基本特征：

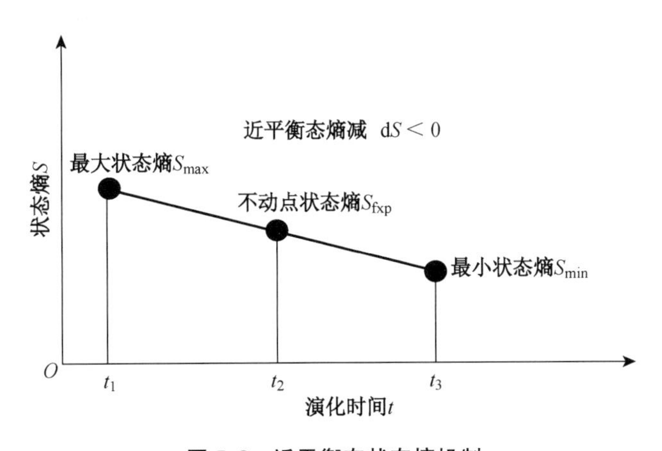

图 5.8　近平衡态状态熵机制

第一，近平衡态状态熵 S 表达了空间城市系统演化“近平衡态”状态的基本情况，是近平衡态“城市体系”发生快速变化的主要标度量。

第二，空间城市系统“近平衡态”为线性演化形式，遵守“昂萨格倒易关系”，即线性演化的空间势能力 $Y_i=\sum_j L_{ij}X_j$，而线性系数满足关系 $L_{ij}=L_{ji}$，即第 i 种力对第 j 种流的影响与第 j 种力产生第 i 种流的能力相同，这种交叉系数间的对称性与空间流类型和空间梯度力的具体类型无关，即与 X_i、Y_j 以及 X_j、Y_i 无关。

第三，空间城市系统演化近平衡态具有“熵减原则”，即 $dS<0$。它说明“近平衡态”持续离开平衡态，“城市体系”已经不可逆的发生变化。其具体表现为空间集聚、空间扩散、空间联结的行为已经快速发生并发挥动因作用。

第四，如图 5.8 所示，近平衡态“最大状态熵 S_{max}”发生在空间城市系统演化的近平衡态起始点 t_1 处。它说明了在近平衡态起始点 t_1 处，“城市体系”刚刚脱离了相对静止的“平衡态”状态，但是它的空间要素分布无序化的程度仍然很高。

第五，如图 5.8 所示，近平衡态“不动点状态熵 S_{fxp}”发生在空间城市系统演化“近平衡态不动点 t_2”处。“不动点状态熵 S_{fxp}”说明，在近平衡态不动点 t_2 节点，变化中的“城市体系”处于最大抗拒状态，需要加强空间规划与空间政策的推动作用，具体表现为空间集聚动因、空间扩散动因、空间联结动因的动力作用。

第六，如图 5.8 所示，近平衡态“最小状态熵 S_{min}”发生在空间城市系统演化近平衡态终止点 t_3 处。该时间节点是空间城市系统演化近平衡态的结束点，也是“城市体系”演化第二次“转型进化”的“临界势垒”处，即在时间 t_3 处具有近平衡态势垒状态熵 S_{min}。

上述“近平衡态”状态熵的六个特性具有重要的实践应用价值，它们为“空间城市系统规划”的制定以及实施调整奠定了理论基础。

5.2.4 近耗散态状态熵

1）近耗散态线性区状态熵概念与机制

所谓近耗散态线性区状态熵是指描述空间城市系统演化“近耗散态线性区”状态的标度量。它是“近耗散态线性区”的态函数，即每一个“近耗散态线性区”演化状态对应一个状态熵函数值。“近耗散态线性区状态熵”说明了空间城市系统“整体涌现性”开始产生的整体状态情况，表示为熵减速度加快，即快速熵减化 $dS_A<0$。但是在“近耗散态线性区”，昂萨格倒易关系依然支配着空间城市系统进化的空间机理，任何空间流动因对空间城市系统都有相同的动力作用，即 $L_{ij}=L_{ji}$。“近耗散态线性区状态熵”是空间城市系统演化的基础数据，是制定空间规划实施空间治理的逻辑根据。

“近耗散态线性区状态熵”快速减少 $dS_A<0$，代表着空间要素分布变化的加快，意味着“城市体系”属性进入后期状态。在“近耗散态线性区”，空间集聚动因、空间扩散动因、空间联结动因非合作博弈已经开始，并推动着空间城市系统的进化。以“空间规划”与“空间政策”为主的人工干预作用加大，推动着空间城市系统的演化进程。

如图 5.9 所示，在空间城市系统“近耗散态线性区”的演化过程中，“近耗散态线性区状态熵机制”表现为以下五个方面的基本特征：

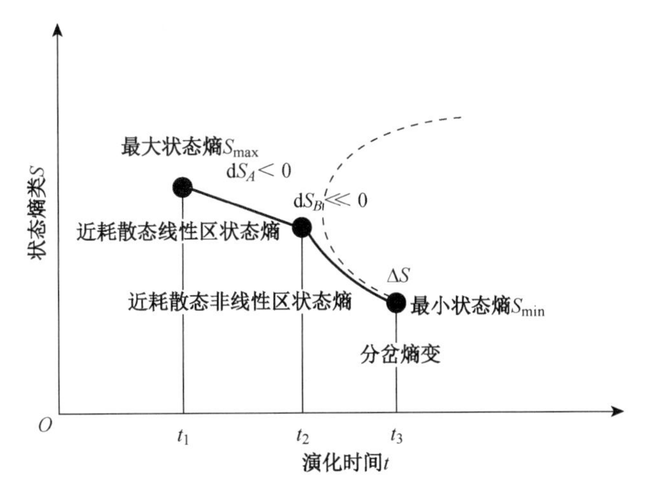

图 5.9　近耗散态状态熵机制

第一,"近耗散态线性区"状态熵 S 表达了空间城市系统演化"近耗散态线性区"状态的基本情况,是"近耗散态线性区"空间城市系统性质开始产生的主要标度量。

第二,虽然"近耗散态线性区"为线性演化形式依然遵守"昂萨格倒易关系",但它是"城市体系"的最后残余属性。空间城市系统属性已经处于萌生阶段。

第三,空间城市系统演化"近耗散态线性区"具有"快速熵减化 $dS_A<0$" 的特性。它说明"近耗散态线性区"已经快速地趋向于"空间城市系统",具体表现为空间集聚、空间扩散、空间联结非合作博弈已经发生,并推动空间城市系统演化的进程。

第四,如图 5.9 所示,近耗散态线性区的"最大状态熵 S_{max}" 发生在空间城市系统演化"近耗散态线性区" 的起始点 t_1 处。它说明了在"近耗散态线性区" 起始点 t_1 处,空间城市系统演化已经开始进入"空间城市系统性质",空间要素分布有序化程度开始加强。

第五,如图 5.9 所示,近耗散态线性区的"最小状态熵 S_{min}" 发生在空间城市系统演化"近耗散态线性区" 演化结束点 t_2 处。它说明了在"近耗散态线性区" 结束点 t_2 处,"空间城市系统性质"开始超过"城市体系性质"。"城市体系"线性演化到此结束,"昂萨格倒易关系"不再发挥作用。

上述"近耗散态线性区"状态熵的五个特性,对于判断"城市体系"向"空间城市系统"转化程度具有逻辑根据作用,它们为空间城市系统的演化控制提供了理论基础,具有十分重要的应用价值。

2）近耗散态非线性区状态熵概念与机制

所谓近耗散态非线性区状态熵是指描述空间城市系统演化"近耗散态非线性区"状态的标度量,它是"近耗散态非线性区"的态函数,即每一个"近耗散态非线性区"演化状态对应一个状态熵函数值。"近耗散态非线性区状态熵"说明了空间城市系统"整体涌现性"加速产生的整体状态情况,表示为高速熵减化,即 $dS_B\ll 0$。"近耗散态非线性区状态熵"是判断空间城市系统演化走向"分岔"的根据,是"空间规划"控制、"空间政策”调整的科学根据。

近耗散态非线性区“高速熵减化”，即 $dS_B \ll 0$，代表着“近耗散态非线性区状态”进入涨落变化阶段，意味着“空间城市系统分岔”的即将到来。在“近耗散态非线性区”，空间集聚动因、空间扩散动因、空间联结动因非合作博弈已经达至均衡，形成了“空间城市系统动因”推动着空间城市系统走向“分岔”。“空间规划”的控制与“空间政策”的把握在近耗散态非线性区具有十分重要的作用，保证空间城市系统“整体涌现性”的顺利产生。

如前图 5.9 所示，在空间城市系统“近耗散态非线性区”的演化过程中，“近耗散态非线性区状态熵机制”表现为以下五个方面的基本特征：

第一，“近耗散态非线性区”状态熵 S 表达了空间城市系统演化“近耗散态非线性区”状态的基本情况，是“近耗散态非线性区”空间城市系统属性产生的主要标度量。

第二，“近耗散态线性区”为非线性演化形式，空间涨落主导着演化过程，“城市体系属性”已经式微，“空间城市系统属性”居统治地位。

第三，空间城市系统演化“近耗散态非线性区”具有“高速熵减化”特征，即 $dS_B \ll 0$。它说明“近耗散态非线性区”不可逆的走向“分岔”，具体表现为空间集聚、空间扩散、空间联结非合作博弈均衡形成的“空间城市系统动因”，推动着空间城市系统演化走向“分岔”。

第四，如图 5.9 所示，近耗散态非线性区的“最大状态熵 S_{max}” 发生在空间城市系统演化“近耗散态非线性区” 的起始点 t_2 处。它说明了在“近耗散态非线性区” 起始点 t_2 处，空间城市系统演化进入了“空间城市系统属性”形成阶段，空间要素分布有序化到达很高的程度。

第五，如图 5.9 所示，近耗散态非线性区的最小状态熵 S_{min} 发生在空间城市系统演化“近耗散态非线性区” 的结束点 t_3 处。它说明了在“近耗散态非线性区” 结束点 t_3 处，开始发生空间城市系统“熵变现象”，即 ΔS 规律，预示着空间城市系统“分岔”的产生。

上述“近耗散态非线性区”演化状态熵的五个特性，对于判断“空间城市系统”临界状态的到来具有逻辑根据作用，它们为空间城市系统的演化控制提供了理论基础，具有十分重要的应用价值。

5.2.5 分岔熵变

1）分岔熵变概念

“分岔”标志着空间城市系统的产生，“熵变”是空间城市系统分岔状态熵的表述，即 ΔS 规律。因为分岔是一个瞬时暂态行为，所以“熵变 ΔS” 意味着状态熵的突然变化，即“突变” 行为，它与空间城市系统状态“突变” 相对应。“熵变 ΔS” 标志着“城市体系”属性的结束与空间城市系统“整体涌现性”的产生。“熵变”是判断空间城市系统产生的根据，是“空间城市系统规划”的目标。

“熵变”代表着“高速熵减”现象的结束，意味着耗散结构“扰动熵”行为的开始。在分岔过程中，涨落动力起着关键的作用，而空间城市系统动因是涨落产生的动力。“熵变 ΔS 规律”代表着空间城市系统定性性质的改变，即“转型过程”。“空间治理”代替“空间规划”走到空间城市系统控制运行的前台。

2）分岔熵变机制

如图 5.10 所示，在空间城市系统“分岔熵变”的演化过程中，“熵变 ΔS 规律”表现为以下四个方面的基本特征：

第一，分岔“熵变 ΔS”表达了空间城市系统演化分岔状态的基本情况，是空间城市系统定性性质发生变化的主要标度量。

第二，空间城市系统分岔过程是一个瞬时暂态行为，“熵变 ΔS”代表着从近耗散态非线性区状态熵 dS_B“突变”为耗散结构扰动熵 dS，如图 5.10 所示。

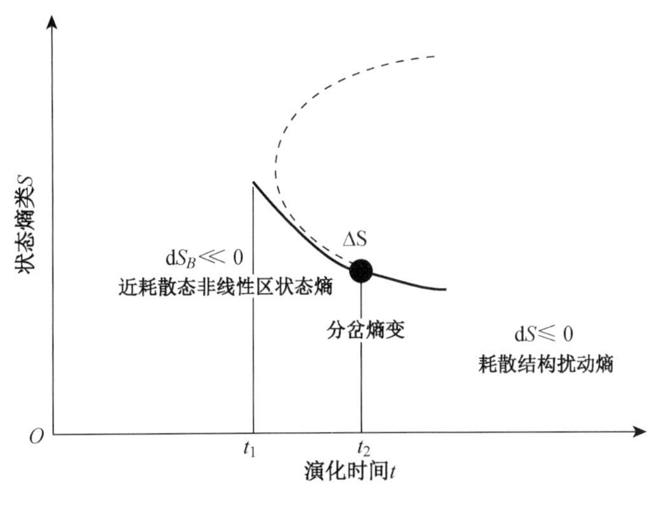

图 5.10　分岔熵变机制

第三，造成空间城市系统“熵变”的动力是“涨落”现象，即空间城市系统动因起着作用，如图 5.10 所示，从“近耗散态非线性区”起始点 t_1 到“分岔点”t_2。

第四，如图 5.10 所示，因为“熵变 ΔS”是一种瞬时暂态行为，所以“熵变 ΔS”为“近耗散态非线性区状态熵 dS_B”与“耗散结构扰动熵 dS”的差值，即有 $\Delta S = dS_B - dS$。

上述“分岔熵变”的四个特性，是判定空间城市系统状态定性性质变化的逻辑根据，它们为空间城市系统演化的分岔控制提供了理论基础，是“空间城市系统规划”目标达成的标准。因此，分岔“熵变 ΔS”具有十分重要的标志性意义。

5.2.6　耗散结构扰动熵

1）耗散结构状态“熵”解析

如前所述，“耗散结构”是空间城市系统分岔后得到的稳定目的状态。但是，“耗散结构”的基本属性是一种随机状态，它与空间环境进行着人员、物质、信息、能源的交换，维持着空间城市系统的运行与发展。因此，在空间城市系统的“耗散结构”阶段，“熵”必然具有自己的规律，即“扰动熵规律”。在后续内容中，我们将进行“扰动熵原理”的专门研究，现在只进行一般性介绍。

在空间城市系统的“耗散结构”阶段，宏观状态熵 dS 为非正值，即 $dS \leqslant 0$，在数量上等于当时空间城市系统“扰动熵”极值的绝对值，即 $dS = \pm \max|S_d|$。也就是说，空间城市系统宏观状态熵 dS 是随机扰动熵 S_d 的极限界定值，宏观状态熵 $dS \leqslant 0$ 规定了空间城市系统整体状态为不可逆的演化方向，而微观扰动熵 S_d 反映了空间城市系统振荡的瞬时状态情况。对于空间城市系统的“耗散结构”状态，宏观状态熵 dS 已经成为一个确定性变量，不能反映“耗散结构”的随机变化情况，而随机扰动熵 S_d 则承担了空间城市系统“耗散结构”状态的即时表征功能。

2）耗散结构扰动熵概念

所谓空间城市系统“扰动熵”是指反映“耗散结构”瞬时状态的熵，即扰动熵 S_d，它以随机扰动形式反映了“耗散结构”状态的变化，因此我们称之为空间城市系统耗散结构“扰动熵”。将耗散结构“扰动熵”表示为 $\pm S_d$。扰动熵减表示空间城市系统为瞬时进化状态，即 $S_d < 0$；扰动熵增表示空间城市系统为瞬时退化状态，即 $S_d > 0$；扰动熵等于零表示空间城市系统为瞬时静止状态，即 $S_d = 0$。就物理意义而言，扰动熵 S_d 反映了空间城市系统“耗散结构”空间要素微扰的基本情况。“扰动熵原理”是对耗散结构“熵”问题的传承与创新。

3）耗散结构扰动熵机制

如图 5.11 所示，在空间城市系统耗散结构的演化过程中，“扰动熵 S_d”表现为以下五个方面的基本特征：

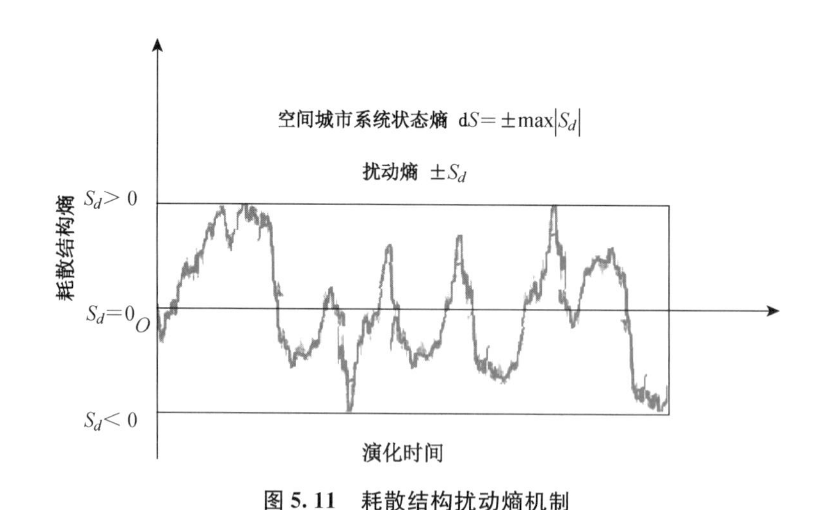

图 5.11　耗散结构扰动熵机制

第一，基本特性。

“扰动熵 S_d”是空间城市系统“耗散结构”定态的基本表征量，它反映了“耗散结构”状态瞬时变化的基本情况，为我们提供了空间城市系统宏观状态熵 dS 的表达方法。因此，空间城市系统“扰动熵 S_d”反映了空间城市系统“耗散结构”的基本特性。

第二，扰动特性。

“扰动熵 S_d”表征了空间城市系统“耗散结构”的瞬时扰动状态，表达了耗散结构定态振荡的基本情况，反映了空间要素微扰调整的基本情况。“扰动熵 S_d”不能表征空间城市系统的宏观性质，但“扰动熵 S_d”极值的绝对值等于空间城市系统的宏观状态熵，即 $dS = \pm \max | S_d |$。

第三，正负特性。

可正负性，即“$\pm S_d$”，是扰动熵 S_d 的基本特性。扰动熵减 $-S_d$ 代表空间城市系统瞬时进化，扰动熵增 $+S_d$ 代表空间城市系统瞬时退化。“扰动熵 S_d”的正负特性代表了空间城市系统耗散结构瞬时概率选择的状态特征，在物理意义上它意味着空间城市系统结构瞬时的“无序”与“有序”两种可能性。

第四，随机特性。

随机特性是“扰动熵 S_d”的基本特性，它说明了空间城市系统耗散结构是一种具有统计确定性的或然现象。我们可以在宏观上确定耗散结构的定性性质，不能在微观上确定耗散结构的事件发生，“扰动熵 S_d”恰好表达了这种概率事件的发生状态。

第五，长时段特性。

空间城市系统的“巨大系统”属性决定了“耗散结构”的长时段特性，而“耗散结构长时段特性”又成为扰动熵机理产生与存在的基础，它决定了“巨大系统”耗散结构“扰动熵 S_d”机理现象的客观存在。

“耗散结构”的演化为多级空间城市系统的形成奠定了基础，而上述空间城市系统“耗散结构扰动熵”的概念及其特性，为空间城市系统耗散结构的运行与控制提供了理论根据。因此，“扰动熵原理”为空间城市系统“耗散结构”的运行、管理、控制提供了理论根据，具有很重要的实际应用价值。

5.3 空间城市系统动力原理

“空间城市系统动力原理”是关于空间城市系统演化动因的总体性论述，它对空间城市系统演化平衡态、近平衡态、近耗散态、分岔、耗散结构的动力机制进行了表述，揭示了空间城市系统演化的动力机理。因此，“空间城市系统动力原理”是空间城市系统演化的基础性理论，在空间城市系统演化理论中具有重要地位。

5.3.1 空间城市系统动力机理

1）空间城市系统动力概念

所谓空间城市系统动力是指推动空间城市系统演化的力量，主要来源于空间集聚流、空间扩散流、空间联结流，它们的动力作用是演化时间与演化状态的函数。空间集聚动力、空间扩散动力、空间联结动力具有一元作用、二元作用、三元作用，“空间城市系统动力”[①]是空间集聚动力、空间扩散动力、空间联结动力博弈均衡的结果。空间城市系统动力又可以分为线性的空间梯度动力与非线性的空间涨落动力。在空间城市系统线性演化阶段，空间系统动力遵守“昂萨格倒易关系”；在空间城市系统非线性演化阶段，特别是耗散结构阶段，空间城市系统动力表现为随机动力形式，可以用“马尔可夫链”方法予以表述。

“城市动力”是“空间城市系统动力”的初始简单形式，其基本原则包含在空间城市系统“城市结点”的动力机制过程中。空间城市系统动力推动着空间城市系统的演化，导致了空间城市系统的空间机理，进而决定了空间城市系统的空间结构，最后产生了空间城市系统的空间功能。因此，空间城市系统动力是空间城市系统“整体涌现性”产生与发展的根本，它是“空间城市系统动力原理”的最基本概念，也是空间城市系统演化理论的基础性概念。

2）空间城市系统动力机制

如图 5.12 所示，空间城市系统动力机制是指空间城市系统演化动力的根源、构成与工作原理，是空间城市系统动力原理的核心内容，就整体而言，主要可以分为以下六个方面：

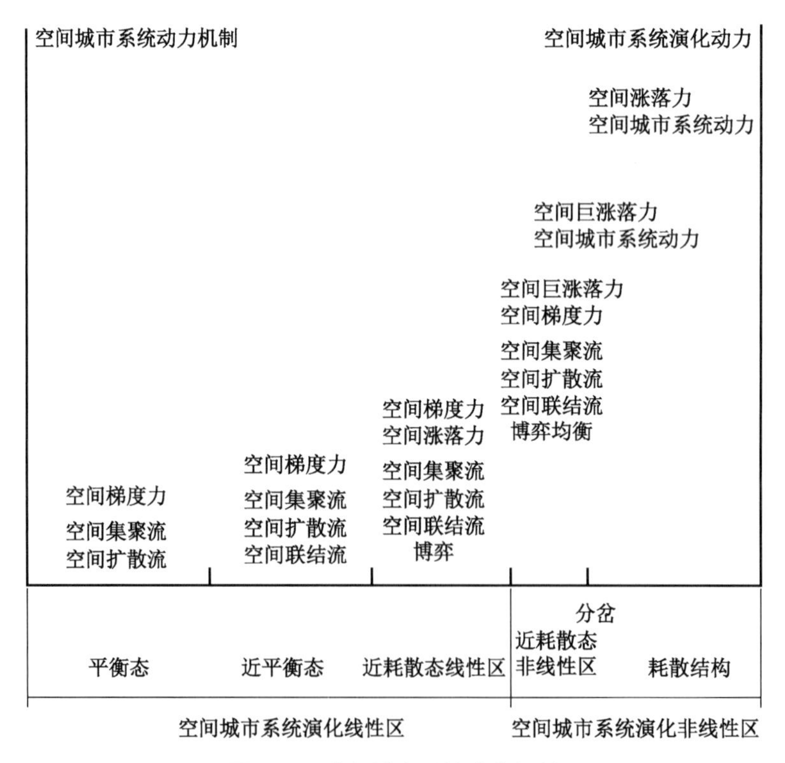

图 5.12　空间城市系统动力机制

① 在此，我们将“空间城市系统动因”表述为“空间城市系统动力”，两者的本质含义是相同的。

第一,空间动力本质。

空间城市系统动力是推动空间城市系统演化的力量,它通过“空间城市系统动力机制”作用,推动着空间城市系统演化的平衡态、近平衡态、近耗散态、分岔、耗散结构过程。因此,“空间动力本质”属性是空间城市系统动力机制的根本性质。

第二,空间流根源。

空间集聚流、空间扩散流、空间联结流是空间城市系统演化动力产生的根源,空间梯度力、空间涨落力、空间城市系统动力①产生的根源都是空间流作用。“空间城市系统动力机制”主要是空间流的工作原理。

第三,空间动力阶段化。

“阶段化”是“空间城市系统动力机制”时间序的重要特性,分为“线性阶段”与“非线性阶段”。“线性阶段”与“非线性阶段”具有完全不同的内在机理,对空间城市系统演化产生着完全不同的作用。

第四,空间动力形式。

空间梯度力、空间涨落力、空间巨涨落力是三种主要的空间动力形式,在“空间城市系统动力机制”的不同阶段具有不同的表现形式、不同的体量份额,产生不同的作用。

第五,空间流博弈与均衡。

空间集聚流、空间扩散流、空间联结流博弈以及空间流博弈均衡,是空间城市系统动力产生的根源。“空间城市系统动力”是我们对空间流博弈均衡动力的一般性称呼。

第六,空间城市系统动力。

当空间城市系统到达“分岔”以及“耗散结构阶段”,我们将空间城市系统演化动力统称为“空间城市系统动力”,即它导致了空间城市系统“整体涌现性”的产生与发展。

5.3.2　平衡态动力机理

1）平衡态动力概念

所谓平衡态动力是指推动空间城市系统“平衡态”演化的力量。空间集聚流、空间扩散流是“平衡态动力”的根源,它们所产生的空间梯度力就是平衡态动力。在“城市结点”中,“平衡态动力”表现为空间离心力与空间向心力,美国学者克鲁格曼对此有深度研究,我们称之为“克鲁格曼动力模型”。“平衡态动力”是空间城市系统动力原理的基本概念,具有重要的基础性地位,图 5.13 表示了空间城市系统演化“平衡态动力机制”。

2）平衡态动力机制

如图 5.13 所示,空间城市系统演化“平衡态动力机制”说明了空间城市系统平衡

① 空间城市系统动力,即指空间流博弈均衡动力。

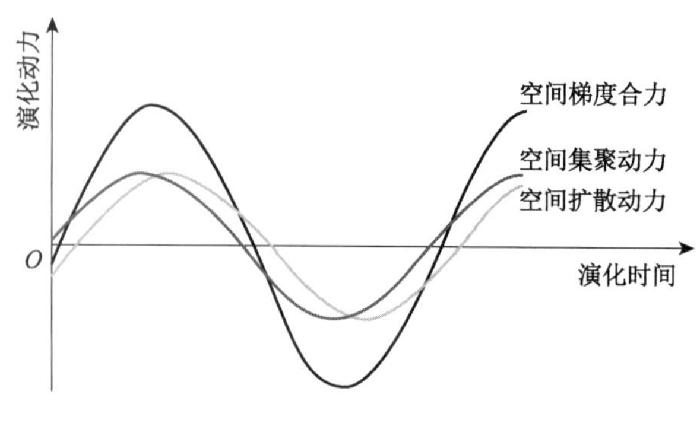

图 5.13　平衡态动力机制

态演化动力的根源、构成、工作原理，我们详细分析如下：

（1）平衡态动力根源

如图 5.13 所示，空间城市系统演化"平衡态动力根源"为空间集聚流与空间扩散流。如前所述，空间城市系统演化"平衡态"的本质是"城市结点"所构成的城市体系，而城市动力的基本形式就是"离心力"与"向心力"，这是被克鲁格曼证明了的规律。空间集聚流与空间扩散流导致了"离心力"与"向心力"的产生，从而导致了"城市结点"的产生，进而导致了"城市体系"的产生。

（2）平衡态动力构成

如图 5.13 所示，空间城市系统演化"平衡态动力构成"为空间集聚动力与空间扩散动力。正如美国学者克鲁格曼的核心观点，即"集聚的向心力和离心力是空间经济学研究的主要内容"[3]：一是"集聚的循环逻辑"，即空间集聚动力的循环作用；二是"离心力与向心力"的作用，即空间集聚动力、空间扩散动力的共同作用。

（3）平衡态动力工作原理

如图 5.13 所示，空间城市系统演化"平衡态动力工作原理"为"空间梯度力"机制。所谓空间梯度力是指在空间城市系统物理空间中，空间区位的差异导致的空间要素之间的空间势能差值所产生的空间作用力，如空间人口梯度力、空间面积梯度力、空间经济梯度力等。"平衡态动力"遵循昂萨格倒易关系，即有空间城市系统线性演化的空间势能力 $Y_i = \sum_j L_{ij} X_j$，而线性系数满足关系 $L_{ij} = L_{ji}$，亦即空间流对空间梯度力产生的影响相同。"平衡态空间动力"遵循傅里叶函数合成规律，也就是说我们可以应用"傅里叶变换"将复杂的"平衡态空间动力"分解为简单的三角函数。反之，求它的逆运算我们就可以从简单的"空间梯度力"求得复杂的"平衡态空间动力"。

5.3.3　近平衡态动力机理

1）近平衡态动力概念

所谓近平衡态动力是指推动空间城市系统"近平衡态"演化的力量。空间集聚流、空间扩散流、空间联结流是“近平衡态动力”的根源，它们所产生的空间梯度力就是近平衡态动力。在空间城市系统演化的“近平衡态”，空间集聚力、空间扩散力、空间联结力都已经存在，但是它们的构成比例具有较大的差距，其中空间集聚力与空间扩散力占据主导地位，空间联结力处于从属地位。“近平衡态动力”是空间城市系统动力原理的基本概念，具有重要的基础性地位，图 5.14 表示了空间城市系统演化“近平衡态动力机制”。

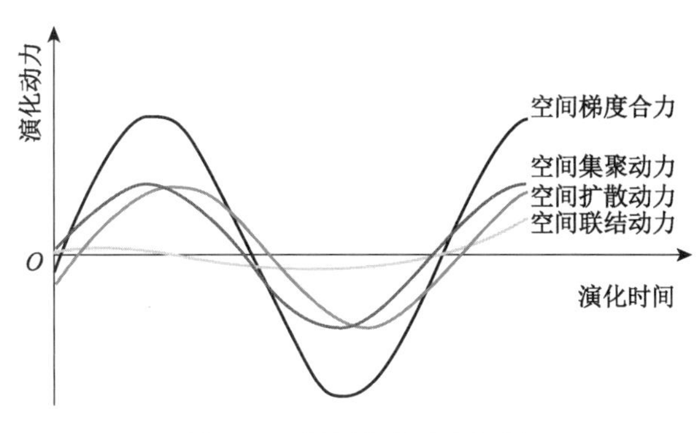

图 5.14 近平衡态动力机制

2）近平衡态动力机制

如图 5.14 所示，空间城市系统演化“近平衡态动力机制”说明了空间城市系统近平衡态演化动力的根源、构成、工作原理，我们详细分析如下：

（1）近平衡态动力根源

如图 5.14 所示，空间城市系统演化“近平衡态动力根源”为空间集聚流、空间扩散流、空间联结流。空间城市系统演化“近平衡态”的本质是开始变化的“城市体系”。空间集聚动力、空间扩散动力、空间联结动力成为“近平衡态”演化的动力，其中空间集聚动力与空间扩散动力为主要动力来源，空间联结动力为从属动力来源。

（2）近平衡态动力构成

如图 5.14 所示，空间集聚流、空间扩散流所产生的空间梯度力是“近平衡态动力构成”的主要成分，空间联结流所产生的空间梯度力是“近平衡态动力构成”的从属成分。空间联结动力的产生，使得空间城市系统近平衡态脱离了“城市结点”属性，不可逆地远离了“城市体系”，开始走向空间城市系统。

（3）近平衡态动力工作原理

如图 5.14 所示，空间城市系统演化“近平衡态动力工作原理”依然为“空间梯度力”机制，如空间人口梯度力、空间面积梯度力、空间经济梯度力等。因为空间城市系统“近平衡态”演化为线性性质，所以“近平衡态动力”依然遵循昂萨格倒易关系。“近平衡态空间动力”遵循傅里叶函数合成规律，也就是说我们可以应用“傅里叶变换”将复杂的“近平衡态空间动力”分解为简单的三角函数。反之，求它的逆运算我们就可以从简单的“空间梯度力”，求得复杂的“近平衡态空间动力”。

5.3.4 近耗散态动力机理

1）近耗散态线性区动力概念与机制

（1）近耗散态线性区动力概念

如图 5.15 所示，所谓近耗散态线性区动力是指推动空间城市系统“近耗散态线性区”演化的力量。空间集聚流、空间扩散流、空间联结流以及“空间要素涨落”是“近耗散态线性区动力”的根源，空间流所产生的“空间梯度力”占据“近耗散态线性区动力”的主要部分，空间要素涨落所产生的“空间涨落动力”占据“近耗散态线性区动力”的次要部分。空间城市系统演化的“近耗散态线性区动力”，即“空间合成动力”，可以由“空间梯度力”与“空间涨落动力”合成获得。因为“空间涨落动力”具有随机性，所以“近耗散态线性区动力”，即“空间合成动力”，带有附属随机性，但是不改变其总体的规律。也就是说空间集聚流、空间扩散流、空间联结流主导着“近耗散态线性区动力”的线性性质，而“空间要素涨落”所导致的非线性只是从属行为。“近耗散态线性区动力”是空间城市系统动力原理的基本概念，具有重要的基础性地位，图 5.15 表示了空间城市系统“近耗散态线性区动力机制”。

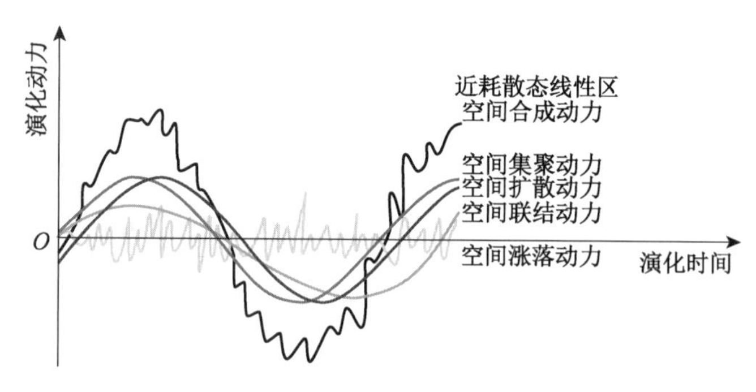

图 5.15　近耗散态线性区动力机制

（2）近耗散态线性区动力根源

如图 5.15 所示，空间集聚流、空间扩散流、空间联结流是空间城市系统演化“空间梯度力”的来源，“空间要素涨落”是空间城市系统演化“空间涨落动力”的来源。其中空间集聚动力、空间扩散动力、空间联结动力所产生的线性动力是主要来源，而随机性的“空间涨落动力”是辅助来源，不主导“近耗散态线性区动力”的性质。“近耗散态线性区动力”的一个特征是空间集聚流、空间扩散流、空间联结流之间的非合作博弈已经开始，但是所占份额很少。

（3）近耗散态线性区动力构成

如图 5.15 所示，空间集聚流、空间扩散流、空间联结流所产生的“空间梯度力”是“近耗散态线性区动力构成”的主要成分。在“近耗散态线性区”，空间集聚流、空间扩散流、空间联结流开始产生了空间流博弈行为，即“空间城市系统博弈动力”开始产生。空间要素涨落所产生的“空间涨落动力”是“近耗散态线性区动力构成”的次要成分。

它们联合形成了空间城市系统演化“近耗散态线性区动力”。

(4) 近耗散态线性区动力工作原理

如图 5.15 所示,空间城市系统演化“近耗散态线性区动力工作原理”主要为“空间梯度力”机制,如空间人口梯度力、空间面积梯度力、空间经济梯度力等。因为空间城市系统“近耗散态线性区”演化的主要属性为线性性质,所以“近耗散态线性区动力”依然遵循昂萨格倒易关系。“近耗散态线性区空间合成动力”依然遵循傅里叶函数合成规律,也就是说我们可以从空间集聚动力、空间扩散动力、空间联结动力经过“傅里叶变换”求出“近耗散态线性区空间合成动力”的整体形式,再加上随机性的“空间涨落动力”,就可以得到如图 5.15 所示的“近耗散态线性区空间合成动力”。

2) 近耗散态非线性区动力概念与机制

(1) 近耗散态非线性区动力概念

如图 5.16 所示,所谓近耗散态非线性区动力是指推动空间城市系统“近耗散态非线性区”演化的力量。“空间要素涨落”以及空间集聚流、空间扩散流、空间联结流是“近耗散态非线性区动力”的根源,其中“空间涨落动力”占据“近耗散态非线性区动力”的主要部分,空间流所产生的“空间流博弈均衡动力”占据“近耗散态非线性区动力”的次要部分。

如图 5.16 所示,这个过程是一个“空间涨落动力”快速增长的过程。因为“空间涨落动力”具有随机性,而它主导着“近耗散态非线性区动力”的基本性质,所以“近耗散态非线性区动力”的总体性质是随机性的。空间集聚流、空间扩散流、空间联结流非合作博弈均衡所产生的“空间城市系统动力”已经形成,在此“纳什均衡原则”起着主导作用。“近耗散态非线性区动力”是空间城市系统动力原理的基本概念,具有重要的基础性地位,图 5.16 表示了空间城市系统“近耗散态非线性区动力机制”。

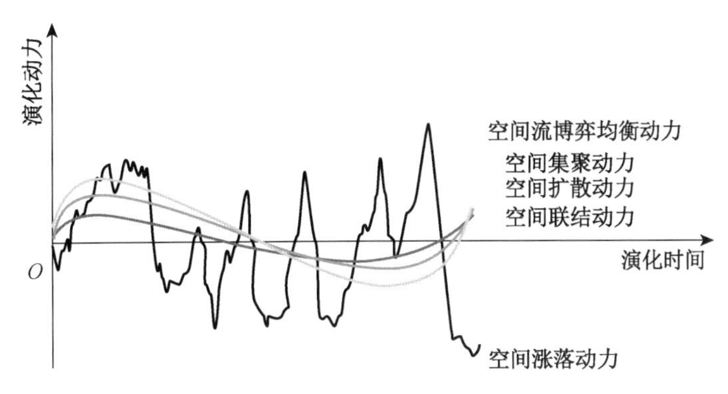

图 5.16　近耗散态非线性区动力机制

(2) 近耗散态非线性区动力根源

如图 5.16 所示,“空间要素涨落”是空间城市系统演化“空间涨落动力”的来源。空间集聚流、空间扩散流、空间联结流的非合作博弈是“空间流博弈均衡动力”的来源,其中“纳什均衡原则”起着主导作用。在近耗散态非线性区,随机性的“空间涨落动力”

是主导动力源，“空间流博弈均衡动力”是从属动力源。近耗散态非线性区动力变化是一个“空间涨落动力”迅速增强的变化过程。

（3）近耗散态非线性区动力构成

如图 5.16 所示，在近耗散态非线性区阶段，空间要素涨落所产生的“空间涨落动力”是“近耗散态非线性区动力构成”的主要成分。由“纳什均衡原则”所导致的空间集聚流、空间扩散流、空间联结流非合作博弈均衡动力，是“近耗散态非线性区动力构成”的次要成分。“空间涨落动力”与“空间流博弈均衡动力”联合形成了空间城市系统演化“近耗散态非线性区动力”。

（4）近耗散态非线性区动力工作原理

如图 5.16 所示，空间城市系统演化“近耗散态非线性区动力工作原理”主要为“空间涨落动力机制”，它是由“空间要素的随机涨落”产生的。从“空间涨落”到“空间巨涨落”，空间涨落动力是一个迅速增强的过程。“空间涨落动力机制”是一个变化迅速的随机过程，我们可以用马尔可夫链方法求出它的瞬时值，其整体规律服从概率分布原则，特别是到了“巨涨落”阶段它的整体规律变化很快，即随机性很强。空间集聚流、空间扩散流、空间联结流所产生的“空间流博弈均衡动力”是近耗散态非线性区的从属动力，它们遵循“纳什均衡”原则。

5.3.5 分岔动力机理

1）分岔动力概念

如图 5.17 所示，所谓空间城市系统演化“分岔动力”是指导致空间城市系统演化“分岔”的力量。空间城市系统分岔是一个瞬时变化过程，因此“分岔动力”表述就有着与前述各个演化阶段截然不同的表述方法。以空间城市系统分岔为分界线，它涉及“近耗散态非线性区”“分岔”“耗散结构”三个演化状态。

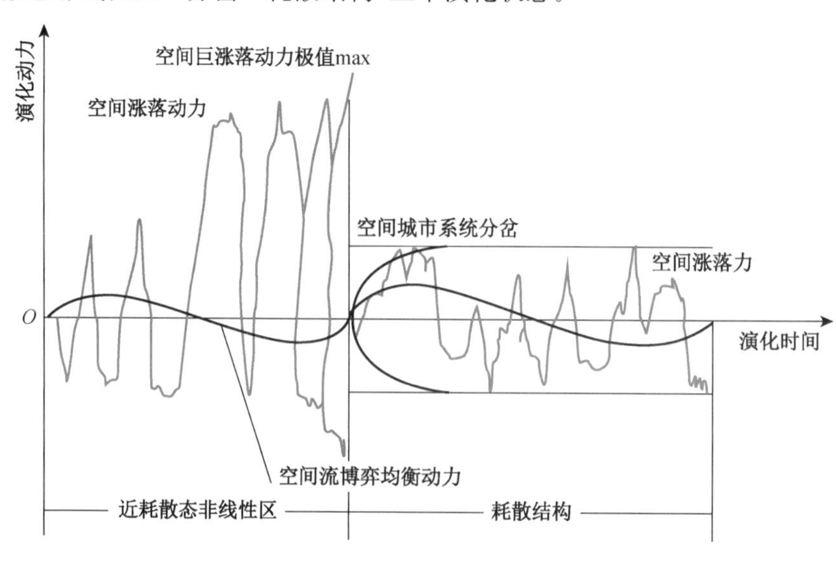

图 5.17　分岔动力机制

如图 5.17 所示，在空间城市系统演化“近耗散态非线性区”，起主导作用的是“空间巨涨落动力”，它 是一个逐渐增强的随机过程；“空间流博弈均衡动力”为辅助作用。在空间城市系统“分岔”瞬时过程，“空间巨涨落动力”到达一个极值状态，主导着“分岔”，并且与“空间流博弈均衡动力”形成合力，突破了空间城市系统的“空间势垒”，形成了“分岔”瞬时状态。在空间城市系统演化“耗散结构”，“空间涨落力”与“空间流博弈均衡动力”共同起到动力作用，保持“耗散结构”的运行，以及向多级空间城市系统的演化。

2）分岔动力机制

（1）分岔动力根源

如图 5.17 所示，就空间城市系统分岔瞬时行为而言，由空间要素剧烈变化所产生的“空间巨涨落”行为是“分岔动力”的主要根源，它是一个高速增长的随机过程，服从概率分布规律，注意“空间巨涨落动力极值 max”是一个单边行为，图 5.17 中表示为“近耗散态非线性区”单侧行为。空间集聚流、空间扩散流、空间联结流非合作博弈均衡行为，是“分岔动力”的辅助根源，它服从“纳什均衡原则”。

（2）分岔动力构成

如图 5.17 所示，就空间城市系统分岔瞬时行为而言，“空间巨涨落动力”与“空间流博弈均衡动力”构成了空间城市系统“分岔”前向动力。“空间涨落力”与“空间流博弈均衡动力”构成了空间城市系统“分岔”后向动力，即“耗散结构”运行动力。在图 5.17 中，给出了详细标注，要特别注意空间城市系统分岔行为的“瞬时性”。

（3）分岔动力工作原理

如图 5.17 所示，空间城市系统演化“分岔动力工作原理”分为“近耗散态非线性区”与“耗散结构”两个部分。在空间城市系统演化“近耗散态非线性区”，空间要素巨涨落行为导致了“空间巨涨落动力”极值的产生，它与“空间流博弈均衡动力”叠加突破“空间势垒”，是“分岔动力工作原理”的关键。在空间城市系统演化“耗散结构”，一般性空间要素涨落行为导致了“空间涨落力”，它与“空间流博弈均衡动力”叠加，形成了维持空间城市系统“耗散结构”的运行动力，以及向多级空间城市系统演化的动力。“空间巨涨落动力”与“空间涨落力”都是随机动力，服从概率分布规律；“空间流博弈均衡动力”遵循“纳什均衡原则”。

5.3.6 耗散结构动力机理

1）耗散结构动力概念

所谓空间城市系统演化“耗散结构动力”是指在空间城市系统形成之后，维持空间城市系统运行与发展的力量。“耗散结构”是一种相对稳定的状态，其动力随之表现为一种相对稳定的“空间涨落力”。如图 5.18 所示，空间城市系统“耗散结构动力”包括“空间涨落力”与“空间流博弈均衡动力”两个部分。在“空间涨落力”与“空间流博弈均衡动力”的共同作用下，空间城市系统保持运行或者向多级空间城市系统演化。耗散结构“空间涨落力”的属性为随机性质，服从概率分布规律，可以用马尔可夫链数学方法进行定量表述。“空间流博弈均衡动力”服从“纳什均衡原则”，可以用“空间城市系统动因博弈均衡理论”进行定性与定量表述。

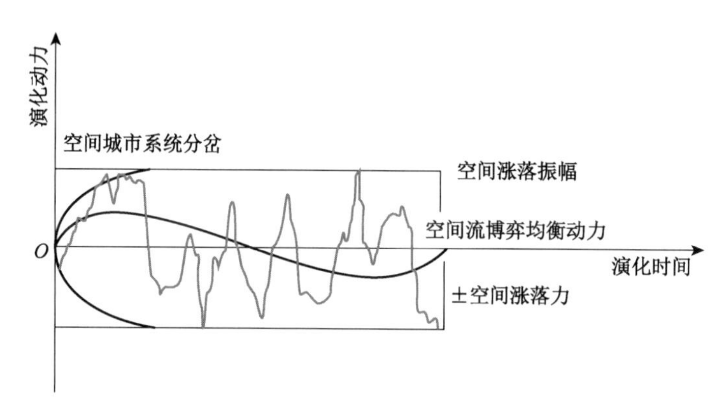

图 5.18　耗散结构动力机制

2）耗散结构动力机制

（1）耗散结构动力根源

如图 5.18 所示，空间要素波动是“±空间涨落力”产生的根源，它是一个相对稳定的随机过程，服从概率分布规律。空间集聚流、空间扩散流、空间联结流非合作博弈均衡行为，是“空间流博弈均衡动力”产生的根源，它服从“纳什均衡原则”。“±空间涨落力”与“空间流博弈均衡动力”共同维持空间城市系统耗散结构的运行，以及向多级空间城市系统的演化。

（2）耗散结构动力构成

如图 5.18 所示，具有正负属性的“空间涨落力”与“空间流博弈均衡动力”构成了空间城市系统“耗散结构”动力。“±空间涨落力”的正向(＋)代表耗散结构瞬时进化动力，负向(－)代表耗散结构瞬时退化动力，它们遵守概率分布规律。“空间流博弈均衡动力”则是空间城市系统耗散结构演化的推动力量，例如向多级空间城市系统的演化动力。

（3）耗散结构动力工作原理

如图 5.18 所示，“耗散结构”是空间城市系统形成之后的演化阶段，因此“耗散结构动力机制”表现出它的特殊性。首先，“耗散结构”是一个相对稳定状态，耗散结构动力在一个“空间涨落振幅”之内，具有相对稳定性，我们称之为“空间涨落力”，而非“动力”。其次，“空间涨落力”表现出正负(±)性质，代表瞬时进化与瞬时退化。最后，“耗散结构”整体有序性，即熵减特征 $dS \leqslant 0$，表现为“空间流博弈均衡动力”属性，例如向多级空间城市系统演化现象。

5.4　空间城市系统稳定性原理

“空间城市系统稳定性原理”是关于空间城市系统演化的总体性论述，包括空间城市系统“时间维度”与“空间维度”的稳定性规律。“空间城市系统稳定性原理”对空间城市系统演化平衡态、近平衡态、近耗散态、分岔、耗散结构的稳定性进行了表述，揭示了空间城市系统演化的稳定性规律。因此，“空间城市系统稳定性原理”是空间城市系统演化的基础性理论，在空间城市系统演化理论中具有十分重要的地位。

5.4.1 空间城市系统稳定性定义

1）空间城市系统稳定性概念

所谓空间城市系统稳定性是指空间城市系统演化过程与空间结构的恒定性，即空间城市系统演化轨道与空间结构的抗干扰能力。稳定性是空间城市系统的一种重要维生机制，稳定性越好则空间城市系统维生能力越强。对于空间城市系统演化而言，要求“稳定性”与“不稳定性”的辩证统一：一方面，“稳定性”是空间城市系统演化特定阶段存在的前提，稳定定态是空间城市系统演化各阶段的基本形式；另一方面，“不稳定性”是空间城市系统演化的本质要求，空间城市系统整体涌现性是通过“不稳定”的进化来实现的。

空间城市系统稳定性主要包括“演化轨道稳定”与“空间结构稳定”，它们统一在空间城市系统稳定性命题之中，是一个问题的两个方面，共同说明了空间城市系统整体稳定性规律。“演化轨道稳定”反映了空间城市系统演化的“时间维度稳定性”，包括平衡态稳定、近平衡态稳定、近耗散态稳定、分岔稳定、耗散结构稳定。“空间结构稳定”反映了空间城市系统演化的“空间维度稳定性”，包括空间结点稳定、空间轴线稳定、网络域面稳定。

2）演化轨道稳定性

（1）状态空间与演化轨道

如图 5.19 所示，空间城市系统状态空间是系统所有状态构成的集合，称之为“相空间”。状态空间中的每个状态点被称为“相点”；空间城市系统演化方程的每个解 $X(t)$ 代表状态空间的一个点集合，称之为一条“相轨道”。空间系统状态空间中有无数条轨道，它们互不相交，空间城市系统状态就沿着其中一条相空间轨道运动，如图 5.19 所示。空间城市系统状态“相空间”与“相轨道”是系统科学分析系统演化问题的一种方法，在空间城市系统演化过程中有真实的状态与之相对应，而且它对应着相应的空间结构。

（2）演化轨道稳定性概念

空间城市系统演化状态变量是时间 t 的函数，即函数 $X(t)$，而系统环境与系统自身的扰动都会使空间城市系统演化出现偏离现象。所谓演化轨道稳定性是指空间城市系统演化受到扰动后能够恢复和保持原来演化的恒定性，我们称之为空间城市系统“演化轨道稳定性”，如图 5.19 所示。李雅普诺夫稳定性方法所描述的就是“演化轨道稳定性”问题，即系统演化方程解 $X(t)$ 的稳定性。因为李雅普诺夫稳定性方法是一种成熟的稳定性理论，并得到了广泛的应用，我们也将李雅普诺夫稳定性方法用于空

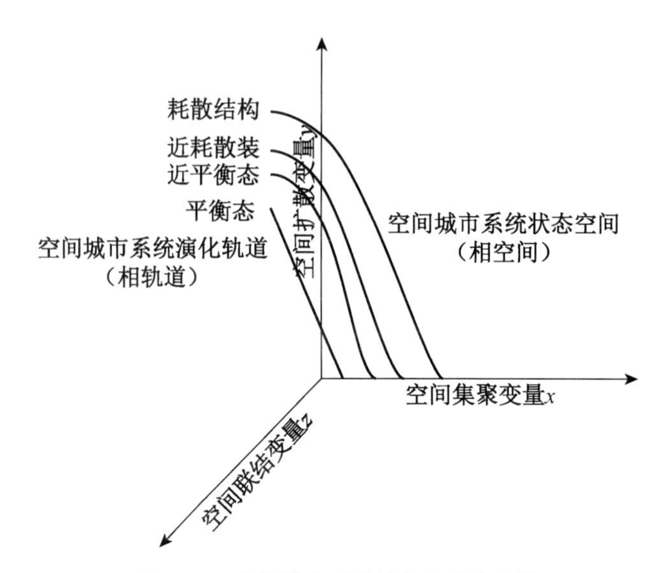

图 5.19　空间城市系统演化轨道稳定性

间城市系统演化轨道稳定性问题。

(3) 空间城市系统演化状态分类

所谓初态是指空间城市系统演化过程起始时刻的状态，记为 $X(t_0)$，相空间的每个点都有资格作为初态。所谓中间态是指空间城市系统初态与终态之间的状态，记为 $X(t_i)$。所谓终态是指空间城市系统演化过程终止时刻的状态，记为 $X(t)$。需要说明的是，空间城市系统演化的每个状态分段，即平衡态、近平衡态、近耗散态线性区、近耗散态非线性区、耗散结构都可以具有自己的初态、中间态、终态，分岔是一个瞬时暂态。

所谓定态是指空间城市系统到达后，若无外部作用驱使将保持不变的状态或反复回归的状态。所谓暂态是指空间城市系统在某个时刻可能到达，但不借助外力就不能保持或不能回归的状态。空间城市系统阶段性质是由“定态”决定的，“定态”代表了平衡态、近平衡态、近耗散态、耗散结构的性质，空间城市系统“暂态”只是为了确立“定态”性质所必需的量的积累，不能代表空间城市系统的本质特征。

所谓动态是指空间城市系统运动变化的状态。空间城市系统“动态”一定有动力作用，并且有确定的(或者随机的)运动方向。例如“分岔”过程就是动态过程，它有明确的耗散结构运动方向。

所谓空间城市系统“稳定性”问题，就是指系统“定态”的稳定性问题，也就是空间城市系统定态附近轨道的稳定性问题。一个定态的是否稳定可以通过定态的不动点来进行判定，空间城市系统平衡态、近平衡态、近耗散态线性区、近耗散态非线性区、耗散结构定态不动点稳定性研究，就成为我们要讨论的问题。

表 5.3 给出了空间城市系统演化状态分类的基本情况，需要特别指出的是，李雅普诺夫“演化轨道稳定性”反映了空间城市系统演化的“时间维度稳定性”，而“空间结构稳定性”反映了空间城市系统演化的“空间维度稳定性”。

表 5.3　空间城市系统演化状态分类

演化阶段	系统状态	系统性质	状态类型	李雅普诺夫 演化轨道稳定性	空间结构 稳定性
平衡态	动态	线性	定态	稳定	弱不稳定
近平衡态	动态	线性	定态	稳定	不稳定
近耗散态线性区	动态	线性	定态	稳定	不稳定
近耗散态非线性区	随机动态	非线性	定态	稳定	不稳定
分岔	随机动态	非线性	暂态	稳定	不稳定
耗散结构	随机动态	非线性	定态	稳定	不稳定

3）空间结构稳定性

（1）空间结构稳定性概念

如图 5.20 所示，所谓空间城市系统“空间结构稳定性”是指空间要素与空间要素关系的稳定性，主要包括空间结点稳定性、空间轴线稳定性、网络域面稳定性，具象形式表现为城市节点稳定性、联结轴线稳定性、城市网络稳定性。“空间结构稳定性”在本质上反映了空间城市系统演化的“空间维度稳定性”，即空间城市系统平衡态、近平衡态、近耗散态、耗散结构空间要素与空间要素关系的稳定性。

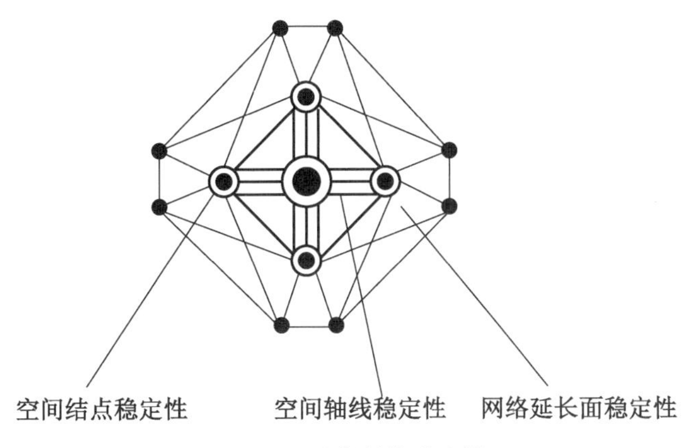

图 5.20　空间结构稳定性

对于空间城市系统演化而言，要求空间结构的“稳定性”与“不稳定性”辩证统一：一方面，“空间结构稳定性”是空间城市系统演化特定阶段的相对存在形式，尽管它处于不断变化之中。另一方面，“空间结构不稳定性”是空间城市系统演化的本质要求，空间城市系统演化过程就是一个“空间结构”变化的过程，是“稳定性”与“不稳定性”的交互替代过程，“不稳定”是空间城市系统演化的绝对存在形式。空间城市系统“分岔”，是“空间结构”瞬时变化的过程。

（2）空间结点稳定性概念

如图 5.20 所示，所谓空间结点稳定性是指空间城市系统城市结点的稳定性，它反映了空间结构支撑点的抗干扰能力。"空间结点稳定性"是空间城市系统空间结构最主要的维生机制，它越好表示城市结点的发育程度越高，则空间城市系统空间结构维生能力越强。我们用空间要素"存量度"来表述"空间结点稳定性"的高低，详见"空间结点稳定性方法"部分，空间要素的"存量度"越高，则"空间结点稳定性"越强，城市结点抗干扰的能力越强。城市结点稳定性的重要性，在彼得·霍尔"多中心大都市理论中"已经得到了充分的实证。

（3）空间轴线稳定性概念

如图 5.20 所示，所谓空间轴线稳定性是指空间城市系统联结轴线的稳定性，它反映了空间结构联结轴的抗干扰能力。"空间轴线稳定性"是空间城市系统空间结构关键的维生机制，它的好坏直接决定着空间城市系统网络质量的高低。我们用空间流波的"通达性"来表述"空间轴线稳定性"的高低。空间流波的"通达性"越好，则"空间轴线稳定性"越强，空间联结轴抗干扰的能力越强。"空间轴线稳定性"在城市关系属性中具有十分重要的意义。

（4）网络域面稳定性概念

如图 5.20 所示，所谓网络域面稳定性是指空间城市系统整体网络的稳定性，它反映了空间结构网络整体的抗干扰能力。"网络域面稳定性"是空间城市系统空间结构整体性维生机制，它的高低表征着空间城市系统整体生存能力的强弱。我们用空间结构的"逻辑性"来表述"网络域面稳定性"的高低，详见"网络域面逻辑"部分。空间结构的"逻辑性"越好，则"网络域面稳定性"越强，空间结构网络整体的抗干扰能力越强。"网络域面稳定性"对于空间城市系统整体涌现性的产生与发展具有关键性意义。

5.4.2 空间城市系统稳定性分析方法

1）李雅普诺夫稳定性方法

李雅普诺夫方法是公认的系统演化轨道稳定性经典表达方法。1892 年俄国学者李雅普诺夫发表了《运动稳定性的一般问题》的论文，开创了以微分方程为手段的李雅普诺夫稳定性理论。空间城市系统"演化轨道稳定性"采用李雅普诺夫方法，结合空间结构稳定性规律，形成空间城市系统演化轨道稳定性表述体系。

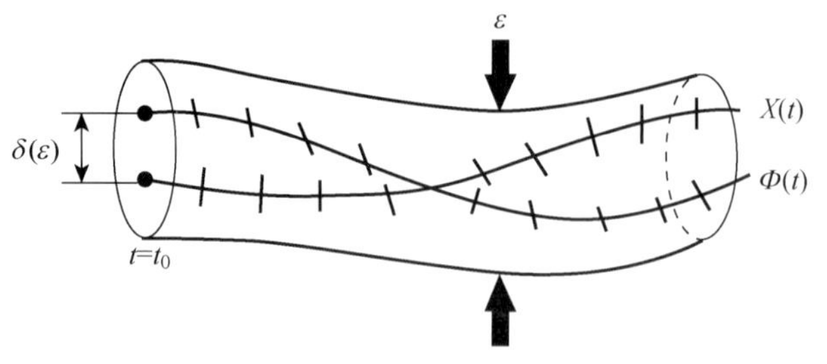

图 5.21 空间城市系统李雅普诺夫稳定性①

如图 5.21 所示，空间城市系统李雅普诺夫稳定性属于局部稳定性，即空间城市系统平衡态、近平衡态、近耗散态线性区、近耗散态非线性区、分岔、耗散结构六个演化阶段的稳定性。

① 参见：苗东升.系统科学精要[M].3 版. 北京：中国人民大学出版社，2010：85。

所谓空间城市系统李雅普诺夫稳定性，就是对六个演化状态空间城市系统演化方程解 $X(t_0)$ 与 $X(t)$ 的情况进行讨论，从而确定各个演化阶段的李雅普诺夫稳定性。

由“第 2 章　空间城市系统基础理论”第 2.1 节中的“非线性系统”部分论述可知，非线性连续空间城市系统的动力学方程一般形式表示为

$$\begin{aligned} \dot{x}_1 &= f_1(x_1,\ x_n;\ c_1,\ c_m) \\ \dot{x}_2 &= f_2(x_1,\ x_n;\ c_1,\ c_m) \\ &\vdots \\ \dot{x}_n &= f_n(x_1,\ x_n;\ c_1,\ c_m) \end{aligned} \tag{5.1}$$

公式(5.1)的向量形式表达式为

$$\dot{\boldsymbol{X}} = F(X,\ C) \tag{5.2}$$

如图 5.21 所示，令 $\Phi(t)$ 是向量微分方程(5.2) 的一个解，$X(t)$ 为任何初态扰动 $X_0 = X(t_0)$ 引起的解。如果对于每个足够小的 $\varepsilon > 0$，总有 $\delta(\varepsilon) > 0$，使得只要在 $t = t_0$ 时满足

$$|\ X_0 - \Phi(t_0)\ | < \delta \tag{5.3}$$

就有

$$|\ X(t) - \Phi(t)\ | < \varepsilon \tag{5.4}$$

对所有 $t \geqslant t_0$ 成立，则称 $\Phi(t)$ 是李雅普诺夫稳定的。

“李雅普诺夫稳定性方法”给空间城市系统演化轨道稳定性问题提供了很好的方法论，它使我们可以有效地对空间城市系统平衡态、近平衡态、近耗散态线性区、近耗散态非线性区、分岔、耗散结构六个演化阶段的演化轨道稳定性进行判断，从而为空间城市系统规划与建设提供可靠的理论根据。因此，空间城市系统演化的“李雅普诺夫稳定性方法”具有十分重要的理论与实践意义。表 5.4 给出了“空间城市系统稳定性”的全貌结构，可以让大家对概貌性形象有一个全面了解。

表 5.4　空间城市系统稳定性

演化阶段	平衡态	近平衡态	近耗散态 线性区
演化轨道 稳定性	稳定	稳定	稳定
允许偏离范围 δ 及 ε	较小	中等	中等
空间结构 稳定性	临界不稳定	临界不稳定	临界不稳定
空间城市系统 演化状态图像	暂态　暂态 定态（初始吸引子）	定态（排斥子） 暂态　暂态	定态（排斥子） 暂态　暂态

续表

演化阶段	近耗散态 非线性区	分岔	耗散结构
演化轨道 稳定性	稳定	稳定	稳定
允许偏离范围 δ 及 ε	较小	较小	较小
空间结构 稳定性	不稳定	不稳定	弱不稳定
空间城市系统 演化状态图像	暂态 暂态 定态（终态吸引子）	动态 动态 分态（终态吸引子）	定态（空间极限环）

2）空间结构稳定性方法

（1）空间存量稳定性方法

"空间存量稳定性方法"是指利用"空间要素存量"来对空间结点（即城市结点）的稳定性进行表述的空间结构稳定性方法。所谓空间城市系统空间要素存量，是指在一定的时间点 t 上，城市结点空间要素的结存数量 K_t，如人口存量、土地存量、物资存量、信息存量、资本存量、能源存量等。

根据第 4.1 节"空间城市系统存量定量分析"部分内容，空间城市系统存量函数可以由以下公式给出 $K_t = \sum_{i=1}^{n} f(x) + k\delta$。

其中，K_t 表示 t 时间的空间城市系统存量；i 表示空间要素存量分类；$f(x)$ 表示分类存量函数；x 为分类存量空间要素变量；δ 表示空间城市系统存量折损率；k 为折损系数。

设定空间城市系统城市节点空间要素存量平均标准指数为 K ①，且偏离标准指数的最大偏差为 Δ。在时间点 t，城市节点存量为 K_t，如果空间要素存量满足

$$K_t - K < \Delta \tag{5.5}$$

则我们说该城市节点满足"空间存量稳定性"的要求，此即针对空间城市系统空间结点的"空间存量稳定性"。空间要素"空间存量稳定性"说明，空间结点对于空间结构具有稳定的支撑作用，在空间城市系统规划与实践中表现为节点城市要有足够的空间要素"空间存量稳定性"，如人口要素"空间存量稳定性"、面积要素"空间存量稳定性"、经济总量"空间存量稳定性"等。而空间城市系统每一个演化阶段的"空间存量稳定性"，即

① 空间要素存量平均标准指数 K 可以根据实际情况应用数理统计学方法求出，相应可以求出偏离标准指数的最大偏差 Δ。

平衡态、近平衡态、近耗散态线性区、近耗散态非线性区、分岔、耗散结构的“空间存量稳定性”,都是空间城市系统演化的基本前提性条件。

上面的论述说明了空间城市系统“空间结构稳定性”与“演化轨道稳定性”的辩证统一关系,即“空间结构稳定性”与“时间维度稳定性”统一于“空间城市系统稳定性”,由此保证空间城市系统演化的顺利进行,从而实现空间城市系统空间规划的稳定实施。

(2) 空间流波通达稳定性方法

“空间流波通达稳定性方法”是指利用空间流波的“通达性”来对空间联结轴线稳定性进行表述的空间结构稳定性方法。所谓空间流波是指空间要素的运动形式,如空间人员流波、空间物资流波、空间信息流波、空间能源流波等,空间流波既拥有物理的一般属性,又具有人文的特殊属性。

我们用“空间流量 Q” 来表示空间流波的通达性,即单位时间内空间流波经过空间联结轴线有效单位的数量,如人员波流量、物资波流量、信息波流量等,且有 $Q=SV$,其中 S 代表空间连接轴有效单位,V 代表空间流波流速。“空间流量 Q” 高,说明空间流波“通达性” 好,即空间联结轴线稳定性好。反之“空间流量 Q” 低,说明空间流波“通达性” 差,即空间联结轴线稳定性不好。

设定空间联结轴线在时间点 t 的空间流量为 Q_t,平均标准“空间流量” 为 Q [①],且偏离标准指数的最大偏差为 δ, 如果空间流波流量满足

$$Q_t - Q < \delta \tag{5.6}$$

则我们说空间联结轴线满足“空间流波通达稳定性”要求,此即针对空间城市系统空间联结轴线的“空间流波稳定性”。“空间流波稳定性”说明,空间联结轴线对于空间结构具有稳定的联结作用,其在空间城市系统规划与实践中表现为要有足够的“空间流波稳定性”,如人员流波稳定性、物资流波稳定性、信息流波稳定性。空间流波通达性的逐渐提高,是空间城市系统演化的必然要求。

(3) 空间结构逻辑稳定性方法

“空间结构逻辑稳定性方法”是指利用空间城市系统“空间结构逻辑可靠度”,包括地理逻辑可靠度、人文逻辑可靠度、经济逻辑可靠度,来对“网络域面稳定性”进行表述的空间结构稳定性方法。所谓空间结构逻辑可靠度是指构成空间城市系统网络域面的“空间结构逻辑”的正确程度,以概率 $P(A)$ 进行度量。例如我们可以说空间结构逻辑可靠度为 $P(A)=2/3$。“空间结构逻辑可靠度”越高,则“网络域面稳定性”越好,进而空间城市系统空间结构稳定性越好。

设定空间网络域面在时间点 t 的空间结构逻辑可靠度为 $P_t(A)$,平均标准“空间

① 空间流波平均标准“空间流量” Q 可以根据实际情况应用数理统计学方法求出,相应可以求出偏离标准指数的最大偏差 δ。

结构逻辑可靠度”为 $P(A)$[①]，且偏离标准指数的最大偏差为 ε，如果网络域面“空间结构逻辑可靠度”满足

$$P_t(A) - P(A) < \varepsilon \tag{5.7}$$

则该空间城市系统“网络域面”满足“空间结构逻辑稳定性”的要求，此即为针对空间城市系统网络域面的“空间结构逻辑稳定性”。“空间结构逻辑稳定性”说明了网络域面对于空间结构具有稳定的整体性作用，在空间城市系统规划与实践中表现为，空间城市系统“网络域面”要有足够的“空间结构逻辑稳定性”，才能保证空间城市系统整体的产生与发展。相反，如果没有足够的“空间结构逻辑稳定性”，则空间城市系统整体是无法成立的。

5.4.3 空间城市系统演化稳定性分析

1）平衡态稳定性分析

如表 5.5 所示，平衡态是空间城市系统演化的初始状态，状态属性为定态。平衡态是空间城市系统演化的基础阶段，因为它的城市体系属性居于统治地位，所以我们称之为“平衡态”。

表 5.5 平衡态稳定性

稳定性	李雅普诺夫稳定性	空间结点稳定性	空间轴线稳定性	网络域面稳定性
演化轨道	渐近稳定， 定态，初始吸引子	—	—	—
空间结构	—	稳定	低级稳定	无
城市体系	无整体涌现性			

平衡态“演化轨道稳定性”为李雅普诺夫渐近稳定，即没有空间规划的他组织干预作用，平衡态将回归城市初始吸引子，保持城市属性。平衡态的空间形态与空间结构处于缓慢变化之中，空间要素主要处于城市节点的集聚与扩散状态。

平衡态“空间结点稳定性”为稳定，表示城市节点具有良好的稳定性。平衡态“空间轴线稳定性”为低级稳定，说明空间联结轴线处于初始状态，其稳定性很低。平衡态“网络域面稳定性”为无，表示空间城市系统性质的“网络域面”处于没有状态。平衡态整体处于“城市体系”属性的初始状态，没有空间城市系统属性的整体涌现性。

2）近平衡态稳定性分析

如表 5.6 所示，近平衡态是空间城市系统演化的中间状态，状态属性为定态。近平衡态是一种介于城市体系和空间城市系统之间的前空间过渡状态，因为它的城市体

---

① 网络域面平均标准“空间结构逻辑可靠度”可以根据实际情况应用数理统计学方法求出，或者根据实际要求确定，相应可以求出偏离标准指数的最大偏差 ε。

系属性要大于空间城市系统属性，即拥有大量的平衡态属性，所以我们称之为"近平衡态"。

表 5.6　近平衡态稳定性

稳定性	李雅普诺夫稳定性	空间结点稳定性	空间轴线稳定性	网络域面稳定性
演化轨道	稳定， 定态，排斥子	—	—	—
空间结构	—	低级稳定	不稳定	低级不稳定
城市体系	微量整体涌现性			

"近平衡态演化轨道稳定性"为李雅普诺夫稳定，城市体系已经开始发生变化，它处于一种定态并拥有排斥子，即在空间规划的他组织干预下，近平衡态的空间形态与空间结构处于快速变化中，即空间要素的集聚、扩散、联结处于快速增长状态。

近平衡态"空间结点稳定性"为低级稳定，表示城市结点在空间集聚、空间扩散、空间联结方面已经开始发生变化，导致城市结点脱离了城市属性稳定性。近平衡态"空间轴线稳定性"为不稳定，说明空间轴线联结已经开始发生变化，空间联结行为大为增加。近平衡态"网络域面"稳定性为低级不稳定，说明空间城市系统属性的"网络域面"处于初级状态，保持低级不稳定的变化之中。近平衡态已经开始具有"微量整体涌现性"，尽管其主体属性仍然为"城市体系"。

3）近耗散态稳定性分析

（1）近耗散态线性区稳定性分析

如表 5.7 所示，近耗散态线性区是空间城市系统演化的中间状态，状态属性为定态。它是一种介于城市体系和空间城市系统之间的后空间过渡状态。因为它的空间城市系统属性要大于城市体系属性，既拥有大量的耗散结构特征，又处于系统线性演化阶段，因此我们称其为"近耗散态线性区"。

表 5.7　近耗散态线性区稳定性

稳定性	李雅普诺夫稳定性	空间结点稳定性	空间轴线稳定性	网络域面稳定性
演化轨道	稳定， 定态，排斥子	—	—	—
空间结构	—	不稳定	不稳定	不稳定
城市体系	局部整体涌现性			

"近耗散态线性区演化轨道稳定性"为李雅普诺夫稳定，已经开始拥有空间城市系统属性框架。它处于一种定态并拥有排斥子，即在空间规划的他组织干预下，近耗散态线性区的空间形态与空间结构处于高速变化中，即空间要素的集聚、扩散、联结处于高速增长状态。近耗散态线性区会采取高速向前进化的行为，而不是停留在原来的位置。

近耗散态线性区“空间结点稳定性”为不稳定，表示城市节点在空间集聚、空间扩散、空间联结方面发生着巨大变化，因此城市结点进入不稳定状态。近耗散态线性区“空间轴线稳定性”为不稳定，说明空间轴线联结发生着巨大变化，空间联结行为处于大幅度增强过程中。近耗散态线性区“网络域面”稳定性为“不稳定”，说明空间城市系统属性的“网络域面”处于生成阶段，打破了旧有的“低级不稳定”格局。近耗散态线性区已经拥有“局部整体涌现性”，其主体属性已经改变为“空间城市系统”。

(2) 近耗散态非线性区稳定性分析

如表5.8所示，近耗散态非线性区是空间城市系统演化中的一个很特殊的中间状态阶段，状态属性为定态。近耗散态非线性区已经拥有空间城市系统属性框架，在时间序与空间序，它都居于城市体系演化的结束状态。因为它的空间城市系统属性居统治地位，开始拥有耗散结构，又处于非线性演化阶段，所以我们称其为“近耗散态非线性区”。

表5.8　近耗散态非线性区稳定性

稳定性	李雅普诺夫稳定性	空间结点稳定性	空间轴线稳定性	网络域面稳定性
演化轨道	稳定， 定态，终态吸引子	—	—	—
空间结构	—	随机不稳定	随机不稳定	随机不稳定
空间城市系统	主成分整体涌现性			

“近耗散态非线性区演化轨道稳定性”为李雅普诺夫稳定，已经拥有空间城市系统属性框架。它处于一种定态并拥有“终态吸引子”，这是它与之前空间城市系统演化阶段的本质性区别。该“终态吸引子”指向空间城市系统分岔。在空间规划的他组织干预下，近耗散态非线性区的空间形态与空间结构趋向于空间城市系统“分岔”。近耗散态非线性区空间要素处于巨涨落形式，高速的趋向于分岔的瞬时变化。

近耗散态非线性区“空间结点稳定性”为随机不稳定，表示城市节点在空间集聚、空间扩散、空间联结方面处于高速随机变化之中，因此城市结点进入随机不稳定状态。近耗散态非线性区“空间轴线稳定性”为随机不稳定，说明空间轴线联结处于高速随机变化之中，空间联结行为的高度随机巨涨落，导致空间城市系统的“分岔”。近耗散态非线性区“网络域面”稳定性为随机不稳定，说明空间城市系统属性的“网络域面”处于高速产生阶段。近耗散态非线性区拥有“主成分整体涌现性”，其主体属性已经十分接近“空间城市系统”。

4) 分岔稳定性分析

(1) 空间城市系统演化“分岔”状态

如表5.9所示，分岔是空间城市系统演化的终态，状态属性为动态。分岔宣告空间城市系统的产生，它是一种瞬时变化状态，标志着城市体系属性的结束与空间城市系统属性的产生。分岔是城市体系与空间城市系统之间的分水岭。因此，我们称其为空间城市系统演化“分岔”。

表 5.9　分岔稳定性

稳定性	李雅普诺夫稳定性	空间结点稳定性	空间轴线稳定性	网络域面稳定性
演化轨道	稳定， 动态，终态吸引子	—	—	—
空间结构	—	瞬时变化	瞬时变化	瞬时变化
空间城市系统	整体涌现性产生			

(2) 分岔演化轨道稳定性、“终态吸引子”与“终态吸引域”分析

“分岔演化轨道稳定性”为李雅普诺夫稳定，它处于一种动态并拥有“终态吸引子”。在空间规划强烈他组织干预下，空间城市系统的空间形态与空间结构发生定性性质的瞬时变化。在分岔过程中，空间要素处于巨涨落形式，成为主要动力，保证了分岔过程的顺利进行。

如图 5.22 所示，在空间城市系统演化分岔状态，系统的演化轨道都趋向于“终态吸引子”，出现了空间城市系统演化轨道的吸引子汇集①现象。因此，分岔吸引子就牵引着空间城市系统发生瞬时变化。“终态吸引子”满足了三个前提条件：第一，终极性条件。“终态吸引子”代表空间城市系统演化行为要达到的终极状态，即空间城市系统“整体涌现性”的产生。第二，稳定性条件。“终态吸引子”代表了空间城市系统“整体涌现性”，是空间城市系统演化的归宿，具有抵制干扰保持稳定的特性。第三，吸引性条件。“终态吸引子”状态集合，对于周围的其他状态或轨道具有吸引性，只要空间城市系统演化尚未到达“终态吸引子”状态，则现实状态与“终态吸引子”状态之间必定存在非零的、指向“终态吸引子”的牵引力，牵引着空间城市系统向“终态吸引子”状态运动。“终态吸引子”的终极性、稳定性、吸引性特征是空间城市系统产生的标志性特征，它们决定了“终态吸引子”在空间城市系统演化过程中的归宿性地位。

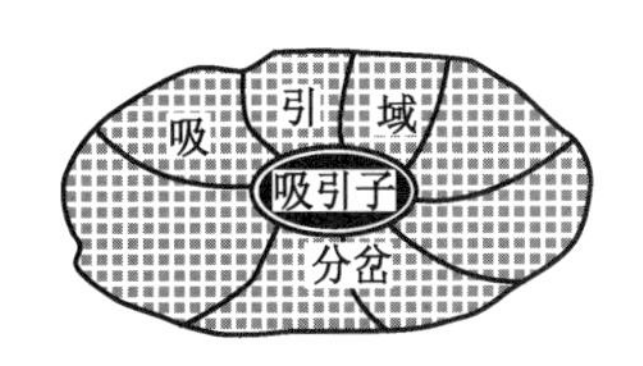

图 5.22　终态吸引子与吸引域

如图 5.22 所示，空间城市系统演化分岔状态拥有了空间城市系统“终态吸引域”。所谓终态吸引域是指“终态吸引子”在相空间中所形成的“势力范围”，凡是以那个范围内的点为初态而开始的轨道都趋向于该“终态吸引子”，将空间城市系统演化分岔状态相空间中这样的点的集合称为分岔状态的“终态吸引域”。“终态吸引子”犹如江湖，“终态吸引域”犹如流域，流域内的水总是流向流域内的江、湖，就是说“终态吸引域内”的相空间轨道都指向“终态吸引子”，即空间城市系统分岔目标。

(3) 空间城市系统演化“分岔”空间结构稳定性分析

如表 5.10 所示，空间城市系统演化分岔状态“空间结点稳定性”为瞬时变化，不同于空间城市系统演化之前的任何状态，它表示城市节点空间要素处于巨涨落瞬时变化

① 在动态系统理论中，排斥子被称为源(Source)，吸引子被称为汇(sink)，一切有意义的系统演化相轨道都是从源流向汇。

之中。分岔状态“空间轴线稳定性”为瞬时变化,说明空间轴线联结处于巨涨落瞬时变化之中。分岔状态“网络域面”稳定性为瞬时变化,说明空间城市系统“网络域面”处于巨涨落瞬时变化之中。分岔状态导致了空间城市系统“整体涌现性”的产生,进入了空间城市系统演化的“耗散结构”状态。

5）耗散结构稳定性分析

(1) 空间城市系统演化“耗散结构”状态

如表 5.10 所示,耗散结构是空间城市系统演化的目标状态,状态属性为定态,空间城市系统“整体涌现性”是耗散结构的本质属性。普里戈金的“耗散结构理论”为这种状态提供了理论基础,因此我们命名它为空间城市系统演化“耗散结构”状态。

表 5.10 耗散结构稳定性

稳定性	李雅普诺夫稳定性	空间结点稳定性	空间轴线稳定性	网络域面稳定性
演化轨道	稳定, 定态,空间极限环	—	—	—
空间结构	—	随机稳定	随机稳定	随机稳定
空间城市系统	整体涌现性稳定			

“耗散结构”是空间城市系统演化整体过程的目标状态,因为空间城市系统自组织与“空间治理”他组织的联合作用,又因为更高级空间城市系统的拉动①,所以“耗散结构”始终处于一种缓慢的演化之中。因此“耗散结构”表现为一种随机定态,并且具有稳定“空间极限环”存在,这是“耗散结构”定态的基本属性。“耗散结构”是一种随机结构状态,它与环境进行着人员、物质、信息、能源的交换,作为动力维持着空间城市系统的运行,并推动“耗散结构”向多级空间城市系统演化。

(2) 耗散结构轨道稳定性分析

“耗散结构轨道稳定性”为李雅普诺夫稳定,它处于一种定态并拥有稳定“空间极限环”。对于空间城市系统演化的“耗散结构”状态,“空间规划”他组织干预已经完成了其历史使命,“空间治理”他组织干预上升为主要手段。“耗散结构”的空间形态与空间结构都处于随机稳定状态,这就是稳定“空间极限环”在起作用。空间涨落力与空间流博弈均衡力共同保持“耗散结构”的运行,并向多级空间城市系统演化。

(3) 耗散结构稳定“空间极限环”判定

① 稳定“空间极限环”判定命题

“耗散结构”是空间城市系统演化的目标状态,是多级空间城市系统演化的起始状态。因此,“耗散结构”具有承前启后的功能,即城市体系—空间城市系统—多级空间城市系统。相比较之前的空间城市系统演化阶段,“耗散结构”具有复杂的结构、属性与功能。空间随机性决定了“耗散结构”的多维度特征,即空间集聚变量、空间扩散变

① 就多级空间城市系统原理而言,1 级空间城市系统的“耗散结构”就是 2 级空间城市系统的平衡态。所以空间城市系统始终处于运动之中,演化是空间城市系统的本质属性。

量、空间联结变量等多维度特征。系统科学告诉我们，三维系统及其以上就可以产生稳定“空间极限环”①。这是空间城市系统演化“耗散结构”不同于之前状态的最基本复杂特性。经由系统科学的“极限环存在判定方法”，对空间城市系统耗散结构“空间极限环”的产生与存在加以证明，就成了我们必须回答的基本命题。

② 稳定“空间极限环”存在判据

第一，空间梯度排除判据。

空间城市系统演化“耗散结构”的动力为“空间涨落力”与“空间流博弈均衡动力”，“空间梯度”动力已经消失。根据系统科学“梯度系统无闭轨道”[4]的判定原则，存在“空间梯度”的空间城市系统不可能存在“空间极限环”，并且不会发生系统自激振荡。而耗散结构不存在“空间梯度”，是一个空间闭合轨道。因此，耗散结构存在“空间极限环”。

第二，李雅普诺夫渐近稳定排除判据。

系统科学规律说明，“如果系统为非梯度型的，但在不动点附近可以构造一个李雅普诺夫函数，有定理保证不动点是李雅普诺夫渐近稳定的，这意味着系统没有闭合轨道”[5]，即李雅普诺夫渐近稳定系统不存在“空间极限环”。如前所述，“耗散结构轨道稳定性”为李雅普诺夫稳定，即“耗散结构”不存在李雅普诺夫渐近稳定。因此，空间城市系统“耗散结构”是空间闭合轨道，是存在“空间极限环”的。

第三，“庞加莱—本迪克松定理”②验证。

如图 5.23 所示，我们进行空间城市系统演化“耗散结构”的“庞加莱—本迪克松定理”验证，具体如下：

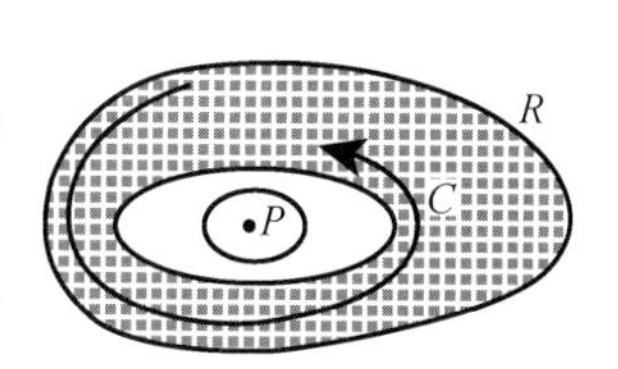

图 5.23　耗散结构闭轨道

（源自：许国志.系统科学[M].上海：上海科技教育出版社，2000：69）

首先，可以确定“耗散结构”R 为空间城市系统状态平面上的一个有限闭区域，而且“耗散结构”R 不包含任何不动点。其次，显然有“耗散结构”的空间城市系统演化方程 $\dot{x}=f(x)$ 在包含于 R 内的某个开集上连续可微。最后，显然存在空间城市系统 C 轨道始终保持在“耗散结构”R 内部。

结论：根据“庞加莱—本迪克松定理”就可以判定，空间城市系统 C 轨道要么是闭合的，要么是螺旋式地趋向于某条闭轨道，即在“耗散结构”R 内部包含一条闭轨道，也就是在空间城市系统“耗散结构”R 之内，一定有“空间极限环”存在。

第四，普里戈金非平衡态“空间极限环”证明。

经过铁磁体系和振荡化学反应，普里戈金得出结论：“当远离平衡时，体系开始振荡。它将沿极限环运动。极限环上的相位是由初始涨落决定的，而且与磁化强度的方向起同样的作用。如果体系是有限的，涨落逐步取得优势，干扰转动。但如果体系是无限的，则可得长程时间有序，与铁磁体系的长程空间有序非常类似。由此可知，周期反映的出现是破坏时间对称的过程，正如铁磁性是破坏空间对称的过程一样。”[6]

将“普里戈金结论”应用于空间城市系统“耗散结构”则可推出：(1) 远离平衡态的

① 参见：许国志.系统科学[M].上海：上海科技教育出版社，2000：49。
② 参见：许国志.系统科学[M].上海：上海科技教育出版社，2000：69。

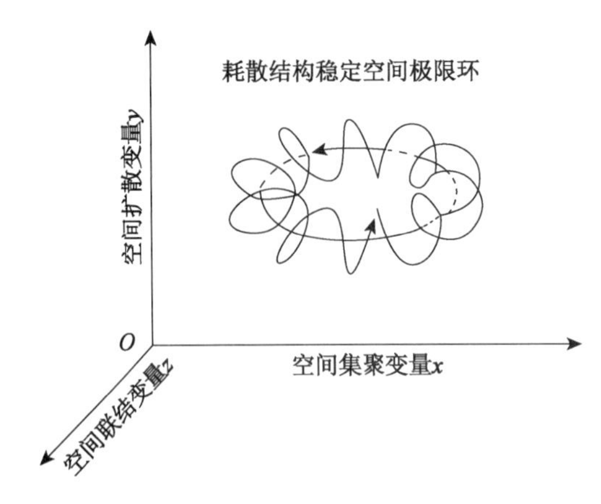

图 5.24 耗散结构稳定空间极限环

空间城市系统“耗散结构”是存在“空间极限环”的(图 5.24)。(2) 空间城市系统“耗散结构”存在系统振荡现象，即空间城市系统“自激振荡和他激振荡”。(3) 空间城市系统周期振荡是“空间极限环”存在的动力源。

第五，耗散结构稳定“空间极限环”存在结论。

首先，经过第一项、第二项、第三项的正反两个方面的论证，我们证明了空间城市系统“耗散结构”具有“空间极限环”的存在。其次，通过第四项普里戈金非平衡态“空间极限环”证明可以确定，空间城市系统“耗散结构”具有“空间极限环”的存在，而普里戈金的“空间极限环结论”是经过科学实验和长期实践证明了的真理性规律。因此，空间城市系统“耗散结构”具有“空间极限环”存在的结论，就获得了可靠的科学规律保障。最后，空间城市系统“耗散结构”具有“空间极限环”存在的“结论”，因上述逻辑论证而获得科学真理性。

③ 稳定“空间极限环”回归机制

在证明空间城市系统“耗散结构”存在极限环之后，我们进行稳定“空间极限环”回归机制分析，系统科学的“自激振荡与他激振荡原理”为空间城市系统“耗散结构”稳定“空间极限环”回归机制提供了理论根据。

第一，空间城市系统“自激振荡”。

系统科学告诉我们“只有非线性系统可能存在极限环，只要有极限环，系统就可能在没有外部周期力驱动下由于本身的非线性效应而自发出现周期运动，即自激振荡”[7]。显然，空间城市系统耗散结构因为具有“空间极限环”而存在自激振荡现象。又因为空间城市系统不断地与外部环境进行物质、信息、能量的交换，因此空间城市系统自组织力将导致“耗散结构”自激振荡持续保持，即“自持振荡”。由系统科学可知，空间城市系统“自持振荡”是“耗散结构”产生稳定“空间极限环”的根源。

第二，空间城市系统“他激振荡”。

系统科学告诉我们“系统在外来周期力作用下产生的周期运动将产生他激振荡”[7]，“当从外部施加周期作用时，系统才能出现稳定的周期运动”[8]，所以稳定的周期运动是稳定“空间极限环”产生的根源。“空间治理”人工干预始终作用于空间城市系统“耗散结构”，为空间城市系统提供了周期性的他组织干预稳定动力，从而导致了“耗散结构”稳定他激振荡的产生，导致了“耗散结构”稳定“空间极限环”的存在。

第三，稳定“空间极限环”工作机制。

如在图 5.24 所示，空间城市系统演化“耗散结构”在空间集聚变量 x、空间扩散变量 y、空间联结变量 z 的条件下，拥有稳定“空间极限环”。空间城市系统“自激振荡与他激振荡”导致了“耗散结构”周期性运动的产生，当“耗散结构”受到周期性扰动后，能够迅速消除偏离回归到耗散结构稳定演化轨道。空间城市系统在稳定“空间极限环”附近，一切演化轨道都螺旋式地收敛于极限环，即所有“空间极限环”外的轨道都向内卷去，所有“空间极限环”内的轨道都向外卷去，这种现象我们称之为稳定“空间极限环”回归机制，如图 5.25 所示，它是空间城市系统演化“耗散结构”全部特殊属性的基础。

（4）“耗散结构”空间结构稳定性分析

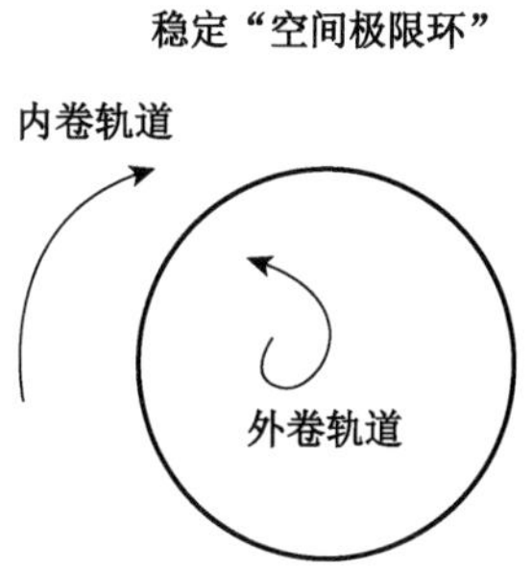

如前表 5.10 所示，空间城市系统演化“耗散结构”空间结构具有随机稳定性，空间城市系统必须与外部环境不断地进行物质、信息、能量的交换，它的空间形态与空间结构不断地进行着优化，并向多级空间城市系统演化。耗散结构“空间结点稳定性”为随机稳定，它表示城市节点空间要素处于随机的空间涨落之中，是一种稳定的运行结构。耗散结构“空间轴线稳定性”为随机稳定，说明空间轴线联结处于随机稳定的运行状态。耗散结构“网络域面”稳定性为随机稳定，说明空间城市系统“网络域面”处于随机稳定的运行状态。空间城市系统演化“耗散结构”具有稳定的“整体涌现性”，它是空间城市系统演化的归宿性目标，是空间城市系统全部属性的基础。空间城市系统“整体涌现性”是“空间规划”与“空间治理”的落脚点，主导着空间城市系统的顺利运行，并向多级空间城市系统演化。

图 5.25　稳定“空间极限环”回归机制

6）空间城市系统演化稳定性综述

综上所述，空间城市系统演化稳定性是一个涉及多方面的复杂命题，涉及时间序、空间序、状态条件、不动点、稳定相图等多方面内容。我们列出表 5.11，并对空间城市系统演化稳定性命题进行综合性表述如下：

第一，时间序分析。

空间城市系统演化稳定性是一个时间序概念，表现为平衡态稳定性、近平衡态稳定性、近耗散态线性区稳定性、近耗散态非线性区稳定性、分岔稳定性、耗散结构稳定性。每一个演化时间阶段，空间城市系统具有不同的稳定性特征。

第二，空间序分析。

空间城市系统演化稳定性是一个空间序概念，具有“定态”“动态”“暂态”，按照演化顺序分为初态、中间态、瞬时态、动态、终态。空间城市系统演化的“时间序”稳定性与“空间序”稳定性有着内在的关联关系。

第三，稳定性状态分析。

空间城市系统演化稳定性与它们的状态紧密相关，一定的演化阶段具有一定的状态类型和各自的稳定性特征，也就是说空间城市系统稳定性是空间城市系统演化的“时间函数”和“状态函数”。

表 5.11　空间城市系统演化稳定性

演化阶段	平衡态	近平衡态	近耗散态线性区
状态阶段	初态	中间态	中间态
状态类型	定态	定态	定态
不动点类型	弱不稳定焦点	不稳定焦点	不稳定结点
稳定性相图①	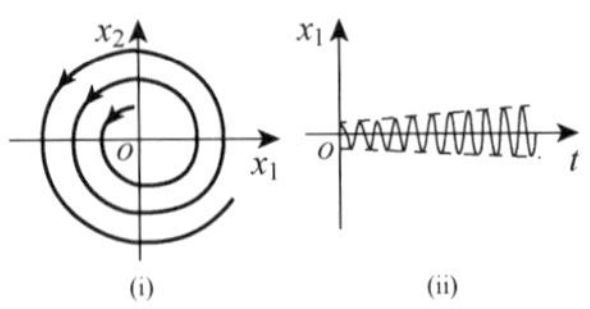 (i)　(ii)	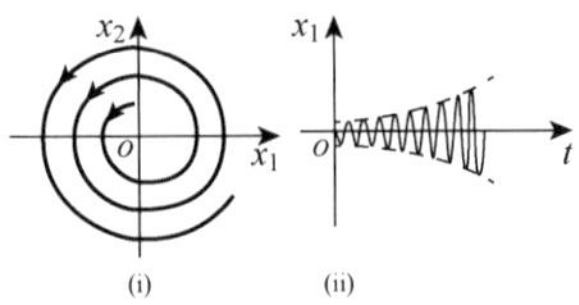 (i)　(ii)	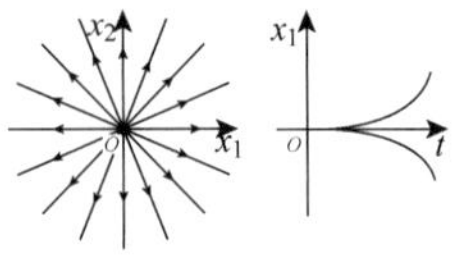
演化阶段	近耗散态非线性区	分岔	耗散结构
状态阶段	中间态	瞬时态	终态
状态类型	定态	动态	定态
不动点类型	稳定结点	稳定吸引子	稳定空间极限环
稳定性相图	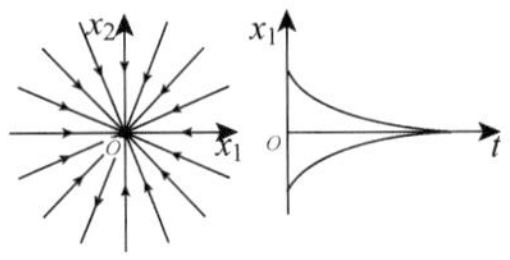	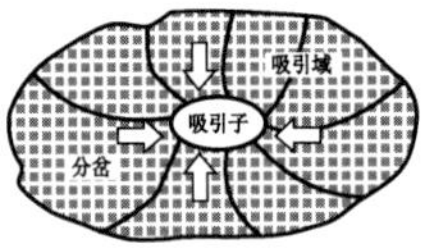 吸引域　吸引子　分岔	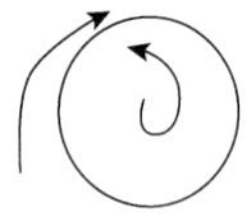

第四,稳定性“不动点”与“相图”分析。

所谓不动点是指空间城市系统演化轨道上的特殊点,在“不动点”上空间城市系统状态量的变化速度为0,形象地说,空间城市系统在“不动点”上的行为是“静止不动”的,即有空间城市系统演化状态变量 $\dot{x}=0$,按其附近轨道的动态特性,“不动点”被划分为中心点、结点、焦点、鞍点。所谓稳定性相图是指在状态空间中用几何图形直观地表示出空间城市系统所有可能的定态,标明定态的类型、个数、分布以及每个定态周围的轨道特性和走向,这种图形被称为空间城市系统相图。表 5.11 给出了空间城市系统演化稳定性“不动点”与“稳定性相图”。

其一,如表 5.11 所示,在“平衡态”,左图为相轨道,轨道螺旋式地远离“不动点”而去;右图为状态变量 $x_1(t)$ 在时间域上的行为,在没有人工干预的情况下,状态变量 $x_1(t)$ 将向无穷发散。但是在实际情况下,因为空间规划与空间治理的强力人工干预,平衡态状态变量 $x_1(t)$ 仅会以较低的程度发散到有限的范围。平衡态状态变量 $x_1(t)$ 发散的程度要低于近平衡态的发散程度。

其二,如表 5.11 所示,在“近平衡态”,左图为相轨道,轨道螺旋式地远离不动点而

① 参见:许国志.系统科学[M].上海:上海科技教育出版社,2000:55。

去；右图为状态变量 $x_1(t)$ 在时间域上的行为，在没有人工干预的情况下，状态变量 $x_1(t)$ 将向无穷发散。但是在实际情况下，因为空间规划与空间治理的人工干预，近平衡态状态变量 $x_1(t)$ 会发散到一定的范围以内。近平衡态状态变量 $x_1(t)$ 发散的程度要高于平衡态的发散程度。

其三，如表 5.11 所示，在“近耗散态线性区”，左图为相轨道，从任何“近耗散态线性区”的初态开始，系统都沿着一条直线轨道远离不动点；右图为状态变量 $x_1(t)$ 在时间域上的行为，在没有人工干预的情况下，状态变量 $x_1(t)$ 将向无穷发散。但是在实际情况下，因为空间规划与空间治理的人工干预，近耗散态线性区状态变量 $x_1(t)$ 会发散到一定的范围以内，不会无穷发散。

其四，如表 5.11 所示，在“近耗散态非线性区”，左图为相轨道，从任何“近耗散态非线性区”的初态开始，系统都沿着一条直线轨道无限趋向不动点；右图为状态变量 $x_1(t)$ 在时间域上的行为，状态变量 $x_1(t)$ 单调地趋向于结点。但是在实际情况下，由于各种随机扰动作用，$x_1(t)$ 会存在微小的偏离。

其五，如表 5.11 所示，在“分岔”瞬时状态，我们可以认为分岔态 $t=0$，此时发生了空间城市系统演化轨道的吸引子汇集现象，即“吸引域”内的演化相轨道都从排斥子“源”流向了吸引子“汇”。就是说在空间规划强烈的他组织干预下，空间城市系统的演化轨道都趋向于“终态吸引子”。

其六，如表 5.11 所示，在“耗散结构”随机状态。空间城市系统存在稳定“空间极限环”，“耗散结构”一切演化轨道都螺旋式地收敛于“空间极限环”，即所有“空间极限环”外的轨道都向内卷去，所有“空间极限环”内的轨道都向外卷去。这说明在“空间治理”他组织人工干预下，空间城市系统的演化轨道处于稳定状态。

5.5　空间城市系统线性演化

5.5.1　空间城市系统线性演化定义

1）空间城市系统线性演化概念

所谓线性演化是指能够用线性数学模型描述的空间城市系统状态，包括空间城市系统演化的平衡态、近平衡态、近耗散态线性区三个阶段。“线性演化”具有“叠加原理”的基本属性：第一，加和性，即 $f(x_1+x_2)=f(x_1)+f(x_2)$。第二，齐次性，即 $f(kx)=kf(x)$。满足“叠加原理”是空间城市系统“线性演化”区别于“非线性演化”的基本标志，也是空间城市系统“线性演化”的基本判据。

“线性演化”是空间城市系统演化的基础。首先，线性理论是最成熟、最简单、最容易的数学方法。线性演化占据了空间城市系统演化“时间序”的最长阶段。其次，线性演化是非线性演化的基础，非线性问题本质上需要线性参照物才能显现深刻。最后，线性演化是“空间规划”与“空间政策”的基础部分。因此，“线性演化”在空间城市系统演化理论中具有基础性的重要地位。

2）空间城市系统线性演化性质

（1）城市体系属性

“线性演化”的基本性质为城市体系性质，城市属性是它的根本属性，城市关系属性是它的辅助属性。在空间城市系统线性演化阶段，即平衡态、近平衡态、近耗散态线性区，它们的空间结构由不同层次的城市组成，空间要素的无序化分布是线性演化的主要特征。需要特别指出的是，“空间城市系统”一定是“城市体系”，而“城市体系”不必然是“空间城市系统”，“空间城市系统”是“城市体系”的进化物。在中国施行的城市规划与城镇体系规划对线性演化过程起到较大的他组织作用。

（2）非整体涌现性

“线性演化状态”不具有空间城市系统的“整体涌现性”。用系统的标准来看，“线性演化状态”只具有“多元性”，它是空间要素的无序组合体，但是不具备系统的“相关性”与“整体性”，线性演化具有形式上的整体性，而非本质上的“整体涌现性”。因此，就本质上而言，“线性演化”属于城市体系范式概念，而非空间城市系统范式概念。需要注意的是，在空间城市系统理论中我们还是将“空间城市系统非线性演化”称为“空间城市系统演化”。

（3）地理环境

“线性演化状态”具有完整的地理环境超系统。在地理环境基质上，“城市体系”与“空间城市系统”是相同的。“线性演化”城市体系是一个开放系统，与环境进行物质、信息、能量的交换。地理环境超系统、地理环境单元、地理环境因子为“线性演化”提供了各个层次的环境条件，地理环境参量、人文环境参量、经济环境参量是“线性演化”的基础性环境条件，“空间规划”与“空间政策”是他组织人工干预条件。

（4）层次性质

“线性演化状态”具有层次性质，主要体现在“中心城市”的层次性上，它们有着清晰的不同等级规模的分层结构。例如克里斯塔勒中心地理论自下而上地将城镇体系分为 M、A、K、B、G、P、L、RT、R 九个层次，城市规划与城镇体系规划对各层次的“城市”与“城市体系”具有他组织人工干预作用。

（5）结构性质

“线性演化状态”处于无序结构，它的“空间形态”与“空间结构”都处于发展变化当中，没有形成整体的空间城市系统“结构”。“线性演化”空间要素处于无序分布，距离空间城市系统“耗散结构”分布相去甚远，空间要素的集聚、扩散、联结都处在发展变化当中。“空间规划”与“空间政策”人工干预，就是要促进“线性演化”结构发展变化的加速进行。

（6）过渡性质

“线性演化状态”是一种典型的过渡状态，从“城市体系”向“空间城市系统”过渡。它的城市属性逐渐减弱，空间城市系统属性逐渐加强，“线性演化”呈现出进化的过渡性特征。在“空间规划”与“空间政策”他组织人工干预下，平衡态、近平衡态、近耗散态线性区的高速交通、高速通信、高压能源都呈现快速发展的“过渡性”特征。

(7) 功能性质

“线性演化状态”是一种城市功能组合，而非空间城市系统性整体功能，这是由“线性演化状态”无序结构所决定的。“线性演化”处于一种功能转化过程之中，即城市功能向空间城市系统功能的转化。“空间规划”规定了“线性演化”功能转化的方向与目标，“空间政策”则充当了“线性演化”功能转化的推动力。

5.5.2　空间城市系统线性演化原理

空间城市系统线性演化原理是“线性演化”的基本规律，包括线性演化“空间梯度”“昂萨格倒易关系”“空间流机理”。它们诠释了空间城市系统“线性演化”的内在规律，给出了“线性演化”的基本机理。

1）线性演化“空间梯度”

(1) 空间梯度概念

如第 3 章中“空间结构要素解析”理论所述，空间结点要素包括空间元点、空间节点、空间中心点，即元点城市、节点城市、中心点城市。设地理空间中某结点 A 的标度参数为 w，如人口标度、规模标度、职能标度等，在与其直线相距 $\mathrm{d}y$ 的 B 点，该标度参数值为 $w+\mathrm{d}w$，则称其为该标度参数的“空间梯度”，记为向量 **grad**，即该标度参数的空间变化率，如图 5.26 所示。

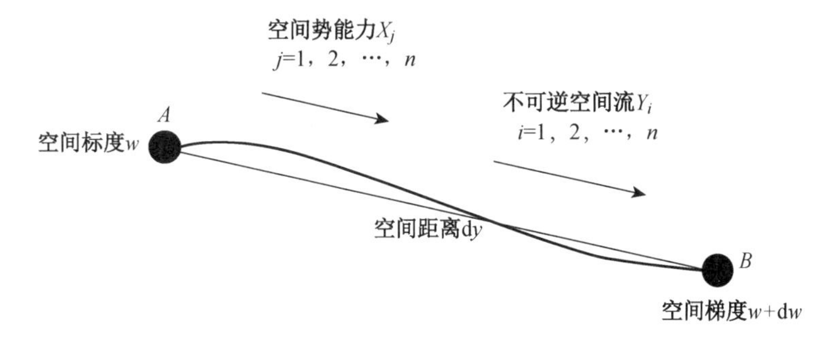

图 5.26　“空间梯度”与“线性空间机理”

“空间梯度”的本质是在地理空间中，空间区位差异所导致的空间要素或空间功能之间的空间势能差值，如两个城市之间的城市人口势能、城市面积势能、城市职能势能等。“空间梯度”可以划分为空间要素与空间功能等基本种类，前者如空间人口梯度、空间面积梯度、空间 GDP 梯度，后者如空间规模梯度、空间职能梯度、空间效用梯度。

(2) 空间梯度计算①

设某地理空间点的空间维度为 x，y，z，该点的空间梯度分类函数为 p，如空间人

① 空间梯度计算公式均参见 360 百科“梯度词条”，不另做单独摘引说明。

口梯度函数，则该地理空间点的“空间梯度函数 p” 的一般表达公式为

$$\mathbf{grad}\ p=\nabla p=\frac{\partial p}{\partial x}\boldsymbol{i}+\frac{\partial p}{\partial y}\boldsymbol{j}+\frac{\partial p}{\partial z}\boldsymbol{k} \tag{5.8}$$

其中，∇ 为梯度算符，读作“纳布拉”（*Nabla*），1837 年由爱尔兰学者哈密顿创造，*Nabla* 原指一种希伯来竖琴，外形酷似倒三角；$\boldsymbol{i}$，$\boldsymbol{j}$，$\boldsymbol{k}$ 为单位向量符号。

① 一元函数空间梯度

当空间梯度分类函数为一元函数的情况下，有空间梯度函数 $f(x)$，则空间梯度就是该空间梯度函数的导数，即

$$\mathbf{grad}\ f=f'(x)\boldsymbol{i} \tag{5.9}$$

② 二元函数空间梯度

当空间梯度分类函数为二元函数的情况下，有空间梯度函数 $f(x,y)$，则空间梯度就是该空间梯度二元函数的一阶连续偏导数，记作 $\mathbf{grad}f(x,y)$，即有

$$\mathbf{grad}\ f(x,y)=\frac{\partial f}{\partial x}\boldsymbol{i}+\frac{\partial f}{\partial y}\boldsymbol{j} \tag{5.10}$$

③ 三元函数空间梯度

当空间梯度分类函数为三元函数的情况下，有空间梯度函数 $f(x,y,z)$，则空间梯度就是该空间梯度三元函数的一阶连续偏导数，记作 $\mathbf{grad}f(x,y,z)$，即有

$$\mathbf{grad}f(x,y,z)=\frac{\partial f}{\partial x}\boldsymbol{i}+\frac{\partial f}{\partial y}\boldsymbol{j}+\frac{\partial f}{\partial z}\boldsymbol{k} \tag{5.11}$$

（3）空间梯度功能

“空间梯度”是空间城市系统理论的基础性理论，它与空间流原理、空间流波原理形成了逻辑链条，为空间集聚动因、空间扩散动因、空间联结动因提供了逻辑根据，是空间城市系统线性演化空间动力、空间机理、空间结构产生的根源。

① 空间动力功能

“空间梯度”是空间城市系统产生与发展的动力之源，它直接导致了空间流在城市空间内的流动以及空间流波在城市之间的流动。空间流与空间流波是空间城市系统集聚动因、扩散动因、联结动因的形成载体，因此“空间梯度”也就成为空间集聚动因、空间扩散动因、空间联结动因的形成根源。

② 空间机理功能

如前图 5.26 所示，“空间梯度”与“昂萨格倒易关系”相结合，就产生了空间城市系统线性演化的“空间机理”。空间梯度产生了空间势能力，空间势能力驱动不可逆空间流，不可逆空间流导致空间结点要素构成的变化，从而实现空间结构的变化，这就是空间城市系统“空间结构”的变化过程。注意，空间梯度所导致的“空间机理”贯穿于空间城市系统演化的线性阶段、非线性阶段、耗散结构阶段，但是其强度、作用、功能各不相同。

③ 空间结构功能

“空间梯度”导致了空间要素在空间城市系统中的转移，如人员要素、物资要素、信息要素、能源要素等，而空间要素的运动是空间城市系统演化“空间机理”的基本内容，“空间机理”的发生直接导致了空间城市系统“空间结构”的产生。因此，“空间梯度”是空间城市系统“空间结构”产生的主要根源之一。

（4）空间梯度实证

① 空间动力实证

“空间梯度”的空间动力作用，经由“城市群理论与实践”所证明。中国学者方创琳提出了“梯度演进”与“梯度扩张模式”的基本观点。他和其他学者在《中国城市群可持续发展理论与实践》一书中指出“中心城市向都市区过渡，宏观城市区域向都市圈和城市群过渡，体现出城市群梯度演进和多层次性结构”[9]，并且给出了“梯度扩张模式”为“点式扩张、点环扩张、点轴扩张、轴带辐射、串珠状网式辐射”[10]。在《2010 中国城市群发展报告》一书中，方创琳等人应用空间梯度动力作用解释了“从城市到都市区，再到都市圈，再到城市群，最后到大都市带，城市群的空间范围实现了四次扩展，每一次扩张的基本特征为‘梯度扩张模式’，即点式扩张、点环扩张、点轴扩张、轴带辐射、串珠状网式辐射”[11]。“空间梯度”动力作用已经被中国城市群“空间规划”以及城市群发展实践所证实，并因中国城市群体量的巨大而获得世界性地位。

② 空间机制实证

“空间梯度”的空间机制作用，经由中国学者陆大道所证明。早在 1995 年，他在《区域发展及其空间结构》著作中指出，“在城市或在各种类型的集聚区中，都要向周围地域辐射各种‘流’。社会经济在相对较小范围内的集聚区，与周围社会经济设施相对疏少的地域之间，存在着‘经济梯度’‘社会梯度’，有了梯度，当然也就形成了‘压力’‘扩散力’。而各种‘流’当然会从高压地向低压地流动，如同空气中的分子会由分子密度高的地方向周围扩散一样。只要存在着‘梯度’和‘压力差’，就会形成空间扩散，空间扩散的结果，会逐步导致空间结构均衡化，使资源和空间逐步达到充分利用”[12]。

空间梯度的空间机制主要包括空间梯度 $w+\mathrm{d}w$、空间势能力 X_j、不可逆空间流 Y_i 三个组成部分，如前图 5.26 所示，显然陆大道所言之“梯度”“压力”“流”，以及它们之间的机制关系与空间梯度的“空间机制”表述，在本质上是完全相同的。具有普适性的“昂萨格倒易关系”的本质，就是表述了这种线性系统演化过程所具有的“空间机制”关系。

③ 空间结构实证①

“空间梯度”导致空间结构产生的过程，经由中国学者陆玉麒所证明。早在 1998 年，他在《区域发展中的空间结构研究》著作中构建了“空间梯度分布”模式。

第一，在城市体系之中存在着空间梯度。他认为“空间梯度分布乃是各种经济活动对市场附近土地利用的竞争结果”，而他所指的市场就是“波士顿、华盛顿、芝加哥和

① 本处所引用的内容与观点，均参见：陆玉麒.区域发展中的空间结构研究[M].南京：南京师范大学出版社，1998：53-58。特此说明，不予以单独引用标注。

洛杉矶等大都市”及其周边梯度分布的中小城市。他判断“尽管在现实中人们难以找到完全规则的梯度分布,但梯度分布的趋势是确实存在的”“在以大中心为主的梯度分布中,又会叠加进许多以小中心为主且系列范围较小的梯度分布带”“空间梯度分布存在于各种社会,但在发达国家,梯度波及范围要远大于发展中国家”。

第二,在城市内部之中存在着空间梯度。陆玉麒论述道:“就单个城市的内部空间结构而言,也存在梯度等级分布。当城市刚刚诞生时,会出现从中心到边缘极强的递减梯度分布;当城市规模扩大时,从中心向边缘地区梯度也有可能有所递增;当城市发展为大都市时,一系列不同的梯度分布便会叠加在一起,构成一个复杂的空间结构。”

第三,“市场角度与中心边缘梯度规律”。经过研究,中国学者陆玉麒得出结论:空间梯度分布构成了理论上的空间结构和空间结构的分布形态。他从“市场角度与中心边缘梯度规律”所得出的空间梯度导致空间结构产生的结论,与“空间梯度”机理所揭示的空间梯度、空间要素、空间势能力、空间流导致空间结构产生的结论是一致的。

2)线性演化“空间机理”与“昂萨格倒易关系”

(1)线性演化“空间机理”

① 空间机理产生

如前图5.26所示,在空间城市系统线性演化阶段,即平衡态、近平衡态、近耗散态线性区,“空间梯度 $w+\mathrm{d}w$”提供了线性演化动力,即“空间势能力 X_j”,在空间势能力的作用下产生了“不可逆空间流 Y_i”,空间流的流动导致了“空间要素转移”,如人员要素、物资要素、信息要素、能源要素的转移,空间要素转移导致空间城市系统“空间结构”的变革与新形式的产生。因此,空间城市系统线性演化“空间机理”可以表示为

$$\text{空间梯度 } w+\mathrm{d}w \rightarrow \text{空间势能力 } X_j \rightarrow \text{不可逆空间流 } Y_i \rightarrow \text{空间要素转移} = \text{空间结构} \tag{5.12}$$

我们将这种由空间梯度、空间势能力、不可逆空间流、空间要素转移所形成的空间城市系统线性演化动力学机制,称为线性演化“空间机理”。

② 空间机理作用

线性演化“空间机理”很好地解释了空间城市系统线性演化阶段空间要素的运动机理,而空间要素的转移重组,直接导致了“空间结构”的不断发展进化。线性演化“空间机理”揭示了空间城市系统演化平衡态、近平衡态、近耗散态线性区的动力学机制,是空间城市系统演化的基础性规律。

③ 空间机理实践

所谓空间机理实践是指“空间机理”在“空间规划”与“空间政策”中的应用。空间城市系统的自组织与他组织过程,就是一个“空间机理”实现的过程。特别是线性演化“空间机理”实践,对于空间城市系统演化具有极其重要的前期作用,如人员要素、物资要素、信息要素、能源要素的“空间机理实践”。线性演化“空间机理”实践,直接决定着空间城市系统“空间规划”的方向性与目的性,具有十分重要的作用。

（2）线性演化“昂萨格倒易关系”①

① 线性唯象系数

如前图 5.26 所示，在空间城市系统线性演化过程中，我们以 X_j 表示空间势能力 $(j=1, 2, \cdots, n)$$Y_i$ 表示不可逆空间流$(i=1, 2, \cdots, n)$由线性演化“空间机理”可知，空间势能力 X_j 导致了不可逆空间流 Y_i 的产生，不可逆空间流 Y_i 的强度决定于空间势能力 X_j 的大小，即不可逆空间流 Y_i 是空间势能力 X_j 的函数。当空间势能力 X_j 不大时，可以认为不可逆空间流 Y_i 正比于空间势能力 X_j。对于第 i 种空间势能力 X_i 产生的第 i 种不可逆空间流 Y_i，有如下表达式：

$$Y_i \rightarrow L_{ii} X_i \tag{5.13}$$

式中，L_{ii} 是不依赖于空间势能力 X_i 的常数。

不可逆空间流 Y_i 与空间势能力 X_i 的这种关系被称为空间城市系统演化的线性关系，它适用于空间城市系统演化平衡态、近平衡态、近耗散态线性区，不可逆空间流 Y_i 与空间势能力 X_i 的强度决定于空间梯度 $w+\mathrm{d}w$。

研究表明，第 i 种空间势能力不仅可以引起第 i 种不可逆空间流，也可以影响第 j 种不可逆空间流$(j \neq i)$。例如空间梯度 $w+\mathrm{d}w$ 的存在，不仅可以导致空间人员流的产生，而且可以导致空间信息流的产生。所以在空间城市系统演化线性阶段，“空间势能力 X_j” 与“不可逆空间流 Y_i” 之间的一般关系为

$$Y_i = \sum_j L_{ij} X_j \tag{5.14}$$

其中，$i=1, 2, \cdots, n$；$j=1, 2, \cdots, n$；常数 L_{ij} 为“线性维象系数”，L_{ii} 为“自维象系数”，而 $L_{ij}(j \neq i)$ 则为“交叉维象系数”。非零的“交叉维象系数” 的存在又叫作交叉效应，它反映了不同的不可逆“空间过程” 之间的相互影响，例如不可逆“空间过程 X_1—Y_1”（如空间人员流）与不可逆“空间过程 X_2—Y_2”（如空间信息流）之间的相互影响，如图 5.27 所示。

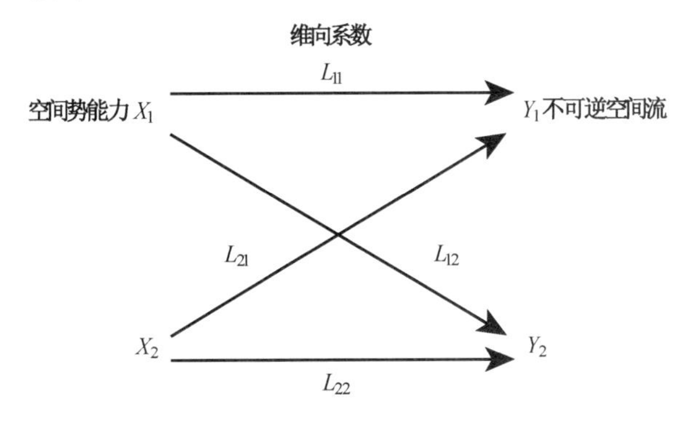

图 5.27　空间势能力、维象系数、不可逆空间流

① 本处相关内容参见沈小峰，胡岗，姜璐.耗散结构论[M].上海：上海人民出版社，1987：26-28 的论述，在此向原作者致谢，并统一说明，后续不单独予以摘引标注。

② 昂萨格倒易关系

1931年,美国学者拉斯・昂萨格(Lars Onsager)发现了非平衡态热力学线性系数关系的一般性规律,即"昂萨格倒易关系",并因此获得了1968年的诺贝尔奖。所谓昂萨格倒易关系是指线性系数满足如下关系公式:

$$L_{ij}=L_{ji} \tag{5.15}$$

即第i种力对第j种流的影响,与第j种力产生第i种流的能力相同。这种交叉系数间的对称性和流与力(X_i, Y_j; X_j, Y_i)的具体类型无关,公式(5.15)所表示的线性系数关系被称为"昂萨格倒易关系"。

"昂萨格倒易关系"在看来全然不同的不可逆过程之间建立了量的联系,例如它说明在空间城市系统中,由于空间人口梯度导致的"空间人员流"与空间规模梯度导致的"空间信息流"之间的相互作用关系。因为"昂萨格倒易关系"的应用,使得空间城市系统平衡态、近平衡态、近耗散态线性区,在空间梯度、空间势能力、不可逆空间流方面的研究变得十分方便,如空间人口梯度、空间规模梯度、空间职能梯度与人口空间流、物资空间流、信息空间流之间的关系。由此,我们获得空间城市系统线性演化"昂萨格倒易关系"。

③ 空间城市系统线性演化"昂萨格倒易关系"

在《从存在到演化》一书中,普里戈金将"昂萨格倒易关系"推广到具有"普遍性质"[13]的一般系统线性非平衡态研究之中,阐述了"线性非平衡态演化机理"。在普里戈金"线性非平衡态演化机理"的基础上,我们将"昂萨格倒易关系"应用于空间城市系统平衡态、近平衡态、近耗散态线性区,用以说明在空间城市系统线性演化阶段,"空间势能力X"与"不可逆空间流Y"之间的关系问题。大量科学实验已经证明"昂萨格倒易关系"具有极大的普适性,它很好地说明了空间城市系统线性演化"空间结构"中各空间结点之间不可逆空间流的转移机理,如空间人员流、空间物资流、空间信息流、空间能源流等。因此,线性演化"昂萨格倒易关系"也就成为空间城市系统线性演化的基本原则。

3)线性演化"空间流"规律

在空间城市系统线性演化过程中,即平衡态、近平衡态、近耗散态线性区,"空间流"与"空间流波"都发挥着重要作用,我们统称为线性演化"空间流"规律。所谓空间流是指针对城市结点的空间要素运动形式,如空间集聚流、空间扩散流、空间联结流。所谓空间流波是指城市结点之间的空间要素运动形式,如空间人员流波、空间物资流波、空间信息流波、空间能源流波。"空间流"与"空间流波"在平衡态、近平衡态、近耗散态线性区有着不同的运动规律。

(1)平衡态"空间流"规律

在空间城市系统演化平衡态,"空间结点"是主要的存在形式,即城市节点形式,而针对城市节点主要存在"空间集聚流"与"空间扩散流"。因此,空间城市系统演化平衡态“空间流”规律,就表现为空间集聚流的向心力与空间扩散流的离心力。对此,美国学者克鲁格曼做出了重要贡献。他和其他学者指出,“我们的结论可以从促使集聚形成的向心力与破坏集聚的离心力两者的合力中引导出来,向心力指的是促进经济活动空间集中的力量,离心力指的是与这种集中背道而驰的力量”[14]。空间城市系统演化平衡态的“空间集聚流”与“空间扩散流”表现在政治、经济、社会、文化等各个领域,它们的向心与离心作用导致了空间城市系统“平衡态”演化的发展。

(2) 近平衡态“空间流”规律

空间城市系统演化近平衡态开始脱离城市体系形式,但是“空间结点”仍然占据主要的存在形式,即城市节点仍然为主要形式,针对城市节点的“空间集聚流”与“空间扩散流”占据着主导地位。在空间城市系统演化近平衡态,“空间轴线”开始产生,城市节点之间的“空间联结流波”逐渐地发展起来,形成了空间联结动因。

因此,空间城市系统近平衡态是一个以“空间集聚流”向心力、“空间扩散流”离心力为主导,“空间联结流波”动力为辅助的近平衡态“空间流”动力规律。“空间联结流波”的快速发展是近平衡态的一个重要特征,它是脱离城市体系形式的最主要动力。空间规划他组织人工干预在高速交通、高速信息、高压能源方面起着重要的作用,快速产生着“空间联结流波”。

(3) 近耗散态线性区“空间流”规律

空间城市系统演化近耗散态线性区开始进入空间城市系统形式,“空间结点”“空间轴线”“网络域面”都已经建立起来。空间集聚流波、空间扩散流波、空间联结流波占据着主导地位,它们分别以空间人员流波、空间物资流波、空间信息流波、空间能源流波的形式存在着。空间城市系统近耗散态线性区“空间流”规律的最大特征是开始了“空间流波非合作博弈”,并快速地发展成空间城市系统演化的主要动力。

5.5.3 空间城市系统线性演化定量表述

1)线性演化定量化方法

空间城市系统线性演化定量表述,要在“状态空间”与“参量空间”中分别进行。我们用空间城市系统“线性演化方程”与空间城市系统“环境控制函数”进行定量表述。

第一,状态空间方法。

在空间城市系统线性演化“状态空间”中,按照客观性、完备性、独立性的系统变量原则,我们界定空间集聚变量 x、空间扩散变量 y、空间联结变量 z 为基本状态变量,并由它们构成空间城市系统“线性演化方程”,即

$$\begin{aligned} \dot{x} &= \frac{\mathrm{d}x}{\mathrm{d}t} \\ \dot{y} &= \frac{\mathrm{d}y}{\mathrm{d}t} \\ \dot{z} &= \frac{\mathrm{d}z}{\mathrm{d}t} \end{aligned} \tag{5.16}$$

“线性演化方程”表述了空间城市系统随时间 t 变化的动力学行为。

第二，参量空间方法。

在空间城市系统线性演化“参量空间”中，按照客观性、完备性、独立性的系统变量原则，我们界定地理环境参量 x、人文环境参量 y、经济环境参量 z 为基本控制参量，并由它们构成空间城市系统“环境控制函数”，即 $F=f(x, y, z)$。

“环境控制函数”表述了空间城市系统环境随“环境参量”变化的基本情况。

2）线性演化定量表述

（1）“平衡态”线性演化定量表述

① “平衡态”线性演化方程

在空间城市系统演化平衡态，“空间结点”为主要演化形式，即“城市节点”演化形式。由前面的论述可知，空间集聚变量 x、空间扩散变量 y 发挥着主导作用。因此，空间城市系统“平衡态”线性演化方程就是一个由空间集聚变量 x、空间扩散变量 y 所表达的二维系统，可以表达为

$$\begin{aligned}\dot{x}&=a_{11}x+a_{12}y\\ \dot{y}&=a_{21}x+a_{22}y\end{aligned} \tag{5.17}$$

“平衡态”线性演化方程(5.17)的系数矩阵为

$$\mathbf{A}=\begin{pmatrix}a_{11} & a_{12}\\ a_{21} & a_{22}\end{pmatrix} \tag{5.18}$$

有关空间城市系统“平衡态”行为特性的全部信息，都隐含于它的演化方程和系数矩阵中。“平衡态”演化方程给定后，通过分析系数矩阵，就可以了解空间城市系统“平衡态”的动态行为。①

② “平衡态”环境控制函数

在空间城市系统演化“平衡态”环境参量空间中，空间城市系统地理环境参量 x、人文环境参量 y、经济环境参量 z 为基本控制参量，则空间城市系统“平衡态”环境控制函数可以表述为

$$F=f(x, y, z) \tag{5.19}$$

公式(5.19)可以根据“环境控制函数 F”与地理环境参量 x、人文环境参量 y、经济环境参量 z 之间的关系求出来。它表达了在空间城市系统线性演化“平衡态”，环境控制函数 F 随“环境参量 x、y、z”变化的基本情况。

（2）“近平衡态”线性演化定量表述

① “近平衡态”线性演化方程

在空间城市系统演化近平衡态，“空间结点”依然为主要演化形式，同时“空间轴

① 参见：苗东升.系统科学精要[M].3版.北京：中国人民大学出版社，2010：107-108。

线”开始成为辅助演化形式，但是“空间结点”与“空间轴线”的演化速度是不一样的，后者是一种缓慢速度的演化。对于前者，我们可以用空间集聚变量 x、空间扩散变量 y 进行定量表述，并用“近平衡态”线性演化主方程予以表述，即

$$f'(x,\ y)=\frac{\partial f}{\partial x}\frac{\mathrm{d}x}{\mathrm{d}t}+\frac{\partial f}{\partial y}\frac{\mathrm{d}y}{\mathrm{d}t} \tag{5.20}$$

对于空间联结变量 z，我们则用“空间联结演化方程”进行辅助定量表述

$$f'(z)=\frac{\mathrm{d}z}{\mathrm{d}t} \tag{5.21}$$

② “近平衡态”环境控制函数

在空间城市系统演化“近平衡态”环境参量空间中，空间城市系统地理环境参量 x、人文环境参量 y、经济环境参量 z 为基本控制参量，则空间城市系统“近平衡态”环境控制函数可以表述为

$$F=f(x,\ y,\ z) \tag{5.22}$$

公式(5.22)可以根据“环境控制函数 F”与地理环境参量 x、人文环境参量 y、经济环境参量 z 之间的关系求出来。它表达了空间城市系统线性演化“近平衡态”，环境控制函数 F 随“环境参量 x、y、z”变化的基本情况。

(3) “近耗散态线性区”线性演化定量表述

① “近耗散态线性区”线性演化方程

在空间城市系统演化“近耗散态线性区”，“空间结点”“空间轴线”“网络域面”都已经成为主要演化形式，我们可以用空间集聚变量 x、空间扩散变量 y、空间联结变量 z 进行定量表述，并用“近耗散态线性区”线性演化方程予以表述，即

$$f'(x,\ y,\ z)=\frac{\partial f}{\partial x}\frac{\mathrm{d}x}{\mathrm{d}t}+\frac{\partial f}{\partial y}\frac{\mathrm{d}y}{\mathrm{d}t}+\frac{\partial f}{\partial z}\frac{\mathrm{d}z}{\mathrm{d}t} \tag{5.23}$$

② “近耗散态线性区”环境控制函数

在空间城市系统演化“近耗散态线性区”环境参量空间中，空间城市系统地理环境参量 x、人文环境参量 y、经济环境参量 z 为基本控制参量，则空间城市系统“近耗散态线性区”环境控制函数可以表述为

$$F=f(x,\ y,\ z) \tag{5.24}$$

公式(5.24)可以根据“环境控制函数 F”与地理环境参量 x、人文环境参量 y、经济环境参量 z 之间的关系求出来。它表达了空间城市系统线性演化“近耗散态线性区”，环境控制函数 F 随“环境参量 x、y、z”变化的基本情况。

5.5.4 线性演化"状态熵原理"

1）线性演化状态熵定义

（1）线性演化状态熵概念

所谓线性演化状态熵是指空间城市系统演化平衡态、近平衡态、近耗散态线性区的状态熵。它是空间城市系统线性演化状态的基本标度量，反映了平衡态、近平衡态、近耗散态线性区状态的基本情况。线性演化"状态熵原理"所包含的"状态熵基本原则"是线性演化的基础性规则，"线性演化状态熵分析"揭示了线性演化状态熵的基本机理，"状态熵减少原则"是贯穿空间城市系统演化全过程的基本规律。因此，线性演化"状态熵原理"在空间城市系统演化中具有重要地位。

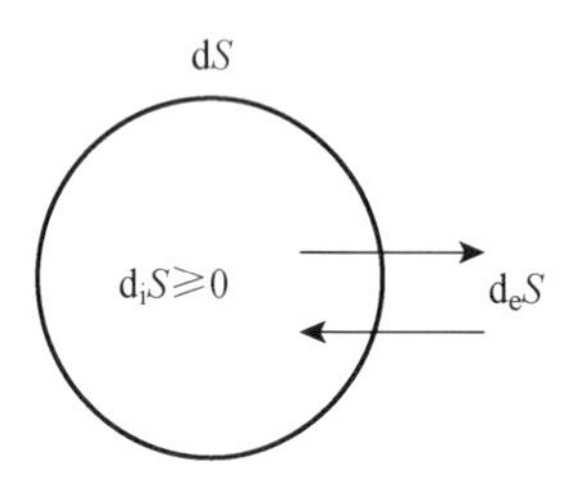

图 5.28　空间城市系统线性演化状态熵

（2）线性演化状态熵基本原则

如图 5.28 所示，设空间城市系统线性演化状态熵为 dS，系统内部产生的状态熵为 d_iS，与外部环境的交换状态熵为 d_eS，则根据普里戈金熵的理论[15]，可以得到

$$dS = d_eS + d_iS \tag{5.25}$$

因为空间城市系统演化始终处于开放条件下，则线性演化一定为熵减状态，即有 $dS < 0$，而系统内部产生的状态熵是正的，即有 $d_iS \geqslant 0$，代入公式(5.25)得到

$$dS = d_eS + d_iS < 0 \tag{5.26}$$

即有

$$d_eS < -d_iS \tag{5.27}$$

已知系统内部状态熵产生 $d_iS \geqslant 0$，则由公式(5.27)可知，d_eS 一定为绝对值大于 d_iS 的负值。因此，我们得到空间城市系统"线性演化状态熵基本原则" 如下：空间城市系统线性演化基本条件是要有外部环境的负熵流 d_eS 供给，而且外部环境负熵流 d_eS 要大于系统内部状态熵 d_iS 的产生。"线性演化状态熵基本原则"说明在空间城市系统演化线性阶段，即平衡态、近平衡态、近耗散态线性区阶段，由"空间规划"与"空间政策"导致的空间流供给所产生的"负熵流"，是城市体系进化的基础性前提条件。只有保障空间人员流、空间物资流、空间信息流、空间能源流的足量供给，才能促使"城市体系"进入空间城市系统状态，逐渐脱离"城市体系"初始状态。

（3）线性演化状态熵定量表述

由第 2 章中的"空间城市系统结构"内容可知，空间城市系统结构决定于"空间要素"与空间要素之间的关系。在一般不涉及人类行为的情况下①，因为地理宏观性与

① 包含人类行为的社会系统是特殊复杂系统，空间城市系统只是一般简单而巨大的人工系统。

时间长时段性，我们可以将空间城市系统界定为“简单巨系统”。而对于“简单巨系统”，系统科学给出了状态熵的定量计算公式。

“线性演化状态熵”是一个描写空间城市系统宏观状态的量，它反映了线性演化阶段空间要素分布对整体状态贡献的情况。对于特定时刻线性演化状态，设该空间要素分布总量为 X，每一种空间要素分布贡献为 X_i，则它对空间要素分布总量的贡献为 $P_i = X_i / X$。根据“简单巨系统熵计算公式”①，则线性演化状态熵的计算公式为

$$S = -K \sum_{i} P_i \log P_i \tag{5.28}$$

其中，K 为比例系数，它取决于空间要素的单位选取。若 S 取比特为单位，对数以 10 为底，则 $k = 1$，$i = 1, 2, \cdots, n$。

在公式(5.27)中，对于线性演化状态空间要素 X_i 的确定，可以采用主成分分析法进行选择：第一主成分 X_1，如城市人口要素；第二主成分 X_2，如城市面积要素；第三主成分 X_3，如城市交通要素；第四主成分 X_4，如城市通信要素；第五主成分 X_5，如城市能源要素；第六主成分 X_6，如城市经济要素。首先，所选择的主成分要具有基础性、独立性、代表性。其次，所选择的主成分累计贡献率要超过 85%，主成分选择要具备涵盖原则。最后，所选择的主成分之间要满足“叠加原理”，即空间要素主成分之间要具有可加和性质，要满足“局域平衡假定”，因为线性演化阶段的变化速度慢，而且不具有“涨落性质”，所以对于空间城市系统而言，这不是一个要求太强的限制性条件。

2）线性演化状态熵分析

（1）线性演化状态熵变化分析

空间城市系统线性演化包括平衡态、近平衡态、近耗散态线性区，就状态熵变化而言，它们有着相同的变化规律，所不同的仅是近平衡态为定态吸引子、近平衡态与近耗散态线性区为定态排斥子，今以线性演化平衡态为例来说明平衡态状态熵变化的过程。同理，可以得到“近平衡态”与“近耗散态线性区”状态熵变化的过程。

在线性演化“平衡态”阶段，“空间规划”与“空间政策”他组织行为决定了状态熵的变化速度，即平衡态“城市体系”的演化速度。如图 5.29 所示，一般情况下②在线性演化“平衡态”的全过程，状态熵处于熵减状态，即 $dS < 0$，平衡态“城市体系”的进化处于不可逆状态。平衡态演化阶段状态熵具有三个重要时间节点，其状态熵值代表了线性演化“平衡态”的关键情况。

第一时间节点 t_0，即起始点。该时间节点既是平衡态“城市体系”演化的起始点，也是空间城市系统演化的起始点。在第一时间节点 t_0 处，具有平衡态最大状态熵 S_{max}，表示此时城市体系处于无序程度最高状态，空间要素分布处于最大均匀程度，空间流的输入与输出处于最低水平。平衡态最大状态熵 S_{max}，为线性演化的基础数据，

① 参见.系统科学[M].上海：上海科技教育出版社，2000：212。

② 在极端情况下，城市体系可以处于退化状态，就目前情况来看此种城市体系退化状态在世界范围鲜有发生，只是一种理论上可能发生的行为。

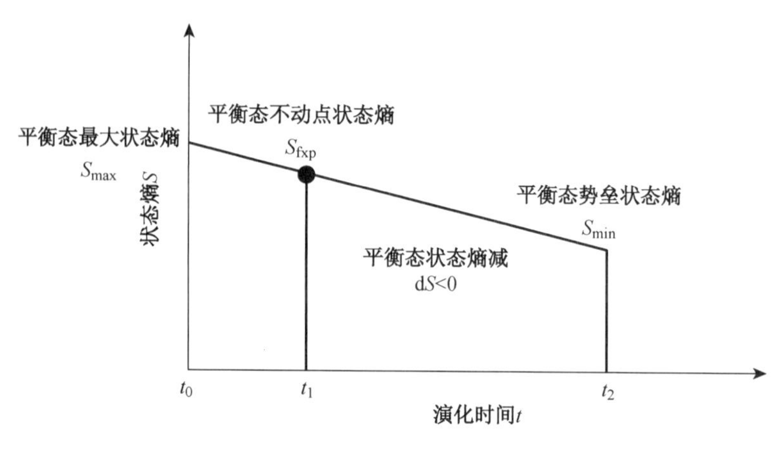

图 5.29　平衡态状态熵变化

是制定“空间规划”、实施“空间政策”的逻辑根据。

第二时间节点 t_1，即不动点。该时间节点为平衡态“城市体系”演化定态的不动点。在第二时间节点 t_1 处，具有平衡态不动点状态熵 S_{fxp}，平衡态“城市体系”到达时间节点 t_1 处后，若无外部作用驱使，将保持不变的状态或反复回归的状态，即平衡态“定态”，如图 5.30 所示。该不动点定态决定了平衡态“城市体系”的性质，代表了线性演化平衡态的本质特征，即“城市体系”特征。平衡态不动点状态熵 S_{fxp} 给出了“空间规划”与“空间政策”的关键标度量，人工干预就是要跨越平衡态不动点状态熵 S_{fxp} 值，推动“城市体系”向后平衡态暂态进化。因此，平衡态不动点状态熵 S_{fxp} 为空间城市系统线性演化的基础性数据。

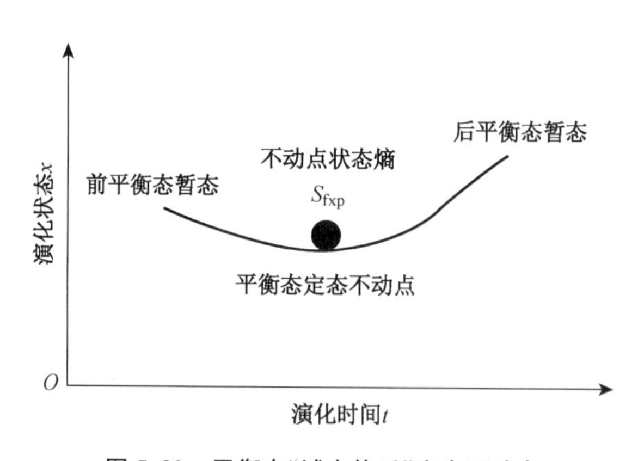

图 5.30　平衡态“城市体系”定态不动点

第三时间节点 t_2，即结束点。该时间节点既是线性演化平衡态的结束点，也是平衡态“城市体系”第一次“转型进化”的“临界势垒”处。在第三时间节点 t_2 处，具有平衡态势垒状态熵 S_{min}。在“空间规划”与“空间政策”他组织作用下，此节点处的平衡态“城市体系”突破“结构势垒”，实现第一次“转型进化”进入线性演化近平衡态阶段，突破“结构势垒”要经过扰动阶段、涨落阶段、临界阶段、突破阶段。平衡态势垒状态

熵 S_{min} 的本质是空间城市系统结构转型的临界状态熵，它是空间城市系统线性演化的基础性数据，是制定“空间规划”、实施“空间政策”的逻辑根据。

（2）线性演化状态熵结构分析

空间城市系统线性演化包括平衡态、近平衡态、近耗散态线性区，就状态熵结构而言，它们有着相同的规律，所不同的仅是近平衡态为定态吸引子、近平衡态与近耗散态线性区为定态排斥子，今以线性演化平衡态为例，对线性演化状态熵结构进行分析。同理，可以得到“近平衡态”与“近耗散态线性区”的状态熵结构分析。

线性演化状态熵 S 是城市体系结构的重要标度量，主要体现在：当状态熵值越高时，空间要素分布的宏观对称性越高，微观无序程度越高；当状态熵值越低时，空间要素分布的宏观对称破缺程度越高，微观有序程度越高。由系统科学[①]可知，线性演化状态熵 S 具有整体不确定性概率测度熵的功能，即空间要素的概率测度。表 5.12 列出了平衡态“城市体系”结构的状态熵标度情况。

表 5.12　平衡态“城市体系”结构状态熵标度

平衡态状态熵	空间要素	宏观分布	微观分布	概率测度
最大状态熵 S_{max}	最少	对称	无序	不确定
不动点状态熵 S_{fxp}	定值	过渡	过渡	半确定
势垒状态熵 S_{min}	最多	对称破缺	有序	确定

通过对城市体系结构的状态熵标度分析，可以得到这样的结论：在空间城市系统线性演化平衡态阶段，要通过加大空间流的供给量来实现空间要素数量的增长，包括物质要素、信息要素、能量要素，使平衡态状态熵减少，即 $dS < 0$。通过“空间规划”与“空间政策”他组织干预，来促进空间要素宏观分布的结构性对称破缺，促进空间要素微观分布的有序程度增加，使平衡态状态熵减少，即 $dS < 0$。最终目标是空间城市系统线性演化平衡态突破“结构势垒”，实现第一次“转型进化”进入空间城市系统演化近平衡态阶段。

（3）线性演化状态熵判据分析

空间城市系统线性演化包括平衡态、近平衡态、近耗散态线性区，就状态熵判据而言，它们有着相同的规律，所不同的仅是近平衡态为定态吸引子、近平衡态与近耗散态线性区为定态排斥子，今以线性演化平衡态为例，对线性演化状态熵判据进行分析。同理，可以得到“近平衡态”与“近耗散态线性区”的状态熵判据分析。

线性演化状态熵 S 是平衡态“城市体系”状态的标度量，即每一个“城市体系”演化状态对应一个状态熵 S 值，因此平衡态状态熵 S 可以作为“城市体系”演化的判据，我们定义平衡态状态熵 S 的差值 dS 为线性演化“平衡态”的状态熵判据，即平衡态“城市体系”的状态熵判据。以平衡态不动点为分界，我们将平衡态“城市体系”演化分为

① 参见：许国志.系统科学[M].上海：上海科技教育出版社，2000：210。

前期阶段与后期阶段。

如表 5.13 与图 5.31 所示，平衡态“城市体系”演化的起始点为 t_0、前间点为 t_i、不动点为 t_1、后间点为 t_k、结束点为 t_2，对应的状态熵值分别为 S_{max}、S_i、S_{fxp}、S_k、S_{min}，对应的状态熵判据分别为 dS_0、dS_i、dS_1、dS_k、dS_2。表 5.13 给出了平衡态状态熵的对应时间以及状态熵判据的计算方法，图 5.31 表述了平衡态状态熵判据与“城市体系”演化之间的关系。

表 5.13　平衡态“城市体系”状态熵判据

演化要件	起始点	前间点	不动点	后间点	结束点
演化时段	t_0	$t_0 \sim t_i$	$t_i \sim t_1$	$t_1 \sim t_k$	$t_k \sim t_2$
演化时间	t_0	t_i	t_1	t_k	t_2
状态熵 S 值	S_{max}	S_i	S_{fxp}	S_k	S_{min}
状态熵判据 dS	$dS_0 = S_{max}$	$dS_i = S_i - S_{max}$	$dS_1 = S_{fxp} - S_{max}$	$dS_k = S_k - S_{max}$	$dS_2 = S_{min} - S_{max}$

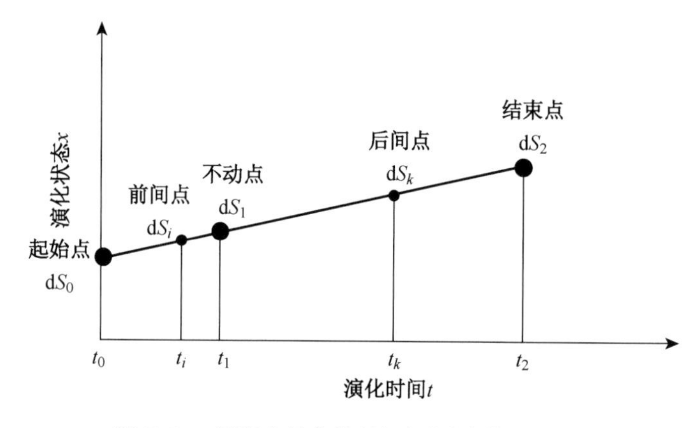

图 5.31　平衡态状态熵判据与“城市体系”演化

如表 5.13 与图 5.31 所示，平衡态状态熵判据 dS 对“城市体系”演化可以做出很多判定结论，它是实施平衡态“城市体系”演化控制的主要逻辑根据，我们仅择其重点予以说明。

第一，状态熵判据 $dS < 0$ 恒定为负(－)，说明平衡态“城市体系”演化是一个不可逆的单向过程①，它符合普里戈金熵理论的“系统总熵变原理”与“系统演化不可逆熵原理”，是平衡态“城市体系”演化的基本规律。作为线性演化组织判据，平衡态状态熵判据 $dS < 0$ 说明了平衡态“城市体系”组织处于进化过程之中，即从低级组织到高级组织、从简单组织到优化组织的过程。

第二，根据玻尔兹曼熵原理，即“熵增加定律就是无序性增加的定律”[16]，状态熵

① 状态熵判据 $dS = 0$ 代表空间城市系统演化停滞状态；状态熵判据 $dS > 0$ 代表空间城市系统演化退化状态。

判据 dS 可以判定任意时间的平衡态“城市体系” 演化点的有序程度。状态熵判据 dS 说明了空间要素有序分布的情况，包括物质要素、信息要素、能量要素的空间分布有序程度情况。

第三，状态熵判据 dS 可以说明平衡态“城市体系” 的演化状态。在起始点，状态熵判据 $dS_0=S_{max}$，城市体系拥有最大熵。根据玻尔兹曼熵原理，此时城市体系处于最大概率空间要素均匀性分布，即无序化分布状态；在不动点，状态熵判据 $dS_1=S_{fxp}-S_{max}$，城市体系演化处于定态状态，此时若无外部作用驱使，城市体系将保持不变的或反复回归的最稳定状态；在结束点，状态熵判据 $dS_2=S_{min}-S_{max}$，城市体系演化拥有最小熵，城市体系处于“转型进化”状态。

第四，根据平衡态状态熵判据原理，我们可以对平衡态“城市体系”演化的任意时刻，如演化前期阶段的前间点 t_i、演化后期阶段的后间点 t_k 处的演化状态做出判定，为实施平衡态“城市体系”演化控制提供定性与定量的逻辑根据。平衡态状态熵判据 dS 是空间城市系统线性演化的基础性数据，是制定“空间规划”与实施“空间政策”的基本依据。

3）空间城市系统“状态熵减少原则”

（1）状态熵减少原则

“状态熵减少原则”是空间城市系统演化的基本原则，由普里戈金“系统总熵变原理”可以推出：空间城市系统总状态熵变化 dS，等于空间城市系统内部熵变化 d_iS 与空间城市系统外部熵变化 d_eS 之和，即 $dS=d_iS+d_eS$。因为空间城市系统为开放系统，所以有 $dS=d_iS+d_eS<0$，即进化的空间城市系统始终保持状态熵减少，即 $dS<0$。“状态熵减少原则”贯穿于空间城市系统演化的全过程，说明了空间城市系统演化不可逆的基本方向。

对于空间城市系统线性演化阶段，“状态熵减少原则”为平衡态、近平衡态、近耗散态线性区演化阶段“极值状态熵”的确定提供了逻辑根据，表征了线性演化过程的分段情况。而“极值状态熵分布规律”揭示了空间城市系统线性演化的状态性质。空间城市系统演化“分岔”的状态熵是一种随机的现象，不具有极值性，“扰动熵原理”说明了空间城市系统演化“耗散结构”的状态熵规律。

（2）普里戈金“最小熵原理”

普里戈金“最小熵原理”的空间城市系统可以解释为，在空间城市系统线性演化到达结束点时，状态熵产生率取得最小值，即有如下公式成立①：

$$P_{min}=\frac{d_iS}{dt}=\sum_{\rho}J_{\rho}X_{\rho} \tag{5.29}$$

其中，P_{min} 表示线性演化状态熵产生率最小值；J_{ρ} 是“城市体系”所包含的各种不可逆空间流的速率；X_{ρ} 是“城市体系” 相应的空间梯度势能力。

“最小熵原理” 说明只要将空间城市系统演化的非平衡态条件维持在线性演化阶

① 参见：普里戈金.从存在到演化[M].曾庆宏，严士健，方本堃，等译.北京：北京大学出版社，2007：194。

段，且系统达到定态，“城市体系”就在耗散最小的状态下安定下来，即线性演化状态熵产生率最小值 P_{min}。对于空间城市系统线性演化而言，最小状态熵产生在线性演化阶段的结束点，即“近耗散态非线性区”的结束点。线性演化最小状态熵 P_{min}，是“城市体系属性”完全消失、“空间城市系统属性”开始出现的分界标志。

（3）极值状态熵分布

如图 5.32 所示，由“状态熵减少原则” $dS<0$ 可知，在空间城市系统线性演化阶段始终有状态熵减 $dS<0$ 发生，因此在任意相邻的两个时刻 $i=0, 1, 2, \cdots, n$ 与 $j=1, 2, \cdots, n+1$ 之间总有状态熵关系成立，即

$$S_i < S_j \tag{5.30}$$

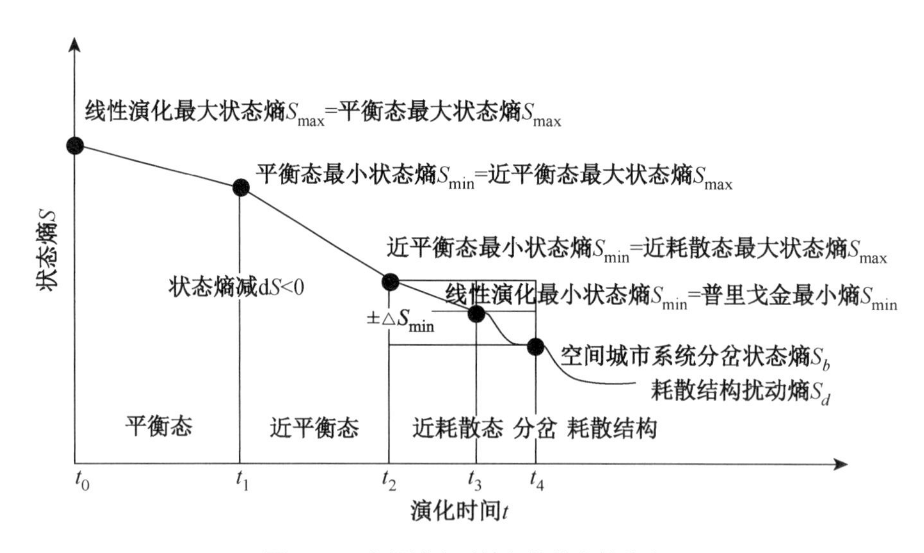

图 5.32　空间城市系统极值状态熵分布

如图 5.32 所示，又由普里戈金“最小熵原理”可知，在线性演化结束点有状态熵产生率最小值 P_{min}，即在线性演化结束点，即普里戈金点，获得最小状态熵 S_{min}。

如图 5.32 所示，将公式(5.30)与最小状态熵 S_{min} 结论相结合，可以推出以下系列结论：

结论一，在起始点 t_0 处拥有平衡态最大状态熵 S_{max}，在结束点 t_1 处拥有平衡态最小状态熵 S_{min}。

结论二，在起始点 t_1 处拥有近平衡态最大状态熵 S_{max}，在结束点 t_2 处拥有近平衡态最小状态熵 S_{min}。

结论三，在起始点 t_2 处拥有近耗散态最大状态熵 S_{max}，在结束点 t_3 处拥有近耗散态最小状态熵 S_{min}（即普里戈金最小熵 S_{min}）。

根据上述空间城市系统线性区极值状态熵分布情况，我们做出如下分析：

第一，线性演化极值状态熵。

如图 5.32 所示，线性演化最大状态熵 S_{max} 处于空间城市系统演化起始点 t_0 处，

它与平衡态最大状态熵S_{max}是同一个点，线性演化最小状态熵S_{min}处于空间城市系统演化的“普里戈金点”[①]t_3处。线性演化极值状态熵区间[t_0-t_3]，说明了空间城市系统线性演化阶段，整体的状态熵变化情况与线性状态属性过程，即从城市体系状态属性开始到空间城市系统状态属性建立的整体过程。

第二，平衡态极值状态熵。

如图5.32所示，平衡态最大状态熵S_{max}处于平衡态起始点t_0处，平衡态最小状态熵S_{min}处于平衡态结束点t_1处，它与近平衡态起始点是同一个点。平衡态极值状态熵区间[t_0-t_1]，说明了平衡态城市体系状态熵变化的情况以及平衡态的线性状态属性过程，即从完全城市体系状态属性到城市体系属性逐渐减少的过程，它为后续近平衡态、近耗散态远离城市体系属性奠定了不可逆的基础。

第三，近平衡态极值状态熵。

如图5.32所示，近平衡态最大状态熵S_{max}处于近平衡态起始点t_1处，近平衡态最小状态熵S_{min}处于近平衡态结束点t_2处，它与近耗散态起始点是同一个点。近平衡态极值状态熵区间[t_1-t_2]，说明了近平衡态状态熵变化的情况，以及近平衡态的线性状态属性过程，即空间城市系统属性开始建立的过程。近平衡态极值状态熵区间[t_1-t_2]是摆脱城市体系原始状态最关键的阶段。

第四，近耗散态极值状态熵。

如图5.32所示，近耗散态最大状态熵S_{max}处于近耗散态起始点t_2处，近耗散态最小状态熵S_{min}处于空间城市系统演化的“普里戈金点”t_3处。如前图5.32所标示，以“普里戈金点”t_3为中心，存在着线性与非线性的状态熵变化值域，即$\pm\Delta S_{min}$值域。

如图5.32所示，近耗散态极值状态熵区间[t_2-t_3]，说明了近耗散态线性演化状态熵变化的情况，以及近耗散态线性区的线性状态属性过程，即残余的城市体系属性[②]彻底消除的过程。近耗散态极值状态熵区间[t_2-t_3]，是趋向空间城市系统属性最关键的阶段。

如图5.32所示，近耗散态非线性区状态熵区间[t_3-t_4]，在空间城市系统演化的“普里戈金点”t_3处拥有确定的中心状态熵S_{min}。近耗散态的结束点t_4与分岔点是同一个点。在近耗散态非线性区间[t_3-t_4]，状态熵呈现随机变化状态，即$-\Delta S_{min}$值域，前图5.32中表示为曲线。注意，在非线性区间[t_3-t_4]，状态熵可以回升到中心状态熵S_{min}，前图5.32中仅表示了状态熵的下降趋势，本处状态熵变化机理将在后续内容讨论。近耗散态非线性状态熵区间[t_3-t_4]是空间城市系统状态属性成熟的最关键阶段。近耗散态非线性区存在空间梯度作用，即有$S_b-S_{min}<0$。

第五，分岔与耗散结构状态熵。

如前图5.32所示，空间城市系统分岔点t_4是耗散结构的起始点，是近耗散态的

① 普里戈金点：为了纪念普里戈金最小熵原理的贡献，我们将空间城市系统演化出现最小状态熵的点命名为“普里戈金点”。

② 城市体系整体属性结束在平衡态阶段，但是在近平衡态、近耗散态线性区仍然具有残余城市体系属性。

结束点。在空间城市系统演化分岔点 t_4 处，拥有分岔状态熵 S_b。耗散结构状态已经没有空间梯度的作用，空间城市系统空间涨落动力成为主导，扰动熵 S_d 为耗散结构状态熵。空间城市系统非线性演化状态熵变化机理将在后续内容讨论。

5.6 空间城市系统非线性演化

5.6.1 空间城市系统非线性演化定义

1）空间城市系统非线性演化概念

（1）非线性演化概念

所谓非线性演化是指空间城市系统演化呈现非线性特性的过程，它是空间城市系统“整体涌现性”产生优化的关键阶段，包括近耗散态非线性区、分岔、耗散结构三个阶段。“非线性演化”是空间城市系统演化的临界状态和终结状态，此时空间城市系统的性质发生了变化，由线性系统变成了非线性系统。“线性演化”的城市体系性质具有唯一性，而“非线性演化”的“远离城市体系”性质具有多样性、变化性、复杂性。

“非线性动态系统”是空间城市系统非线性演化的经常性状态，其基本特征是不满足叠加原理，要用非线性数学函数予以表达，而非线性函数关系有无穷多种定性性质不同的可能形态，一元函数的表达形式为 $y=f(\lambda, x)$，式中 λ 为参量，而 f 则可能为抛物线函数、指数函数、三角函数等。因此，针对界定条件建立空间城市系统的“非线性动力学方程”，即非线性系统演化方程，是空间城市系统非线性演化研究的关键。“非线性演化”是空间城市系统演化所追求的目标性终结状态，它导致了空间城市系统“整体涌现性”的产生与优化。因此，“非线性演化”在空间城市系统演化理论中具有十分重要的意义。

（2）非线性演化分段

空间城市系统“非线性演化”可以分为以下三个基本阶段：

第一，近耗散态非线性区。“近耗散态非线性区”是空间城市系统演化分岔的临界阶段，空间梯度、随机涨落、空间动因博弈均衡是“近耗散态非线性区”的动力形式，“分岔”是近耗散态非线性区的目标。

第二，分岔。“分岔”是一种瞬时动态行为，只能作为空间城市系统结构突变时间点，不能作为一个演化阶段。空间梯度、随机涨落、空间动因博弈均衡联合动力，推动着空间城市系统到达分岔点发生分岔突变现象，导致“整体涌现性”的产生与“耗散结构”的出现。“人工干预辅助分岔”是空间城市系统分岔的重要特征，“突变”是空间城市系统分岔的最本质特征。

第三，耗散结构。“耗散结构”是空间城市系统演化的终态，非线性演化的结果就是“耗散结构”。“扰动熵原理”是耗散结构的主要状态规律，“空间涨落”与“空间动因博弈均衡”是耗散结构的主要动力，空间结构优化是“耗散结构”的运行目标。自组织与他组织作用使得“耗散结构”保持与环境的物质、信息、能量的交换，“耗散结构”是多级空间城市系统演化的起始状态。

2）空间城市系统非线性演化特性

（1）人工干预他组织性

空间城市系统是地球表面空间最大的人工系统，人居空间本质决定了人类集体目的性左右着空间城市系统的演化进程，“非线性演化”是空间城市系统演化的最关键阶段，人工干预是其基本的前提条件。因此，人工干预他组织性必然是空间城市系统“非线性演化”的首要特征，“人工干预他组织性”主要表现为“空间规划”与“空间政策”，包括近耗散态空间机理人工干预、人工干预辅助分岔、耗散结构人工干预等。

（2）非加和性与非齐次性

空间城市系统“非线性演化”数学的基本特征是不满足叠加原理，即有非加和性 $f(x_1+x_2)\neq f(x_1)+f(x_2)$，非齐次性 $f(kx)\neq kf(x)$。空间城市系统“非线性演化”数学表示为非线性关系、非线性变换、非线性运算、非线性函数、非线性方程等。空间城市系统非线性函数一般为动态连续函数以及集中参数函数①，用常微分方程加以描述。

（3）随机性与动态性

空间城市系统“非线性演化”具有随机性，随机性是“非线性演化”真实性、不确定性、偶然性的表现。但是空间城市系统“非线性演化”随机性服从概率统计规律，因此我们说非线性演化随机性是具有统计确定性的或然现象，随机性是空间城市系统“非线性演化”的基本特征。概率统计数学与随机微分方程是处理“非线性演化”随机性的主要数学工具。

空间城市系统“非线性演化”具有动态性。所谓动态系统是指状态变量随时间变化的系统状态，即状态变量是时间 t 的函数 $x(t)$，动态系统又被称为“动力学系统”。动态性是空间城市系统演化的基本性质，贯穿于线性与非线性两个过程。“非线性演化”动态为非平庸型动态属性，具有涨落、分岔、突变、耗散结构、吸引子与吸引域等非平庸行为，正是这些非平庸动态行为导致了空间城市系统整体涌现性的产生，导致了耗散结构的出现，因此非平庸动态性是空间城市系统“非线性演化”的基本特征。

（4）演化轨道稳定性

空间城市系统“非线性演化”具有李雅普诺夫轨道稳定特性，亦即空间城市系统非线性演化方程 $X(t)$ 的解 $\Phi(t)$ 是在李雅普诺夫意义下稳定的。“非线性演化”是空间城市系统“转型进化”的关键阶段，李雅普诺夫稳定特性使得空间城市系统能够控制扰动偏离，保持空间城市系统的维生机制，顺利进行分岔从而实现其整体涌现性，并维持耗散结构的运行。

---

① 空间城市系统状态函数仅仅是时间的函数，与空间分布无关，则为集中参数函数。

(5) 空间结构不稳定性

空间城市系统“非线性演化”具有空间结构不稳定特性。就物理意义而言,“非线性演化”的近耗散态非线性区为不稳定状态、分岔为瞬时变化状态、耗散结构为弱不稳定状态。空间结构不稳定特性意味着:其一,近耗散态非线性区的空间形态与空间结构发生剧烈的变化;其二,分岔点的空间城市系统结构定性性质发生了本质的改变;其三,耗散结构的空间形态与空间结构发生缓慢的优化。

(6) 吸引子与吸引域

空间城市系统“非线性演化”具有吸引子与吸引域特性,近耗散态非线性区具有稳定结点吸引子与吸引域,耗散结构具有稳定空间极限环与吸引域,两种吸引子共存是空间城市系统“非线性演化”的本质特性。近耗散态非线性区吸引子与吸引域指向分岔,稳定空间极限环与吸引域指向耗散结构,它们是空间城市系统“非线性演化”非平庸性的根源。终极性、稳定性、吸引性是“非线性演化”吸引子与吸引域的基本属性。

5.6.2 空间城市系统非线性演化原理

1) 非线性演化“空间梯度”

(1) 非线性演化“空间梯度”存在

所谓空间梯度是指在空间城市系统物理空间中,空间区位的差异所导致的空间要素(或空间功能)之间的空间势能差值,它导致了空间流与空间流波的流动,形成了空间城市系统演化的动因。空间梯度作用机制为“空间梯度—空间势能力—不可逆空间流—空间要素转移—空间结构”,空间结构变化是空间梯度作用的结果。

如前图 5.32 所示,在普里戈金点 t_3 处有线性演化最小状态熵 S_{min},在分岔点有分岔状态熵 S_b,因为近耗散态非线性区是空间城市系统演化的中间态,空间城市系统要从普里戈金点 t_3 向分岔点 t_4 进化,显然有

$$S_b - S_{min} = dS < 0 \tag{5.31}$$

状态熵差的存在表明空间状态的差异存在,即空间区位差异的存在。因此,说明在近耗散态非线性区存在着空间梯度,表示为 $V(s)$,则有公式

$$V(s) = S_{min} - S_b \tag{5.32}$$

成立,所以我们说,在近耗散态非线性区存在着空间梯度现象,也就是说空间梯度作用机制推动空间城市系统“非线性演化”走向分岔。空间梯度在近耗散态非线性区存在并发挥动力作用,是空间城市系统非线性演化很重要的一个基本原理。

(2) 非线性演化“空间梯度”作用

将非线性演化“空间梯度”记为∇,具有逐渐减弱的特性。在近耗散态非线性区起始点,“空间梯度”有最大值 ∇max,在近耗散态非线性区结束点(分岔点)有最小值 ∇min,即有“空间梯度”减弱规律$\nabla max \rightarrow \nabla min$。“空间梯度”减弱规律说明,随着“城

市体系”向“空间城市系统”的转变，“空间梯度”动力机制逐渐让位给“空间涨落”动力机制。特别指出的是，分岔是一个瞬时状态，所谓空间梯度作用是无法表述的，而在空间城市系统演化“耗散结构”阶段，“空间梯度”的作用机制是不存在的。

2）非线性演化“空间涨落”

（1）空间涨落概念

正如普里戈金所说：“通过涨落达到有序。”[17]“空间涨落”是空间城市系统非线性演化的主要动力机制，它导致了空间城市系统分岔与耗散结构的产生。空间要素的统计平均值反映了空间城市系统的基本状态，例如平均人口、平均面积、平均 GDP 等。“空间涨落”是指空间城市系统空间要素对统计平均值的偏差，例如城市人口涨落、城市面积涨落、城市职能涨落等。空间城市系统“空间涨落”具有偶然性、无序性、随机性，“空间涨落”机理是空间城市系统非线性演化的基本理论。

“微涨落”是指偏差值较小的空间城市系统“空间涨落”，“微涨落”是空间城市系统的经常性存在。“巨涨落”是指偏差值较大的空间城市系统“空间涨落”，涨落的效应达到了宏观等级。“临界涨落”是指近耗散态非线性区临近分岔点之前的“空间涨落”，此时涨落的性质发生了根本变化，其性质为“巨涨落”，它驱使着空间城市系统走向分岔，导致耗散结构的产生。上述涨落是空间城市系统“内部涨落”，涨落也可以由外部环境产生，称之为空间城市系统“外部涨落”。

（2）空间涨落作用①

空间城市系统的“空间涨落作用”主要表现为动力性作用。如图 5.33 所示，设空间城市系统演化势函数为 $V(q)$，概率定态解为 $f(q)$。在空间城市系统非线性演化中，由于“空间涨落”的作用，原来的定态解 q_1 失稳。在“空间涨落”的动力作用下，空间城市系统状态偏离原来的定态解 q_1，跃迁到新的定态解 q_2 处，此时空间城市系统在新的定态 q_2 稳定下来。“空间涨落作用”是空间城市系统“分岔”和“耗散结构”的主要动力机制，是空间城市系统非线性演化的基本空间机理。

“非线性演化”的空间涨落作用逻辑关系链，可以表述为“空间涨落—涨落动力—空间要素分布对称破缺—状态跃迁”。空间要素的“空间涨落”，如人口要素、物质要素、信息要素、能源要素的空间涨落，导致“空间涨落动力”的产生，进而导致空间要素分布对原有定态的偏差，最终导致空间结构的变化，以及空间城市系统定性性质的改变，从而发生空间城市系统状态跃迁。例如由北京城市空间要素的“空间涨落”所导致的雄安

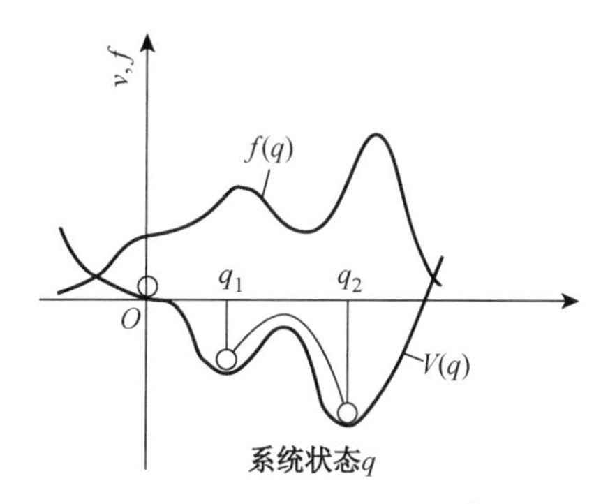

图 5.33　空间涨落作用②

① 本处内容参见：许国志.系统科学[M].上海：上海科技教育出版社，2000：150-151 相关内容。在此向原作者致谢，并统一说明，后续不单独予以摘引标注。

② 参见：许国志.系统科学[M].上海：上海科技教育出版社，2000：151。

新区规划建设，就是典型的“空间涨落”作用案例，再如中国大城市广泛存在的撤县设区行为，就是典型的城市人口涨落、城市面积涨落案例。

“空间规划”与“空间政策”所导致的人工干预对于“空间涨落”具有重要的作用，它既可以表现为系统内部涨落，又可以表现为系统外部涨落。因此，“空间涨落”是一种复杂的复合型涨落模式，即自组织与他组织相结合的优化组织模式。“空间涨落”作用是一种贯穿空间城市系统非线性演化全过程的常态现象，一般表现为“微涨落”。在空间城市系统分岔前的临界阶段表现为“巨涨落”；在耗散结构阶段表现为“微涨落”。因此，“空间涨落”作用是空间城市系统非线性演化的基本规律，它与“空间梯度”一起构成了非线性演化的基本动力机制，推动着空间城市系统“非线性演化”的发展。

(3) 空间涨落表述

① 空间涨落表述方法

空间城市系统状态表述，可以分为“宏观变量”与“微观变量”，前者如总人口变量、总面积变量、总职能变量等，后者如城市建筑要素、城市道路要素、城市产业要素等。空间涨落行为显然是一种“微观变量”行为，即空间要素的涨落行为。显然，具体“微观变量”空间要素的空间涨落问题不是我们追求的目的，例如城市某条道路的宽度与长度等。相反，“宏观变量”的空间涨落问题，才是我们所关心的内容。对此，我们采用概率与数理统计方法处理“宏观变量”的空间涨落问题，基本思路是将“微观变量”空间涨落转化为“宏观变量”的概率与数理统计表示。注意，近耗散态非线性区的临界“巨涨落”是我们研究的重点，它对于空间城市系统分岔具有决定性意义。作为基本前提，我们对“概率与数理统计”关键词进行简单介绍。

第一，所谓随机事件是指在一定条件下可能发生也可能不发生的事件，即我们对事件的结果无法确定。但是“随机事件”遵循概率统计规律，即“空间涨落”随机事件是一种具有统计确定性的或然现象。

第二，所谓随机变量 X 是指随机事件的数量表现，即“随机变量 X”是定义在全体基本事件空间上的取值为实数的函数，即基本事件空间中每一个事件点对应实轴上的一个点。

第三，所谓随机过程是指一连串随机事件动态关系的定量描述。空间城市系统“非线性演化”可用一个随时间变化的随机变量 $X(t)$ 来描述，则称“非线性演化”为一个随机过程。

第四，所谓概率是对随机事件发生的可能性的度量。概率的数学表述为，设 E 是随机试验，S 是它的样本空间，对于 E 的每一事件 A 赋予一个实数，记为 $P(A)$，称之为事件 A 的概率。

第五，所谓方差是各个数据与其算术平均数的离差平方和的平均数。一个随机变量的方差描述的是它的离散程度，也就是该变量离其期望值的距离。方差的算术平方根被称为该随机变量的标准差。

② 空间涨落定量表述①

在上述概率与数理统计关键词释义的基础上，结合空间城市系统“空间涨落”作用，我们对空间城市系统“线性”与“非线性”空间涨落的数学表达进行介绍。

第一，空间城市系统“平均值 $\langle X\rangle$” 与“相对涨落 σ”。

设定在空间城市系统演化随机过程中，有“宏观变量 X”，列为 $x_1, x_2, \cdots, x_n$；并且这些“宏观变量” 的取值是不确定的随机变量，这种随机性取决于“空间涨落” 的随机事件。则空间城市系统概率分布密度为 $P(x_1, x_2, \cdots, x_n)$，当随机变量 $x_1, x_2, \cdots, x_n$ 分别取 $X_1, X_2, \cdots, X_n$ 时，则有空间城市系统概率为 $P(X_1, X_2, \cdots, X_n)$。为简单起见，令 $n=1$，则空间城市系统概率为 $P(X)$，将空间城市系统“宏观变量 X” 的平均值表示为 $\langle X\rangle$，且有

$$\langle X\rangle = \sum XP(X) \tag{5.33}$$

因为空间涨落的发生，所以空间城市系统“宏观变量 X” 就会在其平均值 $\langle X\rangle$ 附近发生偏离，而方差概念是描述这种偏离的最佳数学方法，由方差的定义我们知道它为 $(X-\langle X\rangle)^2$，则有

$$\begin{aligned}\langle \Delta X^2\rangle &= \langle (X-\langle X\rangle)^2\rangle \\ &= \sum (X-\langle X\rangle)^2 P(X) \\ &= \langle X^2\rangle - \langle X\rangle^2\end{aligned} \tag{5.34}$$

方差概念反映了空间城市系统宏观量与平均值之间的偏差，即“空间涨落”的绝对量，我们称其为空间城市系统的“涨落方差”。相比“涨落方差”，空间城市系统相对涨落 σ 更能够表现出“空间涨落”的剧烈程度，我们称其为空间城市系统的“相对涨落”，且有

$$\sigma = \frac{\sqrt{\langle \Delta X^2\rangle}}{\langle X\rangle} \tag{5.35}$$

“相对涨落 σ” 给出了“空间涨落” 的判定方法，空间城市系统宏观变量平均值 $\langle X\rangle$ 越小，“涨落方差” $\langle \Delta X^2\rangle$ 越大，则空间城市系统“相对涨落 σ” 越大，也就是空间城市系统“空间涨落” 现象很明显。如果空间城市系统宏观变量平均值 $\langle X\rangle$ 很大，即使“涨落方差” $\langle \Delta X^2\rangle$ 不小，但“相对涨落 σ” 仍然可能不大，也就是空间城市系统“空间涨落” 现象很不明显。对于空间城市系统而言，有效的微观空间要素是指那些决定空间城市系统性质的空间要素，例如北京的长安街空间要素，而有效的微观空间要素数量是一个有限的实数范畴，设空间城市系统有效的“空间要素” 数量平均值为 N，则空间城市系统演化的“线性涨落”与“非线性涨落”就表现出截然不同的情况。

① 在本处相关内容参见：沈小峰，胡岗，姜璐.耗散结构论[M].上海：上海人民出版社，1987：102-106 中的论述，在此向原作者致谢，并统一说明，后续不单独予以摘引标注。

第二，空间城市系统“线性涨落”①。

当处于空间城市系统线性演化状态时，空间城市系统涨落的概率分布遵循泊松分布规律，如图 5.34 左图所示，即有

$$P(X)=\frac{N^{X}\mathrm{e}^{-N}}{X!} \tag{5.36}$$

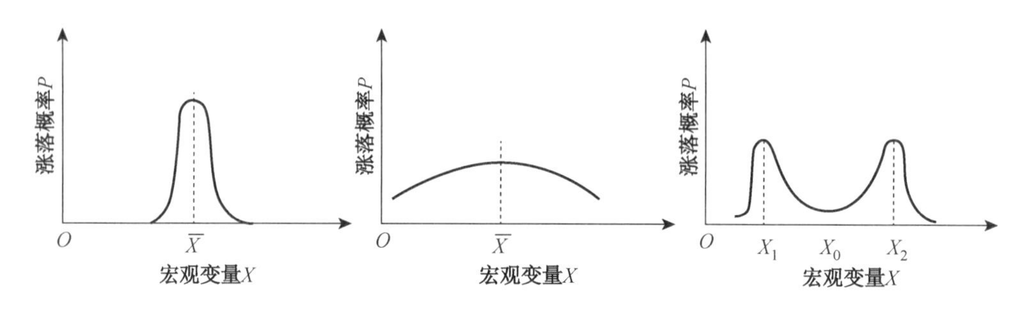

图 5.34 空间城市系统涨落分岔随机模拟

（源自：许国志.系统科学[M].上海：上海科技教育出版社，2000：152）

由上述过程可以验证，空间城市系统的“宏观变量”平均值 $\langle X\rangle$ 与“空间要素”数量平均值 N 相等，即有

$$\langle X\rangle=N \tag{5.37}$$

则“涨落方差”与“相对涨落 σ ”分别为

$$\begin{aligned}\langle\Delta X^{2}\rangle&=\langle X^{2}\rangle-\langle X\rangle^{2}\\&=N\end{aligned} \tag{5.38}$$

$$\begin{aligned}\sigma&=\frac{\sqrt{\langle\Delta X^{2}\rangle}}{\langle X\rangle}\\&=\frac{\sqrt{\langle\Delta X^{2}\rangle}}{N}\\&=\frac{1}{\sqrt{N}}\end{aligned} \tag{5.39}$$

公式(5.39)说明，因为空间城市系统有效“空间要素”平均数 N 是一个很大的数值，所以“相对涨落 σ ”就是一个很小的值，此时空间涨落为“微涨落”。也就是说，在空间城市系统线性演化平衡态、近平衡态、近耗散态线性区，“空间涨落”的作用很小，不足以影响“城市体系”定性性质，即空间城市系统线性演化保持在稳定的“城市体系”空间结构状态。

① 本处数学推导过程参见：沈小峰，胡岗，姜璐.耗散结构论[M].上海：上海人民出版社，1987：103-105。

第三，空间城市系统“非线性涨落”。

对于非线性涨落，普里戈金说系统“定态分布不再是泊松分布，马来克—曼索尔和尼克利斯已证明，一般来说，宏观化学方程必须考虑偏离泊松分布所引起的修正项”[18]。因此，当处于空间城市系统非线性演化状态时，在空间城市系统演化临界点(分岔点)，如图5.34中图所示，空间城市系统线性演化失稳，“空间涨落”的概率分布不再遵循泊松分布规律，则空间城市系统“相对涨落”此时变为

$$\sigma = \alpha N^{-1/4} \tag{5.40}$$①

显然，在非线性演化分岔点处，空间城市系统“相对涨落”要远远大于 $N^{-1/2}$，即 $\frac{1}{\sqrt{N}}$，此时空间涨落为“巨涨落”。在空间城市系统跃迁至耗散结构的初始瞬间时，则“相对涨落”更加放大为

$$\sigma = \alpha N^{0} \tag{5.41}$$

空间城市系统瞬时“空间涨落”达到宏观量级，即微观空间要素 N 的行为涨落到达空间城市系统“宏观变量 X”的量级。在宏观量级“相对涨落 σ”的主导驱动作用下，空间城市系统定性性质由城市体系性质“转型进化”成为空间城市系统“耗散结构”性质。如图5.34(c)所示，X_1 与 X_2 代表了空间城市系统非线性演化阶段的两个定态吸引子，即近耗散态非线性区“分岔吸引子”与耗散结构“空间极限环”。

3）非线性演化“动因博弈均衡”

(1) 非线性演化“动因博弈均衡”概念

所谓非线性演化“动因博弈均衡”是指，在空间城市系统非线性演化阶段，即近耗散态非线性区、分岔、耗散结构，空间城市系统的集聚动因、扩散动因、联结动因非合作博弈所达成的纳什均衡，其博弈主体为空间集聚流、空间扩散流、空间联结流。在空间城市系统动因博弈实际条件下，“动因博弈均衡”表现为一个大概率性的“值域范围”。由非线性演化“动因博弈均衡”所形成的空间城市系统动因博弈均衡动力，贯穿于非线性演化的全部过程。

(2) 非线性演化“动因博弈均衡”机理(图5.35)

由第4章中的“空间城市系统动因博弈均衡”部分可知，在空间城市系统非线性演化阶段，空间集聚动因、空间扩散动因、空间联结动因所形成的“动因博弈均衡”可以表述为

$$\begin{aligned} P_A(\varepsilon) &= \max[p_A(\varepsilon,\ t)] \\ P_B(\varepsilon) &= \max[p_B(\varepsilon,\ t)] \\ P_C(\varepsilon) &= \max[p_C(\varepsilon,\ t)] \end{aligned} \tag{5.42}$$

① 说明：公式(5.39)与(5.40)在原著中表示为 $\sigma\alpha N^{-1/4}$ 与 $\sigma\alpha N^{0}$，均疑有误，参见：沈小峰，胡岗，姜璐. 耗散结构论，现予以更正，特此说明。

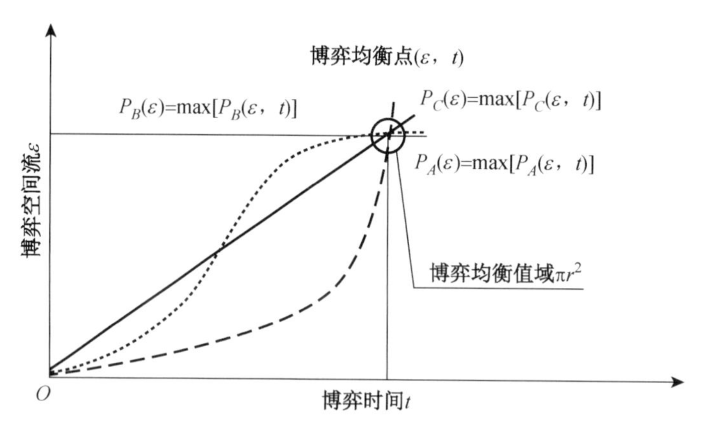

图 5.35 非线性演化“动因博弈均衡”机理

其中，$P_A(\varepsilon)$、$P_B(\varepsilon)$、$P_C(\varepsilon)$ 分别表示空间集聚流 A、空间扩散流 B、空间联结流 C 的非合作博弈均衡点值；ε 表示空间流份额；t 表示博弈时间。公式(5.42)表示了空间集聚流 A、空间扩散流 B、空间联结流 C 在“博弈均衡点”具有最大化“混合份额”。

(3) 非线性演化“动因博弈均衡”作用

“动因博弈均衡”为空间城市系统非线性演化提供了基本动力，它对非线性化的三个阶段，即近耗散态非线性区、分岔、耗散结构都起到了推动作用。在近耗散态非线性区，“动因博弈均衡”是从属动力源。在分岔过程中，“动因博弈均衡”起到辅助作用。在耗散结构阶段，“动因博弈均衡”是空间城市系统演化主要推动力量，如向多级空间城市系统演化的推动力。

4) 非线性演化“空间势垒”

(1) “空间势垒”渊源

普里戈金在耗散结构理论中创建了“熵垒”理论，熵垒理论说明了两个基本规律：一是非线性演化的不可逆性，普里戈金表述为“不稳定性—内在随机性—内在不可逆性”[19]；二是系统平衡态结构与非平衡态耗散结构的分隔机制，即“平衡态结构—熵垒—耗散结构”，这种结构分隔机制被普里戈金表述为“无限的熵垒把可能存在的初始条件①与不允许的初始条件分隔开”[20]。普里戈金熵垒理论说明：其一，空间城市系统非线性演化存在不可逆性；其二，空间城市系统分岔点存在着系统结构隔离现象，即“空间势垒”。因此，“空间势垒”是普里戈金“熵垒”理论在空间城市系统非线性演化的应用与扩展。

(2) “空间势垒”概念

在空间城市系统物理空间中存在着空间势能(空间位势)，“空间势垒”包含了空间势能的全部含义。所谓空间势垒是指空间势能高于附近势能的演化点域，它与空间城市系统分岔点相重合。在“空间势垒”处，空间城市系统的空间势能取得极大值。空间

① 可能存在的初始条件即平衡态结构，不允许的初始条件即非平衡态耗散结构。

势垒也称之为“空间位垒”，它包含了普里戈金“熵垒”概念的两重属性：一是空间城市系统分岔的不可逆性；二是系统无序结构与耗散结构的隔离性。在“空间势垒”点域，空间城市系统具有“势垒熵”，其意义等同于“熵垒”。

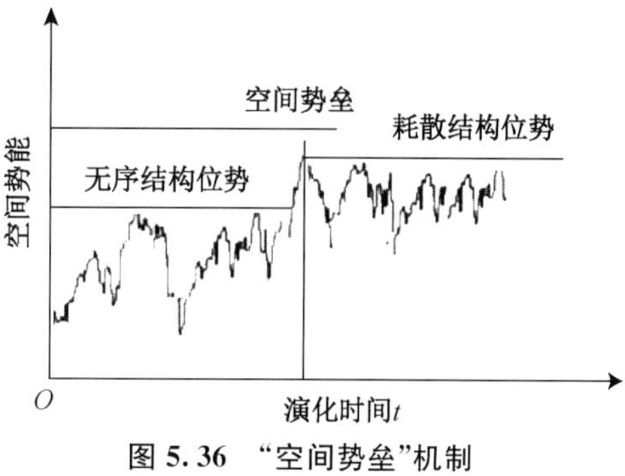

图 5.36　“空间势垒”机制

如图 5.36 所示，“空间势垒”的物理意义在于空间城市系统结构之间的阻挡。在“空间势垒”两侧具有不同的空间位势（空间势能），即无序结构位势与耗散结构位势。空间位势包括空间要素的人口位势、规模位势、职能位势等，“空间势垒”的突破意味着空间城市系统分岔的发生，意味着空间城市系统整体涌现性的产生。

（3）“空间势垒”机制

“空间势垒”机制主要为空间势垒隔离机制、空间势垒位差机制、空间势垒突破机制。首先，空间城市系统“势垒熵”将城市体系无序结构与空间城市系统耗散结构割离开来，我们称其为“空间势垒隔离机制”，它阻挡了空间城市系统定性性质的变化。其次，在“空间势垒”两侧分别存在着无序结构位势与耗散结构位势，两者存在着空间势能位差，我们称其为“空间势垒位差机制”。最后，宏观量级的“巨涨落”驱使着空间城市系统突破空间势垒的行为，我们称其为“空间势垒突破机制”。

5.6.3　空间城市系统非线性演化分析

1）近耗散态非线性区分析

（1）近耗散态非线性区概念

所谓近耗散态非线性区是指从空间城市系统非线性演化开始到空间城市系统分岔的阶段。在“近耗散态非线性区”，空间城市系统空间结构高速地发生着变化，它是一种随机动态的涨落结构，拥有李雅普诺夫稳定相空间演化轨道和稳定结点型不动点。“近耗散态非线性区”开始拥有吸引子与吸引域，它们指向空间城市系统分岔。“近耗散态非线性区”状态熵处于快速减少状态，它是空间城市系统演化分岔的临界阶段，空间梯度、空间涨落、空间流博弈均衡是该阶段的空间动力机制，其中系统涨落作用机制发挥最后的作用。在“复合动力机制”的作用下，系统空间要素发生着剧烈的变化，快速趋向于空间城市系统分岔，“分岔”是近耗散态非线性演化的目的吸引子。

“近耗散态非线性区”本质上已经脱离“城市体系”性质，趋向于空间城市系统性质，空间城市系统“整体涌现性”进入临界状态。“近耗散态非线性区”空间要素分布已经接近有序结构，但它是一个高速变化的动态“临界结构”。在此阶段，“空间城市系统功能”已经产生，而“城市体系功能”趋于结束。“近耗散态非线性区”是“空间规划”与“空间政策”人工干预的重要时期，其目的是实现人工干预辅助分岔。

(2) 近耗散态非线性演化定量表述

"近耗散态非线性区"系统属性为动态非线性连续系统,其基本特征是不满足叠加原理,必须用非线性函数予以表述。非线性函数关系有无穷多种定性性质不同的可能形态,就一元函数来看其表达形式为

$$y = f(\lambda, x) \tag{5.43}$$

其中,λ 为参量;f 则可能为抛物线函数、指数函数、三角函数等等。

所谓非线性动态系统正是空间城市系统多样性、差异性、复杂性的本质特征。因此,针对界定条件建立空间城市系统的"非线性演化方程",就成为"近耗散态非线性区"的关键问题。作为动态非线性连续系统的"近耗散态非线性区",拥有一般形式的演化方程组如下:

$$\begin{aligned} \dot{x}_1 &= f_1(x_1, \cdots, x_n; c_1, \cdots, c_m) \\ \dot{x}_2 &= f_2(x_1, \cdots, x_n; c_1, \cdots, c_m) \\ \dot{x}_3 &= f_3(x_1, \cdots, x_n; c_1, \cdots, c_m) \end{aligned} \tag{5.44}$$

其中,$\dot{x}_1$ 代表空间集聚变量;$\dot{x}_2$ 代表空间扩散变量;$\dot{x}_3$ 代表空间联结变量。

将控制参量表示为向量形式可得

$$\boldsymbol{C} = (c_1, \cdots, c_m) \tag{5.45}$$

其中,$\boldsymbol{C}$ 为控制向量。

令

$$F = (f_1, f_2, \cdots, f_n) \tag{5.46}$$

则方程组(5.44)获得向量形式为

$$\dot{\boldsymbol{X}} = F(\boldsymbol{X}, \boldsymbol{C}) \tag{5.47}$$

2) 空间城市系统分岔分析

(1) 空间城市系统分岔定义

① 空间城市系统分岔概念

19 世纪末法国学者 H.庞加莱首先提出"分岔"概念,此后分岔理论逐渐发展成为一种成熟的数学理论。所谓系统"分岔"是指演化系统定性性质的改变,分岔是自然系统、社会系统、思想系统普遍存在的现象,分岔是系统演化最重要的归宿性目标,正如普里戈金所说:"分岔是系统各部分与系统及其环境之间的内禀差别的表现。"[21]

如图 5.37 所示,空间城市系统分岔是"城市体系"定性性质向"空间城市系统"定性性质改变的过程。"分岔"是空间城市系统演化的目标,是空间城市系统整体涌现性产生的瞬时行为。"分岔点"是既近耗散态非线性区的结束点,也是耗散结构的开始点。在分岔过程中,空间城市系统结构处于不稳定的"动态"状态。

空间城市系统分岔是一种突变行为,我们无法将它作为一个演化阶段对待,系统

科学的"分岔理论"以及托姆的"突变理论"成为空间城市系统分岔分析的主要方法论。空间城市系统分岔的最重要特征是人工辅助干预,即"空间规划"与"空间政策"人工辅助干预分岔。通过分岔,空间城市系统的空间形态与空间结构得到完全的实现。空间城市系统分岔,既遵循普遍的分岔规律,又具有自己的特殊性。因此,我们将在一般分岔理论的基础上,结合空间城市系统分岔特性对空间城市系统分岔进行论述。

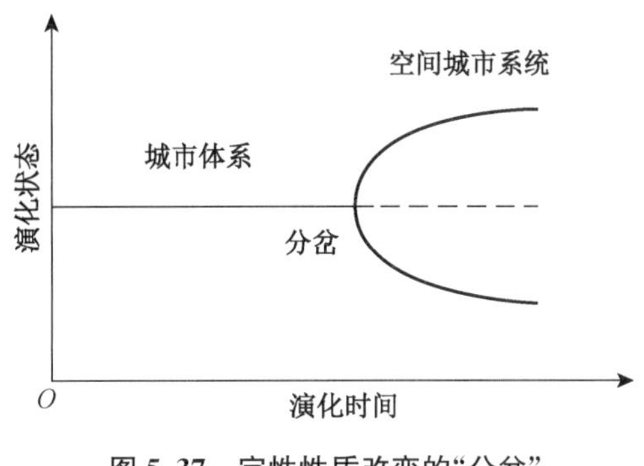

图 5.37 定性性质改变的"分岔"

② 空间城市系统分岔特性

第一,整体特性。

首先,就时间序而言,分岔不仅是空间城市系统演化定性性质改变的一种系统整体行为,而且是空间城市系统进化过程中最核心的时间节点突变行为。其次,就空间序而言,分岔是空间城市系统结构整体发生"转型进化"的现象,它催生了空间城市系统涌现性的形成。最后,就空间机理而言,在分岔过程中,空间城市系统整体进入巨涨落动力机制,突破了空间势垒,在整体上拥有分岔吸引子与吸引域特性。因此,空间城市系统分岔具有整体特性。

第二,局部特性。

普里戈金的"局域平衡假说"奠定了空间城市系统分岔局部特性的基础。就整体而言,分岔过程是"非平衡态"的;就局部而言,分岔过程呈现"局域平衡"现象。由于分岔过程的瞬时属性,空间城市系统分岔局部呈现出平衡态性质,可以把空间城市系统线性演化原理应用到分岔局部研究。这样就可以将复杂的非线性演化问题简化成许多局部线性演化问题,"局部特性"是我们解释空间城市系统分岔耗散结构产生的重要方法。

第三,他组织特性。

"他组织特性"是空间城市系统分岔的基本特性,体现为自组织基础之上的他组织作用。以空间规划、空间政策、空间工具为标志的人工干预辅助分岔,是空间城市系统分岔的基本特征。正是人工干预辅助分岔"他组织特性",保证了空间城市系统分岔"耗散结构"选择的结果。

第四,动态随机特性。

空间城市系统分岔是一种动态随机过程。分岔是非平庸动态属性,具有巨涨落、突变、吸引子与吸引域等非平庸行为,正是这些非平庸动态行为导致了不可逆的空间城市系统整体涌现性的产生以及耗散结构的出现。分岔是一种具有统计确定性的或然现象,所谓随机性是指分岔过程中空间涨落行为的概率化特性。

第五,突变特性。

"突变"是空间城市系统分岔的基本属性,突变表现了分岔的瞬时性,突变特性使得空间城市系统分岔“局域平衡假说”成为可能。突变是空间城市系统演化的必然结果，是空间城市系统定性性质改变的基本形式，突变导致了空间城市系统耗散结构的创生。

第六，吸引子与吸引域特性。

吸引子与吸引域特性是空间城市系统分岔的基本属性，空间城市系统分岔具有稳定的吸引子与吸引域。在吸引子与吸引域的作用下，空间要素汇集并指向空间城市系统分岔目标。

第七，分类特性。

空间城市系统分类特性表现为两个方面：一是空间城市系统分岔类型，如超临界叉式分岔、跨临界分岔等。二是多级空间城市系统分岔，如 1 级空间城市系统分岔、2 级空间城市系统分岔、3 级空间城市系统分岔等。

③ 空间城市系统分岔选择

如图 5.38 所示，空间城市系统分岔是一种人工干预行为，在空间规划、空间政策、空间工具的人工干预作用之下进行诱导对称破缺选择，耗散结构成为大概率的选项。就一般规律而言，“空间规划”与“空间政策”决定了分岔的他组织性，因此空间城市系统分岔选择是一种确定性事件，有序的耗散结构是空间城市系统分岔的必然结果。

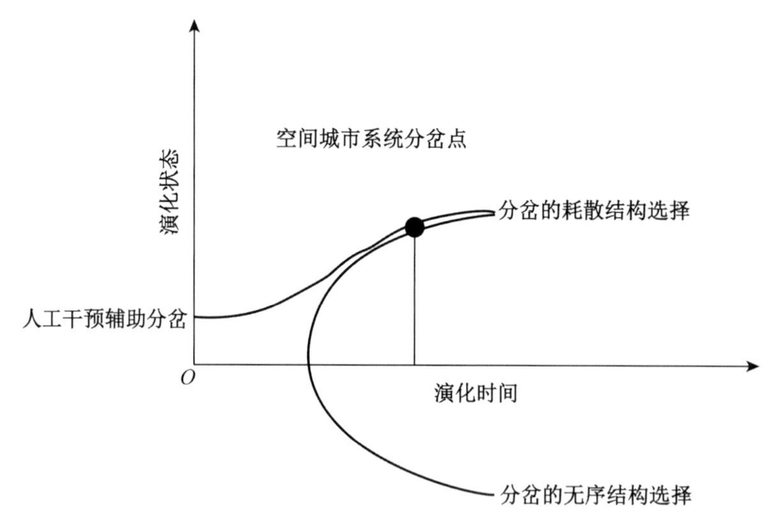

图 5.38　空间城市系统分岔选择

“耗散混沌结构”是分岔无序选择最经常的现象，非周期性、奇怪吸引子、稳定与不稳定性、确定性随机性、长期行为不可预测性是“耗散混沌结构”的基本属性。“耗散混沌结构”是“空间规划”与“空间政策”失衡的结果。例如，俄罗斯空间城市系统就存在规模过大的莫斯科奇怪吸引子，在莫斯科牵引城市（TC）与伏尔加格勒等主中心城市（MC）之间出现严重的空间失衡现象。可以说在某种意义上[①]，俄罗斯空间城市系统处于一种“耗散混沌结构”状态。因此，对于世界性空间城市系统而言，“空间规划”与

① 因为俄罗斯空间城市系统现在所处的状态是一种预见现象，并不处于空间城市系统分岔过程。

“空间政策”是至关重要的。《欧洲空间发展战略》《美国 2050》以及中国城市群规划已经证明了这一点。

世界城市化发展存在着广泛的“耗散混沌结构”现象，例如洛杉矶、巴黎、北京都存在着无序的“耗散混沌结构”状态，世界特大城市规模的无序扩张是造成“耗散混沌结构”的根本原因。第三世界特大城市的“耗散混沌结构”更是一种普遍现象，例如孟买、拉各斯、墨西哥城等。

2015 年 5 月 24 日，本书在第一稿写作过程中，约翰·纳什先生走了，我心中十分难过。因为，空间城市系统动因博弈均衡原理是建立在纳什均衡理论之上的。怀着对约翰·纳什先生的深深敬意，谨以短诗纪念约翰·纳什先生。

致纳什

死去元知万事空，
但闻感慨五洲同。
王师北定中原日，
天涯遥祭告纳翁。

(2) 空间城市系统分岔机理

① 空间城市系统分岔基本条件

“分岔”是空间城市系统演化的终极目标，图 5.39 表示了空间集聚变量、空间扩散变量、空间联结变量三维基本变量的空间城市系统人工干预辅助分岔过程。空间城市系统分岔是一种条件分岔，只有满足了时间、空间、事件的前提条件，才能实现理想的空间城市系统分岔。

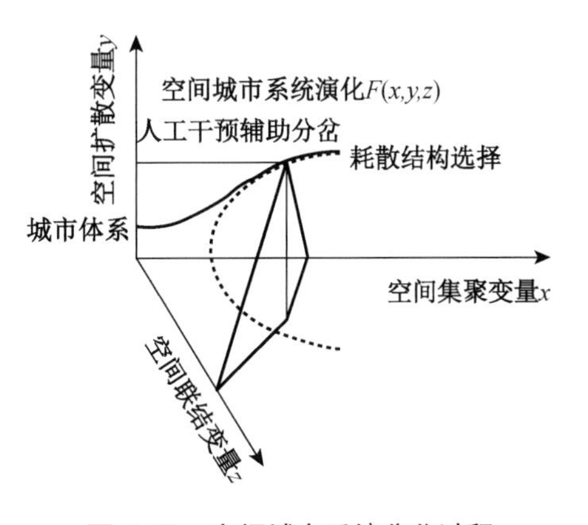

图 5.39 空间城市系统分岔过程

第一，演化准备条件。

首先，“演化准备条件”是一种“时间序”前提的条件。空间城市系统必须经过平衡态、近平衡态、近耗散态线性区、近耗散态非线性区的演化阶段，才能到达分岔。其次，“演化准备条件”是一种“空间序”前提的条件。空间城市系统空间集聚流、空间扩散流、空间联结流的有效运行，导致空间要素的转移，实现空间结构的变化。最后，“演化准备条件”是一种“事件概率”的前提条件。空间城市系统演化的每一种状态，都要满足熵减 $dS<0$ 的大概率事件，它要由自组织与他组织行为给予保证。

第二，空间动力条件。

分岔需要足够的空间动力条件保障。首先，“空间梯度”是近耗散态非线性区所具有的空间动力条件。其次，“空间涨落”是近耗散态非线性区不可或缺的空间动力条件，当到达分岔临界状态时，“巨涨落”成为分岔的主导动力条件。最后，“空间动因博弈均衡”是非线性演化自始至终的动力条件。

第三，人工干预条件。

空间城市系统分岔是一种人类属性复杂行为，“人工干预条件”是分岔的必然性前提条件。在空间规划、空间政策、空间工具的人工干预作用之下进行诱导对称破缺选择，即有序耗散结构选择。“人工干预条件”具有两个基本作用：一是增强有效巨涨落，迫使空间城市系统分岔进行最优组织“稳定有序耗散结构”的确定性选择。二是抑制有害微扰动，迫使空间城市系统分岔放弃自组织“稳定耗散混沌结构”概率选择。“空间规划”与“空间政策”是空间城市系统人工干预分岔最基本的形式，空间规划、空间政策、空间工具的配套体系化直接决定了有效巨涨落的强度，有害微扰动抑制程度是空间城市系统分岔的基本前提条件。

② 超临界叉式分岔

就理论而言，空间城市系统分岔可以有多种分岔类型，如鞍结分岔、跨临界分岔、叉式分岔等。就实践而言，空间城市系统分岔则常规性的被他组织规定在特定类型中。今以空间城市系统“实践”为标准，来讨论“超临界叉式分岔”模式。

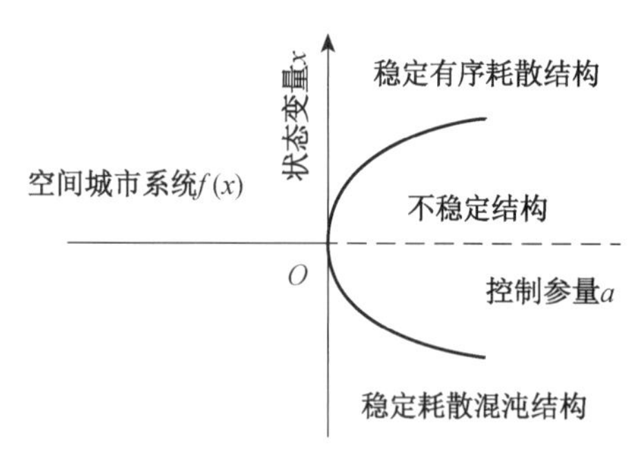

图 5.40　空间城市系统超临界叉式分岔

图 5.40 为一维空间城市系统 $f(x)$ 在自组织条件下，即不考虑人工干预作用，所发生的超临界叉式分岔，其中 x 表示空间城市系统的“状态变量”，a 表示空间城市系统“控制参量”，由“状态变量 x”与“控制参量 a”张成乘积空间。

空间城市系统超临界叉式分岔具有明显的对称性，不动点成对出现或消失。空间城市系统 $f(x)$ 表示为

$$\dot{x} = ax - x^3 \tag{5.48}$$

其不动点方程为

$$ax - x^3 = 0 \tag{5.49}$$

其一，当控制参量 $a < 0$ 时，有一个实数解 $x = 0$，代表空间城市系统的稳定平衡态。其二，当控制参量 $a = 0$ 时，为空间城市系统分岔点。在分岔点之前，控制参量 a 的变化只能引起系统量变；到达分岔点 $a = 0$ 时，空间城市系统 $f(x)$ 定性性质发生变化，系统有新的定态创生。其三，当控制参量 $a > 0$ 时，有三个不动点：$x_1 = 0$ 为不稳定结构，$x_2 = \sqrt{a}$ 为稳定有序耗散结构，$x_3 = -\sqrt{a}$ 为稳定耗散混沌结构。

③ 人工干预辅助分岔

图 5.41 为一维空间城市系统 $f(x)$ 的人工干预辅助分岔，即考虑人工干预作用，所发生的超临界叉式分岔，其中 x 表示空间城市系统的“状态变量”，λ 表示人工干预

条件下的空间城市系统“控制参量”，由“状态变量 x” 与人工干预“控制参量 λ” 张成乘积空间。

在“空间规划”与“空间政策”人工干预之下，空间城市系统 $f(x)$ 的巨涨落作用使得分岔选择的“稳定有序耗散结构” 与“稳定耗散混沌结构” 之间保持足够大的距离 S，则空间城市系统发生人工干预辅助分岔。空间城市系统 $f(x)$ 在分岔点 λ_c 处发生超临界叉式分岔。

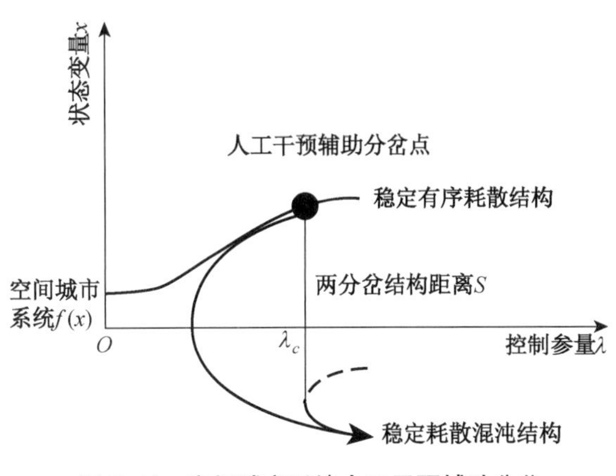

图 5.41　空间城市系统人工干预辅助分岔

其一，当 $\lambda < \lambda_c$ 时，空间城市系统 $f(x)$ 有实数解，代表空间城市系统演化的平衡态、近平衡态、近耗散态线性区、近耗散态非线性区。

其二，当 $\lambda = \lambda_c$ 时，为空间城市系统人工干预辅助分岔点。在分岔点之前，控制参量 λ 的变化只能引起系统量变；到达分岔点 λ_c 时，空间城市系统 $f(x)$ 定性性质发生变化，系统有确定性的稳定有序耗散结构定态创生。

其三，当 $\lambda > \lambda_c$ 时，因为人工干预的作用，“稳定有序耗散结构”被偏爱选择，“稳定耗散混沌结构”被放弃，不稳定结构更不可能发生。

④ 耗散混沌结构选择

空间城市系统分岔并不必然表现为“稳定有序耗散结构”选择，混沌现象是宇观、宏观、微观世界普遍存在的客观事实，空间城市系统“稳定耗散混沌结构”是现实世界中广泛存在的客观事实。空间城市系统“稳定耗散混沌结构”虽然不如“稳定有序耗散结构”完美，具有系统结构与系统功能上的缺陷，但是“稳定耗散混沌结构”更接近地球空间中空间城市系统发展的实际情况。因此，在空间城市系统分岔中，“稳定耗散混沌结构”占有十分重要的地位。

空间城市系统“耗散混沌结构”分岔为“非线性奇怪吸引子分岔”类型，表现为非周期性、表观混乱、极不规则、异常复杂。拥有“奇怪吸引子”与“长期行为不可预测”是“稳定耗散混沌结构”的基本特征。所有的简单有序吸引子，例如不动点、极限环、环面，都可能失稳分岔出“稳定耗散混沌结构”。“空间规划”与“空间治理”[①]的缺失或失衡，是空间城市系统“耗散混沌结构”产生的主要原因。“耗散混沌结构”广泛地存在于世界空间城市系统实践，特别是特大城市的无度扩张所产生的城市混沌现象。

如图 5.42 所示，在“空间规划”与“空间治理”缺失或失衡的情况下，在空间城市系统整体的巨涨落动力机制的作用下，在空间城市系统“局域平衡态动力机制”的作用

① 注意，在空间城市系统分岔之前，我们使用“空间规划”与“空间政策”概念；在空间城市系统分岔之后，我们使用“空间规划”与“空间治理”概念，以表示空间城市系统演化阶段与成熟阶段他组织人工干预的差异化。

下，在“空间动因博弈均衡动力”的作用下，空间城市系统稳定焦点失稳，发生空间城市系统分岔，产生“稳定耗散混沌结构”，这个分岔过程被称为空间城市系统“非线性奇怪吸引子分岔”。

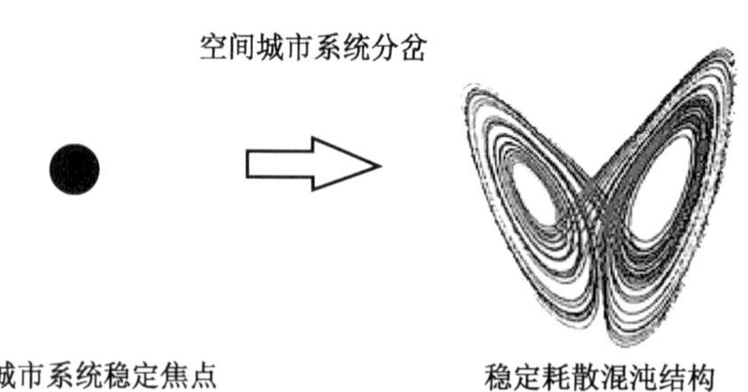

图 5.42　非线性奇怪吸引子分岔

⑤ 空间城市系统“空间极限环”

“空间极限环”是空间城市系统耗散结构的基本吸引子现象，它主要发生在多维度变量空间城市系统中，例如空间集聚变量、空间扩散变量、空间联结变量的三维空间城市系统中，主要有如下类型：

第一，空间城市系统霍普夫分岔。

1942 年，德国学者霍普夫(Hopf)提出了“霍普夫分岔”概念。空间城市系统霍普夫分岔发生在多维空间城市系统中，例如空间集聚变量、空间扩散变量、空间联结变量的三维空间城市系统。如图 5.43 所示，在空间城市系统的“巨涨落动力机制”的作用下、在“局域平衡态动力机制”的作用下、在“空间动因博弈均衡动力”的作用下，空间城市系统稳定焦点失稳，经过空间城市系统分岔，产生“耗散结构稳定极限环”，这个分岔过程被称为“空间城市系统霍普夫岔”。

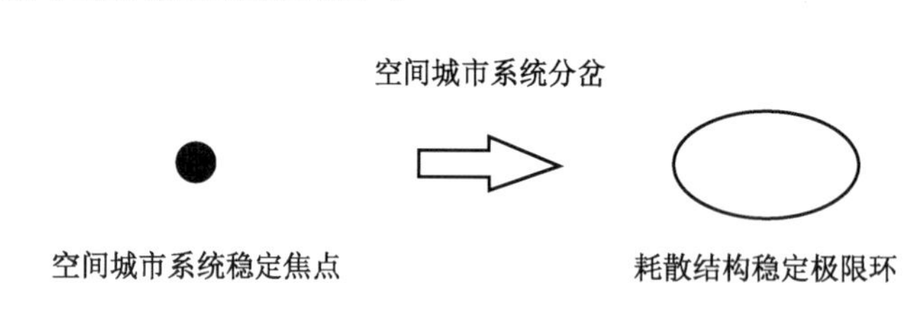

图 5.43　空间城市系统霍普夫分岔

第二，三维空间极限环分岔。

“三维空间极限环”是空间城市系统中很重要的耗散结构稳定极限环形式，特别是高级别的空间城市系统，包括空间集聚维度、空间扩散维度、空间联结维度，或者地理环境维度、人文环境维度、经济环境维度。如图 5.44 所示，在“空间规划”与“空间治理”的高强度人工干预下，经过空间城市系统整体的“巨涨落动力机制”的作用、“局域平衡态动力机制”的作用、“空间动因博弈均衡动力”的作用，“空间城市系统平面极限环”失稳，发生“空间城市系统分岔”，产生“耗散结构三维空间极限环”，这个分岔过程被称为空间城市系统“三维空间极限环分岔”。

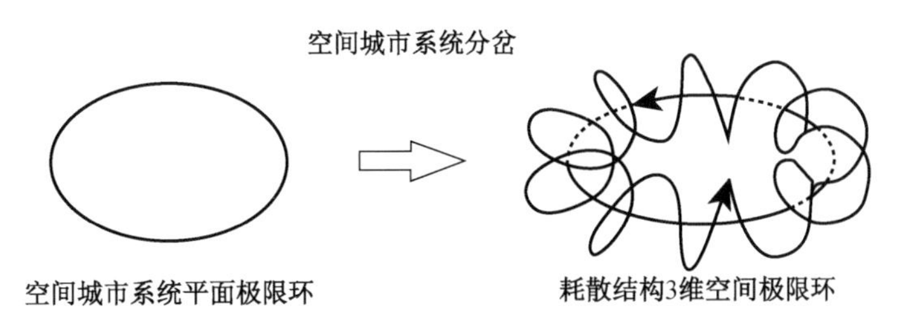

图 5.44　三维空间极限环分岔

(3) 空间城市系统突变机理

① 空间城市系统突变概念

空间城市系统分岔必然伴随“突变”现象，即“城市体系”定性性质的突然改变。“突变”是空间城市系统分岔另一种角度的解释。空间城市系统突变是指，在非线性演化分岔点的“近耗散态”定态向“耗散结构”定态的突然变化。“突变”是空间城市系统的一般性规律，是系统非线性演化的必然行为，只要满足分岔条件，空间城市系统“突变”就会产生。

空间城市系统“突变”是建立在空间城市系统演化“渐变”基础之上的。因为地理宏观性与演化长时段性，空间城市系统突变强调的是“非常剧烈的变化”，瞬时骤变性质是相对的。例如在上海空间城市系统演化过程中，空间要素重组导致空间结构发生了“非常剧烈的变化”，而上海空间城市系统突变的“瞬时骤变性”只能通过“上海外滩陆家嘴影像”表达出来。

② 空间城市系统突变过程①

如图 5.45 所示，空间城市系统“分岔”与“突变”是同一个动力学现象的不同解释，其中(a)(b)两张图表示了空间城市系统“突变”现象，图(c)表示了空间城市系统“分岔”现象解释。因此，空间城市系统突变过程可以表述如下：

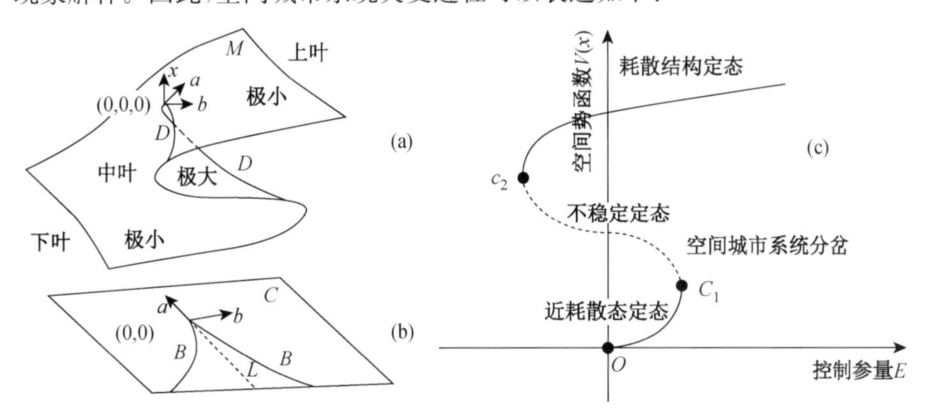

图 5.45　空间城市系统突变过程

① 本处内容参见：许国志.系统科学[M].上海：上海科技教育出版社，2000：81-83 相关内容。在此向原作者致谢，并统一说明，后续不单独予以摘引标注。

设势函数描述的空间城市系统为

$$V(x)=x^4+ax^2+bx \tag{5.50}$$

已有势系统知识①告诉我们，有势空间城市系统只有不动点型定态点，则有空间城市系统(5.50)的不动点方程为

$$\frac{\partial V(x)}{\partial x}=0 \tag{5.51}$$

将其代入公式(5.50)可得

$$4x^3+2ax+b=0 \tag{5.52}$$

如图5.45图(a)所示，该空间城市系统有：一维状态空间 x 轴，二维控制空间平面($a-b$)，构成三维乘积空间"a-b-x"，原点为(0, 0, 0)。则该空间城市系统所有不动点，构成3维乘积空间"a-b-x"中的一张三叶折叠曲面 M，即空间城市系统行为曲面 M。图5.45图(a)表示了空间城市系统行为曲面 M，从原点(0, 0, 0)开始在折叠区内逐渐展开：上叶、下叶是势函数 $V(x)$ 稳定不动点的集合(所有极小点)，势函数稳定；中叶是势函数 $V(x)$ 不稳定不动点的集合(所有极大点)，势函数不稳定。

图5.45图(b)表示了空间城市系统行为曲面 M 在控制平面"a-b"上的投影，折叠曲面中叶的两条边界(棱)投影到"a-b"平面上，得到由原点(0, 0)引出的尖拐曲线"B-B"。将公式(5.52)两边微分得

$$bx+a=0 \tag{5.53}$$

求解联立方程组(5.52)和(5.53)，消去 x 得

$$a^3+18a^2-54b=0 \tag{5.54}$$

公式(5.54)就是尖拐曲线"B-B"的方程，其上的每个点都是空间城市系统的分岔点，因此"B-B"曲线被称为空间城市系统分岔曲线。分岔曲线是参量平面中结构不稳定点的集合，当控制参量"$a-b$"的变化没有到达此曲线时，空间城市系统只有量的改变，一旦越过分岔曲线，空间城市系统就会出现定性性质的改变，从下叶跳到上叶，即空间城市系统进化，这是一般规律；或者从上叶跳到下叶，即空间城市系统退化，这种情况很少，属于逆向运行。

图5.45图(c)是空间城市系统分岔过程曲线，C_1 点以下实线代表空间城市系统近耗散态定态，对应着空间城市系统突变下叶；"C_1-C_2"虚线代表空间城市系统临界不稳定定态，对应着空间城市系统突变中叶；C_2 以上实线代表空间城市系统耗散结构定态，对应着空间城市系统突变上叶。

通过图5.45，可见"空间城市系统突变理论"与"空间城市系统分岔理论"是对空

① 参见：苗东升.系统科学精要[M].3版.北京：中国人民大学出版社，2010：92。

间城市系统产生过程的不同表述，两者之间具有内在统一性。

③ 空间城市系统突变特征

第一，长时段特征。

一方面空间城市系统“突变”遵循普遍的突变规律，如系统的“分岔—突变”规律；另一方面空间城市系统具有自己的特殊规律，主要表现在“地理宏观性与演化长时段性”上，特殊性导致了空间城市系统突变的“非常剧烈的变化”特征，而非“瞬时骤变性”。

第二，双稳态特征。

空间城市系统“突变”过程一定具有两个稳定定态，如“近耗散态定态”与“耗散结构定态”，对应于同一组控制参量 E，势函数 $V(x)$ 有不同的极小点。因此，才可能出现从“近耗散态定态”向“耗散结构定态”的跳跃，如前图 5.45 图(b)所示的尖拐突变双稳态特征。

第三，不可达性特征。

在“近耗散态定态”与“耗散结构定态”之间，一定存在不稳定定态(极大点)，它们是实际不可能实现的定态。如前图 5.45 图(c)所示的“C_1-C_2”虚线不稳定定态，表现在左上图的尖拐突变中，三叶折叠曲面中叶上的点就是不可达的。

第四，突跳特征。

如前图 5.45 图(c)所示，在分岔曲线上，空间城市系统从近耗散态下叶极小点到耗散结构态上叶极小点的转型是突然完成的。这就说明，空间城市系统演化由“城市体系”到“空间城市系统”定性性质的改变一定呈现突变的本质特性。例如上海空间城市系统由“城市体系”到“空间城市系统”定性性质的改变，一定会通过“上海外滩陆家嘴影像”突现出来。

第五，滞后特征。

如图 5.46 所示，在空间城市系统尖顶突变中，当控制参量“a-b”沿路径 1 变化首先碰到的是分岔曲线的右支，但不出现突跳，必须到达分岔曲线左支的 α 点时，空间城市系统才会发生突跳；沿路径 2 变化时，首先碰到的是分岔曲线的左支，但不发生突跳，必须到达右支的 β 点时才出现突跳，这种现象称之为滞后。“滞后特征”反映了空间城市系统“突变”的发生与控制参量“a-b”变化的方向有关，它对应于空间城市系统分岔中的滞后现象。

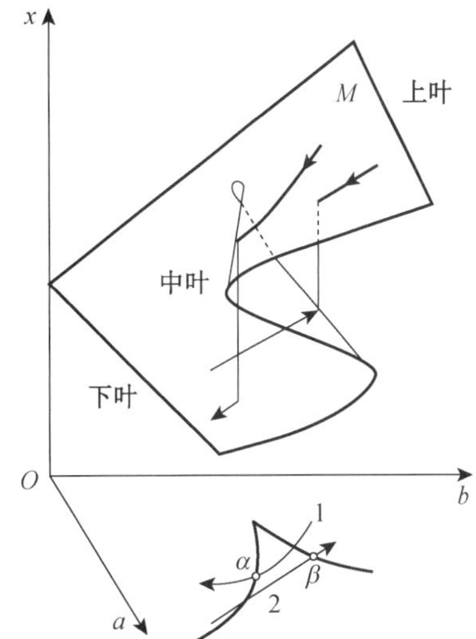

图 5.46 三叶折叠突变与分岔曲线

第六，发散特征。

如图 5.46 所示，从“a-b”控制参量平面看，在分岔曲线附近，控制参量变化路径的微小不同能够引起空间城市系统最终走向的重大差别。在分岔点附近，空间城市系统终态对控制参量变化路径的敏感依赖性，被称为空间城市系统的“发散”现象，在实践中表现为空间城市系统分岔对“空间规划”与“空间政策”控制参量的敏感性，此时要特别加强对空间城市系统的控制作用。

3）空间城市系统耗散结构分析

（1）空间城市系统耗散结构定义

① 空间城市系统耗散结构概念

空间城市系统“耗散结构”是指在开放的基本条件下远离平衡态的空间城市系统，通过不断地与外部环境进行物质、信息、能量的交流，经过线性演化与非线性演化，空间要素发生空间涨落作用，空间城市系统发生分岔，空间城市系统结构实现时空序上的有序状态，我们称之为空间城市系统“耗散结构”。

“耗散结构”状态的空间城市系统，具有系统“整体涌现性”以及稳定的“空间形态”与“空间结构”。空间城市系统“耗散结构”宏观上由“状态熵 S” 表示，具有统计确定性；微观上由“扰动熵 S_d” 表示，具有随机不确定性。空间城市系统“耗散结构”的基本性质为随机动态属性，它是多级空间城市系统演化的起始状态。空间城市系统“耗散结构”既具有一般自组织系统耗散结构的性质，又具有自己特殊的规律。

② 空间城市系统耗散结构特性

第一，随机性。

“随机性”是空间城市系统耗散结构的基本属性，是指“耗散结构”具有状态不确定性，注意它具有整体统计确定性。处理空间城市系统“随机性”的基本工具是概率统计数学。可以将空间城市系统“耗散结构”演化过程表示为一个随机变量 $X(x)$，其状态就是一个随机过程。

第二，非线性动态性。

“非线性动态性”是空间城市系统耗散结构的基本属性。所谓动态性是指耗散结构“随机变量 $X(x)$” 是时间 t 的函数，所谓非线性是指耗散结构不满足“叠加原理”。

第三，他组织性。

“他组织性”是空间城市系统耗散结构的基本属性，主要表现为“空间规划”与“空间治理”的外部人工控制。耗散结构“他组织性”具有运行与控制空间城市系统的目标，具有多级空间城市系统演化的目的。“空间治理”是对空间城市系统耗散结构“他组织性”最好的诠释名词。

第四，扰动熵 S_d 特性。

“扰动熵 S_d 特性” 是空间城市系统“耗散结构” 的标志性特征。空间城市系统“耗散结构” 已经不能通过状态熵 S 来表示其瞬时状态特征，“扰动熵 S_d” 成为“耗散结构”瞬时状态的基本标度量。

第五，稳定性。

“稳定性”是空间城市系统“耗散结构”维生机制的前提，空间城市系统“耗散结构”演化轨道具有李雅普诺夫稳定性，它的空间结构具有弱不稳定性，或随机稳定性。空间城市系统演化“耗散结构”具有稳定的“整体涌现性”，它是“空间规划”与“空间治理”

的落脚点，主导着空间城市系统的顺利运行，并向多级空间城市系统演化。

第六，动力性。

“动力性”保障了空间城市系统“耗散结构”的演化，在“空间涨落力”与“空间流博弈均衡动力”的作用下，保证了“耗散结构”的稳定运行，以及向多级空间城市系统的发展。“空间治理”他组织作用，推动“耗散结构”与外部环境进行人员、物资、信息、资金、能源的交流，以获得演化动力。

第七，吸引性。

“空间极限环”表现了空间城市系统“耗散结构”的吸引性，通过分岔由“稳定焦点”到“稳定极限环”再到“空间极限环”，“耗散结构”实现了“吸引性”的逐次升级。因为空间城市系统的三维性，包括空间集聚维度、空间扩散维度、空间联结维度，或者地理环境维度、人文环境维度、经济环境维度。空间城市系统“耗散结构”拥有“三维空间极限环”，将演化轨道牢牢地吸引在“空间极限环”吸引域之内。

第八，功能性。

所谓功能性是指空间城市系统“耗散结构”导致了空间城市系统功能的形成，它是人居空间功能的最高级形式，是人类生态与信息文明的主要容器。“功能性”还体现在低级空间城市系统向高级空间城市系统的进化现象上。

(2) 空间城市系统耗散结构表述

① 耗散结构定量表述①

概率数学方法是定量表述空间城市系统“耗散结构”的基本方法，为了表述空间城市系统“耗散结构”随机变量 $X(x)$ 取值的概率分布，即概率

$$p_k = P\{X = x_k\} \tag{5.55}$$

用表 5.14 来表达空间城市系统“耗散结构”随机变量 $X(x)$ 所对应的概率分布 $P(p)$。

表 5.14 耗散结构概率表示

X	x_1	x_2	x_3	…	x_k	…
P	p_1	p_2	p_3	…	p_k	…

公式(5.55)以及表 5.14 表示了空间城市系统“耗散结构”的概率分布特性，即随机变量 $X(x_k)$ 与概率分布 $P(p_k)$ 的对应关系。

将空间城市系统“耗散结构”随机变量 $X(x)$ 的数学期望记为 $E(X)$ 或 EX，并且有

$$E(X) = \sum_k x_k p_k \quad (k = 1,\ 2,\ \cdots) \tag{5.56}$$

① 本处内容参见：苗东升.系统科学精要[M].3 版.北京：中国人民大学出版社，2010：134 相关内容。在此向原作者致谢，并统一说明，后续不单独予以摘引标注。

将空间城市系统"耗散结构"随机变量 $X(x)$ 的方差记为 $D(X)$，并且有

$$D(X)=\sum_{k}(x_k-EX)^2 p_k \quad (k=1,\ 2,\ \cdots) \tag{5.57}$$

数学期望 $E(X)$ 或 EX、方差 $D(X)$ 是定量表述空间城市系统"耗散结构"的重要标度参数。由此，随机变量 $X(x)$、概率分布 $P(p)$、数学期望 $E(X)$、方差 $D(X)$ 形成了空间城市系统"耗散结构"重要的定量表述方法。

在一般情况下，就动力学所表达的空间城市系统"耗散结构"可以表述为以下的随机动态系统方程：

$$\dot{x}=f(x,\ t)+F(t) \tag{5.58}$$

其中，$f(x,\ t)$ 表示空间城市系统确定性动力学方程；$F(t)$ 表示"耗散结构"随机作用项。针对具体的空间城市系统"耗散结构"定量方式表达，要根据上述基本原则，再结合实际条件进行表述。

② 耗散结构演化分析

如图 5.47 所示，空间城市系统"耗散结构"可以表述为随机变量 $X(x)$ 的数列，它具有 $P(p)$ 的概率分布，数学期望为 $E(X)$，方差为 $D(X)$。空间城市系统"耗散结构"的动力学演化可以用随机动态系统方程进行表述。空间城市系统"耗散结构"的主要随机状态表达量为扰动熵 S_d，它的宏观状态表达量为状态熵 S。空间城市系统"扰动熵原理"全面表述了"耗散结构"随机状态的内在规律。

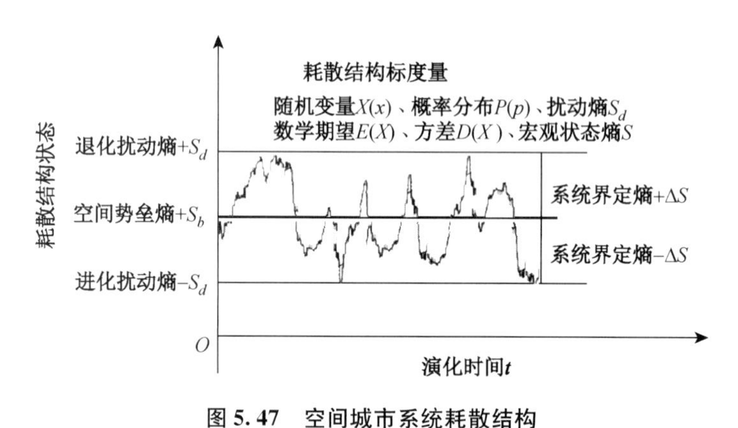

图 5.47　空间城市系统耗散结构

5.6.4　耗散结构"扰动熵原理"

1）"扰动熵原理"综述

（1）扰动熵问题源起

① 耗散结构"扰动熵"变量

在空间城市系统分岔之前的线性与非线性演化过程中，我们始终强调空间城市系统的动力机制，如"空间梯度"动力机制、"空间涨落"动力机制。但是，在分岔之后，自

激振荡与他激振荡成为“耗散结构”新动力源，而“扰动熵”成为耗散结构状态的表征量。正如普里戈金所说：“这是非常本质的一点，向半群的过渡已经把动力学系统的轨道随机性一笔勾销。这一点与出现在宏观层次上的实验情形是完全一致的。这并不意味着一切随机性均被消灭了。相反，在现在，人们对‘混沌吸引中心’有着更大的兴趣。这里，宏观轨道仍然保持着大量的随机性，这些随机性可能还是用李雅普诺夫数来表征的。”[22]

将普里戈金论述应用于空间城市系统耗散结构则有如下结论：第一，空间城市系统动力学性质的演化轨道随机性已经失效，被“耗散结构”的确定性替代。第二，“耗散结构”演化宏观轨道仍然保持大量的随机性。第三，“耗散结构”存在“空间极限环”，而且空间极限环是空间城市系统“耗散结构”演化的主要牵引动力源。第四，“耗散结构”随机状态情况由“扰动熵”予以表征。

正如普里戈金所说：“熵为我们提供了一个选择原则，这个选择原则是一个新的原则，它不能从动力学推演出来。”[23]“扰动熵变量”是不守恒的，它具有不可逆特性，具有可增减性。“扰动熵变量”具有对空间城市系统进化与退化的选择性，具有对空间城市系统“空间结构”有序与无序的表征性，具有对空间城市系统时间序与空间序的诠释性。空间城市系统涨落是与“扰动熵”的增减相关联的，即我们可以通过“扰动熵”的变化来表征空间城市系统涨落，如果说分岔的巨涨落实现了空间城市系统时空结构的性质变化，那么“耗散结构”的微涨落就实现了空间城市系统时空结构的优化，正所谓：通过涨落到达有序，通过涨落优化有序，通过“扰动熵变化”表达涨落。

② “局域平衡假说”适用范围

关于“远离平衡态”耗散结构熵的规律在系统科学中少有表述，中国系统科学学者姜璐说：“对于远离平衡的非线性区，人们怎样努力也未找到一个量，它在系统演化过程中的变化有一定方向（人们开始试图利用熵产生，后来又试图利用超熵产生，使其在系统演化过程中有确定变化趋势，但都未成功）。人们只好承认在远离平衡的非线性区无法将系统演化方向与熵或者与熵有关的物理量之固定变化趋势联系起来。在与外界交换物质、能量的过程中，系统的熵可能增加，也可能减少。”[24]

普里戈金提出了“局域平衡假说”[25]。“这个假说指出，一个系统从整体上看是非平衡的，但可以采用一定的方式将系统分为许多从宏观上看足够小、从微观上看又足够大的单元。一方面，每个单元从宏观上看是充分小的，因而其内部的各种性能在一个很短的时间内可以看作是均匀平衡的；另一方面，每个单元从微观上看又是非常大的，它包含有许许多多个粒子，因此仍然可以看作是一个宏观热力学体系。这样巧妙地处理了宏观和微观、整体和局部的关系，就可以把一个非平衡态的问题化为许多个局域平衡的问题来研究。……一个非平衡系统其局域是平衡的，就可以把平衡热力学得到的许多概念、方法推广来研究非平衡态。……既然每一个小单元是局域平衡的，就可以引入局域熵的概念。由于熵是一个广延量，对各个小单元的局域熵求和就可以得到整个非平衡系统的总熵。通过局域平衡假定，把熵的概念推广到远离平衡态热力学，又可以得到一系列新的概念和方程，例如‘剩余熵产生’‘三分子模型’等。……局域平衡假定，是他（普里戈金）建立耗散结构理论的另一个重要出发点。”[26]

“局域平衡假说”适用于分岔过程的非平衡态，普里戈金指出，“为了把热力学推广到非平衡过程，我们需要一个对于熵产生的准确表达。由于假定了甚至在平衡态之外，S（熵）也只依赖于在平衡态时的同一些变量，因而在这一方向上取得了一些进展。这就是‘局部’平衡假定。一旦采纳这个假定，我们就得到单位时间内的熵产生 P：$P=\frac{\mathrm{d_i}S}{\mathrm{d}t}=\sum_{\rho}J_{\rho}X_{\rho}\geqslant 0(4)$。式中，$J_{\rho}$ 是所包含的各种不可逆过程（化学反应、热流、扩散）的速率，而 X_{ρ} 是相应的广义力（亲和力、温度梯度、化学势梯度）。方程（4）是不可逆过程宏观热力学的基本公式”[27]。在“非么正变换理论”中，普里戈金指出，“现在是在通过算子 L 表示的力学与通过 M 表示的‘热力学’之间的非对易。这样，我们得到了一种新的、非常有意思的，在具有轨道或波函数的力学与具有熵的热力学之间的互补性。这样，可逆过程与不可逆过程之间的宏观的热力学的差异转变为微观的描述”[28]。

很显然，普里戈金“局域平衡假说”的研究对象是从平衡态到非平衡态的系统分岔过程，适用于平衡态的熵产生理论。通过“局域平衡假说”应用到了非平衡态，为分岔过程熵的机理做了解释，也成为普里戈金建立耗散结构理论的另一个基本点。

③ “局域平衡假说”不适用范围

普里戈金的“局域平衡假说”提出了非平衡态熵产生的机理，在科学哲学上称其为“科学假说”。就科学哲学的一般规律而言，“科学假说”具有一定的界定条件和适用范围。同样“局域平衡假说”适用于系统分岔过程，是基于分岔“瞬时”条件的。但是当空间城市系统经过“分岔点”进入“耗散结构”之后，由于空间城市系统“耗散结构”呈现长时段特征，不再满足“瞬时”条件，因此“局域平衡假说”不适用于长时间稳定的“耗散结构”。

首先，我们查阅了普里戈金以及尼科利斯的原著，在《从存在到演化》《从混沌到有序》《非平衡态统计力学》《非平衡系统的自组织》《探索复杂性》中，都没有“局域平衡假说”以及“局域熵”适用于分岔之后稳定“耗散结构”的相关论述。这说明普里戈金“局域平衡假说”以及“局域熵”概念并不是关于分岔之后系统“耗散结构”的“熵假说”。

其次，“局域平衡假说”不能适用于空间城市系统的“耗散结构”：其一，加和性不适用。空间城市系统状态由系统熵表征，而空间城市系统状态整体涌现性不等于各局部状态涌现性之和，因此空间城市系统整体熵不等于各局部熵之和。其二，直接性不适用。“局域平衡假说”通过局部熵的加和形成系统整体熵，是由局部间接反映系统整体状态。而空间城市系统“耗散结构”呈现出整体稳定的状态，要求进行空间城市系统整体状态的直接表达，因此“局域平衡假说”呈现直接性不适用。其三，瞬时性不适用。空间城市系统“耗散结构”具有瞬时性特征，空间城市系统在振荡动力的作用下，包括自激振荡和他激振荡，表现为状态进化和退化的瞬时行为。“局域熵”必然是一个瞬时性的跳跃变量，没有现实存在的可能性。因此“局域平衡假说”呈现出瞬时不适用性。

最后，“局域平衡假说”与空间城市系统“耗散结构”实践不相符合。长江三角洲空间城市系统是相对成熟的系统，可近似为空间城市系统“耗散结构”状态。它的四个子系统，即上海空间城市系统、南京空间城市系统、杭州空间城市系统、合肥空间城市系统，各自处于不同的发展阶段，子系统状态显然具有层次性、阶段性、差异性，因此各子系统熵逻辑具有层次性、阶段性、差异性。长江三角洲空间城市系统状态整体涌现性不等于各子系统状态涌现性之和，是一个显然的客观事实，则长江三角洲空间城市系统状态整体熵不等于各子系统状态局部熵之和是一个具有逻辑性的结果。

④ 扰动熵的提出

立足于空间城市系统“耗散结构”实践，适应于空间城市系统“耗散结构”整体性、直接性、瞬时性的要求，基于空间城市系统“耗散结构”周期扰动性状态机制，基于空间城市系统“耗散结构”的长时段特性，我们提出耗散结构“扰动熵原理”。“扰动熵”是空间城市系统“耗散结构”状态的表征变量，它解释了振荡动力机制下的空间城市系统瞬时进化与退化现象。而空间城市系统“耗散结构”宏观状态熵已经成为一个确定性变量，不能反映“耗散结构”的随机变化情况。因其对空间城市系统“耗散结构”的解释功能，“扰动熵原理”成为空间城市系统非线性演化的基本理论之一。

(2) 扰动熵的根据

① 扰动熵的哲学根据

“耗散结构”是空间城市系统演化的终态，而熵是系统必然具有的基本属性，因此“耗散结构”一定具有熵的普遍化属性，这是“耗散结构熵”的一般性规律。耗散结构“扰动熵”的特殊性规律主要表现在：首先，空间城市系统“耗散结构”为稳定的定态，负熵流是“耗散结构”保持的基本条件，即空间城市系统总熵为非正值，有 $dS \leqslant 0$。其次，系统“耗散结构”的扰动熵变量可能增加也可能减少，与“耗散结构”定性性质无关。最后，空间城市系统“耗散结构”扰动熵变量已经失去了空间城市系统整体演化方向判据的功能，系统整体保持在稳定的“耗散结构”状态，空间城市系统具有“耗散结构”稳定空间极限环。

综上所述，一般性规律决定了空间城市系统“耗散结构”具有熵的确定性，特殊性规律决定了空间城市系统“扰动熵”的专属性。因此，空间城市系统“扰动熵”具有了哲学意义上的逻辑根据，为耗散结构“扰动熵原理”提供了逻辑合理性。

② 扰动熵的理论根据

普里戈金在《从存在到演化》一书中表述了在系统非平衡态中关于“微扰”和“残余熵”的概念：“然而 $\delta^2 S$ [①]对时间的导数不再和总的熵产生有关，而是和这个微扰所引起的熵产生有关。

如格兰斯多夫和我已经证明的那样，我们现在有

① $\delta^2 S$ 即微扰，见普里戈金《从存在到演化》第 55 页相关概念(公式号按本书已改)。

$$\frac{1}{2}\frac{\partial}{\partial t}\delta^2 S=\sum_{\rho}\delta J_{\rho}\delta X_{\rho} \tag{5.59}$$

右边就是我们所称谓的剩余熵产生。让我们再次强调，δJ_{ρ} 和 δX_{ρ} 是对定态 J_{ρ} 和 X_{ρ} 的偏离，而该定态的稳定性是我们正要通过微扰来检验的。和平衡态或近平衡态所发生的情况相反，方程(5.59)的右边(即剩余熵产生)在一般情况下具有不确定的符号。……注意，在线性区，剩余熵产生和熵产生有相同的符号，我们就又得到最小熵产生定理的同一结果。但在远离平衡态的区域中情况改变了。在那里，化学动力学①的形式起着主要的作用。"[29]普里戈金说："当我们引入微扰 V，我们希望这个不变量'延续'成为一个新的称为 ϕ 的不变量。"[30]

将普里戈金的上述观点应用于空间城市系统"耗散结构"，我们可以得出这样的结论：其一，空间城市系统非线性"耗散结构"是存在"剩余熵"的，即"扰动熵"；其二，空间城市系统"耗散结构"的总熵与空间城市系统"扰动熵"(残余熵)是不同的概念；其三，空间城市系统"耗散结构"定态的稳定性要通过微扰(扰动熵)来检验；其四，空间城市系统"耗散结构"扰动熵(残余熵)具有不确定的正负符号，以表示空间城市系统瞬时进化与退化现象；其五，空间城市系统"耗散结构"由动力学机制转化为"空间涨落"与"动因博弈均衡"动力机制，由"扰动熵"进行状态表达。普里戈金关于"微扰剩余熵"的定性与定量证明，为空间城市系统"扰动熵"提供了理论基础。因此，就本质意义而言，耗散结构"扰动熵原理"是对普里戈金非平衡态"微扰剩余熵"理论的继承与发展。

③ 扰动熵的实践根据

在空间城市系统演化实践中，我们可以发现"扰动熵"的实践例证。

第一，"扰动熵减"实践例证。2016 年，青岛空间城市系统的青岛主中心城市可近似为"耗散结构"状态。在 2016 年 12 月时间点，青岛地铁 3 号线的日人均流量超过 10 万人，将大大改善青岛的公共交通局面。这种"地铁扰动状态"可以用"地铁扰动熵"进行表征：首先，青岛空间城市系统宏观状态是一定的，即系统宏观状态熵是一定的，不受地铁扰动作用影响，即"系统状态熵"与"地铁扰动熵"是不同的变量。其次，地铁扰动作用改善了青岛公共交通状态，对青岛状态产生了瞬时振荡作用，而"地铁扰动熵"表征了这种瞬时振荡状态。最后，青岛主中心城市状态的有序化，说明地铁扰动作用导致了青岛空间城市系统的进化，即"扰动熵"为负值的扰动熵减现象。

第二，"扰动熵增"实践例证。2016 年，济南空间城市系统的济南主中心城市可近似为"耗散结构"状态。在 2016 年 12 月时间点，济南高架桥与地铁的"快速交通体系"建设，造成了济南公共交通成为全国的"首堵"局面。这种"交通扰动状态"可以用"交通扰动熵"进行表征：首先，济南空间城市系统宏观状态是一定的，即系统宏观状态熵是一定的，不受交通扰动作用影响，即"系统状态熵"与"交通扰动熵"是不同的变量。

① 化学动力学即熵动力机制，而不是机械动力学机制。

其次，交通扰动作用影响了济南公共交通状态，对济南状态产生了瞬时振荡作用，而“交通扰动熵”表征了这种瞬时振荡状态。最后，济南主中心城市状态的无序化，说明交通扰动作用导致了系统的退化，即“扰动熵”为正值的扰动熵增现象。

上述空间城市系统实践例证，为空间城市系统“扰动熵”提供了实践根据。而且空间城市系统演化的空间宏观性质和时间缓慢性质，使得空间城市系统扰动作用可观察、可测量、可控制，即系统“扰动熵”具有可观性、可测性、可控性。因此，耗散结构“扰动熵原理”是建立在空间城市系统实践基础之上的科学事实。

（3）扰动熵命题确立

综上所述，基于“扰动熵”的哲学根据、“扰动熵”的理论根据、“扰动熵”的实践根据、空间城市系统系统“耗散结构”的长时段性质，我们提出空间城市系统耗散结构的“扰动熵原理”命题：在空间城市系统非线性演化稳定的“耗散结构”定态，空间城市系统处于周期性瞬时振荡作用状态，“扰动熵”是对这种状态的表征变量。我们将空间城市系统“扰动熵”的规律称为“扰动熵原理”，它是空间城市系统“耗散结构”熵的基本规律，而“扰动熵”的哲学根据、理论根据、实践根据、“耗散结构”长时段性质，使“扰动熵”命题确立为科学事实的真命题。

2）扰动熵定义

（1）扰动熵概念

在空间城市系统耗散结构定态，空间城市系统处于周期性瞬时振荡作用状态，“扰动熵 S_d”是对空间城市系统这种非线性耗散结构稳定状态的表征变量。“扰动熵 S_d”表述了空间城市系统“耗散结构”被扰动的瞬时状态演化情况。“扰动熵减”表示空间城市系统为瞬时进化状态，即 $S_d < 0$；“扰动熵增”表示空间城市系统为瞬时退化状态，即 $S_d > 0$；“扰动熵为零”表示空间城市系统为瞬时静止状态，即 $S_d = 0$。就物理意义而言，“扰动熵 S_d”反映了空间城市系统“耗散结构”空间要素微扰的基本情况。

在空间城市系统耗散结构定态，空间城市系统宏观状态熵 S 为非正值，即 $\mathrm{d}S \leqslant 0$，空间城市系统宏观状态熵 S 在数量上等于当时系统扰动熵的绝对值，即 $S = -|S_d|$。也就是说，空间城市系统宏观状态熵 S 是系统“扰动熵 S_d”的极限界定值。空间城市系统宏观状态熵 S 规定了空间城市系统整体演化方向，而“扰动熵 S_d”则反映了空间城市系统振荡的瞬时状态情况。对于空间城市系统“耗散结构”，空间城市系统宏观状态熵 S 已经成为一个确定性变量，不能反映“耗散结构”的随机变化情况，而“扰动熵 S_d”则承担了“耗散结构”状态的表征功能。

（2）扰动熵特性

① 基本特性

“扰动熵 S_d”是空间城市系统耗散结构定态的基本表征量，它反映了空间城市系统状态瞬时变化的基本情况，为我们提供了空间城市系统宏观状态熵 S 的表达方法。因此，空间城市系统扰动熵具有基本特性。

② 扰动特性

"扰动熵 S_d" 表征了空间城市系统"耗散结构" 的瞬时扰动状态，表达了"耗散结构" 定态振荡的基本情况，反映了空间要素微扰调整的基本情况。"扰动熵 S_d" 不能表征空间城市系统的宏观性质，但它是系统宏观总状态熵 S 绝对量值的表征变量。

③ 正负特性

正负特性是"扰动熵 S_d" 的基本性质，"扰动熵减 $-S_d$" 代表空间城市系统瞬时进化，"扰动熵增 $+S_d$" 代表空间城市系统瞬时退化。"扰动熵 S_d" 的正负特性代表了空间城市系统耗散结构瞬时概率选择的状态特征，在物理意义上它意味着空间城市系统结构瞬时的无序与有序两种可能性。

④ 随机特性

随机特性是"扰动熵 S_d" 的基本性质，它说明了空间城市系统耗散结构是一种具有统计确定性的或然现象。我们可以在宏观上确定耗散结构的定性性质，不能在微观上确定耗散结构的事件发生，"扰动熵 S_d" 恰好表达了这种概率事件的发生状态。

⑤ 长时段特性

空间城市系统的"巨大系统"属性决定了"耗散结构"的长时段特性，而"耗散结构"的长时段特性又成为"扰动熵"机理产生与存在的基础，长时段特性决定了"巨大系统"耗散结构"扰动熵 S_d" 机理的凸显。

3）扰动熵机理

(1) "耗散结构"宏观机理

如图 5.48 所示，空间城市系统"耗散结构"的宏观性质由空间势垒熵 S_b 所确定，即稳定的耗散结构定态。空间势垒熵 S_b（即分岔熵 S_b）标志着"耗散结构" 的产生，它等于空间城市系统近耗散态非线性最小熵"$S_{\min} - \Delta S_m$"。空间城市系统总状态熵 S 被界定在 $[-\Delta S, +\Delta S]$ 区间，它规定了"扰动熵 S_d" 的振荡范围，确定了"耗散结构"的宏观定性性质。

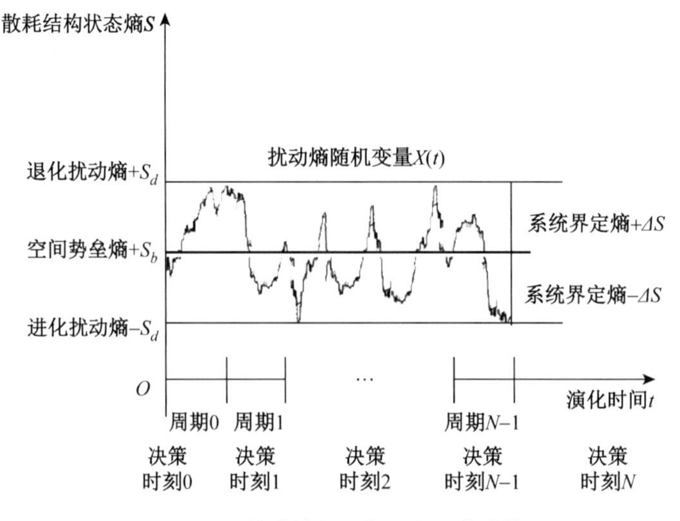

图 5.48　扰动熵机理与马尔可夫决策

（2）“耗散结构”瞬时机理

如图5.48所示，空间城市系统“耗散结构”瞬时性质由“扰动熵 S_d”所确定，“耗散结构”瞬时退化状态由 $+S_d$ 表示，瞬时进化状态由 $-S_d$ 表示。空间城市系统“扰动熵 S_d”波谱曲线呈现不规则的非线性变化，且有

$$S_d = S_b \pm \Delta S \tag{5.60}$$

即空间城市系统耗散结构“扰动熵 S_d”等于系统空间势垒熵 S_b 与系统界定熵 $\pm\Delta S$ 之和。“扰动熵”可以为正值也可以为负值，“扰动熵减 $-S_d$”表示有序扰动作用，“扰动熵增 $+S_d$”表示无序扰动作用。耗散结构“扰动熵 S_d”的物理意义代表了空间要素微扰变化，即“空间涨落”导致空间城市系统“耗散结构”瞬时状态变化的情况。

（3）“系统宏观熵 S”与“扰动熵 S_d”关系

因为空间城市系统始终处于“耗散结构”定态，所以空间城市系统宏观状态熵 S 为非正值，即 $dS \leqslant 0$。如图5.48所示，空间城市系统宏观熵 S 是系统“扰动熵 S_d”的界定值，界定区间为 $[-\Delta S, +\Delta S]$，空间城市系统宏观状态熵 S 在数量上等于当时系统“扰动熵”的绝对值，即 $S = -|S_d|$。空间城市系统宏观熵 S 是“扰动熵 S_d”的长时段限制条件，空间城市系统“扰动熵 S_d”是系统宏观熵 S 的瞬时绝对值表达变量。

4）扰动熵马尔可夫计算方法①

如图5.48所示，耗散结构“扰动熵”可以用一个随时间变化的扰动熵随机变量 $X(t)$ 来描述，则空间城市系统“扰动熵”可以表述为一个马尔可夫随机过程。马尔可夫链是空间城市系统“扰动熵”随机变量 $X(t)$ 的基本表达方法，即“耗散结构”t_n 时刻的扰动熵只与“耗散结构”t_{n-1} 时刻的扰动熵有关，与更早时刻扰动熵随机变量 $X(t)$ 的取值无关。“扰动熵”随机变量 $X(t)$ 只对最近的演化数据有记忆，表示为扰动熵跃迁概率 $P(x_n, t_n \mid x_{n-1}, t_{n-1})$。设空间城市系统“耗散结构”任意 n 个相继时刻 $t_1 < t_2 < \cdots < t_n$，则空间城市系统“耗散结构”扰动熵 S_d 的概率密度为

$$\begin{aligned} &P_{n,n-1}(x_n, t_n \mid x_{n-1}, t_{n-1}; \cdots; x_1, t_1) \\ =&P(x_n, t_n \mid x_{n-1}, t_{n-1}) \end{aligned} \tag{5.61}$$

根据马尔可夫过程定义(5.61)有

$$\begin{aligned} &P_3(x_3, t_3; x_2, t_2; x_1, t_1) \\ &= P_{3,2}(x_3, t_3 \mid x_2, t_2; x_1, t_1)P_2(x_2, t_2; x_1, t_1) \\ &= P(x_3, t_3 \mid x_2, t_2)P(x_2, t_2 \mid x_1, t_1)P_1(x_1, t_1) \end{aligned} \tag{5.62}$$

继续进行可得

① 本处相关内容参见：许国志.系统科学[M].上海：上海科技教育出版社，2000：147的论述。在此向原作者致谢，并统一说明，后续不单独予以摘引标注。

$$P_n(x_n, t_n; x_{n-1}, t_{n-1}; \cdots; x_1, t_1) = \prod_{i=2}^{n} P(x_i, t_i \mid x_{i-1}, t_{i-1}) P_1(x_1, t_1) \tag{5.63}$$

根据“耗散结构”扰动熵定义有初始态“扰动熵”为空间势垒熵 S_b，为一定值，即有

$$P_1(x_1, t_1) = S_b \tag{5.64}$$

代入公式(5.63)可得“耗散结构”扰动熵 S_d 的概率分布为

$$P_n(x_n, t_n; x_{n-1}, t_{n-1}; \cdots; x_1, t_1) = \prod_{i=2}^{n} P(x_i, t_i \mid x_{i-1}, t_{i-1}) S_b \tag{5.65}$$

即有

$$S_d = \prod_{i=2}^{n} P(x_i, t_i \mid x_{i-1}, t_{i-1}) S_b \tag{5.66}$$

上式说明对于空间城市系统“耗散结构”，我们可以测得任意时刻 t_i 与 t_{i-1} 的瞬时熵值，获得扰动熵跃迁概率 $P(x_i, t_i \mid x_{i-1}, t_{i-1})$。此时，空间城市系统“耗散结构”的扰动熵 S_d 等于扰动熵跃迁概率与空间势垒熵 S_b 的连乘积。在空间城市系统“耗散结构”中，通过“扰动熵 S_d”的定量数值，可以确定当时空间城市系统“耗散结构”的演化状态情况，即“耗散结构”处于瞬时进化或退化的振荡情况。

5）扰动熵马尔可夫决策

（1）扰动熵马尔可夫决策定义

“扰动熵马尔可夫决策”是指基于空间城市系统扰动熵马尔可夫随机过程。做出的空间城市系统空间规划、空间政策、空间工具的动态空间治理行为。通过空间治理的马尔可夫决策调整，实现对空间城市系统“耗散结构”的随机控制，保证空间城市系统“耗散结构”的维生性与发展性。

“扰动熵马尔可夫决策”的基本特性与基本原则包括三个：首先，“扰动熵马尔可夫决策”是空间城市系统战略空间规划的短期空间治理实施决策，决策者根据扰动熵的马尔可夫链计算结果对空间治理的下一步行动做出序贯的最优决策。其次，“扰动熵马尔可夫决策”要与空间城市系统控制协调使用，特别是与“空间城市系统脑控制机构”及“控制信息系统”配合使用，才能做出动态、快速、精确的空间治理决策。最后，要特别注意“扰动熵马尔可夫决策”的适用条件，它用于空间城市系统非线性演化的“耗散结构”状态，而“随机动态系统”“状态转移概率”“决策控制变量”都是“扰动熵马尔可夫决策”的基础性适用条件。

（2）扰动熵马尔可夫决策模型

① 马尔可夫决策扰动熵根据

空间城市系统“耗散结构”的马尔可夫决策是以“扰动熵 S_d”计算值为基本根据

的,“耗散结构”瞬时“扰动熵 S_d 值”表达了当时空间城市系统“耗散结构”的状态情况,它决定于空间城市系统的“空间涨落”,反映了空间城市系统物质、信息、能量的交流情况。而空间城市系统耗散结构“扰动熵 S_d”由公式(5.66)给出,即有 $S_d = \prod_{i=2}^{n} P(x_i, t_i \mid x_{i-1}, t_{i-1}) S_b$ 为马尔可夫决策的扰动熵根据,它是空间城市系统“耗散结构”马尔可夫决策的基础。

② 马尔可夫决策五元组模型①

空间城市系统“耗散结构”马尔可夫决策过程主要包括决策周期、状态、行动、转移概率、报酬五个方面。根据空间城市系统“扰动熵 S_d”,适时做出空间治理行动选择,包括空间规划、空间政策、空间工具三个层面,以期达到决策者所期望的系统“耗散结构”的维生与发展目标。因为“扰动熵 S_d”随机过程是持续发展的,过去的决策通过“状态转移概率”影响到当时的决策,未来的决策通过“状态转移概率”又受制于当时的决策。因此,空间城市系统“耗散结构”马尔可夫决策要考虑前见、现见、预见三种状态,做出综合平衡最优决策。“马尔可夫决策五元组模型”是空间城市系统“耗散结构”马尔可夫决策过程的表达形式,我们记为

$$\{T, S, A(i), P(\cdot \mid i, a), r(i, a)\} \tag{5.67}$$

空间城市系统耗散结构“马尔可夫决策五元组模型”的定义与解释可以分为三个基本的方面以及各分类子项。

第一,决策时刻与周期。

如前图 5.48 所示,在“耗散结构”扰动熵随机过程中,所选取的行动时间点即为空间城市系统“耗散结构”决策时刻,记为 t,记 T 为所有决策时刻的点集。每两个相邻的“耗散结构”决策时刻被称为一个决策周期,空间城市系统“耗散结构”为有限阶段的决策时刻集,记为 $T=\{0, 1, 2, \cdots, N\}$。

第二,状态与行动集。

如前图 5.48 所示,在每个决策时刻,对空间城市系统“扰动熵 S_d”的描述就是状态表达,记扰动熵的所有可能状态为 S,即状态空间。如果在任意一个决策时刻,决策者观察到的扰动熵状态是 $i \in S$,就可以在这个扰动熵状态 i 的可用行动集 $A(i)$ 中选取行动 a,其中 $A(i)$ 为空间城市系统“耗散结构”行动空间。空间城市系统“耗散结构”行动的选取可以是确定性的,只选取一个,也可以在多个可用的行动中随机性的选取。

第三,转移概率与报酬。

在任意一个空间城市系统“耗散结构”决策时刻,在“耗散结构”的状态 i 采取行动 $a \in A(i)$ 之后,有两个结果:一是决策者获得报酬 $r(i, a)$;二是下一个决策时刻“耗

① 本处相关内容参见:刘克、曹平.马尔可夫决策过程理论与应用[M].北京:科学出版社,2015:7-9 的论述。在此向原作者致谢,并统一说明,后续不单独予以摘引标注。

散结构”所处的状态由概率分布 $P(\cdot | i, a)$ 决定。

所谓报酬 $r(i, a)$ 是定义在 $i \in S$ 和 $a \in A(i)$ 上的实值函数。当“报酬 $r(i, a)$”为正值时表示收入，即决策者行动的有效性，亦即实现了对“扰动熵 S_d”调节的有效性，也就是实现了对空间城市系统“耗散结构”瞬时进化或退化的调节有效性。当“报酬 $r(i, a)$”为负值时表示费用，即决策者行动的付出量，即实现“扰动熵 S_d”调节所付出的行动量，也就是对空间城市系统“耗散结构”瞬时进化或退化调节所付出的工作量。“报酬 $r(i, a)$”是即时的，在决策者选取系统“耗散结构”行动之后，模型只需要知道“报酬 $r(i, a)$”的值或者期望值。“报酬 $r(i, a)$”包括一次性收入、累积收入、随机收入等，报酬还依赖于下一个决策时刻的状态 j，即 $r(i, a, j)$，那么行动 a 的期望值报酬为

$$r(i, a) := \sum_{j \in S} r(i, a, j) P(j \mid i, a) \tag{5.68}$$①

公式(5.68)中的非负函数 $P(j \mid i, a)$ 是下一个决策时刻系统转移到状态 j 的概率，称之为转移概率函数，通常总假设

$$\sum_{j \in S} P(j \mid i, a) = 1 \tag{5.69}$$

空间城市系统“耗散结构”马尔可夫决策过程被表述为“马尔可夫决策五元组模型”[公式(5.67)]，记为 $\{T, S, A(i), P(\cdot | i, a), r(i, a)\}$，“耗散结构”决策过程的转移概率和报酬仅依赖于“扰动熵 S_d”当前的状态和决策者所选取的调节行动，而不依赖于空间城市系统“耗散结构”过去的历史。根据“马尔可夫决策五元组模型”所做出的空间治理调节，包括空间规划、空间政策、空间工具逐次深度化、细分化的多项选择，其预期报酬是保持空间城市系统“耗散结构”定态的维生以及多级空间城市系统的演化。

③ 耗散结构“隐马尔可夫模型”

以上介绍了空间城市系统“耗散结构”扰动熵马尔可夫决策模型的基本原理，现在我们介绍具有实用价值的空间城市系统耗散结构“隐马尔可夫模型”。如图 5.49 所示，“隐马尔可夫模型”(HMM)是统计模型，主要包括：其一，$S_1, S_2, \cdots, S_{N-1}, S_N$ 为隐藏扰动熵序列 S；其二，$O_1, O_2, \cdots, O_{M-1}, O_M$ 为可观测变量序列 O；其三，$1, 2, \cdots, t-1, t$ 为随机过程决策时刻。

“隐马尔可夫模型”(HMM)是一个双重随机过程，其中“隐藏扰动熵序列 S”不能直接被观察到，“可观测变量序列 O”可以直接被观测到，“可观测变量序列 O”与“隐藏扰动熵序列 S”是概率相关的，因此我们可以用“可观测变量序列 O”来反映“隐藏扰动熵序列 S”的状态情况。例如我们可以用空间城市系统“耗散结构”随机过程的人口变量、面积变量、职能变量，来反映空间城市系统“耗散结构”的人口扰动熵、面积扰

① 公式中冒号“:”后面加等号“=”以及点号“·”表示过度的变量，表示 $r(i, a)$ 函数的意思由后面的变量所决定。

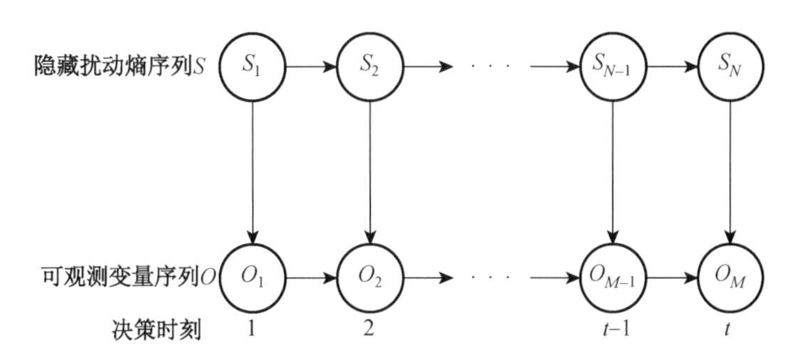

图 5.49　耗散结构隐马尔可夫模型

动熵、职能扰动熵，进而求出空间城市系统耗散结构“扰动熵”。因此，“隐马尔可夫模型”（HMM）是一种具有实践应用价值的空间城市系统“耗散结构”扰动熵马尔可夫决策方法。

空间城市系统耗散结构“隐马尔可夫模型”（HMM）可以用五个元素来描述，我们称之为“隐马尔可夫决策五元组模型”，记为

$$\{S, O, \boldsymbol{\pi}, \boldsymbol{A}, \boldsymbol{B}\} \tag{5.70}$$

空间城市系统耗散结构“隐马尔可夫决策五元组模型”包括 S 与 O 两个状态集合以及 $\boldsymbol{\pi}$、$\boldsymbol{A}$、$\boldsymbol{B}$ 三个概率矩阵，它们的定义与解释如下：

第一，扰动熵隐含状态。

如图 5.49 所示，扰动熵隐含状态序列 S 包括 S_1，S_2，…，S_{N-1}，S_N 各个随机状态，这些状态之间不仅可以满足马尔可夫性质，是马尔可夫模型中实际所隐含的空间城市系统“耗散结构”扰动熵状态，而且这些扰动熵状态通常无法通过直接观测得到。

第二，可观测变量状态。

如图 5.49 所示，可观测变量状态序列 O 包括 O_1，O_2，…，O_{M-1}，O_M 各个随机状态，它们与扰动熵隐含状态是概率相关的，可以通过直接观测得到，可观测变量状态的数目不一定要和扰动熵隐含状态的数目一致。

第三，扰动熵初始状态概率矩阵。

扰动熵初始状态概率矩阵 $\boldsymbol{\pi}$，表示扰动熵隐含状态在初始时刻 $t=1$ 的概率矩阵，例如 $t=1$ 时，$P(S_1)=p_1$、$P(S_2)=p_2$、$P(S_3)=p_3$，则扰动熵初始状态概率矩阵 $\boldsymbol{\pi}=[p_1\ p_2\ p_3]$。

第四，扰动熵隐含状态转移概率矩阵。

扰动熵隐含状态转移概率矩阵 $\boldsymbol{A}$，描述了马尔可夫模型（HMM）中各个状态之间的转移概率。其中 $\boldsymbol{A}_{ij}=P(S_j \mid S_i)(1 \leqslant i, j \leqslant N)$，表示在 t 时刻、状态为 S_i 的条件下，在 $t+1$ 时刻状态是 S_j 的概率。

第五，可观测变量状态转移概率矩阵。

$\boldsymbol{B}$ 为可观测变量状态转移概率矩阵。已知 N 代表扰动熵隐含状态数目，M 代表

可观测变量状态数目，则有 $\boldsymbol{B}_{ij}=P(O_i \mid S_j)(1\leqslant i\leqslant M,\ 1\leqslant j\leqslant N)$，表示在 t 时刻、扰动熵隐含状态是 S_j 的条件下，可观测变量状态为 O_i 的概率。

综上所述，空间城市系统耗散结构“隐马尔可夫模型”（HMM）实际上是标准“扰动熵马尔可夫决策”的扩展，它将一个困难的“隐藏扰动熵序列 S” 求解，转化成为“可观测变量序列 O” 求解，两者之间具有概率关系。空间城市系统耗散结构“隐马尔可夫模型”（HMM），可以很简单、方便地帮助我们解决很多困难的空间城市系统耗散结构“扰动熵马尔可夫决策”问题。

5.7 多级空间城市系统

5.7.1 多级空间城市系统定义

1）多级空间城市系统命题

在前述章节，我们论述了“单级空间城市系统”的相关理论与实践，而在现实世界中空间城市系统是以多级形式存在的。因此，“多级空间城市系统命题”既是一个理论问题，也是一个实践问题，在空间城市系统理论中占有不可或缺的地位。

（1）“多级空间城市系统”与“单级空间城市系统”

“多级空间城市系统”是地球表面人居空间的基本存在形式，例如美国东部空间城市系统、西北欧空间城市系统、中国沿江空间城市系统等。究其本质而言，最初戈特曼提出的大都市连绵带—欧洲的巨型城市区域—美国的巨型区域—中国的城市群，都是多级空间城市系统形式，而不是单级空间城市系统。因此，“单级空间城市系统”是“多级空间城市系统”的根本，单级空间城市系统理论是多级空间城市系统理论的基础。

英国学者彼得·霍尔与凯西·佩恩著有《多中心大都市——来自欧洲巨型城市区域的经验》一书，他们创新了巨型城市区域理论，提出了“多中心概念”。该理论中的“巨型城市区域”（MCR）概念，以及“功能性城市区域”（FUR）概念，就是典型的“多级空间城市系统”与“单级空间城市系统”的分类。

（2）多级空间城市系统概念

由两个以上“单级空间城市系统”所组成的高级空间城市系统称之为“多级空间城市系统”，它拥有新的整体涌现性。“多级空间城市系统”具有多元性、层次性、结构性，多元性是指多个单级空间城市系统，层次性是指空间城市系统的低级、中级、高级化分层，结构性是指各个单级空间城市系统的相互关联性。

“多级空间城市系统”是人居空间形式的高级化现实存在，广泛地存在于地球表面空间，它具有起始、演化、分岔的过程。“多级空间城市系统”为人类社会提供了迄今为止最高级的人居空间功能，孕育并产生了人类社会最先进的文明形态。多级空间城市系统理论说明了“多级空间城市系统”的产生与发展规律，是空间城市系统演化理论的重要组成部分。

2）多级空间城市系统分类

“多级空间城市系统”具有巨大系统特性。所谓巨大系统是指具有人类因素和大型规模的巨系统，巨大系统具有复杂性，但不必然一定是复杂系统，其属性是简单巨系统性质。表5.15对“多级空间城市系统”进行了分类以及一般性内容表述，我们规定“多级空间城市系统”分为低级、中级、高级、超级四个层级。

表5.15 多级空间城市系统

系统层级	简写	系统属性	系统划类	结构组成	形成机理
1级空间城市系统	1stSCS	简单系统	低级	一个1stSCS	由MC、AC、BC城市演化形成
2级空间城市系统	2ndSCS	简单巨系统	低级	两个1stSCS	由1stSCS演化形成
3级空间城市系统	3rdSCS	简单巨系统	中级	三个1stSCS	由2ndSCS演化形成
4级空间城市系统	4thSCS	简单巨系统	中级	四个1stSCS	由3rdSCS演化形成
5级空间城市系统	5thSCS	简单巨系统	高级	五个1stSCS	由4thSCS演化形成
6级空间城市系统	6thSCS	简单巨系统	高级	六个1stSCS	由5thSCS演化形成
7级空间城市系统	7thSCS	简单巨系统	高级	七个1stSCS	由6thSCS演化形成
8级空间城市系统	8thSCS	简单巨系统	超级	八个1stSCS	由7thSCS演化形成
9级空间城市系统	9thSCS	简单巨系统	超级	九个1stSCS	由8thSCS演化形成

空间城市系统层级决定了空间城市系统的“规模”，而空间城市系统“规模”决定着空间城市系统功能，超级、高级、中级、低级空间城市系统所能提供的功能具有数量级的巨大差异，即“规模性差异”。关于系统“规模”的一般性理论，英国学者杰弗里·韦斯特称之为“规模法则”，他在《规模：复杂世界的简单法则》著作中对此做了详细论述。超级与高级空间城市系统已经出现在世界发达地域空间，如美国东部空间城市系统、西北欧空间城市系统、中国沿江空间城市系统。对多级空间城市系统的理论与实践研究，显然具有重大的现实意义。

多级系统命题在一般性系统科学中没有专门理论进行论述，相关内容仅见诸于各个专门性理论之中；在城市科学中，多级空间城市系统命题作为一个默认问题存在，并没有专门的理论对其进行论述。对于“多级空间城市系统理论”而言：首先，它建立在地球表面人居空间形式高级化实践基础之上。其次，它以系统科学与城市科学既有相关理论为根据。最后，它以“空间城市系统理论”为根据，创新构建“多级空间城市系统理论”，以期对“多级空间城市系统命题”做出学理性回应。

5.7.2 多级空间城市系统表述

1）多级空间城市系统文字表述

文字表述是多级空间城市系统定性表述的基础，而空间城市系统定性表述是定量表述的基础，因此“多级空间城市系统文字表述”是多级空间城市系统最基础的表达方法。“多级空间城市系统文字表述”主要包括以下方面：

第一，“多级空间城市系统环境”，包括自然环境、人文环境、经济环境等内容。

第二，“多级空间城市系统空间形态”，包括环境要素、边界要素、城市要素、交通要素、信息要素、价值要素等内容。

第三，“多级空间城市系统空间结构”，包括空间结点、空间轴线、网络域面、空间结构逻辑等内容。

“多级空间城市系统文字表述”是多级空间城市系统整体性表述的主要方法，对于“多级空间城市系统”的文字表述，要根据具体情况进行内容组织，它具有形式灵活、逻辑严谨、表达简明的优势。但是，“多级空间城市系统文字表述”要与拓扑图形表述、地图表述、熵表述结合使用，才能全面地表达“多级空间城市系统”的复杂含义。因为“多级空间城市系统”的复杂性，它的定量表述方法很难施行，而“文字表述”方法则具有很强的适应性。

2）多级空间城市系统地图表述

多级空间城市系统地图表述方法很多，我们主要介绍多级空间城市系统地图方法、多级空间城市系统夜间卫星地图方法。

（1）多级空间城市系统地图

如表 5.16 与图 3.33 所示，中国沿江空间城市系统为 10 级空间城市系统，其下分为长江三角洲空间城市系统，5 级空间城市系统；长江中游空间城市系统，3 级空间城市系统；成渝空间城市系统，2 级空间城市系统。再其下分为上海、南京、杭州、合肥、宁波、武汉、南昌、长沙、重庆、成都一级空间城市系统。地图方法配套表格方法可以很清楚地表示多级空间城市系统的属性配置情况。

表 5.16　中国沿江空间城市系统

<table>
<tr><th>第一层次</th><th>层级</th><th>第二层次</th><th>层级</th><th>第三层次</th><th>层级</th></tr>
<tr><td>上海空间城市系统</td><td>1st SCS</td><td rowspan="5">长江三角洲
空间城市系统</td><td rowspan="5">5th SCS</td><td rowspan="10">中国
沿江空间城市系统</td><td rowspan="10">10th SCS</td></tr>
<tr><td>南京空间城市系统</td><td>1st SCS</td></tr>
<tr><td>杭州空间城市系统</td><td>1st SCS</td></tr>
<tr><td>合肥空间城市系统</td><td>1st SCS</td></tr>
<tr><td>宁波空间城市系统</td><td>1st SCS</td></tr>
<tr><td>武汉空间城市系统</td><td>1st SCS</td><td rowspan="3">长江中游
空间城市系统</td><td rowspan="3">3rd SCS</td></tr>
<tr><td>南昌空间城市系统</td><td>1st SCS</td></tr>
<tr><td>长沙空间城市系统</td><td>1st SCS</td></tr>
<tr><td>重庆空间城市系统</td><td>1st SCS</td><td rowspan="2">成渝
空间城市系统</td><td rowspan="2">2nd SCS</td></tr>
<tr><td>成都空间城市系统</td><td>1st SCS</td></tr>
</table>

(2) 多级空间城市系统夜间卫星地图

如表 5.17 与图 5.50 所示，长江三角洲空间城市系统为五级空间城市系统，其下分为上海空间城市系统，1 级空间城市系统；南京空间城市系统，1 级空间城市系统；杭州空间城市系统，1 级空间城市系统；合肥空间城市系统，1 级空间城市系统；宁波空间城市系统，1 级空间城市系统。长江三角洲空间城市系统，以及上海、南京、杭州、合肥、宁波空间城市系统的边界、空间形态、空间结构都可以通过表 5.17 与图 5.50 表述出来。“夜间卫星地图”对于多级空间城市系统的定性表述具有不可或缺的重要作用。

表 5.17　长江三角洲空间城市系统

第一层次	层级	第二层次	层级	边界	空间形态	空间结构	主联结轴
上海空间城市系统	1st SCS	长江三角洲空间城市系统	5th SCS	5th SCS 整体边缘 1st SCS 中心城市射线所及边缘	以系统边界为准	以中心城市及其射线为准	以中心城市连接轴线为准
南京空间城市系统	1st SCS						
杭州空间城市系统	1st SCS						
合肥空间城市系统	1st SCS						
宁波空间城市系统	1st SCS						

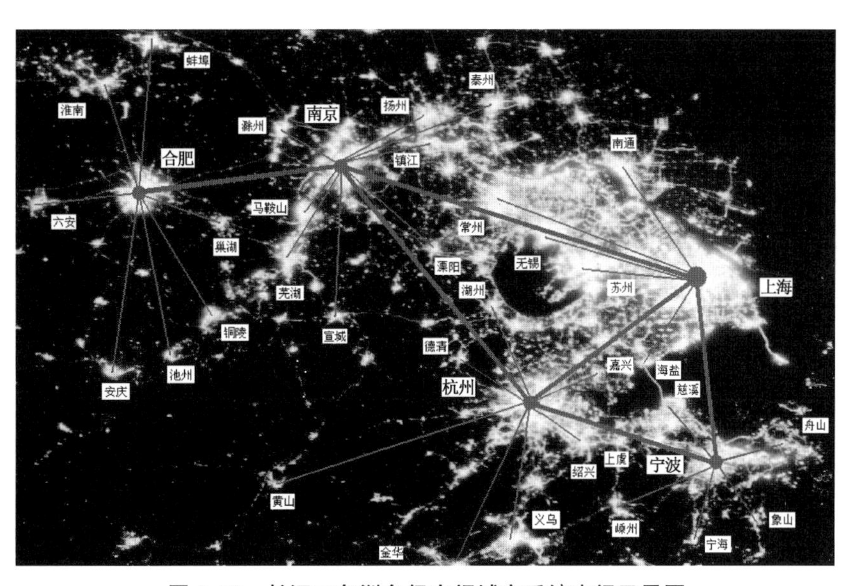

图 5.50　长江三角洲多级空间城市系统夜间卫星图

[源自：笔者根据美国国家航天航天局(NASA)卫星地图绘制]

3）多级空间城市系统拓扑图形表述

如图 5.51 所示，“拓扑图形”是多级空间城市系统表述很有效的方法，它体现了多级空间城市系统各个子系统之间的关系，清晰地表示出多级空间城市系统的规模、等级、层次。多级空间城市系统拓扑图形表述具有简单、易懂、形象的特点，为多级空间城市系统的抽象化研究提供了方法论。世界现存多级空间城市系统都可以用“拓扑图

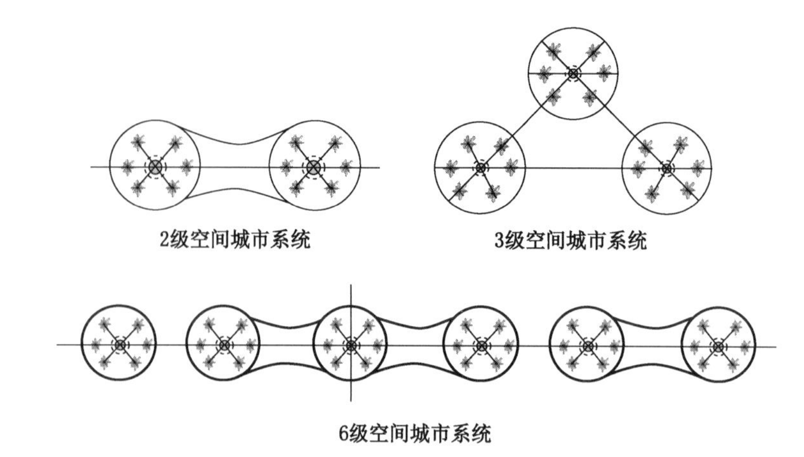

图 5.51　多级空间城市系统拓扑图

形”给予表述，如美国西部空间城市系统、英国空间城市系统、中国南部空间城市系统、日本空间城市系统等。

4）多级空间城市系统熵表述

根据系统科学基本知识，“熵”是表述多级空间城市系统的基本标度量，每一个子空间城市系统都有其状态熵 $S_i(i=1, 2, 3, \cdots, n)$。多级空间城市系统属性为简单巨系统，根据实际情况看，多级空间城市系统满足叠加原理，如人口叠加、面积叠加、经济总量叠加等，因此我们可以按照“满足叠加原理”简单巨系统定义来计算多级空间城市系统状态熵。

当组成多级空间城市系统的各个“子空间城市系统”之间满足叠加原理时，设各个“子空间城市系统”的测量值为 X_i，多级空间城市系统的测量值为 X，则“子空间城市系统”相对于“多级空间城市系统”测量值总量的贡献为 $P_i=X_i/X$，则多级空间城市系统状态熵 S 可以由以下公式①给出：

$$S=-K\sum_i P_i \log P_i \tag{5.71}$$

其中，K 为比例常数；$i=1, 2, \cdots, n$。在公式(5.71)中，“子空间城市系统”测量值 X_i 的确定可以采用主成分分析法选择：第一主成分 X_1、第二主成分 X_2、第三主成分 X_3，一般所选择的主成分累计贡献率超过 85%即可。“状态熵 S”反映了多级空间城市系统整体状态的基本情况，它是多级空间城市系统演化的态函数，即每一种状态对应一个状态熵 S。

5.7.3　多级空间城市系统演化

1）多级空间城市系统演化表达方法

（1）多级空间城市系统演化过程

如图 5.52 所示，低级空间城市系统的整体涌现性、空间形态、空间结构随着时间

① 参见：许国志.系统科学[M].上海：上海科技教育出版社，2000：212。

的推移向高级空间城市系统发展变化，称之为多级空间城市系统演化。如 1 级空间城市系统向 2 级、3 级、4 级、5 级、6 级、7 级、8 级空间城市系统的演化。

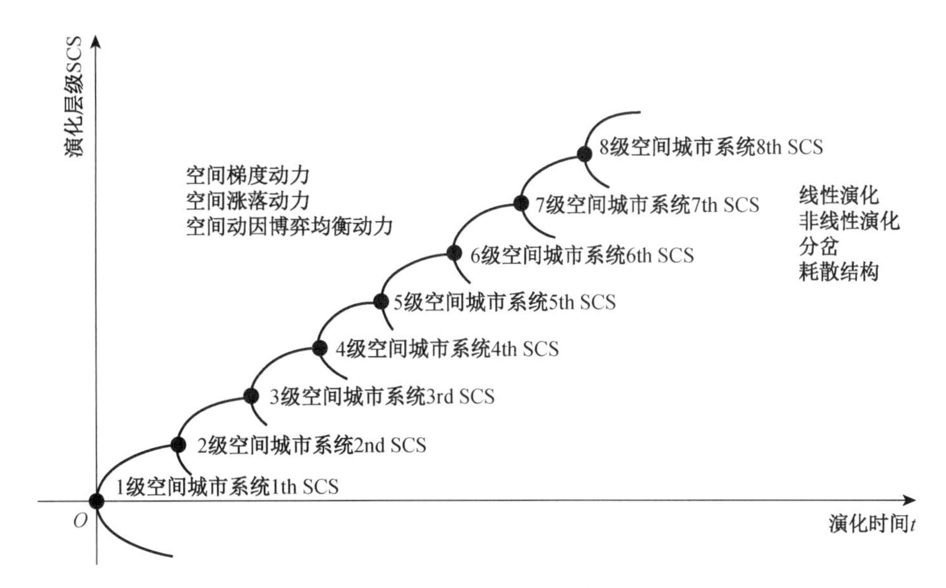

图 5.52　多级空间城市系统演化

低级空间城市系统的相互作用为多级空间城市系统演化提供内动力，外部环境为多级空间城市系统演化提供外动力。多级空间城市系统演化是在内部动力与外部动力的共同作用下发展进化的。如图 5.52 所示，由低级向高级的演化方向是多级空间城市系统演化的基本方向，高级空间城市系统分岔是多级空间城市系统演化的目标，多级空间城市系统演化遵循“空间城市系统演化理论”的基本规律。

(2) 多级空间城市系统演化指数体系

多级空间城市系统演化是不同层级之间系统的跃迁行为，低级子系统所形成的“关键指数体系”是定性与定量表述多级空间城市系统演化的基础，“整体涌现性指数”“空间形态指数”“空间结构指数”构成了多级空间城市系统演化“关键指数体系”。

① 整体涌现性指数

所谓整体涌现性指数是指代表空间城市系统本质属性的相对数，如系统组分要素、系统结构要素、系统功能要素等，“整体涌现性指数”是这些要素的综合平均值。我们将“整体涌现性指数”表示为 W_h 指数，它形成了多级空间城市系统演化的 W 变量，在多级空间城市系统演化中起着第一主成分作用。

② 空间形态指数

所谓空间形态指数是指代表空间城市系统空间形态本质属性的相对数，它由环境要素、边界要素、城市要素、交通要素、信息要素、价值要素的综合平均值形成。我们将“空间形态指数”表示为 F_m 指数，它形成了多级空间城市系统演化的 F 变量，在多级空间城市系统演化中起着主成分作用。

③ 空间结构指数

所谓空间结构指数是指代表空间城市系统空间结构本质属性的相对数，它由空间结点、空间轴线、网络域面、空间结构逻辑的综合平均值形成。我们将“空间结构指数”表示为 S_t 指数，它形成了多级空间城市系统演化的 S 变量，在多级空间城市系统演化中起着主成分作用。

④ “关键指数体系”作用

当我们构建起低级空间城市系统的“关键指数体系”，即“整体涌现性指数 W_h”“空间形态指数 F_m”“空间结构指数 S_t”之后，多级空间城市系统演化函数就可以表示为

$$F = f(W_h, F_m, S_t) \tag{5.72}$$

则多级空间城市系统演化方程的一般形式可以表示为

$$\dot{F} = \mathrm{d}F/\mathrm{d}t \tag{5.73}$$

“关键指数体系”是解决多级空间城市系统定性与定量表述的基本方法，它将复杂的、多变量的、多级空间城市系统演化问题简化成指数化的表现形式，则单级空间城市系统演化的全部理论都可以直接应用于多级空间城市系统演化。

2）多级空间城市系统演化动力机制

(1) 空间梯度动力

当我们把“单级空间城市系统”看成空间单位，记为 U，则在各个单级空间城市系统 U 之间就存在“空间梯度”，记为 $w + \mathrm{d}w$，其本质是，在地理空间中，空间区位差异所导致的不同单级空间城市系统 U 之间的空间势能差值，如空间规模梯度、空间职能梯度、空间效用梯度等。

“空间梯度”是多级空间城市系统产生与发展的动力之源。在多级空间城市系统线性演化阶段，“空间梯度力”是推动多级空间城市系统演化的主要动力。“空间梯度”与“昂萨格倒易关系”相结合，就产生了多级空间城市系统线性演化的“空间机理”。“空间梯度”产生了空间势能力，空间势能力驱动不可逆空间流波，不可逆空间流波导致多级空间城市系统的演化，最终导致多级空间城市系统分岔。

(2) 空间涨落动力

① 空间涨落概念

“空间涨落”是多级空间城市系统非线性演化的主要动力，它导致了多级空间城市系统分岔，导致了多级空间城市系统“耗散结构”的产生。多级空间城市系统的“空间涨落”还是通过“空间要素”来实现的，它反映了多级空间城市系统“空间要素”对统计平均值的偏差，例如空间结点要素涨落、空间轴线要素涨落、网络域面要素涨落等。“空间涨落”依然分为“微涨落”“巨涨落”“临界涨落”，以及多级空间城市系统“内部涨落”与外部环境产生的“外部涨落”。

② 空间涨落作用

“空间涨落作用”主要表现为动力性作用，它是多级空间城市系统“分岔”和“耗散结构”的主要动力机制，是多级空间城市系统非线性演化的基本空间机理。“空间涨落机理”可以表述为“空间涨落—涨落动力—空间要素分布对称破缺—状态跃迁”。高级空间城市系统定性性质的跃迁，即“高级整体涌现性”的产生是“空间涨落作用”的目标。例如中国沿江空间城市系统是一个10级空间城市系统，其超级“整体涌现性”是比上海、南京、杭州、合肥、宁波、武汉、南昌、长沙、重庆、成都1级空间城市系统的低级“整体涌现性”具有定性性质跃迁的。需要特别指出的是，“空间规划”与“空间政策”所导致的人工干预对于多级空间城市系统“空间涨落”具有重要的作用。

③ 空间涨落表述

多级空间城市系统“空间涨落”所要表达的是导致“高级整体涌现性”产生的宏观变量空间涨落问题，如城市节点要素、空间联结轴要素的空间涨落问题。我们采用概率与数理统计方法处理“宏观变量”的空间涨落问题。

第一，多级空间城市系统“平均值 $\langle X\rangle$”“方差”“相对涨落 σ”。

由多级空间城市系统“关键指数体系”，我们可以得到多级空间城市系统演化随机过程“宏观变量 X”，将其列为 $x_1, x_2, \cdots, x_n$；并且这些“宏观变量”的取值是不确定的随机变量，这种随机性取决于多级空间城市系统“空间涨落”的随机事件。多级空间城市系统概率分布密度为 $P(x_1, x_2, \cdots, x_n)$，当随机变量 $x_1, x_2, \cdots, x_n$ 分别取 $X_1, X_2, \cdots, X_n$ 时，则有空间城市系统概率为 $P(X_1, X_2, \cdots, X_n)$。

根据前述单级空间城市系统“空间涨落”的表述方法，我们可以得到以下“空间涨落”表达公式：

其一，同理可以得到多级空间城市系统“平均值 $\langle X\rangle$”，即

$$\langle X\rangle = \sum XP(X) \tag{5.74}$$

“平均值 $\langle X\rangle$”反映了多级空间城市系统“宏观变量 X”的平均值，如“整体涌现性指数”“空间形态指数”与“空间结构指数”宏观变量。

其二，同理可以得到多级空间城市系统“方差”，即

$$\langle \Delta X^2\rangle = \langle X^2\rangle - \langle X\rangle^2 \tag{5.75}$$

“方差”$\langle \Delta X^2\rangle$ 反映了多级空间城市系统“宏观变量 X”在其平均值 $\langle X\rangle$ 附近发生的偏离。

其三，同理可以得到多级空间城市系统“相对涨落 σ”，即

$$\sigma = \frac{\sqrt{\langle \Delta X^2\rangle}}{\langle X\rangle} \tag{5.76}$$

“相对涨落 σ”给出了多级空间城市系统“空间涨落”的判定方法，多级空间城市系统宏观变量平均值 $\langle X\rangle$ 越小，“涨落方差”$\langle \Delta X^2\rangle$ 越大，则多级空间城市系统“相对涨

落 σ” 越大,也就是多级空间城市系统“空间涨落” 现象很明显。如果多级空间城市系统宏观变量平均值 $\langle X \rangle$ 很大,即使“涨落方差”$\langle \Delta X^2 \rangle$ 不小,“相对涨落 σ” 仍然可能不大,也就是多级空间城市系统“空间涨落” 现象很不明显。对于多级空间城市系统而言,有效的“空间要素” 是指那些决定空间城市系统性质的空间要素(例如在中国沿江空间城市系统中,长江联结轴空间要素就是一个有效“空间要素”),而有效“空间要素” 数量是一个有限的实数范畴。设多级空间城市系统有效“空间要素” 数量平均值为 N,则多级空间城市系统演化“线性涨落”与“非线性涨落”就表现出截然不同的情况。

第二,多级空间城市系统“线性涨落”。

根据单级空间城市系统“空间涨落”的表述方法,可以得到多级空间城市系统“相对涨落 σ” 的表达公式,即

$$\sigma = \frac{1}{\sqrt{N}} \tag{5.77}$$

公式(5.77)说明,因为多级空间城市系统有效“空间要素”数量平均数 N 是一个很大的数值,则“相对涨落 σ” 就是一个很小的值,此时空间涨落为“微涨落”。也就是说,在多级空间城市系统线性演化阶段,“空间涨落”的作用很小,不足以导致多级空间城市系统“整体涌现性”的产生。

第三,多级空间城市系统“非线性涨落”。

根据单级空间城市系统“空间涨落”表述方法,可以得到多级空间城市系统演化临界点(分岔点)“相对涨落 σ” 的表达公式,即

$$\sigma = \alpha N^{-1/4} \tag{5.78}$$

显然,在多级空间城市系统非线性演化分岔点处,“相对涨落 σ” 要远远大于 $N^{-1/2}$,即 $\frac{1}{\sqrt{N}}$,此时空间涨落为“巨涨落”。当多级空间城市系统跃迁至“耗散结构” 的初始瞬间,则“相对涨落 σ” 更加放大为

$$\sigma = \alpha N^{0} \tag{5.79}$$

多级空间城市系统瞬时“空间涨落”达到宏观量级,即有效“空间要素 N” 的行为涨落发展到“宏观变量 X” 的量级,例如中国沿江空间城市系统中长江航运“有效空间要素” 的涨落行为。在宏观量级“相对涨落 σ” 的主导驱动作用下,多级空间城市系统快速趋向于“分岔”,并产生高级化的“整体涌现性”。

(3) 空间动因博弈均衡动力

所谓空间动因博弈均衡动力是指在多级空间城市系统演化过程中,空间集聚动因、空间扩散动因、空间联结动因非合作博弈所形成的“动因博弈均衡动力”,多级空间城市系统博弈主体为空间集聚流波、空间扩散流波、空间联结流波。在多级空间城市系统动因博弈的实际条件下,“动因博弈均衡”表现为一个大概率性的“值域范围”。

“空间动因博弈均衡动力”贯穿于多级空间城市系统演化的全部过程。

“空间动因博弈均衡”为多级空间城市系统演化提供了基本动力，它对多级空间城市系统的线性演化、非线性演化、分岔、耗散结构都起到了推动作用。在多级空间城市系统非线性演化阶段，“空间动因博弈均衡”是从属动力源；在多级空间城市系统分岔过程，“空间动因博弈均衡”起到辅助作用；在多级空间城市系统“耗散结构”阶段，“空间动因博弈均衡”是向更高级空间城市系统演化的主要推动力量。

3）多级空间城市系统演化机理

（1）多级空间城市系统“线性演化”

所谓多级空间城市系统“线性演化”，是指满足“叠加原理”，能够用线性数学模型描述的多级空间城市系统演化初期阶段。“空间梯度力”是多级空间城市系统“线性演化”的主要动力，我们可以从以下两个方面说明多级空间城市系统“线性演化”的基本情况：

① 线性演化“空间机理”与“昂萨格倒易关系”

如图 5.26 所示，在多级空间城市系统线性演化阶段，“空间梯度 $w+\mathrm{d}w$” 提供了线性演化动力，多级空间城市系统线性演化“空间机理”可以表示为

$$\text{空间梯度 } w+\mathrm{d}w \rightarrow \text{空间势能力 } X_j \rightarrow \text{不可逆空间流 } Y_i \rightarrow \\ \text{空间要素转移}=\text{空间结构} \tag{5.80}$$

“昂萨格倒易关系”说明在多级空间城市系统线性演化阶段，在各单级空间城市系统之间，“空间势能力”对“不可逆空间流”影响的相同性，即有

$$L_{ij}=L_{ji} \tag{5.81}$$

即第 i 种力对第 j 种流的影响，与第 j 种力产生第 i 种流的能力相同。这种交叉系数间的对称性和流与力（X_i，Y_j；X_j，Y_i）的具体类型无关，公式 5.80 所表示的线性系数关系被称为“昂萨格倒易关系”。

线性演化“空间机理”与“昂萨格倒易”关系，说明了多级空间城市系统空间梯度力的作用及其来源的多样化与交叉化，由此推动着多级空间城市系统线性演化的发展，最终导致多级空间城市系统分岔。

② 线性演化定量表述

对于多级空间城市系统线性演化定量表述，我们有两条路径：一是直接方法，即选择空间集聚变量、空间扩散变量、空间联结变量进行变量体系的整合，求出多级空间城市系统线性演化方程。此种方法繁琐，适用于计算机处理的大数据方法。二是间接方法，即利用多级空间城市系统演化“关键指数体系”，即“整体涌现性指数 W_h”“空间形态指数 F_m”“空间结构指数 S_t”，建立多级空间城市系统线性演化方程。此种方法简单清晰，因此我们选用间接方法。

在多级空间城市系统“线性演化阶段”，我们可以将低级子系统的“整体涌现性指数 W_h”“空间形态指数 F_m”“空间结构指数 S_t” 简化为指数（w，m，s），对高级空间城

市系统线性演化进行定量表述，则多级空间城市系统线性演化方程一般表述为

$$F'(w, m, s)=\frac{\partial F}{\partial w}\frac{\mathrm{d}w}{\mathrm{d}t}+\frac{\partial F}{\partial m}\frac{\mathrm{d}m}{\mathrm{d}t}+\frac{\partial F}{\partial s}\frac{\mathrm{d}s}{\mathrm{d}t} \tag{5.82}$$

其中，F 表示多级空间城市系统演化函数；t 为演化时间；w、m、s 表示低级子系统“关键指数体系”。

在多级空间城市系统线性演化环境参量空间中，高级空间城市系统地理环境参量 X、人文环境参量 Y、经济环境参量 Z 为基本控制参量，则多级空间城市系统“线性演化”环境控制函数可以表述为

$$F=f(X, Y, Z) \tag{5.83}$$

公式(5.83)可以根据多级空间城市系统“环境控制函数 F” 与地理环境参量 X、人文环境参量 Y、经济环境参量 Z 之间的关系求出来，它表达了多级空间城市系统线性演化环境控制函数 F 随“环境参量 X、Y、Z” 变化的基本情况。

(2) 多级空间城市系统演化状态熵分析

① 多级空间城市系统演化状态熵概念

如图 5.53 所示，所谓多级空间城市系统演化状态熵是指多级空间城市系统演化所表现出来的演化状态“熵”的基本情况，分为线性演化状态熵、非线性演化状态熵、分岔熵变、耗散结构扰动熵四种基本情况。“多级空间城市系统演化状态熵”表征了多级空间城市系统演化状态的基本情况，是多级空间城市系统演化规律的标度量，如熵减 $\mathrm{d}S<0$ 规律、熵变 ΔS 规律、扰动熵 S_d 规律等。根据“熵变”情况，我们就可以对多级空间城市系统演化做出判断。因此，“多级空间城市系统演化状态熵”是多级空间城市系统演化不可或缺的关键序参量描述。

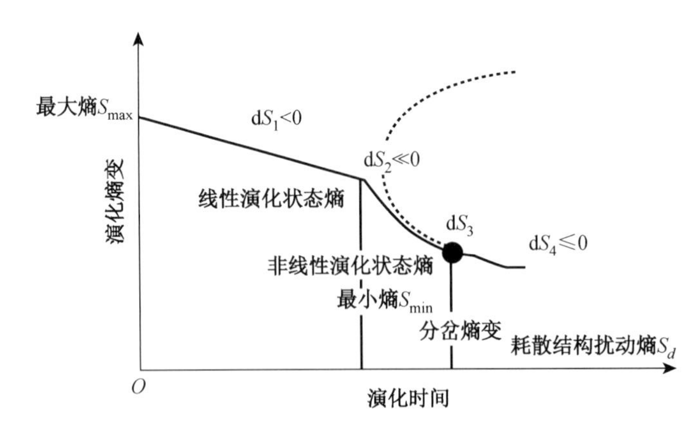

图 5.53　多级空间城市系统演化状态熵

② 多级空间城市系统演化状态熵机制

如图 5.53 所示，在整个多级空间城市系统演化过程中，多级空间城市系统“状态

熵机制”表现为以下七个方面的基本特征：

第一，多级空间城市系统“熵”以及“熵变”，多级表达了空间城市系统演化状态的基本情况，是多级空间城市系统演化的主要标度量。

第二，多级空间城市系统演化始终保持熵减的基本性质，即 $dS < 0$。熵减特性说明了多级空间城市系统演化的不可逆性。

第三，在线性演化初始点取得多级空间城市系统状态熵最大值 S_{max}，在非线性演化结束点取得多级空间城市系统状态熵最小值 S_{min}。

第四，在多级空间城市系统演化非线性阶段具有“慢速熵减”特性，说明需要比较强的空间规划、空间政策、空间工具外部他组织干预。

第五，普里戈金最小熵原理，在此表现为多级空间城市系统“非线性演化”熵减高速化，即 $dS_2 \ll 0$，并在分岔点处取得最小状态熵 S_{min}，即普里戈金最小熵。

第六，分岔表示为一个瞬时的“熵变”现象，即 dS 规律，此时多级空间城市系统演化是一个暂态，不表现为一个阶段，因此也就不存在“状态熵值”。

第七，多级空间城市系统演化目的“耗散结构”状态熵 S 表现为一个扰动熵区间，即 $\pm dS$，扰动熵具有随机性与非负性特征，即 $dS \leqslant 0$，它可以用马尔可夫链方法进行表述。

(3) 多级空间城市系统“非线性演化”

① 非线性演化概念

所谓非线性演化是指多级空间城市系统演化呈现非线性特性的过程，它是高级空间城市系统“整体涌现性”产生优化的关键阶段，包括演化临界、分岔、耗散结构三个阶段。“非线性演化”是多级空间城市系统演化的临界状态和终结状态，它具有多样性、变化性、复杂性。

数学模型方法是解决多级空间城市系统“非线性演化”的重要方法。根据“非线性演化”基本原理，针对具体的“非线性演化”问题，依据界定条件，建立与之相适应的数学模型，是多级空间城市系统“非线性演化”研究的关键。

② 非线性演化表述

多级空间城市系统非线性演化的数学模型表达千差万别，我们仅给出三种路径式的基本表述方法。

第一，一般表达模型方法。

多级空间城市系统“非线性演化”可以一般性的表示为

$$\begin{aligned} \dot{x}_1 &= f_1(x_1, \cdots, x_n; c_1, \cdots, c_m) \\ \dot{x}_2 &= f_2(x_1, \cdots, x_n; c_1, \cdots, c_m) \\ \dot{x}_3 &= f_3(x_1, \cdots, x_n; c_1, \cdots, c_m) \end{aligned} \tag{5.84}$$

其中，$\dot{x}_1$ 代表“整体涌现性变量 W_h”；$\dot{x}_2$ 代表“空间形态变量 F_m”；$\dot{x}_3$ 代表“空间结构变量 S_t”。

令 $C=(c_1, \cdots, c_m)$，$F=(f_1, f_2, f_3)$，可得多级空间城市系统"非线性演化"的向量形式为

$$\dot{X}=F(X, C) \tag{5.85}$$

第二，宏观维象演化模型方法。

所谓宏观维象演化模型方法，是根据多级空间城市系统的宏观性质，不考虑其内部机制，直接利用单级空间城市系统的"空间集聚、空间扩散、空间联结"变量，以及多级空间城市系统宏观层次上的"关键指数变量"，建立"多级空间城市系统宏观维象演化方程"。它具有简单、容易的特征，今介绍"捕食者—被捕食者"系统模型如下：

$$\begin{aligned} A+X &\rightarrow 2X \\ X+Y &\rightarrow 2Y \\ Y+D &\rightarrow 2E \end{aligned} \tag{5.86}$$

其中，X 表示单级空间城市系统，即被捕食者子系统；Y 表示高级空间城市系统，即捕食者系统。

公式(5.86)第一式表示，被捕食者单级空间城市系统依靠"空间集聚、空间扩散、空间联结"变量，即 A 表达量，形成单级空间城市系统 $2X$，即公式 $A+X\rightarrow 2X$。公式(5.86)第二式表示，"单级空间城市系统 X"被"高级空间城市系统 Y"所捕食，形成了多级空间城市系统 $2Y$。公式(5.86)第三式表示，单级空间城市系统的减少，即被捕食者子系统的减少。所谓多级空间城市系统演化方程，就是演化变量 X、Y 对时间 t 的导数，经过适当变换①后，得到如下公式：

$$\begin{aligned} \frac{\mathrm{d}X}{\mathrm{d}t} &= aX-XY \\ \frac{\mathrm{d}Y}{\mathrm{d}t} &= XY-bY \end{aligned} \tag{5.87}$$

其中，a、b 为可调参数，仅与参数 A 及反映速率系数有关。需要特别说明的是，公式(5.87)又被称为洛特卡—沃尔泰拉方程。它在空间城市系统中的应用，一定要充分考虑适用性条件，必须在与多级空间城市系统非线性演化界定条件相吻合的前提下才能使用。

第三，数学回归分析方法。

当我们掌握大量多级空间城市系统演化数据时，特别是具备"关键指数变量"核心数据时，可以使用"数学回归分析方法"构建多级空间城市系统演化方程。设多级空间城市系统演化函数为 F，"关键指数变量"分别为 $X_1, X_2, \cdots, X_k$，随机误差为 ε，则多级空间城市系统数学回归方程可以表示为

$$F=\beta_1 X_1+\beta_2 X_2+\cdots+\beta_k X_k+\varepsilon \tag{5.88}$$

① 推导过程参见：许国志.系统科学[M].上海：上海科技教育出版社，2000：214-215。

其中，β_1，β_2，…，β_k 为回归参数。

多级空间城市系统数学回归分析模型，可以是线性回归模型，如公式(5.88)所示，也可以是非线性回归模型、多元回归模型等，读者可以参阅“数学回归分析”方法做深度学习。

③ 多级空间城市系统“分岔”

图 5.54 为多级空间城市系统的人工干预“分岔过程”，其中 x 表示多级空间城市系统状态变量，λ 表示人工干预条件下的空间城市系统控制参量，由“状态变量 x”与“控制参量 λ”张成多级空间城市系统演化乘积空间。在“空间规划”与“空间治理”人工干预之下，空间城市系统 $f(x)$ 逐次发生，1 级空间城市系统分岔、2 级空间城市系统分岔、3 级空间城市系统分岔。

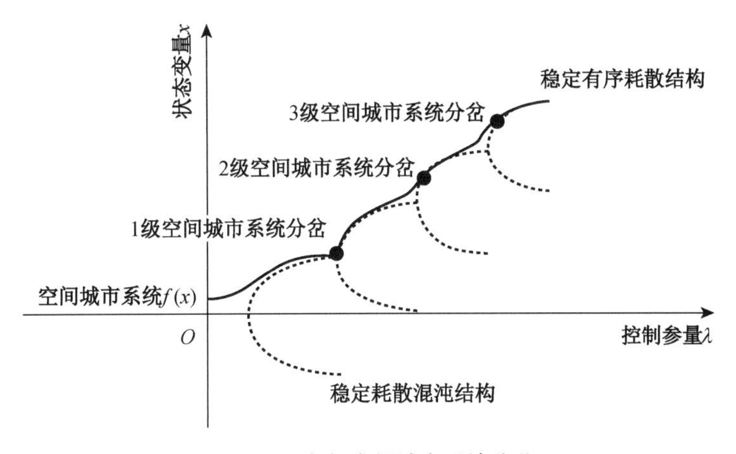

图 5.54　多级空间城市系统分岔

多级空间城市系统分岔具有以下基本特征：

第一，分岔机理。

多级空间城市系统分岔遵守一般分岔机理，即单级空间城市系统分岔机理。前述关于单级空间城市系统分岔的分析与图像，同样适用于多级空间城市系统的分岔过程。

第二，他组织条件。

他组织人工干预是多级空间城市系统分岔的基本前提性条件，多级空间城市系统分岔是一种“空间规划”与“空间治理”人工干预辅助分岔。

第三，逐级分岔。

多级空间城市系统分岔是由低级向高级逐级进行的，它具有历史性特征，即后一级空间城市系统对之前空间城市系统演化路径具有依赖性。多级空间城市系统分岔的高级化选择，即稳定耗散结构选择是一个确定性行为。

第四，逐次涌现。

多级空间城市系统分岔逐次产生高级“整体涌现性”，它同样具有历史性特征，即后级空间城市系统对之前空间城市系统“整体涌现性”具有依赖性。因此，“整体涌现性”高级化是多级空间城市系统分岔的一个确定性行为。

第五，多层突变。

多级空间城市系统分岔伴随多层突变现象，突变导致空间城市系统定性性质改变，即高级空间城市系统产生。多级空间城市系统突变遵守一般突变规律，即单级空间城市系统突变规律，前述关于单级空间城市系统突变的分析与图像，同样适用于多级空间城市系统的突变过程。例如多级空间城市系统突变同样具有“非常剧烈的变化”特征，而非“瞬时骤变性”。

第六，确定性选择。

多级空间城市系统分岔具有确定性选择，因为“空间规划”与“空间治理”的人工干预，导致了多级空间城市系统分岔“稳定耗散结构”的逐次选择，与“稳定耗散混沌结构”的逐次放弃。

第七，稳定性。

多级空间城市系统分岔具有稳定性，一是表现为多级空间城市系统分岔轨道的李雅普诺夫稳定性，二是表现为分岔“耗散结构”具有“稳定空间极限环”，使得高级空间城市系统具有吸引性。

④ 多级空间城市系统“耗散结构”

图 5.55 为多级空间城市系统“耗散结构”，横轴表示多级空间城市系统演化时间，纵轴表示空间城市系统演化耗散结构层级。多级空间城市系统“耗散结构”呈现由低级向高级逐次递进的突变行为，图中以阶梯表示，分为 1 级空间城市系统“耗散结构”、2 级空间城市系统“耗散结构”、3 级空间城市系统“耗散结构”。多级空间城市系统“耗散结构”具有以下基本特征：

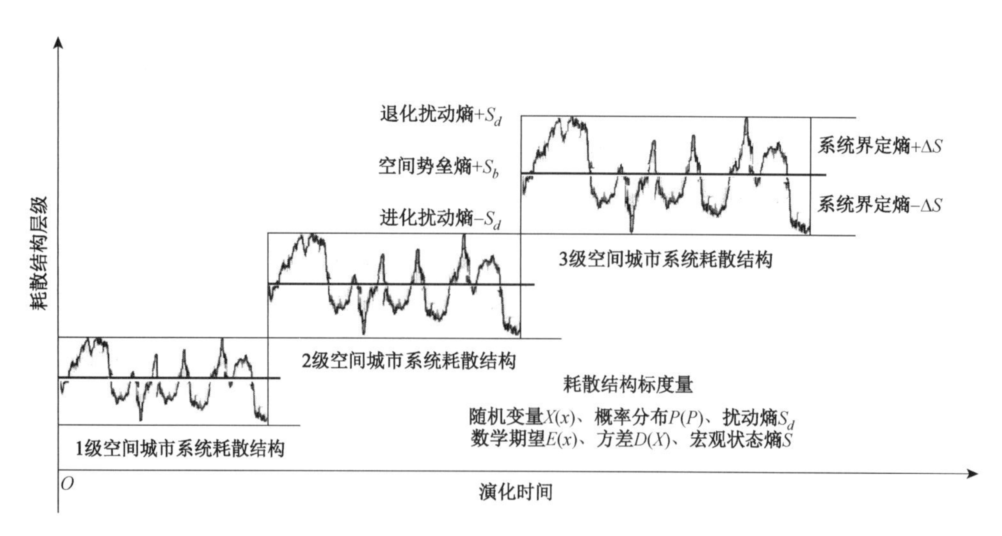

图 5.55　多级空间城市系统耗散结构

第一，耗散结构机理。

多级空间城市系统“耗散结构”具有相同的耗散结构机理，即单级空间城市系统

“耗散结构”机理。前述关于单级空间城市系统“耗散结构”的分析与图像，同样适用于多级空间城市系统“耗散结构”。

第二，耗散结构属性。

多级空间城市系统“耗散结构”具有相同的属性：一是随机性。所谓随机性是指“耗散结构”具有状态不确定性，它具有整体统计确定性。多级空间城市系统“耗散结构”演化过程可以表示为一个随机变量 $X(x)$，其状态就是一个随机过程。二是非线性动态性。所谓动态性是指耗散结构“随机变量 $X(x)$” 是时间 t 的函数。所谓非线性是指耗散结构不满足“叠加原理”。“非线性动态性”是多级空间城市系统耗散结构的基本属性。

第三，递进他组织性。

所谓递进他组织性是指多级空间城市系统连续的人工干预。“他组织性”是多级空间城市系统耗散结构的基本属性，主要表现为“空间规划”与“空间治理”的外部人工控制。而“递进性”则表现了他组织人工干预的逐渐加强。“递进他组织性”保障了多级空间城市系统不断向高级空间城市系统演化。

第四，历史性特征。

多级空间城市系统“耗散结构”是由低级向高级逐级进行的，它具有历史性特征，即后一级空间城市系统对之前空间城市系统演化路径具有依赖性。多级空间城市系统“耗散结构”的递进行为是一个确定性行为。

第五，耗散结构熵。

“扰动熵 S_d” 是多级空间城市系统“耗散结构” 共有的标志性特征，它是多级空间城市系统“耗散结构” 瞬时状态的基本标度量。多级空间城市系统“耗散结构” 宏观状态熵 S 为非正值，即有 $\mathrm{d}S \leqslant 0$，它已经成为一个确定性变量，仅规定了多级空间城市系统整体演化方向，不能反映“耗散结构” 的随机变化情况，而“扰动熵 S_d” 则承担了“耗散结构”状态的表征功能。

第六，马尔可夫链表达。

首先，多级空间城市系统“扰动熵”可以表述为一个马尔可夫随机过程，它的定量表达公式为 $S_d = \prod_{i=2}^{n} P(x_i, t_i \mid x_{i-1}, t_i - 1) S_b$。其次，“扰动熵马尔可夫决策” 是指基于多级空间城市系统扰动熵马尔可夫随机过程做出的“空间规划” 与“空间治理” 的动态行为。“马尔可夫决策五元组模型” 是多级空间城市系统“耗散结构” 马尔可夫决策过程的表达形式，其定量表达公式为 $\{T, S, A(i), P(\cdot \mid i, a), r(i, a)\}$。最后，多级空间城市系统耗散结构“隐马尔可夫模型”具有实用价值，其图形表达如前图 5.49 所示，其基本机理详见单级空间城市系统“耗散结构”部分。

第七，连续动力性。

所谓连续动力性是指多级空间城市系统“耗散结构”具有不间断地动力供给。在“空间涨落力”与“空间流博弈均衡动力”的连续作用下，低级“耗散结构”向高级“耗散结构”不间断地发展。“空间规划”与“空间治理”推动“耗散结构”与外部环境进行人员、物资、信息、资金、能源的交流，以获得多级空间城市系统“耗散结构”高级化动力。

第八，耗散结构稳定性。

多级空间城市系统“耗散结构”稳定性表现为三个方面。

一是，多级空间城市系统“耗散结构”演化轨道具有李雅普诺夫稳定性，“稳定性”是空间城市系统“耗散结构”维生机制的前提。

二是，多级空间城市系统“耗散结构”空间结构具有弱不稳定性或随机稳定性，它决定了低级空间城市系统向高级空间城市系统的进化。

三是，多级空间城市系统“耗散结构”具有“稳定空间极限环”，它将“耗散结构”向高级演化的轨道牢牢吸引在“空间极限环”吸引域之内。

第九，高级化功能。

所谓高级化功能是指多级空间城市系统“耗散结构”进化，导致了高级空间城市系统功能的形成。“高级化功能”与“低级化功能”是不同等级空间城市系统“耗散结构”的根本区别，多级空间城市系统演化的目标就是追求耗散结构的“高级化功能”。根据刘易斯·芒福德的观点，高级空间城市系统功能意味着人类文明容器与内容的高级化。

参考文献

[1] 沈小峰，胡岗，姜璐.耗散结构论[M].上海：上海人民出版社，1987：4.
[2] 沈小峰，胡岗，姜璐.耗散结构论[M].上海：上海人民出版社，1987：226.
[3] 藤田昌久，保罗·克鲁格曼，安东尼·J.维纳布尔斯.空间经济学：城市、区域与国际贸易[M].梁琦，主译.北京：中国人民大学出版社，2005：15.
[4] 许国志.系统科学[M].上海：上海科技教育出版社，2000：68.
[5] 许国志.系统科学[M].上海：上海科技教育出版社，2000：68-69.
[6] 普里戈金.从存在到演化[M].曾庆宏，严士健，马本堃，等译.北京：北京大学出版社，2007：202.
[7] 苗东升.系统科学精要[M].3版.北京：中国人民大学出版社，2010：117.
[8] 许国志.系统科学[M].上海：上海科技教育出版社，2000：69.
[9] 方创琳，宋吉涛，蔺雪芹，等.中国城市群可持续发展理论与实践[M]. 北京：科学出版社，2010：15.
[10] 方创琳，宋吉涛，蔺雪芹，等.中国城市群可持续发展理论与实践[M]. 北京：科学出版社，2010：16.
[11] 方创琳，姚士谋，刘盛和，等.2010中国城市群发展报告[M]. 北京：科学出版社，2011：11.
[12] 陆大道.区域发展及其空间结构[M].北京：科学出版社，1995：163.
[13] 普里戈金.从存在到演化[M].曾庆宏，严士健，方本堃，等译.北京：北京大学出版社，2007：52.
[14] 藤田昌久，保罗·克鲁格曼，安东尼·J.维纳布尔斯.空间经济学：城市、区域与国际贸易[M].梁琦，主译.北京：中国人民大学出版社，2005：11，158.

[15] 普里戈金.从存在到演化[M].曾庆宏,严士健,方本塑,等译.北京:北京大学出版社,2007:6.
[16] 普里戈金.从存在到演化[M].曾庆宏,严士健,方本塑,等译.北京:北京大学出版社,2007:8.
[17] 普里戈金.从存在到演化[M].曾庆宏,严士健,方本塑,等译.北京:北京大学出版社,2007:61.
[18] 普里戈金.从存在到演化[M].曾庆宏,严士健,方本塑,等译.北京:北京大学出版社,2007:201.
[19] 伊·普里戈金,伊·斯唐热.从混沌到有序:人与自然的新对话[M].曾庆宏,沈小峰,译.上海:上海译文出版社,2005:274.
[20] 伊·普里戈金,伊·斯唐热.从混沌到有序:人与自然的新对话[M].曾庆宏,沈小峰,译.上海:上海译文出版社,2005:276.
[21] 许国志.系统科学[M].上海:上海科技教育出版社,2000:74.
[22] 普里戈金.从存在到演化[M].曾庆宏,严士健,方本塑,等译.北京:北京大学出版社,2007:142.
[23] 普里戈金.从存在到演化[M].曾庆宏,严士健,方本塑,等译.北京:北京大学出版社,2007:137.
[24] 姜璐.熵:系统科学的基本概念[M].沈阳:沈阳出版社,1997:164-165.
[25] 沈小峰,胡岗,姜璐.耗散结构论[M].上海:上海人民出版社,1987:114.
[26] 沈小峰,胡岗,姜璐.耗散结构论[M].上海:上海人民出版社,1987:114-115.
[27] 普里戈金.从存在到演化[M].曾庆宏,严士健,方本塑,等译.北京:北京大学出版社,2007:194.
[28] 普里戈金.从存在到演化[M].曾庆宏,严士健,方本塑,等译.北京:北京大学出版社,2007:205-206.
[29] 普里戈金.从存在到演化[M].曾庆宏,严士健,方本塑,等译.北京:北京大学出版社,2007:55.
[30] 普里戈金.从存在到演化[M].曾庆宏,严士健,方本塑,等译.北京:北京大学出版社,2007:111.

6 空间城市系统混沌理论

6.1 耗散混沌结构基础

6.1.1 巨大系统

1）巨大系统及其混沌存在

（1）巨大系统

所谓巨大系统是指具有人类因素和大型规模的巨系统，如空间城市系统、政治系统、经济系统等，其基本构成包括自然与人类两个组成部分，人的不确定性、人的自觉性、人的目的性是其标志性特征。巨大系统具有复杂性，但不必然是复杂系统，例如空间城市系统是巨大系统，但它是简单巨系统性质。巨大系统又可以分为不同层次、不同条件、不同环境的巨大系统，因此不能简单地将巨大系统划归复杂系统，这是因为对人文属性的巨大系统本体认知缺乏所造成的，是一种简单化认识论。在界定巨大系统属性时，将简单问题复杂化与复杂问题简单化都是错误的。将经典系统科学方法论应用于巨大系统往往会发生“特殊性幽灵”现象，即出现局限性与失效性，需要对经典方法论进行本体化扩展与再创新，形成巨大系统“本体化方法论”。

（2）混沌存在

一方面，因为人文因素所致，巨大系统都具有混沌特性。人类群体具有差异性，如党派差异、财富差异、宗教差异、民族差异、职业差异等，这一差异性必然导致人类行为的不同，不同的人类行为必然导致巨大系统的内部混沌现象。因此，巨大系统多以混沌形式存在，或者具有混沌特性，所谓混沌与巨大系统形影不离。另一方面，作为整体的巨大系统又具有有序性，即人类社会总是生活在各种有规律的巨大系统之中，如民族国家系统、宗教系统、文化系统等。巨大系统的整体有序与内部无序特性，正是“耗散混沌结构”的基本属性，因此耗散混沌结构理论是针对巨大系统的一般性理论。作为耗散混沌结构的主要存在形式，我们对巨大系统进行科学的界定与分析，以期对空间城市系统（城市）、政治系统、经济系统等具体巨大系统类型的认识奠定基础。

（3）空间城市系统混沌存在

空间城市系统既有人的因素又有大规模特征，因此是典型的巨大系统。世界空间城市系统的真实存在形式并非理想的、有序的耗散结构的形式，相当数量的空间城市系统存在于混沌状态，或者具有混沌特性。因此，“空间城市系统混沌”问题就成为我们必须研究的问题，空间城市系统混沌理论因此获得应有的学术地位。

2）巨大系统基本性质

（1）人类属性

人类属性是巨大系统的本质特性，人的不确定性、人的自觉性、人的目的性是巨大系统标志性的特征。人类属性使得巨大系统具有了或然性，它规定了研究巨大系统方法论的选择，即统计归纳方法等。就微观而言，个人因素是不确定的，如个人思想的变化、个人潜在的意识等。但是就整体而言，人类群体是可以被认知的，它具有统计性规律，如汉人、纽约人等，又如马克思主义者、民族主义者、共和党人、民主党人等。因此，对巨大系统人类属性的分析，将不确定性控制在一个概率范围，成为研究巨大系统的基础。

（2）本体性与哲学性

本体性是巨大系统的基本性质，即每一类巨大系统都有自己独立的本源的主体体系，它包括特有的形式与内容、专有的概念表达体系、专门的规范与规律。本体性要求专门的话语体系、修正的方法论、特色的理论体系。

哲学性是巨大系统的本质特征，即每一类巨大系统都蕴含着特定的哲学意义，它包括特有的世界观、价值、理性等。巨大系统的哲学属性要求用社会科学与本体论的方法进行分析研究，得出特定的条件界定性的规律与结论。哲学方法论与数学方法论是巨大系统研究的两个基本方法论。

（3）开放性与耗散性

开放性是巨大系统的基本性质，表现为它与外部环境的交流，巨大系统从外部环境获得负熵流或者正熵流，负熵流促使系统走向有序，正熵流导致系统无序。环境对于巨大系统具有重要的影响，环境参量对巨大系统具有控制作用，甚至改变系统的性质，而且环境参量可以转化成巨大系统状态变量，如经济参量就可以转化成空间城市系统的状态变量，这是巨大系统的一种特性。耗散性是指巨大系统对物质、信息、能量的消耗，人力、物力、信息、能量的持续投入是巨大系统共有的基本特性，它们形成了巨大系统的本体与动力，推动着巨大系统的演化。耗散性是巨大系统耗散混沌结构的基础性前提条件。

（4）内部非线性与混沌性

非线性是巨大系统的基本性质，“社会系统的各个要素之间也存在着复杂的非线性相互作用。各要素之间不是简单的因果关系，线性依赖关系，而是既存在着正反馈的倍增效应，也存在着限制增长的饱和效应，即负反馈”[1]。远离平衡态与涨落是巨大系统发展的必要条件。

混沌性是巨大系统的基本特性：一是表现为整体系统的耗散混沌结构属性；二是表现为系统之内的局部混沌特性。因为人的不确定性、人的自觉性、人的目的性，巨大系统可能发生诸如“蝴蝶效应”的混沌现象，如突尼斯茉莉花革命起源于 26 岁青年穆罕默德·布瓦吉吉自焚事件，导致突尼斯政治的革命。

（5）特殊性幽灵与专业化

基于自然系统所形成的系统科学经典方法论，直接被应用到巨大系统会出现局限性与失效性现象，巨大系统的特殊性导致了这种“特殊性幽灵”现象。“特殊性幽灵”现象将导致巨大系统认知的非逻辑化，得不出结论，或得出自相矛盾的片面的结论。针对“特殊性幽灵”现象，必须对经典方法论进行本体化扩展与再创新，形成“本体化方法论”，避免受到“特殊性幽灵”现象规律的作用，使巨大系统的研究陷入混乱。

专业化是巨大系统的基本特征，每一种巨大系统都具有自己的专业化研究对象、方法论、理论体系，而处理巨大系统问题时既要遵循系统科学的一般规律，又要遵守专业化的特殊规律。例如政治系统具有政治思想、政治文化、政治制度三个基本维度，我们可以将它们视为政治系统的状态变量，建立相应的政治系统模型。但是在分析政治思想、政治文化、政治制度时，就要使用专业化的方法进行具体的政治内容分析研究。在巨大系统专业化上，系统哲学是基本的方法论工具，它可以对涉及人类属性的问题进行有效的、合理的、规范的、逻辑的解释。

3）巨大系统表述方法

巨大系统可以被认识是我们的基本世界观。就整体系统和内部状态而言，我们都拥有方法论和研究工具揭示每一类型巨大系统的基本规律，发现巨大系统的动因、演化、控制、信息等方面的运行规律，如空间城市系统（城市）、政治系统、经济系统。

（1）巨大系统演化规律

巨大系统演化具有其特殊性：首先，巨大系统演化具有渐变性特征，即系统演化的长时段特性。其次，稳定性是巨大系统的重要特性。在一般情况下，保持巨大系统的稳定是十分必要的，如政治系统稳定性。最后，巨大系统的分岔突变具有随机性，如经济系统危机现象的无征兆性，人的不确定性是巨大系统突变随机性的根源。

巨大系统演化结果具有三种形式：其一，耗散结构，整体有序与内部有序，是巨大系统理想化的归宿。其二，耗散混沌结构，整体有序与内部无序，是巨大系统存量最大的现实归宿。其三，无序结构，整体无序与内部无序，是巨大系统现实存在的无奈归宿。

（2）巨大系统定性描述

定性描述是巨大系统的第一要项，因为定性决定本质、定性决定定量、定量服从定性。巨大系统定性描述分为整体定性描述与内部定性描述，前者确定巨大系统的整体概念、特性、涌现性，后者确定巨大系统内部的要素结构、动因机理、相互作用。巨大系统定性描述多采用语言、图表、统计结果分析等方法工具进行。定义、概念、特性、条件是巨大系统定性描述必需的要项。巨大系统的定性认知是基础，它是巨大系统状态变量与环境参量确定的根据，本体论、系统哲学、逻辑学是巨大系统定性描述的认识论。归纳方法、统计方法、概率方法是巨大系统定性研究的基本方法。

（3）巨大系统定量描述

定量描述是巨大系统的第二要项。巨大系统定量描述的关键是系统状态变量和环境参量的确定。就一般情况而言，巨大系统是可以找出基本状态变量的，如空间城市系统的空间集聚变量、空间扩散变量、空间联结变量，政治系统的政治思想变量、政治文化变量、政治制度变量，并由基本状态变量张成巨大系统的状态空间。巨大系统是可以找出基本环境参量的，如空间城市系统的地理环境参量、人文环境参量、经济环境参量，政治系统的全球环境参量、区域环境参量、国家环境参量，并由基本环境参量张成巨大系统的参量空间。在必要情况下，如低维条件或计算机模拟条件，还可以由巨大系统状态变量与环境参量张成乘积空间。

在状态变量与环境参量确定的基础上，巨大系统定量描述的关键任务是建立系统演化方程与系统动力方程，它们多以线性微分方程、非线性微分方程、随机方程的形式表达，巨大系统定量描述也分为整体定量描述与内部定量描述两个方面。对于巨大系统的人类属性的定量认知，计有“人是当今地球上最复杂、最高级的生物。从微观上看，社会系统中每个人的想法不同，表现不一，而且很难预测。但是，由大量个人组成的社会系统的宏观性质，却可以设法分析清楚。我们可以分析宏观系统中个人行为的统计性质。个体复杂性使人表现出来的不同行为，可以用随机变量来描写，整个系统的性质由随机变量的概率分布来决定。虽然每个人的行为无法预测，但对作为整体性质的概率分布是可以分析清楚的”[2]。所以，借助数理统计与概率论方法，是可以对巨大系统进行定量描述的。

(4) 巨大系统计算机模拟

在巨大系统定性与定量描述的基础上，包括基本概念、系统特性、状态变量、环境参量、数学方程等，将巨大系统的数学模型转换成计算机上可执行的程序，并输入系统参数、初始状态、环境条件等数据，在计算机上进行运算得出结果，并提供各种直观形式的输出，就是巨大系统计算机模拟方法，它是一种具有实用价值的巨大系统研究方法。

巨大系统演化方程或系统动力方程，因多变量、非线性化、随机化等原因，很难求出方程解析解，因此计算机模拟就是一种行之有效的方法。我们所关心的不是巨大系统的演化过程，而是系统的定态结构以及结构变化，如空间城市系统的平衡态结构、近平衡态结构、近耗散态结构、分岔、分岔态耗散结构。计算机数值计算可以直接算出巨大系统的演化轨迹，由此就可以了解巨大系统的各种性质，掌握系统的变化趋势，以及巨大系统相变过程中随时间变化的具体情况。通过多参数值的重复数值计算，就可以得出巨大系统演化的基本规律，可以满足我们对巨大系统演化轨迹认知的基本需求。

(5) 巨大系统结论分析

巨大系统演化的归宿计有耗散结构、耗散混沌结构、无序结构三种基本形式，其结论分析可以分为以下基本类型：

第一，预测分析。

巨大系统的预测分析可以分为三种基本情况：其一，微分方程有解。可以进行精确的巨大系统演化过程和结果预测，这是在降维、简化条件的基础上获得的。其二，有计算机数值解。可以获得参数条件下的巨大系统演化轨迹与结果，参数条件不代表巨大系统的基本规律，必须结合演化方程的数学分析才能预测巨大系统的基本规律。其三，系统科学与系统哲学定性分析。借助系统科学所创造的一套定性分析方法进行预测分析，如稳定性、涨落、分岔、突变、混沌等，对巨大系统演化过程、临界行为、结构转型、结构选择等进行分析；借助系统哲学的方法，对巨大系统进行定性预测分析，如政治思想、政治文化、政治制度的系统哲学分析。

第二，归纳分析。

归纳分析是巨大系统结论分析的重要方法，主要包括三个方面：首先，“理论归纳”是对前见范式的归纳分析，任何现实的巨大系统都与先前理论有联系，它是掌握巨大系统规律的理论基础。其次，“实践归纳”是对现在客观事实的归纳分析，巨大系统的实践是形成科学事实认识的基础，是巨大系统现见范式和预见范式认知的基础。最后，“概率归纳”运用数理逻辑、概率论、数理统计等工具，对巨大系统进行公理化、形式化、数量化的概率归纳分析，它是处理人类属性巨大系统的有力工具。

第三，综合分析。

综合分析要求将巨大系统的全部方面综合起来进行平衡分析，得出最后的巨大系统结论，包括定性分析、定量分析、整体分析、内部分析、人类因素分析、自然因素分析，以及巨大系统演化阶段分析、临界涨落分析、分岔突变分析、结构选择分析等。关于巨大系统的综合分析，在数学模型等理性结论的基础上，要特别注意专家人脑的感性结论，在涉及人的不确定性、人的自觉性、人的目的性方面尤其重要。综合分析的整合过程是一个很关键的环节，要特别注意巨大系统整体涌现性的提炼与把握。

6.1.2 耗散混沌结构理论基础

1）耗散混沌结构理论来源

(1) 耗散结构理论

1969 年，比利时学者普里戈金提出了耗散结构理论，它是耗散混沌结构理论的第一个理论基础。一个远离平衡态的非线性的开放系统，通过不断地与外界进行物质、信息、能量的交换，在系统内部某个参量的变化达到临界点阈值时，在巨涨落的作用下系统发生分岔现象，系统定性性质发生改变，由原来的混乱无序状态转变为一种在时间上、空间上、功能上的有序状态。这种在远离平衡的非线性区形成的新的稳定的宏观有序结构，需要不断与外界交换物质、信息、能量才能维持，因此称之为“耗散结构”。耗散结构理论广泛适用于自然科学和社会科学的很多领域，是空间城市系统的理论基础。

耗散混沌结构是比耗散结构次之的系统结构，它是一种大量存在的客观事实。耗散混沌结构为系统演化提供了一种现实的、可行的、积极的选择。就整体与局部而言，空间城市系统(城市)都存在着耗散混沌结构成分。无序结构是比耗散混沌结构更次之的系统结构，整体无序与内部无序是无序结构的本质特征。无序结构是一种真正的随机结构，无规律无法预测。就巨大系统而言，无序结构是一种真正负面的客观现象，如底特律城市的无序现象、索马里政治系统的无序现象、委内瑞拉经济系统的无序现象。

(2) 混沌理论

20世纪60年代混沌现象被逐渐发现:洛伦茨在1960年提出了"蝴蝶效应";埃侬在1964年发现了天体力学中的混沌现象;吕勒与塔肯斯在1971年提出了奇怪吸引子概念。20世纪70年代中期以后,混沌领域进入了高发研究状态:李天岩与约克在1975年揭示了从有序到混沌的演变过程,提出了"混沌"概念;费根鲍姆在1975年发现了与混沌周期点有关的"费根鲍姆常数";罗伯特·梅在1976年指出了生态学中的混沌行为;1977年在意大利召开了第一届国际混沌会议,标志着"混沌理论"的诞生,它是耗散混沌结构理论的第二个理论基础。

混沌现象是宇观、宏观、微观世界普遍存在的客观事实,混沌理论揭示了系统从有序突然变为相对无序状态的演化规律,它说明了确定性系统中内在"随机过程"混沌结构的形成机理。系统的混沌结构本质上不同于无序结构,是一种具有规律性的积极的有价值的系统结构。耗散混沌结构是混沌结构的一个分支,它广泛存在于自然系统与社会系统之中。耗散混沌结构对于巨大系统,如空间城市系统(城市)、政治系统、经济系统有着特别重要的意义,它是巨大系统最大数量的存在形式。耗散混沌结构既以系统整体形式存在,又存在于每一个巨大系统之中,是空间城市系统(城市)的基本存在形式。

(3) 耗散混沌结构理论

第一,空间城市系统(城市)实践来源。

从2003年到2019年历时16年时间,笔者考察了世界大都市连绵带以及世界主要的城市,在研究空间城市系统(城市)演化的过程中,发现了耗散混沌结构现象。地球人居空间中存在着大量的演化事实,它们既不能用有序的耗散结构理论进行解释,又不属于无序结构的范畴,例如洛杉矶城市蔓延结构、北京大城市病现象、墨西哥城市混沌事实,以及南欧空间城市系统结构问题、中国沿河空间城市系统概念确立、俄罗斯空间城市系统失衡。这些空间城市系统(城市)有着共同的基本特征:首先,它们是高度开放系统,消耗着大量的物质、信息、能量,处于一种耗散状态。其次,整体上它们处于有序的状态,并且是世界性公认的、主导的人居空间。最后,空间城市系统(城市)内部都处于无序的混沌结构状态,具有随机性特征。现有的城市理论与系统科学理论,都无法解释上述空间城市系统(城市)的整体有序与内部无序的客观事实。在空间城市系统(城市)实践的基础上,结合"耗散结构理论"与"混沌理论",笔者提出了"耗散混沌结构理论",用以解释世界人居空间中大量存在的耗散混沌现象。

第二,耗散混沌结构理论与混沌理论。

耗散混沌结构理论是混沌理论的分支理论,它遵循混沌理论的基本原则,但是具有自己的特殊性。耗散混沌结构理论适用于具有人文因素的巨大系统,如空间城市系统(城市)、政治系统、经济系统等,人的不确定性、人的自觉性、人的目的性[①]是耗散混

① 人的不确定性、自觉性、目的性是巨大系统的标志性特征,"社会系统一般有人参加。人与其他生物的主要区别之一,在于人的活动有自觉性和目的性……我们在分析社会系统性质时,必须考虑到人的目的性"。参见:沈小峰,胡岗,姜璐.耗散结构论[M].上海:上海人民出版社,1987:143-144。

沌结构的标志性特征，历史依赖性是耗散混沌结构特有的基本属性。耗散混沌结构理论是一种源自实践的理论，也因实践而获得实证性真理地位。

正如中国学者郝柏林所说："对于混沌现象，目前并不存在公认的完备的数学理论。目前可以说，还没有一个数学模型被全面彻底的研究清楚。混沌研究需要各门学科的合成，要使物理工作者创造的种种实际手段在数学上有所论证与提高，哲学上也应有新的概括。"[3]虽然耗散混沌结构理论不是一种源自数学逻辑的理论，但是它需要数学逻辑的验证。因为耗散混沌结构理论是一种实践应用理论，所以耗散混沌结构维数的最优选择为三个维度，如空间城市系统的空间集聚、空间扩散、空间联结三个基本维度；政治系统的政治思想、政治文化、政治制度三个基本维度；地球人居生态系统的全球变化、城市化、局部生态环境三个基本维度。耗散混沌结构保持在三个维度，我们就可以用常微分方程组表达，这就是洛伦茨处理"蝴蝶效应"所采取的数学降维方法。

耗散混沌结构是一种具有耗散性质的混沌结构，正如郝柏林所说："混沌现象也有两个层次。在宏观层次上，描述运动流体、化学反应介质等的具有耗散项的非线性方程，不含有任何外加的随机因素。"[4]由此可见耗散混沌现象是一种被认可的科学事实。究其本质而言，耗散也是混沌结构的基本特征，郝柏林说："在各种决定性的宏观方程中，由于能量耗散而使有效的运动自由度减少，最终局限到低维的奇怪吸引子上，这就是宏观层次上的混沌运动。"[5]我们强调"耗散混沌结构"具有两重含义：一是强调这种"耗散混沌结构"具有"耗散结构"的基本特征与相似性，但是本质上它与"耗散结构"又具有"混沌性质"的差别；二是强调"耗散混沌结构"是混沌结构的一种，它遵循混沌结构的基本规律，但是它又具有自己独特的基本性质，如人的不确定性、人的自觉性、人的目的性、历史依赖性、条件性原则等。

第三，耗散混沌结构条件性原则。

耗散混沌结构理论具有"条件性原则"，混沌具有多样性与复杂性，是公认的发展中理论，因此耗散混沌结构理论只能进行条件限定下的有限观测和描述，耗散混沌结构是建立在界定条件基础之上的。耗散混沌结构理论是一种条件理论：首先，开放条件。耗散混沌结构要求具备充分的开放条件，即负熵流 $dS < 0$ 的条件，只有开放系统才能保证耗散混沌所需要的物质、信息、能量的连续输入，因此系统开放是形成耗散混沌结构的基本前提条件。其次，耗散条件。耗散混沌结构要消耗掉大量的物质、信息、能量，始终处于一种耗散状态，耗散条件是耗散混沌系统存在的根本，巨大系统都属于耗散系统。与耗散混沌结构相对立的是保守系统混沌，保守系统混沌不存在奇怪吸引子，保守系统混沌是一种孤立系统混沌，它具有能量守恒特征，如哈密顿(Hamilton)系统。最后，混沌条件。耗散混沌结构具备混沌条件，如分形与分维、初始敏感性、奇怪吸引子等基本混沌条件。

第四，耗散混沌结构的实践对应性。

耗散混沌结构广泛存在于巨大系统客观实践之中，如空间城市系统与城市实践、政治系统实践、经济系统实践，它也广泛存在于自然系统之中。耗散混沌结构理论最激动人心之处在于它与实践的对应性，在于它的实践应用价值。耗散混沌结构理论为空间城市系统（城市）、政治系统、经济系统、地球人居生态系统研究，提供了一个客观的、与现实对应的、可行的分析框架。由于耗散混沌结构理论的建立，我们摈弃了“耗散结构选择”与“无序结构选择”的二元论思想，而“耗散混沌结构选择”是现实世界存量最大的系统结构，也是一种有益的、积极的系统结构。耗散混沌结构理论使我们认识到系统有序性与有益性的排序：第一，耗散有序结构。第二，耗散混沌结构。第三，无序结构。

第五，耗散混沌结构理论普遍性。

“耗散混沌结构”现象广泛存在于空间城市系统（城市）、政治系统、经济系统以及各种自然系统之中，它是客观事物的基本存在形式，具有普遍的一般性意义。在现实世界中，“耗散混沌结构”的存在数量甚至高于“耗散结构”的存在数量。虽然“耗散混沌结构理论”起始于空间城市系统（城市）研究，但是它具有系统的一般性意义，特别是对于复杂的巨大系统具有较好的解释力。我们仅以空间城市系统（城市）的实践来说明“耗散混沌结构理论”的基本规律，期望数学专业学者完成耗散混沌结构的数学证明，以期实现“耗散混沌结构理论”的实证与数学双向完善。

第六，耗散混沌结构名称说明。

就其本质而言，“耗散混沌结构”就是“耗散混沌系统”，但是我们用“耗散混沌结构”与“耗散混沌系统”名称来共同表达同一个本质事物。其一，为了与学术规范的“耗散结构”相对应，我们使用“耗散混沌结构”名称，保持了学术连续性；其二，为了表达耗散混沌系统的“结构性”特征，我们使用了“耗散混沌结构”名称，在现行的混沌理论中也多使用“混沌”名称来表示混沌系统概念；其三，在后续章节中我们仍然会使用“耗散混沌系统”名称，以避免与耗散混沌系统所属的“结构”分项的混淆。

2）耗散混沌语境的系统结构

（1）系统结构

① 系统演化结构

所谓系统演化结构是指分岔之前的系统分段稳定结构，如空间城市系统演化的平衡态结构、近平衡态结构、近耗散态结构。系统演化结构是系统的过程结构，而非目的结构。系统演化结构可以用微分方程进行数学表述，分为线性微分方程与非线性微分方程。系统演化结构具有稳定性问题，阶段性结构稳定和分阶段结构变化是系统演化结构必须具有的两种基本特性。系统演化结构的目的是系统分岔突变，是系统定性性质的变化。系统演化结构是系统耗散结构、耗散混沌结构、无序结构的前期阶段。

② 耗散结构

所谓耗散结构是指远离平衡态的非线性的开放系统，通过不断地与外界进行物质、信息、能量的交换，在系统内部某个参量的变化达到临界点阈值时，在巨涨落的作用下系统发生分岔现象，系统定性性质发生改变，由原来的混乱无序状态转变为一种在时间上、空间上、功能上的有序状态，这种整体上有序、内部也有序的系统结构被称为“耗散结构”。“耗散结构”是系统演化所能到达的理想结构，是系统演化的上乘之选，但它是一种概率化选择，即很多系统不可能实现理想的“耗散结构”。

③ 耗散混沌结构

所谓耗散混沌结构是指在非线性演化机制下，三维以上的系统经过一系列分岔与迭代，产生一种不规则的、随机的、复杂的强非线性结构，这种系统结构具有耗散特性，并具有非周期性与奇怪吸引子等混沌特征，我们将这种兼具耗散性与混沌性的系统结构称为“耗散混沌结构”。可控结构、介控结构、失控结构是“耗散混沌结构”三种基本的存在形式。

“耗散混沌结构”是一种普遍存在的客观现象，巨大系统都会在不同程度上存在“耗散混沌结构”现象，或者以系统整体形式存在，或者以系统部分形式存在。“耗散混沌结构”既广泛存在于空间城市系统（城市）、政治系统、经济系统等巨大系统之中，也存在于自然系统之中。“耗散混沌结构”是系统演化到达的现实结构，是系统演化的合理之选，它是大概率化选择，即“耗散混沌结构”是现实世界存量最大的系统定态结构。

④ 无序结构

所谓无序结构是指系统组分不规则、随机性、非组织的状态，无序结构系统内部要素之间呈现混乱无规则的组合，在运动形式上呈无规律性。无序结构组分不具备数学偏序关系，具有时间无序、空间无序、功能无序的特征。无序结构表现为物理上的均匀分布与对称结构，与其相反的是有序结构的对称破缺。巨大系统的无序结构是真正意义上的负面结构，它所对应的是实践中的破坏现象，如底特律城市的无序结构、索马里政治系统的无序结构、2008 年华尔街金融系统的无序结构、美国的飓风无序结构，都具有十分严重的破坏意义。无序结构是系统演化失控的结果，是系统演化无奈的、被动的下乘之选，它也是一种概率化选择，即“无序结构”是一种无法彻底避免的客观存在。

（2）系统结构关系

① 耗散结构分支

第一，耗散结构分支选择。

如图 6.1 所示，系统演化结构在辅助分岔的作用下做出大概率性的耗散结构选择，系统沿着“系统演化结构→耗散结构”的演化途径呈完全进化轨迹发展。耗散结构为整体有序与内部有序的非线性定态，是理想的系统演化目的状态。

第二，耗散结构分支演化。

如图 6.2 所示，耗散结构发生退化现象，系统退化至耗散混沌结构，沿着“系统演化结构→耗散结构→耗散混沌结构”的演化途径发展。这种演化轨迹多发生在系统退化或者系统升级的情况下。

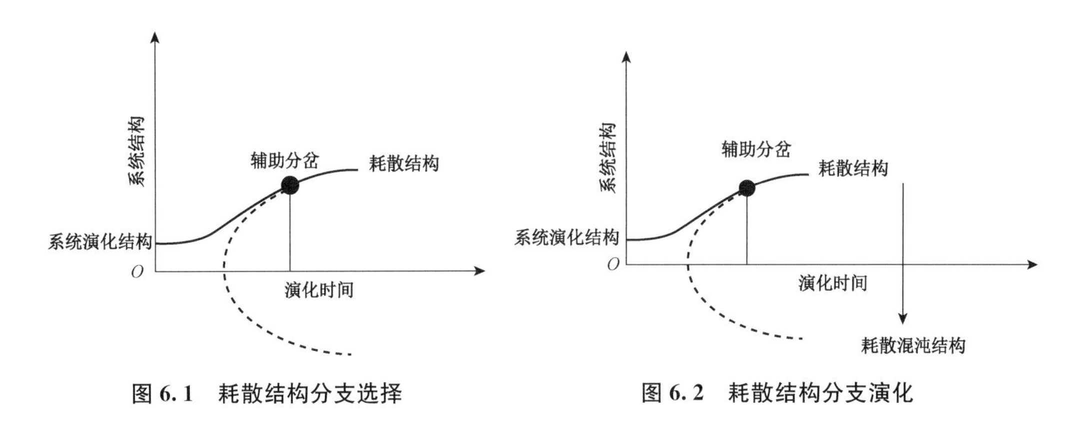

图 6.1　耗散结构分支选择

图 6.2　耗散结构分支演化

② 耗散混沌结构分支

第一,耗散混沌结构分支选择。

如图 6.3 所示,系统演化结构在控制分岔的作用下做出概率性的耗散混沌结构选择,系统沿着“系统演化结构→耗散混沌结构”的演化途径呈半进化轨迹发展。耗散混沌结构为整体有序与内部无序的强非线性定态,是现实的系统演化可行状态。

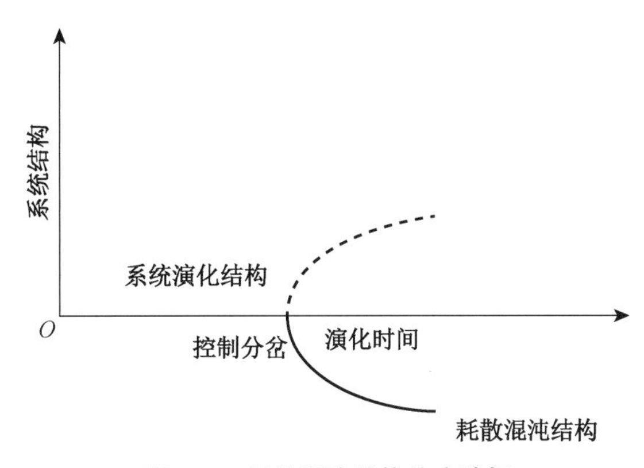

图 6.3　耗散混沌结构分支选择

第二,耗散混沌结构分支演化。

如图 6.4 所示,耗散混沌结构发生进化现象,系统进化至耗散结构,沿着“系统演化结构→耗散混沌结构→耗散结构”的演化途径发展。这种演化轨迹多发生在系统进化或者系统升级的情况下。

③ 无序结构分支

第一,无序结构分支选择。

如图 6.5 所示,系统演化结构在适当分岔的作用下做出小概率性的无序结构选择,系统沿着“系统演化结构→无序结构”的演化途径呈退化轨迹发展。无序结构为整体无序与内部无序的强非线性状态,是负面的系统演化避免状态。

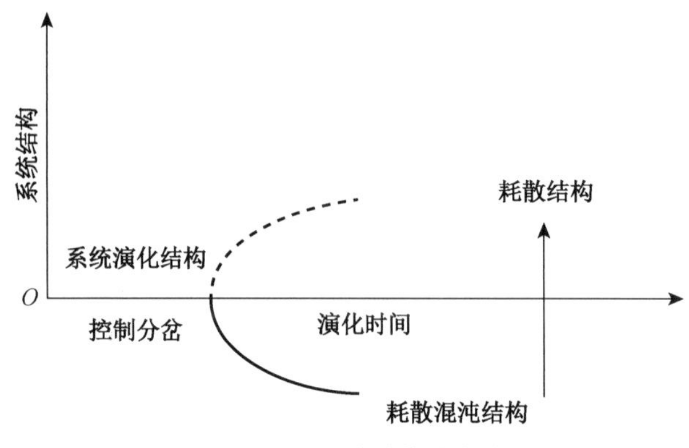

图 6.4　耗散混沌结构分支演化

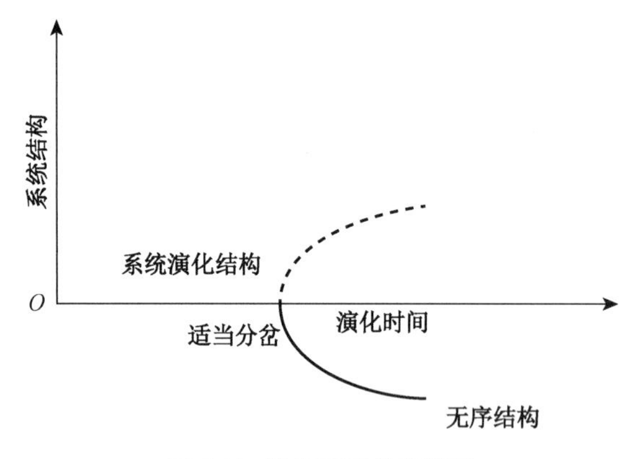

图 6.5　无序结构分支选择

第二,无序结构分支演化。

如图 6.6 所示,无序结构发生进化现象,系统进化至耗散混沌结构或者耗散结构,沿着“系统演化结构→无序结构→耗散混沌结构(耗散结构)”的演化途径发展。这种演化轨迹多发生在系统进化或者系统升级的情况下。

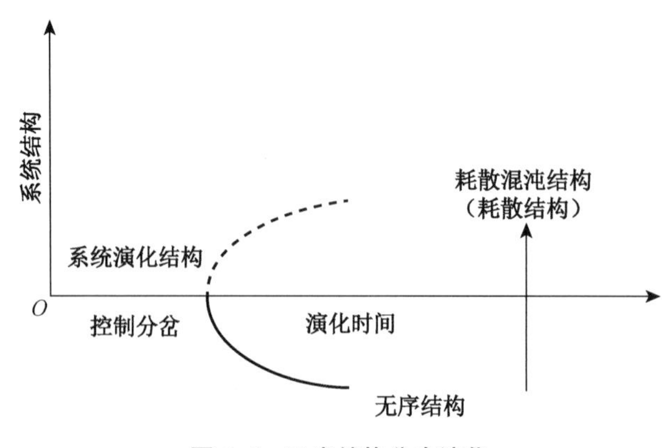

图 6.6　无序结构分支演化

3）耗散混沌结构实证分析

（1）空间城市系统（城市）实证分析

① 俄罗斯空间城市系统实证分析

第一，耗散混沌事实。

如图 6.7 所示，俄罗斯空间城市系统分为两个大的组成部分，西部结构包括莫斯科、圣彼得堡、喀山、伏尔加格勒，东部结构包括叶卡捷琳堡、新西伯利亚、伊尔库茨克。它是以莫斯科为牵引城市（TC），以圣彼得堡为主导城市（LC），以伏尔加格勒、喀山、叶卡捷琳堡、新西伯利亚、伊尔库茨克为主中心城市（MC），所形成的空间城市系统。俄罗斯空间城市系统是一个开放系统，具有明显的耗散特征，它与世界环境进行着物质、信息、能量的交换。就整体而言，俄罗斯空间城市系统呈现有序的存在状态，在世界人居空间中占据一席之地。就内部而言，俄罗斯空间城市系统呈现严重的混沌现象，即俄罗斯国家空间失衡现象。俄罗斯空间城市系统即以这种开放耗散、整体有序、内部无序的形式客观存在于世界，成为世界空间城市系统耗散混沌的客观事实。

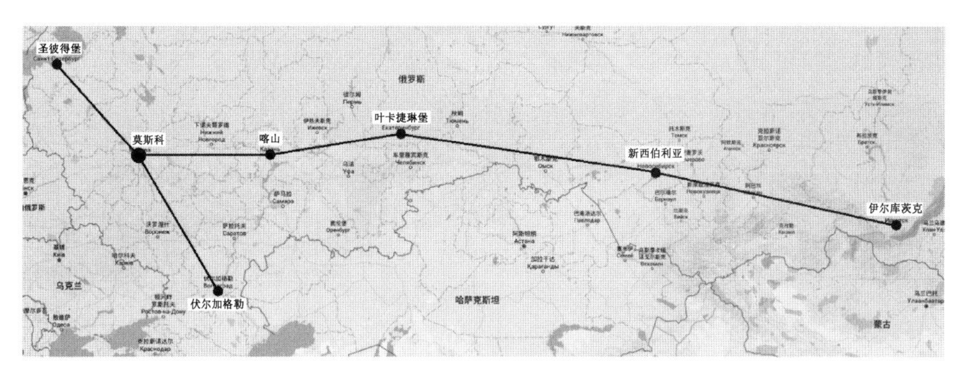

图 6.7 俄罗斯空间城市系统耗散混沌

（源自：笔者根据谷歌地图绘制）

第二，耗散混沌分析。

俄罗斯空间城市系统存在严重的国家空间失衡现象，即耗散混沌结构现象：其一，莫斯科奇怪吸引子。莫斯科作为“中央空间主体”具有超强的空间权力积累优势，使得俄罗斯国家资源以廉价形式流向莫斯科，形成了俄罗斯空间城市系统耗散混沌结构的“莫斯科奇怪吸引子”，它导致了莫斯科“中央空间主体”与“地方空间主体”之间的马太效应，产生了国家空间失衡现象，是俄罗斯空间城市系统耗散混沌结构的根源。其二，地方空间混沌现象。俄罗斯空间城市系统存在圣彼得堡、伏尔加格勒、喀山、叶卡捷琳堡、新西伯利亚、伊尔库茨克等地方空间发展严重滞后的混沌现象，而莫斯科奇怪吸引子对地方城市的虹吸现象是造成这种混沌的重要原因。其三，东部城市无序现象。以新西伯利亚、伊尔库茨克为中心的俄罗斯东部城市呈现无序的发展状态，这是俄罗斯空间城市系统耗散混沌结构的重要“混沌结构”，它是俄罗斯空间城市系统负面的因素，将对俄罗斯国家空间造成不可逆转的损害。

第三，耗散混沌结论。

俄罗斯空间城市系统耗散混沌是一种基本客观事实，耗散混沌结构由莫斯科奇怪吸引子、地方空间混沌结构、东部城市无序结构三个部分构成，俄罗斯国家空间失衡以及马太效应是俄罗斯空间城市系统耗散混沌结构的结果。由此，空间城市系统耗散混沌结构得到实证。

② 洛杉矶城市实证分析

第一，耗散混沌事实。

洛杉矶城市是一个高度开放的系统，与世界有着大量的交往。洛杉矶城市具有显著的耗散特征，与世界进行着物资、金融、文化、信息的大量交换。就整体而言，洛杉矶是成功的世界城市，在美国具有第二位的城市地位，对世界具有巨大影响，因此我们说洛杉矶城市是整体有序的。就内部而言，洛杉矶城市蔓延是一个世界著名的案例，在 1 万 km^2 的地域中分布着 100 多个城市。洛杉矶城市形态与空间结构完全背离了城市的本质属性，它没有城市的等级结构，没有城市紧凑的特征，没有一个起支配作用的城市中心。如图 6.8 所示，洛杉矶、长滩、圣安娜呈三角形均衡结构分布，100 多个城市则无规则的分布于大洛杉矶区域，处于空间混沌状态。洛杉矶城市这种开放系统、耗散特征、整体有序、内部混沌的客观事实，是世界城市耗散混沌结构的有力证据。

图 6.8 洛杉矶城市耗散混沌

（源自：笔者根据谷歌地图绘制）

第二，耗散混沌分析。

洛杉矶城市耗散混沌结构存在“小汽车奇怪吸引子”，小汽车的交通方式导致了洛杉矶城市混沌的全部方面，成为洛杉矶城市混沌现象的根源。首先，蔓延混沌现象。小汽车的交通方式使人们做出了所谓郊区化生活方式的选择，直接导致了洛杉矶城市空间无序蔓延的客观事实，不可持续性决定了洛杉矶城市空间混沌模式的失败。其次，交通混沌现象。“小汽车奇怪吸引子”的存在直接导致了洛杉矶区域性的交通问题，“建设—拥堵”与“拥堵—建设”恶性循环的结果导致了洛杉矶城市交通长期居于全美最差状态城市，导致了一系列的交通附加问题。最后，污染混沌现象。小汽车尾气排放占到洛杉矶城市空气污染的40%～50%，使洛杉矶拥有“雾霾之都”的恶名。由此可见，就内部而言，洛杉矶城市处于严重的无序状态，耗散混沌是洛杉矶城市的基本客观事实。

第三，耗散混沌结论。

洛杉矶城市耗散混沌结构由“小汽车奇怪吸引子”、蔓延混沌现象、交通混沌现象、污染混沌现象构成，洛杉矶城市空间模式不可持续是这一耗散混沌结构的必然结果。虽然世界上没有任何一个特大城市采用洛杉矶模式来规划和建设自己的空间形态和空间结构，但是洛杉矶城市仍然以这种耗散混沌结构存在着。这种现象说明，城市耗散混沌结构具有其存在的现实意义，它在现实世界中广泛存在着。耗散混沌结构理论可以解释世界范围大型、中型、小型城市的类似耗散混沌现实，具有实际应用价值。由此，城市耗散混沌结构得到实证。

(2) 政治系统实证分析

第一，耗散混沌事实。

联合国是世界上最大的、最权威的、最有代表性的政治系统，是一个面对世界主权国家开放的系统，它具有显著的耗散特征，在世界范围进行着人员、物质、信息、文化、能源的交流。就整体而言，联合国政治系统维持着世界和平与安全，发展各国之间的友好关系，促进国际合作，解决全球性政治、经济、社会、文化、生态的问题，保障世界人民的人权和自由，联合国是人类历史上伟大的创举。就内部而言，联合国政治系统以一种良性的混沌形式存在于现实世界之中，包括政治混沌、宗教混沌、经济混沌等。联合国政治系统混沌现象是现实世界多元化的表现，是人类社会的基本存在形式。联合国政治系统整体有序与内部混沌的客观事实，说明了耗散混沌结构是巨大系统基本的存在形式(图6.9)。

图6.9　联合国政治系统耗散混沌

第二，耗散混沌分析。

联合国政治系统存在着“民族国家奇怪吸引子”，1648 年欧洲的《威斯特伐里亚公约》创造了“民族国家”概念，迄今只有 370 余年的历史，而“民族国家奇怪吸引子”成为联合国政治系统政治、经济、社会、文化、生态各方面混沌的根源。首先，政治混沌现象。在联合国政治系统内部存在着神权政治、王权政治、威权政治、民主政治等各种政治模式，即政治制度的混沌现象。无论是联合国大会上的无序辩论，还是世界范围的利益矛盾与战争冲突，都与“民族国家奇怪吸引子”紧密相关。其次，宗教混沌现象。美国政治学者亨廷顿所论述的“文明的冲突”，以及根深蒂固的宗教矛盾与宗教战争，即宗教混沌现象，无不以“民族国家奇怪吸引子”的形式出现。最后，发展混沌现象。联合国政治系统内部存在着“南北发展差异”与“东西发展不平衡”，即发展水平的混沌现象，也都以民族国家的形式表现出来。

第三，耗散混沌结论。

联合国政治系统的“民族国家奇怪吸引子”、政治混沌现象、宗教混沌现象、发展水平混沌现象说明，人类社会本质是耗散混沌的。无序结构，如第一次世界大战与第二次世界大战，是人类社会的负面状态，是一种小概率选择；有序结构是人类社会的一种理想化特殊情况，是一种概率化选择；耗散混沌结构才是人类社会的本质属性，是一种大概率化选择。由此，政治系统耗散混沌结构得到实证。

（3）经济系统实证分析

第一，耗散混沌事实。

新结构经济学的本质是关于发展中国家经济系统演化的命题，即所谓的发展经济学。如果说传统的结构主义、新自由主义是有序结构[①]的理论，那么新结构经济学相对于传统的结构主义、新自由主义，就是一种耗散混沌理论，而这种耗散混沌理论是积极的、有益的、成功的。首先，新结构经济学所研究的发展中经济系统是一个开放系统，中国的改革开放就是中国经济系统发展的开放性前提。其次，新结构经济学的研究对象是符合耗散条件的，日本、新加坡、中国在经济发展过程中都与世界进行着人员、物质、信息、能源的交换。最后，成功应用新结构经济学实现发展的经济系统，从结构主义与新自由主义的观点看来，都具有整体有序、内在混沌的特征，而这正是新结构经济学的成功所在。

第二，耗散混沌分析。

相对于结构主义与新自由主义的“有序结构”[②]而言，新结构经济学存在“要素禀赋奇怪吸引子”，它是发展经济系统一切行为的根源，导致了发展经济系统内部“混沌

① 经济系统的有序结构与耗散混沌结构是一种相对的概念，在此我们以主流经济学的结构主义、新自由主义为有序结构标准，对新结构经济学进行相对的耗散混沌结构分析。

② 此处的“有序结构”与“要素禀赋奇怪吸引子”以及内生性混沌、比较性混沌、双轨制混沌都是相对的，即我们以传统的结构主义与新自由主义为相对的有序标准。在巨大系统中，这种相对标准并不具有正面或负面的含义，仅仅是一种比较标度而已。

结构”[①]现象的产生。首先，内生性混沌结构。新结构经济学强调发展经济系统内部源发产业结构，而不是追随发达经济体的外部产业结构，如重化工产业与资金密集型产业。这在结构主义与新自由主义看来，无疑是一种落后的混沌结构。其次，比较性混沌结构。新结构经济学强调按照发展经济系统的比较优势来做出产业选择，这在结构主义与新自由主义看来，是永远无法赶超发达经济体的尾随行为，如中国“大跃进”时期提出的“赶英超美”就是一种混沌结构。最后，双轨制混沌结构。后发展经济系统所采取的“双轨制”经济措施，在结构主义与新自由主义看来，则是一种无法理解的混沌结构。在传统的、主流的发展经济学看来，新结构经济学所推行的经济发展理论是一种违背“发展规律”的混沌结构学说。究其本质而言，新结构经济学正是以自己的“耗散混沌结构理论”[②]颠覆了传统发展经济学的“有序结构理论”，从而创建了自己独立的、真理性的发展经济学范式。

第三，耗散混沌结论。

新结构经济学以其颠覆性的理论既解释了发展经济系统的成功经验，如日本、新加坡、中国等国家，也揭示了发展经济系统的不足，如拉美—非洲欠发达经济系统。相对于传统发展经济学理论，新结构经济学无疑是一种“混沌理论”，违背了世界主流的经济发展模式，违反了经典发展经济学理论。而日本、新加坡、中国等国家经济发展实践所取得的成功，证明了新结构经济学对传统发展经济理论的混沌是一种范式创新，其中所蕴含的“耗散混沌结构”规律，使我们认识到后发展学说，如新结构经济学，对于经典学说的混沌恰恰是新的“有序结构理论”的创新。由此，经济系统耗散混沌结构得到实证。

6.1.3 耗散混沌结构定义

1）耗散混沌结构概念

需要特别指出的是，由于混沌命题的前沿性、多样性、复杂性，迄今为止并没有关于混沌的公认的、普适性的定义，因此关于混沌的具体性定义就成为现实之选。混沌的具体定义可以分为数学混沌定义、物理混沌定义、耗散混沌结构定义等，而对所定义混沌的特殊性与条件性界定就成为每一种混沌具体定义的必要之举。科学发展历史已经具有了“确定论”与“概率论”两种基本认识论，它们都是以某种无穷过程的存在为前提的。“混沌”将为我们提供第三种认识论，它将使“确定论”与“概率论”统一在混沌框架中，如系统整体的确定性包含着系统内部的随机性，并且它们是基于有限性基本原则的。因此，关于混沌概念的普遍性规律是一个认知世界的本源性认识论问题。

所谓耗散混沌结构是指在非线性演化机制下，三维以上的系统经过一系列分岔与迭代，原有定态失去稳定性，产生一种不规则的、随机的、复杂的强非线性结构，这种系

① 此处的“混沌结构”是相对于结构主义与新自由主义的“有序结构”，不具有负面含义。

② 此处的“耗散混沌结构理论”是相对于传统发展经济学的“有序结构理论”而言，仅仅是一种标度，不具有负面意义。

统结构具有耗散特性、非周期性与奇怪吸引子等混沌特征，我们将这种兼具耗散性与混沌性的系统结构称为“耗散混沌结构”。可控结构、介控结构、失控结构是“耗散混沌结构”三种基本的存在形式。

“耗散混沌结构”是一种能量随时间不断变化的动力系统，即系统耗散掉物质、信息、能量，它不遵守能量守恒定律，具有演化不可逆性特征，耗散混沌结构存在奇怪吸引子。与“耗散混沌结构”相对应的是保守系统混沌，如重力、万有引力、电磁力等所形成的动力系统，其演变过程是可逆的，具有能量守恒特征，不存在奇怪吸引子。

“耗散混沌结构”是一种普遍存在的客观现象，巨大系统都会在不同程度上存在“耗散混沌结构”现象，或者以系统整体形式存在，或者以系统部分形式存在。人类属性、他组织性、历史依赖性是巨大系统“耗散混沌结构”特有的基本属性。“耗散混沌结构”既广泛存在于空间城市系统（城市）、政治系统、经济系统等巨大系统之中，也存在于自然系统之中。耗散混沌结构是系统演化到达的现实结构，是系统演化的合理之选，它是大概率化选择，即“耗散混沌结构”是现实世界存量最大的系统定态结构。

2）耗散混沌结构基本性质

（1）稳定性与不稳定性

就整体而言，“耗散混沌结构”是非线性动态系统的定态，具有不动点与吸引子。由于控制参量所导致的奇怪吸引子对系统演化轨道有强烈吸引力，系统只要进入其吸引域就不可能走出去，因此“耗散混沌结构”整体是稳定的，例如特大城市病的长期稳定存在，就是整体稳定性的表现。

就内部而言，“耗散混沌结构”是强非线性动态不稳定的，其内部多种演化轨道并存。因为它的吸引子内部不同轨道相互排斥极不稳定，所以“耗散混沌结构”是对外吸引，对内排斥；进得来，出不去；出不去，又安定不下来。例如，第三世界特大城市内部普遍存在的人口演化轨道、交通演化轨道、空间演化轨道的不协调、不平等、相互排斥的极不稳定现象。

（2）有序与无序特性

就外部整体而言，“耗散混沌结构”是一种有序结构。其整体有序性来源于“耗散混沌结构”的开放性，即宏观状态熵 S 为非正值——$dS \leqslant 0$。

就内部状态而言，“耗散混沌结构”是一种无序结构。其内部结构无序性的根源是奇怪吸引子，分形与分维、迭代、周期倍化导致了“耗散混沌结构”的不规则、碎形化、无规律，即无序结构。

（3）耗散与混沌特性

“耗散混沌结构”的耗散特性，一是指混沌结构始终保持一个开放系统，二是指混沌结构与外部环境物质、信息、能量的交换。就耗散特性而言，“耗散混沌结构”与“有序耗散结构”是相同的，它们的系统整体都保持在“负熵流”状态，因此确保了它们整体的稳定性。

“耗散混沌结构”的混沌特性，主要包括结构混乱性、控制参量适当、确定性与随机性，它是“耗散混沌结构”与“有序耗散结构”的最本质区别。首先，结构混乱性是指系统要素与系统结构的无偏序关系、不规则状态、运动无规律性；其次，控制参量适当是指系统控制的缺失、失衡、错位现象；最后，确定性与随机性是指“耗散混沌结构”整体的确定性与内在的随机性。

(4) 初始条件敏感性、混合性、密集周期点

第一，初始条件敏感性。

耗散混沌结构长期行为敏感地依赖于初始条件是它的本质特征，敏感性意味着在耗散混沌结构初期任何小的初始值都将通过迭代被显著放大。所谓初始条件敏感性，即洛伦茨的“蝴蝶效应”。巨大系统任何混沌现象都可以找到它们的初始源头，即那只最初的“洛伦茨蝴蝶”。

第二，混合性。

混合性是耗散混沌结构的又一个本质特征，是指初始值的小误差经过迭代过程被放大并且蔓延到整个系统的遍历过程。现实世界中存在着许多的初始误差事件，这些初始误差事件充斥整个巨大系统的过程，就是耗散混沌结构的混合性，如空间城市系统(城市)的全部空间都飞满了“洛伦茨蝴蝶”就是混合性的表现。

第三，密集周期点。

密集周期点是耗散混沌结构的再一个本质特征。迭代行为所发生的区间为迭代区间，如城市的每一座建筑都可以被视为一个迭代区间，在迭代区间中又遍布小区间，如建筑中的每一个房间都可以视为一个小区间。一个房间到另一个房间，再到另一个房间就表现为1、2、3的周期性。所谓周期点是指小区间中的点 T，所谓迭代区间表示为二次迭代[0, 1]的形式。周期点 T 在迭代区间[0, 1]中密集分布，而且周期点 T 是混合性的，这种现象就叫作耗散混沌结构的“密集周期点”特性。“密集周期点”说明，在巨大系统的每一个迭代空间单元中都具有混沌的动因点，即巨大系统的每一个细分空间都有“洛伦茨蝴蝶”的落脚点。

(5) 分形与分维、迭代、倍周期分岔与混沌镜像、奇怪吸引子

第一，分形与分维。

分形与分维是耗散混沌结构的形成基础。所谓分形是指部分与整体之间具有某种自相似性，并且这种自相似性体现为无穷多次的重复，如城市的多层次外环结构就是典型的分形结构。巨大系统的分形不具有数学意义上的严格性，而是表现为一种多次的层次嵌套结构，如高级空间城市系统所具有的牵引城市(TC)、主导城市(LC)、主中心城市(MC)、辅中心城市(AC)、基础城市(BC)，就是典型的层次嵌套分形结构。

在经典几何学中，零维表示点、一维表示线、二维表示面、三维表示立体，而在混沌几何学中整数维被扩展成“分数维”，用以表达“分形”，称之为分形维数，它是几何对象的一个重要特征量，例如科赫岛[①]海岸线的分维是1.613 147……。如在混沌几何学

① 数学家科赫提出的几何模型被称为科赫岛。

中，我们可以计算出纽约、柏林、名古屋、昆山、乌镇、宏村的分维数，以表达人居空间的分形。在无限的分形与分维自相似机制主导下，巨大系统形成了由大到小的分形结构，导致了耗散混沌结构的形成。例如洛杉矶就形成了无限个分形结构所组成的耗散混沌结构，而每一个分形都可以用分维数进行表达。

第二，迭代（映射）。

普里戈金说“通过涨落到达有序”[6]，我们说“通过迭代实现混沌”，迭代（映射）是耗散混沌结构的形成机理，即混沌因素重复反馈过程的活动，迭代（映射）具有动力学意义，推动着系统逼近其目标。每一次对过程的重复称之为一次迭代，而每一次迭代（映射）得到的结果会作为下一次迭代（映射）的初始值。如空间城市系统（城市）在某一路口的交通堵塞所呈现的重复过程，就是一种迭代现象。如果不加以治理，随着交通流量的增长，在迭代作用的动力学作用下，这个路口将发展为城市交通的混沌结构迭代区间。

第三，倍周期分岔与混沌镜像。

倍周期分岔与混沌镜像为不同的巨大系统，如空间城市系统（城市）、政治系统、经济系统，以相同的方式进入耗散混沌结构提供了路径，它是耗散混沌结构的主要实现途径，其他混沌实现过程包括阵发性混沌途径、准周期混沌途径等。所谓倍周期分岔是指系统在一定参数 a 的条件下，其行为是周期性的，当改变参数 a 时出现周期加倍，系统以某种逐级分岔为特点，每一相的周期为前一周期的 2 倍，即 $1\rightarrow2\rightarrow4\rightarrow8\rightarrow16\rightarrow\cdots$，当参数 a 到达一定临界值时，系统开始出现混沌现象。系统从简单的周期行为走向复杂的非周期行为，非周期行为是当周期无限加倍时产生的，则系统进入混沌状态。倍周期分岔的典型途径是平衡态不动点→2 倍周期点→4 倍周期点→…→无限倍周期极限点→奇怪吸引子混沌。在倍周期分岔过程中，费根鲍姆点参数值 $a=3.569\,945\,6\cdots\cdots$ 与费根鲍姆常数（Feigenbaum）$\delta=4.669\,2\cdots\cdots$ 具有普适性，是重要的倍周期分岔标度值。

耗散混沌结构的“分岔—混沌”过程区间包含着极为丰富的动力学规律，即系统的混沌镜像，主要包括：其一，倒分岔序列，即系统从混沌到平衡态存在反向的倒分岔序列。其二，周期窗口，即在系统混沌区内存在长度有限的小区间，系统参数 a 在小区间取值时，系统做有序的周期运动。其三，自相似层次嵌套结构，即“分岔—混沌”过程区间具有层次无穷嵌套的自相似结构，系统混沌区中有周期窗口，周期窗口内也有混沌区，层层相套。其四，普适性与标度律，即系统倍周期分岔与混沌镜像具有普适性，费根鲍姆常数 $\delta=4.669\,2\cdots\cdots$ 代表系统分岔序列的收敛速率，表现为测度普适性。

第四，奇怪吸引子。

“所谓吸引子是指运动轨迹经过长时间之后所采取的终极形态，它可能是稳定的平衡点，或周期性的轨道；但也可能是继续不断变化，没有明显规则或次序的许多回转曲线，这时它就被称为奇怪吸引子。奇怪吸引子上的运动轨道，对轨道初始位置的细小变化极其敏感，但吸引子的大轮廓却是相当稳定的。”[7]耗散混沌结构的运动是建立在奇怪吸引子之上的，奇怪吸引子是产生耗散混沌之根源，自相似的分形与分维机制是耗散混沌结构的运行机理，混沌运动的吸引子是相空间的分形点集，如洛伦茨奇怪吸引子以蝴蝶分形点集形式展现出来，因此奇怪吸引子又被称为分形吸引子。

“非周期定态”也是耗散混沌结构奇怪吸引子的重要特性，它的吸引域使得耗散混沌运动，被汇入一种耗散混沌结构定态。非周期性是“耗散混沌结构”的必要特征，确定性定态行为是“耗散混沌结构”的内在运行规律，也就是说耗散混沌结构产生耗散混沌现象具有非周期性和确定性，从而才有了稳定的耗散混沌结构，在现实世界中就表现为一种稳定的客观结构，如稳定存在的洛杉矶城市耗散混沌结构。

(6) 他组织性与历史依赖性

人干预行为“他组织性”是巨大系统耗散混沌结构特有的属性，主要表现为：其一，巨大系统的他组织欠缺、他组织失控、他组织适当。其二，巨大系统控制过程的缺失、失衡、错位。其三，巨大系统干预的强度不够与方向不准。巨大系统所具有的人的不确定性、人的自觉性、人的目的性，使得人干预行为成为巨大系统定性性质的决定性因素。巨大系统人干预行为“他组织性”欠缺成为“耗散混沌结构”的诱发因素与催化动因。空间城市系统（城市）、政治系统、经济系统等巨大系统都是人干预行为“他组织性”主导的复杂系统，其“耗散混沌结构”演化的过程就是一个人干预行为“他组织”的历史过程。

正如郝柏林所说：“复杂系统的特定状态往往与历史，即达到此状态的过程有关。”[8]以巨大系统为主的“耗散混沌结构”具有历史依赖特性。所谓历史依赖是指系统的现在状态对演化过程的依赖，如北京的雾霾混沌现在状态是与它的生态环境演化历史相关联的。在历史依赖作用下，空间城市系统（城市）的混乱要素在演化时间序上出现倍增效应，在空间序上出现多样形式，在时空序上就发展为“耗散混沌结构”，由此形成了由简单到复杂、由低级到高级、由连续混沌到离散混沌的“耗散混沌结构”。

(7) 长期不可预测与短期可预测

耗散混沌结构的长期行为是不可预测的：耗散混沌结构具有初始值敏感依赖特性，任何小的初始值都将通过迭代被显著放大而呈现模式多样化，系统演化的过程状态完全不同于它的初始状态，呈现随机性特征，系统将走向何方不得而知。因此，我们无法对耗散混沌结构的长期行为进行预测，此即洛伦茨的“蝴蝶效应”。

耗散混沌结构的短期行为是可以预测的：整体有序特征决定了我们可以在整体上把握耗散混沌结构，如我们可以认识俄罗斯空间城市系统整体的基本规律。耗散混沌结构在控制空间中的位置是确定的，如俄罗斯空间城市系统在控制空间中处于初始阶段位置。奇怪吸引子概念是确定的，它在相空间中的位置也是确定的，如莫斯科奇怪吸引子的概念与相空间中心地位是确定的，吸引域的范围也是确定的。另外，巨大系统的历史依赖性特征也可以帮助我们实现对耗散混沌结构短期行为的预测。

6.2 耗散混沌结构形成

6.2.1 分形与分维原理

1）巨大系统分形

（1）分形的渊源与意义

自19世纪70年代以来，德国学者康托、瑞典学者柯克、法国学者朱利亚、德国学者豪斯多夫（图6.10左图）发现了很多分形结构，然而他们并没有揭示客观世界这种特殊几何形状的理论意义。在上述大量客观事实的基础上，美国学者本华·曼德布罗特（Benoit Mandelbrot）创建了分形概念（图6.10右图），1967年他在美国权威的《科学》杂志上发表了题为《英国的海岸线有多长》的著名论文，1973年在法兰西学院他提出了分形几何的思想，1975年出版了著作《分形对象：形、机遇和维数》并创立了分形几何学，1982年出版了著作《自然界的分形几何》。

豪斯多夫

曼德布罗特

图6.10 豪斯多夫与曼德布罗特

曼德布罗特的贡献在于，他将早期学者们发现的分形结构与自然界的真实现象联系起来，不再将它们看作"奇怪的形状"，给出了正确的数学解释，将奇妙形状的客观事实升华为分形科学事实。曼德布罗特总结了各种学科的经验，构建了一整套分形话语体系，形成了研究分形性质及其应用的科学，即分形理论。分形理论给我们提供了认识巨大系统的方法论，为空间城市系统、政治系统、经济系统研究提供了既有理论价值又有实用价值的分析手段。分形是研究耗散混沌结构的基本数学工具，它为耗散混沌结构的产生原理奠定了理论基础。

（2）巨大系统分形定义

早期学者并没有确立分形的科学事实，不可能对分形进行定义。曼德布罗特发明了"分形"概念，并对分形进行了两项定义。经过理论与实践的应用检验发现，曼德布罗特分形定义过于狭窄，很难包含分形的丰富内容。因此，对于什么是分形，到目前为止还不能给出一个确切的普适性定义，特别是没有关于巨大系统的分形定义。根据巨大系统特有的基本属性，如人类属性、历史依赖性、他组织性，我们对巨大系统分形做出具体性定义就成为必须之举。

① 巨大系统分形概念

所谓巨大系统分形是指用分形思想对涉及人类的系统进行分析的方法论，它通过无标度性的自相似系列部分来确定巨大系统整体的属性，整体与部分之间为非线性关系，具有多层次、多视角、多维度关系。巨大系统具有自然属性和人类属性两种基本性质，因此自然分形与人类分形就成为巨大系统分形的两种基本形式，它们的归纳合成形成了巨大系统分形的整体内容。巨大系统分形具有精确自相似、近似自相似、统计自相似、概念自相似、功能自相似、思维自相似等基本分形种类，巨大系统分形包括分形集、自相似性、无标度性三项基本内容。就实际情况而言，巨大系统分形具有范围界限，巨大系统分形的方法论意义大于它的工具性意义。

② 巨大系统分形类型

第一，巨大系统分形部类。

巨大系统分形类型划分为自然分形与人类分形两大部类，前者的分形集为物质分形要素，如空间城市系统的空间形态分形、空间结构分形；后者的分形集为人类分形要素，如政治系统的宗教分形、组织分形。所谓分形要素是指巨大系统分形集的量化承载体，自然分形要素如形态、空间、元素等，可以用分形图形进行表达；人类分形要素如信息、功能、时间、概念、本质、思维等，可以用分形行为进行表达。巨大系统分形主要包括空间城市系统分形、政治系统分形、地球人居生态系统分形、经济系统分形、社会系统分形、文化系统分形、生态环境系统分形等，其本质特征是涉及人类属性。

第二，空间城市系统分形。

在层次上存在空间城市系统、空间城市子系统、牵引城市、主导城市、主中心城市、辅中心城市、基础城市的自相似性与无标度性；在空间形态上存在几何意义上的自相似性与无标度性，如多组团形态、组团形态、团状形态、圆状形态、圆点形态；在空间结构上存在空间尺度上的自相似性与无标度性，如点轴结构、主轴线结构、支线结构、双核结构、元点结构；在人类分形要素方面存在信息、功能、时间、概念、本质、思维等方面的自相似性与无标度性，如宗教系统的基督教、天主教、东正教、新教、教派、教区、教堂、教民功能分形。

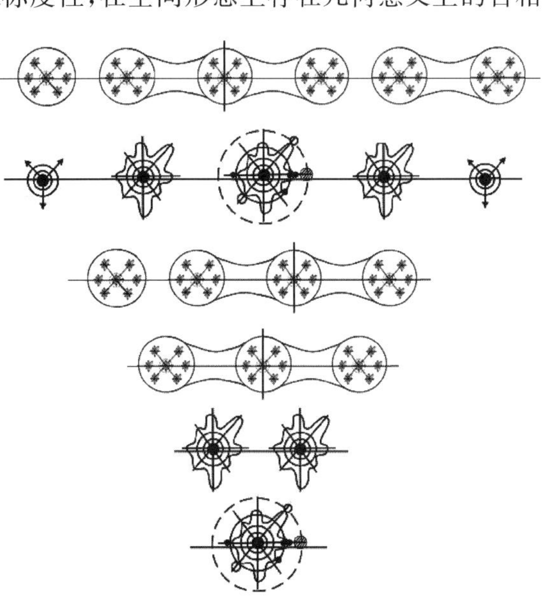

图 6.11　空间城市系统分形

如图 6.11 所示，空间城市系统空间拓扑图呈现条带状分形，在空间形态与空间结构上，它们都表现出明显的自相似性与无标度性特征。中国沿江空间城市系统、美国东部空间城市系统、日本空间城市系统都呈现出空间条带分形，它是空间城市系统的一种基本形式。因此，空间城市系统分形具有十分重要的理论与应用价值。

第三，政治系统分形。

政治系统是人类社会居于统领地位的有机组织体，其本质是一种“人与人”关系的巨大系统，政治系统具有环境、结构、演化、行为、功能等基本特征。政治系统分形是指在政治领域与政治行为中所表现出来的自相似性，如政治系统的全球政治、区域政治、国家政治、地方政治、社区政治、公民政治的自相似性与无标度性。政治系统分形以概念自相似、功能自相似、思维自相似、近似自相似、统计自相似为主要形式。

第四，地球人居生态系统分形。

地球人居生态系统是地球系统的子系统，它包括地球人类聚居空间子系统与地球生态环境子系统，地球人居生态系统具有整体涌现性、低风险承受度、多层次结构、人居生态变化等基本性质。地球人居生态系统分形是指地球人居空间与地球生态环境中存在的具有无标度性的、自相似的客观现象，地球人居空间分形如空间城市系统、城市、聚落、街道、建筑、房间、床位、座椅；地球生态环境分形如全球生态环境、海洋生态环境、陆地生态环境、区域生态环境、城市生态环境、聚落生态环境、建筑生态环境。地球人居生态系统分形以精确自相似、近似自相似、统计自相似、概念自相似、功能自相似为主要形式。

第五，经济系统分形。

经济系统是人类社会居于主要地位的有机整体，经济系统具有巨大系统的本质特征，即人类属性与自然属性，经济系统具有组分、结构、演化、功能等基本特征。经济系统分形是指经济领域与经济行为中所表现出来的自相似性，如经济系统的全球经济、区域经济、国家经济、地方经济、企业经济、个人经济的自相似性与无标度性。经济系统分形以精确自相似、近似自相似、统计自相似、概念自相似、功能自相似、思维自相似为主要形式。

第六，社会系统分形。

社会系统是人类社会居于核心地位的有机整体，社会系统具有巨大系统的本质特征，即人类属性与自然属性，前者是指人的社会关系，后者是指社会物质依托。社会系统具有组分、结构、演化、功能等基本特征。社会系统分形是指人类社会与人类社会行为中所表现出来的自相似性，如社会系统的人类社会、区域社会、国家社会、地方社会、城市社会、聚落社会、家庭社会的自相似性与无标度性。社会系统分形以概念自相似、功能自相似、思维自相似、近似自相似、统计自相似为主要形式。

第七，文化系统分形。

文化系统是人类社会居于主要地位的有机整体，文化系统具有巨大系统的本质特征，即人类属性与自然属性，文化系统具有物质文化、制度文化、精神文化三个基本要素，文化系统具有组分、结构、演化、功能等基本特征。文化系统分形是指文化形式与文化内涵所表现出来的自相似性，如全球文化、西方文化、东方文化、民族文化、地方文化、城市文化、聚落文化、建筑文化、家庭文化、公民文化的自相似性与无标度性。文化系统分形以概念自相似、功能自相似、思维自相似、近似自相似、统计自相似为主要形式。

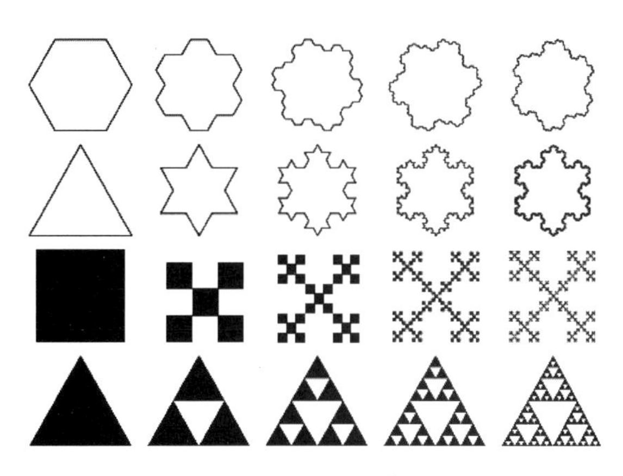

图 6.12　数学属性元素分形集

（源自：财富中文网）

(3) 巨大系统分形内涵

① 分形集

分形集是分形集合的简称，是指分形的研究对象。分形集是指具有共同的相似性与无标度性事物的总体，它们包括三个方面：第一，数学属性元素分形集(图 6.12)，如康托(Cantor)分形集、柯克(Koch)分形集、谢尔宾斯基(Sierpiński)分形集、皮亚诺(Peano)曲线分形集、门格(Menger)海绵分形集、朱利亚(Julia)分形集等。第二，自然属性元素分形集，如海岸线分形集、花椰菜分形集，叶脉分形集等。第三，人类属性元素分形集。如政治等级分形集、经济层次分形集、社会空间分形集、文化类型分形集。

分形集是分形定义的主要标度量，曼德布罗特与福克纳(Falconer)分形定义都以分形集为标准，前者指出如满足条件 Dim(A)>dim(A)的集合 A，就是分形集；后者指出，分形集具有精细的结构，分形集不能用传统的几何语言来描述，分形集具有某种自相似形式，分形集的“分形维数”严格大于它相应的拓扑维数，分形集由非常简单的方法定义，可能以变换的迭代产生。因此，正确定义分形集是巨大系统分形分析的基本前提，自然属性元素分形集与人类属性元素分形集是巨大系统分形集的两种基本形式。

② 自相似性

自相似性是巨大系统分形的第一特征，它是指分形研究对象具有相似的基本性质。如图 6.13 所示，北京、莫斯科、巴黎、明斯克都具有环形嵌套空间结构，我们称之为城市自相似性，自相似性是巨大系统分形的基本特性。巨大系统自相似性既包括具象的图形、形态、结构、空间、时间、元素的自相似，也包括抽象的行为、功能、信息、概念、性质、思维的自相似。当巨大系统分形集确定之后，巨大系统自相似性就是分形对象的局部经放大后与整体相似的基本性质。自相似性既存在于巨大系统的自然分形，也存在于巨大系统的人类分形，它是巨大系统的一种普遍规律。自然自相似性已经多有研究，而人类自相似性是巨大系统分形理论的创新，如概念自相似性、功能自相似性、思维自相似性等，它们往往要借助抽象的拓扑图形、结构图形、网络图形以及本体论话语体系进行适当的表达。巨大系统自相似性可以分为下述基本种类，它们形成了巨大系统自然分形与人类分形的基础。

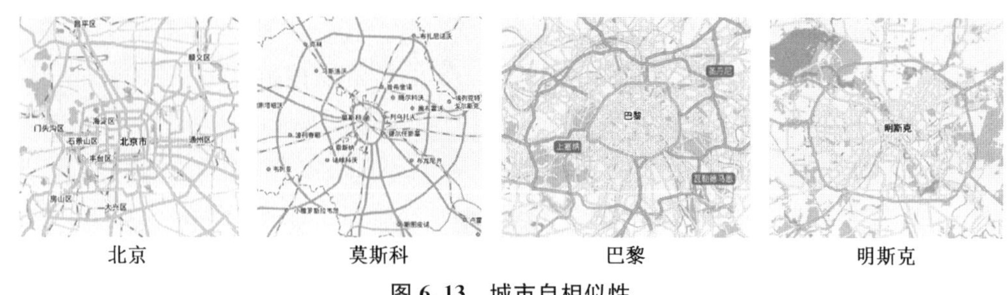

图 6.13　城市自相似性

（源自：谷歌地图）

第一，精确自相似性。

精确自相似性是指分形对象的局部与整体严格自相似的现象，图 6.14 为谢尔宾斯基三角垫精确自相似。精确自相似性一般由数学属性元素分形集所形成，可以通过数学方程进行表征。前述康托分形集、柯克分形集、谢尔宾斯基分形集、皮亚诺曲线分形集、门格海绵分形集、朱利亚分形集都属于精确自相似，精确自相似是一种无限嵌套的自相似结构，多发生在巨大系统的自然分形中。

图 6.14　谢尔宾斯基三角垫精确自相似

第二，近似自相似性。

近似自相似性是一种普遍存在的自相似，如图 6.15 所示，当树枝被连续三级放大之后，我们发现虽然每一级放大所得到的局部与整体是相似的，但它不是精确的相似，而是一种近似的自相似，我们称之为近似自相似性。近似自相似性具有一定的区间范围，超出这个区间范围它就会消失。近似自相似性广泛存在于巨大系统的自然分形与人类分形中。

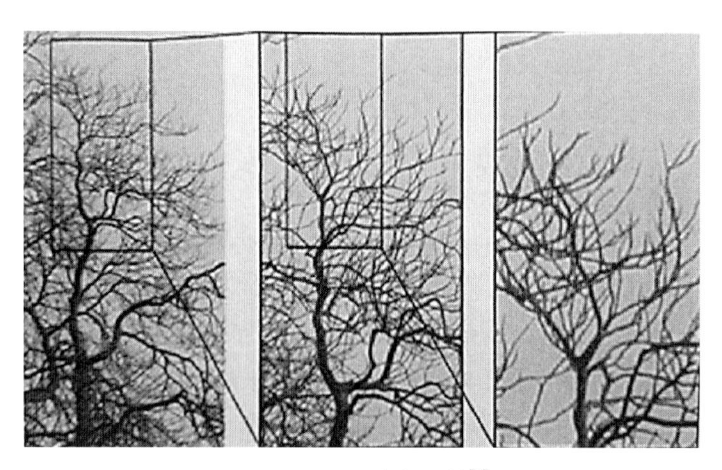

图 6.15　近似自相似性[9]

第三,统计自相似性。

统计自相似性表现在统计意义上的自相似,图 6.16 为摩擦系统的一个时间序列信号,从原始信号到第一次局部放大信号,再到第二次局部放大信号,都不具有图形的自相似性,“但是它们的统计参数却有一致性,分形维数随着曲线放大而保持常数,这就是统计自相似性”[9]。统计自相似性具有一定的区间范围,超出这个区间范围它就不存在了,统计自相似性广泛存在于巨大系统的自然分形与人类分形中。

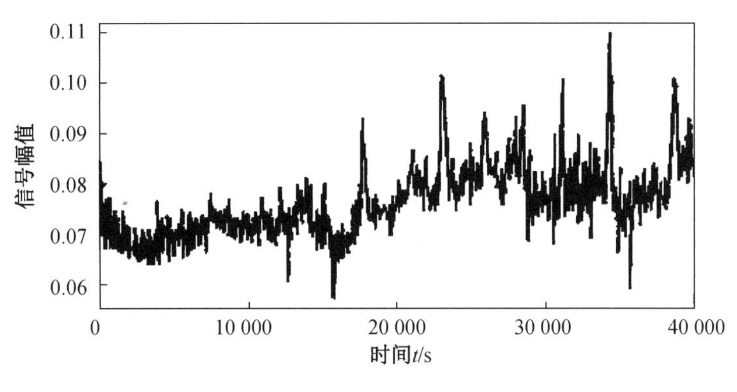

(a) 原始信号曲线

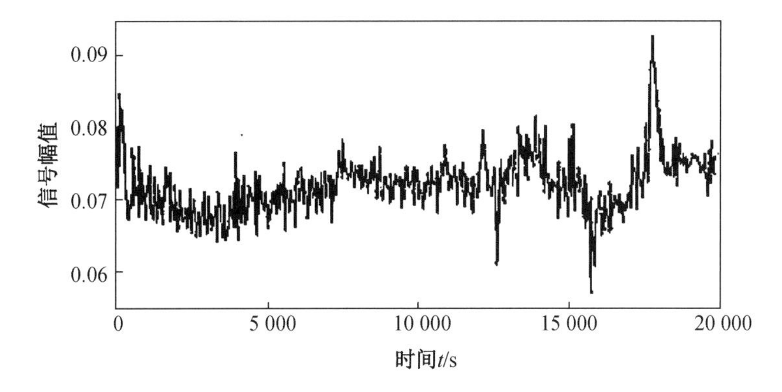

(b) 第一次局部放大后的信号曲线

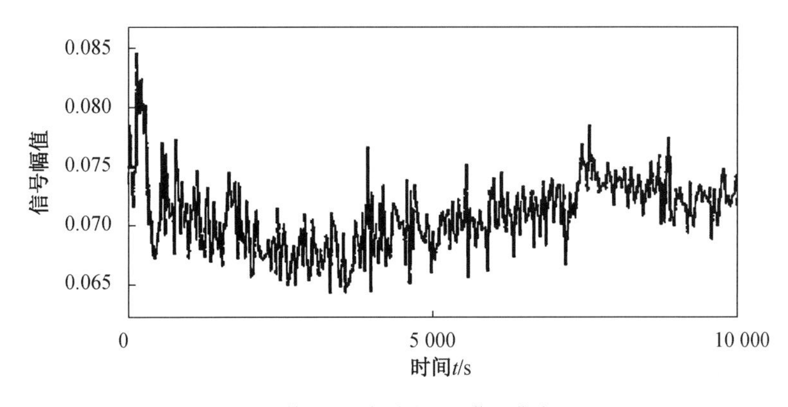

(c) 第二次局部放大后的信号曲线

图 6.16 时间序列信号的统计自相似性[11]

(源自:朱华,姬翠翠.分形理论及其应用[M].北京:科学出版社,2011:13-14)

第四,概念自相似性。

概念是人类逻辑思维最基本的分形元,它表征了事物本质属性,通过对概念的认识,人类可以对事物整体进行认知。概念自相似性是指概念分形局部与事物整体本质自相似的现象,例如大都市连绵带概念、城市群概念、巨型区域概念、巨型城市区域概念、都市圈概念都与空间城市系统整体属性具有本质相似性,因此它们就具有概念自相似性。图 6.17 为美国东部空间城市系统的子系统对空间城市系统整体的概念自相似性拓扑图。概念自相似性具有范围界限,它只能在此范围界限内发生,概念自相似性存在于巨大系统的人类分形与自然分形中。

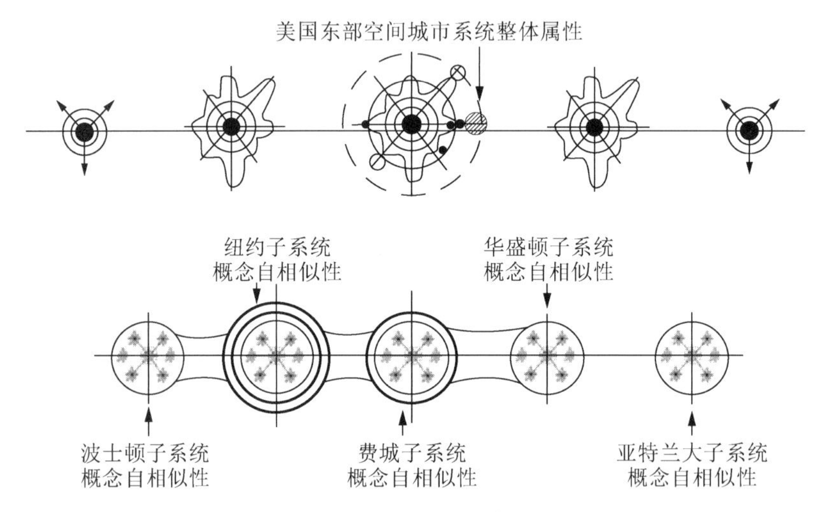

图 6.17 空间城市系统概念自相似性

第五,功能自相似性。

功能是关于系统行为的重要属性,是系统整体涌现性的体现。我们将巨大系统功能作为分形集,则局部功能对整体功能的自相似现象就是巨大系统的功能自相似,例如全球治理功能、国家治理功能、省州治理功能、城市治理功能、县治理功能、乡镇治理功能、村庄治理功能、家庭治理功能的政治治理功能自相似性。图 6.18 为全球治理、

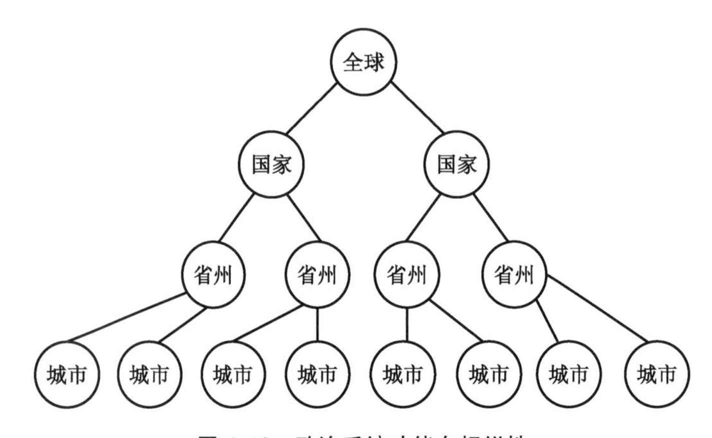

图 6.18 政治系统功能自相似性

国家治理、省州治理、城市治理的功能自相似性结构图,我们以同构圆形表达功能自相似性。功能自相似性具有一定的范围,超出这个范围它就不存在了,功能自相似性广泛存在于巨大系统的人类分形与自然分形中。

第六,思维自相似性。

思维是人类特有的高级认识活动,是人脑对事物本质的认识,它能产生关键词、概念、机理、原理、理论,反映了主客观世界的规律性。思维自相似是指人类在认识和意识过程及结果所表现出来的自相似现象,例如国家、企业、个人所具有的经济利益思维自相似性。思维自相似表现为个人思维对群体思维的反映、群体思维对人类思维的反映。图 6.19 为经济系统利益思维自相似性网络图,我们以不同圆形表达各层级的思维自相似性。思维自相似性具有范围局限,人类认识受物质与信息条件范围的限制,思维自相似性存在于巨大系统的人类分形中。

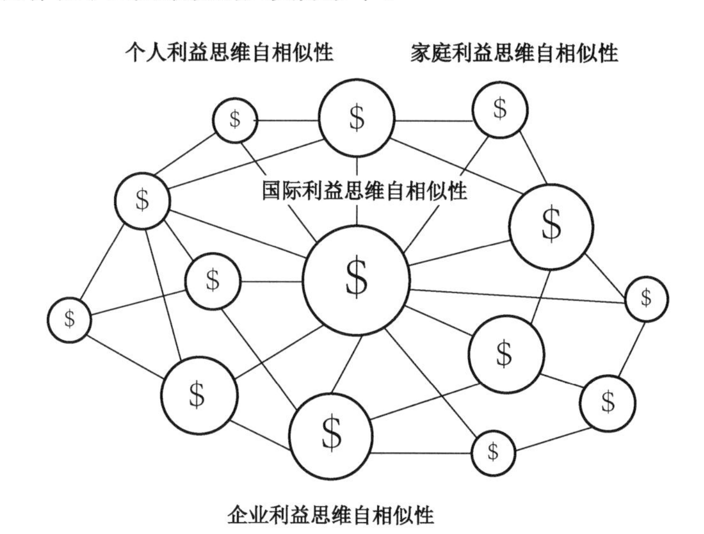

图 6.19　经济系统思维自相似性

③ 无标度性

无标度性是巨大系统分形的第二特征,它是指在分形集中对任意局部进行放大或缩小,它的形态、本质、复杂程度、不规则性等都不发生变化的特性称之为伸缩对称性,无标度性所适用的区间范围称之为无标度区间,精确自相似无标度区间是无限的,其他自相似无标度区间是有限的。

特征尺度是指能代表巨大系统几何与本质特征的标度量,如圆球的半径、正方体的边长、系统的组分等,具有特征尺度的事物可以用欧式几何表达,用整数维来描述称之为拓扑维数,如点的维数为 0、线的维数为 1、面的维数 2、体积维数为 3。巨大系统分形是没有特征尺度的,无法用特征尺度标度量对它进行描述,如空间城市系统概念是无法用一个特征尺度进行标度的。分形几何及其方法论是描述巨大系统分形的基本工具,它有效地揭示了巨大系统的分形规律。分形几何的维数可以是分数,即几何对象中一个点的位置所需的独立坐标数目。分维描述了分形集的不规则性与复杂性。分形几何是一种描述自然与本质的语言，对于巨大系统的自然属性与人类属性的阐述具有重要的方法论意义。

美国学者曼德布罗特创建了分形理论，被誉为分形之父，1967 年他在美国权威的《科学》杂志上发表了题为《英国的海岸线有多长》的著名论文，标志着分形理论的诞生。20 世纪 70 年代末，中国学者李萌远将“Fractal”翻译成“分形”，切中分形之科学内涵与哲学本质，可谓“信达雅”，不失为中西科学交流之佳话。

2）分形维数

（1）分形维数基本概念

1919 年，德国学者豪斯多夫提出了连续空间的概念，也就是空间维数是可以连续变化的，它可以是整数也可以是分数，被称为豪斯多夫（Hausdorff）维数。美国学者曼德布罗特确立了分形维数，即分维的基本概念，作为分形的定量表征和基本参数。分形维数突破了欧氏空间的整数维框架，即零维点、一维直线、二维平面、三维立体，分维方法将维数从整数扩大到分数，从而突破了一般拓扑集维数为整数的界限，反映了客观事物的不规则性与复杂程度，如海岸线长度测量的不确定性问题。设欧式几何的整数拓扑维数为 D_T，我们得到如下递进规律：

第一，无数个 $D_T=0$ 的几何点图形累积组成了 $D_T=1$ 的直线，其间所形成的几何图形的维数介于 0 和 1 之间，为分数维数，它所代表的几何意义为描述了所组成直线的“点”的密度，即不同密度几何“点”所形成的直线具有不同的分数维数。

第二，无数条 $D_T=1$ 直线的集合组成了 $D_T=2$ 的平面，其间不同密度直线所形成平面的维数介于 1 和 2 之间，为分数维数，它所代表的几何意义为描述了所组成平面的“直线”的密度，即不同密度“直线”所形成的平面具有不同的分数维数。

第三，无数个 $D_T=2$ 平面的集合组成了 $D_T=3$ 的立体，其间不同密度平面所形成立体的维数介于 2 和 3 之间，为分数维数，它所代表的几何意义为描述了组成立体的“平面”的密度，即不同密度“平面”所形成的立体具有不同的分数维数。

上述递进规律说明，从点到直线、从直线到平面、从平面到立体中间所经历的几何图形为分形，它们的分数维数包含了点、线、面、立体的整数维数。由此，揭示出分形维数（分数维数）表述了几何图形动态变化的本质属性，而整数维数只是它的一种静态特殊形式。将分形维数的本质属性拓展至自然与人类现象，它就阐明了系统局部特征表达整体性质的一般规律，即分形维数的普遍性原则。

（2）分形维数类型与实例

① 分形维数类型

在分形几何中，针对严格自相似的规则分形与近似统计意义上的无规则分形，有不同的分形维数计算方法，并不存在通用的分形维数计算方法。因此，首先区别规则分形与无规则分形，根据不同的分形对象选择不同的分形维数计算方法，不同分形维数计算方法之间的本质区别在于表征分形的测度或使用的尺度不一样。常用的分形维数计算方法有豪斯多夫维数计算方法、相似维数计算方法、盒计数维数计算方法、信息维数计算方法、关联维数计算方法、容量维数计算方法、李雅普诺夫（Lyapunov）维数计算方法。读者可以深度学习相关分形的分维著作，了解它们的具体数学定义与计算过程。

② 城市边界分维数实例①

城市边界是城市研究的基本问题，城市边界具有整体不规则性、复杂性、演化性的基本特征。与海岸线问题相同，城市边界具有分形特性，因此可以用分形维数方法来处理城市边界问题。随着城市空间的发展，城市边界不断发生变化，其分维值也随城市边界形态的变化而变化，因此可以通过城市边界分维数 D_f 的研究，反映出城市发展历史的阶段、过程、动因。英国加的夫市(Cardiff)位于布里斯托尔湾北岸的塔夫河口，是英国第九大城市、威尔士最大城市，为威尔士首府，是英国西南部的重要港口和工业、服务业中心，图 6.20 为加的夫市城市边界概貌。

图 6.20 英国加的夫市城市边界

(源自：360 个人图书馆)

如图 6.21 所示，英国威尔士大学理工学院城市规划系巴迪(M Batty)教授根据非

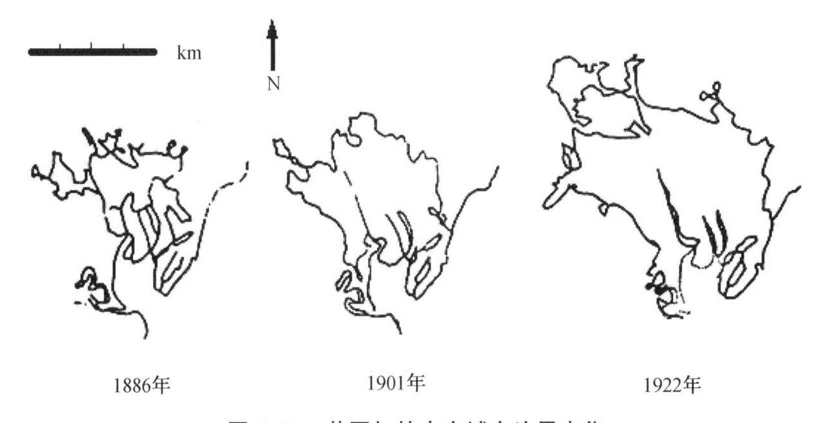

图 6.21 英国加的夫市城市边界变化

① 在本节中，相关内容参见：黄润生，黄浩.混沌及其应用[M].2 版.武汉：武汉大学出版社，2005：220-224。在此向原作者致谢，并统一说明，后续不单独予以摘引标注。

常精确的英国军事地图测定了1886年、1901年、1922年加的夫城市边界的分维数，图示比例为1∶50 560，设城市边界分维数为D_f，则城市边界线总长度$L(r)$与标度r的关系为

$$L(r)=cr^{1-D_f} \tag{6.1}$$

也可以表示为

$$L(r)=cr^{-\alpha} \tag{6.2}$$

其中，c与α是两个常数，α为标度指数，它与分维数D_f的关系为

$$\alpha=D_f-1 \tag{6.3}$$

根据加的夫市城市边界周长与标度数据，图中表示为$\log L(r)$与$\log r$，得到图6.22所示的1886年、1901年、1922年的城市边界周长与标度关系曲线。由图可见，在三个不同阶段中，城市边界周长$\log L(r)$与标度$\log r$之间并不存在严格的直线关系，表现为一种变化的点集关系，说明城市边界分维数D_f也与标度r相关。

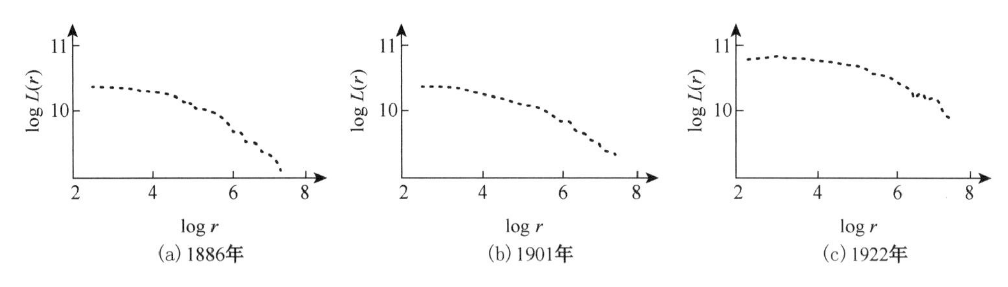

图6.22　英国加的夫城市边界周长与标度关系

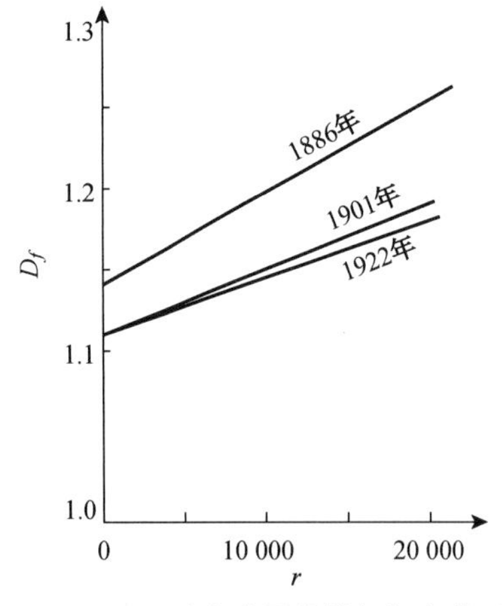

图6.23　城市边界分维与标度关系

可以设定

$$\alpha=\lambda+\varphi r \tag{6.4}$$

其中，λ与φ为常数，则可得

$$D_f=1+\lambda+\varphi r \tag{6.5}$$

公式(6.5)说明，城市边界分维数D_f随标度r的变化而变化，并呈正比例关系，由此得到图6.23所示的城市边界分维与标度关系。通过对加的夫市1886年、1901年、1922年的城市边界分维与标度关系曲线分析可以得到以下结论：

第一，加的夫市城市边界分维数D_f总体呈下降趋势，基本可以分为1886年与1901年、1922年两个阶段。第一阶段城市边界分维数要高于第二阶段分维数，说明1886年的城市边界不规则性与复杂性要高于1901年与1922年的第二阶段。

第二，1886 年之前的加的夫为英国古代城堡型城镇，其边界形态特征为复杂的自然地形状态，类似于海岸线特征，具有较高的城市边界分维数，如前图 6.21 所示。在 1886 年到 1901 年期间，加的夫进入了工业革命时代，人口从 80 000 人增长到 230 000 人，城市空间得到快速发展。由于城市规划的人工干预，城市道路与建筑改变了城市边界，趋于简单、规则的人工形态特征，具有较低的城市边界分维数。1905 年加的夫被列作城市，1955 年成为威尔士首府。

第三，英国加的夫市城市边界分维数实例说明，城市边界分维数精准地反映了城市发展的阶段、过程、动因。通过与城市发展历史相结合，就可以准确判定城市发展的本质特征，面对现代城市的巨大性与复杂性，分形与分维理论具有重要的理论与实践价值。

3）分形与分维和耗散混沌

分形与分维和耗散混沌是两种独立的理论，虽然有着各自的起源过程与表达体系，但是它们具有密不可分的统一关系——耗散混沌结构是建立在分形与分维方法论之上的，分形与分维是耗散混沌结构的基础理论。

第一，耗散混沌结构的奇怪吸引子具有分形的自相似性，具有无穷层次的分形结构，分形维数是表达奇怪吸引子的主要方法，而奇怪吸引子是耗散混沌结构的终极形态，因此分形与分维就成为耗散混沌结构终极形态的核心内容，两者有机地统一于一体。

第二，混沌集经过无数次迭代形成一个自相似的分形结构，这是耗散混沌结构形成的过程，它是一个复杂系统行为随时间的演化规律，可称之为“时间规律”。分形主要以空间尺度（或概念形态）不规则形态为研究对象，即分形集，它的分形过程可称之为“空间规律”。混沌集在时间上所表现的相似性与分形集在空间（或行为）上所表现的相似性完全相同，两者统一于一体。因此，究其本质而言，混沌是时间上的分形，分形是空间上的混沌，两者结合形成了耗散混沌的时空结构。

第三，耗散混沌倍周期分岔的混沌区具有自相似性，这是分形的基本特征，因此“混沌现象中包含分形”[10]，说明了分形与分维和耗散混沌关联关系的本质。分形与分维是描述耗散混沌自相似性的语言，耗散混沌迭代就是产生分形与分维奇怪吸引子的动力过程。

综上所述，分形与分维寓于耗散混沌结构之中，通过无数次迭代过程形成了分形与分维和耗散混沌的统一体。因此，我们可以说分形与分维和耗散混沌是同一件事物的两个表现形式，它们共同形成了耗散混沌结构的时空现象，而耗散混沌时空现象是巨大系统最大量的客观存在形式。

6.2.2 倍周期分岔原理

1）通向耗散混沌的道路

“通向混沌的道路”是混沌理论的基本问题，它揭示了系统从确定性状态向混沌状态所经过路径的基本规律，而“通向耗散混沌的道路”就是在此理论框架之下耗散混沌结构理论的基本问题。因为非线性系统的多样性，通向混沌的道路也应该是多样的。但从哲学意义上讲，多样性中必然蕴含着普适性，就混沌理论发展现状看，主要有以下三种普适性通往混沌的道路，而且“这些方式能用实验来实现，并且它们显示出一种诱人的普适行为”[11]。

第一，倍周期分岔混沌道路。

1976年美国学者罗伯特·梅在《自然》上发表了题为《具有极复杂的动力学的简单数学模型》的文章，提出了著名的逻辑斯谛(Logistic)模型，揭示了倍周期分岔通向混沌的基本规律。1975年美国学者费根鲍姆(图6.24)发现了费根鲍姆点和费根鲍姆常数，并于1978年刊出论文，确定了倍周期分岔通向混沌的道路。倍周期分岔的典型路径是不动点(平衡态或定态)→2倍周期点→4倍周期点→…→无限倍周期点(极限点)→奇怪吸引子(混沌运动)。

图6.24 费根鲍姆

第二，阵发混沌道路。

1980年法国学者玻木与曼维尔提出了“阵发混沌道路”，即在非平衡非线性条件下，系统有关参数到达某一临界值时，系统时而周期(有序)时而混沌，在两者之间无规则的交替振荡。当有关参数继续变化，整个系统就由阵发性混沌发展成为完全混沌状态。

第三，准周期混沌道路。

1971年法国学者吕勒和荷兰学者塔肯斯在《论湍流的本质》论文中提出，纽豪斯在1978年改进了“准周期混沌道路”，即(湍流)系统不需要经过无数次分岔，只需要四次分岔，经扰动后(湍流)系统就会出现混沌现象。准周期分岔的典型路径是不动点(平衡态或定态)→极限环(周期运动)→二维环面(准周期运动)→奇怪吸引子(混沌运动)。

随着混沌理论的发展，还有许多“通向混沌的道路”被揭示出来，如KAM(同行知)环面破裂混沌途径、准周期过程混沌途径、激变混沌途径等。在众多通向混沌的道路中，由于费根鲍姆对费根鲍姆点和费根鲍姆常数的确定具有普适性意义，它广泛适用于物理、化学、生物等自然系统，以及政治系统、经济系统、空间城市系统等巨大系统。因此，“倍周期分岔道路”成为普适性与成熟型的理论，并得到广泛的科学认同。我们重点介绍“倍周期分岔原理”，并以此作为巨大系统通向耗散混沌的基本途径。

2）倍周期分岔①

(1) 倍周期分岔与费根鲍姆常数

在倍周期分岔研究中，通常采用经典系统作为分析模型，一是要表征混沌的主要

① 在本节中，相关内容参考了以下两部著作：许国志.系统科学[M].上海：上海科技教育出版社，2000：103-108；苗东升.系统科学精要[M].3版.北京：中国人民大学出版社，2010：205-207。在此向原作者致谢，并统一说明，后续不单独予以摘引标注。

特征，二是具有简单数学模型，而生态学的无世代重叠虫口系统模型正符合这两个特点，即逻辑斯谛方程数学模型。逻辑斯谛方程数学模型也广泛适用于空间城市系统等巨大系统的各个领域，它的数学表达公式为

$$x_{n+1}=f(x_n)=\mu x_n(1-x_n) \tag{6.6}$$

其中，$x_n\in[0,1]$ 为状态变量；$\mu\in[0,4]$ 为控制参量。

经典的逻辑斯谛方程是简单的一维非线性方程，通过它的迭代就能够获得混沌的普适性表达形式。给定 x_n 计算 x_n+1 的数学步骤称之为迭代，迭代过程就是系统的演化过程，通过迭代实现混沌，每一次对过程的重复称之为一次迭代，而每一次迭代得到的结果会作为下一次迭代的初始值。迭代具有动力学意义，推动着系统走向混沌。通过迭代求解代数方程(6.6)，由系统的稳定性原理可知，方程(6.6)的不动点是满足 $\dot{x}_1=\dot{x}_2=\cdots=\dot{x}_n=0$ 条件的解，我们将不动点方程表示为

$$x^*=f(x^*)=\mu x^*(1-x^*) \tag{6.7}$$

如图 6.25 所示，我们讨论方程(6.6)的控制参量 μ 在下述三个不同区间不动点方程解 x^* 的情况①：

第一，当控制参量 $\mu<1$ 时，以及 $\mu=\mu_0=1$ 时。

第二，当控制参量 $\mu_0<\mu<\mu_1$ 时，μ_1 为第一个分岔点。

第三，当控制参量 $\mu_1<\mu<\mu_2$ 时，μ_2 为另一个假设分岔点。

上述三种情况，可以得到不动点方程的解 x_1^*，x_2^*，x_3^*。如图 6.25 所示，实线代表渐进稳定的不动点(吸引子)，虚线代表不稳定的不动点(排斥子)。

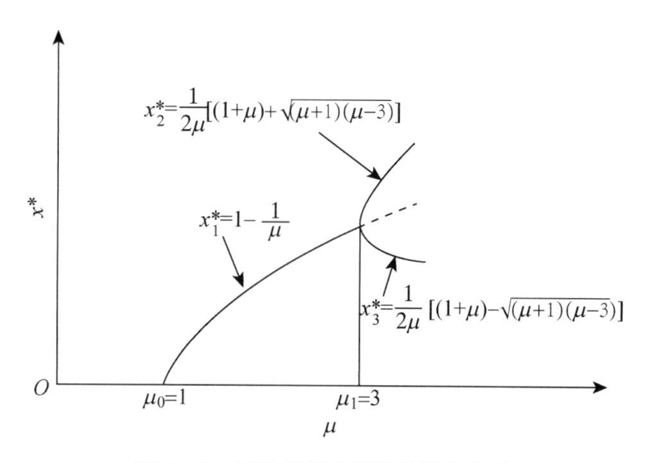

图 6.25　逻辑斯谛方程的倍周期分岔

将上述逻辑斯谛方程分岔过程以此类推，即 1 分为 2，2 分为 4，4 分为 8……相应的可以计算出分岔值，就可以得到图 6.26 所示的倍周期分岔通向混沌的结果。在控

① 详细数学求解过程可参见：许国志.系统科学[M].上海：上海科技教育出版社，2000：103-104。

制参量 $\mu=\mu_{\infty}=3.569\ 945\ 672$ 处，对应出现了混沌区，表 6.1 为倍周期分岔通向混沌的逐次分岔参数值。

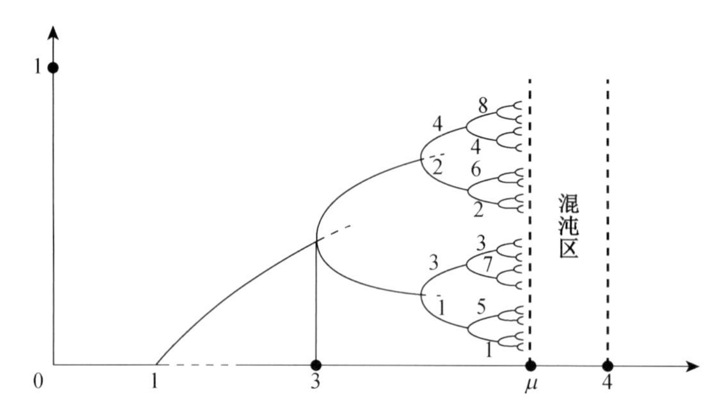

图 6.26　倍周期分岔通向混沌

表 6.1　倍周期分岔参数表

m	分岔情况	分岔值 μ_m	间距比值 $\frac{\mu_m-\mu_{m-1}}{\mu_{m+1}-\mu_m}$
1	1 分为 2	3	—
2	2 分为 4	3.449 489 743	4.751 466
3	4 分为 8	3.544 090 359	4.656 251
4	8 分为 16	3.564 407 266	4.668 242
5	16 分为 32	3.568 759 420	4.668 740
6	32 分为 64	3.569 691 610	4.669 100
⋮	⋮	⋮	⋮
∞	周期解→混沌	3.569 945 672	4.669 201 609…

图 6.27 中(a)1 周期点、(b)2 周期点、(c)4 周期点、(d)混沌的迭代解，分别表示于图 6.28 中，倍周期分岔点与混沌的迭代解之中。从表 6.1 可以看出，$\delta_{\infty}=\lim\limits_{m\to\infty}\frac{\mu_m-\mu_{m-1}}{\mu_{m+1}-\mu_m}=4.669\ 201\ 609$，为费根鲍姆常数，它是一个具有普适意义的标度量，广泛适用于空间城市系统、政治系统、经济系统等巨大系统，以及物理、化学、生物等自然系统。而与费根鲍姆常数对应的点 3.569 945 672 被称为费根鲍姆点。

(2) 倒分岔与周期窗口

对混沌区进行深入研究发现“乱中有序”现象，在混沌中还有逐次分岔结构，如前图 6.27 所示，从 $\mu=4$ 开始，考察 μ 逐渐减少时系统的行为。开始时，混沌区是单片的；当 $\mu=\mu_1=3.678\ 573\ 510$ 时，单片混沌区变成两片；当 μ 减少到 $\mu=\mu_2=$

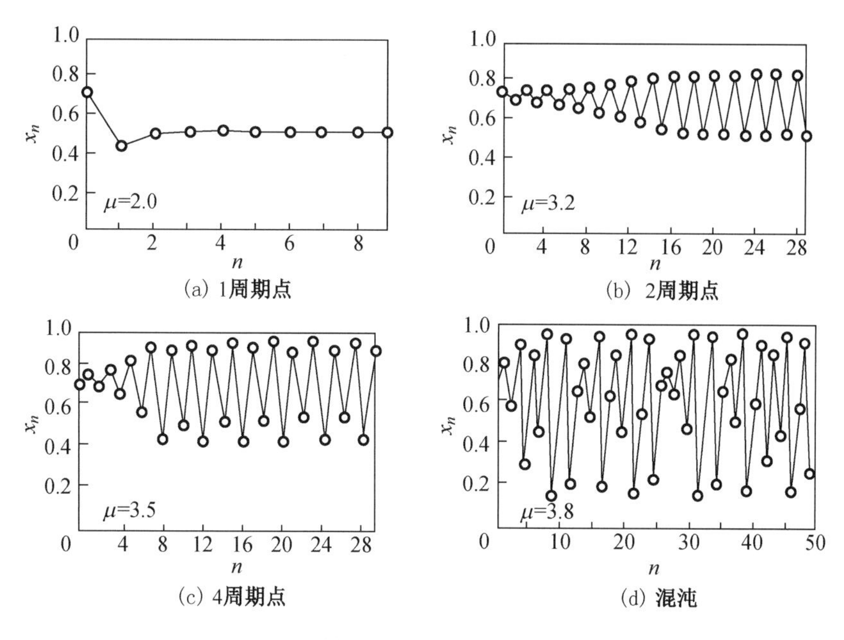

(a) 1周期点 (b) 2周期点 (c) 4周期点 (d) 混沌

图 6.27 倍周期分岔点与混沌的迭代解

3.592 572 184 时，混沌区由两片变成四片。依此类推，1 变成 2，2 变成 4，4 变成 8……又得到倒分岔结构，如表 6.2 所示。

表 6.2 倒分岔的分岔点值

m	分岔情况	倒分岔值 μ_m	间距比值 $\frac{\mu_{m-1}-\mu_m}{\mu_m-\mu_{m+1}}$
1	1 分为 2	3.678 573 510	4.840 442
2	2 分为 4	3.592 572 184	↓
3	4 分为 8	3.574 804 939	4.652 331
4	8 分为 16	3.570 985 940	4.671 741
⋮	⋮	⋮	⋮
∞	∞	3.569 945 672	4.669 201 609…

其中

$$\lim_{m\to\infty}\mu_m=\mu_\infty=3.569\ 945\ 672 \tag{6.8}$$

$$\lim_{m\to\infty}\frac{\mu_{m-1}-\mu_m}{\mu_m-\mu_{m+1}}=\delta_\infty=4.669\ 201\ 609 \tag{6.9}$$

其中，δ_∞ 仍是费根鲍姆常数，费根鲍姆点依然为 3.569 945 672，整个分岔与倒分岔的结构如图 6.28 所示。混沌区内除了倒分岔以外还有窗口，窗口代表稳定周期解（有序）。混沌区内出现窗口，表明存在“乱中有治”现象。

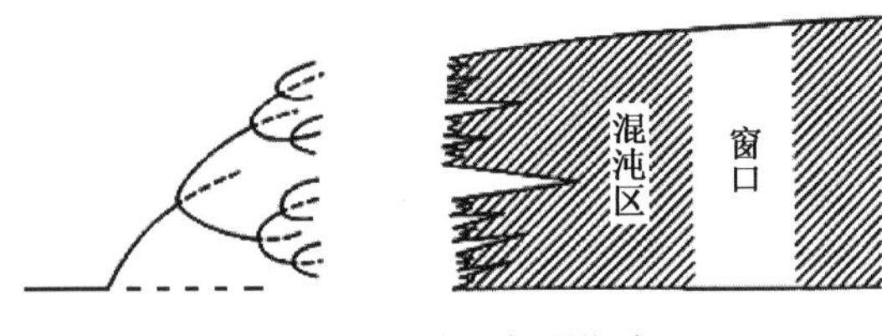

图 6.28 倒分岔与周期窗口

综上所述,经典的逻辑斯谛方程结果说明了混沌结构(耗散混沌结构)中具有三个特点:第一,从十分简单的非线性方程就可以引出如此丰富的复杂性结果,说明巨大系统的简单形式中孕育着复杂性。第二,图 6.28 倒分岔与周期窗口,说明了巨大系统耗散混沌中具有"乱中有治,治中有乱"的规律。第三,在巨大系统耗散混沌结构中具有确定性与不确定性的统一。

3)空间城市系统倍周期分岔实例

(1)中国南部空间城市系统耗散混沌结构

"中国南部空间城市系统"(图 6.29)是中国最大的空间城市系统之一,简称"南部空间城市系统"或"南部系统"。"南部空间城市系统"既是一个中国空间战略问题,也是一个事关国家统一的政治问题,因此该命题研究意义重大。

"中国南部空间城市系统"是一个自组织与他组织相结合作用下系统进化的结果,其基本进化过程为广州佛山一体化→珠江三角洲城市群→粤港澳大湾区→南部系统耗散混沌结构→南部空间城市系统,目前正处于"粤港澳大湾区"概念形成与起始演化阶段。对于"中国南部空间城市系统"概念的认知,要经过一个过程,其中"南部系统耗散混沌结构"是继"粤港澳大湾区"客观事实之后,必然要面对的认知命题。因此,"南部系统耗散混沌结构"的形成机理,就成为中国政府与学界的预见性问题。"南部系统耗散混沌结构"的理论与实践研究,将为"中国南部空间城市系统"的终极目标奠定认识基础。因此,该命题研究对于中国国家空间结构的认知与优化具有十分重要的战略意义。

"南部系统耗散混沌结构"倍周期分岔问题的意义在于:从理论上来看,将为空间城市系统倍周期分岔原理提供例证;从实践上来看,将为"南部系统耗散混沌结构"提供预见性的理论支撑,进而为"中国南部空间城市系统"的认知奠定基础。因此,"南部系统耗散混沌结构"倍周期分岔问题具有理论与实践的双重意义。

(2)南部系统耗散混沌结构倍周期分岔

如图 6.30 所示,对于南部系统耗散混沌结构,可以根据给定条件做出它的简单型数学模型,即

$$x_{n+1}=f(x_n) \tag{6.10}$$

其中,$x_n \in [0,1]$ 为状态变量;$\mu \in [0,4]$ 为控制参量。

通过方程(6.10)的迭代,可以获得南部系统耗散混沌结构的表达形式。通过迭代

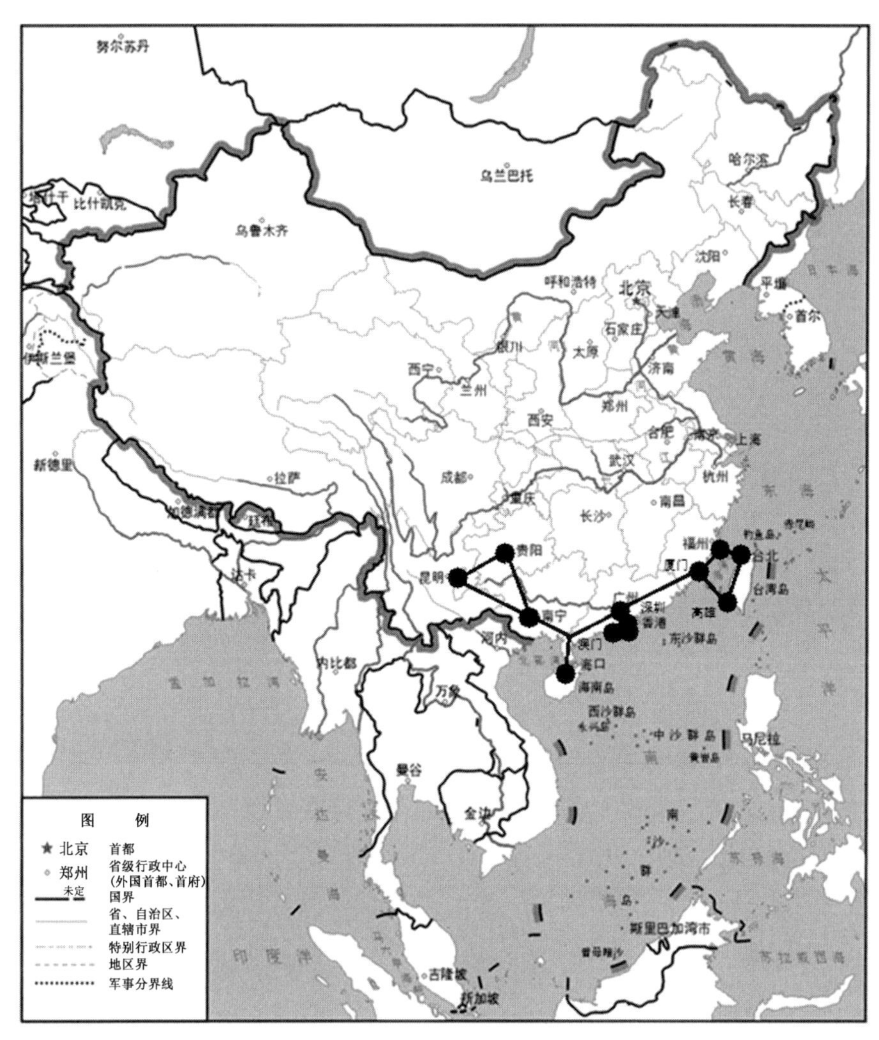

图 6.29 中国南部空间城市系统

［源自：笔者根据中华人民共和国自然资源部审图号 GS(2016)1593 号自制］

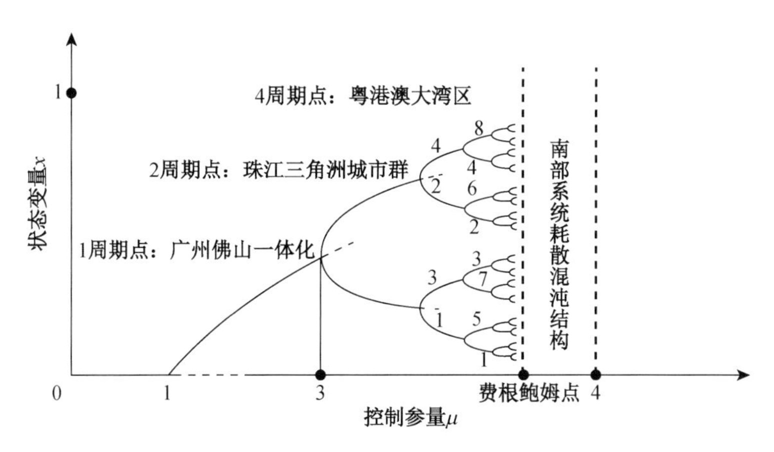

图 6.30 倍周期分岔通向南部系统耗散混沌

求解代数方程(6.10),由系统的稳定性原理可知,系统(6.10)的不动点是满足 $\dot{x}_1=\dot{x}_2=\cdots=\dot{x}_n=0$ 条件的解,我们将不动点方程表示为

$$x^*=f(x^*) \tag{6.11}$$

按照控制参量 μ 的不同区间,对不动点方程(6.11)分别求解,计算出相应的分岔值,就可以得到如图 6.31 所示的倍周期分岔通向南部系统耗散混沌结构的结果。在费根鲍姆点,控制参量 $\mu=3.569\ 945\ 672$,对应出现了南部系统耗散混沌结构。

表 6.3 为倍周期分岔通向南部系统耗散混沌的逐次分岔参数值。其中,包含了费根鲍姆点 3.569 945 672 与费根鲍姆常数 4.669 201 609。

表 6.3 南部系统耗散混沌倍周期分岔参数表

m	分岔情况	分岔值 μ_m	间距比值 $\dfrac{\mu_m-\mu_{m-1}}{\mu_{m+1}-\mu_m}$
1	1 分为 2	3	—
2	2 分为 4	3.449 489 743	4.751 466
3	4 分为 8	3.544 090 359	4.656 251
4	周期解→耗散混沌	3.569 945 672	4.669 201 609

中国南部空间城市系统的形成是一个自组织为基础、他组织跟进逐渐演化的结果,其主要演化阶段分为以下六个阶段:

第一阶段,1 周期点。广州佛山一体化,表现为广州—佛山空间结构的形成分岔,现在该空间结构已经基本实现。

第二阶段,2 周期点。珠江三角洲城市群,表现为广州—深圳—珠海—佛山—江门—肇庆—惠州—东莞—中山空间结构的形成分岔,以国家颁布的《珠江三角洲地区改革发展规划纲要(2008—2020 年)》为实施标志。

第三阶段,4 周期点。粤港澳大湾区,表现为广州—深圳—珠海—佛山—江门—肇庆—惠州—东莞—中山—香港—澳门空间结构的形成分岔,现在该空间结构正处于起始发展阶段。

第四阶段,耗散混沌。南部系统耗散混沌结构,表现为粤港澳大湾区—西海岸城市群—东海岸(台湾)城市群—南昆贵城市群—海南城市群形成的耗散混沌结构。南部系统耗散混沌结构是一个已经存在并且逐渐发展的耗散混沌结构。

第五阶段,耗散混沌窗口。南部系统耗散混沌窗口包括:粤港澳有序空间结构、海峡西岸有序空间结构、海峡东岸(台湾)有序空间结构、南宁有序空间结构、昆明有序空间结构、贵州有序空间结构、海南有序空间结构。中国南部系统耗散混沌结构是一个“乱中有序”的耗散混沌结构,它具有丰富的多元性、复杂性、关联性,在南部系统每一个耗散混沌窗口都存在逐次分岔结构。

第六阶段,耗散结构。中国南部空间城市系统包括:粤港澳空间城市子系统、台湾

海峡两岸空间城市子系统、南昆贵空间城市子系统、海南空间城市子系统，如前图6.30所示。

综上所述，中国南部空间城市系统是世界级空间城市系统，南部系统耗散混沌结构包含了“耗散混沌结构”的各方面特征。因此，中国南部空间城市系统及其耗散混沌结构具有经典的世界性意义。中国南部空间城市系统的认识、规划、建设是中国国家空间结构的重大战略事项，对于维护中国国家空间结构的完整与统一具有十分重大的意义。

6.2.3　奇怪吸引子原理

1）奇怪吸引子定义

（1）奇怪吸引子概念

法国学者吕勒与荷兰学者塔肯斯创建了“奇怪吸引子”概念，他们受斯梅尔文章的启发，1971年在《论湍流的本质》论文中提出了奇怪吸引子（Strang Attractors）概念，被一份科学杂志给拒绝了，因为编辑不喜欢他们奇怪的想法，认为背离了“湍流”的经典学说。

所谓奇怪吸引子是指，“首先，奇怪吸引子看起来奇怪：它们不是光滑的曲线或曲面，而具有‘非整数维’（Non-Integer Dimension）——或按照芒德布罗（Benoit Mandelbrot）所提出的，它们是分形（fractal）客体。其次，更重要的是，在奇怪吸引子上的运动具有初条件敏感依赖性。最后，当奇怪吸引子仅有有限维的时候，时频分析显示为连续频谱”[12]。

（2）奇怪吸引子本质特性

1962年，美国学者洛伦茨（Lorenz）（图6.31）最早发现了奇怪吸引子，吕勒与塔肯斯创建了奇怪吸引子概念。但是由于奇怪吸引子及其代表的混沌现象还处于科学研究前期阶段，奇怪吸引子规律还具有潜在性、复杂性与不确定性，它的定性概念理解与定量数学理解都有待发展，甚至没有一个标准的定义。在此，我们综合了可以获得的全部资料，对奇怪吸引子本质特性做出以下表述：

图6.31　洛伦茨

奇怪吸引子是耗散混沌结构的核心，它是混沌规律的集中表征物，迄今为止我们可以将奇怪吸引子所具有的基本属性归纳为“奇怪吸引子本质六项”表述于此。

本质1，分形与分维数。

奇怪吸引子就是分形，即混沌运动轨迹在相空间中的某个区域内无穷次的折叠所形成的自相似结构，因此我们界定奇怪吸引子的本质为分形。奇怪吸引子的分形结构要通过它的分维数表征出来，即奇怪吸引子具有非整数分维数。

本质2，初始敏感性。

奇怪吸引子具有初始敏感性特征，即奇怪吸引子吸引域中的全部轨道显示出对初始条件具有敏感性,也就是说这些轨道只决定于它们初始的奇怪吸引子,此即美国得克萨斯州龙卷风仍然具有巴西亚马逊蝴蝶的初始特征。

本质 3,混沌根源。

奇怪吸引子是耗散混沌的根源,它表现为系统最终的耗散混沌状态。究其本质,混沌就是奇怪吸引子,它的动力学行为产生并驱动着耗散系统的混沌运动机制,奇怪吸引子形成了耗散混沌的游荡集,所谓"既跑不出去,又无处安身"[①]。

本质 4,混沌通性。

奇怪吸引子具有混沌的通有性质。如非周期性,表现为混沌运动轨道非重复性与非相交性,如倍周期分岔特性及费根鲍姆常数等基本性质。

本质 5,吸引域。

奇怪吸引子对外部轨道具有吸引力,进入吸引域就不可能走出去,吸引域将耗散系统运动轨道牢牢地控制在它的俘获区内,形成了耗散混沌结构的整体稳定性特征。吸引域是一个有限的范围,即奇怪吸引子分形的有限范围性,在吸引域之内不可能拆分成两个不同的吸引子,吸引域内的轨道具有不稳定性与排斥性。

本质 6,李雅普诺夫指数。

奇怪吸引子的定量特征由李雅普诺夫指数予以表征,李雅普诺夫指数表达了耗散混沌系统的动力学特性。在耗散混沌系统中,由于对初始条件的敏感性,邻近点的轨道之间必然是发散的,而李雅普诺夫指数则被用来表达平均吸引和平均排斥,混沌系统奇怪吸引子具有李雅普诺夫正指数,它表达了轨道的偏离趋势与误差。

奇怪吸引子的本质特性是我们研究巨大系统耗散混沌结构的基本根据,它为我们发现奇怪吸引子、知晓奇怪吸引子、运用奇怪吸引子提供了理论根据。空间城市系统与城市的耗散混沌现象具有各个层次与各种类型的奇怪吸引子,是奇怪吸引子表格技术的基础。

(3) 奇怪吸引子基本类型

第一,洛伦茨奇怪吸引子。

混沌运动的吸引子是相空间的分形点集,是洛伦茨奇怪吸引子(图 6.32),它具有混沌理论奇怪吸引子的开创性地位,由美国学者洛伦茨在 1962 年首先发现。洛伦茨奇怪吸引子是一个三维空间的分形点集,表示为一个三阶非线性微分方程,即

$$\begin{aligned} x' &= -\sigma(x-y) \\ y' &= rx - y - xz \\ z' &= xy - bz \end{aligned} \tag{6.12}$$

公式(6.12)表示了一个三维连续动态系统。其中,x、y、z 为状态变量;σ、r、b 为控制参量。当 $\sigma=10$、$r=45.92$、$b=4$ 时,洛伦茨奇怪吸引子分维数为 2.07。洛伦茨奇怪吸引子拥有一对稳定的不动点和稳定的吸引域,它所导致的混沌运动遵循倍周

① 游荡集概念,参见:许国志.系统科学[M].上海:上海科技教育出版社,2000:114。

期分岔规律与费根鲍姆常数特征。洛伦茨混沌是稳定的、低维的非周期性混沌系统，又被称为“洛伦茨蝴蝶”，具有经典性学术地位。

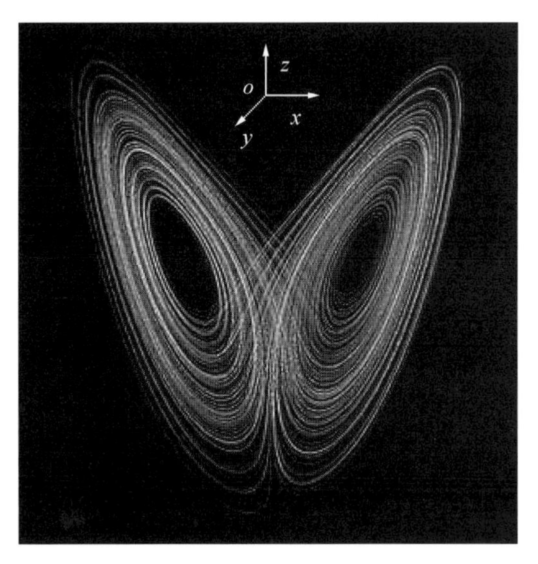

图 6.32　洛伦茨奇怪吸引子

第二，勒斯勒尔奇怪吸引子。

1976 年，德国学者勒斯勒尔（Rossler）发现了一个特别简单的混沌系统，即勒斯勒尔奇怪吸引子，如图 6.33 所示。显然，勒斯勒尔了解 14 年之前被发现的洛伦茨奇怪吸引子，就本质而言，勒斯勒尔奇怪吸引子是洛伦茨奇怪吸引子的简化形式，其方程为

$$\begin{aligned} x' &= -(y+z) \\ y' &= x + ay \\ z' &= b + z(x-c) \end{aligned} \tag{6.13}$$

其中，x、y、z 为状态变量；a、b、c 为控制参量。

取 $a=b=0.2$，c 为分岔量，当控制参量 c 从 2 增加到 4.2 时，公式(6.13) 表示的三维连续动态系统经过倍周期分岔进入混沌。如图 6.33 所示，勒斯勒尔奇怪吸引子的控制参量 $c=5.7$。勒斯勒尔奇怪吸引子可以看作洛伦茨奇怪吸引子的单侧环模型。

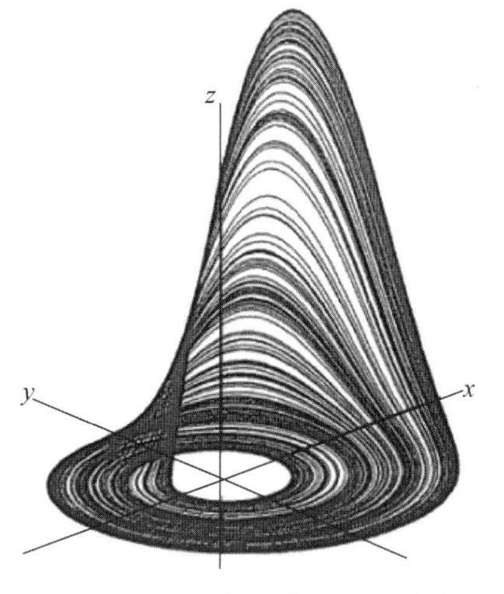

图 6.33　勒斯勒尔奇怪吸引子[13]

第三，郝柏林—胡岗奇怪吸引子①。

① 参见：郝柏林.混沌与分形：郝柏林科普与博客文集[M].上海：上海科学技术出版社，2015：75。

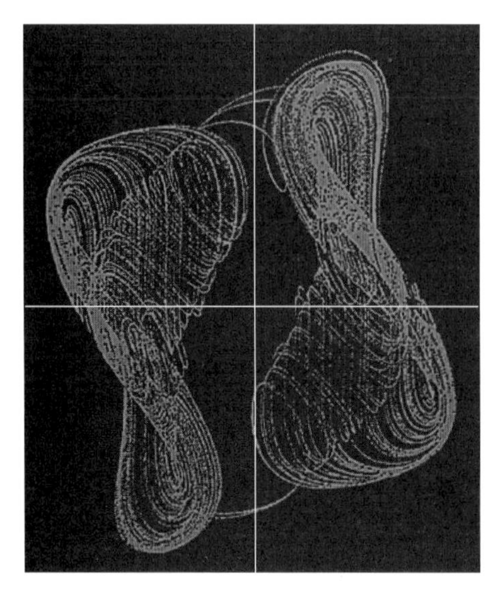

图 6.34　郝柏林-胡岗奇怪吸引子

中国学者郝柏林与胡岗发现了三维空间88形奇怪吸引子，图6.34是它的二维平面投影。郝柏林—胡岗奇怪吸引子表示为一组微分方程，它由不同初值的40条轨道组成。当计算时间延长40倍，一条轨道所形成的遍历性(Ergodicity)轮廓亦形成郝柏林-胡岗奇怪吸引子图形，遍历性是奇怪吸引子的特征之一。

第四，埃依奇怪吸引子①。

1964年法国学者埃依给出了厄农(Henon)映射，即方程组(6.14)，并于1976年确立为埃依奇怪吸引子概念，现在成为混沌理论的经典性奇怪吸引子。

$$\begin{cases} x_{n+1} = 1 + by_n - ax^2 \\ y_{n+1} = x_n \end{cases} \tag{6.14}$$

这是一个二维微分方程组。其中，x、y为状态变量；a、b为控制参量。当$a=1.4$，$b=0.3$时，埃依奇怪吸引子分维数为1.26。图6.35左上图是经过10 000次迭代后得到的结果，其余三张图依次是前一张图内小方框中图形的放大结果。可以看出每一个方框内的“线结构”具有自相似性，正是此分形结构形成了埃依奇怪吸引子。

2）奇怪吸引子动力学机制

(1) 动力学机制

奇怪吸引子是混沌的基本动力源，它导致耗散混沌的产生，驱动耗散混沌的发展，决定耗散混沌的最终状态。奇怪吸引子的动力学机制表现为相空间中具有特定自相似结构的分形点集，前述洛伦茨奇怪吸引子、勒斯勒尔奇怪吸引子等都具有这种动力机制。在空间城市系统或城市耗散混沌现象中，表现为各个层次各种类型的奇怪吸引子所产生的动力现象，如小汽车奇怪吸

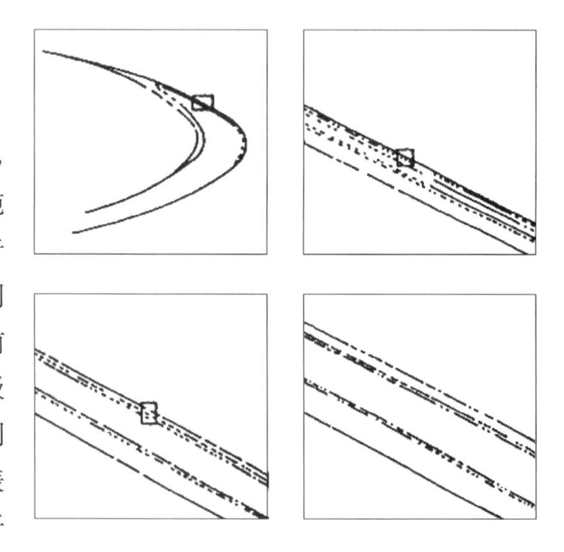

图 6.35　埃依奇怪吸引子

① 本节参见：黄润生，黄浩.混沌及其应用[M].2版.武汉：武汉大学出版社，2005：262-267中相关内容、数据与图片。在此向原作者致谢，并统一说明，后续不单独予以摘引标注。

引子导致了城市交通混沌现象，冬季燃煤奇怪吸引子导致了城市雾霾混沌现象等。因此，在研究空间城市系统（城市）耗散混沌结构问题时，首先要界定它的奇怪吸引子，其次要定性与定量分析奇怪吸引子的动力学机制，最后实施对奇怪吸引子的有效控制。

（2）动力学原理

第一，李雅普诺夫指数。

奇怪吸引子的动力学机制是由李雅普诺夫指数予以表征的，其基本原理为：因为奇怪吸引子的存在，在耗散混沌系统初始值所产生的两个运动轨道之间会产生指数速率的分离，但是因为能量的耗散运动轨道又会向奇怪吸引子收缩，而李雅普诺夫指数则定量表述了这种指数速率分离与收缩特征。李雅普诺夫指数 $\lambda > 0$ 表示分离方向，是耗散混沌结构的标志性指标，指标量 λ 数值越大系统耗散混沌性越强，其值越小系统耗散混沌性越弱；李雅普诺夫指数 $\lambda = 0$ 表示系统对应于周期解或分岔点，系统运动处于临界状态；李雅普诺夫指数 $\lambda < 0$ 表示系统对应收缩方向，运动轨道稳定处于对初始条件不敏感状态。

李雅普诺夫指数的正指数化判定，即 $\lambda > 0$，是界定空间城市系统（城市）耗散混沌结构的基本指标，该正指数标度值可以帮助我们了解空间城市系统（城市）耗散混沌运动轨道分离的速率，从而把握系统的动力学机制。关于李雅普诺夫指数的计算方法，我们不做具体介绍，读者可以根据需要进行相关的深度学习。

第二，重正化。

重正化理论是一种基本表达工具，用于描述李雅普诺夫指数表征的动力学机制不变性。20 世纪 40 年代，重正化理论起始于物理学，20 世纪六七十年代美国学者威尔逊成功将重正化理论应用于临界点的定性与定量研究，并获得 1982 年诺贝尔物理学奖。费根鲍姆等学者借助威尔逊的重正化成果，给出了费根鲍姆普适常数的方程，说明在尺度变换下的李雅普诺夫指数动力学机制的不变性，重正化理论在耗散混沌结构分形自相似结构上提供了定性与定量的分析工具。因为重正化理论的艰涩性，因循惯例我们只做概念性介绍。

（3）动力学方法

所谓动力学方法，是指对耗散混沌结构奇怪吸引子的表述方法。“奇怪吸引子表格技术”是以耗散混沌结构“奇怪吸引子本质六项”为依据，以耗散混沌结构奇怪吸引子基本类型为出发点，针对巨大系统耗散混沌结构，特别是空间城市系统（城市）耗散混沌结构，所进行的规范的列表技术手段。“奇怪吸引子表格技术”的基本步骤如下：

步骤 1，确定奇怪吸引子。

根据所研究的耗散混沌结构的基本性质来确定奇怪吸引子，如表 6.4 为“小汽车奇怪吸引子”。

表 6.4　小汽车奇怪吸引子表格

名称	类型	微分方程	分形控制参数	分维数	倍周期分岔费根鲍姆常数（4.669 201 609）		图像	李雅普诺夫指数	重正化
小汽车奇怪吸引子	勒斯勒尔	$x' = -(y+z)$ $y' = x + ay$ $z' = b + z(x - c)$	$a = 0.2$ $b = 0.2$ $c = 5.7$	2.014	1 分为 2 2 分为 4 4 分为 8 8 分为 16 周期解→耗散混沌	3 3.449 489 743 3.544 090 359 3.564 407 266 3.569 945 672	(a)　(b)	$\lambda > 0$	动力指数 λ 不变性

步骤 2,列出基本项。

根据所研究的耗散混沌结构的基本要求,列出奇怪吸引子的基本项内容,如表 6.4 为 9 个基本项。

步骤 3,搜集信息资料。

根据所列出的奇怪吸引子的基本项要求,搜集相关的事实、数据、图像等信息资料。

步骤 4,定性与定量分析。

对根据奇怪吸引子基本项要求所搜集的事实、数据、图像等信息资料进行定性与定量分析。

步骤 5,图像与曲线表述。

根据奇怪吸引子基本项要求,确定奇怪吸引子相关图像、绘制相关曲线图,如表 6.4 所示。

步骤 6,确定奇怪吸引子表格,如表 6.4 所示。

综合与归纳:步骤 1 到步骤 5 为奇怪吸引子的技术规范流程,步骤 6 为确定奇怪吸引子表格。

3）空间城市系统奇怪吸引子实例

(1) 莫斯科奇怪吸引子定义

前述“俄罗斯空间城市系统实证分析”证明了俄罗斯空间城市系统为耗散混沌结构,中央与地方之间的空间失衡、虹吸现象、马太效应三大主因形成了“莫斯科奇怪吸引子”。如图 6.37 所示,莫斯科奇怪吸引子包括三个模型:其一,北向模型,即莫斯科—圣彼得堡空间结构;其二,东向模型,即莫斯科—喀山—叶卡捷琳堡—新西伯利亚—伊尔库茨克空间结构;其三,南向模型,即莫斯科—伏尔加格勒空间结构。

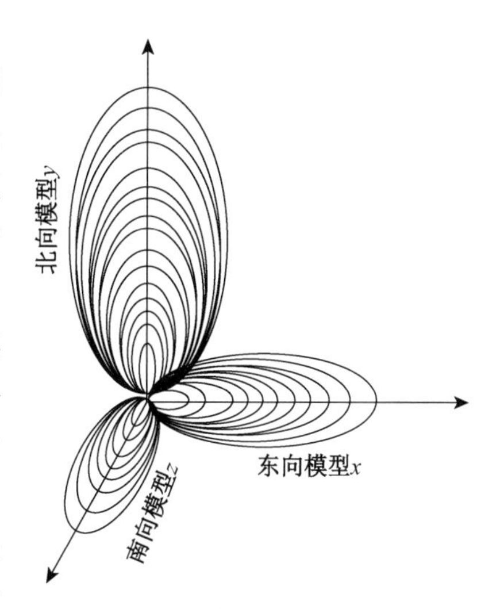

图 6.36　莫斯科奇怪吸引子

莫斯科奇怪吸引子是一个三维空间的分形点集,在东向模型 x、北向模型 y、南向模型 z 三个维度上具有空间状态自相似性,图 6.36 为它的具象示意图形,可以根据具体变量数据进行计算机重复迭代获得真实的 3 维莫斯科奇怪吸引子立体图像。莫斯科奇怪吸引子为一个三维连续动态系统,设 x、y、z 为它的状态变量,a、b、c 为它的控制参量,则莫斯科吸引子可以表示为一个非线性微分方程组,即

$$\begin{cases} x' = f(x, y, z; a, b, c) \\ y' = f(x, y, z; a, b, c) \\ z' = f(x, y, z; a, b, c) \end{cases} \tag{6.15}$$

当赋予控制参量 a、b、c 定值时，可以求出莫斯科奇怪吸引子的分维数 D_f，在给定条件数据的情况下可以求出莫斯科奇怪吸引子的李雅普诺夫指数值 λ，而且有 $\lambda > 0$。莫斯科奇怪吸引子拥有三个不动点和稳定的吸引域，它所导致的混沌运动遵循倍周期分岔规律与费根鲍姆常数特征。莫斯科奇怪吸引子的基本属性为稳定的、低维的、非周期性的混沌运动状态。

(2) 莫斯科奇怪吸引子本质分析

根据“奇怪吸引子本质五项”(李雅普诺夫指数项后续单列)，结合俄罗斯空间城市系统实践，我们对莫斯科奇怪吸引子本质进行如下分析：

其一，莫斯科奇怪吸引子分形分维。

如图 6.37 所示，俄罗斯空间城市系统分为北向结构、东向结构、南向结构：北向结构为莫斯科—圣彼得堡之间的关系属性，空间形态与空间结构具有迭次自相似结构；东向结构为莫斯科—喀山—叶卡捷琳堡—新西伯利亚—伊尔库茨克之间的关系属性，空间形态与空间结构具有迭次自相似结构；南向结构为莫斯科—伏尔加格勒之间的关系属性，空间形态与空间结构具有迭次自相似结构。因此，莫斯科奇怪吸引子不仅具有分形特征，如前图 6.36 所示，而且具有非整数分维数。

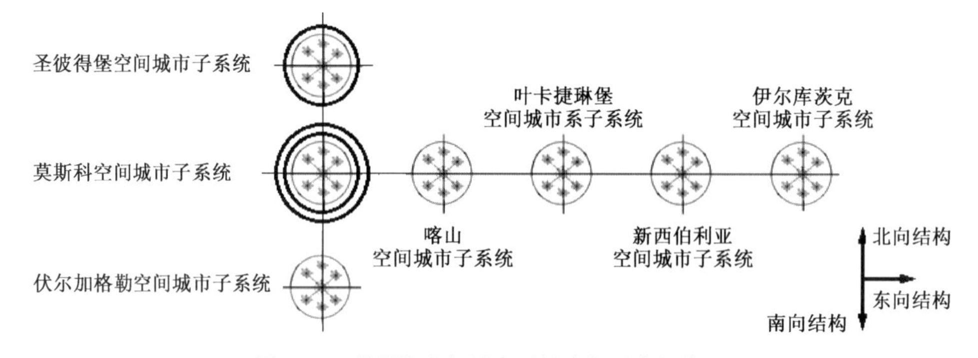

图 6.37　俄罗斯空间城市系统空间形态拓扑图

其二，莫斯科奇怪吸引子初始敏感性。

显然俄罗斯空间城市系统北向结构、东向结构、南向结构的基本属性都起源、演化、决定于莫斯科奇怪吸引子，莫斯科中央政府的任何行为都导致圣彼得堡、喀山、叶卡捷琳堡、新西伯利亚、伊尔库茨克、伏尔加格勒的巨大变化，因此我们确定莫斯科奇怪吸引子具有初始敏感性特征。

其三，莫斯科奇怪吸引子混沌根源。

如“俄罗斯空间城市系统实证分析”所述，莫斯科奇怪吸引子导致了俄罗斯空间城市系统的空间失衡、虹吸现象、马太效应三大问题，使俄罗斯空间城市系统处于耗散混沌结构状态，俄罗斯耗散混沌运动处于既摆脱不了又无法进化的困境。因此，可以判定莫斯科奇怪吸引子就是俄罗斯耗散混沌运动的根源。

其四，莫斯科奇怪吸引子混沌通性。

莫斯科奇怪吸引子对北向结构、东向结构、南向结构的作用表现为不同的形式与类别，因此具有非周期性特征。如前图 6.36 所示，由东向模型 x、北向模型 y、南向模型 z 所构成的三翼形整体模型也是渐次分岔形成的，这个过程遵循倍周期分岔以及费根鲍姆常数等基本特性。

其五，莫斯科奇怪吸引子吸引域。

就俄罗斯国家空间发展现状来看，莫斯科奇怪吸引子对北向莫斯科—圣彼得堡、东向莫斯科—喀山—叶卡捷琳堡—新西伯利亚—伊尔库茨克、南向莫斯科—伏尔加格勒都形成了牢固的吸引域，以莫斯科为中心控制了北向结构、东向结构、南向结构的发展趋势，它们不可能摆脱莫斯科奇怪吸引子的动力源作用，形成了稳定的俄罗斯耗散混沌结构。

(3) 莫斯科奇怪吸引子动力作用分析

莫斯科奇怪吸引子是俄罗斯空间城市系统耗散混沌结构的基本动力源，它催生、驱动并决定着俄罗斯耗散混沌动态连续系统的现在状态与演化过程。李雅普诺夫指数是莫斯科奇怪吸引子动力作用的标志性指标，重正化技术是确定莫斯科奇怪吸引子动力学机制不变性的基本标度量，因此莫斯科奇怪吸引子动力机制分析的具体内容如下：

第一，根据具体数据资料计算李雅普诺夫指数 λ 的数值并确定 $\lambda > 0$，定量确定俄罗斯空间城市系统耗散混沌结构的基本属性。对李雅普诺夫指数 λ 进行分段预测算，求出莫斯科奇怪吸引子耗散混沌性 λ_1—弱段、λ_2—中段、λ_3—强段的定量划分标准。

第二，做出李雅普诺夫指数重正化技术分析，定量确定莫斯科奇怪吸引子动力学机制的不变性，即莫斯科奇怪吸引子耗散混沌结构分形自相似性。

第三，根据可能详尽的事实、数据、图像等信息资料，按照“动力学方法”做出“莫斯科奇怪吸引子表格”，得出莫斯科奇怪吸引子的综合结论。

综上所述，莫斯科奇怪吸引子决定了俄罗斯空间城市系统耗散混沌结构的基本属性，它是俄罗斯空间城市系统演化的关键序参量。因此，对莫斯科奇怪吸引子的判定、控制、调整决定了俄罗斯空间城市系统进化的成败，具有不可替代的重大意义，俄罗斯政府与科学界必须有清醒的认识。

6.2.4 耗散混沌识别方法

1）耗散混沌特征识别根据

巨大系统形态具有多样性，在多样性形态中对所研究的耗散混沌系统进行识别，确定它的耗散混沌性质，是一项基本工作。耗散混沌识别是巨大系统耗散混沌研究的基础，是耗散混沌利用的开始，是耗散混沌控制的前提，而耗散混沌的基本特征是耗散混沌识别的根据。

(1) 开放与耗散特征识别

开放条件与耗散条件是耗散混沌的基本前提，耗散混沌识别首先要确定系统具有开放与耗散特征。所谓开放条件是指系统保持对外部环境的开放，即保持系统负熵流

$dS < 0$，只有开放系统才能保证耗散混沌所需要的物质、信息、能量的连续输入。所谓耗散条件是指系统要消耗掉大量的物质、信息、能量，始终处于一种耗散状态。耗散条件是耗散混沌系统存在的根本，人力、物力、信息、能量的持续投入是巨大系统共有的基本特性。与耗散系统相对立的是保守系统，保守系统是一种孤立系统，它具有能量守恒特征，如哈密顿（Hamilton）系统，保守系统混沌不存在奇怪吸引子，因此保守混沌是与耗散混沌性质不同的混沌形态。

（2）分形与分维特征识别

分形与分维是耗散混沌的形成基础。所谓分形是指部分与整体之间具有某种自相似性，并且这种自相似性体现为无穷多次的重复；所谓分维数是分形的定量表征和基本参数并具有分数特征，它表述了几何图形动态变化的本质属性。耗散混沌识别就是要确定系统奇怪吸引子的分形特征，发现奇怪吸引子的自相似性，定量化求出系统分形的分维数，则系统耗散混沌性质就可以认定。

（3）初始敏感性特征识别

初始敏感性是耗散混沌的标志，无论耗散混沌系统被迭代到多大的规模，通过对系统演化轨道的追踪都可以发现它与初始条件的依赖关系。只要发现了奇怪吸引子的初始敏感性，就找到了系统耗散混沌的根源，即那只最初的“洛伦茨蝴蝶”，就可以确认系统耗散混沌的性质。

（4）混沌根源与通性特征识别

当我们可以认定系统存在奇怪吸引子，并且确认耗散混沌终态行为由它所导致，就确定了耗散混沌根源特征。当我们认定系统具有内在随机性，如非周期性，表现为混沌运动轨道的非重复性与非相交性，并能够确认系统遵循倍周期分岔特性及费根鲍姆常数，就确定了系统的耗散混沌通性特征。混沌根源与混沌通性是识别耗散混沌系统的高级判据，是对耗散混沌内在机理的确认。

（5）李雅普诺夫指数正值特征识别

李雅普诺夫指数正值，即 $\lambda > 0$，是耗散混沌识别的定量标准。奇怪吸引子的动力学机制是由李雅普诺夫指数予以表征的，李雅普诺夫指数 $\lambda > 0$ 表示分离方向，是耗散混沌系统的标志性指标，指标量 λ 数值越大系统耗散混沌性越强，其值越小系统耗散混沌性越弱。李雅普诺夫指数正值是识别耗散混沌系统的高级判据，是对耗散混沌定量识别的重要根据。

（6）混沌吸引域特征识别

奇怪吸引子的吸引域是耗散混沌识别的辅助根据，当我们发现系统具有俘获性特征时，如对系统运动轨道的俘获、对系统要素的俘获等，就应该考察奇怪吸引子的吸引域，如吸引子根源、吸引域范围、系统稳定性等，确认吸引域的基本性质可以辅助确认系统的耗散混沌属性。混沌吸引域特征是识别耗散混沌系统的辅助判据，耗散混沌奇怪吸引子一定有其吸引域，但有吸引域不一定是奇怪吸引子，即不一定是耗散混沌系统。

总之,耗散混沌识别是耗散混沌控制的基础,而耗散混沌特征是耗散混沌识别的基本根据。通过耗散混沌特征的识别过程,定性与定量地把握了耗散混沌系统的基本性质,为耗散混沌控制提供了可能性。耗散混沌识别必须坚持理论与实践相结合、定性与定量相结合、数据与经验相结合的“三结合原则”,对系统进行综合判断才能正确地做出结论。

2）耗散混沌识别技术①

以耗散混沌特征识别根据为基础,对巨大系统的耗散混沌识别技术有许多种,我们扼要介绍于下,读者可以此为导引进行深度学习。在实际中将定性方法与定量方法结合使用,特别是将系统混沌运动轨迹分析与计算奇怪吸引子特征量结合起来,才能获得准确的耗散混沌识别结果。

（1）相图法

首先确定系统为开放的耗散系统,即有负熵流 $dS<0$。在系统相空间中,根据动力系统的数值计算结果,画出系统相轨迹随时间的变化图。通过混沌根源特征分析,可以确定奇怪吸引子的终态行为动因性;通过通性特征分析,可以确定系统内在随机性,以及倍周期分岔等特征。因此,我们可以认定系统的耗散混沌性质。

（2）分频采样

首先确定系统为开放的耗散系统,即有负熵流 $dS<0$。对于长时段混沌系统,可以采用分频采样方法确定其混沌属性。在系统相空间中每隔一定时间进行抽样采集,形成一系列离散抽样点运动轨迹,将系统运动轨迹研究转化为离散抽样点轨迹研究。如果发现抽样点具有重复点特性,说明系统具有分形自相似特征;如果抽样结果是无穷个离散点,则系统运动具有随机性,抽样点集中在特定区域并具有层次特性,说明系统具有混沌通性特征。由此,可以初步判断系统具有混沌性质。

（3）庞加莱截面

在 1888 年前后,法国学者庞加莱在天文学“三体问题”研究中运用他的相图理论,发现了混沌现象。庞加莱发现三体(系统)的演变经常是混沌的,如果三体(系统)初始状态有一个小的扰动,则后来的三体(系统)状态会有极大不同,如果我们不能认知初始状态小的扰动,则根本不能预测三体(系统)的最终状态。1888 年前后,还不具备揭示混沌规律的数学知识,如分形几何,然而庞加莱凭着高度的几何学素养,已经对混沌复杂性有所洞察,但是无法画出混沌的复杂图形,如奇怪吸引子图形,这是只有用电子计算机技术才能处理的复杂几何图像。但是,庞加莱的发现为后来的混沌理论打下了学理性基础。

如图 6.38 所示,所谓庞加莱截面是指在多维相空间中适当选取的截面 S,用来对多变量自治系统的运动进行分析。系统演化轨线 r 与 Z 等于常数的庞加莱截面 S 依次相交于 P_0、P_1、P_2 等点,它们构成了一个庞加莱离散映射 P_n,若它保持了原动力

① 本节条目参见:徐国宾,赵丽娜.最小熵产生、耗散结构和混沌理论及其在河流演变分析中的应用[M].北京:科学出版社,2017:48-55 条目分项命题。在此向原作者致谢,并统一说明,后续不单独予以摘引标注。

系统 r 的拓扑性质，则我们研究庞加莱离散映射 P_n 就可以确定原动力系统 r 的性质。

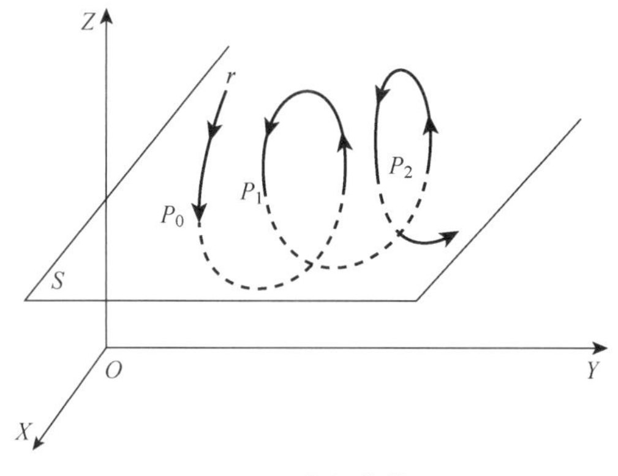

图 6.38　庞加莱截面

（源自：黄润生，黄浩.混沌及其应用[M].2 版.武汉：武汉大学出版社，2005，171）

首先确定系统为开放的耗散系统，即有负熵流 $dS<0$。通过对庞加莱截面 S 上离散映射 P_n 的研究，我们可以判断系统 r 的性质：其一，当庞加莱截面上只有一个不动点和少数离散点时，可判定系统 r 的运动是周期的。其二，当庞加莱截面上是一条封闭曲线时，可判定系统 r 的运动是准周期的。其三，当庞加莱截面上是成片的密集点，且有层次结构时，可判定系统 r 的运动处于混沌状态。

（4）相空间重构

首先确定系统为开放的耗散系统，即有负熵流 $dS<0$。所谓相空间重构，是指用一个一维可观测量 $x(t)$（即某一个变量的时间序列）进行相空间重构。若将系统变量 x 的时间序列间隔表示为 T，即时间延迟，则相空间重构法可以描述为“可观测变量随时间的变化隐含着整个系统状态的演变规律，因此重构相空间的轨迹也反映了系统状态的演变规律。对于定态，重构相空间中的轨迹是一个定点；对于周期运动，重构相空间中的轨迹是有限个点；而对于混沌运动，重构相空间中的轨迹是一些具有一定分布形式或结构的离散点”[14]。如图 6.39 所示，通过对一维可观测量 $x(t)$ 时间序列进行重构，我们可以重新获得洛伦茨奇怪吸引子的不同表现形式，注意这不影响它的分维数与李雅普诺夫指数。根据相空间重构技术，我们可以定性与定量地确定系统的耗散

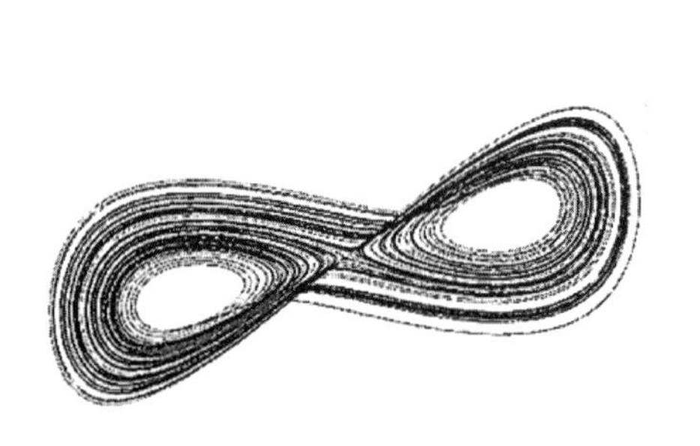

基于 x 轴时间序列的洛伦茨奇怪吸引子重构，所用的时间延迟 $T=0.05$

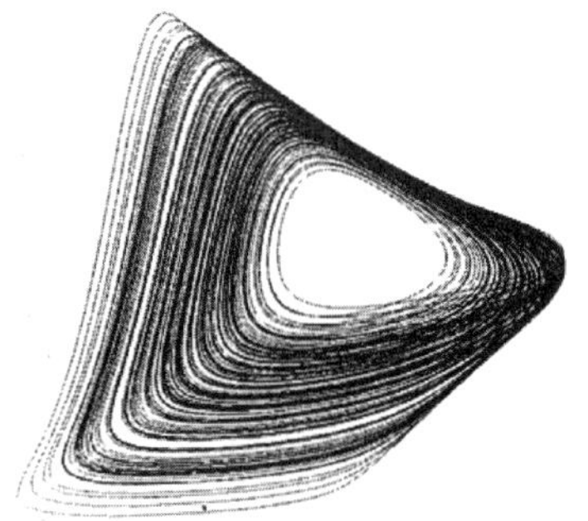

基于 x 轴时间序列的洛伦茨奇怪吸引子重构，所用的时间延迟 $T=2$。该图揭示出勒斯勒尔奇怪吸引子的折叠带隐藏在洛伦茨奇怪吸引子中。

图 6.39　洛伦茨奇怪吸引子重构

（源自：海因茨・奥托・佩特根，哈特穆特・于尔根斯，迪特马尔・邵柏.混沌与分形——科学的新疆界[M].田逢春，主译.2 版.北京：国防工业出版社，2010：493）

混沌性质①。

（5）功率谱分析

首先确定系统为开放的耗散系统，即有负熵流 $dS<0$。将一个系统的时间序列 X_1，X_2，X_3，…，X_N 表示为 $\{X_i \mid i=1, 2, \cdots, N\}$，可以将其看成各种周期运动的叠加，我们用 P_k 表示第 k 个周期运动分量对系统时间序列 X_i 的贡献，这就是功率谱概念，在此我们不对功率谱 P_k 的计算做详细介绍②。通过对系统进行功率谱分析，即可以得到结论："对于周期运动，功率谱只在基频及其倍频处出现尖峰；准周期运动对应的功率谱在几个不可约的基频以及它们叠加所在频率处出现尖峰；混沌运动在功率谱中表现为出现噪声背景和宽峰特征的连续谱，其中含有与周期运动对应的尖峰。"[15]根据功率谱分析技术，我们可以确定系统的耗散混沌性质。

（6）主成分分析

首先确定系统为开放的耗散系统，即有负熵流 $dS<0$。所谓主成分分析，是将原始系统给定的一组变量通过线性变换转化成另一组不相关的变量，这些新的变量按照方差依次递减的顺序排列为第一主成分、第二主成分、第三主成分，依此类推。其本质是利用降维方法把多变量转化为几个主成分量，用以表达原始系统性质。

对于离散时间序列 $\{X_i \mid i=1, 2, \cdots, N\}$，选取延迟时间 τ 和嵌入维数 m③，"以嵌入维数 m 为横坐标，以主成分分析 PCA④ 为纵坐标得到的图，称为主成分量谱图。若时间序列的主成分量谱是一条与横坐标轴接近平行的直线，则该序列为噪声序列；若时间序列的主成分量谱为一条近似斜率为负的直线，则该序列为混沌序列"[16]。根据主成分分析技术，我们可以确定系统的耗散混沌性质。

（7）分形与分维

首先确定系统为开放的耗散系统，即有负熵流 $dS<0$。由分形与分维特征识别根据可知，分形与分维是耗散混沌的形成基础，分形是指部分与整体之间具有某种自相似性，并且这种自相似性体现为无穷多次的重复，分维数是分形的定量表征和基本参数，并具有分数特征，它表述了几何图形动态变化的本质属性。因此，只要确定系统具有自相似特征，就可以确定它的分形性质，确定系统耗散混沌的定性性质。进而利用豪斯多夫维数计算方法、相似维数计算方法、盒计数维数计算方法、信息维数计算方法、关联维数计算方法、容量维数计算方法、李雅普洛夫维数计算方法，求出系统奇怪吸引子的分维数，就可以确定系统耗散混沌定量性质。因此，分形与分维技术是一种定性与定量兼具的耗散混沌识别方法。

---

① 关于相空间重构的定量方法，参见：徐国宾，赵丽娜.最小熵产生、耗散结构和混沌理论及其在河流演变分析中的应用[M].北京：科学出版社，2017：49-51。

② 关于功率谱的计算，参见：徐国宾，赵丽娜.最小熵产生、耗散结构和混沌理论及其在河流演变分析中的应用[M].北京：科学出版社，2017：51-52。

③ "延迟时间"是指时间序列 X_i 取值的时间间隔，"嵌入维数"是指重构嵌入空间的维数。

④ 主成分分析 PCA 的计算方法参见：徐国宾，赵丽娜.最小熵产生、耗散结构和混沌理论及其在河流演变分析中的应用[M].北京：科学出版社，2017：52-53。

(8) 李雅普诺夫指数

首先确定系统为开放的耗散系统,即有负熵流 $dS<0$。因为奇怪吸引子的存在,在耗散混沌系统初始值所产生的两个运动轨道之间会产生指数速率的分离,并且能量的耗散运动轨道又会向奇怪吸引子收缩,而李雅普诺夫指数则定量表述了这种指数速率分离与收缩特征。

李雅普诺夫指数 $\lambda>0$ 表示分离方向,这是耗散混沌系统的标志性指标,指标量 λ 数值越大系统耗散混沌性越强,其值越小系统耗散混沌性越弱;李雅普诺夫指数 $\lambda=0$,表示系统对应于周期解或分岔点,系统运动处于临界状态;李雅普诺夫指数 $\lambda<0$,表示系统对应收缩方向,运动轨道稳定处于对初始条件不敏感状态。因此,由李雅普诺夫指数的正指数化判定,即 $\lambda>0$,我们就可以确定系统的耗散混沌性质,这是一种定性与定量兼具的耗散混沌识别方法。

(9) 测度熵①

首先确定系统为开放的耗散系统,即有负熵流 $dS<0$。1959 年,苏联学者柯尔莫哥洛夫(Kolmogorov)创建了"测度熵 K"的概念,反映了在统计意义下系统所具有的轨道个数随时间演化的指数增长率,即测度熵越高,轨道越多,系统越混乱,它被用来衡量系统信息增长率或信息流动速率。测度熵是刻画系统混沌的一个重要标度量,在不同类型的动力学系统中,测度熵 K 的数值是不同的:当测度熵 $K=0$ 时,系统为规则运动状态;当测度熵 $K=\infty$ 时,系统为随机运动状态;当测度熵 $0<K<\infty$ 时,系统为耗散混沌运动状态。测度熵 K 值越大系统耗散混沌性越强。根据测度熵技术,我们可以确定系统的耗散混沌性质。

6.3 耗散混沌系统控制

1988 年,美国工业和应用数学学会(SIAM)在《控制理论未来的发展方向》文献中,提出了将混沌控制作为一个新的研究方向②。1989 年,胡布勒(Hubler)与勒舍尔(Lscher)发表了混沌控制的第一篇论文《非线性振荡器的共振激励与控制》③。1990 年,三位美国学者奥特(Ott E.),格雷博吉(Grebogi C.),约克(Yorke J.A.)提出了经典的 OGY 方法,标志着混沌控制理论的诞生。混沌控制理论具有前沿性、前期性、发展性的特征,而耗散混沌控制理论是基于混沌控制理论基础之上的。因此,在混沌控制理论的基础上结合巨大系统的特殊性,本着基本、整体、重点、扼要、简单的原则,我们进行耗散混沌系统控制理论的阐述。

在前两节的论述中,我们一直使用"耗散混沌结构"的名称来表示"耗散混沌系统"

① 测度熵 K 的计算方法详见:徐国宾,赵丽娜.最小熵产生、耗散结构和混沌理论及其在河流演变分析中的应用[M].北京:科学出版社,2017:55-56。

② 参见:禹思敏.混沌系统与混沌电路——原理、设计及其在通信中的应用[M].西安:西安电子科技大学出版社,2011:9。

③ 根据黄润生,黄浩.混沌及其应用[M].2 版.武汉:武汉大学出版社,2005:448 标注"170 项"译出。

概念。就本质意义而言,“系统”是属概念,而“结构”是系统所包含的种概念,为了精确表达混沌控制机理,在本节中我们使用“耗散混沌系统”名称来替代“耗散混沌结构”,更准确地表达耗散混沌系统概念,避免与耗散混沌系统所属“结构”分项的混淆,保持耗散混沌系统逻辑关系通顺。

6.3.1 耗散混沌控制基础

1) 耗散混沌控制思想

(1) 耗散混沌控制规律

耗散混沌控制规律包含两方面的内容:一是遵循混沌控制的普遍规律;二是具有自己的特殊规律。所谓混沌控制的普遍规律,主要包括:其一,混沌抑制原则,即如何消除有害的混沌。其二,混沌利用原则,即如何引导与利用有益的混沌。其三,混沌追踪原则,其重点为混沌镇定问题,即使受控混沌系统到达预先给定的周期性动力学行为。其四,混沌同步原则,即混沌系统特定的两个子系统始终保持步调一致,这种同步是结构稳定的,并收敛于同一个轨道值。

耗散混沌控制具有其特殊规律,人类属性决定了以巨大系统为主的耗散混沌控制具有概率化控制特征,耗散混沌介控思想具有重要应用价值,耗散混沌不可控制思想也具有正负两方面意义。因此,我们提出了可控系统、介控系统、失控系统的耗散混沌系统划分原理,它们对应着耗散混沌系统的混沌控制、灰色控制、监视控制方法。

(2) 耗散混沌综合控制

耗散混沌综合控制是指对巨大系统耗散混沌的多维性而采取的降维控制思想。首先,通过外部控制实现对耗散混沌系统类型的分离,如可控系统、介控系统、失控系统;如有益混沌、有害混沌、中性混沌;如第 1 维度混沌、第 2 维度混沌、第 3 维度混沌。其次,通过外部干预产生耗散混沌的不同输出,如俄罗斯耗散混沌系统的三个不同混沌模型的输出:北向混沌模型,莫斯科—圣彼得堡结构;东向混沌模型,莫斯科—喀山—叶卡捷琳堡—新西伯利亚—伊尔库茨克结构;南向混沌模型,莫斯科—伏尔加格勒结构。最后,产生强化有益混沌,抑制消除有害混沌,跟踪优化中性混沌,这些都是耗散混沌综合控制的基本思想。

(3) 耗散混沌控制框架

综上所述,耗散混沌控制思想是耗散混沌控制的基本方向,耗散混沌控制规律是耗散混沌控制思想的基础,耗散混沌综合控制是耗散混沌控制思想的分解实施方案。耗散混沌控制任务是耗散混沌控制所要实现的预期目标,耗散混沌控制原理是耗散混沌控制的学理性方法与机制,耗散混沌控制系统是实现耗散混沌控制任务的系统,它们的共同作用使耗散混沌控制思想变成现实,实现耗散混沌控制的目的。耗散混沌控制思想、耗散混沌控制任务、耗散混沌控制原理、耗散混沌控制系统是一种递进的逻辑关系,它们构成了耗散混沌控制框架,代表了耗散混沌控制的基本发展方向。

针对具体的空间城市系统(城市)耗散混沌系统控制问题,首先要判定它的耗散混沌性质,并根据实际情况,确定它的耗散混沌控制思想,确立它的耗散混沌控制任务,分析它的耗散混沌控制原理,设计它的耗散混沌控制系统,构建该耗散混沌系统的控制框架,实施对空间城市系统(城市)耗散混沌系统的控制,并反复修正该耗散混沌系统控制框架的不合适部分,最终实现耗散混沌控制目标。

2)耗散混沌系统基本类型

在耗散混沌系统识别的基础上,对耗散混沌系统类型进行划分,以便有的放矢地进行耗散混沌控制,是耗散混沌系统控制的基础性问题。结合巨大系统耗散混沌特殊性,我们将耗散混沌系统划分为三个基本类型:其一,可以控制的耗散混沌系统,简称可控系统;其二,介于可以控制与不可以控制的耗散混沌系统,简称介控系统;其三,不可以控制的耗散混沌系统,简称失控系统。可控系统、介控系统、失控系统的划分,是对耗散混沌现实客观存在的真实表述,因为可以被控制的耗散混沌系统仅仅是部分的,大量的耗散混沌系统处于介控状态,更多的耗散混沌系统是无法控制的。

在确定耗散混沌系统的基本类型时,我们要依据三个判据进行判定:第一,耗散混沌系统外部动力供给,即耗散混沌系统开放条件与耗散条件;第二,耗散混沌系统内部运动规律,即奇怪吸引子与系统运动轨道规律;第三,耗散混沌系统边界范围,即耗散混沌系统吸引域边界范围。

(1)耗散混沌可控系统定义

① 可控系统概念

所谓耗散混沌可控系统是指系统外部动力供给、系统运动规律、系统边界范围可以被有效控制的耗散混沌系统,简称“可控系统”。可控系统就是一般混沌控制理论的研究对象,我们可以用现行的混沌控制思想、混沌控制原理、混沌控制系统对它进行有效的耗散混沌控制。可控系统是耗散混沌控制的基础部分,它对应着系统的白箱状态,实现介控系统向可控系统的转化,即灰数白化,是耗散混沌控制思想的重要内容。

② 可控系统特性

第一,可控系统具有可控性。其一,外部动力供给可控,耗散混沌系统开放条件与耗散条件具有可控制性,即耗散混沌系统外部动力供给具有可控制性。其二,内部运动规律可控,奇怪吸引子与系统运动轨道具有可控制性,即耗散混沌系统运动规律具有可控制性。其三,耗散混沌系统边界范围可控,即耗散混沌系统吸引域边界具有可控制性。

第二,可控系统具有价值性。因为可控系统的可控性,所以可控系统具有广泛的利用价值,人类可以借助对耗散混沌系统的有效控制实现自己的目的。

第三,可控系统具有人工干预性。人工干预就是对耗散混沌系统的控制,所谓耗散混沌控制思想、耗散混沌控制原理、耗散混沌控制系统就是人工干预的具体内容,人的目的性在可控系统这里得到了充分体现。

③ 可控系统意义

可控系统是耗散混沌系统中广泛存在的类型，如巨大系统所属的空间城市系统（城市）、政治系统、经济系统等，正是人类对耗散混沌系统的有效控制，才使得复杂的世界呈现生机勃勃的景象。可控系统的意义在于对有害耗散混沌系统的抑制，对有益耗散混沌系统的利用，对所需耗散混沌系统的追踪。正如美国工业和应用数学学会在《控制理论未来的发展方向》文献中所表述的那样："一个生气勃勃的研究分支最近在非线性动力系统领域中发展起来了，它正开始在控制理论科学中形成巨大影响，混沌动力系统已被证明在描述和量化大批的复杂现象中非常有用。"[17]

④ 可控系统实例

耗散混沌可控系统是广泛存在的一种普遍现象，例如中国南部空间城市系统的前期阶段，即中国南部耗散混沌系统，如前图 6.29 所示，它由粤港澳大湾区—西海岸城市群—东海岸（台湾）城市群—南昆贵城市群—海南城市群所组成。

首先，"粤港澳大湾区、西海岸城市群、东海岸（台湾）城市群、南昆贵城市群、海南城市群"的人员、物质、信息、能源供给，分别被大陆与港、澳特别行政区以及台湾行政当局有效地控制着，因此中国南部耗散混沌系统外部动力供给可控。其次，中国台湾奇怪吸引子以及整个中国南部耗散混沌系统在世界的运行轨道都被控制在一个中国的框架中，因此中国南部耗散混沌系统内部运动规律可控。最后，中国南部耗散混沌系统整体上处于中国南部吸引域边界之内，其地理、历史、文化都属于中国南部范畴，因此中国南部耗散混沌系统边界范围可控。因此，我们说中国南部耗散混沌系统是一个可控的耗散混沌系统。

中国南部耗散混沌系统保持可控状态具有重要的国家战略价值，中国中央政府可以借助人工干预措施，坚持耗散混沌可控制，规划建设耗散混沌控制系统，以实现中国南部空间城市系统为目标，从而实现中国统一的历史使命。

（2）耗散混沌介控系统定义

① 介控系统背景

从 1984 年开始，中国学者李静海进行了"介尺度科学"的研究，介尺度的英文单词"Meso"源自古希腊语，表示介于中间的现象。"介科学的初步定义可以是'描述不同层次上介尺度现象原理的科学'。"[18]。介科学具有普适性，在气象学领域有"介尺度气象模型"表述，在化学和材料科学领域有"介观尺度"表述，在强关联电子态与胶体系统有"介中"表述，在化学生物学领域使用了"介尺度科学"术语，在不同科学领域出现了"介结构""介晶体""介化合物""介层次""介相"的表述①。介尺度的中间思想与耗散混沌系统的可以控制与不可以控制中间状态十分吻合，介于中间的思想正是"介控系统"所要表达的本意，因此我们提出了"介控系统"概念，它为我们解释客观世界中大量存在的可以控制与不可以控制的耗散混沌现象提供了方法论。

① 参见：李静海，黄文来．探索介科学：竞争中的协调原理[M]．北京：科学出版社，2014：60-61。

② 介控系统概念

所谓介控系统是指系统外部动力供给、系统运动规律、系统边界范围都处于“介尺度现象”[①]的耗散混沌系统，简称介控系统。介控系统的本质是一种介于可控与不可控的中间状态，它是现实世界广泛存在的耗散混沌系统类型，如全球变化现象的介控性质，许多疾病的可治愈性与不可治愈性，对特定事物人类所具有的若即若离状态也属于介控性质。对于具有人类属性的巨大系统，介控系统是一种有效的解释工具，因此介控系统具有广阔的适用空间和实际价值。介控系统是一种初始认知，我们认为介控系统处于一种灰箱状态，它既有可控制的一面，又具有不可控制的一面，灰色控制思想是处理介控系统的有效方法。介控系统的内在规律有待进一步研究揭示。我们提出“介控系统”概念，并做初步探讨，以期为深度研究奠定学理性基础。

③ 介控系统特性

第一，客观性特征。

介控系统是一种客观现实，它广泛存在于自然界与人类社会之中，我们可以认识介控系统规律，但是不能凭主观意志改变它们。

第二，介尺度特征。

介控系统具有介尺度特性，介于控制与非控制的中间状态是介控系统的本质所在，它既是介科学在耗散混沌领域的应用，又是介科学普适性的证明。

第三，能控性与非控性特征。

介控系统具有能控性与非控性特征，可控与不可控是介控系统本身的属性，识别介控系统属性，认识介控系统规律，采取适当应对措施是可行之举。

第四，灰箱状态特征。

介控系统的本质是一种灰箱状态，我们可以进行框架的、灰色的、概要的控制，这种控制是概率化的。灰数是介控系统的主要表征量，灰数白化、灰数黑化是介控系统的控制手段。

第五，过渡性特征。

介控系统具有过渡性特征，它是居于可控系统与失控系统之间的一种过渡性耗散混沌系统。我们可以利用介控系统过渡性特征，阻止事物向失控系统的不可逆演化。

④ 介控系统意义

一是介控系统具有重要的理论意义：“介尺度”具有普适性，而介控系统是介尺度普适性的重要表现，对于“介科学”范式具有重要理论实证性。介控系统为客观世界大量存在的灰箱状态耗散混沌现象构建了一般性理论框架，揭示了耗散混沌可控系统与失控系统之间的过渡规律。在现实世界中，涉及人类属性的巨大系统存在许多重大疑难问题，如下各例，介控系统为这些问题提供了理论解释工具。

---

① “‘介尺度’是个相对概念……可以是从基本粒子到宇宙这个广阔尺度内的任一尺度段。因此，可以说‘介尺度’概念与现有的所有科学分支和技术领域都有关系。”摘引自：李静海，黄文来.探索介科学：竞争中的协调原理[M].北京：科学出版社，2014：3。

二是介控系统具有重要的实践意义:第一例,朝核问题就是介控问题,即存在一个现实的介控阶段,进而到达朝鲜核武器的可控与消除终态。第二例,地球人居生态系统分岔问题,在 1950 年出现第一次无序分岔,到 2030 年左右处于一个介控系统状态。第三例,全球人口增长问题。介控思想使我们认识到必须保持全球总人口数量的灰数白化状态,否则到达灰数的黑化状态,就不可逆地出现全球总人口的失控。第四例,世界经济增长极限也属于介控问题,全球变化前提使世界经济必然有增长极限,但是我们无法确定这个极限的值,它是一个介控范围,介控系统方法可以帮助我们实现对经济极限的判断与控制。

⑤ 介控系统实例

耗散混沌介控系统是一种现实的客观存在,例如全球变化介控系统,就是一个典型的耗散混沌介控实例。对于全球变化可控性、不可控性、过渡性的认识具有人类生存道德底线的重大意义,因此介控系统理论具有十分重要的实践价值。

首先,可控性分析。

全球变化表现出可控性的一面,南极臭氧层空洞是全球变化的核心问题之一。面对南极臭氧层空洞问题,人类采取了积极的人工干预措施。1987 年,在世界范围内签订了限量生产和使用氟氯烷烃等物质的蒙特利尔协定,即《关于消耗臭氧层物质的蒙特利尔议定书》。1995 年,联合国大会通过决议确定每年的 9 月 16 日为“国际保护臭氧层日”。据美国《科学》杂志报告:“2015 年 9 月时,南极洲上空的臭氧层空洞已比 2000 年时缩小 1/5,即 400 万 km^2,相当于整个印度的国土面积。研究人员说,这说明人类为保护地球所做的努力正在显现成效。”[19] 如图 6.40 所示,1979 年到 2006 年南极臭氧层空洞呈现扩大趋势,2006 年到 2017 年呈现缩小趋势,由此说明全球变化介控系统具有可控性。

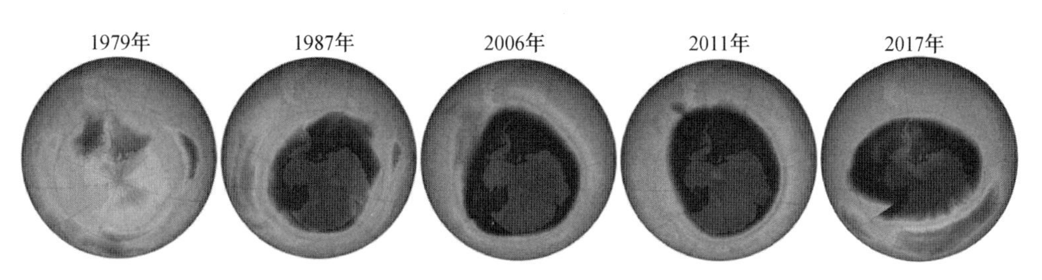

图 6.40 南极臭氧层空洞变化可控性

(源自:笔者根据 NASA 发布图片整理)(彩图见书末)

其次,不可控性分析。

全球变化表现出不可控性的一面,厄尔尼诺现象是全球变化的核心问题之一。如图 6.41 所示,在太平洋东部中心部分,图中红色环型为厄尔尼诺形成区域。美国国家大气研究中心(NCAR)研究证明这两次厄尔尼诺现象非常相似,世界气象组织专家称 2015 年度超强厄尔尼诺现象将成为历史上最强的一次。由图 6.41 中红色环型厄尔尼诺形成区域比较可见,从 1997 年超强厄尔尼诺现象到 2015 年超强厄尔尼诺现象加强，呈现出失控的趋势。在全球范围，1998 年与 2016 年所发生的全球变化灾害都证明了这种超强厄尔尼诺现象失控的特征，由此说明全球变化介控系统具有不可控性。

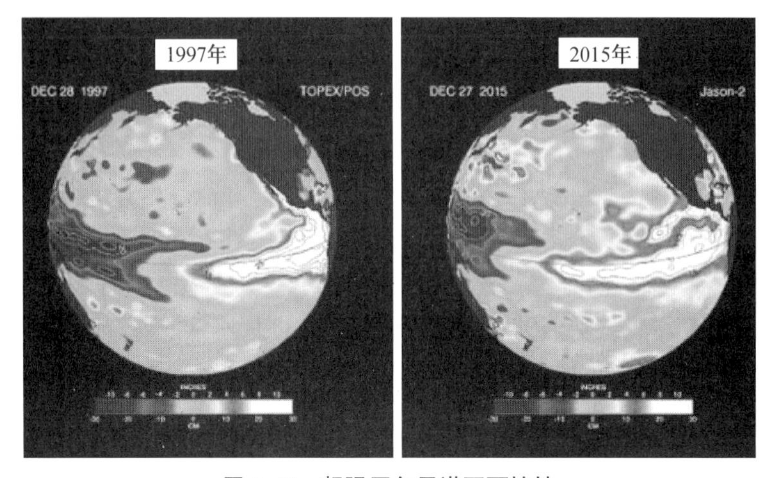

图 6.41　超强厄尔尼诺不可控性

（源自：笔者根据 NASA 发布图片整理）（彩图见书末）

最后，过渡性分析。

全球变化具有过渡性特征，即全球变化可控系统、全球变化介控系统、全球变化失控系统三种耗散混沌状态之间的过渡性，特别是从全球变化介控状态向全球变化失控状态的过渡特性。防止耗散混沌过渡特性的不可逆化，是人类社会必须高度警惕的全球变化关键问题。因此，强化全球变化耗散混沌过渡性认知，坚定执行《巴黎协定》，把全球平均气温较工业化前水平控制在升高 2 ℃之内，并且为了把升温控制在 1.5 ℃之内，应尽快实现温室气体排放达到峰值，只有 21 世纪下半叶实现温室气体净零排放，才能阻止全球变化向失控状态过渡的不可逆化。全球变化失控系统是人类社会无法承受的结果。行动！留给我们的时间已经不多了。

（3）耗散混沌失控系统定义

① 失控系统概念

所谓耗散混沌失控系统是指系统外部动力供给、系统运动规律、系统边界范围都无法控制的耗散混沌系统，简称“失控系统”。失控系统已经超出了混沌控制理论的研究范围，它处于一种黑箱状态，灰数黑化是定量认识失控系统的重要路径。失控系统是现实世界的客观存在，任何主观主义的回避、拒绝、漠视都无助于现实问题的解决。失控系统也有积极的一面，人类可以利用某些失控系统实现自己的目的。监视思想是失控系统控制思想的主要内容，跟踪方法是失控系统控制原理的主要内容，跟踪技术是失控系统控制系统的主要内容。失控系统内在规律有待进一步研究揭示，我们提出“失控系统”概念并做初步探讨，以期为深度研究奠定学理性基础。

② 失控系统特性

第一，客观性特征。

失控系统具有客观性特征，它是现实世界的真实存在形式。失控系统的不可控制性不以人的意志为转移，有害的失控我们无法避免，有益的失控我们只能利用。

第二，不可控性特征。

失控系统具有不可控性特征：首先，它的外部动力供给不可控，即耗散混沌系统的开放条件与耗散条件不具有可控性；其次，它的内部运动规律不可控，即奇怪吸引子与系统运动轨道运动规律不具有可控性；最后，它的系统边界范围不可控，即耗散混沌系统吸引域边界不具有可控性。

第三，黑箱状态特征。

失控系统的本质是一种黑箱状态，我们可以进行失控系统输入信号与输出信号的把握，但是无法对它的内部机理进行控制，也无法对失控系统整体进行控制，灰数黑化是我们认识和表述失控系统的主要方法。

第四，两面性特征。

失控系统既具有有害的一面，也有有益的一面。我们可以跟踪失控系统，进行失控系统的灰化努力，避免有害的失控系统，也可以利用有益的失控系统。

第五，可跟踪性特征。

失控系统具有可观察性与可跟踪性，据此我们可以实现对失控系统的监控，以趋利避害。由监控性所派生的人工干预可以改善失控系统的某些方面，减轻损害，加强有利面，但不能避免它的失控性本质。

③ 失控系统意义

失控系统具有重要的理论与实践意义。对失控系统的研究使我们在理论上认识它、在机理上把握它、在运行中监视它。监视思想、跟踪行为、黑箱灰化为我们认识失控系统、改善失控系统、利用失控系统提供了方法论。人类社会面临的自然灾害失控问题、传染病失控问题、环境污染失控问题等等，都是失控系统问题。因此，对失控系统进行研究具有十分重要的实践应用价值，对该命题的研究可以使我们正确面对失控问题，采取积极应对措施，从而减少有害失控系统的灾难性后果。

④ 失控系统实例

耗散混沌失控系统是一种大量的真实的客观存在，例如底特律城市耗散混沌失控实例，如图 6.42 所示。首先，底特律城市耗散混沌表现为外部动力供给失控，由于丧失了外部人口流入，外部投资衰竭，联邦救助处于停滞状态，底特律城市处于熵增状态，即 $\mathrm{d}S=\mathrm{d}_eS+d_iS>0$。其次，底特律城市耗散混沌表现为内部运动规律失控，汽车制造业奇怪吸引子以及与它相关的经济系统运行轨道都呈现衰竭的失控状态。最后，底特律城市耗散混沌表现为系统边界范围失控，底特律城市行政当局对整个城市吸引域范围无法进行有效的空间治理，处于严重的失控状态。因此，我们说底特律城市是一个失控的耗散混沌系统。

图 6.42　底特律城市失控状态

（源自：360 图片）

2013 年 7 月 18 日，底特律城市正式申请破产保护；2014 年 11 月 7 日，美国联邦法官对底特律城市破产退出计划做出许可裁决；2014 年 12 月 10 日，底特律城市宣布将结束法庭保护，正式宣告摆脱美国历史上最大的市政破产案。美国底特律城市曾经跻身于全美前五大城市，它失控的悲惨事实说明，传统工业城市必须及时在介控系统时代进行城市政治、经济、文化、社会、生态环境的转型升级，否则一旦进入不可逆的失控系统，城市死亡是必然结局。

3）耗散混沌系统运行原理

（1）耗散混沌系统定量表述

① 耗散混沌系统灰色性[①]

耗散混沌系统控制具有灰色性质，即灰性性质。如图 6.43 所示，可控系统表示为灰色白化性质，介控系统本身就是一种灰色性质，失控系统表示为灰色黑化性质。耗散混沌系统灰性表现为控制灰性，即有控制性的可控系统，可控与不可控的介控系统，不可控制性的失控系统，在可控数据、信息、确定性方面，它们依次表现为白化拥有、灰色少量、黑化空缺。控制灰性主要表现为控制性少与控制性不确定，强调控制方法优化与控制现实化是耗散混沌灰色控制思想，数据序列表示方法、灰色极值方法、灰数运算等是耗散混沌系统的灰色表达方法。

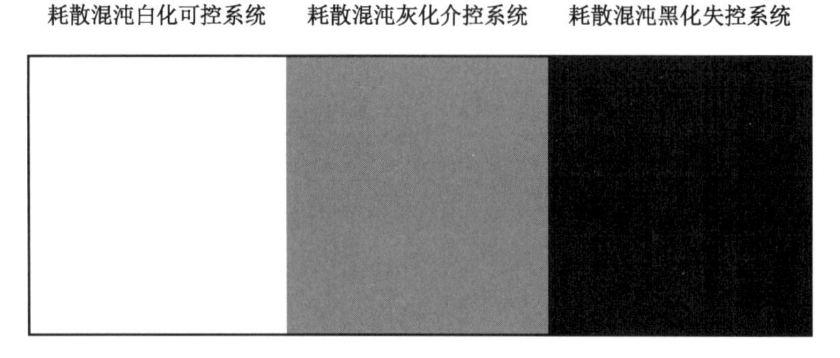

图 6.43　耗散混沌系统灰色性

① “灰色系统理论”是由中国学者邓聚龙创建于 20 世纪 70 年代末至 80 年代初，广泛应用于社会、经济、科技等各个领域并获得成功。

② 耗散混沌系统控制灰数表达

根据灰数的原始定义①,我们将耗散混沌系统控制灰数概念表示为:我们仅能知道耗散混沌系统的控制范围,而不能知道系统控制的确定值,我们将这种只知道控制范围而不知其确切控制值的数称为耗散混沌系统的控制灰数,在实际中控制灰数是指在某一个区间取值的不确定数,表示为 $\otimes$ 。在本质上,控制灰数表达了耗散混沌系统的一个控制范围,我们将控制灰数区间表示为

$$\otimes \in [a, b] \tag{6.16}$$

公式(6.16)表示耗散混沌系统控制灰数为 $\otimes$,其控制范围为$[a, b]$。我们将耗散混沌系统控制白数与控制黑数看成系统控制灰数的特殊形式,并且规定:当 $\otimes \in [a, a]$ 时,表示耗散混沌系统控制白数 $\otimes$;当 $\otimes \in (-\infty, +\infty)$ 时,表示耗散混沌系统控制黑数 $\otimes$。 由前述定义,我们将耗散混沌系统定量表述为以下三种情况:

其一,耗散混沌系统控制白数 $\otimes \in [a, a]$,表示耗散混沌白化可控系统。

其二,耗散混沌系统控制灰数 $\otimes \in [a, b]$,表示耗散混沌灰化介控系统。

其三,耗散混沌系统控制黑数 $\otimes \in (-\infty, +\infty)$,表示耗散混沌黑化失控系统。

③ 耗散混沌系统控制灰数运算简述

经过几十年的发展,灰色系统理论已经发展出成熟的"灰数运算"理论,包括灰数运算公理体系、灰色代数运算、灰色代数方程、灰色微分方程、灰色矩阵、序列算子等灰数运算工具,以及灰色信息、灰色关联分析、灰色聚类评估、离散灰色预测、灰色模型体系、灰色系统预测、灰色控制系统等灰色系统分析工具。

灰数是灰色系统理论的核心,灰数运算在于"借助规范化灰度这样一座桥梁,将灰数运算转化为实数运算。这里定义的灰数运算便于向灰色代数方程、灰色微分方程、灰色矩阵运算推广"[20]。

灰数运算方法为耗散混沌控制灰数提供了方法论工具,我们可以借助"灰数运算工具"与"灰色系统分析工具"对耗散混沌控制灰数进行定量分析。鉴于灰数运算的专业性与庞大性,我们不进行灰数运算的理论探讨,读者可以根据需要进行深度学习②。

(2) 耗散混沌系统动力机制

① 耗散混沌系统外部动力机制

开放条件与耗散条件是耗散混沌系统的基本前提条件,它们形成了耗散混沌系统人力、物质、信息、能量的连续动力供给,表示为系统的负熵流,即 $\mathrm{d}S < 0$。如图 6.44 所示,$\mathrm{d}S$ 表示耗散混沌系统总熵;$\mathrm{d_i}S$ 表示耗散混沌系统内部所产生的熵;$\mathrm{d_e}S$ 表示耗散混沌系统与外部环境的交换

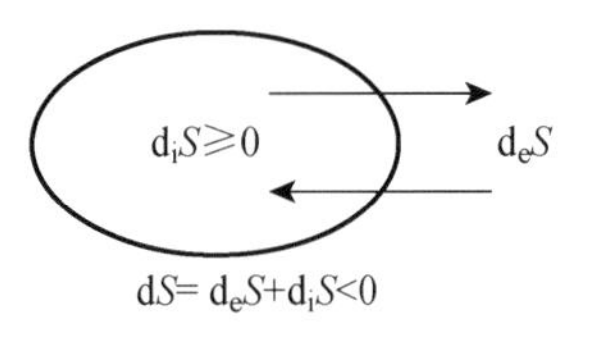

图 6.44 耗散混沌系统负熵流动力机制

① 参见:刘思峰,杨英杰,吴利丰,等.灰色系统理论及其应用[M].7 版.北京:科学出版社,2014:16。

② 我们推荐著作如下:邓聚龙.灰理论基础[M].武汉:华中科技大学出版社,2002 年;刘思峰,杨英杰,吴利丰,等.灰色系统理论及其应用[M].7 版.北京:科学出版社,2014 年。

熵。根据耗散混沌系统定义，耗散混沌系统有负熵流条件，即 $dS<0$，所以有

$$dS = d_eS + d_iS < 0 \tag{6.17}$$

公式(6.17)表示了耗散混沌系统的负熵流供给，我们称这种耗散混沌系统外部动力机制为负熵流动力机制，正是这种负熵流连续动力保持了耗散混沌系统的连续运行。

耗散混沌系统负熵流动力决定着耗散混沌系统的可控性与不可控性，具体分为以下三种：

第一，可控系统。

当耗散混沌系统负熵流在可控系统临界值 dS_1 以内时，表示为 $dS<dS_1$，耗散混沌系统具有可控制性。此时，耗散混沌系统为白箱状态，对应的控制灰数为 $\otimes\in[a,a]$。

第二，介控系统。

对于介控系统而言，耗散混沌系统负熵流在两个临界值 dS_1 与 dS_2 之间，表示为 $dS_1<dS<dS_2$，耗散混沌系统具有介控性。此时，耗散混沌系统为灰箱状态，对应的控制灰数为 $\otimes\in[a,b]$。

第三，失控系统。

当耗散混沌系统负熵流超过失控系统临界值 dS_3 时，即 $dS>dS_3$ 时，耗散混沌系统具有失控性。此时，耗散混沌系统为黑箱状态，对应的控制灰数为 $\otimes\in(-\infty,+\infty)$。

② 耗散混沌系统内部动力机制

1890 年，庞加莱对三体问题的研究开启了动力系统的研究。1931 年，苏联学者正式提出了动力系统的概念。20 世纪 90 年代，德国学者与意大利学者开始了随机动力系统研究，奠定了随机动力系统动力学的基本框架。目前，“随机动力系统”已经发展成为一门成型的前沿学科。

随机动力系统的基本原理是在概率空间的框架中，界定吸引子随机变量，研究系统相空间中的随机过程，通过吸引子微分方程解的分析获得它的动力机制。就实际耗散混沌系统而言，一般为有限维随机动力系统问题，如空间城市系统的三个维度，即空间集聚维度、空间扩散维度、空间联结维度。因为随机动力系统的高度数学化与专业化，我们仅做铺垫性学理介绍，读者可以根据实际需要进行随机动力系统的深度学习①。

所谓耗散混沌系统内部动力机制，主要是指系统奇怪吸引子的动力机制。就一般情况而言，它是一种随机动力机制。奇怪吸引子的动力机制导致了耗散混沌系统整体的形成，即整体的稳定状态与内部运动的不稳定状态，奇怪吸引子动力机制是与耗散

① 推荐书目：黄建华，黎育红，郑言.随机动力系统引论[M].北京：科学出版社，2012；赵文强，张一静.无穷维随机动力系统的吸引子[M].重庆：重庆大学出版社，2017；姜金平.几类无穷维动力系统的吸引子问题研究[M].西安：西安电子科技大学出版社，2014。

混沌系统相空间运动轨道紧密相连的。我们就耗散混沌系统奇怪吸引子动力机制的核心问题做基本定性讨论。

首先，耗散混沌系统奇怪吸引子的迭代映射，导致了系统运动轨道的拉伸与折叠、扩张与收缩，形成了系统运动形式的复杂化与随机性，而且具有初始敏感性。其次，耗散混沌系统奇怪吸引子具有自相似性，而且具有非整数的分维数。正是这种奇怪吸引子自相似性推动着系统的扩张，形成了系统无穷层次的耗散混沌结构。最后，耗散混沌系统奇怪吸引子具有遍历性，遍历性导致系统运动遍及吸引域的全部空间范围，达成耗散混沌整体性质。在奇怪吸引子迭代映射、自相似性、遍历性动力机制综合作用下，经过倍周期分岔过程，耗散混沌系统就形成了。

(3) 耗散混沌系统边界机制

① 耗散混沌系统边界概念

所谓耗散混沌系统边界，是指将系统与它所处的环境分开来的界限。耗散混沌系统边界空间形式表现为某种点的集合，即曲线或曲面；耗散混沌系统边界逻辑形式表现为系统定性性质的分界线，即系统结构存在与起作用的范围，如图 6.45 所示，耗散混沌系统边界分为可控系统边界、介控系统边界、失控系统边界。耗散混沌系统边界是以奇怪吸引子为核心，以吸引域为界限，以奇怪吸引子自相似性无标度区间为分界线，以边界势垒为临界值所形成的边界机制。耗散混沌系统边界机制的作用，一是决定了系统的内部定性机制，即随机动力机制；二是决定了系统外部定性机制，即可控性、介控性、失控性。因此，对耗散混沌系统边界机制进行分析具有十分重要的理论与实践意义。

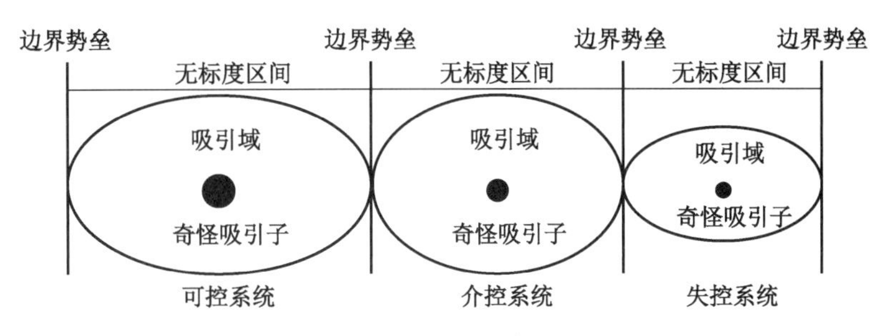

图 6.45　耗散混沌系统边界机制

② 耗散混沌系统边界分析

第一，边界范围。

如图 6.46 所示，耗散混沌系统边界范围就是吸引域所覆盖的范围，在吸引域相空间范围中，带有初始敏感性的系统运动轨道都趋向于奇怪吸引子。形象地说，奇怪吸引子拉住了吸引域，吸引域形成了势力范围，耗散混沌系统的全部行为都被控制在势力范围以内，势力范围的极限边缘就是耗散混沌系统边界。

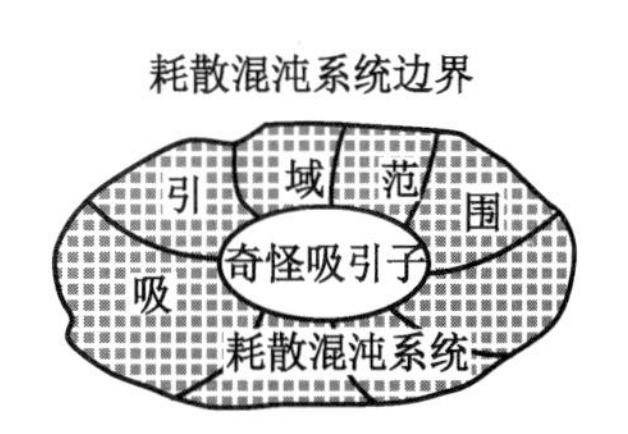

图 6.46　耗散混沌系统边界范围

第二,边界界线。

如图 6.46 所示,耗散混沌系统边界是以奇怪吸引子自相似性无标度区间为界线的,而边界界线是划分可控系统、介控系统、失控系统空间形式与逻辑形式的根据。所谓无标度区间是指在分形集中,对任意局部进行放大或缩小,它的形态、本质、复杂程度、不规则性等都不发生变化的空间区域或逻辑范围。在实际问题中,耗散混沌系统无标度区间是一个有限范围,正如中国学者郝柏林所说"自然界只能在'无标度区间'里做尺度变换游戏。"[21]

第三,边界控制。

一是系统外部动力机制控制。耗散混沌系统人力、物质、信息、能量供给的控制,即负熵流控制,是系统边界控制的基础。借助公式 $dS = d_eS + d_iS < 0$,我们可以对系统内部所产生的熵 d_iS、系统与外部环境的交换熵 d_eS,进行比例调控,从而实现对系统总负熵 dS 的控制,进而实现对耗散混沌系统边界的控制。

二是系统内部动力机制控制。耗散混沌系统奇怪吸引子是由系统状态变量决定的,如空间城市系统混沌的空间集聚变量、空间扩散变量、空间联结变量,而奇怪吸引子的迭代映射、自相似性、遍历性动力机制是系统边界形成的内部动因。因此,通过对耗散混沌系统状态变量的调节,在实际中多为三个维度变量即 X 变量、Y 变量、Z 变量,就可以实现对奇怪吸引子动力机制的控制,进而实现对耗散混沌系统边界的控制。

第四,边界突破。

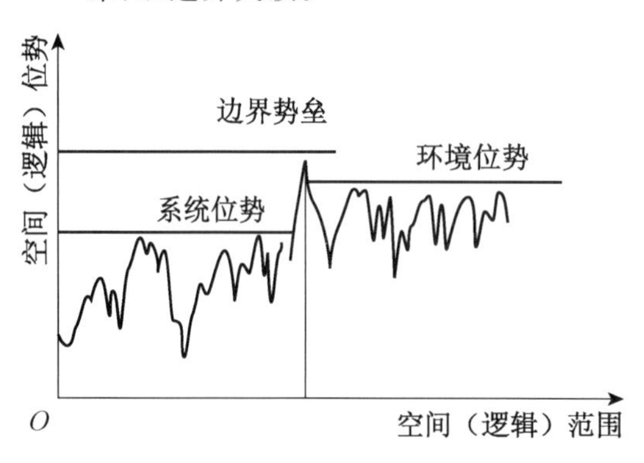

图 6.47　耗散混沌系统边界势垒

如图 6.47 所示,耗散混沌系统边界势垒决定着系统边界的存在。所谓边界势垒是指耗散混沌系统与外部环境之间的分隔机制,它表现为"熵垒"的形式,即"耗散混沌系统—熵垒—外部环境"。边界势垒的空间(逻辑)意义在于系统与环境之间的阻挡,在边界势垒两侧具有不同的耗散混沌系统空间(逻辑)位势与外部环境空间(逻辑)位势,空间(逻辑)位势可以是人口位势、要素位势、信息位势、能量位势等。所谓耗散混沌系统边界突破,就是边界势垒的突破,边界势垒临界值是边界突破的定量标度值。边界突破标志着耗散混沌系统定性性质的改变,如可控系统边界突破、介控系统边界突破、失控系统边界突破,都改变了耗散混沌系统的控制属性。

③ 洛杉矶城市边界实例与洛杉矶空间城市系统

第一,洛杉矶耗散混沌系统奇怪吸引子。

如前所述,洛杉矶城市蔓延是世界公认的特有模式,小汽车奇怪吸引子导致了洛杉矶耗散混沌系统的空间蔓延、交通拥堵、空气污染混沌特征,因此洛杉矶城市为典型的耗散混沌系统。小汽车奇怪吸引子导致了洛杉矶空间城市无中心性,也就是说它与洛杉矶空间多城市结构具有等价关系，因此我们可以将小汽车奇怪吸引子转换成空间城市奇怪吸引子。洛杉矶、长滩、圣安娜具有分形结构，即以它们为核心，洛杉矶无标度区间具有100多个自相似的城市。因此，在洛杉矶耗散混沌系统边界分析中，我们将“洛杉矶—长滩—圣安娜”空间结构命名为洛杉矶耗散混沌系统奇怪吸引子。

第二，洛杉矶耗散混沌系统无标度区间。

洛杉矶耗散混沌系统具有城市空间分形特征，“洛杉矶—长滩—圣安娜”奇怪吸引子形成了100多个自相似的城市，这在世界城市空间结构中是罕见的。洛杉矶耗散混沌系统夜间灯光准确地表示了它的无标度区间，它与洛杉矶耗散混沌系统边界是重合的，即图6.48所示的洛杉矶系统边界，与图6.49所示的洛杉矶系统无标度区是重合的。

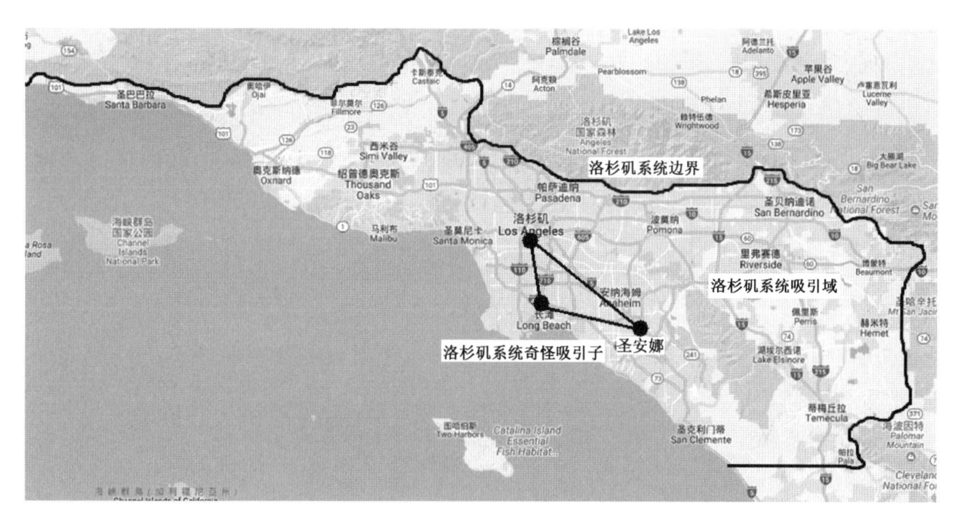

图6.48 洛杉矶耗散混沌系统边界机制

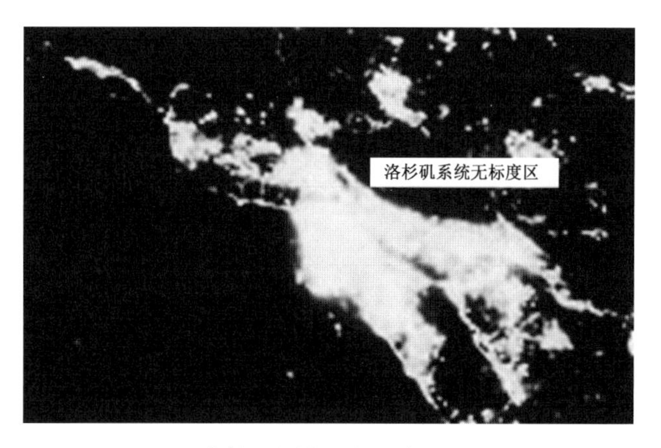

图6.49 洛杉矶耗散混沌系统灯光无标度区

第三，洛杉矶耗散混沌系统边界机制。

如图6.50所示，由洛杉矶耗散混沌系统的奇怪吸引子、吸引域、无标度区间、系统边界、边界势垒形成了洛杉矶耗散混沌系统边界机制。通过洛杉矶耗散混沌系统边界机制研究分析，可以有效地提高洛杉矶城市蔓延的可控性，扩大其介控性，防止其失控性。将洛杉矶城市“系统边界机制分析”、“系统外部动力机制分析”、“系统内部动力机制分析”综合运用，可以为洛杉矶城市发展提供重要的理论与实践支撑，可以为洛杉矶城市空间规划与空间治理提供逻辑根据，具有十分重要的实际应用价值。

第四，洛杉矶耗散混沌系统边界范围与边界界线。

以“洛杉矶—长滩—圣安娜”奇怪吸引子为核心，形成了洛杉矶耗散混沌系统吸引域，该吸引域所包括的空间范围就形成了洛杉矶耗散混沌系统边界范围，即洛杉矶系统边界以内的空间范围。洛杉矶系统边界范围的认知，对于洛杉矶耗散混沌系统控制具有基础性意义，对于洛杉矶城市行政区划具有重要意义，洛杉矶系统边界范围是洛杉矶城市发展的基础性指标。

洛杉矶耗散混沌系统边界界线是以“洛杉矶—长滩—圣安娜”奇怪吸引子的自相似无标度区域为空间形式根据所形成的，它反映了洛杉矶分形 100 多个自相似城市所占据的地理空间范围。按照洛杉矶地貌空间形式根据，即西向海洋、北向山区、东向山区、南向山区，洛杉矶城市边界界线是无法扩张的。但是，如图 6.51 所示，按照洛杉矶空间城市系统逻辑形式根据，则洛杉矶城市边界界线要向南扩张，与圣地亚哥城市边界界线实现一体化对接。

图 6.50 洛杉矶空间城市系统

第五，洛杉矶耗散混沌系统边界控制与边界突破。

洛杉矶城市边界控制主要决定于它的外部动力与内部动力作用，而洛杉矶城市边界突破主要决定于它的边界势垒临界因素，即突破南向山区地貌屏障实现高速铁路联结。

首先，洛杉矶城市外部动力机制分析。洛杉矶城市外部负熵流动力来源主要包括三个部分：美国本土负熵流动力、亚太区域负熵流动力、世界其他区域负熵流动力，高端服务业职能集聚是洛杉矶外部负熵流动力的主要内容。由耗散系统负熵流公式 $dS = d_eS + d_iS < 0$ 可知，洛杉矶城市与美国本土、亚太区域、世界其他区域要保持足够的外部环境交换熵 d_eS，即人力、物质、信息、能量的足量供给。洛杉矶城市外部负熵流动力将导致其南向边界突破，实现洛杉矶空间城市系统的目标。

其次，洛杉矶城市内部动力机制分析。洛杉矶空间城市系统的规划与建设，将导致"洛杉矶—圣地亚哥"双核结构的产生，它将导致洛杉矶与圣地亚哥区域虹吸现象的产生，将有效地降低洛杉矶城市无序化蔓延。而洛杉矶空间城市系统新的"洛杉矶—圣地亚哥"吸引子的迭代映射、自相似性、遍历性，将实现洛杉矶城市南向边界突破，有效控制其他方向的城市边界蔓延。

最后，洛杉矶城市南部边界突破分析。如图 6.50 所示，洛杉矶城市南部边界势垒主要是沿海山区地貌阻隔，洛杉矶—圣地亚哥约 200 km 距离，以现有时速 350 km 的高速铁路完全可以实现同城化地理空间联结，实现洛杉矶城市南部边界的突破。而洛杉矶边界势垒的突破，即"洛杉矶—势垒—圣地亚哥"，将导致"洛杉矶—圣地亚哥"双核结构人口位势、要素位势、信息位势、能量位势的均衡化，是实现洛杉矶空间城市系统的关键序参量。

第六，洛杉矶空间城市系统。

其一，城市蔓延与耗散混沌系统进化。洛杉矶城市无序蔓延堪称世界之首，中国学者顾朝林指出，"所谓城市蔓延，即城市空间在无组织、无事先计划、无视交通和服务设施等需要的情况下的盲目扩张。在今天，无论是城市专家和专业人员，还是决策者和大众，都已经感觉到城市的无序蔓延与扩张已经是一个越来越严重的科学和社会现实问题。尽管是如此，但还没有找到有效解决问题的方法"[22]。洛杉矶空间城市系统可以有效地降低洛杉矶城市蔓延。如前图 6.50 所示，"洛杉矶—长滩—圣安娜—圣地亚哥"空间城市系统吸引子将形成中心汇聚效应，对洛杉矶空间城市系统吸引域的人口要素、物质要素、信息要素、能量要素形成虹吸效应，从而有效地降低城市蔓延。因此，洛杉矶空间城市系统的规划与建设具有重要的实践价值。如图 6.51 所示，洛杉矶空间城市系统是洛杉矶耗散混沌系统进化的结果，它是巨大系统演化的常见形式，洛杉矶空间城市系统演化途径为

$$\begin{gathered}\text{洛杉矶城市演化} \rightarrow \text{耗散混沌倍周期分岔} \rightarrow \\ \text{洛杉矶耗散混沌系统} \rightarrow \text{系统分岔} \rightarrow \text{洛杉矶空间城市系统}\end{gathered} \tag{6.18}$$

在洛杉矶空间城市系统演化过程中，人工干预"系统分岔"是关键的进化环节，美国联邦政府、加州政府、洛杉矶与圣地亚哥政府以及美国城市科学界，必须对人工干预

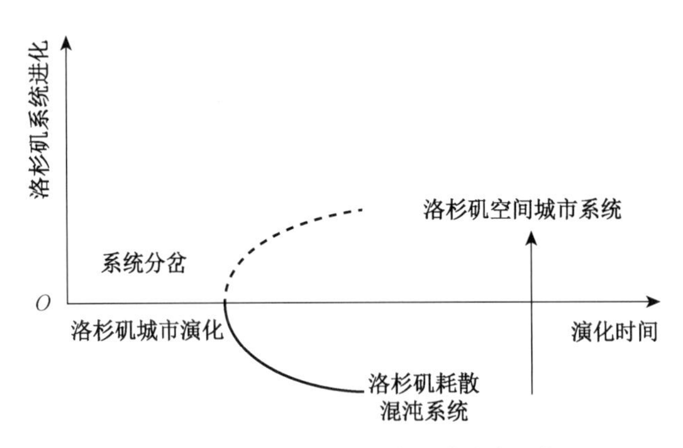

图 6.51　洛杉矶耗散混沌系统分支进化

辅助分岔有清醒的认识与强化措施。对洛杉矶与圣地亚哥地方公民做洛杉矶空间城市系统知识的推广教育，是实现洛杉矶空间城市系统目标的基础性工作。

其二，洛杉矶空间城市系统形成背景分析。首先，全球空间背景。在既往的美国—欧洲大西洋时代，形成了世界第一的纽约中心城市。21 世纪世界顶级城市竞争将在纽约、伦敦、东京、上海、洛杉矶、巴黎等城市之间展开，而美国—亚太时代，将使洛杉矶有机会在世界顶级城市竞争中胜出，成为“洛杉矶—东京—上海”三足鼎立之一极。而洛杉矶空间城市系统，则是美国参与全球空间城市竞争的有力手段和必然结果。其次，美国国家空间背景。美国西部空间城市系统是 21 世纪美国国家空间的重要战略支柱，洛杉矶是美国西部空间城市系统的牵引城市(TC)，洛杉矶空间城市系统是美国西部空间城市系统的子系统。因此，洛杉矶世界顶级城市与洛杉矶空间城市系统是美国国家空间发展战略的核心内容，具有不可或缺的历史性地位。最后，洛杉矶区域空间背景。洛杉矶城市蔓延是一种不可持续的发展模式，洛杉矶空间城市系统“洛杉矶—圣地亚哥”双核结构吸引子将有效降低城市蔓延，并且形成“洛杉矶—长滩—圣安娜”世界顶级城市的高度空间集聚。洛杉矶—圣地亚哥同城化，将为洛杉矶空间城市系统奠定不可逆的空间结构基础。

其三，洛杉矶空间城市系统空间结构逻辑分析。首先，洛杉矶空间城市系统地理逻辑。洛杉矶与圣地亚哥具有同城化的交通逻辑，两个城市的直线距离在 200 km 以内，在拥有 350 km 时速高速铁路的今天，它们完全处在 1 小时交通圈之内，交通逻辑使得洛杉矶空间城市系统在理论和实践上都成为必然；洛杉矶与圣地亚哥同属太平洋沿岸地貌，它为洛杉矶城市系统空间结构奠定了地貌逻辑基础；洛杉矶与圣地亚哥处于同一个环境地理单元，因此洛杉矶空间城市系统具有网络域面逻辑。实现洛杉矶与圣地亚哥的地理空间连接，是洛杉矶空间城市系统的序参量环节。所谓地理空间是空间城市系统环境的基础要素，它形成了空间城市系统地理环境最核心、最基础、最重要的基本元素之一，是空间城市系统的各种要素，如城市面积、地表距离、连接设施等在地球表面的客观存在形式，反映了各要素之间的地理逻辑关系，洛杉矶与圣地亚哥地理空间连接是洛杉矶空间城市系统的基本前提条件。由空间流波与空间城市系统控制理论得知，洛杉矶与圣地亚哥之间的空间流波决定着洛杉矶空间城市系统的演化程度。因此，“洛杉矶—圣地亚哥空间流波峡谷”的规划与建设就成为关键所在。如图6.52所示，联结洛杉矶与圣地亚哥的人流波、物流波、信息流波、能量流波等空间流波，实现了洛杉矶与圣地亚哥的地理空间连接，使洛杉矶空间城市系统演化成为不可逆的过程。其次，洛杉矶空间城市系统人文逻辑。洛杉矶与圣地亚哥同属加州政府管辖，因此洛杉矶空间城市系统具有基础性的政治地理逻辑；洛杉矶与圣地亚哥具有相同的地域文化，处于同一种美国拉丁文化区内，因此洛杉矶空间城市系统具有基础性的地域文化逻辑；洛杉矶与圣地亚哥具有相同的语言民族、宗教信仰、旅游地理属性，因此洛杉矶空间城市系统具有基础性的社会逻辑。最后，洛杉矶空间城市系统经济逻辑。洛杉矶与圣地亚哥产业结构具有互补性，在洛杉矶高端服务业与圣地亚哥高端制造业之间形成了强烈的互补型产业结构逻辑，随着洛杉矶世界顶级中心城市目标的实现，在贸易物流、金融服务、研究开发等方面，它对圣地亚哥经济的关联效应将日趋显现。综上所述，洛杉矶空间城市系统具备成熟的地理逻辑、人文逻辑、经济逻辑，它们为洛杉矶空间城市系统的规划与建设奠定了基础。洛杉矶与圣地亚哥之间的地理空间连接，即“洛杉矶—圣地亚哥空间流波峡谷”是洛杉矶空间城市系统自组织进化的序参量指标。

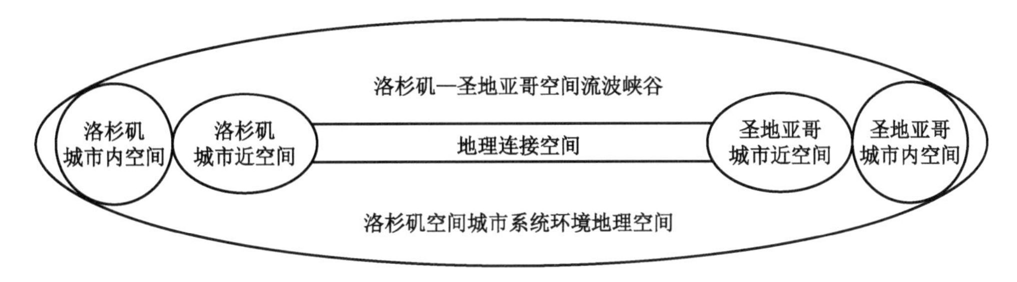

图 6.52 洛杉矶与圣地亚哥地理空间连接

其四，洛杉矶空间城市系统空间规划与空间治理政策。

洛杉矶空间城市系统的形成具有他组织和自组织两种基本途径，而两者有机结合的最优组织途径，是洛杉矶空间城市系统应该选择的组织原则。今以组织理论为根据，对洛杉矶空间城市系统的空间规划与空间治理给予建言。

所谓上策：以洛杉矶空间城市系统为目标，他组织强化“洛杉矶—长滩—圣安娜”世界顶级中心的进程，形成美国—亚太时代的“洛杉矶—东京—上海”三足鼎立之一极，带动圣地亚哥城市中心的升级。所谓中策：以“洛杉矶—圣地亚哥”同城化为目标，他组织强化“洛杉矶—圣地亚哥”双核结构，带动圣地亚哥新中心的形成。所谓下策：以“洛杉矶—圣地亚哥空间流波峡谷”为目标，保持“洛杉矶—圣地亚哥”一体化的自组织演化趋势。

“洛杉矶空间城市系统战略”是美国参与21世纪全球空间竞争的重要项目，是美国亚太空间战略的必由之路。对此,美国联邦、加州、洛杉矶与圣地亚哥地方各级政府以及城市科学界,必须有清醒的意识进行“洛杉矶空间城市系统战略”理论研究,在空间规划、空间政策、空间工具实践方面给予充分的保障。

6.3.2 耗散混沌控制范式

1) 耗散混沌控制定义

(1) 耗散混沌控制起源

混沌现象广泛存在于客观世界中,随着混沌理论的发展,混沌控制逻辑化成为研究的热点与前沿,产生了众多混沌控制方法。耗散混沌现象是巨大系统最大的客观存量,耗散混沌控制就逻辑化成为耗散混沌系统所必须面对的课题。耗散混沌控制主要有三个目的:其一,耗散混沌抑制,即消除有害的耗散混沌。其二,耗散混沌引导与利用,即引导与利用有益的耗散混沌。其三,耗散混沌监视,即监视失控的耗散混沌。

混沌控制是一个始自1990年的前沿性研究领域,迄今为止没有形成规范性的学理表述体系,而耗散混沌控制是针对具有人类属性的巨大系统研究领域,是本书提出的创新性范式理论。基于上述两个原因,在混沌控制普遍规律基础上,结合耗散混沌控制特殊规律,我们对耗散混沌控制给出基本定义,并扼要提出耗散混沌控制方法,以期形成耗散混沌控制的规范性学理框架。

巨大系统的耗散混沌控制,既是一个前沿性的理论研究问题,又是一个有价值的实践应用问题。耗散混沌控制具有广泛的应用价值:首先,在现存的世界空间城市系统中,许多都处于耗散混沌状态,例如美国东部空间城市系统、南欧空间城市系统、中国南部空间城市系统、俄罗斯空间城市系统等。其次,在现在的世界城市中,耗散混沌现象更是普遍存在,例如底特律耗散混沌、洛杉矶耗散混沌、北京耗散混沌、巴黎耗散混沌、墨西哥城耗散混沌。最后,在现代城市中,耗散混沌现象是一种普遍的客观存在,如交通耗散混沌、人口耗散混沌、生态环境耗散混沌等等。

综上所述,耗散混沌控制起源于巨大系统实践,它以混沌控制理论为基础,强调耗散混沌控制的特殊规律,创新性地构建起耗散混沌控制思想、耗散混沌控制原理、耗散混沌控制系统所组成的耗散混沌控制框架。

(2) 耗散混沌控制概念

所谓耗散混沌控制是指针对耗散混沌抑制、耗散混沌引导与利用、耗散混沌监视所实施的控制方法。耗散混沌系统是耗散混沌控制的被控对象,耗散混沌控制思想是耗散混沌控制的基本方向,耗散混沌控制原理是耗散混沌控制的学理性方法与机制,耗散混沌控制系统是实现耗散混沌控制任务的系统,它们构成了耗散混沌控制框架。广义的耗散混沌控制主要包括以下六个方面的内容:

其一,利用耗散混沌,是指对耗散混沌不加以控制,而是利用耗散混沌动态行为实现人类的目的。例如特大城市低端人口耗散混沌就是一种正面大于负面的积极现象,特大城市必须利用低端人口耗散混沌存在,才能保持它的正常运转。

其二，创制耗散混沌，也称“混沌反控制”。创建耗散混沌产生人们所需要的新的耗散混沌，或者增强原有耗散混沌系统的混沌，用以实现耗散混沌控制。例如中国的“城管耗散混沌”就是一种为了城市的有序化，而被城市当局创制的耗散混沌现象，即用新的创制的“城管耗散混沌”控制城市的“耗散混沌”乱象。

其三，耗散混沌抑制，是指消除系统的耗散混沌形态，无需考虑所得新运动的具体形态，使李雅普诺夫指数下降进而消除耗散混沌。当耗散混沌有害于人类目的时，只有消除耗散混沌才能使系统正常的运行，此即为耗散混沌抑制。例如城市交通堵塞耗散混沌是一种有害的耗散混沌现象，而城市交通治理就是“耗散混沌抑制”。

其四，耗散混沌镇定。在耗散混沌态中，所镶嵌的奇怪吸引子不稳定周期轨道极其丰富，人们采用微小的信号使事先指定的任一不稳定周期轨道稳定化，或者利用微小的扰动能量将耗散混沌系统在众多的周期轨道之间进行切换，从而实现耗散混沌控制任务。例如在特大城市交通混沌系统中，我们可以使用单双号限行这样的微调措施，将城市堵塞耗散混沌缓解下来，以保障特定重大社会活动任务的需要。

其五，耗散混沌同步，是指在施加外部控制力的作用下，一个耗散混沌系统的轨道将收敛于另一个耗散混沌系统轨道的同一值，它们之间始终保持系统的动力学状态一致，即步调一致，并且这种耗散混沌同步是稳定的。例如在交通耗散混沌车流中执行疏解任务的警车，必须与车流系统保持一致，进而对耗散混沌车流实施控制。

其六，上述五个方面属于经典耗散混沌控制方面，当耗散混沌系统处于失控状态时，我们无法对它进行任何控制，而只能进行耗散混沌监视，因此耗散混沌监视属于广义上的耗散混沌控制。因为人类无法对耗散混沌失控系统控制会造成更大的损害，所以耗散混沌失控系统监视具有十分重要的实践意义，如失控火灾监视、传染病失控监视、政治失控监视、金融股市失控监视等等。

例如，在 1991 年之后的相当长时间内，索马里国家就是耗散混沌失控系统，政治上没有统一的政府，处于军阀割据的无政府状态，经济上全面崩溃，社会教育体系崩溃，海盗业猖獗。联合国历时 27 个月的政治干预，付出了 100 多名维和士兵与近万名索马里人生命的代价，最终以失败告终。1993 年 10 月，美军付出了死亡 19 人、伤俘 71 人的代价，在索马里的军事行动中遭受越战以来美军最为惨重的军事失败。由此可见，涉及人类的巨大系统耗散混沌失控监视，是我们做出正确决策减少和控制灾难的基本前提，是耗散混沌控制理论与实践的重要研究方面。

2）耗散混沌控制任务

（1）控制任务起源

控制任务是耗散混沌控制的基础，控制任务概念的界定是耗散混沌控制理论的基本前提之一。在工程控制领域，控制目标是确定的物质化形态，控制任务是明确的，是不言而喻的，并没有关于控制任务的概念化表述。在混沌控制领域，控制任务已经被提了出来，各种控制任务表述所指不同，没有规范的学理性表述，极易造成概念范畴误解，无法作为科学事实概念使用。在系统科学中对控制任务做了明确的概念表述，控制任务被确定为控制系统的基本职能，包括定值控制、程序控制、随动控制、最优控制。在巨大系统耗散混沌领域，由于人类属性的存在，即人的不确定性、人的自觉性、人的目的性，控制任务是一个概率化概念，因此控制任务就需要被明确的界定，并且作为与控制原理、控制系统相独立的一个基本概念。因为巨大系统的特殊复杂性，控制任务的非确定性极易引起耗散混沌控制陷入混乱状态。在后续空间城市系统控制理论中，我们都将秉持巨大系统“控制任务”的基本概念，对空间城市系统控制进行学理性表述。

(2) 控制任务定义

① 控制任务概念

所谓耗散混沌控制任务是指针对耗散混沌系统控制所要实现的预期目标，我们界定耗散混沌控制任务包括目标范围、基本原理、实现手段三个基本组成部分。耗散混沌控制任务是具体的、可操作的，是针对特定的控制原理与控制系统具有明确的被控对象与控制目的。耗散混沌控制任务是耗散混沌控制思想的具体化，是控制思想之后的过渡环节，它为耗散混沌控制实施规定方向与目标。耗散混沌控制任务的逻辑化公式为

$$\text{控制思想} \rightarrow \text{控制任务} \rightarrow \text{控制原理} \rightarrow \text{控制系统} \quad (6.19)$$

② 控制任务基本特征

巨大系统耗散混沌控制任务是耗散混沌控制思想的规范化模版，是耗散混沌控制机理与控制手段的表述，我们界定它要具有以下基本特征，才能成为完备的控制任务：

第一，目的性。耗散混沌控制任务目的性是指耗散混沌控制要达成的概率化范围，它形成了耗散混沌控制所要完成的目标范围，目的性是耗散混沌控制原理与控制系统所要遵循的基本指针。

第二，方向性。耗散混沌控制任务方向性是指耗散混沌控制的大概率趋势，它规定了耗散混沌控制进路的基本方向，方向性为耗散混沌控制原理与控制系统指明了研究思路。

第三，具体性。耗散混沌控制任务具体性是指耗散混沌控制被控对象、控制目标、控制手段的具体化，它明确了耗散混沌控制的具体措施，具体性要针对特定耗散混沌系统控制的控制原理与控制系统方案。

第四，控制原理。所谓耗散混沌控制原理是指对耗散混沌系统实施控制的基本原理，它是耗散混沌控制系统的统摄性纲领性文件，说明控制系统的基本原理、基本构成、基本方法。耗散混沌控制方法既包括已经创制的混沌控制经典控制方法，又包括巨大系统本体化耗散混沌控制方法。

第五，控制系统。所谓耗散混沌控制系统是指对耗散混沌系统实施控制的执行手段，是耗散混沌控制原理的执行系统。耗散混沌控制系统由多个具有不同功能的环节按照一定方式组织而成，如敏感环节、决策环节、放大环节、执行环节、受控对象环节、

反馈环节、校正环节等。控制系统是控制思想、控制任务、控制原理的实施者，是耗散混沌控制目标的实现者。

3）耗散混沌控制原理

（1）耗散混沌控制原理概念

控制原理（控制理论）是一个传统的控制概念，分为经典控制理论与现代控制理论。巨大系统控制原理是控制理论的巨大系统专项理论，是关于具有人类属性特殊规律的巨大系统控制理论。空间城市系统控制理论就是巨大系统控制理论属性。耗散混沌控制原理是巨大系统控制理论的重要组成部分，它是关于耗散混沌控制系统的普遍性原理。如公式(6.19)所示，耗散混沌控制原理是控制流程中的应用环节，它要说明耗散混沌控制系统的基本原理、基本构成、基本方法等内容。耗散混沌控制原理概念内涵主要包括以下四个方面的内容：

第一，控制整体，主要包括被控对象、控制装置、控制作用三个部分。控制整体说明了耗散混沌控制的整体框架，为耗散混沌控制系统奠定了整体性基础。

第二，控制模型，包括状态空间模型、环境空间模型、本体化模型三个部分。控制模型是耗散混沌控制的研究对象，它为耗散混沌控制系统提供了定性与定量研究的分析物。

第三，信息信号，包括状态估计、信号流图、信息通信三个部分。信息信号是关于耗散混沌控制的主体内容，耗散混沌控制的本质就是信息控制，它为耗散混沌控制系统提供了具体工作对象。

第四，控制决策，包括控制调节、决策对策、控制修正三个部分。控制决策是耗散混沌控制的终端功能，它将体现耗散混沌控制系统的全部成果。

耗散混沌控制原理要处理具有人类属性的耗散混沌问题，具有概率化特征。耗散混沌控制既有物质化的数学性质，又具有人类特有的哲学属性。因此，耗散混沌控制原理基本方法论包括一般控制理论与巨大系统本体化控制方法，是两者交叉的产物。所以，耗散混沌控制原理是一种比工程控制更复杂的控制原理。

（2）耗散混沌控制原理属性

耗散混沌控制既有一般控制的属性，又有人类属性的特殊性；既有数学意义的物化属性，又有哲学意义的本体化特性。耗散混沌控制原理属性主要包括以下三个组成部分：

第一，耗散混沌控制基本属性。其一，可控性是指在一定时间内在特定控制作用下，耗散混沌系统能够从目前状态转移到预定状态，我们称耗散混沌系统具有可控性。耗散混沌可控系统在动力机制、运动机制、边界机制都完全可控，耗散混沌介控系统也具有适量的可控性，耗散混沌失控系统不具有可控性。其二，介控性是指耗散混沌系统具有介尺度特性，介于可控与不可控的中间状态。介控性的本质是一种灰箱状态，我们可以进行灰色控制，控制的概率化是介控系统的基本特征。介控性是耗散混沌系统从可控性到不可控性之间的过渡属性。其三，不可控性是指耗散混沌系统处在动力机制、运动机制、边界机制都无法控制的状态，耗散混沌失控状态往往具有时间和范围特征，即失控系统具有自我衰竭特性，如流行病的自我衰竭过程。失控系统处于一种黑箱状态，我们虽然可以对它的输入信号与输出信号进行把握，但是无法对它的内部机理进行控制，也无法对失控系统整体进行控制，监视与跟踪是我们可以采取的对策。其四，可观测性是指可以由耗散混沌系统的输出信息判定系统状态的能力，分为部分可观测和完全可观测。可观测性所获得的输出信息，是耗散混沌系统控制的前提，它为耗散混沌系统状态估计提供了基础。

第二，耗散混沌控制特殊属性。首先，概率性。因为人类属性的存在，巨大系统耗散混沌控制具有概率性。当人的不确定性、自觉性、目的性所起到的作用足够影响耗散混沌系统行为时，耗散混沌控制就会表现出概率性特征，但是它不会改变耗散混沌控制的基本规律。其次，本体性。因为巨大系统具有很强的本体化特征，如空间城市系统的“人与物”特征、政治系统的“人际关系”特征、经济系统的“人与经济要素”特征等。因此，耗散混沌控制的本体化就是一个很重要的方面，哲学意义的本体化方法论是巨大系统耗散混沌控制不可或缺的分析工具。最后，决策性。因为巨大系统的复杂性，我们要从众多的跨学科的控制策略中，按照控制思想的基本原则，执行控制任务的目标，选择最优控制策略(控制方法)。因此，产生了控制方法论的选择问题，如经典控制方法与本体化控制方法，进而产生了耗散混沌控制策略优选问题。耗散混沌控制决策又可以分为确定性决策与概率性决策两个大类。

第三，耗散混沌控制目标属性。其一，稳定性，是指耗散混沌控制系统要具备稳定性，即不受外部因素的影响，在系统偏离平衡状态时恢复到平衡状态的能力，一般我们以李雅普诺夫稳定性来表述耗散混沌控制系统稳定性。其二，仿真性，是指利用计算机技术对耗散混沌系统进行数学模型仿真。因为很多巨大系统的特殊性，如政治系统与文化系统，所以仿真模型对于巨大系统具有特别重要的意义，可以解决没有物化模型的问题。其三，最优性，是指在所有可能的耗散混沌控制方案中，按照既定准则进行优选，其中最好者为最优。耗散混沌控制最优包括“最优状态估计”与“最优控制”两个方面，在数学上表现为极大值或极小值问题，在哲学上表现为真理性的判定问题。在巨大系统耗散混沌控制中，最优性往往是一个比较之后的相对结果。其四，鲁棒性，是指耗散混沌控制系统在受到干扰的作用下保持自身性能不变的能力，它是耗散混沌控制系统必须考虑的基本问题。在最优与次优选项中，鲁棒性是选择标准，即宁可选择鲁棒性好的次优项，弃选鲁棒性差的最优项。其五，控制精度，是指耗散混沌控制最终获得控制参数与预定指标之间的差额。巨大系统耗散混沌控制精度既是定量数据的标度值，也是定性分析的真理性程度。控制精度是衡量耗散混沌控制系统性能优劣的重要指标。

(3) 耗散混沌控制原理

① 耗散混沌控制原理起源

混沌控制原理起源于 1990 年，由三位美国学者奥特、格雷博吉、约克提出了 OGY 控制原理，之后产生了各种混沌控制原理，如 OPF 控制原理、外力反馈控制原理、延迟反馈控制原理(DFC 控制原理)、混沌自适应控制原理、混沌非周期轨道控制原理等。美国国家航空航天局的科学家利用混沌控制原理,使用非常少量的残余氢燃料,将一个 ISEE-3 飞行器[国际彗星探测器,即 I(E)]送到 8 000 多万 km 之外,实现了第一次科学彗星的对接,成为混沌控制应用的经典案例。

耗散混沌控制原理是在混沌控制原理基础上,增加巨大系统特有的“人类属性调整模块”与“本体化校正模块”,形成针对巨大系统的耗散混沌控制原理。所谓人类属性调整模块是指针对人的不确定性、人的自觉性、人的目的性进行调节与整理的控制环节,它是建立在人类属性复杂(HAC)理论与涌现原理(EP)基础之上的。所谓本体化校正模块是指应用巨大系统本体化知识,对耗散混沌控制结果进行校正的控制环节,特别是在哲学上表现为真理性的判定问题,逻辑学是它的主要工作方法。我们选择混沌控制理论的经典模式为基础,与“人类属性调整模块”与“本体化校正模块”共同构建新的耗散混沌控制原理,仅以说明耗散混沌控制原理的基本规律。

② 耗散混沌控制机制①

1993 年,德国学者皮拉加斯(Pyragas)提出了针对非线性连续系统的混沌控制方法,即连续自控反馈原理,包括外力反馈控制原理与延迟反馈控制原理。而耗散混沌连续反馈控制原理,就是在此基础上增加“人类属性调整模块”与“本体化校正模块”,从而形成了针对巨大系统的连续耗散混沌控制。如图 6.53 所示,我们以耗散混沌外力反馈控制原理为例,说明耗散混沌控制机制。

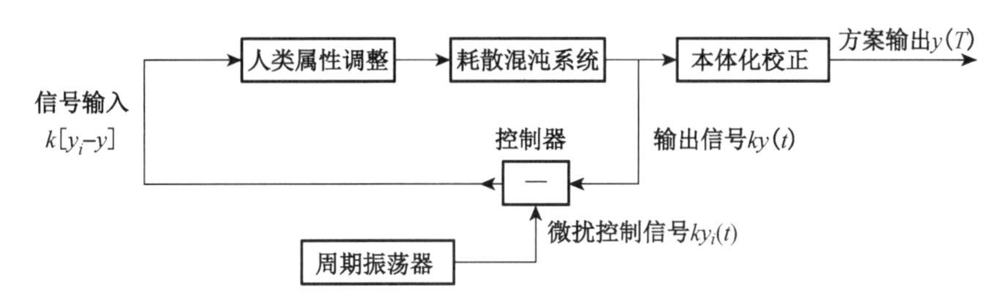

图 6.53　耗散混沌外力反馈控制原理

第一,耗散混沌系统模块。

如图 6.53 所示,“耗散混沌系统”模块表示拥有奇怪吸引子的耗散混沌系统,如空间城市系统、政治系统、经济系统等,它具有无穷多的周期轨道或非周期轨道。描述耗散混沌系统的非线性常微分方程组为

$$\begin{aligned}\frac{\mathrm{d}y}{\mathrm{d}t} &= p(y, \boldsymbol{x}) + f(t) \\ \frac{\mathrm{d}x}{\mathrm{d}t} &= q(\boldsymbol{x}, y)\end{aligned} \tag{6.20}$$

① 在本节中参考了黄润生,黄浩.混沌及其应用[M].2 版.武汉:武汉大学出版社,2005:336-338 中相关内容。在此向原作者致谢,并统一说明,后续不单独予以摘引标注。

其中，y 是可测量变量；矢量 $\boldsymbol{x}$ 描述耗散混沌系统其余变量；$f(t)$ 为输入控制量，即微扰量；t 为时间变量。耗散混沌系统模块代表了被控对象，是耗散混沌控制原理的工作目标。

第二，输入与输出。

如图 6.53 所示，耗散混沌外力反馈控制基本思想是考虑耗散混沌系统的输出信号与输入信号之间的自反馈。其一，"信号输入" $k[y_i-y]$ 表示从系统外部强迫输入一定的周期信号，以实现耗散混沌系统中周期信号的连续控制，系统状态处于任何时间都可以开始控制，控制信号的大小也不受限制。当 $f=0$ 时，耗散混沌系统具有奇怪吸引子，从实验上可以测得多种周期的信号，形式为 $y=y_i(t)$，$y_i(T+T_i)=y_i$，相对应于不同的不稳定周期轨道，这里 T_i 为第 i 个不稳定周期轨道的周期，微扰控制信号 $ky_i(t)$ 非常小，它不改变被控系统的结构，具有良好的轨道跟踪能力和稳定性。其二，"输出信号" $ky(t)$ 表示耗散混沌系统所输出的受控信号，它表示为相对定量的形式，是耗散混沌系统控制方案的基础。"输出信号" $ky(t)$ 作为反馈信号输入控制器，经过与周期振荡器输出强迫控制信号 $ky_i(t)$ 耦合，形成"信号输入" $k[y_i-y]$。其三，"方案输出" $y(T)$ 表示对耗散混沌系统控制的最终输出方案，T（相当于 t）表示时间变量，它包含耗散混沌系统本体化的定性控制与信号化的定量控制。

第三，周期振荡器与控制器。

如图 6.53 所示，其一，"周期振荡器"是人为设计的一个特殊的外部振荡器模块，即特殊周期信号发生器。"周期振荡器"可以产生耗散混沌系统中的各种周期信号，即微扰控制信号 $ky_i(t)$，它是耗散混沌系统控制的外力之源。其二，"控制器" 是耗散混沌控制各种信号的耦合汇整模块，包括微扰控制信号 $ky_i(t)$、输出信号 $ky(t)$、信号输入 $k[y_i-y]$。设外部周期信号 y_i 与方案输出 $y(t)$ 之差为

$$D(t)=y_i-y(t) \tag{6.21}$$

则由公式(6.20)得出

$$f(t)=k[y_i(t)-y(t)]=kD(t) \tag{6.22}$$

其中，k 为一个实验上可调节的微扰权重因子，即控制因子，通过适当选择 k 可使耗散混沌系统得到控制，这已经在勒斯勒尔、洛伦茨、达芬等混沌系统的仿真实验中得到证实。该微扰控制因子作为一个负反馈信号 ($k<0$) 输入系统，因此控制器表示为"—"。其三，在微扰控制因子不改变方程(6.21) 中，相对应于不稳定周期轨道 $y(t)=y_i(t)$ 的解，适当调节 k 就可以达到耗散混沌系统稳定控制的目的。当控制到达稳定状态之后，输出信号 $y(t)$ 非常接近 $y_i(t)$，微扰变得非常小，甚至 $f(t)$ 趋于零，这里利用一个很小的外力"微扰"来稳定耗散混沌系统。

第四，人类属性调整模块。

人类属性复杂(HAC)理论是关于人类属性复杂系统的创新范式理论，通过人类属性复杂模型系统(HACMS)以及涌现原理(EP)，说明了人类属性复杂系统的基本

规律，而人类属性调整模块就是人类属性复杂(HAC)理论的具体应用。如图 6.54 所示，在耗散混沌外力反馈控制闭环回路中，人类属性调整模块通过对耗散混沌系统输出反馈信号进行人类属性的选择、调节、整理，从而实现对耗散混沌系统涉及人类属性专项的控制，它是一个负反馈专项控制。人类属性调整模块工作原理是以“人类属性复杂(HAC)理论”为基础的，它是关于“人的不确定性、人的自觉性、人的目的性”的定性与定量化理论。经过外力反馈控制之后的耗散混沌系统输出信号，还要进行“本体化校正”处理，最终以方案 $y(T)$ 的形式输出。

第五，本体化校正模块。

在人类属性复杂(HAC)理论中，具有“巨大系统本体化方法”内容，本体化校正模块就是根据“巨大系统本体化方法”，结合不同本体系统的特有规律，对耗散混沌系统控制输出信号进行本体化修正处理，这种本体化修正处理一般是经验性的、哲学性的、心理性的，它也是人类属性系统控制特有的功能。经过本体化校正模块修正处理之后，最终获得可靠的控制方案 $y(T)$。例如政治系统具有政治思想、政治文化、政治制度的本体化基本变量，通过本体化校正模块对政治系统控制输出信号进行政治思想、政治文化、政治制度的本体化修正处理，所得出的政治系统控制方案 $y(T)$ 才具有可靠性。再如，空间城市系统具有空间集聚、空间扩散、空间联结基本变量，对耗散混沌系统的控制就必须根据空间城市系统控制的输出信号进行空间集聚、空间扩散、空间联结的本体化修正处理，所得出的空间城市系统控制方案 $y(T)$ 才具有可靠性。

第六，耗散混沌控制原理实例诠释。

特大城市的交通混沌系统是一个具有普遍意义的问题，由于特大城市交通系统变量的多元化，我们不可能准确地知道它的动力学规律。但是，我们可以借助交通观测仪器获得特大城市交通系统时间序列数据，利用耗散混沌外力反馈控制原理获得可靠的控制方案，从而对特大城市交通实施有效控制。面对复杂的特大城市交通问题，耗散混沌控制原理的意义在于投入很少的强迫微扰力量，实现特大城市交通耗散混沌系统的有效控制，可以节省大量的人力、物力、财力。

例如北京市交通耗散混沌系统拥有小汽车奇怪吸引子。根据耗散混沌外力反馈控制原理，如图 6.53 所示，我们可以建立“北京交通周期振荡器”与“北京交通控制器”，通过它们产生反馈控制微扰信号，即

$$f(t)=kD(t) \tag{6.23}$$

通过控制因子 k 的适当调节，经过人类属性调整模块、本体化校正模块修正处理，就可以获得可靠的北京市交通耗散混沌系统控制方案 $y(T)$。根据控制方案 $y(T)$，投入最小的微扰力量，如微扰阻塞结点疏通、微扰警力投入、微扰限行分流等，就可以实现对北京市交通耗散混沌系统进行有效控制与疏导。北京市交通耗散混沌系统控制实例的本质性作用为:第一，实现对北京交通耗散混沌系统的常态化精准控制。第二，应对重要交通控制任务，如外事交通控制任务，以及重大突发性交通事件的

微扰警力投入。第三，节省巨大人力、财力、物力投入，实现北京交通定点、定时、定量的有效控制。混沌控制是经过美国国家航空航天局航天飞行器 ISEE-3[国际彗星探测器(ICE)]等实践证实的可靠混沌系统控制方法，具有可靠的实践应用价值。

4）耗散混沌控制系统

(1) 耗散混沌控制系统概念

所谓耗散混沌控制系统，是指由施控结构与耗散混沌系统受控对象，按照耗散混沌控制原理所规定的方式组织形成的控制系统。耗散混沌的控制思想、控制任务、控制原理、控制系统呈递进逻辑关系，耗散混沌控制系统是耗散混沌控制原理的逻辑化结果，即有什么样的控制原理，就一定有与之相对应的控制系统。如图 6.54 所示，耗散混沌控制系统由受控系统、施控器件、人类属性调整、本体化修正四个部分组成，人类属性复杂(HAC)理论与涌现原理(EP)是人类属性调整与本体化修正的理论根据，耗散混沌控制系统的功能是实现耗散混沌系统的整体涌现性。根据耗散混沌控制原理，耗散混沌控制系统要具备可控性与可观性、稳定性与最优性、人类属性调整与本体化修正、鲁棒性与控制精度等方面的特性与能力。

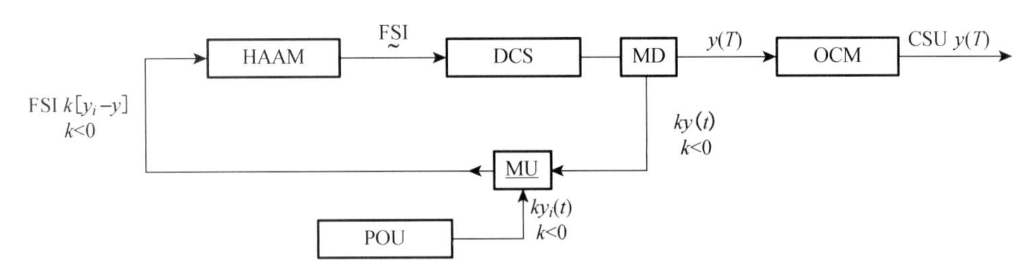

图 6.54　耗散混沌外力反馈控制系统

(2) 耗散混沌控制系统结构

如图 6.54 所示，今以耗散混沌外力反馈控制系统为例，说明耗散混沌控制系统结构的组成。

① 耗散混沌系统(DCS)

耗散混沌系统(DCS)为受控对象，是耗散混沌控制系统的核心环节，是全部施控器件、人类属性调整模块、本体化校正模块的工作对象。

② 周期振荡器(POU)

周期振荡器(POU)是一个特殊的外部振荡器，耗散混沌系统(DCS)的各种周期信号都能由周期振荡器(POU)来产生，它是耗散混沌微扰控制因子 k 的产生源头。

③ 控制器(MU)

控制器(MU)是耗散混沌控制各种信号的耦合汇整模块，包括微扰控制信号 $ky_i(t)(k<0)$、输出信号 $ky(t)(k<0)$、信号输入 $k[y_i-y](k<0)$。在控制器(MU)，耗散混沌微扰控制因子作为一个负反馈信号输入系统，即 $k<0$，因此控制器表示为“—”。

④ 人类属性调整模块(HAAM)

人类属性调整模块(HAAM)是人类属性复杂(HAC)理论的具体应用,它承担耗散混沌系统(DCS)人类属性部分的控制任务。人类属性调整模块(HAAM)对耗散混沌系统(DCS)的人类属性复杂变量进行适应调整,以获得其整体涌现性。

⑤ 本体化校正模块(OCM)

本体化校正模块(OCM)是人类属性复杂(HAC)理论的具体应用,它具有耗散混沌系统(DCS)本体化规律的控制修正功能。经过本体化校正模块(OCM)的处理,最终获得可靠的耗散混沌系统(DCS)控制方案 $y(T)$。

⑥ 测量装置(MD)

测量装置(MD)的功能是对输入的整体涌现信号进行测量,并实现对反馈输出信号 $ky(t)$ 与终端输出信号 $y(T)$ 的分流。

⑦ 反馈信号输入(FSI)

反馈信号输入(FSI),即 $k[y_i - y](k < 0)$,表示从系统外部强迫输入一定的周期信号,以实现对耗散混沌系统(DCS)中周期信号的连续控制,k 为微扰控制因子,可以根据控制需要进行适当调节,调整输入信号的大小。

⑧ 随机信号($\underset{\sim}{\mathrm{FSI}}$)

随机信号($\underset{\sim}{\mathrm{FSI}}$)是人类属性调整模块(HAAM)发出的适应调整随机信号,大标度主体信号输出规律性强,具有线性、非线性、随机性特征,小标度主体信号输出规律性弱,只具有随机性特征,人类属性复杂(HAC)理论是随机信号($\underset{\sim}{\mathrm{FSI}}$)产生的根据。

⑨ 控制方案输出(CSU)

控制方案输出(CSU)是耗散混沌控制系统的成果,是对耗散混沌系统(DCS)进行控制的实施方案。在控制方案输出(CSU)的干预作用下,耗散混沌系统(DCS)获得其整体涌现性,实现人类控制主体所要实现的目标。

(3) 耗散混沌控制系统机理

如图 6.54 所示,输入—输出之间的关系是耗散混沌控制系统的基本准则,在数学上称之为输出 $Y(\mathrm{CSU})$ 与输入 $F[\mathrm{FSI}]$ 之间的激励—响应关系,即

$$Y(\mathrm{CSU}) = F[\mathrm{FSI}] \tag{6.24}$$

公式(6.24)表征了耗散混沌控制系统的最基本功能,通过输入特定的激励作用获得输出的响应,经过对输出信息的本体化分析,得到对耗散混沌系统的最优控制方案。

耗散混沌控制系统的激励—响应关系,是通过传递函数来进行定量表征的,它是由系统的输入量与输出量经过数学的拉普拉斯变换而建立的,设 W 为耗散混沌控制系统的传递函数[①],经过数学处理之后 U 表示输入变量、Y 表示输出变量,则控制系统的激励—响应关系可表示为

① 传递函数与拉普拉斯变化的详细内容可参看相关专著,在此不做专门介绍。

$$Y = WU \tag{6.25}$$

将公式(6.25)转化为复数 S 的形式,得到耗散混沌控制系统的传递函数表达式,即

$$W(S) = \frac{Y(S)}{U(S)} \tag{6.26}$$

上式说明,耗散混沌控制系统的传递函数等于输出的拉普拉斯变换除以输入的拉式变换,由此可以采用传递函数代替微分方程来描述系统的特性,这就为采用直观和简便的图解方法如信号流程图、动态结构图来确定耗散混沌控制系统的整个特性,分析耗散混沌控制系统的运动过程提供了可能性。耗散混沌控制系统还要使用状态空间方法①对耗散混沌系统的内部状态、系统与外部环境之间的关系、各种随机因素等进行表述,这样我们就可以对耗散混沌系统(DCS)进行多种方法的交叉复合分析,从而获得其整体涌现性。

图 6.54 为耗散混沌外力反馈控制系统机理框图,它的功能就是通过施控体系对耗散混沌系统(DCS)实施有效控制,获得耗散混沌系统整体涌现性。耗散混沌外力反馈控制系统的工作机理如下:

第一步,反馈输出信号 $ky(t)$ $(k<0)$,与周期振荡器(POU) 产生的微扰控制信号 $ky_i(t)$$(k<0)$,形成了耗散混沌外力反馈控制系统的一级初始信号。

第二步,控制器(MU)将输入信号进行耦合汇整形成了二级反馈信号输入(FSI) $k[y_i - y]$ $(k<0)$。

第三步,人类属性调整模块(HAAM)对输入信号进行人类属性复杂(HAC)适应调整,形成了三级连续随机信号($\underset{\sim}{\text{FSI}}$)输入。

第四步,通过随机信号($\underset{\sim}{\text{FSI}}$)对耗散混沌系统(DCS)进行控制,将系统的混沌运动稳定在吸引子中某一条不稳定的周期轨道上,从而实现对耗散混沌系统(DCS)的第一循环控制作用。

第五步,经过测量装置(MD)之后,形成第二循环初始信号 $ky(t)$$(k<0)$,与周期振荡器 POU 产生的微扰控制信号 $ky_i(t)$$(k<0)$ 形成了耗散混沌外力反馈控制系统的第二循环初始信号。

第六步,经过反馈循环,适当调节控制因子 k,经过测量装置(MD)之后,获得耗散混沌系统控制整体涌现性终端输出信号 $y(T)$,并向本体化校正模块输入。

第七步,本体化校正模块(OCM)对输入信号 $y(T)$ 进行本体化修正处理,形成耗散混沌系统控制输出(CSU) $y(T)$ 方案。

(4) 耗散混沌控制系统实例诠释

今以巴黎安全耗散混沌控制系统作为实例,对耗散混沌控制系统理论进行诠释。

① 状态空间方法的详细内容可参看相关专著,在此不做专门介绍。

第一,巴黎安全耗散混沌系统。

如图 6.55 所示,巴黎安全耗散混沌系统是一个具有重大意义的真实命题,其特征为世界浪漫之都——游客量巨大、欧洲出入境口岸、交通枢纽城市、世界组织与国际企业总部驻地。巴黎是安全事故频发城市,如恐怖袭击、中国游客被盗、暴力抢劫等等。因此,巴黎安全耗散混沌系统就成为巴黎安全耗散混沌外力反馈控制系统的受控对象,如图 6.56 所示。

图 6.55　巴黎安全耗散混沌系统

（源自:百度图片）

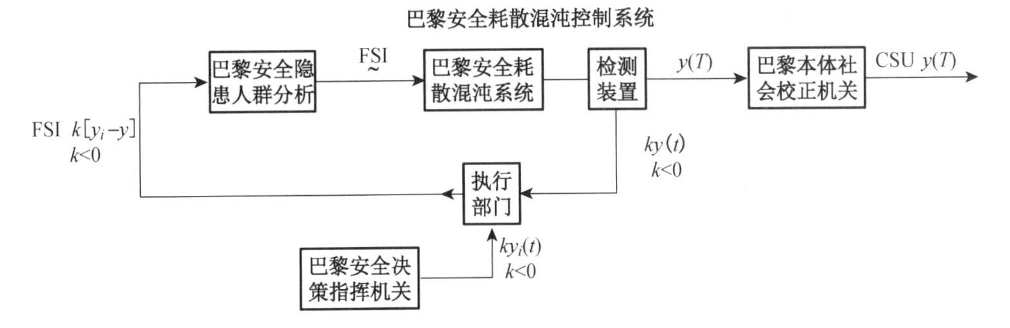

图 6.56　巴黎安全耗散混沌外力反馈控制系统机理

第二,巴黎安全决策指挥机关。

巴黎安全决策指挥机关向执行部门发出巴黎安全微扰控制信号 $ky_i(t)$ $(k<0)$,作为负反馈信号注入巴黎安全耗散混沌系统,并对控制因子 k 进行动态化的适应调整,例如发出巴黎安全分析报告,并要求执行部门对特定混沌人群进行融入性随动监控。

第三,执行部门。

执行部门将巴黎安全决策指挥机关的指令与巴黎安全控制系统反馈信息进行耦

合汇整，形成具体的执行措施，即 FSI $k[y_i - y]$ $(k < 0)$，注入巴黎安全耗散混沌控制系统(图 6.56)，例如针对特定混沌人群派出融入性随动监控人员。

第四，巴黎安全隐患人群分析。

巴黎安全隐患人群分析专家对特定混沌人群信息进行随机跟踪分析，例如涉恐人员、非洲裔群体、亚洲裔群体、本土危险群体等，并定期向巴黎安全混沌控制系统发出特定人群安全分析报告。

第五，检测装置。

检测装置将对巴黎耗散混沌系统所发出的安全控制信息进行检测分析，并将安全报告反馈回巴黎安全决策指挥机关与执行机构，进行周而复始的安全控制循环。检测装置将巴黎安全混沌系统控制的整体性报告呈送巴黎本体社会校正机关。

第六，巴黎本体社会校正机关。

巴黎本体社会校正机关根据巴黎安全混沌系统控制的整体性报告，对巴黎社会进行本体化修正，例如发布戒严令、对特定混沌人群实施警戒、限制公共场所活动等。根据巴黎安全耗散混沌系统“激励—响应关系”原则，即 $Y(\text{CSU}) = F[\text{FSI}]$，巴黎本体社会校正机关定期发布巴黎安全耗散混沌控制方案 CSU $y(t)$，要求巴黎社会参考执行，以确保巴黎城市安全的常态化。

6.3.3 美国东部耗散混沌系统控制实例

1）美国东部耗散混沌系统概念

如图 6.57 所示，美国东部耗散混沌系统是由“波士顿—华盛顿空间城市系统”和“亚特兰大奇怪吸引子”形成，可以表示为

$$\begin{matrix}\text{美国东部耗}\\\text{散混沌系统}\end{matrix} = \begin{matrix}\text{波士顿—华盛顿空间}\\\text{城市系统}\end{matrix} + \begin{matrix}\text{亚特兰大}\\\text{奇怪吸引子}\end{matrix} \tag{6.27}$$

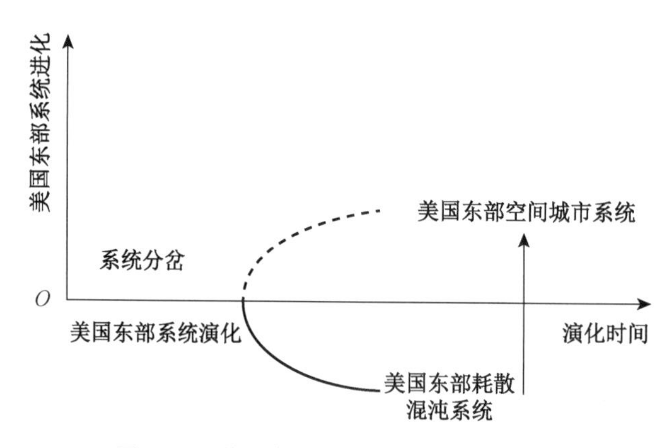

图 6.57 美国东部耗散混沌系统分支进化

首先，波士顿—华盛顿空间城市系统是《美国 2050》所界定的 Northeast Megaregion(NM)，即东北巨型区域。它是 1957 年由戈特曼揭示的世界上第一个大

都市连绵带(Megalopolis),波士顿—华盛顿空间城市系统由波士顿、纽约、费城、华盛顿四个空间城市子系统组成,它是一个发育成熟的世界级空间城市系统。

其次,亚特兰大奇怪吸引子是《美国 2050》所界定的 Piedmont Atlantic Megaregion(PAM)中心城市,即皮德蒙特—大西洋巨型区域(PAM)中心城市,该巨型区域包括亚特兰大、夏洛特、纳什维尔、伯明翰、南卡罗来纳州(Upstate South Carolina)、皮德蒙特三角区(Piedmont Triad)。

最后,如图 6.57 所示,美国东部系统起始于南卡罗来纳州空间城市系统,随着亚特兰大与波士顿—华盛顿空间城市系统联结的形成,构成了波士顿—华盛顿空间城市系统—亚特兰大空间结构。当美国东部系统发生第一次分岔时,产生了美国东部耗散混沌系统,而亚特兰大成为主导这个分岔选择的奇怪吸引子。

如图 6.57 所示,美国东部耗散混沌系统只是一个过渡阶段,它是美国东部空间城市系统形成之前的预备空间结构,而美国东部空间城市系统可以表示为

$$\begin{matrix}\text{美国东部空}\\\text{间城市系统}\end{matrix}=\begin{matrix}\text{波士顿—华盛顿空间}\\\text{城市系统}\end{matrix}+\begin{matrix}\text{PAM 空间}\\\text{城市系统}\end{matrix}\tag{6.28}$$

由此可见,美国东部耗散混沌系统控制命题是美国东部空间城市系统形成的关键,它决定着 21 世纪美国国家空间结构的进化,是美国政府与学术界必须重视的重大问题。

综上所述,美国东部耗散混沌系统(图 6.58)概念的界定,对于美国东部空间的演

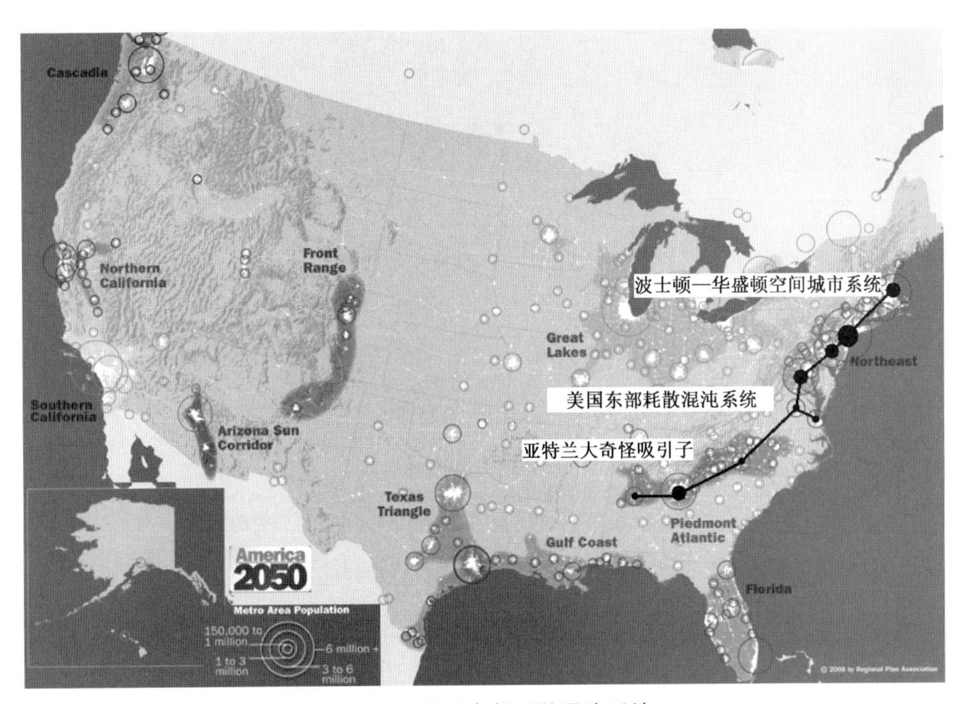

图 6.58　美国东部耗散混沌系统

(源自:笔者根据《美国 2050》整理绘制)

化具有重要意义。首先,它为美国东北巨型区域(NM)与皮德蒙特—大西洋巨型区域(PAM)在《美国2050》之后的演化趋势指明了方向。其次,它说明了美国东部空间城市系统在形成之前,必须经过美国东部耗散混沌系统过渡阶段,并揭示了过渡阶段的耗散混沌内在机理。最后,它为美国联邦政府、地方政府、规划部门、学术机构提供了可资借鉴的理论根据。

2)美国东部耗散混沌控制思想

第一,美国东部耗散混沌控制普遍规律。

美国东部耗散混沌系统是有益的混沌类型,强化亚特兰大奇怪吸引子的作用,促使PAM空间结构通过倍周期分岔向混沌系统演化成为当务之急,这个演化过程可以表示为

$$\begin{matrix}\text{波士顿—华盛顿空间} \\ \text{城市系统}\end{matrix} + \begin{matrix}\text{PAM 混沌} \\ \text{空间结构}\end{matrix} \Rightarrow \begin{matrix}\text{美国东部耗} \\ \text{散混沌系统}\end{matrix} \tag{6.29}$$

公式(6.29)表达了美国东部耗散混沌控制的普遍规律。如图6.59所示,亚特兰大1周期点分岔是序参量主导性的;夏洛特2周期点分岔决定着PAM空间结构与波士顿—华盛顿空间城市系统的联结,具有关键作用;伯明翰2周期点分岔具有转折性意义;纳什维尔、南卡罗来纳州、皮德蒙特三角区、蒙哥马利、哥伦比亚、查尔斯顿、罗利、查塔努加4周期点分岔意味着PAM空间结构混沌化的完成,即美国东部耗散混沌系统的形成。

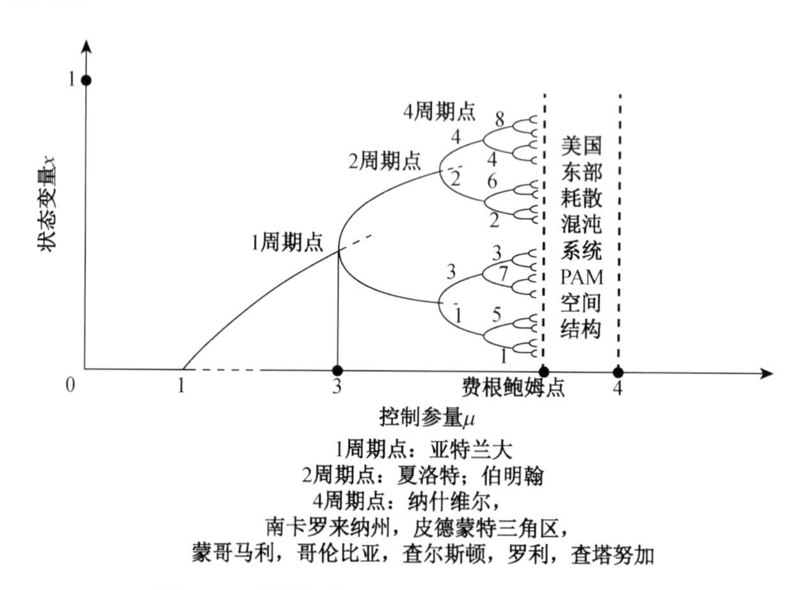

图6.59 倍周期分岔通向美国东部耗散混沌系统

第二,美国东部耗散混沌控制特殊规律。

分形结构是美国东部耗散混沌系统的基本性质,如图6.60所示,美国PAM耗散混沌空间结构具有分形自相似性,它表现为自上而下的层次嵌套分形自相似结构:第

一层，亚特兰大A结构。第二层，夏洛特C结构，伯明翰B结构。第三层，纳什维尔N结构，南卡罗来纳州USC结构，皮德蒙特三角区PT结构。第四层，蒙哥马利M结构，哥伦比亚CM结构，查尔斯顿CS结构，罗利R结构，查塔努加CT结构。

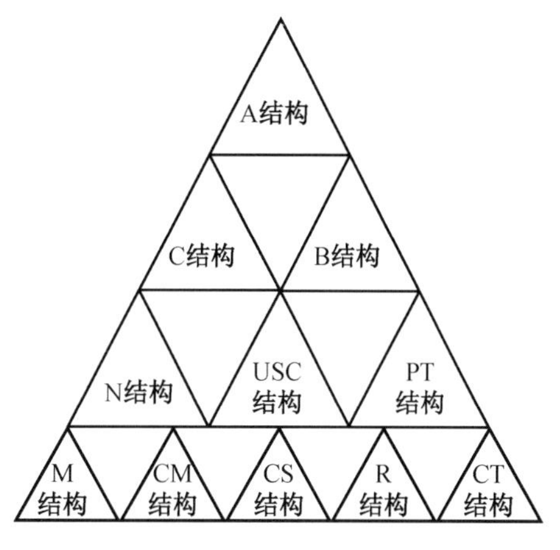

图6.60 美国PAM混沌分形自相似结构

美国PAM空间结构每一个分形结构都构成一个耗散混沌子系统并具有吸引子，即A吸引子，C吸引子、B吸引子，N吸引子、USC吸引子、PT吸引子，M吸引子、CM吸引子、CS吸引子、R吸引子、CT吸引子。分形吸引子决定了每一个耗散混沌分形空间结构的特殊性规律，可以分为“状态变量空间”与“环境参量空间”两个基本体系，以亚特兰大A吸引子为例，可以分别表示为

$$F(A)=\frac{A\text{ 空间集}}{\text{聚变量}}+\frac{A\text{ 空间}}{\text{扩散变量}}+\frac{A\text{ 空间}}{\text{联结变量}} \tag{6.30}$$

$$f(A)=\frac{A\text{ 地理}}{\text{环境参量}}+\frac{A\text{ 人文}}{\text{环境参量}}+\frac{A\text{ 经济}}{\text{环境参量}} \tag{6.31}$$

公式(6.30)与(6.31)表达了美国东部耗散混沌控制的特殊规律，它与美国东部耗散混沌控制的普遍规律一起，形成了美国东部耗散混沌控制的整体性规律。

第三，美国东部耗散混沌系统整体框架。

首先，美国东部耗散混沌系统演化动力来自两个方面：其一，外部负熵流动力。开放条件与耗散条件是美国东部耗散混沌系统的基本前提条件，它们形成了美国东部耗散混沌系统人力、物质、信息、能量的连续动力供给，表示为系统的负熵流，即 $dS<0$。其二，内部吸引子动力，主要为纽约N吸引子、华盛顿W吸引子、亚特兰大A奇怪吸引子以及各分形结构吸引子的动力机制，在吸引子体系作用下经过迭代映射、自相似性、遍历性动力机制综合作用，导致了美国东部耗散混沌系统整体的形成。

其次，美国“W-C-A主通道”，即“华盛顿—夏洛特—亚特兰大主通道”，是美国东部耗散混沌系统的序参量要件，该主通道是联结空间流波的流通渠道。波士顿—华盛顿空间城市系统与PAM混沌空间结构之间的空间流波主要包括人员流波、物资流波、信息流波、资金流波、能源流波。如图6.61所示，“W-C-A主通道”空间流波的强度决定了美国NM与PAM两个巨型区域之间地理空间联结程度的高低，因此NM与PAM之间高速铁路、飞机航线、高速公路、高速通信基础设施的建设就成为当务之急。

综上所述，我们将美国东部耗散混沌控制思想归纳为：PAM空间结构进化、NM

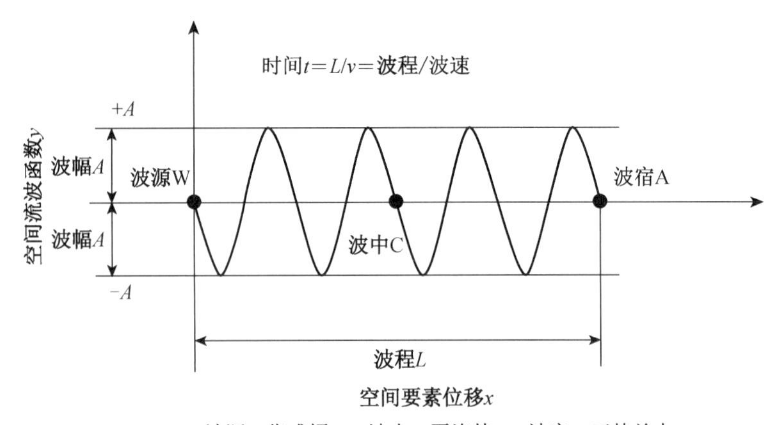

图 6.61　美国"W-C-A 主通道"空间流波

与 PAM 联结，将导致美国东部耗散混沌系统整体涌现性，它是波士顿—华盛顿空间城市系统与美国 PAM 混沌结构行为的总指导思想，是美国东部耗散混沌控制框架的总目标。在美国东部耗散混沌控制思想的基础上，递进推出美国东部耗散混沌控制任务、美国东部耗散混沌控制原理、美国东部耗散混沌控制系统。

3）美国东部耗散混沌控制任务

美国东部耗散混沌控制思想说明，通过倍周期分岔走向混沌系统是美国东部混沌系统有益的普遍规律，而系统倍周期分岔的动因是空间集聚变量、空间扩散变量、空间联结变量，它们表现为空间流；系列吸引子所代表的美国东部耗散混沌分形自相似结构代表了其特殊规律，而吸引子的动力机制决定于系统外部负熵流与内部熵流，它们表现为空间流；负熵流外部动力与吸引子内部动力构成了美国东部耗散混沌的动力来源，"W-C-A 主通道"所强调的是美国东部混沌系统的联结，美国东部耗散混沌整体涌现性所依据的是联结，它们表现为城市之间的空间流波。因此，美国东部耗散混沌系统控制思想都可以归结为空间流与空间流波①，即人员流波、物资流波、信息流波、资金流波、能源流波。

所谓空间流波是指空间要素的运动形式，它存在于各个空间结构之间，如各城市之间，空间流波可以分为空间集聚流波、空间扩散流波、空间联结流波，以及空间人员流波、空间物资流波、空间信息流波、空间能源流波。

由耗散混沌控制理论我们知道，耗散混沌控制思想决定耗散混沌控制任务，控制任务是控制思想的具体化体现，美国东部耗散混沌系统控制任务就是要实现其控制思想所界定的预期目标，即美国东部耗散混沌系统空间流波的控制。因此，我们逻辑性的确定美国东部耗散混沌控制任务为美国东部耗散混沌系统空间流波控制，如表 6.5 所示。

① 空间流是空间流波的组成元素，相关内容可见第 2 章"空间流理论"。

表 6.5 美国东部耗散混沌控制任务

任务次序	任务内容	控制对象	联结城市
第一位	NM 与 PAM 联结	WCA 空间流波	华盛顿—夏洛特—亚特兰大
第二位	BNFWV 联结	BNFWV 空间流波	波士顿—纽约—费城—华盛顿—弗吉尼亚比奇
第三位	PAM 联结	PAM 空间流波	亚特兰大—夏洛特、伯明翰、纳什维尔、南卡罗来纳州、皮德蒙特三角区、蒙哥马利、哥伦比亚、查尔斯顿、罗利、查塔努加
第四位	NM 联结	NM 空间流波	纽约—哈特福德、普罗维登斯、奥尔巴尼、巴尔的摩、里士满

4）美国东部耗散混沌控制原理

美国东部耗散混沌控制任务规定，“空间流波”是美国东部耗散混沌控制的受控对象，因此美国东部耗散混沌系统“联结通道”与“空间流波主体”就成为控制原理的首要内容。空间流波测量、空间流波分析、空间流波调整是空间流波研究的基本程序，延迟特征、反馈特征、激励特征是空间流波控制的基本原则，因此美国东部耗散混沌延迟反馈控制（DFC）方法，就成为控制原理的必然选项。

（1）美国东部耗散混沌系统“联结通道”与“空间流波”

表 6.6 列举了美国东部耗散混沌系统的主要联结通道与空间流波，它们构成了控制原理所要针对的施控对象。

空间流波解析是空间流波控制的前提，根据第 2 章“空间流波原理”可知，空间流波解析主要包括空间流波基本属性解析、空间流波方程、空间流波主成分解析、空间流波傅里叶变换解析。

表 6.6 美国东部耗散混沌系统联结通道与空间流波

联结通道	通道类型	联结城市	空间流波	空间流波类型
WCAMH	主干	华盛顿—夏洛特—亚特兰大	WCAMW	干流波
BNFWVMH	主干	波士顿—纽约—费城—华盛顿—弗吉尼亚比奇	BNFWVMW	干流波
PAMBH	分支	亚特兰大—夏洛特、伯明翰、纳什维尔、南卡罗来纳州、皮德蒙特三角区、蒙哥马利、哥伦比亚、查尔斯顿、罗利、查塔努加	PAMBW	支流波
NMBH	分支	纽约—哈特福德、普罗维登斯、奥尔巴尼、巴尔的摩、里士满	NMBW	支流波

第一，空间流波基本属性解析主要包括：空间流波结构解析、空间流波波长解析、空间流波波幅解析、空间流波周期解析、空间流波频率解析、空间流波波速解析、空间

流波波峰与波谷解析、空间流波波源解析、空间流波动因解析、空间流波波程解析、空间流波时间解析、空间流波波宿解析。

第二,空间流波方程是描述空间流波运动现象的数学方程,一般以正弦函数 $\sin(x, t)$(或余弦函数)形式表现,设(x, t)为位移与时间变量,则空间流波方程为

$$y = A \sin \omega\left(t - \frac{x}{v}\right) \tag{6.32}$$

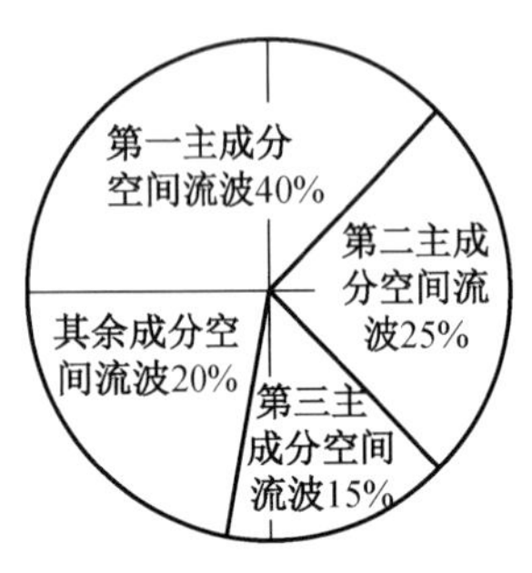

图 6.62　美国 WCA 空间流波主成分结构示例

其中,y 表示空间流波的高度;A 表示空间流波的波幅;ω 表示角速度且有 $\omega = 2\pi/T = 2\pi f$;t 表示空间要素的运动时间变量;x 表示空间要素的位移变量;v 表示空间流波波速。

第三,空间流波主成分解析包括:空间流波主成分结构解析,即第一主成分空间流波、第二主成分空间流波、第三主成分空间流波、其余成分空间流波。图 6.62 为美国 WCA 空间流波主成分结构示例。

第四,空间流波傅里叶变换解析。在美国东部耗散混沌系统实际情况中,空间流波呈现出不规则状态,我们通过数学傅里叶变换,将空间流波分解成标准的正弦波或余弦波。空间流波函数的傅里叶解析表达公式为

$$\begin{aligned} F(x) = {} & \frac{1}{2}a_0 + a_1\cos x + a_2\cos 2x + a_3\cos 3x + \cdots + \\ & a_n\cos nx + b_1\sin x + b_2\sin 2x + b_3\sin 3x + \cdots + \\ & b_n\sin nx \end{aligned} \tag{6.33}$$

其中,$F(x)$为空间流波函数;x 为空间流波移动变量(以弧度表示);n 为正整数;a_0、a_1、a_2、a_3、a_n,b_1、b_2、b_3、b_n 为傅里叶系数,并且有

$$a_0 = \frac{1}{2\pi}\int_0^{2\pi} F(x)\mathrm{d}x \tag{6.34}$$

$$a_n = \frac{1}{\pi}\int_0^{2\pi} F(x)\cos nx\,\mathrm{d}x \tag{6.35}$$

$$b_n = \frac{1}{\pi}\int_0^{2\pi} F(x)\sin nx\,\mathrm{d}x \tag{6.36}$$

我们将上述空间流波傅里叶变换解析用波形图(表 6.7)表示,可以分为三种:第一,实际空间流波形图;第二,空间流波余弦函数解析图;第三,空间流波正弦函数解析图。

表 6.7　空间流波傅里叶变换解析波形图

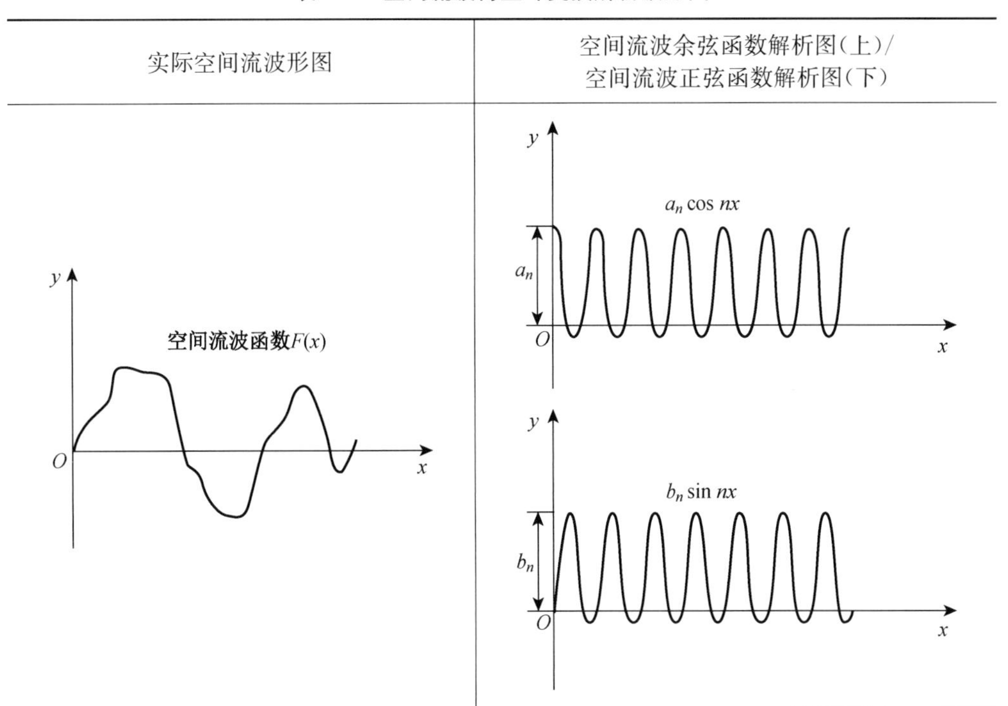

(2) 美国东部耗散混沌延迟反馈控制原理[①]

① 美国东部耗散混沌延迟反馈控制原理表述

延迟反馈控制(DFC)方法是一种成熟的混沌控制方法,在混沌控制理论与技术中具有重要地位。如图 6.63 所示,耗散混沌延迟反馈控制(DFC)方法控制原理,是利用耗散混沌系统本身的输出信号,经过时间延迟后,即 $ky(t-\tau)$,再与原来反馈输出信号 $ky(t)$ 相差 $k[y(t-\tau)-y(t)]$,经过人类属性调整,作为控制信号反馈到耗散混沌系统中去,最终经过本体化校正形成可靠的控制方案 $y(T)$ 输出。

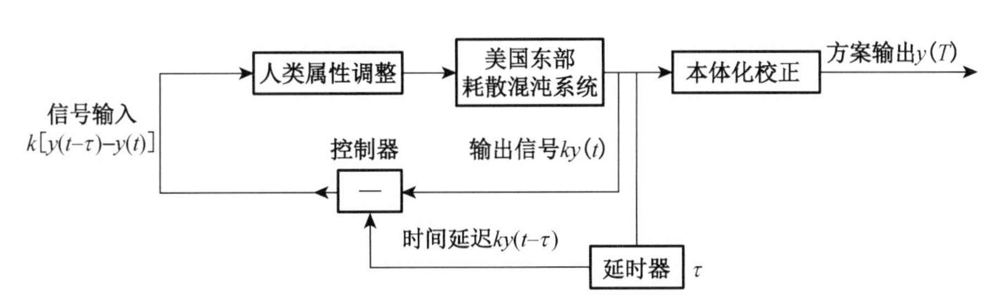

图 6.63　美国东部耗散混沌延迟反馈控制原理

② 美国东部耗散混沌延迟反馈控制原理解析

如图 6.63 所示,美国东部耗散混沌系统可以用非线性常微分方程组表示为

① 在本节中参考了黄润生,黄浩.混沌及其应用混沌及其应用[M].2 版.武汉:武汉大学出版社,2005:338-341 中的相关内容、公式与符号。在此向原作者致谢,并统一说明,后续不单独予以摘引标注。

$$\begin{aligned}\frac{\mathrm{d}y}{\mathrm{d}t}&=p(y,\boldsymbol{x})+f(t)\\\frac{\mathrm{d}\boldsymbol{x}}{\mathrm{d}t}&=q(\boldsymbol{x},y)\end{aligned}\tag{6.37}$$

其中，y 代表可测量变量；矢量 $\boldsymbol{x}$ 表示美国东部耗散混沌系统其余变量；$f(t)$ 为输入控制量；t 为时间变量。

耗散混沌延迟反馈控制原理应用于空间流波控制的优势在于，它拥有很宽的时间调节范围，可以稳定控制较长周期的空间流波信号。控制信号表达式为

$$f(t)=k[y(t-\tau)-y(t)]\tag{6.38}$$

当延迟时间的选取与所要控制的不稳定周期轨道的周期相同时，通过调节反馈因子 k 以及延迟信号与输出信号的差值 $y(t-\tau)-y(t)$，就可以实现对美国东部耗散混沌系统空间流波的控制。

③ 美国东部耗散混沌延迟反馈控制(DFC)原理优势分析

第一，经过皮拉加斯(Pyragas K)、优志旺(Ushio)、彦原(Nakajima)、中岛(Hikihara)、苏科(Sukow)、塔姆塞维金(Tamasevicin)等前人的工作，延迟反馈控制(DFC)原理已经发展成为一种在理论与技术上成熟的混沌控制方法，它为美国东部耗散混沌系统控制奠定了可靠性基础。

第二，延迟反馈控制(DFC 控制)原理是利用美国东部耗散混沌系统空间流波的延迟偏差作为参考信号，而不是不稳定的系统周期轨道(UPO①)的信号，不需要了解混沌吸引子的内部结构，抑或相空间重构等繁杂的数学分析，也就是说只需用空间流波延迟信号，而不必对城市吸引子进行数学分析。

第三，延迟反馈控制(DFC 控制)原理不需要美国东部耗散混沌系统的动力学模型，控制器结构简单可以实现控制器对空间流波的在线调整，易于实际控制工程实施，这样就大大简化了对美国东部耗散混沌系统控制的理论工作，非常有利于实践应用。

第四，延迟反馈控制(DFC 控制)原理利用空间流波持续时间激励，而不是 OGY 控制方法的脉冲式微扰控制信号，有助于抑制噪声，避免了美国东部耗散混沌系统的噪声干扰，导致控制失准的现象。

第五，延迟反馈控制(DFC 控制)原理借助周期信号的特点，利用空间流波延迟偏差信号来镇定耗散混沌系统自身嵌入的 UPO 轨道，不改变 UPO 轨道的属性，所需控制能量很小。

第六，延迟反馈控制(DFC 控制)原理已经成功实现了从周期 1 到周期 5 的混沌控制，这样针对前图 6.60 所示的美国东部耗散混沌系统 4 周期分岔，拥有足够的控制能力。

---

① UPO(Unstable Periodic Orbits)是指在耗散混沌系统吸引子中嵌入的“不稳定周期轨道”。

第七，延迟反馈控制(DFC 控制)原理与人类属性复杂(HAC)理论可以很好地兼容，实现对美国东部耗散混沌系统人类属性与本体化的适应调整修正。

虽然延迟反馈控制(DFC 控制)原理也有其局限性，就总体而言，它是一种适用于美国东部耗散混沌系统空间流波控制简单、可靠、有效的控制方法。

5）美国东部耗散混沌控制系统

美国东部耗散混沌控制原理决定了美国东部耗散混沌控制系统，因此延迟反馈控制(DFC)方法就逻辑化的成为美国东部耗散混沌控制系统的技术选项。美国东部耗散混沌控制系统由受控系统、施控器件、人类属性调整、本体化修正四个部分组成，人类属性复杂(HAC)理论是人类属性调整与本体化修正的理论根据，细分后具体的空间流波是美国东部耗散混沌控制系统的控制对象。

(1) 美国东部耗散混沌系统联结通道与空间流波细分

如表 6.8 所示，按照美国东部耗散混沌控制原理所界定的“联结通道”与“空间流波”做出类型细分，它们是美国东部耗散混沌延迟反馈控制系统的具体化控制对象。所谓空间流波细分，是指具体联结通道所对应的人员流波、物资流波、信息流波、资金流波、能源流波。空间流波细分信号由美国东部耗散混沌控制系统测量装置(MD)进行专业化分工测量，并形成延迟反馈信号回馈到美国东部耗散混沌控制系统之中。

表 6.8 美国东部耗散混沌系统联结通道与空间流波细分

联结通道	通道类型	联结城市	空间流波	空间流波类型	人员流波	物资流波	信息流波	资金流波	能源流波
WCAMH	主干	华盛顿—夏洛特—亚特兰大	WCAMW	干流波	航空 铁路 公路	航空 铁路 公路	互联网 卫星电话 有线电话 邮政信函	汇兑 现金 股市 外汇	电力 石化 煤炭 太阳能
BNFWVMH	主干	波士顿—纽约—费城—华盛顿—弗吉尼亚比奇	BNFWVMW	干流波	航空 铁路 公路	航空 铁路 公路 航运	互联网 卫星电话 有线电话 邮政信函	汇兑 现金 股市 外汇	电力 石化 煤炭 太阳能
PAMBH	分支	亚特兰大—夏洛特、伯明翰、纳什维尔、南卡罗来纳州、皮德蒙特三角区、蒙哥马利、哥伦比亚、查尔斯顿、罗利、查塔努加	PAMBW	支流波	航空 铁路 公路	航空 铁路 公路 航运	互联网 卫星电话 有线电话 邮政信函	汇兑 现金 股市 外汇	电力 石化 煤炭 太阳能
NMBH	分支	纽约—哈特福德、普罗维登斯、奥尔巴尼、巴尔的摩、里士满	NMBW	支流波	航空 铁路 公路	航空 铁路 公路 航运	互联网 卫星电话 有线电话 邮政信函	汇兑 现金 股市 外汇	电力 石化 煤炭 太阳能

根据美国东部耗散混沌控制原理空间流波解析所规定的逐次列项，对表 6.7 中的美国东部耗散混沌系统细分空间流波分别做出细分空间流波的解析，从而把握美国东

部耗散混沌系统每一条空间流波的属性规律。

第一，细分空间流波基本属性解析。

针对美国东部耗散混沌系统细分空间流波，做出空间流波结构解析、空间流波波长解析、空间流波波幅解析、空间流波周期解析、空间流波频率解析、空间流波波速解析、空间流波波峰与波谷解析、空间流波波源解析、空间流波动因解析、空间流波波程解析、空间流波时间解析、空间流波波宿解析等。

第二，细分空间流波方程。

针对美国东部耗散混沌系统细分空间流波，建立它们的空间流波方程，一般以正弦函数 $\sin(x, t)$（或余弦函数）形式表现，设 (x, t) 为位移与时间变量，则美国东部耗散混沌系统细分空间流波方程可以表示为

$$y = A \sin \omega\left(t - \frac{x}{v}\right) \tag{6.39}$$

其中，y 表示空间流波的高度；A 表示空间流波的波幅；ω 表示角速度且有 $\omega = 2\pi/T = 2\pi f$；t 表示空间要素的运动时间变量；x 表示空间要素的位移变量；v 表示空间流波波速。

第三，细分空间流波主成分解析。

针对美国东部耗散混沌系统细分空间流波，做出空间流波主成分结构解析，即第一主成分空间流波、第二主成分空间流波、第三主成分空间流波、其余成分空间流波。图 6.64 为美国 WCAMW 空间流波主成分结构示例。

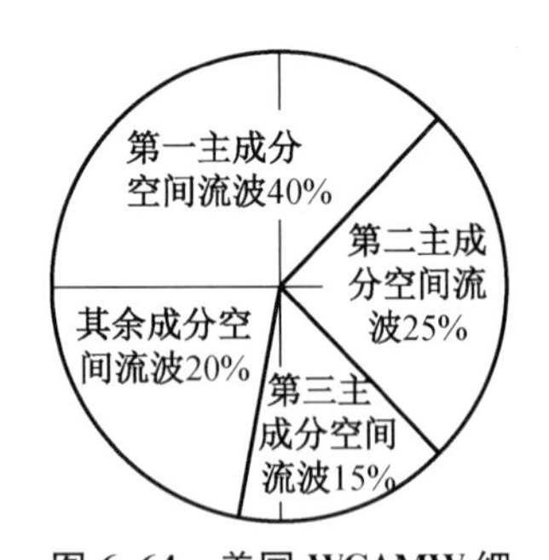

图 6.64　美国 WCAMW 细分空间流波主成分结构示例

第四，空间流波傅里叶变换解析。

针对美国东部耗散混沌系统细分空间流波实际情况中所呈现出的不规则状态，我们通过数学傅里叶变换，将细分空间流波分解成标准的正弦波或余弦波。细分空间流波函数的傅里叶解析表达公式为

$$\begin{aligned} F(x) = &\frac{1}{2}a_0 + a_1\cos x + a_2\cos 2x + a_3\cos 3x + \cdots + \\ &a_n \cos nx + b_1\sin x + b_2\sin 2x + b_3\sin 3x + \cdots + \\ &b_n\sin nx \end{aligned} \tag{6.40}$$

其中，$F(x)$ 为空间流波函数；x 为空间流波移动变量（以弧度表示）；n 为正整数；a_0、a_1、a_2、a_3、a_n，b_1、b_2、b_3、b_n 为傅里叶系数，并且有

$$a_0 = \frac{1}{2\pi}\int_0^{2\pi} F(x)\mathrm{d}x \tag{6.41}$$

$$a_n = \frac{1}{\pi}\int_0^{2\pi} F(x)\cos nx\,\mathrm{d}x \tag{6.42}$$

$$b_n = \frac{1}{\pi}\int_0^{2\pi} F(x)\sin nx\,\mathrm{d}x \tag{6.43}$$

我们将上述细分空间流波傅里叶变换解析用波形图(表 6.9)表示,可以分为三种:第一,实际细分空间流波形图;第二,细分空间流波余弦函数解析图;第三,细分空间流波正弦函数解析图。

表 6.9　美国东部耗散混沌系统细分空间流波傅里叶变换解析波形图

实际细分空间流波形图	细分空间流波余弦函数解析图(上)/ 细分空间流波正弦函数解析图(下)
y　空间流波函数F(x)　O　x	y　$a_n \cos nx$　a_n　O　x y　$b_n \sin nx$　b_n　O　x

(2) 美国东部耗散混沌延迟反馈控制系统结构

如图 6.65 所示,美国东部耗散混沌延迟反馈控制系统结构组成包括以下九个方面:

第一,东部耗散混沌系统(EADCS)。

美国东部耗散混沌系统(EADCS)为受控对象,它是美国东部耗散混沌控制系统的核心环节,是全部施控器件、人类属性调整模块、本体化校正模块的工作对象。

第二,延时器(TDD)。

延时器(TDD)的作用是将美国东部耗散混沌系统本身信号进行时间延迟,产生时间延迟负反馈信号 $ky(t-\tau)$ $(k<0)$,反馈到控制系统去。

第三,控制器(MU)。

控制器(MU)是耗散混沌控制各种信号的耦合汇整模块,包括延迟反馈信号 $ky(t-\tau)$ $(k<0)$、反馈输出信号 $ky(t)$$(k<0)$、信号输入 $k[y(t-\tau)-y(t)]$$(k<0)$。在控制器(MU)中,耗散混沌控制因子作为一个负反馈信号输入系统,即 $k<0$,因此控制器表示为"—"。

第四,人类属性调整模块(HAAM)。

人类属性调整模块(HAAM)是人类属性复杂(HAC)理论的具体应用,它承担美国东部耗散混沌系统(EADCS)人类属性部分的控制任务。人类属性调整模块(HAAM)对美国东部耗散混沌系统(EADCS)的人类属性复杂变量进行适应调整,以获得其整体涌现性。

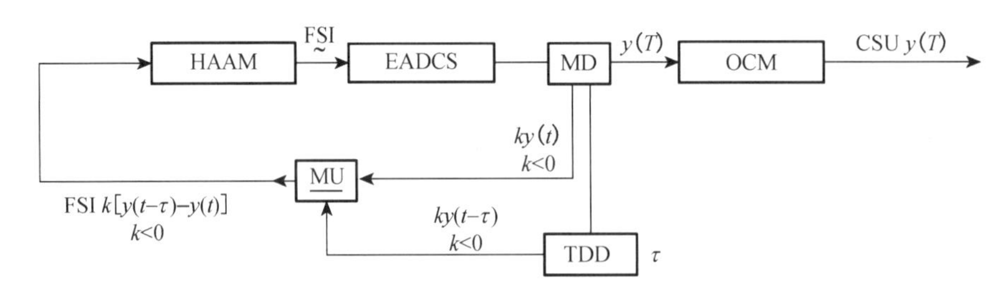

图 6.65 美国东部耗散混沌延迟反馈控制系统

第五,本体化校正模块(OCM)。

本体化校正模块(OCM)是人类属性复杂(HAC)理论的具体应用,它具有美国东部耗散混沌系统(EADCS)本体化规律的控制修正功能。经过本体化校正模块(OCM)的处理,最终获得可靠的美国东部耗散混沌系统(EADCS)控制方案 $y(T)$。

第六,测量装置(MD)。

测量装置(MD)的功能是对输入的整体涌现信号进行测量,并实现对反馈输出信号 $ky(t)$ 与终端输出信号 $y(T)$ 的分流。

第七,反馈信号输入(FSI)。

反馈信号输入(FSI),即 $k[y(t-\tau)-y(t)]$ $(k<0)$,表示将系统延迟信号与输出信号的差值 $y(t-\tau)-y(t)$ 输入,以实现对美国东部耗散混沌系统(EADCS)中周期信号的连续控制,k 为时间延迟控制因子,可以根据控制需要进行适当调节,调整输入信号的大小。

第八,随机信号($\underset{\sim}{\mathrm{FSI}}$)。

随机信号($\underset{\sim}{\mathrm{FSI}}$)是人类属性调整模块(HAAM)发出的适应调整随机信号,大标度主体信号输出规律性强,具有线性、非线性、随机性特征,小标度主体信号输出规律性弱,只具有随机性特征,人类属性复杂(HAC)理论是随机信号($\underset{\sim}{\mathrm{FSI}}$)产生的根据。

第九,控制方案输出(CSU)。

控制方案输出(CSU)是控制系统的成果,是对美国东部耗散混沌系统(EADCS)进行控制的实施方案。在控制方案输出(CSU)的干预作用下,美国东部耗散混沌系统(EADCS)获得其整体涌现性,实现人类控制主体所要实现的目标。

(3) 美国东部耗散混沌延迟反馈控制系统机理

如前图 6.65 所示,输入—输出之间的关系是美国东部耗散混沌控制系统的基本准则,在数学上称之为输出 $Y(\mathrm{CSU})$ 与输入 $F[\mathrm{FSI}]$ 之间的激励—响应关系,即

$$Y(\mathrm{CSU})=F[\mathrm{FSI}] \tag{6.44}$$

公式(6.44)表征了美国东部耗散混沌控制系统的最基本功能,通过输入特定的激励作用获得输出的响应,经过对输出信息的本体化分析,得到对美国东部耗散混沌系统(EADCS)的最优控制方案。

美国东部耗散混沌控制系统的激励—响应关系,是通过传递函数来进行定量表征的,它是由系统的输入量与输出量经过数学的拉普拉斯变换而建立的,设 W 为美国东部耗散混沌控制系统的传递函数①,经过数学处理之后 U 表示输入变量、Y 表示输出变量,则控制系统的激励—响应关系可表示为

$$Y = W \times U \tag{6.45}$$

将公式(6.45)转化为复数 S 的形式,得到美国东部耗散混沌控制系统的传递函数表达式为

$$W(S) = \frac{Y(S)}{U(S)} \tag{6.46}$$

上式说明,美国东部耗散混沌控制系统(EADCS)的传递函数等于输出的拉普拉斯变换除以输入的拉普拉斯变换,由此可以采用传递函数代替微分方程来描述系统的特性,这就为采用直观和简便的图解方法如信号流程图、动态结构图来确定美国东部耗散混沌控制系统的整个特性,分析美国东部耗散混沌控制系统的运动过程提供了可能性。美国东部耗散混沌控制系统还要使用状态空间方法②对系统 EADCS 的内部状态、系统 EADCS 与外部环境之间的关系、各种随机因素等进行表述,这样我们就可以对美国东部耗散混沌系统(EADCS)进行多种方法的交叉复合分析,从而获得其整体涌现性。

前图 6.65 为美国东部耗散混沌延迟反馈控制系统机理框图,它的功能就是通过施控体系对耗散混沌系统(EADCS)实施有效控制,获得美国东部耗散混沌系统(EADCS)的整体涌现性。美国东部耗散混沌延迟反馈控制系统工作机理如下:

第一步,输出信号 $ky(t)$($k<0$),与延时器产生的时间延迟负反馈信号 $ky(t-\tau)$ ($k<0$) 形成了耗散混沌延迟反馈控制系统的一级初始信号。

第二步,控制器($\underline{\text{MU}}$)将输入信号进行耦合汇整形成了二级反馈输入信号 FSI $k[y(t-\tau)-y(t)]$ ($k<0$)。

第三步,人类属性调整模块(HAAM)对输入信号进行人类属性复杂(HAC)适应调整,形成了三级连续随机信号($\underset{\sim}{\text{FSI}}$)输入。

第四步,通过控制信号($\underset{\sim}{\text{FSI}}$)对美国东部耗散混沌系统(EADCS)进行控制,将系统的混沌运动稳定在吸引子中某一条不稳定的周期轨道上,从而实现对美国东部耗散混沌系统(EADCS)的第一循环控制作用。

第五步,经过测量装置(MD)之后,形成第二循环初始信号 $ky(t)$($k<0$),与延时

① 传递函数与拉普拉斯变化的详细内容可参看相关专著,在此不做专门介绍。
② 状态空间方法的详细内容可参看相关专著,在此不做专门介绍。

器产生的时间延迟负反馈信号 $ky(t-\tau)$ $(k<0)$ 形成了耗散混沌延迟反馈控制系统的第二循环初始信号。

第六步，经过反馈循环，适当调节控制因子 k，经过测量装置(MD)之后，获得美国东部耗散混沌系统(EADCS)控制整体涌现性信号 $y(T)$，并向本体化校正模块输入。

第七步，本体化校正模块(OCM)对输入信号 $y(T)$ 进行本体化修正处理，形成美国东部耗散混沌系统控制输出方案 CSU $y(T)$。

参考文献

[1] 沈小峰，胡岗，姜璐.耗散结构论[M].上海：上海人民出版社，1987：140-141.

[2] 沈小峰，胡岗，姜璐.耗散结构论[M].上海：上海人民出版社，1987：144.

[3] 郝柏林.混沌与分形：郝柏林科普与博客文集[M].上海：上海科学技术出版社，2015：68-69.

[4] 郝柏林.混沌与分形：郝柏林科普与博客文集[M].上海：上海科学技术出版社，2015：59.

[5] 郝柏林.混沌与分形：郝柏林科普与博客文集[M].上海：上海科学技术出版社，2015：75.

[6] 普里戈金.从存在到演化[M].曾庆宏，严士健，方本堃，等译.北京：北京大学出版社，2007：61.

[7] 郝柏林.混沌与分形：郝柏林科普与博客文集[M].上海：上海科学技术出版社，2015：74.

[8] 郝柏林.混沌与分形：郝柏林科普与博客文集[M].上海：上海科学技术出版社，2015：163.

[9] 朱华，姬翠翠.分形理论及其应用[M].北京：科学出版社，2011：13.

[10] 张济忠.分形[M].2版.北京：清华大学出版社，2011：98.

[11] H.G.舒斯特.混沌学引论[M].2版.朱鋐雄，林圭年，译.成都：四川教育出版社，2010：4.

[12] 大卫・吕埃勒.机遇与混沌[M].刘式达，梁爽，李滇林，译.上海：上海科技教育出版社，2005：63.

[13] 海因茨・奥托・佩特根，哈特穆特・于尔根斯，迪特马尔・邵柏.混沌与分形：科学的新疆界[M].田逢春，主译.2版.北京：国防工业出版社，2010：451.

[14] 徐国宾，赵丽娜.最小熵产生、耗散结构和混沌理论及其在河流演变分析中的应用[M].北京：科学出版社，2017：49.

[15] 徐国宾，赵丽娜.最小熵产生、耗散结构和混沌理论及其在河流演变分析中的应用[M].北京：科学出版社，2017：52.

[16] 徐国宾，赵丽娜.最小熵产生、耗散结构和混沌理论及其在河流演变分析中的应用[M].北京：科学出版社，2017：53.

[17] 禹思敏.混沌系统与混沌电路：原理、设计及其在通信中的应用[M].西安：西安电子科技大学出版社，2011：9-10.

[18] 李静海，黄文来.探索介科学：竞争中的协调原理[M].北京：科学出版社，2014：55.

[19] 钟玉岚，南极洲上空真氧层空洞缩小　地球走上治愈之路[EB/OL].(2016-07-02)[2019-03-02].http://www.scitech.people.com.cn/n1/2016/0702/c1007-28519021.html.

[20] 刘思峰，杨英杰，吴利丰，等.灰色系统理论及其应用[M].7版.北京：科学出版社，2014：28.

[21] 郝柏林.混沌与分形：郝柏林科普与博客文集[M].上海：上海科学技术出版社，2015：46.

[22] 顾朝林．城市蔓延的机理与规律[M]//"10 000个科学难题"地球科学编委会.10 000个科学难题・地球科学卷.北京：科学出版社，2010：144-145.

上卷彩图

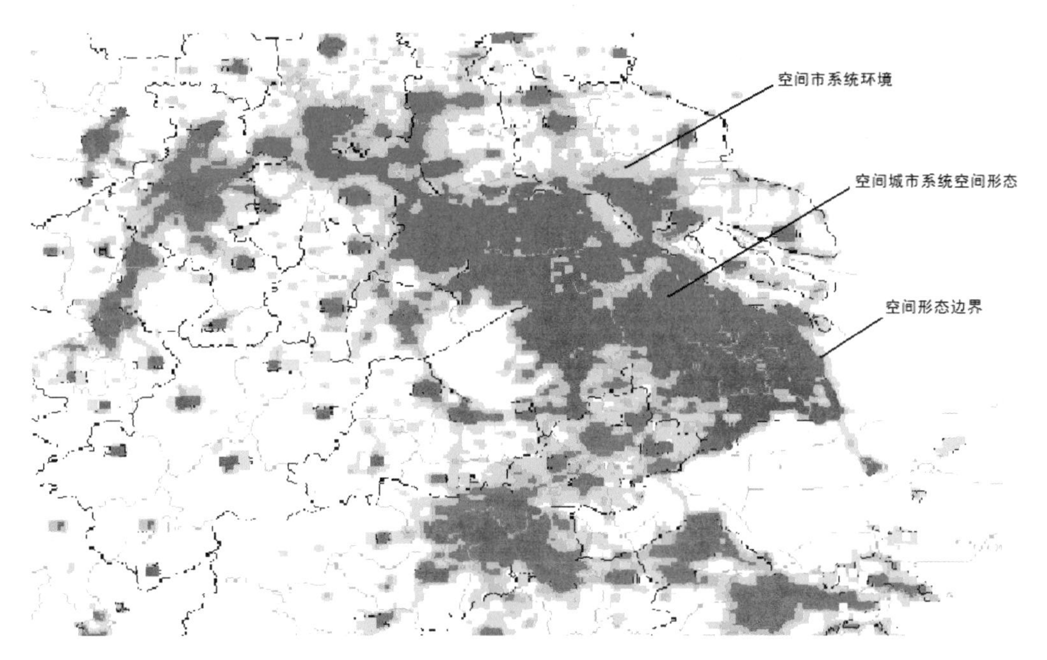

图 3.30　长江三角洲空间城市系统核心区域空间形态

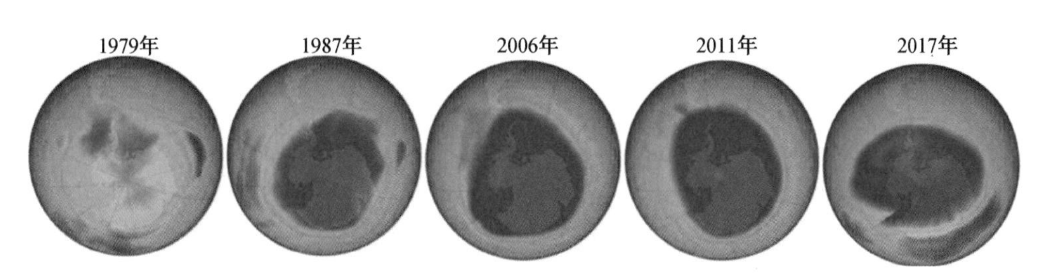

图 6.40　南极臭氧层空洞变化可控性

（源自：笔者根据 NASA 发布图片整理）

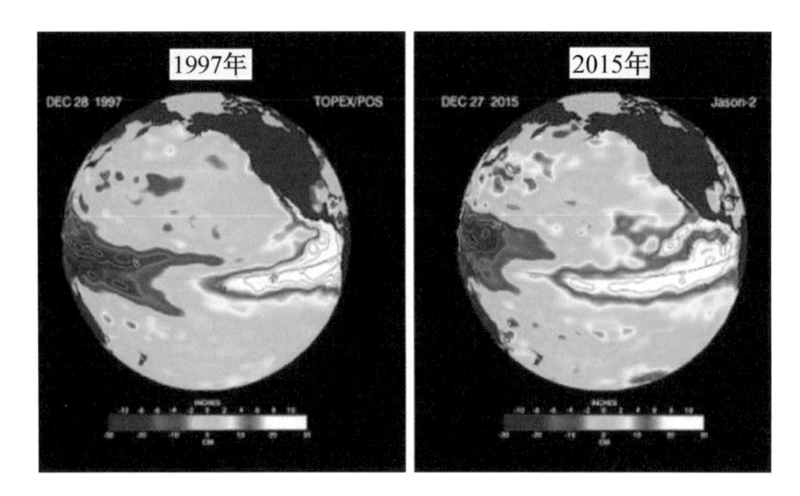

图 6.41 超强厄尔尼诺不可控性

（源自：笔者根据 NASA 发布图片整理）